偏微分方程中的保结构算法

秦孟兆 王雨顺 著

浙江出版联合集团
浙江科学技术出版社

图书在版编目(CIP)数据

偏微分方程中的保结构算法 / 秦孟兆，王雨顺著.
— 杭州：浙江科学技术出版社，2011. 12
ISBN 978-7-5341-4398-4

Ⅰ. ①偏… Ⅱ. ①秦… ②王… Ⅲ. ①偏微分方程 - 算法 - 研究 Ⅳ. ①0175.2

中国版本图书馆 CIP 数据核字(2012)第 017296 号

书　　名	**偏微分方程中的保结构算法**
著　　者	秦孟兆　王雨顺
出版发行	浙江科学技术出版社 杭州市体育场路 347 号　邮政编码:310006 联系电话:0571-85164982 E-mail:msm@zkpress.com
印　　刷	浙江新华数码印务有限公司

开　　本	787 × 1092　1/16	**印　张**	48.75
字　　数	885 000		
版　　次	2011 年 12 月第 1 版		2011 年 12 月第 1 次印刷
书　　号	ISBN 978-7-5341-4398-4	**定　价**	188.00 元

责任编辑　莫沈茗　卢晓梅　　**责任美编**　孙　菁
责任校对　张　宁　　**责任印务**　田　文

$$\alpha = (\frac{\partial L}{\partial u^i} - \partial_\mu(\frac{\partial L}{\partial u^i_\mu}))\mathrm{d}u^i$$

谨将此书献给保结构算法的
开拓者冯康院士

当代计算方法研究的一条不成文的基本法则是，问题原型的基本特征在离散后应该尽可能地得到保持．而为了达到这一效果，则离散化应尽可能在问题原型的同一个形式框架中进行．

这些不同的数学形式是陈述同一个物理规律．由于形式不同，它们对实践上“解题”而言，自然会提供完全不同的技术途径．因此，等价的数学形式，实践上可以是不等效的．

冯　康

摘自：《自然科学进展》，1991，2:102-112．

前言

随着计算机技术的飞速发展，科学计算越来越显示出其优越性和旺盛的生命力. 科学计算已经和理论研究、实验研究共同构成科学研究的三大支柱. 在一些具体应用领域，如分子化学、天气预报、生物计算等，系统往往非常复杂，计算量非常庞大，积分时间也很长，不仅需要多个学科共同参与，需要机器性能不断提高，更需要好的数值方法作为基础.

在“问题原型的基本特征在离散后应该尽可能地得到保持”的原则指导下，冯康首先提出“保结构算法”的思想. 他和他的研究小组在哈密尔顿系统的辛几何算法(辛算法)的构造算法和理论分析方面取得了一系列成果并且引起了国内外学者的极大兴趣，产生了许多重要的后继成果.

事实上，除了几何结构(辛结构、酉结构、接触结构等)外，冯康提出的保结构算法的概念还涵盖了保守系统的其他保守性质. 由于求解系统的形式不同，有时构造保持其他结构的数值算法显得更为方便. 例如，在数值天气预报中，曾庆存提出并研究发展了平方守恒格式，并将它成功应用于许多研究模式中. 这里的平方守恒是指保持保守系统的能量. 另外，还有大量的文献讨论了保守系统的数值格式.

这些能保持原问题(精确解)的某些结构的数值算法都可以广义地称为保结构算法. 由于守恒性质(如质量守恒、能量守恒)是科学的基本规律，所以保结构算法的应用非常广泛. 有关保结构算法的基本理论以及阶段性的主要成果大都收录在《哈密尔顿系统的辛几何算法》一书中. 保结构算法一直是世界范围内的研究热点，所以保结构算法无论是在基本理论方面还是在应用领域中都发展得特别快. 尽管辛算法在求解哈密尔顿常微分方程组时有许多优点，但在处理偏微分方程时却存在不足. 传统的线方法是一个可以选择的处理手段，即首先进行空间离散，使离散得到的常微分方程组是哈密尔顿方程组，然后再应用辛算法求积. 该方法的一个缺点是无法保证离散后的方程组仍然保持哈密尔顿特性. 另一个处理手段是把偏微分方程看成是Banach空间上的哈密尔顿系统，直接应用辛算法, 但是目前该方法只能处理非常特殊的方程. 为了解决这一问题，J. E. Marsden, G. P. Patrick, S. Shkoller 和 T. J. Bridges, S. Reich分别从拉格朗日力学和哈密尔顿力学的角度对保守偏微分方程提出了多辛结构及多辛算法的概念. 多辛算法可以看成是辛算法的直接推广，是冯康思想的一个体现. 它同等对待偏微分方程的时间方向和空间方向，从而把整个时间层上的辛结构推广到局部区域甚至每个点, 把无穷维哈密尔顿系统变成有穷维哈密尔顿系统, 把定义在整个时间层上的哈密尔顿函数变成定义在整个区域上的哈密尔顿函数. 这样可以方便地把辛算法应用于偏微分方程，从而使多辛算法可以应用到更广泛的领域. 在多辛算法基础上, 我们引进了局部保结构算法, 其基本思想就是把原来各种保结构算法所保的整个时间层上的结构推广到局部，使得数值算法能在每个局部领域和每个点上保结构，从而不必关心系统是否具有合适的边界条件. 局部守恒算法的概念能够从一个侧面解释某些保结构算法性能的差异.

由微分复形所揭示的微分几何结构是偏微分方程的一个本质要素，它对正确离散原始微分复形有着重要意义，这一新的几何观点为最近几十年发展起来的各种数值方法作出了统一解释.

李群算法是保结构算法中的一个重要研究方向, 由于辛群是李群, 所以辛几何算法可以看成是李群算法的一个特例. 近十多年来, 李群算法的研究已取得了丰硕的成果, 在许多领域得到广泛的应用. 特别是在单程波李代数积分中的应用已在石油勘探中得到应用. 同时辛几何算法为Maslov渐近理论提供了克服地震层析成像中的焦散问题的算法.

本书还研究了一类带耗散项的系统或者有外力作用的系统的保结构算法.

因此，非常有必要在《哈密尔顿系统的辛几何算法》的基础上编写本书，把保结构算法的新理论和新算法进行系统总结，让大家更全面地了解保结构算法. 作者也希望本书能够成为一块基石，帮助更多的人对保结构算法产生兴趣，从而使这一领域产生更多突破性的成果.

本书的内容涵盖了中国科学院计算数学与工程计算研究所辛几何算法课题组近几年来的研究工作, 先后参加这个课题组的有赵平福、王雨顺、孙雅娟、陈景波、刘亭亭、孙建强、苏红玲、田益民. 本书的出版同样得到尚在久、唐贻发、洪佳林研究员的关心和支持.

特别要提出的是, 本书的出版得到了中国科学院地理与地球物理研究所的李幼铭和刘洪的支持.

最后,作者还要感谢中国科学院数学与系统科学研究院、南京师范大学数学科学院的支持.

本书先后得到国家自然科学基金(10871099, 11071251, 11161017), 国家重点基础研究发展计划(973)(2007CB209603)和国家高科技研究发展计划(863)(2010AA012304, 2006AA09A102-08)的资助.

本书可作为高等院校理工类专业研究生的教材, 也可作为从事计算数学、计算物理、计算力学、计算化学、天气预报、天体物理、地球物理等专业, 特别是从事偏微分方程数值计算科技工作者的参考书.

本书在写作过程中参考了大量文献，其中有些并未在文中标注，但也列在了参考文献中. 此外，书中一些向量和矩阵符号沿袭了常用的写法，存在粗体和非粗体共用的情况.

由于作者水平有限，书中一定会有不当和错误之处，敬请读者批评指正.

作者

2011 年 12 月 于 北京

目 录

第一章　一般辛结构下的生成函数法

§1.1　生成函数的几何意义

由于生成函数在构造辛算法方面具有重要作用[AM78],[Arn89],[MW83],[MW01], 故在这一节首先介绍生成函数的几何意义.

定义 1.1.1 如果$\forall q \in Q$, $(T_q i)(T_q Q)$ 是$T_{i(q)}P$ 的子空间, 或者$i_{*_q}: T_q Q \to T_{i(q)}P$ 是单射, 则称i为$Q \to P$ 的浸入.

定义 1.1.2 设$(\mathbf{R}^{2n}, \omega)$ 为辛流形, L 为 $\mathbf{R}^{2n}$ 的子流形, $i:\ L \to \mathbf{R}^{2n}$ 为浸入, 如果$(T_x i)(T_x L)$ 为$T_{i(x)}\mathbf{R}^{2n}$ 中某一 Lagrange 子空间, 则称L 为$(\mathbf{R}^{2n}, \omega)$ 的 Lagrange 子流形, 如果局部有

$$i_L^*\omega = -\mathrm{d}i_L^*\theta = 0.$$

定义 1.1.3 若存在某一函数ϕ: $L \to \mathbf{R}$ (局部定义), 有

$$i_L^*\theta = \mathrm{d}\phi,$$

则称ϕ 为Lagrange 子流形L 的生成函数.

考虑辛流形$(\mathbf{R}^{2n}, \omega)$ 及$\mathbf{R}^{2n}$ 到$\mathbf{R}^{2n}$ 上的投影$\pi_i : \mathbf{R}^{2n} \times \mathbf{R}^{2n}$ $(i = 1, 2)$,

$$\pi_i \begin{bmatrix} z_1 \\ z_2 \end{bmatrix} = z_i,$$

其中$z_1, z_2 \in \mathbf{R}^{2n}$.

如果θ_1 和θ_2 分别是辛流形P_1和P_2的两个正则1-形式, 满足$\Omega_1 = -\mathrm{d}\theta_1$, $\Omega_2 = -\mathrm{d}\theta_2$, 就可构造$\mathbf{R}^{4n}$ 上的微分2-形式

$$\Omega = \pi_1^*\Omega_1 - \pi_2^*\Omega_2,$$

使$(\mathbf{R}^{4n}, \Omega)$ 为辛流形.

引理 1.1.1 给定辛流形$(\mathbf{R}^{2n}, \omega)$, 于是映射$f : \mathbf{R}^{2n} \to \mathbf{R}^{2n}$ 为辛变换当且仅当

$$i_f^*\Omega = 0,$$

其中i_f: $\mathrm{gr}(f) \to \mathbf{R}^{2n} \times \mathbf{R}^{2n}$ 为浸入, $\mathrm{gr}(f)$ 为f 的图像.

证明:投影π_i $(i=1,2)$ 在$\mathrm{gr}\,(f)$ 上的限制可表示为$\pi_i \circ i_f = \pi_i|_{\mathrm{gr}\,(f)}$, 容易验证在$\mathrm{gr}\,(f)$ 上 $\pi_2 = f\circ\pi_1$, 即$\pi_2\circ i_f = f\circ\pi_1\circ i_f$,

$$i_f^*\Omega = i_f^*(\pi_1^*\Omega_1 - \pi_2^*\Omega_2) = (\pi_1\circ i_f)^*(\Omega_1 - f^*\Omega_2).$$

辛映射的图像$\mathrm{gr}\,(f)$ 构成辛流形$(\mathbf{R}^{2n}\times\mathbf{R}^{2n},\Omega)$ 中的Lagrange 子流形, 且由$i_f^*\Omega = 0$ 及Poincaré 引理, 存在生成函数ϕ, 使得

$$i_f^*\Omega = -\mathrm{d}i_f^*\theta = 0, \quad i_f^*\theta = \mathrm{d}\phi,$$

其中$\theta = -\pi_1^*\theta + \pi_2^*\theta$, $\phi:\mathrm{gr}\,(f)\to\mathbf{R}$. 引理中的函数$\phi$ 被称为正则变换f 的生成函数. 辛映射f 的图像如下:

$$\mathrm{gr}\,(f) = \left\{\begin{bmatrix} fz \\ z \end{bmatrix} z\in T^*\mathbf{R}^n = \mathbf{R}^{2n},\ f:\mathbf{R}^{2n}\to\mathbf{R}^{2n}\right\}.$$

▲

从引理1.1.1 可以得到下面的定理.

定理 1.1.1 映射$f: P_1 \to P_2$ 是辛映射当且仅当存在一个函数$\phi:\mathrm{gr}\,(f)\to\mathbf{R}$, 使得$i_f^*\theta = \mathrm{d}\phi$.

注 1.1.1 设$L\in\mathbf{R}^{4n}$ 是$\mathbf{R}^{4n}$ 上的$2n$ 维子流形. 记$i_L: L\to\mathbf{R}^{4n}$ 是浸入, i_L^* 表示i_L 的拉回映射, 如果$i_L^*\Omega = 0$, 即Ω 在L 的限制为零, 则称L 为J_{4n}-Lagrange 的子流形; 如果$i_L^*\widetilde{\Omega} = 0$, 即$\widetilde{\Omega}$ 在L 的限制为零, 则称L 为$\widetilde{J}_{4n}$-Lagrange 的子流形.

注 1.1.2 使用生成函数构造格式的思路是: 首先截断生成函数展开的幂级数, 从而得到生成函数某精度的近似, 然后通过生成函数和辛映射之间的关系, 达到获取原辛映射的某种近似, 也即构造了计算原辛映射的一种近似方法, 即差分格式.

§1.2 简要叙述生成函数法

《哈密尔顿系统的辛几何算法》一书[冯康等03],[FQ10]的第五章详细叙述了如何用生成函数法来构造Hamilton 系统的辛几何算法. 这一节将简要叙述生成函数法的要点. 从上一节知道,辛映射是和一个函数相联系的, 这个函数被称作生成函数, 生成函数在Hamilton-Jacobi 理论、经典力学和量子力学等诸多领域都起着重要的作用.

记:

$$gl\,(m)=\{A\mid \text{任意 } m\times m \text{ 矩阵}\},$$

$$GL(m)=\{A\mid A\in gl\,(m),\ |A|\neq 0\}.$$

定义:

$$Sp(2m)=\{M\in GL(2m)\mid M^{\mathrm T}J_{2m}M=J_{2m}\},$$

$$CSp(2m)=\{\alpha\in GL(4m)\mid \alpha^{\mathrm T}J_{4m}\alpha=\mu J_{4m},\ \mu\neq 0\},$$

$$CSp(\tilde J_{4m},J_{4m})=\{\alpha\in GL(4m)\mid \alpha^{\mathrm T}J_{4m}\alpha=\mu\tilde J_{4m},\ \mu\neq 0\},$$

其中

$$J_{4m}=\begin{bmatrix} O & I_{2m}\\ -I_{2m} & O\end{bmatrix}$$

是$\mathbf R^{4n}$ 空间中的标准辛结构, 也即乘积空间余切丛$T^*(\mathbf R^n\times\mathbf R^n)=T^*\mathbf R^{2n}\cong\mathbf R^{4n}$ 的标准辛结构, I_{2m} 是标准的$2m\times 2m$ 单位矩阵, 而

$$\tilde J_{4m}=\begin{bmatrix} J_{2m} & O\\ O & -J_{2m}\end{bmatrix}$$

是余切丛乘积空间$T^*\mathbf R\times T^*\mathbf R=\mathbf R^{4n}$ 的乘积辛结构[Ge90],[Ge91],[FWQW89],[Fen86].

令$\alpha=\begin{bmatrix} A_\alpha & B_\alpha\\ C_\alpha & D_\alpha\end{bmatrix}\in GL\,(4m)$, 其中$A_\alpha,B_\alpha,C_\alpha,D_\alpha$ 是$2m\times 2m$ 矩阵, 在条件$|C_\alpha M+D_\alpha|\neq 0$ 下, 可定义线性分式变换:

$$\sigma_\alpha: gl\,(2m)\longrightarrow gl\,(2m),$$

$$N=\sigma_\alpha(M)=(A_\alpha M+B_\alpha)(C_\alpha M+D_\alpha)^{-1}.$$

引理 1.2.1 设$\alpha\in GL\,(4m),\alpha^{-1}=\begin{bmatrix} A^\alpha & B^\alpha\\ C^\alpha & D^\alpha\end{bmatrix}$, 则下面四个横截条件等价[FWQW89]:

$$|C_\alpha M+D_\alpha|\neq 0, \tag{1.2.1}$$

$$|MC^\alpha-A^\alpha|\neq 0, \tag{1.2.2}$$

$$|C_\alpha N+D^\alpha|\neq 0, \tag{1.2.3}$$

$$|NC_\alpha-A_\alpha|\neq 0. \tag{1.2.4}$$

定理 1.2.1[FWQW89],[Fen86] 设$\alpha\in CSp(\tilde J_{4m},J_{4m}),g:\mathbf R^{2m}\to\mathbf R^{2m}$, $\hat z=g(z)$ 是辛映射, 其中$M(z)=\dfrac{\partial g(z)}{\partial z}$是$\mathbf R^{2m}$ 的某个邻域, 且满足条件(1.2.1). 在$\mathbf R^{2m}$ 的某个邻域存

在一个梯度映射$f:\mathbf{R}^{2m}\to\mathbf{R}^{2m}, \widehat{w}=f(w)$, 其中$N=\dfrac{\partial f(w)}{\partial w}$满足条件(1.2.3), 还存在一个生成函数 ϕ, 使得映射$\widehat{z}=g(z)$能够通过下面的关系重新建立:

$$
\begin{aligned}
f(w) &= \frac{\partial \phi}{\partial w}, && (1.2.5)\\
A_\alpha g(z)+B_\alpha z &= f(C_\alpha g(z)+D_\alpha z) && (1.2.6)\\
&= \frac{\partial \phi}{\partial w}(C_\alpha g(z)+D_\alpha z), && (1.2.7)\\
N &= \sigma_\alpha(M)=(A_\alpha M+B_\alpha)(C_\alpha M+D_\alpha)^{-1}, && (1.2.8)\\
M &= \sigma_{\alpha^{-1}}(N)=(A^\alpha N+B^\alpha)(C^\alpha N+D^\alpha)^{-1}. && (1.2.9)
\end{aligned}
$$

如果g依赖于时间t, g^t是Hamilton 系统$\dot{z}=J^{-1}\nabla H(z)$的相流, 则有下面的定理.

定理 1.2.2[FWQW89],[Fen86] 设$\alpha\in CSp(\tilde{J}_{4m}, J_{4m})$, $z\to g(z,t)$是Hamilton系统的相流,又记$M_0=M(z,t)|_{t=0}=\left.\dfrac{\partial G}{\partial z}\right|_{t=0}\in Sp(2m)$, 且满足横截条件(1.2.1). 对充分小的$t$, 在$\mathbf{R}^{2m}$的某个邻域中, 存在一个依赖于时间 t 的梯度映射$w\to\bar{w}=f(w,t)$, 其Jacobi 矩阵$N(w,t)=f_w(w,t)\in Sm(2m)$, 还存在一个依赖时间$t$的生成函数$\phi_{\alpha,H}(w,t)=\phi(w,t)$, 使得相流 $g(z,t)$通过关系式

$$f(w,t)=\nabla\phi(w,t) \tag{1.2.10}$$

可重新建立, 其中$\phi(w,t)$满足

$$\frac{\partial\phi}{\partial t}(w,t)=-\mu H\big(A^\alpha\nabla\phi(w,t)+B^\alpha w\big). \tag{1.2.11}$$

方程(1.2.11)称为Hamilton-Jacobi 方程,

$$
\begin{aligned}
A_\alpha G(z,t)+B_\alpha z &= f\big(C_\alpha G(z,t)+D_\alpha z,t\big)\\
&= \nabla\phi\big(C_\alpha G(z,t)+D_\alpha z,t\big), && (1.2.12)\\
N &= \sigma_\alpha(M)=(A_\alpha M+B_\alpha)(C_\alpha M+D_\alpha)^{-1}, && (1.2.13)\\
M &= \sigma_{\alpha^{-1}}(N)=(A^\alpha N+B^\alpha)(C^\alpha N+D^\alpha)^{-1}, && (1.2.14)
\end{aligned}
$$

如果Hamilton 函数解析, 那么相应的生成函数可以通过递归得出显式表达式.

定理 1.2.3[FWQW89],[Fen86] 设$H(z)$解析, 那么对于充分小的t, 生成函数$\phi_{\alpha,H}(w,t)=$

$\phi(w,t)$ 可以表示为收敛的幂级数$\phi(w,t)=\sum_{k=0}^{\infty}\phi^{(k)}(w)t^k$, 且:

$$
\begin{aligned}
&\phi^{(0)}(w)=\frac{1}{2}w^{\mathrm{T}}N_0w,\\
&N_0=(A_\alpha M_0+B_\alpha)(C_\alpha M_0+D_\alpha)^{-1},\\
&\phi^{(1)}(w)=-\mu(\alpha)H(E_0w),\\
&E_0=A^\alpha N_0+B^\alpha=M_0(C_\alpha M_0+D_\alpha)^{-1},\\
&H\big(A^\alpha\nabla\phi(w,t)+B^\alpha w\big)=H\Big(E_0w+\sum_{k=0}^{\infty}A^\alpha\nabla\phi^{(k)}(w)t^k\Big).
\end{aligned}
$$

当$k\geq 1$时, 生成函数由下列方程递归来决定:

$$
\phi^{(k+1)}=-\frac{\mu(\alpha)}{k+1}\sum_{m=1}^{k}\frac{1}{m!}\sum_{k_l\geq 1}^{k_1+\cdots+k_n=k}D_z^mH(E_0w)(A^\alpha\nabla\phi^{(k_1)},\cdots,A^\alpha\nabla\phi^{(k_n)}),
$$

这里采用了多重线性形式中的记号

$$
\begin{aligned}
&D_z^mH(E_0w)(A^\alpha\nabla\phi^{(k_1)},\cdots,A^\alpha\nabla\phi^{(k_m)})\\
=&\sum_{j_1,\cdots,j_m=1}^{2n}H_{z_{i_1},\cdots,z_{i_m}}(E_0w)(A^\alpha\nabla\phi^{(k_1)})_{i_1}\cdots(A^\alpha\nabla\phi^{(k_m)})_{i_m}.
\end{aligned}
$$

定理 1.2.4[FWQW89],[Fen86] 对作为时间步长的充分小的τ, 设$\psi^{(m)}(w,\tau)$ 表示生成函数$\phi(w,\ \tau)$ 的m 阶截断,

$$
\psi^{(m)}(w,\tau)=\sum_{i=0}^{m}\phi^{(i)}(w)\tau^i.
$$

梯度映射

$$
\widehat{w}=f(w,\tau)=\frac{\partial\psi^{(m)}(w,\tau)}{\partial w}
$$

定义了m 阶的辛差分格式$z=z^k\rightarrow z^{k+1}=\widehat{z}$.

$$
A_\alpha z^{k+1}+B_\alpha z^k=\frac{\partial\psi^{(m)}(C_\alpha z^{k+1}+D_\alpha z^k,\tau)}{\partial w}.
$$

有下列交换关系:

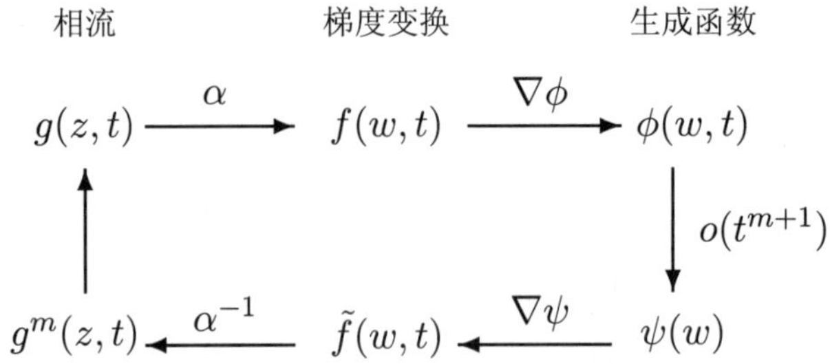

《哈密尔顿系统的辛几何算法》第七章[冯康等03] 介绍了Runge-Kutta 辛算法(简称为R-K辛算法)和PRK 辛算法. 这些算法是不是也有生成函数呢? Lasagni在1990年得到了Runge-Kutta 辛算法和PRK 辛算法的生成函数[Las90].

定理 1.2.5 假设系统满足辛条件:

$$b_i a_{ij} + b_j a_{ji} = b_i b_j, \quad \forall\, i, j = 1, \cdots, s,$$

于是R-K 辛算法:

$$\begin{aligned} p^{k+1} &= p^k - \tau \sum_{i=1}^{s} b_i H_q(P_i, Q_i), \quad P_i = p - \tau \sum_{j=1}^{s} a_{ij} H_q(P_j, Q_j), \\ q^{k+1} &= q^k + \tau \sum_{i=1}^{s} b_i H_p(P_i, Q_i), \quad Q_i = q + \tau \sum_{j=1}^{s} a_{ij} H_p(P_j, Q_j) \end{aligned} \tag{1.2.15}$$

存在生成函数

$$\phi(p_{k+1}, q_k, \tau) = \tau \sum_{i=1}^{s} b_i H(P_i, Q_i) - \tau^2 \sum_{i,j=1}^{s} b_i a_{ij} H_q(P_i, Q_i)^{\mathrm{T}} H_p(P_j, Q_j),$$

使得算法能改写成

$$p_k = p_{k+1} + \frac{\partial \phi}{\partial q_k}(p_{k+1}, q_k), \quad q_{k+1} = q_k + \frac{\partial \phi}{\partial p_{k+1}}(p_{k+1}, q_k).$$

定理 1.2.6 假设在PRK 辛算法中满足辛条件:

$$\left.\begin{aligned} & b_i \bar{a}_{ij} + \bar{b}_j a_{ji} = b_i \bar{b}_j, \\ & b_i = \bar{b}_i, \end{aligned}\right\} \quad \forall\, i, j = 1, \cdots, s,$$

则PRK 辛算法:

$$
\begin{aligned}
p^{k+1} &= p^k - \tau \sum_{i=1}^{s} b_i H_q(P_i, Q_i), \quad P_i = p^k - \tau \sum_{j=1}^{s} a_{ij} H_q(P_j, Q_j), \\
q^{k+1} &= q^k + \tau \sum_{i=1}^{s} \bar{b}_i H_p(P_i, Q_i), \quad Q_i = q^k + \tau \sum_{j=1}^{s} \bar{a}_{ij} H_p(P_j, Q_j)
\end{aligned}
\tag{1.2.16}
$$

存在生成函数

$$
\phi(p_{k+1}, q_k, \tau) = \tau \sum_{i=1}^{s} b_i H(P_i, Q_i) - \tau^2 \sum_{i,j=1}^{s} b_i \bar{a}_{ij} H_q(P_i, Q_i)^{\mathrm{T}} H_p(P_j, Q_j),
$$

并可将算法改写为

$$
p_k = p_{k+1} + \frac{\partial \phi}{\partial q_k}(p_{k+1}, q_k), \quad q_{k+1} = q_k + \frac{\partial \phi}{\partial p_{k+1}}(p_{k+1}, q_k).
$$

§1.3 一般意义下的生成函数法

从前面的叙述可以看出, 生成函数虽然起源于辛几何, 但却并不仅仅只有辛映射可以被一个函数生成, 在满足一定条件的情况下, 任何一个可微映射都可以和某个函数发生关系, 这个函数就是这个可微映射的生成函数.

定理 1.3.1 记$\alpha \in GL(2n)$, $\alpha = \begin{bmatrix} A_\alpha & B_\alpha \\ C_\alpha & D_\alpha \end{bmatrix}$. 记$\alpha^{-1} = \begin{bmatrix} A^\alpha & B^\alpha \\ C^\alpha & D^\alpha \end{bmatrix}$. 如果$g : \mathbf{R}^n \to \mathbf{R}^n$, $\widehat{z} = g(z)$ 是一个可微映射, 并且$\mathbf{R}^n$ 的某点$z_0 \in \mathbf{R}^n$, 为满足横截条件

$$
|C_\alpha M(z_0) + D_\alpha| \neq 0, \quad M(z_0) = \frac{\partial g}{\partial z}(z_0),
$$

则在$w_0 = C_\alpha g(z_0) + D_\alpha z_0 \in \mathbf{R}^n$ 的邻域W, 存在惟一映射$f : W \to \mathbf{R}^n$, 使得$\widehat{z} = g(z)$ 满足

$$
A_\alpha \widehat{z} + B_\alpha z = f(C_\alpha \widehat{z} + D_\alpha z).
$$

反之, 如果映射f 在$w_0 \in \mathbf{R}^n$ 满足下面的横截条件:

$$
|N(w_0) C_\alpha - A_\alpha| \neq 0, \quad N(w_0) = \frac{\partial f}{\partial w}(w_0),
$$

则在$z_0 = C^\alpha f(w_0) + D^\alpha w_0 \in \mathbf{R}^n$ 的邻域V, 存在惟一映射$g : V \to \mathbf{R}^n$, 使得$\widehat{w} = f(w)$ 满足

$$
A^\alpha \widehat{w} + B^\alpha w = g(C^\alpha \widehat{w} + D^\alpha w).
$$

同样地，如果映射g依赖于时间t，也即g^t是自治系统

$$\dot{z} = a(z) \tag{1.3.1}$$

的相流，其中$a(z) = (a_1(z), a_2(z), \cdots, a_n(z))^{\mathrm{T}}$，可有下面的定理.

定理 1.3.2 设 $\alpha \in GL(2n)$，记 $\alpha^{-1} = \begin{bmatrix} A^\alpha & B^\alpha \\ C^\alpha & D^\alpha \end{bmatrix}$，假设$M_0 = \left.\dfrac{\partial G(z,t)}{\partial t}\right|_{t=0} \in GL(2n)$，$M_0$ 满足条件$|C_\alpha M_0 + D_\alpha| \neq 0$，则映射 $\widehat{z} = G(z,t) = g^t(M_0 z)$ 的生成函数$f(w,t)$ 在 $|t|$ 充分小和$\mathbf{R}^n$ 的小邻域是有意义的，并且$f(w,t)$ 满足推广的 Hamilton-Jacobi 方程

$$\frac{\partial f}{\partial t} = \left(A_\alpha - \frac{\partial f}{\partial w} C_\alpha\right) a(A^\alpha f + B^\alpha w)$$

和初始条件

$$f(w,0) = (A_\alpha M_0 + B_\alpha)(C_\alpha M_0 + D_\alpha)^{-1} w.$$

在上面的定理中，g 和α 的选取惟一决定了生成映射f. 在这里特别指出的是，当g 属于$\mathbf{R}^n$ 上的某可逆变换群的子群时，定理显示，在适当选取 α 后，相应的生成映射一定属于某特定的集合.

§1.4 保体积格式的生成函数法

《哈密尔顿系统的辛几何算法》一书[冯康等03],[FQ10]中已系统介绍了保体积格式的生成函数法[FS95],[Sha94a],[Sha94b]，本节将简要叙述这一算法的思想及一些推广[1].

$\widehat{z} = g(z)$ 是保体积变换的必要充分条件为

$$\left|\frac{\partial g(z)}{\partial z}\right| = \begin{vmatrix} \dfrac{\partial g_1}{\partial z_1} \cdots \dfrac{\partial g_1}{\partial z_n} \\ \cdots\ \cdots\ \cdots \\ \dfrac{\partial g_n}{\partial z_1} \cdots \dfrac{\partial g_n}{\partial z_n} \end{vmatrix} = 1. \tag{1.4.1}$$

假设$\alpha = \begin{bmatrix} A_\alpha & B_\alpha \\ C_\alpha & D_\alpha \end{bmatrix}$，给定变换$\widehat{w} = f(w)$，下面讨论是否存在保体积变换$\widehat{z} = g(z)$，

$$A_\alpha g(z) + B_\alpha z = f(C_\alpha g(z) + D_\alpha z), \tag{1.4.2}$$

[1]有关保体积格式的其他数值方法可参考相关文献[Qui95],[Sur96],[TH85],[QL00],[QZ93].

使得g 是保体积变换f.

$$
\begin{aligned}
A_\alpha\frac{\partial g}{\partial z}+B_\alpha&=\frac{\partial f(w)}{\partial w}\left(C_\alpha\frac{\partial g}{\partial z}+D_\alpha\right),\\
\frac{\partial f(w)}{\partial w}&=\left(A_\alpha\frac{\partial g}{\partial z}+B_\alpha\right)\left(C_\alpha\frac{\partial g}{\partial z}+D_\alpha\right)^{-1}=\sigma_\alpha\left(\frac{\partial g(z)}{\partial z}\right),\\
\frac{\partial g(z)}{\partial z}&=\sigma_\alpha^{-1}\left(\frac{\partial f(w)}{\partial w}\right)=\left(\frac{\partial f}{\partial w}C_\alpha-A_\alpha\right)^{-1}\left(B_\alpha-\frac{\partial f(w)}{\partial w}D_\alpha\right),\\
1=\left|\frac{\partial g(z)}{\partial z}\right|&\iff\left|\frac{\partial f(w)}{\partial w}C_\alpha-A_\alpha\right|\equiv\left|B_\alpha-\frac{\partial f(w)}{\partial w}D_\alpha\right|\neq 0\\
&\iff\begin{bmatrix}A_\alpha & \dfrac{\partial f}{\partial w}\\ C_\alpha & I\end{bmatrix}=\begin{bmatrix}\dfrac{\partial f}{\partial w} & B_\alpha\\ I & D_\alpha\end{bmatrix}\neq 0,
\end{aligned}\tag{1.4.3}
$$

这样条件(1.4.3) 即横截条件, 就是对于给定$\widehat{w}=f(w)$, 存在保体积变换$\widehat{z}=g(z)$ 的条件.

现在讨论选择什么样的$\alpha=\begin{bmatrix}A_\alpha & B_\alpha\\ C_\alpha & D_\alpha\end{bmatrix}$, 使得

$$
\frac{\partial f_1}{\partial w_1}=\frac{\partial(f_2\cdots f_n)}{\partial(w_2\cdots w_n)}.\tag{1.4.4}
$$

例如, α 可取Hadamard 矩阵, 使得

$$
\begin{vmatrix}A_\alpha & \dfrac{\partial f}{\partial w}\\ C_\alpha & I\end{vmatrix}=1=\left|\begin{array}{c|c}A_\alpha & \begin{matrix}\dfrac{\partial f_1}{\partial w_1}\cdots\dfrac{\partial f_1}{\partial w_n}\\ \cdots\ \cdots\ \cdots\\ \dfrac{\partial f_n}{\partial w_1}\cdots\dfrac{\partial f_n}{\partial w_n}\end{matrix}\\ \hline C_\alpha & I\end{array}\right|,
$$

满足条件(1.4.4).

定义 1.4.1 每行每列都只有一个元素为1, 而其余元素为0 的矩阵称为Hadamard 矩阵. 它的表达式为

$$
\alpha=\begin{bmatrix}I-C_\alpha & C_\alpha\\ C_\alpha & I-C_\alpha\end{bmatrix}.\tag{1.4.5}
$$

例如:

$$
I=\begin{bmatrix}1 & & 0\\ & \ddots & \\ 0 & & 1\end{bmatrix},\quad C_\alpha=\begin{bmatrix}1 & 0\cdots 0\\ \vdots & 0\end{bmatrix}.
$$

在$\mathbf{R}^3$中,

$$C_\alpha = \begin{bmatrix} 1 & 0 & 0 \\ 0 & 0 & 0 \\ 0 & 0 & 0 \end{bmatrix} = B_\alpha, \quad A_\alpha = D_\alpha = I - C_\alpha = \begin{bmatrix} 0 & 0 & 0 \\ 0 & 1 & 0 \\ 0 & 0 & 1 \end{bmatrix},$$

那么此时

$$\alpha = \left[\begin{array}{ccc|ccc} 0 & 0 & 0 & 1 & 0 & 0 \\ 0 & 1 & 0 & 0 & 0 & 0 \\ 0 & 0 & 1 & 0 & 0 & 0 \\ \hline 1 & 0 & 0 & 0 & 0 & 0 \\ 0 & 0 & 0 & 0 & 1 & 0 \\ 0 & 0 & 0 & 0 & 0 & 1 \end{array}\right],$$

而

$$\begin{aligned} \left|\frac{\partial g}{\partial z}\right| &= \left|\frac{\partial f(w)}{\partial w} C_\alpha - A_\alpha\right| \\ &= (-1)^3 \begin{vmatrix} 0 & 0 & 0 & \dfrac{\partial f_1}{\partial w_1} & \dfrac{\partial f_1}{\partial w_2} & \dfrac{\partial f_1}{\partial w_3} \\ 0 & 1 & 0 & \dfrac{\partial f_2}{\partial w_1} & \dfrac{\partial f_2}{\partial w_2} & \dfrac{\partial f_2}{\partial w_3} \\ 0 & 0 & 1 & \dfrac{\partial f_3}{\partial w_1} & \dfrac{\partial f_3}{\partial w_2} & \dfrac{\partial f_3}{\partial w_3} \\ 1 & 0 & 0 & 1 & 0 & 0 \\ 0 & 0 & 0 & 0 & 1 & 0 \\ 0 & 0 & 0 & 0 & 0 & 1 \end{vmatrix} = \begin{vmatrix} \dfrac{\partial f_1}{\partial w_1} & \dfrac{\partial f_2}{\partial w_1} & \dfrac{\partial f_3}{\partial w_1} \\ 0 & 1 & 0 \\ 0 & 0 & 1 \end{vmatrix}, \end{aligned}$$

$$\left|B_\alpha - \frac{\partial f}{\partial w} D_\alpha\right| = (-1)^3 \left|\begin{array}{ccc|ccc} \dfrac{\partial f_1}{\partial w_1} & \dfrac{\partial f_1}{\partial w_2} & \dfrac{\partial f_1}{\partial w_3} & 1 & 0 & 0 \\ \dfrac{\partial f_2}{\partial w_1} & \dfrac{\partial f_2}{\partial w_2} & \dfrac{\partial f_2}{\partial w_3} & 0 & 0 & 0 \\ \dfrac{\partial f_3}{\partial w_1} & \dfrac{\partial f_3}{\partial w_2} & \dfrac{\partial f_3}{\partial w_3} & 0 & 0 & 0 \\ \hline 1 & 0 & 0 & 0 & 0 & 0 \\ 0 & 1 & 0 & 0 & 1 & 0 \\ 0 & 0 & 1 & 0 & 0 & 1 \end{array}\right| = -\left|\frac{\partial(f_2, f_3)}{\partial(w_2, w_3)}\right|,$$

由关系式(1.4.3) 可得(1.4.4), 即

$$\frac{\partial f_1}{\partial w_1} = \left|\frac{\partial(f_2, f_3)}{\partial(w_2, w_3)}\right|.$$

式(1.4.5) 中的α 可选取

$$\alpha_{(1,1)}=\begin{bmatrix} I_n-E_{11} & E_{11}\\ E_{11} & I_n-E_{11}\end{bmatrix}, \tag{1.4.6}$$

或可选

$$\alpha_{(1,2)}=\begin{bmatrix} I_n+E_{12}-E_{11}-E_{22} & E_{11}\\ E_{11} & I_n+E_{21}-E_{11}-E_{22}\end{bmatrix}. \tag{1.4.7}$$

考虑一类Hadamard 矩阵:

$$\alpha=\begin{bmatrix} A_\alpha & B_\alpha\\ C_\alpha & D_\alpha\end{bmatrix}.$$

取$A_\alpha=\widehat{E}_{rs}$, $B_\alpha=E_{ij}$, $C_\alpha=E_{rs}$, $D_\alpha=\widehat{E}_{rj}$, 其中$E_{rs}\,(1\le r\le n,\ 1\le s\le n)$ 表示只有第r 行第s 列的元素为1, 其余元素为0 的$n\times n$ 矩阵, $\widehat{E}_{rs}$ 表示位于r 行s 列的所有元素为0, 而去掉r 行和s 列剩下的元素构成$(n-1)\times(n-1)$ 阶Hadamard 矩阵.

引理 1.4.1

$$\alpha^{-1}=\begin{bmatrix} A^\alpha & B^\alpha\\ C^\alpha & D^\alpha\end{bmatrix}=\begin{bmatrix} A_\alpha^{\mathrm{T}} & C_\alpha^{\mathrm{T}}\\ B_\alpha^{\mathrm{T}} & D_\alpha^{\mathrm{T}}\end{bmatrix}$$

考虑一个无源系统:

$$\dot{z}=a(z), \tag{1.4.8}$$

$$\operatorname{div} a=\sum\frac{\partial a_j}{\partial z_j}=0.$$

设g_a^t是一个保体积映射, 则存在一个生成函数$f_{\alpha,g}^t=f^t$, 使$\widehat{z}=g(z)$满足:

$$A_\alpha g_\alpha^t(z)+B_\alpha z=f(C_\alpha g^t(z)+D_\alpha z,t), \tag{1.4.9}$$

$$\begin{bmatrix}\widehat{w}=f(w,t)\\ w\end{bmatrix}=\alpha\begin{bmatrix}\widehat{z}=g^t(z)\\ z\end{bmatrix}=\begin{bmatrix} A_\alpha & B_\alpha\\ C_\alpha & D_\alpha\end{bmatrix}\begin{bmatrix}\widehat{z}\\ z\end{bmatrix},$$

$$\begin{bmatrix}\widehat{z}=g^t(z)\\ z\end{bmatrix}=\alpha^{-1}\begin{bmatrix}\widehat{w}=f(w,t)\\ w\end{bmatrix}=\begin{bmatrix} A^\alpha & B^\alpha\\ C^\alpha & D^\alpha\end{bmatrix}\begin{bmatrix}\widehat{w}\\ w\end{bmatrix},$$

$$\widehat{z}=g^t(z)=A^\alpha f(w,t)+B^\alpha w,\quad z=C^\alpha f(w,t)+D^\alpha w.$$

在方程(1.4.9) 两边对t 微分, 得

$$A_\alpha a(A^\alpha f(w,t)+B^\alpha w)=\frac{\partial f}{\partial w}(w,t)C_\alpha a(A^\alpha f(w,t)+B^\alpha w)+\frac{\partial f}{\partial t}(w,t),$$

即

$$\begin{cases} \dfrac{\partial f}{\partial t} = \left(A_\alpha - \dfrac{\partial f}{\partial w} C_\alpha\right) a(A^\alpha f + B^\alpha w), \\ f(w,0) = (A_\alpha M_0 + B_\alpha)(C_\alpha M_0 + D_\alpha)^{-1} w, \end{cases} \tag{1.4.10}$$

要求f 满足条件

$$\begin{bmatrix} A_\alpha & \dfrac{\partial f}{\partial w}(w,t) \\ C_\alpha & I \end{bmatrix} = \begin{bmatrix} \dfrac{\partial f}{\partial w}(w,t) & B_\alpha \\ I & D_\alpha \end{bmatrix}. \tag{1.4.11}$$

取(1.4.6) 中的特殊情况$\alpha_{(1,1)}$, 则条件(1.4.11) 变成关系式

$$\frac{\partial f_1}{\partial w_1} = \left| \frac{\partial(f_2, \cdots, f_n)}{\partial(w_2, \cdots, w_n)} \right|, \tag{1.4.12}$$

展开方程(1.4.10), 得到下列Cauchy问题:

$$\begin{cases} \dfrac{\partial f_1}{\partial t_1} = -a_1(w_1, f_2, \cdots, f_n) \dfrac{\partial f_1}{\partial w_1}, \\ \vdots \\ \dfrac{\partial f_k}{\partial t_k} = a_k(w_1, f_2, \cdots, f_n) - a_1(w_1, f_2, \cdots, f_n) \dfrac{\partial f_k}{\partial w_1}, \\ \qquad \text{当 } k \geq 2, \quad f(w,0) = w. \end{cases} \tag{1.4.13}$$

先解出方程(1.4.13)第一式得

$$f_1(w,t) = w_1 - \int_0^t a_1(w_1, f_2(w,\tau), \cdots, f_n(w,\tau)) \left| \frac{\partial(f_2, \cdots, f_n)}{\partial(w_2, \cdots, w_n)} \right| (w,\tau)\, \mathrm{d}\tau. \tag{1.4.14}$$

$f_2, \cdots, f_n$可独立地被(1.4.13)式中第二式($k = 2, \cdots, n$)所确定, 称这些是形式为$\alpha_{(1,1)}$ 的无源系统(1.4.8)的生成函数.

对(1.4.7)中$a_{(1,2)}$, 方程(1.4.10)变为:

$$\begin{aligned} \frac{\partial f_1}{\partial t} &= a_2(w_1, f_1, f_3, \cdots, f_n) - a_1(w_1, f_1, f_3, \cdots, f_n) \frac{\partial f_1}{\partial w_1}, \\ \frac{\partial f_2}{\partial t} &= -a_1(w_1, f_1, f_3, \cdots, f_n) \frac{\partial f_2}{\partial w_1}, \\ \frac{\partial f_k}{\partial t} &= a_k(w_1, f_1, f_3, \cdots, f_n) - a_1(w_1, f_1, f_3, \cdots, f_n) \frac{\partial f_k}{\partial w_1}, \quad k = 3, \cdots, n. \end{aligned}$$

当$\alpha=\alpha_{(1,2)}$时, 取

$$M_0=\begin{bmatrix}0 & -1 & 0 & \cdots & 0\\ 1 & 0 & 0 & \cdots & 0\\ 0 & 0 & 1 & \cdots & 0\\ 0 & 0 & 0 & \cdots & 1\end{bmatrix}\in SL(n), \tag{1.4.15}$$

这时(1.4.10) 中的初始条件变为

$$f(w,0)=M_0^{-1}w,$$

或分量形式为:

$$\begin{aligned}&f_1(w_1,w_2,\cdots,w_n,0)=w_2,\\ &f_2(w_1,w_2,\cdots,w_n,0)=-w_1,\\ &f_k(w_1,w_2,\cdots,w_n,0)=w_k,\quad k=3,\cdots,n,\end{aligned}$$

于是方程满足初始条件, 关系式(1.4.11) 变为

$$\frac{\partial f_2}{\partial w_1}=\left|\frac{\partial(f_1,f_3,\cdots,f_n)}{\partial(w_2,w_3,\cdots,w_n)}\right|.$$

因此

$$\begin{aligned}f_2(w,t)\;=\;&-w_1-\int_0^t a_1\big(w_1,f_1(w,\tau),f_3(w,\tau),\cdots,f_n(w,\tau)\big)\\ &\cdot\left|\frac{\partial(f_1,f_3,\cdots,f_n)}{\partial(w_2,w_3,\cdots,w_n)}\right|(w,t)\,\mathrm{d}\tau.\end{aligned} \tag{1.4.16}$$

于是得到下列定理.

定理 1.4.1 假设动力系统(1.4.8) 是无源系统, 于是满足初始条件的相流$\widehat{z}=g_\alpha^t(z)$能够由$n-1$ 个函数$f_2,\cdots,f_n$生成:

$$\begin{aligned}&z_1=f_1(\widehat{z}_1,z_2,\cdots,z_n,t),\\ &\widehat{z}_k=f_k(\widehat{z}_1,z_2,\cdots,z_n,t),\quad k=2,\cdots,n,\end{aligned}$$

其中$f_2,\cdots,f_n$ 是下列Cauchy问题的解:

$$\begin{aligned}&\frac{\partial f_k}{\partial t}=a_k(w_1,f_2,\cdots,f_n)-a(w_1,f_2,\cdots,f_n)\frac{\partial f_k}{\partial w_1},\\ &f_k(w_1,w_2,\cdots,w_n,0)=w_k,\quad k=2,\cdots,n,\end{aligned}$$

而函数f_1 由$f_2,\cdots,f_n$ 通过关系式(1.4.14) 确定.

定理 1.4.2 假设动力系统(1.4.8) 是无源系统, 则满足初始条件的相流$\widehat{z} = g_\alpha^t(M_0 z)$, 其中$M_0$ 由(1.4.15) 确定, 这个解由$n-1$ 个函数生成, $f_1, f_3, \cdots, f_n$ 有下列关系式:

$$\begin{aligned}
&\widehat{z}_1 = f_1(\widehat{z}_1, z_1, z_3, \cdots, z_n, t),\\
&z_2 = f_2(\widehat{z}_1, z_1, z_3, \cdots, z_n, t),\\
&\widehat{z}_k = f_k(\widehat{z}_1, z_1, z_3, \cdots, z_n, t), \quad k = 3, \cdots, n,
\end{aligned}$$

其中函数$f_1, f_3, \cdots, f_n$是下列Cauahy问题的解:

$$\begin{aligned}
&\frac{\partial f_1}{\partial t} = a_2(w_1, f_1, f_3, \cdots, f_n) - a_1(w_1, f_1, f_3, \cdots, f_n)\frac{\partial f_1}{\partial w_1},\\
&\frac{\partial f_k}{\partial t} = a_k(w_1, f_1, f_3, \cdots, f_n) - a_1(w_1, f_1, f_3, \cdots, f_n)\frac{\partial f_k}{\partial w_1},\\
&f_1(w_1, w_2, \cdots, w_n, 0) = w_2,\\
&f_k(w_1, w_2, \cdots, w_n, 0) = w_k, \quad k = 3, \cdots, n,
\end{aligned}$$

而f_2 由函数$f_1, f_3, \cdots, f_n$ 通过关系式(1.4.16) 确定.

下面更加一般的Hadamard 矩阵是由孙雅娟提出的[孙雅娟03]. 设$A_\alpha, B_\alpha, C_{\alpha 1}, \cdots, C_{\alpha n}, D_{\alpha 1}, \cdots, D_{\alpha n}$ 是$n \times n$ 矩阵, 记$A_\alpha^{ij}, B_\alpha^{ij}, C_{\alpha 1}^{ij}, \cdots, C_{\alpha n}^{ij}, D_{\alpha 1}^{ij}, \cdots, D_{\alpha n}^{ij}$ 表示各个矩阵的分量, 如果映射$g: \mathbf{R}^n \to \mathbf{R}^n$, $\widehat{z} = g(z)$ 由下式隐式地确定:

$$\begin{aligned}
&\sum_{i=1}^n A_\alpha^{1i}\widehat{z}_i + \sum_{i=1}^n B_\alpha^{1i} z_i = f_1\left(\sum_{i=1}^n C_{\alpha_1}^{1i}\widehat{z}_i + \sum_{i=1}^n D_{\alpha 1}^{1i} z_i, \cdots, \sum_{i=1}^n C_{\alpha 1}^{ni}\widehat{z}_i + \sum_{i=1}^n D_\alpha^{ni} z_i\right),\\
&\qquad\vdots\\
&\sum_{i=1}^n A_\alpha^{ni}\widehat{z}_i + \sum_{i=1}^n B_\alpha^{ni} z_i = f_n\left(\sum_{i=1}^n C_{\alpha n}^{1i}\widehat{z}_i + \sum_{i=1}^n D_{\alpha n}^{1i} z_i, \cdots, \sum_{i=1}^n C_{\alpha n}^{ni}\widehat{z}_i + \sum_{i=1}^n D_{\alpha n}^{ni} z_i\right),
\end{aligned} \tag{1.4.17}$$

其中f 是$\mathbf{R}^n \to \mathbf{R}^n$ 的映射.

定理 1.4.3 假设映射$\widehat{z} = g(z)$ 由(1.4.17) 隐式地确定, 则$g: \mathbf{R}^n \to \mathbf{R}^n$ 是保体积映射的充要条件为

$$\left|A_\alpha - \sum_i \frac{\partial f_j}{\partial w_i} C_{\alpha_k}^{ik}\right| = \left|\sum_i \frac{\partial f_j}{\partial w_i} D_{\alpha_k}^{ik} - B_\alpha\right|, \tag{1.4.18}$$

即

$$\begin{bmatrix} A_\alpha^{11}-\sum_{i=1}^{n}\frac{\partial f_1}{\partial w_i}C_{\alpha 1}^{i1} & \cdots & A_\alpha^{1n}-\sum_{i=1}^{n}\frac{\partial f_1}{\partial w_i}C_{\alpha 1}^{in} \\ \cdots & \cdots & \cdots \\ A_\alpha^{n1}-\sum_{i=1}^{n}\frac{\partial f_n}{\partial w_i}C_{\alpha n}^{i1} & \cdots & A_\alpha^{nn}-\sum_{i=1}^{n}\frac{\partial f_n}{\partial w_i}C_{\alpha n}^{in} \end{bmatrix}$$
$$= \begin{bmatrix} -B_\alpha^{11}+\sum_{i=1}^{n}\frac{\partial f_1}{\partial w_i}D_{\alpha 1}^{i1} & \cdots & -B_\alpha^{1n}+\sum_{i=1}^{n}\frac{\partial f_1}{\partial w_i}D_{\alpha 1}^{in} \\ \cdots & \cdots & \cdots \\ -B_\alpha^{n1}+\sum_{i=1}^{n}\frac{\partial f_n}{\partial w_i}D_{\alpha n}^{i1} & \cdots & -B_\alpha^{nn}+\sum_{i=1}^{n}\frac{\partial f_n}{\partial w_i}D_{\alpha n}^{in} \end{bmatrix}. \tag{1.4.19}$$

当$C_{\alpha 1}=\cdots=C_{\alpha n}=C_\alpha$, $D_{\alpha 1}=\cdots=D_{\alpha n}=D_\alpha$ 时, 定理的充分必要条件(1.4.19) 简化为条件(1.4.3). 对$n=3$ 情形, 如果选取:

$$A_\alpha=\begin{bmatrix}0&0&0\\0&1&0\\0&0&1\end{bmatrix},\quad B_\alpha=\begin{bmatrix}1&0&0\\0&0&0\\0&0&0\end{bmatrix},\quad C_{\alpha i}=\begin{bmatrix}1&0&0\\0&0&0\\0&0&0\end{bmatrix},$$
$$C_{\alpha 3}=\begin{bmatrix}1&0&0\\0&1&0\\0&0&0\end{bmatrix},\quad D_{\alpha 3}=\begin{bmatrix}0&0&0\\0&0&0\\0&0&1\end{bmatrix},\quad D_{\alpha i}=\begin{bmatrix}0&0&0\\0&1&0\\0&0&1\end{bmatrix}, i=1,2,$$

则(1.4.17)简化为[Qui95]:

$$\begin{aligned} z_1&=f_1(\widehat{z}_1,z_2,z_3),\\ \widehat{z}_2&=f_2(\widehat{z}_1,z_2,z_3),\\ \widehat{z}_3&=f_3(\widehat{z}_1,\widehat{z}_2,z_3). \end{aligned} \tag{1.4.20}$$

易验证, 在条件

$$\frac{\partial f_1}{\partial w_1}=\frac{\partial f_2}{\partial w_2}\frac{\partial f_3}{\partial w_3} \tag{1.4.21}$$

下, (1.4.20) 隐含的映射$g:z\to\widehat{z}$是保体积映射, 其中$f=(f_1,f_2,f_3)$ 可称为相应映射g 的生成映射.

如果把$n\times n$ 矩阵$A_\alpha, B_\alpha, C_{\alpha i}, D_{\alpha i}$ $(i=1,\cdots,n)$ 按行分块, 譬如A_α 划分为$A_\alpha=({A_\alpha^1}^{\mathrm T},\cdots,{A_\alpha^n}^{\mathrm T})^{\mathrm T}$, 记$o$为所有元素为0 的零向量, e_i 是第i 行为1 其余为0

的行向量, 选取:

$$\left.\begin{array}{l}A_\alpha^l=0,\\ B_\alpha^l=e_l,\end{array}\right\}\quad l=1,\cdots,i_1,\qquad \left.\begin{array}{l}A_\alpha^l=e_l,\\ B_\alpha^l=0,\end{array}\right\}\quad l=i_1+1,\cdots,n,$$

$$\left.\begin{array}{l}C_{\alpha m}^l=e_l,\\ D_{\alpha m}^l=0,\end{array}\right\}\quad l=1,\cdots,i_1,\qquad \left.\begin{array}{l}C_{\alpha m}^l=0,\\ D_{\alpha m}^l=e_l,\end{array}\right\}\quad \begin{array}{l}l=i_1+1,\cdots,n,\\ m=1,\cdots,i_2,\end{array}$$

$$\left.\begin{array}{l}C_{\alpha m}^l=e_l,\\ D_{\alpha m}^l=0,\end{array}\right\}\quad l=1,\cdots,i_{k-1},\qquad \left.\begin{array}{l}C_{\alpha m}^l=0,\\ D_{\alpha m}^l=e_l,\end{array}\right\}\quad \begin{array}{l}l=i_{k-1}+1,\cdots,n,\\ k=3,\cdots,n,\end{array}$$

则(1.4.17)简化为:

$$\begin{cases}z_1=f_1(\widehat{z}_1,\cdots,\widehat{z}_{i_1},z_{i_1+1},\cdots,z_{i_{k-1}+1},\cdots,z_n),\\ \quad\vdots\\ z_{i_1}=f_{i_1}(\widehat{z}_1,\cdots,\widehat{z}_{i_1},z_{i_1+1},\cdots,z_{i_{k-1}+1},\cdots,z_n),\end{cases}$$

$$\begin{cases}\widehat{z}_{i_1+1}=f_{i_1+1}(\widehat{z}_1,\cdots,\widehat{z}_{i_1},z_{i_1+1},\cdots,z_{i_{k-1}+1},\cdots,z_n),\\ \quad\vdots\\ \widehat{z}_{i_2}=f_{i_1}(\widehat{z}_1,\cdots,\widehat{z}_{i_1},z_{i_1+1},\cdots,z_{i_{k-1}+1},\cdots,z_n),\end{cases}\tag{1.4.22}$$

$$\begin{cases}\widehat{z}_{i_{k-1}+1}=f_{i_{k-1}+1}(\widehat{z}_1,\cdots,\widehat{z}_{i_1},\widehat{z}_{i_1+1},\cdots,\widehat{z}_{i_{k-1}},z_{i_{k-1}+1},\cdots,z_n),\\ \quad\vdots\\ \widehat{z}_n=f_n(\widehat{z}_1,\cdots,\widehat{z}_{i_1},\widehat{z}_{i_1+1},\cdots,\widehat{z}_{i_{k-1}},z_{i_{k-1}+1},\cdots,z_n).\end{cases}$$

前面几节已经介绍得十分清楚, 如果变换$g^t: z\to\widehat{z}$是依赖时间的, 则它的生成映射f 同样是依赖时间的, 并且f 满足推广的Hamilton-Jacobi方程. 这个方程对于构造高精度格式非常重要.

考虑动力学系统$\dot{z}=a(z)$, 假设$a(z)$ 是无源向量场, 则相流$\widehat{z}=g^t(z)=g(z,t)$是$\mathbf{R}^3\to\mathbf{R}^3$ 的保体积映射. 显然, 在条件(1.4.21) 下, 含时间t 的(1.4.20)式, 即

$$\begin{aligned}z_1&=f_1(\widehat{z}_1,z_2,z_3,t),\\ \widehat{z}_2&=f_2(\widehat{z}_1,z_2,z_3,t),\\ \widehat{z}_3&=f_3(\widehat{z}_1,\widehat{z}_2,z_3,t)\end{aligned}\tag{1.4.23}$$

可隐含相流$g^t: z\to\widehat{z}$是保体积映射. 设$w=(\widehat{z}_1,z_2,z_3)$, 对(1.4.23) 中三个等式的$t$

分别求导, 利用公式(1.4.10) 得到:

$$\frac{\partial f_1}{\partial t} = -\frac{\partial f_1}{\partial w_1}(w_1,w_2,w_3,t)a_1(w_1,f_2(w_1,w_2,w_3,t),f_3(w_1,f_2,w_3,t)), \tag{1.4.24}$$

$$\frac{\partial f_2}{\partial t} = a_2(w_1,f_2(w_1,w_2,w_3,t),f_3(w_1,f_2,w_3,t)) - \frac{\partial f_2}{\partial w_1}(w_1,w_2,w_3,t)a_1(w_1,f_2,f_3), \tag{1.4.25}$$

$$\begin{aligned}\frac{\partial f_3}{\partial t} &= a_3(w_1,f_2(w_1,w_2,w_3,t),f_3(w_1,f_2,w_3,t)) - \frac{\partial f_3}{\partial w_1}(w_1,f_2,w_3,t)a_1(w_1,f_2,f_3)\\ &\quad -\frac{\partial f_3}{\partial w_2}(w_1,f_2,w_3,t)a_2(w_1,f_2,f_3),\end{aligned} \tag{1.4.26}$$

(1.4.24) – (1.4.26) 就是$f=(f_1,f_2,f_3)$ 需要满足的推广的**H-J**方程, 并且在初始条件

$$f_1(w_1,w_2,w_3,0)=w_1,\quad f_2(w_1,w_2,w_3,0)=w_2,$$

$$f_3(w_1,f_2(w_1,w_2,w_3,0),w_3,0)=f_3(w_1,w_2,w_3,0)=w_3$$

下, f 可惟一确定. 将(1.4.21) 式代入(1.4.24) 式, 有

$$\frac{\partial f_1}{\partial t} = -\frac{\partial f_2}{\partial w_2}\frac{\partial f_3}{\partial w_3}a_1\big(w_1,f_2(w_1,w_2,w_3,t),f_3(w_1,f_2,w_3,t)\big),$$

即

$$f_1(w,t)=w_1-\int_1^t \frac{\partial f_2}{\partial w_2}(w_1,w_2,w_3,\tau)\frac{\partial f_3}{\partial w_3}(w_1,f_2,w_3,\tau)a_1(w_1,f_2,f_3)\,\mathrm{d}\tau,$$

因此保体积映射g^t 本质上是由两个函数生成的.

假设$a(z)$ 在z 解析, 由方程(1.4.24) – (1.4.26) 可知, f 在t 解析. 在$|t|$ 的小邻域展开$f=(f_1,f_2,f_3)$ 为:

$$\begin{aligned}f_1(w_1,w_2,w_3,t) &= \sum_{k=0}^{\infty} f_1^{(k)}(w_1,w_2,w_3)\,t^k,\\ f_2(w_1,w_2,w_3,t) &= \sum_{k=0}^{\infty} f_2^{(k)}(w_1,w_2,w_3)\,t^k,\\ f_3(w_1,f_2,w_3,t) &= \sum_{k=0}^{\infty} \tilde{f}_3^{(k)}(w_1,f_2,w_3)\,t^k\\ &= \tilde{f}_3^{(0)}(w_1,w_2,w_3)+\sum_{k=1}^{\infty}\left(\tilde{f}_3^{(k)}+\sum_{l=0}^{k-1}\sum_{m=1}^{k-l}\sum_{\substack{i_1+\cdots+i_m=k-l\\ i_i\geq 1}}\frac{1}{m!}\right.\\ &\quad\left.\cdot\frac{\partial^m \tilde{f}_3^{(l)}}{\partial {w_2}^m}f_2^{(i_1)}\cdots f_2^{(i_m)}\right)\cdot(w_1,w_2,w_3)\,t^k=\sum_{k=0}^{\infty}f_3^{(k)}(w_1,w_2,w_3)\,t^k,\end{aligned}$$

展开$a_i(w_1,f_2,f_3)$ $(i=1,2,3)$ 为

$$a_i(w_1,f_2,f_3) = a_i(w_1,w_2,w_3)+\sum_{k=1}^{\infty}\sum_{m=1}^{k}\sum_{\substack{i_1+\cdots+i_m=k\\ i_j\geq 1}}\sum_{j_1,\cdots,j_m=2}^{3} \cdot\frac{1}{m!}\frac{\partial^m a_i(w_1,w_2,w_3)}{\partial z_{j_1}\cdots\partial z_{j_m}}f_{j_1}^{(i_1)}(w_1,w_2,w_3)\cdots f_{j_m}^{(i_m)}(w_1,w_2,w_3)\,t^k,$$

并且,

$$\frac{\partial f_3}{\partial w_1}(w_1,w_2,w_3,t)=\sum_{k=0}^{\infty}\frac{\partial f_3^{(k)}}{\partial w_1}(w_1,w_2,w_3)\,t^k,$$

$$\frac{\partial f_3}{\partial w_2}(w_1,w_2,w_3,t)=\sum_{k=0}^{\infty}\frac{\partial f_3^{(k)}}{\partial w_2}(w_1,w_2,w_3)\,t^k,$$

$$\frac{\partial f_i}{\partial t}(w_1,w_2,w_3,t)=\sum_{k=0}^{\infty}(k+1)f_i^{(k+1)}(w_1,w_2,w_3)\,t^k,\quad i=1,2,3.$$

将上面的展开式代入(1.4.24) – (1.4.26), 比较两边系数, 得到下面的定理.

定理 1.4.4 假设向量场$a(z)$ 是解析的, 则f_1,f_2,f_3 可展开为t 的幂级数, 并且系数能被递推得到:

$$f_1^{(0)}(w_1,w_2,w_3)=f_1(w_1,w_2,w_3,0)=w_1,$$

$$f_2^{(0)}(w_1,w_2,w_3)=f_2(w_1,w_2,w_3,0)=w_2,$$

$$f_3^{(0)}(w_1,w_2,w_3)=\tilde f_3^{(0)}(w_1,w_2,w_3,0)=f_3(w_1,w_2,w_3,0)=w_3,$$

$$f_1^{(1)}(w_1,w_2,w_3)=-a_1(w_1,w_2,w_3),$$

$$f_2^{(1)}(w_1,w_2,w_3)=a_2(w_1,w_2,w_3),$$

$$f_3^{(1)}(w_1,w_2,w_3)=\tilde f_3^{(1)}(w_1,w_2,w_3)=a_3(w_1,w_2,w_3),$$

$$f_1^{(k+1)}(w)=-\frac{1}{k+1}\frac{\partial f_1^{(k)}}{\partial w_1}a_1-\frac{1}{k+1}\sum_{p=1}^{k}\sum_{m=1}^{p}\sum_{\substack{i_1+\cdots+i_m=k\\ i_j\geq 1}}\sum_{j_1,\cdots,j_m=2}^{3}\frac{1}{m!} \cdot\frac{\partial f_1^{(k-p)}}{\partial w_1}\frac{\partial^m a_1}{\partial z_{j_1}\cdots\partial z_{j_m}}\cdot f_{j_1}^{(i_1)}\cdots f_{j_m}^{(i_m)},$$

$$
\begin{aligned}
f_2^{(k+1)}(w) &= -\frac{1}{k+1}\frac{\partial f_2^{(k)}}{\partial w_1}a_1+\frac{1}{k+1}\sum_{m=1}^{k}\sum_{\substack{i_1+\cdots+i_m=k\\ i_i\geq 1}}\sum_{j_1,\cdots,j_m=2}^{3}\frac{1}{m!}\\
&\quad\cdot\frac{\partial^m a_2}{\partial z_{j_1}\cdots\partial z_{j_m}}\cdot f_{j_1}^{(i_1)}\cdots f_{j_m}^{(i_m)}-\frac{1}{k+1}\sum_{p=1}^{k}\sum_{m=1}^{p}\sum_{\substack{i_1+\cdots+i_m=p\\ i_i\geq 1}}\sum_{j_1,\cdots,j_m=2}^{3}\frac{1}{m!}\\
&\quad\cdot\frac{\partial f_2^{(k-p)}}{\partial w_1}\frac{\partial^m a_1}{\partial z_{j_1}\cdots\partial z_{j_m}}\cdot f_{j_1}^{(i_1)}\cdots f_{j_m}^{(i_m)},\\
f_3^{(k+1)}(w) &= -\frac{1}{k+1}\frac{\partial f_3^{(k)}}{\partial w_1}a_1+\frac{1}{k+1}\sum_{m=1}^{k}\sum_{\substack{i_1+\cdots+i_m=k\\ i_i\geq 1}}\sum_{j_1,\cdots,j_m=2}^{3}\frac{1}{m!}\frac{\partial^m a_3}{\partial z_{j_1}\cdots\partial z_{j_m}}\\
&\quad\cdot f_{j_1}^{(i_1)}\cdots f_{j_m}^{(i_m)}-\frac{1}{k+1}\sum_{l=1}^{k}\sum_{m=1}^{l}\sum_{\substack{i_1+\cdots+i_m=l\\ i_i\geq 1}}\sum_{j_1,\cdots,j_m=2}^{3}\frac{1}{m!}\\
&\quad\cdot\frac{\partial f_3^{(k-l)}}{\partial w_1}\frac{\partial^m a_1}{\partial z_{j_1}\cdots\partial z_{j_m}}\cdot f_{j_1}^{(i_1)}\cdots f_{j_m}^{(i_m)}-\frac{1}{k+1}\frac{\partial f_3^{(k)}}{\partial w_2}a_2-\frac{1}{k+1}\sum_{p=1}^{k}\\
&\quad\cdot\sum_{m=1}^{p}\sum_{\substack{i_1+\cdots+i_m=p\\ i_i\geq 1}}\sum_{j_1,\cdots,j_m=2}^{3}\frac{1}{m!}\cdot\frac{\partial f_3^{(k-p)}}{\partial w_2}\frac{\partial^m a_2}{\partial z_{j_1}\cdots\partial z_{j_m}}\cdot f_{j_1}^{(i_1)}\cdots f_{j_m}^{(i_m)},\\
\tilde{f}_3^{(k+1)}(w) &= f_3^{k+1}-\sum_{l=1}^{k}\sum_{p=1}^{k+1-l}\sum_{\substack{i_1+\cdots+i_m=k+1-l\\ i_i\geq 1}}\frac{1}{m!}\frac{\partial^m \tilde{f}_3^{(l)}}{\partial w_2}f_2^{(i_1)}\cdots f_2^{(i_m)}.
\end{aligned}
$$

类似地, 考虑n 阶保体积系统$\dot{z}=a(z)$. 设系统的相流为g^t, 令$\widehat{w}=(\widehat{z}_1,\cdots,\widehat{z}_{k-1},\cdots,z_n)$, 当$i_1=1,\cdots,i_{k-1}=k-1=n-1$ 时, 含时间t 的(1.4.23)式被简化为下式:

$$
\begin{aligned}
z_1 &= f_1(w_1,w_2,\cdots,w_n,t),\\
\widehat{z}_2 &= f_2(w_1,w_2,\cdots,w_n,t),\\
&\ \,\vdots\\
\widehat{z}_k &= f_k(w_1,f_2,\cdots,f_{k-1},w_k,\cdots,w_{n-1},w_n,t),\\
&\ \,\vdots\\
\widehat{z}_n &= f_n(w_1,f_2,\cdots,f_{k-1},f_k,\cdots,f_{n-1},w_n,t),
\end{aligned}
\tag{1.4.27}
$$

并且在条件

$$
\frac{\partial f_1}{\partial w_1}=\prod_{i=2}^{n}\frac{\partial f_i}{\partial w_i}
\tag{1.4.28}
$$

下, (1.4.27) 式中隐含$z \to \hat{z}$是保体积的. 对(1.4.27)式中各等式的t 分别求导, 得:

$$
\begin{aligned}
&\frac{\partial f_1}{\partial t}(w_1,\cdots,w_n,t) = -\frac{\partial f_1}{\partial w_1}(w_1,\cdots,w_n,t)a_1(w_1,f_2,\cdots,f_n),\\
&\frac{\partial f_2}{\partial t}(w_1,\cdots,w_n,t) = a_2(w_1,f_2,\cdots,f_n) - \frac{\partial f_2}{\partial w_1}(w_1,\cdots,w_n,t)a_1(w_1,f_2,\cdots,f_n),\\
&\quad\vdots\\
&\frac{\partial f_k}{\partial t}(w_1,f_2,\cdots,f_{k-1},w_k,\cdots,w_n,t) = a_k(w_1,f_2,\cdots,f_n)\\
&\quad -\frac{\partial f_k}{\partial w_1}\cdot(w_1,f_2,\cdots,f_{k-1},w_k,\cdots,w_n,t)\cdot a_1(w_1,f_2,\cdots,f_n)\\
&\quad -\cdots-\frac{\partial f_k}{\partial w_{k-1}}\cdot(w_1,f_2,\cdots,f_{k-1},w_k,\cdots,w_n,t)\cdot a_{k-1}(w_1,f_2,\cdots,f_n).
\end{aligned}
\tag{1.4.29}
$$

在初始条件

$$
\begin{aligned}
f_1(w_1,w_2,\cdots,w_n,0) &= w_1,\\
&\vdots\\
f_n(w_1,w_2,\cdots,w_n,0) &= w_n
\end{aligned}
$$

下, f是惟一确定的.

如果向量场$a(z)$ 是解析的, 则$f_1,\cdots,f_n$ 可展开为t 的幂级数:

$$
\begin{aligned}
&f_1(w_1,w_2,\cdots,w_n,t) = \sum_{k=0}^{\infty} f_1^{(k)}(w_1,\cdots,w_n)\,t^k,\\
&f_2(w_1,w_2,\cdots,w_n,t) = \sum_{k=0}^{\infty} f_2^{(k)}(w_1,\cdots,w_n)\,t^k,\\
&\quad\vdots\\
&f_i(w_1,f_2,\cdots,f_{i-1},w_i,\cdots,w_n,t)\\
=\ &\sum_{k=0}^{\infty}\tilde{f}_i^{(k)}(w_1,f_2,\cdots,f_{i-1},w_i,\cdots,w_n)\,t^k\\
=\ &\tilde{f}_i^{(0)} + \sum_{k=1}^{\infty}\Bigg(\tilde{f}_i^{(k)} + \sum_{l=0}^{k-1}\sum_{m=1}^{i-l}\sum_{j_1,\cdots,j_m=2}^{i-1}\sum_{\substack{i_1+\cdots i_m=k-l\\ i_i\geq 1}}\frac{1}{m!}\frac{\partial^m\tilde{f}_i^{(l)}}{\partial z_{j_1}\cdots\partial z_{j_m}}\cdot f_{j_1}^{(i_1)}\cdots f_{j_m}^{(i_m)}\Bigg)t^k\\
=\ &\sum_{k=0}^{\infty} f_i^{(k)}(w_1,\cdots,w_n)\,t^k,\\
&\quad\vdots
\end{aligned}
$$

$$\begin{aligned}
&f_n(w_1, f_2, \cdots, f_{n-1}, w_n, t)\\
=&\sum_{k=0}^{\infty} \tilde{f}_n^{(k)}(w_1, f_2, \cdots, f_{n-1}, w_n)\, t^k\\
=&\tilde{f}_n^{(0)}+\sum_{k=1}^{\infty}\Big(\tilde{f}_n^{(k)}+\sum_{l=0}^{k-1}\sum_{m=1}^{n-l}\sum_{j_1,\cdots,j_m=2}^{i-1}\sum_{\substack{i_1+\cdots+i_m=k-l\\ i_i\geq 1}}\frac{1}{m\,!}\frac{\partial^m \tilde{f}_n^{(l)}}{\partial z_{j_1}\cdots\partial z_{j_m}}\cdot f_{j_1}^{(i_1)}\cdots f_{j_m}^{(i_m)}\Big)t^k\\
=&\sum_{k=0}^{\infty} f_n^{(k)}(w_1, \cdots, w_n)\, t^k,
\end{aligned}$$

展开$a_i(w_1, f_2, \cdots, f_n)$ $(i=1, \cdots, n)$ 为

$$\begin{aligned}
a_i(w_1, f_2, \cdots, f_n) \;=\; & a_i(w)+\sum_{p=1}^{\infty} t^p \sum_{m=1}^{p}\sum_{\substack{i_1+\cdots+i_m=p\\ i_i\geq 1}}\sum_{j_1,\cdots,j_m=2}^{n}\frac{1}{m\,!}\\
&\cdot\frac{\partial^m a_i}{\partial z_{j_1}\cdots\partial z_{j_m}}\cdot f_{j_1}^{(i_1)}\cdots f_{j_m}^{(i_m)}(w),
\end{aligned}$$

并且

$$\left.\begin{aligned}
&\frac{\partial f_i}{\partial t}(w_1, \cdots, w_n)=\sum_{k=0}^{\infty}(k+1) f_i^{(k+1)}(w_1, \cdots, w_n) t^k,\\
&\frac{\partial f_i}{\partial w_j}(w_1, \cdots, w_n)=\sum_{k=0}^{\infty}\frac{\partial f_i^{(k)}}{\partial w_j}(w_1, \cdots, w_n) t^k,
\end{aligned}\right.\qquad i=1, \cdots, n.$$

将上面的展开式代入(1.4.27) 式, 得到如下的定理.

定理 1.4.5 假设$a(z)$ 是解析的, 则$f_1, \cdots, f_n$ 能展开为t 的幂级数, 并且展开式的系数能递推得到:

$$f_1^{(0)}(w_1, w_2, \cdots, w_n)=w_1,$$

$$f_2^{(0)}(w_1, w_2, \cdots, w_n)=w_2,$$

$$f_k^{(0)}(w_1, w_2, \cdots, w_k)=w_k, \quad k\geq 3,$$

$$f_1^{(1)}(w_1, w_2, \cdots, w_n)=-a_1(w_1, w_2, \cdots, w_n),$$

$$f_2^{(1)}(w_1,w_2,\cdots,w_n)=a_2(w_1,w_2,\cdots,w_n),$$

$$\vdots$$

$$\bar{f}_k^{(1)}(w_1,w_2,\cdots,w_n)=f_k^{(1)}(w_1,w_2,\cdots,w_n)=a_k(w_1,w_2,\cdots,w_n),\quad k\geq 3,$$

$$\begin{aligned}
f_1^{(k+1)}(w) \;=\; & -\frac{1}{k+1}\frac{\partial f_1^{(k)}}{\partial w_1}a_1-\frac{1}{k+1}\sum_{p=1}^{k}\sum_{m=1}^{p}\sum_{\substack{i_1+\cdots+i_m=p\\ i_i\geq 1}}\sum_{j_1,\cdots,j_m=2}^{n}\frac{1}{m!}\\
&\cdot\frac{\partial f_1^{(k-p)}}{\partial w_1}\frac{\partial^m a_1}{\partial z_{j_1}\cdots\partial z_{j_m}}\cdot f_{j_1}^{(i_1)}\cdots f_{j_m}^{(i_m)},\\
f_2^{(k+1)}(w) \;=\; & -\frac{1}{k+1}\frac{\partial f_2^{(k)}}{\partial w_1}a_1+\frac{1}{k+1}\sum_{m=1}^{k}\sum_{\substack{i_1+\cdots+i_m=k\\ i_i\geq 1}}\sum_{j_1,\cdots,j_m=2}^{n}\frac{1}{m!}\\
&\cdot\frac{\partial^m a_2}{\partial z_{j_1}\cdots\partial z_{j_m}}f_{j_1}^{(i_1)}\cdots f_{j_m}^{(i_m)}-\frac{1}{k+1}\sum_{p=1}^{k}\sum_{m=1}^{p}\sum_{\substack{i_1+\cdots+i_m=p\\ i_i\geq 1}}\\
&\cdot\sum_{j_1,\cdots,j_m=2}^{n}\frac{1}{m!}\frac{\partial f_2^{(k-p)}}{\partial w_1}\frac{\partial^m a_1}{\partial z_{j_1}\cdots\partial z_{j_m}}\cdot f_{j_1}^{(i_1)}\cdots f_{j_m}^{(i_m)},
\end{aligned}$$

$$\begin{aligned}
f_i^{(k+1)}(w) \;=\; & -\frac{1}{k+1}\sum_{l=1}^{i-1}\frac{\partial f_i^{(k)}}{\partial w_l}a_l-\frac{1}{k+1}\sum_{l=1}^{k}\sum_{m=1}^{l}\sum_{j_1,\cdots,j_m=2}^{n}\sum_{\substack{i_1+\cdots+i_m=l\\ i_i\geq 1}}\sum_{j=1}^{i-1}\frac{1}{m!}\\
&\cdot\frac{\partial f_i^{(k-l)}}{\partial w_j}\frac{\partial^m a_j}{\partial z_{j_1}\cdots\partial z_{j_m}}\cdot f_{j_1}^{(i_1)}\cdots f_{j_m}^{(i_m)}\\
&+\frac{1}{k+1}\sum_{m=1}^{k}\sum_{\substack{i_1+\cdots+i_m=k\\ i_i\geq 1}}\sum_{j_1,\cdots,j_m=2}^{n}\frac{1}{m!}\frac{\partial^m a_i}{\partial z_{j_1}\cdots\partial z_{j_m}}\cdot f_{j_1}^{(i_1)}\cdots f_{j_m}^{(i_m)},
\end{aligned}$$

$$\begin{aligned}
\tilde{f}_i^{(k+1)}(w) \;=\; & f_i^{(k+1)}(w)-\sum_{l=0}^{k-1}\sum_{m=1}^{k-l}\sum_{j_1,\cdots,j_m=2}^{i-1}\sum_{\substack{i_1+\cdots+i_m=k-l\\ i_i\geq l}}\frac{1}{m!}\\
&\cdot\frac{\partial^m \tilde{f}_k^{(l+1)}}{\partial z_{j_1}\cdots\partial z_{j_m}}\cdot f_{j_1}^{(i_1)}\cdots f_{j_m}^{(i_m)},\quad i\geq 3.
\end{aligned}$$

上面的定理给出了保体积映射的生成函数的幂级数表达式, 通过对这个幂级数进行m阶截断, 可以构造m阶的保体积算法. 假设生成函数f的m阶截断为

$$\phi_i^{(m)}(w,t)=\sum_{k=0}^{m}f_i^{(k)}(w)\,t^k,\quad i=2,\cdots,n$$

和

$$\psi_1^{(m)}(w,t)=\sum_{k=0}^{m}f_1^{(k)}(w)\,t^k,$$

因为$a(z)$ 是无源向量场, 所以f满足条件(1.4.28). 对w_1积分, 得到

$$\begin{aligned}f_1(w,t) &= f_1(w_{1,0},w_2,\cdots,w_n,t)\\&\quad+\int_{w_{1,0}}^{w_1}\prod_{i=2}^{n}\frac{\partial f_i}{\partial w_i}(\xi,f_2,\cdots,f_{i-1},w_i,\cdots,w_n)\,\mathrm{d}\xi.\end{aligned}$$

取

$$\begin{aligned}\phi_1^{(m)}(w,t) &= \psi_1^{(m)}(w_{1,0},w_2,\cdots,w_n,t)\\&\quad+\int_{w_{1,0}}^{w_1}\prod_{i=2}^{n}\frac{\partial \phi_i^{(m)}}{\partial w_i}(\xi,f_2,\cdots,f_{i-1},w_i,\cdots,w_n)\,\mathrm{d}\xi,\end{aligned}$$

则有下面的定理.

定理 1.4.6 设$\phi^{(m)}(w,\tau)=\left(\phi_1^{(m)}(w,\tau),\cdots,\phi_n^{(m)}(w,\tau)\right)$ 是$f(w,t)=\left(f_1(w,t),\cdots,f_n(w,t)\right)$ 的m 阶截断, 则有下列映射:

$$\begin{aligned}&z_1^k=\phi_1^{(m)}(z_1^{k+1},z_2^k,\cdots,z_n^k,\tau),\\&z_2^{k+1}=\phi_2^{(m)}(z_1^{k+1},z_2^k,\cdots,z_n^k,\tau),\\&z_i^{k+1}=\phi_i^{(m)}(z_1^{k+1},z_2^{k+1},\cdots,z_{i-1}^{k+1},\cdots,z_n^k,\tau),\quad i=3,\cdots,n.\end{aligned}\tag{1.4.30}$$

公式(1.4.30) 定义了一个$z^k\to z^{k+1}$ 的m阶保体积的差分格式, 即$\left|\dfrac{\partial z^{k+1}}{\partial z^k}\right|=1.$

例 1.4.1 考察动力系统(1.3.1)如下:

$$\begin{aligned}\dot z_1&=a_1z_1+f_1(z_2,z_3),\\\dot z_2&=a_2z_2+f_2(z_1,z_3),\\\dot z_3&=a_3z_3+f_3(z_1,z_2),\end{aligned}\tag{1.4.31}$$

当$a_1+a_2+a_3=0$时,系统为无源系统:

$$\begin{aligned}\frac{\widehat z_1-z_1}{\tau}&=a_1\widehat z_1+f_1(z_2,z_3),\\\frac{\widehat z_2-z_2}{\tau}&=a_2z_2+f_2(\widehat z_1,z_3),\\\frac{\widehat z_3-z_3}{\tau}&=a_3z_3+f_3(\widehat z_1,\widehat z_2),\end{aligned}$$

选取$m=1,n=3$, 则(1.4.30)式可写为:

$$\begin{aligned}
z_1 &= \phi_1^1(\widehat{z}_1, z_2, z_3, \tau) = -\tau f_1(z_2, z_3) + (1+\tau a_2)(1+\tau a_3)(\widehat{z}_1),\\
\widehat{z}_2 &= \phi_2^1(\widehat{z}_1, z_2, z_3, \tau) = (1+\tau a_2) z_2 + \tau f_2(\widehat{z}_1, z_3),\\
\widehat{z}_3 &= \phi_3^1(\widehat{z}_1, \widehat{z}_2) = (1+\tau a_3) z_3 + \tau f_3(\widehat{z}_1, \widehat{z}_2),
\end{aligned}$$

最终得到:

$$\begin{aligned}
\widehat{z}_1 &= \frac{z_1 + \tau f_1(z_2, z_3)}{(1+\tau a_1)(1+\tau a_2)},\\
\widehat{z}_2 &= (1+\tau a_2) z_2 + \tau f_2(\widehat{z}_2, z_3),\\
\widehat{z}_3 &= (1+\tau a_3) z_3 + \tau f_3(\widehat{z}_1, \widehat{z}_2),
\end{aligned}$$

这个结果最早由Quispel[Qui95]得到.

§1.5 一般辛结构下的Hamilton系统的辛格式

本节将介绍一般辛结构下的 Hamilton 系统的生成函数法的构造[FW91]. 考虑Hamilton系统

$$\dot{z} = K^{-1}(z) \nabla H(z), \tag{1.5.1}$$

$K(z)$ 是可逆的$2n\times 2n$ 反对称矩阵, 并且满足Jacobi恒等式

$$\frac{\partial K_{ij}}{\partial z_l} + \frac{\partial K_{jl}}{\partial z_i} + \frac{\partial K_{li}}{\partial z_j} = 0, \quad i,j,l = 1,2,\cdots,2n. \tag{1.5.2}$$

如果以$K(z)$ 来定义$\mathbf{R}^{2n}$ 上的非标准辛形式

$$\omega_k = \mathrm{d}z^{\mathrm{T}} \wedge K(z)\,\mathrm{d}z, \tag{1.5.3}$$

则系统(1.5.1)的相流g^t 满足

$$g^{t^*} \omega_k = \omega_k, \tag{1.5.4}$$

即

$$\left(\frac{\partial g^t}{\partial z}\right)^{\mathrm{T}} K\big(g^t(z)\big) \frac{\partial g^t}{\partial z} = K(z). \tag{1.5.5}$$

令

$$J_{4n} = \begin{bmatrix} 0 & I_{2n} \\ -I_{2n} & 0 \end{bmatrix}, \quad \widetilde{K}(\widehat{z}, z) = \begin{bmatrix} K(\widehat{z}) & 0 \\ 0 & -K(z) \end{bmatrix}, \tag{1.5.6}$$

它们在$\mathbf{R}^{4n}$ 上定义了两个辛结构:

$$\omega=\sum_{i=1}^{2n}\mathrm{d}w_i\wedge\mathrm{d}w_{2n+i},\quad \widetilde{\omega}=\frac{1}{2}\sum_{i,j=1}^{2n}K_{ij}(\widehat{z})\,\mathrm{d}\widehat{z}_i\wedge\mathrm{d}\widehat{z}_j-K_{ij}(z)\,\mathrm{d}z_i\wedge\mathrm{d}z_j.$$

一个 $2n$ 维子流形 $L\subset\mathbf{R}^{4n}$ 是一个 J_{4n}-Lagrange子流形和$\widetilde{K}(\widehat{z},z)$-Lagrange 子流形, 当 $i_L^*\omega=0$ 和 $i_L^*\widetilde{\omega}=0$时, $i_L:L\to\mathbf{R}^{4n}$ 是浸入. 假设在局部坐标下L 有表达式

$$L=\left\{\begin{bmatrix}\widehat{z}\\ z\end{bmatrix}\in\mathbf{R}^{4n}|_{z=z(x),\ \widehat{z}=\widehat{z}(x)},\ x\in U\subset\mathbf{R}^{2n}\right\},$$

则L 是一个J_{4n}-Lagrange子流形, 当且仅当

$$(T_xL)^{\mathrm{T}}J_{4n}(T_xL)=0,\tag{1.5.7}$$

即

$$\begin{aligned}&\left[\widehat{z}_x^{\mathrm{T}}(x),z_x^{\mathrm{T}}(x)\right]\begin{bmatrix}K(\widehat{z}(x)) & 0\\ 0 & -K(z(x))\end{bmatrix}\begin{bmatrix}\widehat{z}_x(x)\\ z_x(x)\end{bmatrix}\\ =\;&\widehat{z}_x^{\mathrm{T}}(x)\,K\left[\widehat{z}(x)\right]\widehat{z}_x(x)-z_x^{\mathrm{T}}(x)\,K\big(z(x)\big)\,z_x(x)=0.\end{aligned}$$

定义 1.5.1 一个光滑映射$g:z\to\widehat{z}=g(z)$ 映 $\mathbf{R}^{2n}$ 于自身, 称它为$K(z)$-辛, 若它的Jacobi 矩阵$M(z)=g_z(x)$ 满足

$$M^{\mathrm{T}}(z)K(g(z),z)M(z)=K(z),$$

则它的图像

$$\mathrm{gr}(g)=\Gamma_g=\left\{\begin{bmatrix}\widehat{z}\\ z\end{bmatrix}\in\mathbf{R}^{4n}\mid\widehat{z}=g(z),\ z\in\mathbf{R}^{2n}\right\}$$

是一个$\widetilde{K}(\widehat{z},z)$-Lagrange 子流形, 因为

$$\begin{aligned}(T_x\Gamma_g)^{\mathrm{T}}\widetilde{K}(g(z),z)T_x\Gamma_g&=[M^{\mathrm{T}}(x),I]\begin{bmatrix}K(g(z)) & 0\\ 0 & -K(z)\end{bmatrix}\begin{bmatrix}M(z)\\ I\end{bmatrix}\\ &=M^{\mathrm{T}}(z)K(g(z))M(z)-K(z)=0.\end{aligned}$$

定义 1.5.2 设$w\to\widehat{w}=f(w)$ 是一个$\mathbf{R}^{2n}$ 到$\mathbf{R}^{2n}$ 梯度映射, 于是它的图像

$$\mathrm{gr}(f)=\Gamma_f=\left\{\begin{bmatrix}\widehat{w}\\ w\end{bmatrix}\in\mathbf{R}^{4n}\mid\widehat{w}=f(w),w\in\mathbf{R}^{2n}\right\}$$

是一个J_{4n}-Lagrange 子流形.

定义一个非线性变换$\alpha:\mathbf{R}^{4n}\to\mathbf{R}^{4n}$,

$$\alpha:\begin{bmatrix}\widehat{z}\\ z\end{bmatrix}\longrightarrow\begin{bmatrix}\widehat{w}\\ w\end{bmatrix}=\alpha\begin{bmatrix}\widehat{z}\\ z\end{bmatrix},\tag{1.5.8}$$

$$\alpha^{-1}:\begin{bmatrix}\widehat{w}\\ w\end{bmatrix}\longrightarrow\begin{bmatrix}\widehat{z}\\ z\end{bmatrix}=\alpha^{-1}\begin{bmatrix}\widehat{w}\\ w\end{bmatrix},\tag{1.5.9}$$

$$\widehat{w}=\alpha_1(\widehat{z},z),\quad \widehat{z}=\alpha^1(\widehat{w},w),$$

$$w=\alpha_2(\widehat{z},z),\quad \widehat{z}=\alpha^2(\widehat{w},w).$$

记

$$\alpha_*(\widehat{z},z)=\begin{bmatrix}\dfrac{\partial\widehat{w}}{\partial\widehat{z}} & \dfrac{\partial\widehat{w}}{\partial z}\\ \dfrac{\partial w}{\partial\widehat{z}} & \dfrac{\partial w}{\partial z}\end{bmatrix}=\begin{bmatrix}A_\alpha & B_\alpha\\ C_\alpha & D_\alpha\end{bmatrix},\tag{1.5.10}$$

$$\alpha_*^{-1}(\widehat{w},w)=\begin{bmatrix}\dfrac{\partial\widehat{z}}{\partial\widehat{w}} & \dfrac{\partial\widehat{z}}{\partial w}\\ \dfrac{\partial z}{\partial\widehat{w}} & \dfrac{\partial z}{\partial w}\end{bmatrix}=\begin{bmatrix}A^\alpha & B^\alpha\\ C^\alpha & D^\alpha\end{bmatrix},\tag{1.5.11}$$

其中α_*和α_*^{-1}分别是α及α^{-1}的Jacobi矩阵.

又设变换α是辛变换, 即变换将$\mathbf{R}^{4n}$上的辛形式$\widetilde{\omega}$变换为$\mathbf{R}^{4n}$上的标准辛形式ω, 于是α满足$\alpha^*\omega=\widehat{\omega}$, 则

$$\alpha_*^{\mathrm{T}}J_{4n}\alpha_*=\widetilde{K}(\widehat{z},z),\tag{1.5.12}$$

即

$$\begin{bmatrix}A_\alpha & B_\alpha\\ C_\alpha & D_\alpha\end{bmatrix}^{\mathrm{T}}\begin{bmatrix}0 & I_{2n}\\ -I_{2n} & 0\end{bmatrix}\begin{bmatrix}A_\alpha & B_\alpha\\ C_\alpha & D_\alpha\end{bmatrix}=\begin{bmatrix}K(\widehat{z}) & 0\\ 0 & -K(z)\end{bmatrix},$$

(1.5.8)式中, α的存在性可由Darboux定理保证. 由于前面所介绍的反对称矩阵$K(z)=K$都是常数矩阵, 所以Darboux定理保证存在, 可选取线性变换的α, 也即α可表示为(1.5.10)式.

类似于标准的Hamilton系统的生成函数法的构造[FWQW89], 给出下面定理.

定理 1.5.1 设α满足(1.5.12), $g:\mathbf{R}^{2n}\to\mathbf{R}^{2n}, \widehat{z}=g(z)$是$K(z)$-辛映射, 在点$z_0\in\mathbf{R}^{2n}, M(z_0)=\dfrac{\partial g(z_0)}{\partial z}$满足横截条件

$$\left|C_\alpha\big(g(z_0),z_0\big)M(z_0)+D_\alpha\big(g(z_0),z_0\big)\right|\neq 0,$$

则在点$\omega_0 \in \mathbf{R}^{2n}$的小邻域, 存在梯度映射$f: \mathbf{R}^{2n} \to \mathbf{R}^{2n}, \widehat{w} = f(w)$, $N(w_0) = \dfrac{\partial f(w_0)}{\partial w}$ 和生成函数$\phi(w)$, 使得:

(1) $f(w) = \nabla\phi(w)$;

(2) $\alpha_1\big(g(z), z\big) = f\big(\alpha_2\big(g(z), z\big)\big) = \dfrac{\partial\phi}{\partial w}\big(\alpha_2\big(g(z), z\big)\big)$;

(3) $N = (A_\alpha M + B_\alpha)(C_\alpha M + D_\alpha)^{-1}$;

(4) $M = (A^\alpha N + B^\alpha)(C^\alpha N + D^\alpha)^{-1}$.

若映射g 是依赖于时间t 的, 则有下面的定理.

定理 1.5.2 设$g^t(z) = g(z,t)$ 是Hamilton 系统(1.5.1) 的相流, 定义

$$\widehat{z} = g\left(\int_0^z M_0(\xi)\,\mathrm{d}\xi, t\right) = G(z,t), \quad M_0(z) = \frac{\partial G(z,t)}{\partial z}\bigg|_{t=0}$$

是K-辛的, 即

$$M_0(z)^{\mathrm{T}} K\left(\int_0^z M_0(\xi)\,\mathrm{d}\xi\right) M_0(z) = K(z),$$

并且在$\mathbf{R}^{2n}$ 的小邻域满足

$$\big|C_\alpha\big(G(z,0), z\big)M_0 + D_\alpha\big(G(z,0), z\big)\big| \neq 0, \tag{1.5.13}$$

则在$|t|$ 充分小的邻域, 存在依赖时间t的梯度映射$\widehat{w} = f(w,t)$, $N(w,t) = \dfrac{\partial f(w,t)}{\partial w}$ 和依赖时间的生成函数$\phi(w,t)$, 使得:

(1) $f(w,t) = \dfrac{\partial\phi(w,t)}{\partial w}$;

(2) $\alpha_1\big(G(z,t), z\big) = f\big(\alpha_2\big(G(z,t), z\big), t\big) = \dfrac{\partial\phi}{\partial w}\big(\alpha_2\big(G(z,t), z\big), t\big)$;

(3) $\dfrac{\partial\phi(w,t)}{\partial t} = -H\left(\alpha^1\left(\dfrac{\partial\phi}{\partial w}, w\right)\right) = -\widehat{H}\left(\dfrac{\partial\phi}{\partial w}, w\right)$,

其中, $\widehat{H}(\widehat{w}, w) = H(\widehat{z}) \circ \alpha^1(\widehat{w}, w)$.

定理 1.5.3 设$H(z)$ 和α 是解析函数, 于是生成函数$\phi_{\alpha,H}(w,t) = \phi(w,t)$ 对于充分小的$|t|$ 能展开成t 的幂级数

$$\phi(w,t) = \sum_{k=0}^{\infty} \phi^{(k)}(w)\, t^k, \tag{1.5.14}$$

且$\phi^{(k)}(w)$ $(k \geq 0)$ 由下列方程递推来决定:

$$\phi^0(w) = \int f(w,0)\,\mathrm{d}w + \mathrm{const.}, \tag{1.5.15}$$

$$\phi^1(w) = -\widehat{H}\big(f(w,0), w\big), \tag{1.5.16}$$

$$\phi^{(k+1)}(w) = -\frac{1}{k+1}\sum_{m=1}^{k}\frac{1}{m!}\sum_{\substack{k_1+\cdots+k_m=k\\ k_i\geq 1}} D^m_{\widehat{w}}\widehat{H}\big(\nabla\phi^{(k_1)}(w),\cdots,\nabla\phi^{(k_m)}(w)\big), \quad (1.5.17)$$

其中$k \geq 1$.

(1.5.15)式的积分是从w 积到$w_0 = \alpha_2(z_0, z_0)$, $\widehat{H}(\widehat{w}, w) = H \circ \alpha^1(\widehat{w}, w)$, (1.5.17)式中用到重线性记号

$$\begin{aligned} & D^m_{\widehat{w}}\widehat{H}\big(f(w,0),w\big)\left(\nabla\phi_1^{(k_1)},\cdots,\nabla\phi^{(k_m)}\right)\\ =& \sum_{i_1,\cdots,i_m=1}^{2n}\widehat{H}_{\widehat{w}_{i_1}\cdots\widehat{w}_{i_m}}\big(f(w,0),w\big)\left(\nabla\phi^{(k_1)}\right)_{i_1}\cdots\left(\nabla\phi^{(k_m)}\right)_{i_m}, \end{aligned}$$

$\left(\nabla\phi^{(k_l)}\right)_{i_l}$ 是列向量$\nabla\phi^{(k_l)}$ 的第i_l 个分量.

$K(z)$-辛格式构造由下面的定理给出.

定理 1.5.4 对于作为时间步长很小的$\tau > 0$, 设α 及$H(z)$ 是解析的. 取

$$\psi^{(m)}(w,\tau) = \sum_{i=0}^{m}\phi^{(i)}(w)\tau^i, \quad m = 1, 2, \cdots,$$

其中$\phi^{(i)}(w)$ 是由(1.5.15) – (1.5.17) 所确定的. 于是$\psi^{(m)}(w,\tau)$ 定义了一个$z = z^k \rightarrow z^{k+1} = \widehat{z}$.

$$\alpha_1(z^{k+1}, z^k) = \nabla_w\psi^{(m)}(\alpha_2(z^{k+1}, z^k), \tau) \quad (1.5.18)$$

是m 阶精度的$K(z)$-辛差分格式.

例 1.5.1 考虑一个$n = 1$ 系统:

$$K = \begin{bmatrix} 0 & p \\ -p & 0 \end{bmatrix}, \quad H(p,q) = \frac{1}{2}(p^2 - q^2),$$

$$\frac{\mathrm{d}z}{\mathrm{d}t} = K^{-1}\nabla H = \begin{bmatrix} 0 & -p^{-1} \\ p^{-1} & 0 \end{bmatrix}\begin{bmatrix} p \\ -q \end{bmatrix} = \begin{bmatrix} p^{-1}q \\ 1 \end{bmatrix},$$

即

$$\frac{\mathrm{d}p}{\mathrm{d}t} = p^{-1}q, \quad \frac{\mathrm{d}q}{\mathrm{d}t} = 1, \quad (1.5.19)$$

这个系统可解析求出

$$\widehat{p} = g_1(p, q, t), \quad \widehat{q} = g_2(p, q, t)$$

为

$$\widehat{p}^2 = p^2 + 2qt + t^2, \quad \widehat{q} = 2 + t. \quad (1.5.20)$$

Darboux 变换α 为:

$$\begin{bmatrix} \widehat{z} \\ z \end{bmatrix} \longrightarrow \begin{bmatrix} \widehat{w} \\ w \end{bmatrix} = \alpha \begin{bmatrix} \widehat{z} \\ z \end{bmatrix}.$$

$$\begin{aligned} &\alpha_1: \quad \begin{cases} \widehat{P} = \dfrac{1}{4}\widehat{p}^2 + \widehat{q} - q, \\ \widehat{Q} = \dfrac{1}{4}\widehat{p}^2 + \widehat{q} + q, \end{cases} \qquad \widehat{w} = (\widehat{P}, \widehat{Q})^{\mathrm{T}} = \alpha_1(\widehat{z}, z), \\ &\alpha_2: \quad \begin{cases} P = -\dfrac{1}{4}p^2 + \widehat{q} - q, \\ Q = \dfrac{1}{4}p^2 + \widehat{q} + q, \end{cases} \qquad w = (P, Q)^{\mathrm{T}} = \alpha_2(\widehat{z}, z), \end{aligned} \tag{1.5.21}$$

$$\alpha_* = \begin{bmatrix} \dfrac{\partial \widehat{w}}{\partial \widehat{z}} & \dfrac{\partial \widehat{w}}{\partial z} \\ \dfrac{\partial w}{\partial \widehat{z}} & \dfrac{\partial w}{\partial z} \end{bmatrix} = \begin{bmatrix} \dfrac{1}{2}\widehat{p} & 1 & 0 & -1 \\ \dfrac{1}{2}\widehat{p} & 1 & 0 & 1 \\ 0 & 1 & -\dfrac{1}{2}p & -1 \\ 0 & 1 & \dfrac{1}{2}p & 1 \end{bmatrix}, \tag{1.5.22}$$

$$\widehat{z} = (\widehat{p}, \widehat{q})^{\mathrm{T}}, \quad z = (p, q)^{\mathrm{T}},$$

$$\begin{bmatrix} \widehat{w} \\ w \end{bmatrix} \longrightarrow \begin{bmatrix} \widehat{z} \\ z \end{bmatrix} = \alpha^{-1} \begin{bmatrix} \widehat{w} \\ w \end{bmatrix},$$

$$\begin{aligned} &\alpha_1^{-1}: \quad \begin{cases} \widehat{p}^2 = 2(\widehat{P} + \widehat{Q} - P - Q), \\ \widehat{q} = \dfrac{1}{2}(P + Q), \end{cases} \\ &\alpha_2^{-1}: \quad \begin{cases} p^2 = 2(\widehat{P} - \widehat{Q} - P + Q), \\ q = \dfrac{1}{2}(\widehat{Q} - \widehat{P}), \end{cases} \end{aligned} \tag{1.5.23}$$

直接计算可求出

$$\alpha_*^{-1} = \begin{bmatrix} \widehat{p}^{-1} & \widehat{p}^{-1} & -\widehat{p}^{-1} & -\widehat{p}^{-1} \\ 0 & 0 & \dfrac{1}{2} & \dfrac{1}{2} \\ p^{-1} & -p^{-1} & -p^{-1} & p^{-1} \\ -\dfrac{1}{2} & \dfrac{1}{2} & 0 & 0 \end{bmatrix}$$

直接计算α_*, 它满足横截条件(1.5.13),

$$|C_\alpha + D_\alpha| = -\,p \neq 0, \quad \forall\, p \neq 0.$$

考虑到(1.5.21)有

$$\begin{aligned}\widehat{H}(\widehat{w}, w) &= H(\widehat{z}) \circ \alpha^1(\widehat{w}, w) = \frac{1}{2}(\widehat{p}^2 - \widehat{q}^2) \circ \alpha^1(\widehat{w}, w) \\ &= (\widehat{P} + \widehat{Q} - P - Q) - \frac{1}{8}(P+Q)^2.\end{aligned}$$

因为

$$\phi^0(w) = \frac{1}{2}[\widehat{P} \quad \widehat{Q}]\begin{bmatrix} -1 & 0 \\ 0 & 1 \end{bmatrix}\begin{bmatrix} \widehat{P} \\ \widehat{Q} \end{bmatrix} = \frac{1}{2}(-\widehat{P}^2 + \widehat{Q}^2),$$

所以

$$\begin{aligned}&\nabla\phi^{(0)}(w) = f(w,0) = \begin{bmatrix} -\widehat{P} \\ \widehat{Q} \end{bmatrix}\Bigg|_{t=0} = \begin{bmatrix} -P \\ Q \end{bmatrix}, \\ &\phi^1(P,Q) = -\widehat{H}\big(\nabla\phi^{(0)}(P,Q), P, Q\big) = 2P + \frac{1}{8}(P+Q)^2, \\ &\nabla\phi^1(P,Q) = \begin{bmatrix} 2 + \frac{1}{4}(P+Q) \\ \frac{1}{4}(P+Q) \end{bmatrix}.\end{aligned}$$

1阶差分格式为:

$$\begin{aligned}&\widehat{P} = P + \tau(\nabla\phi)_1, \quad \widehat{Q} = Q + \tau(\nabla\phi)_2, \\ &\frac{1}{4}(p^{k+1})^2 + (q^{k+1}) - q^k = \frac{1}{4}(p^k)^2 - q^{k+1} + q^k + \tau\Big(2 + \frac{1}{4}(P+Q)\Big), \\ &\frac{1}{4}(p^{k+1})^2 + (q^{k+1}) + q^k = \frac{1}{4}(p^k)^2 + q^{k+1} + q^k + \tau\Big(\frac{1}{4}(P+Q)\Big).\end{aligned}$$

最后得:

$$\begin{aligned}&(p^{k+1})^2 = (p^k)^2 + 2\tau q^{(k+1)}, \quad q^{k+1} = q^k + \tau, \\ &\begin{bmatrix} p^{k+1} \\ q^{k+1} \end{bmatrix} = \begin{bmatrix} (p^{k+1})^{-1}p^k & 2\tau(p^{k+1})^{-1} \\ 0 & 1 \end{bmatrix}\begin{bmatrix} p^k \\ q^k \end{bmatrix}.\end{aligned}$$

参考文献

[冯康等03] 冯康, 秦孟兆. 哈密尔顿系统的辛几何算法. 浙江科学技术出版社, 杭州, 2003.

[孙雅娟03] 孙雅娟. 动力系统的生成表示及其在保结构算法中的应用. 中国科学院数学与系统科学研究院博士后研究工作报告, 2003.

[AM78] R. Abraham and J. E. Marsden. *Foundations of Mechanics*. Addison-Wesley, New Jersey, Second edition, 1978.

[Arn89] V. I. Arnold. *Mathematical Methods of Classical Mechanics*. Springer-Verlag, New York, GTM 60, Second edition, 1989.

[Fen86] K. Feng. Difference schemes for Hamiltonian formalism and symplectic geometry. *J. Comput. Math.*, 4:279–289, 1986.

[FQ10] K. Feng and M. Z. Qin. *Symplectic Geometric Algorithms for Hamiltonian systems*. Springer and Zhejiang Science and Technology Publishing House, Heidelberg, Hangzhou, First edition, 2010.

[FS95] K. Feng and Z. J. Shang. Volume-preserving algorithms for source-free dynamical systems. *Numer. Math.*, 71:451–463, 1995.

[FW91] K. Feng and D. L. Wang. Symplectic difference schemes for Hamiltonian systems in general symplectic structure. *J. Comput. Math.*, 9(1):86–96, 1991.

[FWQW89] K. Feng, H. M. Wu, M. Z. Qin, and D. L. Wang. Construction of canonical difference schemes for Hamiltonian formalism via generating functions. *J. Comput. Math.*, 7:71–96, 1989.

[Ge90] Z. Ge. Generating functions, Hamilton-jacobi equations and symplectic groupoids on Poisson manifolds. *Indiana Univ. Math. J.*, 39:859–876, 1990.

[Ge91] Z. Ge. Equivariant symplectic difference schemes and generating functions. *Physica D*, 49:376–386, 1991.

[Las90] F. M. Lasagni. Integration methods for Hamiltonian differential equations. Unpublished manuscript, 1990.

[MW83] J. E. Marsden and A. Weinstein. Coadjoint orbits, vortices and clebsch variables for incompressible fluids. *Physica D*, 7:305–323, 1983.

[MW01] J. E. Marsden and M. West. Discrete mechanics and variational integrators. *Acta Numerica*, 10:357–514, 2001.

[QL00] M. Z. Qin and H. W. Li. Volume preserving R-K methods for linear systems. *Acta Applicandae Mathematicae*, 16:430–434, 2000.

[Qui95] G. R. W. Quispel. Volume-preserving integrators. *Physics Letters A*, 206:26–30, 1995.

[QZ93] M. Z. Qin and W. J. Zhu. Volume-preserving schemes and numerical experiments. *Computers Math. Applic.*, 26:33–42, 1993.

[Sha94a] Z. J. Shang. On the construction of volume-preserving difference schemes for source-free systems via generating functions. *J. Comput. Math.*, 12:265–272, 1994.

[Sha94b] Z. J. Shang. Generating functions for volume-preserving mappings and Hamilton-Jacobi equations for source-free dynamical systems. *Science in China (series A)*, 37:1172–1188, 1994.

[Sur96] Y. B. Suris. Partitioned Runge-Kutta methods as phase volume preserving integrators. *Physics Letters A*, 220:63–69, 1996.

[TH85] A. Thyagaraja and F. A. Haas. Representation of volume-preserving maps induced by solenoidal vector fields. *Phys. Fluids*, 28:1005–1007, 1985.

第二章　有限维Birkhoff系统的辛结构和辛格式

Hamilton 系统通常表示一种守恒的,或能量不守恒但没有受到外力作用的系统. 对于Hamilton 系统的辛结构, 我们已经有了充分的认识和理解. 那么,带有耗散项的方程或有外力作用的系统, 是否也具备某种有意义的结构? 这种结构是什么样的? 它和通常的Hamilton 系统的辛结构有什么不同? 本章将就这几个问题进行讨论.

上一章讨论了辛结构依赖于空间变量的情况. 本章要讨论一般辛结构(指依赖于空间变量和时间变量的辛结构)下的情况. 一般辛结构下的Hamilton系统经过直接推广可以得到一个带耗散项的系统, 这正是文献[San83a],[San83b]介绍的Birkhoff系统. 我们从变分反问题的角度出发, 讨论一般协变1阶常微分方程的对称性. 这种对称性不仅是直观的, 而且从本质上表示出Hamilton系统的特殊性和Birkhoff 系统的一般性.

§2.1　Birkhoff 方程

对于一个有一般$K(z)$-辛结构的Hamilton 系统, 我们做如下的推广:

$$\left(\frac{\partial F_j}{\partial z_i}-\frac{\partial F_i}{\partial z_j}\right)\frac{\mathrm{d}z_j}{\mathrm{d}t}-\left(\frac{\partial B(z,t)}{\partial z_i}+\frac{\partial F_i(z,t)}{\partial t}\right)=0,\quad i,j=1,2,\cdots,2n.\tag{2.1.1}$$

出于文献中提到的历史原因[San83a],[San83b], 称系统(2.1.1) 为Birkhoff 方程或Birkhoff系统. 函数$B(z,t)$ 和F_i 统称为Birkhoff 函数, 特别称$B(z,t)$ 为Birkhoff 量. 一个牛顿系统通过一个Birkhoff 方程描述, 称为Birkhoff表示.

定义 2.1.1 当函数F_i和B 都不显含时间变量t时, 称 Birkhoff方程(2.1.1)为自治的, 此时方程(2.1.1)有如下形式:

$$K_{ij}(z)\frac{\mathrm{d}z_j}{\mathrm{d}t}-\frac{\partial B(z)}{\partial z_i}=0,\quad i,j=1,2,\cdots,2n.\tag{2.1.2}$$

当函数B 显含t 而F_i 不显含t时, 称(2.1.1) 式为半自治的Birkhoff 方程, 此时方程是如下形式:

$$K_{ij}(z)\frac{\mathrm{d}z_j}{\mathrm{d}t}-\frac{\partial B(z,t)}{\partial z_i}=0,\quad i,j=1,2,\cdots,2n.\tag{2.1.3}$$

Birkhoff 函数F_i 和B 都显含时间t 时, (2.1.1)为非自治Birkhoff 方程, 此时它有一般的形式:

$$K_{ij}(z,t)\frac{\mathrm{d}z_j}{\mathrm{d}t}-\frac{\partial B(z,t)}{\partial z_i}-\frac{\partial F_i(z,t)}{\partial t}=0,\quad i,j=1,2,\cdots,2n. \tag{2.1.4}$$

无论自治、半自治或非自治的情形, 都有

$$K_{ij}=\frac{\partial F_j}{\partial z_i}-\frac{\partial F_i}{\partial z_j},\quad i,j=1,2,\cdots,2n. \tag{2.1.5}$$

若$K(z,t)$ 的行列式在某一区域$\widetilde{\mathcal{R}}$ 不等于零, 即

$$\det(K_{ij})(\widetilde{\mathcal{R}})\neq 0,\quad i,j=1,2,\cdots,2n, \tag{2.1.6}$$

则称其在该区域是正则的, 反之, 则称其为退化的.

事实上, 自治和半自治的Birkhoff 方程就是通常所说的一般辛结构下的自治的和非自治的Hamilton 方程. 后面的讨论针对一般的Birkhoff 方程, 即非自治的情形, 所以说Birkhoff 方程和Hamilton 方程的不同之处在于除了有一个依赖于时间t 的结构$K(z,t)$ 外, 还多出了一个耗散项$\dfrac{\partial F_i}{\partial t}$.

§2.2 Birkhoff 结构和Birkhoff辛结构

下面我们考虑任意一个正则的1阶系统:

$$\mathcal{N}_i(z)=K_{ij}(z,t)\frac{\mathrm{d}z_j}{\mathrm{d}t}+\mathcal{D}_i(z,t)=0,\quad i=1,2,\cdots,2n. \tag{2.2.1}$$

一般可从变分反问题的角度出发, 给出方程对称性的定义, 所以在这里可以直接给出方程(2.2.1) 的对称性条件.

定理 2.2.1 方程(2.2.1) 是对称的当且仅当下列条件满足:

$$\begin{aligned}
&K_{ij}+K_{ji}=0,\\
&\frac{\partial K_{ij}}{\partial z_k}+\frac{\partial K_{jk}}{\partial z_i}+\frac{\partial K_{ki}}{\partial z_j}=0,\qquad i,j,k=1,2,\cdots,2n.\\
&\frac{\partial K_{ij}}{\partial t}=\frac{\partial \mathcal{D}_i}{\partial z_j}-\frac{\partial \mathcal{D}_j}{\partial z_i},
\end{aligned} \tag{2.2.2}$$

Hamilton 方程自然满足对称条件(2.2.2)的特殊情形, 即$\dfrac{\partial \mathcal{D}_i}{\partial z_j}=\dfrac{\partial \mathcal{D}_j}{\partial z_i}$.

本节从微分方程出发, 通过讨论对称性条件的代数和几何本质, 将Hamilton方程的代数和几何性质推广到更广泛的Birkhoff 方程, 这样自然地将不受外力作用的Hamilton 系统推广到受到外力作用的Birkhoff 系统.

方程(2.2.1) 是一个变分问题的Euler-Lagrange 方程的充要条件是它满足可积条件, 即上面给出的变分对称条件 (2.2.2)[SCC87],[CIMS95],[MP94],[SVCM95],[MV98]. 下面将在一个星形区域$\widetilde{\mathcal{R}}^* \in \mathbf{R}^{2n} \times \mathbf{R}$ 上进行讨论. 经典的Poisson 括号是牛顿力学中满足Lie 等式, 即反对称和Jacobi 恒等式的双线性形式的最简单的例子. 假设

$$(K^{ij})_{2n\times 2n} = (K_{ij})^{-1}_{2n\times 2n},$$

则系统(2.2.2)是正则的, 给出一个一般的Lagrange 括号

$$[A,B] = \frac{\partial A}{\partial a^i} K^{ij}(z,t) \frac{\partial A}{\partial a^j}, \quad \det(K)(\widetilde{\mathcal{R}}^*) \neq 0, \tag{2.2.3}$$

这个括号满足反对称和Jacobi 恒等式的可积条件是

$$\begin{aligned} &K^{ij} + K^{ji} = 0, \\ &K^{mn}\frac{\partial K^{ij}}{\partial z^n} + K^{in}\frac{\partial K^{jm}}{\partial z^n} + K^{jn}\frac{\partial K^{mi}}{\partial z^n} = 0, \end{aligned} \tag{2.2.4}$$

也就是说前面给出的方程(2.2.1) 的变分对称条件定义了一个广义的Poisson 括号. 下面简单介绍一下它在几何方面的性质.

首先考虑自治和半自治的情形. $K_{ij} = K_{ij}(z)$定义一个2-形式, 用局部坐标表示为

$$\Omega = \sum_{i,j=1}^{2n} K_{ij}(z)\,\mathrm{d}z_i \wedge \mathrm{d}z_j, \quad K_{ij} = -K_{ji}, \tag{2.2.5}$$

那么$\mathrm{d}\Omega = 0$, 因此形式(2.2.5) 是一个闭的辛形式的可积条件就是变分对称条件(2.2.2) 中的前面两个, 那么2-形式(2.2.5) 有下面的结构:

$$\Omega = \mathrm{d}(\mathrm{F_i}\,\mathrm{d}z_i), \tag{2.2.6}$$

闭2-形式(2.2.6) 包括了自治和半自治的Birkhoff 系统的几何结构. 关于非自治的情形$K_{ij} = K_{ij}(z,t)$, 要特别考虑变分条件(2.2.2) 中的第三个等式. 前面已经讨论了流形M 的余切丛T^*M 上的广义辛几何, 而非自治系统, 即$K_{ij} = K_{ij}(z,t)$ 的Birkhoff 系统包括两个几何结构, 一个是流形T^*M 上的几何结构Ω, 一个是流形$\mathbf{R} \times T^*M$ 上的几何结构$\widehat{\Omega}$. Ω 仍然和前面定义的一样, 不过它现在含有参数t.

再看增广空间上的结构$\widehat{\Omega}$, 用局部坐标$\widetilde{z}_i$ $(i = 0,1,2,\cdots,2n)$, $\widetilde{z}_0 = t$ 表示, 那么在$2n+1$维的局部空间上, 仍旧存在一个闭的2-形式

$$\widehat{\Omega} = \sum_{i,j=0}^{2n} \widehat{K}_{ij}\, \mathrm{d}\widetilde{z}_i \wedge \mathrm{d}\widetilde{z}_j = \Omega + 2\mathcal{D}_i\, \mathrm{d}z_i \wedge \mathrm{d}t. \tag{2.2.7}$$

这里

$$\widehat{K} = \begin{bmatrix} 0 & -\mathcal{D}^{\mathrm{T}} \\ \mathcal{D} & K \end{bmatrix}, \tag{2.2.8}$$

2-形式(2.2.7) 可积,

$$\widehat{\Omega} = \mathrm{d}(\widetilde{F}_i\, \mathrm{d}\widetilde{z}_i), \quad \widetilde{F}_i = \begin{cases} -B, \\ F_i. \end{cases} \tag{2.2.9}$$

它的可积条件即非自治Birkhoff 系统的变分对称条件. 称Ω 为Birkhoff 辛结构, 称$\widehat{\Omega}$ 为Birkhoff 结构. 显然, 函数$B(z,t)$ 是一个势函数, 因为

$$-\frac{\partial B}{\partial z_i} = \mathcal{D}_i + \frac{\partial F_i}{\partial t} \tag{2.2.10}$$

满足可积条件

$$\frac{\partial}{\partial z_j}\left(\mathcal{D}_i + \frac{\partial F_i}{\partial t}\right) = \frac{\partial}{\partial z_i}\left(\mathcal{D}_j + \frac{\partial F_j}{\partial t}\right). \tag{2.2.11}$$

以上讨论可以用一个简单的命题总结: Birkhoff 结构可以看作Birkhoff 辛结构加上约束条件(2.2.10).

命题 2.2.1 (Birkhoff系统的对称性) 一个协变的非自治的1阶方程在流形$\mathbf{R}\times T_*\mathbf{R}^{2n}$的某一星形区域$\widetilde{\mathcal{R}}^*$上是对称的充要条件是它具有Birkhoff形式, 即

$$\begin{aligned} K_{ij}(z,t)\frac{\mathrm{d}z_j}{\mathrm{d}t} + \mathcal{D}_i(z,t) &= \left(\frac{\partial F_j}{\partial z_i} - \frac{\partial F_i}{\partial z_j}\right)\frac{\mathrm{d}z_j}{\mathrm{d}t} - \left(\nabla B(z,t) + \frac{\partial F(z,t)}{\partial t}\right), \\ & i = 1,2,\cdots,2n. \end{aligned} \tag{2.2.12}$$

Birkhoff 函数F_i 和B 可通过简单的积分运算得到:

$$F_i = \frac{1}{2}\int_0^1 z_j \cdot K_{ji}(\lambda z, t)\, \mathrm{d}\lambda, \tag{2.2.13}$$

$$B = \int_0^1 z_i \cdot \left(\mathcal{D}_i + \frac{\partial F_i}{\partial t}\right)(\lambda z, t)\, \mathrm{d}\lambda. \tag{2.2.14}$$

Birkhoff 方程可看作与 Pfaff 泛函变分问题对应的 Euler-Lagrange 方程[San83b],[Arn89], 且已知对于1阶的Pfaff 变分问题, 不存在可以将受到外力作用的1阶Euler-Lagrange

方程组变到不受外力作用的Hamilton 方程组的非平凡Legendre 变换. 对于这种情况, 只有坐标变换可以实现, 在这里不详细讨论.

根据系统(2.2.12) 是对称的, 可证明它的结构$\widehat{\Omega}$ 满足

$$\frac{\mathrm{d}}{\mathrm{d}t}\widehat{\Omega} = \frac{\mathrm{d}}{\mathrm{d}t}(\widehat{K}_{ij}\,\mathrm{d}\widetilde{z}_i \wedge \mathrm{d}\widetilde{z}_j) = 0. \tag{2.2.15}$$

记方程组(2.2.12)的相流为$(\widehat{z},\widehat{t}\,)$, 则

$$K_{ij}(\widehat{z},\widehat{t}\,)\,\mathrm{d}\widehat{z}_i \wedge \mathrm{d}\widehat{z}_j + 2\mathcal{D}_i(\widehat{z},\widehat{t}\,)\,\mathrm{d}t \wedge \mathrm{d}\widehat{z}_i = K_{ij}(z,t)\,\mathrm{d}z_i \wedge \mathrm{d}z_j + 2\mathcal{D}_i(z,t)\,\mathrm{d}t \wedge \mathrm{d}z_i, \tag{2.2.16}$$

从而由$\mathrm{d}z_i \wedge \mathrm{d}z_j$的系数推出辛流公式

$$K_{ij}(\widehat{z},\widehat{t}\,)\,\mathrm{d}\widehat{z}_i \wedge \mathrm{d}\widehat{z}_j = K_{ij}(z,t)\,\mathrm{d}z_i \wedge \mathrm{d}z_j, \tag{2.2.17}$$

或者表示为

$$\frac{\partial \widehat{z}}{\partial z}^{\mathrm{T}} K(\widehat{z},\widehat{t}\,)\frac{\partial \widehat{z}}{\partial z} = K(z,t), \tag{2.2.18}$$

从$\mathrm{d}t \wedge \mathrm{d}z_i$ 的系数推出约束条件

$$\frac{\partial \widehat{z}}{\partial t}^{\mathrm{T}} K(\widehat{z},\widehat{t}\,) + \mathcal{D}(\widehat{z},\widehat{t}\,)^{\mathrm{T}}\frac{\partial \widehat{z}}{\partial z} = D(z,t)^{\mathrm{T}}. \tag{2.2.19}$$

这说明Birkhoff 系统的相流保持一个依赖于时间变量的几何结构, 同时还满足一个约束条件. 我们将这样的结构称为Birkhoff 结构.

§2.3 依赖于时空变量的辛结构$K(z,t)$的生成函数

早在20世纪80年代冯康等人[FWQW89]就发展了构造Hamilton 系统辛算法的一种比较系统的方法, 即生成函数法, 并用这种方法构造了标准的Hamilton 系统和Poisson 流形上的Hamilton 系统及一般的$K(z)$ 流形上的Hamilton 系统的保结构算法. 对于依赖于时间的辛结构$K(z,t)$ 上的Birkhoff 系统, 在上一节已证明它的相流保持结构$K(z,t)$, 所以本书将尝试构造一种算法, 称之为广义辛算法, 该算法能够保持离散的$K(z,t)$ 结构. 假定方程组(2.2.12)的一种离散可以记为

$$K(z^i,t_i)\partial_t^i z^i = \big(\nabla_z S(z^i,t_i)\big)_i + \big(\partial_t F(z^i,t_i)\big)_i, \tag{2.3.1}$$

这里决定离散的关键就是∂_t^i, 代表∂_t 在第i 点的离散. 离散(2.3.1)决定一个离散的相流$z^{i+1} = \phi(z^i,t_i)$, 于是有下面的定义2.3.1.

定义 2.3.1 如果离散(2.3.1)决定的格式ϕ保持离散的$K(z,t)$-辛结构, 即

$$\frac{\partial \phi}{\partial z_i}^{\mathrm{T}} K(z^{i+1}, t_{i+1}) \frac{\partial \phi}{\partial z_i} = K(z^i, t_i), \tag{2.3.2}$$

则离散(2.3.1) 称为方程组(2.2.12) 的一个辛离散格式.

要利用生成函数法构造Birkhoff 系统的广义辛算法, 首先得搞清楚几个基本的关系. 在这一节考虑一般的辛映射, 即所谓的$K(z,t)$-辛映射和梯度映射之间的关系, 也要探讨它和生成函数之间的联系. 首先记:

$$\begin{aligned} &J_{2n} = \begin{bmatrix} 0 & I_n \\ -I_n & 0 \end{bmatrix}, \qquad J_{4n} = \begin{bmatrix} 0 & I_{2n} \\ -I_{2n} & 0 \end{bmatrix}, \\ &\widetilde{J}_{4n} = \begin{bmatrix} J_{2n} & 0 \\ 0 & -J_{2n} \end{bmatrix}, \quad \widetilde{K}(\widehat{z}, z, t, t_0) = \begin{bmatrix} K(\widehat{z}, t) & 0 \\ 0 & -K(z, t_0) \end{bmatrix}. \end{aligned} \tag{2.3.3}$$

引理 2.3.1 包含于$\mathbf{R}^{4n}$的一个$2n$维的L 流形, 记为

$$L = \left\{ \begin{bmatrix} \widehat{z} \\ z \end{bmatrix} \in \mathbf{R}^{4n} \mid z = z(x, t_0),\ \widehat{z} = \widehat{z}(x, t),\ x \in U \subset \mathbf{R}^{2n} \text{ 是其开子集} \right\}. \tag{2.3.4}$$

如果它具有如下不同性质:

$$(T_x L)^{\mathrm{T}} J_{4n} (T_x L) = 0 \tag{2.3.5}$$

或

$$(T_x L)^{\mathrm{T}} \widetilde{J}_{4n} (T_x L) = 0 \tag{2.3.6}$$

或

$$(T_x L)^{\mathrm{T}} \widetilde{K}(\widehat{z}, z, t, t_0) (T_x L) = 0, \tag{2.3.7}$$

就称L为一个J_{4n}-, 或者$\widetilde{J}_{4n}$-, 或者$\widetilde{K}(\widehat{z}, z, t, t_0)$-Lagrange子流形, 此处$T_x L$ 仍指流形L 在点x 处的切空间.

记$z \to \widehat{z} = g(z, t, t_0)$: $\mathbf{R}^{2n} \to \mathbf{R}^{2n}$ 是一个从$\mathbf{R}^{2n}$到它自身的带有参数t 和t_0 的映射, 它的图像定义为

$$\mathrm{gr}(g) = \Gamma_g = \left\{ \begin{bmatrix} \widehat{z} \\ z \end{bmatrix} \in \mathbf{R}^{4n} \mid \widehat{z} = g(z, t, t_0),\ z = z \in \mathbf{R}^{2n} \right\}. \tag{2.3.8}$$

当图像(2.3.8) 是一个J_{4n}-, 或者$\widetilde{J}_{4n}$-, 或者$\widetilde{K}(\widehat{z}, z, t, t_0)$-Lagrange子流形时, 对应映射分别称为一个典则映射、梯度映射或者$K(z,t)$-辛映射.

引理 2.3.2 设$g:\mathcal{M}\to\mathcal{M}$是一个带参数的可微映射, 当它满足

$$\frac{\partial g}{\partial z}^{\mathrm{T}} K\big(g(z,t,t_0),t\big)\frac{\partial g}{\partial z}=K(z,t_0) \tag{2.3.9}$$

时, 称该映射是$K(z,t)$-辛的. 假设存在一个逼近 Birkhoff系统(2.2.12)的格式, 无论它是显式的还是隐式的, 都可以表示为

$$z^{k+1}=g^k(z^k,t_k+\tau,t_k),\quad k\geq 0. \tag{2.3.10}$$

若g^k对每个$k\geq 0$都是保$K(z,t)$-辛结构的, 即

$$\frac{\partial g^k}{\partial z^k}^{\mathrm{T}} K(z^{k+1},t_{k+1})\frac{\partial g^k}{\partial z^k}=K(z^k,t_k), \tag{2.3.11}$$

则称它为$K(z,t)$-辛格式.

Birkhoff系统(2.1.1)的相流的图像可以表示为$g^t(z,t_0)=g(z,t,t_0)$, 因为

$$g_z^t(z,t_0)^{\mathrm{T}}K\big(g^t(z,t_0),t\big)g_z^t(z,t_0)=K(z,t_0), \tag{2.3.12}$$

所以它的相流组成一个$\widetilde{K}(\widehat{z},z,t,t_0)$-Lagrange 子流形, 而标准Hamilton 系统的相流构成一个$\widetilde{J}_{4n}$-Lagrange子流形.

假设在$\mathbf{R}^{4n}$上存在到它自身的可逆映射, 这个映射带有两个参数t 和t_0, 比如:

$$\begin{aligned}
&\alpha(t,t_0):\begin{bmatrix}\widehat{z}\\ z\end{bmatrix}\longrightarrow\begin{bmatrix}\widehat{w}\\ w\end{bmatrix}=\begin{bmatrix}\alpha_1(\widehat{z},z,t,t_0)\\ \alpha_2(\widehat{z},z,t,t_0)\end{bmatrix},\\
&\alpha^{-1}(t,t_0):\begin{bmatrix}\widehat{w}\\ w\end{bmatrix}\longrightarrow\begin{bmatrix}\widehat{z}\\ z\end{bmatrix}=\begin{bmatrix}\alpha^1(\widehat{w},w,t,t_0)\\ \alpha^2(\widehat{w},w,t,t_0)\end{bmatrix}.
\end{aligned} \tag{2.3.13}$$

分别记映射α和α^{-1}的Jacobi矩阵为:

$$\begin{aligned}
&\alpha_*(\widehat{z},z,t,t_0)=\begin{bmatrix}A_\alpha & B_\alpha\\ C_\alpha & D_\alpha\end{bmatrix},\\
&\alpha_*^{-1}(\widehat{w},w,t,t_0)=\begin{bmatrix}A^\alpha & B^\alpha\\ C^\alpha & D^\alpha\end{bmatrix}.
\end{aligned} \tag{2.3.14}$$

假设α 是一个$\mathbf{R}^{4n}$到它自身的微分同胚, 那么映射α 将一个$\widetilde{K}$-Lagrange子流形映到一个J_{4n}-Lagrange子流形, 当且仅当

$$\alpha_*^{\mathrm{T}}J_{4n}\alpha_*=\widetilde{K}, \tag{2.3.15}$$

即

$$\begin{bmatrix} A_\alpha & B_\alpha \\ C_\alpha & D_\alpha \end{bmatrix}^{\mathrm{T}} \begin{bmatrix} 0 & I_{2n} \\ -I_{2n} & 0 \end{bmatrix} \begin{bmatrix} A_\alpha & B_\alpha \\ C_\alpha & D_\alpha \end{bmatrix} = \begin{bmatrix} K(\widehat{z},t) & 0 \\ 0 & -K(z,t_0) \end{bmatrix}. \tag{2.3.16}$$

同样地, α^{-1}将一个J_{4n}-Lagrange子流形映到一个$\widetilde{K}$-Lagrange子流形.

命题 2.3.1 设$\mathcal{M}$是一个包含于空间$\mathbf{R}^{2n\times 2n}$的流形, 映射α 是一个$\mathbf{R}^{4n}$到它自身的微分同胚, 定义一个分数形式的变换:

$$\sigma_\alpha : \mathcal{M} \longrightarrow \mathcal{M},$$

$$M \longrightarrow N = \sigma_\alpha(M) = (A_\alpha M + B_\alpha)(C_\alpha M + D_\alpha)^{-1}. \tag{2.3.17}$$

假设变换满足下面的横截条件:

$$|C_\alpha M + D_\alpha| \neq 0, \tag{2.3.18}$$

那么下面4 个条件互相等价:

$$\begin{aligned} &|C_\alpha M + D_\alpha| \neq 0, \\ &|MC^\alpha - A^\alpha| \neq 0, \\ &|C^\alpha N + D^\alpha| \neq 0, \\ &|NC_\alpha - A_\alpha| \neq 0. \end{aligned} \tag{2.3.19}$$

这个命题的证明很简单, 这里略去不述. 有了上面的结果, 可以进一步得出下面的定理.

定理 2.3.1 设映射α 是一个$\mathbf{R}^{4n}$到它自身的微分同胚. 假定$z \to \widehat{z} = g(z,t,t_0)$ 是定义在$\mathbf{R}^{2n}$ 的某一邻域$\widetilde{\mathcal{R}}$ 上的一个$K(z,t)$-辛映射, 它的Jacobi 矩阵记为$g_z(z,t,t_0) = M(z,t,t_0)$. 如果Jacobi 矩阵$M$ 在邻域$\widetilde{\mathcal{R}}$ 上满足横截条件, 即

$$|C_\alpha(g(z,t,t_0),z,t,t_0)M(z,t,t_0) + D_\alpha(g(z,t,t_0),z,t,t_0)| \neq 0, \tag{2.3.20}$$

则在邻域$\widetilde{\mathcal{R}}$ 存在惟一的梯度映射$w \to \widehat{w} = f(w,t,t_0)$, 它的Jacobi矩阵是$f_w(w,t,t_0) = N(w,t,t_0)$, 并且存在一个标量函数, 即生成函数$\phi(w,t,t_0)$, 使得:

$$f(w,t,t_0) = \phi_w(w,t,t_0), \tag{2.3.21}$$

$$\begin{aligned} \alpha_1(g(z,t,t_0),z,t,t_0) &= f(\alpha_2(g(z,t,t_0),z,t,t_0),t,t_0) \\ &= \phi_w(\alpha_2(g(z,t,t_0),z,t,t_0),t,t_0), \end{aligned} \tag{2.3.22}$$

α_1 由变量z 和t 惟一确定,

$$N=(A_\alpha M+B_\alpha)(C_\alpha M+D_\alpha)^{-1}, \tag{2.3.23}$$

$$M=(A^\alpha N+B^\alpha)(C^\alpha N+D^\alpha)^{-1}. \tag{2.3.24}$$

证明: 映射g 的图像Γ_g 通过α 变换映射到下面的集合:

$$\begin{aligned}\mathrm{gr}(g) &= \alpha(\Gamma_g)\\ &= \left\{\begin{bmatrix}\widehat{w}\\ w\end{bmatrix}\in\mathbf{R}^{4n}\ \middle|\ \begin{matrix}\widehat{w}=\alpha_1\big(g(z,t,t_0),z,t,t_0\big)\\ w=\alpha_2\big(g(z,t,t_0),z,t,t_0\big)\end{matrix}\right\}.\end{aligned} \tag{2.3.25}$$

根据横截条件(2.3.20), 得到

$$\left|\frac{\partial w}{\partial z}\right|=\left|\frac{\partial \alpha_2}{\partial \widehat{z}}\cdot\frac{\partial \widehat{z}}{\partial z}+\frac{\partial \alpha_2}{\partial z}\right|=|C_\alpha M+D_\alpha|\neq 0, \tag{2.3.26}$$

所以函数$w=\alpha_2(g(z,t,t_0),z,t,t_0)$是可逆的, 它的逆函数记为$z=z(w,t,t_0)$. 令

$$\widehat{w}=f(w,t,t_0)=\alpha_1(g(z,t,t_0),z,t,t_0)|_{z=z(w,t,t_0)}, \tag{2.3.27}$$

那么

$$\begin{aligned}N &= \frac{\partial f}{\partial w}=\left(\frac{\partial \alpha_1}{\partial \widehat{z}}\frac{\partial g}{\partial z}+\frac{\partial \alpha_1}{\partial z}\right)\left(\frac{\partial z}{\partial w}\right)\\ &= (A_\alpha M+B_\alpha)(C_\alpha M+D_\alpha)^{-1}.\end{aligned} \tag{2.3.28}$$

注意到$\alpha(\Gamma_g)$在点z 的切空间是

$$T_z(\alpha(\Gamma_g))=\begin{bmatrix}\dfrac{\partial \widehat{w}}{\partial z}\\ \dfrac{\partial w}{\partial z}\end{bmatrix}=\begin{bmatrix}A_\alpha M+B_\alpha\\ C_\alpha M+D_\alpha\end{bmatrix}. \tag{2.3.29}$$

因为$z\to\widehat{z}$是$K(z,t)$-辛映射, 所以有

$$\begin{aligned}0 &= (M^{\mathrm{T}},I)\widetilde{K}\begin{pmatrix}M\\ I\end{pmatrix}\\ &= (M^{\mathrm{T}},I)\alpha_*^{\mathrm{T}}J_{4n}\alpha_*\begin{bmatrix}M\\ I\end{bmatrix}\\ &= \big((A_\alpha M+B_\alpha)^{\mathrm{T}},(C_\alpha M+D_\alpha)^{\mathrm{T}}\big)J_{4n}\begin{bmatrix}A_\alpha M+B_\alpha\\ C_\alpha M+D_\alpha\end{bmatrix}\\ &= T_z(\alpha(\Gamma_g))^{\mathrm{T}}J_{4n}T_z(\alpha(\Gamma_g)),\end{aligned} \tag{2.3.30}$$

即$\alpha(\Gamma_g)$ 是一个J_{4n}-Lagrange 子流形. 而且由上面的运算知

$$(A_\alpha M + B_\alpha)^{\mathrm{T}}(C_\alpha M + D_\alpha) - (C_\alpha M + D_\alpha)^{\mathrm{T}}(A_\alpha M + B_\alpha) = 0, \tag{2.3.31}$$

故 Jacobi 矩阵$N = (A_\alpha M + B_\alpha)(C_\alpha M + D_\alpha)^{-1}$是对称的, 这意味着映射$\widehat{w} = f(w, t, t_0)$是一个梯度映射. 根据Poincaré 引理, 存在一个标量函数$\phi(w, t, t_0)$, 使得

$$f(w, t, t_0) = \phi_w(w, t, t_0). \tag{2.3.32}$$

因为$z(w, t, t_0) \circ \alpha_2(g(z, t, t_0), z, t, t_0) \equiv z$, 将$w = \alpha_2(g(z, t, t_0), z, t, t_0)$ 代入方程(2.3.27)和(2.3.32), 经过简单的计算就可以得到方程(2.3.22). ▲

紧接着需要证明下面的命题.

命题 2.3.2 $f(w, t, t_0)$是定理2.3.1中得到的函数, 那么它也是下面方程的解:

$$\alpha^1\big(f(w, t, t_0), w, t, t_0\big) = g\big(\alpha^2(f(w, t, t_0), w, t, t_0), t, t_0\big). \tag{2.3.33}$$

证明很简单, 此处略去.

定理 2.3.2 映射α是一个$\mathbf{R}^{4n}$到它自身的微分同胚, 设$w \to \widehat{w} = f(w, t, t_0)$ 是定义在空间$\mathbf{R}^{2n}$ 的某一邻域$\widetilde{\mathcal{R}}$ 上的梯度映射, 它有Jacobi 矩阵$f_w(w, t, t_0) = N(w, t, t_0)$. 如果在邻域$\widetilde{\mathcal{R}}$上, N满足以下横截条件:

$$\big|C^\alpha\big(f(w, t, t_0), w, t, t_0\big)N(w, t, t_0) + D^\alpha\big(f(w, t, t_0), w, t, t_0\big)\big| \neq 0, \tag{2.3.34}$$

那么在邻域$\widetilde{\mathcal{R}}$上惟一存在$K(z, t)$-辛映射$z \to \widehat{z} = g(z, t, t_0)$, 它的Jacobi矩阵$g(z, t, t_0) = M(z, t, t_0)$, 使得:

$$\begin{aligned} \alpha^1(f(w, t, t_0), w, t, t_0) &= g\big(\alpha^2\big(f(w, t, t_0), w, t, t_0\big), t, t_0\big), \\ M &= (A^\alpha N + B^\alpha)(C^\alpha N + D^\alpha)^{-1}, \\ N &= (A_\alpha M + B_\alpha)(C_\alpha M + D_\alpha)^{-1}, \end{aligned} \tag{2.3.35}$$

且$g(z, t, t_0)$是隐式方程

$$\alpha_1\big(g(z, t, t_0), z, t, t_0\big) = f\big(\alpha_2\big(g(z, t, t_0), z, t, t_0\big), t, t_0\big) \tag{2.3.36}$$

的解.

这个定理的证明和定理2.3.1的证明类似.

§2.4 Birkhoff方程的$K(z,t)$-辛差分格式

在第一节和第三节就Birkhoff 系统特有的$K(z,t)$-辛结构, 讨论了它的相流所表现出的保结构特性以及它的相流和生成函数之间的关系, 并且指出用生成函数构造Birkhoff 系统广义辛差分格式的可行性. 在这一节, 将通过逼近生成函数, 给出具体的构造Birkhoff 辛差分格式的步骤.

用$g^t(z,t_0)$表示Birkhoff 相流, 后面的讨论都是在局部空间(z,t) 上进行的, 所以相流$g^t(z,t_0)$ 是$K(z,t)$-辛映射的一个单参数群, 即

$$g^{t_0}=\text{Identity},\qquad g^{t_1+t_2}=g^{t_1}\circ g^{t_2}. \tag{2.4.1}$$

这里认为z 是$t=t_0$时的初值, 而$\widehat{z}(z,t,t_0)=g^t(z,t_0)=g(t;z,t_0)$是Birkhoff 系统(2.2.12) 在这个初值条件下的解. 以下定理就给出了Birkhoff 相流的生成函数.

定理 2.4.1 设映射α是一个$\mathbf{R}^{4n}$到它自身的微分同胚, 映射$z\to\widehat{z}=g^t(z,t_0)$ 是Birkhoff 系统(2.2.12) 的相流, $M(t;z,t_0)=g_z(t;z,t_0)$ 是它的Jacobi 矩阵. 如果在初值$t=t_0$, $\widehat{z}=z$ 处有

$$|C_\alpha(z,z,t_0,t_0)+D_\alpha(z,z,t_0,t_0)|\neq 0, \tag{2.4.2}$$

那么当$|t-t_0|$ 足够小时, 存在初值z的邻域$\mathcal{R}$, 在这个邻域内, 存在梯度映射$w\to\widehat{w}=f(w,t,t_0)$, 它的Jacobi 矩阵$f_w(w,t,t_0)=N(w,t,t_0)$ 是对称的, 还存在一个标量函数, 即生成函数$\phi(w,t,t_0)$, 使得:

$$f(w,t,t_0)=\phi_w(w,t,t_0), \tag{2.4.3}$$

$$\frac{\partial}{\partial t}\phi_w(w,t,t_0)=\mathcal{A}\left(\phi_w(w,t,t_0),w,\phi_{ww}(w,t,t_0),t,t_0\right), \tag{2.4.4}$$

$$\mathcal{A}\left(\widehat{w},w,\frac{\partial\widehat{w}}{\partial w},t,t_0\right)=\overline{\mathcal{A}}\left(\widehat{z}(\widehat{w},w,t,t_0),z(\widehat{w},w,t,t_0),\frac{\partial\widehat{w}}{\partial w},t,t_0\right), \tag{2.4.5}$$

$$\begin{aligned}\overline{\mathcal{A}}\left(\widehat{z},z,\frac{\partial\widehat{w}}{\partial w},t,t_0\right)&=\frac{\mathrm{d}}{\mathrm{d}t}\widehat{w}(\widehat{z},z,t,t_0)-\frac{\partial\widehat{w}}{\partial w}\frac{\mathrm{d}}{\mathrm{d}t}w(\widehat{z},z,t,t_0)\\&=\left(A_\alpha-\frac{\partial\widehat{w}}{\partial w}C_\alpha\right)K^{-1}D(\widehat{z},t)+\frac{\partial\alpha_1}{\partial t}-\frac{\partial\widehat{w}}{\partial w}\frac{\partial\alpha_2}{\partial t},\end{aligned} \tag{2.4.6}$$

$$\begin{aligned}\alpha_1\left(g(t;z,t_0),z,t,t_0\right)&=f\left(\alpha_2\left(g(t;z,t_0),z,t,t_0\right),t,t_0\right)\\&=\phi_w\left(\alpha_2\left(g(t;z,t_0),z,t,t_0\right),t,t_0\right),\end{aligned} \tag{2.4.7}$$

α_1由(z,t_0)惟一确定,

$$\begin{aligned}N&=\sigma_\alpha(M)=(A_\alpha M+B_\alpha)(C_\alpha M+D_\alpha)^{-1},\\M&=\sigma_{\alpha^{-1}}(N)=(A^\alpha N+B^\alpha)(C^\alpha N+D^\alpha)^{-1}.\end{aligned} \tag{2.4.8}$$

证明:假设$M(t;z,t_0)$ 关于z 和t 可微, 由条件(2.4.2) 知道, 对于足够小的$|t-t_0|$, 存在初值$z\in\mathbf{R}^{2n}$ 的邻域$\widehat{z}$, 使得

$$|C_\alpha(\widehat{z},z,t,t_0)M(t;z,t_0)+D_\alpha(\widehat{z},z,t,t_0)|\neq 0. \tag{2.4.9}$$

另外, 由于Birkhoff 相流是一个辛映射, 因此由定理2.3.1 知, 存在一个含有参数t的梯度映射$\widehat{w}=f(w,t,t_0)$ 和一个标量函数$\phi(w,t,t_0)$, 使得:

$$f(w,t,t_0)=\phi_w(w,t,t_0), \tag{2.4.10}$$

$$\frac{\partial f(w,t,t_0)}{\partial t}=\frac{\partial \phi_w(w,t,t_0)}{\partial t}. \tag{2.4.11}$$

注意到$\widehat{z}=g(t;z,t_0)$是下面初值问题的解:

$$\begin{cases}\dfrac{\mathrm{d}\widehat{z}}{\mathrm{d}t}=K^{-1}(\widehat{z},t)\left(\nabla B+\dfrac{\partial F}{\partial t}\right)(\widehat{z},t),\\ \widehat{z}|_{t=t_0}=z,\end{cases}$$

因此从下面的等式

$$\widehat{w}=\alpha_1(\widehat{z},z,t,t_0),\quad w=\alpha_2(\widehat{z},z,t,t_0), \tag{2.4.12}$$

可以得到:

$$\begin{aligned}\frac{\mathrm{d}\widehat{w}}{\mathrm{d}t}&=\frac{\partial\widehat{w}}{\partial\widehat{z}}\cdot\frac{\mathrm{d}\widehat{z}}{\mathrm{d}t}+\frac{\partial}{\partial t}\alpha_1(\widehat{z},z,t,t_0)\\&=A_\alpha K^{-1}\left(\nabla B+\frac{\partial F}{\partial t}\right)+\frac{\partial\alpha_1}{\partial t},\end{aligned} \tag{2.4.13}$$

$$\frac{\mathrm{d}w}{\mathrm{d}t}=C_\alpha K^{-1}\left(\nabla B+\frac{\partial F}{\partial t}\right)+\frac{\partial\alpha_2}{\partial t}, \tag{2.4.14}$$

所以有

$$\begin{aligned}\frac{\partial\widehat{w}}{\partial t}&=\frac{\mathrm{d}\widehat{w}}{\mathrm{d}t}-\frac{\partial\widehat{w}}{\partial w}\frac{\mathrm{d}w}{\mathrm{d}t}\\&=\left(A_\alpha-\frac{\partial\widehat{w}}{\partial w}C_\alpha\right)K^{-1}\left(\nabla B+\frac{\partial F}{\partial t}\right)+\frac{\partial\alpha_1}{\partial t}-\frac{\partial\widehat{w}}{\partial w}\frac{\partial\alpha_2}{\partial t}.\end{aligned}$$

又因为$\dfrac{\partial\widehat{w}}{\partial w}\neq 0$, 所以$w=w(\widehat{w},t)$是存在且可解的, 但它并不能直接由变换$\alpha$ 和α^{-1}解出. 令

$$\overline{\mathcal{A}}\left(\widehat{z},z,\frac{\partial\widehat{w}}{\partial w},t,t_0\right)=\frac{\partial\widehat{w}}{\partial t}, \tag{2.4.15}$$

记

$$\mathcal{A}\left(\widehat{w}, w, \frac{\partial \widehat{w}}{\partial w}, t, t_0\right) = \overline{\mathcal{A}}\left(\widehat{z}(\widehat{w}, w, t, t_0), z(\widehat{w}, w, t, t_0), \frac{\partial \widehat{w}}{\partial w}, t, t_0\right), \tag{2.4.16}$$

那么从方程(2.4.11)可以得到

$$\frac{\partial}{\partial t}\phi_w(w, t, t_0) = \mathcal{A}(\phi_w, w, \phi_{ww}, t, t_0). \tag{2.4.17}$$

▲

以上有关的定理和命题都是针对非自治的Birkhoff系统给出的, 事实上以上结论也可以适用于自治和半自治的情形. 我们前面已经说明了自治和半自治的Birkhoff系统就是通常所说的Hamilton系统, 因此从生成函数法构造辛离散格式的角度来说, Birkhoff系统也是Hamilton 系统的一种推广. 但有一点需要说明, 非自治Birkhoff系统除了辛结构依赖于时间变量之外, 与Hamilton系统还有一点本质的区别: 有外力项. 这点区别使得针对自治和半自治Birkhoff系统即一般辛结构下的Hamilton 系统的生成函数方法比较简明. 冯康和汪道柳在文献中详细地讨论了一般辛结构和Poisson结构下Hamilton系统的生成函数方法[FW91], 下面简单指出其不同之处. 在自治和半自治情形中, 因为辛结构不依赖于时间变量, 所以映射α不含参数t, 因此

$$\begin{aligned}\frac{\partial \widehat{w}}{\partial t} &= \frac{\mathrm{d}\widehat{w}}{\mathrm{d}t} - \frac{\partial \widehat{w}}{\partial w}\frac{\mathrm{d}w}{\mathrm{d}t}\\ &= \left(A_\alpha - \frac{\partial \widehat{w}}{\partial w}C_\alpha\right)K^{-1}\nabla B\\ &= -\left(B^{\alpha\mathrm{T}} + \left(\frac{\partial \widehat{w}}{\partial w}^{\mathrm{T}}\right)A^{\alpha\mathrm{T}}\right)\nabla_z B\\ &= -B_w(\widehat{z}(\widehat{w}, w)) \quad (\text{或} = -B_w(\widehat{z}(\widehat{w}, w), t)),\end{aligned} \tag{2.4.18}$$

进而得到自治情形的Hamilton-Jacobi 方程

$$\frac{\partial \phi(w,t)}{\partial t} = -B(\widehat{z}(\phi_w, w)), \tag{2.4.19}$$

或者半自治情形的Hamilton-Jacobi 方程

$$\frac{\partial \phi(w,t,t_0)}{\partial t} = -B(\widehat{z}(\phi_w, w), t). \tag{2.4.20}$$

所以, 我们在给出非自治Birkhoff 系统的生成函数法时, 因为外力项而无法直接得到关于生成函数$\phi(w,t,t_0)$ 的Hamilton-Jacobi 方程, 但我们得到了关于$\phi_w(w,t,t_0)$的Hamilton-Jacobi 方程(2.4.17). 而构造Birkhoff 系统的辛格式恰好只需要$\phi_w(w,t,t_0)$

的各阶t偏导数,而不是$\phi(w,t,t_0)$的,可以说在我们的理论中是以$\phi_w(w,t,t_0)$作为生成函数的.

下面首先给出定理2.4.1中出现的函数$\mathcal{A}$关于时间t的全导数.因为在具体的算例中,总会求出函数$\mathcal{A}$,要求出它的全导数就很容易,所以为了后面定理的证明,这里给出的只是一个比较抽象的记号,很容易看懂,也不影响结论的正确性.

$$\begin{aligned}
D_t^k\mathcal{A} \;=\;& \partial_{\phi_w}\mathcal{A}\left(\sum_{i=0}^{\infty}(t-t_0)^i\phi_w^{(k+i)}\right)+\partial_{\phi_{ww}}\mathcal{A}\left(\sum_{i=0}^{\infty}(t-t_0)^i\phi_{ww}^{(k+i)}\right)\\
&+\partial_t\,\partial_{\phi_w}\mathcal{A}\left(\sum_{i=0}^{\infty}(t-t_0)^i\phi_w^{(k-1+i)}\right)+\partial_t\,\partial_{\phi_{ww}}\mathcal{A}\left(\sum_{i=0}^{\infty}(t-t_0)^i\phi_{ww}^{(k-1+i)}\right)\\
&+\sum_{m=0}^{k}\mathrm{C}_k^m\sum_{n=1}^{k-m}\mathrm{C}_{k-m}^n\sum_{l=1}^{k-m-n}\sum_{\substack{h_1+\cdots+h_n+\\ j_1+\cdots+j_l=k-m}}\partial_{\phi_w}^n\,\partial_{\phi_{ww}}^l\,\partial_t^m\,\mathcal{A}\\
&\cdot\left(\sum_{i=0}^{\infty}(t-t_0)^i\phi_w^{(h_1+i)},\cdots,\sum_{i=0}^{\infty}(t-t_0)^i\phi_w^{(h_n+i)},\right.\\
&\left.\sum_{i=0}^{\infty}(t-t_0)^i\phi_{ww}^{(j_1+i)},\cdots,\sum_{i=0}^{\infty}(t-t_0)^i\phi_w^{(j_l+i)}\right),
\end{aligned}\tag{2.4.21}$$

在初值点$t=t_0$处,函数$\mathcal{A}$的全导数是

$$D_t^k\mathcal{A}(\phi_w^{(0)},w,\phi_{ww}^{(0)},t_0,t_0)\tag{2.4.22}$$

$$\begin{aligned}
=\;& \partial_{\phi_w}\mathcal{A}\phi_w^{(k)}+\partial_{\phi_{ww}}\mathcal{A}\phi_{ww}^{(k)}+\partial_t\,\partial_{\phi_w}\mathcal{A}\phi_w^{(k-1)}+\partial_t\,\partial_{\phi_w w}\mathcal{A}\phi_{ww}^{(k-1)}\\
&+\sum_{m=0}^{k}\mathrm{C}_k^m\sum_{n=1}^{k-m}\mathrm{C}_{k-m}^n\sum_{l=1}^{k-m-n}\sum_{\substack{h_1+\cdots+h_n+\\ j_1+\cdots+j_l=k-m}}\partial_{\phi_w}^n\,\partial_{\phi_{ww}}^l\,\partial_t^m\\
&\cdot\mathcal{A}(\phi_w^{(0)},w,\phi_{ww}^{(0)},t_0,t_0)(\phi_w^{(h_1)},\cdots,\phi_w^{(h_l)},\phi_{ww}^{(j_1)},\cdots,\phi_{ww}^{(j_n)}).
\end{aligned}\tag{2.4.23}$$

定理 2.4.2 假设$\mathcal{A}$和α是解析的,那么当$|t-t_0|$足够小时,生成函数

$$\phi_{w\alpha,\mathcal{A}}(w,t,t_0)=\phi_w(w,t,t_0)$$

可以展成级数

$$\phi_w(w,t,t_0)=\sum_{k=0}^{\infty}(t-t_0)^k\phi_w^{(k)}(w,t_0),\tag{2.4.24}$$

并且是收敛的.对于任意的$k\geq 0$, $\phi_w^{(k)}$可以由下面的式子递推决定:

$$\phi_w^{(0)}(w,t_0)=f(w,t_0,t_0),\tag{2.4.25}$$

$$\phi_w^{(1)}(w,t_0)=\mathcal{A}\,(\phi_w^{(0)},w,\phi_{ww}^{(0)},t_0,t_0),\tag{2.4.26}$$

$$\phi_w^{(k+1)}(w,t_0)=\frac{1}{(k+1)\,!}D_t^k\,\mathcal{A}\,(\phi_w^{(0)},w,\phi_{ww}^{(0)},t_0,t_0).\tag{2.4.27}$$

证明:对方程(2.4.24) 关于w 和t 作微分, 得到

$$\phi_{ww}(w,t,t_0)=\sum_{k=0}^{\infty}(t-t_0)^k\phi_{ww}^{(k)}(w,t_0) \tag{2.4.28}$$

和

$$\frac{\partial}{\partial t}\phi_w(w,t,t_0)=\sum_{k=0}^{\infty}(k+1)(t-t_0)^k\phi_w^{(k+1)}(w,t_0). \tag{2.4.29}$$

由方程(2.4.3) 知道,

$$\phi_w^0(w,t_0)=\phi_w(w,t_0,t_0)=f(w,t_0,t_0). \tag{2.4.30}$$

将方程(2.4.28) 代入$\mathcal{A}\Big(\widehat{w},w,\dfrac{\partial\widehat{w}}{\partial w},t,t_0\Big)$, 并且将函数$\mathcal{A}$在$t=t_0$处展开, 可以得到

$$\begin{aligned}\mathcal{A}\left(\phi_w,w,\phi_{ww},t,t_0\right) &= \mathcal{A}\left(f(w,t_0,t_0),w,f_w(w,t_0,t_0),t_0,t_0\right)\\ &\quad+\sum_{k=1}^{\infty}\frac{1}{k!}(t-t_0)^kD_t^k\,\mathcal{A}\left(\phi_w^{(0)},w,\phi_{ww}^{(0)},t_0,t_0\right).\end{aligned} \tag{2.4.31}$$

比较一下方程(2.4.31) 和方程(2.4.29), 再利用方程(2.4.4), 就可以得到方程(2.4.26) 和方程(2.4.27). ▲

关于自治和半自治的情形, 不同之处就是此处的函数$\mathcal{A}$ 被Birkhoff 函数$B(z,t)$ 代替, 这使得生成函数ϕ 的展开更容易. 定理2.4.1 和定理2.4.2 建立了Birkhoff 相流和生成函数$\phi(w,t,t_0)$ 之间的关系. 有了这个结果, 就可以构造任意阶的Birkhoff 辛离散格式了.

定理 2.4.3 映射α同定理2.4.1 中所给, 函数$\mathcal{A}$ 解析, 当步长$\tau>0$ 足够小的时候, 取

$$\psi_w^{(m)}(w,t_0+\tau,t_0)=\sum_{i=0}^{m}\tau^i\phi_w^{(i)}(w,t_0),\qquad m=1,2,\cdots, \tag{2.4.32}$$

这里$\phi_w^{(i)}$ 由方程(2.4.25) – (2.4.27) 确定. 那么, $\psi_w^{(m)}(w,t_0+\tau,t_0)$ 就定义了一个有m 阶精度的$K(z,t)$-辛离散格式, 使得$z=z^k\to z^{k+1}=\widehat{z}$,

$$\alpha_1(z^{k+1},z^k,t_{k+1},t_k)=\psi_w^{(m)}\big(\alpha_2(z^{k+1},z^k,t_{k+1},t_k),t_{k+1},t_k\big). \tag{2.4.33}$$

证明:已知

$$\left|C_\alpha(z,z,t_0,t_0)+D_\alpha(z,z,t_0,t_0)\right|\neq 0, \tag{2.4.34}$$

因此由命题2.3.1 知$|C^\alpha N+D^\alpha|\neq 0$. 这里Jacobi矩阵$N=\phi_{ww}(w_0,t_0,t_0)=\psi_{ww}^{(m)}(w_0,t_0,t_0)$, $w_0=\alpha(z,z,t_0,t_0)$, 所以当步长τ 足够小时, 存在点w_0 的邻域, 在该邻域内有

$$\left|C^\alpha N^{(m)}(w,t_0+\tau,t_0)+D^\alpha\right|\neq 0, \tag{2.4.35}$$

这里的$N^{(m)}$是指

$$N^{(m)}(w,t_0+\tau,t_0)=\psi_{ww}^{(m)}(w,t_0+\tau,t_0). \tag{2.4.36}$$

由定理2.3.2知, $\psi_w^{(m)}(w,t_0+\tau,t_0)$定义了一个$K(z,t)$-辛映射, 如方程(2.3.33)所表示, 所以说等式(2.4.33)确定了一个m阶的$K(z,t)$-辛离散格式. ▲

§2.5 带阻尼的振动方程的Birkhoff辛格式

在这一节, 就一个具体的例子来说明如何应用上面的理论来构造一个带有耗散项的非守恒系统的Birkhoff辛离散格式[SSQS07]. 考虑带阻尼的线性振动方程

$$\ddot{q}+\nu\dot{q}+q=0. \tag{2.5.1}$$

上式也可以写成如下的形式:

$$\dot{p}=-\nu p-q,\quad \dot{q}=p. \tag{2.5.2}$$

在这个方程中, 有耗散项$\nu\dot{q}$, 它的总能量$E_{\text{tot}}=\dfrac{1}{2}(\dot{q}^2+q^2)-\nu p^2$显然不守恒. 这是一个简单的牛顿方程, 它不满足对称条件, 所以要考虑引进变换. 令$p=\dot{q}$, 那么系统(2.5.1)就可以写成如下的Birkhoff形式:

$$\begin{bmatrix} 0 & -\mathrm{e}^{\nu t} \\ \mathrm{e}^{\nu t} & 0 \end{bmatrix}\begin{bmatrix} \dot{q} \\ \dot{p} \end{bmatrix}=\begin{bmatrix} \nu\mathrm{e}^{\nu t}p+\mathrm{e}^{\nu t}q \\ \mathrm{e}^{\nu t}p \end{bmatrix}. \tag{2.5.3}$$

它的$K(z,t)$-辛结构和Birkhoff函数分别是:

$$\begin{aligned} &K=\begin{bmatrix} 0 & -\mathrm{e}^{\nu t} \\ \mathrm{e}^{\nu t} & 0 \end{bmatrix},\quad K^{-1}=\begin{bmatrix} 0 & \mathrm{e}^{-\nu t} \\ -\mathrm{e}^{-\nu t} & 0 \end{bmatrix}, \\ &F=\begin{bmatrix} \dfrac{1}{2}\mathrm{e}^{\nu t}p \\ -\dfrac{1}{2}\mathrm{e}^{\nu t}q \end{bmatrix},\qquad B=\frac{1}{2}\mathrm{e}^{\nu t}(q^2+\nu qp+p^2). \end{aligned} \tag{2.5.4}$$

取一个简单的α变换:

$$\begin{aligned} &\widehat{Q}=\mathrm{e}^{\nu t}\widehat{p}-\mathrm{e}^{\nu t_0}p,\quad \widehat{P}=\widehat{q}-q, \\ &Q=\frac{1}{2}(\widehat{q}+q),\qquad P=-\frac{1}{2}(\mathrm{e}^{\nu t}\widehat{p}+\mathrm{e}^{\nu t_0}p), \end{aligned} \tag{2.5.5}$$

它的Jacobi 矩阵是

$$\alpha_* = \begin{bmatrix} 0 & e^{\nu t} & 0 & -e^{\nu t_0} \\ 1 & 0 & -1 & 0 \\ \frac{1}{2} & 0 & \frac{1}{2} & 0 \\ 0 & -\frac{1}{2}e^{\nu t} & 0 & -\frac{1}{2}e^{\nu t_0} \end{bmatrix}. \tag{2.5.6}$$

α的逆变换是

$$\begin{aligned} \widehat{q} = \frac{1}{2}\widehat{P} + Q, \qquad \widehat{p} = \frac{1}{2}e^{-\nu t}\widehat{Q} - e^{-\nu t}P, \\ q = -\frac{1}{2}\widehat{P} + Q, \quad p = -\frac{1}{2}e^{\nu t_0}\widehat{Q} - e^{-\nu t_0}P, \end{aligned} \tag{2.5.7}$$

它的Jacobi 矩阵是

$$\alpha_*^{-1} = \begin{bmatrix} 0 & \frac{1}{2} & 1 & 0 \\ \frac{1}{2}e^{-\nu t} & 0 & 0 & -e^{-\nu t} \\ 0 & -\frac{1}{2} & 1 & 0 \\ -\frac{1}{2}e^{-\nu t_0} & 0 & 0 & -e^{-\nu t_0} \end{bmatrix}. \tag{2.5.8}$$

由α 变换和它的逆变换, 得到:

$$\begin{aligned} \frac{d\widehat{w}}{dt} &= \begin{bmatrix} \nu e^{\nu t}\,\widehat{p} + e^{\nu t}\,\dot{\widehat{p}} \\ \dot{\widehat{q}} \end{bmatrix} = \begin{bmatrix} -e^{\nu t}\widehat{q} \\ \widehat{p} \end{bmatrix} = \begin{bmatrix} -\frac{1}{2}\,e^{\nu t}\,\widehat{P} - e^{\nu t}Q \\ \frac{1}{2}e^{-\nu t}\widehat{Q} - e^{-\nu t}P \end{bmatrix}, \\ \frac{dw}{dt} &= \begin{bmatrix} \frac{1}{4}e^{-\nu t}\widehat{Q} - \frac{1}{2}e^{-\nu t}P \\ \frac{1}{4}e^{\nu t}\widehat{P} + \frac{1}{2}e^{\nu t}\,Q \end{bmatrix}. \end{aligned} \tag{2.5.9}$$

应用很简单的计算, 就可以得到:

$$\begin{aligned} \phi_w^{(0)} &= \left.\begin{bmatrix} \widehat{Q} \\ \widehat{P} \end{bmatrix}\right|_{t=t_0} = \begin{bmatrix} 0 \\ 0 \end{bmatrix}, \\ \phi_w^{(1)} &= \left.\frac{d\widehat{w}}{dt}\right|_{t=t_0} - \phi_{ww}^{(0)}\left.\frac{dw}{dt}\right|_{t=t_0} = \begin{bmatrix} -e^{\nu t_0}\,Q \\ -e^{-\nu t_0}\,P \end{bmatrix}. \end{aligned} \tag{2.5.10}$$

令

$$\widehat{w} = \phi_w^{(0)} + \phi_w^{(1)}\tau, \tag{2.5.11}$$

这样就得到1阶精度Birkhoff 离散格式:

$$\begin{aligned}\frac{q_{k+1}-q_k}{\tau}&=\mathrm{e}^{-\nu t_k}\,\frac{\mathrm{e}^{\nu t_{k+1}}p_{k+1}+\mathrm{e}^{\nu t_k}p_k}{2},\\ \frac{\mathrm{e}^{\nu t_{k+1}}p_{k+1}-\mathrm{e}^{\nu t_k}p_k}{\tau}&=-\mathrm{e}^{\nu t_k}\,\frac{q_{k+1}+q_k}{2}.\end{aligned}\tag{2.5.12}$$

若在$t_k+\dfrac{\tau}{2}$对指数因子取值, 则由上面的格式可得2阶精度Birkhoff离散格式, 即

$$\begin{aligned}\frac{q_{k+1}-q_k}{\tau}&=\mathrm{e}^{-\nu t_k+\tau/2}\,\frac{\mathrm{e}^{\nu t_{k+1}}p_{k+1}+\mathrm{e}^{\nu t_k}p_k}{2},\\ \frac{\mathrm{e}^{\nu t_{k+1}}p_{k+1}-\mathrm{e}^{\nu tk}p_k}{\tau}&=-\mathrm{e}^{\nu t_k+\tau/2}\,\frac{q_{k+1}+q_k}{2}.\end{aligned}\tag{2.5.13}$$

化简(2.5.12) 可得一个1阶精度Birkhoff 辛离散格式:

$$\begin{bmatrix}q_{k+1}\\ p_{k+1}\end{bmatrix}=\begin{bmatrix}\dfrac{4-\tau^2}{4+\tau^2} & \dfrac{4\tau}{4+\tau^2}\\ -\dfrac{4\tau}{4+\tau^2}\mathrm{e}^{-\nu\tau} & \dfrac{4-\tau^2}{4+\tau^2}\mathrm{e}^{-\nu\tau}\end{bmatrix}\begin{bmatrix}q_k\\ p_k\end{bmatrix}.\tag{2.5.14}$$

这个格式显然是保持相应的离散$K(z,t)$-辛结构的, 所以如果记从这一离散点到下一离散点的运算矩阵为A, 那么就有

$$A^{\mathrm{T}}\begin{bmatrix}0 & -\mathrm{e}^{\nu t_{k+1}}\\ \mathrm{e}^{\nu t_{k+1}} & 0\end{bmatrix}A=\begin{bmatrix}0 & -\mathrm{e}^{\nu t_k}\\ \mathrm{e}^{\nu t_k} & 0\end{bmatrix}.\tag{2.5.15}$$

进一步可以得到

$$\phi^{(2)}=\begin{bmatrix}-\dfrac{\nu}{2}\mathrm{e}^{\nu t_0}Q\\ \dfrac{\nu}{2}\mathrm{e}^{-\nu t_0}P\end{bmatrix},\tag{2.5.16}$$

直接计算就可以得到系统(2.5.3) 的一个2阶Birkhoff 辛格式:

$$\begin{bmatrix}q_{k+1}\\ p_{k+1}\end{bmatrix}=\begin{bmatrix}\dfrac{16-ab}{16+ab} & \dfrac{8a}{16+ab}\\ -\dfrac{8b}{16+ab}\mathrm{e}^{-\nu\tau} & \dfrac{16-ab}{16+ab}\mathrm{e}^{-\nu\tau}\end{bmatrix}\begin{bmatrix}q_k\\ p_k\end{bmatrix},\tag{2.5.17}$$

$$a=2\tau-\nu\tau^2,\quad b=2\tau+\nu\tau^2.\tag{2.5.18}$$

格式(2.5.15)保持同样的辛结构. 再利用Euler中点格式直接离散系统(2.5.3), 得到下面的格式:

$$\begin{bmatrix}q_{k+1}\\ p_{k+1}\end{bmatrix}=\begin{bmatrix}\dfrac{-\tau^2+2\nu\tau+4}{\tau^2+2\nu\tau+4} & \dfrac{4\tau}{\tau^2+2\nu\tau+4}\\ \dfrac{-4\tau}{\tau^2+2\nu\tau+4} & \dfrac{-\tau^2-2\nu\tau+4}{\tau^2+2\nu\tau+4}\end{bmatrix}\begin{bmatrix}q_k\\ p_k\end{bmatrix},\tag{2.5.19}$$

可以证明这不是一个辛格式.

若在(2.3.13)中变换α 取作:

$$\begin{aligned} &\widehat{Q} = \mathrm{e}^{\nu t/2}\widehat{p} - \mathrm{e}^{\nu t_0/2}p, \qquad \widehat{P} = -\mathrm{e}^{\nu t/2}\widehat{q} + \mathrm{e}^{\nu t_0/2}q, \\ &Q = \frac{1}{2}\big(\mathrm{e}^{\nu t/2}\widehat{q} + \mathrm{e}^{\nu t_0/2}q\big), \quad P = \frac{1}{2}\big(\mathrm{e}^{\nu t/2}\widehat{p} + \mathrm{e}^{\nu t_0/2}\,p\big), \end{aligned} \tag{2.5.20}$$

则α 的Jacobi 矩阵为

$$\alpha_* = \begin{bmatrix} 0 & \mathrm{e}^{\nu t/2} & 0 & -\mathrm{e}^{\nu t_0/2} \\ -\mathrm{e}^{\nu t/2} & 0 & \mathrm{e}^{\nu t_0/2} & 0 \\ \dfrac{1}{2}\mathrm{e}^{\nu t/2} & 0 & \dfrac{1}{2}\mathrm{e}^{\nu t_0/2} & 0 \\ 0 & \dfrac{1}{2}\mathrm{e}^{\nu t/2} & 0 & \dfrac{1}{2}\mathrm{e}^{\nu t_0/2} \end{bmatrix}, \tag{2.5.21}$$

它的逆矩阵为

$$\alpha_*^{-1} = \begin{bmatrix} 0 & -\dfrac{1}{2}\mathrm{e}^{-\nu t/2} & \mathrm{e}^{-\nu t/2} & 0 \\ \dfrac{1}{2}\mathrm{e}^{-\nu t/2} & 0 & 0 & \mathrm{e}^{-\nu t/2} \\ 0 & \dfrac{1}{2}\mathrm{e}^{-\nu t_0/2} & \mathrm{e}^{-\nu t_0/2} & 0 \\ -\dfrac{1}{2}\mathrm{e}^{-\nu t_0/2} & 0 & 0 & \mathrm{e}^{-\nu t_0/2} \end{bmatrix}. \tag{2.5.22}$$

若取$m=1$ 次截断得到2阶精度对称格式

$$\widehat{w} = \phi_w^{(1)}\Delta t,$$

很容易计算

$$\phi_w^{(1)} = \left[\frac{\mathrm{d}\widehat{w}}{\mathrm{d}t} - \frac{\partial\,\widehat{w}}{\partial\,w}\frac{\mathrm{d}w}{\mathrm{d}t}\right]\Big|_{t=t_0} = \begin{cases} -\dfrac{\nu}{2}P - Q, \\ -\dfrac{\nu}{2}Q - P. \end{cases}$$

详细推导可见本章附录中公式(2.7.6)的推导. 由此可得到对称2 阶精度格式:

$$\begin{aligned} \frac{\mathrm{e}^{\nu t_{k+1}/2}\,q_{k+1} - \mathrm{e}^{\nu t_k/2}\,q_k}{\tau} &= \frac{\mathrm{e}^{\nu t_{k+1}/2}\,p_{k+1} + \mathrm{e}^{\nu t_k/2}\,p_k}{2} \\ &\quad + \nu\frac{\mathrm{e}^{\nu t_{k+1}/2}\,q_{k+1} + \mathrm{e}^{\nu t_k/2}\,q_k}{4}, \\ \frac{\mathrm{e}^{\nu t_{k+1}/2}p_{k+1} - \mathrm{e}^{\nu t_k/2}\,p_k}{\tau} &= -\frac{\mathrm{e}^{\nu t_{k+1}/2}\,q_{k+1} + \mathrm{e}^{\nu t_k/2}\,q_k}{2} \\ &\quad - \nu\frac{\mathrm{e}^{\nu t_{k+1}/2}\,p_{k+1} + \mathrm{e}^{\nu t_k/2}\,p_k}{4}, \end{aligned} \tag{2.5.23}$$

化简可得

$$\begin{bmatrix} q_{k+1} \\ p_{k+1} \end{bmatrix} = \frac{\mathrm{e}^{-\nu\tau/2}}{\Delta} \begin{bmatrix} w_1 & -16\tau \\ 16\tau & w_2 \end{bmatrix} \begin{bmatrix} q_k \\ p_k \end{bmatrix}, \tag{2.5.24}$$

其中:

$$\begin{aligned} \Delta &= \nu^2\tau^2 - 4\tau^2 - 16, \\ w_1 &= -16 - 8\nu\tau - \nu^2\tau^2 + 4\tau^2, \\ w_2 &= -16 + 8\nu\tau - \nu^2\tau^2 + 4\tau^2. \end{aligned}$$

令(2.5.24)式中矩阵$\dfrac{\mathrm{e}^{-\nu\tau/2}}{\Delta}(*)$ 为$M(\tau)$, 则利用组合格式理论[Yos90],[QZ92]可得

$$\begin{bmatrix} q_{k+1} \\ p_{k+1} \end{bmatrix} = M(c_1\tau)M(c_2\tau)M(c_1\tau) \begin{bmatrix} q_k \\ p_k \end{bmatrix}, \tag{2.5.25}$$

其中

$$c_1 = \frac{1}{2-2^{1/3}}, \quad c_2 = \frac{-2^{1/3}}{2-2^{1/3}}.$$

注 2.5.1 格式(2.5.12), (2.5.13), (2.5.17), (2.5.23) 和(2.5.25) 对任何$\tau > 0$ 都是$K(z,t)$-辛的, 且对任何$k > 0$ 满足Birkhoff 条件

$$\mathrm{e}^{\nu t_{k+1}}\, \mathrm{d}q_{k+1} \wedge \mathrm{d}p_{k+1} = \mathrm{e}^{\nu t_k}\, \mathrm{d}q_k \wedge \mathrm{d}p_k. \tag{2.5.26}$$

若取$m = 2$, 则

$$\phi_w^{(2)} = 0.$$

今取$m = 3$, 则

$$\begin{aligned} \phi_w^{(3)} \;=\; & \frac{1}{3!}\frac{\partial}{\partial t}\left\{ \frac{\partial}{\partial t}\left(\frac{\mathrm{d}\widehat{w}}{\mathrm{d}t}\right) + \frac{\partial}{\partial \widehat{w}}\left(\frac{\mathrm{d}\widehat{w}}{\mathrm{d}t}\right)\frac{\partial \widehat{w}}{\partial t} - \frac{\partial \widehat{w}}{\partial w}\frac{\partial}{\partial \widehat{w}}\left(\frac{\mathrm{d}w}{\mathrm{d}t}\right)\frac{\partial \widehat{w}}{\partial t} \right. \\ & \left. - \frac{\partial \widehat{w}}{\partial w}\frac{\partial}{\partial t}\left(\frac{\mathrm{d}w}{\mathrm{d}t}\right) - \frac{\partial}{\partial t}\left(\frac{\partial \widehat{w}}{\partial w}\right)\frac{\mathrm{d}w}{\mathrm{d}t} \right\}. \end{aligned}$$

对于方程$\ddot{q} + \nu\dot{q} + q = 0$, 当3阶导数取值于$t = t_0$ 时, 上式仅剩一项, 即

$$-\frac{\partial}{\partial t}\left(\frac{\partial \widehat{w}}{\partial w}\right)\frac{\partial}{\partial \widehat{w}}\left(\frac{\mathrm{d}w}{\mathrm{d}t}\right)\frac{\partial \widehat{w}}{\partial t},$$

故

$$\begin{aligned}
\phi_w^{(3)}\big|_{t=t_0} &= -\frac{1}{6}\begin{bmatrix} -1 & -\dfrac{\nu}{2} \\ -\dfrac{\nu}{2} & -1 \end{bmatrix}\begin{bmatrix} \dfrac{1}{8} & -\dfrac{\nu}{8} \\ -\dfrac{\nu}{8} & \dfrac{1}{4} \end{bmatrix}\begin{bmatrix} -\dfrac{\nu}{2}P-Q \\ \dfrac{-\nu}{2}Q-P \end{bmatrix} \\
&= -\frac{1}{6}\begin{bmatrix} \left(-\dfrac{1}{4}+\dfrac{1}{16}\nu^2\right)\left(Q+\dfrac{\nu P}{2}\right) \\ \left(-\dfrac{1}{4}+\dfrac{1}{16}\nu^2\right)\left(\dfrac{\nu Q}{2}+P\right) \end{bmatrix} \\
&= \begin{bmatrix} \left(\dfrac{\nu^2}{2}-2\right)Q+\left(\dfrac{\nu^2}{2}-2\right)\dfrac{\nu}{2}P \\ \left(\dfrac{\nu^2}{2}-2\right)P+\left(\dfrac{\nu^2}{2}-2\right)\dfrac{\nu}{2}Q \end{bmatrix}.
\end{aligned}$$

详细推导可见本章附录中公式(2.7.6) 和(2.7.7) 的推导. 由此可得4阶精度对称格式$\widehat{w}=\phi_w^{(1)}\Delta t+\phi_w^{(3)}\Delta t^2$, 即

$$\begin{aligned}
&\frac{\mathrm{e}^{\nu t_{k+1}/2}q_{k+1}-\mathrm{e}^{\nu t_k/2}q_k}{\tau} \\
=&\frac{\mathrm{e}^{\nu t_{k+1}/2}p_{k+1}+\mathrm{e}^{\nu t_k/2}p_k}{2}+\nu\frac{\mathrm{e}^{\nu t_{k+1}/2}q_{k+1}-\mathrm{e}^{\nu t_k/2}q_k}{4} \\
&+\tau^2\frac{1}{24\times 4}\left[\left(\frac{\nu^2}{2}-2\right)\left(\mathrm{e}^{\nu t_{k+1}/2}p_{k+1}+\mathrm{e}^{\nu t_k/2}p_k\right)\right. \\
&\left.+\left(\frac{\nu^2}{2}-2\right)\frac{\nu}{2}\left(\mathrm{e}^{\nu t_{k+1}/2}q_{k+1}+\mathrm{e}^{\nu t_k/2}q_k\right)\right], \qquad (2.5.27)\\
&\frac{\mathrm{e}^{\nu t_{k+1}/2}p_{k+1}-\mathrm{e}^{\nu t_k/2}p_k}{\tau} \\
=&\frac{\mathrm{e}^{\nu t_{k+1}/2}q_{k+1}+\mathrm{e}^{\nu t_k/2}q_k}{2}-\nu\frac{\mathrm{e}^{\nu t_{k+1}/2}p_{k+1}+\mathrm{e}^{\nu t_k/2}p_k}{4} \\
&-\tau^2\frac{1}{24\times 4}\left[\left(\frac{\nu^2}{2}-2\right)\left(\mathrm{e}^{\nu t_{k+1}/2}q_{k+1}+\mathrm{e}^{\nu t_k/2}q_k\right)\right. \\
&\left.+\left(\frac{\nu^2}{2}-2\right)\frac{\nu}{2}\left(\mathrm{e}^{\nu t_{k+1}/2}p_{k+1}+\mathrm{e}^{\nu t_k/2}p_k\right)\right]. \qquad (2.5.28)
\end{aligned}$$

上面的生成函数法可以推广到下列一般常微分方程系统:

$$\begin{aligned}
&\dot{p}+\beta'(t)p+V(q,t)=0, \\
&\dot{q}-G(p,t)=0.
\end{aligned} \qquad (2.5.29)$$

§2.6 数值实验

本节将给出线性耗散系统(2.5.1)和Birkhoff 表示(2.5.3) 的数值结果. 对$K(z,t)$-辛格式(2.5.12), (2.5.13), (2.5.17), (2.5.23), (2.5.25), (2.5.27)和非辛Euler中点格式(此格式与Marsden和West[MW01]利用Lagrange-d'Alembert 变分原理对受束系统得到的格式是一致的) 进行数值比较, 结果表明Birkhoff 格式能很好地描述系统受束过程, 它比Euler中点格式的反应精确. 同样对1阶精度Birkhoff 格式(2.5.12) 及显式Euler非辛格式进行比较.

计算图形, 假设初值选取$q(0) = 1, p(0) = \dot{q}(0) = -1$, 时间从0算到25. 数值实验表明不同初值选取对于不同格式性态差别影响很小. 耗散因子ν分别选取0.6, 1.3, 1.9 和2.8, 实际误差err=近似解−精确解,利用不同步长τ计算最大误差max-err, 这些格式常常被表示为同一性态. 用双倍位对数尺度, 利用不同时间步长$\tau = 0.01, 0.02, 0.05, 0.1, 0.2, 0.5$来衡量.

首先对1阶精度显式Euler格式来比较, 对于小的ν, 如$0 < \nu \leq 1.3$, 格式(2.5.12)比显式Euler格式好; 当$\nu > 1.3$时, 显式Euler格式优于(2.5.12). 假如利用2阶精度Birkhoff 格式(2.5.13), (2.5.17), (2.5.23) 和Euler中点格式(2.5.19)比较, 当$0 < \nu \leq 0.5$时格式性态差不多, 若用放大镜看可得到(2.5.13)和(2.5.23)优于(2.5.19), 但(2.5.17)略逊于(2.5.19). 当$0.5 < \nu < 2.5$时, 格式(2.5.23)比(2.5.17)好. 这些格式的比较参见图2.6.1–图2.6.4. 若用组合格式(2.5.5), 无论是精度还是耗散性态都大大优于其他格式. 用能量函数(2.5.4)可对各种格式进行能量误差比较(见图2.6.5–图2.6.8).

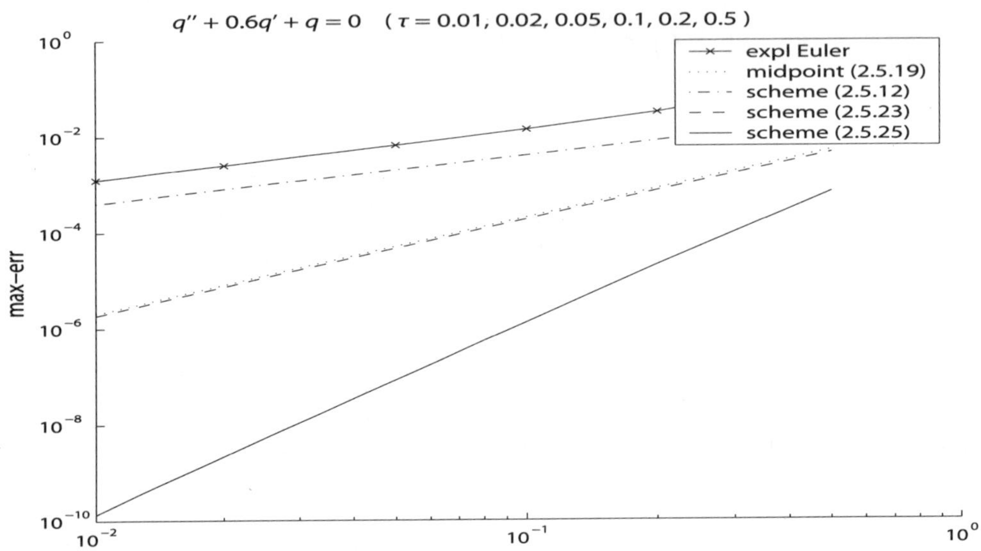

图 2.6.1 $\nu = 0.6$ 时不同差分格式的误差比较

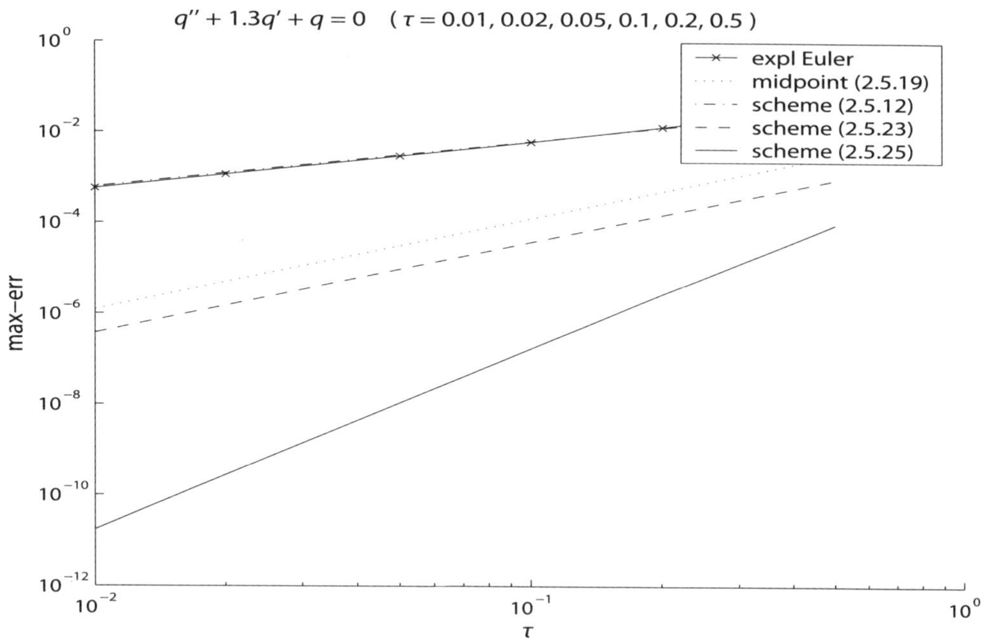

图 2.6.2　$\nu = 1.3$ 时不同差分格式的误差比较

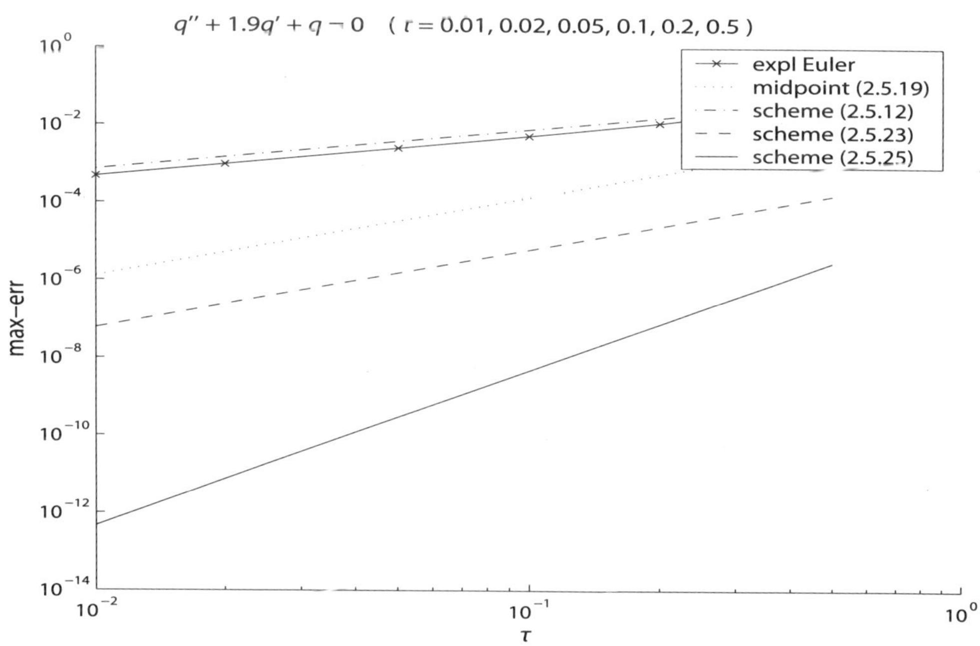

图 2.6.3　$\nu = 1.9$ 时不同差分格式的误差比较

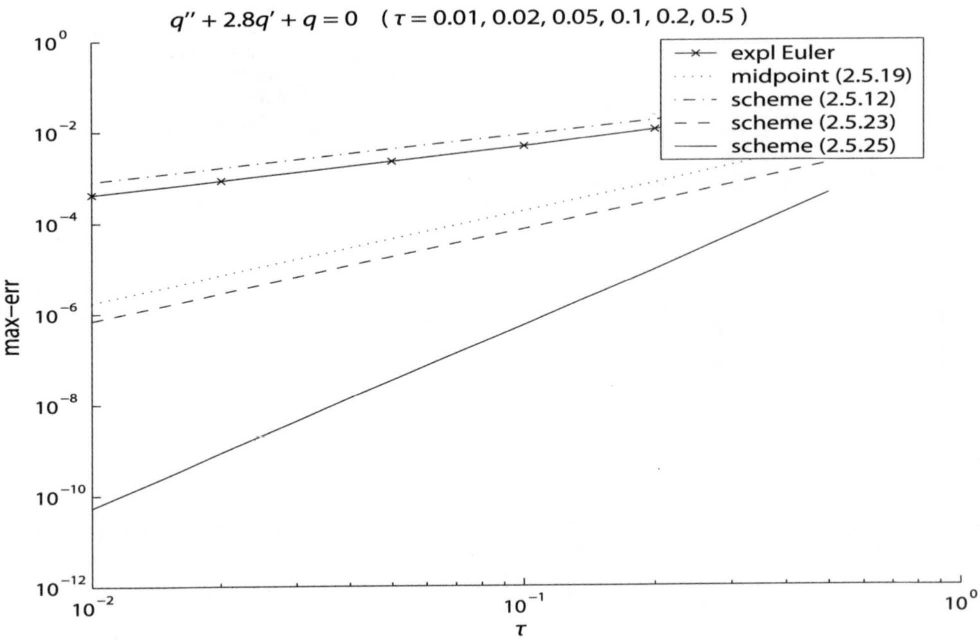

图 2.6.4 $\nu = 2.8$ 时不同差分格式的误差比较

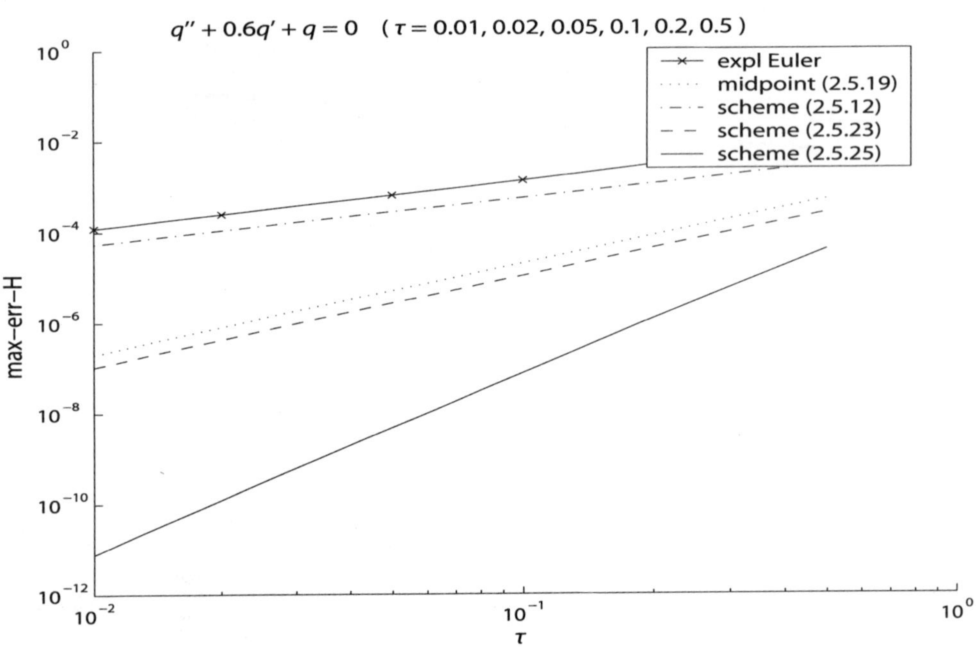

图 2.6.5 $\nu = 0.6$ 时不同差分格式的能量误差比较

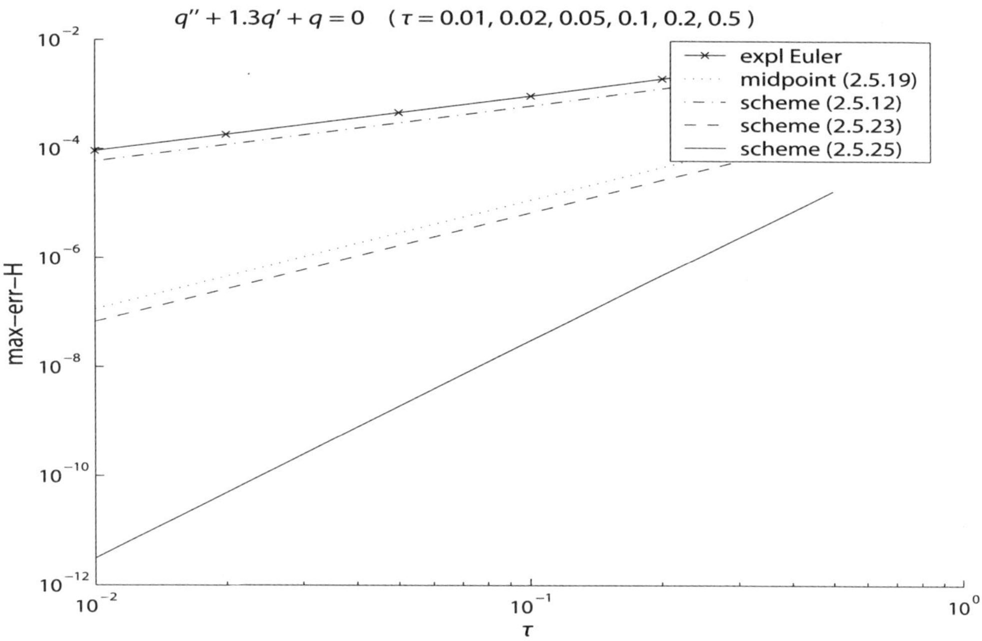

图 2.6.6 $\nu = 1.3$ 时不同差分格式的能量误差比较

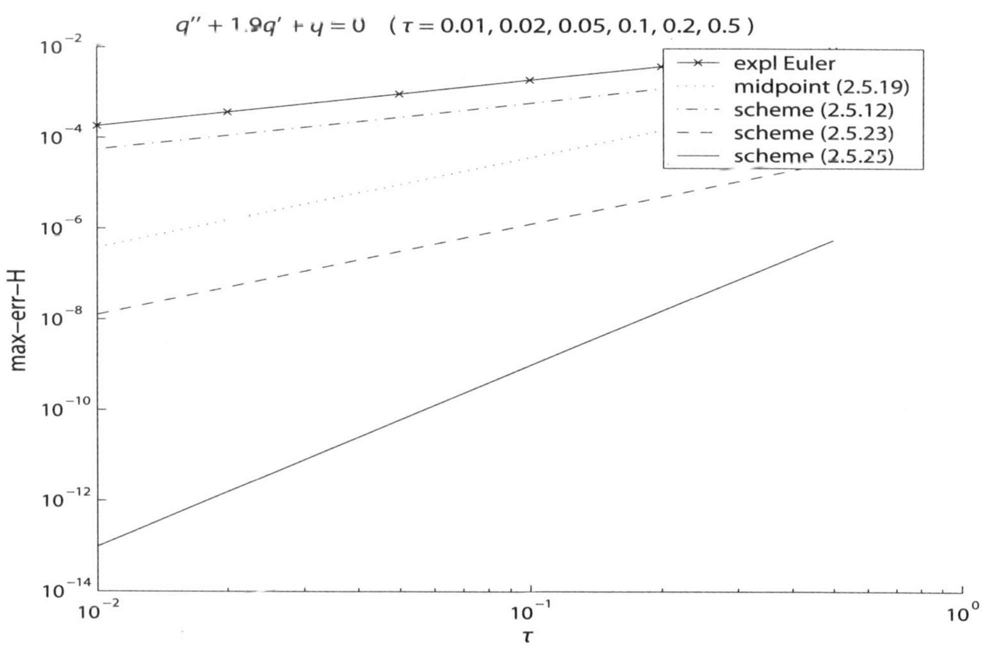

图 2.6.7 $\nu = 1.9$ 时不同差分格式的能量误差比较

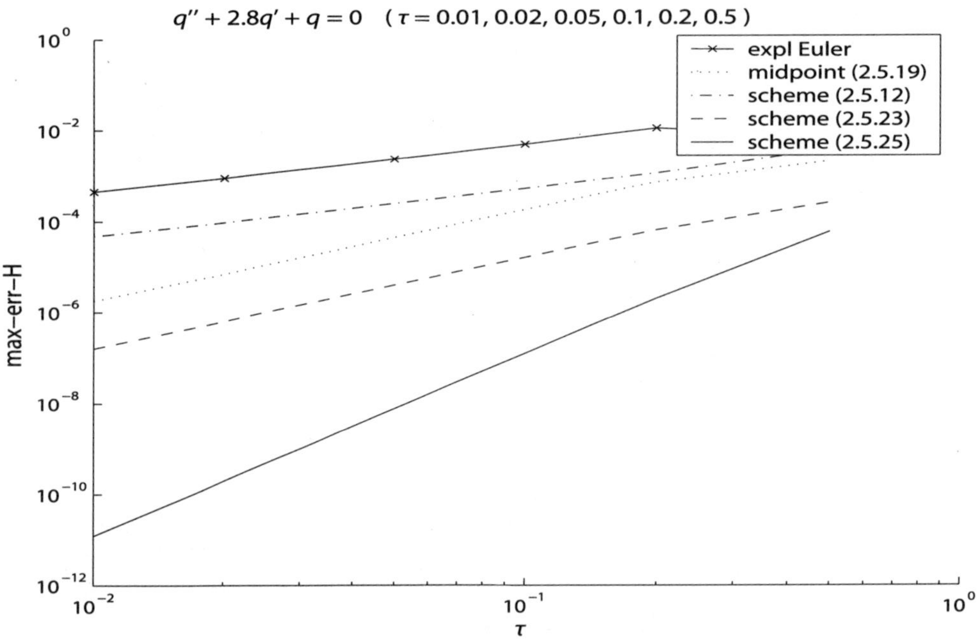

图 2.6.8 $\nu = 2.8$ 时不同差分格式的能量误差比较

§2.7 附录: 格式推导

$$\ddot{q} + \beta'(t)\dot{q} + V(q,t) = 0 \Longrightarrow \begin{cases} \dot{p} + \beta'(t)p + V(q,t) = 0, \\ \dot{q} - p = 0 \end{cases}$$

或者更一般的格式

$$\begin{cases} \dot{p} + \beta'(t)p + V(q,t) = 0, \\ \dot{q} - G(p,t) = 0 \end{cases}$$

有Birkhoff 表示:

$$\begin{bmatrix} 0 & -e^{\beta(t)} \\ e^{\beta(t)} & 0 \end{bmatrix} \begin{bmatrix} \dot{q} \\ \dot{p} \end{bmatrix} + \begin{bmatrix} -\beta'(t)e^{\beta(t)}p - e^{\beta(t)}V(q,t) \\ -e^{\beta(t)}G(p,t) \end{bmatrix} = 0.$$

考虑其Birkhoff 函数F 和Birkhoff B 分别是:

$$\begin{aligned} F &= \left(\frac{1}{2}\mathrm{e}^{\beta(t)}p, -\frac{1}{2}\mathrm{e}^{\beta(t)}q\right), \\ \nabla B &= \begin{bmatrix} \dfrac{\partial B}{\partial q} \\ \dfrac{\partial B}{\partial p} \end{bmatrix} = -\mathcal{D} - \frac{\partial F}{\partial t} = \begin{bmatrix} \dfrac{\beta'(t)}{2}\mathrm{e}^{\beta(t)}p + \mathrm{e}^{\beta(t)}V(q,t) \\ \dfrac{\beta'(t)}{2}\mathrm{e}^{\beta(t)}q + \mathrm{e}^{\beta(t)}G(p,t) \end{bmatrix}, \end{aligned}$$

它是梯度函数, 所以

$$B = \int_0^1 [(q,p)\cdot\nabla B(\lambda q, \lambda p)]\,\mathrm{d}\lambda$$

是可积的.

考虑一个Darboux 变换. III 型

$$\alpha = \begin{bmatrix} 0 & \mathrm{e}^{\frac{\beta(t)}{2}} & 0 & -\mathrm{e}^{\frac{\beta(t_0)}{2}} \\ -\mathrm{e}^{\frac{\beta(t)}{2}} & 0 & \mathrm{e}^{\frac{\beta(t_0)}{2}} & 0 \\ \frac{1}{2}\mathrm{e}^{\frac{\beta(t)}{2}} & 0 & \frac{1}{2}\mathrm{e}^{\frac{\beta(t_0)}{2}} & 0 \\ 0 & \frac{1}{2}\mathrm{e}^{\frac{\beta(t)}{2}} & 0 & \frac{1}{2}\mathrm{e}^{\frac{\beta(t_0)}{2}} \end{bmatrix},$$

所以$\begin{bmatrix} \widehat{w} \\ w \end{bmatrix} = \alpha \begin{bmatrix} \widehat{z} \\ z \end{bmatrix}$,

$$\begin{aligned} &\widehat{Q} = \mathrm{e}^{\frac{\beta(t)}{2}}\widehat{p} - \mathrm{e}^{\frac{\beta(t_0)}{2}}p & & \widehat{q} = \mathrm{e}^{-\frac{\beta(t)}{2}}Q - \frac{1}{2}\mathrm{e}^{-\frac{\beta(t)}{2}}\widehat{P} \\ &\widehat{P} = -\mathrm{e}^{\frac{\beta(t)}{2}}\widehat{q} + \mathrm{e}^{\frac{\beta(t_0)}{2}}q & & \widehat{p} = \mathrm{e}^{-\frac{\beta(t)}{2}}P + \frac{1}{2}\mathrm{e}^{-\frac{\beta(t)}{2}}\widehat{Q} \\ &Q = \frac{1}{2}\mathrm{e}^{\frac{\beta(t)}{2}}\widehat{q} + \frac{1}{2}\mathrm{e}^{\frac{\beta(t_0)}{2}}q & \Longrightarrow \quad & q = \mathrm{e}^{-\frac{\beta(t_0)}{2}}Q + \frac{1}{2}\mathrm{e}^{-\frac{\beta(t_0)}{2}}\widehat{P} \\ &P = \frac{1}{2}\mathrm{e}^{\frac{\beta(t)}{2}}\widehat{p} + \frac{1}{2}\mathrm{e}^{\frac{\beta(t_0)}{2}}p & & p = \mathrm{e}^{-\frac{\beta(t_0)}{2}}P - \frac{1}{2}\mathrm{e}^{-\frac{\beta(t_0)}{2}}\widehat{Q} \end{aligned},$$

$$\begin{aligned} &\phi_w = \phi_w^{(0)} + \phi_w^{(1)}(t-t_0) + \phi_w^{(2)}(t-t_0)^2 + \cdots = \widehat{w}, \\ &\frac{\partial \phi_w}{\partial t} = \frac{\mathrm{d}\widehat{w}}{\mathrm{d}t} - \frac{\partial \widehat{\omega}}{\partial w}\frac{\mathrm{d}w}{\mathrm{d}t} = A(\widehat{w}, w, t). \end{aligned}$$

将A 在$\left\{\begin{array}{l} \widehat{w}|_{t=t_0} \\ t = t_0 \end{array}\right\}$处展开, 比较求$\phi_w^{(i)}$,

$$\phi_w^{(0)} = \widehat{w}|_{t=t_0} = \begin{bmatrix} 0 \\ 0 \end{bmatrix}.$$

同样,

$$\frac{\partial \widehat{w}}{\partial w}\Big|_{t=t_0}=\begin{bmatrix}0 & 0\\ 0 & 0\end{bmatrix},$$

$$\begin{aligned}\frac{\mathrm{d}\widehat{w}}{\mathrm{d}t}&=\begin{bmatrix}\frac{\beta'(t)}{2}\mathrm{e}^{\frac{\beta(t)}{2}}\widehat{p}+\mathrm{e}^{\frac{\beta(t)}{2}}\dot{\widehat{p}}\\ -\frac{\beta'(t)}{2}\mathrm{e}^{\frac{\beta(t)}{2}}\widehat{q}-\mathrm{e}^{\frac{\beta(t)}{2}}\dot{\widehat{q}}\end{bmatrix}=\begin{bmatrix}-\frac{\beta'(t)}{2}\mathrm{e}^{\frac{\beta(t)}{2}}\widehat{p}-\mathrm{e}^{\frac{\beta(t)}{2}}V(\widehat{q},t)\\ -\frac{\beta'(t)}{2}\mathrm{e}^{\frac{\beta(t)}{2}}\widehat{q}-\mathrm{e}^{\frac{\beta(t)}{2}}G(\widehat{p},t)\end{bmatrix}\\ &=\begin{bmatrix}-\frac{\beta'(t)}{2}P-\frac{\beta'(t)}{4}\widehat{Q}-\mathrm{e}^{\frac{\beta(t)}{2}}V\big(\mathrm{e}^{\frac{-\beta(t)}{2}}Q-\frac{1}{2}\mathrm{e}^{\frac{-\beta(t)}{2}}\widehat{P},t\big)\\ -\frac{\beta'(t)}{2}Q+\frac{\beta'(t)}{4}\widehat{P}-\mathrm{e}^{\frac{\beta(t)}{2}}G\big(\mathrm{e}^{\frac{-\beta(t)}{2}}P+\frac{1}{2}\mathrm{e}^{\frac{-\beta(t)}{2}}\widehat{Q},t\big)\end{bmatrix},\end{aligned}$$

$$\frac{\mathrm{d}\widehat{w}}{\mathrm{d}t}\Big|_{t=t_0}=\begin{bmatrix}-\frac{\beta'(t_0)}{2}P-\mathrm{e}^{\frac{\beta(t_0)}{2}}V\big(\mathrm{e}^{\frac{-\beta(t_0)}{2}}Q,t_0\big)\\ -\frac{\beta'(t_0)}{2}Q-\mathrm{e}^{\frac{\beta(t_0)}{2}}G\big(\mathrm{e}^{\frac{-\beta(t_0)}{2}}P,t_0\big)\end{bmatrix}, \tag{2.7.1}$$

$$\begin{aligned}\frac{\mathrm{d}w}{\mathrm{d}t}&=\begin{bmatrix}\frac{\beta'(t)}{4}\mathrm{e}^{\frac{\beta(t)}{2}}\widehat{q}+\frac{1}{2}\mathrm{e}^{\frac{\beta(t)}{2}}\dot{\widehat{q}}\\ \frac{\beta'(t)}{4}\mathrm{e}^{\frac{\beta(t)}{2}}\widehat{p}+\frac{1}{2}\mathrm{e}^{\frac{\beta(t)}{2}}\dot{\widehat{p}}\end{bmatrix}=\begin{bmatrix}\frac{\beta'(t)}{4}\mathrm{e}^{\frac{\beta(t)}{2}}\widehat{q}+\frac{1}{2}\mathrm{e}^{\frac{\beta(t)}{2}}G(\widehat{p},t)\\ -\frac{\beta'(t)}{4}\mathrm{e}^{\frac{\beta(t)}{2}}\widehat{p}-\frac{1}{2}\mathrm{e}^{\frac{\beta(t)}{2}}V(\widehat{q},t)\end{bmatrix}\\ &=\begin{bmatrix}\frac{\beta'(t)}{4}Q-\frac{\beta'(t)}{8}\widehat{P}+\frac{1}{2}\mathrm{e}^{\frac{\beta(t)}{2}}G\Big(\mathrm{e}^{\frac{-\beta(t)}{2}}P+\frac{1}{2}\mathrm{e}^{\frac{-\beta(t)}{2}}\widehat{Q},t\Big)\\ -\frac{\beta'(t)}{4}P-\frac{\beta'(t)}{8}\widehat{Q}-\frac{1}{2}\mathrm{e}^{\frac{\beta(t)}{2}}V\Big(\mathrm{e}^{\frac{-\beta(t)}{2}}Q-\frac{1}{2}\mathrm{e}^{\frac{-\beta(t)}{2}}\widehat{P},t\Big)\end{bmatrix},\end{aligned}$$

$$\frac{\mathrm{d}w}{\mathrm{d}t}\Big|_{t=0}=\begin{bmatrix}\frac{\beta'(t)}{4}Q+\frac{1}{2}\mathrm{e}^{\frac{\beta(t_0)}{2}}G\big(\mathrm{e}^{\frac{-\beta(t_0)}{2}}P,t_0\big)\\ -\frac{\beta'(t)}{4}P-\frac{1}{2}\mathrm{e}^{\frac{\beta(t_0)}{2}}V\big(\mathrm{e}^{\frac{-\beta(t_0)}{2}}Q,t_0\big)\end{bmatrix}, \tag{2.7.2}$$

$$\phi_w^{(1)}=\left[\frac{\mathrm{d}\widehat{w}}{\mathrm{d}t}-\frac{\partial \widehat{w}}{\partial \omega}\frac{\mathrm{d}w}{\mathrm{d}t}\right]\Bigg|_{t=t_0}\overset{\frac{\mathrm{d}\widehat{w}}{\mathrm{d}t}\big|_{t=t_0}=\left(\begin{smallmatrix}0&0\\0&0\end{smallmatrix}\right)}{=\!=\!=\!=\!=}\frac{\mathrm{d}\widehat{w}}{\mathrm{d}t}\Bigg|_{t=t_0}=\text{方程(2.7.1)}$$

$$\begin{aligned}\phi_w^{(2)}=&\frac{1}{2}\left\{\frac{\partial}{\partial t}\left(\frac{\mathrm{d}\widehat{w}}{\mathrm{d}t}\right)+\frac{\partial}{\partial \widehat{w}}\left(\frac{\mathrm{d}\widehat{w}}{\mathrm{d}t}\right)\frac{\partial \widehat{w}}{\partial t}-\frac{\partial}{\partial t}\left(\frac{\partial \widehat{w}}{\partial w}\right)\frac{\mathrm{d}w}{\mathrm{d}t}\right.\\ &\left.-\frac{\partial \widehat{w}}{\partial w}\left(\frac{\partial}{\partial t}\left(\frac{\mathrm{d}w}{\mathrm{d}t}\right)\right)-\frac{\partial \widehat{w}}{\partial w}\frac{\partial}{\partial \widehat{w}}\left(\frac{\mathrm{d}w}{\mathrm{d}t}\right)\frac{\partial \widehat{w}}{\partial t}\right\}\Bigg|_{t=t_0}.\end{aligned}$$

因为

$$
\begin{aligned}
\left.\frac{\partial \widehat{w}}{\partial w}\right|_{t=t_0} &= O^{4\times 4},\\
\frac{\partial}{\partial t}\left(\frac{\partial \widehat{w}}{\partial w}\right) &= \phi^{(1)}_{ww}\\
&= \begin{bmatrix} -\mathrm{e}^{\frac{\beta(t_0)-\beta(t_0)}{2}} V_q\left(\mathrm{e}^{\frac{-\beta(t_0)}{2}}Q, t_0\right) & -\dfrac{\beta'(t_0)}{2}\\ -\dfrac{\beta'(t_0)}{2} & -\mathrm{e}^{\frac{\beta(t_0)-\beta(t_0)}{2}} G_p\left(\mathrm{e}^{\frac{-\beta(t_0)}{2}}P, t_0\right)\end{bmatrix},
\end{aligned}
$$

所以

$$
\begin{aligned}
\frac{\partial}{\partial t}\left(\frac{\partial \widehat{w}}{\partial w}\right) &= \phi^{(1)}_{ww}\\
&= \left[-V_q\left(\mathrm{e}^{\frac{-\beta(t_0)}{2}}Q, t_0\right) - \frac{\beta'(t_0)}{2} - \frac{\beta'(t_0)}{2} - G_p\left(\mathrm{e}^{\frac{-\beta(t_0)}{2}}P, t_0\right)\right]. \quad (2.7.3)
\end{aligned}
$$

注 2.7.1 因为

$$
V_q(q(x,t_0),t_0) = \frac{\partial V}{\partial q}(q(x,t_0),t_0) \neq \frac{\partial V}{\partial x}, \qquad V_t(q,t) = \frac{\partial V}{\partial t}(q(x,t),t),
$$

$$
G_p(p(x,t_0),t_0) = \frac{\partial G}{\partial p}(p(x,t_0),t_0) \neq \frac{\partial G}{\partial x}, \qquad G_t(q,t) = \frac{\partial G}{\partial t}(p(x,t),t),
$$

所以

$$
\begin{aligned}
\phi^{(2)}_{w} &= \frac{1}{2}\left\{\frac{\partial}{\partial t}\left(\frac{\mathrm{d}\widehat{w}}{\mathrm{d}t}\right) + \frac{\partial}{\partial \widehat{w}}\left(\frac{\mathrm{d}\widehat{w}}{\mathrm{d}t}\right)\frac{\partial \widehat{w}}{\partial t} - \frac{\partial}{\partial t}\left(\frac{\mathrm{d}\widehat{w}}{\mathrm{d}w}\right)\frac{\mathrm{d}w}{\mathrm{d}t}\right\}\Big|_{t=t_0}\\
&= \frac{1}{2}\left\{\left[\begin{array}{l} -\dfrac{\beta''(t)}{2}P - \dfrac{\beta''(t)}{4}\widehat{Q} - \dfrac{\beta'(t)}{2}\mathrm{e}^{\frac{\beta(t)}{2}} V\left(\mathrm{e}^{\frac{-\beta(t)}{2}}Q - \dfrac{1}{2}\mathrm{e}^{\frac{-\beta(t)}{2}}\widehat{P}, t\right)\\ -\dfrac{\beta''(t)}{2}Q + \dfrac{\beta''(t)}{4}\widehat{P} - \dfrac{\beta'(t)}{2}\mathrm{e}^{\frac{\beta(t)}{2}} G\left(\mathrm{e}^{\frac{-\beta(t)}{2}}P + \dfrac{1}{2}\mathrm{e}^{\frac{-\beta(t)}{2}}\widehat{Q}, t\right)\end{array}\right.\right.\\
&\quad + \frac{\beta'(t)}{2}\left(Q - \frac{1}{2}\widehat{P}\right)V_q\left(\mathrm{e}^{\frac{-\beta(t)}{2}}Q - \frac{1}{2}\mathrm{e}^{\frac{-\beta(t)}{2}}\widehat{P}, t\right)\\
&\quad + \frac{\beta'(t)}{2}\left(P + \frac{1}{2}\widehat{Q}\right)G_p\left(\mathrm{e}^{\frac{-\beta(t)}{2}}P + \frac{1}{2}\mathrm{e}^{\frac{-\beta(t)}{2}}\widehat{Q}, t\right)\\
&\quad \left.\begin{array}{l} -\mathrm{e}^{\frac{\beta(t)}{2}} V_t\left(\mathrm{e}^{\frac{-\beta(t)}{2}}Q - \dfrac{1}{2}\mathrm{e}^{\frac{-\beta(t)}{2}}\widehat{P}, t\right)\\ -\mathrm{e}^{\frac{\beta(t)}{2}} G_t\left(\mathrm{e}^{\frac{-\beta(t)}{2}}P + \dfrac{1}{2}\mathrm{e}^{\frac{-\beta(t)}{2}}\widehat{P}, t\right)\end{array}\right]
\end{aligned}
$$

$$
\begin{aligned}
&+\begin{bmatrix} -\frac{\beta'(t)}{4}, \frac{1}{2}V_q\left(e^{\frac{-\beta(t)}{2}}Q-\frac{1}{2}e^{\frac{-\beta(t)}{2}}\widehat{P},t\right) \\ -\frac{1}{2}G_p\left(e^{\frac{-\beta(t)}{2}}P+\frac{1}{2}e^{\frac{-\beta(t)}{2}}\widehat{Q},t\right), \frac{\beta'(t)}{4} \end{bmatrix} \\
&\cdot\begin{bmatrix} -\frac{\beta'(t_0)}{2}P-e^{\frac{\beta(t_0)}{2}}V\left(e^{\frac{-\beta(t_0)}{2}}Q,t_0\right) \\ -\frac{\beta'(t_0)}{2}Q-e^{\frac{\beta(t_0)}{2}}G\left(e^{\frac{-\beta(t_0)}{2}}P,t_0\right) \end{bmatrix} - \begin{bmatrix} -V_q\left(e^{\frac{-\beta(t_0)}{2}}Q,t_0\right), -\frac{\beta'(t_0)}{2} \\ -\frac{\beta'(t_0)}{2}, -G_p\left(e^{\frac{-\beta(t_0)}{2}}P,t_0\right) \end{bmatrix} \\
&\cdot\left.\begin{bmatrix} \frac{\beta'(t_0)}{4}Q+\frac{1}{2}e^{\frac{\beta(t_0)}{2}}G\left(e^{\frac{-\beta(t_0)}{2}}P,t_0\right) \\ -\frac{\beta'(t_0)}{4}P-\frac{1}{2}e^{\frac{\beta(t_0)}{2}}V\left(e^{\frac{-\beta(t_0)}{2}}Q,t_0\right) \end{bmatrix}\right\}\Bigg|_{t=t_0} \Longrightarrow
\end{aligned}
$$

$$
\begin{aligned}
\phi_w^{(2)} = &\frac{1}{2}\left\{\frac{\partial}{\partial t}\left(\frac{d\widehat{w}}{dt}\right)\right. \\
&+\begin{bmatrix} \frac{(\beta'(t_0))^2}{8}P+\frac{\beta'(t_0)}{4}e^{\frac{\beta(t_0)}{2}}V-\frac{\beta'(t_0)}{4}QV_q-\frac{1}{2}e^{\frac{\beta(t_0)}{2}}V_qG \\ -\frac{(\beta'(t_0))^2}{8}Q-\frac{\beta'(t_0)}{4}e^{\frac{\beta(t_0)}{2}}G+\frac{\beta'(t_0)}{4}PG_p+\frac{1}{2}e^{\frac{\beta(t_0)}{2}}G_pV \end{bmatrix} \\
&\left.-\begin{bmatrix} -\frac{\beta'(t_0)}{4}QV_q-\frac{1}{2}e^{\frac{\beta(t_0)}{2}}V_qG+\frac{(\beta'(t_0))^2}{8}P+\frac{\beta'(t_0)}{4}e^{\frac{\beta(t_0)}{2}}V \\ \frac{\beta'(t_0)}{4}PG_p+\frac{1}{2}e^{\frac{\beta(t_0)}{2}}VG_p-\frac{(\beta'(t_0))^2}{8}Q-\frac{\beta'(t_0)}{4}e^{\frac{\beta(t_0)}{2}}G \end{bmatrix}\right\}.
\end{aligned}
$$

因此

$$
\begin{aligned}
\phi_w^{(2)} &= \frac{1}{2}\left.\left\{\frac{\partial}{\partial t}\left(\frac{d\widehat{w}}{dt}\right)\right\}\right|_{t=t_0} \\
&= \frac{1}{2}\begin{bmatrix} -\frac{\beta''(t_0)}{2}P-\frac{\beta'(t_0)}{2}e^{\frac{\beta(t_0)}{2}}V\left(e^{-\frac{\beta'(t_0)}{2}}Q,t_0\right) \\ -\frac{\beta''(t_0)}{2}Q-\frac{\beta'(t_0)}{2}e^{\frac{\beta(t_0)}{2}}G\left(e^{-\frac{\beta'(t_0)}{2}}P,t_0\right) \end{bmatrix. \\
&\qquad \begin{matrix} +\frac{\beta'(t_0)}{2}QV_q\left(e^{-\frac{-\beta(t_0)}{2}}Q,t_0\right)-e^{\frac{\beta(t_0)}{2}}V_t\left(e^{-\frac{-\beta(t_0)}{2}}Q,t_0\right) \\ +\frac{\beta'(t_0)}{2}PG_p\left(e^{-\frac{-\beta(t_0)}{2}}P,t_0\right)-e^{\frac{\beta(t_0)}{2}}G_t\left(e^{-\frac{-\beta(t_0)}{2}}P,t_0\right) \end{matrix}\Bigg] .
\end{aligned}
\tag{2.7.4}
$$

注 2.7.2

$$V_q(q(x,t),t)=\frac{\partial V}{\partial q}(q,t),\quad V_t(q(x,t),t)\neq\frac{\partial V}{\partial q}\frac{\partial q}{\partial t}+\frac{\partial V}{\partial t},$$

$$G_p(p(x,t),t)=\frac{\partial G}{\partial p}(p,t),\quad G_t(p(x,t),t)\neq\frac{\partial G}{\partial p}\frac{\partial p}{\partial t}+\frac{\partial G}{\partial t}.$$

(1) $m=1$ 次截断时,

$$\begin{aligned}\widehat{w}\ =\ \phi_w^{(1)}\Delta t \Longrightarrow & \begin{bmatrix}\mathrm{e}^{\frac{\beta(t_{k+1})}{2}}p_{k+1}-\mathrm{e}^{\frac{\beta(t_k)}{2}}p_k\\ -\mathrm{e}^{\frac{\beta(t_{k+1})}{2}}q_{k+1}+\mathrm{e}^{\frac{\beta(t_k)}{2}}q_k\end{bmatrix}\\
=\ \Delta t & \left[\begin{array}{l}-\dfrac{\beta'(t_k)}{4}\mathrm{e}^{\frac{\beta(t_{k+1})}{2}}p_{k+1}-\dfrac{\beta'(t_k)}{4}\mathrm{e}^{\frac{\beta(t_k)}{2}}p_k\\ -\dfrac{\beta'(t_k)}{4}\mathrm{e}^{\frac{\beta(t_{k+1})}{2}}q_{k+1}-\dfrac{\beta'(t_k)}{4}\mathrm{e}^{\frac{\beta(t_k)}{2}}q_k\end{array}\right.\\
& \left.\begin{array}{l}-\mathrm{e}^{\frac{\beta(t_k)}{2}}V\left(\dfrac{1}{2}\mathrm{e}^{\frac{\beta(t_{k+1})-\beta(t_k)}{2}}q_{k+1}+\dfrac{1}{2}q_k,t_k\right)\\ -\mathrm{e}^{\frac{\beta(t_k)}{2}}G\left(\dfrac{1}{2}\mathrm{e}^{\frac{\beta(t_{k+1})-\beta(t_k)}{2}}p_{k+1}+\dfrac{1}{2}p_k,t_k\right)\end{array}\right].\end{aligned}\tag{2.7.5}$$

(2) $m=2$ 次截断时,

$$\widehat{w}=\phi_w^{(1)}\Delta t+\phi_w^{(2)}\Delta t^2,$$

即在方程(2.7.5) 的右边加上$\phi_w^{(2)}\Delta t^2$,

$$\begin{aligned}\phi_w^{(2)}\ =\ & \left[\begin{array}{l}-\dfrac{\beta''(t_k)}{4}\mathrm{e}^{\frac{\beta(t_{k+1})}{2}}p_{k+1}-\dfrac{\beta''(t_k)}{4}\mathrm{e}^{\frac{\beta(t_k)}{2}}p_k-\dfrac{\beta'(t_k)}{2}\mathrm{e}^{\frac{\beta(t_k)}{2}}V\\ -\dfrac{\beta''(t_k)}{4}\mathrm{e}^{\frac{\beta(t_{k+1})}{2}}q_{k+1}-\dfrac{\beta''(t_k)}{4}\mathrm{e}^{\frac{\beta(t_k)}{2}}q_k-\dfrac{\beta'(t_k)}{2}\mathrm{e}^{\frac{\beta(t_k)}{2}}G\end{array}\right.\\
& \left.\begin{array}{l}+\left(\dfrac{\beta'(t_k)}{4}\mathrm{e}^{\frac{\beta(t_{k+1})}{2}}q_{k+1}+\dfrac{\beta'(t_k)}{4}\mathrm{e}^{\frac{\beta(t_k)}{2}}q_k\right)V_q-\mathrm{e}^{\frac{\beta(t_k)}{2}}V_t\\ +\left(\dfrac{\beta'(t_k)}{4}\mathrm{e}^{\frac{\beta(t_{k+1})}{2}}p_{k+1}+\dfrac{\beta'(t_k)}{4}\mathrm{e}^{\frac{\beta(t_k)}{2}}p_k\right)G_p-\mathrm{e}^{\frac{\beta(t_k)}{2}}G_t\end{array}\right],\end{aligned}$$

此处

$$V_\gamma=V_\gamma\left(\frac{1}{2}\mathrm{e}^{\frac{\beta(t_{k+1})-\beta(t_k)}{2}}q_{k+1}+\frac{1}{2}q_k,t_k\right),\qquad V_\gamma=\begin{cases}V\\ V_q\\ V_t\end{cases},$$

$$G_\gamma=G_\gamma\left(\frac{1}{2}\mathrm{e}^{\frac{\beta(t_{k+1})-\beta(t_k)}{2}}p_{k+1}+\frac{1}{2}p_k,t_k\right),\quad G_\gamma=\begin{cases}G\\ G_p\\ G_t\end{cases}.$$

当$V(q,t)=q,\ G(p,t)=p$ 时, $V_q=1, V_t=0, G_p=1, G_t=0,$

$$\phi_w^{(1)} = \begin{bmatrix} -\dfrac{\beta'(t_0)}{2}P - Q \\ -\dfrac{\beta'(t_0)}{2}Q - P \end{bmatrix},$$

$$\phi_w^{(2)} = \begin{bmatrix} -\dfrac{\beta''(t_0)}{2}P - \dfrac{\beta'(t_0)}{2}Q + \dfrac{\beta'(t_0)}{2}Q \\ -\dfrac{\beta''(t_0)}{2}Q - \dfrac{\beta'(t_0)}{2}P + \dfrac{\beta'(t_0)}{2}P \end{bmatrix} = \begin{bmatrix} \dfrac{-\beta''(t_0)}{2}P \\ \dfrac{-\beta''(t_0)}{2}Q \end{bmatrix},$$

这和直接由线性方程得到的$\phi_w^{(1)},\phi_w^{(2)}$ 完全一样. 线性方程推导过程如下.

1. **格式推导 (III 型线性方程)**

$$\widehat{w}|_{t=t_0} = \begin{bmatrix} 0 \\ 0 \end{bmatrix},$$

因为生成函数

$$\phi_w = \phi_w^{(0)} + \phi_w^{(1)}(t-t_0) + \phi_w^{(2)}(t-t_0)^2 + \cdots,$$

所以

$$\begin{aligned} \phi_w^{(0)} &= \widehat{w}|_{t=t_0} = \begin{bmatrix} 0 \\ 0 \end{bmatrix}, \\ \frac{\partial \phi_w}{\partial t} &= \phi_w^{(1)} + 2\phi_w^{(2)}(t-t_0) + 3\phi_w^{(3)}(t-t_0)^2 + \cdots, \\ \phi_w &= \widehat{w}, \\ \frac{\partial \phi_w}{\partial t} &= \frac{\mathrm{d}\widehat{w}}{\mathrm{d}t} - \frac{\partial \widehat{w}}{\partial w} \cdot \frac{\mathrm{d}w}{\mathrm{d}t} = A. \end{aligned}$$

将$A(\widehat{w},w,t)$ 在$\widehat{w}|_{t=t_0}$ 和$t=t_0$ 处展开, 与$\dfrac{\partial \phi_w}{\partial t}$ 比较, 求出$\phi_w^{(i)}$,

$$\phi_w^{(1)} = \frac{\mathrm{d}\widehat{w}}{\mathrm{d}t}\Big|_{t=t_0} - \left(\frac{\partial \widehat{w}}{\partial w}\frac{\mathrm{d}w}{\mathrm{d}t}\right)\Big|_{t=t_0}.$$

对于$\ddot{q}+\beta(t)\dot{q}+q=0$, 首先找到$\dfrac{\mathrm{d}w}{\mathrm{d}t},\dfrac{\mathrm{d}\widehat{w}}{\mathrm{d}t}$,

$$\frac{\mathrm{d}\widehat{w}}{\mathrm{d}t}=\begin{bmatrix}\dfrac{\beta'(t)}{2}\mathrm{e}^{\frac{\beta(t)}{2}}\widehat{p}+\mathrm{e}^{\frac{\beta(t)}{2}}\dot{\widehat{p}}\\ -\dfrac{\beta'(t)}{2}\mathrm{e}^{\frac{\beta(t)}{2}}\widehat{q}-\mathrm{e}^{\frac{\beta(t)}{2}}\dot{\widehat{q}}\end{bmatrix}=\begin{bmatrix}-\dfrac{\beta'(t)}{2}\mathrm{e}^{\frac{\beta(t)}{2}}\widehat{p}-\mathrm{e}^{\frac{\beta(t)}{2}}\widehat{q}\\ -\dfrac{\beta'(t)}{2}\mathrm{e}^{\frac{\beta(t)}{2}}\widehat{q}-\mathrm{e}^{\frac{\beta(t)}{2}}\widehat{p}\end{bmatrix}$$

$$=\begin{bmatrix}-\dfrac{\beta'(t)}{2}P-\dfrac{\beta'(t)}{4}\widehat{Q}-Q+\dfrac{1}{2}\widehat{P}\\ -\dfrac{\beta'(t)}{2}Q+\dfrac{\beta'(t)}{4}\widehat{P}-P-\dfrac{1}{2}\widehat{Q}\end{bmatrix},$$

$$\left.\frac{\mathrm{d}\widehat{w}}{\mathrm{d}t}\right|_{t=t_0}=\begin{bmatrix}-\dfrac{\beta'(t_0)}{2}P-Q\\ -\dfrac{\beta'(t_0)}{2}Q-P\end{bmatrix},$$

$$\frac{\mathrm{d}w}{\mathrm{d}t}=\begin{bmatrix}\dfrac{\beta'(t)}{4}\mathrm{e}^{\frac{\beta(t)}{2}}\widehat{q}+\dfrac{1}{2}\mathrm{e}^{\frac{\beta(t)}{2}}\dot{\widehat{q}}\\ \dfrac{\beta'(t)}{4}\mathrm{e}^{\frac{\beta(t)}{2}}\widehat{p}+\dfrac{1}{2}\mathrm{e}^{\frac{\beta(t)}{2}}\dot{\widehat{p}}\end{bmatrix}=\begin{bmatrix}\dfrac{\beta'(t)}{4}\mathrm{e}^{\frac{\beta(t)}{2}}\widehat{q}+\dfrac{1}{2}\mathrm{e}^{\frac{\beta(t)}{2}}\widehat{p}\\ -\dfrac{\beta'(t)}{4}\mathrm{e}^{\frac{\beta(t)}{2}}\widehat{p}-\dfrac{1}{2}\mathrm{e}^{\frac{\beta(t)}{2}}\widehat{q}\end{bmatrix}$$

$$=\begin{bmatrix}\dfrac{\beta'(t)}{4}Q-\dfrac{\beta'(t)}{8}\widehat{P}+\dfrac{1}{2}P+\dfrac{1}{4}\widehat{Q}\\ -\dfrac{\beta'(t)}{4}P-\dfrac{\beta'(t)}{8}\widehat{Q}-\dfrac{1}{2}Q+\dfrac{1}{4}\widehat{P}\end{bmatrix},$$

$$\left.\frac{\mathrm{d}w}{\mathrm{d}t}\right|_{t=t_0}=\begin{bmatrix}\dfrac{\beta'(t_0)}{4}Q+\dfrac{1}{2}P\\ -\dfrac{\beta'(t_0)}{2}P-\dfrac{1}{2}Q\end{bmatrix},$$

$$\phi_w^{(0)}=\begin{bmatrix}0\\0\end{bmatrix},\quad \phi_w^{(1)}=\left.\frac{\mathrm{d}\widehat{w}}{\mathrm{d}t}\right|_{t=t_0}=\begin{bmatrix}-\dfrac{\beta'(t_0)}{2}P-Q\\ -\dfrac{\beta'(t_0)}{2}Q-P\end{bmatrix},$$

$$\begin{aligned}\phi_w^{(2)}&=\left.\frac{1}{2}\frac{\partial}{\partial t}\left[\frac{\mathrm{d}\widehat{w}}{\mathrm{d}t}-\frac{\partial\widehat{w}}{\partial w}\frac{\mathrm{d}w}{\mathrm{d}t}\right]\right|_{t=t_0}\\&=\frac{1}{2}\left\{\frac{\partial}{\partial t}\left[\frac{\mathrm{d}\widehat{w}}{\mathrm{d}t}\right]+\frac{\partial}{\partial\widehat{w}}\left[\frac{\mathrm{d}\widehat{w}}{\mathrm{d}t}\right]\frac{\partial\widehat{w}}{\partial t}-\frac{\partial\widehat{w}}{\partial w}\frac{\partial}{\partial\widehat{w}}\left[\frac{\mathrm{d}w}{\mathrm{d}t}\right]\frac{\partial\widehat{w}}{\partial t}\right.\\&\qquad\left.\left.-\frac{\partial\widehat{w}}{\partial w}\frac{\partial}{\partial t}\left[\frac{\mathrm{d}w}{\mathrm{d}t}\right]-\frac{\partial}{\partial t}\left[\frac{\partial\widehat{w}}{\partial w}\right]\frac{\mathrm{d}w}{\mathrm{d}t}\right\}\right|_{t=t_0}.\end{aligned}$$

因为

$$\left.\frac{\partial\,\widehat{w}}{\partial\,t}\right|_{t=t_0}=\phi_w^{(1)},$$

$$\left.\frac{\partial\,\widehat{w}}{\partial\,w}\right|_{t=t_0}=\phi_{ww}^{(0)}=\begin{bmatrix}0&0\\0&0\end{bmatrix},$$

$$\left.\frac{\partial}{\partial\,t}\left(\frac{\partial\,\widehat{w}}{\partial\,\omega}\right)\right|_{t=t_0}=\phi_{ww}^{(1)}=\begin{bmatrix}-1&-\dfrac{\beta'(t_0)}{2}\\-\dfrac{\beta'(t_0)}{2}&-1\end{bmatrix},$$

从而

$$\begin{aligned}
\phi_w^{(2)} &= \frac{1}{2}\left\{\frac{\partial}{\partial\,t}\left(\frac{\mathrm{d}\widehat{w}}{\mathrm{d}t}\right)+\frac{\partial}{\partial\,\widehat{w}}\left(\frac{\mathrm{d}\widehat{w}}{\mathrm{d}t}\right)\frac{\partial\,\widehat{w}}{\partial\,t}-\frac{\partial}{\partial\,t}\left(\frac{\partial\,\widehat{w}}{\partial\,w}\right)\frac{\mathrm{d}w}{\mathrm{d}t}\right\}\Bigg|_{t=t_0}\\
&= \frac{1}{2}\left\{\begin{bmatrix}-\dfrac{\beta''(t)}{2}P-\dfrac{\beta''(t)}{2}\widehat{Q}\\-\dfrac{\beta''(t)}{2}Q-\dfrac{\beta''(t)}{2}\widehat{P}\end{bmatrix}+\begin{bmatrix}-\dfrac{\beta'(t_0)}{4}&\dfrac{1}{2}\\-\dfrac{1}{2}&\dfrac{\beta'(t_0)}{4}\end{bmatrix}\right\}\begin{bmatrix}-\dfrac{\beta'(t_0)}{2}P-Q\\-\dfrac{\beta'(t_0)}{2}Q-P\end{bmatrix}\\
&\quad-\begin{bmatrix}-1&-\dfrac{\beta'(t_0)}{2}\\\dfrac{-\beta'(t_0)}{2}&-1\end{bmatrix}\begin{bmatrix}-\dfrac{\beta'(t_0)}{4}Q+\dfrac{1}{2}P\\\dfrac{-\beta'(t_0)}{4}P-\dfrac{1}{2}Q\end{bmatrix}\\
&= \frac{1}{2}\left\{\frac{\partial}{\partial\,t}\left(\frac{\mathrm{d}\widehat{w}}{\mathrm{d}t}\right)+\begin{bmatrix}\dfrac{(\beta'(t_0))^2}{8}P+\dfrac{\beta'(t_0)}{4}Q-\dfrac{\beta'(t_0)}{4}Q-\dfrac{P}{2}\\\dfrac{-(\beta'(t_0))^2}{8}Q-\dfrac{\beta'(t_0)}{4}P+\dfrac{\beta'(t_0)}{4}P+\dfrac{Q}{2}\end{bmatrix}\right.\\
&\quad\left.-\begin{bmatrix}\dfrac{(\beta'(t_0))^2}{8}P+\dfrac{\beta'(t_0)}{4}Q-\dfrac{\beta'(t_0)}{4}Q-\dfrac{P}{2}\\\dfrac{-(\beta'(t_0))^2}{8}Q-\dfrac{\beta'(t_0)}{4}P+\dfrac{\beta'(t_0)}{4}P+\dfrac{Q}{2}\end{bmatrix}\right\}\Bigg|_{t=t_0}\\
&= \frac{1}{2}\left\{\frac{\partial}{\partial\,t}\left(\frac{\mathrm{d}\widehat{w}}{\mathrm{d}t}\right)\right\}\Bigg|_{t=t_0}=\begin{bmatrix}\dfrac{-\beta''(t_0)}{4}P\\\dfrac{-\beta''(t_0)}{4}Q\end{bmatrix},
\end{aligned}$$

最终有

$$\phi_w^{(1)}=\begin{bmatrix}\dfrac{-\beta'(t_0)}{2}P-Q\\\dfrac{-\beta'(t_0)}{2}Q-P\end{bmatrix},\quad \phi_w^{(2)}=\begin{bmatrix}\dfrac{-\beta''(t_0)}{4}P\\\dfrac{-\beta''(t_0)}{4}Q\end{bmatrix}.$$

2. 对称格式推导

$$\alpha=\begin{bmatrix}0 & \mathrm{e}^{\frac{\nu t}{2}} & 0 & -\mathrm{e}^{\frac{\nu t_0}{2}}\\ -\mathrm{e}^{\frac{\nu t}{2}} & 0 & \mathrm{e}^{\frac{\nu t_0}{2}} & 0\\ \frac{1}{2}\mathrm{e}^{\frac{\nu t}{2}} & 0 & \frac{1}{2}\mathrm{e}^{\frac{\nu t_0}{2}} & 0\\ 0 & \frac{1}{2}\mathrm{e}^{\frac{\nu t}{2}} & 0 & \frac{1}{2}\mathrm{e}^{\frac{\nu t_0}{2}}\end{bmatrix},\quad \begin{bmatrix}\widehat{Q}\\ \widehat{P}\\ Q\\ P\end{bmatrix}=\alpha\begin{bmatrix}\widehat{q}\\ \widehat{p}\\ q\\ p\end{bmatrix},$$

$$\begin{bmatrix}\widehat{Q}\\ \widehat{P}\end{bmatrix}=\begin{bmatrix}\mathrm{e}^{\frac{\nu t}{2}}\widehat{p}-\mathrm{e}^{\frac{\nu t_0}{2}}p\\ -\mathrm{e}^{\frac{\nu t}{2}}\widehat{q}+\mathrm{e}^{\frac{\nu t_0}{2}}q\end{bmatrix},$$

$$\begin{bmatrix}Q\\ P\end{bmatrix}=\begin{bmatrix}\frac{1}{2}\mathrm{e}^{\frac{\nu t}{2}}\,\widehat{q}+\frac{1}{2}\,\mathrm{e}^{\frac{\nu t_0}{2}}\,q\\ \frac{1}{2}\mathrm{e}^{\frac{\nu t}{2}}\,\widehat{p}+\frac{1}{2}\,\mathrm{e}^{\frac{\nu t_0}{2}}\,p\end{bmatrix},$$

$$\alpha_*^{-1}=\begin{bmatrix}0 & -\frac{1}{2}\mathrm{e}^{\frac{-\nu t}{2}} & \mathrm{e}^{\frac{-\nu t}{2}} & 0\\ \frac{1}{2}\mathrm{e}^{\frac{-\nu t}{2}} & 0 & 0 & \mathrm{e}^{\frac{-\nu t}{2}}\\ 0 & \frac{1}{2}\mathrm{e}^{\frac{-\nu t_0}{2}} & \mathrm{e}^{\frac{-\nu t_0}{2}} & 0\\ -\frac{1}{2}\mathrm{e}^{\frac{-\nu t_0}{2}} & 0 & 0 & \mathrm{e}^{\frac{\nu t_0}{2}}\end{bmatrix},$$

$$\widehat{q}=-\frac{1}{2}\mathrm{e}^{-\frac{\nu t}{2}}\,\widehat{P}+e^{-\frac{\nu t_0}{2}}\,Q,$$

$$\widehat{p}=\frac{1}{2}\mathrm{e}^{-\frac{\nu t}{2}}\,\widehat{Q}+\mathrm{e}^{-\frac{\nu t_0}{2}}\,P,$$

$$\ddot{q}+\nu\dot{q}+\dot{V}(q)=0,$$

$$\begin{cases}\dot{q}=p,\\ \dot{p}=-\nu p-\dot{V}(q),\end{cases}$$

$$\widehat{w}=\begin{bmatrix}\mathrm{e}^{\frac{\nu t}{2}}\,\widehat{p}-\mathrm{e}^{\frac{\nu t_0}{2}}\,p\\ -\mathrm{e}^{\frac{\nu t}{2}}\,\widehat{q}+\mathrm{e}^{\frac{\nu t_0}{2}}\,q\end{bmatrix}\Bigg|_{t=t_0}=\begin{bmatrix}0\\ 0\end{bmatrix},$$

$$
\begin{aligned}
\frac{\mathrm{d}\widehat{w}}{\mathrm{d}t} &= \begin{bmatrix} \frac{\nu}{2}\mathrm{e}^{\frac{\nu t}{2}}\,\widehat{p} + \mathrm{e}^{\frac{\nu t}{2}}\,\dot{\widehat{p}} \\ -\frac{\nu}{2}\,\mathrm{e}^{\frac{\nu t}{2}}\,\widehat{q} - \mathrm{e}^{\frac{\nu t}{2}}\,\dot{\widehat{q}} \end{bmatrix} = \begin{bmatrix} \frac{\nu}{2}\,\mathrm{e}^{\frac{\nu t}{2}}\,\widehat{p} - \nu\mathrm{e}^{\frac{\nu t}{2}}\,\widehat{p} - \mathrm{e}^{\frac{\nu t}{2}}\,\widehat{q} \\ -\frac{\nu}{2}\mathrm{e}^{\frac{\nu t}{2}}\,\widehat{q} - \mathrm{e}^{\frac{\nu t}{2}}\,\widehat{p} \end{bmatrix} \\
&= \begin{bmatrix} -\frac{\nu}{2}\,\mathrm{e}^{\frac{\nu t}{2}}\,\widehat{p} - \mathrm{e}^{\frac{\nu t}{2}}\,\widehat{q} \\ -\frac{\nu}{2}\,\mathrm{e}^{\frac{\nu t}{2}}\,\widehat{q} - \mathrm{e}^{\frac{\nu t}{2}}\,\widehat{p} \end{bmatrix} = \left.\begin{bmatrix} -\frac{\nu}{4}\widehat{Q} - \frac{\nu}{2}P + \frac{1}{2}\widehat{P} - Q \\ \frac{\nu}{4}\,\widehat{P} - \frac{\nu}{2}\,Q - \frac{1}{2}\,\widehat{Q} - P \end{bmatrix}\right|_{t=t_0} \\
&= \begin{bmatrix} -\frac{\nu}{2}P - Q \\ -\frac{\nu}{2}Q - P \end{bmatrix}.
\end{aligned}
$$

$$
\begin{aligned}
\frac{\mathrm{d}w}{\mathrm{d}t} &= \begin{bmatrix} \frac{\nu}{4}\mathrm{e}^{\frac{\nu t}{2}}\,\widehat{q} + \frac{1}{2}\mathrm{e}^{\frac{\nu t}{2}}\dot{\widehat{q}} \\ \frac{\nu}{4}\mathrm{e}^{\frac{\nu t}{2}}\,\widehat{p} + \frac{1}{2}\,\mathrm{e}^{\frac{\nu t}{2}}\,\dot{\widehat{p}} \end{bmatrix} = \begin{bmatrix} \frac{\nu}{4}\mathrm{e}^{\frac{\nu t}{2}}\,\widehat{q} + \frac{1}{2}\mathrm{e}^{\frac{\nu t}{2}}\widehat{p} \\ \frac{\nu}{4}\mathrm{e}^{\frac{\nu t}{2}}\widehat{p} - \frac{\nu}{2}\mathrm{e}^{\frac{\nu t}{2}}\,\widehat{p} - \frac{1}{2}\,\mathrm{e}^{\frac{\nu t}{2}}\,\widehat{q} \end{bmatrix} \\
&= \begin{bmatrix} \frac{\nu}{4}\mathrm{e}^{\frac{\nu t}{2}}\,\widehat{q} + \frac{1}{2}\,\mathrm{e}^{\frac{\nu t}{2}}\,\widehat{p} \\ -\frac{\nu}{4}\,\mathrm{e}^{\frac{\nu t}{2}}\,\widehat{p} - \frac{1}{2}\,\mathrm{e}^{\frac{\nu t}{2}}\,\widehat{q} \end{bmatrix} = \begin{bmatrix} -\frac{\nu}{8}\,\widehat{Q} - \frac{\nu}{4}\,P + \frac{1}{4}\,\widehat{P} - \frac{1}{2}\,Q \\ \frac{\nu}{8}\,\widehat{P} - \frac{\nu}{4}\,Q - \frac{1}{4}\,\widehat{Q} - \frac{1}{2}\,P \end{bmatrix} \qquad (2.7.6)
\end{aligned}
$$

$$
\Longrightarrow\ \phi_w^{(1)} = \left.\left(\frac{\mathrm{d}\widehat{w}}{\mathrm{d}t} - \frac{\partial\,\widehat{w}}{\partial\,w}\frac{\mathrm{d}w}{\mathrm{d}t}\right)\right|_{t=t_0} = \frac{\mathrm{d}\widehat{w}}{\mathrm{d}t}.
$$

因为

$$
\left.\frac{\partial\,\widehat{w}}{\partial\,w}\right|_{t=t_0} = \phi_{ww}^{(0)} = \begin{bmatrix} 0 & 0 \\ 0 & 0 \end{bmatrix},
$$

所以

$$
\phi_w^{(1)} = \frac{\mathrm{d}\widehat{w}}{\mathrm{d}t} = \begin{bmatrix} -\frac{\nu}{2}\,P - Q \\ -\frac{\nu}{2}\,Q - P \end{bmatrix}. \qquad (2.7.7)
$$

参考文献

[Arn89] V. I. Arnold. *Mathematical Methods of Classical Mechanics*. Springer-Verlag, New York, GTM 60, Second edition, 1989.

[CIMS95] J. F. Carinena, L. A. Ibort, G. Marmo, and A. Stern. The Feynman problem and the inverse problem for Poisson dynamics. *Phys. Rep.*, 263(3):153–212, 1995.

[FW91] K. Feng and D. L. Wang. Symplectic difference schemes for Hamiltonian systems in general symplectic structure. *J. Comput. Math.*, 9(1):86–96, 1991.

[FWQW89] K. Feng, H. M. Wu, M. Z. Qin, and D. L. Wang. Construction of canonical difference schemes for Hamiltonian formalism via generating functions. *J. Comput. Math.*, 7:71–96, 1989.

[MP94] E. Massa and E. Pagani. Jet bundle geometry, dynamical connections, and the inverse problem of Lagrangian mechanics. *Annales de l'institut Henri Poincaré (A) Physique théorique*, 61:17–62, 1994.

[MV98] P. Morando and S. Vignolo. A geometric approach to constrained mechanical systems, symmetries and inverse problems. *J. Phys. A: Math. Gen.*, 31:8233–8245, 1998.

[MW01] J. E. Marsden and M. West. Discrete mechanics and variational integrators. *Acta Numerica*, 10:357–514, 2001.

[QZ92] M. Z. Qin and W. J. Zhu. Construction of higher order symplectic schemes by composition. *Computing*, 47:309–321, 1992.

[San83a] R. M. Santilli. *Foundations of Theoretical Mechanics* I. Springer-Verlag, New York , Second edition, 1983.

[San83b] R. M. Santilli. *Foundations of Theoretical Mechanics* II. Springer-Verlag, New York , Second edition, 1983.

[SCC87] W. Sarlet, F. Cantrijin, and M. Crampin. Pseudo-symmetries, Noether's theorem and the adjoint equation, *J. Phys. A: Math. Gen.*, 20:1365–1376, 1987.

[SSQS07] H. L. Su, Y. J. Sun, M. Z. Qin, and R. Scherer. Structure preserving schemes for Birkhoffian systems. *Inter. J. of Pure and Applied Math.*, 40(3):341–366, 2007.

[SVCM95] W. Sarlet, A. Vandecasteele, F. Cantrijin and E. Martinez. Derivations of forms along a map: The framework for time-dependent second-order equations. *Diff. Geom. Appl.*, 5:171–203, 1995.

[Yos90] H. Yoshida. Construction of higher order symplectic integrators. *Physics Letters A*, 150:262–268, 1990.

第三章　李群算法及其应用

§3.1　研究李群算法的背景

随着辛算法的发展，人们很自然地想到了将辛算法推广到一般李群. 辛群是一个李群，它的算法能保持离散后的解仍在辛群上，因此我们把辛算法称为保持辛结构的算法[MK95],[MK98],[IMKNZ00]. 矩阵群中还有很多也属于李群，人们自然就想到它们的结构，在设计此类算法时仍然想保持它们的结构.

李群算法是一种很有发展前景的数值方法，用于数值求解齐次流形上的常微分方程，能使所求得的数值解仍在同一流形上. 换言之，本章所研究的数值方法，也称为流形上的数值方法.

假设要解下列方程：

$$y' = A(t)y,\ \ t \geq 0, \quad y(0) = y_0, \tag{3.1.1}$$

其中$y_0 \in \mathbf{R}^n$, $\forall t \geq 0$, $A(t)$ 是一个$n \times n$ 矩阵.

单个方程$y' = a(t)y$ 的解为

$$y(t) = \mathrm{e}^{\int_0^t a(\xi)\mathrm{d}\xi} y_0, \quad t \geq 0.$$

定义指数矩阵

$$\mathrm{e}^B = I + B + \frac{1}{2}B^2 + \frac{1}{6}B^3 + \cdots = \sum_{n=0}^{\infty} \frac{1}{n!}B^n. \tag{3.1.2}$$

遗憾的是

$$y(t) = \mathrm{e}^{\int_0^t A(\xi)\,\mathrm{d}t} y_0,$$

所以一般来讲$y(t)$ 不是方程(3.1.1) 的解.

对方程(3.1.1) 有各种数值方法，通常的数值方法为：

$$y_n = y(nh), \quad A_\alpha = A(\alpha h), \quad n \in \mathbf{Z}^+, \quad \alpha \in \mathbf{R}^+.$$

Euler 方法为

$$y_{n+1} = (1 + hA_n)y_n. \tag{3.1.3}$$

梯形格式为

$$y_{n+1} = \Big(I - \frac{1}{2}hA_{n+1}\Big)^{-1}\Big(I + \frac{1}{2}hA_n\Big)y_n. \tag{3.1.4}$$

多步方法为

$$\begin{aligned} y_{n+1} \ = \ & \Big(I + \frac{23}{12}hA_n\Big)y_n - \frac{4}{3}hA_{n-1}y_{n-1} \\ & + \frac{5}{12}hA_{n-2}\, y_{n-2}. \end{aligned} \tag{3.1.5}$$

Runge-Kutta方法为

$$\begin{aligned} y_{n+1} \ = \ & \Big[I + \frac{1}{4}h\Big(A_n + 3A_{n+\frac{2}{3}}\Big) + \frac{1}{4}h^2 A_{n+\frac{2}{3}}\Big(A_n + A_{n+\frac{2}{3}}\Big) \\ & + \frac{1}{6}h^3 A^2_{n+\frac{2}{3}}A_n\Big]y_n. \end{aligned} \tag{3.1.6}$$

下面举例说明数值方法. 考虑方程

$$y' = \begin{bmatrix} 0 & 1 & -\frac{1}{2} \\ -1 & 0 & \sin t \\ \frac{1}{2} & -\sin t & 0 \end{bmatrix} y, \quad y(0) = \begin{bmatrix} 1 \\ 0 \\ 0 \end{bmatrix}, \tag{3.1.7}$$

它的精确解y_1, y_2, y_3如图3.1.1所示.

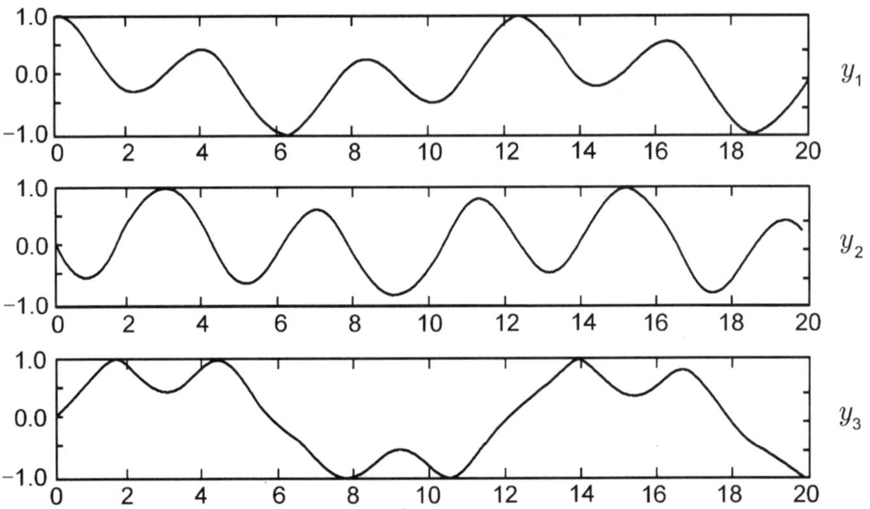

图 3.1.1 **精确解** y_1, y_2, y_3

如果将$y_1(t), y_2(t), y_3(t)$ 绘成空间的曲线, 它的轨迹正好落在单位球面上, 见图3.1.2, 其表达式为

$$y_1^2(t) + y_2^2(t) + y_3^2(t) = 1.$$

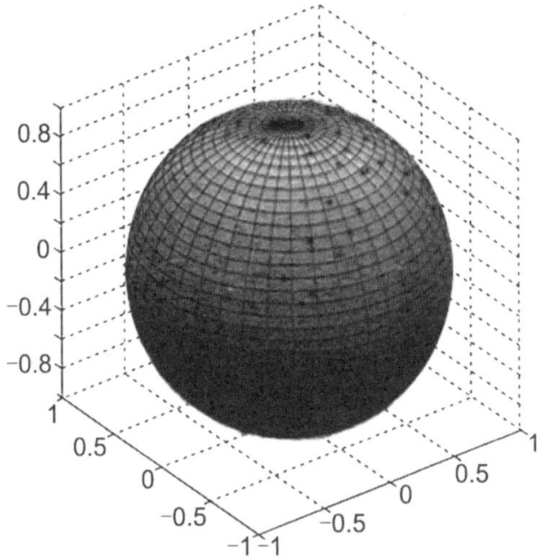

图 3.1.2 精确解 y_1, y_2, y_3的轨迹正好落在单位球面上

假如用常用格式(3.1.3), (3.1.5), (3.1.6) 去计算方程(3.1.7)，所得到的数值解便不再落在球面上. 用显式Euler 格式(3.1.3) 和多步格式(3.1.5) 计算出来的解的模随时间变化的曲线如图3.1.3 和图3.1.4 所示.

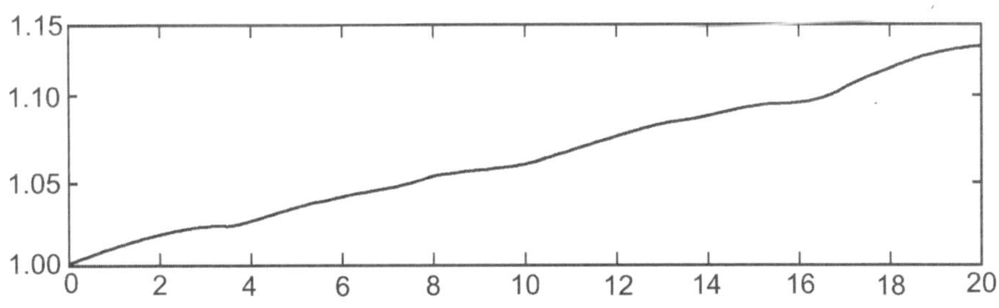

图 3.1.3 显式Euler 方法解的模随时间变化的曲线

图3.1.5 和图3.1.6分别表示用显式Euler 方法和多步方法计算出来的解的轨迹, 从图上可以看出它们的轨迹不再落在单位球面上.

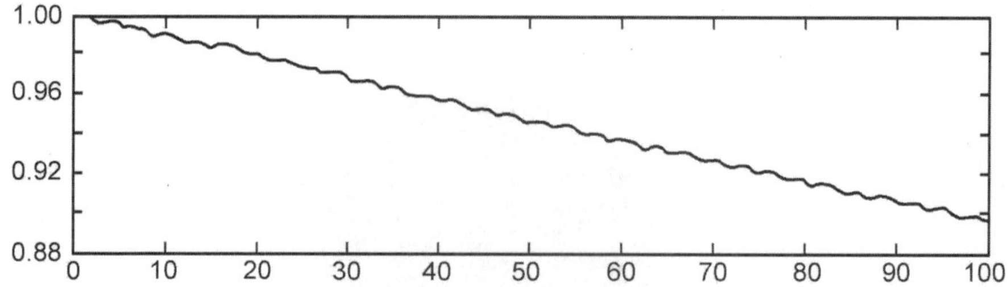

图 3.1.4　多步方法解的模随时间变化的曲线

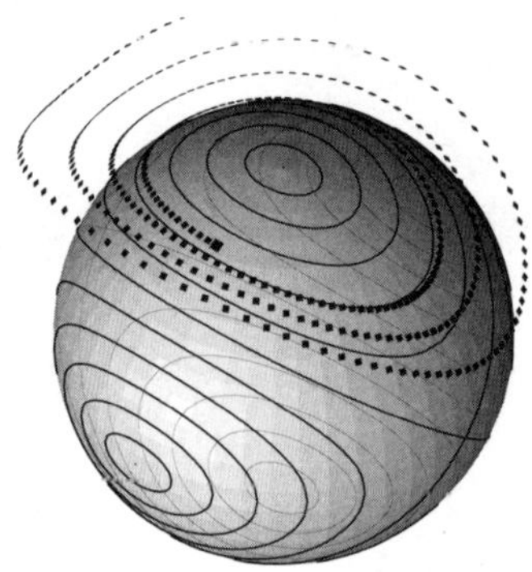

图 3.1.5　用显式Euler 方法计算的解的轨迹

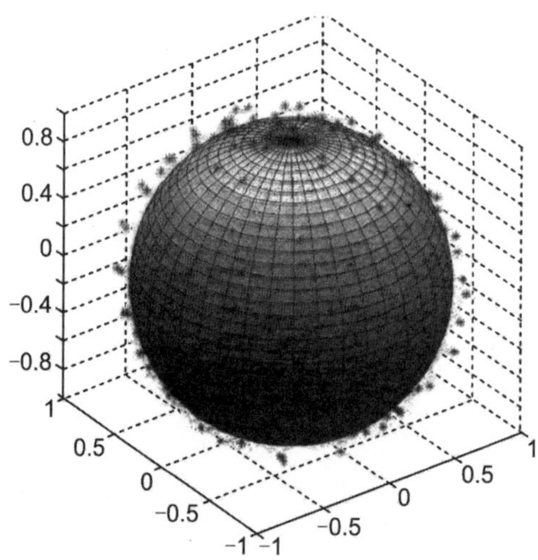

图 3.1.6　用多步方法计算的解的轨迹

图3.1.7 显示了用梯形格式计算出来的解的轨迹, 它正好落在单位球面上.

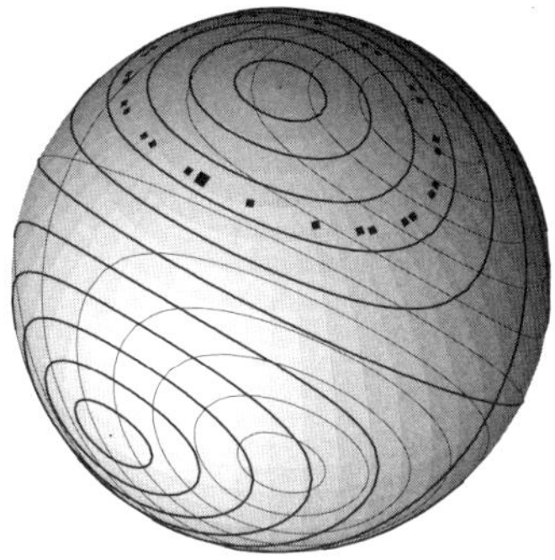

图 3.1.7 用梯形格式计算的解的轨迹

例 3.1.1 将所有的$n\times n$ 正交矩阵组成一个群:

$$P,Q\in O(n),\quad P\cdot Q\in O(n),$$
$$I\in O(n),$$
$$Q\in O(n),\qquad Q^{-1}\in O(n),$$

它们是一个连续群, 即乘法和求逆都是连续的. 若Q_1 与Q_2 很接近, 则PQ_1 和PQ_2 同样很接近, 所以$O(n)$ 是一个李群. 同样,下列矩阵都构成李群:

$SL(n)$: 所有行列式为1 的$n\times n$ 矩阵;

$U(n)$: 所有$n\times n$ 酉阵;

$SE(n)$: $\mathbf{R}^n$ 中所有转动和迁移.

首先, 把注意力集中到矩阵的李群. 所有在单位元上的李群切空间构成一个李代数**g**, 它是一个线性空间, 而且在换位子运算下是闭的.

$$R,S\in\mathbf{g},\quad R+S\in\mathbf{g},$$
$$R\in\mathbf{g},\qquad \alpha\in R,\qquad \alpha R\in\mathbf{g},$$
$$R,S\in\mathbf{g},\quad [R,S]=RS-SR\in\mathbf{g}.$$

例如: $O(n)$ 的李代数为$so(n)$, 即由所有$n\times n$ 斜对称矩阵组成;

$SL(n)$ 的李代数为$sl(n)$, 即由所有迹为0 的$n\times n$矩阵组成;

指数映射: 若R 是李代数, 则e^R 是它的李群;

凯莱(Cayley) 变换: 若R 是李代数, 则$\dfrac{I+R}{I-R}$ 是它的李群(仅限2 次李群).

李群的切映射把群变成李代数.

李群方程: 设G 是一个李群, 而$\mathbf{g}$ 是它的李代数.

$$Y' = A(t,Y)Y, \quad t \geq 0, \quad Y(0) = Y_0,$$

其中$Y_0 \in G$, 且$A : \mathbf{R}^+ \times G \to \mathbf{g}$, 它的解为

$$Y(t) \in G, \quad t \geq 0.$$

为什么说李群方程是重要的呢? 因为它有广泛的应用. $O(n), SE(n)$ 刚体运动, 机器人设计, 控制理论, 线性代数, Lynpunov 指数计算等都与它有关.

例如:

$SL(n)$: 体积守恒, 流体力学;

$Sp(n)$: 在物理和化学中的Hamilton 系统;

$U(n)$: 量子力学;

$SO_{n,m}(n)$: 特殊相对论.

因此, 在数值离散李群方程时, 很重要的一点就是在离散时要保持李群的结构. 正如在前面看到的, 许多常用的算法并不保持李群这个结构.

下面将从李群和李代数最基本的知识开始，研究算法的构造. 最后, 作为重要应用, 提出一种构造无穷维Hamilton 系统任意阶平方守恒型差分格式的新方法. 该方法的基本思想是首先将Hamilton方程进行适当的空间离散, 使所得到的半离散方程成为在球面上演化的常微分方程, 然后利用李群方法便可得到时间方向上任意阶的平方守恒型格式, 并利用这种方法构造KdV方程的任意阶平方守恒型格式.

§3.2 预备知识

§3.2.1 李群

本节介绍李群算法的一些基本知识和研究结果[Lie88],[Hel78],[Var84],[Olv86], 主要是关于李群和李代数的概念及有关的一些基本定理. 虽然这些概念和定理早在19世纪末至20世纪初就已经建立, 但它们在数值方法上的应用直到最近才被发现.

定义 3.2.1 (李群) 设G是一个微分流形, 也是一个群, 如果群运算, 即乘法运算

$$\begin{aligned} G\times G &\longrightarrow G, \\ (f,g) &\longmapsto fg, \quad \forall f,g\in G \end{aligned}$$

以及取逆运算

$$\begin{aligned} \text{inv}: G &\longrightarrow G, \\ \text{inv}(f) &= f^{-1}, \quad \forall f\in G \end{aligned}$$

是光滑映射, 那么就称G是一个李群.

注 3.2.1 从李群的定义可以看出, 李群有两个结构, 一个是微分流形结构, 一个是群结构, 这两个结构通过群运算的光滑性联系起来, 这种联系具有基本的重要性. 如果没有这种联系, 只需分别研究G的微分流形结构和群结构, 那么李群就不存在了. 下面将在局部结构上研究李群, 而局部结构又可引出李代数的概念, 即对给定的李群在G上右不变向量的集合进行研究. 重要的是这个局部性质可以从李代数 $\mathbf{g}$ 中"读取".

注 3.2.2 要把李群搞清楚, 对从事数值分析的人来讲, 只需把一般线性李群$GL(n)$搞清楚就行了. $GL(n)$就是由所有$n\times n$可逆矩阵构成的李群, 它的群结构比较简单, 关键是微分流形结构. 考察微分流形结构的出发点, 就是把任一可逆矩阵对应于欧氏空间$\mathbf{R}^{n^2}$中的一个点.

定义 3.2.2 (李群作用) 设$\mathcal{M}$是一个流形, G是一个李群, G在$\mathcal{M}$上的作用Λ是一个光滑映射, $\Lambda: G\times\mathcal{M}\to\mathcal{M}$ 满足:

$$\Lambda(e,x)=x,\quad \forall x\in\mathcal{M},\quad e\text{为}G\text{的单位元}; \tag{3.2.1}$$

$$\Lambda(g_1g_2,x)=\Lambda(g_1,\Lambda(g_2,x)),\quad \forall g_1,g_2\in G,\ \forall x\in\mathcal{M}. \tag{3.2.2}$$

如果$\forall x_1,x_2\in\mathcal{M},\exists g\in G$, 使得$\Lambda(g,x_1)=x_2$, 那么$G$称为可迁的李群作用.

定义 3.2.3 (齐次空间) 设$\mathcal{M}$是一个微分流形, 如果$\mathcal{M}$上存在一个可迁的李群作用G, 则$(\mathcal{M},G)$称为齐次空间.

下面介绍一些典型李群和李代数:

$$Sp(p,q) = \{A \in GL\,(2p+2q, C) \mid \overline{A}' K_{pq} A = K_{pq}, A' J_{p,q} A = J_{p,q}\};$$

$$sp(p,q) = \{A \in gl\,(2p+2q, C) \mid \overline{A}' K_{pq} + K_{p,q} A = 0, A' J_{p,q} + J_{p,q} A = 0\};$$

$$SO^*(2n) = \{A \in GL\,(2n, C) \mid \overline{A}' I A = I, A'A = I\};$$

$$so^*(2n) = \{A \in gl\,(2n, C) \mid \overline{A}' I + IA = 0, A' + A = 0\};$$

$$U^*(2n) = \{A \in GL\,(2n, C) \mid \overline{A}' A = I\};$$

$$u^*(2n) = \{A \in gl\,(2n, C) \mid \overline{A} I = I\overline{A}\};$$

$$SU^*(n) = \{A \in GL\,(n, C) \mid A\overline{A}' = I, \det A = 1\};$$

$$su(n) = \{A \in gl\,(n, C) \mid \overline{A}' + A = 0, \operatorname{tr} A = 0\};$$

$$O(n,R) = \{A \in GL\,(n, R) \mid AA' = I\};$$

$$o(n,R) = \{A \in gl\,(n, R) \mid A + A' = 0\};$$

$$SO(n,R) = \{A \in O\,(n, R) \mid \det A = 1\};$$

$$so(n,R) = \{A \in o\,(n, R) \mid A + A' = 0\};$$

$$SL(n,R) = \{A \in GL\,(n, R) \mid \det A = 1\};$$

$$sl(n,R) = \{A \in gl\,(n, R) \mid \operatorname{tr} A = 0\};$$

$$Gp(n,R) = \{A, P \in GL\,(n, R) \mid A'PA = P, 2\text{ 次李群}\};$$

$$gp(n,R) = \{A, P \in gl\,(n, R) \mid AP + PA' = 0, 2\text{ 次李代数}\}.$$

注 3.2.3 李群在微分流形上的作用是非常重要的，李群在微分方程中的应用就是通过它实现的. 李群作用使得李群对应于微分流形上的变换群. 具体来讲, $\forall g \in G$, 可以定义$\mathcal{M}$ 上的一个变换

$$\Lambda_g(x) = \Lambda(g, x), \quad \forall\, x \in \mathcal{M}. \tag{3.2.3}$$

(3.2.1) 式表明Λ_e 为定义$\mathcal{M}$ 上的恒等变换. (3.2.2) 式表明$\Lambda_{g_1 g_2} = \Lambda_{g_1} \circ \Lambda_{g_2}$, 即存在

着李群和这样定义的变换群之间的同态, 于是得到李群作用的一个等价定义:

$$\Lambda: \quad G \longrightarrow \mathrm{Diff}\,(\mathcal{M}),$$
$$g \longmapsto \Lambda_g,$$

这里, Diff $(\mathcal{M})$ 表示$\mathcal{M}$ 上的微分同胚群.

定义 3.2.4 (左不变向量场) G 是李群, $X \in \mathcal{X}(G)$, X 称为左不变向量场, 如果$L'_g \circ X = X \circ L_g$, $\forall g \in G$, 则

$$X(gh) = T_h L_g \cdot X(h), \quad \forall g, h \in G.$$

从定义可知, 左不变向量场由它所在单位元e处的值惟一确定. 反之, 给定$\xi \in T_e G$, X_ξ的定义为$X_\xi(g) = T_e L_g \cdot \xi$, $g \in G$. 可以证明这样定义的向量场X_ξ 是光滑的.

记G 上所有左不变向量场为$\mathcal{X}_L(G)$, 是$\mathcal{X}(G)$ 的Lie 子代数.

命题 3.2.1 $\mathcal{X}_L(G)$ 与$T_e G$ 线性同构.

注 3.2.4 切空间在 e 点包含足够与充分多的信息, 完全可以决定切空间在任一点$x_0 \in G$ 的信息.

例 3.2.1 $x(t)$ 是G 上一曲线$x(t) = x_0 + \widetilde{A}t$, 于是曲线$y(t) = x(t) \cdot x_0^{-1}$ 有形式:

$$\begin{aligned} y(t) &= I + \widetilde{A}x_0^{-1}t + \cdots = I + At, \\ A &= \widetilde{A}x^{-1}, \end{aligned}$$

A 是$y(t)$ 在点e 的切空间, $\widetilde{A}$是$x(t)$在点x_0处的切空间, 即$\widetilde{A} = Ax_0$ 对任何$p \in G$, 可以通过$X_p = L'_p(v)$ 来定义切向量$X_p \in T_p G$. 可以证明$X_p \in g$, 因为X_p 切向量与X_e 线性同构.

§3.2.2 李代数

$\forall y \in G$, 可以定义李群左乘和右乘, 即:

$$\left.\begin{aligned} L_y(g) &= yg, \\ R_y(g) &= gy, \end{aligned}\right. \quad \forall g \in G.$$

李代数可定义为群在单位元上的切空间$\mathbf{g} = TG|_e$, 它的结构为实(或复) 反对称双线性形式$[\ ,\ ] : \mathbf{g} \times \mathbf{g} \to \mathbf{g}$, 这样的括号称为李括号. 若$G \in GL(n, F)$，则$\mathbf{g}$ 包含所有$n \times n$ 矩阵组成的李代数. 李括号定义为$[u, v] = uv - vu$, G 在任意点a 的切空间可以等价为$\mathbf{g}$ (利用左乘或右乘):

$$TG_a = \big\{L'_a(v) \mid v \in \mathbf{g}\big\} = \big\{R'_a(\omega) \mid \omega \in \mathbf{g}\big\}.$$

于是, 方程(3.3.1) 的向量场$F : G \to TG$ 能够写成如下形式:

$$F(a) = L'_a\big(f(a)\big) = R'_a\big(\widetilde{f}(a)\big),$$

其中$f, \widetilde{f} : G \to \mathbf{g}$.

下面将抽象地来定义李代数.

定义 3.2.5 (李代数) 设 $\mathbf{g}$ 是一向量空间, 如果 $\mathbf{g}$ 上存在一双线性运算 $[\ ,\ ]$: $\mathbf{g} \times \mathbf{g} \to \mathbf{g}$, 满足:

(1) $[a, b] = -[b, a]$;

(2) $\big[a, [b, c]\big] + \big[b, [c, a]\big] + \big[c, [a, b]\big] = 0$, $\forall\, a, b, c \in \mathbf{g}$,

那么 $\mathbf{g}$ 就是一个李代数, $[\ ,\ ]$ 称为李括号.

有限维李代数的例子为$gl\,(n, \mathbf{R})$, 即由所有$n \times n$ 矩阵组成的李代数, 其中李括号运算定义为

$$[a, b] = ab - ba, \quad \forall\, a, b \in gl\,(n, \mathbf{R}).$$

定义 3.2.6 (单参数子群) 设G 是n 维李群, 称李同态,

$$\varphi : \mathbf{R} \longrightarrow G$$

为G 的单参数子群, 用其像$\{\varphi(t), t \in \mathbf{R}\}$ 来表示. 按定义有:

$$\varphi(t + t') = \varphi(t) + \varphi(t'),$$

$$\varphi(0) = e,$$

$$\varphi(t)^{-1} = \varphi(-t).$$

由此可见, 从几何上看, $\{\varphi(t), t \in \mathbf{R}\}$ 是通过G的单位元e 的一条曲线. 此外, 有

$$\varphi(t)\varphi(t') = \varphi(t')\varphi(t),$$

因而G 的单参数子群是G 的一个可交换子群, 对φ 在$\mathbf{R}$ 中单位元0 处微分, 可得

$$\varphi_{*0} :\ T_0\mathbf{R} \longrightarrow T_eG.$$

设$T_0\mathbf{R}$的基为$\dfrac{\mathrm{d}}{\mathrm{d}t}$, 且设$\varphi_{*0}\Big(\dfrac{\mathrm{d}}{\mathrm{d}t}\Big)=X$, 则有

$$\varphi_{*0}\Big(\lambda\frac{\mathrm{d}}{\mathrm{d}t}\Big)=\lambda X,$$

其中$X\in T_eG$, 故它定义了一个左不变向量场. 这就是说, G 的每一个单参数子群都和一个左不变向量场相对应. 反过来, G 上的每一个左不变向量场全都可定义一个单参数子群, 称之为由X 生成的单参数子群. 事实上, 给定了左不变向量场$X=a^i(x)\dfrac{\partial}{\partial x^i}$, 这里$\{x^i\}$ 是$e\in G$ 的一个邻域中的局部坐标, 为了求得此时由X 生成的单参数子群$\varphi:\mathbf{R}\to G$, 令$\varphi(t)=\{\varphi^1(t),\cdots,\varphi^n(t)\}$, 且使得$e$ 的一条曲线的切向量为X, 这样问题就归结为求解微分方程

$$\frac{\mathrm{d}\varphi^i}{\mathrm{d}t}=a^i\big(\varphi^1(t),\cdots,\varphi^n(t)\big),\quad i=1,2,\cdots,n.$$

根据基本的存在定理, 存在一个$\delta>0$和$\epsilon>0$, 使得对于任何 $x=(x^1,x^2,\cdots,x^n)$和$|x^i|<\delta$方程有定义在$|t|<\epsilon$, 满足初始条件$\varphi(0,x)=x^i$惟一的解$\varphi^1(t,x),\varphi^2(t,x),\cdots,\varphi^n(t,x)$.

§3.2.3 李群Diff$(\mathcal{M})$ 的李代数

有一个特殊的李群Diff$(\mathcal{M})$, 对于给定流形$\mathcal{M}$, 在$\mathcal{M}$ 上的所有微分同胚组成Diff$(\mathcal{M})$. 它是一个李群, 它的李代数为$\mathfrak{X}(\mathcal{M})$, 即在$\mathcal{M}$ 上所有切向量场构成的集合.

Diff$(\mathcal{M})$是一个无穷维李代数的例子. 设$\mathfrak{X}(\mathcal{M})$ 为一向量空间, 若定义$\mathcal{M}$ 上的李括号运算为

$$[X,Y]=XY-YX,\quad \forall X,Y\in\mathfrak{X}(\mathcal{M}),$$

那么$\mathfrak{X}(\mathcal{M})$ 就是一无穷维李代数. 下面用局部坐标来表示上面定义的李括号运算.

设$X=X^i\dfrac{\partial}{\partial x^i}$, $Y=Y^j\dfrac{\partial}{\partial x^j}$, 则有

$$\begin{aligned}[X,Y] &= \left[X^i\frac{\partial}{\partial x^i},Y^j\frac{\partial}{\partial x^j}\right]\\ &= X^i\frac{\partial}{\partial x^i}Y^j\frac{\partial}{\partial x^j}-Y^j\frac{\partial}{\partial x^j}X^i\frac{\partial}{\partial x^i}\\ &= \Big(X^j\frac{\partial Y^i}{\partial x^j}-Y^j\frac{\partial X^i}{\partial x^j}\Big)\frac{\partial}{\partial x^i}\\ &= Z^i\frac{\partial}{\partial x^i}=Z,\end{aligned}$$

这里, $Z^i=X^j\dfrac{\partial Y^i}{\partial x^j}-Y^j\dfrac{\partial X^i}{\partial x^j}$.

§3.2.4 流形上的微分方程

设$f:\mathcal{N}\to\mathcal{M}$是光滑映射, $f':T\mathcal{N}\to T\mathcal{M}$ 定义为切流形之间的映射. 可以把$T\mathbf{R}$与$\mathbf{R}$ 等同起来. $y_t:\mathbf{R}\to\mathcal{M}$ 是$\mathcal{M}$上的曲线, $y_t':\mathbf{R}\to T\mathcal{M}$ 是$T\mathcal{M}$ 上的曲线. F 是向量场在$\mathcal{M}$ 上的映射, $F:\mathcal{M}\to T\mathcal{M},\pi\circ F=\mathrm{Id}_{\mathcal{M}}$, 而$\pi:T\mathcal{M}\to\mathcal{M}$ 是自然投影. F 定义了一个初值问题:

$$y_t'=F(y_t),\quad y_0=p.$$

相流F 是一个解算子$\psi_{F,t}:\mathcal{M}\to\mathcal{M}$，定义$y_t=\psi_{F,t}(p)$ 是始于点p 的解曲线,

$$\frac{\partial}{\partial t}\psi_{F,t}(p)=F\big(\psi_{F,t}(p)\big),\quad \psi_{F,0}(p)=p. \tag{3.2.4}$$

引进相流的目的是研究方程的数值解.

§3.2.5 伴随表示

G 伴随表示定义为映射, Ad: $G\to\mathrm{Aut}\,(\mathbf{g})$.

已知End$\,(\mathbf{g})$ 表示所有从$\mathbf{g}$ 到自身的线性映射, 而Aut$\,(\mathbf{g})$ 是其中有逆存在的映射,

$$\mathrm{Ad}(\alpha)(v)=(L_\alpha\circ R_{\alpha^{-1}})'(v),\quad v\in\mathbf{g},$$

则有$\widetilde{f}(a)=\mathrm{Ad}(\alpha)(f(a))$, 因此伴随映射是连结向量场左边和右边的方法.

映射ad : $\mathbf{g}\to\mathrm{End}\,(\mathbf{g})$ 定义为

$$\mathrm{ad}(u)=\mathrm{Ad}'(e).$$

李括号$[\ ,\ ]:\mathbf{g}\times\mathbf{g}\to\mathbf{g}$ 是定义在$\mathbf{g}$ 上的双线性斜对称形式

$$[u,v]=\mathrm{ad}(u)v.$$

因为$\mathrm{ad}(u):\ \mathbf{g}\to\mathbf{g}$, 可以定义$\mathrm{ad}^n(u)$ 为n 次映射:

$$\begin{aligned}&\mathrm{ad}^0(u)(v)=v,\\&\mathrm{ad}^n(u)(v)=\mathrm{ad}(u)(\mathrm{ad}^{n-1}(u)(v))=[u,[u,[\cdots,[u,v]]]],\quad \forall n\geq 1.\end{aligned}$$

§3.2.6 指数映射和它的微分

李群和李代数之间的指数映射记作

$$\exp:\ \mathbf{g}\ \longrightarrow\ G.$$

对于$X\in\mathbf{g}$, 首先由它可确定一个左不变向量场, 然后由它生成一个单参数子群，记作$\varphi_X:\mathbf{R}\to G$. 于是, 由$X\in\mathbf{g}$ 得出了$\varphi_X(1)\in G$.

定义 3.2.7 (指数映射) 见图3.2.1, 有指数映射

$$\exp X = \varphi_X(1).$$

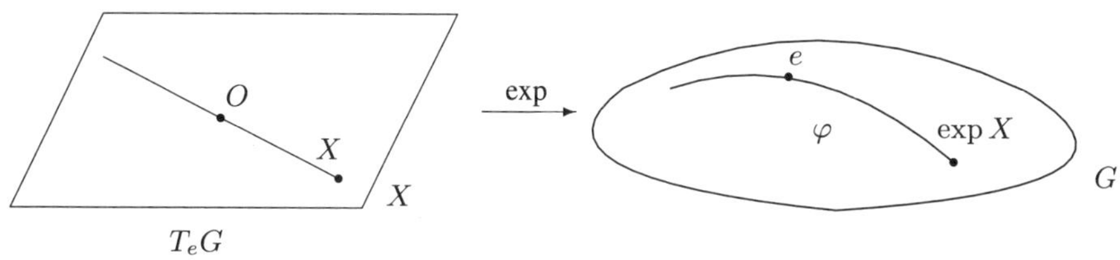

图 3.2.1 指数映射

在李群是矩阵的情况下, exp X 就是(3.1.2) 式中给出的指数矩阵; 若在 Diff$(\mathcal{M})$ 上, 它就变为给定向量场上的流

$$\exp(tF) = \psi_{F,t}.$$

这里$\psi_{F,t}$ 是由(3.2.4)式给出的. 指数映射的微分对于李群算法来说是非常重要的, 因为要使exp : $\mathbf{g} \to G$, 必须要使exp$'$: $T\mathbf{g} \to TG$. 由于$\mathbf{g}$ 是向量空间, 我们能够把$T\mathbf{g}$ 和$\mathbf{g}$ 等同起来. 而$TG|_a$ 也与 $\mathbf{g}$ 等同, 这样, exp$'$ 能够通过函数 dexp: $\mathbf{g} \to \mathbf{g}$ 来表示.

下面两个公式依赖于$TG|_a$ 中对 $\mathbf{g}$ 取左乘还是右乘:

$$\mathrm{d}^{\mathrm{L}} \cdot \exp_u(v) = L'_{\exp(-u)} \circ \exp'(u,v), \tag{3.2.5}$$

$$\mathrm{d}^{\mathrm{R}} \cdot \exp_u(v) = R'_{\exp(-u)} \circ \exp'(u,v), \tag{3.2.6}$$

其中$\exp'(u,v) = \dfrac{\partial}{\partial t}\exp(u+tv)\Big|_{t=0}$.

假设$\mathrm{dexp}_u(v) = \mathrm{d}^{\mathrm{R}} \cdot \exp_u(v)$, 则

$\mathrm{dexp}_u(v)$ 和$\mathrm{d}^{\mathrm{L}} \cdot \exp_u(v)$ 有下列展开式[Var84],[Ise84],[MK98],[CG93]:

$$\mathrm{dexp}_u = \sum_{j=0}^{\infty} \frac{1}{(j+1)!}\mathrm{ad}^j(u) = \int_0^1 \exp(\mathrm{ad}(su))\,\mathrm{d}s, \tag{3.2.7}$$

$$\mathrm{d}^{\mathrm{L}} \cdot \exp_u = \sum_{j=0}^{\infty} \frac{(-1)^j}{(j+1)}\mathrm{ad}^j(u) = \int_0^1 \exp(\mathrm{ad}(-su))\,\mathrm{d}s. \tag{3.2.8}$$

可以证明[Var84]

$$\mathrm{dexp}_u(v) = \sum_{n=0}^{\infty} \frac{1}{(n+1)!}\mathrm{ad}_u^n(v), \quad v \in \mathbf{g}. \tag{3.2.9}$$

其中, $\mathrm{ad}_u^0(v) = v$, $\mathrm{ad}_u(v) = [u,v]$, $\mathrm{ad}_u^k(v) = \mathrm{ad}_u(\mathrm{ad}_u^{k-1}(v))$.

可以求出dexp_u 的逆映射

$$\mathrm{dexp}_u^{-1}(v) = v - \frac{1}{2}[u,v] + \sum_{n=2}^{\infty} \frac{B_n}{n!}\mathrm{ad}_u^n(v), \quad v \in \mathbf{g}. \tag{3.2.10}$$

其中, B_n 为Bernoulli数.

注 3.2.5 $\mathrm{dexp}_u(v)$的几何解释如图3.2.2所示:

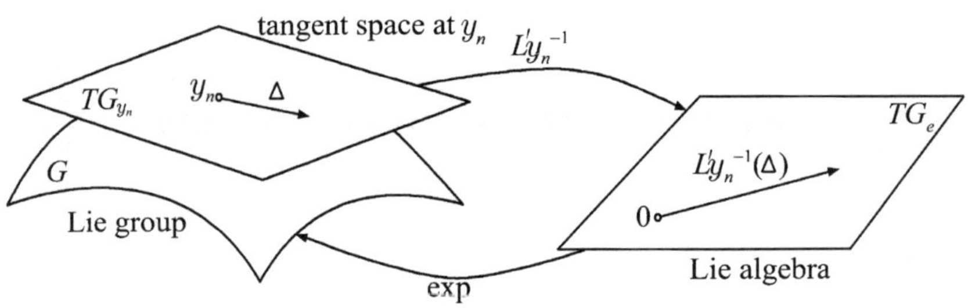

图 3.2.2 $\mathrm{dexp}_u(v)$ 的几何表示

图中$y_n = \exp u$, $\Delta = \mathrm{dexp}_u = L'_{\exp(u)^{-1}} \circ \exp'_u = L'_{\exp(-u)} \circ \exp'_u$.

注 3.2.6 当方程(3.1.1) 中$A(t) = a(t)$ 是单个函数时,

$$\frac{\mathrm{d}}{\mathrm{d}t}\exp\, a(t) = a'(t)\exp\,(a(t)),$$

但当方程中$A(t)$ 是矩阵时, 这个公式就不成立.

$$\frac{\mathrm{d}y(t)}{\mathrm{d}t} \neq \frac{\mathrm{dexpm}\, A(t)}{\mathrm{d}t},$$

$$\begin{aligned} &\mathrm{expm}\, A(t) = \sum_{j=0}^{\infty} \frac{A(t)^j}{j!}, \\ &\frac{\mathrm{d}}{\mathrm{d}t}\mathrm{expm}\, A(t) = A'(t) + \frac{1}{2}A'(t)A + \frac{1}{2}A(t)A'(t) + \cdots, \end{aligned} \tag{3.2.11}$$

因为一般讲来$[A, A'] \neq 0$.

$\frac{\mathrm{d}}{\mathrm{d}t}\exp\, A(t)$ 必须切G 于点$p(t) = \exp\,(A(t))$.

(3.2.6)公式中定义$\mathrm{dexp}_u(v)$还可以给出另一种定义, 即

$$\frac{\mathrm{d}}{\mathrm{d}t}\exp A(t)=\exp A(t)\,\mathrm{dexp}_{\mathrm{A}}(\mathrm{A}'),\tag{3.2.12}$$

也可定义成

$$\mathrm{dexp}_A A'=\frac{\mathrm{d}}{\mathrm{d}t}\big(\exp(A)\exp(A+tA')\big)\big|_{t=0}.\tag{3.2.13}$$

§3.2.7 李代数作用

定义 3.2.8 (李代数作用) 设 $\mathbf{g}$ 是一个李代数, $\mathcal{M}$是一微分流形, $\mathbf{g}$ 在 $\mathcal{M}$ 上的作用λ是一光滑映射, $\lambda:\mathbf{g}\times\mathcal{M}\to\mathcal{M}$ 满足:

(1) $\lambda(0,p)=p,\ \forall p\in\mathcal{M}$;

(2) $\forall\, v\in\mathbf{g}$, 利用这个光滑映射, 可以构造$\mathcal{M}$上的一个向量场

$$(\lambda_* v)(p)=\frac{\mathrm{d}}{\mathrm{d}t}\Big|_{t=0}\lambda(tv,p),\quad \forall p\in\mathcal{M},\tag{3.2.14}$$

这里λ_*表示 $\mathbf{g}$ 和$\mathcal{M}$上所有向量场构成的集合$\mathfrak{X}(\mathcal{M})$之间的对应, 要求

$$\lambda_*[u,v]=-[\lambda_* u,\lambda_* v].\tag{3.2.15}$$

满足上面两个条件的λ称为李代数作用.

下面结合李群来讨论李代数. 设G是一个李群, 它的李代数$\mathbf{g}$就是G的单位元处的切空间, $\mathbf{g}=T_eG$. $\forall v\in T_eG$, v为切向量,

$$v=\frac{\mathrm{d}}{\mathrm{d}t}\Big|_{t=0}h(t),\quad h(t)\in G,\ \ h(0)=e.$$

李括号定义如下:

$$[u,v]=\frac{\partial^2}{\partial t\,\partial s}\Big|_{t=s=0}g(t)h(s)g(t)^{-1},$$

$$g(t),h(s)\in G,\quad g(0)=h(0)=e,\quad g'(0)=u,\ \ h'(0)=v.$$

李群作用和李代数作用有密切的关系, 主要用到下面两个结果.

定理 3.2.1 如果$\Lambda:\ G\times\mathcal{M}\to\mathcal{M}$是一个李群作用, 那么

$$\lambda:\ \mathbf{g}\times\mathcal{M}\longrightarrow\mathcal{M},$$

$$\lambda(v,p)=\Lambda\big(\exp(v),p\big)$$

为一李代数作用.

定理 3.2.2 给定一个李代数作用$\lambda:\mathbf{g}\times\mathcal{M}\to\mathcal{M}$, 那么存在一个李群$G$, 它的李代数为$\mathbf{g}$以及一个李群作用$\Lambda:\ G\times\mathcal{M}\to\mathcal{M}$满足:

$$\lambda(v,p)=\Lambda\big(\exp(v),p\big),\quad v\ \text{属于0点的一个邻域}.$$

§3.3 李群算法

过去遇到的常微分方程具有形式

$$y' = F(t, y), \tag{3.3.1}$$

其中y 在欧氏空间$\mathbf{R}^n$ 中变化, 现在要推广一下: 考虑流形上的常微分方程, 即y可以在任意流形上变化, 比如球面和环面等, 相应的数值方法要求所得到的数值解也在相应的流形上. 也就是说, 如果解析解在李群上, 要求数值解也在同一李群上; 如果解析解在球面上, 要求数值解也在同一球面上. 简略地说, 具有这种性质的数值方法称为李群算法. 为了更加精确地定义李群算法, 需要讨论流形上的常微分方程的表示方法. 对给定的微分方程$y' = F(t, y), F \in \mathcal{X}(\mathcal{M}), F : t \times \mathcal{M} \to \mathcal{M}$, 假设存在一个李代数 $\mathbf{g}$ 和一个李代数同态映射$\lambda_* : \mathbf{g} \to \mathcal{X}(\mathcal{M})$, 以及一个函数$f(t, y) : t \times \mathcal{M} \to \mathbf{g}$, s.t. $y' = \lambda_*(f(t, y))(y)$, 常常将它写成$y' = f(t, y)y$.

§3.3.1 李群算法的理论基础

设$\mathcal{M}$ 是一微分流形, $\lambda : \mathbf{g} \times \mathcal{M} \to \mathcal{M}$ 为一李代数作用, $f : \mathbf{R} \times \mathcal{M} \to \mathbf{g}$ 为一可微函数, 那么利用λ_* 可以定义$\mathcal{M}$ 上的一个常微分方程

$$\begin{aligned} &y' = (\lambda_* f(t, y))(y), \\ &y(0) = p, \quad y(t) \in \mathcal{M}, \ \ t \geq 0. \end{aligned} \tag{3.3.2}$$

可以证明, 如果 $\mathcal{M}$ 是一齐次空间, 那么$\mathcal{M}$ 上的常微分方程都可以写为(3.3.2)方程的形式, 即无穷小生成子的形式.

对给定方程寻找一个好的同构映照λ_* 是非常重要的, 这样的λ_* 是存在的. 最简单的情况是令 $\mathbf{g} = \mathcal{X}(\mathcal{M})$, 选择$\lambda_*$为恒等映射. 另外, 也可把$\mathcal{M}$ 嵌入$\mathbf{R}^n$空间, 这样 $\mathbf{g}$ 可选为$\mathbf{R}^n$ 中所有的平移, 这样的选择类似数值迭代中的预处理条件, 可选为恒等矩阵和矩阵本身.

选择好的作用是很重要的, 例如对方程

$$\dot{y}(t) = F(t, y), \quad t \geq 0, \quad y(0) = y_0 \in \mathbf{R}^n, \tag{3.3.3}$$

其中$F : \mathbf{R} \times \mathbf{R} \to \mathbf{R}^n$.

一个简单选择, 可选

$$\dot{z} = a, \quad a \in \mathbf{R}^n \text{是常数}.$$

因为平移是可交换的, 这时代数同态是很简单的恒等变换, 而这种选择就回到原来的经典积分公式.

如果选择线性向量场作为流

$$\dot{z} = Az,$$

这时李代数为$gl(N)$, 是所有$N \times N$矩阵和通常矩阵括号, 但这些流并不能得到所有切方向. 事实上, $y = 0$这个流不能产生任何切方向, 利用这样的作用不可能把方程(3.3.3)写成(3.3.2) 形式, 所以有必要考虑两种组合的作用平移加线性变换.

定义 3.3.1 李群算法是求解齐次空间$\mathcal{M}$ 上的常微分方程(3.3.2) 的数值方法, 这种数值方法要求数值解仍在$\mathcal{M}$.

注 3.3.1 李群算法名称的由来是由于最一般的李群算法用到李群作用. 这里定义的李群算法称为流形上的算法也许更为合适.

下面列举几个可以应用李群算法的流形上的常微分方程的例子.

例 3.3.1 设流形$\mathcal{M} = \mathbf{R}^n$, 李群$G = (\mathbf{R}^n)$ 的李代数为$\mathbf{g}= \mathbf{R}^n$, 李代数作用$\lambda(v,p) = v + p, f(t,y):\ \mathbf{R} \times \mathbf{R}^n \to \mathbf{R}^n$, 那么,

$$\begin{aligned}(\lambda_* f(t,y))(y) &= \frac{\mathrm{d}}{\mathrm{d}s}\Big|_{s=0} \lambda\big(sf(t,y),y\big) \\ &= \frac{\mathrm{d}}{\mathrm{d}s}\Big|_{s=0} \big(sf(t,y)+y\big) \\ &= f(t,y).\end{aligned}$$

因此, 在这种情形, 方程(3.3.2) 变为:

$$y' = f(t,y),$$

$$y(0) = p.$$

这正是经典的欧氏空间上的常微分方程.

这个例子也说明方程(3.3.2) 为欧氏空间$\mathbf{R}^n$ 上的常微分方程的推广.

例 3.3.2 设流形$\mathcal{M} = G$ 为一矩阵李群, 李代数 $\mathbf{g}$ 为G 的李代数, 李代数作用$\lambda(v,p) = \exp(v)\cdot p,\ f(t,y):\ \mathbf{R} \times G \to \mathbf{g}$, 那么,

$$\begin{aligned}\big(\lambda_* f(t,y)\big)(y) &= \frac{\mathrm{d}}{\mathrm{d}s}\Big|_{s=0} \lambda\big(sf(t,y),y\big) \\ &= \frac{\mathrm{d}}{\mathrm{d}s}\Big|_{s=0} \big(\exp\left(sf(t,y)\cdot y\right)\big) \\ &= f(t,y)y.\end{aligned}$$

因此, 在这种情形下, 方程(3.3.2) 变为

$$y' = f(t,y)y, \quad y(0) = p.$$

例 3.3.3 设流形$\mathcal{M} = SO(n)$ 为特殊正交李群, 李代数 **g** 为G 的李代数$so(n)$, 李代数作用$\lambda(v,p) = \exp(v) \cdot p \cdot \exp(-v)$, $f(t,y):\ \mathbf{R} \times SO(n) \to so(n)$, 那么,

$$\begin{aligned}\big(\lambda_* f(t,y)\big)(y) &= \frac{\mathrm{d}}{\mathrm{d}s}\Big|_{s=0} \lambda\big(sf(t,y),y\big) \\ &= \frac{\mathrm{d}}{\mathrm{d}s}\Big|_{s=0} \big(\exp\ \big(sf(t,y)\cdot y \cdot \exp(-sf(t,y))\big)\big) \\ &= f(t,y)y - yf(t,y).\end{aligned}$$

因此, 在这种情形, (3.3.2) 变为

$$y' = f(t,y)y - yf(t,y), \quad y(0) = p.$$

这就是等谱流方程[CIZ97],[IMKNZ00].

另一类李群作用是仿射作用. 令$G = GL(n) \times \mathbf{R}^n$是线性群和$\mathbf{R}^n$半直接积, G是所有仿射线性映照作用到$\mathbf{R}^n$上,

$$\Lambda\big((A,b),y\big) = Ay + b,$$

这时G的李代数由$g = gl(N) \times \mathbf{R}^N$和它的双线性括号

$$\big[(A,b),(\overline{A},\bar{b})\big] = \big([A,\overline{A}], A\bar{b} - \overline{A}b\big)$$

给出, 此时的指数映射为

$$\exp(A,b) = \big(\exp\ A, \mathrm{dexp}_A(b)\big).$$

其中,

$$\mathrm{dexp}_A(b) = \frac{\exp(A) - I}{A} \cdot b = \sum_{j=0}^{\infty} \frac{1}{(j+1)!} A^j b,$$

这时李代数的作用为

$$\lambda\big((A,b),y\big) = \Lambda\big(\exp(A,b),y\big) = \exp(A)_y + \mathrm{dexp}_A(b).$$

对于方程(3.3.3)有两种选择, 第一种选择:

$$f(t,y) = \big(0, F(t,y)\big),$$

即回到经典的模式;

另一种选择:

$$f(t,y)=\Big(\frac{\partial F(t,y)}{\partial y_j},g(t,y)-\frac{\partial F(t,y)}{\partial y_j}\Big),$$

最终得到差分格式

$$y_{n+1}=y_n+\operatorname{dexp}_{h,\left(\frac{\partial F}{\partial y_j}\right)_n}(hF_n).$$

人们已发展了各种各样的李群算法, 这里只讨论最一般的Runge-Kutta-Munthe-Kaas(RKMK)算法. 原则上, 这种算法可以求解任何具有形式(3.3.2) 的流形上的常微分方程, 包括线性的和非线性的.

Munthe-Kaas 在文章[MK95],[MK98],[MK99] 中系统发展了后来被称为Runge-Kutta-Munthe-Kaas 方法的李群算法, 它是经典Runge-Kutta 方法的自然推广, 因此它在李群算法中的作用相当于Runge-Kutta 方法在经典常微分方程数值方法中的作用.

Runge-Kutta-Munthe-Kaas方法的基本思想是把齐次空间$\mathcal{M}$ 上的方程(3.3.2) 变为李代数**g**上的方程, 然后对李代数**g**上的方程应用Runge-Kutta方法, 最后通过李群作用把李代数**g**上的方程的数值解变为齐次空间$\mathcal{M}$上的数值解.

首先介绍在把齐次空间$\mathcal{M}$ 上的方程(3.3.2) 变为李代数 **g** 上的方程时用到的与向量场相关的概念.

定义 3.3.2 设$\mathcal{N}$ 和$\mathcal{M}$ 是两个流形, $\phi:\ \mathcal{N}\to\mathcal{M}$ 为一映射, H 为$\mathcal{N}$ 上的向量场, F 为$\mathcal{M}$ 上的向量场, 如果

$$T\phi\circ H=F\circ\phi,$$

那么, 称H,F 为ϕ 相关的, 记作$H\sim_\phi F$.

定理 3.3.1 考虑流形$\mathcal{N}$ 上的微分方程

$$u'=H(u),\quad u(0)=u_0,\quad u\in\mathcal{N} \tag{3.3.4}$$

和流形$\mathcal{M}$ 上的微分方程

$$y'=F(y),\quad y(0)=\phi(u_0),\quad y\in\mathcal{M}, \tag{3.3.5}$$

如果$H\sim_\phi F$, 那么若$u(t)$ 为方程(3.3.4) 的解, 则$y=\phi(u(t))$ 为方程(3.3.5) 的解.

证明:

$$\begin{aligned} y' &= \big(\phi(u(t))\big)' = \phi'(u(t)) \circ u'(t) \\ &= \phi'(u(t)) \circ H(u(t)) \\ &= F \circ \phi(u(t)) = F(y). \end{aligned}$$

▲

定理 3.3.2 考虑流形$\mathcal{M}$ 上的常微分方程(3.3.2), 利用李代数作用λ, 我们可以构造映射:

$$\lambda_p: \mathbf{g} \longrightarrow \mathcal{M},$$

$$\lambda_p(v) = \lambda(v, p), \quad \forall\, v \in \mathbf{g}.$$

假设 $F(y) = (\lambda_* f(t, y))(y)$, 则$F(y)$为$\mathcal{M}$上的向量场. 如果我们取$\mathcal{N}$上的向量场$H(u)$ =$\mathrm{dexp}_u^{-1}(f \circ \lambda_p(u))$, 那么$H \sim_{\lambda_p} F$.

证明:现要证明$H \sim_{\lambda_p} F$, 根据定义就是证明$\lambda_p' \circ H = F \circ \lambda_p$. 因为$\lambda$为李代数作用, 根据定理3.2.1, 存在李群作用$\Lambda: G \times \mathcal{M} \to \mathcal{M}$, 使得

$$\begin{aligned} \lambda(u, p) &= \Lambda\big(\exp(u), p\big) \\ &= \Lambda_p \circ \exp(u), \end{aligned}$$

这里, $\Lambda_p: G \to \mathcal{M}$, $\Lambda_p(g) = \Lambda(g, p)$, $\forall\, g \in G$. 则有

$$\begin{aligned} \lambda_p' \circ H(u) &= \big(\Lambda_p \circ \exp(u)\big)' \circ H(u) \\ &= \Lambda_p' \circ \exp(u)' \circ H(u) \\ &= \Lambda_p' \circ R'_{\exp(u)} \circ \mathrm{dexp}_u \circ \mathrm{dexp}_u^{-1}(f \circ \lambda_p(u)) \\ &= \Lambda_p' \circ R'_{\exp(u)}(f \circ \lambda_p(u)). \end{aligned}$$

对任何$u, v \in \mathbf{g}$, 可以得到:

$$\begin{aligned} \lambda_*(v)(\lambda_p(u)) &= \frac{\mathrm{d}}{\mathrm{d}t}\Big|_{t=0} \Lambda\big(\exp(tv), \Lambda(\exp(u), p)\big) \\ &= \frac{\mathrm{d}}{\mathrm{d}t}\Big|_{t=0} \Lambda\big(\exp(tv)\exp(u), p\big) \\ &= \frac{\mathrm{d}}{\mathrm{d}t}\Big|_{t=0} \Lambda_p \circ R_{\exp(u)}\big(\exp(tv)\big) \\ &= \Lambda_p' \circ R'_{\exp(u)}(v). \end{aligned}$$

因此,

$$\begin{aligned} F\circ\lambda_p(u) &= \lambda_*\big(f\circ\lambda_p(u)\big)\big(\lambda_p(u)\big) \\ &= \Lambda_p'\circ R'_{\exp(u)}\big(f\circ\lambda_p(u)\big) \\ &= \lambda_p'\circ H(u). \end{aligned}$$

▲

在这里, 以线性矩阵李群方程为例, 来证明关于dexp_u^{-1} 的公式.

设G为一矩阵李群, **g**为G的李代数, 考虑G上的常微分方程

$$y' = f(t)y, \quad y(0) = p. \tag{3.3.6}$$

这里, $y\in G,\ f(t)\in\mathbf{g}$.

由定理3.3.2 可知方程(3.3.6) 的解为

$$y = \exp(u)p,$$

其中u 满足李代数 **g** 上的方程

$$u' = \mathrm{dexp}_u^{-1}\big(f(t)\big). \tag{3.3.7}$$

这里,

$$\mathrm{dexp}_u^{-1}(v) = \sum_{k=0}^{\infty}\frac{B_k}{k\,!}\mathrm{ad}_u^k(v).$$

下面不用定理3.3.2 直接来证明这一结果.

定理 3.3.3 设方程(3.3.6) 的解为$y=\exp(u)p$, 那么u 满足

$$\sum_{k=0}^{\infty}\frac{1}{(k+1)\,!}\mathrm{ad}_u^k(u') = f(t). \tag{3.3.8}$$

证明:将$y=\exp(u)p$ 代入方程(3.3.6), 得:

$$\frac{\mathrm{d}}{\mathrm{d}t}(\exp(u)p) = f(t)\exp(u)p,$$

$$\Big(\frac{\mathrm{d}}{\mathrm{d}t}\exp(u)\Big)\exp(-u) = f(t).$$

下面直接计算

$$\begin{aligned}\Big(\frac{\mathrm{d}}{\mathrm{d}t}\exp(u)\Big)\exp(-u) &= \Big(\frac{\mathrm{d}}{\mathrm{d}t}\sum_{k=0}^{\infty}\frac{u^k}{k\,!}\Big)\sum_{l=0}^{\infty}\frac{(-1)^l}{l\,!}u^l\\ &= \sum_{k=1}^{\infty}\frac{1}{k\,!}\Big(\sum_{j=1}^{k}u^{j-1}u'u^{k-j}\Big)\sum_{l=0}^{\infty}\frac{(-1)^l}{l\,!}u^l\\ &= \sum_{l=0}^{\infty}\frac{(-1)^l}{l\,!}\sum_{k=1}^{\infty}\frac{1}{k\,!}\sum_{j=1}^{k}u^{j-1}u'u^{k-j+l}\\ &= \sum_{l=1}^{\infty}\frac{(-1)^l}{l\,!}\sum_{j=1}^{l}\Big(\sum_{k=j}^{l}(-1)^{l-k}C_l^k\Big)u^{j-1}u'u^{l-j}.\end{aligned}$$

用数学归纳法可以证明

$$\sum_{k=j}^{l}(-1)^{l-k}C_l^k = (-1)^j C_{l-1}^{j-1},\quad 1\le j\le l.$$

因此,

$$\begin{aligned}\Big(\frac{\mathrm{d}}{\mathrm{d}t}\exp(u)\Big)\exp(-u) &= \sum_{l=1}^{\infty}\frac{(-1)^l}{l\,!}\sum_{j=1}^{l}\Big(\sum_{k=j}^{l}(-1)^{l-k}C_l^k\Big)u^{j-1}u'u^{l-j}\\ &= \sum_{l=1}^{\infty}\frac{(-1)^l}{l\,!}\sum_{j=1}^{l}(-1)^j C_{l-1}^{j-1}u^{j-1}u'u^{l-j}\\ &= \sum_{l=0}^{\infty}\frac{(-1)^{l+1}}{l\,!}\sum_{j=1}^{l+1}(-1)^j C_l^{j-1}u^{j-1}u'u^{l+1-j}\\ &= \sum_{l=0}^{\infty}\frac{(-1)^{l+1}}{l\,!}\sum_{j=0}^{l}(-1)^{j+1}C_l^j u^j u'u^{l-j}.\end{aligned}$$

用数学归纳法可以证明

$$\mathrm{ad}_u^l(u') = (-1)^l\sum_{j=0}^{l}(-1)^j C_l^j u^j u'u^{l-j}.$$

所以

$$\Big(\frac{\mathrm{d}}{\mathrm{d}t}\exp(u)\Big)\exp(-u) = \sum_{l=0}^{\infty}\frac{1}{(l+1)\,!}\mathrm{ad}_u^l(u') = f(t). \tag{3.3.9}$$

▲

方程(3.3.8) 是关于u 的非正规方程, 利用下面的定理可以把它正规化[Hau06].

定理 3.3.4 设$p(z)$ 为0点邻域内的解析函数,

$$p(z)=\sum_{l=0}^{\infty}p_l z^l,\quad p_0\neq 0,$$

那么方程

$$u'=\sum_{m=0}^{\infty}q_m\mathrm{ad}_u^m(f),\quad q(z)=\frac{1}{p(z)}=\sum_{m=0}^{\infty}q_m z^m$$

的解为方程

$$\sum_{m=0}^{\infty}p_l\mathrm{ad}_u^l(u')=f(t)$$

的解.

证明:通过直接计算, 有

$$\begin{aligned}\sum_{l=0}^{\infty}p_l\mathrm{ad}_u^l(u') &= \sum_{l=0}^{\infty}p_l\mathrm{ad}_u^l\Big(\sum_{m=0}^{\infty}q_m\mathrm{ad}_u^m(f)\Big)\\ &= \sum_{m=0}^{\infty}\sum_{l=0}^{\infty}p_lq_m\mathrm{ad}_u^l\big(\mathrm{ad}_u^m(f)\big)\\ &= \sum_{m=0}^{\infty}\sum_{l=m}^{\infty}p_{l-m}q_m\mathrm{ad}_u^{l-m}\big(\mathrm{ad}_u^m(f)\big)\\ &= \sum_{m=0}^{\infty}\sum_{l=m}^{\infty}p_{l-m}q_m\mathrm{ad}_u^l(f)\\ &= \sum_{l=0}^{\infty}\Big(\sum_{m=0}^{l}p_{l-m}q_m\Big)\mathrm{ad}_u^l(f).\end{aligned}$$

根据

$$\sum_{m=0}^{l}p_{l-m}q_m=\begin{cases}1, & l=0,\\ 0, & l\neq 0,\end{cases}$$

则有

$$\sum_{l=0}^{\infty}p_l\,\mathrm{ad}_u^l(u')=f.$$

对于方程(3.3.8) 有$p(z)=\dfrac{\mathrm{e}^x-1}{z}$, 所以

$$q(z)=\frac{z}{\mathrm{e}^x-1}=\sum_{m=0}^{\infty}\frac{B_m}{m!}z^m.$$

这里B_m 为Bernoulli 数.

因此, 得到

$$u' = \sum_{m=0}^{\infty} \frac{B_m}{m!} \, \mathrm{ad}_u^m(f) = f.$$

▲

根据定理3.3.2 可知, 流形$\mathcal{M}$ 上的方程(3.3.2) 的解为

$$y(t) = \lambda\big(u(t), p\big) = \Lambda\big(\exp(u(t)), p\big), \tag{3.3.10}$$

其中$u(t)$ 满足李代数上的方程

$$u'(t) = \mathrm{dexp}_u^{-1}\big(f(t, \lambda(u, p))\big), \quad u(0) = 0. \tag{3.3.11}$$

方程(3.3.2) 的q 阶Runge-Kutta-Munthe-Kaas 方法包含3个基本步骤. 首先, 得到dexp_u^{-1} 的q 阶近似

$$\mathrm{dexpinv}(u, v) = v - \frac{1}{2}[u, v] + \sum_{k=2}^{q-1} \frac{B_k}{k!} \mathrm{ad}_u^k(v). \tag{3.3.12}$$

第二步, 对近似方程

$$u' = \mathrm{dexpinv}\big(u, f(t, \lambda(u, y_0))\big), \quad u(0) = 0 \tag{3.3.13}$$

应用q 阶s 级Runge-Kutta方法

$$\begin{array}{c|ccc} & a_{11} & \cdots & a_{1s} \\ & \vdots & \vdots & \vdots \\ & a_{s1} & \cdots & a_{ss} \\ \hline & b_1 & \cdots & b_s \end{array}$$

可以得到

$$\begin{aligned} u_i &= k \sum_{j=1}^{s} a_{ij} \mathrm{dexpinv}\big(u_j, f(c_j k, \lambda(u_j, y_0))\big), \\ u_1 &= k \sum_{i=1}^{s} b_i \mathrm{dexpinv}\big(u_i, f(c_i k, \lambda(u_i, y_0))\big). \end{aligned} \tag{3.3.14}$$

这里k 为时间步长, $u_1 \approx u(k)$.

在这一步, 要求$u_1 \in \mathbf{g}$. 如果应用显式Runge-Kutta方法, 这个要求自然满足, 因为在这种情形, 所有的运算都是李代数中的运算, 即加法、数乘和李括号运算. 如

果应用隐式Runge-Kutta方法, 必须选择一种适当的迭代方法(如固定点迭代) 来满足这个要求.

最后, 通过近似(有时精确)地计算李代数作用, 得到方程(3.3.2)的数值解:

$$
\begin{aligned}
&y_1 = \lambda(\sigma_1, y_0) = r(\sigma_1)y_0, \\
&r(\sigma_1) = \exp(\sigma_1) + \mathcal{O}(\sigma_1^{q+1}).
\end{aligned}
\tag{3.3.15}
$$

这里$r(z)$ 为$\exp(z)$ 的q 阶近似. 在这一步, 要求$r(u_1) \in G$ (对应于李代数 $\mathbf{g}$ 的李群). 最后, 得到方程(3.3.2)的q 阶的数值解$y_1 \in \mathcal{M}$.

例 3.3.4 设流形$\mathcal{M}$ 为2 维球面, 李代数为$so(3)$. 李代数作用为

$$\lambda(v, p) = \exp(v)p, \quad f(t, y) = v(t),$$

此时, 有

$$\lambda_*\big(f(t, y)\big) = \frac{\mathrm{d}}{\mathrm{d}s}\Big|_{s=0} \exp\,\big(sv(t)\big)y = v(t)y.$$

相应地, 方程(3.3.2) 为

$$y' = v(t)y, \quad y(0) = (0, 0, 1)^{\mathrm{T}}. \tag{3.3.16}$$

(3.3.16) 为线性方程或李类型的方程.

下面应用2 阶RKMK 方法来求解线性方程(3.3.16). 首先, 得到具有2 阶近似李代数上的方程

$$u' = v - \frac{1}{2}[u, v]. \tag{3.3.17}$$

然后, 对方程(3.3.17) 应用2 阶显式Runge-Kutta方法

$$
\begin{array}{c|cc}
 & 0 & 0 \\
 & 1/2 & 0 \\
\hline
 & 0 & 1
\end{array}
$$

得到:

$$
\begin{aligned}
U_1 &= 0, \\
U_2 &= \frac{k}{2}\Big(v(0) - \frac{1}{2}\big[U_1, v(0)\big]\Big), \\
u_1 &= k\Big(v\Big(\frac{k}{2}\Big) - \frac{1}{2}\Big[U_2, v\Big(\frac{k}{2}\Big)\Big]\Big) \\
&= k\Big(v\Big(\frac{k}{2}\Big) - \frac{k}{4}\Big[v(0), v\Big(\frac{k}{2}\Big)\Big]\Big).
\end{aligned}
$$

最后,应用Cayley 变换来近似计算李代数作用,从而得到满足要求的数值解

$$y_1 = \frac{1 + \frac{u_1}{2}}{1 - \frac{u_1}{2}} y_0.$$

可用一个具体例子来说明李群算法的基本思想.

例 3.3.5 考虑一个常微分方程组

$$y' = \widetilde{f}(t, y), \quad t \geq 0, \quad y = y_0 \in \mathbf{R}^n. \tag{3.3.18}$$

初值$\|y_0\|_2 = 1$, $x^{\mathrm{T}}\widetilde{f}(t, x) = 0$, $\forall t \geq 0$, $x \in \mathbf{R}^n$, 即可知解$y(t)$ 将在单位球面上, $S^{n-1} \subset \mathbf{R}^n$.

已知球面上每一点都能表示成Qy_0, 而$Q \in O(n)$, 可以把找方程(3.3.18) 的解$y(t)$ 变为找旋转矩阵$Q(t)$, 使$y = Q(t)y_0$.

可以把方程(3.3.18) 写成无穷小生成子形式:

$$\begin{aligned} y' &= \lambda_*\big(f(t, y)\big)(y), \\ y(0) &= p, \quad y(t) \in \mathcal{M}, \quad t \geq 0. \end{aligned} \tag{3.3.19}$$

若$\mathcal{M} = G$ 为一矩阵李群, 则上面的方程按例3.3.2 的方法计算得

$$y' = f(t, y)y. \tag{3.3.20}$$

按照李群作用定义, 方程可以写成李群方程:

$$\begin{aligned} y(t) &= \Lambda\big(Q(t), y_0\big), \\ Q' &= f\big(t, \Lambda(Q, y_0)\big)Q, \end{aligned} \quad t \geq 0, \quad Q(0) = I. \tag{3.3.21}$$

这样, 只要寻找近似矩阵作用$Q(t)$ 就可以得到方程(3.3.19) 的解.

解李群方程

$$Q' = A(t, Q)Q, \quad t \geq 0, \quad Q(0) = Q_0 \in G, \tag{3.3.22}$$

其中$A : \mathbf{R}_+ \times G \to \mathbf{g}$, 方程(3.3.21) 是它的特殊情况.

得到解:

$$Q(t) = \mathrm{e}^{\Omega(t)} Q_0.$$

为了进一步找到解$Q(t)$, 可以解李代数方程求出Ω:

$$\Omega' = \sum_{m=0}^{\infty} \frac{B_m}{m\,!} \mathrm{ad}_{\Omega}^{m} A(t, \mathrm{e}^{\Omega} Q_0), \quad t \geq 0, \quad \Omega(0) = 0, \tag{3.3.23}$$

其中B_m 是Bernoulli 数, 有:

$$\mathrm{ad}_{\Omega}^{0} = B, \quad \mathrm{ad}_{\Omega}^{m} B = [\Omega, \mathrm{ad}_{\Omega}^{m-1} B], \quad m \geq 1.$$

这也就是前面的dexpinv 方程(3.2.10). 方程右边项所有运算都在**g**中.

下面给出李群算法框图3.3.1, 其中框图右边有

$$Q_{n+1} = \mathrm{e}^{\Omega_{n+1}}, \quad y_{n+1} = \Lambda(Q_{n+1}, y_n).$$

而框图左边的y_n, Q_n 很容易从初值得到.

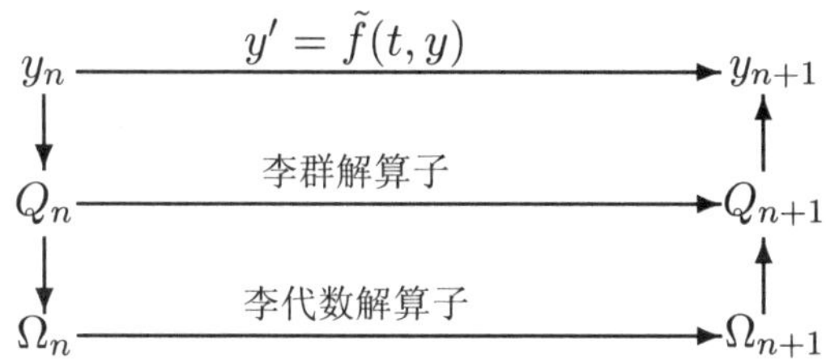

图 3.3.1 李群算法框图

§3.3.2 Runge-Kutta-Munthe-Kaas (RKMK)方法描述

对于方程(3.3.18), s阶显式 Runge-Kutta 方法描述:

$$\left.\begin{aligned} \phi_l &= y_n + \sum_{j=1}^{l-1} a_{ij} K_j, \\ K_l &= hA(t_n + c_l h, \phi_l), \end{aligned}\right\} \quad l = 1, 2, \cdots, s,$$

$$y_{n+1} = y_n + \sum_{l=1}^{s} b_l K_l, \quad h = t_{n+1} - t_n.$$

Munthe-Kass[MK98] 利用dexpinv 方程截断到 q 项, 得:

$$\left.\begin{aligned} \phi_l &= \sum_{j=1}^{l-1} a_{lj} K_j, \quad A_l = hA(t_n + c_l h, \mathrm{e}^{\phi_l} y_n), \\ K_l &= \sum_{m=0}^{q} \frac{B_m}{m\,!} \mathrm{ad}_{\phi}^{m} A_l, \end{aligned}\right\} \quad l = 1, 2, \cdots, s,$$

$$y_{n+1} = \exp\Big(\sum_{l=1}^{s} b_l K_l\Big) y_n.$$

定理 3.3.5 若Runge-Kutta 方法有p 阶, dexpinv 展开式中取到 q 项, 且$q \geq p-1$, 则相应的RKMK 方法有p 阶精度.

例 3.3.6 考察一个4 阶R-K 方法, 它的Butter 数表为

$$
\begin{array}{c|cccc}
0 & & & & \\
\frac{1}{2} & \frac{1}{2} & & & \\
\frac{1}{2} & 0 & \frac{1}{2} & & \\
1 & 0 & 0 & 1 & \\
\hline
 & \frac{1}{6} & \frac{1}{3} & \frac{1}{3} & \frac{1}{6}
\end{array}, \tag{3.3.24}
$$

则相应的4 阶精度RKMK 方法如下(其中dexpinv 展开式只要取3 项):

$$
\begin{aligned}
&\phi_1 = 0, \quad A_1 = hA(t_n, y_n), \quad K_1 = A_1, \\
&\phi_2 = \frac{1}{2}K_1, \quad A_2 = hA\Big(t_n + \frac{1}{2}h, \mathrm{e}^{\phi_2} y_n\Big), \\
&K_2 = A_2 - \frac{1}{2}[\phi_2, A_2] + \frac{1}{12}\big[\phi_2, [\phi_2, A_2]\big], \\
&\phi_3 = \frac{1}{2}K_2, \quad A_3 = hA\Big(t_n + \frac{1}{2}h, \mathrm{e}^{\phi_3} y_n\Big), \\
&K_3 = A_3 - \frac{1}{2}[\phi_3, A_3] + \frac{1}{12}\big[\phi_3, [\phi_3, A_3]\big], \\
&\phi_4 = K_3, \quad A_4 = hA\big(t_n + h, \mathrm{e}^{\phi_4} y_n\big), \\
&K_4 = A_4 - \frac{1}{2}[\phi_4, A_4] + \frac{1}{12}\big[\phi_4, [\phi_4, A_4]\big], \\
&y_{n+1} = \exp\Big(\frac{1}{6}K_1 + \frac{1}{3}K_2 + \frac{1}{3}K_3 + \frac{1}{6}K_4\Big) y_n.
\end{aligned} \tag{3.3.25}
$$

为了减少RKMK 方法中的指数函数计算, 可以在格式(3.3.14) 中利用Cayley 变换[Eng00]. 现仅考虑2 次李代数[DLP98], 这时可采用Cayley 变换, 于是方程(3.3.2) 的解能写成

$$
y(t) = \mathrm{cay}\,(\sigma(t)) y_0 = \frac{1 + \dfrac{\sigma(t)}{2}}{1 - \dfrac{\sigma(t)}{2}} y_0. \tag{3.3.26}
$$

记号cay 是Cayley 变换的缩写, 且σ 满足:

$$
\sigma' = \mathrm{dcay}_\sigma^{-1}\big(f(t, \lambda(\sigma, y_0))\big), \quad \sigma(0) = 0, \quad \sigma(t) \in \mathbf{g}, \quad t \geq 0.
$$

这里 dcay^{-1} 是 $\mathbf{g}\to\mathbf{g}$ 的一个映射, 很容易计算得到

$$\mathrm{dcay}_{\sigma}^{-1}(v)=v-\frac{1}{2}[\sigma,v]-\frac{1}{4}\sigma\cdot v\cdot\sigma. \tag{3.3.27}$$

其中 " · " 表示矩阵乘法.

这样, q 阶RKMK 方法利用Cayley 变换只需两步.

首先, 对方程

$$\sigma'=\mathrm{dcay}^{-1}\big(\sigma,f(t,\lambda(\sigma,y_0))\big),\quad \sigma(0)=0 \tag{3.3.28}$$

应用s 级q 阶Runge-Kutta 方法, 可得:

$$\begin{aligned}\xi_i&=\Delta t\sum_{j=1}^{s}a_{ij}\,\mathrm{dcay}^{-1}\left(\xi_j,f(c_j\Delta t,\lambda(\xi_j,y_0))\right),\\ \sigma_1&=\Delta t\sum_{i=1}^{s}b_i\,\mathrm{dcay}^{-1}\left(\xi_i,f(c_i\Delta t,\lambda(\xi_i,y_0))\right).\end{aligned} \tag{3.3.29}$$

第二步, 利用李代数作用, 可以精确计算得到方程数值解

$$y_1=\mathrm{cay}\,(\sigma_1)\,y_0=\frac{1+\dfrac{\sigma_1}{2}}{1-\dfrac{\sigma_1}{2}}\,y_0. \tag{3.3.30}$$

§3.4 KdV方程平方守恒型格式的构造

Korteweg-de Vries (KdV) 方程可以用来描述各种各样的现象, 如浅水波、离子声波等. 人们发展了各种数值方法来求解KdV 方程, 如差分方法[ZK65],[Qin82],[Guo85]、谱方法[McL94]、拟谱方法[AI80] 等. 当用有限差分方法数值求解KdV 方程时, 可能发生非线性不稳定. 因此, 人们自然要寻找非线性稳定的格式. 已知平方守恒型差分格式是非线性稳定的, 在这一节, 利用李群方法来构造KdV 方程任意阶平方守恒型差分格式. 其基本思想是: 首先对空间进行适当离散, 使所得到的半离散方程为球面上的常微分方程, 然后对半离散的方程利用李群方法, 可以保证所得到的数值解仍在同一球面上. 也就是说, 发展的数值格式为平方守恒型格式.

假设KdV 方程

$$u_t=-uu_x-\delta^2u_{xxx} \tag{3.4.1}$$

具有周期边界条件$u(x+L,t)=u(x,t)$, L 为周期, δ 为一小参数. 按照文献[Qin82]中的方法, (3.4.1) 式可改写为算子方程的形式

$$u_t=A_{\theta,u}u. \tag{3.4.2}$$

这里$A_{\theta,u}$是一个微分算子, 依赖于u和实参数θ.

$$A_{\theta,u}=-(1-\theta)u\frac{\partial}{\partial x}-\frac{\theta}{2}\frac{\partial u\cdot}{\partial x}-\delta^2\frac{\partial^3}{\partial x^3}. \tag{3.4.3}$$

算子(3.4.3) 中的$\frac{\partial u\cdot}{\partial x}$定义如下:

$$\frac{\partial u\cdot}{\partial x}f=\frac{\partial}{\partial x}(uf),$$

这里f为可微函数.

下面分别利用有限差分方法和Fourier 拟谱方法进行空间离散, 目的是得到一个半离散的在球面上发展的常微分方程系统.

为简单起见, 取$L=2$, 空间区间为[0,2]. 考虑均匀网格点$x_i\ (i=0,1,\cdots,N-1)$, $h=\frac{L}{N}=\frac{2}{N}$.

令

$$U=(u_0,u_1,\cdots,u_{N-1})^{\mathrm{T}},$$

这里$u_i\approx u(ih,t)\ (i=0,1,\cdots,N-1)$.

首先考虑空间差分离散. 为了得到在球面上发展的半离散的系统, 必须从离散算子(3.4.3) 出发.

§3.4.1 有限差分空间离散

用下面的差分算子来近似微分算子$A_{\theta,u}$.

$$\mathcal{A}_{\theta,U}=-(1-\theta)U\times.\,\Delta_0-\frac{\theta}{2}\Delta_0\,U\ \times.-\delta^2\,\Delta_+\,\Delta_0\,\Delta_-, \tag{3.4.4}$$

这里, 符号$\times.$表示向量之间的排列乘法. 例如, 假定$V=(v_0,v_1,\cdots,v_{N-1})$, 则有

$$U\times.\,V=(u_0v_0,u_1v_1,\cdots,u_{N-1}v_{N-1}).$$

Δ_+,Δ_0和Δ_-分别为向前、中心和向后差分算子:

$$\begin{aligned}
\Delta_+U&=\frac{1}{h}(u_1-u_0,u_2-u_1,\cdots,u_{N-1}-u_{N-2},u_0-u_{N-1})^{\mathrm{T}},\\
\Delta_0U&=\frac{1}{2h}(u_1-u_{N-1},u_2-u_0,\cdots,u_{N-1}-u_{N-3},u_0-u_{N-2})^{\mathrm{T}},\\
\Delta_-U&=\frac{1}{h}(u_0-u_{N-1},u_1-u_0,\cdots,u_{N-2}-u_{N-3},u_{N-1}-u_{N-2})^{\mathrm{T}}.
\end{aligned}$$

这里, 用到周期边界条件$u_0=u_N,u_{-1}=u_{N-1}$.

这样, 就得到(3.4.2) 式的一个半离散的系统

$$\frac{\mathrm{d}U}{\mathrm{d}t}=\mathcal{A}_{\theta,U}U. \tag{3.4.5}$$

参数θ 可以用来构造一族差分算子. 取$\theta=\dfrac{2}{3}$, (3.4.5) 式等价于

$$\begin{aligned}\frac{\mathrm{d}u_m}{\mathrm{d}t} &= -\frac{u_{m+1}+u_m+u_{m-1}}{3}\frac{u_{m+1}-u_{m-1}}{2h}\\ &\quad-\delta^2\frac{u_{m+2}-2u_{m+1}+2u_{m-1}-u_{m-2}}{2h^3},\end{aligned} \tag{3.4.6}$$

这里$m=0,1,2,\cdots,N-1$.

注意到(3.4.6) 式中的空间离散和Zabusky-Kruskal[ZK65]空间离散是一样的. 进一步, 可以把(3.4.5) 式改写为

$$\frac{\mathrm{d}U}{\mathrm{d}t}=f_1(U)U. \tag{3.4.7}$$

这里$f_1(U)$ 为反对称矩阵,

$$f_1(U)=-\frac{1}{6h}g_1(U)-\frac{\delta^2}{2h^3}h_1(U),$$

其中$g_1(U)$ 和$h_1(U)$ 均为反对称矩阵.

$$g_1(U)=\begin{bmatrix}0 & u_0+u_1 & 0 & 0 & \cdots & 0 & -(u_0+u_{N-1})\\ -(u_1+u_0) & 0 & u_1+u_2 & 0 & \cdots & 0 & 0\\ 0 & -(u_2+u_1) & 0 & u_2+u_3 & \cdots & 0 & 0\\ \cdots & \cdots & \cdots & \cdots & \cdots & \cdots & \cdots\\ u_{N-1}+u_0 & 0 & 0 & 0 & \cdots & -(u_{N-1}+u_{N-2}) & 0\end{bmatrix},$$

$$h_1(U)=\begin{bmatrix}0 & -2 & 1 & 0 & 0 & \cdots & 0 & 0 & -1 & 2\\ 2 & 0 & -2 & 1 & 0 & \cdots & 0 & 0 & 0 & -1\\ -1 & 2 & 0 & -2 & 1 & \cdots & 0 & 0 & 0 & 0\\ \cdots & \cdots & \cdots & \cdots & \cdots & \cdots & \cdots & \cdots & \cdots & \cdots\\ 1 & 0 & 0 & 0 & 0 & \cdots & -1 & 2 & 0 & -2\\ -2 & 1 & 0 & 0 & 0 & \cdots & 0 & -1 & 2 & 0\end{bmatrix}.$$

如果离散时能够保持算子$\dfrac{\partial}{\partial x}$ 和$\dfrac{\partial^3}{\partial x^3}$ 的斜共轭性质, 可以用类似的办法得到高阶的空间离散.例如, 用4 阶空间离散可以得到一个半离散的系统:

$$\frac{\mathrm{d}U}{\mathrm{d}t}=\overline{f}_1(U)U. \tag{3.4.8}$$

这里$\overline{f}$ 为反对称矩阵,

$$\overline{f}(U)=-\frac{1}{48h}\overline{g}_1(U)-\frac{\delta^2}{8h^3}\overline{h}_1(U),$$

其中$\overline{g}_1(U)$ 和$\overline{h}_1(U)$ 为反对称矩阵, 且

$$\overline{g}_1(U)=\big((u_i+u_j)b_{ij}\big),\quad i,j=0,1,\cdots,N-1,$$

其中b_{ij} 为反对称矩阵B 的元素.

$$B=\begin{bmatrix} 0 & 8 & -1 & 0 & 0 & \cdots & 0 & 0 & 1 & -8\\ -8 & 0 & 8 & -1 & 0 & \cdots & 0 & 0 & 0 & -1\\ 1 & -8 & 0 & 8 & -1 & \cdots & 0 & 0 & 0 & 0\\ \cdots & \cdots & \cdots & \cdots & \cdots & \cdots & \cdots & \cdots & \cdots & \cdots\\ -1 & 0 & 0 & 0 & 0 & \cdots & 1 & -8 & 0 & 8\\ 8 & -1 & 0 & 0 & 0 & \cdots & 0 & 1 & -8 & 0 \end{bmatrix}.$$

关于$\overline{h}_1(U)$, 有

$$\overline{h}_1(U)=\begin{bmatrix} 0 & -13 & 8 & -1 & 0 & \cdots & 0 & 1 & -8 & 13\\ 13 & 0 & -13 & 8 & -1 & \cdots & 0 & 0 & -8 & 13\\ -8 & 13 & 0 & -13 & 8 & \cdots & 0 & 0 & 0 & 1\\ \cdots & \cdots & \cdots & \cdots & \cdots & \cdots & \cdots & \cdots & \cdots & \cdots\\ 8 & -1 & 0 & 0 & 0 & \cdots & -8 & 13 & 0 & -13\\ -13 & 8 & -1 & 0 & 0 & \cdots & 1 & -8 & 13 & 0 \end{bmatrix}.$$

用$\overline{f}_1(U)$ 表示q 阶空间离散, 使得$\overline{f}_1(U)$ 为反对称矩阵.

§3.4.2 Fourier 拟谱空间离散

现在, 考虑Fourier 拟谱空间离散, 用下面的算子来近似算子$A_{\theta,u}$.

$$A_{\theta,U}=-(1-\theta)U\times.\,D_1-\frac{\theta}{2}D_1U\times.-\delta^2D_3, \tag{3.4.9}$$

D_1 和D_3 分别为1 阶和3 阶反对称谱微分矩阵, 见本书§5.7.1.

$$(D_1)_{j,n}=\begin{cases}\dfrac{1}{2}\mu(-1)^{j+n}\cot\left(\mu\dfrac{x_j-x_n}{2}\right), & j\neq n,\\ 0, & j=n,\end{cases}$$

$$(D_3)_{j,n}=\begin{cases}\mu^3(-1)^{j+n}\dfrac{\cos\left(\mu\dfrac{x_j-x_n}{2}\right)}{\sin^3\left(\mu\dfrac{x_j-x_n}{2}\right)}\\ +\dfrac{\mu^3N^2}{8}(-1)^{j+n+1}\cot\left(\mu\dfrac{x_j-x_n}{2}\right), & j\neq n,\\ 0, & j=n,\end{cases}$$

这里$\mu=\dfrac{2\pi}{L}=\pi,\ j=0,1,\cdots,N-1,\ n=0,1,\cdots,N-1.$

这样, 得到方程(3.4.2) 的另一个半离散系统

$$\frac{\mathrm{d}U}{\mathrm{d}t}=A_{\theta,U}U. \tag{3.4.10}$$

取$\theta=\dfrac{2}{3}$, 可以改写系统(3.4.10) 为

$$\frac{\mathrm{d}U}{\mathrm{d}t}=f_2(U)U. \tag{3.4.11}$$

这里$f_2(U)$ 为反对称矩阵

$$f_2(U)=-\frac{1}{3}g_2(U)-\delta^2D_3,$$

其中D_3 为3 阶反对称谱微分矩阵,

$$g_2(U)=\begin{bmatrix}0 & (u_0+u_1)a_{0,1} & (u_0+u_2)a_{0,2} & \cdots & (u_0+u_{N-1})a_{0,N-1}\\ (u_1+u_0)a_{1,0} & 0 & (u_1+u_2)a_{1,2} & \cdots & (u_1+u_{N-1})a_{1,N-1}\\ \cdots & \cdots & \cdots & \cdots & \cdots\\ (u_{N-1}+u_0)a_{N-1,0} & (u_{N-1}+u_1)a_{N-1,1} & (u_{N-1}+u_2)a_{N-1,2} & \cdots & 0\end{bmatrix},$$

上式中$a_{i,j}\ (i=0,1,\cdots,N-1,\ j=0,1,\cdots,N-1)$ 为1 阶反对称谱微分矩阵D_1 的元素.

现在, 利用有限差分和Fourier 拟谱方法, 得到KdV 方程具有如下形式的半离散系统

$$\frac{\mathrm{d}U}{\mathrm{d}t}=f(U)U,\quad U(0)=U^0. \tag{3.4.12}$$

这里$f(U)$ 为反对称矩阵, $f(U) \in so(N), so(N)$ 为正交李群$O(N)$ 的李代数.

$$U^0 = (u_0^0, u_1^0, \cdots, u_{N-1}^0)^{\mathrm{T}}, \quad u_i^0 = u(ih, t), \quad i = 0, 1, \cdots, N-1.$$

从上面的分析, 可以理解为什么把KdV 方程(3.4.1) 写为(3.4.2)和(3.4.3) 的形式. 为了得到(3.4.12)形式的半离散系统, 必须从离散算子(3.4.3)出发, 而且必须取$\theta = \dfrac{2}{3}$, θ 的其他值并不能得到具有(3.4.12) 形式的半离散系统.

(3.4.12) 式是在半径为$\|U^0\|$ 的球面上发展的常微分方程, 这里$\|\cdot\|$ 表示向量范数.

$$\|U^0\| = \sqrt{\sum_{m=0}^{N-1} (u_i^0)^2}.$$

已知李群算法是求解齐次空间上的常微分方程的数值方法, 用李群方法求得的数值解和解析解在同一流形上. 如果应用李群算法求解(3.4.12)式, 可以得到KdV方程的平方守恒型格式, 即满足$\|U^n\|^2 = \|U^0\|^2$, $\forall n$ 的格式. $U^n = (u_0^n, u_1^n, \cdots, u_{N-1}^n)^{\mathrm{T}}$, $u_i^n \approx u(ih, nk)$ $(i = 0, 1, \cdots, N-1)$, k 为时间步长.

现在, 考虑KdV方程的半离散系统(3.4.12). (3.4.12) 为在$N-1$ 维球面上发展的方程. $N-1$维球面为齐次空间, 其上的李群为$O(N)$, 李代数为$so(N)$.

因此, 如果对方程(3.4.12) 应用q 阶RKMK 方法, 可以得到q 阶平方守恒型格式:

$$\begin{aligned}
&\frac{\mathrm{d}U}{\mathrm{d}t} = f(U)U,\\
&\xi_i = k\sum_{j=1}^{s} a_{i,j}\,\mathrm{dexpinv}\,\left(\xi_j, f\left(\exp(\sigma_j)U^0\right)\right),\\
&\sigma_1 = k\sum_{i=1}^{s} b_i\,\mathrm{dexpinv}\,\left(\xi_i, f\left(\exp(\sigma_i)U^0\right)\right),\\
&U^1 = r(\sigma_1)U^0, \quad r(z) = \exp(z) + \mathcal{O}(z^{q+1}),
\end{aligned} \tag{3.4.13}$$

这里, $f(U)$ 如果为 $\overline{f}_1(U)$, 就表示q 阶有限差分空间离散; 如果为 $f_2(U)$, 就表示Fourier 拟谱空间离散. $r(z)$ 表示$\exp(z)$ 的q 阶对角Padé 近似.

如果$v \in so(N)$, 那么$r(v) \in O(N)$, 因此格式(3.4.13)确为KdV 方程的q 阶平方守恒型格式.

特别地, 如果在格式(3.4.13) 中用1 阶RKMK 方法, 其中的1 阶Runge-Kutta 方法为显式Euler 方法, 取$r(z)$ 为2 阶对角Padé 近似, 那么格式(3.4.13) 为

$$\frac{U^1 - U^0}{k} = f(U^0)\frac{U^1 + U^0}{2}, \tag{3.4.14}$$

(3.4.14) 式就是文献[Qin82],[ZK65] 中的1 阶平方守恒型格式, 这说明q 阶平方守恒型格式(3.4.13) 为KdV 方程通常的平方守恒型格式的推广.

可以利用Cayley 坐标得到KdV 方程的q 阶平方守恒格式:

$$\begin{aligned}
&\frac{\mathrm{d}U}{\mathrm{d}t} = f(U)U, \\
&\xi_i = \Delta t \sum_{j=1}^{s} a_{i,j}\, \mathrm{dcay}^{-1}\big(\xi_j, f(\mathrm{cay}\,(\xi_j)U^0)\big), \\
&\sigma_1 = \Delta t \sum_{i=1}^{s} b_i\, \mathrm{dcay}^{-1}\big(\xi_i, f(\mathrm{cay}\,(\xi_i)U^0)\big), \\
&U^1 = \mathrm{cay}\,(\sigma_1)U^0.
\end{aligned} \tag{3.4.15}$$

§3.5 数值实验

在这一节, 将测试q 阶平方守恒型格式(3.4.3). 考虑KdV 方程[CMKQ02]

$$u_t = -uu_x - 0.022^2 u_{xxx}, \tag{3.5.1}$$

方程具有初始条件

$$v(x,0) = \cos(\pi x), \quad 0 \le x \le 2$$

及周期边界条件

$$u(0,t) = v(2,t).$$

经典Zabusky-Kruskal 格式

$$\begin{aligned}
u_i^{j+1} \;=\; & u_i^{j-1} - \frac{\Delta t}{3\Delta x}\big(u_{i+1}^j + u_i^j + u_{i-1}^j\big)\big(u_{i+1}^j - u_{i-1}^j\big) \\
& - \frac{0.022^2 \Delta t}{\Delta x^3}\big(u_{i+2}^j - 2u_{i+1}^j + 2u_{i-1}^j - u_{i-2}^j\big),
\end{aligned} \tag{3.5.2}$$

它满足准平方守恒律

$$\sum_{i=0}^{N-1} u_i^{j+1} u_i^j = \sum_{i=0}^{N-1} u_i^j u_i^{j-1}. \tag{3.5.3}$$

为了比较格式(3.4.15) 与格式(3.5.2), 都用2 阶显式R-K 方法计算李代数方程 $\Big(a_{11} = a_{12} = 0,\ a_{21} = \dfrac{1}{2},\ a_{22} = 0,\ b_1 = 0,\ b_2 = 1\Big)$.

图3.5.1 给出了格式(3.4.15) 用时间步长$\Delta t = 0.004/\pi$, 空间步长$\Delta x = 2/400$, $\Delta x = 2/200$, $\Delta x = 2/150$ 所得到的$\pi t = 1$ 和$\pi t = 3.6$ 时刻的解. 从图中可以看出, 用不同的空间步长得到的结果几乎相同.

图3.5.2 给出了格式(3.4.15) 用时间步长$\Delta t = 0.004/\pi$, $\Delta t = 0.0004/\pi$, 空间步长$\Delta x = 2/100$ 所得到的$\pi t = 1$和$\pi t = 3.6$ 时刻的解. 从图中可以看出, 用不同的时间步长得到的结果几乎相同.

图3.5.3 给出了格式(3.4.15) 在 $\pi t = 34$ 时的图像及它的平方守恒律, 从图中可以看出, 格式(3.4.15)精确地保持了平方守恒律, 而利用格式(3.5.2) 计算已经溢出(Blow up).

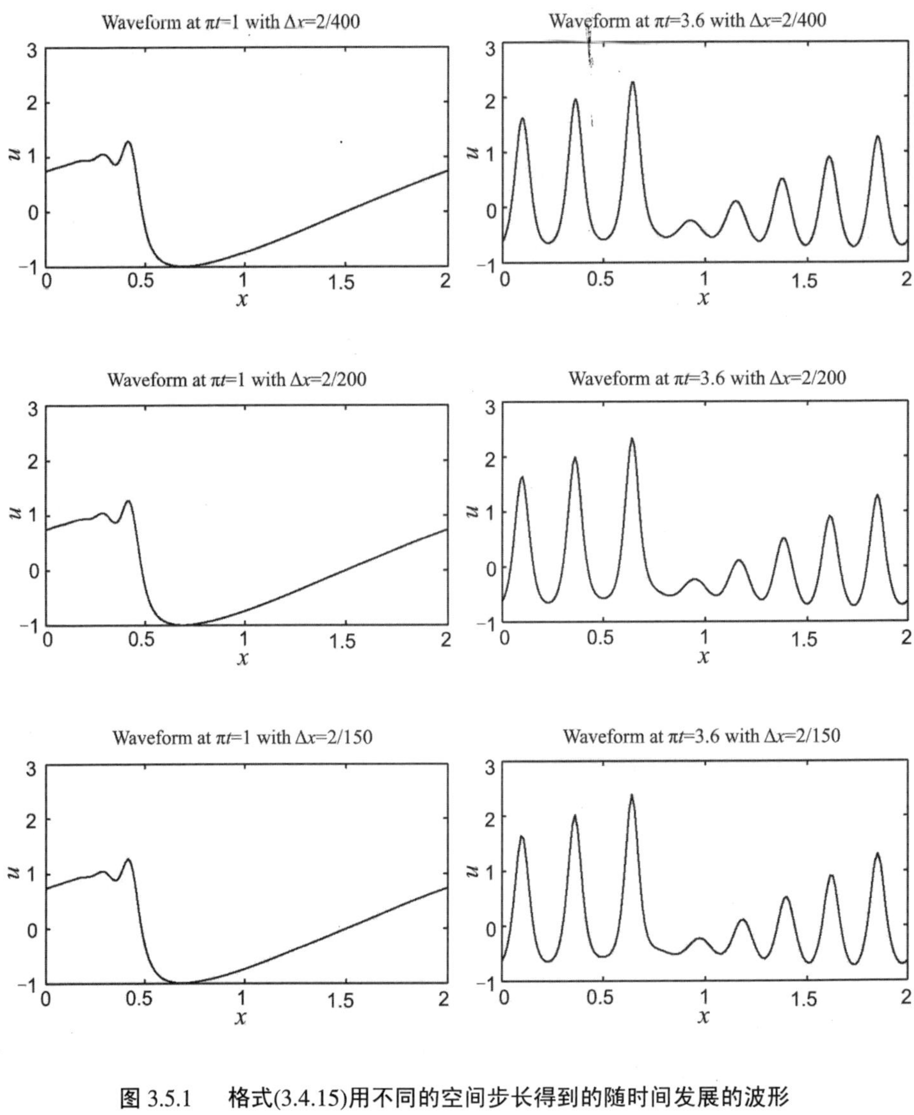

图 3.5.1 格式(3.4.15)用不同的空间步长得到的随时间发展的波形

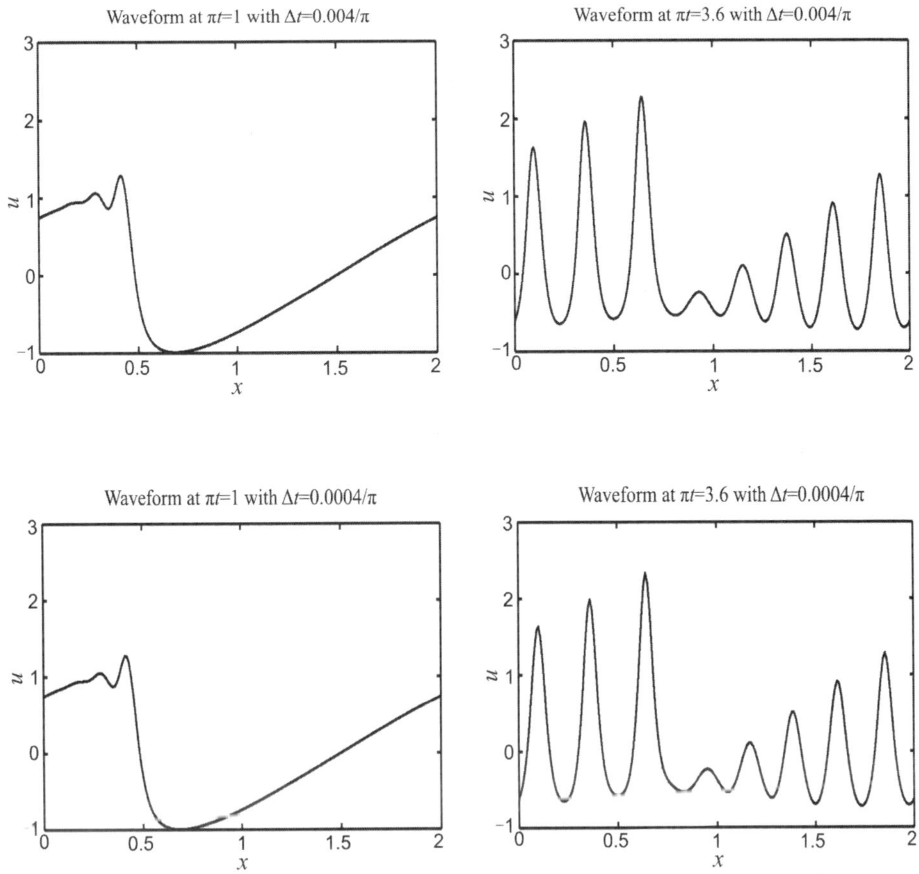

图 3.5.2　格式(3.4.15)用不同的空间步长得到的随时间发展的波形

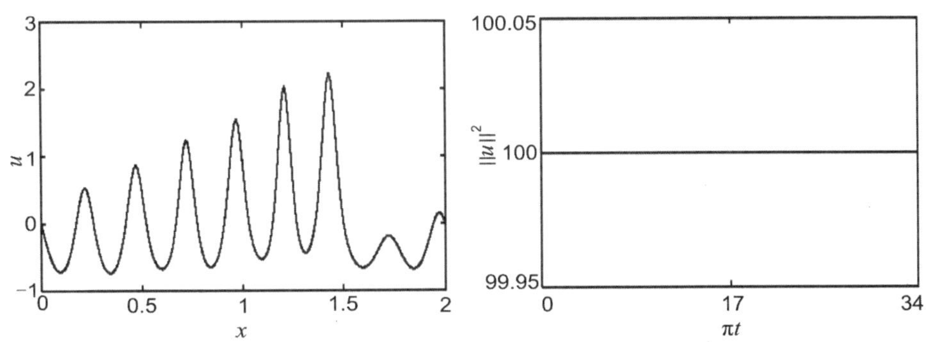

图 3.5.3　格式(3.4.15)在$\pi t=34$时的图像及平方守恒律

图3.5.4 显示的是在时刻 $\pi t = 0, 4, 8, 12, 16, 16.8$ 时的波形, 步长$\Delta x = 2/300$, $\Delta t = 0.0004/\pi$. 从波形中可以看出, 即使用相对比较大的空间和时间步长, 平方守恒型格式(3.4.15) 还是很稳定的. 这说明格式(3.4.15)有很好的稳定性.

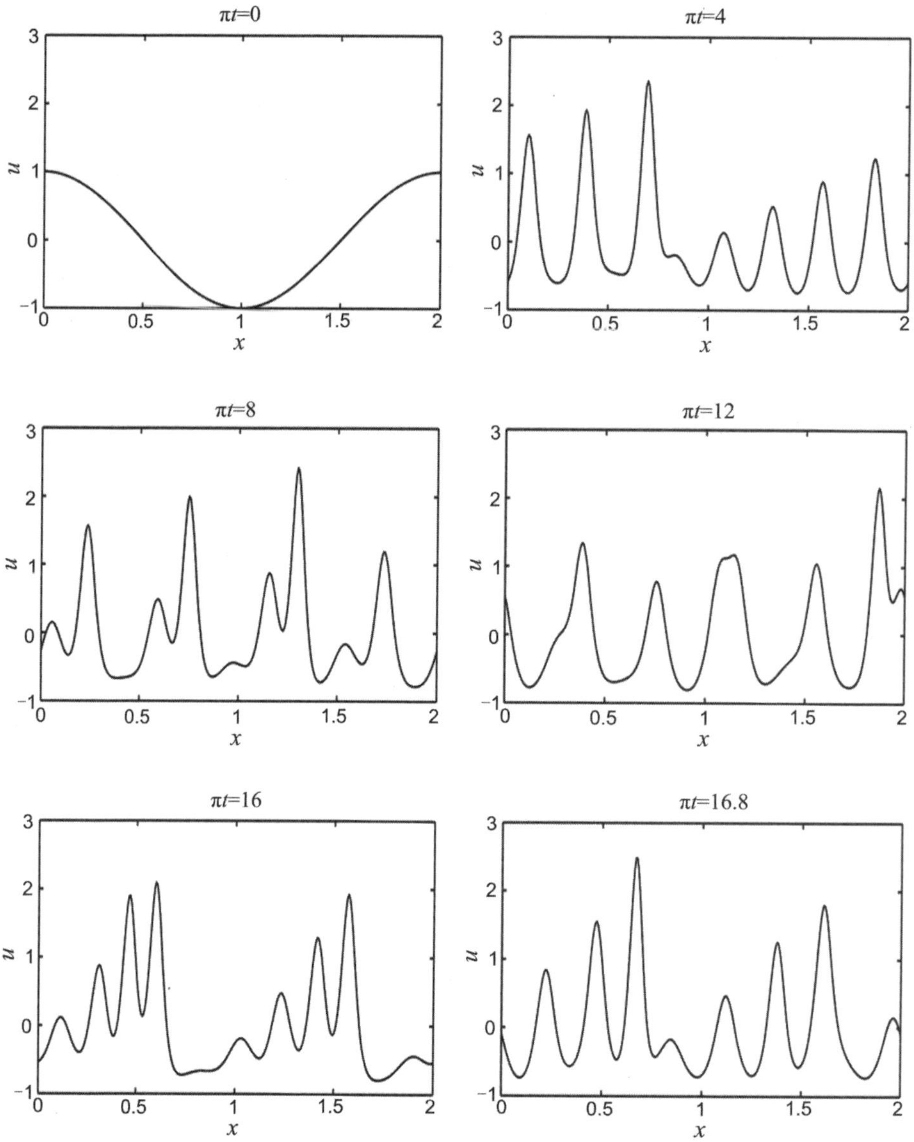

图 3.5.4 格式(3.4.15)使用相对比较大的空间和时间步长得到的随时间发展的波形

现在利用Fourier拟谱空间离散, 图3.5.4显示的是在时刻$\pi t = 0, 4, 8, 12, 16, 16.8$时的波形及平方守恒律, 可以得到同上一个实验相同的结论, 不过在这种情形下, 各个时刻的波形更光滑.

图3.5.5显示了用同样时间步长$\Delta t = 0.0004/\pi$ 和空间步长$\Delta x = 2/300$，采用格式(3.4.6) 得到的波形发展图. 当$\pi t < 16$ 时, 格式(3.4.15) 和格式(3.4.6) 都算得非常好. 当$\pi t = 16$时, 格式(3.4.6) 开始在$x = 1.4$ 处出现振荡, 而且振荡随时间变得愈来愈大, 最终导致溢出. 格式(3.4.6) 虽然是线性稳定的, 但却是非线性不稳定的, 而格式(3.4.15) 是非线性稳定的.

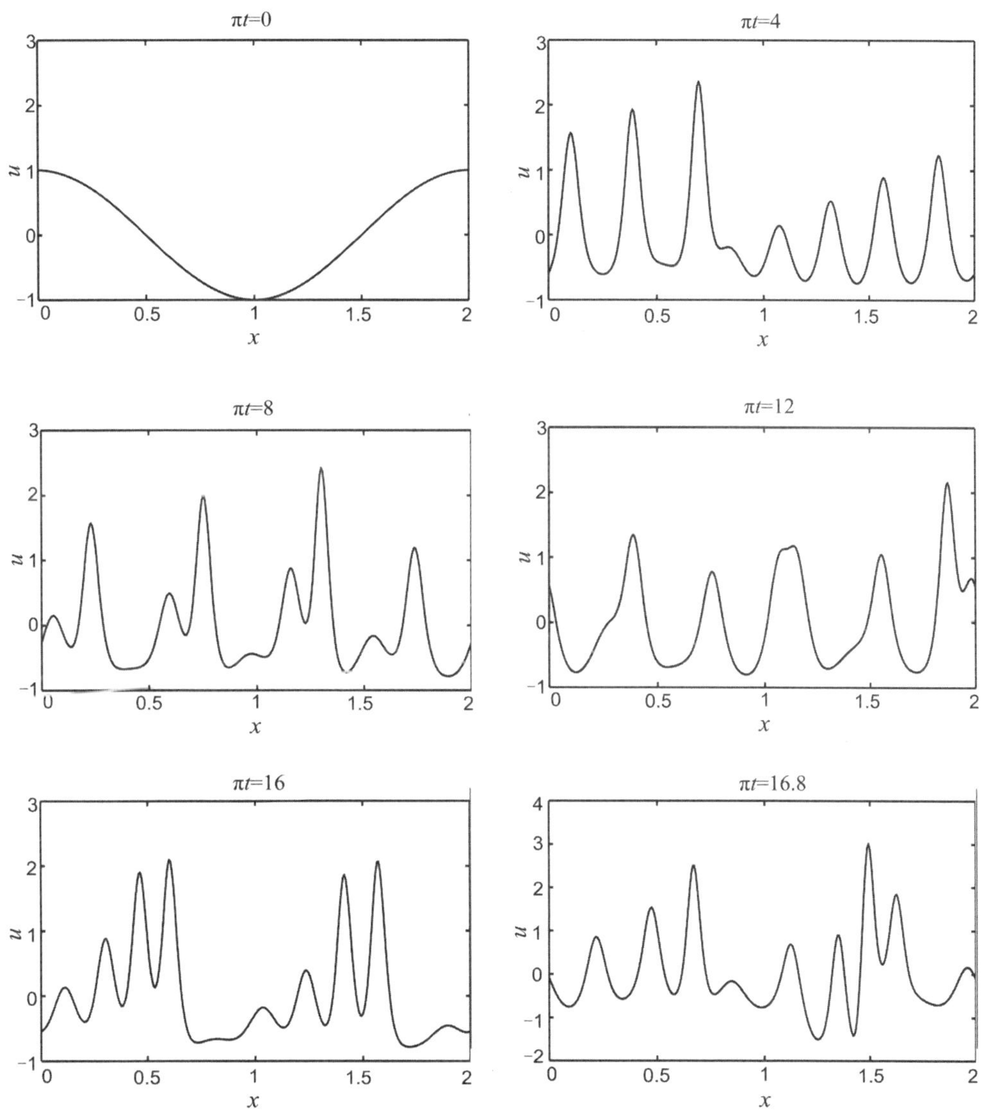

图 3.5.5 Zabusky-Kruskal格式计算出的随时间发展的波形

§3.6 Magnus方法介绍

上一节主要介绍了用Runge-Kutta 方法对李群方程相应的李代数方程求解，通过拉回作用，得到李群方程的数值解. 然而对李代数方程求解的方法有很多种，例如李代数微分方程的解析解可用Picard迭代形式表示，这就是Magnus展开[Mag54]. A. Iserles[IMKNZ00]对Magnus 展开进行研究，把Magnus 展开中的积分形式用插值多项式逼近，提出了Magnus 方法. 这里先介绍Magnus 法的基本思想，然后用显式Magnus 方法来对无阻尼Landau-Lifshitz方程求解.

§3.6.1 Magnus方法介绍

先介绍Magnus方法的理论.

流形上的微分方程可写成如下形式:

$$Y' = A(t,Y)Y, \quad t \geq 0, \quad Y(0) \in G, \tag{3.6.1}$$

其中$A : \mathbf{R} \times G \to \mathbf{g}$.

首先考虑线性微分方程$A(t,Y) = A(t) \in \mathbf{g}$, $A \in \mathbf{g}, Y \in G$. 方程(3.6.1) 的解可以写成$Y(t) = \mathrm{expm}\,(\Theta(t))Y_0\ (t \geq 0)$, 其中

$$\Theta' = \mathrm{dexp}_{\Theta}^{-1} A = \sum_{k=0}^{\infty} \frac{B_k}{k\,!}\,\mathrm{ad}_{\Theta}^{k} A, \quad t \geq 0, \quad \Theta(0) = O, \tag{3.6.2}$$

$\{B_k\}_{k \in \mathbf{Z}^+}$ 是Bernoulli 数. 用Picard 迭代解(3.6.2) 可得到:

$$\begin{aligned} \Theta^{0}(t) &= O, \qquad (3.6.3)\\ \Theta^{[m+1]}(t) &= \int_0^t \mathrm{dexp}_{\Theta^{[m]}(\xi)}^{-1} A(\xi)\,\mathrm{d}\xi \\ &= \sum_{k=0}^{\infty} \frac{B_k}{k\,!} \int_0^t \mathrm{ad}_{\Theta^{[m]}(\xi)}^{k} A(\xi)\,\mathrm{d}\xi, \quad m = 0, 1, \cdots. \qquad (3.6.4) \end{aligned}$$

上式可写成:

$$\begin{aligned} \Theta^{[1]}(t) &= \int_0^t A(\xi_1)\,\mathrm{d}\xi_1, \qquad (3.6.5)\\ \Theta^{[2]}(t) &= \int_0^t A(\xi_1)\,\mathrm{d}\xi_1 - \frac{1}{2}\int_0^t \Big[\int_0^{\xi_1} A(\xi_2)\,\mathrm{d}\xi_2, A(\xi_1)\Big]\,\mathrm{d}\xi_1 \\ &\quad + \frac{1}{12}\int_0^t \Big[\int_0^{\xi_1} A(\xi_2)\,\mathrm{d}\xi_2, \Big[\int_0^{\xi_1} A(\xi_2)\,\mathrm{d}\xi_2, A(\xi_1)\Big]\Big]\,\mathrm{d}\xi_1 + \cdots. \qquad (3.6.6) \end{aligned}$$

由Picard 定理可得$\Theta(t) = \lim_{m\to\infty}\Theta^{[m]}(t)$ 在初始值的一个小邻域存在, 迭代显示它能用矩阵A 以积分和交换算子的线性形式展开. 这就是Magnus 展开[Mag54] .

$$\Theta(t) = \sum_{k=0}^{\infty} H_k(t), \tag{3.6.7}$$

其中H_k 是一个包含精确的$k+1$ 阶积分的线性连结.

$$\begin{aligned}
H_0(t) &= \int_0^t A(\xi_1)\,\mathrm{d}\xi_1, &(3.6.8)\\
H_1(t) &= -\frac{1}{2}\int_0^t \Big[\int_0^{\xi_1} A(\xi_2)\,\mathrm{d}\xi_2, A(\xi_1)\Big]\,\mathrm{d}\xi_1, &(3.6.9)\\
H_2(t) &= \frac{1}{12}\int_0^t \Big[\int_0^{\xi_1} A(\xi_2)\,\mathrm{d}\xi_2, \Big[\int_0^{\xi_1} A(\xi_2)\,\mathrm{d}\xi_2, A(\xi_1)\Big]\Big]\,\mathrm{d}\xi_1\\
&\quad +\frac{1}{4}\int_0^t \Big[\int_0^{\xi_1} \Big[\int_0^{\xi_2} A(\xi_3)\,\mathrm{d}\xi_3, A(\xi_2)\Big]\,\mathrm{d}\xi_2, A(\xi_1)\Big]\,\mathrm{d}\xi_1. &(3.6.10)
\end{aligned}$$

定理 3.6.1 假设李代数**g** 伴有范数$\|\ .\ \|$, 那么Magnus 展开在这范数下绝对收敛, 对$t \geq 0$, 有

$$\int_0^t \|A(\xi)\|\,\mathrm{d}\xi \leq \int_0^{2\pi} \frac{\mathrm{d}\xi}{4+\xi\Big[1-\cot\dfrac{\xi}{2}\Big]} = 1.086868702. \tag{3.6.11}$$

证明:积分, 取范数, 有$\|\mathrm{ad}_B^k A\| \leq (2\|B\|)^k\|A\|$,

$$\begin{aligned}
\|\phi(t)\| &= \Big\|\int_0^t \mathrm{dexp}_{\Theta(\xi)}^{-1} A(\xi)\,\mathrm{d}\xi\Big\|\\
&\leq \int_0^t \|\mathrm{dexp}_{\Theta(\xi)}^{-1} \mathrm{A}(\xi)\|\,\mathrm{d}\xi\\
&\leq \int_0^t \sum_{k=0}^{\infty}\frac{|B_k|}{k\,!}\left(2\|\Theta(\xi)\|\right)^k\|A(\xi)\|\\
&= \int_0^t g\big(2\|\Theta(\xi)\|\big)\,\|A(\xi)\|\,\mathrm{d}\xi, &(3.6.12)
\end{aligned}$$

其中

$$g(x) = 2+\frac{x}{2}\Big(1-\cot\Big(\frac{x}{2}\Big)\Big). \tag{3.6.13}$$

假定$h, g, v \in \mathbf{C}(0, t^*)$ 是正定的, 那么g 是非递减的.

$$h(t) \leq \int_0^t g\big(h(\xi)\big)\,v(\xi)\,\mathrm{d}\xi, \quad t\in(0,t^*), \tag{3.6.14}$$

有

$$h(t) \le \widehat{g}^{-1}\Big(\int_0^t v(\xi)\,\mathrm{d}\xi\Big), \quad t \in (0, t^{**}), \tag{3.6.15}$$

$\widehat{g}\Big(\int_0^t v(\xi)\,\mathrm{d}\xi\Big)$ 在$(0, t^{**})$是有界的, 且有$h(t) = 2\|\Theta(t)\|$, $v(t) = \|A(t)\|$ 和$g(t)$ 是正定的, 对所有$t \in (0, 2\pi)$, 有

$$\|\Theta(t)\| \le \frac{1}{2}\widehat{g}^{-1}\Big(\int_0^t \|A(\xi)\|\,\mathrm{d}\xi\Big), \tag{3.6.16}$$

其中$\|\Theta(t)\|$ 是有界的, 假如有$\widehat{g}\Big(\int_0^t \|A(\xi)\|\,\mathrm{d}\xi\Big)$, 只要条件满足, 那么后者成立.

Moan 放宽了对定理的条件, 在范数$t \in (0, t^*)$ 和Euclid 范数

$$\lim_{m\to\infty} \|\Theta(t) - \sum_{k=0}^{\infty} H_m(t)\|_2 = 0, \tag{3.6.17}$$

并假设有

$$\int_0^{t^*} \|A(\xi)\|_2\,\mathrm{d}\xi \le \pi \tag{3.6.18}$$

的情况下Magnus 展开收敛. ▲

为了让Magnus 展开可以数值计算, 考察:

$$I_1(t) = \int_0^t A(\xi)\,\mathrm{d}\xi, \tag{3.6.19}$$

$$I_2(t) = \int_0^t \int_0^{\xi_1} \big[A(\xi_2), A(\xi_1)\big]\,\mathrm{d}\xi, \tag{3.6.20}$$

$$I_3(t) = \int_0^t \int_0^{\xi_1} \int_0^{\xi_1} \big[A(\xi_2), [A(\xi_3), A(\xi_1)]\big]\,\mathrm{d}\xi, \tag{3.6.21}$$

$$I_4(t) = \int_0^t \int_0^{\xi_1} \int_0^{\xi_2} \big[[A(\xi_3), A(\xi_2)], A(\xi_1)\big]\,\mathrm{d}\xi. \tag{3.6.22}$$

每一个Magnus 展开可写成如下形式

$$I(h) = \int_S L\big(A(\xi_1), A(\xi_2), \cdots, A(\xi_s)\big)\,\mathrm{d}\xi, \tag{3.6.23}$$

其中L 是多线性形式, S 是特殊多面体,

$$S = \big\{\xi \in \mathbf{R}^s:\ \xi_1 \in [0, h],\ \xi_l \in [0, \xi_{m_l}],\ l = 2, 3, \cdots, s\big\},$$

其中$m_l \in \{1, 2, 3, \cdots, l-1\}$ $(l = 2, 3, \cdots, s)$. 按如下方法离散$I(h)$: 取ν 个积分点$c_1, c_2, \cdots, c_\nu \in [0, 1]$, 取$A_k = hA(c_k h)$ $(k = 1, 2, \cdots, \nu)$, 可得积分

$$K(h) = \sum_{k \in C_s^v} b_k L\big(A_{k_1}, A_{k_2}, \cdots, A_{k_s}\big), \tag{3.6.24}$$

其中C_ν^s是包含集合$\{1,2,\cdots,\nu\}$的长度为s的集, 式中

$$b_k=\int_{\tilde{S}}\prod_{i=1}^{s}l_{k_i}(\xi_i)\,\mathrm{d}\xi, \tag{3.6.25}$$

其中,

$$\tilde{S}=\big\{\xi\in\mathbf{R}^s:\ \xi_1\in[0,1],\ \xi_l\in[0,\xi_{m_l}],\ l=2,3,\cdots,s\big\}, \tag{3.6.26}$$

$$l_j(x)=\prod_{i=1,i\neq j}^{\nu}\frac{x-c_j}{c_i-cj},\quad j=1,2,\cdots,\nu. \tag{3.6.27}$$

用积分点的

$$\tilde{A}(t)=h^{-1}\sum_{-1}^{\nu}l_k\Big(\frac{t}{h}\Big)A_k \tag{3.6.28}$$

取代(3.6.23) 中$A(t)$, 显式地计算其积分:

$$\begin{aligned}
&\int_0^h A(t_1)\,\mathrm{d}t_1\approx\frac{1}{2}h(A_1+A_2),\\
&\int_0^h\int_0^{t_1}\big[A(t_1),A(t_2)\big]\,\mathrm{d}t_2\,\mathrm{d}t_1\approx-\frac{\sqrt{3}}{6}h^2[A_1,A_2],\\
&\int_0^h\int_0^{t_1}\int_0^{t_1}\big[A(t_1),[A(t_2),A(t_3)]\big]\,\mathrm{d}t_3\,\mathrm{d}t_2\,\mathrm{d}t_1\\
\approx\ & h^3\Big[\Big(\frac{3}{80}-\frac{\sqrt{3}}{48}\Big)A_1-\Big(\frac{3}{80}+\frac{\sqrt{3}}{48}\Big)A_2,[A_1,A_2]\Big],\\
&\int_0^h\int_0^{t_1}\int_0^{t_1}\big[[A(t_1),A(t_2)],A(t_3)\big]\,\mathrm{d}t_3\,\mathrm{d}t_2\,\mathrm{d}t_1\\
\approx\ & h^3\Big[\Big(\frac{3}{80}+\frac{\sqrt{3}}{16}\Big)A_1-\Big(\frac{3}{80}-\frac{\sqrt{3}}{16}\Big)A_2,[A_1,A_2]\Big].
\end{aligned}$$

其中,

$$A_1=A\Big(\Big(\frac{1}{2}-\frac{\sqrt{3}}{6}\Big)h\Big),\quad A_2=A\Big(\Big(\frac{1}{2}+\frac{\sqrt{3}}{6}\Big)h\Big). \tag{3.6.29}$$

利用上面对线性方程的4阶积分方法, 得到了保李群结构的方法:

$$A_1=A\Big(t_n+\Big(\frac{1}{2}-\frac{\sqrt{3}}{6}\Big)h\Big),\quad A_2=A\Big(t_n+\Big(\frac{1}{2}+\frac{\sqrt{3}}{6}\Big)h\Big), \tag{3.6.30}$$

$$\begin{aligned}\sigma&=\frac{1}{2}h[A_1+A_2]-\frac{\sqrt{3}}{12}h^2[A_1,A_2]\\&\quad+\frac{1}{80}h^3\big[A_1-A_2,[A_1,A_2]\big],\end{aligned} \tag{3.6.31}$$

$$Y_{n+1}=\mathrm{e}^{\sigma}Y_n. \tag{3.6.32}$$

下面考虑非线性方程, 用 (3.6.23) 中的 $A(t,Y)$ 取代上面讨论的 $A(t)$, 用如下 Lagrange 多项式

$$\tilde{A}(t,Y)=h^{-1}\sum_{k=1}^{v}l_k\Big(\frac{t}{h}\Big)A_k, \tag{3.6.33}$$

其中$A_k=hA(c_kh,X_k)\ (k=1,2,\cdots,v)$.

在每一步要计算

$$K_l(h)=\sum_{j\in C_s^v}a_{l;j}L(A_{j1},A_{j2},\cdots,A_{js}), \tag{3.6.34}$$

其中C_v^s 是包含集合$\{1,2,3,\cdots,s\}$ 的长度为s 的集,

$$a_{k;j}=\int_{\tilde{S}_k}\prod_{i=1}^{s}l_{ji}(\xi_i)\,\mathrm{d}\xi, \tag{3.6.35}$$

其中

$$\tilde{S}_k=\{\xi\in\mathbf{R}^s:\ \xi_1\in[0,c_k],\ \xi_l\in[0,\xi_{m_l}],\ l=2,3,\cdots,s\}. \tag{3.6.36}$$

对其显式积分, 这样利用Magnus 展开, 可得到一个解

$$\frac{\mathrm{d}Y}{\mathrm{d}t}=A(t,Y)Y,\quad Y(0)=Y_0,\quad A(t,Y)=-A^{\mathrm{T}}(t,Y) \tag{3.6.37}$$

的4阶Magnus 方法[Ise84],[Zan99].

$$\begin{aligned}
X_1&=Y_n,\\
A_1&=hA(t_n,X_1),\\
X_2&=\mathrm{expm}\Big\{\frac{5}{24}A_1+\frac{1}{3}A_2-\frac{1}{24}A_3-\frac{1}{2}\Big(\frac{11}{240}[A_1,A_2]\\
&\quad+\frac{5}{576}[A_1,A_3]+\frac{1}{72}[A_2,A_3]\Big)\Big\}Y_n,\\
A_2&=hA\Big(t_n+\frac{1}{2}h,X_2\Big),\\
X_3&=\mathrm{expm}\Big\{\frac{1}{6}A_1+\frac{2}{3}A_2+\frac{1}{6}A_3-\frac{1}{2}\Big(\frac{2}{15}[A_1,A_2]+\frac{1}{30}[A_1,A_3]\\
&\quad+\frac{2}{15}[A_2,A_3]\Big)\Big\}Y_n,\\
A_3&=hA(t_n+h,X_3),\\
Y_{n+1}&=\mathrm{expm}\Big\{\frac{1}{6}A_1+\frac{2}{3}A_2+\frac{1}{6}A_3-\frac{1}{2}\Big(\frac{2}{15}[A_1,A_2]\\
&\quad+\frac{1}{30}[A_1,A_3]+\frac{2}{15}[A_2,A_3]\Big)\Big\}Y_n.
\end{aligned}$$

§3.6.2 用Magnus 方法解无阻尼Landau-Lifshitz 方程

在非平衡态磁学的研究中, Landau-Lifshitz 方程[LL35]对描述连续铁磁体自旋场发展过程起着十分重要的作用. 在无阻尼情况下, 它为一完全可积系统. 很多物理学家研究了它的孤立子解的存在性、逆散射方法以及相互碰撞. 关于解的存在性, Alouges 和Soyear 给出了整体弱解的存在性和不惟一性. 最近几年来, 以郭柏灵[郭柏灵等00]为代表的数学家给出了解的存在性和惟一性、长时间解行为估计, 以及吸引子存在性与Hausdorff 维数估计, 并进行了空间离散格式、离散形式吸引子存在性证明及长时间行为计算.

现考虑无阻尼Landau-Lifshitz 方程

$$\frac{\partial S(x,t)}{\partial t} = S(x,t) \times \frac{\partial^2 S(x,t)}{\partial x^2}. \tag{3.6.38}$$

方程(3.6.38) 也可写成

$$S(x,t)_t = \widehat{A}\big(S(x,t)_{xx}\big)S(x,t), \tag{3.6.39}$$

其中

$$\widehat{A}(S(x,t)_{xx}) = \begin{bmatrix} 0 & w_{xx} & -v_{xx} \\ -w_{xx} & 0 & u_{xx} \\ v_{xx} & -u_{xx} & 0 \end{bmatrix}.$$

秦孟兆等人对铁磁链方程提出了一些2阶平方和拟平方守恒格式, 给出了其差分格式的可解性[秦孟兆84],[ZG83],[鲁百年等95]. 下面对u_{xx}, v_{xx}, w_{xx} 进行高阶空间离散:

$$\begin{aligned} u_{xx}^m &= \frac{u_{m+2} - 16u_{m+1} + 30u_m - 16u_{m-1} + u_{m-2}}{12\Delta x^2}, \\ -v_{xx}^m &= \frac{-v_{m+2} + 16v_{m+1} - 30v_m + 16v_{m-1} - v_{m-2}}{12\Delta x^2}, \\ w_{xx}^m &= \frac{w_{m+2} - 16w_{m+1} + 30w_m - 16w_{m-1} + w_{m-2}}{12\Delta x^2}. \end{aligned}$$

于是可得到:

$$\begin{aligned}
\frac{\mathrm{d}u_m}{\mathrm{d}t} &= v_m\frac{-w_{m+2}+16w_{m+1}-30w_m+16w_{m-1}-w_{m-2}}{12\Delta x^2}\\
&\quad -w_m\frac{-v_{m+2}+16v_{m+1}-30v_m+16v_{m-1}-v_{m-2}}{12\Delta x^2},\\
\frac{\mathrm{d}v_m}{\mathrm{d}t} &= -u_m\frac{w_{m+2}-16w_{m+1}+30w_m-16w_{m-1}+w_{m-2}}{12\Delta x^2}\\
&\quad +w_m\frac{-u_{m+2}+16u_{m+1}-30u_m+16u_{m-1}-u_{m-2}}{12\Delta x^2},\\
\frac{\mathrm{d}w_m}{\mathrm{d}t} &= u_m\frac{-v_{m+2}+16v_{m+1}-30v_m+16v_{m-1}-v_{m-2}}{12\Delta x^2}\\
&\quad -v_m\frac{u_{m+2}-16u_{m+1}+30u_m-16u_{m-1}+u_{m-2}}{12\Delta x^2}.
\end{aligned}$$

取$Y=(u_1,u_2,\cdots,u_N,v_1,v_2,\cdots,v_N,w_1,w_2,\cdots,w_N)$, 方程(3.6.38) 可逼近写成

$$\frac{\mathrm{d}Y}{\mathrm{d}t}=A(Y)Y, \tag{3.6.40}$$

其中,

$$A(Y)=\frac{1}{12\Delta x^2}\begin{bmatrix}0 & W & -V\\ -W & 0 & U\\ V & -U & 0\end{bmatrix},$$

$$U=\begin{bmatrix}-u_2+16u_1-30u_0+16u_{-1}-u_{-2} & \cdots & 0\\ \cdots & \cdots & \cdots\\ 0 & \cdots & -u_{n+1}+16u_n-30u_{n-1}+16u_{n-2}-u_{n-3}\end{bmatrix},$$

$$V=\begin{bmatrix}-v_2+16v_1-30v_0+16v_{-1}-v_{-2} & \cdots & 0\\ \cdots & \cdots & \cdots\\ 0 & \cdots & -v_{n+1}+16v_n-30v_{n-1}+16v_{n-2}-v_{n-3}\end{bmatrix},$$

$$W=\begin{bmatrix}-w_2+16w_1-30w_0+16w_{-1}-w_{-2} & \cdots & 0\\ \cdots & \cdots & \cdots\\ 0 & \cdots & -w_{n+1}+16w_n-30w_{n-1}+16w_{n-2}-w_{n-3}\end{bmatrix}.$$

根据方程具有周期性, 有:

$$\begin{aligned}
&u_{-2}=u_{N-2}, \quad u_{-1}=u_{N-1}, \quad u_N=u_0, \quad u_{N+1}=u_1,\\
&v_{-2}=v_{N-2}, \quad v_{-1}=v_{N-1}, \quad v_N=v_0, \quad v_{N+1}=v_1,\\
&w_{-2}=w_{N-2}, \quad w_{-1}=w_{N-1}, \quad w_N=w_0, \quad w_{N+1}=w_1,
\end{aligned}$$

从而可知$\dfrac{\mathrm{d}Y}{\mathrm{d}t}=A(Y)Y$ 具有(3.6.37) 的形式, 其中$A(Y)$ 为反对称矩阵.

在这里, 用显式3阶Magnus 公式来解(3.6.40):

$$Y_1 = Y_n,\quad A_1 = a(t_n, Y_1), \tag{3.6.41}$$

$$Y_2 = \exp\left(\frac{h}{2}A_1\right)Y_n,\quad A_2 = A\left(t_n+\frac{h}{2}, Y_2\right), \tag{3.6.42}$$

$$Y_3 = \exp\left(h(-A_1+2A_2)\right)Y_n,\quad A_3 = A(t_n+h, Y_3), \tag{3.6.43}$$

$$\Theta = h\left(\frac{1}{6}A_1+\frac{2}{3}A_2+\frac{1}{6}A_3\right)-\left(\frac{h^2}{2}\left[A_1-A_3, \frac{1}{15}A_2+\frac{1}{60}A_3\right]\right), \tag{3.6.44}$$

$$Y_{n+1} = \operatorname{expm}(\Theta)Y_n. \tag{3.6.45}$$

用该方法解能保证$\|Y(k\Delta t)\| = \|Y(0)\|$, $t=k\Delta t$ 这一平方守恒特性, 并有与Runge-Kutta 方法相同的精度.

在这里, 通过解无阻尼Landau-Lifshitz 方程, 从精度和平方守恒特性两个方面来分析3阶Magnus 方法.

考虑无阻尼Landau-Lifshitz 方程

$$\frac{\partial S}{\partial t} = S(x,t)\times\frac{\partial^2 S(x,t)}{\partial x^2}, \tag{3.6.46}$$

其中$S(x+L,t)=S(x,t)$, $S(x,0)=S_0(x)$. 方程(3.6.46) 有如下形式的解:

$$S(x,t) = a\cos(\alpha)+\left\{b\cos(kx-\omega t)+c\sin(kx-\omega t)\right\}\sin(\alpha), \tag{3.6.47}$$

其中(a,b,c) 为右手系单位正交向量, α, k 为任意实数, $\omega = k^2\sin(\alpha)$. 这种形式的解称为自旋波[LL35]. 在数值实验中, 取 $a=[0,0,1]$, $b=[0,1,0]$, $c=a\times b$, $k=2\pi$, $\alpha=\dfrac{\pi}{5}$, $N=20$, $\Delta t=0.0005$.

通过数值计算, 可得图3.6.1. 分析平方守恒特性, 定义平方守恒误差为

$$\left(y_1(k\Delta t)^2+\cdots+y_n(k\Delta t)^2\right)-\left(y_1(0)^2+\cdots+y_n(0)^2\right).$$

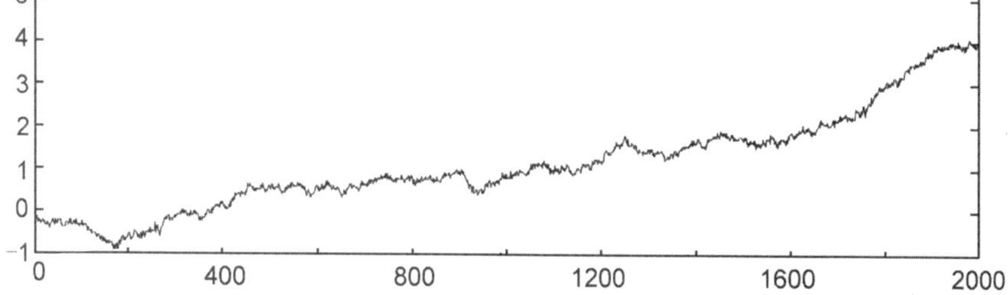

图 3.6.1 Magnus方法所得解的平方守恒误差图

图3.6.1 表示用Magnus 方法所得的解的平方守恒误差图. 从图可知, Magnus 方法具有平方守恒的特性, 符合我们的理论. 图3.6.2 分别给出了$u(x,t), v(x,t), w(x,t)$在不同时刻的波动图, 图的左边是精确解与数值解的比较图(虚线代表数值解), 图的右边为精确解和数值解的误差图. 从图3.6.2 可知, 随时间增加, 误差有所增长(可用某种方式控制误差, 如变步长法、更高差分等).

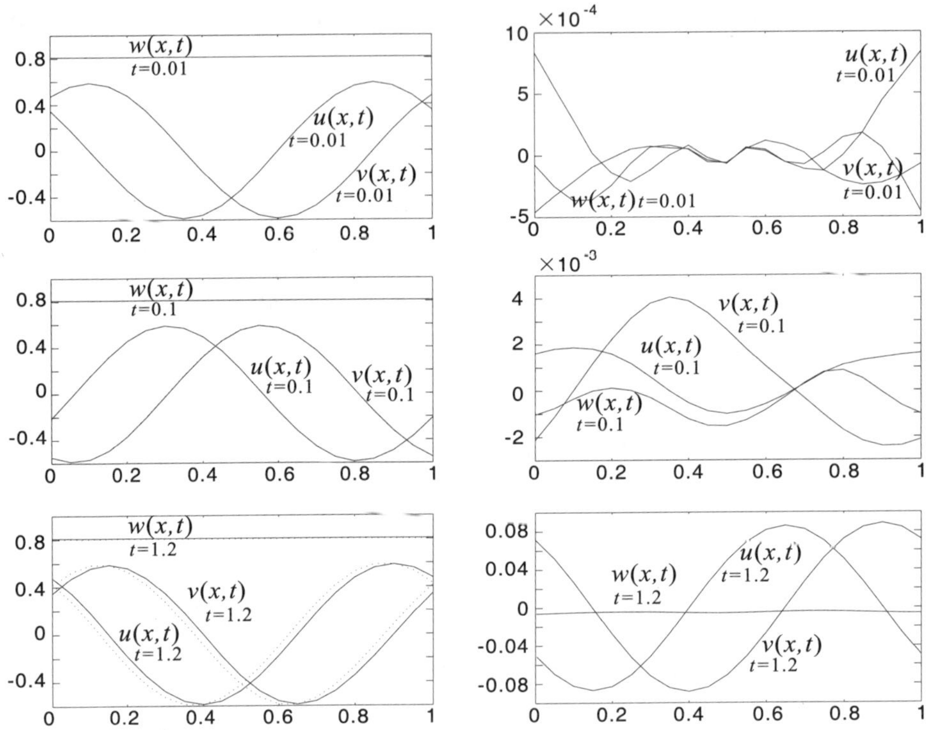

图 3.6.2 $u(x,t), v(x,t), w(x,t)$在不同时刻的波形

§3.7 等谱流问题的李群算法

§3.7.1 等谱流问题

等谱流问题是如下矩阵微分方程的初值问题:

$$L' = [B, L], \quad L(0) = L_0, \tag{3.7.1}$$

其中, $L, B \in \mathbf{R}^{d\times d}$, L_0是给定的$d\times d$ 初值矩阵, 矩阵函数$B \equiv B(t,L)$ 依赖于L 及时间t. 方括号表示矩阵交换子的李括号, $[B,L] = BL - LB$. B 反对称, 一般情况下L对称. 每一个流都由B 所决定, 例如, Toda 流[Tod81],[Fla74],[Chu98], 双括号流, KvM 流等.

直到几年前,人们才在计算中得到结论: 以往的常微分方程的数值方法都不是等谱的,因此不能用于解决等谱流问题.

给定关于谱$\sigma(L_0) = \{\lambda_1, \lambda_2, \cdots, \lambda_d\}$ 矩阵L_0 的解析函数f, 如果

$$B(L) = f(L)_+ - f(L)_-, \tag{3.7.2}$$

则称(3.7.2) 为QR 流. 其中, 下标"+"和"−" 分别表示矩阵函数$f(L)$ 的上三角部分和下三角部分. 取$f(x) = x$, 对三对角矩阵L_0 得到Toda 流, $L(t)$ 形如

$$L(t) = \begin{bmatrix} \beta_1 & \alpha_1 & 0 & \cdots & 0 \\ \alpha_1 & \beta_2 & \alpha_2 & \ddots & \vdots \\ 0 & \alpha_2 & \ddots & \ddots & 0 \\ \vdots & \ddots & \ddots & \ddots & \alpha_{d-1} \\ 0 & \cdots & 0 & \alpha_{d-1} & \beta_d \end{bmatrix}_{d\times d}, \tag{3.7.3}$$

$B(L)$映

$$\begin{bmatrix} \beta_1 & \alpha_1 & 0 & \cdots & 0 \\ \alpha_1 & \beta_2 & \alpha_2 & \ddots & \vdots \\ 0 & \alpha_2 & \ddots & \ddots & 0 \\ \vdots & \ddots & \ddots & \ddots & \alpha_{d-1} \\ 0 & \cdots & 0 & \alpha_{d-1} & \beta_d \end{bmatrix} \to \begin{bmatrix} 0 & \alpha_1 & 0 & \cdots & 0 \\ -\alpha_1 & 0 & \alpha_2 & \ddots & \vdots \\ 0 & -\alpha_2 & \ddots & \ddots & 0 \\ \vdots & \ddots & \ddots & \ddots & \alpha_{d-1} \\ 0 & \cdots & 0 & -\alpha_{d-1} & 0 \end{bmatrix}. \tag{3.7.4}$$

特征值问题是求给定矩阵的特征值, 而特征值反问题就是寻找具有给定的特征值的具有某种结构的矩阵. 这样的问题在振动理论、控制论、层面X 射线照相术、系统认证、地球物理学等许多领域都有着广泛的应用. 等谱流对于构造特征值反问题的实用算法起着重要的作用. 假设我们寻求一具有给定特征值$\eta \in \mathbf{R}^N$的属于某一类$\tau \in S_N$ 的矩阵, 通常我们是设计一矩阵函数B, 使它的吸引不动点在τ 中, 这样对于$Y(0) = \mathrm{diag}\,(\eta)$ 能得到特征值反问题的解.

例如, 关于Toeplize 矩阵的特征值反问题. 此时τ 是$N \times N$ Toeplize 矩阵

$$X \in \tau, \iff x_{k,l} = t_{|k-l|}, \quad k, m, l = 1, 2, \cdots, N,$$

其中$t_0, t_1, \cdots, t_N$ 是任意实数. 像Chu 和Trench 那样[Chu93],[Tre97], 令

$$b_{k,l}(Y) = \begin{cases} y_{k,l-1} - y_{k+1,l}, & 1 \le k < l \le N, \\ 0, & 1 \le k = l \le N, \\ y_{k,l+1} - y_{k-1,l}, & 1 \le l < k \le N \end{cases}$$

为一Toeplize零化子, 这里B 是反对称矩阵, 且对$Y \in \tau$ 有$B(Y) = O$, 因此, 解是不动点.

§3.7.2 等谱流的李群方法及李群算法中的牛顿迭代

在等谱流问题中, 由于u 是非线性的正交流, 可以用Runge-Kutta 型李群方法. 此时, 可考虑相伴的非线性正交流

$$u' = B(t,u)u, \quad u_n = I, \quad t \in [t_n, t_n + h],$$

其中

$$B(t,u) = B\big(u(t)L_n u(t)^{\mathrm{T}}\big).$$

当得到$u(t_{n+1})$ 的近似值u_{n+1} 后, 即可计算$L_{n+1} = u_{n+1}L_n u_{n+1}^{\mathrm{T}}$. 记$u_{n+1} \approx u(t_{n+1})$, $L_n = u \cdot L(t_n)$, $L_{n+1} = L_{n+1}$, 只要是用酉阵方法求解, L_{n+1} 就正交相似于L_n, 因此是等谱的. 在用隐式算法时, 要用到牛顿迭代方法, 李群算法中的牛顿迭代与欧氏空间上的传统的牛顿迭代有很大的不同[OW00].

对方程

$$y' = g(y), \tag{3.7.5}$$

对隐式Euler法

$$y^{k+1} = y^k + hg(y^{k+1}). \tag{3.7.6}$$

从李群G 到其所对应的李代数$\mathbf{g}$ 的微分方程

$$y' = y \cdot g(y), \quad y \in G \subset GL(n,R), \quad g : G \longrightarrow \mathbf{g} \subset gl(n,R), \tag{3.7.7}$$

则Crouch-Grossman 和Munthe-Kaas 形式的Euler方法为

$$y^{k+1} = y^k \cdot \exp\big(hg(y^{k+1})\big). \tag{3.7.8}$$

一般情形下不能显式地解此方程. 因此, 计算序列$(y_n^{k+1})_{n\geq 0}$, 此序列收敛到方程(3.7.8) 的解. 显而易见, 不动点迭代是一种这样的序列:

$$y_{n+1}^{k+1} = y^k \cdot \exp\big(hg(y_n^{k+1})\big), \quad n = 0, 1, \cdots. \tag{3.7.9}$$

在传统的隐式Euler中, 上述类型的不动点迭代是不太可行的, 因此就有必要选择其他形式的牛顿迭代. 在方程(3.7.8) 中, y 靠近$y^{(k)}$, 从而得到

$$y = y^{(k)} \cdot \exp(v(y)), \quad v(y) \in \mathbf{g},$$

因此, 需要解方程

$$f(y) = 0, \tag{3.7.10}$$

其中

$$\begin{aligned} f:\ G &\longrightarrow \mathbf{g}, \\ y &\longmapsto v(y) - hg(y). \end{aligned}$$

在此, 研究解$f(y)=0$的算法, f 是从李群到其相对应的李代数的映射.

f 在点$y \in G$ 的微分是$f'_y : TG|_y \mapsto \mathbf{g}$, 定义为对在流形$G$ 上的点y 处的任意的切向量$\Delta_y \in TG|_y$.

$$f'_y(\Delta(y)) = \frac{\mathrm{d}}{\mathrm{d}t}\Big|_{t=0} f\big(y \cdot \exp\left(tL'_{y^{-1}}\right)\big). \tag{3.7.11}$$

f'_y 关于切向量Δy 的像可以被看作由左乘而得的元素$v : v \in \mathbf{g}$. 指数映射把由t 作尺度变换后的v 映射为李群中的一元素z, 则$f'_y(\Delta_y)$ 可以写为

$$f'_y(\Delta(y)) = \lim_{t\to 0} \frac{f(y\cdot z) - f(y)}{t}. \tag{3.7.12}$$

f'_y 可以由函数$\mathrm{d}f_y$ 表示为

$$\mathrm{d}f_y = (f \circ L_y)' = f'_y \circ L'_y, \tag{3.7.13}$$

因此

$$\mathrm{d}f_y(u) = f'_y(L'_y u) = \frac{\mathrm{d}}{\mathrm{d}t}\Big|_{\mathrm{d}\,t=0} f\big(y \cdot \exp\left(tu\right)\big). \tag{3.7.14}$$

应用(3.7.11), 李群G上的牛顿法可以这样进行: 对给定的$y_0 \in G$, 首先由(3.7.11)确定微分f'_{y_0}, 然后寻找$\Delta_{y_0} \subset TG|_{y_0}$, 使其满足

$$f_{y'_0} + f(y_0) = 0, \tag{3.7.15}$$

最后, 以$y_1 = y_0 \cdot \exp\left(L'_{y_0^{-1}}\right)(\Delta_{y_0})$ 更换 y_0.

1. **李群上的牛顿法**

对给定的$y_n \in G$, 由(3.7.14) 确定$\mathrm{d}f_{y_n}(u_n)$.

寻找$u_n \in \mathbf{g}$ 满足

$$\mathrm{d}f_{y_n}(u_n) + f(y_n) = 0. \tag{3.7.16}$$

计算$y_{n+1} = y_n \cdot \exp\left(u_n\right)$.

例 3.7.1 给定$z \in G, h > 0$, 方程

$$y = z \cdot \exp\left(hg(y)\right)$$

在$z^{-1}y \in N(e)$时等价于方程

$$f(y) \stackrel{\text{def}}{=} v(y) - hg(y) = 0. \tag{3.7.17}$$

这里

$$L_{z^{-1}}(y) = z^{-1} = \exp{(v(y))}, \tag{3.7.18}$$

$$f(y_n) = \exp^{-1}(z^{-1} \cdot y_n) - hg(y_n).$$

微分$\mathrm{d}f_{y_n}$可由v和g的微分得到:

$$\mathrm{d}f_{y_n} = \mathrm{d}v_n - h\mathrm{d}g_{y_n}.$$

由(3.7.18) 可以得到

$$L'_{z^{-1}} = \exp'_{v(y)} \circ v',$$

所以有

$$\mathrm{dexp}_{v(y)}(\mathrm{d}v_{y_n}) = L'_{\exp{(-v(y_n))}} \circ v' \circ L'_{y_n} = L'_{\exp{(-v(y_n))}} \cdot z^{-1} \cdot y_n = L'_e = \mathrm{Id}_{\mathbf{g}}.$$

自然地, 方程(3.7.16) 变为

$$\mathrm{dexp}^{-1}_{v(y_n)} - h\,\mathrm{d}g_{y_n}(u_n) + f(y_n) = 0. \tag{3.7.19}$$

不失一般性, 假设存在一已知的$z \in G$和某一$v_n \in \mathbf{g}$, 使得

$$y_n = z \cdot \exp{(v_n)} = L_z \circ \exp{(v_n)}.$$

例如, z为$f(y) = 0$的解y的逼近, 使得$z^{-1}y_n \in N(e)$, 因此有

$$f(y_n) = f \circ L_z \circ \exp{(v_n)} \stackrel{\text{def}}{=} \widetilde{f}(v_n).$$

函数$\widetilde{f} = f \circ L_z \circ \exp$是从$\mathbf{g}$到$\mathbf{g}$的映射. 特别地, $\widetilde{f}$在v_n的微分$\mathrm{d}\widetilde{f}_{u_n}$是由下式定义的线性映射

$$\mathrm{d}\widetilde{f}_{v_n} = \frac{\mathrm{d}}{\mathrm{d}t}\bigg|_{t=0} \widetilde{f}(v_n + tu). \tag{3.7.20}$$

如果$\mathbf{g}$为有限维, 则牛顿法可以应用于方程$\widetilde{f}(v) = 0$.

2. 李代数上的牛顿法

对给定的$y_n \in G$, $y_n = z \circ \exp{(v_n)}$, 由(3.7.20) 确定$\mathrm{d}\widetilde{f}_{v_n}$.

寻找$u_n \in \mathbf{g}$满足

$$\mathrm{d}\widetilde{f}_{v_n}(u_n) + \widetilde{f}(v_n) = 0. \tag{3.7.21}$$

计算$v_{n+1} = v_n + u_n, y_{n+1} = z \cdot \exp{(v_{n+1})}$.

例 3.7.2 例3.7.1中的方程(3.7.18) 可以写为

$$\widetilde{f}_v \stackrel{\text{def}}{=} f\big(z\cdot\exp(v)\big) = v - hg(z\cdot\exp(v)). \tag{3.7.22}$$

$\widetilde{f}$ 在v_n 的微分为

$$\begin{aligned}\mathrm{d}\widetilde{f}_{v_n} &= \mathrm{Id}_{\mathbf{g}} - h\mathrm{d}(g\circ L_z\circ\exp)_{v_n}\\ &= \mathrm{Id}_{\mathbf{g}} - h\mathrm{d}g_{y_n}\circ L'_{y_n^{-1}}\circ\exp'_{v_n}\\ &= \mathrm{Id}_{\mathbf{g}} - h\mathrm{d}g_{y_n}\circ\mathrm{dexp}_{v_n},\end{aligned}$$

因此(3.7.21) 变为

$$u_n - h\mathrm{d}g_{y_n}\circ\mathrm{dexp}_{v_n}(u_n) + \widetilde{f}(v_n) = 0. \tag{3.7.23}$$

因为

$$\widetilde{f}(v_n) = f\big(z\circ\exp(v_n)\big) = f(y_n), \tag{3.7.24}$$

可以证明, 第二种算法是第一种算法的线性化[OW00].

§3.7.3 数值实验

对矩阵[罗明秋等03]

$$Y = \begin{pmatrix} d(1) & b & 0 & \cdots & 0 & c & 0 & 0 & \cdots & 0\\ b & d(2) & b & \cdots & 0 & 0 & c & 0 & \cdots & 0\\ 0 & b & d(3) & \cdots & 0 & 0 & 0 & c & \cdots & 0\\ \vdots & \vdots & \vdots & \vdots & \vdots & \vdots & \vdots & \vdots & \vdots & 0\\ 0 & 0 & 0 & \cdots & d(m) & 0 & 0 & 0 & \cdots & c\\ c & 0 & 0 & \cdots & 0 & d(m+1) & b & 0 & \cdots & 0\\ 0 & c & 0 & \cdots & 0 & b & d(m+2) & b & \cdots & 0\\ 0 & 0 & c & \cdots & 0 & 0 & b & d(m+3) & \cdots & 0\\ \vdots & \vdots & \vdots & \vdots & 0 & \vdots & \vdots & \vdots & \vdots & \vdots\\ 0 & 0 & 0 & \cdots & c & 0 & 0 & 0 & \cdots & d(n)\end{pmatrix}$$

用李群算法求其特征值, 其中$n=2m,\ b=-1,\ c=-1;\ 1\le i\le m+1,\ v(i)=1/(200^2),\ d(i)=v(i)+4;\ m+2\le i\le n,\ v(i)=1/(600^2),\ d(i)=v(i)+4.$

首先, 定义矩阵Y 生成的李代数为

$$B = Y^- - Y^+,$$

其中Y^-,Y^+ 分别为矩阵Y 的下三角矩阵和上三角矩阵. 然后，分别用李群算法中的显式Euler 和隐式Euler 计算, 在隐式Euler 计算中, 分别用简单迭代和牛顿迭代.

发现在显式Euler 法中, 时间步长$h \le 0.3$, 当矩阵的阶n 变大时, h 变小; 在隐式Euler 简单迭代中, 时间步长$h \le 0.3$, 当矩阵的阶n 变大时, h 变小. 而在隐式Euler 牛顿迭代中, 时间步长h 可以取较大一些的值. 例如, 当$n = 4$ 时h 可以取到1000, 当$n = 20, n = 40$ 时h 可以取到5.

但是用牛顿法时对初值有一定的要求. 当初值在解的某一邻域内时, 使用牛顿法可以迅速收敛到解. 在计算中, 矩阵对角线以外的元素最大允许误差为10^{-10}, 当$n = 4, 6$ 时用牛顿法时可以直接计算; 取$n = 20, 40$ 时, 则需要先用显式Euler 计算. 当矩阵对角线以外的元素最大允许误差小于0.1 时, 若用牛顿法, 则可以用较大的步长计算.

§3.8 单程波李代数积分及应用

长期以来，地球物理界努力引进拟微分算子和象征理论对地震波传播进行抽象研究，挖掘其深层次的规律，提高数值计算精度和速度. 刘洪和李幼铭等利用保结构李群算法[IMKNZ00],[MK98]研究单程波，即对算子进行大步长积分延拓[刘洪等06],[刘洪等07(1)],[刘洪等07(2)]，目的是在横向变速情况下，简化地震波走时求取，便于走时的反复计算，称为李代数积分走时算法. 该方法将地震波场延拓方程转化为李代数微分方程，求其李代数积分解，通过指数映射得到波场延拓算子的复相位，在离散计算中减少递推过程的误差积累，有效保证了计算精度. 因此，在大步长延拓研究中引入保结构算法，需要解决李代数积分和指数映射计算两大问题，前者通过将微分方程转换到象征域，使计算得到简化，后者通过BCH公式，利用Magnus [Mag54]算法进行求解.

§3.8.1 拟微分算子及其象征

1. **拟微分算子**

本节内容部分取自专著[Hör94],[齐民有等05]. 从形式上看, 一个线性偏微分算子(简称为PDO)

$$P(x, D) = \sum_{|\alpha| \le m} a_\alpha(x) \partial_x^\alpha, \quad x \in \mathbf{R}^n, \tag{3.8.1}$$

其中$\partial_x = (\partial_{x_1}, \cdots, \partial_{x_n})$, 可以对应于一个多项式

$$P(x, \xi) = \sum_{|\alpha| \le m} a_\alpha(x) \xi^\alpha, \tag{3.8.2}$$

这个对应可以借助于Fourier变换来实现. 对$f(x) \in \mathcal{F}(\mathbf{R}^n)$, 有

$$P(x, D) f = \frac{1}{(2\pi)^n} \int_{\mathbf{R}^n} \mathrm{e}^{\mathrm{i}x\xi} p(x, \xi) \widehat{f}(\xi) \, \mathrm{d}\xi. \tag{3.8.3}$$

$p(x,\xi)$称为$P(x,D)$的象征, 其主部$P_m(x,\xi)=\sum\limits_{|\alpha|=m}a_\alpha(x)\xi^n$称为其主象征. 这就产生了微分算子$P(x,D)$ 和象征之间的关系.

理论工具主要来自傅氏变换

$$\mathcal{F}[f](\xi):=\widehat{f}(\xi):=\int_{\mathbf{R}^n}\mathrm{e}^{\mathrm{i}\xi x}f(x)\,\mathrm{d}x,\quad \forall\xi\in\mathbf{R}^n, \tag{3.8.4}$$

其中$f:\mathbf{R}^n\to C$.

方程(3.8.4)可写成函数$f(x)$和$\mathrm{e}^{\mathrm{i}x\xi}$的内积:

$$\mathcal{F}[f](\xi)=\int_{\mathbf{R}^n}f(x)\mathrm{e}^{\overline{\mathrm{i}x\xi}}=(f,\mathrm{e}^{\mathrm{i}\xi})_{L^2(\mathbf{R}^n)}, \tag{3.8.5}$$

这样$\widehat{f}$能看成f作用于正弦波的响应.

已知傅氏变换$g(\xi)=\widehat{f}(\xi)$, 则函数f能重新被建立:

$$F^{-1}[g](\xi):=\frac{1}{(2\pi)^n}\int\mathrm{e}^{\mathrm{i}x\xi}g(\xi)\,\mathrm{d}\xi. \tag{3.8.6}$$

通过傅氏逆变换公式可得

$$\begin{aligned}Pf&=\sum_{|\alpha|\le m}a_\alpha(x)\partial_x^\alpha\frac{1}{(2\pi)^n}\int_{\mathbf{R}^n}\mathrm{e}^{\mathrm{i}x\xi}\widehat{f}(\xi)\,\mathrm{d}\xi\\&=\sum_{|\alpha|\le m}a_\alpha(x)\frac{1}{(2\pi)^n}\int_{\mathbf{R}^n}(\mathrm{i}\xi)^\alpha\mathrm{e}^{\mathrm{i}x\xi}\widehat{f}(\xi)\,\mathrm{d}\xi\\&=\frac{1}{(2\pi)^n}\int_{\mathbf{R}^n}\mathrm{e}^{\mathrm{i}x\xi}p(x,\xi)\widehat{f}(\xi)\,\mathrm{d}\xi,\end{aligned}$$

$p(x,\xi)$是算子P的象征.

假设$p(x,\xi)=p(\xi)$不依赖$x\in\mathbf{R}^n$, 于是,

$$Pf=\mathcal{F}^{-1}[p(\xi)\widehat{f}]=\mathcal{F}^{-1}\big[p(\xi)F[f]\big],$$

因此P作用于u就是$p(\xi)$乘以$\widehat{f}(\xi)$, 这就提示我们P之逆相当于傅氏变换乘以$\dfrac{1}{p(\xi)}$, 所以

$$Qf:=\mathcal{F}^{-1}\big[p(\xi)^{-1}\widehat{f}(\xi)\big]=\frac{1}{(2\pi)^n}\int_{\mathbf{R}^n}\mathrm{e}^{\mathrm{i}x\xi}\frac{1}{p(\xi)}\widehat{f}(\xi)\,\mathrm{d}\xi.$$

这里假设$p(\xi)\neq0,\ \forall\xi\in\mathbf{R}^n$, 于是$\mathcal{F}[Qf]=P(\xi)^{-1}\widehat{f}(\xi)$. 因为$\mathcal{F}\mathcal{F}^{-1}=\mathrm{I}$, 所以有

$$PQf=\mathcal{F}^{-1}\big[p(\xi)\mathcal{F}[Qf]\big]=\mathcal{F}^{-1}\big[p(\xi)p(\xi)^{-1}\widehat{f}\big]=\mathcal{F}^{-1}\big[\widehat{f}(\xi)\big]=f,$$

即Q的确是算子P之逆. 当然, 这里的Q不再是微分算子, 它属于拟微分算子, 简写为PsDO, 它可以定义为

$$q(x, D_x)f := \frac{1}{(2\pi)^n}\int_{\mathbf{R}^n} \mathrm{e}^{\mathrm{i}x\xi} q(x,\xi)\widehat{f}(\xi)\,\mathrm{d}\xi.$$

类似于常系数情况:

$$Qf := \frac{1}{(2\pi)^n}\int_{\mathbf{R}^n} \mathrm{e}^{\mathrm{i}x\xi}\frac{1}{p(x,\xi)}\widehat{f}(\xi)\,\mathrm{d}\xi,$$

于是

$$PQf = \frac{1}{(2\pi)^n}\int_{\mathbf{R}^n} P\Big(\mathrm{e}^{\mathrm{i}x\xi}\frac{1}{p(x,\xi)}\Big)\widehat{f}(\xi)\,\mathrm{d}\xi.$$

又根据乘法规则, 有

$$\begin{aligned} P\Big(\mathrm{e}^{\mathrm{i}x\xi}\frac{1}{p(x,\xi)}\Big) &= P(\mathrm{e}^{\mathrm{i}x\xi})\frac{1}{p(x,\xi)} + \gamma(x,\xi) = p(x,\xi)\frac{1}{p(x,\xi)} + \gamma(x,\xi) \\ &= 1 + \gamma(x,\xi), \end{aligned}$$

$$PQf = I + \gamma(x, D_x), \tag{3.8.7}$$

所以从某种意义上讲, $\gamma(x, D_x)$是低阶的(阶数小于0).

2. 拟微分算子象征

设拟微分算子 $P\Big(x, \dfrac{\mathrm{d}}{\mathrm{i}\,\mathrm{d}x}\Big)$ 的象征 $\sigma(p)$ 是一个函数 $p(x,k)$, 由拟微分算子作用于正弦波的响应给出, 具体地,

$$p(x,k) = \sigma(p) = \exp(-\mathrm{i}\,kx)\Big(P\Big(x, \frac{1}{\mathrm{i}\,\partial x}\Big)\exp \mathrm{i}\,kx\Big). \tag{3.8.8}$$

拟微分算子的象征是频谱概念的推广, 可以大大简化算子乘积和求逆运算.

设算子作用函数为$f(x)$, 其Fourier变换为$\widehat{f}(k)$,

$$\widehat{f}(k) = \int_{-\infty}^{+\infty} f(x)\exp(-\mathrm{i}\,kx)\,\mathrm{d}x,$$

$$f(x) = \frac{1}{2\pi}\int_{-\infty}^{+\infty} \widehat{f}(k)\exp(\mathrm{i}\,kx)\,\mathrm{d}x,$$

则

$$P(x, D_x)f(x) = P\Big(x, \frac{1}{\mathrm{i}\,\mathrm{d}x}\Big)f(x) = \frac{1}{2\pi}\int_{-\infty}^{+\infty} p(x,k)\widehat{f}(k)\ \exp(\mathrm{i}\,kx)\,\mathrm{d}x \tag{3.8.9}$$

右端表达形式为Fourier积分算子.

刘洪和李幼铭等在“单程波算子积分解的象征表示”一文中给出单平方根算子、算子高次幂、交换算子、指数算子等高阶象征表达式[刘洪等07(2)], 详见下节.

§3.8.2 象征的Witt积或象征的组合

两个拟微分算子A,B的乘积仍为拟微分算子, 乘积AB的象征$\sigma(AB)$是它们对应象征$a=\sigma(A)$, $b=\sigma(B)$的Witt积[齐民有等05],[Hör94], Witt积用符号# 来表示.

$$\begin{aligned}\sigma(AB) &= \sigma(A)\#\sigma(B) = a\#b \\ &= \exp\left(\partial_k{}^a D_x{}^b\right)a(x,k)b(x,k) \\ &= \sum_{n=0}^{\infty}\frac{1}{n!}(\partial_k)^n a(x,k)(D_x)^n b(x,k).\end{aligned} \tag{3.8.10}$$

公式(3.8.10) 来自推广Leibnitz公式, A,B分别为微分算子$A(x,D_x)$, $B(x,D_x)$.

$$R = A\circ B,$$

$$R(x,\xi) = \mathrm{e}^{-(x,\xi)}R\mathrm{e}^{(x,\xi)}, \tag{3.8.11}$$

$$R(x,\xi) = \sum_n \frac{1}{n!}\Big(\frac{\partial}{\partial\xi}\Big)^n a(x,\xi)\Big(\frac{\partial}{\partial x}\Big)^n b(x,\xi) \tag{3.8.12}$$

$$= P(x,\xi+D)a(x,\xi). \tag{3.8.13}$$

注 3.8.1 若$\sigma(A)=a(x),\sigma(B)=\xi^\alpha$, 则$\sigma(AB)=a\cdot\xi^\alpha$;

若$\sigma(A)=\xi^\alpha,\sigma(B)=m$, 则$\sigma(AB)=\sum\limits_{n<\alpha}\begin{pmatrix}\alpha\\ n\end{pmatrix}(D^n a(x))(D^{\alpha-n}\ \cdot)$;

$$\sigma(AB)=\sigma(x,\xi)=\sum_{n\le\alpha}\begin{pmatrix}\alpha\\ n\end{pmatrix}(D^n a(x))(\xi^{\alpha-n})=\sum_{n\le\alpha}\frac{1}{n!}(D^n a(x))(\partial_\xi^n\xi^\alpha). \tag{3.8.14}$$

注 3.8.2 对于简单的情况组合公式是有限项的和, 即(3.8.14) 式; 对于一般的$\upsilon(A)=a(x,\xi)$, $\sigma(B)=b(x,\xi)$, 组合公式即(3.8.12) 式是无穷项的和, 它可以看成是渐近意义下的公式.

引理 3.8.1

$$\mathrm{e}^{-\mathrm{i}x\xi}P\mathrm{e}^{\mathrm{i}x\xi}=P(x,D+\xi)u(x). \tag{3.8.15}$$

证明:

$$\mathrm{e}^{-\mathrm{i}\xi x}D_k\mathrm{e}^{\mathrm{i}\xi x}u=D_k u+\xi\frac{\partial x}{\partial x_k},$$

因为

$$\begin{aligned}\mathrm{e}^{-\mathrm{i}\xi x}D^\alpha\mathrm{e}^{\mathrm{i}\xi x}u &= \mathrm{e}^{-\mathrm{i}\xi x}\left(D_1^{\alpha_1}\cdots D_n^{\alpha_n}\right)\mathrm{e}^{\mathrm{i}\xi x}u \\ &= \left(u^{-\mathrm{i}\xi x}D_1\mathrm{e}^{\mathrm{i}\xi x}\right)^{\alpha_1}\cdots\left(\mathrm{e}^{-\mathrm{i}\xi x}D_n\mathrm{e}^{\mathrm{i}\xi x}\right)^{\alpha_n}u \\ &= \left(D_1+\xi_1\frac{\partial x}{\partial x_1}\right)^{\alpha_1}\cdots\left(D_n+\xi_n\frac{\partial x}{\partial x_n}\right)^{\alpha_n}u,\end{aligned}$$

所以

$$\begin{aligned} e^{-ix\xi}Pe^{ix\xi}u(x) &= \sum a_\alpha(x)e^{-ix\xi}D^\alpha e^{ix\xi}u(x) \\ &= \sum a_\alpha(x)(D+\xi)^\alpha u(x) \\ &= P(x,D+\xi)u(x). \end{aligned}$$

因为$p(x,\eta+\xi)$对点ξ展开有

$$p(x,\eta+\xi) = \sum \frac{1}{\beta\,!}\frac{\partial}{\partial\,\xi^\beta}p(x,\xi)\eta^\beta,$$

所以

$$p(x,D+\xi)u(x) = \sum \frac{1}{\beta\,!}\frac{\partial}{\partial\,\xi^\beta}p(x,\xi)D^\beta u(x).$$

▲

若把$u(x)$用$b(x,\xi)$替代, $p(x,\xi)$用$a(x,\xi)$替代, 则得公式

$$\begin{aligned} \sigma(AB) &= \sigma(A)\#\sigma(B) = a\#b \\ &= \sum_{n=0}^{\infty}\frac{1}{n\,!}(\partial_k)^n a(x,k)(D_x)^n b(x,k). \end{aligned}$$

可将公式(3.8.10)写成

$$a\# = \sigma(A)\# = a + \sum_{n=1}^{\infty}\frac{1}{n\,!}\partial_k^n a D_x^n. \tag{3.8.16}$$

§3.8.3 单平方根算子的象征

Witt 积的一个应用是单平方根算子的象征.

设

$$a(x,k) = \sigma(A) = \sigma\sqrt{B}, \tag{3.8.17}$$

$$b(x,k) = \sigma(B) = -\Big(\frac{\omega^2}{v^2} - k^2\Big), \tag{3.8.18}$$

$$AA = B, \tag{3.8.19}$$

利用公式(3.8.10)将象征函数按ω, k的齐次函数展开为

$$a = \sum_{i=0}^{\infty} a_i, \tag{3.8.20}$$

$$a_0 = \mathrm{i}\sqrt{\frac{\omega^2}{v^2} - k^2}, \tag{3.8.21}$$

$$\begin{aligned} a_1 &= -\frac{1}{2a_0}\partial_k a_0 D_x a_0 \\ &= -\frac{1}{2\mathrm{i}\sqrt{\dfrac{\omega^2}{v^2} - k^2}}\left(\partial_k\sqrt{\frac{\omega^2}{v^2} - k^2}\right)\left(D_x\sqrt{\frac{\omega^2}{v^2} - k^2}\right) \\ &= -\frac{k\dfrac{\omega^2}{v^3}\partial_x v}{2\left(\dfrac{\omega^2}{v^2} - k^2\right)^{\frac{3}{2}}}, \end{aligned} \tag{3.8.22}$$

$$a_2 = -\frac{1}{2a_0}\left\{a_1 a_1 + (\partial_k a_0 D_x a_1 + \partial_k a_1 D_x a_0) + \frac{1}{2}(\partial_k)^2 a_0 (D_x)^2 a_0\right\}, \tag{3.8.23}$$

a_0, a_1, a_2分别是ω, k的1次、0次和-1次齐次函数.

§3.8.4 象征的Witt 除法

$$\sigma(A^{-1}B) = c, \tag{3.8.24}$$

$$\sum \frac{1}{k\,!}(\partial_k)^k a(x,k)(D_x)^k c(x,k) = b(x,k). \tag{3.8.25}$$

设$a(x,k), b(x,k), c(x,k)$, 按k的齐次函数展开为

$$a = \sum_{i-0}^{\infty} a_i, \quad b = \sum_{i=0}^{\infty} b_i, \quad c = \sum_{i=0}^{\infty} c_i. \tag{3.8.26}$$

Witt 除法可以通过下式递推求出:

$$a_0 c_0 = b_0. \tag{3.8.27}$$

随着有限多项式除法的完成, 振幅的1 阶影响也由此得出:

$$(a_0 c_1 + a_1 c_0) + (\partial_k a_0 D_x c_0) = b_1, \tag{3.8.28}$$

$$(a_0 c_2 + a_1 c_1 + a_2 c_0) + (\partial_k a_0 D_x c_1 + \partial_k a_1 D_x c_0) + \frac{1}{2}(\partial_k)^2 a_0 D_x^2 c_0 = b_2, \tag{3.8.29}$$

$$\begin{aligned} &(a_0 c_3 + a_1 c_2 + a_2 c_1 + a_3 c_0) + (\partial_k a_0 D_x c_2 + \partial_k a_1 D_x c_1 + \partial_k a_2 D_x c_0) \\ &\qquad + \frac{1}{2}\left((\partial_k)^2 a_0 D_x^2 c_1 + (\partial_k)^2 a_1 D_x^2 c_0\right) + \frac{1}{6}(\partial_k)^2 a_0 D_x^3 c_0 = b_3, \end{aligned} \tag{3.8.30}$$

$$\sum_{n=0}^{\infty} \frac{1}{n\,!}\left(\sum_{j=0}^{\infty}(\partial_k)^n a_{m-n-j}(D_x)^n c_j\right) = b_m, \quad m = 0, 1, 2, \cdots. \tag{3.8.31}$$

Witt 除法在反射、透射、散射算子的Fourier积分表示（以便借助可分表示，利用有限的Fourier 变换实现）中有重要应用.

§3.8.5 交换算子的象征

$$\begin{aligned}\sigma\big([A,B]\big) &= \sigma(AB-BA)=\{a,b\}\\ &= a\#b-b\#a\\ &= \sum_{n=1}\frac{1}{n!}\big((\partial_k a)^n(D_x b)^n-(D_x a)^n(\partial_k b)^n\big).\end{aligned}\tag{3.8.32}$$

交换算子的象征在李代数积分解的简化和具体化中有重要作用.

§3.8.6 算子高次幂的象征

以下将算子高次幂展开到2阶导数项:

$$\begin{aligned}\sigma(A^n) &= (a\#)^n\\ &= a^n+\frac{n(n-1)}{2}\Big((\partial_k a)(D_x a)+\frac{1}{2!}(\partial_k^2 a)\Big)(D_x a)^2a^{n-2}\\ &\quad+\frac{n(n-1)(n-2)}{2\times 3}\Big((\partial_k a)(D_x a)(\partial_k D_x a)\\ &\quad+(\partial_k a)^2(D_x a)^2+(\partial_k^2 a)(D_x a)^2\Big)a^{n-3}\\ &\quad+\frac{n(n-1)(n-2)(n-3)}{2\times 4}(\partial_k a)^2(D_x a)^2a^{n-1}+\cdots.\end{aligned}\tag{3.8.33}$$

§3.8.7 算子指数函数的象征

$$\exp(a\#)=\exp(c),\tag{3.8.34}$$

$$\begin{aligned}a\# &= a(x,k)\#\\ &= a(x,k)+\sum_{n=1}^{\infty}\frac{1}{n!}\frac{\partial a(x,k)}{\partial k}\Big(\frac{\partial}{\mathrm{i}\partial x}\Big)^n\\ &= a\Big(x,k,\frac{\partial}{\mathrm{i}\partial x}\Big),\end{aligned}\tag{3.8.35}$$

$$\big\{a(x,k,k_1),b(x,k,k_1)\big\}=\frac{\partial b(x,k,k_1)}{\mathrm{i}\partial x}\frac{\partial a(x,k,k_1)}{\partial k_1}-\frac{\partial a(x,k,k_1)}{\mathrm{i}\partial x}\frac{\partial b(x,k,k_1)}{\partial k_1},\tag{3.8.36}$$

$$c=c(x,k).\tag{3.8.37}$$

注意(3.8.36)中象征不对k求导, 而是对k_1求导, k_1是象征域Witt积运算2 次象征化引入的.

$$c=c^{[1]}+c^{[2]}+c^{[3]}+c^{[4]}+c^{[5]}+c^{[6]}.\tag{3.8.38}$$

其中:

$$\begin{aligned}
c^{[1]}-b^{[1]} &= a, \quad (3.8.39)\\
c^{[2]}-b^{[2]} &= -\frac{1}{2}\{b^{[1]},a\}, \quad (3.8.40)\\
c^{[3]}-b^{[3]} &= -\frac{1}{2}\{b^{[2]},a\}+\frac{1}{12}\big(\{b^{[1]},b^{[1]},a\},\\
&\quad +\{a,a,b^{[1]}\}\big), \quad (3.8.41)\\
c^{[4]}-b^{[4]} &= -\frac{1}{2}\{b^{[3]},a\}+\frac{1}{12}\big(\{b^{[2]},b^{[1]},a\}\\
&\quad +\{b^{[1]},b^{[2]},a\}+\{a,a,b^{[2]}\}\big)\\
&\quad +\frac{1}{24}\{a,b^{[1]},b^{[1]},a\}. \quad (3.8.42)\\
c^{[5]}-b^{[5]} &= -\frac{1}{2}\{b^{[4]},a\}+\frac{1}{12}\big(\{b^{[3]},b^{[1]},a\}\\
&\quad +\{b^{[2]},b^{[2]},a\}+\{b^{[1]},b^{[3]},a\}+\{a,a,b^{[2]}\}\big)\\
&\quad +\frac{1}{24}\{a,b^{[2]},b^{[1]},a\}+\frac{1}{24}\{a,b^{[1]},b^{[2]},a\}\\
&\quad +\frac{1}{120}\big(\{a,a,b^{[1]},b^{[1]},a\}-\{b^{[1]},a,b^{[1]},b^{[1]},a\}\big)\\
&\quad +\frac{1}{360}\big(\{u,b^{[1]},b^{[1]},b^{[1]},a\}+\{b^{[1]},a,a,a,b^{[1]}\}\big)\\
&\quad -\frac{1}{720}\big(\{a,a,a,a,b^{[1]}\}+\{b^{[1]},b^{[1]},b^{[1]},b^{[1]},a\}\big). \quad (3.8.43)
\end{aligned}$$

上式左边是右边关于k_1幂的分解. $b^{[n]}$是右边象征关于k_1 的 1 次以上幂的和, $c^{[n]}$是右边象征关于k_1的0次幂.

当a为1次齐次函数时, 指数上的主象征为1次齐次函数. 如果考虑振幅, 则还需要考虑0次齐次项[ZZ05],[刘洪等07(1)],[OS10].

从拟微分算子的Fourier积分算子理论看, 由于考虑"薄板近似", 目前的小步长显格式算法还只利用了单平方根算子和指数算子的主象征表示. 然而, 在横向变化介质中进行大步长波场延拓和高角度波场延拓, 单平方根算子和指数算子2阶以上的象征是不能忽略的. 如在单平方根算子的象征的计算中, a_1 在横向变速介质中, 其指数函数随着横向变速的大小而变化的关系如图3.8.1所示. 可见当横向变速较小时, 带来的误差较小, 可以忽略不计，而当横向变速较大时, 在忽略不计时就会带来较大的误差. 在计算时为了使物理意义更加明确, 采用了变换$k=\dfrac{\omega}{v}\sin a\theta$, 计算在不同角度下其象征的变化.

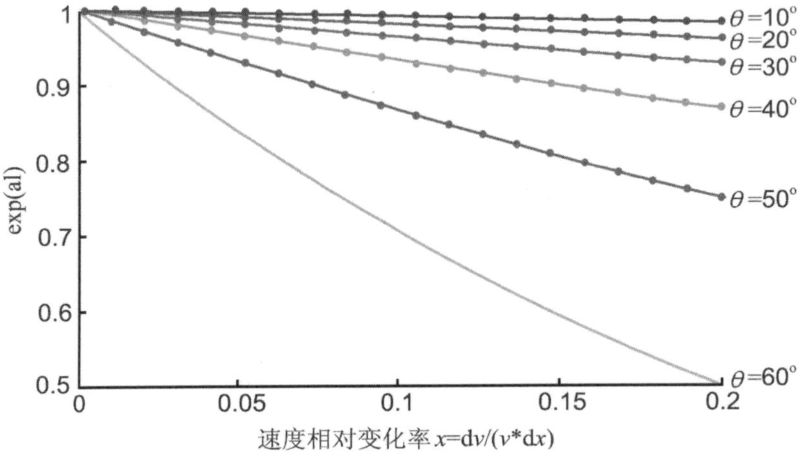

图 3.8.1 单平方根1阶象征的指数

§3.8.8 2 维象征的Witt 积

为了将拟微分算子理论推广到3 维偏移, 需要2 维象征的Witt 积.

$$
\begin{aligned}
&a(x,y,k_x,k_y)\#b(x,y,k_x,k_y)\\
=\ &\exp\left(\frac{\partial^a}{\partial\, k_x}\frac{\partial^b}{\mathrm{i}\partial\, x}\right)\exp\left(\frac{\partial^a}{\partial\, k_y}\frac{\partial^b}{\mathrm{i}\partial\, y}\right)a(x,y,k_x,k_y)b(x,y,k_x,k_y)\\
=\ &\sum\frac{1}{n\,!}\left(\frac{\partial^a}{\partial\, k_x}\frac{\partial^b}{\mathrm{i}\partial\, x}+\frac{\partial^a}{\partial\, k_y}\frac{\partial^b}{\mathrm{i}\partial\, y}\right)^n a(x,y,k_x,k_y)b(x,y,k_x,k_y).
\end{aligned}
\tag{3.8.44}
$$

§3.8.9 单程波算子李代数积分

刘洪等人[刘洪等06]提出大步长波场延拓方法，试图寻找一种积累误差小、便于目标处理、适应横向变速的快速波场延拓算法，给出横向变速条件下波场延拓格林函数比较准确的近似表达式，以便为改进复杂近地表、深层、海量地震资料处理和叠前深度偏移成像提供新的途径. 按照冯康保结构计算观点[Fen85],[冯康等03],[FQ10], 大步长波场延拓方法将单程波波场延拓算子分为李代数积分[MK99],[CMKQ02]和指数映射[CI00],[MQ02a],[ML78]两步, 指数映射通过Fourier积分算子借助用Kirchhoff积分、空间隐式有限差分和多项Fourier变换方法加以实现.

1. 李代数积分算子的象征

为求解如下方程:

$$
\partial_x D(z)=\mathrm{i}\sqrt{\frac{\omega^2}{v^2}+\partial_x^2}\,D(z),
\tag{3.8.45}
$$

设其积分解为

$$D(z) = GD(0) = \operatorname{expm}(\mathrm{i}\Phi(z))D(0), \tag{3.8.46}$$

其中expm参见公式(3.2.12), 而$\Phi(z) \in \mathbf{g}$为李代数积分算子, 而$\dfrac{\mathrm{d}\Phi}{\mathrm{d}z} = \mathrm{d}\exp_{\Phi}^{-1} f$是公式(3.3.7), 其象征为

$$\phi(z,x,k) = \sigma\big(\Phi(z)\big). \tag{3.8.47}$$

在单平方根算子的基础上, 根据§3.6, Magnus 递归算法[Mag54]李代数积分法可得:

$$\phi = \phi_1(f) + \phi_2(f) + \phi_3(f) + \phi_4(f) + \phi_5(f) + \phi_6(f) + \cdots, \tag{3.8.48}$$

$$\phi_1 = \int_0^z f\,\mathrm{d}z, \tag{3.8.49}$$

$$\phi_2 = -\mathrm{i}\frac{1}{2}\int_0^z \{\phi_1, f\}\,\mathrm{d}z, \tag{3.8.50}$$

$$\phi_3 = -\mathrm{i}\frac{1}{2}\int_0^z \{\phi_2, f\}\,\mathrm{d}z - \frac{B_2}{2}\int_0^z \{\phi_1,\phi_1,f\}\,\mathrm{d}z, \tag{3.8.51}$$

$$\begin{aligned}\phi_4 = &-\frac{\mathrm{i}}{2}\int_0^z \{\phi_3, f\}\,\mathrm{d}z \\ &-\frac{B_2}{2}\int_0^z \big(\{\phi_1,\phi_2,f\} + \{\phi_2,\phi_1,f\}\big)\,\mathrm{d}z,\end{aligned} \tag{3.8.52}$$

$$\begin{aligned}\phi_5 = &-\frac{\mathrm{i}}{2}\int_0^z \{\phi_4, f\}\mathrm{d}z - \frac{B_2}{2}\int_0^z \big(\{\phi_1,\phi_3,f\} + \{\phi_2,\phi_2,f\} + \{\phi_3,\phi_1,f\}\big)\mathrm{d}z \\ &+\frac{B_4}{24}\int_0^z \{\phi_1,\phi_1,\phi_1,\phi_1,f\}\mathrm{d}z,\end{aligned} \tag{3.8.53}$$

其中B_{2p}为Bernoulli数.

$$\begin{aligned} f(z,x,k,\omega) &= \sigma\left(\sqrt{\frac{\omega^2}{v^2} + \frac{\partial^2}{\partial x^2}}\right) \\ &= \sqrt{\frac{\omega^2}{v(z,x)^2} - k^2} + \mathrm{i}\frac{k\dfrac{\omega^2}{v(z,x)^3}\partial_x v(z,x)}{2\left(\dfrac{\omega^2}{v(z,x)^2} - k^2\right)^{\frac{3}{2}}} + \cdots \\ &= \sum \phi_{0,n}(z,x,\omega)k^{2n} + \mathrm{i}\sum \phi_{0,n}^A(z,x,\omega)k^{2n+1}, \end{aligned} \tag{3.8.54}$$

$$\phi_{0,n}(z,x,\omega) = c_n^{\frac{3}{2}}\frac{(-1)^n\omega}{v(z,x)}\left(\frac{v(z,x)^2}{\omega^2}\right)^n. \tag{3.8.55}$$

2. 单平方根算子积分解的象征

单平方根算子积分解是李代数积分算子的指数函数，其象征$\sigma\big(\exp(\mathrm{i}\Phi(z))\big)$可以保持为指数函数形式:

$$\exp\,\big(\mathrm{i}a(z,x,k)\big) = \sigma\big(\exp(\mathrm{i}\Phi(z))\big) = \exp(\mathrm{i}\phi\#). \tag{3.8.56}$$

该式可由(3.8.35) – (3.8.43)算出.

$$a(z,x,k) = \sum_{n=0}^{\infty} a_{0,n}(z,x,\omega)k^{2n} + \sum_{n=0}^{\infty} a_{0,n}^{d}(z,x,\omega)k^{n}, \tag{3.8.57}$$

$$a_{0,n}(z,x,\omega) = \int_0^x c_n^{1/2}\frac{\omega}{v(z,x)}\Big(\frac{v(z,x)^2}{\omega^2}\Big)^n \mathrm{d}z. \tag{3.8.58}$$

其中第1项为时间偏移项, 第2项$a_{0,n}^{d}(z,x,\omega)$为深度偏移修正项. 从上述推导可知, 象征主部为k,ω的1 次齐次函数. 从以上公式还可见深度偏移修正项来源于三部分: 单平方根算子修正、李代数积分修正、指数映射修正. 深度偏移修正项包含所有正次k幂. 速度的横向导数比较小时, $b(p)$所有奇次k幂项的系数正比于速度的横向导数, 偶次k幂项的系数由单平方根方程展开的垂向积分加上正比于速度的横向导数的修正项组成.

§3.8.10 单程波算子的格林函数

利用鞍点法可以从象征表达式求出格林函数表达式. 在水平层状介质条件下，求出的格林函数走时就是Dix公式[Dix55]. 因此, 此处推导的意义是将Dix公式推广到横向变速情况.

李代数积分解可用Fourier积分算子表示为:

$$\begin{aligned} D(x,z,\omega) &= \exp\,\big(\Phi(z)\big)D(0) \\ &= \frac{1}{2\pi}\int_{-\infty}^{\infty}\exp\,\big(a(x,z,k)\big)\,d(k,z=0,\omega)\exp\,(\mathrm{i}kx)\,\mathrm{d}x, \end{aligned} \tag{3.8.59}$$

$$d(k,z,\omega) = \int_{-\infty}^{\infty} D(k,z,\omega)\exp\,(-\mathrm{i}kx)\,\mathrm{d}z. \tag{3.8.60}$$

其中$D(z,k,\omega)$为数据, $d(z,k,\omega)$为波数谱.

由于象征保持了指数函数的形式, 故可用鞍点法求格林函数表达式. 我们先通过这种方法导出与前人结果相同的时间偏移时距关系, 表明了方法的有效性, 然后把方法用于推导深度偏移时距关系. 这些推导描述了象征的相位与走时之间的关系. 这里没有进一步计算鞍点法振幅, 因为目前已知真振幅需要在单平方根算子象征中加入透射校正项[Höo96],[刘洪等07(1)],[张关泉88],[张平平等06], 但根据本节可以知道如何进一步在推导中引入透射校正项. 令

$$k = \omega p, \tag{3.8.61}$$

因$a(x,z,k)$的主部为k,ω的1 次齐次函数, 则可将$a(x,z,k)$写为

$$a(x,z,k) = \omega b(p). \tag{3.8.62}$$

速度的横向导数比较小时, $b(p)$的所有p奇次幂项的系数正比于速度的横向导数, p偶次幂项的系数由单平方根方程展开的垂向积分加上正比于速度的横向导数的修正项构成.

根据鞍点法可得

$$\begin{aligned}\frac{1}{2\pi}\frac{\partial G}{\partial n} &= \int \exp\left(\mathrm{i}\omega b(p) + \mathrm{i}\omega p x\right)\mathrm{d}p \\ &= \sqrt{\frac{2\pi}{\omega|b''(p_0)|}}\exp\left(\mathrm{i}\omega b(p_0)\mathrm{i}\omega p_0 x + \frac{\mathrm{i}\pi}{4}\operatorname{sign} b''(p_0)\right) \\ &= \sqrt{\frac{2\pi}{\omega|b''(p_0)|}}\exp\left(\mathrm{i}\omega T + \frac{\mathrm{i}\pi}{4}\operatorname{sign} b''(p_0)\right),\end{aligned} \tag{3.8.63}$$

其中,

$$b'(p_0) + x = 0, \tag{3.8.64}$$

$$T = b(p_0) + p_0 x. \tag{3.8.65}$$

1. **时间偏移的时距关系**

将(3.8.54)式沿深度离散化, 忽略横向变速可得:

$$\Delta t_x = \frac{\Delta z_k}{v_k}, \tag{3.8.66}$$

$$b(p) = \sum_{k=1}^{2N}\sqrt{1 - v_k^2 p^2}\,\Delta t_k, \tag{3.8.67}$$

$$b'(p) = -\sum_{k=1}^{2N}\frac{v_k^2 \Delta t_k p}{\sqrt{1 - v_k^2 p^2}}, \tag{3.8.68}$$

$$b''(p) = -\sum_{k=1}^{2N}\frac{v_k^2 \Delta t_k p}{(1 - v_k^2 p^2)^{\frac{3}{2}}}, \tag{3.8.69}$$

$$x = \sum_{k=1}^{2N}\frac{v_k^2 \Delta t_k p}{\sqrt{1 - v_k^2 p^2}}, \tag{3.8.70}$$

$$\begin{aligned}T &= b(p) + px \\ &= b(p) - pb'(p)\end{aligned}$$

$$
\begin{aligned}
&= \sum_{k=1}^{2N} \Big(\frac{v_k^2 \Delta t_k p}{\sqrt{1-v_k^2p^2}} + \sqrt{1-v_k^2p^2}\Delta t_k \Big) \\
&= \sum_{k=1}^{2N} \frac{\Delta t_k}{\sqrt{1-v_k^2p^2}}, \qquad (3.8.71)
\end{aligned}
$$

$$
x(p) = \sum_{k=1}^{2N} \frac{v_k^2 \Delta t_k p}{\sqrt{1-v_k^2p^2}}, \qquad (3.8.72)
$$

$$
T(p) = \sum_{k=1}^{2N} \frac{\Delta t_k}{\sqrt{1-v_k^2p^2}}, \qquad (3.8.73)
$$

其中v_k是速度, Δt_k是k层的单程垂直旅行时间. 对于第一层底部反射线, 有

$$
T^2(x) = T^2(0) + \frac{x^2}{v_1^2}. \qquad (3.8.74)
$$

多层对称曲线$T(x)$可写成如下形式:

$$
T^2(x) = c_0 + c_2x^2 + c_4x^4 + c_6x^6 + \cdots . \qquad (3.8.75)
$$

将(3.8.72)式和(3.8.73)式用p的幂级数展开, 可得T^2, x^2, x^4, x^6的p幂级数展开式, 代入(3.8.75)式可求出系数$c_0, c_2, c_4, \cdots$如下:

$$
\begin{aligned}
c_0 &= T_0^2 = T^2(0), &(3.8.76)\\
c_2 &= \frac{1}{V_{(2)}}, &(3.8.77)\\
c_4 &= \frac{V_{(2)}^2 - V_{(4)}}{4V_{(2)}^4 T_0^2}, &(3.8.78)\\
c_6 &= \frac{2V_{(4)}^2 - V_{(6)}V_{(2)} - V_{(4)}V_{(2)}^2}{8V_{(2)}^7 T_0^4}, &(3.8.79)\\
c_8 &= \frac{-24V_{(4)}^3 - 5V_{(8)}V_{(2)}^2 - 4V_{(6)}V_{(2)}^3 + 9V_{(4)}^2V_{(2)}^2 + 24V_{(6)}V_{(4)}V_{(2)}}{64V_{(2)}^{10}T_0^6}. &(3.8.80)
\end{aligned}
$$

$V_{(m)}^{1/m}$确定速度的加权平均值, 有如下形式:

$$
V_{(m)}^{1/m} = \Big(\frac{1}{T(0)} \sum_{i=1}^{N} v_i^m \Delta t_i \Big)^{1/m} \qquad (3.8.81)
$$

2. 深度偏移的时距关系

从李代数积分和指数映射可得:

$$b(p) = \sum_{k=0}^{\infty} a_k p^k, \tag{3.8.82}$$

$$b'(p) = \sum_{k=1}^{\infty} k a_k p^{k-1}, \tag{3.8.83}$$

$$b''(p) = \sum_{k=2}^{\infty} k(k-1) a_k p^{k-2}, \tag{3.8.84}$$

$$x + a_1 = -\sum_{k=2}^{\infty} k a_k p^{k-1}, \tag{3.8.85}$$

$$T = a_0 + \sum_{k=2} (1-k) a_k p^k. \tag{3.8.86}$$

从(3.8.85)和(3.8.86)两式中消去p可得:

$$T^2(x) = a_0^2 + c_2(x+a_1)^2 + c_3(x+a_1)^3 + c_4(x+a_1)^4 + \cdots. \tag{3.8.87}$$

上式中,

$$c_2 = \frac{-a_0}{2a_2}, \tag{3.8.88}$$

$$c_3 = \frac{-a_0 a_3}{4a_2^3}, \tag{3.8.89}$$

$$c_4 = \frac{4a_4 a_2 + 2a_2^3 - 9a_3^2 a_0}{32a_2^6}, \tag{3.8.90}$$

$$c_5 = \frac{24a_3 a_4 a_0 a_2 - 27a_3^3 a_0 + 4a_3 a_2^3 - 4a_0 a_5 a_2^2}{64a_2^7}, \tag{3.8.91}$$

$$c_6 = \frac{8a_0 a_6 a_2^3 - 8a_4 a_2^4 + 22a_3^2 a_2^3 - 32a_0 a_4^2 a_2^2}{256a_2^9} + \frac{252a_3^2 a_0 a_4 a_2 - 189a_3^4 a_0 - 60a_3 a_0 a_5 a_2^2}{256a_2^9}. \tag{3.8.92}$$

当横向不变速, 即$a_1 = a_3 = a_5 = 0$时,

$$a_0 = \sum_{iz=0}^{nz} \frac{\Delta z}{v_{iz}}, \tag{3.8.93}$$

$$a_2 = -\frac{1}{2} \sum_{iz=0}^{nz} v_{iz} \Delta z, \tag{3.8.94}$$

$$a_4 = -\frac{1}{8} \sum_{iz=0}^{nz} v_{iz}^3 \Delta z, \tag{3.8.95}$$

$$a_6 = -\frac{1}{16}\sum_{iz=0}^{nz} v_{iz}^5 \Delta z, \tag{3.8.96}$$

$$a_8 = -\frac{5}{128}\sum_{iz=0}^{nz} v_{iz}^7 \Delta z, \tag{3.8.97}$$

此时不难证明(3.8.87)式退化成(3.8.75)式.

与时间偏移不同的是曲线含有奇次方项, 走时曲线的顶点在$x = -a_1$. 当没有横向变速时, 奇次项为零, 为对称走时; 当有横向变速时, 奇次项不为零，为非对称走时. 以此为基础可以发展出非对称走时的叠前时间偏移技术，在横向变速情况下，可以比对称走时的时间偏移具有更好的聚焦性能，而计算量可能比通常的叠前深度偏移要少.

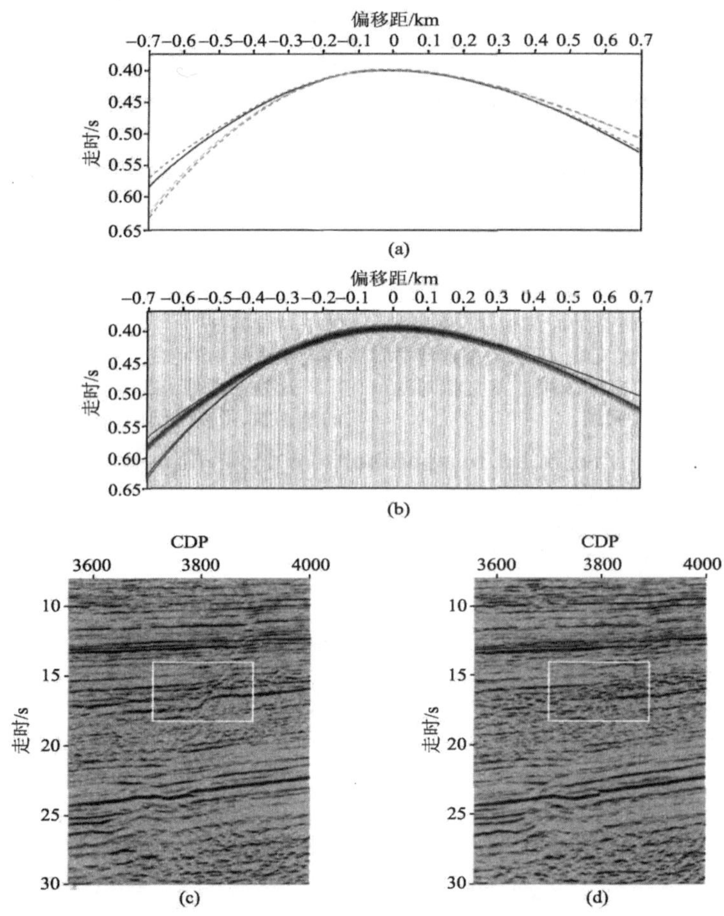

图 3.8.2 非对称走时与叠前时间偏移成像

图3.8.2 给出在横向变速介质中非对称走时计算与有限差分的对比. 图(a) 显

示了位于$x = 0$的点源非对称走时计算, 计算条件为横向变速介质v_0 =2km/s, $\frac{\mathrm{d}v}{\mathrm{d}x}$ =1.2$(\mathrm{km}\cdot\mathrm{s}^{-1})/\mathrm{km}$, 平均速度变化54.5. 图中长虚线表示对称走时公式只含有源像距的平方项, 中虚线表示对称走时公式含有源像距的2、4次方项, 短虚线表示非对称走时公式含有源像距的2、3 次方项和关于速度的1、2 次导数项, 实线表示非对称走时公式含源像距的2、3、4 次项和关于速度的1、2 次导数项. (b)表示与有限差分(变面积图) 对比. (c)表示叠前时间偏移成像(中国海上资料), 走时公式含有偏移距的2、3 、4 次项和关于速度的1、2 次横向导数项. (d)表示传统叠前时间偏移成像, 走时公式含有偏移距的2、4 次项, 不含速度的导数项.

图3.8.2显示了非对称走时的时间偏移与传统对称走时的时间偏移的对比. 与有限差分计算方法比较的原因是: 虽然计算速度比较慢, 但可作为横向变速情况下的标准. 与有限差分计算波形的走时比较表明, 走时公式含有偏移距的2、3、4 次项和关于速度的1、2 次导数项与有限差分结果最接近, 只含1阶导数与不含导数的精度依次降低. 将非对称走时的时间偏移(含速度横向导数)与对称走时时间偏移比较, 非对称走时的时间偏移成像的小断层和层间细节比传统的叠前时间偏移更清楚.

§3.8.11 结论

拟微分算子的象征的表达式研究有助于进一步认识和改进波场延拓的3种形式, 即Kirchhoff积分、空间隐式有限差分和多项Fourier变换方法. 本节通过给出单平方根算子、算子高次幂、交换算子、指数算子等高阶象征表达式, 具体计算了单平方根算子的1阶象征, 研究了横向变速对单程波算子象征高阶项的影响. 研究表明, 横向变速较大时高阶象征不可忽略. 这些研究表明了象征表达式有丰富的理论和数值研究内容; 表明利用李代数积分和象征的指数运算, 能够给出具有指数函数形式的算子象征, 这对进一步利用鞍点法创造了条件. 同时, 通过鞍点法, 说明了波场延拓算子象征的相位函数与时距曲线有密切关系, 前者代表象征域即波数域全波解, 后者代表空间域高频渐近解. 进一步推导表明, 对传统时间偏移的修正来源于3项: 单平方根算子修正、李代数积分修正、指数映射修正. 这里给出了非对称走时公式, 可改进Kirchhoff积分的聚焦性能.

参考文献

[罗明秋等03] 罗明秋, 朱国同, 刘洪, 李幼铭. 适用于三维隐式叠前深度偏移中矩阵求逆的混合算法. 地球物理学报, 46(5):684–689, 2003.

[秦孟兆84] 秦孟兆. 铁磁链方程组的两个差分格式. 计算数学, 4:443–444, 1984.

[冯康等03] 冯康, 秦孟兆. 哈密尔顿系统的辛几何算法. 浙江科学技术出版社, 杭州, 2003.

[齐民有等05] 齐民有, 徐超江, 王维克. 现代偏微分方程引论. 武汉大学出版社, 武汉, 2005.

[鲁百年等95] 鲁百年, 房少梅. 铁磁链方程的显式差分解. 纺织高校基础科学学报, 8(3):225–229, 1995.

[郭柏灵等00] 郭柏灵, 丁时进. 自旋波与铁磁链速方程. 浙江科学技术出版社, 杭州, 2000.

[张关泉88] 张关泉. 一维波动方程的反演问题. 中国科学, 7:707–721, 1988.

[崔兴福等04] 崔兴福, 张关泉, 吴雅丽. 三维非均匀介质中真振幅地震偏移算子研究. 地球物理学报, 47(3):509–513, 2004.

[张平平等06] 张平平, 常旭. 保幅偏移中的权函数. 地球物理学进展, 21(1):203–207, 2006.

[刘洪等06] 刘洪, 袁江华, 陈景波, 首皓, 李幼铭. 大步长波场深度延拓的理论. 地球物理学报, 49(6):1779–1793, 2006.

[刘洪等07(1)] 刘洪, 袁江华, 勾永峰, 张向君, 李幼铭. 地震逆散射波场和算子的谱分解. 地球物理学报, 50(1):240–247, 2007.

[刘洪等07(2)] 刘洪, 王秀闽, 曾锐, 李幼铭, 勾永峰. 单程波算子积分解的象征表示. 地球物理学进展, 22(2):463–471, 2007.

[刘洪等08] 刘洪, 李幼铭. 油气勘探二次创业的油储地球物理方法研究回顾. 石油与天然气地质, 29(5):648–653, 2008.

[张廉萍等10] 张廉萍, 刘洪. 适于kirchhoff 叠前深度偏移的地震走时李代数积分算法. 地球物理学报, 53(8):1893–1901, 2010.

[张廉萍等10] 张廉萍, 刘洪, 李幼铭. 单程波李代数深度积分的精度分析和算法改进. 地球物理学报, 53(11):2739–2746, 2010.

[AI80] K. Abe and O. Inoue. Fourier expansion of the Korteweg-de Vries equation. *J. of Comp. Phys.*, 34:202–210, 1980.

[CG93] P. E. Crouch and R. Grossman. Numerical integration of ordinary differential equations on manifolds. *J. Nonlinear. Sci.*, 3:1–33, 1993.

[Chu93] M. T. Chu. On a differential equation $\mathrm{d}x/\mathrm{d}t = [X, k(X)]$ where k is a Toeplitz annihilator. *Technical report, North Carolina State University*, 1993.

[Chu98] M. T. Chu. Inverse eigenvalue problems. *SIAM Review*, 40:1–39, 1998.

[CI00] E. Celledoni and A. Iserles. Approximating the exponential from a Lie algebra to a Lie group. *Math. Comp.*,69:(232):1457–1480, 2000.

[CIZ97] M. P. Calvo, A. Iserles, and A. Zanna. Numerical solution of isospectral flows. *Math. Comp.*, 66(220):1461–1486, 1997.

[CMKQ02] J. B. Chen, H. Munthe-Kaas, and M. Z. Qin. Square-conservative schemes for a class of evolution equations using lie-group methods. *SIAM J. Numer. Anal.*,39:2164–2178, 2002.

[Dix55] C. H. Dix. Seismic velocities from surface measurements. *Geophysics*, 20:68–86, 1955.

[DLP98] F. Diele, L. Lopez, and T. Politi. One step semi-explicit methods based on the Cayley transform for solving isospectral flows. *J. Comput. Appl. Math*, 89:219–223, 1998.

[Eng00] K. Engø. On the construction of geometric integrators in the RKMK class. *BIT*, 40(1):41–61, 2000.

[Fen85] K. Feng. On difference schemes and symplectic geometry. In K. Feng, editor, *Proceedings of the 1984 Beijing Symposium on Differential Geometry and Differential Equations*. Science Press, Beijing, 42–58,1985.

[FQ10] K. Feng and M. Z. Qin. *Symplectic Geometric Algorithms for Hamiltonian systems*. Springer and Zhejiang Science and Technology Publishing House, Heidelberg, Hangzhou, First edition, 2010.

[Fla74] H. Flaschka. The Toda lattice. *Physical Review Letters*, 1924–1925, 1974.

[Guo85] B. Y. Guo. Numberical solution of an initial-boundary value problem of the Korteweg-de Vries equation. *AMS*, 5:337–348, 1985.

[Hau06] F. Hausdorff. Die symbolische exponential formel in der gruppen theorie. *Berichte der Sachsischen Akad. der Wissensch.*, 58:19–48, 1906.

[Hel78] S. Helgason. *Differential Geometry, Lie Groups and Symmetric Spaces*. Academic Press, New York, 1978.

[Hoo96] M. V. D. Hoop. Generalization of the bremmer coupling series. *J. of Math. Phys.*, 37:3246–3282, 1996.

[Hör94] L. Hörmander. *The Analysis of Linear Partial Differential Operators, volume III.* Springer-Verlag, Berlin, 1994.

[IMKNZ00] A. Iserles, H. Z. Munthe-Kaas, S. P. Nørsett, and A. Zanna. Lie-group methods. *Acta Numerica*, 9:215–365, 2000.

[Ise84] A. Iserles. Solving linear ordinary differential equations by exponentials of iterated commutators. *Numer. Math.*, 45:183–199, 1984.

[Lie88] S. Lie. Zur Theorie der Transformationsgruppen. *Christiania, Gesammelte Abh., Christ. Forh. Aar.*, 13, 1988.

[LL35] L. D. Landau and E. M. Lifshitz. *On the theory of the dispearsion of Magnetic permeability in Ferromagnetic bodies*. Phys. Zs. Sowejet, 8:153–169, 1935. 5 papers of L. D. Landau D. Ter, Haar, eds Pergamom, New York.

[Mag54] W. Magnus. On the exponential solution of differential equations for a linear operator. *Comm. Pure and Appl. Math.*, 7:649–673, 1954.

[McL94] R. I. McLachlan. Symplectic integration of Hamiltonian wave equations. *Numer. Math.*, 66:465–492, 1994.

[MK95] H. Munthe-Kaas. Lie-Butcher theory for Runge-Kutta methods. *BIT*, 35(4):572–587, 1995.

[MK98] H. Munthe-Kaas. Runge-Kutta methods on Lie groups. *BIT*, 38(1):92–111, 1998.

[MK99] H. Munthe-Kaas. High order Runge-Kutta methods on manifolds. *Appl. Numer. Math.*, 29:115–127, 1999.

[ML78] C. Moler and C. V. Loan. Nineteen dubious ways to compute the exponential of matrix. *SIAM Review*, 20(1):801–836, 1978.

[MQ02a] R. I. McLachlan and G. R. W. Quispel. Splitting methods. *Acta Numerica*, 11:341–434, 2002.

[Olv86] P. J. Olver. *Applications of Lie Groups to Differential Equations*. Springer-Verlag, New York, 1986.

[OS10] T. J. P. M. Opt'Root and C. C. Stolk. One-way wave propagation with amplitude based on pseudo-differential operators. *Wave Motion*, 47:67–84, 2010.

[OW00] B. Owren and B. Welfert. The Newton iteration on Lie groups. *BIT*, 40(1):121–145, 2000.

[Qin82] M. Z. Qin. A symplectic difference scheme for the PDEs. *J. of Comp. Phys.*, 48(1):57–71, 1982.

[Tod81] M. Toda. *Theory of Nonlinear Lattices*. Springer-Verlag, Berlin, First edition, 1981.

[Tre97] W. F. Trench. Numerical solution of the inverse eigenvalue problem for real symmetric Toepliz matrices. *SIAM J. Sci. Comput.*,18, 1722–1736, 1997.

[Var84] V. S. Varadarajan. *Lie Groups, Lie Algebras, and Their Representations*. Springer-Verlag, New York, GTM 102, 1984.

[Zan99] A. Zanna. Collocation and relaxed collocation for the Fer and the Magnus expansions. *SIAM J. Numer. Anal.*, 36(4):1145–1182, 1999.

[ZG83] Y. L. Zhou and B. L. Guo. Finite difference solution of the boundary problems for systems of the ferro-magnitic chain. *J. Comput. Math.*, 1(3):294–302, 1983.

[ZK65] N. J. Zabusky and M. D. Kruskal. Interaction of the "solitons" in a collisionless plasma and the recurrence of initial states. *Physical Review Letters*, 15:240–243, 1965.

[ZZ05] Y. Zhang and G. Zhang. Theory of true-amplitude one-way wave equations and true-amplitude common-shot migration. *Geophysics*, 9:820–828, 2005.

第四章　无穷维Hamilton 系统的辛几何算法

在局部坐标, 可定义运算

$$\{\mathcal{P},\mathcal{L}\}=\int\delta\mathcal{P}\cdot D\,\delta\,\mathcal{L}\,\mathrm{d}x, \tag{4.0.1}$$

其中δ 表示泛函导数, D 表示A^q 上的线性算子. 如果上面所定义的运算具有Poisson 括号的性质, 那么D 就称为Hamilton 算子.

如果D 为Hamilton算子, 那么就定义了一个Poisson 括号. 任给 $\mathcal{H}\in\mathfrak{F}$, 由$\mathcal{H}$ 和Poisson 括号可确定一个发展向量场

$$V_{\mathcal{H}}=D\delta\,\mathcal{H}\cdot\partial\,u,\quad \partial\,u=\left(\frac{\partial}{\partial\,u_1},\cdots,\frac{\partial}{\partial\,u_q}\right),$$

满足

$$\mathrm{pr}\,V_{\mathcal{H}}(\mathcal{P})=\{\mathcal{P},\mathcal{H}\},\quad \forall\,\mathcal{P}\in\mathfrak{F},$$

这里$\mathrm{pr}\,V_{\mathcal{H}}$ 表示延拓向量场 (有关延拓向量场的定义参见文献[Olv86]).

如果$\mathcal{H}$ 不依赖t 和u 对t 的导数, 那么称$V_{\mathcal{H}}$ 的流所满足的方程

$$\frac{\mathrm{d}u}{\mathrm{d}t}=D\,\delta\,\mathcal{H}$$

为无穷维Hamilton 系统[Olv86].

任给一个偏微分方程组, 如果它能写成上面的形式, 那么就可称为无穷维Hamilton 系统. 判断一个偏微分方程组是否为无穷维系统, 关键是判断D是否为Hamilton 算子. 根据Hamilton 算子的定义, 要使D为Hamilton 算子, 那么由(4.0.1) 所定义的运算应为一Poisson 括号, 即满足Poisson 括号的3 条性质:

(1) 双线性自然满足, 因为D为线性算子;

(2) 反对称等价于D为斜共轭算子, 即$D^*=-D$;

(3) Jacobi 恒等式可根据一种特别设计的称为“泛函多向量”的方法来判断.

特别是如果D 为$q\times q$ 矩阵微分算子, 其系数不依赖u 和u 的导数, 那么D 为Hamilton 算子. 显然, 反对称常数矩阵是Hamilton 算子.

考虑sine-Gordon 方程

$$u_{tt}-u_{xx}+\sin{(u)}=0.$$

令$v=u_t$, 那么上面的方程可以写为

$$\begin{bmatrix} u_t \\ v_t \end{bmatrix} = \begin{bmatrix} 0 & 1 \\ -1 & 0 \end{bmatrix} \begin{bmatrix} \dfrac{\delta \mathcal{H}}{\delta u} \\ \dfrac{\delta \mathcal{H}}{\delta v} \end{bmatrix}$$

Hamilton 泛函为

$$\mathcal{H} = \int \left(\frac{1}{2} v^2 + \frac{1}{2} u_x^2 - \cos(u) \right) \mathrm{d}x.$$

例如, KdV 方程

$$u_t + u_{xxx} + 6uu_x = 0$$

可以写成Hamilton 形式

$$u_t = \mathcal{D} \frac{\delta \mathcal{H}}{\delta u},$$

这里$\mathcal{D} = \dfrac{\partial}{\partial x}$是一个Hamilton 算子, Hamilton 泛函为$H = \displaystyle\int \left(\frac{1}{2} u_x^2 - u^3 \right) \mathrm{d}x$, 它满足Poisson 括号的3 条性质, 故而是一个Hamilton 系统. 这样定义的Hamilton 系统与经典情况不一样, 经典情况下是J算子, 而现在是微分算子. 下面仅考虑无穷维Hamilton 系统具有正则的情况.

§4.1 无穷维Hamilton 方程

假设B为自反Banach空间, B^*为其对偶空间, E^n是欧氏空间, n为其维数, B的广义坐标为函数$q(r,t), E^n \times \mathbf{R} \to \mathbf{R}$, $\forall t \in \mathbf{R}$, 则有$q(r,t) \in B$. 对应于其对偶空间, $p(r,t)$称为广义动量, 其中$r \in E^n$, $t \in \mathbf{R}, \forall t \in \mathbf{R}$, $p(r,t) \in B^*$. $B \times B^*$组成了相空间, B和B^*分别为Hamilton 力学中的位形和动量空间. 设H 为Hamilton 力学系统中的能量泛函, 则在$B \times B^*$中得到相应的Hamilton 方程, 形式为

$$\begin{cases} \dfrac{\mathrm{d}p}{\mathrm{d}t} = -\dfrac{\delta H}{\delta q}(p,q,t), \\ \dfrac{\mathrm{d}q}{\mathrm{d}t} = \dfrac{\delta H}{\delta p}(p,q,t). \end{cases} \tag{4.1.1}$$

在讨论之前, 首先给出无穷维Hamilton 系统一个非常重要的概念: 泛函的变分导数.

设Ω是$\mathbf{R}^n$中具有光滑边界的连通开子集, $f = f(x) = \big(f_1(x), \cdots, f_m(x)\big)$是$\Omega$上的$m$维光滑函数, $H[f(x)] = \int_\Omega L(f,x)\,\mathrm{d}x$是一个泛函, 被积函数$L(f,x)$是$f, x$ 和f各阶导数的光滑函数. 泛函1 阶变分导数的定义可以在相关专著中找到.

引理 4.1.1 设$f(x)$的变分$\delta f=(\delta f_1,\cdots,\delta f_m)$是在$\Omega$上具有紧支集的光滑函数, 若使$f+\lambda\delta f$ 仍满足f 所要满足的边界条件, 则泛函$H[f(x)]$ 的1 阶变分导数为

$$H_f=\delta_f H=\frac{\delta H[f]}{\delta f}=\left(\frac{\delta H}{\delta f_1},\cdots,\frac{\delta H}{\delta f_m}\right), \tag{4.1.2}$$

$$\left\langle\frac{\delta H[f]}{\delta f},\delta f\right\rangle=\int_\Omega\frac{\delta H}{\delta f}\cdot\delta f\,\mathrm{d}x=\frac{\mathrm{d}}{\mathrm{d}\lambda}\bigg|_{\lambda=0}H[f+\lambda\delta f],$$

其中$\delta_f H$的分量$\dfrac{\delta H}{\delta f_i}$称为$H$对$f_i$的1 阶变分导数, 可以用下面的公式求得:

$$\begin{aligned}\left\langle\frac{\delta H}{\delta f_i},\delta f_i\right\rangle &= \int_\Omega\frac{\delta H}{\delta f_i}\cdot\delta f_i\,\mathrm{d}x\\ &= \frac{\mathrm{d}}{\mathrm{d}\lambda}\bigg|_{\lambda=0}H[f+\lambda\delta f_i]\\ &= \frac{\mathrm{d}}{\mathrm{d}\lambda}\bigg|_{\lambda=0}H[f_1,\cdots,f_{i-1},f_i+\lambda\delta f_i,f_{i+1},\cdots,f_m],\end{aligned} \tag{4.1.3}$$

$\delta f_i=(0_1,\cdots,0_{i-1},\delta f_i,0_{i+1},\cdots,0_m)$.

引理 4.1.2 泛函的2 阶变分导数为

$$\delta_f^2H[f]=\begin{bmatrix}\dfrac{\delta^2H}{\delta f_1\delta f_1} & \dfrac{\delta^2H}{\delta f_1\delta f_2} & \cdots & \dfrac{\delta^2H}{\delta f_1\delta f_m}\\ \cdots & \cdots & \cdots & \cdots\\ \dfrac{\delta^2H}{\delta f_m\delta f_1} & \dfrac{\delta^2H}{\delta f_m\delta f_2} & \cdots & \dfrac{\delta^2H}{\delta f_m\delta f_m}\end{bmatrix},$$

其中元素$\dfrac{\delta^2H}{\delta f_i\delta f_j}$为$H$对$f_i$和$f_j$的2 阶变分导数,

$$\begin{aligned}\left\langle\frac{\delta^2H}{\delta f_i\delta f_j}\delta f_i,\delta f_j\right\rangle &= \int_\Omega\frac{\delta^2H}{\delta f_i\delta f_j}\delta f_i\cdot\delta f_j\,\mathrm{d}x\\ &= \frac{\mathrm{d}}{\mathrm{d}\lambda}\bigg|_{\lambda=0}\frac{\mathrm{d}}{\mathrm{d}\varepsilon}\bigg|_{\varepsilon=0}H\left[f+\lambda\delta f_i+\epsilon\delta f_j\right].\end{aligned} \tag{4.1.4}$$

设$L(f)=\dfrac{\delta H}{\delta f_i}$, $P(f)=\displaystyle\int_\Omega L(f)\,\mathrm{d}x$, 则由(4.1.4) 可以得到如下的结论:

$$\left\langle\frac{\delta^2H}{\delta f_i\delta f_j},\delta f_j\right\rangle=\left\langle\frac{\delta P}{\delta f_j},\delta f_j\right\rangle. \tag{4.1.5}$$

也就是说, 把泛函H关于f_i 的变分导数$\dfrac{\delta H}{\delta f_i}$ 看成泛函的被积函数, 然后这个新泛函对于f_j 的变分导数就是泛函H 关于f_i 和f_j 的2 阶变分导数.

类似地, 有3 阶或者更高阶变分导数的定义和公式.

在Banach 空间中, 对偶运算为

$$(q,p)=\int qp\,\mathrm{d}x,$$

$M=B\times B^*$构成相空间, M上的2-形式定义为

$$\omega^2\big((q_1,p_1),(q_2,p_2)\big)=\langle q_1,p_2\rangle-\langle q_2,p_1\rangle=\int(q_1p_2-q_2p_1)\,\mathrm{d}x.$$

2-形式的外积形式可设为$\omega=\displaystyle\int(\mathrm{d}p\wedge\mathrm{d}q)$, 则映射$T:B\times B^*\mapsto B\times B^*$称为辛映射. 若

$$T^*\omega=\omega,\tag{4.1.6}$$

设无穷维Hamilton 方程 (4.1.1) 的相流为φ_t, 则有

$$\varphi_t^*\omega=\omega=\int\mathrm{d}p\wedge\mathrm{d}q.\tag{4.1.7}$$

再设某一时刻 t, 有

$$\varphi_t:\ (p,q)\longmapsto(P,Q)=\big(P(p,q),Q(p,q)\big),$$

则有

$$\int\mathrm{d}P\wedge\mathrm{d}Q=\int\mathrm{d}p\wedge\mathrm{d}q,$$

即

$$\mathrm{d}\left(\int p\,\mathrm{d}q-\int P\,\mathrm{d}Q\right)=0.$$

由Poincaré 引理, 存在含(p,q) 的局部区域$D\subset B\times B^*$ 以及D 上的一个泛函$S(p,q,t)$, 满足:

$$\int p\,\mathrm{d}q-\int P\,\mathrm{d}Q=\mathrm{d}S(p,q,t).\tag{4.1.8}$$

设$\left|\dfrac{\partial Q}{\partial p}\right|\neq0$, 则由隐函数定理$p$ 可以写成Q,q 的函数, 即$p=p(q,Q)$, 则(4.1.8)为

$$\int p(q,Q)\,\mathrm{d}q-\int P(q,Q)\,\mathrm{d}Q=\int\frac{\delta S(q,Q,t)}{\delta q}\mathrm{d}q+\int\frac{\delta S(q,Q,t)}{\delta Q}\mathrm{d}Q.$$

所以有

$$\begin{aligned}p&=\frac{\delta S(q,Q,t)}{\delta q},\\P&=-\frac{\delta S(q,Q,t)}{\delta Q}.\end{aligned}\tag{4.1.9}$$

条件$\left|\dfrac{\partial Q}{\partial p}\right| \neq 0$可以写为

$$\left|\frac{\delta^2 S}{\delta q \delta Q}\right| \neq 0. \tag{4.1.10}$$

在此条件下, $S(q, P(q, Q, t), t)$ 称为辛映射(典则变换) φ_t 的生成函数. 根据生成函数的表示变量不同, 可有不同类型的生成函数, 如$S_1(q, Q, t)$, $S_2(p, Q, t)$, $S_3(q, P, t)$, $S_4(p, P, t)$[Arn89],[MR99],[LQ88]. 为了方便起见, 列表如下:

表 4.1.1 不同类型的生成函数

生成泛函	非奇异条件	新变量
$S_1(q, Q, t)$	$\dfrac{\delta^2 S_1}{\delta q \delta Q} \neq 0$	$p = \dfrac{\delta S_1}{\delta q}(q, Q, t)$ $P = -\dfrac{\delta S_1}{\delta Q}(q, Q, t)$
$S_2(p, Q, t)$	$\dfrac{\delta^2 S_2}{\delta p \delta Q} \neq 0$	$q = -\dfrac{\delta S_2}{\delta p}(p, Q, t)$ $P = -\dfrac{\delta S_2}{\delta Q}(p, Q, t)$
$S_3(q, P, t)$	$\dfrac{\delta^2 S_3}{\delta q \delta P} \neq 0$	$p = -\dfrac{\delta S_3}{\delta q}(q, P, t)$ $Q = \dfrac{\delta S_3}{\delta P}(q, P, t)$
$S_4(p, P, t)$	$\dfrac{\delta^2 S_4}{\delta p \delta P} \neq 0$	$q = \dfrac{\delta S_4}{\delta p}(p, P, t)$ $Q = -\dfrac{\delta S_4}{\delta P}(p, P, t)$

例 4.1.1 设$S(q, Q, t) = \displaystyle\int_D q \cdot Q \, \mathrm{d}x$ 满足条件$\left|\dfrac{\delta^2 S}{\delta q \delta Q}\right| = 1 \neq 0$, 则$S$ 可以确定辛映射

$$p = \frac{\delta S(q, Q, t)}{\delta q} = Q,$$
$$P = -\frac{\delta S(q, Q, t)}{\delta Q} = -q.$$

由Hamilton-Jacobi理论, 要使生成函数确定的辛映射是Hamilton系统的解相流,

一定要满足Hamilton-Jacobi方程

$$\frac{\partial S}{\partial t}+H\left(\frac{\delta S}{\delta q},q,t\right)=0. \tag{4.1.11}$$

也就是说,无穷维Hamilton方程(4.1.1)的相流的生成函数必须满足Hamilton-Jacobi方程(4.1.11). 若方程(4.1.11)的解满足条件(4.1.10), 则方程(4.1.1)的相流就由(4.1.9) 给出.

生成函数在Hamilton-Jacobi理论中起着非常重要的作用, 它是联系古典力学和量子力学的一条纽带[Arn89]. 同时, 它在数值模拟Hamilton 系统中也起着重要的作用[Qin97].

引理 4.1.3 设T 为映射: $B\times B^*\to B\times B^*$. 如果$\exists D\in B\times B^*$, D 为开集, 有

$$\int p\,\mathrm{d}q-\int P\,\mathrm{d}Q=\mathrm{d}S, \tag{4.1.12}$$

就称T为正则变换, 其中

$$\begin{bmatrix} P\\ Q\end{bmatrix}=T\begin{bmatrix} p\\ q\end{bmatrix}.$$

S 为$B\times B^*$ 中的泛函, 且在D 中有Frecht 导数.

为了证明下面的定理, 引进变数

$$W=\int_{t_1}^{t_2}\mathrm{d}t\left(\int_{\mathbf{R}}\frac{\partial q}{\partial t}\mathrm{d}x-H(p,q)\right).$$

假定p,q在一个适当的函数集合内, 且$q(t_1)=q(t_2)=0$, W的1 阶变分为Q的充要条件为:

$$\begin{cases}\dfrac{\partial p}{\partial t}=-\dfrac{\delta H}{\delta q},\\[2mm] \dfrac{\partial q}{\partial t}=\dfrac{\delta H}{\delta p}.\end{cases} \tag{4.1.13}$$

设$K(P,Q,t)=H(p,q,t)$, 则有下面的定理.

定理 4.1.1 设

$$\begin{bmatrix} P\\ Q\end{bmatrix}=T\begin{bmatrix} p\\ q\end{bmatrix},$$

T 为正则变换, 则方程

$$\begin{cases}\dfrac{\partial P}{\partial t}=-\dfrac{\delta K}{\delta Q},\\[2mm] \dfrac{\partial Q}{\partial t}=\dfrac{\delta K}{\delta P}\end{cases}$$

与方程(4.1.1)等价.

证明:方程(4.1.2) 的积分曲线使次泛函的变分导数为D, 则

$$\begin{aligned}\widetilde{W} &= \int_{t_1}^{|,t_2} \mathrm{d}t\left(\int_{\mathbf{R}} P\frac{\partial Q}{\partial t}\,\mathrm{d}x - K(P,Q)\right)\\ &= \int_{t_1}^{t_2} \mathrm{d}t\left(\int_{\mathbf{R}}\left(p\frac{\partial q}{\partial t}\,\mathrm{d}x - \mathrm{d}s\right) - \mathcal{H}(p,q)\right)\\ &= \int_{t_1}^{t_2} \mathrm{d}t\left(\int_{\mathbf{R}} p\frac{\partial q}{\partial t}\,\mathrm{d}x - \mathcal{H}(p,q)\right)\\ &= W.\end{aligned}$$

可见, 两个变分问题等价, 所以方程(4.1.1) 与(4.1.13) 等价. ▲

注 4.1.1 这里假定T 不显含t, S 亦然. 其中$K(P,Q,t) = H(p,q,t) - \dfrac{\partial q}{\partial t}$,

$$S(P_1,q_1,t) = \int_{p_0,q_0}^{p_1,q_1} p\,\mathrm{d}q - P\,\mathrm{d}Q.$$

在上面有意将S 的变量隐去不写, 因为在不同的情况下, 可以选择不同的变量. 假定动量P 可由q 和Q 表示, 如果$\dfrac{\partial^2 S_1}{\delta q\,\delta Q}$ 非奇异,则泛函

$$S_1(q,Q,t) = S(q,p(q,Q),t)$$

称为生成泛函.

由等式

$$\int p\,\mathrm{d}q - H\,\mathrm{d}t = \int P\,\mathrm{d}Q - K_1\,\mathrm{d}t + \mathrm{d}S,$$

得到:

$$\begin{aligned}p &= \frac{\delta}{\delta q}S_1(q,Q,t),\\ P &= -\frac{\delta}{\delta Q}S_1(q,Q,t).\end{aligned}$$

例 4.1.2 设

$$S_1(q,Q) = \int_D q\cdot Q\,\mathrm{d}\mu,$$

则

$$\begin{aligned}p &= \frac{\delta S_1}{\delta q} = Q,\\ P &= -\frac{\delta S_1}{\delta Q} = -q.\end{aligned}$$

除此之外, 还有另外3 种生成泛函: $S_2(p,Q,t)$, $S_3(q,P,t)$, $S_4(p,P,t)$, 正如表4.1.1 列出的那样.

§4.1.1 Banach 空间中的辛流形与辛结构

首先介绍自反Banach 空间中的辛流形与辛结构[CM74]. 设B 为自反Banach 空间, $\varepsilon:\ B\times B\to \mathbf{R}$ 是一连续双线性映射.

引理 4.1.4 设

$$\varepsilon^b:\ B\longrightarrow B^*,$$
$$\varepsilon^b(e)\cdot f=\varepsilon(e,f),$$

ε^b 为一线性映射, 如果ε^b 为一单射, 则称ε 为弱非退化的; 如果ε^b 是双射, 则称ε 为非退化的.

设P为一同胚于B的流形, ω为2-形式, 如果:

(1) ω 为闭的, $\mathrm{d}\omega=0$. 这里d 为外微分;

(2) $\forall\, x\in P,\ \omega_x:\ T_xP\times T_xP\to\mathbf{R}$ 为非退化的,

就称(P,ω) 称为辛流形, ω 为辛结构(或辛形式). 对于辛形式ω, 有下面的定理.

定理 4.1.2 (Darboux-Weinstein定理) 设(P,ω)为辛流形, $\forall\, x\in P$, $\exists$ 局部坐标, 在这个局部坐标下, ω 为一常数[Wei06].

这个定理是Darboux定理在无限维情形下的推广, 也是我们的工作得以实施的理论基础. 下面的讨论都假定辛结构为经典意义下的辛结构, 当然, 在具体情况下, 寻找这种局部坐标往往是困难的, 但就所遇到的大多数方程, 其辛空间的辛结构往往是经典的.

假定M 为Banach流形, 同胚于B空间, T^*M 为其余切丛.

$\tau^*:\ T^*M\to M$为自然投影, θ 为T^*M 上的经典1-形式:

$$\theta(\alpha_m)\cdot w=-\alpha_m\cdot(T\tau^*(w)),$$

其中$\alpha_m\in T_m^*M,\ w\in T_{\alpha_m}(T^*M)$.

在局部坐标中, $U\subset B$, 得到

$$\theta(x,\alpha)\cdot(e,\beta)=-(x,\alpha)\cdot(x,e)=-\alpha(e),$$

这里$(x,\alpha)\in U\times B^*,\ (e,\beta)\in B\times B^*$.

经典α-形式ω 由下式定义:

$$\omega=\mathrm{d}\theta,$$

在局部坐标下,

$$\omega_{(x,\alpha)}\big[(e_1,\alpha_1),(e_2,\alpha_2)\big]=\big[\alpha_2(e_1)-\alpha_1(e_2)\big].$$

对这样的ω, 有下面的定理.

定理 4.1.3 若

(1) 在$P=T^*M$上, ω为弱辛形式;

(2) ω为辛的, 当且仅当B 为自反的.

证明:(1) 因为$\mathrm{d}\omega=\mathrm{d}^2\theta=0$, 故$\omega$为闭的.

现假定$\omega\big[(e_1,\alpha_1),(e_2,\alpha_2)\big]=0$, $\forall\,(e_2,\alpha_2)\in B\times B^*$ 成立, 令$e_2=0$, 则得$\alpha_2(e_1)=0$ 对$\alpha_2\in B^*$ 成立. 由Hahn-Banach定理得知, 若$e_1\neq 0$, $\exists\,\widetilde{\alpha}\in B^*$, 使$\widetilde{\alpha}(e_1)\neq 0$ 矛盾, 故$e_1=0$. 令$\alpha_2=0$, 则有$\alpha_1(e_2)=0$, $\forall\, e_2\in B$ 成立, 故$\alpha_1=0$.

(2) 若B为自反的, 则$\varepsilon^b:\ B\times B^*\to B^*\times B^{**}\approx B^*\times B$. 由$\omega$ 导出的线性映射$\forall\,(\beta,f)\in B^*\times B^{**}$, 令$e_1=f$, $\alpha_1=-\beta$, 则

$$\varepsilon^b(e_1,\alpha_1)=(\beta,f),$$

故ε^b为映上的. 若ε^b为映上的, 即ω为强辛的, 则$\forall\,(\beta,f)\in\varepsilon^*\wedge\varepsilon^{**}$, $\exists\,(e_1,\alpha_1)$. 使

$$(f,\beta)(e_2,\alpha_2)=\alpha_2(e_1)-\alpha_1(e_2),$$

$\forall\,(e_2,\alpha_2)$, 令$e_2=0$, 有$f(\alpha_2)=\alpha_2(e_1)$, 因此$e_1\to f$. 故$B$ 为自反的. ▲

引理 4.1.5 设$F:\ M\ \to\ N$ 为映射, 对$\omega\in\Omega^k(N)$, 定义$F^*\omega:\ M\to\wedge^k(M)$, 可得$F^*\omega(m)=(T_mF)^*\cdot\omega\cdot F(m)$, 即

$$(F^*\omega)_m(\vartheta_1\cdots\vartheta_r)=\omega_{F(m)}(T_mF\cdot\vartheta_1\cdots T_mF\cdot\vartheta_K),$$

其中$\vartheta_1\cdots\vartheta_K\in T_mM$, 称$F^*\omega$ 为ω 的F 拉回.

定义 4.1.1 设(P,ω) 为辛流形, f 为$P\to P$ 的光滑映射, 如果$f^*\omega=\omega$, 那么就称f为辛的.

定理4.1.3 证明了一点, 即如果假设B 为自反Banach 空间, 则可在理论上进行我们所需要的任何过程. 为了使这里的理论叙述通俗一些, 将上述过程就有限维形式具体地推导一下.

在有限维E^n 空间, 其相空间为$E^n\times E^n=E^{2n}$ (因$(E^n)^*=E^n$), 其坐标表达形式为$(p_i,q_i)_{i=1}^n$, 则上面的1-形式为$Q(p_i,q_i)_{i=1}^n=\sum\limits_{i=1}^n p_i\,\mathrm{dq_i}$, 这里d 为外微分. 为了使叙述平凡化, 只须将 $\mathrm{d}q_i$ 理解为

$$\mathrm{dq_i}\cdot\mathrm{f(q)}=\frac{\partial\,\mathrm{f}}{\partial\,\mathrm{q_i}}.$$

其 2-形式为

$$\omega(p,q)=\sum_{i=1}^{n}\mathrm{dp_i}\wedge\mathrm{dq_i}.$$

对于

$$Tf=\sum_{i=1}^{n}A_i\frac{\partial}{\partial q_i}+B_i\frac{\partial}{\partial p_i},\qquad A_i=\frac{\partial f}{\partial q_i},\qquad B_i=\frac{\partial f}{\partial p_i},$$

$$Tg=\sum_{i=1}^{n}C_i\frac{\partial}{\partial q_i}+D_i\frac{\partial}{\partial q_i},\qquad C_i=\frac{\partial g}{\partial q_i},\qquad D_i\frac{\partial g}{\partial R},$$

有

$$\omega(p,q)(Tf,Tg)=\left[A^{\mathrm{T}},B^{\mathrm{T}}\right]\left[\begin{array}{cc}0&I\\-I&0\end{array}\right]\left[\begin{array}{c}C\\D\end{array}\right],$$

其中

$$A=[A_1\cdots A_n]^{\mathrm{T}},\quad B=[B_1\cdots B_n]^{\mathrm{T}},$$

$$C=[C_1\cdots C_n]^{\mathrm{T}},\quad D=[D_1\cdots D_n]^{\mathrm{T}}.$$

对辛映射, 有

$$F^*\omega=\omega,$$

即

$$F^*\omega(p,q)(Tf,Tg)=[A^{\mathrm{T}},B^{\mathrm{T}}]D^{\mathrm{T}}F\left[\begin{array}{cc}0&I\\-I&0\end{array}\right]DF\left[\begin{array}{c}C\\D\end{array}\right].$$

故在有限维里, $F:\ E^{2n}\rightarrow E^{2n}$ 为辛变换, 即有:

$$D^{\mathrm{T}}F\left[\begin{array}{cc}0&I\\-I&0\end{array}\right]DF=\left[\begin{array}{cc}0&I\\-I&0\end{array}\right],\quad DF=\frac{\partial F}{\partial(p,q)}.$$

下面记$J=\left[\begin{array}{cc}0&I\\-I&0\end{array}\right]$, 并且在不引起混乱的情况下, 在无限维中也记同样的算子为J.

设

$$f(q^1,\cdots,q^n)=(Q^1,\cdots,Q^n),$$

则

$$T^*f:(q^1,\cdots,q^n,p_1,\cdots,p_n)\longrightarrow(Q^1,\cdots,Q^n,P_1,\cdots,P_n),$$

其中

$$p_j=\frac{\partial Q^i}{\partial q^j}P_j,$$

于是T^*f为辛变换, 因为

$$P_i\,\mathrm{d}Q^i = P_i\frac{\partial Q^i}{\partial q^k}\,\mathrm{d}q^k = p_k\,\mathrm{d}q^k.$$

其实, 这个例子在无限维形式也成立, 本书中不加证明地给出下面的结论.

定理 4.1.4 设$f:\ Q_1 \to Q_2$ 为微分同胚, 定义f 为余切提升,

$$T^*f:\ T^*Q_2 \longrightarrow T^*Q_1,\quad T^*f(\alpha_q)\cdot\nu = \alpha_q\cdot Tf(\nu),$$

这里

$$q\in Q_2,\quad \alpha_q\in T_q^*Q_2,\quad \nu\in T_{f^{-1}(q)}Q_1,$$

则T^*f 为辛的. 实际上

$$(T^*f)^*\theta_1 = \theta_2,$$

θ_i 为Q_i $(i=1,2)$ 的经典1-形式.

这里给出一个有益的启示, 即只要余切丛上与底空间有相应的关系, 则底空间的点变换即为辛的. 在差分格式中可以表述为:

若

$$f:\quad p\longrightarrow f(p),\quad g:\quad q\longrightarrow g(q),$$

又$g=T^*f$, 则(f,g) 为辛的.

我们称之为有限制的辛变换, 或者叫开拓的点(extended point)变换[AM78].

§4.1.2 Hamilton 向量场和Hamilton 系统

设(P,ω) 为一辛流形, $H:\ P\to\mathbf{R}$ 为一给定的光滑函数, $\phi:\ TP\to T^*P$ 为ω诱导出的微分同胚,

$$\phi(x)\cdot\alpha = \omega(x,\alpha),$$

其中$x,\alpha\in TP$.

$\phi^{-1}\,\mathrm{d}H$称为Hamilton 向量场, 能量泛函为H. 如记$\phi^{-1}\,\mathrm{d}H$为X_H, 则X_H 可由下式定义:

$$\omega_x(X_H(x),\nu) = \mathrm{d}H_x\cdot\nu,$$

其中

$$x\in P,\quad \nu\in T_xP,$$

即

$$i_{X_H}\omega = \mathrm{dH}.$$

定理 4.1.5 设$c(t)$ 为X_H 的积分曲线, 则$\forall t \in \mathbf{R}$, $H(c(t))$ 为常数.

证明:根据链式法则, 有

$$\frac{\mathrm{d}}{\mathrm{d}t}H\big(c(t)\big) = \mathrm{d}H_{c(t)} \cdot c'(t) = \omega_{c(t)}\big(X_{H(t)} \cdot S_{H(t)}\big) = 0.$$

▲

在所需的情形下, 假定M 同胚B, $P = T^*M$, H 为P 上的光滑泛函, 则局部地

$$X_H = (D_2H, -D_1H),$$

其中

$$H: U \times B^* \longrightarrow \mathbf{R}.$$

所以

$$D_2H(x,\alpha):\ B^* \longrightarrow \mathbf{R} \in B^{**} \approx B, \quad D_1H \in B^*.$$

若记TP 的元素为(x,α), 则在局部坐标意义下, X_H 可写为

$$\Big(\frac{\delta H}{\delta \alpha}, -\frac{\delta H}{\delta x}\Big).$$

Hamilton 系统有形式:

$$\frac{\mathrm{d}z}{\mathrm{d}t} = X_H(z).$$

定理 4.1.6 设(P,ω)为一辛流形, $H:\ P \to \mathbf{R}$, 令F_t 为X_H 的流, 则$\forall t$, F_t 为辛的.

$$F_t^*\omega = \omega.$$

证明:

$$\begin{aligned}\frac{\mathrm{d}}{\mathrm{d}t}F_t^*\omega &= F_t^*\mathcal{L}_x\,\omega = F_t^*(\mathrm{di_x} + \mathrm{i_x d})\omega \\ &= F_t^*\mathrm{d}^2\,H(x) + F_t^* i_x\,\mathrm{d}\omega \\ &= 0.\end{aligned}$$

▲

定理 4.1.7 设(P_1,ω_1) 和(P_2,ω_2) 为辛流形, $\varphi:\ P_1 \to P_2$ 为微分同胚, 则下列条件等价:

(1) φ 为辛的;

(2) φ 保持任何两个局部定义下函数的Poisson 括号;

(3) $\varphi^*Xf = X_{\varphi^*f}$. 对$f:\ U \to \mathbf{R}$, U 为P_2 中的开集(即φ 局部地保持Hamilton 方程).

证明:首先, 定义Poisson括号. $\forall f, g,\ U \to \mathbf{R}$, U 为P 中的开集, 则

$$\{f,g\} = \omega(X_f, X_g).$$

因为

$$\begin{aligned} L_{X_f} g &= i_{X_f} \mathrm{d}g = i_{X_f} i_{X_g} \omega = \omega(X_f, X_g) \\ &= -\omega(X_g, X_f) = -L_{X_g} \cdot f, \end{aligned}$$

所以

$$\{f,g\} = -L_{X_g} \cdot f = L_{X_f} \cdot g.$$

如$\varphi:\ P_1 \to P_2$ 为微分同胚, 由拉回(pull-back) 性质, 有

$$\varphi^*\{L_X \alpha\} = L_{\varphi^* X} \varphi^* \alpha.$$

因为

$$\varphi^*\{f,g\} = \varphi^*(L_{X_f} \cdot g) = L_{\varphi^* X_f} \varphi^* g,$$

$$\{\varphi^* f, \varphi^* g\} = L_{X_{\varphi^* f}} \varphi^* g,$$

所以φ 保持两个P_2 上函数的Poisson括号, 当且仅当

$$\varphi^* X_f = X_{\varphi^* f}.$$

这就是说, φ 保持Poisson括号当且仅当保持Hamilton方程, 故有

$$i_{X_{\varphi^* f}} \cdot \omega = \mathrm{d}(\varphi^* \mathrm{f}) = \varphi^*(\mathrm{df}) = \varphi^* \mathrm{i}_{\mathrm{X_f}} \omega = \mathrm{i}_{\varphi^* \mathrm{X_f}} \varphi^* \omega.$$

由ω 的非异性及$\forall\ \nu \in T_x P$, 在x 的局部存在C^∞ 函数h, 使$\nu = X_h(x)$, 可以得出结论: φ 为辛的, 当且仅当

$$\varphi^* X_f = X_{\varphi^* f}.$$

$\forall f: \to \mathbf{R}$, U 为P_2 中的开集. ▲

注 4.1.2 一般说来, 在离散情况下, 辛格式可以保证Hamilton方程形式不变, 但不一定能保证能量H 守恒[GM88].

若定义算子J,

$$B \times B^* \longrightarrow (B \times B^*)^* = B^* \times B,$$

$$J(x, \alpha) = (-\alpha, x),$$

则容易得到

$$J \in GL\big((B \times B^*), (B \times B^*)^*\big),$$

$$J = \begin{bmatrix} 0 & -I_{B^*} \\ I_B & 0 \end{bmatrix}, \quad J^{-1} = \begin{bmatrix} 0 & I_B \\ -I_{B^*} & 0 \end{bmatrix}.$$

其中, I_B 为 $B \to B$ 的单位算子, I_{B^*}为 $B^* \to B^*$ 的单位算子, 均简记为I. 则Hamilton方程具有形式

$$\frac{\mathrm{d}z}{\mathrm{d}t} = J^{-1} H_z,$$

这里

$$H_z = (D_{1x}H, D_{2x}H).$$

典则α-形式

$$\omega(\alpha_1, \alpha_2) = \langle J\,\alpha_1, \alpha_2\rangle,$$

这里, 在$P = T^*M$ 的局部坐标下, $(\alpha_1, \alpha_2) \in B \times B^*$, $\langle\, ,\, \rangle$ 为其对偶积.

在有限维的情况下, 选定一组辛基$(q^1 \cdots q^n,\ p_1 \cdots p_n)$, $\omega = \mathrm{dq^i} \wedge \mathrm{dp_i}$. 如果

$$X = A^i \frac{\partial}{\partial q^i} + B^i \frac{\partial}{\partial p_i},$$

则

$$i_{X_H} \mathrm{dq^i} = \mathrm{A^i}, \quad \mathrm{i_{X_H}\, dp_i = B^i}.$$

故

$$\begin{aligned} i_{X_H}\omega &= i_{X_H}(\mathrm{dq^i} \wedge \mathrm{dp_i}) \\ &= (i_{X_H}\mathrm{dq^i})\,\mathrm{dp_i} - (\mathrm{i_{X_H}\, dp_i})\,\mathrm{dq^i} \\ &= (A^i\,\mathrm{dp_i} - \mathrm{B^i\, dq^i}). \end{aligned}$$

但

$$i_{X_H}\omega = \mathrm{dH}, \quad \mathrm{dH} = \frac{\partial \mathrm{H}}{\partial \mathrm{q^i}}\mathrm{dq^i} + \frac{\partial \mathrm{H}}{\partial \mathrm{p^i}}\mathrm{dp_2},$$

故

$$A^i = \frac{\partial H}{\partial p_i}, \quad B^i = -\frac{\partial H}{\partial q^i},$$

$$X_H = \sum_{i=1}^{n}\left(\frac{\partial H}{\partial p_i}\frac{\partial}{\partial q^i} - \frac{\partial H}{\partial q^i}\frac{\partial}{\partial p_i}\right),$$

$$X_H = J \cdot \mathrm{grad}\, H.$$

Hamilton方程

$$\frac{\mathrm{d}q^i}{\mathrm{d}t}=\frac{\partial H}{\partial p_i},\quad \frac{\mathrm{d}p_i}{\mathrm{d}t}=-\frac{\partial H}{\partial q^i}.$$

在下面的讨论中, 将只考虑空间$B\times B^*$ 中的Hamilton形, 因为在局部坐标的意义下, 任意Hamilton 形都具有相同的结构.

当然, 由于以上的假定, 在下面所做的任何工作, 都将只具有局部的意义. 至于何时可以延拓为整体的情况, 则是一个非常复杂的问题, 因为即使Hamilton 系统在整体空间上具有同一结构, 其解的存在性也是不得而知的, 但线性Hamilton系统往往可以避免这些麻烦.

§4.1.3 生成泛函

定义 4.1.2 假设$f:\ B\times B^*\to(B\times B^*)^*$,

$$\widehat{w}=f(w),$$

如果 $\exists\phi: B\times B^*\longrightarrow \mathbf{R}$, 使$\widehat{w}=\phi'_w(w)$, 则称$f$ 为梯度变换或梯算子.

令$g:\ B\times B^*\to B\times B^*$ 为辛变换,

$$z\longrightarrow \widehat{z}=g(z).$$

设$\alpha\in GL\big((B\times B^*)\times(B\times B^*),(B\times B^*)^*\times(B\times B^*)\big)$, 则在广义坐标下, α 可写为

$$\alpha=\begin{bmatrix}A & B\\ C & D\end{bmatrix},$$

其中,

$$A,\ B\ \in\ GL\big((B\times B^*),\ (B\times B^*)^*\big),$$

$$B,\ D\ \in\ GL(B\times B^*,\ B\times B^*).$$

设

$$\widehat{w}=A\widehat{z}+Bz,$$

$$w=C\widehat{z}+Dz,$$

则有

$$\begin{bmatrix}\widehat{w}\\ w\end{bmatrix}=\alpha\begin{bmatrix}\widehat{z}\\ z\end{bmatrix}.$$

引理 4.1.6 如果下列条件满足:

(1) F 为算子: $B \to B^*$;

(2) 在$\mathfrak{D}: |x - x_2| < r$ 中有Gateaux 导数$DF(x, h)$;

(3) 泛函$\big(DF(x, h_1), h_2\big)$ 在$\mathfrak{D}$ 中为连续的,

则F为梯算子的充分必要条件为: $\big(DF(x, h_1), h_2\big)$ 在$\mathfrak{D}$ 中对x 来说为对称的.

$$\big(DF(x, h_1), h_2\big) = \big(DF(x, h_2), h_1\big),$$
$$\forall\, h_1, h_2 \in B.$$

证明:必要性. 假定$F(x) = \text{grad}\, f(x)$, 即

$$DF(x, h) = \big(F(x), h\big).$$

固定$x \subset \mathfrak{D}$. $h_1, h_2 \in B$ ($\|h_1\| = \|h_2\| = 1$), 选定正数a, b, 使得$x + uh_1 + vh_2 \in \mathfrak{D}$ ($0 \leq u \leq a,\ 0 \leq v \leq b$). 考虑表达式

$$\Delta = f(x + ah_1 + bh_2) - f(x + ah_1) - f(x + bh_2) + f(x),$$

令

$$\varphi(x) = f(x + ah_1) - f(x),$$

得

$$\Delta = \varphi(x + bh_2) - \varphi(x).$$

根据中值定理, 有:

$$\begin{aligned}\Delta &= D\varphi(x + \tau_1 bh_2, bh_2) = Df(x + \tau_1 bh_2 + ah_1, bh_2) - Df(x + \tau_1 bh_2, bh_2)\\ &= b\big(F(x + \tau bh_2 + ah_1) - F(x + \tau_1 bh_2)h_2\big),\\ \Delta &= ab\big(DF(x + \tau_1 bh_2 + \tau_2 ah_1, h_1), h_2\big).\end{aligned}$$

令

$$\psi(x) = f(x + bh_2) - f(x),$$

则

$$\Delta = \psi(x + ah_1) - \psi(x).$$

进行同样的过程

$$\Delta = ab\big(DF(x + \tau_3 ah_1 + \tau_4 bh_2, h_2), h_1\big).$$

将上面两式的右端同时代入Δ, 则

$$\big(DF(x+\tau_1 bh_2+\tau_2 ah_1,h_1),h_2\big)=\big(DF(x+\tau_3 ah_1+\tau_4 bh_2,h_2),h_1\big).$$

令$a,b\to 0$, 有

$$\big(DF(x,h_1),h_2\big)=\big(DF(x,h_2),h_1\big).$$

接下来证明充分性. 作积分

$$f(x)=f_0+\int_0^1\big(F\big(x_0+t(x-x_0)\big),x-x_0\big)\,\mathrm{d}t.$$

由于引理4.1.6中(2)保证了积分的存在, 所以下面证明

$$\operatorname{grad} f=F.$$

令$x,x+h\in\mathfrak{D}$, 根据上面的积分, 有

$$\begin{aligned}
f(x+h)-f(x)\ &=\ \int_0^1\Big[\big(F\big(x_0+t(x-x_0+h)\big),x-x_0+h\big)\\
&\qquad-\big(F\big(x_0+t(x-x_0)\big),x-x_0\big)\Big]\,\mathrm{d}t\\
&=\int_0^1\big(F\big(x_0+t(x-x_0)+th\big),h\big)\,\mathrm{d}t\\
&\qquad+\int_0^1\Big(F\big(x_0+t(x-x_0)+th\big)\\
&\qquad-F\big(x_0+t(x-x_0),x-x_0\big)\Big)\,\mathrm{d}t.
\end{aligned}$$

右端第二项可表示为

$$\begin{aligned}
I\ &=\ \int_0^1\mathrm{d}t\int_0^t\frac{\partial}{\partial s}\big(F\big(x_0+(x-x_0)+sh\big),x-x_0\big)\,\mathrm{d}s\\
&=\ \int_0^1\mathrm{d}t\int_0^t\big(DF\big(x_0+t(x-x_0)+sh,h\big),x-x_0\big)\,\mathrm{d}s.
\end{aligned}$$

由于引理4.1.6中的(3), 故这个积分是存在的.

变动积分次序, 则有

$$\begin{aligned}
I\ &=\ \int_0^1\mathrm{d}s\cdot\int_0^1\big(DF(x_0+t(x-x_0)+sh,x-x_0),h\big)\,\mathrm{d}t\\
&=\ \int_0^1\big(F\big(x_0+(x-x_0)+sh\big)-F\big(x_0+S(x-x_0)+sh\big),h\big)\,\mathrm{d}s,
\end{aligned}$$

代入原表达式, 得到

$$f(x+h)-f(x)=\int_0^1 \big(F(x+\tau h),h\big)\,\mathrm{d}s.$$

由于F 的连续性:

$$f(x+h)-f(x)=\big(F(x+\tau h),h\big),\quad 0<\tau<1,$$

所以

$$\begin{aligned}&f(x+th)-f(x)=\big(F(x+\tau th),th\big),\\&\frac{1}{t}\big[f(x+th)-f(x)\big]=\big(F(x+\tau th),h\big).\end{aligned}$$

令$t\to 0$, 有$\lim\limits_{t\to 0}\frac{1}{t}\big[f(x+th)-f(x)\big]=\big(F(x),h\big)$, 即

$$\operatorname{grad} f(x)=F(x).$$

▲

从引理4.1.6, 得到下面的引理.

引理 4.1.7 在引理4.1.6 中, 如果B 为自反Banach 空间, 则F 为梯算子的充分必要条件为:

$$DF^*=DF.$$

证明:

$$F:\,B\longrightarrow B^*,$$

则由导数定义, $DF:\,B\to B^*$ 为线性算子.

$$\big(DF(x,h_1),h_2\big)=\big(DF(x)\cdot h_1,h_2\big)=\big(DF^*(x)\cdot h_2,h_1\big).$$

由对称性

$$\big(DF(x,h_1),h_2\big)=\big(DF(x,h_2),h_1\big),$$

有

$$\big(DF^*(x)\cdot h_2,h_1\big)=\big(DF(x)\cdot h_2,h_1\big).$$

故由h_2,h_1 的任意性, 有

$$DF^*=DF.$$

▲

引理 4.1.8 设$\hat{z}=g(z)$ 为辛的, 即$g^*\omega=\omega$. 若ω 形式为正则的, 则有

$$Dg^*JDg=J.$$

证明:

$$g^*\omega=\omega,\quad \forall\, v,u\in TP.$$

因为

$$\begin{aligned}
g^*\omega(u,v) &= \omega\big(Dg\cdot v(g(z)),\ Dg\cdot u(g(z))\big)\\
&= (J\,Dg\cdot v(g(z)),\ Dg\cdot u(g(z)))\\
&= (Dg^*J\,Dg\cdot v(g(z)),\ u(g(z)))\\
&= (J\ \cdot\ v(z),\ u(z))\\
&= \langle J\ \cdot\ v(g(z)),\ u(g(z)),\rangle
\end{aligned}$$

对u,v 成立, 则应有

$$Dg^*JDg=J.$$

同样, 若$Dg^*JDg=J$, 则g 为辛的. ▲

为了求得辛变换与梯度变换之间的关系, T 应满足相应条件.

定理 4.1.8 如果T 满足

$$T^*\begin{bmatrix}0 & I\\ -I & 0\end{bmatrix}T=\mu\begin{bmatrix}J & 0\\ 0 & J\end{bmatrix},$$

即

$$\begin{aligned}
A_1&=-\mu^{-1}J^{-1}C^*, &\qquad B_1&=\mu^{-1}J^{-1}A^*,\\
C_1&=\mu^{-1}J^{-1}D^*, &\qquad D_1&=-\mu^{-1}J^{-1}B^*,
\end{aligned}$$

其中

$$T=\begin{bmatrix}A & B\\ C & D\end{bmatrix},\quad T^{-1}=\begin{bmatrix}A_1 & B_1\\ C_1 & D_1\end{bmatrix},$$

则T 将每个辛变换变为梯度变换.

证明:若f 为梯度变换, 则

$$\begin{bmatrix}Df\\ I\end{bmatrix}^*\begin{bmatrix}0 & I\\ -I & 0\end{bmatrix}\begin{bmatrix}Df\\ I\end{bmatrix}=0,\quad Df^*=Df.$$

对$\widehat{w}=f(w)$, 有

$$\begin{aligned}&\begin{bmatrix} Df \\ I \end{bmatrix}^* \begin{bmatrix} 0 & I \\ -I & 0 \end{bmatrix} \begin{bmatrix} Df \\ I \end{bmatrix}\\ = &\ z_w^* \begin{bmatrix} Dg \\ I \end{bmatrix}^* T^* \begin{bmatrix} 0 & I \\ -I & 0 \end{bmatrix} T \begin{bmatrix} Dg \\ I \end{bmatrix} z_w \\ = &\ \mu z_w^* \begin{bmatrix} Dg \\ I \end{bmatrix}^* \begin{bmatrix} J & 0 \\ 0 & -J \end{bmatrix} \begin{bmatrix} Dg \\ I \end{bmatrix} z_w.\end{aligned}$$

由$Dg^*\, J\, Dg = J$, 有

$$\begin{bmatrix} Dg \\ I \end{bmatrix}^* \begin{bmatrix} J & 0 \\ 0 & -J \end{bmatrix} \begin{bmatrix} Dg \\ I \end{bmatrix} = 0.$$

故

$$Df^* = Df.$$

▲

定理 4.1.9 假定T 满足上述定理的条件, $\widehat{z}=g(z)$ 为辛变换, 且$C\widehat{z}_z + D$ 为非异的, 则存在一个梯度变换$w \to \widehat{w} = f(w)$ 及泛函$\phi(w)$, 使

$$f(w) = \phi_w(w).$$

证明: 因为$Df^* = Df$, 故由引理4.1.6, $\exists\, \phi(w)$ 为泛函,

$$f(w) = \phi_w(w).$$

$\phi(w)$ 被称为生成泛函, 对H 依赖于t. ▲

定理 4.1.10 令T 为上述定理所定, $z \to \widehat{z} = g(z,t)$ 为辛变换, $z(t)$ 为首次积分, $M(z,t) = g_z(z,t)$. 如果:

(1) $g(*,0)$为线性辛变换, $M(z,0) = M_0$ 不依赖于z;

(2) $g^{-1}(*,0)\cdot g(*,t)$ 为依赖于t 的辛变换, 可将$z(t)$ 变为$z(0)$;

(3) $C\widehat{z}_z(0) + D$ 为非异的,

则存在梯度变换$f:\ w \to \widehat{w} = f(w,t)$ 及生成泛函$\phi(w,t)$, 对充分小的$|t|$, 使得:

(1) $[\widehat{w} - f(w,t)]\big|_{\widehat{w}=A\widehat{z}+B\widehat{z},\ w=C\widehat{z}+Dz} = 0$;

(2) $\phi_t(w,t) = -\mu H(C_1\phi_w(w,t) + D_1 w)\big|_{w=C\widehat{z}+Dz}$.

此方程为广义的Hamilton-Jacobi 方程.

证明:记$\widetilde{z}$ 为(z,t), $\widetilde{\widetilde{z}}$ 为$(\widetilde{z},-H)$, $\widetilde{w}$ 为 (w,t), $\widetilde{\widetilde{w}}$ 为 $(\widetilde{w},-H)$, 则

$$\begin{bmatrix} \widetilde{\widetilde{w}} \\ \widetilde{w} \end{bmatrix} = \begin{bmatrix} \widetilde{A} & \widetilde{B} \\ \widetilde{C} & \widetilde{D} \end{bmatrix} \begin{bmatrix} \widetilde{\widetilde{z}} \\ \widetilde{z} \end{bmatrix}.$$

这里

$$\widetilde{A} = \begin{bmatrix} A & 0 \\ 0 & 1 \end{bmatrix}, \quad \widetilde{B} = \begin{bmatrix} B & 0 \\ 0 & 1 \end{bmatrix},$$
$$\widetilde{C} = \begin{bmatrix} C & 0 \\ 0 & 1 \end{bmatrix}, \quad \widetilde{D} = \begin{bmatrix} D & 0 \\ 0 & 1 \end{bmatrix}.$$

由定理4.1.7, 只需证明

$$\frac{D(\widehat{w},-H)}{D(w,t)}$$

为自共轭的.

这里

$$\frac{D(\widehat{w},-H)}{D(w,t)} = \begin{bmatrix} \widehat{w}_w & -D_wH \\ \dfrac{\partial \widehat{w}}{\partial t} & -\dfrac{\partial H}{\partial t} \end{bmatrix}.$$

因$\widehat{w}_w$为自共轭的, 故只需证明:

$$\begin{aligned} -D_wH &= \frac{\partial w}{\partial t}, \\ \frac{\mathrm{d}\widehat{w}}{\mathrm{d}t} &= f_w\frac{\mathrm{d}w}{\mathrm{d}t} + \frac{\partial w}{\partial t}. \end{aligned}$$

记$N = f_w$, 则:

$$\begin{aligned} \frac{\mathrm{d}w}{\mathrm{d}t} &= N\left(C\frac{\mathrm{d}z}{\mathrm{d}t} + D\frac{\mathrm{d}z}{\mathrm{d}t}\right), \\ \frac{\mathrm{d}\widehat{w}}{\mathrm{d}t} &= \frac{\mathrm{d}}{\mathrm{d}t}(A\widetilde{z} + Bz) = B\frac{\mathrm{d}z}{\mathrm{d}t}. \end{aligned}$$

故:

$$\begin{aligned} \frac{\partial w}{\partial t} &= B\cdot\frac{\mathrm{d}z}{\mathrm{d}t} - N\circ D\frac{\mathrm{d}z}{\mathrm{d}t} \\ &= (B - N\circ D)\frac{\mathrm{d}z}{\mathrm{d}t} \\ &= (B - N\circ D)J^{-1}H_z, \\ -D_wH &= -\left(\frac{Dz}{Dw}\right)^* H_z \\ &= -(C_1N - D_1)^*H_z \\ &= (-N^*\cdot C_1^* + D_1^*)H_z. \end{aligned}$$

由

$$B = J^{-1}D_1^*,$$
$$D = J^{-1}C_1^* \text{ (取 } \mu = -1),$$

结论成立.

$\forall\, \phi(w,t)$, 使

$$\begin{bmatrix} \widehat{w} \\ -H \end{bmatrix} = \begin{bmatrix} \dfrac{\delta\,\phi}{\delta\, w} \\ \dfrac{\partial\,\phi}{\partial\, t} \end{bmatrix},$$

故

$$H\big(C_1\phi_w(w,t) + D_1 w, t\big) = \phi_t(w,t),$$

依赖于$\phi(w,t)$, 这就可以得到一般的辛型差分格式. ▲

§4.2 利用生成泛函构造辛格式

§4.2.1 利用生成泛函构造格式的一般理论

设$f:\ B\times B^* \mapsto (B\times B^*)^*$, f 称为梯度映射或者位势算子(potential operator). 若存在一个$B\times B^*$ 上的泛函ϕ, 使得

$$\widehat{w} = f(w) = \frac{\delta\,\phi(w)}{\delta\, w},$$

则f 的Jacobi 矩阵$N = f_w = \dfrac{\delta^2\,\phi}{\delta\, w^2}$ 是对称矩阵.

设$\alpha \in GL\big((B\times B^*)\times(B\times B^*)^*,\ (B\times B^*)^*\times(B\times B^*)\big)$, 则在广义坐标下$\alpha$ 可表示为

$$\alpha = \begin{bmatrix} A & B \\ C & D \end{bmatrix},$$

其中$A,\ B \in GL\big(B\times B^*,\ (B\times B^*)^*\big)$, $C,\ D\in GL(B\times B^*,\ B\times B^*)$.

若任意$B\times B^*$ 上的变换矩阵M 满足横截条件

$$|C_\alpha M + D_\alpha| \neq 0,$$

则可定义分式变换

$$N = \sigma_\alpha(M) = (AM+B)(CM+D)^{-1}.$$

引理 4.2.1 设

$$\alpha=\begin{bmatrix}A_\alpha & B_\alpha\\ C_\alpha & D_\alpha\end{bmatrix},\quad \alpha^{-1}=\begin{bmatrix}A^\alpha & B^\alpha\\ C^\alpha & D^\alpha\end{bmatrix},$$

则下列横截条件相互等价:

$$|C_\alpha M+D_\alpha|\neq 0, \tag{4.2.1}$$

$$|MC^\alpha-A^\alpha|\neq 0, \tag{4.2.2}$$

$$|C^\alpha N+D_\alpha|\neq 0, \tag{4.2.3}$$

$$|NC_\alpha-A_\alpha|\neq 0, \tag{4.2.4}$$

其中

$$N=\sigma_\alpha(M)=(AM+B)(CM+D)^{-1},$$

而且在横截条件下有

$$M=\sigma_\alpha^{-1}(N)=\sigma_{\alpha^{-1}}(N)=(A^\alpha N+B^\alpha)(C^\alpha N+D^\alpha)^{-1}.$$

详情参见文献[FWQW89].

由以上引理, 可证以下定理[LQ88].

定理 4.2.1 设α, α^{-1} 的定义与引理4.2.1中相同, $\widehat{z}=g(z)$ 是$B\times B^*$ 上的可微映射, $M(z_0)=\dfrac{\partial y}{\partial z}(z_0)$ 是g 在z_0 点的Jacobi 矩阵, 满足横截条件(4.2.2), 则存在$w_0=C_\alpha g(z_0)+D_\alpha$ 的一个邻域$U\subset B\times B^*$ 以及U 上的惟一一个映射f, 使得:

$$N(w_0)=\frac{\partial f}{\partial w}(w_0)=\sigma_\alpha(M(z_0)),$$

$$|N(w_0)C_\alpha-A_\alpha|\neq 0,$$

而且$\widehat{z}=g(z)$ 在z_0 的某个邻域内可由下式给出:

$$A_\alpha\widehat{z}+B_\alpha z=f(C_\alpha\widehat{z}+D_\alpha z).$$

引理 4.2.2[Vai64] 若以下条件满足:

(1) F 是$B\times B^*$ 上的一个映射;

(2) $F(x,z)$ (x 是底空间坐标, z 是相空间$B\times B^*$ 坐标) 在x_0 的一个局部邻域D : $|x-x_0|<r$ 内有Gateaux 导数;

(3) 泛函$\langle DF(x,h_1),\ h_2\rangle$ 在D 中连续,

则F 是一个梯度算子, 即$F=\dfrac{\delta\phi(z)}{\delta z}$, 当且仅当对任意$x$, $\langle DF(x,h_1),\ h_2\rangle$ 关于h_1 和 h_2 对称, 即

$$\langle DF(x,h_1),h_2\rangle=\langle DF(x,h_2),h_1\rangle,\quad \forall\ h_1,h_2\in B\times B^*,\quad \forall\ x\in D.$$

定义算子$J: B\times B^*\mapsto (B\times B^*)^*$, $J(q,p)=(-p,q)$, 在广义坐标q, p下,

$$J=\begin{bmatrix} 0 & -I_{B^*} \\ I_B & 0 \end{bmatrix},\quad J^{-1}=\begin{bmatrix} 0 & I_B \\ -I_{B^*} & 0 \end{bmatrix},$$

这里I_B 上B 的恒等算子简记为I.

定理 4.2.2 α, α^{-1} 的定义见引理4.2.1, σ_α 使得每个辛变换映射成梯度变换, 当且仅当

$$\alpha^*\begin{bmatrix} 0 & I \\ -I & 0 \end{bmatrix}\alpha=\mu\begin{bmatrix} 0 & I_B \\ -I_{B^*} & 0 \end{bmatrix},$$

即:

$$A^\alpha=-\mu^{-1}J^{-1}C_\alpha^*,\qquad B^\alpha=\mu^{-1}J^{-1}A_\alpha^*,$$
$$C^\alpha=\mu^{-1}J^{-1}A_\alpha^*,\qquad D^\alpha=-\mu^{-1}J^{-1}B_\alpha^*.$$

由定理4.2.1、定理4.2.2 以及引理4.2.2, 有以下基本定理.

定理 4.2.3[LQ88],[Qin97] 设α, α^{-1} 与引理4.2.1中相同, 且满足定理4.2.2. $\widehat{z}=g(z,t)$ 是无穷维Hamilton方程(4.1.1) 的解相流, 定义$G(z,t)=g(M_0z,t)$, 其Jacobi 矩阵$M=G_z(z,t)$ 是一依赖时间t 的典则变换, M_0 是常数辛矩阵, 满足横截条件(4.2.1), 即

$$|C_\alpha M_0+D_\alpha|\neq 0,$$

则在$B\times B^*$的某一邻域(见定理4.2.1), 对于充分小的$|\,t\,|$, 存在依赖于时间t 的一个梯度算子$\widehat{w}=f(w,t)$, 其Jacobi 矩阵$N(w,t)=f_w(w,t)$ 满足横截条件(4.2.3) 和一个生成泛函$\phi_{\alpha,H}(w,t)=\phi(w,t)$, 使得:

$$f(w,t)=\frac{\delta\,\phi(w,t)}{\delta\, w},\tag{4.2.5}$$
$$\frac{\partial}{\partial t}\phi(w,t)=-\mu H\big(A^\alpha f(w,t)+B^\alpha w\big),\tag{4.2.6}$$
$$A_\alpha G(z,t)+B_\alpha z=f\big(C_\alpha G(z,t)+D_\alpha z,t\big),\tag{4.2.7}$$
$$N=\sigma_\alpha(M),\quad M=\sigma_\alpha^{-1}(N),\tag{4.2.8}$$

其中(4.2.6) 为Hamilton-Jacobi方程.

定理 4.2.4[LQ88],[Qin97] 生成泛函$\phi(w,t)$ 可以展成t 的幂级数. 当$|\,t\,|$ 充分小时, 该级数收敛.

$$\phi(w,t)=\sum_{k=0}^{\infty}\phi^{(k)}(w)t^k,$$

$$\begin{aligned}\phi^{(0)}(w) &= \frac{1}{2}\langle w^*, N_0 w\rangle, \quad N_0 = (A_\alpha M_0 + B_\alpha)(C_\alpha M_0 + D_\alpha)^{-1},\\ \phi^{(1)}(w) &= -\mu H(E_0 w), \quad E_0 = (C_\alpha M_0 + D_\alpha)^{-1},\\ \phi^{(k+1)} &= -\frac{1}{k+1}\sum_{m=1}^{k}\frac{\mu}{m!}\sum_{k_1+\cdots+k_m=k} H^{(m)}(E_0 w)\\ &\quad \cdot\big(C^\alpha \phi_w^{(k_1)}(w)\big)\cdots\big(C^\alpha \phi_w^{(k_m)}(w)\big).\end{aligned} \tag{4.2.9}$$

由以上两个定理就可以构造方程(4.1.1) 的任意阶精度的辛格式. 首先解方程(4.1.1) 对应的Hamilton-Jacobi方程, 得到生成泛函$\phi(w,t)$的一个关于t的幂级数, 取生成泛函$\phi(w,t)$的适当精度的近似, 对应于不同类型的变换矩阵α, 可以得到不同类型的任意阶精度的辛格式.

根据变换矩阵α的不同, 通常可以得到3 种不同类型的辛格式.

1. **第一类辛格式**

$$\alpha = \begin{bmatrix} -I & 0 & 0 & 0\\ 0 & 0 & 0 & -I\\ 0 & I & 0 & 0\\ 0 & 0 & I & 0 \end{bmatrix},$$

$\mu = -1,\ M_0 = I$, 维数与相空间广义坐标的维数相同.

$$|C_\alpha M_0 + D| \neq 0,$$

$$w = \begin{bmatrix} \widehat{q}\\ p \end{bmatrix}, \quad \widehat{w} = \begin{bmatrix} -\widehat{p}\\ q \end{bmatrix},$$

$$\phi = \phi(\widehat{p}, q, t).$$

Hamilton-Jacobi方程为

$$\phi_t = -H(q, -\phi_q).$$

设B 为Hilbert 空间, $B = B^*$.

2. **第二类辛格式**

$$\alpha = \begin{bmatrix} -I & 0 & 0 & 0\\ 0 & 0 & -I & 0\\ 0 & I & 0 & 0\\ 0 & 0 & 0 & I \end{bmatrix},$$

$\mu=-1,\ M_0=J$, 维数与相空间广义坐标的维数相同.

$$|C_\alpha M_0+D|\neq 0,$$

$$w=\begin{bmatrix}\widehat{q}\\ q\end{bmatrix},\quad \widehat{w}=\begin{bmatrix}-\widehat{p}\\ p\end{bmatrix},$$

$$\phi=\phi(\widehat{q},q,t).$$

Hamilton-Jacobi方程为

$$\phi_t=-H(\phi_q,q).$$

3. 第三类辛格式

$$\alpha=\begin{bmatrix}-J & J\\ \dfrac{1}{2}I & \dfrac{1}{2}I\end{bmatrix},$$

$\mu=1,\ M_0=I$, 维数与相空间广义坐标的维数相同.

$$|C_\alpha M_0+D|\neq 0,$$

$$w=\frac{1}{2}\begin{bmatrix}\widehat{p}+p\\ \widehat{q}+q\end{bmatrix},\quad \widehat{w}=\begin{bmatrix}q-\widehat{q}\\ \widehat{p}-p\end{bmatrix},$$

$$\phi=\phi(\overline{p},\overline{q},t),$$

$$\overline{p}=\frac{1}{2}(\widehat{p}+p),\quad \overline{q}=\frac{1}{2}(\widehat{q}+q).$$

Hamilton-Jacobi方程为

$$\phi=-H\left(\overline{p}+\frac{1}{2}\phi_{\overline{q}},\ \overline{q}-\frac{1}{2}\phi_{\overline{p}}\right).$$

§4.2.2 应用

下面将利用上一节的生成泛函法, 对波动方程、sine-Gordon方程、Schrödinger方程等, 利用第一类和第二类辛格式构造2 阶精度及4 阶精度辛差分格式.

1. 有限维空间

前文列举了有限维辛流形、辛形式及辛变换的具体形式. 取$B=\mathbf{R}^n$, 则$B\times B^*=\mathbf{R}^{2n}$ 为相空间, 在$\mathbf{R}^{2n}$ 中选定一组坐标$q=(q_1,\cdots,q_n),\ p=(p_1\cdots p_n)\in\mathbf{R}^n$, 即在$T\mathbf{R}^n\approx\mathbf{R}^{2n}$ 空间中, $\forall\, x\in T\mathbf{R}^n$, 有

$$x=\sum_{i=1}^{n}A_i\frac{\partial}{\partial q_i}+B_i\frac{\partial}{\partial p_i}.$$

正则 2-形式:

$$\omega = \sum_{i=1}^{n} \mathrm{dp_i} \wedge \mathrm{dq_i},$$

$$\omega(x,y) = x^{\mathrm{T}} \begin{bmatrix} 0 & I \\ -I & 0 \end{bmatrix} y.$$

记 $J = \begin{bmatrix} 0 & I \\ -I & 0 \end{bmatrix}$.

这里x 记为$(A_1 \cdots A_n,\ B_1 \cdots B_n)$, y 记为$(C_1 \cdots C_n,\ D_1 \cdots D_n)$.

若将$T\mathbf{R}^n$ 与$\mathbf{R}^n$ 对应起来, 则在$\mathbf{R}^{2n}$ 中相应的正则基

$$x_i = \big(0 \cdots \underset{i}{1}, 0;\ 0 \cdots 0\big)^{\mathrm{T}}, \quad y_i = \big(0 \cdots 0,\ 0 \cdots \underset{i}{1}, 0\big)^{\mathrm{T}}$$

满足下列条件:

$$\begin{cases} x_i^{\mathrm{T}} J x_i = 0, \\ x_i^{\mathrm{T}} J y_j = -J_{ij}, \qquad i = 1 \cdots n, \quad j = 1 \cdots n, \\ y_i^{\mathrm{T}} J y_i = 0. \end{cases}$$

相应的Hamilton 向量场为

$$X_H = \left[\left(-\frac{\partial H}{\partial q_i} \right)_{i=1}^{n}, \left(\frac{\partial H}{\partial p_i} \right)_{i=1}^{n} \right],$$

Hamilton方程为

$$\frac{\mathrm{d}}{\mathrm{d}t} \begin{bmatrix} p \\ q \end{bmatrix} = J^{-1} \begin{bmatrix} \dfrac{\partial H}{\partial p} \\ \dfrac{\partial H}{\partial q} \end{bmatrix}.$$

此即为经典Hamilton 方程,《哈密尔顿系统的辛几何算法》一书中对它构造了一般的辛差分格式, 并讨论了线性问题的稳定性. 详情参考相关文献[冯康等03],[FQ10].

2. **波动方程**

$$B = H^1, \quad P = H^1 \times H^{-1}.$$

在$H^2 \times H^1$, 作为P的子空间, 有Hamilton 泛函

$$H(u, \dot{u}) = \int_{\mathbf{R}^2} \left(\frac{1}{2} \big[\dot{u}^2 + (\nabla u)^2 + \lambda^2 u^2 \big] + F(u) \right) \mathrm{d}x,$$

它的辛形式为

$$\begin{aligned}
&\omega=\int_{\mathbf{R}}(u_1\dot{u}_2-\dot{u}_1u_2)\,\mathrm{d}x,\\
&\mathrm{dH}=\mathrm{i}_{\mathrm{X_H}}\omega,\\
&X_H(u,\dot{u})=[\dot{u},\Delta u-\lambda^2u-F'(u)],
\end{aligned}$$

得到Hamilton 方程为

$$\begin{aligned}
\frac{\mathrm{d}v}{\mathrm{d}t}&=-\frac{\partial H}{\partial u},\\
\frac{\mathrm{d}u}{\mathrm{d}t}&=\frac{\partial H}{\partial v}.
\end{aligned}$$

因B 为自反Banach 空间, 首先考虑线性情况, 令$\lambda=0,\ F=\text{const}$. 此时波动方程为

$$u_{tt}=u_{xx}. \tag{4.2.10}$$

设$v=u_t$, 则带有周期边界条件和初值条件

$$\begin{aligned}
&u(x+a,t)=u(x+b,t),\\
&u(x,0)=u_0(x),\quad u_t(x,0)=v_0(x)
\end{aligned}$$

的线性波方程$u_{tt}=u_{xx}$ 可以写成如下的典则形式:

$$z_t=J^{-1}\frac{\delta H}{\delta z}, \tag{4.2.11}$$

其中

$$z=\begin{bmatrix} v\\ u\end{bmatrix},\quad J=\begin{bmatrix} 0 & 1\\ -1 & 0\end{bmatrix},\quad \frac{\delta H}{\delta z}=\begin{bmatrix} \dfrac{\delta H}{\delta v}\\ \dfrac{\delta H}{\delta u}\end{bmatrix}=\begin{bmatrix} v\\ u_{xx}\end{bmatrix}.$$

Hamilton 泛函为

$$H(z)=H(v,u)=\frac{1}{2}\int_a^b(v^2+u_x^2)\,\mathrm{d}x.$$

考虑第三类生成函数法, 取变换矩阵为

$$\alpha=\begin{bmatrix} -J & J\\ \frac{1}{2}I & \frac{1}{2}I\end{bmatrix},\quad J=\begin{bmatrix} 0 & 1\\ -1 & 0\end{bmatrix},\quad I=\begin{bmatrix} 1 & 0\\ 0 & 1\end{bmatrix},$$

$\mu=1,\ M_0=I,\ |C_\alpha M_0+D|=1\neq 0.$

对于足够小的时间步长t, 由Hamilton-Jacobi方程和(4.2.9)式可以得到生成函数关于τ 的级数为(只有奇数项)

$$\phi(w,t)=\sum_{k=0}^{\infty}\phi^{(2k-1)}(w)t^{2k-1}.$$

截断$\phi(w,t)$到$2m$阶,

$$\phi^{(2m)}(w,t)=\sum_{k=1}^{m}\phi^{(2k-1)}(w)t^{2k-1},$$

则对应的梯度变换

$$\widehat{w}=f(w,t)=\frac{\delta\,\psi^{(2m)}(w,t)}{\delta\,w}.$$

给出$2m$ 阶隐式辛格式

$$z^{k+1}=z^k-J^{-1}\frac{\delta\,\psi^{(2m)}\left(\dfrac{1}{2}(z^{k+1}+z^k),t\right)}{\delta\,w}. \tag{4.2.12}$$

$m=1$ 时，2 阶精度辛离散即为方程(4.2.10) 的Euler 中点格式

$$z^{k+1}=z^k+\tau J^{-1}\delta_z\,H\left(\frac{1}{2}(z^{k+\frac{1}{2}})\right), \tag{4.2.13}$$

其中τ 是时间步长,

$$\delta_z H=(v,\quad u_{xx})^{\mathrm{T}},\quad z^k\approx z(\cdot,\ k\tau),\quad z^{k+\frac{1}{2}}=\frac{1}{2}(z^{k+1}+z^k).$$

运用2 阶中心差商离散(4.2.11) 中的u_{xx}, 得到(4.2.10) 的2 阶辛格式:

$$(u_{xx})_i^k=\frac{1}{h^2}(u_{i+1}^k-2u_i^k+u_{i-1}^k),$$

$$\begin{cases} v_i^{k+1}=v_i^k+\dfrac{\tau}{2}\big((u_{xx})_i^{k+1}+(u_{xx})_i^k\big), \\ u_i^{k+1}=u_i^k+\tau\dfrac{1}{2}(v_i^{k+1}+v_i^k), \end{cases} \tag{4.2.14}$$

其中h 是空间步长, $u_i^k\approx u(ih,k\tau)$.

$m=2$ 时, 4 阶精度辛离散为

$$z^{k+1}=z^k+\tau J^{-1}\delta_z H(z^{k+\frac{1}{2}})-\frac{\tau^3}{24}J^{-1}\delta_z\big[(\delta_z H)^{\mathrm{T}}J\delta_z^2 HJ\delta_z H\big](z^{k+\frac{1}{2}}), \tag{4.2.15}$$

其中$\delta_z^2 H$ 为H 的2 阶变分导数.

由前一节的变分公式, 得到:

$$\frac{\delta H}{\delta z}=\begin{bmatrix}\dfrac{\delta H}{\delta v}\\ \dfrac{\delta H}{\delta u}\end{bmatrix}=\begin{bmatrix}v\\ -u_{xx}\end{bmatrix}, \tag{4.2.16}$$

$$\begin{aligned}\left\langle\frac{\delta^2 H}{\delta u^2},\delta u\right\rangle &= \frac{\mathrm{d}}{\mathrm{d}\lambda}\bigg|_{\lambda=0}\int_a^b\frac{\delta H(u+\lambda\delta u)}{\delta u}\,\mathrm{d}x\\ &= \frac{\mathrm{d}}{\mathrm{d}\lambda}\bigg|_{\lambda=0}\int_a^b-(u+\lambda\,\delta u)_{xx}\,\mathrm{d}x\\ &= -\int_a^b\frac{\partial^2}{\partial x^2}\cdot\delta u\,\mathrm{d}x=\int_a^b\frac{\delta^2 H}{\delta u^2}\cdot\delta u\,\mathrm{d}x,\\ \left\langle\frac{\delta^2 H}{\delta u\,\delta v},\delta v\right\rangle &= \int_a^b\frac{\delta^2 H}{\delta u\,\delta v}\cdot\delta v\,\mathrm{d}x\\ &= \frac{\mathrm{d}}{\mathrm{d}\lambda}\bigg|_{\lambda=0}\int_a^b\frac{\delta H(u+\lambda\,\delta v)}{\delta u}\,\mathrm{d}x=0,\\ \left\langle\frac{\delta^2 H}{\delta v^2},\delta v\right\rangle &= \frac{\mathrm{d}}{\mathrm{d}\lambda}\bigg|_{\lambda=0}\int_a^b\frac{\delta H(u+\lambda\,\delta v)}{\delta v}\,\mathrm{d}x\\ &= \frac{\mathrm{d}}{\mathrm{d}\lambda}\bigg|_{\lambda=0}\int_a^b(v+\lambda\delta\,v)\,\mathrm{d}x\\ &= \int_a^b\delta\,v\,\mathrm{d}x=\int_a^b\frac{\delta^2 H}{\delta v^2}\cdot\delta\,v\,\mathrm{d}x,\end{aligned}$$

这样有

$$\delta_z^2 H=\begin{bmatrix}\dfrac{\delta^2 H}{\delta v^2} & \dfrac{\delta^2 H}{\delta v\,\delta u}\\ \dfrac{\delta^2 H}{\delta u\,\delta v} & \dfrac{\delta^2}{\delta u^2}\end{bmatrix}=\begin{bmatrix}1 & 0\\ 0 & -\dfrac{\partial^2}{\partial x^2}\end{bmatrix}. \tag{4.2.17}$$

令$S(z)=S(v,u)=(\delta_z H^{\mathrm{T}})J(\delta_z^2 H)J(\delta_z H)$, 则

$$\begin{aligned}S(v,u) &= [v,-u_{xx}]\begin{bmatrix}0 & 1\\ -1 & 0\end{bmatrix}\begin{bmatrix}1 & 0\\ 0 & -\dfrac{\partial^2}{\partial x^2}\end{bmatrix}\begin{bmatrix}0 & 1\\ -1 & 0\end{bmatrix}\begin{bmatrix}v\\ -u_{xx}\end{bmatrix}\\ &= v_{xx}v-u_{xx}^2.\end{aligned}$$

再对$S(z)$作变分得到3 阶变分导数:

$$\begin{aligned}\left\langle \frac{\delta S}{\delta v}, \delta v \right\rangle &= \frac{\mathrm{d}}{\mathrm{d}\lambda}\bigg|_{\lambda=0} \int_a^b S(v+\lambda\delta v, u)\,\mathrm{d}x \\ &= \frac{\mathrm{d}}{\mathrm{d}\lambda}\bigg|_{\lambda=0} \int_a^b \left((v+\lambda\delta v)_{xx}(v+\lambda\delta v) - u_{xx}^2\right)\mathrm{d}x \\ &= \int_a^b 2v_{xx}\cdot\delta v\,\mathrm{d}\,x = \int_a^b \frac{\delta S}{\delta v}\cdot \delta v\,\mathrm{d}x, \\ \left\langle \frac{\delta S}{\delta u}, \delta u \right\rangle &= \frac{\mathrm{d}}{\mathrm{d}\lambda}\bigg|_{\lambda=0} \int_a^b S(v, u+\lambda\,\delta u)\,\mathrm{d}x \\ &= \frac{\mathrm{d}}{\mathrm{d}\lambda}\bigg|_{\lambda=0} \int_a^b \left(v_{xx}v - (u+\lambda\,\delta u)_{xx}^2\right)\mathrm{d}x \\ &= -\int_a^b 2u_{xxxx}\cdot\delta u\mathrm{d}x = \int_a^b \frac{\delta S}{\delta u}\cdot\delta u\mathrm{d}x,\end{aligned}$$

因此,

$$\delta_z S = [2v_{xx}, -2u_{xxxx}]^{\mathrm{T}}. \tag{4.2.18}$$

把(4.2.18) 代入(4.2.15), 就有方程(4.2.11) 在时间方向的4 阶辛离散

$$\begin{cases} v^{k+1} = v^k + \tau u_{xx}^{k+\frac{1}{2}} - \dfrac{\tau^3}{12}u_{xxxx}^{k+\frac{1}{2}}, \\ u^{k+1} = u^k + \tau v^{k+\frac{1}{2}} - \dfrac{\tau^3}{12}v_{xx}^{k+\frac{1}{2}}, \end{cases} \tag{4.2.19}$$

即

$$\begin{bmatrix} v \\ u \end{bmatrix}^{k+1} = \begin{bmatrix} v \\ u \end{bmatrix}^{k} + \tau \begin{bmatrix} & \Delta \\ 1 & 0 \end{bmatrix}\begin{bmatrix} v \\ u \end{bmatrix}^{k+\frac{1}{2}} - \frac{\tau^3}{12}\begin{bmatrix} 0 & \Delta^2 \\ \Delta & 0 \end{bmatrix}\begin{bmatrix} v \\ u \end{bmatrix}^{k+\frac{1}{2}},$$

其中$\Delta = \dfrac{\partial^2}{\partial x^2}$, $z^k \approx z(\cdot,\ k\tau)$, $z^{k+\frac{1}{2}} = \dfrac{1}{2}(z^{k+1}+z^k)$ 都是常用的记号, τ 是时间步长.

离散(4.2.19) 可以看成是以下方程的Euler 中点离散:

$$\begin{cases} v_t = u_{xx} - \dfrac{\tau^2}{12}u_{xxxx}, \\ u_t = v - \dfrac{\tau^2}{12}v_{xx}. \end{cases} \tag{4.2.20}$$

消去v, 就有

$$u_{tt} = u_{xx} - \frac{\tau^2}{6}u_{xxxx} + \frac{\tau^4}{144}u_{xxxxxx}. \tag{4.2.21}$$

可得到方程(4.2.11) 和波方程$u_{tt}=u_{xx}$ 所对应的修改方程(4.2.20) 和方程(4.2.21).

用4 阶差商离散(4.2.19) 中的$\dfrac{\partial^2}{\partial x^2}$ 和$\dfrac{\partial^4}{\partial x^4}$, 就可以得到(4.2.10) 的4 阶辛格式:

$$(u_{xx})_i=\frac{1}{12h^2}(-u_{i-2}+16u_{i_1}-30u_i+16u_{i+1}-u_{i+2}), \tag{4.2.22}$$

$$(u_{xxxx})_i=\frac{1}{h^4}(u_{i-2}-4u_{i_1}+6u_i-4u_{i+1}+u_{i+2}), \tag{4.2.23}$$

$$\begin{cases} v_i^{k+1}=v_i^k+\tau(u_{xx})_i^{k+\frac{1}{2}}-\dfrac{\tau^3}{12}(u_{xxxx})_i^{k+\frac{1}{2}}, \\ u_i^{k+1}=u_i^k+\tau v_i^{k+\frac{1}{2}}-\dfrac{\tau^3}{12}(v_{xx})_i^{k+\frac{1}{2}}. \end{cases} \tag{4.2.24}$$

下面考虑带有周期边界的sine-Gordon 方程:

$$u_{tt}-u_{xx}+\sin(u)=0,\quad (x,t)\in[a,b]\times[0,+\infty]. \tag{4.2.25}$$

同样令$v=u_t$, sine-Gordon 方程就可以写成典则Hamilton 形式

$$\frac{\mathrm{d}z}{\mathrm{d}t}=\begin{bmatrix}\dfrac{\mathrm{d}v}{\mathrm{d}t}\\ \dfrac{\mathrm{d}u}{\mathrm{d}t}\end{bmatrix}=J^{-1}\delta_z H=\begin{bmatrix}-\dfrac{\delta H(v,u,t)}{\delta u}\\ \dfrac{\delta H(v,u,t)}{\delta v}\end{bmatrix}=\begin{bmatrix}u_{xx}-\sin(u)\\ v\end{bmatrix}. \tag{4.2.26}$$

Hamilton 泛函为

$$H(z)=H(v,u)=\frac{1}{2}\int_a^b\left(u_x^2+v^2+2-2\cos(u)\right)\mathrm{d}x.$$

$H(z)$ 的2 阶变分导数及$S(z)$ 就为

$$\delta_z^2 H=\begin{bmatrix}1 & 0\\ 0 & \cos(u)-\dfrac{\partial^2}{\partial x^2}\end{bmatrix},$$

$$\begin{aligned} S(v,u) &= \delta_z H^{\mathrm{T}} J\delta_z^2 H J\,\delta_z H\\ &= [v,\sin(u)-u_{xx}]\begin{bmatrix}0 & 1\\ -1 & 0\end{bmatrix}\cdot\begin{bmatrix}1 & 0\\ 0 & \cos(u)-\dfrac{\partial^2}{\partial x^2}\end{bmatrix}\\ &\quad\cdot\begin{bmatrix}0 & 1\\ -1 & 0\end{bmatrix}\begin{bmatrix}v\\ \sin(u)-u_{xx}\end{bmatrix}\\ &= (v_{xx}-v\cos(u))v-\left(\sin(u)-u_{xx}\right)^2. \end{aligned}$$

再作变分有

$$\begin{bmatrix} \dfrac{\delta S}{\delta v} \\ \dfrac{\delta S}{\delta u} \end{bmatrix} = \begin{bmatrix} 2v_{xx} - 2\cos(u)v \\ v^2\sin(u) - 2\sin(2u) + 4\cos(u)u_{xx} - 2\sin(u)u_x^2 - 2u_{xxxx} \end{bmatrix},$$

这样在时间方向上的4 阶精度辛离散为[WWJQ03]:

$$\left\{\begin{aligned} v^{k+1} &= v^k - \tau(\sin(u) - u_{xx})^{k+\frac{1}{2}} \\ &\quad + \frac{\tau^3}{24}\big(\sin(u)v^2 - 2\sin(u)u_x^2 - \sin(2u) + 4\cos(u)u_{xx} - 2u_{xxxx}\big)^{k+\frac{1}{2}}, \\ u^{k+1} &= u^k + \tau v^{k+\frac{1}{2}} - \frac{\tau^3}{24}\big(2v_{xx} - 2\cos(u)v\big)^{k+\frac{1}{2}}, \end{aligned}\right. \tag{4.2.27}$$

其中$(\sin(u)v^2)^{k+\frac{1}{2}} = \sin(u^{k+\frac{1}{2}})(v^{k+\frac{1}{2}})^2$.

同样辛离散(4.2.27) 可以看成是以下修改方程的Euler 中点离散:

$$\left\{\begin{aligned} v_t &= u_{xx} - \sin(u) \\ &\quad + \frac{\tau^2}{24}\big(\sin(u)v^2 - 2\sin(u)u_x^2 - \sin(2u) + 4\cos(u)u_{xx} - 2u_{xxxx}\big), \\ u_t &= v - \frac{\tau^2}{24}\big(2v_{xx} - 2\cos(u)v\big). \end{aligned}\right. \tag{4.2.28}$$

在(4.2.27) 中运用(4.2.22) 和(4.2.23) 及4 阶差商离散$\dfrac{\partial}{\partial x}$, 得到方程(4.2.25) 的4 阶辛格式:

$$(u_x)_i = \frac{1}{12h}(-u_{i-2} + 8u_{i-1} - 8u_{i+1} + u_{i+2}),$$

$$\left\{\begin{aligned} v_i^{k+1} &= v_i^k - \tau(\sin(u) - u_{xx})_i^{k+\frac{1}{2}} + \frac{\tau^3}{24}(\sin(u)v^2 - 2\sin(u)u_x^2 \\ &\quad - \sin(2u) + 4\cos(u)u_{xx} - 2u_{xxxx})_i^{k+\frac{1}{2}}, \\ u_i^{k+1} &= u_i^k + \tau v_i^{k+\frac{1}{2}} - \frac{\tau^3}{24}(2v_{xx} - 2\cos(u)v)_i^{k+\frac{1}{2}}. \end{aligned}\right. \tag{4.2.29}$$

对波动方程, 可以用第一类和第二类生成函数建立另外两种辛格式:

2 阶精度:

$$\left\{\begin{aligned} u_i^{n+1} &= u_i^n - \Delta t v^n + \frac{\Delta t^2}{2}\Delta u^{n+1}, \\ v_i^{n+1} &= v_i^n - \Delta t\Delta u^{n+1} - \frac{\Delta t^2}{2}\Delta v^n. \end{aligned}\right.$$

2 阶跳点格式:

$$\begin{cases} v_i^{n+1} = v_i^n + \Delta t u_i^{n+\frac{1}{2}}, \\ u_i^{n+1+\frac{1}{2}} = u_i^{n+\frac{1}{2}} - \Delta t v_i^{n+1}. \end{cases}$$

3. Toda 链

$$(p,q) = (p_n, q_n), \quad n = (\cdots - k, \cdots + k, \cdots),$$

它的2-形式为

$$\omega = \sum_n \mathrm{d}p_n \wedge \mathrm{d}q_n,$$

其Hamilton函数

$$H = \frac{1}{2}\sum_n p_n^2 + \sum_n \big(\exp(q_n - q_{n-1}) - 1 - q_n + q_{n-1}\big).$$

令$p = \{p_n\}$, $q = \{q_n\}$, 则$p \in E^\infty$, $q \in E^\infty$, 可将方程写为:

$$\begin{cases} \dfrac{\mathrm{d}q}{\mathrm{d}t} = p, \\ \dfrac{\mathrm{d}p}{\mathrm{d}t} = -Aq, \end{cases}$$

这里$Aq \in E^\infty$, $(Aq)_n = \exp(q_n - q_{n-1}) - \exp(q_{n+1} - q_n)$, E^∞ 为Hilbert 空间, 其生成泛函可取第一、二、三类.

4. Schrödinger 方程

令$P = \mathcal{H}$ 为复Hilbert 空间$\omega = -I_m\langle\ ,\ \rangle$, H_{op} 为$\mathfrak{D}$ 上的自共轭算子, $\mathfrak{D} \subset P$,

$$\begin{aligned} X_H(\varphi) &= \mathrm{i}\, H_{op}\cdot\varphi, \\ H(\varphi) &= \frac{\langle H_{op}\varphi, \varphi\rangle}{2}, \end{aligned} \qquad \varphi \in \mathfrak{D}.$$

容易验证

$$i_{X_H}\omega = \mathrm{dH}.$$

所以X_H 为一Hamilton 向量场, $\varphi(t)$ 为X_H 的分曲线. 如果

$$\frac{1}{\mathrm{i}}\frac{\mathrm{d}\varphi}{\mathrm{d}t} = H_{op}\cdot\varphi,$$

这就是Schrödinger 方程.

现在考虑线性情况, 即

$$\frac{1}{\mathrm{i}}\frac{\mathrm{d}\varphi}{\mathrm{d}t}=\Delta\,\varphi,\quad \Delta=\left(\frac{\partial}{\partial\,x}\right)^2=H_{op}.$$

令$\varphi=u+\mathrm{i}\,v$, 则有

$$\frac{\mathrm{d}}{\mathrm{d}t}\begin{bmatrix} v\\ u\end{bmatrix}=\begin{bmatrix} 0 & -I\\ I & 0\end{bmatrix}\begin{bmatrix} -u_{xx}\\ -v_{xx}\end{bmatrix}.$$

若令

$$H=\int_H (u_x)^2+(v_x)^2\,\mathrm{d}x,$$

则

$$\frac{\mathrm{d}}{\mathrm{d}t}\begin{bmatrix} v\\ u\end{bmatrix}=J^{-1}\frac{\delta\,H}{\delta\,(v,u)}.$$

对这个方程, 可建立如下差分格式:

$$\begin{aligned}\begin{bmatrix} v^{n+1}\\ u^{n+1}\end{bmatrix}=&\begin{bmatrix} v^{n}\\ u^{n}\end{bmatrix}+\tau\begin{bmatrix} 0 & \Delta\\ -\Delta & 0\end{bmatrix}\begin{bmatrix} \overline{v}^{n}\\ \overline{u}^{n}\end{bmatrix}\\ &-\frac{\tau^3}{12}\begin{bmatrix} 0 & \Delta\\ -\Delta & 0\end{bmatrix}^3\begin{bmatrix} \overline{v}^{n}\\ \overline{u}^{n}\end{bmatrix},\end{aligned}$$

这里记

$$\overline{v}^n=\frac{1}{2}(v^{n+1}+v^n),\quad \overline{u}^n=\frac{1}{2}(u^{n+1}+u^n).$$

取Δ 为中心4 阶差商, 则有

$$z^{n+1}=z^n+\tau A\overline{z}^n-\frac{\tau^3}{12}A^3\overline{z}^n,$$

其中

$$A=\begin{bmatrix} 0 & M\\ -M & 0\end{bmatrix},$$

而

$$M=\begin{bmatrix} 0 & -8 & -1 & \cdots & 0 & & & & \\ 8 & 0 & -8 & -1 & & & & & \\ & 1 & 8 & 0 & -8 & -1 & & & \\ & \cdots & \cdots & \cdots & \cdots & \cdots & & & \\ & & \cdots & \cdots & \cdots & \cdots & \cdots & & \\ & & & 1 & 8 & 0 & -8 & -1 \\ & & & & 1 & 8 & 0 & -8 \\ & & & & & 1 & 8 & 0\end{bmatrix},$$

取0 为边界条件.

同样有其他两类差分格式, 这里不一一列出. 取周期性初值条件, 利用各种辛型格式计算, 可得出相同的结果(在精度范围内).

但因数值例子$\left[z_0=\begin{pmatrix}\cos x\\ \sin x\end{pmatrix}\right]$为平凡的, 故不在此列出数值结果, 将上述格式应用于非线性波动方程与Schrödinger 方程是下一步的工作.

5. **杆**

振动方程为:

$$\frac{\partial^2 u}{\partial t^2}+\mu\frac{\partial^4 u}{\partial x^4}=0,\quad \mu>0,\quad 0<x<X,\quad t>0.$$

引入物理量$v=\dfrac{\partial u}{\partial t}$, 并令$\overline{x}=\dfrac{x}{\mu^{\frac{1}{4}}}$, 简记为$x$, 则有

$$\frac{\mathrm{d}}{\mathrm{d}t}\begin{bmatrix}v\\ u\end{bmatrix}=\begin{bmatrix}0 & -I\\ I & 0\end{bmatrix}\begin{bmatrix}v_{xx}\\ u_{xx}\end{bmatrix}.$$

因此, 此方程与线性Schrödinger 方程具有相同的结构. 所以, 可将第4点中的格式照搬过来, 只须在M 中改动一下边值条件即可.

6. **可压缩理想流体**

$$H=C\cdot\rho^r+\frac{(\alpha u+\rho\nabla\phi)^2}{2\rho},$$

其中(ρ,ϕ), (σ,u) 为对偶变量,

$$\sigma=-\rho\lambda,$$

方程具有形式

$$\begin{cases}\dfrac{\partial\rho}{\partial t}=-\dfrac{\partial H}{\partial\phi},\\[2mm] \dfrac{\partial\phi}{\partial t}=\dfrac{\partial H}{\partial\rho},\\[2mm] \dfrac{\partial u}{\partial t}=\dfrac{\partial H}{\partial\sigma},\\[2mm] \dfrac{\partial\sigma}{\partial t}=-\dfrac{\partial H}{\partial u}.\end{cases}$$

令$p=(\rho,\sigma)^{\mathrm{T}}, q=(\phi,\mu)^{\mathrm{T}}$,其中$\sigma=-\rho\lambda$, 则上面的方程可紧凑地写成如下形式:

$$\frac{\partial}{\partial t}\begin{bmatrix}p\\ q\end{bmatrix}=J^{-1}\begin{bmatrix}\dfrac{\partial H}{\partial p}\\[2mm] \dfrac{\partial H}{\partial q}\end{bmatrix}.$$

选择第一类生成泛函, 2 阶精度:

$$\begin{cases} p^{n+1} = p^n - \tau \cdot H_q(p^{n+1}, q^{n+\frac{1}{2}}), \\ q^{n+1+\frac{1}{2}} = q^{q+\frac{1}{2}} + \tau H_p(p^{n+1}, q^{n+\frac{1}{2}}). \end{cases}$$

首先在整点时间上计算p, 再在半点时间上计算q. 这个格式可作为蛙跳格式来对待.

§4.2.3 数值实验

为了用数值实验说明上节所构造的4 阶格式的精度, 需要用数值解和精确解作比较. 为此首先以线性波方程作数值实验, 设带有周期边界条件和初值条件的线性波方程如下:

$$\begin{aligned} & u_{tt} = u_{xx}, \quad t > 0, \quad -\pi \le x \le \pi, \\ & u(x,0) = \sin(x), \quad u_t(x,0) = \cos(x), \\ & u(x-\pi,t) = u(x+\pi,t). \end{aligned}$$

其解析解为

$$u(x,t) = \sin(t+x), \quad t > 0, \quad -\pi \le x \le \pi.$$

分别用$u(ih,m\tau)$ 和$v(ih,m\tau)$ 表示u 和v 在$x = ih$, $t = m\tau$ 的解析解, u_i^m 和v_i^m 表示相应的数值解. 当计算某一给定的时间区间$[0,T]$ 上的全局误差时, 将u 和v 的误差都考虑在内, 以便考察整个相空间上数值解的误差.

定义误差范数如下:

$$\begin{aligned} \text{error}_u &= \max_{-\pi\le ih\le\pi} \max_{0\le m\tau\le T} \left|u_i^m - u(ih,m\tau)\right|, \\ \text{error}_v &= \max_{-\pi\le ih\le\pi} \max_{0\le m\tau\le T} \left|v_i^m - v(ih,m\tau)\right|, \\ \text{error} &= \text{error}_u + \text{error}_v. \end{aligned}$$

作为比较, 我们用2 阶和4阶精度的格式计算了该问题, 分别取空间步长和时间步长为$h = \dfrac{2\pi}{100}$, $\tau = 0.02$, 将500 个时间步长以后的全局误差列入表4.2.1. 从整个时间区间的全局误差曲线来看, 误差呈线性增长, 但是增长非常缓慢.

为了进一步考察辛格式(4.2.29) 的数值表现, 特别是长时间的数值跟踪能力, 用格式(4.2.29) 长期跟踪了正负孤立子(kink-antikink) 的碰撞.

sine-Gordon方程的单个孤立波解为

$$u(x,t) = 4\arctan\left[\exp\left(\pm\frac{x-\beta t}{\sqrt{1-\beta^2}}\right)\right].$$

表 4.2.1 全局误差对比

	error_u	error_v	error
2 阶(4.2.14)	1.90×10^{-3}	2.00×10^{-3}	3.90×10^{-3}
4 阶(4.2.19)	9.43×10^{-7}	1.03×10^{-6}	1.97×10^{-6}

两个孤立波振幅相同, 但速度符号相反, 在初始状态时分别位于x 轴两边离原点x_0 的位置, 初值和周期边界条件取为:

$$
\begin{aligned}
&u(x,0)=4\arctan\left(a\cdot \mathrm{e}^{(-x+x_0)}\right)+4\arctan\left(a\cdot \mathrm{e}^{(x+x_0)}\right),\\
&u_t(x,0)=\frac{\partial}{\partial t}\left[4\arctan\left(a\cdot \mathrm{e}^{(x+x_0-0.5t)}\right)\right]=4\arctan\left[\left(a\cdot \mathrm{e}^{(-x+x_0-0.5t)}\right)\right]\big|_{t=0},\\
&u\left(-\frac{L}{2}+x,t\right)=u\left(\frac{L}{2}+x,t\right).
\end{aligned}
$$

由于在边界上, 两个孤立波同时反射, 恢复成初始状态(相位不同), 所以孤立波碰撞非常稳定, 波形始终关于y 轴对称. 该例子可以作为考察数值方法长时间跟踪能力的"试金石" (标准例子).

实际计算时取$L=50$, $x_0=\dfrac{20}{3}$, $a=\sqrt{\dfrac{4}{3}}$, 空间步长$h=0.5$, 时间步长$\tau=0.3$. 图4.2.1 给出了从$t=0$ 到$t=240$ 的波形$u(x,t)$ 和相应的负速度$-v(x,t)$, 图中可以清楚地看到波形的进程变化和孤立子的碰撞和反射.

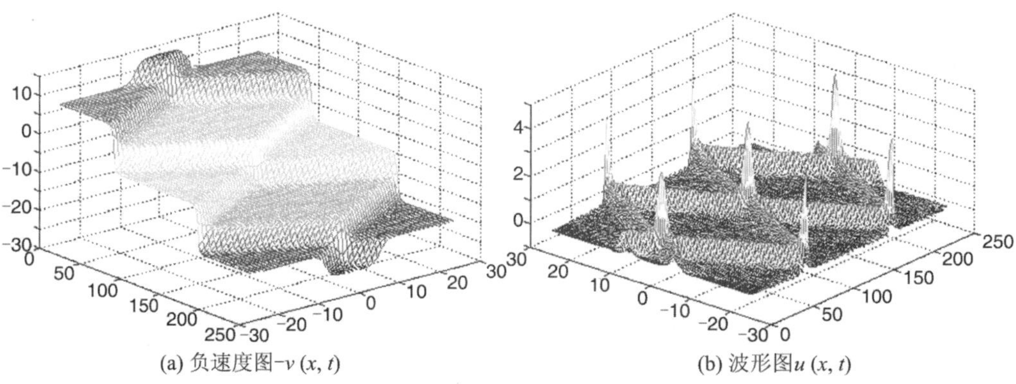

图 4.2.1 sine-Gordon方程的正负孤立子的碰撞(时间从$t=0$ 到$t=240$)

图4.2.2 给出了从 $t=12030$ 到 $t=12240$ 的波形$u(x,t)$图和相应的负速度$-v(x,t)$ 图.

从图4.2.2 可以看出, 辛格式(4.2.29) 的确有很好的长时间数值跟踪能力. 通过

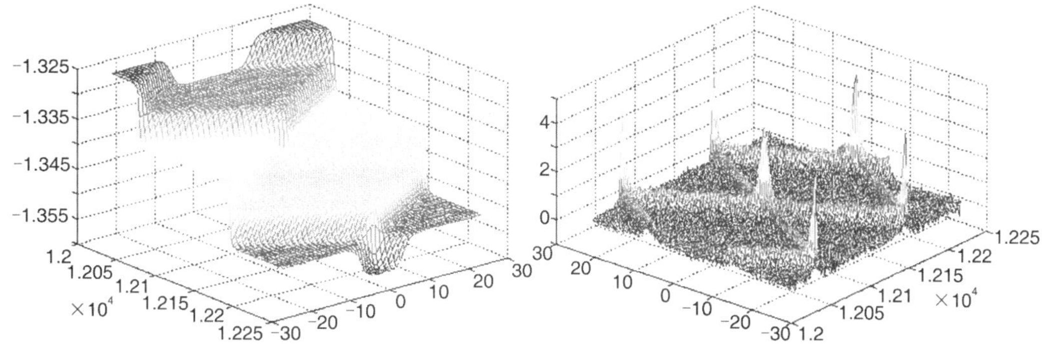

(a) 负速度图-$v(x,t)$　　(b) 波形图$u(x,t)$

图 4.2.2　sine-Gordon方程的正负孤立子的碰撞(时间从$t=12030$到$t=12240$)

数值实验, 我们还发现辛格式(4.2.29) 具有很强的保持sine-Gordon 方程离散能量和动量的能力.

周期边界条件的sine-Gordon 方程有许多首次积分, 其中包括总能量和动量,

$$
\begin{aligned}
H(t) &= \frac{1}{2}\int_a^b \left(v^2+u_x^2+2-2\cos(u)\right)\mathrm{d}x,\\
M(t) &= \int_a^b (u_x v)\,\mathrm{d}x.
\end{aligned}
\tag{4.2.30}
$$

定义离散的总能量和动量为:

$$
H(m\tau)=\sum_i\left(\frac{1}{2}(v_i^m)^2+\frac{1}{2h}(u_{i+1}^m-u_i^m)^2+1-\cos(u_i^m)\right)h, \tag{4.2.31}
$$

$$
M(m\tau)=\sum_i v_i^m(u_{i+1}^m-u_i^m). \tag{4.2.32}
$$

图4.2.3 和图4.2.4 分别给出图4.2.1 和图4.2.2 所对应的数值解的离散的总能量和总动量.

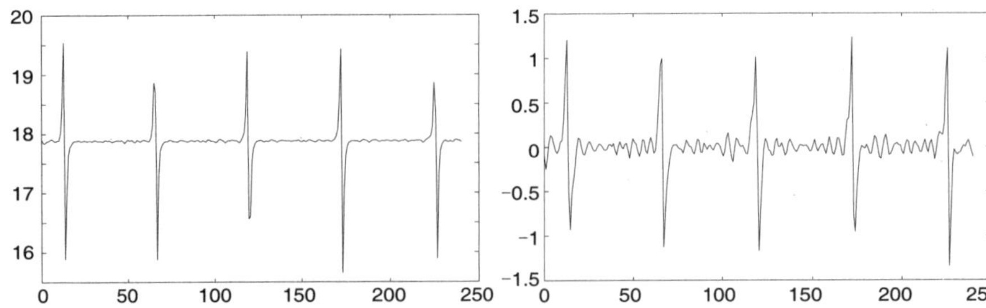

图 4.2.3 图4.2.1所对应的数值解的离散的总能量和总动量

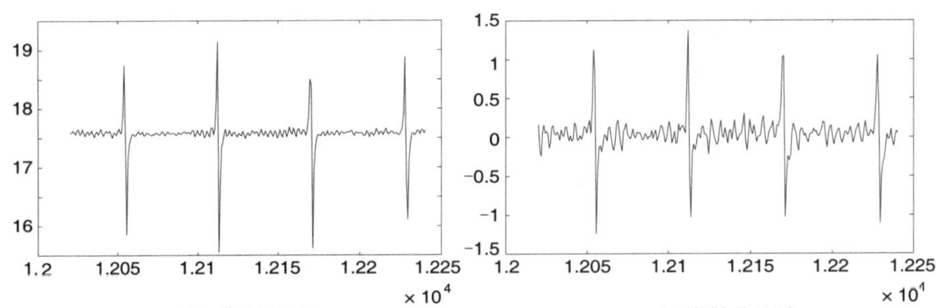

图 4.2.4 图4.2.2所对应的数值解的离散的总能量和总动量

§4.3 波动方程辛差分格式的其他构造方法

上一节利用生成泛函来构造波动方程的任意阶精度的辛几何差分格式,这一节将用其他方法来构造,首先利用《哈密尔顿系统的辛几何算法》[冯康等03],[FQ10]中第七章的PRK 方法和第八章的组合方法,其次利用三角双曲函数sinh (x), cosh (x) 和tanh (x) .

§4.3.1 多级显式辛格式

考虑波动方程

$$u_{tt}=u_{xx} \tag{4.3.1}$$

初边值问题,边界条件假设是周期的. 上面的方程有两种Hamilton 形式.

波动方程(4.3.1) 的第一类Hamilton 形式可以写成:

$$\frac{\mathrm{d}z}{\mathrm{d}t}=J^{-1}Hz, \tag{4.3.2}$$

其中Hamilton 泛函为:

$$H = \frac{1}{2}\int (v^2 + u_x^2)\mathrm{d}x, \tag{4.3.3}$$

$$z = \begin{bmatrix} v \\ u \end{bmatrix} = \begin{bmatrix} u_t \\ u \end{bmatrix}, \quad J^{-1} = -J = \begin{bmatrix} 0 & -1 \\ 1 & 0 \end{bmatrix},$$

$$Hz = \begin{bmatrix} \dfrac{\delta H}{\delta v} \\ \dfrac{\delta H}{\delta u} \end{bmatrix} = \begin{bmatrix} v \\ -u_{xx} \end{bmatrix}.$$

于是(4.3.2) 能写成

$$\frac{\mathrm{d}z}{\mathrm{d}t} = J^{-1}\mathcal{A}z, \tag{4.3.4}$$

其中

$$J^{-1}A = \begin{bmatrix} 0 & \dfrac{\partial^2}{\partial x^2} \\ 1 & 0 \end{bmatrix}. \tag{4.3.5}$$

波动方程(4.3.1)的第二类Hamilton 形式为:

$$\frac{\mathrm{d}z}{\mathrm{d}t} = \mathcal{D}\frac{\delta H}{\delta H}, \tag{4.3.6}$$

而此时Hamilton 泛函为:

$$H(v,u) = \frac{1}{2}\int (v^2 + u^2)\,\mathrm{d}x, \tag{4.3.7}$$

$$z = \begin{bmatrix} v \\ u \end{bmatrix}, \quad \mathcal{D} = \begin{bmatrix} 0 & \dfrac{\partial}{\partial x} \\ \dfrac{\partial}{\partial x} & 0 \end{bmatrix}. \tag{4.3.8}$$

两类Hamilton 泛函都是可分的, 即$H(p,q) = U(p) + V(q)$, 故Hamilton 方程可写成

$$\frac{\mathrm{d}}{\mathrm{d}t}\begin{bmatrix} p \\ q \end{bmatrix} = J^{-1}\begin{bmatrix} U_p \\ V_q \end{bmatrix} = \begin{bmatrix} f(q) \\ g(p) \end{bmatrix}, \tag{4.3.9}$$

其中$J^{-1} = \begin{bmatrix} 0 & -I \\ I & 0 \end{bmatrix}$, I是恒等算子.

1 阶精度1 级辛格式为

$$p^{k+1} = p^k + hc_1 f(q^k), \quad q^{k+1} = q^k + hd_1 g(p^{k+1}). \tag{4.3.10}$$

这里$c_1 = d_1 = 1,\ h = \Delta t$.

2 阶精度2 级辛格式为:

$$\begin{aligned} &p_1 = p^k + hc_1 f(q^k), \qquad && q_1 = q^k + hd_1 g(p_1), \\ &p^{k+1} = p_1 + hc_2 f(q_1), \qquad && q^{k+1} = q_1 + hd_2 g(p^{k+1}), \end{aligned} \tag{4.3.11}$$

其中$c_1 = 0,\ c_2 = 1,\ d_1 = d_2 = \dfrac{1}{2}$ 或$d_1 = 1,\ d_2 = 0,\ c_1 = c_2 = \dfrac{1}{2}$.

3 阶精度3 级辛格式为:

$$\begin{aligned} &p_1 = p^k + hc_1 f(q^k), \qquad && q_1 = q^k + hd_1 g(p_1), \\ &p_2 = p_1 + hc_2 f(q_1), \qquad && q_2 = q_1 + hd_2 g(p_2), \\ &p^{k+1} = p_2 + hc_3 f(q_2), \qquad && q^{k+1} = q_2 + hd_3 g(p^{k+1}), \end{aligned} \tag{4.3.12}$$

其中

$$\begin{aligned} &c_1 = \frac{7}{24}, \qquad && c_2 = \frac{3}{4}, \qquad && c_3 = -\frac{1}{24}, \\ &d_1 = \frac{2}{3}, \qquad && d_2 = -\frac{2}{3}, \qquad && d_3 = 1, \end{aligned}$$

或

$$\begin{aligned} &c_1 = 1, \qquad && c_2 = -\frac{2}{3}, \qquad && c_3 = \frac{2}{3}, \\ &d_1 = -\frac{1}{24}, \qquad && d_2 = \frac{3}{4}, \qquad && d_3 = \frac{7}{24}. \end{aligned}$$

4 阶精度4 级辛格式为:

$$\begin{aligned} &p_1 = p^k + hc_1 f(q^k), \qquad && q_1 = q^k + hd_1 g(p_1), \\ &p_2 = p_1 + hc_2 f(q_1), \qquad && q_2 = q_1 + hd_2 g(p_2), \\ &p_3 = p_2 + hc_3 f(q_2), \qquad && q_3 = q_2 + hd_3 g(p_3), \\ &p^{k+1} = p_3 + hc_4 f(q_3), \qquad && q^{k+1} = q_3 + hd_4 g(p^{k+1}), \end{aligned} \tag{4.3.13}$$

其中

$$\begin{gathered} c_1 = 0, \quad c_2 = c_4 = \frac{1}{3}(2+\alpha), \quad c_3 = -\frac{1}{4}(1+2\alpha), \\ d_1 = d_4 = \frac{1}{6}(2+\alpha), \quad d_2 = d_3 = \frac{1}{6}(1-\alpha). \end{gathered}$$

而

$$\alpha = \sqrt[3]{2} + \sqrt[3]{\frac{1}{2}}$$

或

$$c_1=\frac{1}{6}(2+\alpha),\quad c_2=c_3=\frac{1}{6}(1-\alpha),\quad c_4=\frac{1}{2}(2+\alpha),$$

$$d_1=\frac{1}{3}(2+\alpha),\quad d_2=-\frac{1}{3}(1+2\alpha),\quad d_3=\frac{1}{3}(2+\alpha),\quad d_4=0.$$

首先考虑第一类方程(4.3.4)的半离散化, 可以写成:

$$\frac{\mathrm{d}z}{\mathrm{d}t}=J^{-1}Az, \tag{4.3.14}$$

这时

$$J^{-1}A=\begin{bmatrix}0&\Delta\\1&0\end{bmatrix}, \tag{4.3.15}$$

其中Δ 是$\dfrac{\partial^2}{\partial x^2}$的中心差商算子.

令Δ_2 为逼近$\dfrac{\partial^2}{\partial x^2}$ 的2 阶精度差商算子:

$$\Delta_2\, u_m=\frac{u(m+1)-2u(m)+u(m-1)}{\Delta x^2}. \tag{4.3.16}$$

还可以用4 阶精度差商算子Δ_4来逼近$\dfrac{\partial^2}{\partial x^2}$:

$$\Delta_4\, u_m=\frac{-u(m+2)+16u(m+1)-30u(m)+16u(m-1)-u(m-2)}{12\Delta x^2}. \tag{4.3.17}$$

令$u=[u(1),u(2),\cdots,u(n)]'$, $v=[v(1),v(2),\cdots,v(n)]'$, 则方程(4.3.14) 变成

$$\frac{\mathrm{d}}{\mathrm{d}t}\begin{bmatrix}v\\u\end{bmatrix}=\begin{bmatrix}O&M\\I&O\end{bmatrix}\begin{bmatrix}v\\u\end{bmatrix}=\begin{bmatrix}Mu\\v\end{bmatrix}, \tag{4.3.18}$$

M 是$n \times n$ 矩阵, 可以选取

$$M_1:\ \frac{1}{\Delta x^2}\begin{bmatrix} -2 & 1 & 0 & \cdots & \cdots & 1 \\ 1 & -2 & 1 & \cdots & \cdots & 0 \\ & \ddots & \ddots & \ddots & & \\ & & \ddots & \ddots & \ddots & \\ 0 & 0 & \cdots & \cdots & -2 & 1 \\ 1 & 0 & \cdots & \cdots & 1 & -2 \end{bmatrix}, \tag{4.3.19}$$

$$M_2:\ \frac{1}{12\Delta x^2}\begin{bmatrix} -30 & 16 & -1 & 0 & 0 & \cdots & \cdots & 0 & -1 & 16 \\ 16 & -30 & 16 & -1 & 0 & \cdots & \cdots & 0 & 0 & -1 \\ -1 & 16 & -30 & 16 & -1 & \cdots & \cdots & 0 & 0 & 0 \\ \ddots & \ddots & \ddots & \ddots & \ddots & & & & & \\ & \ddots & \ddots & \ddots & \ddots & \ddots & & & & \\ & & \ddots & \ddots & \ddots & \ddots & \ddots & & & -1 \\ & & & \ddots & \ddots & \ddots & \ddots & \ddots & & -1 \\ -1 & 0 & 0 & \cdots & \cdots & \cdots & -1 & 16 & -30 & 16 \\ 16 & -1 & 0 & \cdots & \cdots & \cdots & 0 & -1 & 16 & -30 \end{bmatrix}, \tag{4.3.20}$$

它们分别对应于Δ_2, Δ_4 及周期边界条件.

接下来考虑另一类Hamilton方程(4.3.6)的半离散化, 方程可以写成

$$\frac{\mathrm{d}z}{\mathrm{d}t} = K^{-1}Az, \tag{4.3.21}$$

其中

$$K^{-1}A = \begin{bmatrix} 0 & \nabla \\ \nabla & 0 \end{bmatrix}, \tag{4.3.22}$$

其中K 是非奇斜对称算子, 而∇ 是逼近$\dfrac{\partial}{\partial x}$ 的中心差分算子.

令∇_2 是逼近$\dfrac{\partial}{\partial x}$ 的2 阶精度差分算子:

$$\nabla_2 u_m = \frac{u(m+1)-u(m-1)}{2\Delta x}. \tag{4.3.23}$$

还可以用4 阶精度差分算子来逼近$\dfrac{\partial}{\partial x}$:

$$\nabla_4 u_m = \frac{-u(m+2)+8u(m+1)-8u(m-1)+u(m-2)}{12\Delta x}. \tag{4.3.24}$$

可以把(4.3.21) 改写成

$$\frac{\mathrm{d}}{\mathrm{d}t}\begin{bmatrix} v \\ u \end{bmatrix} = \begin{bmatrix} O & M \\ M & O \end{bmatrix}\begin{bmatrix} v \\ u \end{bmatrix} = \begin{bmatrix} Mu \\ Mv \end{bmatrix}, \tag{4.3.25}$$

这里M 是$n \times n$ 阶矩阵, 对应(4.3.23)和(4.3.24) 及周期边界的条件可以选取为

$$M_3: \quad \frac{1}{2\Delta x}\begin{bmatrix} 0 & 1 & 0 & \cdots & \cdots & -1 \\ -1 & 0 & 1 & \cdots & \cdots & 0 \\ & \ddots & \ddots & \ddots & & \\ & & \ddots & \ddots & \ddots & \\ 0 & 0 & \cdots & \cdots & 0 & 1 \\ 1 & 0 & \cdots & \cdots & -1 & 0 \end{bmatrix}, \tag{4.3.26}$$

$$M_4: \quad \frac{1}{12\Delta x}\begin{bmatrix} 0 & 8 & -1 & 0 & 0 & \cdots & \cdots & \cdots & 1 & -8 \\ -8 & 0 & 8 & -1 & 0 & \cdots & \cdots & \cdots & 0 & 1 \\ 1 & -8 & 0 & 8 & -1 & \cdots & \cdots & \cdots & & \\ \ddots & \ddots & \ddots & \ddots & \ddots & \ddots & \ddots & & & \\ & \ddots & \ddots & \ddots & \ddots & \ddots & \ddots & \ddots & & \\ & & \ddots & \ddots & \ddots & \ddots & \ddots & \ddots & \ddots & \\ -1 & 0 & 0 & \cdots & \cdots & \cdots & 1 & -8 & 0 & 8 \\ 8 & -1 & 0 & 0 & 0 & \cdots & \cdots & 1 & -8 & 0 \end{bmatrix}. \tag{4.3.27}$$

应用格式(4.3.10), (4.3.11), (4.3.12), (4.3.13) 计算波动方程(4.3.18), 得下列格式:

$$v^{k+1} = v^k + hMu^k, \quad u^{k+1} = u^k + hv^{k+1}, \tag{4.3.28}$$

$$\begin{cases} v_1 = v^k, & u_1 = u^k + \dfrac{1}{2}hv_1, \\ v^{k+1} = v_1 + hMu_1, & u^{k+1} = u_1 + \dfrac{1}{2}hv^{k+1}, \end{cases} \tag{4.3.29}$$

$$\begin{cases} v_1 = v^k + \dfrac{7}{24}hMu^k, & u_1 = u^k + \dfrac{2}{3}hv_1, \\ v_2 = v_1 + \dfrac{3}{4}hMu_1, & u_2 = u_1 - \dfrac{2}{3}hv_2, \\ v^{k+1} = v_2 - \dfrac{1}{24}hMu_2, & u^{k+1} = u_2 + hv^{k+1}, \end{cases} \tag{4.3.30}$$

$$\begin{cases} v_1 = v^k, & u_1 = u^k + \dfrac{1}{6}(2+\alpha)hv_1, \\ v_2 = v_1 + \dfrac{1}{3}(2+\alpha)hMu_1, & u_2 = u_1 + \dfrac{1}{6}(1-\alpha)hv_2, \\ v_3 = v_2 - \dfrac{1}{3}(1+2\alpha)hMu_2, & u_3 = u_2 + \dfrac{1}{6}(1-\alpha)hv_3, \\ v^{k+1} = v_3 + \dfrac{1}{3}(2+\alpha)hMu_3, & u^{k+1} = u_2 + \dfrac{1}{6}(1-\alpha)hv^{k+1}. \end{cases} \tag{4.3.31}$$

若在格式(4.3.28) – (4.3.31) 中取$M = M_1$, 则格式(4.3.28) – (4.3.31) 分别有精度$o(\Delta t+\Delta x^2)$, $o(\Delta t^2 + \Delta x^2)$, $o(\Delta t^3 + \Delta x^2)$, $o(\Delta t^4 + \Delta x^2)$, 将这些格式记为SFW(1.2), SFW(2.2), SFW(3.2), SFW(4.2); 若取$M = M_2$, 则格式(4.3.28) – (4.3.31) 的精度分别为$o(\Delta t+\Delta x^4)$, $o(\Delta t^2+\Delta x^4)$, $o(\Delta t^3+\Delta x^4)$, $o(\Delta t^4+\Delta x^4)$, 记这些格式为SFW(1.4), SFW(2.4), SFW(3.4), SFW(4.4).

§4.3.2 差分格式稳定性分析

为了研究差分格式的稳定性, 下面将叙述由Miller在文献[Mil71]中给出的一些判别准则.

有n阶复系数多项式

$$f(z) = a_0 + a_1 z + \cdots + a_n z, \quad a_0 \cdots a_n \neq 0, \tag{4.3.32}$$

由此联想到另一个多项式

$$f^*(z) = \overline{a}_n + \overline{a}_{n-1} z + \cdots + \overline{a}_0 z^n, \tag{4.3.33}$$

$\overline{a}_i$ 是a_i的共轭复数.

若

$$f^*(0) f(z) \equiv f(0) f^*(z), \tag{4.3.34}$$

则多项式$f(z)$ 的所有根在单位圆内或者在单位圆上, 当且仅当$f'(z)$ 仅有模小于或等于1 的根.

推论 4.3.1 多项式$f(z) = z^2 + 2bz + 1\,(b \in \mathbf{R})$的所有根在单位圆内或者在单位圆上, 当且仅当$|b| \leq 1$.

为了分析格式的稳定性, 下面将讨论格式的过渡矩阵特征值.

引理 4.3.1 设A, B, C, D 是$n \times n$ 矩阵, 若$AC = CA$, 则

$$\begin{aligned} \det \begin{vmatrix} \lambda I - A & -B \\ -C & \lambda I - D \end{vmatrix} &= \det \left|(\lambda I - A)(\lambda I - D) - CB\right| \\ &= \det |\lambda^2 I - \lambda(A+D) + AD - CB|. \end{aligned}$$

特别地, 若存在一个可逆矩阵P, 使得

$$P^{-1}AP=\begin{bmatrix} a_1 & & \\ & \ddots & \\ & & a_n \end{bmatrix},\qquad P^{-1}BP=\begin{bmatrix} b_1 & & \\ & \ddots & \\ & & b_n \end{bmatrix},$$
$$P^{-1}CP=\begin{bmatrix} c_1 & & \\ & \ddots & \\ & & c_n \end{bmatrix},\qquad P^{-1}DP=\begin{bmatrix} d_1 & & \\ & \ddots & \\ & & d_n \end{bmatrix},$$

则有

$$\det\left|\lambda^2 I-\lambda(A+B)+AD-CB\right|=\prod_{i=1}^{n}\left(\lambda^2-(a_i+d_i)\lambda+a_id_i-c_ib_i\right). \tag{4.3.35}$$

引理 4.3.2 矩阵M_1, M_2, M_3, M_4的特征值分别为:

$$\begin{aligned}
&\lambda_k^{(1)}=-\frac{4}{\Delta x^2}\sin^2\frac{k\pi}{2N},\qquad \lambda_k^{(2)}=-\frac{4}{\Delta x^2}\sin^2\frac{\pi k}{2N}-\frac{4}{3\Delta x^2}\sin^4\frac{\pi k}{2N},\\
&\lambda_k^{(3)}=\frac{i}{\Delta x}\sin\frac{\pi k}{2N},\qquad \lambda_k^{(4)}=\frac{i}{\Delta x}\left(\frac{-1}{6}\sin^2\frac{\pi k}{2N}+\frac{8}{6}\sin\frac{\pi k}{2N}\right),\\
&k=0,1,\cdots,2N-1.
\end{aligned} \tag{4.3.36}$$

(1) 格式(4.3.28) 的稳定性条件分析.

格式(4.3.28) 能改写成下列形式:

$$\begin{aligned}
&\begin{bmatrix} I & 0\\ -HI & I\end{bmatrix}\begin{bmatrix} v^{k+1}\\ u^{k+1}\end{bmatrix}-\begin{bmatrix} I & hM\\ 0 & I\end{bmatrix}\begin{bmatrix} v^{k}\\ u^{k}\end{bmatrix},\\
&\begin{bmatrix} v^{k+1}\\ u^{k+1}\end{bmatrix}=\begin{bmatrix} I & hM\\ hI & I+h^2M\end{bmatrix}\begin{bmatrix} v^{k}\\ u^{k}\end{bmatrix}.
\end{aligned} \tag{4.3.37}$$

过渡矩阵$\begin{bmatrix} I & hM\\ hI & I+h^2M\end{bmatrix}$的特征方程为

$$\prod_{k=1}^{n}\left(\lambda^2-(2+h^2\lambda_k)\lambda+1\right), \tag{4.3.38}$$

其中λ_k $(k=1,2,\cdots,n)$ 是矩阵M 的特征值, 若取$M=M_1$, 则$\lambda_k=-\dfrac{4}{\Delta x^2}\sin\dfrac{2k\pi}{2N}$. 由推论4.3.1, 格式SFW(1.2) 的稳定性条件为

$$\left|2+h^2\left(-\frac{4}{\Delta x^2}\sin^2\frac{k\pi}{2N}\right)\right|\le 2, \tag{4.3.39}$$

即

$$\left|\frac{k}{\Delta x}\right| \le 1. \tag{4.3.40}$$

若$M = M_2$, $\lambda_k = -\dfrac{4}{\Delta x^2}\sin^2\dfrac{k\pi}{2N} - \dfrac{4}{3\Delta x^2}\sin^4\dfrac{k\pi}{2N}$, 则格式SFW(1.4)的稳定性条件为

$$\left|2 + h^2\left(-\frac{4}{\Delta x^2}\sin^2\frac{k\pi}{2N} - \frac{4}{3\Delta x^2}\sin^4\frac{k\pi}{2N}\right)\right| \le 2, \tag{4.3.41}$$

即

$$\left|\frac{h}{\Delta x}\right| \le \sqrt{\frac{3}{4}} = 0.86602. \tag{4.3.42}$$

(2) 格式(4.3.29) 的稳定性条件分析.

把方程(4.3.29) 写成:

$$\begin{aligned} &\begin{bmatrix} I & 0 \\ -\dfrac{h}{2}I & I \end{bmatrix}\begin{bmatrix} v_1 \\ u_1 \end{bmatrix} = \begin{bmatrix} v^k \\ u^k \end{bmatrix}, \\ &\begin{bmatrix} I & 0 \\ -\dfrac{h}{2}I & I \end{bmatrix}\begin{bmatrix} v^{k+1} \\ u^{k+1} \end{bmatrix} = \begin{bmatrix} I & hM \\ 0 & I \end{bmatrix}\begin{bmatrix} v_1 \\ u_1 \end{bmatrix}. \end{aligned} \tag{4.3.43}$$

格式过渡矩阵为

$$\begin{bmatrix} I + \dfrac{h^2}{2}M & hM \\ hI + \dfrac{h^3}{4}M & I + \dfrac{h^2}{2}M \end{bmatrix}, \tag{4.3.44}$$

它的特征方程为

$$\prod_{k=1}^{n}\left(\lambda^2 - (2 + h^2\lambda_k)\lambda + 1\right), \tag{4.3.45}$$

它与格式(4.3.28) 的特征多项式一样, 故格式(4.3.29) 与格式(4.3.28)有相同的稳定性条件.

(3) 格式(4.3.30) 的稳定性条件分析.

此格式的过渡矩阵为

$$\begin{bmatrix} I + \dfrac{1}{2}h^2M + \dfrac{1}{72}h^4M^2 & hM + \dfrac{1}{6}h^3M^2 + \dfrac{1}{48}\times\dfrac{7}{36}h^5M^3 \\ hI + \dfrac{1}{6}h^3M + \dfrac{1}{72}h^5M^2 & I + \dfrac{1}{2}h^2M + \dfrac{5}{72}h^4M^2 + \dfrac{1}{48}\times\dfrac{7}{36}h^6M^3 \end{bmatrix}, \tag{4.3.46}$$

它的特征方程为

$$\prod_{k=1}^{n}\left(\lambda^2-\left(1+\frac{1}{2}h^2\lambda_k+\frac{1}{72}h^4\lambda_k^2+1+\frac{1}{2}h^2\lambda_k+\frac{5}{72}h^4\lambda_k^2+\frac{1}{48}\times\frac{7}{36}h^6\lambda_k^3\right)\lambda+1\right)$$
$$=\prod_{i=1}^{n}\left(\lambda^2-\left(2+h^2\lambda_k+\frac{1}{12}h^4\lambda_k^2+\frac{1}{48}\times\frac{7}{36}h^6\lambda_k^3\right)\lambda+1\right). \tag{4.3.47}$$

格式(4.3.30) 的稳定性条件为

$$\begin{gathered}\left|2+h^2\lambda_k+\frac{1}{12}h^4\lambda_k^2+\frac{1}{48}\times\frac{7}{36}h^6\lambda_k^3\right|\leq 2,\\ -6.28746033\leq h^2\lambda_k\leq 0.\end{gathered} \tag{4.3.48}$$

令$M=M_1$, $\lambda_k=\lambda_k^{(1)}=-\dfrac{4}{\Delta x^2}\sin^2\dfrac{k\pi}{2N}$, 则格式SFW(3.2) 的稳定性条件为

$$\left|\frac{h}{\Delta x}\right|\leq 1.25374. \tag{4.3.49}$$

若$M=M_2$, $\lambda_k=\lambda_k^{(2)}=-\dfrac{4}{\Delta x^2}\sin^2\dfrac{\pi k}{2N}-\dfrac{4}{3\Delta x^2}\sin^4\dfrac{k\pi}{2N}$, 则格式SFW(3.4) 的稳定性条件为

$$\left|\frac{k}{\Delta x}\right|\leq 1.08577. \tag{4.3.50}$$

(4) 格式(4.3.31) 的稳定性条件分析.

它的过渡矩阵为

$$\begin{bmatrix} A_{11} & A_{12}\\ A_{21} & A_{22}\end{bmatrix}, \tag{4.3.51}$$

其中,

$$\begin{aligned}
A_{11} &= I+\frac{1}{2}h^2M+\frac{1}{24}h^4M^2-\frac{1}{3^3}\times\frac{1}{6^3}(1-\alpha)^2(2+\alpha)^3(1+2\alpha)h^6M^3,\\
A_{12} &= hM+\frac{1}{6}h^3M^2+\left(\frac{1}{72}(2+\alpha)-\frac{1}{108}(2+\alpha)^2\right)h^5M^3,\\
A_{21} &= hI+\frac{1}{6}h^3M+\left(\frac{1}{144}(2+\alpha)-\frac{1}{6^3\times 3^2}(1+2\alpha)(2+\alpha)^2(1-\alpha)^2\right)h^5M^2\\
&\quad +\frac{1}{6^4}\times\frac{(-1)}{3^3}(1-2\alpha)^2(2+\alpha)^4(1+2\alpha)h^7M^3,\\
A_{22} &= I+\frac{1}{2}h^2M+\frac{1}{24}h^4M^2+\left(\frac{1}{72}(2+\alpha)-\frac{1}{108}(2+\alpha)^2\right)\frac{1}{6}(2+\alpha)h^6M^3.
\end{aligned}$$

$\alpha = \sqrt[3]{2} + \sqrt[3]{\frac{1}{2}}$.

它的特征多项式为

$$\prod_{k=1}^{n}\left(\lambda^2 - \left(2 + h^2\lambda_k + \frac{1}{12}h^4\lambda_k^2 + \left(\left(\frac{1}{72}(2+\alpha) - \frac{1}{108}(2\alpha)^2\right)\frac{1}{6}(2+\alpha)\right.\right.\right.$$
$$\left.\left.\left.-\frac{1}{3^3}\times\frac{1}{6^3}(1-\alpha)^2(2+\alpha)^3(1+2\alpha)\right)h^6\lambda_k^3\right)\lambda + 1\right). \tag{4.3.52}$$

格式(4.3.31) 的稳定性条件为

$$\left|\left(2 + h^2\lambda_k + \frac{1}{12}h^4\lambda_k^2 + \left(\left(\frac{1}{72}(2+\alpha) - \frac{1}{108}(2+\alpha)^2\right)\frac{1}{6}(2+\alpha)\right.\right.\right.$$
$$\left.\left.\left.-\frac{1}{3^3}\times\frac{1}{6^3}(1-\alpha)^2(2+\alpha)^3(1+2\alpha)\right)h^6\lambda_k^3\right)\right| \leq 2,$$
$$-2.47559738 \leq h^2\lambda_k \leq 0. \tag{4.3.53}$$

令$M = M_1$, $\lambda_k = -\frac{4}{\Delta x^2}\sin^2\frac{k\pi}{2N}$, 则格式SFW(4.2) 的稳定性条件为

$$\left|\frac{h}{\Delta x}\right| \leq 0.78670. \tag{4.3.54}$$

若$M = M_2$, $\lambda_k = -\frac{4}{\Delta x^2}\sin^2\frac{\pi k}{2N} - \frac{4}{3\Delta x^2}\sin^4\frac{\pi k}{2N}$, 则格式SFW(4.4) 的稳定性条件为

$$\left|\frac{h}{\Delta x}\right| \leq 0.68130. \tag{4.3.55}$$

将以上结果列入表4.3.1中.

表 4.3.1 格式(4.3.28) – (4.3.31)的稳定性条件

格 式	精 度	稳定性条件
SFW(1.2)	$o(\Delta t + \Delta x^2)$	1
SFW(2.2)	$o(\Delta t^2 + \Delta x^2)$	1
SFW(3.2)	$o(\Delta t^3 + \Delta x^2)$	1.25374
SFW(4.2)	$o(\Delta t^4 + \Delta x^2)$	0.78670
SFW(1.4)	$o(\Delta t + \Delta x^4)$	0.86602
SFW(2.4)	$o(\Delta t^2 + \Delta x^4)$	0.86602
SFW(3.4)	$o(\Delta t^3 + \Delta x^4)$	1.08577
SFW(4.4)	$o(\Delta t^4 + \Delta x^4)$	0.68130

利用同样的稳定性分析方法, 对波动方程的另一类Hamilton 结构方程(4.3.21) 应用格式(4.3.10) – (4.3.13), 得到下列格式:

$$v^{k+1} = v^k + hMu^k, \quad u^{k+1} = u^k + hMv^{k+1}, \tag{4.3.56}$$

$$\begin{cases} v_1 = v^k, & u_1 = u^k + \dfrac{1}{2}hMv_1, \\ v^{k+1} = v_1 + hMu_1, & u^{k+1} = u_1 + \dfrac{1}{2}hMv^{k+1}, \end{cases} \tag{4.3.57}$$

$$\begin{cases} v_1 = v^k + \dfrac{7}{24}hMu^k, & u_1 = u^k + \dfrac{2}{3}hMv_1, \\ v_2 = v_1 + \dfrac{3}{4}hMu_1, & u_2 = u_1 - \dfrac{2}{3}hMv_2, \\ v^{k+1} = v_2 - \dfrac{1}{24}hMu_2, & u^{k+1} = u_2 + hMv^{k+1}, \end{cases} \tag{4.3.58}$$

$$\begin{cases} v_1 = v^k, & u_1 = u^k + \dfrac{1}{6}(2+\alpha)hMv_1, \\ v_2 = v_1 + \dfrac{1}{3}(2+\alpha)hMu_1, & u_2 = u_1 + \dfrac{1}{6}(1-\alpha)hMv_2, \\ v_3 = v_2 - \dfrac{1}{3}(1+2\alpha)hMu_2, & u_3 = u_2 + \dfrac{1}{6}(1-\alpha)hMv_3, \\ v^{k+1} = v_3 + \dfrac{1}{3}(2+\alpha)hMu_3, & u^{k+1} = u_2 + \dfrac{1}{6}(1-\alpha)hMv^{k+1}. \end{cases} \tag{4.3.59}$$

若取$M = M_3$, 格式(4.3.56) – (4.3.59) 的精度分别为$o(\Delta t + \Delta x^2)$, $o(\Delta t^2 + \Delta x^2)$, $o(\Delta t^3 + \Delta x^2)$, $o(\Delta t^4 + \Delta x^2)$, 把这些格式分别记为KTW(1.2), KTW(2.2), KTW(3.2), KTW(4.2). 如果取 $M = M_4$, 格式 (4.3.56) – (4.3.59) 的精度分别为 $o(\Delta t + \Delta x^4)$, $o(\Delta t^2 + \Delta x^4)$, $o(\Delta t^3 + \Delta x^4)$, $o(\Delta t^4 + \Delta x^4)$, 把这些格式记为KTW(1.4), KTW(2.4), KTW(3.4), KTW(4.4). 格式的稳定性分析在此略去, 结果见表4.3.2.

表 4.3.2 格式(4.3.56) – (4.3.59)的稳定性条件

格　式	精　度	稳定性条件
KTW(1.2)	$o(\Delta t+\Delta x^2)$	2
KTW(2.2)	$o(\Delta t^2+\Delta x^2)$	2
KTW(3.2)	$o(\Delta t^3+\Delta x^2)$	2.50748
KTW(4.2)	$o(\Delta t^4+\Delta x^2)$	1.57340
KTW(1.4)	$o(\Delta t+\Delta x^4)$	1.45751
KTW(2.4)	$o(\Delta t^2+\Delta x^4)$	1.45751
KTW(3.4)	$o(\Delta t^3+\Delta x^4)$	1.82734
KTW(4.4)	$o(\Delta t^4+\Delta x^4)$	1.14635

从表4.3.1 和表4.3.2中可以看到, 一个差分格式在时间方向精度提高时, 稳定性区域扩大; 在空间方向精度提高时, 稳定性区域减小.

§4.3.3 多级隐式辛格式

考虑一般Hamilton 方程

$$\frac{\mathrm{d}z}{\mathrm{d}t}=J^{-1}H_z, \tag{4.3.60}$$

H不一定是可分系统, 一些隐式格式最早由冯康[Fen85] 得到, 还有一部分可通过多级辛Runge-Katta 方法辛格式得到[Qin90], 这些格式在《哈密尔顿系统的辛几何算法》[冯康等03],[FQ10]一书的第四章、第五章、第七章中均有讨论, 现在仅讨论如何将多级对角隐式辛格式应用到两类具有不同辛结构的波动方程中去.

$$\begin{cases} z^{k+1}=2Y_1-z^k,\\ Y_1=z^k+\dfrac{1}{2}hSY_1, \end{cases} \tag{4.3.61}$$

$$\begin{cases} z^{k+1}=2Y_2-(2Y_1-z^k),\\ Y_1=z^k+\dfrac{1}{4}hSY_1,\\ Y_2=2Y_1-z^k+\dfrac{1}{4}hSY_2, \end{cases} \tag{4.3.62}$$

$$\begin{cases} z^{k+1} = 2Y_3 - (2Y_2 - 2Y_1 + z^k), \\ Y_1 = z^k + \dfrac{1}{2}ahSY_1, \\ Y_2 = 2Y_1 - z^k + \dfrac{1}{2}ahSY_2, \\ Y_3 = 2Y_2 - (2Y_1 - z^k) + \left(\dfrac{1}{2} - a\right)hSY_3, \end{cases} \tag{4.3.63}$$

$$\begin{cases} z^{k+1} = 2Y_4 - (2Y_3 - 2Y_2 + 2Y_1 - z^k), \\ Y_1 = z^k + \dfrac{1}{2}b_1hSY_1, \\ Y_2 = 2Y_1 - z^k + \dfrac{1}{2}b_2hSY_2, \\ Y_3 = 2Y_2 - (2Y_1 - z^k) + \dfrac{1}{2}b_3hSY_3, \\ Y_4 = 2Y_3 - (2Y_2 - 2Y_1 + z^k) + \dfrac{1}{2}b_4hSY_4, \end{cases} \tag{4.3.64}$$

其中$a = 1.351207$, $b_1 = -2.703094$, $b_2 = -0.536527$, $b_3 = 2.378939$, $b_4 = 1.860681$.

令

$$S = \begin{bmatrix} 0 & M_1 \\ I & 0 \end{bmatrix} \quad 或 \quad S = \begin{bmatrix} 0 & M_3 \\ M_3 & 0 \end{bmatrix},$$

则格式(4.3.61) – (4.3.64) 分别有精度$o(\Delta t + \Delta x^2)$, $o(\Delta t + \Delta x^2)$, $o(\Delta t^3 + \Delta x^2)$, $o(\Delta t^4 + \Delta x^2)$.

若取

$$S = \begin{bmatrix} 0 & M_2 \\ I & 0 \end{bmatrix} \quad 或 \quad S = \begin{bmatrix} 0 & M_4 \\ M_4 & o \end{bmatrix},$$

则格式(4.3.61) – (4.3.64) 分别有精度$o(\Delta t + \Delta x^4)$, $o(\Delta t^2 + \delta x^4)$, $o(\Delta t^3 + \Delta x^4)$, $o(\Delta t^4 + \Delta x^4)$.

§4.3.4 数值实验

考虑方程

$$\frac{\partial v}{\partial t} = \frac{\partial u}{\partial x}, \quad \frac{\partial u}{\partial t} = \frac{\partial v}{\partial x}, \tag{4.3.65}$$

初值

$$v(x, 0) = \cos \pi x, \quad u(x, 0) = \cos \pi x, \tag{4.3.66}$$

精度解为

$$v(x, t) = \cos \pi(x + t), \quad u(x, t) = \cos \pi(x + t). \tag{4.3.67}$$

令$\Delta x=\dfrac{2}{40}$, $V(m,n)$ 表示解$V(t,x)$ 在点$x=mt,\ t=nt$ 时的值, V_m^n 表示解$V(m,n)$ 的近似值, 例如表中$V_{10}^{99}\approx V(10,99)$.

下面要来考察格式KTW(1.4), KTW(2.4), KTW(3.4), KTW(4.4) 的精度及稳定性条件, 结果相继列入表4.3.3 – 表4.3.6中.

格式KTW(1.4) 当$\dfrac{\Delta t}{\Delta x}=1.4685$ 时不稳定, 但当$\dfrac{\Delta t}{\Delta x}=1.4575$ 时是稳定的.

格式KTW(2.4) 当$\dfrac{\Delta t}{\Delta x}=1.4575$ 时是稳定的, 但当$\dfrac{\Delta t}{\Delta x}=1.4675$ 时是不稳定的.

格式KTW(3.4) 当$\dfrac{\Delta t}{\Delta x}=1.8373$ 时是不稳定的, 但当$\dfrac{\Delta t}{\Delta x}=1.8273$ 时是稳定的.

格式KTW(4.4) 当$\dfrac{\Delta t}{\Delta x}=1.1463$ 时是稳定的, 但当$\dfrac{\Delta t}{\Delta x}=1.1563$ 时是不稳定的.

这说明数值实验证实了理论分析是正确的.

表 4.3.3 格式KTW(1.4)的稳定性情形

Courant 数($\frac{\Delta t}{\Delta x}$)	V_{16}^{99}	$V(16,99)$	误 差	稳定性
1.4575	1.059738	0.998936	−0.000801	稳定
1.4685	−3.575937	0.976510	4.552447	不稳定

表 4.3.4 格式KTW(2.4)的稳定性情形

Courant 数($\frac{\Delta t}{\Delta x}$)	V_{16}^{99}	$V(16,99)$	误 差	稳定性
1.4575	0.998016	0.998936	0.000920	稳定
1.4675	47.828476	0.979739	−46.848724	不稳定

表 4.3.5 格式KTW(3.4)的稳定性情形

Courant 数($\frac{\Delta t}{\Delta x}$)	V_{19}^{99}	$V(19,99)$	误 差	稳定性
1.8273	0.999751	0.999893	0.000141	稳定
1.8373	0.335703	0.987792	0.652088	不稳定
1.8473	* * *	0.951742	* * *	不稳定

注 4.3.1 表4.3.5中的符号“* * *”表示溢出.

表 4.3.6 格式KTW(4.4)稳定性情形

Courant 数($\dfrac{\Delta t}{\Delta x}$)	V_7^{99}	$V(7,99)$	误 差	稳定性
1.1463	0.997113	0.997048	0.000064	稳定
1.1563	* * *	0.973123	* * *	不稳定

注 4.3.2 表4.3.6中的符号"* * *"表示溢出.

§4.4 应用双曲函数构造辛格式

对波动方程的第一类Hamilton 形式(4.3.5) 中的2 阶微分算子$\dfrac{\partial^2}{\partial x^2}$, 用$2m$ 阶精度$\Delta(2m)$差分算子来代替.

令

$$\Delta(2m) = \nabla_+\nabla_- \sum_{j=0}^{m-1} (-1)^j \beta_j \left(\frac{\Delta x^2 \nabla_+ \nabla_-}{4}\right)^j, \tag{4.4.1}$$

其中$\beta_j = \dfrac{[(j\,!)^2 2^{2j}]}{(2j+1)\,!\,(j+1)}$, ∇_+和 ∇_- 分别表示前差和后差.

设$u=[u_1,u_2,\cdots,u_N]'$, $v=[v_1,v_2,\cdots,v_N]'$, 则方程(4.3.14) 可以写成

$$\frac{\mathrm{d}}{\mathrm{d}t}\begin{bmatrix} v \\ u \end{bmatrix} = \begin{bmatrix} 0 & M(1,2m) \\ I & 0 \end{bmatrix}\begin{bmatrix} v \\ u \end{bmatrix} = \begin{bmatrix} M(1,2m)u \\ v \end{bmatrix}, \tag{4.4.2}$$

方程(4.4.1) 逼近方程(4.3.14), 在空间方向有$o(\Delta x^{2m})$ 阶精度.

对波动方程的第二类Hamilton 形式(4.3.8) 中的微分算子, 用$2m$ 阶精度$\nabla(2m)$中心差分算子来代替.

令

$$\nabla(2m) = \nabla_0 \sum_{j=0}^{m-1} (-1)^j \alpha_j \left(\frac{\Delta x^2 \nabla_+ \nabla_-}{4}\right)^j, \tag{4.4.3}$$

其中$\alpha_j = \dfrac{[(j\,!)^2 2^{2j}]}{(2j+1)\,!}$, ∇_0表示中心差商算子.

设$u=[u_1,u_2,\cdots,u_n]'$, $v=[v_1,v_2,\cdots,v_n]'$, 则方程(4.3.21)可写成

$$\frac{\mathrm{d}}{\mathrm{d}t}\begin{bmatrix} v \\ u \end{bmatrix} = \begin{bmatrix} 0 & M(1,2m) \\ I & 0 \end{bmatrix}\begin{bmatrix} v \\ u \end{bmatrix} = \begin{bmatrix} M(1,2m)u \\ v \end{bmatrix}. \tag{4.4.4}$$

§4.4.1 用双曲正切函数构造辛格式

设线性Hamilton 方程为

$$\frac{\mathrm{d}z}{\mathrm{d}t} = J^{-1}A(2m)z, \tag{4.4.5}$$

其中$A(2m)$是对应于$\nabla(2m)$和$\Delta\,(2m)$的对称矩阵, 它逼近算子A的$2m$阶精度. 于是方程(4.4.5) 从 t 到 $t+\Delta\,t$ 的精确解为

$$z(t+\Delta\,t) = \mathrm{e}^{\Delta\,tJ^{-1}A(2m)}z(t). \tag{4.4.6}$$

因为

$$z(t+\Delta\,t) - z(t) = (\mathrm{e}^{\Delta\,tJ^{-1}A(2m)} - 1)z(t),$$

$$z(t+\Delta\,t) + z(t) = (\mathrm{e}^{\Delta\,tJ^{-1}A(2m)} + 1)z(t),$$

所以有

$$\begin{aligned} z(t+\Delta\,t) - z(t) &= \frac{\mathrm{e}^{\Delta\,tJ^{-1}A(2m)}+1}{\mathrm{e}^{\Delta\,tJ^{-1}A(2m)}-1}(z(t+\Delta\,t)+z(t)) \\ &= \tanh\left(\frac{\Delta\,t}{z}J^{-1}A(2m)\right)(z(t+\Delta\,t)+z(t)), \end{aligned} \tag{4.4.7}$$

而

$$\tanh(x) = x - \frac{1}{3}x^3 + \frac{2}{15}x^5 - \frac{17}{312}x^7 + \cdots = \sum_{k=1}^{\infty} a_{2k-1}x^{2k-1},$$

其中$a_{2k-1} = 2^{2k}(2^k-1)\dfrac{B_{2k}}{(2k)\,!}$, B_{2k} 为Bernoulli 数. 格式(4.4.7) 有∞阶精度, 而格式

$$z_{k+1} - z_k = \tanh\left(2s, \frac{\Delta\,t}{2}J^{-1}A(2m)\right)(z_{n+1}+z_n) \tag{4.4.8}$$

是由$\tanh(x)$ $2s$ 阶截断而得,

$$\tanh\left(2s, \frac{\Delta\,t}{2}J^{-1}A(2m)\right) = \sum a_{2k-1}\left(\frac{\Delta\,t}{2}J^{-1}A(2m)\right)^{2k-1},$$

格式精度为$o(\Delta\,t^{2s}+\Delta\,x^{2m})$, 今证格式(4.4.8) 为辛格式.

引理 4.4.1 若$f(x)$是奇多项式且L是一个无穷小辛矩阵, 即$L'J+JL=0$, 于是$f(L)$是一个无穷小辛矩阵.

引理 4.4.2 若ϕ是一个无穷小辛矩阵, $|I+\phi| \neq 0$, 则Cayley 变换$F=(I+\phi)^{-1}(I-\phi)$是辛矩阵.

因为矩阵$L=J^{-1}A(2m)$ 是无穷小辛矩阵, 由引理4.4.1 知道

$$\phi = \tanh\left(2s, \frac{\Delta t}{2} J^{-1} A(2m)\right)$$

是无穷小辛矩阵, 由引理4.4.2 可得格式(4.4.8)为辛格式, 于是有下面的定理.

定理 4.4.1 格式(4.4.8) 是时间$2s$ 阶、空间$2m$ 阶精度的辛格式, 下面列出两个格式, 它们的精度分别为$o(\Delta t^2 + \Delta x^{2m})$ 和$o(\Delta t^4 + \Delta x^{2m})$.

$$z_{n+1} = z_n + \frac{\Delta t}{2} J^{-1} A(2m)(z_{n+1} + z_n), \tag{4.4.9}$$

$$z_{n+1} = z_n + \frac{\Delta t}{2} J^{-1} A(2m) - \frac{\Delta t^3}{24}\left(J^{-1} A(2m)^3\right)(z_{n+1} + z_n). \tag{4.4.10}$$

定理 4.4.2 如果$J^{-1}A(2m)$的特征值是纯虚数, 则格式(4.4.8)是稳定的.

证明:考察格式(4.4.8) 的过渡矩阵, 假设它的特征值为$i\mu j$. 因为$\tanh(x)$是奇次多项式, 所以$\mathrm{Re}\tanh(i\mu j)=0$, 于是有

$$|\lambda j| = \left|\frac{1+\tanh(i\mu j)}{1-\tanh(i\mu j)}\right| = 1,$$

所以格式是稳定的. ▲

从后面的注4.4.1 将看到特征值$J^{-1}A(2m)$ 确实是纯虚数. 下面给出几个辛格式:

$$\begin{bmatrix} v^{k+1} \\ u^{k+1} \end{bmatrix} = \begin{bmatrix} v^{k} \\ u^{k} \end{bmatrix} + \frac{\Delta t}{2}\begin{bmatrix} 0 & M(1,2) \\ I & 0 \end{bmatrix}\left(\begin{bmatrix} v^{k+1} \\ u^{k+1} \end{bmatrix} + \begin{bmatrix} v^{k} \\ u^{k} \end{bmatrix}\right), \tag{4.4.11}$$

$$\begin{aligned} \begin{bmatrix} v^{k+1} \\ u^{k+1} \end{bmatrix} &= \begin{bmatrix} v^{k} \\ u^{k} \end{bmatrix} + \left(\frac{\Delta t}{2}\begin{bmatrix} 0 & M(1,4) \\ I & 0 \end{bmatrix} - \frac{\Delta t^3}{24}\begin{bmatrix} 0 & M(1,4) \\ I & 0 \end{bmatrix}^3\right) \\ &\quad \cdot \left(\begin{bmatrix} v^{k+1} \\ u^{k+1} \end{bmatrix} + \begin{bmatrix} v^{k} \\ u^{k} \end{bmatrix}\right), \end{aligned} \tag{4.4.12}$$

$$\begin{bmatrix} v^{k+1} \\ u^{k+1} \end{bmatrix} = \begin{bmatrix} v^{k} \\ u^{k} \end{bmatrix} + \frac{\Delta t}{2}\begin{bmatrix} 0 & M(2,2) \\ M(2,2) & 0 \end{bmatrix}\left(\begin{bmatrix} v^{k+1} \\ u^{k+1} \end{bmatrix} + \begin{bmatrix} v^{k} \\ u^{k} \end{bmatrix}\right), \tag{4.4.13}$$

$$\begin{bmatrix} v^{k+1} \\ u^{k+1} \end{bmatrix} = \begin{bmatrix} v^{k} \\ u^{k} \end{bmatrix} + \left(\frac{\Delta t}{2} \begin{bmatrix} 0 & M(2,4) \\ M(2,4) & 0 \end{bmatrix} - \frac{\Delta t^3}{24} \begin{bmatrix} 0 & M(1,4) \\ I & 0 \end{bmatrix}^3 \right) \cdot \left(\begin{bmatrix} v^{k+1} \\ u^{k+1} \end{bmatrix} + \begin{bmatrix} v^{k} \\ u^{k} \end{bmatrix} \right). \tag{4.4.14}$$

§4.4.2 用双曲正弦函数构造辛格式

上一节考虑的是2层格式，现在考虑3层格式. 根据方程(4.4.5)的精确解(4.4.6), 则有

$$\begin{aligned} z(t+\Delta t) - z(t-\Delta t) &= \mathrm{e}^{\Delta t J^{-1} A(2m)} z(t) - \mathrm{e}^{-\Delta t J^{-1} A(2m)} z(t) \\ &= 2\sinh\left(\Delta t J^{-1} A(2m)\right) z(t), \end{aligned} \tag{4.4.15}$$

其中

$$\sinh(x) = x + \frac{x^3}{3\,!} + \frac{x^5}{5\,!} + \cdots = \sum_{k=1}^{\infty} \frac{x^{2k-1}}{(2k-1)\,!}, \tag{4.4.16}$$

显然格式

$$z_{n+1} = z_{n-1} + 2\sinh\left(2s, \Delta t J^{-1} A(2m)\right) z_n \tag{4.4.17}$$

是取$\sinh(x)$的$2s$ 阶截断而得

$$\sinh\left(2s, \Delta t J^{-1} A(2m)\right) = \sum_{k=1}^{s} \frac{\left(\Delta t J^{-1} A(2m)\right)^{2k-1}}{(2k-1)\,!}, \tag{4.4.18}$$

故此格式的精度为$o(\Delta t^{2s} + \Delta x^{2m})$, 而且是一个显式格式. 为了证明格式(4.4.17)是辛的, 首先研究下面格式的辛条件:

$$z_{k+1} = \phi_1 z_k - \phi_2 z_{k-1}. \tag{4.4.19}$$

令$v_k = z_{k-1}$, 上面的格式能写成

$$\begin{bmatrix} z_{k+1} \\ v_{k+1} \end{bmatrix} = \begin{bmatrix} \phi_1 & \phi_2 \\ I_n & 0 \end{bmatrix} \begin{bmatrix} z_k \\ v_k \end{bmatrix}, \tag{4.4.20}$$

称格式(4.4.20) 是辛的. 若

$$\begin{bmatrix} \phi_1^{\mathrm{T}} & I_n \\ \phi_2^{\mathrm{T}} & 0 \end{bmatrix} \begin{bmatrix} 0 & J \\ J & 0 \end{bmatrix} \begin{bmatrix} \phi_1 & \phi_2 \\ I_n & 0 \end{bmatrix} = \begin{bmatrix} 0 & J \\ J & 0 \end{bmatrix}, \tag{4.4.21}$$

相应的格式(4.4.5) 可写成

$$\frac{\mathrm{d}}{\mathrm{d}t} \begin{bmatrix} z \\ v \end{bmatrix} = \begin{bmatrix} 0 & J^{-1} \\ J^{-1} & 0 \end{bmatrix} \begin{bmatrix} 0 & A(2m) \\ A(2m) & 0 \end{bmatrix} \begin{bmatrix} z \\ v \end{bmatrix}. \tag{4.4.22}$$

引理 4.4.3 格式(4.4.10) 是辛的, 当且仅当ϕ_1 是无穷小辛矩阵, $\phi_2 = I$.

定理 4.4.3 格式(4.4.17) 是辛的且有精度$o(\Delta t^{2s} + \Delta x^{2m})$, 由引理4.4.3知道, $\sin(2s, \Delta t J^{-1}A(2m))$ 是无穷小辛矩阵, 所以定理结论是显然的.

取$S = 1$, 格式(4.4.17) 正好是蛙跳格式. 下面列出几个由$\sinh(x)$ 生成的格式. $s = 1,\ m = 1$, 2 阶精度辛格式$o(\Delta t^2 + \Delta x^2)$:

$$\begin{bmatrix} v^{k+1} \\ u^{k+1} \end{bmatrix} = \begin{bmatrix} v^{k-1} \\ u^{k-1} \end{bmatrix} + 2\Delta t \begin{bmatrix} 0 & M(1,2) \\ I & 0 \end{bmatrix} \begin{bmatrix} v^k \\ u^k \end{bmatrix}. \tag{4.4.23}$$

$s = 2,\ m = 2$, 4 阶精度辛格式$o(\Delta t^4 + \Delta x^4)$:

$$\begin{aligned} \begin{bmatrix} v^{k+1} \\ u^{k+1} \end{bmatrix} &= \begin{bmatrix} v^{k-1} \\ u^{k-1} \end{bmatrix} + 2\Delta t \begin{bmatrix} 0 & M(1,4) \\ I & 0 \end{bmatrix} \begin{bmatrix} v^k \\ u^k \end{bmatrix} \\ &\quad + \frac{\Delta t^3}{3} \begin{bmatrix} 0 & M(1,4) \\ I & 0 \end{bmatrix}^3 \begin{bmatrix} v^k \\ u^k \end{bmatrix}. \end{aligned} \tag{4.4.24}$$

对方程(4.3.8),若$s = 1,\ m = 1$, 则辛格式精度为$o(\Delta t^2 + \Delta x^2)$:

$$\begin{bmatrix} v^{k+1} \\ u^{k+1} \end{bmatrix} = \begin{bmatrix} v^{k-1} \\ u^{k-1} \end{bmatrix} + 2\Delta t \begin{bmatrix} 0 & M(1,2) \\ M(1,2) & 0 \end{bmatrix} \begin{bmatrix} v^k \\ u^k \end{bmatrix}. \tag{4.4.25}$$

若取$s = 2,\ m = 2$, 则得4 阶精度$o(\Delta t^4 + \Delta x^4)$ 辛格式:

$$\begin{aligned} \begin{bmatrix} v^{k+1} \\ u^{k+1} \end{bmatrix} &= \begin{bmatrix} v^{k-1} \\ u^{k-1} \end{bmatrix} + 2\Delta t \begin{bmatrix} 0 & M(2,4) \\ M(2,4) & 0 \end{bmatrix} \begin{bmatrix} v^k \\ u^k \end{bmatrix} \\ &\quad + \frac{\Delta t^3}{3} \begin{bmatrix} 0 & M(1,4) \\ I & 0 \end{bmatrix}^3 \begin{bmatrix} v^k \\ u^k \end{bmatrix}. \end{aligned} \tag{4.4.26}$$

定理 4.4.4 若无穷小辛矩阵$J^{-1}A(2m)$的所有特征值为纯虚数, 当$s \to \infty$时, 格式稳定性区域是整个实轴.

证明:令$\lambda = \mathrm{i}\mu$ 为特征值, 当$s \to \infty$时, $\sinh(\Delta t\,\mathrm{i}\,\mu) = \mathrm{i}\sin(\Delta t p_i)$, 格式(4.4.17) 的特征多项式为

$$f(\xi) = \xi^2 - 2\mathrm{i}\sin\mu\xi - 1 = 0. \tag{4.4.27}$$

因为$|\sin(\mu)| \le 1$, 可知$f(\xi)$ 根的模小于或等于1, 利用§4.3.2 中的推论4.3.1 可证明.

▲

注 4.4.1 可利用$\Delta(2m)$ 和$\nabla(2m)$ 来逼近$\dfrac{\partial^2}{\partial x^2}$ 和$\dfrac{\partial}{\partial x}$. 矩阵$M(1,2m)$ 和$M(2,2m)$ 的特征值为:

$$M(1,2m):\quad \lambda(1,2m)_k=-\frac{1}{4\Delta x^2}\sin^2\frac{k\pi}{2N}\sum_{j=0}^{m-1}\beta_j\left(\sin^2\frac{k\pi}{2N}\right)^j,\quad k=1,2,\cdots,N, \tag{4.4.28}$$

$$M(2,m):\quad \lambda(2,2m)_k=-\frac{\mathrm{i}}{\Delta x}\sin\frac{k\pi}{N}\sum_{j=0}^{m-1}\alpha_j\left(\sin^2\frac{k\pi}{2N}\right)^j,\quad k=1,2,\cdots,N. \tag{4.4.29}$$

为了研究$J^{-1}A(2m)$ 的特征值, 可利用引理4.3.1 中的矩阵:

$$J^{-1}A(2m)=\begin{bmatrix}0 & M(1,2m)\\ I & 0\end{bmatrix},\quad J^{-1}A(2m)=\begin{bmatrix}0 & M(2,2m)\\ M(2,2m) & 0\end{bmatrix},$$

它们的特征值分别为$\pm\sqrt{\lambda(1,2m)_k}$ 和$\pm\lambda(2,2m)$, 所以它们是纯虚数.

格式(4.4.17) 的特征方程为

$$f(\xi)=\xi^3-2\mathrm{i}\sin\big(2s,\mu(2m)\big)-1=0, \tag{4.4.30}$$

其中

$$\sin\big(2s,\mu(2m)\big)=\mu(2m)-\frac{\mu(2m)^3}{3\,!}+\cdots+(-1)^s\frac{\mu(2m)^{2s-1}}{(2s-1)\,!}, \tag{4.4.31}$$

$\mu(2m)$ 是$\Delta tJ^{-1}A(2m)$ 的特征值, 它的值为

$$\mu(2m)=\pm\Delta t\sqrt{\lambda(1,2m)_k}\quad 或\quad \pm\Delta t\lambda(2,2m), \tag{4.4.32}$$

格式(4.4.17) 是稳定的. $f(\xi)$ 所有根的模小于或等于1, 当且仅当$f(\xi)$ 有同样的性质, 即

$$\big|\sin\big(2s,\mu(2m)\big)\big|\le 1. \tag{4.4.33}$$

令$\rho_{2s}=\min\limits_i\mu_i$, 其中$\mu_i$ 是$\sin(2s,\mu)=\pm1$ 的正根, 且

$$\iota_{1,m}=\max_k(\Delta t|\sqrt{\lambda(1,2m)_k}|),\quad \iota_{2,m}=\max_k\big(\Delta x\big|\lambda(2,2m)_k\big|\big),$$

则有如下定理.

定理 4.4.5 波动方程(4.3.4) 和(4.3.6) 的辛差分格式(4.4.17) 的稳定性条件为

$$\frac{\Delta t}{\Delta x}\le\frac{\rho_{2s}}{\iota_{i,m}},\quad i=1,2. \tag{4.4.34}$$

表4.4.1 列出由$\sinh(x)$ 生成某些格式的稳定性条件.

表 4.4.1 由$\sinh(x)$ 生成某些格式的稳定性条件

格　式	精　度	稳定性条件
(4.4.23)	$o(\Delta t^2+\Delta x^2)$	$\dfrac{\Delta t}{\Delta x}\leq 0.5000$
(4.4.24)	$o(\Delta t^4+\Delta x^4)$	$\dfrac{\Delta t}{\Delta x}\leq 1.2330$
(4.4.25)	$o(\Delta t^2+\Delta x^2)$	$\dfrac{\Delta t}{\Delta x}\leq 1$
(4.4.26)	$o(\Delta t^4+\Delta x^4)$	$\dfrac{\Delta t}{\Delta x}\leq 2.0750$

§4.4.3 用双曲余弦函数构造辛格式

利用$\Delta(2m)$ 中心差商逼近$\dfrac{\partial^2}{\partial x^2}$, 这样2 阶Hamilton 方程

$$\frac{\mathrm{d}^2 u}{\mathrm{d}t^2}=Mu, \tag{4.4.35}$$

其中$M=M(1,2m)$, $u=[u_1,u_2,\cdots,u_N]$, 称方程(4.4.35)为Hamilton 方程. 若令$\dot{u}=v$, $M=-\dfrac{\mathrm{d}E}{\mathrm{d}u}$且是势能, 则方程(4.4.35) 能写成如下形式:

$$\frac{\mathrm{d}u}{\mathrm{d}t}=H_v,\quad \frac{\mathrm{d}v}{\mathrm{d}t}=-H_u, \tag{4.4.36}$$

而$H=\dfrac{1}{2}v^{\mathrm{T}}v+E(u)$是Hamilton 函数.

因为方程(4.4.35) 的形式解为$\mathrm{e}^{\Delta t\sqrt{M}}u_0$, u_0 是初值, 于是有

$$u^{k+1}+u^{k-1}=\mathrm{e}^{\Delta t\sqrt{M}}u^k+\mathrm{e}^{-\Delta t\sqrt{M}}u^k=2\cosh(\Delta t\sqrt{M})\,u^k, \tag{4.4.37}$$

其中

$$\cosh(x)=1+\frac{x^2}{2\,!}+\frac{x^4}{4\,!}+\cdots=\sum_{l=0}^{\infty}\frac{x^{2l}}{2l\,!}. \tag{4.4.38}$$

所以可利用$\cosh(x)$ 的$2s$ 阶截断来构造$2s$ 阶精度格式

$$u^{k+1}+u^{k-1}=2\cosh\left(2s,\Delta t\sqrt{M}\right)u^k, \tag{4.4.39}$$

而

$$\cos\left(2s,\Delta t\sqrt{M}\right)=\sum_{l=0}^{s}\frac{\left(\Delta t\sqrt{M}\right)^{2l}}{2l\,!}, \tag{4.4.40}$$

使格式(4.4.39) 有精度$o(\Delta t^{2s}+\Delta x^{2m})$.

当$s=1$, $m=1$时, 格式(4.4.39)为十字架格式.

下面考虑3层格式

$$u^{k+1}=\phi_1 u^k-\phi_2 u^{k-1}. \tag{4.4.41}$$

引进新变量$v^k=u^{k-1}$, 则有

$$\begin{bmatrix} u^{k+1} \\ v^{k+1} \end{bmatrix}=\begin{bmatrix} \phi_1 & -\phi_2 \\ I_n & 0 \end{bmatrix}\begin{bmatrix} u^k \\ v^k \end{bmatrix}, \tag{4.4.42}$$

格式(4.4.42) 是辛的, 当且仅当

$$\begin{bmatrix} \phi_1^{\mathrm{T}} & I_n \\ -\phi_2^{\mathrm{T}} & 0 \end{bmatrix}\begin{bmatrix} 0 & I_n \\ -I_n & 0 \end{bmatrix}\begin{bmatrix} \phi_1 & -\phi_2 \\ I_n & 0 \end{bmatrix}=\begin{bmatrix} 0 & I_n \\ -I_n & 0 \end{bmatrix}. \tag{4.4.43}$$

直接计算可得下列引理.

引理 4.4.4 2 阶线性方程(4.4.35) 的格式(4.4.42) 是辛格式, 当且仅当

$$\phi_1^{\mathrm{T}}=\phi_1, \quad \phi_2=I_n. \tag{4.4.44}$$

由于$\cosh\left(2s,\Delta t\sqrt{M}\right)$仍为对称矩阵, 由引理4.4.4 可知格式(4.4.39) 为辛格式, 故有下面的定理.

定理 4.4.6 格式(4.4.39) 是$o(\Delta t^{2s}+\Delta x^{2m})$ 阶精度辛格式.

下面列出由$\cosh(x)$ 生成的几个常用辛格式:

$$s=1,\ m=1,\quad u^{k+1}=2\left(1+\frac{\Delta t}{2}M(1,2)\right)u^k-u^{k-1}, \tag{4.4.45}$$

$$s=1,\ m=2,\quad u^{k+1}=2\left(1+\frac{\Delta t}{2}M(1,4)\right)u^k-u^{k-1}, \tag{4.4.46}$$

$$s=2,\ m=1,\quad u^{k+1}=2\left(1+\frac{\Delta t^2}{2}M(1,2)+\frac{\Delta t^4}{24}M^2(1,2)\right)u^k-u^{k-1}, \tag{4.4.47}$$

$$s=2,\ m=2,\quad u^{k+1}=2\left(1+\frac{\Delta t^2}{2}M(1,4)+\frac{\Delta t^4}{24}M^2(1,4)\right)u^k-u^{k-1}. \tag{4.4.48}$$

定理 4.4.7 当$s\to\infty$时, 格式(4.4.39)的稳定性区域将覆盖整个实轴.

证明:考察矩阵$M(1,2m)$ 的特征值,

$$\lambda(1,2m)_k = -\frac{1}{4\Delta x^2}\sin^2\frac{k\pi}{2N}\sum_{j=0}^{m-1}\beta_j\left(\sin^2\frac{k\pi}{2N}\right)^j,\quad k=1,2,\cdots,N,$$

这样$\sqrt{M(1,2m)}$ 的特征值全是纯虚数.

$$\lambda_k = \pm\mathrm{i}\sqrt{|\lambda(1,2m)_k|} = \mathrm{i}\,\mu_k,\quad k=1,2,\cdots,N. \tag{4.4.49}$$

因为$\cos(\mathrm{i}\,\mu)=\cos\mu$, 当$s\to\infty$时, 格式(4.4.39) 的特征方程为

$$f(\xi)=\xi^2-2\cos(2s,\Delta t\mu)\,\xi+1=0. \tag{4.4.50}$$

因为$|\cos(\Delta t\mu)|\le 1$, 所以$f(\xi)$ 所有根的模小于或等于1, 故定理得证. ▲

对于固定的s 和M, 格式(4.4.39) 的特征方程为

$$f(\xi)=\xi^2-2\cos(2s,\Delta t\mu)\,\xi+1=0, \tag{4.4.51}$$

而

$$\cos(2s,x)=1-\frac{x^2}{2!}+\frac{x^4}{4!}+\cdots+(-1)^s\frac{x^{2s}}{2s!}, \tag{4.4.52}$$

它的稳定性条件为

$$\left|\cos\left(2s,\Delta t\sqrt{|\lambda(1,2m)_k|}\right)\right|\le 1. \tag{4.4.53}$$

令$\rho_{2s}=\min\limits_i x_i$, 其中$x_i$ 取$\cos(2s,x)=\pm1$ 的正根, 故格式(4.4.39) 稳定性条件为[Qin88]

$$\frac{\Delta t}{\Delta x}\le\frac{\rho_{2s}}{l_{1,m}}. \tag{4.4.54}$$

表4.4.2列出由$\cosh(x)$ 生成某些格式的稳定性条件.

表 4.4.2 由$\cosh(x)$ 生成某些格式的稳定性条件

格 式	精 度	稳定性条件
(4.4.45)	$o(\Delta t^2+\Delta x^2)$	$\frac{\Delta t}{\Delta x}\le 1$
(4.4.46)	$o(\Delta t^2+\Delta x^4)$	$\frac{\Delta t}{\Delta x}\le\frac{\sqrt{3}}{2}$
(4.4.47)	$o(\Delta t^4+\Delta x^2)$	$\frac{\Delta t}{\Delta x}\le\sqrt{3}$
(4.4.48)	$o(\Delta t^4+\Delta x^4)$	$\frac{\Delta t}{\Delta x}\le\frac{3}{2}$

注 4.4.2 格式(4.4.47) 的稳定性条件最早由E. H. Twizell 得到[Twi79].

参考文献

[冯康等03] 冯康, 秦孟兆. 哈密尔顿系统的辛几何算法. 浙江科学技术出版社，杭州, 2003.

[AM78] R. Abraham and J. E. Marsden. *Foundations of Mechanics*. Addison-Wesley, Second edition, 1978.

[Arn89] V. I. Arnold. *Mathematical Methods of Classical Mechanics*. Springer-Verlag, New York, GTM 60, Second edition, 1989.

[CM74] P. R. Chernoff and J. E. Marsden. *Properties of Infinite Dimensional Hamiltonian Systems*, Springer-Verlag, Berlin, Lecture notes Math, vol. 425, 1974.

[Fen85] K. Feng. On difference schemes and symplectic geometry. In K. Feng,*Proceedings of the 1984 Beijing Symposium on Differential Geometry and Differential Equations*. Science Press, Beijing, 42–58, 1985.

[FQ10] K. Feng and M. Z. Qin. *Symplectic Geometric Algorithms for Hamiltonian systems*. Springer and Zhejiang Science and Technology Publishing House, Heidelberg, Hangzhou, First edition, 2010.

[FWQW89] K. Feng, H. M. Wu, M. Z. Qin, and D. L. Wang. Construction of canonical difference schemes for Hamiltonian formalism via generating functions. *J. Comput. Math.*, 7:71–96, 1989.

[GM88] Z. Ge and J. E. Marsden. Lie-Poisson Hamilton–Jacobi theory and Lie-Poisson integrators. *Physics Letters A*, 4:134–139, 1988.

[LQ88] C. W. Li and M. Z. Qin. A symplectic difference scheme for the infinite dimensional Hamiltonian system. *J. Comput. Appl. Math.*, 6:164–174, 1988.

[Mil71] J. H. Miller. On the location of zeros of certain class of polynomials with application to numerical analysis. *J. Inst. Maths. Applics.*, 8:397–406, 1971.

[MR99] J. E. Marsden and T. S. Ratiu. *Introduction to Mechanics and Symmetry*. Number 17 in Texts in Applied Mathematics. Springer-Verlag, second edition, 1999.

[Olv86] P. J. Olver. *Applications of Lie Groups to Differential Equations*. Springer-Verlag, New York, 1986.

[Qin88] M. Z. Qin. Leap-frog schemes of two kinds of Hamiltonian systemes for wave equation. *Math. Num. Sinica*, 10(3):272–281, 1988.

[Qin90] M. Z. Qin. Multi-stage symplectic schemes of two kinds of Hamiltonian systems of wave equations. *Comput. Math. Appl.*, 19:51–62, 1990.

[Qin97] M. Z. Qin. A symplectic schemes for the PDE's. *AMS/IP Studies in Advanced Mathemateics*, 5:349–354, 1997.

[Twi79] E. H. Twizell. An explicit difference method for the wave equation with extended stability range. *BIT*, 19(3):378–383, 1979.

[Vai64] M. M. Vainberg. *Variational Methods for the Study of Nonlinear Operators*. Holden-Day, San Francisco, Second edition, 1964.

[Wei06] A. Weinstein. Symplectic structures on Banach manifold. *Bull. Amer. Math. Soc.*,75(5): 1040–1041, 1969.

[WWJQ03] Y. Wang, B. Wang, Z. Z. Ji, and M. Z. Qin. High order symplectic schemes for the sine-gorden equation. *J. Phys. Soc. Japan*, 72:2731–2736, 2003.

第五章　多辛几何算法

§5.1　变分积分子与Lee 积分子

§5.1.1　Lagrange变分原理

Lagrange力学是力学的一个重要分支, 它建立在变分原理的基础之上, 因此, 在这一章的开始, 我们首先介绍正则的变分原理.

选择n维流形Q作为构形空间, 它的坐标用q^i $(i=1,2,\cdots,n)$来表示; TQ表示它的切丛, TQ的坐标用$(q^i,\dot{q}^i)$来表示. 考虑Lagrange 函数$L:\ TQ\to\mathbf{R}$, 其相应的作用泛函为

$$S(q(t))=\int_b^a L\big(q^i(t),\dot{q}^i(t)\big)\,\mathrm{d}t.$$

Hamilton的变分原理隐含着

$$\delta\int_b^a L\big(q^i(t),\dot{q}^i(t)\big)\,\mathrm{d}t=0. \tag{5.1.1}$$

在(5.1.1)式中, 选择定义在[a,b]区间有固定端点的曲线族$q^i(t)$, 并把这个积分作为曲线的函数进行计算. 由于(5.1.1)式隐含着S有极值点, 如果我们令δq^i是这个曲线的变分, 使用分部积分, 便得到

$$\int_b^a \delta\,q^i\Big(\frac{\partial L}{\partial q^i}-\frac{\mathrm{d}}{\mathrm{d}t}\frac{\partial L}{\partial\dot{q}^i}\Big)\,\mathrm{d}t+\frac{\partial L}{\partial\dot{q}^i}\,\delta\,q^i\big|_a^b.$$

因$\delta\,q^i(a)=\delta\,q^i(b)=0$, 故最后一项消失. 又由于$\delta\,q^i$具有任意性, 于是得到Euler-Lagrange方程

$$\frac{\partial L}{\partial q^i}-\frac{\mathrm{d}}{\mathrm{d}t}\frac{\partial L}{\partial\dot{q}^i}=0,\quad i=1,\cdots,n. \tag{5.1.2}$$

这个Lagrange形式能被推广到无穷维情形. 在这种情况, $q^i(t)$ 被场$\varphi^i(x,t)$ $(i=1,2,\cdots,m)$ 代替, 构形空间Q 变为$\mathbf{R}^3$上的场空间$\mathcal{F}(\mathbf{R}^3)$, $L:\ \mathcal{F}(\mathbf{R}^3)\times\mathcal{F}(\mathbf{R}^3)\to\mathbf{R}$是$\varphi^i,\dot{\varphi}^i$ $(i=1,2,\cdots,m)$的函数, Euler-Lagrange方程(5.1.2)变为

$$\frac{\delta\,L}{\delta\,\varphi^i}-\frac{\mathrm{d}}{\mathrm{d}t}\frac{\delta\,L}{\delta\,\dot{\varphi}^i}=0,\quad i=1,\cdots,m. \tag{5.1.3}$$

为了转化成Hamilton形式, 令$p^i=\dfrac{\partial L}{\partial\dot{q}^i}$, 它被称为共轭动量, 同时通过Legendre变换, 假设变换$(q^i,\dot{q}^i)\mapsto(q^i,p^i)$ 是可逆的, 也就是$\dot{q}^i$ 可用q^i,p^i 表示, 这样就引进

了Hamilton 函数$H: T^*Q \to \mathbf{R}$:

$$H(q^i,p^i) = p^i\dot{q}^i - L(q^i,\dot{q}^i).$$

因为

$$\frac{\partial H}{\partial p^i} = \dot{q}^i + p^j\frac{\partial \dot{q}^j}{\partial p^i} - \frac{\partial L}{\partial \dot{q}^j}\frac{\partial \dot{q}^j}{\partial p^i},$$

故得到

$$\dot{q}^i = \frac{\partial H}{\partial p^i}. \tag{5.1.4}$$

同样因为

$$\frac{\partial H}{\partial q^j} = p^i\,\frac{\partial \dot{q}^i}{\partial q^j} - \frac{\partial L}{\partial q^j} - \frac{\partial L}{\partial \dot{q}^i}\frac{\partial \dot{q}^i}{\partial q^j},$$

故得到

$$\dot{p}^i = -\frac{\partial H}{\partial q^i}. \tag{5.1.5}$$

也即Euler-Lagrange 方程(5.1.2) 是等价于Hamilton 方程(5.1.4)和(5.1.5)的. 对无穷维情形, 类似地如果引进$\pi = \dfrac{\delta L}{\delta \dot{\varphi}^i}$, 则方程(5.1.3)等价于

$$\dot{\pi}^i = -\frac{\delta H}{\delta \varphi^i}, \quad \dot{\varphi}^i = \frac{\delta H}{\delta \pi^i}. \tag{5.1.6}$$

令T^*Q 表示Q 的余切丛, (q^i,p^i)表示T^*Q的坐标, 在T^*Q 上的典则1-形式θ 可定义为[Arn89],[MR99],[MPS98],[WM97]:

$$\theta(\alpha_q)w_{\alpha_q} = \alpha_q T_{\pi_Q} w_{\alpha_q}, \quad \alpha_q \in T_q^*Q, \quad w_{\alpha_q} \in T_{\alpha_q}T^*Q,$$

这里$\pi_Q: T^*Q \to Q$是典则投影.

定义从TQ 到T^*Q 的映射

$$FL(v_q)w_q = \frac{\mathrm{d}}{\mathrm{d}\varepsilon}\bigg|_{\varepsilon=0} L(v_q+\varepsilon w_q), \tag{5.1.7}$$

上式被称为Legendre 变换, 或称为纤维导数, 它可表示为

$$FL(q^i,\dot{q}^i) = \left(q^i, \frac{\partial L}{\partial \dot{q}^i}\right).$$

公式(5.1.7)中$v_q,\ \omega_q \in T_qQ$. 令$\omega = -\mathrm{d}\,\theta$ 表示在T^*Q 上的辛2-形式, 把定义在T^*Q上的1-形式和2-形式靠FL 的拉回映射定义为TQ 空间的Lagrange 1-形式 $\theta_L = FL^*\theta$ 和Lagrange 2-形式$\omega_L = -\mathrm{d}\theta_L$. 在坐标意义下, $\theta = p_i\,\mathrm{d}q^i$, $\omega = \mathrm{d}q^i \wedge \mathrm{d}p_i$,

$$\theta_L = FL^*\theta = \frac{\partial L}{\partial \dot{q}^i}\,\mathrm{d}q^i,$$

这样$FL(v_q)w_q$ 是L 沿v_q 纤维T_qQ 在方向w_q上的导数. 映射FL是保纤维的, $U \times E$ 是TQ 上的局部图册, FL: $TU \rightarrow T^*U$: $(u, \mathrm{e}) \rightarrow L_q(u, \mathrm{e})$, 若令$e = \dot{q}^j \,\mathrm{e}_j$, 则$L_{\dot{q}}\,(u, \mathrm{e})$ 可定义为$L_{\dot{q}}\,(u, \dot{q}^j\,\mathrm{e}_j) = L_{\dot{q}^j}\,(u)\,\dot{q}^j$, 且

$$
\begin{aligned}
\omega_L &= (FL)^*\omega = FL^*(\mathrm{d}q^i \wedge \mathrm{d}p_i) = (FL^*\,\mathrm{d}q^i) \wedge (FL^*\,\mathrm{d}p_i) \\
&= \mathrm{d}(FL^*q^i) \wedge \mathrm{d}(FL^*p_i) = \mathrm{d}(q^i \circ FL) \wedge \mathrm{d}(p_i \cdot FL) = \mathrm{d}q^i \wedge \mathrm{d}L_{\dot{q}^i}, \\
\omega_L &= \frac{\partial^2 L}{\partial \dot{q}^i\,\partial q^j}\,\mathrm{d}q^i \wedge \mathrm{d}q^j + \frac{\partial L}{\partial \dot{q}^i\,\partial \dot{q}^j}\,\mathrm{d}q^i \wedge \mathrm{d}\dot{q}^j \quad (\text{对所有 } i,\ j \text{的求和}),
\end{aligned}
$$

相应ω_L的矩阵是一个$2n \times 2n$的反对称矩阵

$$
A = \begin{bmatrix} B & \left(\dfrac{\partial^2 L}{\partial \dot{q}^i\,\partial \dot{q}^j}\right) \\ \left(-\dfrac{\partial^2 L}{\partial \dot{q}^i\,\partial \dot{q}^j}\right) & 0 \end{bmatrix},
$$

其中B是$\dfrac{\partial^2 L}{\partial \dot{q}^i\,\partial q^j}$的反对称化.

定义X_H为Hamilton向量场, 即它满足$i_{X_H}\omega = \mathrm{d}H$. 令$E = H \circ FL$是$TQ$上的函数, 如果存在$-TQ$上的向量场$X_E$, 它满足$i_{X_E}\omega_L = \mathrm{d}E$, 则称它为Lagrange 向量场; 如果$L$ 是超正则的, 即FL 是TQ 到T^*Q 的微分同胚, 则有$FL^*X_H = X_E$, 即等价于关系$FL \circ F_t = G_t \circ FL$, 从而有

$$
F_t^*\omega_L = F_t^* FL^*\omega = (G_t \circ FL)^*\omega = FL^*\omega = \omega_L.
$$

这里注意到Hamilton 流G_t 是保正则辛的, 即$G_t^*\omega = \omega$, 并且有下面的可交换关系:

$$
\begin{array}{ccc}
TQ & \xrightarrow{F_t} & TQ \\
{\scriptstyle FL}\downarrow & & \downarrow{\scriptstyle FL} \\
T^*Q & \xrightarrow[G_t]{} & T^*Q
\end{array}.
$$

事实上, 对任意的$v_q \in TQ$, $w_q \in T_{v_q}(TQ)$, 我们得到

$$
\begin{aligned}
&\omega\big(FL(v_q)\big)\big(T_{v_q}FL\big(X_E(v_q)\big), T_{v_q}FL(w_q)\big) \\
=&\ (FL^*\omega)(v_q)\big(X_E(v_q), w_q\big) \\
=&\ \omega_L(v_q)\big(X_E(v_q), w_q\big)
\end{aligned}
$$

$$= \mathrm{d}E(v_q)w_q = \mathrm{d}(H\circ FL)(v_q)w_q = \mathrm{d}H(FL(v_q))T_{v_q}FL(w_q)$$
$$= \omega\big(FL(v_q)\big)\big(X_H\big(FL(v_q)\big), T_{v_q}FL(w_q)\big).$$

由 ω 的非退化性和$T_{v_q}FL$是同构的, 可知 $T_{v_q}FL(X_E(v_q)) = X_H(FL(v_q))$, 即 $X_E = FL^* X_H$.

§5.1.2 Marsden变分原理的新观点

Marsden 把作用泛函S 看成定义在流形Q 上的函数, 把变分原理重新以1-形式的语言描述后, 发现这个边界项能被定义为Lagrange 1-形式, 从而通过变分原理能直接得到Euler-Lagrange解流、Lagrange流、保Lagrange辛的性质[MPS98],[WM97]. 在这一节着重介绍他的这个新观点.

因$S:\ Q\to \mathbf{R}$, 故而求它的极值问题可写为

$$\begin{aligned}\mathrm{d}\, S(q(t))v &= \frac{\mathrm{d}}{\mathrm{d}\varepsilon}\Big|_{\varepsilon=0} S(q_\varepsilon(t))\\ &= \int_a^b \left(\frac{\partial L}{\partial q^i} - \frac{\mathrm{d}}{\mathrm{d}t}\frac{\partial L}{\partial \dot q^i}\right) v^i\,\mathrm{d}t + \frac{\partial L}{\partial \dot q^i} v^i\Big|_a^b,\end{aligned}$$

其中$v = \dfrac{\mathrm{d}}{\mathrm{d}\varepsilon}\Big|_{\varepsilon=0}$, $q_\varepsilon = v^i\dfrac{\partial}{\partial q^i}$, 定义$TQ$上的1-形式为$\theta_L = \dfrac{\partial L}{\partial \dot q^i}\,\mathrm{d}q^i$, 于是有下面的定理.

定理 5.1.1 已知一$\mathbf{C}^k$ Lagrange L, $k\geq 2$, 则存在惟一的定义在TTQ 的2 阶子流形上的$\mathbf{C}^{k-2}$映射$D_{EL}L:\ \ddot Q\to T^*Q$和惟一的在$TQ$上的$\mathbf{C}^{k-1}$ 1-形式θ_L, 使得对所有$\mathbf{C}^2$ 变分$q_\varepsilon(t)$, 下式成立:

$$\mathrm{d}S(q(t))v = \int_a^b D_{EL}L(\ddot q)v\,\mathrm{d}t + \theta_L(q,\dot q)v\Big|_a^b, \tag{5.1.8}$$

$$\ddot Q = \{\ddot q(0)\mid q\text{是 } Q \text{ 上的 } C^2 \text{ 曲线}\}.$$

下面利用定理5.1.1 来证明Lagrange 流是辛的.

定理 5.1.2 设Lagrange向量场为X_E, Lagrange流为F_t, 则Lagrange流是辛的, 即

$$F_t^*\omega_L = \omega_L. \tag{5.1.9}$$

证明:用C_L表示满足Euler-Lagrange方程的所有解组成的空间, 它里面的元素是以TQ 中的元v_q 为初值的积分曲线$s\to F_s(v_q)$, $s\in[0,t]$. 限制S 到C_L 上, 记作S_t, $S_t:\ TQ\to\mathbf{R}$, 有

$$S_t(v_q) = \int_0^t L(q(s),\dot q(s))\,\mathrm{d}s,$$

这里$(q(s),\dot{q}(s))=F_s(v_q)$. 这时基本方程(5.1.8) 变为

$$\mathrm{d}S_t(v_q)w_{v_q}=\theta_L(F_t(v_q))\frac{\mathrm{d}}{\mathrm{d}\varepsilon}\Big|_{\varepsilon=0}F_t(v_q^\varepsilon)-\theta_L(v_q)w_{v_q},$$

这里$\varepsilon\mapsto v_q^\varepsilon$是$TQ$上的任意曲线, 使$v_q^0=v_q$, $\frac{\mathrm{d}}{\mathrm{d}\varepsilon}\Big|_0 v_q^\varepsilon=w_{v_q}$, 也即:

$$\mathrm{d}S_t=F_t^*\theta_L-\theta_L,$$

$$0=\mathrm{dd}S_t=\mathrm{d}(F_t^*\theta_L-\theta_L)=-F_t^*\omega_L+\omega_L,$$

即

$$F_t^*\omega_L=\omega_L.$$

▲

注 5.1.1 郭汉英和吴可在文章[GW03]中引进Euler-Lagrange 1-形式

$$E(q^i,\dot{q}^i)=\left\{\frac{\partial L}{\partial q^i}-\frac{\mathrm{d}}{\mathrm{d}t}\frac{\partial L}{\partial\dot{q}^i}\right\}\mathrm{d}q^i, \tag{5.1.10}$$

d 的幂零为

$$\mathrm{d}E(q^i,\dot{q}^i)+\frac{\mathrm{d}}{\mathrm{d}t}\omega_L=0, \tag{5.1.11}$$

从这里看出要保持辛结构的必要充分条件是Euler-Lagrange 1-形式(5.10.11)是闭的(不一定要求q是方程的解).

定义 5.1.1 Lagrange 矩映射$J_L:TQ\to\mathbf{g}^*$, 满足$J_L(v_q)\xi=\theta_L\cdot\xi_{TQ}(v_q)$, 即$J_\xi=\xi_{TQ}\lrcorner\,\theta_L$.

Lagrange流是保矩映射的. 假设李群G 的李代数$\mathbf{g}$ 作用在Q 上, 使得Q 上的曲线在该作用下不变. 当然G 作用仅限制在解空间, 群作用与相流F_t 是可交换的. 令$\xi\in\mathbf{g}$ 在TQ 上无穷小的生成子为ξ_{TQ}, 因为Lagrange 流是保辛的, 故有

$$0=\xi_{TQ}\lrcorner\,\mathrm{d}S_t=\xi_{TQ}\lrcorner\,(F_t^*\theta_L-\theta_L)=F_t^*(\xi_{TQ}\lrcorner\,\theta_L)-\xi_{TQ}\lrcorner\,\theta_L,$$

上面的关系式表示J_ξ 是X_E 的积分流, 说明Lagrange 流是保矩映射的.

定理 5.1.3 (Noether定理) 假设一个Lagrange系统$L:TQ\to\mathbf{R}$, 在左或右的提升作用下, $\phi:G\times Q\to Q$ 是不变的, 于是相应的Lagrange 矩映射$J_L:TQ\to\mathbf{g}^*$是相流的守恒量, 即$J_L\circ F_L^t=J_L$.

证明:G 在Q 上作用诱导出G 在轨道空间上$C(Q)$的作用, 使得$\phi_g : C(Q) \to C(Q)$ 由$\phi_g(q)(t) = \phi_g(q(t))$ 给出.

Lagrange 积分正好就是这个作用, L的不变性表示S的微分

$$\mathrm{d}S(q) \cdot \xi_{C(Q)}(q) = \int_0^t \mathrm{d}L \cdot \xi_{TQ} \, \mathrm{d}t = 0,$$

S 的不变性同样表示ϕ_g 映射解曲线到解曲线, 即$\xi_{C(Q)}(q) \in T_q C_L$. 这样限制$\mathrm{d}S \cdot \xi_{C(Q)}$ 到解空间 C_L, 就得到

$$0 = \widehat{S}(v_q) \cdot \xi_{TQ}(v_q) = \theta_L(\dot{q}(t)) \cdot \xi_{TQ}(\dot{q}(t)) - \theta_L(v_q) \cdot \xi_{TQ}(v_q),$$

由Lagrange 矩映射定义得

$$0 = J_L(F_L^t(v_q)) \cdot \xi - J_L(v_q)\xi.$$

定理得证. ▲

(5.1.9)式体现了Lagrange 流的保辛性质, 为了便于推广它到PDE 的多辛形式公式, 给出它的另一种描述.

定义 5.1.2 设V是Q上的向量场, $q(t) \in C_L$是Euler-Lagrange方程的解, 如果$s \mapsto F_\varepsilon^V \circ q(t)$同样属于$C_L$, F_ε^V 表示由V 产生的流, 称V 为首次变分.

定理 5.1.4 设V, W是Euler-Lagrange 的两个首次变分, 则有

$$\mathrm{d}\theta_L(V, W) = 0,$$

它同样表明了Lagrange 流是辛的.

证明:在TQ 上定义1-形式θ_L, 有

$$\theta_{L(q(t))} v = \bar{\theta}_L(q(b))v(b) - \bar{\theta}_L(q(a))v(a).$$

$\bar{\theta}_L = \dfrac{\partial L}{\partial \dot{q}^i} \mathrm{d}q^i, \alpha = \mathrm{d}S - \theta_L$, 当$q(t) \in C_L$, $\alpha_{q(t)} = 0$时, 变分原理可表示为:

$$\mathrm{d}S = \alpha + \theta_L,$$

$$0 = \mathrm{d}^2 S(V, W) = \mathrm{d}\alpha(V, W) + \mathrm{d}\theta_L(V, W). \tag{5.1.12}$$

注意

$$\mathrm{d}\alpha(V, W) = V(\alpha(W)) - W(\alpha(V)) - \alpha([V, W]), \tag{5.1.13}$$

因F_ε^V 是V 的流, 记$q_\varepsilon^V(t)=F_\varepsilon^V(q(t))$, 根据定义有

$$V\big(\alpha(W)\big)\big(q(t)\big)=\frac{\mathrm{d}}{\mathrm{d}\varepsilon}\Big|_{\varepsilon=0}\alpha(W)(q_\varepsilon^V). \tag{5.1.14}$$

因V是首次变分, 有$q_\varepsilon^V(t)\in C_L$, 所以(5.1.14)式为0. 类似地有

$$W\big(\alpha(V)\big)\big(q(t)\big)=0 \quad 和 \quad \alpha\big([V,W]\big)(q(t)\big)=0.$$

由(5.1.12)和(5.1.14)式得到

$$\mathrm{d}\theta_L(V,W)=0.$$

▲

§5.1.3 Veselov离散的变分原理

基于§5.1.1和§5.1.2的理论基础, 这一节将介绍离散的变分原理.

Veselov 使用$Q\times Q$ 作为Q 的切空间TQ 的离散形式[Ves88],[Ves91], 离散的 Lagrange 函数被定义为$L:\ Q\times Q\to\mathbf{R}$, 相应的作用函数是$S:\ Q^{N+1}\to\mathbf{R}$, 离散的变分原理就是求作用函数$S=\sum\limits_{k=0}^{N-1}L(q_{k+1},q_k)$ 在$q_0,\cdots,q_N$ 的极值, 得到

$$\begin{aligned}
&\mathrm{d}S(q_0,\cdots,q_N)(\delta q_0,\cdots,\delta q_N)\\
=&\sum_{k=0}^{N-1}\big(D_1L(q_{k+1},q_k)\,\delta q_{k+1}+D_2L(q_{k+1},q_k)\,\delta q_k\big)\\
=&\sum_{k=1}^{N}D_1L(q_k,q_{k-1})\,\delta q_k+\sum_{k=0}^{N-1}D_2L(q_{k+1},q_k)\,\delta q_k\\
=&\sum_{k=1}^{N-1}\big(D_1L(q_k,q_{k-1})+D_2L(q_{k+1},q_k)\big)\,\delta q_k\\
&+D_1L(q_1,q_0)\,\delta q_0+D_2L(q_N,q_{N-1})\,\delta q_N.
\end{aligned} \tag{5.1.15}$$

当端点q_0 和q_N 固定时, 得到离散的Euler-Lagrange 方程:

$$D_2L(q_{k+1},q_k)+D_1L(q_k,q_{k-1})=0, \tag{5.1.16}$$

或

$$D_2L\circ F+D_1L=0,$$

这里$F:\ Q\times Q\to\mathbf{R}$ 被称为离散的Lagrange 流, 它是由方程(5.1.16)决定的. 类似于连续的情况, 同样可从两方面去证明这个离散的流 F 是辛的.

首先可按经典考虑, 定义离散的Legendre 变换$FL:\ Q\times Q\rightarrow T^*Q,\ (q_{k+1},q_k)\rightarrow(q_k, D_2L(q_{k+1},q_k))$，则在$Q\times Q$ 上离散的Lagrange 2-形式可通过离散Legendre 变换的拉回来定义, 即

$$\omega_L = FL^*\omega = FL^*(-\mathrm{d}\theta) = -\mathrm{d}(FL^*(\theta)),$$

这里$\omega = \mathrm{d}q_k^i \wedge \mathrm{d}p_k^i$ 及 $\theta = p_k^i\,\mathrm{d}q_k^i$ 分别是离散的Hamilton 2-形式和1-形式, 计算易知ω_L 的坐标表示为

$$\omega_L = \frac{\partial^2 L}{\partial q_k^i\,\partial q_{k+1}^j}(q_{k+1},q_k)\,\mathrm{d}q_k^i \wedge \mathrm{d}q_{k+1}^j.$$

类似于连续情形, 它们同样有下面的可交换关系：

$$\begin{array}{ccc} Q\times Q & \xrightarrow{\ F\ } & Q\times Q \\ \Big\downarrow{\scriptstyle FL} & & \Big\downarrow{\scriptstyle FL} \\ T^*Q & \xrightarrow[\ G\ ]{} & T^*Q \end{array},$$

其中G 表示离散的Hamilton 流, 能立刻证明$F^*\omega_L=\omega_L$. 事实上,

$$\begin{aligned} F^*\omega_L &= F^*\left(-\mathrm{d}\left(\frac{\partial L}{\partial q_k^i}(q_{k+1},q_k)\,\mathrm{d}q_k^i\right)\right) \\ &= -\mathrm{d}\left(F^*\left(\frac{\partial L}{\partial q_k^i}(q_{k+1},q_k)\,\mathrm{d}q_k^i\right)\right) \\ &= -\mathrm{d}\left(\frac{\partial L}{\partial q_k^i}(F(q_k,q_{k-1}))F^*\left(\mathrm{d}q_k^i\right)\right), \end{aligned}$$

注意$F^*\left(\mathrm{d}q_k\right)=\mathrm{d}q_k$, 立即得出所证.

其次是基于对边界项的新观点. 事实上, 两个1-形式能被(5.1.15) 式的边界项定义, 即

$$\theta_L^1(q_{k+1},q_k)(\delta\,q_{k+1},\delta\,q_k) = D_2L(q_{k+1},q_k)\,\delta\,q_k$$

和

$$\theta_L^2(q_{k+1},q_k)(\delta\,q_{k+1},\delta\,q_k) = D_1L(q_{k+1},q_k)\,\delta\,q_{k+1}.$$

限制S 到离散的变分原理的解空间, 则(5.1.15) 式能被重新写为

$$\mathrm{d}S = \theta_L^1 + F^*\theta_L^2. \tag{5.1.17}$$

注意$\theta_L^2+\theta_L^1$, $\mathrm{d}\theta_L^2+\mathrm{d}\theta_L^1=0$, 对(5.1.17)两边用 d 作用, 则有

$$F^*\left(\mathrm{d}\theta_L^2\right)=-\mathrm{d}\theta_L^1=\mathrm{d}\theta_L^2=-\omega_L.$$

§5.1.4 三类辛积分子的变分描述

在这一节将对文献[SZS97]中提到的三类辛积分子给出变分描述, 并通过定义离散的Legendre 变换, 分析它们与Hamilton 辛格式的关系.

首先以变分形式描述这三类积分子, 即通过给出它们相应的离散的Lagrange 函数, 从它们相应的离散的变分原理得到这三类积分子.

考虑下面的ODE 系统

$$M\frac{\partial^2 q}{\partial t^2}=-\frac{\partial V(q)}{\partial q}=F(q), \tag{5.1.18}$$

这里q 是位置向量, M 是对称矩阵, F 是外力向量, 能描述(5.1.18)式的有如下两个等价形式:

$$\dot q=M^{-1}p,\quad \dot p=-\frac{\partial V(q)}{\partial q} \tag{5.1.19}$$

和

$$\frac{\partial L}{\partial q}=\frac{\mathrm{d}}{\mathrm{d}t}\frac{\partial L}{\partial \dot q}, \tag{5.1.20}$$

这里$L(q,\dot q)=\dfrac{1}{2}\dot q^{\mathrm{T}}M\dot q-V(q)$. 文献[SZS97]中对系统(5.1.18) 提出的一参数族近似如下:

$$\begin{aligned}&\frac{1}{h^2}M(q^{n+1}-2q^n+q^{n-1})+(1-\alpha)\frac{\partial V}{\partial q}\big(\alpha\, q^{n+1}+(1-\alpha)\, q^n\big)\\&+\alpha\frac{\alpha\, V}{\alpha\, q}\big(\alpha\, q^n+(1-\alpha)\, q^{n-1}\big)=0,\end{aligned} \tag{5.1.21}$$

这个格式和文献[WM97]中给出的是同样的, 即

$$\frac{1}{h^2}M(q^{n+1}-2q^n+q^{n+1})+\frac{\partial V}{\partial q}\big(\alpha q^{n+1}+(1-2\alpha)q^n+\alpha q^{n-1}\big)=0. \tag{5.1.22}$$

当$\alpha=0$ 时, 这就是2 阶Störmer-Verlet 格式. 当$\alpha=\dfrac{1}{12}$时, 这个格式具有4 阶精度, 即

$$\begin{aligned}&\frac{1}{h^2}M(\bar q^{n+1}-2\bar q^n+\bar q^{n-1})+\alpha\frac{\partial V}{\partial q}(\bar q^{n-1})\\&+(1-2\alpha)\frac{\partial V}{\partial q}(\bar q^n)+\alpha\frac{\partial V}{\partial q}(\bar q^{n+1})=0.\end{aligned} \tag{5.1.23}$$

在上式中, h 是时间步长, $q^n = q(nh)$ 是q 在时间nh 的值,

$$\bar{q}^n = q^n - \alpha^2 h^2 M^{-1} \frac{\partial V}{\partial q}(\bar{q}^n).$$

下面给出与格式(5.1.21), (5.1.22) 和(5.1.23) 相应的离散的Lagrange 函数, 它们分别是:

$$L(q^{n+1}, q^n) = \frac{1}{2}\Big(\frac{q^{n+1} - q^n}{h}\Big)^{\mathrm{T}} M \Big(\frac{q^{n+1} - q^n}{h}\Big) - V\big(\alpha q^{n+1} + (1-\alpha) q^n\big), \quad (5.1.24)$$

$$L(q^{n+1}, q^n) = \frac{1}{2}\Big(\frac{q^{n+1} - q^n}{h}\Big)^{\mathrm{T}} M \Big(\frac{q^{n+1} - q^n}{h}\Big) + \int_0^{q^n} F(\sigma + \alpha h^2 M^{-1} F)\, \mathrm{d}\sigma \quad (5.1.25)$$

和

$$L(\bar{q}^{n+1}, \bar{q}^n) = \frac{1}{2}\Big(\frac{q^{n+1} - q^n}{h}\Big)^{\mathrm{T}} M \Big(\frac{q^{n+1} - q^n}{h}\Big) + \int_0^{q^n} F(\sigma + \alpha h^2 M^{-1} F)\, \mathrm{d}\sigma. \quad (5.1.26)$$

这里

$$\bar{q}^n = q^n - \alpha h^2 M^{-1} \frac{\partial V}{\partial q}(\bar{q}^n),$$

$$F = -\frac{\partial V}{\partial q}(q^n + \alpha\, h^2 M^{-1} F).$$

有了相应的离散的 Lagrange, 就易从相应的DEL方程得到格式 (5.1.21), (5.1.22) 和(5.1.23) 的统一表达式:

$$D_2 L(q^{n+1}, q^n) + D_1 L(q^n, q^{n-1}) = 0. \quad (5.1.27)$$

这里只给出格式(5.1.22) 的证明. 令

$$F = -\frac{\partial V}{\partial q}\big(q^n + \alpha(q^{n+1} - 2q^n + q^{n-1})\big),$$

则格式(5.1.22)变为

$$\frac{1}{h^2} M(q^{n+1} - 2q^n + q^{n-1}) - F(q^n + \alpha h^2 M^{-1} F) = 0, \quad (5.1.28)$$

非线性项F是被方程$F = -\dfrac{\partial V}{\partial q}(q^n + \alpha h^2 M^{-1} F)$隐式决定的, 取(5.1.25)式作为(5.1.27)式的离散的Lagrange 的定义, 把它代入到(5.1.27) 和(5.1.28) 式即可得到.

通过选择适当的离散变换, 上面的一参数族近似等价于Hamilton 意义下的辛格式.

命题 5.1.1 使用变换

$$\begin{aligned} p^n &= -hD_2L(q^{n-1}, q^n) \\ &= \frac{M}{h}(q^{n+1} - q^n) + h(1-\alpha)\frac{\partial V}{\partial q}\big(\alpha q^{n+1} + (1-\alpha)q^n\big), \end{aligned}$$

则格式(5.1.21)等价于:

$$\begin{aligned} p^n - p^{n-1} &= -h\frac{\partial V}{\partial q}\big(\alpha q^n + (1-\alpha)q^{n-1}\big), \\ (1-\alpha)p^n + \alpha p^{n-1} &= \frac{M}{h}(q^n - q^{n-1}). \end{aligned} \tag{5.1.29}$$

证明:易知格式(5.1.21)是Lagrange辛格式, 也即被格式(5.1.21) 决定的离散的Lagrange流$F:\ (q^n, q^{n-1}) \to (q^{n+1}, q^n)$ 保离散的Lagrange辛结构:

$$\omega_L = \frac{\partial^2 L(q^n, q^{n-1})}{\partial q_i^{n-1}\partial q_j^n}\, \mathrm{d}q_i^{n-1} \wedge \mathrm{d}q_j^n,$$

(5.1.29)是典则的Hamilton辛格式, 也即被格式(5.1.29)决定的离散的Hamilton流$G:\ (p^{n-1}, q^{n-1}) \to (p^n, q^n)$保离散的典则的辛结构$\mathrm{d}p_i^n \wedge \mathrm{d}q_i^n$ 当$\alpha = \dfrac{1}{2}$时, (5.1.29) 就是隐式的Euler 中点格式. ▲

命题 5.1.2 使用变换:

$$p^n = -hD_2L(q^{n+1}, q^n) = \frac{M}{h}(q^{n+1} - q^n) + h\frac{\partial V}{\partial q}\big(\alpha(q^{n+1} - 2q^n + q^{n-1}) + q^n\big),$$

则格式(5.1.22)等价于:

$$\begin{aligned} p^n - p^{n-1} &= -h\frac{\partial V}{\partial q}\big(\alpha(q^n - q^{n-1} - M^{-1}hp^{n-1}) + q^{n-1}\big), \\ p^n &= \frac{M}{h}(q^n - q^{n-1}). \end{aligned} \tag{5.1.30}$$

证明:显然, 被格式(5.1.22)决定的离散的Lagrange 流$F:\ (q^n, q^{n-1}) \to (q^{n+1}, q^n)$ 保Lagrange辛结构:

$$\omega_L = \frac{\partial^2 L(q^n, q^{n-1})}{\partial q_i^{n-1}\partial q_j^n}\, \mathrm{d}q_i^{n-1} \wedge \mathrm{d}q_j^n,$$

被(5.1.30) 决定的离散的Hamilton 流 $G:\ (p^{n-1}, q^{n-1}) \to (p^n, q^n)$ 保离散的典则的Hamilton 辛结构, 也即 $\mathrm{d}p_i^n \wedge \mathrm{d}q_i^n = \mathrm{d}p_i^{n-1} \wedge \mathrm{d}q_i^{n-1}$. ▲

命题 5.1.3 使用变换

$$\begin{aligned}p^n &= -hD_2L(\bar{q}^{n+1},\bar{q}^n)\\ &= \Big(\frac{M}{h}(q^{n+1}-q^n)+h\frac{\partial V}{\partial q}(\bar{q}^n)\Big)\Big(I+\alpha h^2M^{-1}\frac{\partial^2 V}{\partial q^2}(\bar{q}^n)\Big),\end{aligned}$$

则格式(5.1.23) 等价于:

$$\begin{aligned}p^n-p^{n-1}&=-h\frac{\partial V}{\partial q}(\bar{q}^{n-1})\Big(I+\alpha h^2M^{-1}\frac{\partial^2 V}{\partial q^2}(\bar{q}^n)\Big),\\ p^n &= \frac{M}{h}\Big(\bar{q}^n+\alpha h^2M^{-1}\frac{\partial V}{\partial q}(\bar{q}^n)-q^{n-1}-\alpha h^2M^{-1}\frac{\partial V}{\partial q}(\bar{q}^{n-1})\Big)\\ &\quad\cdot\Big(I+\alpha h^2M^{-1}\frac{\partial^2 V}{\partial q^2}(\bar{q}^n)\Big).\end{aligned}\tag{5.1.31}$$

证明:显然, 被格式(5.1.23) 定义的离散的Lagrange 流$F:\ (\bar{q}^n,\bar{q}^{n-1})\to(\bar{q}^{n+1},\bar{q}^n)$ 保Lagrange 辛结构:

$$\omega_L=\frac{\partial^2 L(\bar{q}^n,\bar{q}^{n-1})}{\partial\bar{q}_i^{n-1}\,\partial\bar{q}_j^n}\,\mathrm{d}\bar{q}_i^{n-1}\wedge\mathrm{d}\bar{q}_j^n,$$

被格式(5.1.31) 定义的离散的Hamilton 流$G:(p^{n-1},\bar{q}^{n-1})\to(p^n,\bar{q}^n)$ 保典则的Hamilton 辛结构, 也即$\mathrm{d}p_i^n\wedge\mathrm{d}\bar{q}_i^n=\mathrm{d}p_i^{n-1}\wedge\mathrm{d}\bar{q}_i^{n-1}$. ▲

如果引进变换$p^n=\dfrac{M}{2h}(q^{n+1}-q^{n-1})$, 则三类格式(5.1.21), (5.1.22) 和(5.1.23)分别等价于如下格式:

$$\begin{aligned}p^{n+\frac12}&=p^{n-\frac12}-h\Big((1-\alpha)\frac{\partial V}{\partial q}(\alpha q^{n+1}+(1-\alpha)q^n)\Big)\\ &\quad+\alpha\frac{\partial V}{\partial q}\Big(\alpha q^n+(1-\alpha)\big(q^{n+1}-h(p^{n+\frac12}+p^{n-\frac12})\big)\Big),\\ q^{n+1}&=q^n+hM^{-1}p^{n+\frac12},\end{aligned}\tag{5.1.32}$$

$$\begin{aligned}p^{n+\frac12}&=p^{n-\frac12}-h\frac{\partial V}{\partial q}\big(2\alpha q^{n+1}+(1-2\alpha)q^n-\alpha h(p^{n+\frac12}+p^{n-\frac12})\big),\\ q^{n+1}&=q^n+hM^{-1}p^{n+\frac12}\end{aligned}\tag{5.1.33}$$

和

$$\begin{aligned}&p^{n+\frac12}=p^{n-\frac12}-h\frac{\partial V}{\partial q}(\bar{q}^n),\\ &\frac{1}{h^2}\Big(\bar{q}^{n+1}-\bar{q}^n-\frac{h}{2}M^{-1}(p^{n+\frac12}+p^{n-\frac12})\Big)\\ =&-M^{-1}\frac12\Big((1-2\alpha)\frac{\partial V}{\partial q}(\bar{q}^n)+2\alpha\frac{\partial V}{\partial q}(\bar{q}^{n+1})\Big).\end{aligned}\tag{5.1.34}$$

命题 5.1.4 显然, 被格式(5.1.32) 和(5.1.33) 决定的离散的Hamilton 流

$$G: (p^{n-\frac{1}{2}}, q^n) \longrightarrow (p^{n+\frac{1}{2}}, q^{n+1})$$

保典则的辛形式, 也即

$$\mathrm{d}p_i^{n+\frac{1}{2}} \wedge \mathrm{d}q_i^{n+1} = \mathrm{d}p_i^{n-\frac{1}{2}} \wedge \mathrm{d}q_i^n,$$

而被格式(5.1.34) 决定的离散的Hamilton 流$G: (p^{n-\frac{1}{2}}, \bar{q}^n) \to (p^{n\frac{1}{2}}, \bar{q}^{n+1})$ 保K-辛形式. K是一个反对称的矩阵:

$$K = \begin{bmatrix} 0 & I + h^2 M^{-1}\alpha \dfrac{\partial^2 V}{\partial q^2}(\bar{q}^n) \\ -I - h^2 M^{-1}\alpha \dfrac{\partial^2 v}{\partial q^2}(\bar{q}^n) & 0 \end{bmatrix},$$

也即

$$\begin{aligned} &\left(1 + h^2 M^{-1}\alpha \frac{\partial^2 v}{\partial q^2}(\bar{q}^{n+1})\right)_{ij} \mathrm{d}p_i^{n+\frac{1}{2}} \wedge \mathrm{d}\bar{q}_j^{n+1} \\ = &\left(1 + h^2 M^{-1}\alpha \frac{\partial^2 V}{\partial q^2}(\bar{q}^n)\right)_{ij} \mathrm{d}p_j^{n-\frac{1}{2}} \wedge \mathrm{d}\bar{q}_j^n. \end{aligned}$$

如果引进映射$\psi = f^{-1} \circ \varphi \circ f$, 这里

$$f: (p^{n-\frac{1}{2}}, q^n) \longrightarrow (p^{n-\frac{1}{2}}, \bar{q}^n),$$

则离散的流$\psi: (p^{n-\frac{1}{2}}, q^n) \to (p^{n+\frac{1}{2}}, q^{n+1})$保典则的辛形式, 也即

$$\mathrm{d}p_i^{n+\frac{1}{2}} \wedge \mathrm{d}q_i^{n+1} = \mathrm{d}p_i^{n-\frac{1}{2}} \wedge \mathrm{d}q_i^n.$$

§5.1.5 高阶方程的变分积分子

在这一节推广离散的Veselov 型变分原理到高阶微分方程.

定理 5.1.5 (k**阶典则场理论的变分原理**) 令L是一个定义在k阶切空间$T^kQ = T\cdots(TQ)$ 的Lagrange, 如果曲线$q(t): [a,b] \to Q$ 满足$\delta q_i, \cdots, \delta q_i^{(k-1)}$ 在端点a, b 为零, 则它是高阶Euler-Lagrange 方程

$$\frac{\partial L}{\partial q_i} + \sum_{s=1}^{k} (-1)^s \frac{\mathrm{d}^s}{\mathrm{d}t^s} \frac{\partial L}{\partial q_i^{(s)}} = 0 \tag{5.1.35}$$

的解的充分必要条件是它是作用泛函S 的极值点, 即使得

$$\delta S = \delta \int_a^b L\,\mathrm{d}t = \delta \int_a^b L(q_i(t), \cdots, q_i^{(k)}(t))\,\mathrm{d}t = 0,$$

其中q_i, $(q_i, \cdots, q_i^{(k)})$分别表示Q 和T^kQ 上的坐标.

证明:使用分部积分, 则这个变分方程变为

$$\begin{aligned}\delta S(q(t)) &= \int_a^b \Big(\frac{\partial L}{\partial q_i}\delta q_i + \frac{\partial L}{\partial \dot q_i}\delta \dot q_i + \cdots + \frac{\partial L}{\partial q_i^{(k)}}\delta q_i^{(k)}\Big)\,\mathrm{d}t \\ &= \int_a^b \Big(\frac{\partial L}{\partial q_i} + \sum_{s=1}^{k}(-1)^s \frac{\mathrm{d}^s}{\mathrm{d}t^s}\frac{\partial L}{\partial q_i^{(s)}}\Big)\delta q_i\,\mathrm{d}t \\ &\quad + \sum_{s=0}^{k-1}\Big(\sum_{r=s}^{k-1}(-1)^{r-s}\frac{\mathrm{d}^{r-s}}{\mathrm{d}t^{r-s}}\frac{\partial L}{\partial q_i^{(r+1)}}\Big)\,\delta q_i^{(s)}\Big|_a^b.\end{aligned}$$

注意使用$\delta q_i, \cdots, \delta q_i^{(k-1)}$在端点$a, b$ 为零的边界条件, 并根据δq_i 的任意性, 可得到k 阶Euler-Lagrange 方程

$$\frac{\partial L}{\partial q_i} + \sum_{s=1}^{k}(-1)^s \frac{\mathrm{d}^s}{\mathrm{d}t^s}\frac{\partial L}{\partial q_i^{(s)}} = 0.$$

根据§5.1的变分原理理论, 可考虑边界部分

$$\theta_L = \sum_{s=0}^{k-1}\Big[\sum_{r=s}^{k-1}(-1)^{r-s}\frac{\mathrm{d}^{r-s}}{\mathrm{d}t^{r-s}}\frac{\partial L}{\partial q_i^{(r+1)}}\Big]\,\mathrm{d}q_i^{(s)}. \tag{5.1.36}$$

▲

它作为一个定义在$T^{2k-1}Q$ 上的Lagrange 1-形式, 有下列定理.

定理 5.1.6 k 阶Euler-Lagrange 方程(5.1.35) 的解流定义了一个辛映射.

证明:记X_E为切空间T^kQ的向量场, F_t表示X_E的流, C_L表示满足k 阶Euler-Lagrange方程(5.1.35)的所有解组成的空间, 这个空间包括所有初始值$v_q \in T^kQ$ 的所有解曲线$s \mapsto F_s(v_q)$, $s \in [0, t]$. 限制作用S 到C_L, 则可定义一个映射$S_t: T^kQ \to \mathbf{R}$, 即

$$S_t(v_q) = \int_0^t L\big(q(s), \dot q(s), \cdots, q^{(k)}(s)\big)\,\mathrm{d}s,$$

其中$F_s\big(v_q\big) = \big(q(s), \dot q(s), \cdots, q^{(k)}(s)\big)$. 因此该变分问题变为:

$$\mathrm{d}S_t(v_q)\omega_{v_q} = \theta_L(F_t(v_q))\frac{\mathrm{d}}{\mathrm{d}\varepsilon}\Big|_{\varepsilon=0}F_t(v_q^{\varepsilon}) - \theta_L(v_q)\omega_{v_q},$$

其中$\varepsilon \mapsto v_q^{\varepsilon}$是在$T^kQ$上的任意曲线, 并且$v_q^0 = v_q$, $\frac{\mathrm{d}}{\mathrm{d}\varepsilon}\Big|_{\varepsilon=0} v_q^{\varepsilon} = \omega_{v_q}$, 于是有:

$$\mathrm{d}S_t = F_t^*\theta_L - \theta_L.$$

在上面等式两边作外微分, 得到

$$0 = \mathrm{dd}S_t = F_t^* \,\mathrm{d}\theta_L - \mathrm{d}\theta_L,$$

即$F_t^*\omega_L = \omega_L$, 其中

$$\begin{aligned}\omega_L &= -\mathrm{d}\left(\sum_{s=0}^{k-1}\left(\sum_{r-s}^{k-1}(-1)^{r-s}\frac{\mathrm{d}^{r-s}}{\mathrm{d}t^{r-s}}\frac{\partial L}{\partial q_i^{(r+1)}}\right)\right)\wedge \mathrm{d}q_i^{(s)}\\ &= -\sum_{l=0}^{k}\sum_{s=0}^{k-1}\sum_{r-s}^{k-1}(-1)^{r-s}\frac{\mathrm{d}^{r-s}}{\mathrm{d}t^{r-s}}\frac{\partial^2 L}{\partial q_j^{(l)}\,\partial q_i^{(r+1)}}\,\mathrm{d}q_j^{(l)}\wedge \mathrm{d}q_i^{(s)}.\end{aligned}$$

▲

对高阶Euler-Lagrange 方程(5.1.35), 可通过Legendre 变换:

$$\begin{aligned}&q_i^{s+1} = q_i^{(s)},\\ &p_i^{s+1} = \sum_{r-s}^{k-1}(-1)^{r-s}\frac{\mathrm{d}^{r-s}}{\mathrm{d}t^{r-s}}\frac{\partial L}{\partial q_i^{(r+1)}},\quad (s=0,\cdots,k-1,\ i=1,\cdots,n)\end{aligned}$$

描述它的Hamilton 形式:

$$\dot{p}_i^{s+1} = -\frac{\partial H}{\partial q_i^{s+1}},\quad \dot{q}_i^{s+1} = \frac{\partial H}{\partial p_i^{s+1}}, \tag{5.1.37}$$

其中Hamilton 函数是

$$H(p,q) = -L + \sum_{i=1}^{n}\sum_{s=0}^{k-1} p_i^{s+1}\dot{q}_i^{s+1},$$

易知被(5.1.37)式定义的Hamilton 流保下面的典则的辛结构:

$$\omega_J = \sum_{i=1}^{n}\sum_{s=0}^{k-1}\mathrm{d}p_i^{s+1}\wedge \mathrm{d}q_i^{s+1}.$$

基于上面的变分原理理论来为高阶微分方程构造辛算法. 取

$$\underbrace{Q\times Q\times\cdots Q}_{k+1}$$

作为高阶切空间的离散形式, 在这个离散的切空间上定义离散的Lagrange 为

$$L:\ \underbrace{Q\times Q\times\cdots Q}_{k+1} = \{q_k,\cdots,q_0\} \longrightarrow \mathbf{R},$$

和相应的离散作用为

$$S=\sum_{m=0}^{n-k}L(q_{k+m},\cdots,q_m).$$

离散的变分原理就是求离散的作用函数 S 的极值的问题, 即

$$\begin{aligned}
&\mathrm{d}S(q_0,\cdots,q_n)(\delta q_0,\cdots,\delta q_n)\\
=&\sum_{m=0}^{n-k}\big(D_1L(q_{m+k},\cdots,q_m)\delta q_{m+k}+D_2L(q_{m+k},\cdots,q_m)\,\delta q_{m+k-1}\\
&+\cdots+D_{k+1}L(q_{m+k},\cdots,q_m)\,\delta q_m\big)\\
=&\sum_{m=k}^{n}D_1L(q_m,\cdots,q_{m-k})\delta q_m+\sum_{m=k-1}^{n-1}D_2L(q_{m+1},\cdots,q_{m-k+1})\,\delta q_m\\
&+\cdots+\sum_{m=0}^{n-k}D_{k+1}L(q_{m+k},\cdots,q_m)\,\delta q_m\\
=&\sum_{m=k}^{n-k}(D_1L(q_m,\cdots,q_{m-k})+D_2L(q_{m+1},\cdots,q_{m-k+1})\\
&+\cdots+D_{k+1}L(q_{m+k},\cdots,q_m))\,\delta q_m+D_1L(q_n,\cdots,q_{n-k})\,\delta q_n\\
&+\cdots+D_1L(q_{n-k+1},\cdots,q_{n-2k+1})\,\delta q_{n-k+1}+D_2L(q_n,\cdots,q_{n-k})\,\delta q_{n-1}\\
&+\cdots+D_2L(q_{n-k+2},\cdots,q_{n-2k+2})\,\delta q_{n-k+1}+D_2L(q_k,\cdots,q_0)\,\delta q_{k-1}\\
&+\cdots+D_{k+1}L(q_{2k-1},\cdots,q_{k-1})\,\delta q_{k-1}+\cdots+D_{k+1}L(q_k,\cdots,q_0)\,\delta q_0.
\end{aligned}\tag{5.1.38}$$

当 $\delta q_0,\cdots,\delta q_{k-1},\delta q_{n-k+1},\cdots,\delta q_n$ 为零时, 有如下的离散的Euler-Lagrange 方程:

$$\begin{aligned}
&D_1L(q_k,q_{k-1},\cdots,q_0)+D_2L(q_{k+1},q_k,\cdots,q_1)\\
&+\cdots+D_{k+1}L(q_{2k},q_{k+1},\cdots,q_k)=0.
\end{aligned}$$

它定义了一个离散的流, 即

$$F:\underbrace{Q\times Q\times\cdots Q}_{k+1}\quad\longrightarrow\quad\underbrace{Q\times Q\times\cdots Q}_{k+1}$$

$$F(q_0,\cdots,q_k)=(q_1,\cdots,q_{k+1}).$$

为了验证这离散的流是辛流, 从变分原理的边界项定义两个1-形式

$$\begin{aligned}\theta_L^1 &= D_{k+1}L(q_{2k-1},\cdots,q_{k-1})\,\mathrm{d}q_{k-1}+D_kL(q_{2k-2},\cdots,q_{k-2})\,\mathrm{d}q_{k-1}\\&\quad+\cdots+D_2L(q_k,\cdots,q_0)\,\mathrm{d}q_{k-1}+D_{k+1}L(q_{2k-2},\cdots,q_{k-2})\,\mathrm{d}q_{k-2}\\&\quad+D_kL(q_{2k-3},\cdots,q_{k-3})\,\mathrm{d}q_{k-2}+\cdots+D_3L(q_k,\cdots,q_0)\,\mathrm{d}q_{k-2}\\&\quad+\cdots+D_{k+1}L(q_{k+1},\cdots,q_1)\,\mathrm{d}q_1,+D_kL(q_k,\cdots,q_0)\,\mathrm{d}q_1\\&\quad+D_{k+1}L(q_k,\cdots,q_0)\,\mathrm{d}q_0\end{aligned}$$

和

$$\begin{aligned}\theta_L^2 &= D_kL(q_{2k-1},\cdots,q_{k-1})\,\mathrm{d}q_k+D_{k-1}L(q_{2k-1},\cdots,q_{k-1})\,\mathrm{d}q_{k+1}\\&\quad+D_{k-1}L(q_{2k-2},\cdots,q_{k-2})\,\mathrm{d}\,q_k+\cdots+D_2L(q_{2k-1},\cdots,q_{k-1})\,\mathrm{d}q_{2k-2}\\&\quad+\cdots+D_2L(q_{k+1},\cdots,q_1)\,\mathrm{d}q_k+D_1L(q_{2k-1},\cdots,q_{k-1})\,\mathrm{d}q_{2k-1}\\&\quad+\cdots+D_1L(q_k,\cdots,q_0)\,\mathrm{d}q_k.\end{aligned}$$

限制离散作用在离散变分问题的解所在的空间, 则方程(5.1.38) 变为

$$\mathrm{d}S=\theta_L^1+F^*\,\mathrm{d}\theta_L^2.$$

对上式作外微分, 得到

$$0=\mathrm{dd}S=\mathrm{d}\theta_L^1+F^*\,\mathrm{d}\theta_L^2.$$

注意到这个事实:

$$\begin{aligned}\theta_L^1+\theta_L^2 &= \mathrm{d}\big(L(q_k,q_{k-1},\cdots,q_0)+L(q_{k+1},q_k,\cdots,q_1)\\&\quad+L(q_{2k-1},q_{2k-2},\cdots,q_{k-1})\big)\end{aligned}$$

和

$$\mathrm{d}\theta_L^1+\mathrm{d}\theta_L^2=0,$$

令$-\mathrm{d}\theta_L^2=\omega_L$, 得到

$$F^*\omega_L=\omega_L,$$

进而可定义离散的Legendre 变换:

$$\begin{aligned}p_{2k-1} &= D_1L(q_{2k-1},q_{2k-2},\cdots,q_{k-1}),\\ &\cdots.\\ p_{k+1} &= D_1L(q_{k+1},q_k,\cdots,q_1)+D_2L(q_{2k+2},q_{k+1},\cdots,q_0)+\cdots\\ &\quad +D_{k-1}L(q_{2k-1},q_{2k-2},\cdots,q_{k-1}),\\ p_k &= D_1L(q_k,q_{k-1},\cdots,q_0)+D_2L(q_{k+1},q_k,\cdots,q_1)+\cdots\\ &\quad +D_kL(q_{2k-1},q_{2k-2},\cdots,q_{k-1}).\end{aligned}$$

可知相应的离散的Hamilton 流

$$G:\ (q_{2k-2},\cdots,q_{k-1},p_{2k-2},\cdots,p_{k-1})\longrightarrow(q_{2k-1},\cdots,q_k,p_{2k-1},\cdots,p_k)$$

保典则辛形式

$$\omega_J=-\sum_{r=0}^{k-1}\mathrm{d}p_{k+r}\wedge\mathrm{d}q_{k+r}.$$

考虑一个简单的例子,

$$Mq^{(4)}-N\ddot{q}+\frac{\partial V(q)}{\partial q}=0 \tag{5.1.39}$$

是一个4阶微分方程, 其中M和N是两个正定对称矩阵, 可描述(5.1.39)式的Lagrange形式为:

$$\frac{\partial L}{\partial q}=\frac{\mathrm{d}}{\mathrm{d}t}\frac{\partial L}{\partial\dot{q}}-\frac{\mathrm{d}^2}{\mathrm{d}t^2}\frac{\partial L}{\partial\ddot{q}},$$

Hamilton 形式为:

$$\dot{p}^i=-\frac{\partial H}{\partial q^i},\quad \dot{q}^i=\frac{\partial H}{\partial p^i},$$

其中$i=1,2,\ q_1=q,\ q_2=\dot{q},\ p_1=N\dot{q}-M\dddot{q},\ p_2=M\ddot{q}$. Lagrange 函数

$$L(q,\dot{q},\ddot{q})=\frac{1}{2}\ddot{q}^{\mathrm{T}}M\ddot{q}+\frac{1}{2}\dot{q}^{\mathrm{T}}N\dot{q}+V(q),$$

Hamilton 函数$H=-L+p_1\dot{q}_1+p_2\dot{q}_2$.

使用下列定义作为离散的Lagrange:

$$L(q_{k+2},q_{k+1},q_k)=L\Big(\alpha_1q_{k+2}+\alpha_2q_{k+1}+\alpha_3q_k,\frac{q_{k+1}-q_k}{h},\frac{q_{k+2}-2q_{k+1}+q_k}{h^2}\Big),$$

其中$\alpha_1+\alpha_2+\alpha_3=1$, DEL方程为

$$\begin{aligned}
&M\frac{q_{k+2}-2q_{k+1}+q_k}{h^4}-N\frac{q_{k+1}-q_k}{h^2}+\alpha_3\frac{\partial V}{\partial q}(\alpha_1 q_{k+2}+\alpha_2 q_{k+1}+\alpha_3 q_k)\\
&-2M\frac{q_{k+1}-2q_k+q_{k-1}}{h^4}+N\frac{q_k-q_{k-1}}{h^2}+\alpha_2\frac{\partial V}{\partial q}(\alpha_1 q_{k+1}+\alpha_2 q_k+\alpha_3 q_{k-1})\\
&+M\frac{q_k-2q_{k-1}+q_{k-2}}{h^4}+\alpha_1\frac{\partial V}{\partial q}(\alpha_1 q_k+\alpha_2 q_{k-1}+\alpha_3 q_{k-2})=0,
\end{aligned}\tag{5.1.40}$$

即

$$\begin{aligned}
&M\frac{q_{k+2}-4q_{k+1}+6q_k-4q_{k-1}+q_{k-2}}{h^4}-N\frac{q_{k+1}-2q_k+q_{k-1}}{h^2}\\
&+\alpha_3\frac{\partial V}{\partial q}(\alpha_1 q_{k+2}+\alpha_2 q_{k+1}+\alpha_3 q_k)+\alpha_2\frac{\partial V}{\partial q}(\alpha_1 q_{k+1}+\alpha_2 q_k+\alpha_3 q_{k-1})\\
&+\alpha_1\frac{\partial V}{\partial q}(\alpha_1 q_k+\alpha_2 q_{k-1}+\alpha_3 q_{k-2})=0.
\end{aligned}$$

被DEL方程(5.1.40)决定的离散的Lagrange 流是

$$F:(q_k,q_{k-1},q_{k-2})\longrightarrow(q_{k+1},q_k,q_{k-1}),$$

它保Lagrange 辛结构

$$\begin{aligned}
\omega_L\ =\ &-\mathrm{d}\big(D_1L(q_k,q_{k-1},q_{k-2})+D_2L(q_{k+1},q_k,q_{k-1})\big)\wedge\mathrm{d}q_k\\
&-\mathrm{d}\big(D_1L(q_{k+1},q_k,q_{k-1})\big)\wedge\mathrm{d}q_{k-1}.
\end{aligned}$$

可定义离散的Legendre 变换:

$$p_{k+1}=D_1L(q_{k+1},q_k,q_{k-1}),$$

$$p_k=D_1L(q_k,q_{k-1},q_{k-2})+D_2L(q_{k+1},q_k,q_{k-1}),$$

则相应的离散的Hamilton 流$G:\ (q_{k-1},q_k,p_{k-1},p_k)\rightarrow(q_k,q_{k+1},p_k,p_{k+1})$保Hamilton辛结构

$$\omega_J=-\sum_{r=0}^{1}(\mathrm{d}p_{k+r}\wedge\mathrm{d}q_{k+r}).$$

§5.1.6 数值结果

在这一节计算常微分问题, 考虑具有双位势的1维方程

$$\ddot{q}=-2q^3+q,$$

可用下面的形式描述:

$$\dot{p} = -V'(q), \quad \dot{q} = p. \tag{5.1.41}$$

使用第一类生成函数法离散, 得到格式

$$\left\{\begin{aligned} p_{k+1} &= h^{-1}(q_{k+1} - q_k) - h\sum_{n=1}^{\infty} \lim \frac{n(q_{k+1}-q_k)^{n-1}}{(n+1)!}\frac{\partial^n V(q_k)}{\partial q^n}, \\ -p_k &= h^{-1}(q_k - q_{k+1}) + h\sum_{n=1}^{\infty} \lim \frac{n(q_{k+1}-q_k)^{n-1}}{(n+1)!}\frac{\partial^n V(q_k)}{\partial q^n} \\ &\quad -h\sum_{n=0}^{\infty} \lim \frac{(q_{k+1}-q_k)^{n}}{(n+1)!}\frac{\partial^{n+1} V(q_k)}{\partial q^{n+1}}, \end{aligned}\right. \tag{5.1.42}$$

其中$V(q) = \frac{1}{2}(q^4 - q^2)$. 从(5.1.42)消去中间变量$p_{k+1}, p_k$ 得到

$$\begin{aligned} \frac{q_{k+1} - 2q_k + q_{k-1}}{h^2} = & \frac{q_k^4 - q_k^2}{2(q_{k+1} - q_k)} - \frac{3(q_{k+1}^5 - q_k^5) - 5(q_{k+1}^3 - q_k^3)}{30(q_{k+1} - q_k)^2} \\ & - \frac{q_k^4 - q_k^2}{2(q_k - q_{k-1})} + \frac{3(q_k^5 - q_{k-1}^5) - 5(q_k^3 - q_{k-1}^3)}{30(q_k - q_{k-1})^2}. \end{aligned} \tag{5.1.43}$$

使用格式(5.1.43), 在下列给定的初值条件下计算(5.1.41):

$$q_0 = q_1 = 0.74, \tag{5.1.44}$$

$$q_0 = q_1 = 0.995, \tag{5.1.45}$$

$$q_0 = q_1 = 1.0. \tag{5.1.46}$$

图5.1.1左图使用了初始条件(5.1.44), 显示了一个周期轨迹的轨迹图, 它是在稳定的平衡位置$q = \frac{1}{\sqrt{2}}$附近振动; 图5.1.1右图使用了初始条件(5.1.45), 显示了一个高频的周期轨迹,它位于q的正半平面的同宿轨道内部.

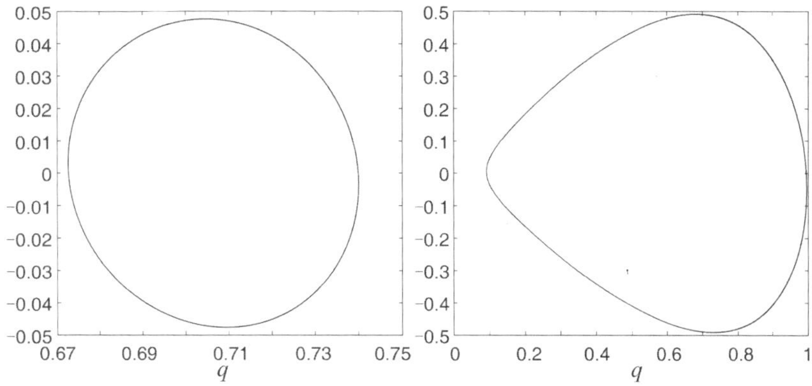

图 5.1.1　使用初始条件(5.1.44)和(5.1.45)的轨迹图[左图使用初始条件(5.1.44), 右图使用初始条件(5.1.45)]

图5.1.2 显示了一个位于同宿轨道外面的周期轨迹. 使用初值条件(5.1.46) 在最初800步时间段的初始能量误差和计算了100000时间步后的某800步时间段的能量误差, 说明图5.1.2是能量误差图，不是轨迹图.

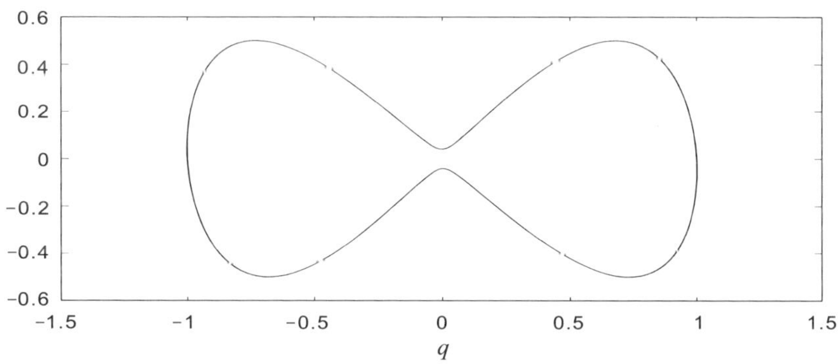

图 5.1.2　使用初始条件(5.1.46) 经过100000时间步计算后的能量误差图

在图5.1.3 – 图5.1.5 中显示了一个位于同宿轨道外面的周期轨迹. 使用3 种初值条件, 在最初800步时间段的初始能量误差和计算了100000时间步后的某800步时间段的能量误差.

计算的离散的能量被定义为

$$E=\frac{1}{2}\Big(\frac{q_{k+1}-q_k}{h}\Big)^2+\frac{3q_{k+1}^5-5q_{k+1}^3-3q_k^5+5q_k^3}{30(q_{k+1}-q_k)}.$$

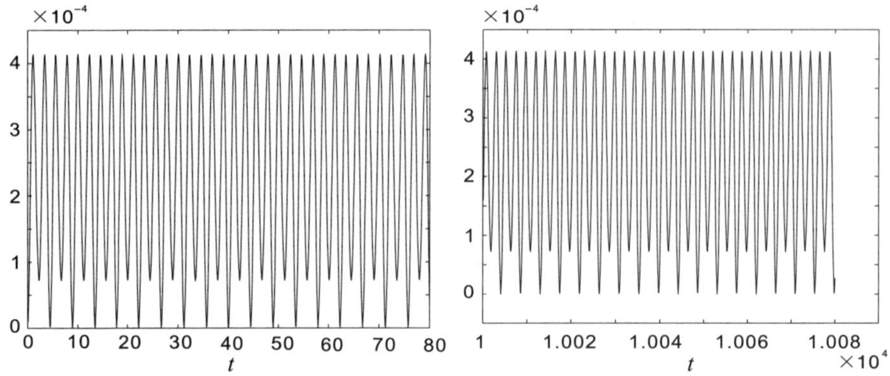

图 5.1.3 使用初始条件(5.1.44)的能量误差(左图: 初始能量误差; 右图: 在经过100000时间步计算后的能量误差)

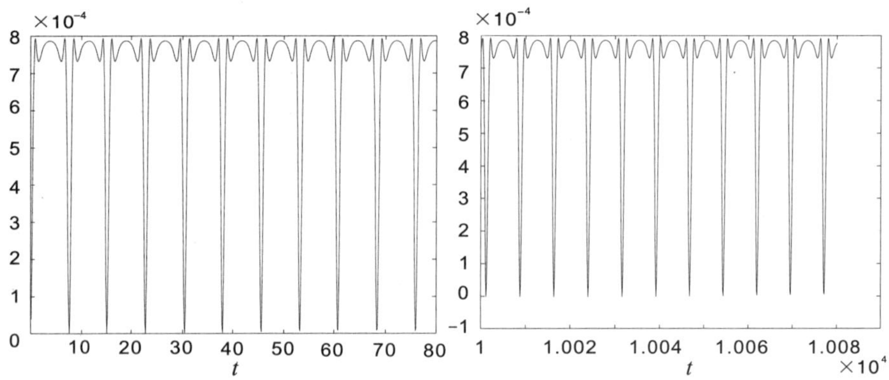

图 5.1.4 使用初始条件(5.1.45)的能量误差(左图: 初始能量误差; 右图: 在经过100000时间步计算后的能量误差)

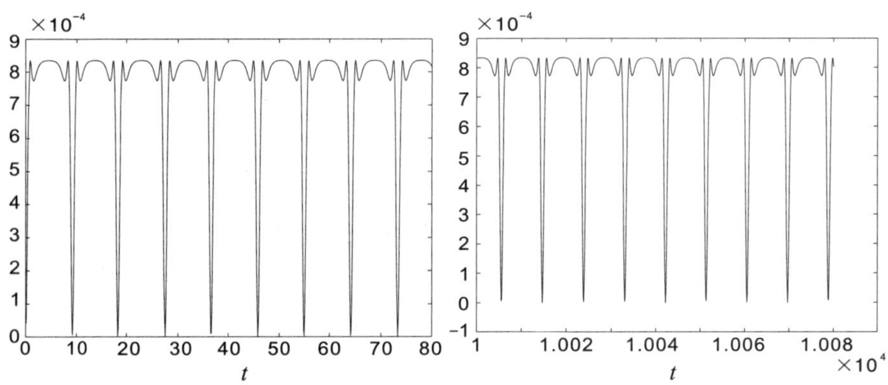

图 5.1.5 使用初始条件(5.1.46)的能量误差(左图: 初始能量误差; 右图: 在经过100000时间步计算后的能量误差)

§5.1.7 全变分

李政道在1982年[Lee82]和1987年[Lee87]考察下列拉氏密度时:

$$L(q,\dot{q})=\frac{1}{2}\dot{q}(t)^2-V(q(t)),$$

提出把t也作为变量变分的方法, 这样不仅可得到边界项的辛结构, 而且同时得到Euler-Lagrange 方程及能量方程.

考察作用泛函:

$$S=\int L(t,q(t),\dot{q}(t))\,\mathrm{d}t \quad 或 \quad S(q(t))=\int(L(t,q(t),\dot{q}(t))\,\mathrm{d}t.$$

无穷小变换:

$$\begin{aligned}\widetilde{t}(t,q)&=t+\varepsilon V^t(t,q)+o(\varepsilon^2),\\ \widetilde{q}(t,q)&=q+\varepsilon V^q(t,q)+o(\varepsilon^2),\end{aligned}$$

$$\begin{aligned}\delta S(q(t))&=\frac{\mathrm{d}}{\mathrm{d}\varepsilon}\Big|_{\varepsilon=0}S\big(\widetilde{q}(\widetilde{t})\big)=\frac{\mathrm{d}}{\mathrm{d}\varepsilon}\Big|_{\varepsilon-0}\int_{\widetilde{a}}^{\widetilde{b}}L\big(\widetilde{t},\widetilde{q}(\widetilde{t}),\dot{\widetilde{q}}(\widetilde{t})\big)\,\mathrm{d}\widetilde{t}\\ &=\frac{\mathrm{d}}{\mathrm{d}\varepsilon}\Big|_{\varepsilon=0}\int_a^b L\Big(\widetilde{t},\widetilde{q}(\widetilde{t}),\dot{\widetilde{q}}(\widetilde{t})\frac{\partial\widetilde{t}}{\partial t}\Big)\,\mathrm{d}t\\ &=\int_a^b\frac{\mathrm{d}}{\mathrm{d}\varepsilon}\Big|_{\varepsilon=0}L(\widetilde{t},\widetilde{q}(\widetilde{t}),\dot{\widetilde{q}})+L(t,q,\dot{q})\frac{\mathrm{d}}{\mathrm{d}\varepsilon}\Big|_{\varepsilon=0}\frac{\partial\widetilde{t}}{\partial t}\,\mathrm{d}t\\ &=\int_a^b\Big(\frac{\partial L}{\partial t}+\frac{\mathrm{d}^{r-s}}{\mathrm{d}t^{r-s}}\Big(\frac{\partial L}{\partial\dot{q}}\dot{q}-L\Big)\Big)V^t+\Big(\frac{\partial L}{\partial q}-\frac{\mathrm{d}^{r-s}}{\mathrm{d}t^{r-s}}\frac{\partial L}{\partial\dot{q}}\Big)V^q\\ &\quad+\Big(\Big(L-\frac{\partial L}{\partial\dot{q}}\dot{q}\Big)V^t+\frac{\partial L}{\partial\dot{q}}V^q\Big)\Big|_a^b.\end{aligned}$$

水平变分:

$$V^t\Rightarrow\frac{\partial L}{\partial t}+\frac{\mathrm{d}^{r-s}}{\mathrm{d}t^{r-s}}\Big(\frac{\partial L}{\partial\dot{q}}\dot{q}-L\Big)=0,$$

当 $\dfrac{\partial L}{\partial t}=0,\quad \dfrac{\mathrm{d}^{r-s}}{\mathrm{d}t^{r-s}}\Big(\dfrac{\partial L}{\partial\dot{q}}\dot{q}-L\Big)=0$ 时, 守恒方程自动满足.

垂直变分:

$$V^q\Longrightarrow\frac{\partial L}{\partial q}-\frac{\mathrm{d}^{r-s}}{\mathrm{d}t^{r-s}}\frac{\partial L}{\partial\dot{q}}=0,\quad 得Euler\text{-}Lagrange 方程.$$

边界项:

$$\text{边界项} \Longrightarrow \text{Cartan }(n+1)\text{-形式:} \qquad \theta_L = \left(L - \frac{\partial L}{\partial \dot{q}}\,\mathrm{d}\dot{q}\right)\mathrm{d}t + \frac{\partial L}{\partial \dot{q}}\,\mathrm{d}q.$$

相应的离散变分及格式为:

$$\begin{aligned} &S(q) = \sum \frac{1}{2}\frac{(q_n - q_{n-1})^2}{t_n - t_{n-1}} - (t_n - t_{n-1})V(q_n), \\ &\frac{\partial S}{\partial q_n} = 0, \quad \text{得到差分方程;} \\ &\frac{\partial S}{\partial t_n} = 0, \quad \text{得到能量方程.} \end{aligned}$$

可以证明这样得到的格式是变步长的, 并保持$(2n+2)$空间辛结构格式且能量守恒. 详细过程可参考相关文献[CGW01],[CGW03b].

1. **回顾Lagrange 力学的变分原理**

假定Q 为构形空间, 其坐标为q^i, TQ 为切丛, 其坐标为$(q^i, \dot{q}^i)$ $(i = 1, 2, \cdots, n)$. 下面将考虑扩充的构形空间$\mathbf{R} \times Q$, 其坐标为(t, q^i) 以及扩充的切丛$\mathbf{R} \times TQ$, 其坐标为$(t, q^i, \dot{q}^i)$, 这里t 表示时间[Arn89].

考虑 Lagrange 函数$L : \mathbf{R} \times TQ \to \mathbf{R}$, 相应的作用泛函定义为

$$S(q^i(t)) = \int_a^b L\big(t, q^i(t), \dot{q}^i(t)\big)\,\mathrm{d}t. \tag{5.1.47}$$

考虑$\mathbf{R} \times Q$上具有如下形式的向量场:

$$V = \xi(t, q)\frac{\partial}{\partial t} + \sum_{i=1}^{n} \phi^i(t, q)\frac{\partial}{\partial q^i}, \tag{5.1.48}$$

这里$q = (q^1, q^2, \cdots, q^n)$.

令F^t为V的流, 流F^ε把一条曲线$q^i(t)$变为一族曲线$\bar{q}^i(\varepsilon, \bar{t})$, 它们由下式确定

$$\bar{t} = f\big(\varepsilon, t, q(t)\big), \quad \bar{q}^i = q^i\big(\varepsilon, t, q(t)\big),$$

这里,

$$\begin{aligned} \frac{\mathrm{d}}{\mathrm{d}\varepsilon}\Big|_{\varepsilon=0} f(\varepsilon, t, q) = \xi(t, q), \\ \frac{\mathrm{d}}{\mathrm{d}\varepsilon}\Big|_{\varepsilon=0} g^i(\varepsilon, t, q) = \phi^i(t, q). \end{aligned} \tag{5.1.49}$$

下面计算S 的变分:

$$\begin{aligned}
\delta S &= \frac{\mathrm{d}}{\mathrm{d}\varepsilon}\Big|_{\varepsilon=0} S(\bar{q}^i(\varepsilon,\bar{t}))\\
&= \frac{\mathrm{d}}{\mathrm{d}\varepsilon}\Big|_{\varepsilon=0} \int_{\bar{a}}^{\bar{b}} L\Big(\bar{t},\bar{q}^i(\varepsilon,\bar{t}),\frac{\mathrm{d}}{\mathrm{d}\bar{t}}\bar{q}^i(\varepsilon,\bar{t})\Big)\,\mathrm{d}\bar{t}\\
&= \int_a^b \Big[\Big(\frac{\partial L}{\partial t}+\frac{\mathrm{d}}{\mathrm{d}t}\Big(\frac{\partial L}{\partial q^i}\dot{q}^i-L\Big)\Big)\xi+\Big(\frac{\partial L}{\partial q^i}-\frac{\mathrm{d}}{\mathrm{d}t}\frac{\partial L}{\partial \dot{q}^i}\Big)\phi^i\Big]\,\mathrm{d}t\\
&\quad +\Big[\Big(L-\frac{\partial L}{\partial \dot{q}^i}\dot{q}^i\Big)\xi+\frac{\partial L}{\partial \dot{q}^i}\phi^i\Big]\Big|_a^b. \qquad (5.1.50)
\end{aligned}$$

如果$\xi\big(a,q(a)\big) = \xi\big(b,q(b)\big) = 0$以及$\phi^i\big(a,q(a)\big) = \phi^i\big(b,q(b)\big) = 0$, 那么, 要求$\delta S = 0$,可以从变分$\phi^i$得到Euler-Lagrange方程

$$\frac{\partial L}{\partial q^i}-\frac{\mathrm{d}}{\mathrm{d}t}\frac{\partial L}{\partial \dot{q}^i}=0. \qquad (5.1.51)$$

从变分ξ可以得到能量发展方程

$$\frac{\partial L}{\partial q^i}+\frac{\mathrm{d}}{\mathrm{d}t}\Big(\frac{\partial L}{\partial q^i}\dot{q}^i-L\Big)=0. \qquad (5.1.52)$$

如果L 不显式地依赖t (在这种情形, L称为自治的), 即$\dfrac{\partial L}{\partial t}=0$, 那么(5.1.52) 变为能量守恒律

$$\frac{\mathrm{d}}{\mathrm{d}t}\Big(\frac{\partial L}{\partial q^i}\dot{q}^i-L\Big)=0. \qquad (5.1.53)$$

如果去掉限制:

$$\xi(a,q(a))=\xi(b,q(b))=0,\quad \phi^i(a,q(a))=\phi^i(b,q(b))=0,$$

可从(5.1.50)的边界项定义扩充的Lagrange 1-形式:

$$\theta_L=\Big(L-\frac{\partial L}{\partial \dot{q}^i}\Big)\,\mathrm{d}t+\frac{\partial L}{\partial \dot{q}^i}q^i. \qquad (5.1.54)$$

扩充的Lagrange 2-形式定义为

$$\omega_L=\mathrm{d}\theta_L. \qquad (5.1.55)$$

假定$g^i(t,v_q)$为(5.1.51)的依赖于初始条件$v_q\in TQ$的解, 利用文献[MPS98]中的方法, 可以证明

$$(\mathrm{pr}^1 g^i)^*\omega_L=\omega_L. \qquad (5.1.56)$$

这里$\mathrm{pr}^1 g^i(t,v_q)=\Big(t,g^i(t,v_q),\dfrac{\mathrm{d}}{\mathrm{d}t}g^i(t,v_q)\Big)$表示$g^i(t,v_q)$的1 阶延拓[Olv86].

Lee[Lee82],[Lee87] 首次提出将时间视作一个动力学变量和空间变量一起离散化，并给出了新的变分原理：差分变分原理，这一离散变分思想被陈景波等扩展运用于Lagrange 与Hamilton系统[CGW03b],[CGW03a],[Che02]，得到了离散力学系统的Euler-Lagrange方程、正则方程与能量演化方程. 近年来, 郭汉英等[GW03]给出了离散力学一类新型变分形式—差分离散变分原理，并提出“Euler-Lagrange 上同调”的概念. 他们的学生还研究了非保守非完整系统、事件空间系统、Hamilton 系统、Birkhoff 系统、机电系统等几类约束力学系统的离散变分原理和第一积分.

近年来, 几何积分受到人们的广泛关注. 几何积分的基本思想是离散算法保持连续系统相应的几何结构[Fen85],[FQ10],[SSC94],[HLW02]. 在本章, 将证明李政道的方法实际为一种几何积分方法.

Veselov等人发展了另外一种离散力学[Ves88],[Ves91],[MV91]. 在这种离散力学中, 差分方程组仅由离散Euler-Lagrange方程(变分积分子)组成, 没有考虑离散能量守恒律. 利用变动端点变分方法, Marsden, Partrick 和Shkoller 证明了变分积分子保持一离散的Lagrange 2-形式[MPS98].

基于Marsden 等人[MPS98]的方法, 本书将发展一种离散的全变分运算. 利用这种全变分运算, 将证明李政道离散力学中差分方程组的解保持一个时空意义上的辛结构原理, 并给出了离散运动方程.

2. 离散的全变分运算

在这一节, 利用文献[Ves88],[Ves91],[MPS98],[WM97],[KMO99] 中的思想发展一种离散的全变分运算. 用$M \times M$表示$\mathbf{R} \times TQ$ 的离散形式. $M \times M$中的一点$(t_k, q_k, t_{k+1}, q_{k+1})$相应于一切向量$\dfrac{q_{k+1} - q_k}{t_{k+1} - t_k}$. 这里, 为了符号的简洁, 仅限于考虑1维构形空间Q. 离散的Lagrange函数定义为$\mathbb{L} : M \times M \to \mathbf{R}$, 而相应的离散泛函定义为

$$\mathcal{S}(t_0, q_0, \cdots, t_N, q_N) = \sum_{k=0}^{N-1} \mathbb{L}(t_k, q_k, t_{k+1}, q_{k+1})(t_{k+1} - t_k), \tag{5.1.57}$$

这里$t_0 = a, t_N = b$.离散的全变分指的是关于q_k和t_k的变分. 下面将证明离散的Euler-Lagrange 方程由关于 q_k 的变分得出, 而相应的离散的能量发展方程由关于 t_k 的变分得出.

令

$$\bar{q}_k = q_k + \varepsilon \delta\, q_k, \quad \bar{t}_k = t_k + \varepsilon \delta\, t_k,$$

这里$\delta\, q_k$ 和$\delta\, t_k$分别为关于q_k和t_k的变分.

计算(5.1.57)的变分如下:

$$\begin{aligned}
& \mathrm{d}\mathcal{S}(t_0, q_0, \cdots, t_N, q_N)\cdot(\delta\, t_0, \delta\, q_0, \cdots, \delta\, t_N, \delta\, q_N) \\
= & \left.\frac{\mathrm{d}}{\mathrm{d}\varepsilon}\right|_{\varepsilon=0}\mathcal{S}(\bar{t}_0, \bar{q}_0, \cdots, \bar{t}_N, \bar{q}_N) \\
= & \left.\frac{\mathrm{d}}{\mathrm{d}\varepsilon}\right|_{\varepsilon=0}\mathcal{S}(t_0+\varepsilon\delta\, t_0, q_0+\varepsilon\delta\, q_0, \cdots, t_N+\varepsilon\,\delta\, t_N, q_N+\varepsilon\,\delta\, q_N) \\
= & \sum_{k=1}^{N-1}[D_2\mathbb{L}(w_k)(t_{k+1}-y_k)+D_4\mathbb{L}(w_{k-1})(t_k-t_{k-1})]\,\delta\, q_k \\
& +\sum_{k=1}^{N-1}[D_1\mathbb{L}(w_k)(t_{k+1}-y_k)+D_3\mathbb{L}(w_{k-1})(t_k-t_{k-1}) \\
& +\mathbb{L}(w_{k-1})-\mathbb{L}(w_k)]\,\delta\, t_k \\
& +D_2\mathbb{L}(w_0)(t_1-t_0)\,\delta\, q_0+D_4\mathbb{L}(w_{N-1})(t_N-t_{N-1})\,\delta\, q_N \\
& +[D_1\mathbb{L}(w_0)(t_1-t_0)-\mathbb{L}(w_0)]\,\delta\, t_0 \\
& +[D_3\mathbb{L}(w_{N-1})(t_N-t_{N-1})-\mathbb{L}(w_{N-1})]\,\delta\, t_N,
\end{aligned} \tag{5.1.58}$$

这里D_i表示$\mathbb{L}$关于第i个自变量的偏导数, 而$w_k=(t_k, q_k, t_{k+1}, q_{k+1})$ $(k=0, 1, \cdots, N-1)$.

如果$\delta\, q_0=\delta\, q_N=0$以及$\delta\, t_0=\delta\, t_N=0$, 那么按照离散的变分原理, 由变分$\delta\, q_k$可得到离散的Euler-Lagrange方程

$$D_2\mathbb{L}(w_k)(t_{k+1}-t_k)+D_4\mathbb{L}(w_{k-1})(t_k-t_{k-1})=0. \tag{5.1.59}$$

由变分$\delta\, t_k$可得到离散的能量发展方程

$$D_1\mathbb{L}(w_k)(t_{k+1}-t_k)+D_3\mathbb{L}(w_{k-1})(t_k-t_{k-1})+\mathbb{L}(w_{k-1})-\mathbb{L}(w_k)=0. \tag{5.1.60}$$

如果去掉关于边界变分的限制, 可从(5.1.58)的边界项定义两个1-形式:

$$\theta_{\mathbb{L}}^-(w_k)=(D_1\mathbb{L}(w_k)(t_{k+1}-t_k)-\mathbb{L}(w_k))\,\mathrm{d}t_k+D_2\mathbb{L}(w_k)(t_{k+1}-t_k)\,\mathrm{d}q_k \tag{5.1.61}$$

和

$$\theta_{\mathbb{L}}^+(w_k)=(D_3\mathbb{L}(w_k)(t_{k+1}-t_k)+\mathbb{L}(w_k))\,\mathrm{d}t_{k+1}+D_4\mathbb{L}(w_k)(t_{k+1}-t_k)\,\mathrm{d}q_{k+1}, \tag{5.1.62}$$

这两个1-形式为扩充的Lagrange 1-形式, 与5.1.54的离散类似.

在连续情形, Euler-Lagrange方程(5.1.51)的解满足能量发展方程(5.1.52). 可是,在离散情形, 离散Euler-Lagrange方程(5.1.59)的解对于任意的t_{k+1}一般并不满足离散能量发展方程(5.1.60). 因此, 需要同时求解(5.1.59)和(5.1.60).

对于一个自治的Lagrange 函数, 方程组(5.1.59) – (5.1.60)就是李政道离散力学中的差分方程组. 因此, 称此差分方程组为Lee 积分子.

不用离散的时间t_k, 而用时间步长$h_k = t_{k+1} - t_k$, Kane, Marsden和Ortiz 得到了辛能量动量积分子, 称之为KMO积分子[KMO99]. KMO积分子等价于Lee积分子,但KMO积分子中的离散能量是定义的, 而Lee 积分子中的离散能量是由离散全变分得出的. KMO积分子通常用来求解初始值问题(IVPs), 而Lee 积分子起初是用来求解变值问题的(BVPs). 不过, 同Veselov离散力学中的积分子一样[Ves88],[Ves91],[MV91],Lee 积分子[Lee82],[Lee87]也是由离散的变分原理得到的. Lee积分子也可以用来求解初始值问题.

在BVPs 和IVPs 之间, 存在一定关系. 在一定情形下, 一个BVP 等价于一个IVP.在这种情形下, BVP 辛结构解释为等价的IVP 辛结构. 可是一个BVP并不总等价于一个IVP. 例如, IVPs 的解的存在惟一性由标准的Lipschitz 条件来保证, 但这对BVPs 来说一般并不成立.

从上面的分析可知, 在力学中, 辛结构本质上是和IVPs 相联系的, 某些BVPs的辛结构解释为等价的IVPs 辛结构. 前面已指出, Lee 积分子也可以用来求解初始值问题, 因此, 下面将集中考虑Lee 积分子用来解初始值问题的情形.

现在利用文献[MPS98]中的方法证明Lee 积分子的解保持一个时空意义上的辛结构. 用初始条件(t_0, q_0, t_1, q_1) 来参数化Lee 积分子的解. Lee 积分子的解确定了一个离散的流$\Phi : M \times M \to M \times M$.

$$\Phi(t_{k-1}, q_{k-1}, t_k, q_k) = (t_k, q_k, t_{k+1}, q_{k+1}), \tag{5.1.63}$$

这里t_{k+1}, q_{k+1}由Lee积分子得到, 其初始条件为$t_{k-1}, q_{k-1}, t_k, q_k$. 限制到Lee积分子的解空间, 这样, (5.1.58)就变为

$$\begin{aligned} & \mathrm{d}\mathcal{S}(t_0, q_0, \cdots, t_N, q_N) \cdot (\delta\, t_0, \delta\, q_0, \cdots, \delta\, t_N, \delta\, q_N) \\ = \; & \theta_{\mathbb{L}}^-(w_0) \cdot (\delta\, w_0) + \theta_{\mathbb{L}}^+(w_{N-1}) \cdot (\delta\, w_{N-1}) \\ = \; & \theta_{\mathbb{L}}^-(w_0) \cdot (\delta\, w_0) + (\phi^{N-1})^* \theta_{\mathbb{L}}^+(w_0) \cdot (\delta\, w_0), \end{aligned} \tag{5.1.64}$$

这里$w_k = (t_k, q_k, t_{k+1}, q_{k+1}), \delta w_k = (\delta t_k, \delta q_k, \delta t_{k+1}, \delta q_{k+1})$ $(k = 0, 1, \cdots, N-1)$.

从(5.1.64) 可得到

$$\mathrm{d}\mathcal{S} = \theta_{\mathbb{L}}^- + (\Phi^{N-1})^* \theta_{\mathbb{L}}^+. \tag{5.1.65}$$

(5.1.65)对于任意$N>1$都成立. 取$N=2$, 可得到

$$\mathrm{d}\mathcal{S}=\theta_{\mathbb{L}}^{-}+\Phi^{*}\theta_{\mathbb{L}}^{+}. \tag{5.1.66}$$

对(5.1.66)取外微分, 有

$$\Phi^{*}(\mathrm{d}\theta_{\mathbb{L}}^{+})=-\mathrm{d}\theta_{\mathbb{L}}^{-}, \tag{5.1.67}$$

从$\theta_{\mathbb{L}}^{-}$和$\theta_{\mathbb{L}}^{+}$的定义可知

$$\theta_{\mathbb{L}}^{+}+\theta_{\mathbb{L}}^{+}=\mathrm{d}\big((t_{k+1}-t_{k})\mathbb{L}\big),$$

这意味着

$$\mathrm{d}\theta_{\mathbb{L}}^{+}=-\mathrm{d}\theta_{\mathbb{L}}^{-}.$$

定义

$$\omega_{\mathbb{L}}=:\ \mathrm{d}\theta_{\mathbb{L}}^{+}=-\mathrm{d}\theta_{\mathbb{L}}^{-}, \tag{5.1.68}$$

从(5.1.67)和(5.1.68) 可看到离散流Φ保持离散的Lagrange 2-形式$\omega_{\mathbb{L}}$, 即

$$\Phi^{*}(\omega_{\mathbb{L}})=\omega_{\mathbb{L}}. \tag{5.1.69}$$

至此, 已证明了Lee 积分子(5.1.59) 和(5.1.60) 保持$\omega_{\mathbb{L}}$, 它是一个时空意义上的辛结构.

不用离散的时间t_k, 而用时间步长$h_k=t_{k+1}-t_k$, Kane, Marsden 和Ortiz 证明了

$$\Phi^{*}(\Omega_{d})=\omega_{d}, \tag{5.1.70}$$

这里

$$\Omega_{d}=-\mathrm{d}\Theta_{d}^{+},\quad \omega_{d}=-\mathrm{d}\theta_{d}^{+},$$

$$\Theta_{d}^{+}(q_{k},q_{k+1},h_{k})=h_{k}D_{2}L_{d}(q_{k},q_{k+1},h_{k})\,\mathrm{d}q_{k+1}-E_{d}\,\mathrm{d}h_{k},$$

$$\theta_{d}^{+}(q_{k},q_{k+1},h_{k})=h_{k}D_{2}L_{d}(q_{k},q_{k+1},h_{k})\,\mathrm{d}q_{k+1},$$

其中$E_{d}=-h_{k}D_{3}L_{d}(q_{k},q_{k+1},h_{k})-L_{d}(q_{k},q_{k+1},h_{k}),h_{k}=t_{k+1}-t_{k}$.详见文献[KMO99].

虽然(5.1.69)和(5.1.70)都是正确的, 但在(5.1.70)中, Φ把一个2-形式拉回到另一个2-形式, 因此(5.1.69)似乎更自然一些. 而且, (5.1.69)对非自治Lagrange函数也成立, 而(5.1.70)只对自治Lagrange函数有效. 对于一个非自治Lagrange函数, 积分子(5.1.59) 和(5.1.60) 不仅满足(5.1.69), 而且还满足离散的能量发展方程(5.1.60), 离散的能量发展方程描述了能量的变化.

为了理解上面的内容, 现考虑上一节中的例子. 考虑一个自治Lagrange函数 $L(q,\dot{q})$, 选择其离散形式为

$$\mathbb{L}(t_k, q_k, t_{k+1}, q_{k+1}) = L(q_k, \Delta_t\, q_k), \tag{5.1.71}$$

这里$\Delta_t\, q_k = \dfrac{q_{k+1} - q_k}{t_{k+1} - t_k}$.

下面, 按照文献[GLW01a],[GLW01b],[GLWW01] 中的做法, 将$\Delta_t\, q_k$当做一个整体对象.

对于离散的Lagrange函数(5.1.71), 离散Euler-Lagrange 方程(5.1.59)变为

$$\frac{\partial L}{\partial q_k}(q_k, \Delta_t\, q_k) - \frac{1}{t_{k+1} - t_k}\left(\frac{\partial L}{\partial \Delta_t\, q_k}(q_k, \Delta_t\, q_k) - \frac{\partial L}{\partial \Delta_t\, q_{k-1}}(q_{k-1}, \Delta_t\, q_{k-1})\right) = 0. \tag{5.1.72}$$

离散的能量守恒律(5.1.60)变为

$$\frac{\partial L}{\partial \Delta_t\, q_k}\Delta_t\, q_k - L(q_k, \Delta_t\, q_k) = \frac{\partial L}{\partial \Delta_t\, q_{k-1}}\Delta_t\, q_{k-1} - L(q_{k-1}, \Delta_t\, q_{k-1}). \tag{5.1.73}$$

Lee 积分子(5.1.72) 和(5.1.73) 保持辛形式

$$\omega_{\mathbb{L}} = \mathrm{d}\theta_{\mathbb{L}}^{+}, \tag{5.1.74}$$

其中

$$\theta_{\mathbb{L}}^{+} = \left(L(q_k, \Delta_t\, q_k) - \frac{\partial L}{\partial \Delta_t\, q_k}\Delta_t\, q_k\right)\mathrm{d}t_{k+1} + \frac{\partial L}{\partial \Delta_t\, q_k}\,\mathrm{d}q_{k+1}. \tag{5.1.75}$$

这里, 只考虑了连续Lagrange 函数的1 阶近似. 高阶近似可利用有限元方法得到[CGW03a]. 其基本思想是: 不在原来的无穷维空间, 而在一个有限维空间求解变分问题(5.1.47). 有限维空间由分段插值多项式组成. 在有限维空间, 连续Lagrange 函数变为离散Lagrange 函数. 对于高次插值多项式, 将得到连续Lagrange 函数的高阶近似.

下面考虑Lee积分子的可解性. 首先回顾一下Ge-Marsden 定理[GM88]. 这个定理指出, 对于除了形式为Hamilton 函数H 的函数的守恒量以外再没有其他守恒量的Hamilton 系统来说, 近似的辛积分子不会保持能量. 注意, 在这个定理中, 辛积分子保持的辛结构是连续的辛结构. 而在Lagrange 背景下, Lee 积分子保持的是离散的辛结构, 而且时间步长是变化的. 因此, Lee 积分子的可解性和Ge-Marsden 定理并不矛盾.

利用离散流Φ, (5.1.59)和(5.1.60)分别变为:

$$(t_{k+1} - t_k)D_2\mathbb{L}\circ\Phi + (t_k - t_{k-1})D_4\mathbb{L} = 0, \tag{5.1.76}$$

$$\big((t_{k+1}-t_k)D_1\mathbb{L}-\mathbb{L}\big)\circ\Phi+(t_k-t_{k-1})D_3\mathbb{L}+\mathbb{L}=0. \tag{5.1.77}$$

如果$(t_{k+1}-t_k)D_2\mathbb{L}$和$(t_{k+1}-t_k)D_1\mathbb{L}-\mathbb{L}$是可逆的, 则Lee积分子的可解性条件变为

$$\begin{aligned}&\big((t_{k+1}-t_k)D_1\mathbb{L}-\mathbb{L}\big)^{-1}\circ\big((t_k-t_{k-1})D_3\mathbb{L}+\mathbb{L}\big)\\=&\ \big((t_{k+1}-t_k)D_2\mathbb{L}\big)^{-1}\circ(t_k-t_{k-1})D_4\mathbb{L}.\end{aligned} \tag{5.1.78}$$

对于一个标准的 Lagrange 函数(动能减势能), 正如文献[KMO99]指出的那样, 条件 (5.1.78) 和计算的动能的正性密切相关, 特别在接近零速度的位置, 条件 (5.1.78) 可能不满足, 这时, 需要别的标准. 这个结论一般来说是正确的, 但对于一个具体的Lee积分子, 有可能在接近零速度的位置, 条件(5.1.78)仍然满足. 在下一节, 将进行数值实验来说明这一情况.

§5.1.8 数值实验

在这一节, 将利用Lee积分子(5.1.59) 和(5.1.60)进行数值实验. 在第一个数值实验中, 取

$$L(q,\dot q)=\frac{1}{2}\dot q^2-\frac{1}{2}q^2, \tag{5.1.79}$$

和文献[KMO99]中一样, 离散的Lagrangc函数

$$\mathbb{L}(t_k,q_k,t_{k+1},q_{k+1})=\frac{1}{2}(\Delta_t\, q_k)^2-\frac{1}{2}\Big(\frac{1}{2}q_k^2+\frac{1}{2}q_{k+1}^2\Big), \tag{5.1.80}$$

这里$\Delta_t\, q_k=\dfrac{q_{k+1}-q_k}{t_{k+1}-t_k}$. 相应的Lee积分子(5.1.59) 和(5.1.60)变为:

$$\frac{\Delta_t\, q_k-\Delta_t\, q_{k-1}}{\frac{1}{2}(t_{k+1}-t_{k-1})}=-q_k, \tag{5.1.81}$$

$$\frac{1}{2}(\Delta_t\, q_k)^2+\frac{1}{2}\Big(\frac{1}{2}q_k^2+\frac{1}{2}q_{k+1}^2\Big)=\frac{1}{2}(\Delta_t\, q_{k-1})^2+\frac{1}{2}\Big(\frac{1}{2}q_{k-1}^2+\frac{1}{2}q_k^2\Big). \tag{5.1.82}$$

现在给定t_{k-1},q_{k-1},t_k,q_k, 解(5.1.81)和(5.1.82)来求t_{k+1}, q_{k+1}. 从(5.1.81)得到

$$\frac{q_{k+1}-q_k}{t_{k+1}-t_k}+\frac{1}{2}t_{k+1}\,q_k=\frac{q_k-q_{k-1}}{t_k-t_{k-1}}+\frac{1}{2}t_{k-1}\,q_k. \tag{5.1.83}$$

令$M=\dfrac{q_k-q_{k-1}}{t_k-t_{k-1}}+\dfrac{1}{2}t_{k-1}\,q_k$, 从(5.1.83), 有

$$q_{k+1}=\Big(M-\frac{1}{2}t_{k+1}\,q_k\Big)(t_{k+1}-t_k)+q_k, \tag{5.1.84}$$

其中t_k, q_k和M为已知, 因此, 如果t_{k+1}解出, 便可得到q_{k+1}.

现已导出t_{k+1}所满足的代数方程, 从(5.1.82)式, 有

$$\left(\frac{q_{k+1}-q_k}{t_{k+1}-t_k}\right)^2+\frac{1}{2}(q_k^2+q_{k+1}^2)=N, \tag{5.1.85}$$

其中$N=\left(\frac{q_k-q_{k-1}}{t_k-t_{k-1}}\right)^2+\frac{1}{2}(q_{k-1}^2+q_k^2)$.

将(5.1.84)代入(5.1.85), 可得到t_{k+1}所满足的方程:

$$a_4t_{k+1}^4+a_3t_{k+1}^3+a_2t_{k+1}^2+a_1t_{k+1}+a_0=0, \tag{5.1.86}$$

其中

$$\begin{aligned}
a_4&=\frac{1}{8}q_k^2,\\
a_3&=-\frac{1}{2}M\,q_k-\frac{1}{4}q_k^2\,t_k,\\
a_2&=\frac{1}{2}M^2+Mq_k\,t_k+\frac{1}{8}q_k^2\,t_k^2-\frac{1}{4}q_k^2,\\
a_1&=\frac{1}{2}q_k^2\,t_k-\frac{1}{2}M\,q_k\,t_k^2-M^2\,t_k,\\
a_0&=M^2+\frac{1}{2}M^2\,t_k^2-M\,q_k\,t_k+q_k^2-N.
\end{aligned}$$

因此, 为了得到t_{k+1},q_{k+1}, 首先求解(5.1.86), 得到t_{k+1}为方程(5.1.86)的实根, 且

$$t_{k-1}>t_k. \tag{5.1.87}$$

然后利用(5.1.84)得到q_{k+1}.

图5.1.6显示了一条离散路径(t_k,q_k) $(k=0,1,2,\cdots,40)$, 初始条件为$t_0=0,q_0=1,t_1=0.09,q_1=0.18$. 离散路径是一条正弦曲线. 注意在零速度位置附近仍然可精确求解Lee积分子(5.1.59) 和(5.1.60), 即离散能量精确保持.

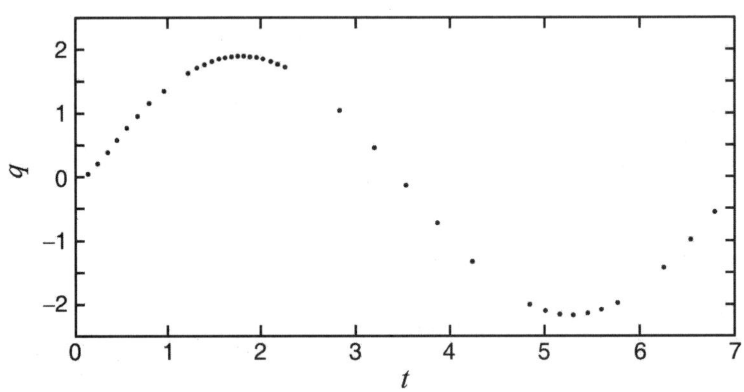

图 5.1.6 离散路径$(t_k,q_k)(k=0,1,\cdots,40)$

图5.1.7显示的是时间步长$t_k - t_{k-1}$ 对k 图, 图中实直线代表平均步长.

$$h = \frac{1}{40}\sum_{k=1}^{40}(t_k - t_{k-1}) \approx 0.1617.$$

这个简单的数值实验的目的是为了说明, 对于一个具体的Lagrange函数和一个具体的Lee积分子, 在零速度位置附近仍然有可能精确求解Lee积分子. 对于一般情形, 除了在零速度位置附近, 可在多数时间步精确求解Lee积分子. 在这种情形下, 可以使用文献[KMO99]中引进的非常有效的最优化方法, 但在某些时间步, 能量会有微小的误差.

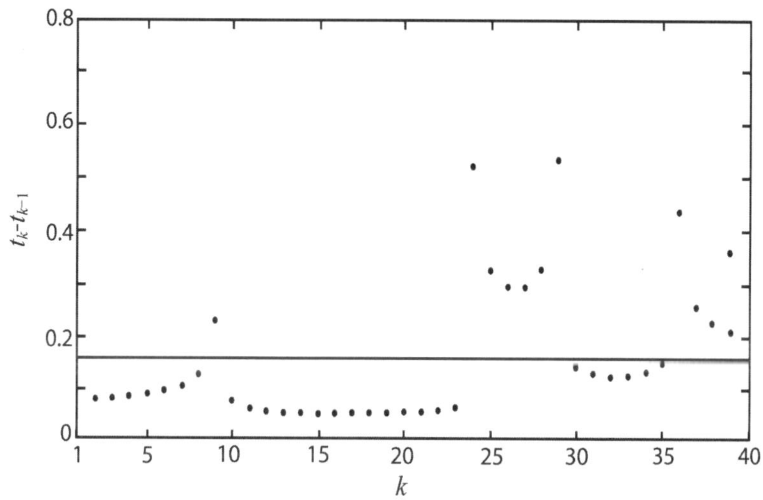

图 5.1.7　时间步长$t_k - t_{k-1}$ 对k 图 $(k = 1, 2, \cdots, 40)$

现考虑另外一个例子. 取L为

$$L(q, \dot{q}) = \frac{1}{2}\dot{q}^2 - \frac{1}{2}(q^4 - q^2), \tag{5.1.88}$$

离散的Lagrange取为

$$\mathbb{L}(t_k, q_k, t_{k+1}, q_{k+1}) = \frac{1}{2}(\Delta_t\, q_k)^2 - \frac{1}{2}\Big(\frac{1}{2}(q_k^4 - q_k^2) + \frac{1}{2}(q_{k+1}^4 - q_{k+1}^2)\Big), \tag{5.1.89}$$

其中$\Delta_t\, q_k = \dfrac{q_{k+1} - q_k}{t_{k+1} - t_k}$. 相应的Lee积分子(5.1.59) – (5.1.60)变为:

$$\frac{\Delta_t\, q_k - \Delta_t\, q_{k-1}}{\frac{1}{2}(t_{k+1} - t_{k-1})} = -V'(q_k), \tag{5.1.90}$$

$$\frac{1}{2}(\Delta_t\, q_k)^2+\frac{1}{4}(V(q_k)+V(q_{k+1}))=\frac{1}{2}(\Delta_t\, q_{k-1})^2+\frac{1}{4}\left(V(q_{k-1})+V(q_k)\right),\qquad(5.1.91)$$

其中$V(q)=\dfrac{1}{2}(q^4-q^2)$.

利用文献[KMO99]中提出的最优化方法来求解(5.1.90) 和(5.1.91). 在图5.1.8中, 显示了由Lee 积分子(5.1.90) 和(5.1.91)计算的相轨道, 其初始值分别为$q_0=q_1=0.995$和$q_0=q_1=1.0$, 初始步长为0.01, 坐标轴为计算的位置$q=\dfrac{1}{2}(q_k+q_{k+1})$ 和计算的速度$\dot{q}=(q_{k+1}-q_k)/(t_{k+1}-t_k)$. 图5.1.9和图5.1.10显示的是不同初值下时间步长t_k-t_{k-1}对k图, 平均步长近似为0.01. 在两种情况下, 步长的变化都呈现出某种周期性.

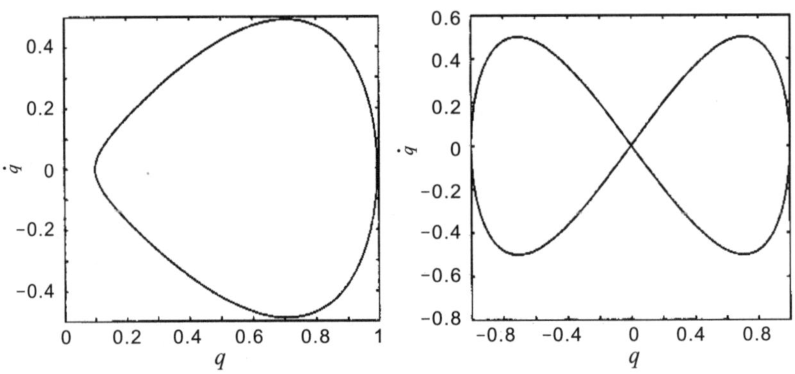

图 5.1.8 Lee 积分子(5.1.90) 和(5.1.91)计算的相轨道(左图: 初值为$q_0=q_1=0.995$; 右图:初值为$q_0=q_1=1.0$)

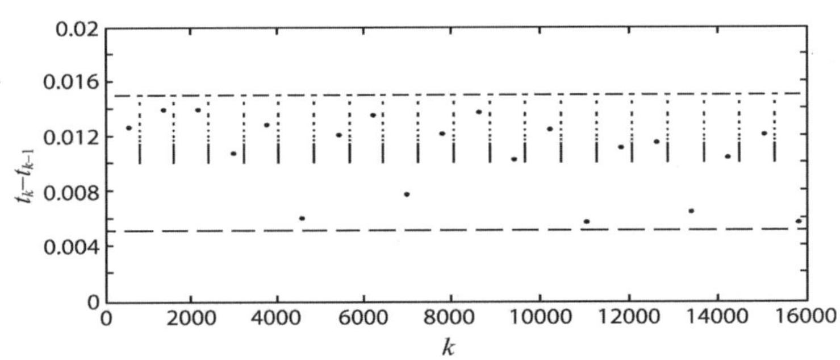

图 5.1.9 步长t_k-t_{k-1}对k图($q_0=q_1=0.995$)

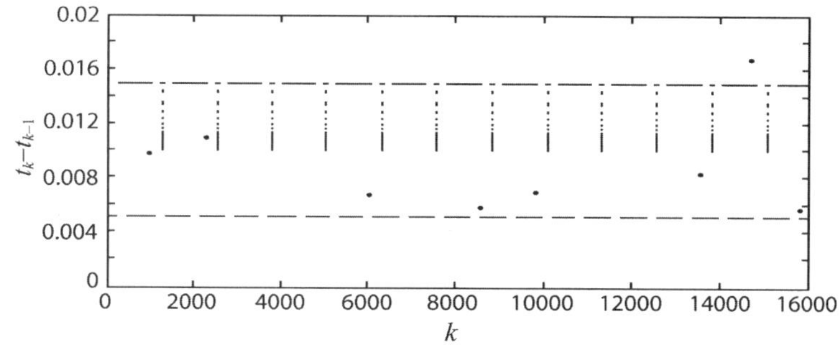

图 5.1.10 步长$t_k - t_{k-1}$对k图($q_0 = q_1 = 1.0$)

§5.1.9 Hamilton形式全变分

这一节讨论Hamilton形式的离散全变分, 利用这种离散全变分和Hamilton系统的流的生成函数, 从变分观点导出了Hamilton系统任意有限阶的辛能量积分子, 还考察了直接从Hamilton系统得出的积分子和利用变分得出的积分子之间的关系.

首先回顾一下通常的Hamilton形式的变分原理. 假定Q表示构形空间, 其坐标为q^i $(i = 1, 2, \cdots, n)$, 而T^*Q表示相空间, 其坐标为(q^i, p^i) $(i = 1, 2, \cdots, n)$. Hamilton函数为$H : T^*Q \to \mathbf{R}$, 其相应的作用泛函定义为

$$S\big((q^i(t), p^i(t))\big) = \int_a^b (p^i \dot{q}^i - H(q^i, p^i))\,\mathrm{d}t, \tag{5.1.92}$$

其中$(q^i(t),\ p^i(t))$为相空间T^*Q中的一条C^2曲线.

Hamilton 形式的变分原理表述为: 寻求一条曲线$(q^i(t),\ p^i(t))$, 使得泛函S 在关于$(q^i(t),\ p^i(t))$ 的具有固定端点的变分下是稳定的.

令

$$V = \sum_{i=1}^{n} \phi^i(\boldsymbol{q},\boldsymbol{p}) \frac{\partial}{\partial q^i} + \sum_{i=1}^{n} \psi^i(\boldsymbol{q},\boldsymbol{p}) \frac{\partial}{\partial p^i} \tag{5.1.93}$$

为T^*Q上的一个向量场, 其中$\boldsymbol{q} = (q^1, \cdots, q^n)$, $\boldsymbol{p} = (p^1, \cdots, p^n)$. 为简单起见, 下面将使用Einstein约定, 略去求和符号$\sum$.

假定V的流为$F^\varepsilon : F^\varepsilon(\boldsymbol{q},\boldsymbol{p}) = (\bar{\boldsymbol{q}},\bar{\boldsymbol{p}})$, 写成分量形式为:

$$\bar{q}^i = f^i(\varepsilon, \boldsymbol{q}, \boldsymbol{p}), \tag{5.1.94}$$

$$\bar{p}^i = g^i(\varepsilon, \boldsymbol{q}, \boldsymbol{p}), \tag{5.1.95}$$

其中$(\boldsymbol{q},\boldsymbol{p}) \in T^*Q$以及

$$\frac{\mathrm{d}}{\mathrm{d}\varepsilon}\Big|_{\varepsilon=0} f^i(\varepsilon,\boldsymbol{q},\boldsymbol{p}) = \phi^i(\boldsymbol{q},\boldsymbol{p}),$$

$$\frac{\mathrm{d}}{\mathrm{d}\varepsilon}\Big|_{\varepsilon=0} g^i(\varepsilon,\boldsymbol{q},\boldsymbol{p}) = \psi^i(\boldsymbol{q},\boldsymbol{p}),$$

令$(q^i(t),p^i(t))$为T^*Q中的一条曲线. 变换(5.1.94) – (5.1.95),把$(q^i(t),p^i(t))$变为一族曲线

$$\big(\bar{q}^i(t),\bar{p}^i(t)\big) = \big(f^i(\varepsilon,\boldsymbol{q}(t),\boldsymbol{p}(t)),g^i(\varepsilon,\boldsymbol{q}(t),\boldsymbol{p}(t))\big).$$

现定义$\big(q^i(t),p^i(t)\big)$的变分为

$$\delta\big(q^i(t),p^i(t)\big) =: \frac{\mathrm{d}}{\mathrm{d}\varepsilon}\Big|_{\varepsilon=0}\big(\bar{q}^i(t),\bar{p}^i(t)\big) = \big(\phi^i(\boldsymbol{q},\boldsymbol{p}),\psi^i(\boldsymbol{q},\boldsymbol{p})\big). \tag{5.1.96}$$

下一步, 直接计算S在$\big(q^i(t),p^i(t)\big)$的变分:

$$\begin{aligned}\delta S &= \frac{\mathrm{d}}{\mathrm{d}\varepsilon}\Big|_{\varepsilon=0} S\big((\bar{q}^i(t),\bar{p}^i(t))\big)\\ &= \frac{\mathrm{d}}{\mathrm{d}\varepsilon}\Big|_{\varepsilon-0} S\big(f^i(\varepsilon,\boldsymbol{q}(t),\boldsymbol{p}(t)),g^i(\varepsilon,\boldsymbol{q}(t),\boldsymbol{p}(t))\big)\\ &= \frac{\mathrm{d}}{\mathrm{d}\varepsilon}\Big|_{\varepsilon=0}\int_a^b \Big(g^i\big(\varepsilon,\boldsymbol{q}(t),\boldsymbol{p}(t)\big)\\ &\quad\cdot\frac{\mathrm{d}}{\mathrm{d}t}f^i\big(\varepsilon,\boldsymbol{q}(t),\boldsymbol{p}(t)\big) - H\big(f^i\big(\varepsilon,\boldsymbol{q}(t),\boldsymbol{p}(t)\big),g^i\big(\varepsilon,\boldsymbol{q}(t),\boldsymbol{p}(t)\big)\big)\Big)\,\mathrm{d}t\\ &= \int_a^b \Big[\Big(\dot{q}^i - \frac{\partial H}{\partial p^i}\Big)\psi^i + \Big(-\dot{p}^i - \frac{\partial H}{\partial q^i}\Big)\phi^i\Big]\,\mathrm{d}t + p^i\phi^i\big|_a^b.\end{aligned} \tag{5.1.97}$$

如果$\phi^i(\boldsymbol{q}(a),\boldsymbol{p}(a)) = \phi^i(\boldsymbol{q}(b),\boldsymbol{p}(b)) = 0$, 那么由$\delta S = 0$可以得到Hamilton 方程:

$$\dot{q}^i = \frac{\partial H}{\partial p^i},\quad \dot{p}^i = \frac{\partial H}{\partial q^i}. \tag{5.1.98}$$

如果不要求$\phi^i\big(\boldsymbol{q}(a),\boldsymbol{p}(a)\big) = \phi^i\big(\boldsymbol{q}(b),\boldsymbol{p}(b)\big) = 0$, 可以自然地从(5.1.97)式中的第二项定义$T^*Q$上的典则1-形式: $\theta = p^i\,\mathrm{d}q^i$. 而且, 把$(\bar{q}^i(t),\ \bar{p}^i(t))$限制到(5.1.98)的解空间, 可以自然地证明(5.1.98)的解保持典则2-形式: $\omega = \mathrm{d}\theta_L = \mathrm{d}p^i \wedge \mathrm{d}q^i$.

基于上述Hamilton形式的变分原理, 并利用离散Lagrange力学的思想, 可以发展一种具有固定步长的离散Hamilton力学, 从变分的观点来得出辛积分子.

可是, 这样得到的辛积分子由于步长是固定的, 一般并不保持能量[GM88]. 保持能量的辛积分子是守恒型Hamilton方程近似的、更可取的和更自然的选择, 因为守恒型Hamilton方程的解不仅是辛的, 而且是保持能量的. 为达到保持能量的目的, 可利用变化的步长和离散的全变分微积运算. 其基本思想是: 构造变步长

的离散作用泛函并利用离散的全变分. 用这种方式, 可导出辛积分子及其相联系的能量守恒律. 这些变分导出的辛积分子为两步积分子. 如果取固定步长, 在一些特殊情况下, 这些变分导出的辛积分子等价于直接从Hamilton方程得出的辛积分子.

1. Hamilton 形式全变分

为了讨论Hamilton 形式全变分, 下面将利用拓展的相空间$\mathbf{R}\times T^*Q$, 其坐标为 $(t,\ q^i,p^i)$, 这里 t 表示时间, 详情参见文献[Arn89]. 关于全变分, 指的是关于 $(q^i,\ p^i)$ 和 t 的变分. 考虑 $\mathbf{R}\times T^*Q$ 上的一个向量场

$$V=\xi(t,\boldsymbol{q},\boldsymbol{p})\frac{\partial}{\partial t}+\phi^i\,(t,\boldsymbol{q},\boldsymbol{p})\frac{\partial}{\partial q^i}+\psi^i\,(t,\boldsymbol{q},\boldsymbol{p})\frac{\partial}{\partial p^i}. \tag{5.1.99}$$

令F^ε为V的流, 对于$(t,q^i,p^i)\in\mathbf{R}\times T^*Q$, 有$F^\varepsilon(t,q^i,p^i)=(\bar{t},\bar{q}^i,\bar{p}^i)$:

$$\bar{t}=h\,(\varepsilon,t,\boldsymbol{q},\boldsymbol{p}), \tag{5.1.100}$$

$$\bar{q}^i=f^i\,(\varepsilon,t,\boldsymbol{q},\boldsymbol{p}), \tag{5.1.101}$$

$$\bar{p}^i=g^i\,(\varepsilon,t,\boldsymbol{q},\boldsymbol{p}), \tag{5.1.102}$$

这里,

$$\left.\frac{\mathrm{d}}{\mathrm{d}\varepsilon}\right|_{\varepsilon=0}h\ (\varepsilon,t,\boldsymbol{q},\boldsymbol{p})=\xi\ (t,\boldsymbol{q},\boldsymbol{p}), \tag{5.1.103}$$

$$\left.\frac{\mathrm{d}}{\mathrm{d}\varepsilon}\right|_{\varepsilon=0}f^i\,(\varepsilon,t,\boldsymbol{q},\boldsymbol{p})=\phi^i\,(t,\boldsymbol{q},\boldsymbol{p}), \tag{5.1.104}$$

$$\left.\frac{\mathrm{d}}{\mathrm{d}\varepsilon}\right|_{\varepsilon=0}g^i\,(\varepsilon,t,\boldsymbol{q},\boldsymbol{p})-\psi^i\,(t,\boldsymbol{q},\boldsymbol{p}). \tag{5.1.105}$$

变换(5.1.100) – (5.1.102), 把一条曲线$(q^i(t),\ p^i(t))$变为一族曲线$(\bar{q}^i(\varepsilon,\bar{t}),\bar{p}^i(\varepsilon,\bar{t}))$, 它们由下式确定:

$$h\ \big(\varepsilon,t,\boldsymbol{q}(t),\boldsymbol{p}(t)\big), \tag{5.1.106}$$

$$f^i\,\big(\varepsilon,t,\boldsymbol{q}(t),\boldsymbol{p}(t)\big), \tag{5.1.107}$$

$$g^i\,\big(\varepsilon,t,\boldsymbol{q}(t),\boldsymbol{p}(t)\big). \tag{5.1.108}$$

假定从(5.1.106) 式解出$t:t=h^{-1}(\varepsilon,t)$, 那么有:

$$q^i\,(\varepsilon,\bar{t})=f^i\big(\varepsilon,h^{-1}(\varepsilon,\bar{t}),\boldsymbol{q}(h^{-1}(\varepsilon,\bar{t}),\boldsymbol{p}(h^{-1}(\varepsilon,\bar{t}))\big), \tag{5.1.109}$$

$$p^i\,(\varepsilon,\bar{t})=g^i\big(\varepsilon,h^{-1}(\varepsilon,\bar{t}),\boldsymbol{q}(h^{-1}(\varepsilon,\bar{t}),\boldsymbol{p}(h^{-1}(\varepsilon,\bar{t}))\big). \tag{5.1.110}$$

在直接计算S的变分之前, 首先考虑V的1阶延拓

$$\begin{aligned}\mathrm{pr}^1 V &= \xi(t,\boldsymbol{q},\boldsymbol{p})\frac{\partial}{\partial t}+\phi^i(t,\boldsymbol{q},\boldsymbol{p})\frac{\partial}{\partial q^i}+\psi^i(t,\boldsymbol{q},\boldsymbol{p})\frac{\partial}{\partial p^i}\\ &\quad+\alpha^i(t,\boldsymbol{q},\boldsymbol{p},\dot{\boldsymbol{q}},\dot{\boldsymbol{p}})\frac{\partial}{\partial \dot{q}^i}+\beta^i(t,\boldsymbol{q},\boldsymbol{p},\dot{\boldsymbol{q}},\dot{\boldsymbol{p}})\frac{\partial}{\partial \dot{p}^i},\end{aligned}\tag{5.1.111}$$

其中$\mathrm{pr}^1 V$ 表示V的1阶延拓, 而

$$\alpha^i(t,\boldsymbol{q},\boldsymbol{p},\dot{\boldsymbol{q}},\dot{\boldsymbol{p}})=D_t\phi^i(t,\boldsymbol{q},\boldsymbol{p})-\dot{q}^iD_t\xi(t,\boldsymbol{q},\boldsymbol{p}),\tag{5.1.112}$$

$$\beta^i(t,\boldsymbol{q},\boldsymbol{p},\dot{\boldsymbol{q}},\dot{\boldsymbol{p}})=D_t\psi^i(t,\boldsymbol{q},\boldsymbol{p})-\dot{p}^iD_t\xi(t,\boldsymbol{q},\boldsymbol{p}),\tag{5.1.113}$$

其中D_t表示全导数. 例如

$$D_t\phi^i(t,\boldsymbol{q},\boldsymbol{p})=\phi^i_t+\phi_q\dot{\boldsymbol{q}}+\phi_p\dot{\boldsymbol{p}}.\tag{5.1.114}$$

关于向量场延拓及公式(5.1.112) – (5.1.113)的具体情况可参见文献[Olv86].

直接计算S 的变分如下:

$$\begin{aligned}\delta S &= \frac{\mathrm{d}}{\mathrm{d}\varepsilon}\Big|_{\varepsilon=0}S\big(\bar{q}^i(\varepsilon,\bar{t}),\bar{p}^i(\varepsilon,\bar{t})\big)\\ &=\frac{\mathrm{d}}{\mathrm{d}\varepsilon}\Big|_{\varepsilon=0}\int_{\bar{a}}^{\bar{b}}\Big(\bar{p}^i(\varepsilon,\bar{t})\frac{\mathrm{d}}{\mathrm{d}\bar{t}}\bar{q}^i(\varepsilon,\bar{t})-H\big(\bar{q}^i(\varepsilon,\bar{t}),\bar{p}^i(\varepsilon,\bar{t})\big)\Big)\,\mathrm{d}\bar{t}\\ &=\frac{\mathrm{d}}{\mathrm{d}\varepsilon}\Big|_{\varepsilon=0}\int_{a}^{b}\Big(\bar{p}^i(\varepsilon,\bar{t})\frac{\mathrm{d}}{\mathrm{d}\bar{t}}\bar{q}^i(\varepsilon,\bar{t})-H\big(\bar{q}^i(\varepsilon,\bar{t}),\bar{p}^i(\varepsilon,\bar{t})\big)\Big)\frac{\mathrm{d}\bar{t}}{\mathrm{d}t}\,\mathrm{d}t\\ &=\int_a^b\frac{\mathrm{d}}{\mathrm{d}\varepsilon}\Big|_{\varepsilon=0}\Big(\bar{p}^i(\varepsilon,\bar{t})\frac{\mathrm{d}}{\mathrm{d}\bar{t}}\bar{q}^i(\varepsilon,\bar{t})-H\big(\bar{q}^i(\varepsilon,\bar{t}),\bar{p}^i(\varepsilon,\bar{t})\big)\Big)\,\mathrm{d}t\\ &\quad+\int_a^b\big(p^i(t)\dot{q}^i(t)-H\big(q^i(t),p^i(t)\big)\big)\,D_t\,\xi\,\mathrm{d}t\\ &=\int_a^b\Big[\Big(\frac{\mathrm{d}}{\mathrm{d}t}H(q^i(t),p^i(t))\Big)\xi+\Big(-\dot{p}^i-\frac{\partial H}{\partial q^i}\Big)\phi^i+\Big(\dot{q}^i-\frac{\partial H}{\partial p^i}\Big)\psi^i\Big]\,\mathrm{d}t\\ &\quad+\big[p^i\phi^i-H(q^i,p^i)\xi\big]\big|_a^b.\end{aligned}\tag{5.1.115}$$

在(5.1.115)中, 利用了(5.1.103)以及

$$\frac{\mathrm{d}}{\mathrm{d}\varepsilon}\Big|_{\varepsilon=0}\frac{\mathrm{d}\bar{t}}{\mathrm{d}t}=\frac{\mathrm{d}}{\mathrm{d}t}\frac{\mathrm{d}}{\mathrm{d}\varepsilon}\Big|_{\varepsilon=0}\bar{t}=D_t\xi.$$

在(5.1.115)中, 利用了延拓公式(5.1.112), 如果

$$\xi\big(a,\boldsymbol{q}(a),\boldsymbol{p}(a)\big)=\xi\big(b,\boldsymbol{q}(b),\boldsymbol{p}(b)\big)=\phi^i\big(a,\boldsymbol{q}(a),\boldsymbol{p}(a)\big)=\phi^i\big(b,\boldsymbol{q}(b),\boldsymbol{p}(b)\big)=0,$$

由$\delta S=0$, 从变分ϕ^i和ψ^i可得到Hamilton典则方程:

$$\dot{q}^i=\frac{\partial H}{\partial p^i},\quad \dot{p}^i=-\frac{\partial H}{\partial q^i},\tag{5.1.116}$$

从变分ξ可得到能量守恒律

$$\frac{\mathrm{d}}{\mathrm{d}t}H(q^i,p^i)=0. \tag{5.1.117}$$

因为

$$\frac{\mathrm{d}}{\mathrm{d}t}H(q^i,p^i)=\frac{\partial H}{\partial q^i}\dot{q}^i+\frac{\partial H}{\partial p^i}\dot{p}^i,$$

可看到能量守恒律(5.1.117)为Hamilton典则方程(5.1.116)的一个自然结果.

若不要求

$$\xi\big(a,\boldsymbol{q}(a),\boldsymbol{p}(a)\big)=\xi\big(b,\boldsymbol{q}(b),\boldsymbol{p}(b)\big)=0,$$

$$\phi^i\big(a,\boldsymbol{q}(a),\boldsymbol{p}(a)\big)=\phi^i\big(b,\boldsymbol{q}(b),\boldsymbol{p}(b)\big)=0,$$

则可从(5.1.115)式的第二项定义$\mathbf{R}\times T^*Q$上的扩充的典则1-形式:

$$\theta=p^i\,\mathrm{d}q^i-H(q^i,p^i)\,\mathrm{d}t. \tag{5.1.118}$$

进一步, 限制$(\bar{q}^i(t),\bar{p}^i(t))$到(5.1.116)的解空间, 可证明(5.1.116)保持扩充的典则2-形式

$$\omega=\mathrm{d}\theta=\mathrm{d}p^i\wedge\mathrm{d}p^i-\mathrm{d}H(q^i,p^i)\wedge\mathrm{d}t. \tag{5.1.119}$$

2. **离散的全变分和辛能量积分子**

下面将给出一种离散的Hamilton形式全变分. 利用这种离散的全变分, 将得到辛能量积分子. 令

$$L(q^i,p^i,\dot{q}^i,\dot{p}^i)=p^i\dot{q}^i-H(q^i,p^i)$$

为一从 $\mathbf{R}\times T(T^*Q)$ 到 $\mathbf{R}$ 的函数, 这里L不显含t. 用 $P\times P$ 表示 $\mathbf{R}\times T(T^*Q)$ 的离散类似, 其中P为 $\mathbf{R}\times T^*Q$ 的离散类似, 一个点$(t_0,\boldsymbol{q}_0,\boldsymbol{p}_0;t_1,\boldsymbol{q}_1,\boldsymbol{p}_1)\in P\times P$ 相应于一个切向量$\left(\dfrac{q_1-q_0}{t_1-t_0},\dfrac{p_1-p_0}{t_1-t_0}\right)$.

为简单起见, 在这一节将使用向量符号

$$\boldsymbol{q}=(q^1,\cdots,q^n)\quad 和\quad \boldsymbol{p}=(p^1,\cdots,p^n).$$

离散的 L 定义为 $\mathbb{L}:\ P\times P\to\mathbb{R}$, 相应的离散作用为

$$\mathbb{S}=\sum_{k=0}^{N-1}\mathbb{L}(t_k,\boldsymbol{q}_k,\boldsymbol{p}_k,t_{k+1},\boldsymbol{q}_{k+1},\boldsymbol{p}_{k+1})(t_{k+1}-t_k), \tag{5.1.120}$$

其中$t_0=a,\ t_N=b$.

离散的全变分原理即寻求$\mathbb{S}$在关于$\boldsymbol{q}_k,\boldsymbol{p}_k$和$t_k$的具有固定端点的变分下的极值, 它确定了一个离散流$\Phi:P\times P\to P\times P$, 其意义如下:

$$\Phi(t_{k-1},\boldsymbol{q}_{k-1},\boldsymbol{p}_{k-1},t_k,\boldsymbol{q}_k,\boldsymbol{p}_k)=(t_k,\boldsymbol{q}_k,\boldsymbol{p}_k,t_{k+1},\boldsymbol{q}_{k+1},\boldsymbol{p}_{k+1}), \tag{5.1.121}$$

其中$(t_{k+1},\boldsymbol{q}_{k+1},\boldsymbol{p}_{k+1})$由下面的离散Hamilton典则方程:

$$\begin{aligned}&(t_{k+1}-t_k)\,D_2\mathbb{L}\,(t_k,\boldsymbol{q}_k,\boldsymbol{p}_k,t_{k+1},\boldsymbol{q}_{k+1},\boldsymbol{p}_{k+1})\\&+(t_k-t_{k-1})\,D_5\mathbb{L}\,(t_{k-1},\boldsymbol{q}_{k-1},\boldsymbol{p}_{k-1},t_k,\boldsymbol{q}_k,\boldsymbol{p}_k)=0,\\&(t_{k+1}-t_k)\,D_3\mathbb{L}\,(t_k,\boldsymbol{q}_k,\boldsymbol{p}_k,t_{k+1},\boldsymbol{q}_{k+1},\boldsymbol{p}_{k+1})\\&+(t_k-t_{k-1})\,D_6\mathbb{L}\,(t_{k-1},\boldsymbol{q}_{k-1},\boldsymbol{p}_{k-1},t_k,\boldsymbol{q}_k,\boldsymbol{p}_k)=0\end{aligned}\tag{5.1.122}$$

和离散能量守恒律

$$\begin{aligned}&(t_{k+1}-t_k)\,D_1\mathbb{L}\,(t_k,\boldsymbol{q}_k,\boldsymbol{p}_k,t_{k+1},\boldsymbol{q}_{k+1},\boldsymbol{p}_{k+1})\\&+(t_k-t_{k-1})\,D_4\mathbb{L}\,(t_{k-1},\boldsymbol{q}_{k-1},\boldsymbol{p}_{k-1},t_k,\boldsymbol{q}_k,\boldsymbol{p}_k)\\&-\mathbb{L}\,(t_k,\boldsymbol{q}_k,\boldsymbol{p}_k,t_{k+1},\boldsymbol{q}_{k+1},\boldsymbol{p}_{k+1})\\&+\mathbb{L}\,(t_{k-1},\boldsymbol{q}_{k-1},\boldsymbol{p}_{k-1},t_k,\boldsymbol{q}_k,\boldsymbol{p}_k)=0\end{aligned}\tag{5.1.123}$$

来求得, 其中D_i表示$\mathbb{L}$关于第i个自变量的导数. 方程(5.1.122)为离散Hamilton 典则方程(变分积分子), 方程(5.1.123)为和(5.1.122)相联系的离散能量守恒律. 和连续情形不同, 变分积分子(5.1.122) 对于任意的t_{k+1} 一般并不满足(5.1.123), 因此需同时求解(5.1.122)和(5.1.123), 其中q_{k+1},p_{k+1}和t_{k+1}为未知量.

下面证明由(5.1.122)和(5.1.123)确定的流与(5.1.119)中定义的扩充的典则2-形式ω的一个离散类似, 因此称(5.1.122) – (5.1.123)为辛能量积分子. 和连续情形一致, 将利用变分的观点来证明.

和连续情形一样, 对$\mathbb{S}$求变化端点变分:

$$\begin{aligned}&\mathrm{d}\mathbb{S}\,(t_0,\boldsymbol{q}_0,\boldsymbol{p}_0,\cdots,t_N,\boldsymbol{q}_N,\boldsymbol{p}_N)\cdot(\delta\,t_0,\delta\,\boldsymbol{q}_0,\delta\,\boldsymbol{p}_0,\cdots,\delta\,t_N,\delta\,\boldsymbol{q}_N,\,\delta\,\boldsymbol{p}_N)\\=\;&\sum_{k=0}^{N-1}(D_2\mathbb{L}(v_k)\,\delta\,\boldsymbol{q}_k+D_5\mathbb{L}\,(v_k)\,\delta\,\boldsymbol{q}_{k+1}+D_3\,\mathbb{L}\,(v_k)\,\delta\,\boldsymbol{p}_k\\&+D_6\,\mathbb{L}\,(v_k)\,\delta\,\boldsymbol{p}_{k+1})(t_{k+1}-t_k)\\&+\sum_{k=0}^{N-1}(D_1\,\mathbb{L}\,(v_k)\delta\,t_k+D_4\,\mathbb{L}\,(v_k)\delta\,t_{k+1})(t_{k+1}-t_k)+\mathbb{L}\,(v_k)(\delta\,t_{k+1}-\delta\,t_k)\end{aligned}$$

$$
\begin{aligned}
= & \sum_{k=1}^{N-1}(D_2\mathbb{L}(v_k)(t_{k+1}-t_k)+D_5\mathbb{L}(v_{k-1})(t_k-t_{k-1}))\,\delta\boldsymbol{q}_k \\
& +\sum_{k=1}^{N-1}(D_3\mathbb{L}(v_k)(t_{k+1}-t_k)+D_6\mathbb{L}(v_{k-1})(t_k-t_{k-1}))\delta\boldsymbol{p}_k \\
& +\sum_{k=1}^{N-1}(D_1\mathbb{L}(v_k)(t_{k+1}-t_k)+D_4\mathbb{L}(v_{k-1})(t_k-t_{k-1})+\mathbb{L}(v_{k-1}) \\
& -\mathbb{L}(v_k))\,\delta t_k+D_2\mathbb{L}(v_0)(t_1-t_0)\,\delta\boldsymbol{q}_0+D_3\mathbb{L}(v_0)(t_1-t_0)\,\delta\boldsymbol{p}_0 \\
& +(D_1\mathbb{L}(v_0)(t_1-t_0)-\mathbb{L}(v_0))\,\delta t_0+D_5\mathbb{L}(v_{N-1})(t_N-t_{N-1})\,\delta\boldsymbol{q}_N \\
& +D_6\mathbb{L}(v_{N-1})(t_N-t_{N-1})\,\delta\boldsymbol{p}_N \\
& +\big(D_4\mathbb{L}(v_{N-1})(t_N-t_{N-1})-\mathbb{L}(v_{N-1})\big)\,\delta t_N,
\end{aligned}
\tag{5.1.124}
$$

其中

$$
v_k=(t_k,\boldsymbol{q}_k,\boldsymbol{p}_k,t_{k+1},\boldsymbol{q}_{k+1},\boldsymbol{p}_{k+1}),\quad k=0,1,\cdots,N-1.
$$

(5.1.124)中的最后6 项来自边界变分. 基于这些边界变分, 可定义$P\times P$ 上的两个1-形式:

$$
\begin{aligned}
\theta_{\mathbb{L}}^-(v_k) = & D_2\mathbb{L}(v_k)(t_{k+1}-t_k)\,\mathrm{d}\boldsymbol{q}_k+D_3\mathbb{L}(v_k)(t_{k+1}-t_k)\,\mathrm{d}\boldsymbol{p}_k \\
& +(D_1\mathbb{L}(v_k)(t_{K+1}-t_k)-\mathbb{L}(v_k))\,\mathrm{d}t_k
\end{aligned}
\tag{5.1.125}
$$

以及

$$
\begin{aligned}
\theta_{\mathbb{L}}^+(v_k) = & D_5\mathbb{L}(v_k)(t_{k+1}-t_k)\,\mathrm{d}\boldsymbol{q}_{k+1}+D_6\mathbb{L}(v_k)(t_{k+1}-t_k)\,\mathrm{d}\boldsymbol{p}_{k+1} \\
& +(D_4\mathbb{L}(v_k)(t_{K+1}-t_k)-\mathbb{L}(v_k))\,\mathrm{d}t_{k+1}.
\end{aligned}
\tag{5.1.126}
$$

这里使用了文献[WM97]中的符号, 将$(\theta_{\mathbb{L}}^-,\theta_{\mathbb{L}}^+)$看作(5.1.118)中定义的扩充典则1-形式的离散类似.

现用(t_0,q_0,t_1,q_1)来参数化离散变分原理的解, 并限制$\mathbb{S}$的解空间, 那么方程(5.1.124)变为

$$
\begin{aligned}
& \mathrm{d}\mathbb{S}(t_0,\boldsymbol{q}_0,\boldsymbol{p}_0,\cdots,t_N,\boldsymbol{q}_N,\boldsymbol{p}_N)\cdot(\delta t_0,\delta\boldsymbol{q}_0,\delta\boldsymbol{p}_0,\cdots,\delta t_N,\delta\boldsymbol{q}_N,\delta\boldsymbol{p}_N) \\
= & \theta_{\mathbb{L}}^-(t_0,\boldsymbol{q}_0,\boldsymbol{p}_0,t_N,\boldsymbol{q}_N,\boldsymbol{p}_N)\cdot(\delta t_0,\delta\boldsymbol{q}_0,\delta\boldsymbol{p}_0,\delta t_1,\delta\boldsymbol{q}_1,\delta\boldsymbol{p}_1) \\
& +\theta_{\mathbb{L}}^+(t_{N-1},\boldsymbol{q}_{N-1},\boldsymbol{p}_{N-1},t_N,\boldsymbol{q}_N,\boldsymbol{p}_N)\cdot(\delta t_{N-1},\delta\boldsymbol{q}_{N-1},\delta\boldsymbol{p}_{N-1},\delta t_N,\delta\boldsymbol{q}_N,\delta\boldsymbol{p}_N) \\
= & \theta_{\mathbb{L}}^-(t_0,\boldsymbol{q}_0,\boldsymbol{p}_0,t_N,\boldsymbol{q}_N,\boldsymbol{p}_N)\cdot(\delta t_0,\delta\boldsymbol{q}_0,\delta\boldsymbol{p}_0,\delta t_1,\delta\boldsymbol{q}_1,\delta\boldsymbol{p}_1) \\
& +(\Phi^{N-1})^*\theta_{\mathbb{L}}^+(t_0,\boldsymbol{q}_0,\boldsymbol{p}_0,t_1,\boldsymbol{q}_1,\boldsymbol{p}_1)\cdot(\delta t_0,\delta\boldsymbol{q}_0,\delta\boldsymbol{p}_0,\delta t_1,\delta\boldsymbol{q}_1,\delta\boldsymbol{p}_1).
\end{aligned}
\tag{5.1.127}
$$

从(5.1.127), 可得到

$$\mathrm{d}\mathbb{S} = \theta_{\mathbb{L}}^{-} + (\Phi^{N-1})^{*}\theta_{\mathbb{L}}^{+}. \tag{5.1.128}$$

等式(5.1.128)对于任意的$N > 1$都成立. 取$N = 2$, 可得到

$$\mathrm{d}\mathbb{S} = \theta_{\mathbb{L}}^{-} + \Phi^{*}\theta_{\mathbb{L}}^{+}. \tag{5.1.129}$$

对(5.1.129)取外微分, 有

$$\Phi^{*}(\mathrm{d}\theta_{\mathbb{L}}^{+}) = -\mathrm{d}\theta_{\mathbb{L}}^{-}. \tag{5.1.130}$$

从$\theta_{\mathbb{L}}^{-}$和$\theta_{\mathbb{L}}^{+}$的定义, 可知

$$\theta_{\mathbb{L}}^{-} + \theta_{\mathbb{L}}^{+} = \mathrm{d}\mathbb{L}. \tag{5.1.131}$$

对(5.1.131)取外微分, 可得到$\mathrm{d}\theta_{\mathbb{L}}^{+} = -\mathrm{d}\theta_{\mathbb{L}}^{-}$. 定义

$$\omega_{\mathbb{L}} \equiv \mathrm{d}\theta_{\mathbb{L}}^{+} = -\mathrm{d}\theta_{\mathbb{L}}^{-}. \tag{5.1.132}$$

最后, 证明了离散流Φ保持离散的扩充典则2-形式$\omega_{\mathbb{L}}$, 即

$$\Phi^{*}(\omega_{\mathbb{L}}) = \omega_{\mathbb{L}}. \tag{5.1.133}$$

称上述差分方程组(5.1.122) – (5.1.123)为辛能量积分子, 因为它们满足离散能量守恒律(5.1.123)并保持离散扩充典则2-形式 $\omega_{\mathbb{L}}$.

为了说明上述离散为全变分运算, 现讨论一个例子. 选择(5.1.120) 中的$\mathbb{L}$为

$$\mathbb{L}\left(t_k, \boldsymbol{q}_k, \boldsymbol{p}_k, t_{k+1}, \boldsymbol{q}_{k+1}, \boldsymbol{p}_{k+1}\right) = \boldsymbol{p}_{k+\frac{1}{2}} \frac{\boldsymbol{q}_{k+1} - \boldsymbol{q}_k}{t_{k+1} - t_k} - H\left(\boldsymbol{q}_{k+\frac{1}{2}}, \boldsymbol{p}_{k+\frac{1}{2}}\right), \tag{5.1.134}$$

其中

$$\boldsymbol{p}_{k+\frac{1}{2}} = \frac{\boldsymbol{p}_k + \boldsymbol{q}_{k+1}}{2}, \quad \boldsymbol{q}_{k+\frac{1}{2}} = \frac{\boldsymbol{q}_k + \boldsymbol{q}_{k+1}}{2}.$$

利用(5.1.122), 可得到相应的离散Hamilton方程:

$$\begin{aligned}
&\frac{\boldsymbol{q}_{k+1} - \boldsymbol{q}_{k-1}}{2} - \frac{1}{2}\left((t_{k+1} - t_k)\frac{\partial H}{\partial \boldsymbol{p}}(\boldsymbol{q}_{k+\frac{1}{2}}, \boldsymbol{p}_{k+\frac{1}{2}})\right. \\
&\left. + (t_k - t_{k-1})\frac{\partial H}{\partial \boldsymbol{p}}(\boldsymbol{q}_{k-\frac{1}{2}}, \boldsymbol{p}_{k-\frac{1}{2}})\right) = 0, \\
&\frac{\boldsymbol{p}_{k+1} - \boldsymbol{p}_{k-1}}{2} + \frac{1}{2}\left((t_{k+1} - t_k)\frac{\partial H}{\partial \boldsymbol{q}}(\boldsymbol{q}_{k+\frac{1}{2}}, \boldsymbol{p}_{k+\frac{1}{2}})\right. \\
&\left. + (t_k - t_{k-1})\frac{\partial H}{\partial \boldsymbol{q}}(\boldsymbol{q}_{k-\frac{1}{2}}, \boldsymbol{p}_{k-\frac{1}{2}})\right) = 0,
\end{aligned} \tag{5.1.135}$$

其中

$$\boldsymbol{p}_{k-\frac{1}{2}}=\frac{\boldsymbol{p}_k+\boldsymbol{p}_{k-1}}{2},\quad \boldsymbol{q}_{k-\frac{1}{2}}=\frac{\boldsymbol{q}_{k+1}+\boldsymbol{q}_{k-1}}{2}.$$

利用(5.1.123), 可得到相应的能量守恒律

$$H(\boldsymbol{q}_{k+\frac{1}{2}},\boldsymbol{p}_{k+\frac{1}{2}})=H(\boldsymbol{q}_{k-\frac{1}{2}},\boldsymbol{p}_{k-\frac{1}{2}}).\tag{5.1.136}$$

辛能量积分子(5.1.135) 和(5.1.136)保持离散2-形式

$$\frac{1}{2}(\mathrm{d}\boldsymbol{p}_k\wedge\mathrm{d}\boldsymbol{q}_{k+1}+\mathrm{d}\boldsymbol{p}_{k+1}\wedge\mathrm{d}\boldsymbol{q}_k)-\mathrm{d}H(\boldsymbol{q}_{k+\frac{1}{2}},\boldsymbol{p}_{k+\frac{1}{2}})\wedge\left(\frac{\mathrm{d}t_k+\mathrm{d}t_{k+1}}{2}\right).\tag{5.1.137}$$

若取固定步长$t_{k+1}-t_k=h(h$ 为常数), 那么(5.1.135)式变为:

$$\begin{aligned}\frac{\boldsymbol{q}_{k+1}-\boldsymbol{q}_{k-1}}{2h}&=\frac{1}{2}\left(\frac{\partial H}{\partial\boldsymbol{p}}(\boldsymbol{q}_{k+\frac{1}{2}},\boldsymbol{p}_{k+\frac{1}{2}})+\frac{\partial H}{\partial\boldsymbol{p}}(\boldsymbol{q}_{k-\frac{1}{2}},\boldsymbol{p}_{k-\frac{1}{2}})\right),\\ \frac{\boldsymbol{p}_{k+1}-\boldsymbol{p}_{k-1}}{2h}&=-\frac{1}{2}\left(\frac{\partial H}{\partial\boldsymbol{q}}(\boldsymbol{q}_{k+\frac{1}{2}},\boldsymbol{p}_{k+\frac{1}{2}})+\frac{\partial H}{\partial\boldsymbol{q}}(\boldsymbol{q}_{k-\frac{1}{2}},\boldsymbol{p}_{k-\frac{1}{2}})\right).\end{aligned}\tag{5.1.138}$$

现考察(5.1.138)和下面Hamilton系统中点积分子之间的关系:

$$\dot{\boldsymbol{q}}=\frac{\partial H}{\partial\boldsymbol{p}},\quad \dot{\boldsymbol{p}}=-\frac{\partial H}{\partial\boldsymbol{q}}.\tag{5.1.139}$$

(5.1.139)的中点积分子为:

$$\begin{aligned}\frac{\boldsymbol{q}_{k+1}-\boldsymbol{q}_k}{h}&=\frac{\partial H}{\partial\boldsymbol{p}}(\boldsymbol{q}_{k+\frac{1}{2}},\boldsymbol{p}_{k+\frac{1}{2}}),\\ \frac{\boldsymbol{p}_{k+1}-\boldsymbol{p}_k}{h}&=-\frac{\partial H}{\partial\boldsymbol{q}}(\boldsymbol{q}_{k+\frac{1}{2}},\boldsymbol{p}_{k+\frac{1}{2}}).\end{aligned}\tag{5.1.140}$$

在(5.1.140)中, 用$k-1$代替k, 得到:

$$\begin{aligned}\frac{\boldsymbol{q}_k-\boldsymbol{q}_{k-1}}{h}&=\frac{\partial H}{\partial\boldsymbol{p}}(\boldsymbol{q}_{k-\frac{1}{2}},\boldsymbol{p}_{k-\frac{1}{2}}),\\ \frac{\boldsymbol{p}_k-\boldsymbol{p}_{k-1}}{h}&=-\frac{\partial H}{\partial\boldsymbol{q}}(\boldsymbol{q}_{k-\frac{1}{2}},\boldsymbol{p}_{k-\frac{1}{2}}).\end{aligned}\tag{5.1.141}$$

(5.1.141)和(5.1.140)相加便得到(5.1.138). 因此, 若利用(5.1.140)来得到$\boldsymbol{p}_k,\boldsymbol{q}_k$, 那么2步积分子(5.1.138)等价于中点积分子(5.1.140). 可是, 这种等价性一般并不成立. 例如, 选择(5.1.120)中的$\mathbb{L}$为

$$\mathbb{L}(t_k,\boldsymbol{q}_k,\boldsymbol{p}_k,t_{k+1},\boldsymbol{q}_{k+1},\boldsymbol{p}_{k+1})=\boldsymbol{p}_k\frac{\boldsymbol{q}_{k+1}-\boldsymbol{q}_k}{t_{k+1}-t_k}-H(\boldsymbol{q}_{k+\frac{1}{2}},\boldsymbol{p}_{k+\frac{1}{2}}),\tag{5.1.142}$$

并取固定步长$t_{k+1}-t_k=h$, 那么(5.1.122)变为

$$
\begin{aligned}
\frac{\boldsymbol{q}_{k+1}-\boldsymbol{q}_k}{h}&=\frac{1}{2}\Big(\frac{\partial H}{\partial \boldsymbol{p}}(\boldsymbol{q}_{k+\frac{1}{2}},\boldsymbol{p}_{k+\frac{1}{2}})+\frac{\partial H}{\partial \boldsymbol{p}}(\boldsymbol{q}_{k-\frac{1}{2}},\boldsymbol{p}_{k-\frac{1}{2}})\Big),\\
\frac{\boldsymbol{p}_{k}-\boldsymbol{p}_{k-1}}{h}&=-\frac{1}{2}\Big(\frac{\partial H}{\partial \boldsymbol{q}}(\boldsymbol{q}_{k+\frac{1}{2}},\boldsymbol{p}_{k+\frac{1}{2}})+\frac{\partial H}{\partial \boldsymbol{q}}(\boldsymbol{q}_{k-\frac{1}{2}},\boldsymbol{p}_{k-\frac{1}{2}})\Big).
\end{aligned}
\tag{5.1.143}
$$

积分子(5.1.143)为一2 步积分子, 它保持$\mathrm{d}p_k\wedge \mathrm{d}q_{k+1}$. 在这种情形, 找不到单步积分子, 使得其等价于(5.1.143). 总之, 利用离散的全变分运算, 可得到2步积分子. 当取固定步长时, 其中的一些等价于直接从Hamilton系统得到的单步积分子, 而其他的积分子却没有这种等价性.

3. **高阶辛能量积分子**

由一个正规Darboux矩阵诱导的分数变换可建立辛变换(单位变换附近)和对称变换(零变换附近)之间的一一对应关系[Fen86],[FWQW89],[FQ10].

为简单起见, 取$c=0$, 那么$E=\frac{1}{2}I_{2n}$, 而

$$
\alpha=\begin{bmatrix} J_{2n} & -J_{2n}\\ \frac{1}{2}I_{2n} & \frac{1}{2}I_{2n}\end{bmatrix}. \tag{5.1.144}
$$

现考虑Hamilton方程的流的生成函数. 用e_H^t表示该方程的流, 具有Darboux 类型(5.1.144)的流e_H^t的生成函数由下式给出:

$$
\nabla\phi=(J_{2n}\circ e_H^t-J_{2n})\circ\Big(\frac{1}{2}e_H^t+\frac{1}{2}I_{2n}\Big)^{-1},\quad \text{对充分小的}|t|. \tag{5.1.145}
$$

这里$\phi(\boldsymbol{w},t)$满足Hamilton-Jacobi方程:

$$
\frac{\partial}{\partial t}\phi(\boldsymbol{w},t)=-H\Big(\boldsymbol{w}+\frac{1}{2}J_{2n}\nabla\phi(\boldsymbol{w},t)\Big), \tag{5.1.146}
$$

并可以由关于 t 的Taylor级数给出:

$$
\phi(\boldsymbol{w},t)=\sum_{k=1}^{\infty}\phi^k(w)\,t^k,\quad \text{对充分小的 }|t|. \tag{5.1.147}
$$

系数$\phi^k(\boldsymbol{w})$递归确定:

$$
\begin{aligned}
\phi^1(\boldsymbol{w})&=-H(\boldsymbol{w}),\\
\phi^{k+1}(\boldsymbol{w})&=\frac{-1}{k+1}\sum_{m=1}^{k}\frac{1}{m!}\\
&\qquad\sum_{j_1+\cdots+j_m=k;\ j_l\geq 1}D^mH\Big(\frac{1}{2}J_{2n}\nabla\phi^{j_1},\cdots,\frac{1}{2}J_{2n}\nabla\phi^{j_m}\Big),
\end{aligned}
\tag{5.1.148}
$$

其中$k \geq 1$, 并且用到m重线性形式的符号:

$$D^m H\Big(\frac{1}{2}J_{2n}\nabla\phi^{j_1},\cdots,\frac{1}{2}J_{2n}\nabla\phi^{j_m}\Big) = \sum_{i_1,\cdots,i_m=1}^{2n} H_{z_{i_1}\cdots z_{i_m}}(\boldsymbol{w})\Big(\frac{1}{2}J_{2n}\nabla\phi^{j_1}(\boldsymbol{w})\Big)_{i_1}\cdots\Big(\frac{1}{2}J_{2n}\nabla\phi^{j_m}(\boldsymbol{w})\Big)_{i_m}.$$

从(5.1.145), 可看到相流 $\widehat{z} := e_H^t z$ 满足

$$J_{2n}(\widehat{z}-z) = \nabla\phi\Big(\frac{\widehat{z}-z}{2}\Big) = \sum_{j=1}^{\infty} t^j \nabla\phi^j\Big(\frac{\widehat{z}+z}{2}\Big). \tag{5.1.149}$$

现选择(5.1.120)中的 $\mathbb{L}$为

$$\mathbb{L}(t_k,\boldsymbol{q}_k,\boldsymbol{p}_k,t_{k+1},\boldsymbol{q}_{k+1},\boldsymbol{p}_{k+1}) = \boldsymbol{p}_{k+\frac{1}{2}}\frac{\boldsymbol{q}_{k+1}-\boldsymbol{q}_k}{t_{k+1}-t_k} - \psi^m(\boldsymbol{q}_{k+\frac{1}{2}},\boldsymbol{p}_{k+\frac{1}{2}}), \tag{5.1.150}$$

其中

$$\psi^m(\boldsymbol{q}_{k+\frac{1}{2}},\boldsymbol{p}_{k+\frac{1}{2}}) = \sum_{j=1}^{m} t^j \phi^j(\boldsymbol{q}_{k+\frac{1}{2}},\boldsymbol{p}_{k+\frac{1}{2}}), \tag{5.1.151}$$

相应的辛能量积分子(5.1.122) 和(5.1.123)为:

$$\begin{aligned}
&\frac{\boldsymbol{q}_{k+1}-\boldsymbol{q}_{k-1}}{2} - \frac{1}{2}\Big((t_{k+1}-t_k)\frac{\partial\psi^m}{\partial\boldsymbol{p}}(\boldsymbol{q}_{k+\frac{1}{2}},\boldsymbol{p}_{k+\frac{1}{2}})\\
&+(t_k-t_{k-1})\frac{\partial\psi^m}{\partial\boldsymbol{p}}(\boldsymbol{q}_{k-\frac{1}{2}},\boldsymbol{p}_{k-\frac{1}{2}})\Big) = 0,\\
&\frac{\boldsymbol{p}_{k+1}-\boldsymbol{p}_{k-1}}{2} + \frac{1}{2}\Big((t_{k+1}-t_k)\frac{\partial\psi^m}{\partial\boldsymbol{q}}(\boldsymbol{q}_{k+\frac{1}{2}},\boldsymbol{p}_{k+\frac{1}{2}})\\
&+(t_k-t_{k-1})\frac{\partial\psi^m}{\partial\boldsymbol{q}}(\boldsymbol{q}_{k-\frac{1}{2}},\boldsymbol{p}_{k-\frac{1}{2}})\Big) = 0,\\
&\psi^m(\boldsymbol{q}_{k+\frac{1}{2}},\boldsymbol{p}_{k+\frac{1}{2}}) = \psi^m(\boldsymbol{q}_{k-\frac{1}{2}},\boldsymbol{p}_{k-\frac{1}{2}}).
\end{aligned} \tag{5.1.152}$$

它满足离散的扩充典则 2-形式

$$\frac{1}{2}(\mathrm{d}\boldsymbol{p}_k \wedge \mathrm{d}\boldsymbol{q}_{k+1} + \mathrm{d}\boldsymbol{p}_{k+1} \wedge \mathrm{d}\boldsymbol{q}_k) - \psi^m(\boldsymbol{q}_{k+\frac{1}{2}},\boldsymbol{p}_{k+\frac{1}{2}}) \wedge \Big(\frac{\mathrm{d}t_k + \mathrm{d}t_{k+1}}{2}\Big). \tag{5.1.153}$$

积分子(**??**)为具有$2m$阶精度的2 步辛能量积分子.

4. **数值实验**

本节讨论一个例子并进行数值实验. 取Hamilton函数为

$$H(q,p) = \frac{1}{2}p^2 + \frac{1}{2}(q^4 - q^2), \tag{5.1.154}$$

为清楚起见, 取q和p为数量.

相应于(5.1.154), 离散的Lagrange函数(5.1.120)选取(5.1.122) 和(5.1.123)作为相应的辛能量积分子, 即:

$$\begin{aligned}&\frac{q_{k+1}-q_{k-1}}{2}-\frac{1}{2}\big((t_{k+1}-t_k)p_{k+\frac{1}{2}}+(t_k-t_{k-1})p_{k-\frac{1}{2}}\big)=0,\\&\frac{p_{k+1}-p_{k-1}}{2}+\frac{1}{2}\big((t_{k+1}-t_k)\big(2q^3_{k+\frac{1}{2}}-q_{k+\frac{1}{2}}\big)\\&+(t_k-t_{k-1})\big(2q^3_{k-\frac{1}{2}}-q_{k-\frac{1}{2}}\big)\big)=0,\end{aligned} \tag{5.1.155}$$

$$\frac{1}{2}p^2_{k+\frac{1}{2}}+\frac{1}{2}\big(q^4_{k+\frac{1}{2}}-q^2_{k+\frac{1}{2}}\big)=\frac{1}{2}p^2_{k-\frac{1}{2}}+\frac{1}{2}\big(q^4_{k-\frac{1}{2}}-q^2_{k-\frac{1}{2}}\big), \tag{5.1.156}$$

这里t_{k-1},q_{k-1},p_{k-1}和t_k,q_k,p_k为已知量, 而t_{k+1},q_{k+1},p_{k+1}为未知量.

在下面的数值实验中, 将使用一种最优化方法来求解(5.1.156)[KMO99]. 具体来讲, 令

$$\begin{aligned}A&=\frac{q_{k+1}-q_{k-1}}{2}-\frac{1}{2}\big((t_{k+1}-t_k)p_{k+\frac{1}{2}}+(t_k-t_{k-1})p_{k-\frac{1}{2}}\big),\\B&=\frac{p_{k+1}-p_{k-1}}{2}+\frac{1}{2}\big((t_{k+1}-t_k)\big(2q^3_{k+\frac{1}{2}}-q_{k+\frac{1}{2}}\big)\\&\quad+(t_k-t_{k-1})\big(2q^3_{k-\frac{1}{2}}-q_{k-\frac{1}{2}}\big)\big),\\C&=\frac{1}{2}p^2_{k+\frac{1}{2}}+\frac{1}{2}\big(q^4_{k+\frac{1}{2}}-q^2_{k+\frac{1}{2}}\big)-\frac{1}{2}p^2_{k-\frac{1}{2}}-\frac{1}{2}\big(q^4_{k-\frac{1}{2}}-q^2_{k-\frac{1}{2}}\big).\end{aligned}$$

然后在约束$t_{k+1}>t_k$条件下, 关于q_{k+1},p_{k+1}和t_{k+1}极小化下面的量:

$$F=A^2+B^2+C^2. \tag{5.1.157}$$

将比较(5.1.156)和下面的定步长积分子:

$$\begin{aligned}&\frac{q_{k+1}-q_{k-1}}{2h}-\frac{1}{2}\big(p_{k+\frac{1}{2}}+p_{k-\frac{1}{2}}\big)=0,\\&\frac{p_{k+1}-p_{k-1}}{2h}+\frac{1}{2}\big(\big(q^3_{k+\frac{1}{2}}-q_{k+\frac{1}{2}}\big)+\big(2q^3_{k-\frac{1}{2}}-q_{k-\frac{1}{2}}\big)\big)=0.\end{aligned} \tag{5.1.158}$$

在这个数值实验中, 将使用两组初始值: $q_0=0.77,p_0=0,t=0$和$q_0=0.99,p_0=0,t=0$. 为了得到q_1和p_1, 这里使用中点积分子, 其步长为$t_1=0.1$.

在图5.1.11中, 显示的是由(5.1.156)和(5.1.158)计算的轨道, 这两个积分子计算的轨道几乎重合. 在图5.1.12中, 显示了由(5.1.156)和(5.1.158) 计算的能量$H(q_{k+\frac{1}{2}},p_{k+\frac{1}{2}})$ 的演化, 其中振动曲线对应于(5.1.158), 下面的直线对应于(5.1.156).

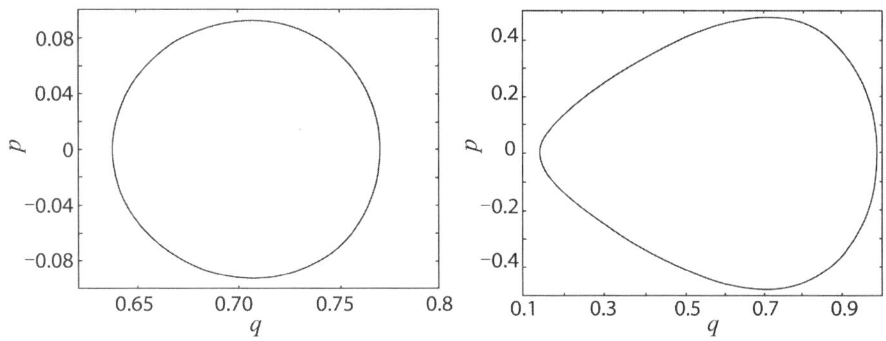

图 5.1.11　(5.1.156)和(5.1.158)计算的轨道(左图: $q_0 = 0.77, p_0 = 0$; 右图: $q_0 = 0.99, p_0 = 0$)

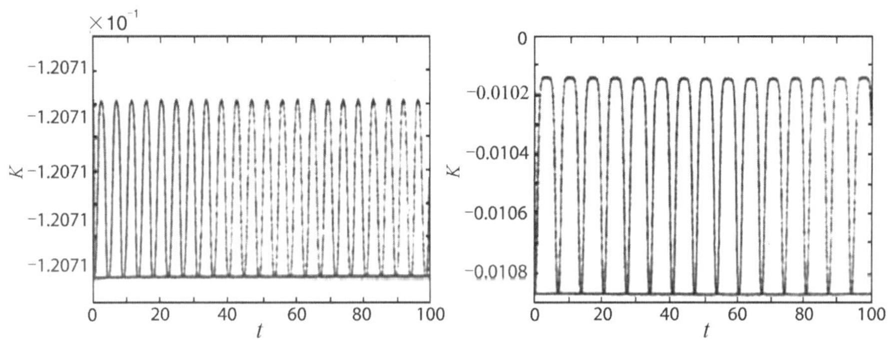

图 5.1.12　(5.1.156)和(5.1.158)计算的能量演化图(左图: $q_0 = 0.77, p_0 = 0$; 右图: $q_0 = 0.99, p_0 = 0$)

§5.1.10　离散力学和有限元方法

本节将考察有限元方法在Veselov离散力学和Lee离散力学中的应用. 基于有限元方法, 我们发展了对连续Lagrange函数进行离散的系统方法, 并得到了相应的积分子, 还给出了变分积分子的误差估计.

通过构造离散的作用泛函并利用离散变分原理, Veselov发展了一种离散力学. 在这种离散力学中, 离散Euler-Lagrange方程(变分积分子)的解保持离散的Lagrange 2-形式. 在Veselov之前, Lee发展了另一种离散力学, 其基本思想是把离散时间当做动力学变量. 他导出了由离散Euler-Lagrange方程和离散能量守恒律组成的差分方程组. §5.1.7已经证明了此差分方程组的解保持离散的扩充Lagrange 2-形式.

Veselov离散力学和Lee离散力学都从一个给定的离散Lagrange函数出发, 而关于连续Lagrange 函数的离散(特别是高阶离散) 问题, 都没有进行专门讨论, 也没有给出变分积分子的误差估计.

连续Lagrange函数的系统离散和变分积分子的误差估计是离散力学的两个重要方面. 随着这两方面研究的进展, Veselov离散力学和Lee离散力学将变得更加完备. 本节将利用有限元方法对连续Lagrange函数进行系统离散, 并讨论变分积分子的误差估计.

Veselov离散力学和有限元方法的联系在文献中[MPS98] 提到, 但没有详细讨论. Chen等人[CGW03a]考察了简单有限元中的辛与多辛结构, 发现有限元方法提供了一种获得离散Lagrange函数的自然方法. 而且, 有限元方法是数值数学中发展比较成熟的分支. 有限元方法的许多结果, 如收敛理论、误差估计以及变分积分子的求解方法等都可以应用到离散力学.

1. Veselov **离散力学**

首先介绍一般形式的Veselov离散力学, 这种形式允许变化的时间步长. 利用§5.1.7节中的符号$M \times M$表示扩充切丛$\mathbf{R} \times TQ$的离散形式, 这里$M = \mathbf{R} \times Q$. 为简单起见, 限制在1 维构形空间Q上. 这样做并不失一般性, 因为下面的讨论不依赖于构形空间Q的维数. 一个离散的Lagrange函数定义为$\mathbb{L} : M \times M \to \mathbf{R}$, 而离散的作用泛函为

$$\mathbb{S} = \sum_{k=0}^{N-1} \mathbb{L}(t_k, q_k, t_{k+1}, q_{k+1})(t_{k+1} - t_k), \tag{5.1.159}$$

这里$t_0 = a,\ t_N = b$. 注意, 和§5.1.7不同, 这里的离散时间仅是参数, 而不是变量.

离散变分原理就是对$\mathbb{S}$关于q_k的变分求极值. 在此变分原理中, t_k起着参数的作用. 离散变分原理决定了一个离散流$\Phi : M \times M \to M \times M$, 它由下式确定:

$$\Phi(t_{k-1}, q_{k-1}, t_k, q_k) = (t_k, q_k, t_{k+1}, q_{k+1}). \tag{5.1.160}$$

这里q_{k+1}由下面的离散Euler-Lagrange方程 (变分积分子)求得:

$$(t_{k+1} - t_k) D_2 \mathbb{L}(t_k, q_k, t_{k+1}, q_{k+1}) + (t_k - t_{k-1}) D_4 \mathbb{L}(t_{k-1}, q_{k-1}, t_k, q_k) = 0, \tag{5.1.161}$$

对任意的$k \in \{1, 2, \cdots, N-1\}$.

现在直接计算$\mathbb{S}$的变分如下:

$$\begin{aligned}
&\mathrm{d}\mathbb{S}\,(q_0,q_1,\cdots,q_N)\cdot(\delta\,q_0,\delta\,q_1,\cdots,\delta\,q_N)\\
=&\ \frac{\mathrm{d}}{\mathrm{d}\varepsilon}\Big|_{\varepsilon=0}\mathbb{S}\,(q_0+\varepsilon\delta\,q_0,q_1+\varepsilon\delta\,q_1,\cdots,q_N+\varepsilon\,\delta\,q_N)\\
=&\ \sum_{k=0}^{N-1}\big(D_2\mathbb{L}\,(t_k,q_k,t_{k+1},q_{k+1})\,\delta\,q_k+D_4\mathbb{L}\,(t_k,q_k,t_{k+1},q_{k+1})\,\delta\,q_{k+1}\big)(t_{k+1}-t_k)\\
=&\ \sum_{k=0}^{N-1}D_2\mathbb{L}\,(t_k,q_k,t_{k+1},q_{k+1})(t_{k+1}-t_k)\delta\,q_k\\
&+\sum_{k=1}^{N}D_4\mathbb{L}\,(t_{k-1},q_{k-1},t_k,q_k)(t_k-t_{k-1})\,\delta\,q_k\\
=&\ \sum_{k=1}^{N-1}D_2\mathbb{L}\,(t_k,q_k,t_{k+1},q_{k+1})(t_{k+1}-t_k)+D_4\mathbb{L}\,(t_{k-1},q_{k-1},t_k,q_k)(t_k-t_{k-1})\,\delta\,q_k\\
&+D_2\mathbb{L}\,(t_0,q_0,t_1,q_1)(t_1-t_0)\,\delta\,q_0+D_4\mathbb{L}\,(t_{N-1},q_{N-1},t_N,q_N)(t_N-t_{N-1})\,\delta\,q_N.
\end{aligned}\tag{5.1.162}$$

由此可看到, (5.1.159)中的最后两项来自边界变分. 根据边界变分, 可定义$M\times M$上的两个1-形式

$$\theta^{v-}_{\mathbb{L}}(t_k,q_k,t_{k+1},q_{k+1})=D_2\mathbb{L}\,(t_k,q_k,t_{k+1},q_{k+1})(t_{k+1}-t_k)\,\mathrm{d}q_k \tag{5.1.163}$$

和

$$\theta^{v+}_{\mathbb{L}}(t_k,q_k,t_{k+1},q_{k+1})=D_4\mathbb{L}\,(t_k,q_k,t_{k+1},q_{k+1})(t_{k+1}-t_k)\,\mathrm{d}q_{k+1}. \tag{5.1.164}$$

利用Marsden等人[MPS98]的方法, 可证明

$$\Phi^*(\omega^v_{\mathbb{L}})=\omega^v_{\mathbb{L}}, \tag{5.1.165}$$

其中

$$\omega^v_{\mathbb{L}}=\mathrm{d}\theta^{v+}_{\mathbb{L}}=-\,\mathrm{d}\theta^{v-}_{\mathbb{L}}. \tag{5.1.166}$$

下面考察一个例子. 对于经典的Lagrange函数

$$L(t,q,\dot q)=\frac{1}{2}\dot q^2-V(q), \tag{5.1.167}$$

选择离散Lagrange函数 $\mathbb{L}\,(t_k,q_k,t_{k+1},q_{k+1})$ 为

$$\mathbb{L}\,(t_k,q_k,t_{k+1},q_{k+1})=\frac{1}{2}\Big(\frac{q_{k+1}-q_k}{t_{k+1}-t_k}\Big)^2-V\Big(\frac{q_{k+1}+q_k}{2}\Big), \tag{5.1.168}$$

则离散Euler-Lagrange方程(5.1.161)变为

$$\left(\frac{q_{k+1}-q_k}{t_{k+1}-t_k}-\frac{q_k-q_{k-1}}{t_k-t_{k-1}}\right)+\frac{V'(\bar{q}_k)(t_{k+1}-t_k)+V'(\bar{q}_{k-1})(t_k-t_{k-1})}{2}=0, \quad (5.1.169)$$

它保持离散Lagrange 2-形式

$$\left(\frac{1}{t_{k+1}-t_k}+\frac{t_{k+2}-t_k}{4}V''(\bar{q}_k)\right)\mathrm{d}q_{k+1}\wedge\mathrm{d}q_k, \quad (5.1.170)$$

这里$\bar{q}_k=\dfrac{q_k+q_{k+1}}{2}$, $\bar{q}_{k-1}=\dfrac{q_{k-1}+q_k}{2}$.

若取固定的时间步长$t_{k+1}-t_k=t_k-t_{k-1}=h$, 则(5.1.169)变为

$$\frac{q_{k+1}-2q_k+q_{k+1}}{h^2}+\frac{V'(\bar{q}_k)+V'(\bar{q}_{k-1})}{2}=0,$$

它保持离散Lagrange 2-形式

$$\left(\frac{1}{h}+\frac{h}{4}V''(\bar{q}_k)\right)\mathrm{d}q_{k+1}\wedge\mathrm{d}q_k.$$

2. 函数的1 阶有限元近似

考虑一个连续Lagrange函数$L:\mathbf{R}\times TQ\to\mathbf{R}$, 相应的作用泛函定义为

$$S(q^i(t))=\int_a^b L(t,q^i(t),\dot{q}^i(t))\,\mathrm{d}t, \quad (5.1.171)$$

这里$q^i(t)\in H^1[a,b]$, 而$H^1[a,b]$为定义在$[a,b]$上的1阶Sobolev空间.

有限元方法为求解变分问题(5.1.171)的近似方法, 可在无穷维空间$H^1[a,b]$ 的子空间$V_{h^m}[a,b]$求解变分问题(5.1.171). $V_{h^m}[a,b]$为由分片m 次插值多项式组成的空间.

首先考虑分片线性插值. 给定$[a,b]$的一个分划:

$$a=t_0<t_1<\cdots<t_k<\cdots<t_{N-1}<t_n=b,$$

子空间$V_h[a,b]$由分片线性多项式组成, 分片线性多项式在$(t_k,q_k)(k=0,1,\cdots,N)$插值$q(t)\in H^1[a,b]$. 现导出$q_h(t)\in V_h[a,b]$ 的表达式. 首先构造基函数$\varphi_k(t)$, 它为$[a,b]$上的分片线性多项式, 满足:

$$\varphi_k(t_i)=\delta_k^i, \quad i,k=0,1,\cdots,N.$$

列举基函数如下:

$$\varphi_0(t)=\begin{cases}1-\dfrac{t-t_0}{h_0}, & t_0\le t\le t_1,\\ 0, & \text{其他情况},\end{cases}$$

$$\varphi_N(t)=\begin{cases}1+\dfrac{t-t_N}{h_{N-1}}, & t_{N-1}\le t\le t_N,\\ 0, & \text{其他情况},\end{cases} \quad (5.1.172)$$

而对于$k=1,2,\cdots,N-1$,

$$\varphi_k(t)=\begin{cases}1+\dfrac{t-t_k}{h_{k-1}}, & t_{k-1}\le t\le t_k,\\ 1-\dfrac{t-t_k}{h_k}, & t_k\le t\le t_{k+1},\\ 0, & \text{其他情况},\end{cases} \tag{5.1.173}$$

这里$h_l=t_{l+1}-t_l\ (l=0,1,\cdots,N-1)$.

利用这些基函数, 可得到$q_h(t)\in V_h[a,b]$的表达式

$$q_h(t)=\sum_{k=0}^{N}q_k\varphi_k(t). \tag{5.1.174}$$

在子空间$V_h[a,b]$上, 作用泛函(5.1.171)变为

$$\begin{aligned}S(q_h(t)) &= \int_a^b L(t,q_h(t),\dot q_h(t))\,\mathrm{d}t\\ &= \sum_{k=0}^{N-1}\int_{t_k}^{t_{k+1}} L\Big(t,\sum_{i=0}^{N}(q_i\varphi_i(t)),\frac{\mathrm{d}}{\mathrm{d}t}\sum_{i=0}^{N}(q_i\varphi_i(t))\Big)\,\mathrm{d}t\\ &= \sum_{k=0}^{N-1}\mathbb{L}\,(t_k,q_k,t_{k+1},q_{k+1})(t_{k+1}-t_k),\end{aligned} \tag{5.1.175}$$

其中

$$\begin{aligned}&\mathbb{L}(t_k,q_k,t_{k+1},q_{k+1})\\ =&\ \frac{1}{t_{k+1}-t_k}\int_{t_k}^{t_{k+1}} L\Big(t,\sum_{i=0}^{N}(q_i\varphi_i(t)),\frac{\mathrm{d}}{\mathrm{d}t}\sum_{i=0}^{N}(q_i\varphi_i(t))\Big)\,\mathrm{d}t\\ =&\ \frac{1}{t_{k+1}-t_k}\int_{t_k}^{t_{k+1}} L\Big(t,\sum_{i=k}^{k+1}(q_i\varphi_i(t)),\frac{\mathrm{d}}{\mathrm{d}t}\sum_{i=k}^{k+1}(q_i\varphi_i(t))\Big)\,\mathrm{d}t.\end{aligned} \tag{5.1.176}$$

因此, 限制到$H^1([a,b])$的子空间$V_h[a,b]$使原来的变分问题变为关于$q_k\ (k=0,1,\cdots,N)$的函数(5.1.175)的极值问题. 注意,(5.1.175)为离散作用泛函(5.1.159)之一. 因此, 如同对(5.1.159)一样, 可以对(5.1.175)进行变分运算. 这样, 就可得到相应的离散方程(5.1.161), 它保持离散的Lagrange 2-形式(5.1.166).

回到原来的例子. 对于经典的Lagrange函数(5.1.167), 可选$\mathbb{L}\,(t_k,q_k,t_{k+1},q_{k+1})$

为

$$\begin{aligned}
&\mathbb{L}(t_k,q_k,t_{k+1},q_{k+1})\\
=&\ \frac{1}{t_{k+1}-t_k}\int_{t_k}^{t_{k+1}}\Big(\frac{1}{2}\Big(\frac{\mathrm{d}}{\mathrm{d}t}\sum_{i=0}^{N}(q_i\varphi_i(t))\Big)^2-V\Big(\sum_{i=0}^{N}(q_i\varphi_i(t))\Big)\Big)\,\mathrm{d}t\\
=&\ \frac{1}{t_{k+1}-t_k}\int_{t_k}^{t_{k+1}}\Big(\frac{1}{2}\Big(\frac{q_{k+1}-q_k}{t_{k+1}-t_k}\Big)^2-V\Big(\frac{t_{k+1}-t}{t_{k+1}-t_k}q_k+\frac{t-t_k}{t_{k+1}-t_k}q_{k+1}\Big)\Big)\,\mathrm{d}t\\
=&\ \frac{1}{2}\Big(\frac{q_{k+1}-q_k}{t_{k+1}-t_k}\Big)^2-F(q_k\cdot q_{k+1}),
\end{aligned}\tag{5.1.177}$$

其中

$$F(q_k\cdot q_{k+1})=\frac{1}{t_{k+1}-t_k}\int_{t_k}^{t_{k+1}}V\Big(\frac{t_{k+1}-t}{t_{k+1}-t_k}q_k+\frac{t-t_k}{t_{k+1}-t_k}q_{k+1}\Big)\,\mathrm{d}t.\tag{5.1.178}$$

离散的Euler-Lagrange方程(5.1.161)变为

$$\begin{aligned}
&\Big(\frac{q_{k+1}-q_k}{t_{k+1}-t_k}-\frac{q_k-q_{k-1}}{t_k-t_{k-1}}\Big)+\frac{\partial F(q_k,q_{k+1})}{\partial q_k}(t_{k+1}-t_k)\\
&+\frac{\partial F(q_{k-1},q_k)}{\partial q_k}(t_k-t_{k-1})=0,
\end{aligned}\tag{5.1.179}$$

它保持离散的Lagrange 2-形式

$$\Big(\frac{1}{t_{k+1}-t_k}+(t_{k+1}-t_k)\frac{\partial^2F(q_k,q_{k+1})}{\partial q_k\,\partial q_{k+1}}\Big)\,\mathrm{d}q_{k+1}\wedge\mathrm{d}q_k.\tag{5.1.180}$$

同样, 若取固定的步长$t_{k+1}-t_k=t_k-t_{k-1}=h$, 那么(5.1.179)变为

$$\frac{q_{k+1}-2q_k+q_{k-1}}{h^2}+\frac{\partial F(q_k,q_{k+1})}{\partial q_k}+\frac{\partial F(q_{k-1},q_k)}{\partial q_k}=0,$$

它保持离散的Lagrange 2-形式

$$\Big(\frac{1}{h}+h\frac{\partial^2F\,(q_k,q_{k+1})}{\partial q_k\,\partial q_{k+1}}\Big)\,\mathrm{d}q_{k+1}\wedge\mathrm{d}q_k.$$

假定q_k为(5.1.179)的解, 而$q(t)$为

$$\frac{\mathrm{d}^2q}{\mathrm{d}t^2}+\frac{\partial V(q)}{\partial q}=0\tag{5.1.181}$$

的解, 那么根据有限元方法的误差估计理论[Cia78], 则有

$$\|q(t)-q_h(t)\|\le Ch^2,\tag{5.1.182}$$

其中$\|\cdot\|$为L^2范数,

$$q_h(t)=\sum_{k=0}^{N}q_k\varphi_k(t),\quad h=\max_k\{h_k\},\quad h_k=t_{k+1}-t_k,$$

而C为不依赖于h的常数.

在(5.1.178)中, 若使用中点积分公式, 便得到

$$\begin{aligned}F(q_k,q_{k+1})&=\frac{1}{t_{k+1}-t_k}\int_{t_k}^{t_{k+1}}V\Big(\frac{t_{k+1}-t}{t_{k+1}-t_k}q_k+\frac{t-t_k}{t_{k+1}-t_k}q_{k+1}\Big)\,\mathrm{d}t\\&\approx V\Big(\frac{q_k+q_{k+1}}{2}\Big).\end{aligned}$$

在这种情形, (5.1.179)就是(5.1.169). 也可对(5.1.178)利用梯形数值积分公式等, 从而得到其他的离散Lagrange函数.

3. **函数的高阶有限元近似**

现考虑分片2次插值多项式, 由此可得到高阶离散Lagrange函数. 为达到此目的, 在每一个区间$I_k=[t_k,t_{k+1}]$增加1个辅助节点$t_{k+\frac12}$. 存在两类2次基函数: $\phi_k(t)$(对于节点t_k)和$\phi_{k+\frac12}(t)$ (对于节点$t_{k+\frac12}$), 它们满足:

$$\begin{aligned}&\phi_k(t_i)=\delta_i^k, &&\phi_k(t_{m+\frac12})=0,\\&\phi_{l+\frac12}(t_{m+\frac12})=\delta_l^m, &&\phi_{l+\frac12}(t_i)=0,\end{aligned}$$

这里$i,k=0,1,\cdots,N;\ l,m=0,1,\cdots,N-1$.

列举基函数如下:

$$\phi_0(t)=\begin{cases}\Big(\dfrac{2(t-t_0)}{h_0}-1\Big)\Big(\dfrac{t-t_0}{h_0}-1\Big), & t_0\le t\le t_1,\\ 0, & \text{其他情况},\end{cases}\tag{5.1.183}$$

$$\phi_N(t)=\begin{cases}\Big(\dfrac{2(t_N-t)}{h_{N-1}}-1\Big)\Big(\dfrac{t_N-t}{h_{N-1}}-1\Big), & t_{N-1}\le t\le t_N,\\ 0, & \text{其他情况},\end{cases}\tag{5.1.184}$$

对于$k=1,2,\cdots,N-1$,

$$\phi_k(t)=\begin{cases}\Big(\dfrac{2(t_k-t)}{h_{k-1}}-1\Big)\Big(\dfrac{t_k-t}{h_{k-1}}-1\Big), & t_{k-1}\le t\le t_k,\\ \Big(\dfrac{2(t-t_k)}{h_k}-1\Big)\Big(\dfrac{t-t_k}{h_k}-1\Big), & t_k\le t\le t_{k+1},\\ 0, & \text{其他情况},\end{cases}\tag{5.1.185}$$

对于$l=0,1,\cdots,N-1$,

$$\phi_{l+\frac{1}{2}}(t)=\begin{cases}4\frac{t-t_l}{h_l}\Big(1-\frac{t-t_l}{h_l}\Big), & t_l\leq t\leq t_{l+1},\\ 0, & \text{其他情况}.\end{cases} \tag{5.1.186}$$

利用这些基函数来构造$H^1[a,b]$的子空间$V_{h^2}[a,b]$:

$$q_{h^2}(t)=l\sum_{k=0}^{N}q_k\phi_k(t)+\sum_{k=0}^{N-1}q_{k+\frac{1}{2}}\phi_{k+\frac{1}{2}}(t),\quad q_{h^2}(t)\in V_{h^2}[a,b]. \tag{5.1.187}$$

在子空间$V_{h^2}[a,b]$上, 作用泛函(5.1.171)变为

$$\begin{aligned}S(q_{h^2}(t)) &= \int_a^b L\big(t,q_{h^2}(t),\dot q_{h^2}(t)\big)\,\mathrm{d}t\\ &= \sum_{k=0}^{N-1}\int_{t_k}^{t_{k+1}} L\left(t,q_{h^2}(t),\dot q_{h^2}(t)\right)\mathrm{d}t\\ &= \sum_{k=0}^{N-1}\mathbb{L}\left(t_k,q_k,q_{k+\frac{1}{2}},t_{k+1},q_{k+1}\right)(t_{k+1}-t_k),\end{aligned} \tag{5.1.188}$$

其中

$$\mathbb{L}(t_k,q_k,q_{k+\frac{1}{2}},t_{k+1},q_{k+1})\frac{1}{t_{k+1}-t_k}\int_{t_k}^{t_{k+1}}L\big(t,q_{h^2}(t),\dot q_{h^2}(t)\big)\,\mathrm{d}t. \tag{5.1.189}$$

对离散作用(5.1.188), 有

$$\begin{aligned}&\mathrm{d}\mathbb{S}\left(q_0,q_{\frac{1}{2}},q_1,\cdots,q_{N-1+\frac{1}{2}},q_N\right)\cdot\left(\delta q_0,\delta q_{\frac{1}{2}},\delta q_1,\cdots,\delta q_{N-1+\frac{1}{2}},\delta q_N\right)\\ =&\sum_{k=0}^{N-1}\left(D_2\mathbb{L}\left(w_k\right)\delta q_k+D_3\mathbb{L}\left(w_k\right)\delta q_{k+\frac{1}{2}}+D_5\mathbb{L}\left(w_k\right)\delta q_{k+1}\right)(t_{k+1}-t_k)\\ =&\sum_{k=0}^{N-1}\left(D_2\mathbb{L}\left(w_k\right)\delta q_k+D_3\mathbb{L}\left(w_k\right)\delta q_{k+\frac{1}{2}}\right)(t_{k+1}-t_k)\\ &+\sum_{k=1}^{N}D_5\mathbb{L}\left(w_k\right)(t_k-t_{k-1})\,\delta q_k\\ =&\sum_{k=1}^{N-1}\left(D_2\mathbb{L}\left(w_k\right)(t_{k+1}-t_k)+D_5\mathbb{L}\left(w_{k-1}\right)(t_k-t_{k-1})\,\delta q_k\right)\\ &+\sum_{k=0}^{N-1}D_3\mathbb{L}\left(w_k\right)\delta q_{k+\frac{1}{2}}(t_{k+1}-t_k)\\ &+D_2\mathbb{L}\left(w_0\right)(t_1-t_0)\,\delta q_0+D_5\mathbb{L}\left(w_{N-1}\right)(t_N-t_{N-1})\,\delta q_N,\end{aligned} \tag{5.1.190}$$

其中

$$w_k = (t_k, q_k, q_{k+\frac{1}{2}}, t_{k+1}, q_{k+1}), \quad k = 0, 1, \cdots, N-1.$$

从(5.1.190), 可得到离散Euler-Lagrange方程:

$$D_2\mathbb{L}\,(w_k)(t_{k+1} - t_k) + D_5\mathbb{L}\,(w_{k-1})(t_k - t_{k-1}) = 0, \tag{5.1.191}$$

$$D_3\mathbb{L}\,(t_k, q_k, q_{k+\frac{1}{2}}, t_{k+1}, q_{k+1}) = 0, \tag{5.1.192}$$

$$D_3\mathbb{L}\,(t_{k-1}, q_{k-1}, q_{k-1+\frac{1}{2}}, t_k, q_k) = 0. \tag{5.1.193}$$

可从(5.1.192)和(5.1.193)来分别求解$q_{k+\frac{1}{2}}$和$q_{k-1+\frac{1}{2}}$, 然后把它们代入(5.1.191), 最后求解q_{k+1}. 因此, 离散Euler-Lagrange方程(5.1.191) – (5.1.193)能确定一个离散流

$$\Psi : M \times M \longrightarrow M \times M,$$
$$\Psi(t_{k-1}, q_{k-1}, t_k, q_k) = (t_k, q_k, t_{k+1}, q_{k+1}).$$

从(5.1.190)可以定义两个1-形式:

$$\Theta_{\mathbb{L}}^{v-}\,(t_k, q_k, q_{k+\frac{1}{2}}, t_{k+1}, q_{k+1}) = D_2\mathbb{L}(t_k, q_k, q_{k+\frac{1}{2}}, t_{k+1}, q_{k+1})(t_{k+1} - t_k)\,\mathrm{d}q_k$$

和

$$\Theta_{\mathbb{L}}^{v+}\,(t_k, q_k, q_{k+\frac{1}{2}}, t_{k+1}, q_{k+1}) = D_5\mathbb{L}\,(t_k, q_k, q_{k+\frac{1}{2}}, t_{k+1}, q_{k+1})(t_{k+1} - t_k)\,\mathrm{d}q_{k+1}.$$

利用Marsden等人[MPS98]的方法, 可以证明

$$\Psi^*(\mathrm{d}\Theta_{\mathbb{L}}^{v+}) = -\mathrm{d}\Theta_{\mathbb{L}}^{v-}. \tag{5.1.194}$$

从$\Theta_{\mathbb{L}}^{v-}$和$\Theta_{\mathbb{L}}^{v+}$的定义, 有

$$\Theta_{\mathbb{L}}^{v-} + \Theta_{\mathbb{L}}^{v+} = \mathrm{d}((t_{k+1} - t_k)\mathbb{L}) - D_3\mathbb{L}\,(t_k, q_k, q_{k+\frac{1}{2}}, t_{k+1}, q_{k+1})(t_{k+1} - t_k)\,\mathrm{d}q_{k+\frac{1}{2}}. \tag{5.1.195}$$

从(5.1.192), 可得到$D_3\mathbb{L}\,(t_k, q_k, q_{k+\frac{1}{2}}, t_{k+1}, q_{k+1}) = 0$, 因此

$$\Theta_{\mathbb{L}}^{v-} + \Theta_{\mathbb{L}}^{v+} = \mathrm{d}((t_{k+1} - t_k)\,\mathbb{L}).$$

这意味着

$$\mathrm{d}\Theta_{\mathbb{L}}^{v-} = \mathrm{d}\Theta_{\mathbb{L}}^{v+}. \tag{5.1.196}$$

从(5.1.194)和(5.1.196)可得到

$$\Psi^*(\Omega_{\mathbb{L}}^{v}) = \Omega_{\mathbb{L}}^{v}, \tag{5.1.197}$$

其中$\Omega_{\mathbb{L}}^{v} = \mathrm{d}\Theta_{\mathbb{L}}^{v+}$.

对于经典的Lagrange函数(5.1.167), 根据(5.1.187)和(5.1.189)可得到

$$
\begin{aligned}
&\mathbb{L}\left(t_k, q_k, q_{k+\frac{1}{2}}, t_{k+1}, q_{k+1}\right)\\
=&\ \frac{1}{t_{k+1}-t_k}\int_{t_k}^{t_{k+1}}\left(\frac{1}{2}(\dot{q}_{h^2}(t))^2 - V(q_{h^2}(t))\right)\mathrm{d}t\\
=&\ \frac{1}{2}\Big(\frac{1}{3}a^2(t_{k+1}^2+t_kt_{k+1}+t_k^2)+ab(t_k+t_{k+1})+b^2\Big) - G(q_k, q_{k+\frac{1}{2}}, q_{k+1}),
\end{aligned}
\tag{5.1.198}
$$

其中

$$
\begin{aligned}
a &= \frac{4}{h_k^2}\big(q_k+q_{k+1}-2q_{k+\frac{1}{2}}\big),\\
b &= \frac{1}{h_k^2}\big(4(t_k+t_{k+1})q_{k+\frac{1}{2}}-(3t_k+t_{k+1})q_{k+1}-(t_k+3t_{k+1})q_k\big);
\end{aligned}
$$

以及

$$
\begin{aligned}
&G(q_k, q_{k+\frac{1}{2}}, q_{k+1})\\
=&\ \frac{1}{t_{k+1}-t_k}\int_{t_k}^{t_{k+1}} V\big(q_kf_k(t)+q_{k+1}f_{k+1}(t)+q_{k+\frac{1}{2}}f_{k+\frac{1}{2}}(t)\big)\,\mathrm{d}t,
\end{aligned}
$$

其中

$$
\begin{aligned}
f_k(t) &= \Big(\frac{2(t-t_k)}{h_k}-1\Big)\Big(\frac{t-t_k}{h_k}-1\Big),\\
f_{k+1}(t) &= \Big(\frac{2(t_{k+1}-t)}{h_k}-1\Big)\Big(\frac{t_{k+1}-t}{h_k}-1\Big),\\
f_{k+\frac{1}{2}}(t) &= 4\frac{t-t_k}{h_k}\Big(1-\frac{t-t_k}{h_k}\Big).
\end{aligned}
$$

对于离散Lagrange函数 (5.1.198), 离散的 Euler-Lagrange 方程 (5.1.187) 和(5.1.191) – (5.1.193) 变为:

$$
a_1q_{k-1}+a_2q_k+a_3q_{k+1}+a_4q_{k-\frac{1}{2}}+a_5q_{k+\frac{1}{2}}-d_1h_k-d_2h_{k-1}=0,
\tag{5.1.199}
$$

$$
-\frac{8}{3h_k^2}\big(q_k+q_{k+1}-2q_{k+\frac{1}{2}}\big)-\frac{\partial G(q_k, q_{k+\frac{1}{2}}, q_{k+1})}{\partial q_{k+\frac{1}{2}}}=0,
\tag{5.1.200}
$$

$$
-\frac{8}{3h_{k-1}^2}\big(q_{k-1}+q_k-2q_{k-1+\frac{1}{2}}\big)-\frac{\partial G(q_{k-1}, q_{k-1+\frac{1}{2}}, q_k)}{\partial q_{k-1+\frac{1}{2}}}=0,
\tag{5.1.201}
$$

其中

$$d_1 = \frac{\partial G(q_k, q_{k+\frac{1}{2}}, q_{k+1})}{\partial q_k}, \quad d_2 = \frac{\partial G(q_{k-1}, q_{k-1+\frac{1}{2}}, q_k)}{\partial q_k},$$

$$a_1 = \frac{1}{3}\frac{1}{h_{k-1}}, \quad a_2 = \frac{7}{3}\Big(\frac{1}{h_{k-1}} + \frac{1}{h_k}\Big),$$

$$a_3 = \frac{1}{3}\frac{1}{h_k}, \quad a_4 = -\frac{8}{3}\frac{1}{h_{k-1}}, \quad a_5 = \frac{8}{3}\frac{1}{h_k}.$$

(5.1.199) – (5.1.201)的解保持离散的Lagrange 2-形式

$$\Big(\frac{1}{3h_k} - h_k \frac{\partial^2 G(q_k, q_{k+\frac{1}{2}}, q_{k+1})}{\partial q_k\, \partial q_{k+1}} - M\Big)\, \mathrm{d}q_k \wedge \mathrm{d}q_{k+1}, \tag{5.1.202}$$

其中

$$M = \frac{\Big(\frac{8}{3h_k} + h_k \frac{\partial^2 G(q_k, q_{k+\frac{1}{2}}, q_{k+1})}{\partial q_{k+\frac{1}{2}}\, \partial q_{k+1}}\Big)\Big(\frac{8}{3h_k} + h_k \frac{\partial^2 G(q_k, q_{k+\frac{1}{2}}, q_{k+1})}{\partial q_{k+\frac{1}{2}}\, \partial q_k}\Big)}{\Big(\frac{16}{3h_k} - h_k \frac{\partial^2 G(q_k, q_{k+\frac{1}{2}}, q_{k+1})}{\partial q^2_{k+\frac{1}{2}}}\Big)}.$$

若取固定的时间步长$h_{k-1} = h_k = h$, 那么(5.1.199) – (5.1.201)变为:

$$\frac{q_{k-1} - 8q_{k-\frac{1}{2}} + 14q_k - 8q_{k+\frac{1}{2}} + q_{k+1}}{3h^2} - d_1 - d_2 = 0, \tag{5.1.203}$$

$$-\frac{8}{3h^2}(q_k + q_{k+1} - 2q_{k+\frac{1}{2}}) - \frac{\partial G(q_k, q_{k+\frac{1}{2}}, q_{k+1})}{\partial q^2_{k+\frac{1}{2}}} = 0, \tag{5.1.204}$$

$$-\frac{8}{3h^2}(q_{k-1} + q_k - 2q_{k-1+\frac{1}{2}}) - \frac{\partial G(q_{k-1}, q_{k-1+\frac{1}{2}}, q_k)}{\partial q_{k-1+\frac{1}{2}}} = 0, \tag{5.1.205}$$

它保持

$$\Big(\frac{1}{3h} - h \frac{\partial^2 G(q_k, q_{k+\frac{1}{2}}, q_{k+1})}{\partial q_k\, \partial q_{k+1}} - M\Big)\, \mathrm{d}q_k \wedge \mathrm{d}q_{k+1}, \tag{5.1.206}$$

其中

$$M = \frac{\Big(\frac{8}{3h} + h \frac{\partial^2 G(q_k, q_{k+\frac{1}{2}}, q_{k+1})}{\partial q_{k+\frac{1}{2}}\, \partial q_{k+1}}\Big)\Big(\frac{8}{3h} + h \frac{\partial^2 G(q_k, q_{k+\frac{1}{2}}, q_{k+1})}{\partial q_{k+\frac{1}{2}}\, \partial q_k}\Big)}{\Big(\frac{16}{3h} - h \frac{\partial^2 G(q_k, q_{k+\frac{1}{2}}, q_{k+1})}{\partial q^2_{k+\frac{1}{2}}}\Big)}.$$

假定q_k为(5.1.199) – (5.1.201)的解, 而$q(t)$为(5.1.181)的解, 那么根据有限元方法的误差估计理论, 则有

$$\|q(t) - q_{h^2}(t)\| \leq Ch^3, \tag{5.1.207}$$

其中

$$
\begin{aligned}
q_{h^2}(t) &= \sum_{k=0}^{N} q_k\phi_k(t) + \sum_{k=0}^{N-1} q_{k+\frac{1}{2}}\phi_{k+\frac{1}{2}}(t),\\
h &= \max_k\{h_k\}, \quad h_k = t_{k+1} - t_k,
\end{aligned}
$$

而C为不依赖于h 的常数. 计算时可考虑分片m次多项式插值. 为达到此目的, 在每一个区间$I_k=[t_k,t_{k+1}]$ 增加$m-1$个辅助节点$t_{k+\frac{l}{m}}$ $(l=1,2,\cdots,m-1)$. 存在两类基函数: $\phi_k(t)$ (对于节点t_k)和$\phi_{k+\frac{l}{m}}(t)$ (对于节点$t_{k+\frac{l}{m}}$), 它们满足:

$$
\begin{aligned}
&\phi_k(t_i)=\delta_i^k, \quad \phi_k(t_{s+\frac{l}{m}})=0, \quad \phi_{r+\frac{l}{m}}(t_{s+\frac{q}{m}})=\delta_r^s\delta_l^q, \quad \phi_{r+\frac{l}{m}}(t_i)=0,\\
&i,k=0,1,\cdots,N; \quad r,s=0,1,\cdots,N-1; \quad l,q=1,2,\cdots,m-1.
\end{aligned}
$$

利用这些基函数, 可构造$H^1[a,b]$的子空间$V_{h^m}[a,b]$:

$$
q_{h^m}(t)=\sum_{k=0}^{N} q_k\,\phi_k(t)+\sum_{k=0}^{N-1}\sum_{l=1}^{m-1} q_{k+\frac{l}{m}}\phi_{k+\frac{l}{m}}(t), \quad q_{h^m}(t)\in V_{h^m}[a,b].
$$

用同样的方法, 可得到相应的积分子.

在以上的讨论中, 时间步长t_k为参数. 由前面知道, 在Lee离散力学中, 时间步长t_k为变量. 有限元方法同样适用于Lee离散力学. 对于用有限元方法得到的离散Lagrange函数(5.1.177), Lee积分子(5.1.57) – (5.1.59) 变为:

$$
\Big(\frac{q_{k+1}-q_k}{t_{k+1}-t_k}-\frac{q_k-q_{k-1}}{t_k-t_{k-1}}\Big)+\frac{\partial F(w_k)}{\partial q_k}h_k+\frac{\partial F(w_{k-1})}{\partial q_k}h_{k-1}=0,
$$

$$
\begin{aligned}
&\frac{1}{2}\Big(\frac{q_{k+1}-q_k}{t_{k+1}-t_k}\Big)^2+F(w_k)-\frac{\partial F(w_k)}{\partial t_k}h_k\\
=\ &\frac{1}{2}\Big(\frac{q_k-q_{k-1}}{t_k-t_{k-1}}\Big)^2+F(w_{k-1})+\frac{\partial F(w_{k-1})}{\partial t_k}h_{k-1}.
\end{aligned}
$$

对于高阶离散Lagrange函数, 可得到类似的公式.

§5.2 多辛几何

§5.2.1 多辛几何基本知识

首先介绍构形丛、Jet (bundles)丛以及对偶Jet丛的概念, 它们分别是质点力学中构形空间、切空间和余切空间的类似物.

1. **构形丛和射丛**

定义 5.2.1 一个协变的构形丛是一个有限维的纤维丛(Y, X, π_{XY}), Y是丛空间, 它是过X的纤维丛, X是底空间, π_{XY}是丛投影, 即$\pi_{XY}: Y \to X$.

通常X是时间–空间流形. $\forall x \in X, \pi_{XY}^{-1}(x)$称为$Y$上的纤维, 记作$Y_x$, 而所讨论的变分问题的极值是这个丛的一个截面.

从Y映射到X, 可形象地称为“从楼上到楼下”. 那么, 根据映射的推进定义, 由$\pi: Y \to X$诱导出的切映射$T\pi_{XY}: T_yY \to T_xX$ 也可“从楼上到楼下”.

为了简单, 仅以 1 阶射丛为例, 介绍射丛及对偶射丛的概念. 设 T_xX 表示 X 在 x 点的切空间, $T\pi_{XY}\cdot w$ 表示映射 π_{XY} 沿着方向w 的方向导数.

定义 5.2.2 以$J^1(Y)$表示构形丛的1阶Jet丛, $J^1(Y)$在$y \in Y_x = \pi_{XY}^{-1}(x)$, $x \in X$ 点的纤维在T_xX上由满足条件

$$T\pi_{XY} \circ \gamma = I \quad (\text{单位映射})$$

的线性映射$\gamma: T_xX \to T_yY$构成.

换句话说, 1阶射丛$J^1(Y)$是一个仿射丛, $J^1(Y)$上的每根纤维(切丛推广)是上面所有线性映射γ的集合.

定义 5.2.3 垂直子丛VY由所有$\{v\}$组成, 满足

$$VY = \{v \in TY \mid T\pi_{XY}\cdot v = 0\},$$

其中$T\pi_{XY}\cdot v$表示π_{XY}沿v方向的微分. 显然$VY \subset TY$, 且$T_yY = \text{image}\,\gamma \oplus V_yY$.

在局部坐标意义下, 用x_μ $(\mu = 0, 1, \cdots, n)$表示X上的纤维坐标. 一般, 用x_0表示时间坐标, 用y^A $(A = 1, \cdots, n)$表示Y上的纤维坐标, 这样$J^1(Y)$纤维的坐标是$v^A{}_\mu$.

例 5.2.1 $\pi(t, x, \phi) \to (t, x)$.

$$T\pi_{XY}\cdot v = \begin{bmatrix} 1 & 0 & 0 \\ 0 & 1 & 0 \end{bmatrix} \begin{bmatrix} \dfrac{\partial}{\partial t} \\ \dfrac{\partial}{\partial x} \\ \dfrac{\partial}{\partial \phi} \end{bmatrix} = 0.$$

由此可见, 垂直向量场是指与底空间无关的向量场.

2. **协变的Legendre 变换**

设变分问题的Lagrange密度$\mathcal{L}: J^1(\varphi) \to \Lambda^{n+1}(X)$.

$$\mathcal{L}\left(J^1(\varphi)\right) = L\left(J^1(\varphi)\right)\mathrm{d}^{n+1}x = L(x^\mu, y^A, v^A{}_\mu)\,\mathrm{d}^{n+1}x.$$

相应于Lagrange密度,作用函数$S(\varphi)$定义为

$$S(\varphi) = \int L\big(J^1(\varphi)\big)\,\mathrm{d}^{n+1}x. \tag{5.2.1}$$

协变的Legendre变换$\mathcal{FL}$: $J^1(Y) \to J^1(Y)^*$可定义为

$$\mathcal{FL}(\gamma)\,\gamma' = \mathcal{L}(\gamma) + \frac{\mathrm{d}}{\mathrm{d}\varepsilon}\Big|_{\varepsilon=0}\mathcal{L}\big(\gamma + \varepsilon(\gamma' - \gamma)\big).$$

这里$\gamma,\ \gamma' \in J^1(Y)_y$, $\mathcal{FL}$的坐标表示为:

$$p_A{}^\mu = \frac{\partial L}{\partial v^A{}_\mu}, \quad p = L - \frac{\partial L}{\partial v^A{}_\mu}v^A{}_\mu.$$

这样通过Legendre变换的拉回作用, 可定义切从J^1Y上的$n+1$和$n+2$形式:

$$\theta_{\mathcal{L}} = \mathcal{FL}^*\theta, \quad \Omega_{\mathcal{L}} = -\mathrm{d}\theta_{\mathcal{L}} = \mathcal{FL}^*\Omega.$$

这个$n+1$形式$\theta_{\mathcal{L}}$又被叫为Cartan形式, 它的坐标表示为:

$$\theta_{\mathcal{L}} = \frac{\partial L}{\partial v^A{}_\mu}\mathrm{d}y^A \wedge \mathrm{d}^n x_\mu + \left(L - \frac{\partial L}{\partial v^A{}_\mu}v^A{}_\mu\right)\mathrm{d}^{n+1}x,$$

$$\Omega_{\mathcal{L}} = \mathrm{d}y^A \wedge \mathrm{d}\left(\frac{\partial L}{\partial v^A{}_\mu}\right) \wedge \mathrm{d}^n x_\mu - \mathrm{d}\left(L - \frac{\partial L}{\partial v^A{}_\mu}v^A{}_\mu\right) \wedge \mathrm{d}^{n+1}x.$$

其中

$$\mathrm{d}^{n+1}x = \mathrm{d}x^0 \wedge \mathrm{d}x^1 \wedge \cdots \wedge \mathrm{d}x^n, \quad \mathrm{d}^n x_\mu = \partial_\mu \,\lrcorner\, \mathrm{d}^{n+1}x, \quad \partial_\mu = \frac{\partial}{\partial x^\mu}.$$

可通过Legendre变换定义协变的Hamilton $\mathcal{H}$: $P_{\mathcal{L}} = F\mathcal{L}\big(J^1(Y)\big) \to \Lambda^{n+1}(X)$:

$$\mathcal{H}(z) = D\mathcal{L}(\gamma)\,\gamma - \mathcal{L}(\gamma),$$

其中$z = F\mathcal{L}(\gamma)$, 在坐标表示下

$$\mathcal{H} = H\,\mathrm{d}^{n+1}x = \left(\frac{\partial L}{\partial v^A{}_\mu}v^A{}_\mu - L\right)\mathrm{d}^{n+1}x.$$

3. **对偶射丛**

同样, $J^1(Y)^*$的纤维坐标用$(p,\ p_A{}^\mu)$来表示, 则仿射映射f在坐标意义下为

$$v^A{}_\mu \longmapsto (p + p_A{}^\mu v^A{}_\mu)\,\mathrm{d}^{n+1}x,$$

其中$\mathrm{d}^{n+1}x = \mathrm{d}x^1 \wedge \cdots \wedge \mathrm{d}x^n \wedge \mathrm{d}x^0$. 类似常微情形, 首先在余切丛$J^1(Y)^*$定义典则的$n+1$形式和$n+2$形式. $\Phi:\ Z \to J^1(Y)^*$是Z到$J^1(Y)^*$的丛映射, 被定义为

$$\Phi(z)(\gamma) = \gamma^* z \in \Lambda^{n+1}(X)_x,$$

其中$Z \subset \Lambda = \Lambda^{n+1}(Y)$, 它的纤维是由

$$Z_y = \{z \in \Lambda_y \mid i_v i_w z = 0,\ \text{对所有}\ v,\ w \in V_yY\}$$

组成, 这里i_v表内积. 在坐标意义下, Z中元素可表示为

$$z = p\,\mathrm{d}^{n+1}x + p_A{}^\mu\,\mathrm{d}y^A \wedge \mathrm{d}^n x_\mu,$$

这里$\mathrm{d}^n x_\mu = i_{\frac{\partial}{\partial x_\mu}}\mathrm{d}^{n+1}x$. 注意到$\gamma^*\,\mathrm{d}x^\mu = \mathrm{d}x^\mu$和$\gamma^*\,\mathrm{d}y^A = v^A{}_\mu\,\mathrm{d}x^\mu$, 有

$$\gamma^*(p\mathrm{d}^{n+1}x + p_A{}^\mu\,\mathrm{d}y^A \wedge \mathrm{d}^n x_\mu) = (p + p_A{}^\mu v^A{}_\mu)\,\mathrm{d}^{n+1}x,$$

从上面可知, Φ在Z和$J^1(Y)^*$之间定义了一同态映射.

在Λ上定义典则的$n+1$形式θ_Λ:

$$\begin{aligned}\theta_\Lambda(z)(u_1,\cdots,u_{n+1}) &= z(T\pi_{Y\Lambda}\cdot u_1,\cdots,T\pi_{Y\Lambda}\cdot u_{n+1})\\ &= (\pi^*_{Y\Lambda}z)(u_1,\cdots,u_{n+1}),\end{aligned}$$

这里$z \in \Lambda,\ u_1,\cdots,u_{n+1} \in T_z\Lambda$. $\Omega_\Lambda = -\mathrm{d}\theta_\Lambda$是定义在$\Lambda$上的$n+2$形式, 通过映射$i_{\Lambda Z}:\ Z \to \Lambda$的拉回作用，在$Z$上的$n+1$形式和$n+2$形式可被定义为:

$$\theta = i^*_{\Lambda Z}\theta_\Lambda, \quad \Omega = -\mathrm{d}\theta = i^*_{\Lambda Z}\Omega_\Lambda,$$

在坐标意义下易计算:

$$\theta = p_A{}^\mu\,\mathrm{d}y^A \wedge \mathrm{d}^n x_\mu + p\,\mathrm{d}^{n+1}x,$$

$$\Omega = \mathrm{d}y^A \wedge \mathrm{d}p_A{}^\mu \wedge \mathrm{d}^n x - \mathrm{d}p \wedge \mathrm{d}^{n+1}x.$$

4. **高阶Jet 丛**

在这里简要介绍一下高阶 Jet 丛.

考虑k 阶Lagrange密度, 它可被看作一个映射$\mathcal{L}$: $J^k(Y)\to\Lambda^{n+1}(X)$, J^kY表示Y的k阶Jet丛, 这个丛能被从$J^1(\cdots(J^1(Y)))$诱导生成. 当$k=1$时，1阶Jet丛$J^1(Y)$是1阶场论的相应的构形丛, 1 阶场论的Lagrange函数是只依赖时空位置、场和场的1 阶微分. 显然, 1 阶场论的许多理论可被推广到k阶场. 在k阶场论里, Lagrange函数不仅依赖场的1 阶微分, 同时还依赖场的2阶微分直至k阶微分. 下面具体来说明.

定义 5.2.4 k 阶Jet 丛是定义在空间$J^{k-1}Y$ 上的仿射丛, 在$J^{k-1}(Y)$ 的每一点, $\gamma\in J^{k-1}(Y)_y$ 的一条纤维由一族线性映射s组成, $s: T_xX\to T_\gamma J^{k-1}(Y)$, 且$s$满足:

$$T\pi_{X,J^{k-1}Y}\circ s=\text{Identity},\quad 在\ T_xX.$$

可定义截面φ : $X\to Y$的k 阶Jet 延拓$J^k(\varphi)=J^1(\cdots J^1(\varphi))$, 它表示一个从$x$ 到$T_xJ^{k-1}(\varphi)$ 的映射, 其中$J^{k-1}(\varphi)$ 是从$J^{k-1}(Y)$ 的截面. 如果X 有局部坐标x^μ $(\mu=1,2,\cdots,n,0)$, Y 上的沿纤维$Y_x=\pi_{XY}^{-1}(x)$ 的坐标是y^A $(A=1,2,\cdots,N)$, 其中$x\in X, N$ 表示Y 的纤维维数, 则$J^k(\varphi)$ 的坐标表示为:

$$x^\mu\longmapsto\big(x^\mu,\varphi^A(x^\mu),\partial_{\mu_1}\varphi^A(x^\mu),\cdots,\partial_{\mu_k}\partial_{\mu_{k-1}}\cdots\partial_{\mu_1}\varphi^A(x^\mu)\big).$$

同样使用记号$\varphi^A_{\mu_1\cdots\mu_k}=\partial_{\mu_k}\cdots\partial_{\mu_1}\varphi^A$表示$k$阶偏微分.

$J^r(Y)\to X$的一个截面ϱ被称为s-holonomic，如果$\pi^r_s\circ\varrho=J^s(\pi^r_0\circ\varrho)$，这里$J^0Y=Y$, $\pi^0=\pi$，并且有下面的交换关系:

$$\begin{array}{ccc}
J^rY & \xrightarrow{\pi^r_s} & J^sY\\
\Big\downarrow{\scriptstyle\pi^r_0} & & \Big\downarrow{\scriptstyle\pi^s}\\
Y & \xrightarrow[\pi]{} & X
\end{array}$$

对给定的k 阶Lagrange 密度$\mathcal{L}$: $J^k(Y)\to\Lambda^{n+1}(X)$, 其中$\Lambda^{n+1}(X)$ 是X 上的$n+1$ 形式所构成的丛, 在坐标意义下, 可写为

$$\mathcal{L}(s)=L(x^\mu,y^A,y^A{}_{\mu_1},\cdots,y^A{}_{\mu_1\cdots\mu_k})w,$$

在这里$w=\mathrm{d}x^1\wedge\cdots\mathrm{d}x^n\wedge\mathrm{d}x^0$. 已知$k$阶Lagrange 场的基本的几何结构是Cartan 形式$\theta_{\mathcal{L}}$. 但是, 如果$k>1$ 和$n>0$, 则这个Cartan 形式不惟一. 但幸运的是总还能找到一个全局定义在$J^{2k}(Y)$ 上的Euler-Lagrange 形式, 在坐标意义下, 它可被表示为

$$\sum_{|\mu|=0}^{k}(-1)^{|\mu|}\frac{\mathrm{d}^{|\mu|}}{\mathrm{d}x^\mu}\Big(\frac{\partial L}{\partial y^A{}_\mu}\Big)=0,$$

这样对L总可以构造如下的Cartan形式:

$$\begin{aligned}\theta_{\mathcal{L}} &= (L - p_A{}^{\mu_1} y^A{}_{\mu_1} - \cdots - p_A{}^{\mu_1\cdots\mu_k} y^A{}_{\mu_1\cdots\mu_k})\, w \\ &\quad + (p_A{}^{\nu}\,\mathrm{d}y^A + \cdots + p_A{}^{\mu_1\cdots\mu_{k-1}\nu}\,\mathrm{d}y^A{}_{\mu_1\cdots\mu_{k-1}}) \wedge w_\nu,\end{aligned}$$

其中

$$\begin{aligned}p_A{}^{\mu_1\cdots\mu_k} &= \frac{\partial L}{\partial y^A{}_{\mu_1\cdots\mu_k}}, \\ &\vdots \\ p_A{}^{\mu_1\cdots\mu_s} &= \frac{\partial L}{\partial y^A{}_{\mu_1\cdots\mu_s}} - \frac{\partial p_A{}^{\mu_1\cdots\mu_s\nu}}{\partial x^\nu}, \\ &\vdots \\ p_A{}^{\mu_1} &= \frac{\partial L}{\partial y^A{}_{\mu_1}} - \frac{\partial p_A{}^{\mu_1\nu}}{\partial x^\nu}, \\ w_\nu &= i_{\frac{\partial}{\partial x^\nu}}\, w.\end{aligned}$$

$\Omega_{\mathcal{L}} = -\mathrm{d}\theta_{\mathcal{L}}$表示定义在$J^{2k-1}(Y)$上的多辛形式.

用$\Lambda:\ \Lambda^{n+1}(J^{k-1}(Y))$表示$J^{k-1}(Y)$上的$n+1$形式, Z^{k-1}表示它的子丛, 被定义为

$$Z^{k-1} = \{z \in \Lambda \mid i_v i_w z = 0,\ 对所有\ v,\ w \in V_y J^{k-1}(Y)\},$$

其中$V_y J^{k-1}(Y)$是垂直丛$VJ^{k-1}(Y)$在y的纤维, 即

$$V_y J^{k-1}(Y) = \{v \in T_y J^{k-1}(Y) \mid T\pi_{X,J^{k-1}(Y)} v = 0\}.$$

对任意$v_1, \cdots, v_{n+1} \in T_z\Lambda$, 定义$\Lambda$上的$n+1$形式为

$$\begin{aligned}\theta_\Lambda(z)(v_1, \cdots, v_{n+1}) &= z(T\pi_{J^{k-1}(Y),\Lambda} v_1, \cdots, T\pi_{J^{k-1}(Y),\Lambda} v_{n+1}) \\ &= (\pi^*_{X,J^{k-1}(Y),\Lambda} z)(v_1, \cdots, v_{n+1}).\end{aligned}$$

$z \in Z^{k-1}$有坐标表示:

$$z = p\,\mathrm{d}^{n+1} x + (p_A{}^{\nu}\,\mathrm{d}y^A + \cdots + p_A{}^{\mu_1\cdots\mu_{k-1}\nu}\,\mathrm{d}y^A{}_{\mu_1\cdots\mu_k}) \wedge \mathrm{d}^n x_\mu.$$

通过映射$i_{\Lambda Z^{k-1}}$的拉回作用可定义Z^{k-1}上的形式 θ:

$$\begin{aligned}\theta &= i^*_{\Lambda Z^{k-1}} \theta_\Lambda \\ &= p\,\mathrm{d}^{n+1} x + (p_A{}^{\nu}\,\mathrm{d}y^A + \cdots + p_A{}^{\mu_1\cdots\mu_{k-1}\nu}\,\mathrm{d}y^A{}_{\mu_1\cdots\mu_k}) \wedge \mathrm{d}^n x_\mu.\end{aligned}$$

令$\Omega = -\mathrm{d}\theta$, 则$(Z^{k-1},\ \Omega)$是对偶于$(J^{2k-1}(Y),\ -\mathrm{d}\theta_{\mathcal{L}})$的多辛流形.

§5.2.2 多辛形式公式

这一节主要介绍Marsden关于从坐标表示意义下的变分原理和多辛形式公式(多辛公式)的导出. 多辛公式是有限维力学系统的相流保辛性质的推广, 在某种意义下, 它可以转化为Bridges的多辛守恒律. 从§5.2.1常微情形下的Marsden的新观点, 已看出由于它直接从变分原理出发, 理解作用泛函S为流形上的函数, 因此变分原理可以用微分形式的语言描述, 这样和以往不同, 不需通过协变的Legendre变换的拉回映射把余切丛定义的多辛形式返回到Lagrange意义下的多辛形式, 可直接在变分原理的形式下去研究PDE的解性质. 我们从在流形上定义的作用函数开始.

1. **经典理论的变分原理**

定义 5.2.5 令U是一个具有光滑边界的光滑流形, 定义一个光滑映射集:

$$C^\infty = \{\varphi : U \longrightarrow Y \mid \pi_{XY} \circ \varphi : U \longrightarrow X \text{ 是一嵌入}\}.$$

对每个$\varphi \in C^\infty$，令$\varphi_X = \pi_{XY} \circ \varphi$, $U_X = \pi_{XY} \circ \varphi(U)$, 因此$\varphi_X : U \to U_X$是微分同胚. 已知在一般情况下, 李群$G$常被作为某个流形$M$上的变换群, 也即可把$G$中的每个元$g$看作是从$M$到$M$的映射, G的一个无穷小生成子就是一个向量场, 由这个向量场所定义的流是G中的元, 所以截面φ的变分等同于李群作用.

现给出下面的定义.

定义 5.2.6 令G是李群, $\mathbf{g}$是它的李代数, 定义一个李群作用$\Phi : G \times \mathcal{C} \to \mathcal{C}$,

$$\Phi(\zeta_Y, \varphi) = \zeta_Y \circ (\varphi \circ \varphi_X^{-1}) \circ \zeta_X^{-1},$$

其中$\zeta_Y : Y \to Y$是π_{XY}丛的自同构映射, $\zeta_X : X \to X$是π_{XY}丛的微分同胚映射, ζ_Y覆盖ζ_X, 其中$\mathcal{C}$是$^\infty$在某种拓扑意义下的完备化空间. 这个李群作用Φ就相当于给$\varphi \circ \varphi_X^{-1}$作变分. 经典变分基本问题就是作用泛函在这个丛截面上的极值问题.

定义 5.2.7 在$\mathcal{C}$上的作用函数$\mathcal{S}$被定义为

$$\mathcal{S} = \int_{U_X} \mathcal{L}\big(j^1(\varphi \circ \varphi_X^{-1})\big). \tag{5.2.2}$$

变分原理问题就是寻求$\mathcal{S}$的极值问题, 也即

$$\frac{\mathrm{d}}{\mathrm{d}\lambda}\bigg|_{\lambda=0} \mathcal{S}\big(\Phi(\zeta_Y^\lambda, \varphi)\big) = 0, \tag{5.2.3}$$

其中$\lambda\mapsto\zeta_Y^\lambda$是$G$中任意光滑路径, 满足$\zeta_Y^0=\mathrm{e}$, 令$V\in T_\varphi\mathcal{C}$，它就是李群作用的无穷小生成子:

$$V=\frac{\mathrm{d}}{\mathrm{d}\lambda}\Big|_{\lambda=0}\Phi(\zeta_Y^\lambda,\varphi),\quad V_X=\frac{\mathrm{d}}{\mathrm{d}\lambda}\Big|_{\lambda=0}\zeta_X^\lambda.$$

沿着向量场V微分, 注意$\Phi(\zeta_Y^\lambda,\varphi)$是定义在$\zeta_X^\lambda\circ\varphi_X(U)$上的函数, 则(5.2.3)式变为

$$\begin{aligned}\mathrm{d}\mathcal{S}_\varphi V &= \frac{\mathrm{d}}{\mathrm{d}\lambda}\Big|_{\lambda=0}\int_{\zeta_X^\lambda\circ\varphi_X(U)}\mathcal{L}\big(j^1(\Phi(\zeta_Y^\lambda,\varphi))\big)\\ &= \int_{U_x}\frac{\mathrm{d}}{\mathrm{d}\lambda}\Big|_{\lambda=0}\mathcal{L}\big(j^1(\Phi(\zeta_Y^\lambda,\varphi))\big)\\ &\quad+\int_{U_X}\pounds_{V_X}\big(\mathcal{L}(j^1(\varphi\circ\varphi_X^{-1}))\big),\end{aligned}\tag{5.2.4}$$

$\pounds_{V_X}$表示Lie导数.

定理 5.2.1 设光滑的Lagrange密度$\mathcal{L}:J^1(Y)\to\Lambda^{n+1}(X)$, 则可证存在惟一的光滑截面$D_{EL}\mathcal{L}\in C^\infty(Y'',\Lambda^{n+1}(X)\otimes T^*Y)$和惟一的微分$n+1$形式$\theta_\mathcal{L}\in\Lambda^{n+1}(J^1(Y))$, 使得对任意$V\in T_\varphi\mathcal{C}$下式成立:

$$\mathrm{d}\mathcal{S}_\varphi V=\int_{U_X}D_{EL}\,\mathcal{L}\big(j^2(\varphi\circ\varphi_X^{-1})\big)V+\int_{\partial U_X}j^1(\varphi\circ\varphi_X^{-1})^*\big(i_{j^1(V)}\theta_\mathcal{L}\big).\tag{5.2.5}$$

在坐标意义下, Y''上的截面$D_{EL}\mathcal{L}$为:

$$\begin{aligned}&D_{EL}\mathcal{L}\big(j^2(\varphi\circ\varphi_X^{-1})\big)\\ =&\ \Big(\frac{\partial L}{\partial y^A}\big(j^1(\varphi\circ\varphi_X^{-1})\big)-\frac{\partial^2 L}{\partial x^\mu\,\partial v^A{}_\mu}\big(j^1(\varphi\circ\varphi_X^{-1})\big)\\ &-\frac{\partial^2 L}{\partial y^B\,\partial v^A{}_\mu}\big(j^1(\varphi\circ\varphi_X^{-1})\big)(\varphi\circ\varphi_X^{-1})^B{}_\mu\\ &-\frac{\partial^2 L}{\partial v^B_\nu\,\partial v^A{}_\mu}\big(j^1(\varphi\circ\varphi_X^{-1})\big)(\varphi\circ\varphi_X^{-1})^B{}_{\mu\nu}\Big)\,\mathrm{d}y^A\wedge\mathrm{d}^{n+1}x,\end{aligned}$$

$\theta_\mathcal{L}$ 就是Cartan 形式, 由坐标表示:

$$\theta_\mathcal{L}=\frac{\partial L}{\partial v^A{}_\mu}\,\mathrm{d}y^A\wedge\mathrm{d}^n x_\mu+\Big(L-\frac{\partial L}{\partial v^A{}_\mu}v^A{}_\mu\Big)\,\mathrm{d}^{n+1}x.\tag{5.2.6}$$

证明:设$V\in T_\varphi\mathcal{C}$, 且$V=V^\mu\dfrac{\partial}{\partial x^\mu}+V^A\dfrac{\partial}{\partial y^A}$, 可分解$V$为$V=V^h+V^v$, 其中

$$\begin{aligned}V_X &= T\pi_{XY}V=V^\mu\frac{\partial}{\partial x^\mu},\\ V^h &= T(\varphi\circ\varphi_X^{-1})V_X=\frac{(\partial\varphi\circ\varphi_X^{-1})^A}{\partial x^\mu}V^\mu\frac{\partial}{\partial y^A}+V^\mu\frac{\partial}{\partial x^\mu},\\ V^v &= \Big(V^A-V^\mu\frac{(\partial\varphi\circ\varphi_X^{-1})^A}{\partial x^\mu}\Big)\frac{\partial}{\partial y^A},\end{aligned}$$

则

$$\begin{aligned}
\mathrm{d}\mathcal{S}_\varphi V^v &= \int_{U_X} \frac{\mathrm{d}}{\mathrm{d}\lambda}\Big|_{\lambda=0} \mathcal{L}\big(j^1(\Phi(\zeta_Y^\lambda, \varphi))\big) \\
&= \int_{U_X} \left[\frac{\partial L}{\partial y^A}\big(j^1(\varphi \circ \varphi_X^{-1})\big)(V^v)^A \right. \\
&\quad \left. + \frac{\partial L}{\partial v^A{}_\mu}\big(j^1(\varphi \circ \varphi_X^{-1})\big)\frac{\partial (V^v)^A}{\partial x^\mu}\right] \mathrm{d}^{n+1} x, \\
\mathrm{d}\mathcal{S}_\varphi V^h &= \int_{\partial U_X} i_{V_X} \mathcal{L}\big(j^1(\varphi \circ \varphi_X^{-1})\big) \\
&= \int_{\partial U_X} i_{V^\mu \frac{\partial}{\partial x^\mu}} (L\, \mathrm{d}^{n+1} x).
\end{aligned}$$

细节见文献[MPS98]. ▲

注 5.2.1 若$\gamma \in J^1(Y)_y$, 有$\gamma^* \mathrm{d}x^\mu = \mathrm{d}x^\mu$, $\gamma^* \mathrm{d}y^A = v^A{}_\mu \, \mathrm{d}x^\mu$.

从上述定理的证明可以得到下面的推论.

推论 5.2.1 从定理5.2.1中得到的$\theta_{\mathcal{L}}$满足

$$\mathcal{L}(j^1(z)) = j^1(z)^* \theta_{\mathcal{L}},$$

其中$j^1(z)$称为holonomic 截面, 即满足$j^1(\pi_0^1 \circ j^1(z)) = j^1(z)$, 其中$\pi_0^1 : J^1(Y) \to Y$.

也可直接证明, 利用(5.2.6)计算

$$\big(j(\phi)\big)^* \theta_L = \frac{\partial L}{\partial v^A{}_\mu}\big(J^1(\phi)\big)\, \mathrm{d}\phi^A \wedge \mathrm{d}^n x_\mu + L\big(j^1(\phi)\big) - \frac{\partial L}{\partial v^A{}_\mu}\, \big(J^1(\phi) \phi^A{}_\mu\big)\, \mathrm{d}^{n+1} x,$$

其中右端第一项和第三项消去, 故得证.

也可利用这个结论和

$$j^1(\zeta_Y \circ \varphi \circ \varphi_X^{-1} \circ \zeta_X^{-1}) = j^1(\zeta_Y) \circ j^1(\varphi \circ \varphi_X^{-1}) \circ \zeta_X^{-1}$$

去证明, 则有

$$\begin{aligned}
\mathcal{L}\big(j^1(\Phi(\zeta_Y^\lambda, \varphi))\big) &= \big(j^1(\Phi(\zeta_Y^\lambda, \varphi))\big)^* \theta_{\mathcal{L}} \\
&= \zeta_X^{-1^*} j^1(\varphi \circ \varphi_X^{-1})^* j^1(\zeta_Y^\lambda)^* \theta_{\mathcal{L}},
\end{aligned}$$

重写(5.2.4)式为

$$\begin{aligned}
\mathrm{d}\mathcal{S}_\varphi V &= \int_{U_X} j^1(\varphi \circ \varphi_X^{-1})^* \pounds_{j^1(V)} \theta_{\mathcal{L}} \\
&= \int_{U_X} j^1(\varphi \circ \varphi_X^{-1})^* [i_{j^1(V)} \Omega_{\mathcal{L}}] + \int_{\partial U_X} j^1(\varphi \circ \varphi_X^{-1})^* [i_{j^1(V)} \theta_{\mathcal{L}}]. \qquad (5.2.7)
\end{aligned}$$

定义$\mathcal{P}$为满足Euler-Lagrange方程

$$\frac{\partial L}{\partial y^A}\big(j^1(\varphi\circ\varphi_X^{-1})\big)-\frac{\partial}{\partial x^\mu}\Big(\frac{\partial L}{\partial v^A{}_\mu}\big(j^1(\varphi\circ\varphi_X^{-1})\big)\Big)=0$$

的φ所组成的集合, 即

$$\mathcal{P}=\big\{\varphi\in\mathcal{C}\mid j^1(\varphi\circ\varphi_X^{-1})^*(i_W\Omega_{\mathcal{L}})=0,\ \text{对所有}\ W\in TJ^1(Y)\big\}.$$

定义 $\mathcal{F}$ 是 Euler-Lagrange 方程的首次变分, 即一个向量场, 它把 Euler-Lagrange 方程的解仍变为 Euler-Lagrange 方程的解.

$$\mathcal{F}=\left\{V\in T_\varphi\mathcal{C}\ \Big|\ \int_{U_X}j^1(\varphi\circ\varphi_X^{-1})^*\pounds_{j^1(V)}[i_W\Omega_{\mathcal{L}}]=0,\ \text{对所有}\ W\in TJ^1(Y)\right\}.$$

2. 多辛形式公式

定理 5.2.2 如果$\varphi\in\mathcal{P}$, 则对所有的$V,\ W\in\mathcal{F}$, 下式成立:

$$\int_{\partial U_X}j^1(\varphi\circ\varphi_X^{-1})^*\big[i_{j^1(V)}i_{j^1(W)}\Omega_{\mathcal{L}}\big]=0. \tag{5.2.8}$$

证明:首先定义两个从$T_\varphi\mathcal{C}$到$\mathbf{R}$ 的映射α 和β, 即

$$\alpha_\varphi V=\int_{U_X}j^1(\varphi\circ\varphi_X^{-1})^*[i_{j^1(V)}\Omega_{\mathcal{L}}]$$

和

$$\beta_\varphi V=\int_{\partial U_X}j^1(\varphi\circ\varphi_X^{-1})^*[i_{j^1(V)}\theta_{\mathcal{L}}],$$

根据1-形式的定义可知这两个映射确定了$\mathcal{C}$上的两个1-形式. 有了上面的定义, 则对任意的$V\in T_\varphi\mathcal{C}$, (5.2.4)式可写为

$$\mathrm{d}\mathcal{S}_\varphi V=\alpha_\varphi V+\beta_\varphi V.$$

注意到

$$\mathrm{d}\theta(V,W)=V\big[\theta(W)\big]-W\big[\theta(V)\big]-\theta([V,W]), \tag{5.2.9}$$

可知

$$\begin{aligned}0&=\mathrm{d}\mathrm{d}\mathcal{S}_\varphi(V,W)=V[\mathrm{d}\mathcal{S}_\varphi(W)]-W[\mathrm{d}\mathcal{S}_\varphi(V)]-\mathrm{d}\mathcal{S}_\varphi([V,W])\\&=V[\alpha_\varphi W]+V[\beta_\varphi W]-W[\alpha_\varphi V]-W[\beta_\varphi V]-\alpha_\varphi([V,W])-\beta_\varphi([V,W])\\&=\mathrm{d}\alpha(V,W)+\mathrm{d}\beta(V,W).\end{aligned}$$

下面主要利用(5.2.9)式估计$\mathrm{d}\alpha_\varphi(V,W)$和$\mathrm{d}\beta_\varphi(V,W)$. 令$W\in\mathcal{F}$, 它一定是某个对称群$G$的无穷小生成子, 即下式成立：

$$W=\frac{\mathrm{d}}{\mathrm{d}\varepsilon}\Big|_{\varepsilon=0}\zeta_Y^\varepsilon.$$

令$\varphi_\varepsilon=\zeta_Y^\varepsilon\circ\varphi$，根据定义有

$$\begin{aligned}\mathrm{d}\beta(V)W=W[\beta(V)(\varphi)] &= \frac{\mathrm{d}}{\mathrm{d}\varepsilon}\Big|_{\varepsilon=0}(\beta(V)(\varphi_\varepsilon))\\ &= \frac{\mathrm{d}}{\mathrm{d}\varepsilon}\Big|_{\varepsilon=0}\int_{\partial U_X} j^1(\varphi\circ\varphi_X^{-1})^* j^1(\zeta_Y^\varepsilon)^*[i_{j^1(V)}\theta_{\mathcal{L}}]\\ &= \int_{\partial U_X} j^1(\varphi\circ\varphi_X^{-1})^*\pounds_{j^1(W)}[i_{j^1(V)}\theta_{\mathcal{L}}].\end{aligned}$$

再利用公式

$$\mathcal{L}_{j^1(W)}(i_{j^1(V)}\theta_{\mathcal{L}})=i_{j^1(W)}\,\mathrm{d}(i_{j^1(V)}\theta_{\mathcal{L}})+\mathrm{d}(i_{j^1(W)}i_{j^1(V)}\theta_{\mathcal{L}}) \tag{5.2.10}$$

和Stokes定理得到

$$\begin{aligned}W[\beta(V)(\varphi)] &= \int_{\partial U_X} j^1(\varphi\circ\varphi_X^{-1})^*[i_{j^1(W)}\pounds_{j^1(V)}\theta_{\mathcal{L}}]\\ &\quad-\int_{\partial U_X} j^1(\varphi\circ\varphi_X^{-1})^*[i_{j^1(W)}i_{j^1(V)}\Omega_{\mathcal{L}}].\end{aligned}$$

同理, 有

$$\begin{aligned}V[\beta(W)(\varphi)] &= \int_{\partial U_X} j^1(\varphi\circ\varphi_X^{-1})^*[i_{j^1(V)}\pounds_{j^1(W)}\theta_{\mathcal{L}}]\\ &\quad-\int_{\partial U_X} j^1(\varphi\circ\varphi_X^{-1})^*[i_{j^1(V)}i_{j^1(W)}\Omega_{\mathcal{L}}].\end{aligned}$$

注意到

$$[j^1(V),j^1(W)]=j^1([V,W])$$

和

$$i_{[j^1(V),j^1(W)]}\theta_{\mathcal{L}}=\pounds_{j^1(V)}(i_{j^1(W)}\theta_{\mathcal{L}})-i_{j^1(W)}\pounds_{j^1(V)}\theta_{\mathcal{L}},$$

从而有

$$\begin{aligned}\beta([V,W])(\varphi) &= \int_{\partial U_X} j^1(\varphi\circ\varphi_X^{-1})^*[i_{j^1(V),j^1(W)}]\lrcorner\,\theta_{\mathcal{L}}\\ &\quad\cdot\int_{\partial U_X} j^1(\varphi\circ\varphi_X^{-1})^*\big[\pounds_{j^1(V)}(i_{j^1(W)}\theta_{\mathcal{L}})+i_{j^1(V)}\pounds_{j^1(V)}\Omega_{\mathcal{L}}\big].\end{aligned}$$

使用(5.2.10)式和

$$i_{j^1(V)}\,\pounds_{j^1(W)}\,\theta_{\mathcal{L}} = i_{j^1(V)}\,\mathrm{d}(i_{j^1(W)}\,\theta_{\mathcal{L}}) + i_{j^1(V)}\,i_{j^1(W)}\Omega_{\mathcal{L}},$$

得到

$$\mathrm{d}\beta_\varphi(V,W) = -\int_{\partial U_X} j^1(\varphi\circ\varphi_X^{-1})^*(i_{j^1(V)}\,i_{j^1(W)}\Omega_{\mathcal{L}}).$$

类似地, 可计算α 得

$$W[\alpha(V)(\varphi)] = \int_{U_X} j^1(\varphi\circ\varphi_X^{-1})^*\pounds_{j^1(W)}[i_{j^1(V)}\Omega_{\mathcal{L}}],$$

注意到$\varphi\in\mathcal{P}$, $W\in\mathcal{F}$, 从而

$$W[\alpha(V)(\varphi)] = 0,\quad V[\alpha(W)(\varphi)] = 0,\quad \alpha[V,W](\varphi) = 0.$$

综上所述, 可得出多辛形式公式(5.2.8). ▲

3. **多辛守恒律**

首先通过两个例子熟悉上述的理论.

给定一通常意义下的典则粒子力学的Lagrange $L: TQ\to\mathbf{R}$, 在这里Q是N维构形流形, 因为自变量只有时间t, 所以底空间$X=\mathbf{R}$, 从空间$Y=\mathbf{R}\times Q$, $J^1(Y)=\mathbf{R}\times TQ$, $J^1(Y)^*=T^*\mathbf{R}\times T^*Q$, 在坐标意义下$J^1(Y)$的纤维坐标为$(t,q^i,\dot q^i)$, $J^1(Y)^*$的纤维坐标为(t,p,q^i,p^i) $(i=1,\cdots,N)$. Lagrange密度$\mathcal{L}$: $J^1(Y)\to\Lambda^1(X)$可被定义为

$$\mathcal{L}(t,q^i,\dot q^i) = L(t,q^i,\dot q^i)\,\mathrm{d}t,$$

$\Lambda^1(X)$表示X上的1-形式, 协变的Legendre变换$F\mathcal{L}$: $J^1(Y)\to J^1(Y)^*$为

$$F\mathcal{L}(t,q^i,\dot q^i) = \big(t, L(t,q^i,\dot q^i)-p^i\dot q^i, q^i, p^i\big),$$

这里$p^i=\dfrac{\partial L}{\partial \dot q^i}$. 显然, $P_{\mathcal{L}}=F\mathcal{L}(J^1(Y))=\mathbf{R}\times T^*Q$. Hamilton密度$\mathcal{H}$: $P_{\mathcal{L}}\to\Lambda^1(X)$为

$$\mathcal{H}(t,q^i,p^i) = H(t,q^i,p^i)\,\mathrm{d}t = \big(p^i\dot q^i(p^i,q^i) - L(t,q^i,\dot q^i(p^i,q^i))\big)\,\mathrm{d}t,$$

这里$\dot q^i$可通过$p^i=\dfrac{\partial L}{\partial \dot q^i}$确定为$p^i,q^i$的函数. Cartan 1-形式$\theta_{\mathcal{L}}$和2-形式$\Omega_{\mathcal{L}}$为

$$\theta_{\mathcal{L}} = \frac{\partial L}{\partial \dot q^i}\,\mathrm{d}q^i + \Big(L - \frac{\partial L}{\partial \dot q^i}\dot q^i\Big)\,\mathrm{d}t$$

和

$$\Omega_{\mathcal{L}} = \mathrm{d}q^i\wedge\mathrm{d}\Big(\frac{\partial L}{\partial \dot q^i}\Big) - \mathrm{d}\Big[L - \frac{\partial L}{\partial \dot q^i}\dot q^i\Big]\wedge\mathrm{d}t.$$

上面是显含时间 t 的常微情形, 下面是关于 PDE 的例子.

考虑 1 维非线性的波方程

$$\varphi_{tt} - \varphi_{xx} = V'(\varphi),$$

它的 Lagrange 函数是

$$L = \frac{1}{2}\varphi_t^2 - \frac{1}{2}\varphi_x^2 + V(\varphi),$$

这里$\varphi \in \Gamma(\pi_{XY})$是从$\pi_{XY}$ 的截面, 对1 维波方程, 底空间$X = \mathbf{R}^2$, $Y = \mathbf{R}^2 \times M$是包括独立变量$(x,t)$ 和非独立变量φ 的丛空间, $J^1(Y) = \mathbf{R}^2 \times TM$, 它的纤维坐标包括独立变量、非独立变量, 同时还包括非独立变量φ 的微分, 它是$Y = \mathbf{R}^2 \times M$ 的1 阶延拓, $J^1(Y)$ 的对偶空间$J^1(Y)^* = T^*\mathbf{R} \times T^*M$, 在坐标意义下$J^1(Y)$ 的纤维坐标为$(x,t,\varphi,\varphi_x,\varphi_t)$, $J^1(Y)^*$ 的纤维坐标为(x,t,φ,p,p^x,p^t). Lagrange 密度是定义在Y 的1 阶延拓空间 $J^1(Y)$ 上的, $\mathcal{L}: J^1(Y) \to \Lambda^2(X)$,

$$\begin{aligned}\mathcal{L}(x,t,\varphi,\varphi_x,\varphi_t) &= L(x,t,\varphi,\varphi_x,\varphi_t)\,\mathrm{d}x \wedge \mathrm{d}t \\ &= \left[\frac{1}{2}\varphi_t^2 - \frac{1}{2}\varphi_x^2 + V(\varphi)\right]\mathrm{d}x \wedge \mathrm{d}t,\end{aligned} \tag{5.2.11}$$

协变的Legendre变换$F\mathcal{L}: J^1(Y) \to J^1(Y)^*$是

$$F\mathcal{L}(x,t,\varphi,\varphi_x,\varphi_t) = [x,t,p^x\varphi_x + p^t\varphi_t - L, \varphi, \varphi_x, \varphi_t],$$

其中

$$p^x = \frac{\partial L}{\partial \varphi_x}, \quad p^t = \frac{\partial L}{\partial \varphi_t}, \quad P_{\mathcal{L}} = \mathcal{F}\mathcal{L}(J^1(Y)),$$

它的坐标可表示为(x,t,φ,p^x,p^t), 在$P_{\mathcal{L}}$ 定义的Hamilton $\mathcal{H}: P_{\mathcal{L}} \to \Lambda^2(X)$是

$$\begin{aligned}\mathcal{H}(x,t,\varphi,p,p^x,p^t) &= [p^x\varphi_x + p^t\varphi_t - L(x,t,\varphi,\varphi_t,\varphi_x)]\,\mathrm{d}x \wedge \mathrm{d}t \\ &= \left(\frac{1}{2}\varphi_t^2 - \frac{1}{2}\varphi_x^2 - V(\varphi)\right)\mathrm{d}x \wedge \mathrm{d}t.\end{aligned} \tag{5.2.12}$$

可反解 $p^x = \dfrac{\partial L}{\partial \varphi_x}$, $p^t = \dfrac{\partial L}{\partial \varphi_t}$的表达式, 把 φ_x, φ_t表示为p^x, p^t的函数. 在 $J^1(Y)$ 上定义的Cartan 1-形式和 2-形式可表示为

$$\theta_{\mathcal{L}} = -\varphi_t\,\mathrm{d}\varphi \wedge \mathrm{d}x - \varphi_x\,\mathrm{d}\varphi \wedge \mathrm{d}t - \left(\frac{1}{2}\varphi_t^2 - \frac{1}{2}\varphi_x^2 - V(\varphi)\right)\mathrm{d}x \wedge \mathrm{d}t$$

和

$$\Omega_{\mathcal{L}} = \mathrm{d}\varphi_t \wedge \mathrm{d}\varphi \wedge \mathrm{d}x + \mathrm{d}\varphi_x \wedge \mathrm{d}\varphi \wedge \mathrm{d}t + \mathrm{d}H \wedge \mathrm{d}x \wedge \mathrm{d}t. \tag{5.2.13}$$

使用Hamilton 函数 (5.2.12), 可把波方程写成一个定义在有限维丛空间 $J^1(Y)^*$上的Hamilton 系统, 它被称为波方程多辛Hamilton 系统.

$$\begin{aligned}&\frac{\partial H}{\partial p_t}=\varphi_t,\quad \frac{\partial H}{\partial p_x}=\varphi_x,\\&\frac{\partial H}{\partial \varphi}=-\frac{\partial p^t}{\partial t}-\frac{\partial p^x}{\partial x},\end{aligned}\tag{5.2.14}$$

详见文献[MS99]. 注意可把系统(5.2.14)写为矩阵形式

$$Mz_t+Kz_x=\nabla H(z),\tag{5.2.15}$$

其中$z=(\varphi,p^t,p^x)$, $H=\frac{1}{2}(p^t)^2-\frac{1}{2}(p^x)^2-V(\varphi)$,

$$M=\begin{bmatrix}0&1&0\\-1&0&0\\0&0&0\end{bmatrix},\quad K=\begin{bmatrix}0&0&-1\\0&0&0\\1&0&0\end{bmatrix},$$

这就是Bridges[Bri97]提出的波方程的多辛形式. 对(5.2.15)两边作外微分, 有

$$M\,\mathrm{d}z_t+K\,\mathrm{d}z_x=H''(z)\,\mathrm{d}z,$$

对上式用 $\mathrm{d}z$作$\wedge$积运算, 得

$$\frac{\partial \mathrm{d}z\wedge M\,\mathrm{d}z}{\partial t}+\frac{\partial \mathrm{d}z\wedge K\,\mathrm{d}z}{\partial x}=0,\tag{5.2.16}$$

它被称为多辛守恒律, 这个守恒律本质是多辛形式公式(5.2.8)的推广.

在证明公式(5.2.16)和(5.2.8)的等价性之前, 先给出一般的延拓公式.

4. 向量场延拓公式

引理 5.2.1 令Y上的向量场为

$$V=\sum_{i=0}^{n}V_{x^i}(x,\varphi)\frac{\partial}{\partial x^i}+\sum_{A=1}^{N}V_{\varphi^A}(x,\varphi)\frac{\partial}{\partial \varphi^A},$$

则V 的k 阶jet 延拓是一个定义在Y 上的k 阶jet 延拓$J^k(Y)$ 上的向量场$j^k(V)$, 且

$$j^k(V)=V+\sum_{A=1}^{N}\sum_{J}V_{\varphi_J^A}\left(x,\varphi,\cdots,\frac{\partial^k\varphi}{\partial x^k}\right)\frac{\partial}{\partial \varphi_J^A},\tag{5.2.17}$$

其中

$$V_{\varphi_J^A}=D_J\left(V_{\varphi^A}-\sum_{i=0}^{n}V_{x^i}\varphi_i^A\right)+\sum_{i=0}^{n}V_{x^i}\,\varphi_{J,i}^A,\tag{5.2.18}$$

D表全微分. 设P是定义在$J^k(Y)$空间的函数, 则

$$D_i P = \frac{\partial P}{\partial x^i} + \sum_{i=0}^{n} \sum_{J} \varphi^A_{J,i} \frac{\partial P}{\partial \varphi^A_J},$$

这里$J = (j_1, \cdots, j_m)$ $(0 \leq j_m \leq n,\ 1 \leq m \leq k)$, $\varphi^A_i = \dfrac{\partial \varphi^A}{\partial x^i}$,

$$\varphi^A_{J,i} = \frac{\partial \varphi^A_J}{\partial x^i} = \frac{\partial^{m+1} \varphi^A}{\partial x^i \partial x^{j_1} \cdots \partial x^{j_m}}.$$

下面以1 维波方程为例, 证明当取特殊的首次变分V和W时, 多辛形式公式(5.2.8) 就是多辛守恒律(5.2.16).

命题 5.2.1 对任意的W和$V \in \mathcal{F}$, 若它们是π_{XY}垂直的, 则公式(5.2.8)有下面的形式:

$$\frac{\partial\big[\omega^t(j^1(V), j^1(W))\big]}{\partial t} + \frac{\partial\big[\omega^x(j^1(V), j^1(W))\big]}{\partial x} = 0. \tag{5.2.19}$$

证明:已知W和V是π_{XY}垂直的, 则由延拓公式可知:

$$j^1(V) = V_\varphi \frac{\partial}{\partial \varphi} + V_{\varphi_t} \frac{\partial}{\partial \varphi_t} + V_{\varphi_x} \frac{\partial}{\partial \varphi_x},$$
$$j^1(W) = W_\varphi \frac{\partial}{\partial \varphi} + W_{\varphi_t} \frac{\partial}{\partial \varphi_t} + W_{\varphi_x} \frac{\partial}{\partial \varphi_x}.$$

使用$\Omega_{\mathcal{L}}$的表达式(5.2.13)计算

$$i_{j^1(W)} i_{j^1(V)} \Omega_{\mathcal{L}} = (V_\varphi W_{\varphi_t} - V_{\varphi_t} W_\varphi)\,\mathrm{d}x + (V_\varphi W_{\varphi_x} - V_{\varphi_x} W_\varphi)\,\mathrm{d}t.$$

用反对称矩阵M和K在$\mathbf{R}^3$定义两个2-形式:

$$\omega^t(a,b) = (Ma, b), \quad \omega^x(a,b) = (Ka, b), \quad \forall\, a, b \in \mathbf{R}^3.$$

多辛形式公式变为

$$\int_{\partial U_X} \omega^t(j^1(V), j^1(W))\,\mathrm{d}x - \omega^x(j^1(V), j^1(W))\,\mathrm{d}t = 0.$$

使用Green定理得到

$$\int_{U_X} \left\{ \frac{\partial \omega^t\big(j^1(V), j^1(W)\big)}{\partial t} + \frac{\partial \omega^x\big(j^1(V), j^1(W)\big)}{\partial x} \right\} \mathrm{d}x \wedge \mathrm{d}t = 0.$$

因U_X的任意性, (5.2.19)式得证,它即为多辛守恒律(5.2.16).

一般情况, 当V是π_{XY}垂直的, 即$V=V_\varphi\dfrac{\partial}{\partial\varphi}$时, $j^1(V)$可由坐标表示为

$$\begin{aligned} j^1(V) &= V_\varphi\frac{\partial}{\partial\varphi}+D_x(V_\varphi)\frac{\partial}{\partial\varphi_x}+D_t(V_\varphi)\frac{\partial}{\partial\varphi_t} \\ &= V_\varphi\frac{\partial}{\partial\varphi}+\Big(\frac{\partial V_\varphi}{\partial x}+\frac{\partial V_\varphi}{\partial\varphi}\varphi_x\Big)\frac{\partial}{\partial\varphi_x}+\Big(\frac{\partial V_\varphi}{\partial t}+\frac{\partial V_\varphi}{\partial\varphi}\varphi_t\Big)\frac{\partial}{\partial\varphi_t}. \end{aligned}$$

特殊地, 若取$V=\varphi_t\dfrac{\partial}{\partial\varphi}$, $W=\varphi_x\dfrac{\partial}{\partial\varphi}$, 则:

$$j^1(V)=V+\varphi_{tx}\frac{\partial}{\partial\varphi_x}+\varphi_{tt}\frac{\partial}{\partial\varphi_t},$$
$$j^1(W)=W+\varphi_{xx}\frac{\partial}{\partial\varphi_x}+\varphi_{xt}\frac{\partial}{\partial\varphi_t}.$$

▲

从命题5.2.1得出

$$\frac{\partial[\varphi_t\varphi_{xt}-\varphi_{tt}\varphi_x]}{\partial t}-\frac{\partial[\varphi_t\varphi_{xx}-\varphi_{tx}\varphi_x]}{\partial x}=0,$$

它可写为

$$\frac{\partial\big[(\varphi_{tt}-\varphi_{xx})\varphi_x\big]}{\partial t}=\frac{\partial\big[(\varphi_{tt}-\varphi_{xx})\varphi_t\big]}{\partial x},$$

这就是平凡守恒律.

§5.2.3 离散的多辛几何

在这一节, 介绍离散的多辛几何和怎样通过离散的变分原理去构造多辛算法, 并通过波方程的几种格式说明这样构造的多辛格式和通过多辛方程组构造的譬如Runge-Kutta配置格式[Rei99] 之间的关系. 首先介绍离散的多辛几何.

为使计算简单, 限制 $\dim X=2$, 也即$n=1$情形. 以$Z\times Z=(i,j)=X$作为连续的底空间$\bar{X}$的离散空间, 纤维丛$Y=X\times\mathcal{F}$, Y中在点(i,j)的元为y_i^j, 投影$\pi_{XY}(y_i^j)=(i,j)$, X 中的一个三角形是以下形式:

$$\triangle=\big((i,j),(i,j+1),(i+1,j+1)\big).$$

$\triangle$的第一个分量(i,j)用$\triangle^1$来表示，$\triangle$的第二个分量$(i,j+1)$用$\triangle^2$来表示，$\triangle$的第三个分量$(i+1,j+1)$用$\triangle^3$来表示，$X^\triangle$表X中所有三角形的集. Y的1阶jet丛被定义为

$$\begin{aligned} J^1Y &= \{(y_i^j,\, y_i^{j+1},\, y_{i+1}^{j+1})\mid (i,j)\in X;(y_i^j,\, y_i^{j+1},\, y_{i+1}^{j+1})\in\mathcal{F}\} \\ &= X^\triangle\times\mathcal{F}^3. \end{aligned}$$

X中的点由格点x_i^j 组成, $(y_i^j,\, y_i^{j+1},\, y_{i+1}^{j+1}) \in J^1Y$相应于$j^1\varphi(\bar{x})$, $\bar{x}$ 为由$x_i^j,\ x_i^{j+1},\ x_{i+1}^{j+1}$组成的三角形的内部, 其中 φ是$\bar{X} \times \mathcal{F}$ 上的光滑的截面, Y 的截面的1阶 jet 延拓$j^1\varphi$: $X^\triangle \to J^1Y$被定义为

$$j^1\,\varphi(\triangle) = \big(\triangle,\, \varphi(\triangle^1),\, \varphi(\triangle^2),\, \varphi(\triangle^3)\big).$$

对一个给定的三角形, 定义一个Lagrange函数$L_\triangle$: $\mathcal{F}^3 \to \mathbf{R}$,

$$L_\triangle(y_i^j,\, y_i^{j+1},\, y_{i+1}^{j+1}) = L(\triangle,\, y_i^j,\, y_i^{j+1},\, y_{i+1}^{j+1}).$$

令U是正则的, C_U是Y在U上的截面的集合, 因此C_U是流形$\mathcal{F}^{|U|}$, 其作用是

$$\mathcal{S}(\varphi) = \sum_{\triangle;\ \triangle\subset U} L \circ j^1\varphi(\triangle).$$

离散的变分原理就是寻找φ使

$$\frac{\mathrm{d}}{\mathrm{d}\varepsilon}\bigg|_{\varepsilon=0} S(F_\varepsilon^V\varphi) = 0$$

成立, 其中$(F_\varepsilon^V\varphi)(i,j) = F_\varepsilon^{V_{ij}}(\varphi(i,j))$, $F_\varepsilon^{V_{ij}}$ 表示V_{ij}的流. 在y_i^j对

$$S = \sum L(y_i^j,\, y_i^{j+1},\, y_{i+1}^{j+1})$$

微分, 得到离散的Euler-Lagrange方程

$$\begin{aligned}
&\sum_{l:\triangle:(i,j)=\triangle^l} \frac{\partial L_\triangle}{\partial y^l}(y_{\triangle^1},\, y_{\triangle^2},\, y_{\triangle^3})\\
=\ & D_1L(y_i^j,\, y_i^{j+1},\, y_{i+1}^{j+1}) + D_2L(y_i^{j-1},\, y_i^j,\, y_{i+1}^j) + D_3L(y_{i-1}^{j-1},\, y_{i-1}^j,\, y_i^j)\\
=\ & 0.
\end{aligned}$$

根据这个离散的变分原理的边界项, 可在J^1Y上定义如下离散的1-形式θ_L^l $(l = 1,2,3)$:

$$\begin{aligned}
\theta_L^1 &= D_1L\big(y_i^j,\, y_i^{j+1},\, y_{i+1}^{j+1}\big)\,\mathrm{d}y_i^j,\\
\theta_L^2 &= D_2L\big(y_i^j,\, y_i^{j+1},\, y_{i+1}^{j+1}\big)\,\mathrm{d}y_i^{j+1},\\
\theta_L^3 &= D_3L\big(y_i^j,\, y_i^{j+1},\, y_{i+1}^{j+1}\big)\,\mathrm{d}y_{i+1}^{j+1},
\end{aligned}$$

这样离散的变分原理的边界部分可描述为

$$\theta_L\,(\varphi)\,V = \sum_{\triangle;\ \triangle\cap\partial U\neq\emptyset} \left(\sum_{l;\ \triangle^l\in\partial U} \big[j^1(\varphi)^*(i_{j^1(V)}\theta_L^l)\big](\triangle)\right).$$

设离散的投影$\pi_U:\mathcal{C}_U\to J^1(Y)$,

$$\pi_\triangle(\varphi)=(\triangle,\,y_{\triangle^1},\,y_{\triangle^2},\,y_{\triangle^3}).$$

这样θ_L可表示为

$$\theta_L=\sum_{\triangle;\ \triangle\cap\partial U\neq\emptyset}\left(\sum_{l;\ \triangle^l\in\partial U}\pi_\triangle^*\,\theta_L^l\right).$$

注意到

$$\theta_L^1+\theta_L^2+\theta_L^3=\mathrm{d}L$$

和

$$\Omega_L^1+\Omega_L^2+\Omega_L^3=0.$$

类似连续情形, 可得

$$0=\mathrm{d}\theta_L(\varphi)(V,W)=\sum_{\triangle;\ \triangle\cap\partial U\neq\emptyset}\left(\sum_{l;\ \triangle^l\in\partial U}i_Vi_W\pi_\triangle^*\Omega_L^l\right),$$

则有离散的多辛形式公式

$$\sum_{\triangle;\,\triangle\cap\partial U\neq\emptyset}\left(\sum_{l,\ \triangle^l\in\partial U}\left[\left(j^1(\varphi)\right)^*\left(i_{j^1(V)}\,i_{j^1(W)}\,\Omega_L^l\right)\right](\triangle)\right)=0.$$

对 jet 丛的离散不只局限于三角形离散, 还可以推广到四边形或一般的多边形离散. 例如使用四边形离散, 有

$$\triangle=\big((i,j),\,(i,j+1),\,(i+1,j+1),\,(i+1,j)\big),$$

按照三角形离散的理论, 同样有离散的Euler-Lagrange方程:

$$\begin{aligned}&\sum_{l;\ \triangle;\ (i,j)=\triangle^l}\frac{\partial L_\triangle}{\partial y^l}\big(y_{\triangle^1},\,y_{\triangle^2},\,y_{\triangle^3},\,y_{\triangle^4}\big)\\=\ &D_1L\big(y_i^j,\,y_i^{j+1},\,y_{i+1}^j,\,y_{i+1}^{j+1}\big)+D_2L\big(y_i^{j-1},\,y_i^j,\,y_{i+1}^j,\,y_{i+1}^{j-1}\big)\\&+D_3L\big(y_{i-1}^{j-1},\,y_{i-1}^j,\,y_i^j,\,y_i^{j-1}\big)+D_4L\big(y_{i-1}^j,\,y_{i-1}^{j+1},\,y_i^{j+1},\,y_i^j\big)=0.\end{aligned}$$

从边界项能定义下面离散的1-形式:

$$\begin{aligned}\theta_L^1&=D_1L\big(y_i^j,\,y_i^{j+1},\,y_{i+1}^j,\,y_{i+1}^{j+1}\big)\,\mathrm{d}y_i^j,\\\theta_L^2&=D_2L\big(y_i^j,\,y_i^{j+1},\,y_{i+1}^j,\,y_{i+1}^{j+1}\big)\,\mathrm{d}y_i^{j+1},\\\theta_L^3&=D_3L\big(y_i^j,\,y_i^{j+1},\,y_{i+1}^j,\,y_{i+1}^{j+1}\big)\,\mathrm{d}y_{i+1}^j,\\\theta_L^4&=D_4L\big(y_i^j,\,y_i^{j+1},\,y_{i+1}^j,\,y_{i+1}^{j+1}\big)\,\mathrm{d}y_{i+1}^{j+1}.\end{aligned}$$

以上面的离散理论为基础, 为波方程构造多辛格式, 如果采用三角形离散:

$$\varphi_t(y_i^j) \approx \frac{y_i^{j+1} - y_i^j}{\triangle t}, \quad \varphi_x(y_i^j) \approx \frac{y_{i+1}^{j+1} - y_i^{j+1}}{\triangle x},$$

则相应的离散的Lagrange 是:

$$L = \frac{1}{2}\Big(\frac{y_i^{j+1} - y_i^j}{\triangle t}\Big)^2 - \frac{1}{2}\Big(\frac{y_{i+1}^{j+1} - y_i^{j+1}}{\triangle x}\Big)^2 + V(y_i^j).$$

通过离散的变分原理可得到下面这个5点格式:

$$\frac{y_{i+1}^j - 2y_i^j + y_{i-1}^j}{(\triangle x)^2} = \frac{y_i^{j+1} - 2y_i^j + y_i^{j-1}}{(\triangle t)^2} + V'(y_i^j). \tag{5.2.20}$$

如果采用四边形离散:

$$\varphi_t(\bar{y}_i^j) \approx \frac{1}{2}\Big(\frac{y_i^{j+1} - y_i^j}{\triangle t} + \frac{y_{i+1}^{j+1} - y_{i+1}^j}{\triangle t}\Big),$$
$$\varphi_x(\bar{y}_i^j) \approx \frac{1}{2}\Big(\frac{y_{i+1}^j - y_i^j}{\triangle x} + \frac{y_{i+1}^{j+1} - y_i^{j+1}}{\triangle x}\Big),$$

则相应的离散的Lagrange 是

$$\begin{aligned} L \ = \ & \frac{1}{2}\left(\frac{1}{2}\Big(\frac{y_i^{j+1} - y_i^j}{\triangle t} + \frac{y_{i+1}^{j+1} - y_{i+1}^j}{\triangle t}\Big)\right)^2 \\ & -\frac{1}{2}\left(\frac{1}{2}\Big(\frac{y_{i+1}^j - y_i^j}{\triangle x} + \frac{y_{i+1}^{j+1} - y_i^{j+1}}{\triangle x}\Big)\right)^2 + V(\bar{y}_i^j). \end{aligned}$$

通过离散的变分原理得到9点格式

$$\frac{\partial_{tt}^2 y_i^{j+1} + 2\partial_{tt}^2 y_i^j + \partial_{tt}^2 y_i^{j-1}}{4(\triangle x)^2} - \frac{\partial_{xx}^2 y_{i+1}^j + 2\,\partial_{xx}^2 y_i^j + \partial_{xx}^2 y_{i-1}^j}{4(\triangle t)^2} + \bar{V}'(\bar{y}_i^j) = 0, \tag{5.2.21}$$

这里,

$$\partial_{tt}^2 y_i^j = \frac{y_i^{j+1} - 2y_i^j + y_i^{j-1}}{(\triangle t)^2},$$
$$\partial_{xx}^2 y_i^j = \frac{y_{i+1}^j - 2y_i^j + y_{i-1}^j}{(\triangle x)^2},$$
$$\bar{y}_i^j = \frac{y_i^j + y_{i+1}^j + y_{i+1}^{j+1} + y_i^{j+1}}{4},$$
$$\bar{V}'(\bar{y}_i^j) = \frac{1}{4}\big(V'(\bar{y}_i^j) + V'(\bar{y}_i^{j-1}) + V'(\bar{y}_{i-1}^j) + V'(\bar{y}_{i-1}^{j-1})\big).$$

易验证下面的命题.

命题 5.2.2 靠引进动量变换:

$$v_i^{j+\frac{1}{2}} = \frac{u_i^{j+1} - u_i^j}{\triangle t}, \quad w_{i+\frac{1}{2}}^j = \frac{u_{i+1}^j - u_i^j}{\triangle x},$$

格式(5.2.20)等价于下面这个格式:

$$\frac{1}{\triangle t}\begin{bmatrix} -v_i^{j+\frac{1}{2}} + v_i^{j-\frac{1}{2}} \\ u_i^{j+1} - u_i^j \\ 0 \end{bmatrix} + \frac{1}{\triangle x}\begin{bmatrix} w_{i+\frac{1}{2}}^j - w_{i-\frac{1}{2}}^j \\ 0 \\ -u_{i+1}^j + u_i^j \end{bmatrix} = \begin{bmatrix} V'(u_i^j) \\ v_i^{j+\frac{1}{2}} \\ -w_{i+\frac{1}{2}}^j \end{bmatrix}. \tag{5.2.22}$$

并且格式(5.2.20)具有Lagrange 型的辛保守,

$$\frac{\mathrm{d}u_i^{j+1} \wedge \mathrm{d}u_i^j - \mathrm{d}u_i^j \wedge \mathrm{d}u_i^{j-1}}{\triangle t} = \frac{\mathrm{d}u_{i+1}^j \wedge \mathrm{d}u_i^j - \mathrm{d}u_i^j \wedge \mathrm{d}u_{i-1}^j}{\triangle x}$$

是等价于格式(5.2.22)的多辛守恒律

$$\frac{\mathrm{d}u_i^{j+1} \wedge \mathrm{d}v_i^{j+1} - \mathrm{d}u_i^j \wedge \mathrm{d}v_i^j}{\triangle t} = \frac{\mathrm{d}u_{i+1}^j \wedge \mathrm{d}w_{i+1}^j - \mathrm{d}u_i^j \wedge \mathrm{d}w_i^j}{\triangle x}.$$

命题 5.2.3 通过引进动量变换:

$$v_{i+\frac{1}{2}}^{j+\frac{1}{2}} = \frac{1}{\triangle t}\left[u_{i+\frac{1}{2}}^{j+1} - u_{i+\frac{1}{2}}^j\right], \quad w_{i+\frac{1}{2}}^{j+\frac{1}{2}} = \frac{1}{\triangle x}\left[u_{i+1}^{j+\frac{1}{2}} - u_i^{j+\frac{1}{2}}\right],$$

格式(5.2.21)等价于下面这个格式:

$$\frac{1}{\triangle t}\begin{bmatrix} -v_{i+\frac{1}{2}}^{j+1} + v_{i+\frac{1}{2}}^j \\ u_{i+\frac{1}{2}}^{j+1} - u_{i+\frac{1}{2}}^j \\ 0 \end{bmatrix} + \frac{1}{\triangle x}\begin{bmatrix} w_{i+1}^{j+\frac{1}{2}} - w_i^{j+\frac{1}{2}} \\ 0 \\ -u_{i+1}^{j+\frac{1}{2}} + u_i^{j+\frac{1}{2}} \end{bmatrix} = \begin{bmatrix} V'(u_{i+\frac{1}{2}}^{j+\frac{1}{2}}) \\ v_{i+\frac{1}{2}}^{j+\frac{1}{2}} \\ -w_{i+\frac{1}{2}}^{j+\frac{1}{2}} \end{bmatrix}. \tag{5.2.23}$$

它即多辛Preissmann 格式, 并且格式(5.2.21)具有Lagrange 型的辛保守:

$$\frac{(\partial_t^2\,\mathrm{d}u_{i+1}^j + 2\,\partial_t^2\,\mathrm{d}u_i^j + \partial_t^2\,\mathrm{d}u_{i-1}^j) \wedge \mathrm{d}\,u_i^j}{4\triangle t^2} - \frac{(\partial_x^2\,\mathrm{d}u_i^{j+1} + 2\,\partial_x^2\,\mathrm{d}u_i^j + \partial_x^2\,\mathrm{d}u_i^{j-1}) \wedge \mathrm{d}u_i^j}{4\triangle x^2}$$
$$+\frac{1}{4}(V''(\bar{u}_i^j)\,\mathrm{d}\bar{u}_i^j \wedge \mathrm{d}u_i^j + V''(\bar{u}_{i-1}^{j-1})\,\mathrm{d}\bar{u}_{i-1}^{j-1} \wedge \mathrm{d}u_i^j$$
$$+V''(\bar{u}_i^{j-1})\,\mathrm{d}\bar{u}_i^{j-1} \wedge \mathrm{d}u_i^j + V''(\bar{u}_{i-1}^j)\,\mathrm{d}\bar{u}_{i-1}^j \wedge \mathrm{d}u_i^j) = 0,$$

格式(5.2.23)具有多辛守恒律:

$$\frac{\mathrm{d}u_{i+\frac{1}{2}}^{j+1} \wedge \mathrm{d}v_{i+\frac{1}{2}}^{j+1} - \mathrm{d}u_{i+\frac{1}{2}}^j \wedge \mathrm{d}v_{i+\frac{1}{2}}^j}{\triangle t} = \frac{\mathrm{d}u_{i+1}^{j+\frac{1}{2}} \wedge \mathrm{d}w_{i+1}^{j+\frac{1}{2}} - \mathrm{d}u_i^{j+\frac{1}{2}} \wedge \mathrm{d}w_i^{j+\frac{1}{2}}}{\triangle x}.$$

§5.2.4 对称及延拓向量场

1. **对称群及无穷小方法**[Olv86]

假设一个微分方程的形式是

$$F(x, u^{(n)}) = 0. \tag{5.2.24}$$

设方程(5.2.24)关于自变量的坐标是$x = (x_1, \cdots, x_p)$, 关于因变量的坐标是u. 至于微分方程的解, 其定义域是$X = \mathbf{R}^p$的一个子集, 值域是$U = \mathbf{R}$的一个子集.

为了讨论问题方便, 本书仅就单参数变换群介绍对称群的概念及计算对称群的无穷小方法. 假设对于微分方程的任意解$u(x)$ 有$(x, u(x)) \subset M$, x 属于$u(x)$的定义域, M 是$X \times U$ 的一个开子集. 设G是作用在M上的一个单参数变换群, 以$g = \exp(\varepsilon V)$表示群G的一个元素.

首先介绍变换群关于函数的变换. 如果$f(x)$ 是一个光滑函数, 且$(x, f(x)) \subset M$, x 属于$f(x)$ 的定义域, 那么g 关于(x, f) 的变换可以表示为

$$(\widehat{x}, \widehat{f}) = g \cdot (x, f) = \big(K(x, f), L(x, f)\big). \tag{5.2.25}$$

设$K(x, f)$, $L(x, f)$ 是关于x, f 的光滑函数, 那么当g 接近于群G 的单位点时, Jacobi 矩阵$\dfrac{\partial K(x, f)}{\partial x} \neq 0$, 因此由反函数定理, x 局部可解:

$$x = K^{-1}(\widehat{x}). \tag{5.2.26}$$

把(5.2.26)式代入$\widehat{f}$中可有

$$\widehat{f} = L \circ K^{-1}(\widehat{x}). \tag{5.2.27}$$

这样由g的作用, 得到了一个新的函数$\widehat{f}$, 记$\widehat{f} = g \cdot f$.

定义 5.2.8 设G是一个单参数变换群, $g \in G$是G的任意一个元素. 对于任意光滑函数f, $g \cdot f$如(5.2.27)定义. 如果对于方程(5.2.24)的任意解$u(x)$, 当$g \cdot u$可定义时, $g \cdot u$仍然是方程(5.2.24)的解, 则称G是微分方程(5.2.24)的一个对称群.

常常利用无穷小方法判别和计算微分方程的对称群, 而微分方程的无穷小方法是基于代数方程的无穷小方法的, 因此需要先把微分方程理解为一个关于自变量、因变量、因变量关于自变量导数的代数方程.

光滑函数$f(x)$关于x共有C_{p+k-1}^{k}种不同的k阶导数, 记$p_k = \mathrm{C}_{p+k-1}^{k}$, 那么$f(x)$关于$x$的$k$阶导数属于空间$U_k = \mathbf{R}^{p_k}$. 记$U^{(n)} = U \times U_1 \times \cdots \times U_n$, 称$X \times U^{(n)}$是空间$X \times U$的一个$n$ 阶 Jet空间. 如果以$\mathrm{pr}^{(n)} f$(f的第n延拓)表示函数f 关于x 的所有$s(0 \leq s \leq n)$ 阶导数的空间, 那么 $\mathrm{pr}^{(n)} f$ 的值域包含于$U^{(n)}$. 一般地, 对于微分

方程的解 u 有$(x,u^{(n)}(x))\subset M^{(n)}$, x 属于 $f(x)$ 的定义域, $M^{(n)}$ 是$X\times U^{(n)}$ 的一个开子集.

对于由(5.2.27)式所定义的$\widehat{f}$, 判别$\widehat{f}$是否为微分方程(5.2.24)的解时, 需要用到$\widehat{f}$关于$\widehat{x}$的导数, 而g的延拓恰好给出了$\widehat{f}$关于新变量的导数.

设$(x_0,u_0^{(n)})$是$M^{(n)}$中的一个点, 选择函数$f(x)$使得

$$u_0^{(n)}=\mathrm{pr}^{(n)}f(x_0), \tag{5.2.28}$$

例如可以选择多项式函数. 对于$g\in G$, 定义 $\mathrm{pr}^{(n)}g$ 是一个变换, 这个变换把$f(x)$在x_0 点的导数值变为$g\cdot f$ 在$\widehat{x}(x_0)$ 的导数值. $\mathrm{pr}^{(n)}g$ 可以表示为

$$\mathrm{pr}^{(n)}g\cdot(x_0,u_0^{(n)})=(\widehat{x}_0,\widehat{u}_0^{(n)}), \tag{5.2.29}$$

其中

$$\widehat{u}_0^{(n)}=\mathrm{pr}^{(n)}(g\cdot f)(\widehat{x}_0). \tag{5.2.30}$$

可以检验, $\widehat{u}_0^{(n)}$ 仅依赖于f 在x_0 点的s阶导数$(0\leq s\leq n)$, 即仅依赖于$(x_0,u_0^{(n)})$, 因此 $\mathrm{pr}^{(n)}g$ 定义了$M^{(n)}$ 上的一个变换. 称 $\mathrm{pr}^{(n)}g$ 是变换g 的第n 延拓, 相应地称$\mathrm{pr}^{(n)}G$ 是变换群G 的第n 延拓.

称单参数变换群G所对应的向量场V为群G的无穷小生成子, V可以表示为

$$\left.\frac{\mathrm{d}}{\mathrm{d}\varepsilon}\right|_{\varepsilon=0}\exp(\varepsilon V)(x,u)=V(x,u). \tag{5.2.31}$$

有了变换群延拓的定义, 相应地可以定义变换群无穷小生成子的延拓.

定义 5.2.9 V 的第n 延拓是$M^{(n)}$ 上的一个向量场$\mathrm{pr}^{(n)}V$, $\mathrm{pr}^{(n)}V$ 满足

$$\left.\mathrm{pr}^{(n)}V\right|_{(x,u^{(n)})}=\left.\frac{\mathrm{d}}{\mathrm{d}\varepsilon}\right|_{\varepsilon=0}\mathrm{pr}^{(n)}[\exp(\varepsilon V)](x,u^{(n)}), \tag{5.2.32}$$

即 $\mathrm{pr}^{(n)}V$是群延拓 $\mathrm{pr}^{(n)}[\exp(\varepsilon V)]$ 的无穷小生成子.

给定向量场V, 则$\mathrm{pr}^{(n)}V$可由(5.2.32)式确定. 下面的定理给出了向量场V的一般延拓公式.

定理 5.2.3 设

$$V=V^{\mu}\frac{\partial}{\partial x_{\mu}}+V^{u}\frac{\partial}{\partial u},\quad \mu=1,2,\cdots,p, \tag{5.2.33}$$

那么V的第n 延拓是$M^{(n)}$上的一个向量场 $\mathrm{pr}^{(n)}V$:

$$\mathrm{pr}^{(n)}V=V+\sum_{J}\left(D_J\left(V^{u}-\sum_{\mu=1}^{p}V^{\mu}u_{\mu}\right)+\sum_{\mu=1}^{p}V^{\mu}u_{J,\mu}\right)\frac{\partial}{\partial u_J}, \tag{5.2.34}$$

其中D表示全导数, $J=(j_1,\cdots,j_k)$ $(1\le j_k\le p,\ 1\le k\le n)$ 是一多重指标,

$$u_\mu=\frac{\partial u}{\partial x_\mu},\quad u_{J,\mu}=\frac{\partial u_J}{\partial x_\mu}.$$

证明:参看文献[Olv86]. ▲

一般可利用无穷小方法求解微分方程的对称群. 微分方程的无穷小方法是由代数方程的无穷小方法给出的[BK89],[Olv86], 为了避免累述代数方程的对称群, 这里不再给出微分方程对称群无穷小方法的证明.

假设方程(5.2.24) 是最大秩的, 即当$(x,u^{(n)})\in M^{(n)}$ 满足方程(5.2.24) 时, 矩阵$J(x,u^{(n)})=\left(\frac{\partial F}{\partial x_\mu},\frac{\partial F}{\partial u},\frac{\partial F}{\partial u_J}\right)$ 的秩是 1. 在最大秩条件下, 微分方程(5.2.24)的无穷小方法可以表述为: 如果对任意满足方程$F(x,u^{(n)})=0$的$(x,u^{(n)})$, 有

$$\pounds_{\mathrm{pr^{(n)}}V}(F(x,u^{(n)}))=0, \tag{5.2.35}$$

则单参数变换群G是方程(5.2.24)的一个对称群.

如果G 是微分方程(5.2.24)的一个对称群, 则称V是微分方程(5.2.24)的一个无穷小对称. 利用向量场的延拓公式(5.2.24), 可以根据(5.2.35)式求解微分方程(5.2.24)的无穷小对称. 下面举例来求解KdV 方程的对称群.

例 5.2.2 考虑KdV方程的无穷小对称. KdV方程显然是最大秩的. 设V 是M 上的一个向量场,

$$V=\xi(x,t,u)\frac{\partial}{\partial x}+\tau(x,t,u)\frac{\partial}{\partial t}+\varphi(x,t,u)\frac{\partial}{\partial u}. \tag{5.2.36}$$

按照(5.2.35)式求解KdV方程的对称群时, 需要用到V的延拓 $\mathrm{pr}^{(3)}V$. 设

$$\mathrm{pr}^{(3)}V=V+\varphi^J\frac{\partial}{\partial u_J}, \tag{5.2.37}$$

则由(5.2.35)式, 有

$$\varphi^t+\varphi^{xxx}+6u_x\varphi+6u\varphi^x=0. \tag{5.2.38}$$

按照延拓公式(5.2.34), $\varphi^t,\varphi^x,\varphi^{xxx}$的形式是:

$$\begin{aligned}
\varphi^x &= \varphi_x+(\varphi_u-\xi_x)u_x-\tau_xu_t-\xi_uu_x^2-\tau_uu_xu_t,\\
\varphi^t &= \varphi_t+(\varphi_u-\tau_t)u_t-\xi_tu_x-\tau_uu_t^2-\xi_uu_xu_t,\\
\varphi^{xxx} &= D_x^3\varphi-u_xD_x^3\xi-u_tD_x^3\tau-3u_{xx}D_x^2\xi\\
&\quad -3u_{xt}D_x^2\tau-3u_{xxx}D_x\xi-3u_{xxt}D_x\tau.
\end{aligned}$$

将上面3 个式子代入(5.2.38)式, 且注意到$u_t=-u_{xxx}-6uu_x$, 可得到

$$\begin{aligned}&-3u_{xxt}D_x\tau+\varphi_t-\xi_tu_x-\varphi_uu_{xxx}+\tau_tu_{xxx}+6\tau_tuu_x\\&+\xi_uu_xu_{xxx}-\tau_uu_{xxx}^2+D_x^3\varphi-6\tau_uu_{xxx}uu_x-u_xD_x^3\xi+u_{xxx}D_x^3\tau\\&-3u_{xx}D_x^2\xi-3u_{xt}D_x^2\tau+6uu_xD_x^3\tau-3u_{xxx}D_x\xi+6u_x\varphi+6u\varphi_x\\&-6u\xi_xu_x+6u\tau_xu_{xxx}+36u^2u_x\tau_x=0.\end{aligned}$$

由u_{xxt}的系数为0, 有$D_x\tau=0$, 因此 τ 仅依赖于t. 于是上式化为

$$\begin{aligned}&\varphi_t-\xi_tu_x-\varphi_uu_{xxx}+\tau_tu_{xxx}+6\tau_tuu_x+\xi_uu_xu_{xxx}+D_x^3\varphi\\&-u_xD_x^3\xi-3u_{xx}D_x^2\xi-3u_{xxx}D_x\xi+6u_x\varphi+6u\varphi_x-6u\xi_xu_x=0.\end{aligned}$$

计算$-3u_{xx}D_x^2\xi$知u_{xx}^2的系数是$-3\xi_u$, 因此$\xi_u=0$. 于是

$$\begin{aligned}&\varphi_t-\xi_tu_x-\varphi_uu_{xxx}+\tau_tu_{xxx}+6\tau_tuu_x+D_x^3\varphi-u_x\xi_{xxx}\\&-3u_{xx}\xi_{xx}-3u_{xxx}\xi_x+6u_x\varphi+6u\varphi_x-6u\xi_xu_x=0.\end{aligned}$$

上式中u_{xxx}的系数是$\tau_t-3\xi_x$, 于是$\tau_t-3\xi_x=0$, 即$\xi=\dfrac{1}{3}\tau_tx+a(t)$. 这样, 上式可以写作

$$\begin{aligned}&\varphi_t-\xi_tu_x-6\tau_tuu_x+\varphi_{xxx}+3\varphi_{uxx}u_x+3\varphi_{xuu}u_x^2+3\varphi_{xu}u_{xx}\\&+3\varphi_{uuu}u_x^3+3\varphi_{uu}u_xu_{xx}+6u\varphi_x+6u_x\varphi-6u\xi_xu_x=0.\end{aligned}$$

计算u_{xx}的系数有$\varphi_{uu}=\varphi_{xu}=0$, 那么$\xi,\tau,\varphi$满足方程

$$\varphi_t-\xi_tu_x+6\tau_tuu_x+\varphi_{xxx}+6u\varphi_x+6u_x\varphi-6u\xi_xu_x=0.$$

上式中u_x的系数是$-\xi_t+6\varphi-6u\xi_x+6\tau_tu$, 因此有:

$$\varphi_t+\varphi_{xxx}+6u\varphi_x=0, \tag{5.2.39}$$

$$-\xi_t+6\varphi-6u\xi_x+6\tau_tu=0. \tag{5.2.40}$$

由$\varphi_{xu}=\varphi_{uu}=0$可知, φ关于u是线性的, 且关于u的系数仅依赖于t. 设

$$\varphi=b(x,t)+c(t)u, \tag{5.2.41}$$

将(5.2.41)式代入(5.2.39)式, 由于x,t,u的任意性, 有

$$\varphi=c_3+c_4u, \tag{5.2.42}$$

其中c_3, c_4是常数. 把$\xi=\frac{1}{3}\tau_t x+a(t)$代入(5.2.40)式, 可以得到:

$$\tau=c_1-\frac{3}{2}c_4 t, \tag{5.2.43}$$

$$\xi=c_2+6c_3 t-\frac{1}{2}c_4 x. \tag{5.2.44}$$

取

$$c_1=1,\quad c_2=c_3=c_4=0;\quad c_2=1,\quad c_1=c_3=c_4=0;$$
$$c_3=1,\quad c_1=c_2=c_4=0;\quad c_4=1,\quad c_1=c_2=c_3=0,$$

得到了KdV 方程的 4 个无穷小对称:

$$V_1 = \frac{\partial}{\partial t}, \tag{5.2.45}$$

$$V_2 = \frac{\partial}{\partial x}, \tag{5.2.46}$$

$$V_3 = 6t\frac{\partial}{\partial x}+\frac{\partial}{\partial u}, \tag{5.2.47}$$

$$V_4 = -\frac{1}{2}x\frac{\partial}{\partial x}-\frac{3}{2}t\frac{\partial}{\partial t}+u\frac{\partial}{\partial u}. \tag{5.2.48}$$

与V_1, V_2, V_3, V_4相对应的对称群是:

$$G_1\cdot(x,t,u) = (x,t+\varepsilon,u), \tag{5.2.49}$$

$$G_2\cdot(x,t,u) = (x+\varepsilon,t,u), \tag{5.2.50}$$

$$G_3\cdot(x,t,u) = (6t\varepsilon+x,t,u+\varepsilon), \tag{5.2.51}$$

$$G_4\cdot(x,t,u) = (xe^{-\frac{1}{2}\varepsilon},te^{-\frac{3}{2}\varepsilon},ue^{\varepsilon}). \tag{5.2.52}$$

这样, 找到了KdV 方程的4 个单参数对称群G_1, G_2, G_3, G_4. 事实上, 可以验证V_1, V_2, V_3, V_4 生成的向量空间构成一个Lie 代数, 因此KdV 方程的对称群可以看作是由V_1, V_2, V_3, V_4 所生成的一个多参数Lie 群.

2. **向量场的特征**

这里引入向量场特征的概念. 引入向量场的特征有助于研究微分方程的对称群和守恒律. 当研究变分方程时, 引入向量场的特征使许多运算变得简单.

定义 5.2.10 设向量场V的形式如(5.2.33)式, 那么称函数

$$Q(X,u^{(n)})=V^u-\sum_{\mu}V^{\mu}u_{\mu} \tag{5.2.53}$$

为向量场V 的特征.

与V 的特征相对应, 定义

$$V_Q = Q\frac{\partial}{\partial u}, \tag{5.2.54}$$

称V_Q为V的发展表示. 由定理5.2.3, 有

$$\mathrm{pr}^{(n)}V_Q = \sum_J D_J Q\frac{\partial}{\partial u_J}, \tag{5.2.55}$$

$J = (j_1, \cdots, j_k)$ $(0 \leq j_s \leq p,\ 1 \leq s \leq k,\ 1 \leq k \leq n)$.

由(5.2.34)及(5.2.55)式, 向量场V 的延拓可以写作

$$\mathrm{pr}^{(n)}V = \mathrm{pr}^{(n)}V_Q + \sum_\mu V^\mu\Big(\frac{\partial}{\partial x_\mu} + \sum_J u_{J,\mu}\frac{\partial}{\partial u_J}\Big). \tag{5.2.56}$$

可以把(5.2.56)式第二项括弧内的部分理解为全微分, 于是(5.2.56)式可以写成

$$\mathrm{pr}^{(n)}V = \mathrm{pr}^{(n)}V_Q + \sum_\mu V^\mu D_\mu. \tag{5.2.57}$$

对于上一小节中所得到的KdV 方程的 4 个无穷小对称, 相应的发展表示分别是:

$$\begin{aligned}
V_{Q_1} &= -u_t\frac{\partial}{\partial u},\\
V_{Q_2} &= -u_x\frac{\partial}{\partial u},\\
V_{Q_3} &= (1-6tu_x)\frac{\partial}{\partial u},\\
V_{Q_4} &= \Big(u + \frac{1}{2}xu_x + \frac{3}{2}tu_t\Big)\frac{\partial}{\partial u}.
\end{aligned}$$

前面讨论无穷小对称时, 无穷小对称的坐标函数仅依赖于自变量及因变量. 下面讨论坐标函数依赖因变量关于自变量导数的无穷小对称, 即推广的无穷小对称(这种推广对称的重要性在Noether的工作中有所体现, 同时还体现在可以用这种推广对称来研究微分方程的可积性).

在(5.2.33)式中, 如果V^μ, V^u不但依赖于自变量、因变量, 而且还依赖于因变量关于自变量的导数, 则称V是一个推广的向量场.

定义 5.2.11 设V是一个推广的向量场, 如果V关于微分方程(5.2.24)的任意解$u(x)$满足

$$\pounds_{\mathrm{pr}^{(n)}V}\big(F(x, u^{(n)})\big) = 0,$$

称V是微分方程(5.2.24)的一个推广的无穷小对称.

KdV 方程的无穷小对称V_1, V_2, V_3, V_4 所对应的发展表示V_{Q_1}，V_{Q_2}，V_{Q_3}，V_{Q_4}是推广的向量场. 由下面的定理可以看出, 在推广无穷小对称的意义下, V_1，V_2, V_3, V_4 的对称性等价于V_{Q_1}，V_{Q_2}，V_{Q_3}，V_{Q_4} 的对称性.

定理 5.2.4 V是方程(5.2.24)的推广无穷小对称, 当且仅当V_Q是方程(5.2.24)的推广无穷小对称.

证明:由(5.2.56), 有

$$\pounds_{\mathrm{pr}^{(n)}V}(F)=\pounds_{\mathrm{pr}^{(n)}V_Q}(F)+\sum_{\mu}V^{\mu}D_{\mu}F. \tag{5.2.58}$$

对微分方程的解, 上式右端第二项为0. 因此, 由推广无穷小对称的定义, V的对称性等价于V_Q的对称性.

在计算中, 常常需要考虑函数关于推广向量场的Lie导数. 不同函数最高阶导数是不同的, 因此需要给出向量场V的不同有限延拓. 这样做当然是很麻烦的, 因此在实际运算当中常常使用向量场V的无穷延拓, 以$\mathrm{pr}\,V$表示向量场V 的无穷延拓. ▲

下面定义推广向量场的Lie括弧运算. 为此, 需要先给出一个引理.

引理 5.2.2 设$P(x,u^{(n)})$是一个光滑函数, 那么,

$$\pounds_{\mathrm{pr}^{(n)}V_Q}(D_iP)=D_i\pounds_{\mathrm{pr}^{(n)}V_Q}(P). \tag{5.2.59}$$

证明:由(5.2.25)式, 有

$$\begin{aligned}\pounds_{\mathrm{pr}^{(n)}V_Q}(D_iP) &= \sum_J D_JQ\Big(\frac{\partial D_iP}{\partial u_J}\Big)\\ &= \sum_J D_JQ\sum_I\frac{\partial\Big(\dfrac{\partial P}{\partial u_I}u_{I,i}+\dfrac{\partial P}{\partial x_i}\Big)}{\partial u_J}\\ &= \sum_J D_JQ\left(\sum_I\Big(\frac{\partial^2 P}{\partial u_I\,\partial u_J}u_{I,i}+\frac{\partial}{\partial x_i}\Big(\frac{\partial P}{\partial u_J}\Big)\Big)+\frac{\partial P}{\partial u_{J\backslash i}}\right),\end{aligned} \tag{5.2.60}$$

其中I是多重指标, $J\backslash i$表示从J中去掉一个i.

由

$$\sum_I\left(\frac{\partial^2 P}{\partial u_I\,\partial u_J}u_{I,i}+\frac{\partial}{\partial x_i}\Big(\frac{\partial P}{\partial u_J}\Big)\right)=D_i\Big(\frac{\partial P}{\partial u_J}\Big),$$

(5.2.60) 式可以写成

$$\pounds_{\mathrm{pr}V_Q}(D_iP)=\sum_J D_JQD_i\Big(\frac{\partial P}{\partial u_J}\Big)+\sum_J D_JQ\frac{\partial P}{\partial u_{J\backslash i}}.$$

以J取代$J\backslash i$, 有

$$\pounds_{\mathrm{pr}V_Q}(D_iP)=\sum_J D_JQD_i\Big(\frac{\partial P}{\partial u_J}\Big)+\sum_J D_{J,i}Q\frac{\partial P}{\partial u_J}. \tag{5.2.61}$$

(5.2.61)式右端恰好是$D_i\pounds_{\mathrm{pr}^{(n)}V_Q}(P)$, 因此证明了引理. ▲

定义 5.2.12 设V, W是推广的向量场, 定义V和W的Lie括弧是一个推广的向量场$[V, W]$, 且$[V, W]$满足

$$\pounds_{\mathrm{pr}\,[V,W]}(P)=\pounds_{\mathrm{pr}V}\big(\pounds_{\mathrm{pr}W}(P)\big)-\pounds_{\mathrm{pr}W}\big(\pounds_{\mathrm{pr}V}(P)\big), \tag{5.2.62}$$

P是任意光滑函数.

为了说明定义5.2.12的合理性, 需要证明$[\mathrm{pr}\,V,\ \mathrm{pr}\,W]$是一个推广向量场的延拓, 即$[V, W]$的延拓.

定理 5.2.5 设V和W是两个推广向量场:

$$V-\sum_\mu V^\mu\frac{\partial}{\partial x_\mu}+V^u\frac{\partial}{\partial u},\quad W=\sum_\mu W^\mu\frac{\partial}{\partial x_\mu}+W^u\frac{\partial}{\partial u},$$

那么

$$[V,W]=\sum_\mu\big(\pounds_{\mathrm{pr}\,V}(W^\mu)-\pounds_{\mathrm{pr}\,W}(V^\mu)\big)\frac{\partial}{\partial x_\mu}+\sum_\mu\big(\pounds_{\mathrm{pr}\,V}(W^u)-\pounds_{\mathrm{pr}\,W}(V^u)\big)\frac{\partial}{\partial u}. \tag{5.2.63}$$

如果V的特征是Q, W的特征是R, 则设

$$S=\pounds_{\mathrm{pr}V_Q}(R)-\pounds_{\mathrm{pr}\,W_R}(Q), \tag{5.2.64}$$

则S是$[V, W]$的特征.

证明:先就发展向量场证明这个定理. 设V和W的形式是:

$$V=Q\frac{\partial}{\partial u},\quad W=R\frac{\partial}{\partial u}.$$

对任意光滑函数P, 有

$$
\begin{aligned}
&\pounds_{\mathrm{pr}\,V}(\pounds_{\mathrm{pr}\,W}(P))\pounds_{\mathrm{pr}\,W}(\pounds_{\mathrm{pr}\,V}(P))\\
=\ &\pounds_{\mathrm{pr}\,V_Q}\Big(\sum_J D_J R\frac{\partial P}{\partial u_J}\Big)-\pounds_{\mathrm{pr}\,W_R}\Big(\sum_J D_J Q\frac{\partial P}{\partial u_J}\Big)\\
=\ &\sum_J \pounds_{\mathrm{pr}\,V_Q}(D_J R)\frac{\partial P}{\partial u_J}+\sum_J D_J R\Big(\pounds_{\mathrm{pr}\,V_Q}\Big(\frac{\partial P}{\partial u_J}\Big)\Big)\\
&-\sum_J \pounds_{\mathrm{pr}\,W_R}(D_J Q)\frac{\partial P}{\partial u_J}-\sum_J D_J Q\Big(\pounds_{\mathrm{pr}\,W_R}\Big(\frac{\partial P}{\partial u_J}\Big)\Big)\\
=\ &\sum_J \pounds_{\mathrm{pr}\,V_Q}(D_J R)\frac{\partial P}{\partial u_J}+\sum_{IJ} D_J R D_I Q\frac{\partial^2 P}{\partial u_J\partial u_I}\\
&-\sum_J \pounds_{\mathrm{pr}\,W_R}(D_J Q)\frac{\partial P}{\partial u_J}-\sum_{IJ} D_J Q D_I R\frac{\partial^2 P}{\partial u_J\partial u_I}\\
=\ &\sum_J \pounds_{\mathrm{pr}\,V_Q}(D_J R)\frac{\partial P}{\partial u_J}-\sum_J \pounds_{\mathrm{pr}\,W_R}(D_J Q)\frac{\partial P}{\partial u_J}.
\end{aligned}
\tag{5.2.65}
$$

由引理5.2.2, 可以得到

$$
\pounds_{\mathrm{prV}}(\pounds_{\mathrm{pr}\,W}(P))-\pounds_{\mathrm{pr}\,W}(\pounds_{\mathrm{pr}\,V}(P))=\sum_J D_J(\pounds_{\mathrm{pr}\,V_Q}(R)-\pounds_{\mathrm{pr}\,W_R}(Q))\frac{\partial P}{\partial u_J}. \tag{5.2.66}
$$

(5.2.66)式说明

$$
[V_Q,W_R]=V_S. \tag{5.2.67}
$$

至于一般情形, 利用(5.2.57)式, 可以按照上面的方法证明定理. ▲

下一节要讨论守恒律, 所以在此介绍一下守恒律的概念. 设$P=(P_1,\cdots,P_p)$, P_i是光滑函数, 如果对方程(5.2.24)的任意解$u(x)$有

$$
\operatorname{div}P=0, \tag{5.2.68}
$$

div 表示散度, 则称(5.2.68) 式是方程(5.2.24)的一个守恒律.

当$p=2$时, 设自变量的坐标是(x,t), 那么(5.2.68)式变为

$$
D_xP_1+D_tP_2=0. \tag{5.2.69}
$$

如果微分方程的任意解 $u(x,t)$ 关于 x 是周期函数或者速降函数, 那么关于 x 的积分 (5.2.68)有守恒律

$$
\frac{\mathrm{d}}{\mathrm{d}t}\int P_2\,\mathrm{d}x=0. \tag{5.2.70}
$$

在§5.2.2和§5.2.3中所提到的守恒律都是形如(5.2.70)的守恒律.

在§5.2.1中, 简要地介绍了对称群、向量场特征的基本概念, 以及与它们相联系的一些基本性质. 在文献[Ibr85],[BK89],[Olv86],[ZQ03]中, 有关于这一部分内容的详细讨论.

§5.2.5 多辛方程及由多辛公式给出的守恒律

1. 多辛公式和守恒律

考虑关于作用函数(5.2.1)的变分方程. 设η_Y^λ是一个覆盖η_X^λ的单参数变换群, 设η_X^λ的无穷小生成子是一个光滑向量场, 那么当λ充分小时, η_X^λ关于X局部可逆, 群作用η_Y^λ可以表示为

$$\bar{\varphi} = \eta_Y^\lambda \circ \varphi \circ (\eta_X^\lambda)^{-1}.$$

设群作用η_Y^λ 所对应的向量场(无穷小生成子) 是

$$V = \frac{\mathrm{d}}{\mathrm{d}\lambda}\Big|_{\lambda=0} \bar{\varphi} = \begin{bmatrix} V^\mu \\ V^\varphi \end{bmatrix}, \quad \mu = 1, 2, \cdots, n, 0.$$

由上一节的讨论, 向量场V的特征是

$$Q = V^\varphi - \sum V^\mu \varphi_\mu, \tag{5.2.71}$$

V的发展表示是

$$V_Q = Q\frac{\partial}{\partial\varphi}. \tag{5.2.72}$$

若φ 满足条件

$$\frac{\mathrm{d}}{\mathrm{d}\lambda}\Big|_{\lambda=0} S(\bar{\varphi}) = 0, \quad \forall \text{向量场 } V, \tag{5.2.73}$$

则称φ是作用函数(5.2.1)的一个极值.

Marsden等[MPS98]讨论了关于作用函数(5.2.2)的变分问题, 极值φ应满足多辛方程:

$$J^1(\varphi)^*(W \lrcorner \Omega_L) = 0, \quad \forall W \in TJ^1(Y). \tag{5.2.74}$$

使用向量场的特征, 下面考虑 (5.2.74) 式的得出及具体形式. 注意到 $l(j^1(\varphi))$

$\mathrm{d}x \wedge \mathrm{d}t = j(\varphi)^*\theta_L$, 有

$$\begin{aligned}
\frac{\mathrm{d}}{\mathrm{d}\lambda}\Big|_{\lambda=0}\int_{\bar{U}=\eta_X^\lambda U} L\big(j^1(\bar{\varphi})\big) &= \frac{\mathrm{d}}{\mathrm{d}\lambda}\Big|_{\lambda=0}\int_{\bar{U}} j(\bar{\varphi})^*\,\theta_L \\
&= \frac{\mathrm{d}}{\mathrm{d}\lambda}\Big|_{\lambda=0}\int_{\bar{U}} j\big(\eta_Y^\lambda\circ\varphi\circ(\eta_X^\lambda)^{-1}\big)^*\,\theta_L \\
&= \frac{\mathrm{d}}{\mathrm{d}\lambda}\Big|_{\lambda=0}\int_{\bar{U}} \big((\eta_X^\lambda)^{-1}\big)^* j(\varphi)^* j(\eta_Y^\lambda)^*\,\theta_L \\
&= \frac{\mathrm{d}}{\mathrm{d}\lambda}\Big|_{\lambda=0}\int_{U} j(\varphi)^* j(\eta_Y^\lambda)^*\,\theta_L \\
&= \int_U j(\varphi)^*\,\pounds_{j(V)}\,\theta_L,
\end{aligned} \tag{5.2.75}$$

在多辛几何中, 习惯以 Jet 延拓 $j(V)$ 表示向量场 V 的无穷延拓.

按照向量场的一般延拓公式(5.2.34), 可有

$$j(V) = j(V_Q) + \widehat{V}_Q, \tag{5.2.76}$$

其中$\widehat{V}_Q$的形式是

$$V^\mu\frac{\partial}{\partial x_\mu} + V^\mu\varphi_\mu\frac{\partial}{\partial\varphi} + V^\mu\varphi_{J,\mu}\frac{\partial}{\partial\varphi_J}, \tag{5.2.77}$$

J是任意多丛指标.

由$j(V)$的分解(5.2.76), 有

$$\int_U j(\varphi)^*\,\pounds_{j(V)}\,\theta_L = \int_U j(\varphi)^*\,\pounds_{j(V_Q)}\theta_L + \int_U j(\varphi)^*\,\pounds_{\widehat{V}_Q}\,\theta_L. \tag{5.2.78}$$

计算$j(\varphi)^*\pounds_{\widehat{V}_Q}\theta_L$, 可有

$$\begin{aligned}
j(\varphi)^*\,\pounds_{\widehat{V}_Q}\,\theta_L &= j(\varphi)^*\big(\pounds_{\widehat{V}_Q}(l\,\mathrm{d}^{n+1}x)\big) \\
&= j(\varphi)^*\big(V^\mu D_\mu(l)\,\mathrm{d}^{n+1}x + l\,\mathrm{d}V^\mu \wedge \mathrm{d}^n x_\mu\big) \\
&= \mathrm{d}j(\varphi)^*(l\,V^\mu\,\mathrm{d}^n x_\mu).
\end{aligned} \tag{5.2.79}$$

于是由(5.2.75)式和(5.2.78)式及Cartan公式, 可以得到

$$\frac{\mathrm{d}}{\mathrm{d}\lambda}\Big|_{\lambda=0} S(\bar{\varphi}) = -\int_U j(\varphi)^*\big(j(V_Q)\,\lrcorner\,\Omega_L\big) + \int_{\partial U} j(\varphi)^*\big(j(V_Q)\,\lrcorner\,\theta_L + l\,V^\mu\,\mathrm{d}^n x_\mu\big).$$

如果V是具有紧支集的向量场, 那么

$$\int_{\partial U} j(\varphi)^*\big(j(V_Q)\,\lrcorner\,\theta_L + lV^\mu\,\mathrm{d}^n x_\mu\big) = 0.$$

因此, φ为极值的一个必要条件是, 对于具有紧支集的向量场V, 有

$$\int_U j(\varphi)^*\big(j(V_Q)\,\lrcorner\,\Omega_L\big) = 0. \tag{5.2.80}$$

利用Cartan公式, (5.2.75)可以写作

$$\int_U j(\varphi)^*\pounds_{j(V)}\theta_L = -\int_U j(\varphi)^*\big(j(V)\,\lrcorner\,\Omega_L\big) + \int_{\partial U} j(\varphi)^*\big(j(V)\,\lrcorner\,\theta_L\big).$$

如果V是具有紧支集的向量场, 则

$$\int_{\partial U} j(\varphi)^*\big(j(V)\,\lrcorner\,\theta_L\big) = 0.$$

因此φ为极值的另一个必要条件是, 对于具有紧支集的向量场V, 有

$$\int_U j(\varphi)^*\big(j(V)\,\lrcorner\,\Omega_L\big) = 0. \tag{5.2.81}$$

事实上, 可以计算$j(\varphi)^*\big(J(V)\,\lrcorner\,\Omega_L\big)$以及$j(\varphi)^*\big(j(V_Q)\,\lrcorner\,\Omega_L\big)$, 从而得到关系式:

$$j(\varphi)^*(j(V)\,\lrcorner\,\Omega_L) = j(\varphi)^*\big(j(V_Q)\,\lrcorner\,\Omega_L\big) \tag{5.2.82}$$

$$= -E(L)Q, \tag{5.2.83}$$

E 是Euler 算子. 这样, 对于V, 极值φ 满足条件

$$j(\varphi)^*\big(j(V)\,\lrcorner\,\Omega_L\big) = 0. \tag{5.2.84}$$

对于$W \in TJ^1(Y)$, 存在V, 使得

$$W = j^1(V) + P. \tag{5.2.85}$$

P与$T_{\pi_{Y,J^1(Y)}}$是垂直的. 对P容易验证

$$j(\varphi)^*\,(P\,\lrcorner\,\Omega_L) = 0. \tag{5.2.86}$$

因此, 由(5.2.84)–(5.2.86)式及关系式

$$j\big(\varphi\big)^*(j^1(V)\,\lrcorner\,\Omega_L\big) = j\big(\varphi\big)^*(j(V)\,\lrcorner\,\Omega_L\big)$$

可知, 极值φ应满足方程:

$$j(\varphi)^*(W\,\lrcorner\,\Omega_L) = 0, \quad \forall W \in TJ^1(Y). \tag{5.2.87}$$

设V和W是Euler-Lagrange方程$E(L) = 0$的两个无穷小对称, 则有下面的多辛公式[MPS98]:

$$\int_{\partial U} j(\varphi)^*\big(j(V)\,\lrcorner\,j(W)\,\lrcorner\,\Omega_L\big) = 0. \tag{5.2.88}$$

下面, 先考虑与(5.2.88)式相对应的守恒律(表现为微分形式).

定理 5.2.6 设V和W是Euler-Lagrange方程$E(L)=0$的两个无穷小对称, 则方程$E(L)=0$有守恒律:

$$\mathrm{d}j(\varphi)^*\big(j(V)\lrcorner j(W)\lrcorner\Omega_L\big)=0. \tag{5.2.89}$$

证明:利用Cartan公式, 可以得到

$$\begin{aligned}&\mathrm{d}j(\varphi)^*\big(j(V)\lrcorner J(W)\lrcorner\Omega_L\big)\\=\ &j(\varphi)^*\big(\mathrm{d}(j(V)\lrcorner j(W)\lrcorner\Omega_L)\big)\\=\ &j(\varphi)^*\big(\mathcal{L}_{j(V)}(j(W)\lrcorner\Omega_L)-j(V)\lrcorner\mathrm{d}\,(j(W)\lrcorner\Omega_L)\big).\end{aligned} \tag{5.2.90}$$

注意到

$$\begin{aligned}&\big[j(V),j(W)\big]\lrcorner\Omega_L\\=\ &\mathcal{L}_{j(V)}\big(j(W)\lrcorner\Omega_L\big)-j(W)\lrcorner\mathcal{L}_{j(V)}\Omega_L\\=\ &\mathcal{L}_{j(V)}\big(j(W)\lrcorner\Omega_L\big)-j(W)\lrcorner\mathrm{d}\big(j(V)\lrcorner\Omega_L\big),\end{aligned} \tag{5.2.91}$$

见文献[Olv80],[Olv86], 则有

$$\begin{aligned}&\mathrm{d}j(\varphi)^*\big(j(V)\lrcorner j(W)\lrcorner\Omega_L\big)\\=\ &j(\varphi)^*\big(\mathcal{L}_{j(V)}(j(W)\lrcorner\Omega_L)-\mathcal{L}_{j(W)}(j(V)\lrcorner\Omega_L)\\&+\big[j(W),j(V)\big]\lrcorner\Omega_L\big).\end{aligned} \tag{5.2.92}$$

因为V和W是Euler-Lagrange方程$E(L)=0$的两个无穷小对称, 所以

$$j(\varphi)^*\big(\mathcal{L}_{j(V)}(j(W)\lrcorner\Omega_L)\big)=0,\quad j(\varphi)^*\big(\mathcal{L}_{j(W)}(j(V)\lrcorner\Omega_L)\big)=0. \tag{5.2.93}$$

于是有

$$\mathrm{d}j(\varphi)^*\big(j(V)\lrcorner j(W)\lrcorner\Omega_L\big)=j(\varphi)^*\big([j(W),j(V)]\lrcorner\Omega_L\big). \tag{5.2.94}$$

由方程(5.2.87), 可以得到守恒律(5.2.89).

事实上, 由(5.2.88)及Stokes定理, 有

$$\int_U \mathrm{d}j(\varphi)^*\big(j(V)\lrcorner j(W)\lrcorner\Omega_L\big)=0,$$

又因为U是任意的, 故有

$$\mathrm{d}j(\varphi)^*\big(j(V)\lrcorner j(W)\lrcorner\Omega_L\big)=0.$$

因此, 可以把(5.2.89)看作是由多辛公式给出的守恒律[MPS98]. 同时, 也可以由守恒律(5.2.89)推导出多辛公式(5.2.88). ▲

2. **变分对称及守恒律的特征**

在多辛几何的框架下考虑变分对称以及守恒律的特征.

定义 5.2.13 (**变分对称**) 设V是一个向量场,

$$V = V^{\mu}\frac{\partial}{\partial x_{\mu}} + V^{\varphi}\frac{\partial}{\partial \varphi}.$$

如果存在$\omega \in \wedge^{n}(X)$, 使得对$\forall\, x, t, \varphi$, 有

$$j(\varphi)^{*}(\pounds_{j(V)}\theta_L) = \mathrm{d}\,\omega, \tag{5.2.95}$$

则称V是作用函数(5.2.2)的一个变分对称.

因为

$$j(\varphi)^{*}\big(j(V)\,\lrcorner\,\Omega_L\big) = \mathrm{d}j(\varphi)^{*}\big(j(V)\,\lrcorner\,\theta_L\big) - j(\varphi)^{*}(\pounds_{j(V)}\,\theta_L),$$

由定义5.2.13可知, V是一个变分对称, 当且仅当存在$\omega \in \wedge^{n}(X)$, 使得

$$j(\varphi)^{*}\big(j(V)\,\lrcorner\,\Omega_L\big) = \mathrm{d}\omega. \tag{5.2.96}$$

定理 5.2.7 V是一个变分对称, 当且仅当V_Q是一个变分对称.

证明:因为V是一个变分对称, 所以存在$\omega \in \wedge^{n}(X)$, 使得

$$j(\varphi)^{*}\big(\pounds_{j(V)}\,\theta_L\big) = \mathrm{d}\omega.$$

注意到多辛公式(5.2.88), 有

$$\begin{aligned} j(\varphi)^{*}(\pounds_{j(V)}\theta_L) &= j(\varphi)^{*}(\pounds_{j(V_Q)}\,\theta_L) + j(\varphi)^{*}(\pounds_{\widehat{V}_Q}\,\theta_L) \\ &= j\,(\varphi)^{*}(\pounds_{j(V_Q)}\,\theta_L) + \mathrm{d}\,j(\varphi)^{*}(l\,V^{\mu}\,\mathrm{d}^{n}\,x_{\mu}). \end{aligned}$$

设$\omega' = \omega - j(\varphi)^{*}(lV^{\mu}\,\mathrm{d}^{n}\,x_{\mu})$, 则

$$j(\varphi)^{*}(\pounds_{j(V_Q)}\theta_L) = \mathrm{d}\omega'.$$

▲

如果V_Q是一个变分对称, 由(5.2.82)和(5.2.83)式, 可有

$$-E(L)Q\,\mathrm{d}^{n+1}\,x = \mathrm{d}\omega. \tag{5.2.97}$$

设

$$\omega=\sum F^{\mu}\,\mathrm{d}^n\,x_{\mu},\qquad F=(F^1,\cdots,F^n,F^0),$$

则

$$E(L)Q=\mathrm{div}\,(-F)=\mathrm{div}\,H,\quad H=-F. \tag{5.2.98}$$

这样, V_Q 是一个变分对称, 当且仅当存在函数H, 使得

$$E(L)Q=\mathrm{div}\,H. \tag{5.2.99}$$

定义 5.2.14 如果守恒律 $\mathrm{d}\omega=0$满足条件:

(1) 对于Euler-Lagrange方程$E(L)=0$的解有

$$\omega=0, \tag{5.2.100}$$

或者

(2) 对于$\forall x,t,\varphi$, 有

$$\mathrm{d}\,\omega=0, \tag{5.2.101}$$

则称 $\mathrm{d}\omega=0$是一个平凡守恒律.

定义 5.2.15 设 $\mathrm{d}\omega=0$是一个守恒律, $\mathrm{d}\bar{\omega}=0$是一个平凡守恒律, 如果

$$\mathrm{d}\omega-\mathrm{d}\bar{\omega}=-j(\varphi)^*\big(j(V)\,\lrcorner\,\Omega_L\big)=-j(\varphi)^*\big(j(V_Q)\,\lrcorner\,\Omega_L\big), \tag{5.2.102}$$

则称Q 是守恒律$\mathrm{d}\omega=0$ 的一个特征.

一般来说, 守恒律的特征不惟一, 但在方程满足一定条件下, 守恒律的等价性(由平凡守恒律给出)等价于守恒律特征的等价性[Olv86]. 下面的定理给出了变分对称和守恒律的一个对应关系.

定理 5.2.8 向量场V是一个变分对称, 当且仅当它的特征Q是某一个守恒律$\mathrm{d}\omega=0$的特征.

证明:如果V是一个变分对称, 则存在$\omega\in\wedge^n(X)$, 使得

$$j(\varphi)^*(j(V)\,\lrcorner\,\Omega_L)=j(\varphi)^*(j(V_Q)\,\lrcorner\,\Omega_L)=-E(L)Q\,\mathrm{d}^{n+1}\,x=\mathrm{d}\omega,$$

故$\mathrm{d}\omega=0$是一个守恒律. 充分条件由(5.2.102)式易证. ▲

3. 关于守恒律的特征

以F表示光滑函数的集合, 以F'表示关于$x, \varphi(\varphi \in F)$, φ的导数可微的函数的集合.

如果$P[\varphi] = P(x, \varphi^{(m)})$ 是F'的一个元素, P 的 Frechet 导数是一个算子D_P : $F' \to F'$, 则有

$$D_P(Q) = \frac{\mathrm{d}}{\mathrm{d}\varepsilon}\Big|_{\varepsilon=0} P\big[\varphi + \varepsilon Q[\varphi]\big], \quad Q \in F'. \tag{5.2.103}$$

按照(5.2.103)式, P的Frechet导数可以写成

$$D_P = \sum_J \Big(\frac{\partial P}{\partial \varphi_J}\Big) D_J. \tag{5.2.104}$$

对于$P \in F'$, 其Frechet 导数有伴随算子D_P^* : $F' \to F'$, 使得:

$$D_P^*(Q) = \sum_J (-D)_J \Big(\frac{\partial P}{\partial \varphi_J} Q\Big), \tag{5.2.105}$$

$$(-D)_J = (-1)^k D_J.$$

对于$P \in F'$, $Q \in F'$, 有

$$E(PQ) = \sum_J (-D)_J \Big(\frac{\partial PQ}{\partial \varphi_J}\Big) = D_P^*(Q) + D_Q^*(P). \tag{5.2.106}$$

设V_Q是作用函数(5.2.1)的变分对称. 因为$\forall\, H \in F'$, $E(\operatorname{div} H) = 0$, 所以注意到(5.2.99)式可有

$$E(E(L)Q) = D_{E(L)}^*(Q) + D_Q^*(E(L)) = 0. \tag{5.2.107}$$

下面考虑守恒律(5.2.89)的特征. 使用向量场的特征, 先改写守恒律(5.2.89)为一个非常有用的形式.

定理 5.2.9 设Q和R是V和W的特征, 则守恒律(5.2.89)可以写成[ZQ03]

$$\mathrm{d}\, j(\varphi)^*(j(V) \lrcorner\, j(W) \lrcorner\, \Omega_L) = \mathrm{d}\, j(\varphi)^*(j(V_Q) \lrcorner\, j(W_R) \lrcorner\, \Omega_L) + I, \tag{5.2.108}$$

其中I的形式是

$$\mathrm{d}\, j(\varphi)^*(E(L)QW^\mu\, \mathrm{d}^n x_\mu - E(L)RV^\mu\, \mathrm{d}^n x_\mu). \tag{5.2.109}$$

证明:由(5.2.92)式及$j([V,W])=[j(V),j(W)]$,有

$$
\begin{aligned}
& \mathrm{d}\, j(\varphi)^*(j(V) \lrcorner\, j(W) \lrcorner\, \Omega_L) \\
= \ & j(\varphi)^*\big(\pounds_{j(V)}(j(W) \lrcorner\, \Omega_L) - \pounds_{j(W)}(j(V) \lrcorner\, \Omega_L) \\
& + j([W,V]) \lrcorner\, \Omega_L\big).
\end{aligned} \tag{5.2.110}
$$

注意到(5.2.83)式,有以下等式:

$$
\begin{aligned}
& \frac{\mathrm{d}}{\mathrm{d}\lambda}\Big|_{\lambda=0} (\eta_X^\lambda)^* j(\bar\varphi)^*(j(W) \lrcorner\, \Omega_L) \\
= \ & \frac{\mathrm{d}}{\mathrm{d}\lambda}\Big|_{\lambda=0} (\eta_X^\lambda)^*\big(-E(L)R\, \mathrm{d}^{n+1}\bar x\big) \\
= \ & \pounds_{j(V)}\big(-E(L)R\big)\, \mathrm{d}^{n+1} x - E(L)R\pounds_{V^x}(\mathrm{d}^{n+1} x) \\
= \ & \pounds_{j(V_Q)}\big(-E(L)R\big)\, \mathrm{d}^{n+1} x + \pounds_{\widehat{V}_Q}\big(-E(L)R\big)(\mathrm{d}^{n+1} x) - E(L)R\pounds_{V^x}(\mathrm{d}^{n+1} x) \\
= \ & \pounds_{j(V_Q)}\big(-E(L)R\big)\, \mathrm{d}^{n+1} x + \mathrm{d}j(\varphi)^*\big(-E(L)RV^\mu\, \mathrm{d}^n x_\mu\big).
\end{aligned} \tag{5.2.111}
$$

因此由(5.2.111)式,可有

$$
\begin{aligned}
& \frac{\mathrm{d}}{\mathrm{d}\lambda}\Big|_{\lambda=0} (\eta_X^\lambda)^* j(\bar\varphi)^*(j(W) \lrcorner\, \Omega_L) \\
= \ & j(\varphi)^*\big(\pounds_{j(V)}(j(W) \lrcorner\, \Omega_L)\big) \\
= \ & \pounds_{j(V_Q)}\big(-E(L)R\big)\, \mathrm{d}^{n+1} x \\
& + \mathrm{d}j(\varphi)^*\big(-E(L)RV^\mu\, \mathrm{d}^n x_\mu\big).
\end{aligned} \tag{5.2.112}
$$

相似地,可以得出

$$
\begin{aligned}
& j(\varphi)^*\big(\pounds_{j(W)}(j(V) \lrcorner\, \Omega_L)\big) \\
= \ & \pounds_{j(W_R)}\big(-E(L)Q\big)\, \mathrm{d}^{n+1} x + \mathrm{d}j(\varphi)^*\big(-E(L)QW^\mu\, \mathrm{d}^n x_\mu\big).
\end{aligned} \tag{5.2.113}
$$

这样, (5.2.110) 式可以写成

$$
\begin{aligned}
& \mathrm{d}j(\varphi)^*\big(j(V) \lrcorner\, j(W) \lrcorner\, \Omega_L\big) \\
= \ & -\pounds_{j(V_Q)}\big(E(L)R\big)\mathrm{d}^{n+1}x + \pounds_{j(W_R)}\big(E(L)Q\big)\, \mathrm{d}^{n+1} x \\
& + j(\varphi)^*\big(j([W,V]) \lrcorner\, \Omega_L\big) + I,
\end{aligned} \tag{5.2.114}
$$

其中I的形式是

$$
\mathrm{d}j(\varphi)^*\big(E(L)QW^\mu\, \mathrm{d}^n x_\mu - E(L)RV^\mu\, \mathrm{d}^n x_\mu\big). \tag{5.2.115}
$$

因为$[W, V]$的发展表示是$[W_R, V_Q]$, 由(5.2.114)式, 有

$$\begin{aligned} & \mathrm{d}j(\varphi)^*\big(j(V)\,\lrcorner\, j(W)\,\lrcorner\,\Omega_L\big) \\ = \ & \pounds_{j(W_R)}\big(E(L)Q\big)\mathrm{d}^{n+1}x - \pounds_{j(V_Q)}\big(E(L)R\big)\,\mathrm{d}^{n+1}x \\ & + j(\varphi)^*\big(j([W_R, V_Q])\,\lrcorner\,\Omega_L\big) + I. \end{aligned} \tag{5.2.116}$$

特别地,

$$\begin{aligned} & \mathrm{d}j(\varphi)^*\big(j(V_Q)\,\lrcorner\, j(W_R)\,\lrcorner\,\Omega_L\big) \\ = \ & \pounds_{j(W_R)}\big(E(L)R\big)\mathrm{d}^{n+1}x - \pounds_{j(V_Q)}\big(E(L)R\big)\,\mathrm{d}^{n+1}x \\ & + j(\varphi)^*\big(j([W_R, V_Q])\,\lrcorner\,\Omega_L\big). \end{aligned} \tag{5.2.117}$$

故有

$$\mathrm{d}j(\varphi)^*\big(j(V)\,\lrcorner\, j(W)\,\lrcorner\,\Omega_L\big) = \mathrm{d}j(\varphi)^*\big(j(V_Q)\,\lrcorner\, j(W_R)\,\lrcorner\,\Omega_L\big) + I.$$

▲

由定理5.2.9, 守恒律(5.2.89)可以写成(5.2.108)的形式. 因为I是一个平凡守恒律, 故讨论守恒律(5.2.89)的特征时, 只需讨论 $\mathrm{d}j(\varphi)^*\big(j(V_Q)\,\lrcorner\, j(W_R)\,\lrcorner\,\Omega_L\big) = 0$的特征.

先把(5.2.117)式写成

$$\begin{aligned} & \mathrm{d}j(\varphi)^*\big(j(V_Q)\,\lrcorner\, j(W_R)\,\lrcorner\,\Omega_L\big) \\ = \ & \Big(Q\pounds_{j(W_R)}\big(E(L)\big) - R\pounds_{j(V_Q)}\big(E(L)\big)\Big)\mathrm{d}^{n+1}x + E(L)(\pounds_{j(W_R)}(Q) \\ & - \pounds_{j(V_Q)}(R))\,\mathrm{d}^{n+1}x + j(\varphi)^*\big(j([W_R, V_Q])\,\lrcorner\,\Omega_L\big). \end{aligned} \tag{5.2.118}$$

因为$[W_R, V_Q]$的特征是$\pounds_{j(W_R)}(Q) - \pounds_{j(V_Q)}(R)$, 由(5.2.83)式, 有

$$\mathrm{d}j(\varphi)^*\big(j(V_Q)\,\lrcorner\, j(W_R)\,\lrcorner\,\Omega_L\big) = \Big(Q\pounds_{j(W_R)}\big(E(L)\big) - R\pounds_{j(V_Q)}\big(E(L)\big)\Big)\,\mathrm{d}^{n+1}x. \tag{5.2.119}$$

注意到:

$$\pounds_{j(W_R)}(E(L)) = D_{E(L)}(R), \quad \pounds_{j(V_Q)}(E(L)) = D_{E(L)}(Q), \tag{5.2.120}$$

得出

$$\mathrm{d}j(\varphi)^*\big(j(V_Q)\,\lrcorner\, j(W_R)\,\lrcorner\,\Omega_L\big) = \big(QD_{E(L)}(R) - RD_{E(L)}(Q)\big)\,\mathrm{d}^{n+1}x. \tag{5.2.121}$$

因为$E(L)$的Frechet导数是自伴随的, 即

$$D^*_{E(L)} = D_{E(L)}, \tag{5.2.122}$$

所以(5.2.121)式可以写成

$$\mathrm{d}j(\varphi)^*\big(j(V_Q)\rfloor j(W_R)\rfloor \Omega_L\big) = \big(QD^*_{E(L)}(R) - RD^*_{E(L)}(Q)\big)\,\mathrm{d}^{n+1}x. \tag{5.2.123}$$

V_Q是变分对称, 所以(5.2.107)式成立, 于是,

$$D^*_{E(L)}(Q) = -D^*_Q E(L). \tag{5.2.124}$$

相似地,

$$D^*_{E(L)}(R) = -D^*_R E(L). \tag{5.2.125}$$

把(5.2.124) 式和(5.2.125) 式代入(5.2.123) 式, 发现

$$\mathrm{d}j(\varphi)^*\big(j(V_Q)\rfloor j(W_R)\rfloor \Omega_L\big) = \big(RD^*_Q(E(L)) - QD^*_R(E(L))\big)\,\mathrm{d}^{n+1}x. \tag{5.2.126}$$

使用分部积分, (5.2.126)式可以写成

$$\begin{aligned}
&\mathrm{d}j(\varphi)^*\big(j(V_Q)\rfloor j(W_R)\rfloor \Omega_L\big) - \mathrm{d}\omega \\
=\ & \big(E(L)D_Q(R) - E(L)D_R(Q)\big)\,\mathrm{d}^{n+1}x \\
=\ & E(L)\big(-\pounds_{j(V_Q)}(R) + \pounds_{j(W_R)}(Q)\big)\,\mathrm{d}^{n+1}x,
\end{aligned} \tag{5.2.127}$$

$\mathrm{d}\omega = 0$是一个平凡守恒律. 设

$$S = \pounds_{j(W_R)}(Q) - \pounds_{j(V_Q)}(R), \tag{5.2.128}$$

则由(5.2.127)式可得

$$\mathrm{d}j(\varphi)^*\big(j(V_Q)\rfloor j(W_R)\rfloor \Omega_L\big) - \mathrm{d}\omega = E(L)S\,\mathrm{d}^{n+1}x = -j(\varphi)^*(j(V_S)\rfloor \Omega_L), \tag{5.2.129}$$

即S是守恒律(5.2.89)的一个特征.

定理 5.2.10 Q和R是变分对称V和W的特征. 设$S = \pounds_{j(W_R)}(Q) - \pounds_{j(V_R)}(R)$, 则$S$是守恒律(5.2.89)的一个特征. 同时, V_S是作用函数(5.2.2)的变分对称.

该定理的后面部分可由定理(5.2.8)得到.

4. KdV 方程的多辛几何方法

为了使KdV方程成为一个变分问题, 设$\varphi_x = u$, 那么φ满足方程

$$\varphi_{xt} + 6\varphi_x\varphi_{xx} + \varphi_{xxxx} = 0. \tag{5.2.130}$$

方程(5.2.130)的Lagrange密度是

$$L(j^2(\varphi)) = \left(\frac{1}{2}\varphi_t\varphi_x + \varphi_x^3 + \varphi_{xx}^2\right)\mathrm{d}x \wedge \mathrm{d}t. \tag{5.2.131}$$

关于L的Cartan形式由Gotay[Got88]给出, 其形式是

$$\begin{aligned}\theta_L \;=\; & -\varphi_{xx}\,\mathrm{d}\varphi_x \wedge \mathrm{d}t - \frac{1}{2}\varphi_x\,\mathrm{d}\varphi \wedge \mathrm{d}x + \left(\frac{1}{2}\varphi_t + 3\varphi_x^2 + \varphi_{xxx}\right)\mathrm{d}\varphi \wedge \mathrm{d}t \\ & + \left(\frac{1}{2}\varphi_{xx}^2 - 2\varphi_x^3 - \frac{1}{2}\varphi_t\varphi_t\varphi_x - \varphi_x\varphi_{xxx}\right)\mathrm{d}x \wedge \mathrm{d}t. \end{aligned} \tag{5.2.132}$$

相应地, 多辛形式$\Omega_L = -\mathrm{d}\theta_L$.

对于方程(5.2.130)的多辛描述与对Lagrange密度是 1 阶的变分方程描述类似. 一个截面是作用函数$S(j^2(\varphi))$的极值, 当且仅当$\forall W \in TJ^3(Y)$时有

$$j(\varphi)^*(W \lrcorner \Omega_L) = 0. \tag{5.2.133}$$

如果V和W是方程$E(L)=0$的两个无穷小对称, 则$E(L)=0$具有守恒律

$$\mathrm{d}j(\varphi)^*\big(j(V) \lrcorner j(W) \lrcorner \Omega_L\big) = 0. \tag{5.2.134}$$

设V和W在坐标表示下为$V^\varphi\dfrac{\partial}{\partial\varphi}$和$W^\varphi\dfrac{\partial}{\partial\varphi}$(即$V$ 和W 是垂直向量场), 那么计算$\mathrm{d}j(\varphi)^*\big(j(V) \lrcorner j(W) \lrcorner \Omega_L\big)$可有

$$\begin{aligned} & \mathrm{d}j(\varphi)^*\big(j(V) \lrcorner j(W) \lrcorner \Omega_L\big) \\ = \; & \frac{1}{2}(D_xW^\varphi V^\varphi - D_xV^\varphi W^\varphi)\,\mathrm{d}x + \Big(D_{xx}^2W^\varphi D_xV^\varphi \\ & -D_{xx}^2V^\varphi D_xW^\varphi + \frac{1}{2}W^\varphi D_tV^\varphi - \frac{1}{2}V^\varphi D_tW^\varphi + 6\varphi_xW^\varphi D_xV^\varphi \\ & -6\varphi_xV^\varphi D_xW^\varphi + W^\varphi D_{xxx}^3V^\varphi - V^\varphi D_{xxx}^3W^\varphi\Big)\,\mathrm{d}t, \end{aligned} \tag{5.2.135}$$

因此由Stokes定理, 可以得到

$$\begin{aligned} & \int_U -\frac{1}{2}D_t(D_xW^\varphi V^\varphi - D_xV^\varphi W^\varphi)\,\mathrm{d}x \wedge \mathrm{d}t + D_x\Big(D_{xx}^2W^\varphi D_xV^\varphi \\ & -D_{xx}^2V^\varphi D_xW^\varphi + \frac{1}{2}W^\varphi D_tV^\varphi - \frac{1}{2}V^\varphi D_tW^\varphi + 6\varphi_xW^\varphi D_xV^\varphi \\ & -6\varphi_xV^\varphi D_xW^\varphi + W^\varphi D_{xxx}^3V^\varphi - V^\varphi D_{xxx}^3W^\varphi\Big)\,\mathrm{d}x \wedge \mathrm{d}t = 0. \end{aligned} \tag{5.2.136}$$

由U 的任意性, 有

$$\begin{aligned} & D_t(D_xW^\varphi V^\varphi - D_xV^\varphi W^\varphi) - 2D_x\Big(D_{xx}^2W^\varphi D_xV^\varphi \\ & -D_{xx}^2V^\varphi D_xW^\varphi + \frac{1}{2}W^\varphi D_tV^\varphi - \frac{1}{2}V^\varphi D_tW^\varphi + 6\varphi_xW^\varphi D_xV^\varphi \\ & -6\varphi_xV^\varphi D_xW^\varphi + W^\varphi D_{xxx}^3V^\varphi - V^\varphi D_{xxx}^3W^\varphi\Big) = 0. \end{aligned} \tag{5.2.137}$$

守恒律(5.2.137)是重要的, 在下一章将看到, 守恒律(5.2.137)恰好是Bridges所给出的多辛守恒律的多辛解释.

§5.3 Bridges 意义下的多辛结构

§5.3.1 Bridges 意义下的多辛结构

本节介绍由Bridges和Reich提出的多辛方程和多辛结构[Bri97],[BR01a],[BR01b],[BR06]. 以非线性波方程为例, 说明该多辛形式是非线性波方程Hamilton形式的自然推广, 同时给出其他孤立子方程的多辛结构.

对以下Lagrange泛函作变分:

$$\mathcal{L} = \int_{t_1}^{t_2} \int_{x_1}^{x_2} L(u, u_t, u_x)\,\mathrm{d}x\,\mathrm{d}t, \tag{5.3.1}$$

其中Lagrange 密度为

$$L(u, u_t, u_x) = \frac{1}{2}u_t^2 - \frac{1}{2}u_x^2 + V(u), \tag{5.3.2}$$

就可以得到Euler-Lagrange方程, 即非线性波方程

$$\frac{\partial}{\partial t}\frac{\partial L}{\partial u_t} + \frac{\partial}{\partial x}\frac{\partial L}{\partial u_x} - \frac{\partial L}{\partial u} = u_{tt} - u_{xx} - V'(u) = 0, \tag{5.3.3}$$

其中$V(u)$为u的某一非线性光滑函数.

对Lagrange 密度L作Legendre变换, 即令$v = \dfrac{\partial L}{\partial u_t} = u_t$, 得到方程(5.3.3)的无穷维Hamilton形式

$$\frac{\partial z}{\partial t} = J^{-1}\frac{\delta H}{\delta z}, \tag{5.3.4}$$

其中J为标准的辛矩阵, $z = (u, v)^{\mathrm{T}}$, Hamilton 泛函为

$$H(u, v) = \int_{x_1}^{x_2} \left[\frac{1}{2}v^2 + \frac{1}{2}u_x^2 - V(u)\right] \mathrm{d}x,$$

辛2-形式为

$$\omega = \int_{x_1}^{x_2} (\mathrm{d}u \wedge \mathrm{d}v)\,\mathrm{d}x.$$

由以上过程可以看出Legendre变换的过程和作用:

(1) 引进新的变量, $v = \dfrac{\partial L}{\partial u_t} = u_t$, 构成新的相空间$(u, v) = (u, u_t)$;

(2) 给出新的泛函, 即Hamilton泛函$H(u, v)$, 使得$H(u, v)$中不再含 u_t 项, 仅在x 方向积分;

(3) 给出辛算子J.

但以上Legendre 变换仅仅是部分的Legendre变换(t方向的), 完全的Legendre 变换应该是t方向和x方向同时进行, 即协变的Legendre 变换, 引进更多的变量: 给出新的Hamilton函数不含u_t和u_x.

完全的Legendre变换为同时令$\omega = \dfrac{\partial L}{\partial u_t} = u_x$, 方程(5.3.3)等价于

$$M z_t + K z_x = \bigtriangledown_z S(z), \tag{5.3.5}$$

其中

$$M = \begin{bmatrix} 0 & -1 & 0 \\ 1 & 0 & 0 \\ 0 & 0 & 0 \end{bmatrix}, \quad K = \begin{bmatrix} 0 & 0 & 1 \\ 0 & 0 & 0 \\ -1 & 0 & 0 \end{bmatrix}, \quad z = \begin{bmatrix} u \\ v \\ w \end{bmatrix},$$

$S(z) = \dfrac{1}{2}(w^2 - v^2) + V(u)$.

Bridges 和Reich称形如方程(5.3.5)的方程为具有多辛结构的Hamilton方程, 更一般的(仅考虑2维)情形如下.

设$Q \in \mathbf{R}^n$是有限维相空间, S是Q上的函数, K, L是两个反对称常数矩阵(通常是奇异的), 则Bridges 和Reich的多辛Hamilton方程为:

$$M z_\xi + K z_\eta = \bigtriangledown_z S(z), \tag{5.3.6}$$

其中$\bigtriangledown_z$是Q中对应于Q上通常内积意义下的梯度算子, ξ, η是底空间的两个独立变量. 例如, 双曲方程时为$\xi = t$, $\eta = x$, 椭圆方程时为$\xi = x$, $\eta = y$.

反对称矩阵K和M对应2-形式:

$$\omega^1(\boldsymbol{u}, \boldsymbol{v}) = (M\boldsymbol{u}, \boldsymbol{v}), \quad \omega^2(\boldsymbol{u}, \boldsymbol{v}) = (K\boldsymbol{u}, \boldsymbol{v}), \tag{5.3.7}$$

其中$\boldsymbol{u}, \boldsymbol{v} \in Q$, $(\cdot, \cdot)$是Q的内积运算.

显然, ω^1和ω^2是闭形式, 所以是预辛的, 在Q的子空间上可以是非退化的, 也就是辛形式. 这样, 在不同的方向上有不同的辛结构, ω^1对应于ξ方向, ω^2对应于η方向. 同样, 若底空间是n维的, 就有n个辛结构, 在这种意义下, 称方程(5.3.6)为多辛Hamilton方程.

多辛Hamilton方程(5.3.6)具有的一个重要性质是多辛守恒律, 即

$$\frac{\partial}{\partial \xi}\omega^1(U, V) + \frac{\partial}{\partial \eta}\omega^2(U, V) = 0, \tag{5.3.8}$$

其中U, V是方程(5.3.6)对应的变分方程的任意两个解.

方程(5.3.6)的变分方程为

$$M \mathrm{d} z_\xi + K \mathrm{d} z_\eta = D_{zz}\, \mathrm{d} z. \tag{5.3.9}$$

因为U, V是方程(5.3.9)的解, 故有:

$$(U, MV_\xi) + (U, KV_\eta) = (U, D_{zz} V), \tag{5.3.10}$$

$$(V, MU_\xi) + (V, KU_\eta) = (V, D_{zz}U). \tag{5.3.11}$$

由D_{zz}的对称性, 得到

$$(U, MV_\xi) + (U, KV_\eta) + (V, MU_\xi) + (V, KU_\eta) = 0,$$

即守恒律(5.3.8).

方程(5.3.9)直接用dz作外积运算, 有微分形式的多辛守恒律:

$$\mathrm{d}z \wedge M\mathrm{d}z_\xi + \mathrm{d}z \wedge K\mathrm{d}z_\eta = 0. \tag{5.3.12}$$

方程(5.3.6)还有能量和动量守恒律, 分别用z_ξ和z_η与方程(5.3.6)作内积得到

$$\partial_\xi E + \partial_\eta F = 0, \tag{5.3.13}$$

其中

$$E(z) = S(z) - \frac{1}{2}(z, Kz_\eta), \quad F(z) = \frac{1}{2}(z, Kz_\xi).$$

$$\partial_\xi F + \partial_\eta G = 0, \tag{5.3.14}$$

其中

$$G(z) = S(z) - \frac{1}{2}(z, Mz_\xi), \quad F(z) = \frac{1}{2}(z, Mz_\eta).$$

与无穷维Hamilton方程相比, 多辛形式的Hamilton方程(5.3.6)除了能清楚地刻画这些局部的守恒律之外, 更重要的优点是它的相空间是有限维的, 这样它就可以作为一个基本形式, 应用有限维的理论, 分析偏微分方程诸如稳定性之类的重要性质[Bri97].

对应于非线性波方程(5.3.5), 多辛守恒律、能量和动量守恒律 (5.3.12), (5.3.13), (5.3.14) 分别为:

$$\partial_t(\mathrm{d}u \wedge \mathrm{d}v) - \partial_x(\mathrm{d}u \wedge \mathrm{d}w) = 0, \tag{5.3.15}$$

$$\partial_t\left(\frac{1}{2}(w^2 + v) + V(u)\right) - \partial_x(vw) = 0, \tag{5.3.16}$$

$$\partial_t(vw) - \partial_x\left(\frac{1}{2}(w^2 + v^2) - V(u)\right) = 0. \tag{5.3.17}$$

这3个守恒律都是局部守恒律, 它们在任意的局部时空区域内成立, 与方程的边界条件无关. 对以上3式在x方向积分, 在适当的边界条件下, 就可以得到相应的整体的辛守恒律、能量和动量守恒律. 也就是说, 局部守恒律本身蕴涵着整体守恒律, 这是方程更本质的性质.

其他孤立子方程也可以写成多辛Hamilton方程(5.3.6)的形式, 如非线性Schrödinger方程

$$i\psi_t + \psi_{xx} + a|\psi|^2\psi = 0.$$

令$\psi = p + iq$, 这里p 和q 为实值函数, 可以改写多辛形式为:

$$Mz_t + Kz_x = \bigtriangledown_z S(z), \quad z = (p, q, v, w)^{\mathrm{T}},$$

这里

$$M = \begin{bmatrix} 0 & 1 & 0 & 0 \\ -1 & 0 & 0 & 0 \\ 0 & 0 & 0 & 0 \\ 0 & 0 & 0 & 0 \end{bmatrix}, \quad K = \begin{bmatrix} 0 & 0 & -1 & 0 \\ 0 & 0 & 0 & -1 \\ 1 & 0 & 0 & 0 \\ 0 & 1 & 0 & 0 \end{bmatrix},$$

以及

$$S(z) = -H = \frac{1}{2}\big(v^2 + w^2 + (p^2 + q^2)^2\big).$$

Z-K 方程

$$\partial_t u + \partial_x f(u) + \partial_x^3 u + \partial_x \partial_y^2 u = 0,$$

其中$f(u)$ 是任意一光滑函数. 引进势函数$\phi_x = u$ 和相应的中间变量, 得到多辛Hamilton 方程为:

$$Mz_t + Kz_x + Lz_y = \bigtriangledown S(z), \quad z \in \mathbf{R}^6,$$

$$M = \begin{bmatrix} 0 & 0 & 0 & 0 & 0 & 0 \\ 0 & 0 & 0 & \frac{1}{2} & 0 & 0 \\ 0 & 0 & 0 & 0 & 0 & 0 \\ 0 & \frac{1}{2} & 0 & 0 & 0 & 0 \\ 0 & 0 & 0 & 0 & 0 & 0 \\ 0 & 0 & 0 & 0 & 0 & 0 \end{bmatrix}, \quad K = \begin{bmatrix} 0 & 0 & 0 & 1 & 0 & 0 \\ 0 & 0 & 0 & 0 & 1 & 0 \\ 0 & 0 & 0 & 0 & 0 & 1 \\ -1 & 0 & 0 & 0 & 0 & 0 \\ 0 & -1 & 0 & 0 & 0 & 0 \\ 0 & 0 & -1 & 0 & 0 & 0 \end{bmatrix},$$

$$L = \begin{bmatrix} 0 & 0 & 0 & 0 & 0 & 0 \\ 0 & 0 & 0 & 0 & 0 & 1 \\ 0 & 0 & 0 & 0 & -1 & 0 \\ 0 & 0 & 0 & 0 & 0 & 0 \\ 0 & 0 & 1 & 0 & 0 & 0 \\ 0 & -1 & 0 & 0 & 0 & 0 \end{bmatrix}.$$

$z=(p,u,q,\psi,v,w)^{\mathrm{T}}\in\mathbf{R}^6$, Hamilton函数

$$S(z)=up-\frac{1}{2}(v^2+w^2)-F(u),$$

这里$F'(u)=f(u),\ F(u)=\dfrac{u^3}{6}$.

广义的K-P方程为

$$(2u_t+\partial_x f(u)+u_{xxx})_x+\tau u_{yy}=0,$$

τ是非零参数, $f(u)$是一光滑函数, 多辛形式为

$$Mz_t+Kz_x+Lz_y=\bigtriangledown S(z),\quad z\in\mathbf{R}^8,$$

$$M=\begin{bmatrix}0&0&0&0&0&0&0&0\\0&0&0&0&0&0&-1&0\\0&0&0&0&0&0&0&0\\0&0&0&0&0&0&0&0\\0&0&0&0&0&0&0&0\\0&0&0&0&0&0&0&0\\0&1&0&0&0&0&0&0\\0&0&0&0&0&0&0&0\end{bmatrix},$$

$$K=\begin{bmatrix}0&0&0&0&-1&0&0&0\\0&0&0&0&0&-1&0&0\\0&0&0&0&0&0&-1&0\\0&0&0&0&0&0&0&-1\\1&0&0&0&0&0&0&0\\0&1&0&0&0&0&0&0\\0&0&1&0&0&0&0&0\\0&0&0&1&0&0&0&0\end{bmatrix},$$

$$L=\begin{bmatrix}0&0&0&0&0&0&0&0\\0&0&0&0&0&0&0&-\tau\\0&0&0&0&0&0&0&0\\0&0&0&0&0&0&1&0\\0&0&0&0&0&0&0&0\\0&0&0&0&0&0&0&0\\0&0&0&-1&0&0&0&0\\0&\tau&0&0&0&0&0&0\end{bmatrix},$$

$z=(q_1,q_2,q_3,q_4,p_1,p_2,p_3,p_4)^{\mathrm{T}}$, Hamilton函数为

$$S(z)=p_1q_2+p_2p_3+\frac{1}{2}\tau p_4^2-\frac{1}{2}q_3^2-F(p_3),$$

这里$F(u)=\int_0^u f(s)\,\mathrm{d}s$.

值得注意的是, 对于一个孤立子方程来说, 其多辛Hamilton形式并不是惟一的. 如非线性波方程(5.3.3), 除了方程(5.3.5)的形式外, 还有如下多辛形式:

$$Mz_t+Kz_x=\bigtriangledown_z S(z),\quad z=(u,v,w,p)^{\mathrm{T}},$$

$$M=\begin{bmatrix}0&-1&0&0\\1&0&0&0\\0&0&0&1\\0&0&-1&0\end{bmatrix},\quad K=\begin{bmatrix}0&0&-1&0\\0&0&0&1\\1&0&0&0\\0&1&0&0\end{bmatrix},$$

这里$S(z)=\dfrac{1}{2}(v^2-w^2)+V(u)$.

相应的多辛守恒律中的 2-形式为:

$$\omega^1=\mathrm{d}v\wedge\mathrm{d}u-\mathrm{d}p\wedge\mathrm{d}w,$$

$$\omega^2=\mathrm{d}w\wedge\mathrm{d}u+\mathrm{d}v\wedge\mathrm{d}p.$$

§5.3.2 Klein-Gordon 方程的多辛结构

本节以非线性Klein-Gordon方程为例, 讨论孤立子方程在MPS[MPS98]意义下的多辛结构. 从变分原理出发, 用初等的变分计算, 直接得到多辛结构和多辛守恒律, 并且我们证明了Bridges意义下和MPS意义下的多辛守恒律的相互等价性.

非线性Klein-Gordon方程为

$$u_{tt}-u_{xx}+f(u)=0,\quad (x,t)\in\Omega\subset\mathbf{R}^2,\tag{5.3.18}$$

其中$f(u):\mathbf{R}\to\mathbf{R}$是一光滑的非线性函数.

方程(5.3.18)的Lagrange密度为

$$L(j^1(\varphi))=\Big(\frac{1}{2}(\varphi_t^2-\varphi_x^2)+F(\varphi)\Big)\,\mathrm{d}x\wedge\mathrm{d}t,\quad F'=f.\tag{5.3.19}$$

对应于Lagrange密度$L(j^1(\varphi))$, 作用函数定义为

$$S(\varphi)=\int_U L(j^1(\varphi)),\tag{5.3.20}$$

其中U是X中的一个开集.

设η_Y^λ是一个覆盖η_X^λ的单参数变换群, η_X^λ的无穷小生成子是一个光滑向量场, η_X^λ局部可逆, η_Y^λ是一光滑路径, 使得

$$\bar{\varphi} = \eta_Y^\lambda \circ \varphi \circ (\eta_X^\lambda)^{-1} : X \longrightarrow \begin{bmatrix} \bar{x} \\ \bar{t} \\ \bar{\varphi} \end{bmatrix},$$

其中$\bar{\varphi}$是$\bar{x}$, $\bar{t}$的函数, η_Y^λ的向量场为

$$V = \frac{\mathrm{d}}{\mathrm{d}\lambda}\Big|_{\lambda=0} \varphi = \begin{bmatrix} V^x \\ V^t \\ V^\varphi \end{bmatrix}.$$

若

$$\frac{\mathrm{d}}{\mathrm{d}\lambda}\Big|_{\lambda=0} S(\bar{\varphi}) = 0,$$

则称φ是S的一个临界点. 考虑变分

$$\frac{\mathrm{d}}{\mathrm{d}\lambda}\Big|_{\lambda=0} S(\bar{\varphi}) = \frac{\mathrm{d}}{\mathrm{d}\lambda}\Big|_{\lambda=0} \int_{\eta_X^\lambda U} \left(\frac{1}{2}\bar{\varphi}_{\bar{t}}^2 - \frac{1}{2}\bar{\varphi}_{\bar{x}}^2 + F(\bar{\varphi})\right) \mathrm{d}\bar{x} \wedge \mathrm{d}\bar{t},$$

其中

$$\eta_X^\lambda \begin{bmatrix} x \\ t \end{bmatrix} = \begin{bmatrix} \bar{x} \\ \bar{t} \end{bmatrix}.$$

通过直接但很繁琐的变分计算(详见附录第九章), 可以得到

$$\frac{\mathrm{d}}{\mathrm{d}\lambda}\Big|_{\lambda=0} S(\bar{\varphi}) = I_1 + I_2,$$

其中

$$\begin{aligned} I_1 &= \int_U (-\varphi_{tt} + \varphi_{xx} - f(\varphi))(V^\varphi - \varphi_t V^t - \varphi_x V^x) \, \mathrm{d}x \wedge \mathrm{d}t, \\ I_2 &= \int_{\partial U} \left(-\varphi_t V^\varphi + \varphi_t \varphi_x V^x + \left(\frac{1}{2}\varphi_t^2 + \frac{1}{2}\varphi_x^2 - F(\varphi)\right) V^t \right) \mathrm{d}x \\ &\quad + \int_{\partial U} \left(-\varphi_x V^\varphi + \varphi_t \varphi_x V^t + \left(\frac{1}{2}\varphi_t^2 + \frac{1}{2}\varphi_x^2 + F(\varphi)\right) V^x \right) \mathrm{d}x. \end{aligned}$$

因为

$$j^1(\varphi)^* \, \mathrm{d}x = \mathrm{d}x, \quad j^1(\varphi)^* \, \mathrm{d}t = \mathrm{d}t, \quad j^1(\varphi)^* \, \mathrm{d}\varphi = \varphi_x \, \mathrm{d}x + \varphi_t \, \mathrm{d}t,$$

故很容易得到Y上的Cartan形式:

$$\theta_L = -\Big(\frac{1}{2}\varphi_t^2 - \frac{1}{2}\varphi_x^2 - F(\varphi)\Big)\,\mathrm{d}x \wedge \mathrm{d}t - \varphi_x\,\mathrm{d}\varphi \wedge \mathrm{d}t - \varphi_t\,\mathrm{d}\varphi \wedge \mathrm{d}x, \tag{5.3.21}$$

使得

$$I_2 = \int_{\partial U} j^1(\varphi)^*(j^1(V) \lrcorner\, \theta_L),$$

这里$j^1(V)$是向量场V的 1 阶延拓向量场[Olv86],

$$\begin{aligned} j^1(V) &= (V^x, V^t, V^\varphi, V^{\varphi_x}, V^{\varphi_t})^{\mathrm{T}}, \\ V^{\varphi_x} &= D_x V^\varphi - (D_V^x)\varphi_x - (D_V^x)\varphi_t, \\ V^{\varphi_t} &= D_t V^\varphi - (D_V^t)\varphi_x - (D_V^t)\varphi_t. \end{aligned} \tag{5.3.22}$$

其中D_x和D_t表示全导数, 即

$$D_t V^\varphi(x,t,\varphi) = \frac{\partial V^\varphi}{\partial t} + \frac{\partial V^\varphi}{\partial \varphi}\frac{\mathrm{d}\varphi}{\mathrm{d}t}.$$

θ_L的(5.3.21)形式与Gotay给出的Cartan形式是一致的[Got88]. 对θ_L作微分就得到多辛 3-形式:

$$\begin{aligned} \Omega_L &= -\mathrm{d}\theta_L \\ &= -\mathrm{d}\varphi \wedge \mathrm{d}\varphi_t \wedge \mathrm{d}x - \mathrm{d}\varphi \wedge \mathrm{d}\varphi_x \wedge \mathrm{d}t - F(\varphi)\,\mathrm{d}\varphi \wedge \mathrm{d}x \wedge \mathrm{d}t \\ &\quad + \varphi_t\,\mathrm{d}\varphi_t \wedge \mathrm{d}x \wedge \mathrm{d}t - \varphi_x\,\mathrm{d}\varphi_x \wedge \mathrm{d}x \wedge \mathrm{d}t. \end{aligned}$$

形式Ω_L定义为1阶射从$J^1(Y)$上的多辛结构.

以上给出了Cartan形式θ_L 和多辛形式Ω_L. 下面讨论作用函数$S(\varphi)$ 的Euler-Lagrange 方程.

注意到$L(j^1(\bar\varphi)) = j^1(\bar\varphi)^*\theta_L$, 有

$$\begin{aligned} &\frac{\mathrm{d}}{\mathrm{d}\lambda}\Big|_{\lambda=0}\int_{\bar U=\eta_X^\lambda U} L(j^1(\bar\varphi)) \\ =\ & \frac{\mathrm{d}}{\mathrm{d}\lambda}\Big|_{\lambda=0}\int_{\bar U} j^1(\bar\varphi)^*\,\theta_L \\ =\ & \frac{\mathrm{d}}{\mathrm{d}\lambda}\Big|_{\lambda=0}\int_{\bar U} j^1\big(\eta_Y^\lambda \circ \varphi \circ (\eta_X^\lambda)^{-1}\big)^*\,\theta_L \\ =\ & \frac{\mathrm{d}}{\mathrm{d}\lambda}\Big|_{\lambda=0}\int_{\bar U} \big((\eta_X^\lambda)^{-1}\big)^* j^1(\varphi)^* j^1(\eta_Y^\lambda)^*\,\theta_L \\ =\ & \frac{\mathrm{d}}{\mathrm{d}\lambda}\Big|_{\lambda=0}\int_{U} j^1(\varphi)^* j^1(\eta_Y^\lambda)^*\,\theta_L \\ =\ & \int_U j^1(\varphi)^*\,\pounds_{j^1(V)}\,\theta_L. \end{aligned}$$

又因为

$$\pounds_{j^1(V)}\theta_L = -j^1(V) \lrcorner \Omega_L + \mathrm{d}\left(j^1(V) \lrcorner \theta_L\right),$$

其中$\pounds$是标准的Lie 导数符号, 得到

$$\frac{\mathrm{d}}{\mathrm{d}\lambda}\Big|_{\lambda=0} S(\bar{\varphi}) = -\int_U j^1(\varphi)^*(j^1(V) \lrcorner \Omega_L) + \int_{\partial U} j^1(\varphi)^*(j^1(V) \lrcorner \theta_L).$$

若V是具有紧支集的向量场, 则有

$$\int_{\partial U} j^1(\varphi)^*\left(j^1(V) \lrcorner \theta_L\right) = 0.$$

因此, φ是作用函数的一个临界点的必要条件为

$$\int_U j^1(\varphi)^*\left(j^1(V) \lrcorner \Omega_L\right) = 0, \quad \text{对于任意具有紧支集的}V.$$

于是有

$$j^1(\varphi)^*\left(j^1(V) \lrcorner \Omega_L\right) = \left(\varphi_{tt} - \varphi_{xx} + f(\varphi)\right)(V^\varphi - \varphi_t V^t - \varphi_x V^x) = 0.$$

取π_{XY}垂直的向量场V, 即$T\pi_{XY} \cdot V = 0$, 再用标准的变分计算, 得到φ必须满足

$$\varphi_{tt} - \varphi_{xx} + f(\varphi) = 0,$$

即方程(5.3.18).

所以对于任意向量场V, 有以下式子成立:

$$j^1(\varphi)^*\left(j^1(V) \lrcorner \Omega_L\right) = 0. \tag{5.3.23}$$

任意向量场$W \in TJ^1(Y)$, 存在一向量场V, 使得W有如下分解:

$$W = j^1(V) + P, \tag{5.3.24}$$

其中P是$T_{\pi_{Y,J^1(Y)}}$垂直的.

很容易验证

$$j^1(\varphi)^*(P \lrcorner \Omega_L) = 0, \tag{5.3.25}$$

其中$P \in TJ^1(Y)$是$T\pi_{Y,J^1(Y)}$的垂直向量场.

事实上, 若P是$T(J^1(Y))$的向量场, 且与$T\pi_{Y,J^1(Y)}$是垂直的, 则$P = (0, 0, 0, p^{u_t}, p^{u_x})$.

经过简单的计算, 则有关系式(5.3.25). 因此, 由(5.3.23), (5.3.24)和(5.3.25)式可以得到以下结论:

若φ是作用S的一个临界点，则对任意向量$W \in TJ^1(Y)$，有

$$j^1(\varphi)^*(W \lrcorner \Omega_L) = 0, \tag{5.3.26}$$

这就是Euler-Lagrange方程.

下面讨论方程(5.3.26)对应的多辛公式和多辛守恒律的微分表现形式.

定理 5.3.1 设η_Y^λ和ξ_Y^λ是方程(5.3.26)的两个单参数变换群，对应的向量场为V和W，则以下多辛公式成立:

$$\int_{\partial U} j^1(\varphi)^*\big(j^1(V) \lrcorner j^1(W) \lrcorner \Omega_L\big) = 0. \tag{5.3.27}$$

证明:因为$j^1[W,V] = \big[j^1(W), j^1(V)\big]$，有

$$\begin{aligned} 0 &= \int_U j^1(\varphi)^*(j^1[W,V] \lrcorner \Omega_L) \\ &= \int_U j^1(\varphi)^*\big([j^1(W), j^1(V)] \lrcorner \Omega_L\big) \\ &- \int_U j^1(\varphi)^*\big(\pounds_{j^1(W)}(j^1(V) \lrcorner \Omega_L) - j^1(V) \lrcorner \pounds_{j^1(W)}\Omega_L\big). \end{aligned} \tag{5.3.28}$$

又因为η_Y^λ和ξ_Y^λ是方程(5.3.26)的两个单参数变换群，所以有:

$$\frac{\mathrm{d}}{\mathrm{d}\lambda}\Big|_{\lambda=0} j^1\big(\eta_Y^\lambda \circ \varphi \circ (\eta_X^\lambda)^{-1}\big)^*(Q \lrcorner \Omega_L) = j^1(\varphi)^* \pounds_{j^1(V)}(Q \lrcorner \Omega_L) = 0, \tag{5.3.29}$$

$$\frac{\mathrm{d}}{\mathrm{d}\lambda}\Big|_{\lambda=0} j^1\big(\xi_Y^\lambda \circ \varphi \circ (\xi_X^\lambda)^{-1}\big)^*(Q \lrcorner \Omega_L) = j^1(\varphi)^* \pounds_{j^1(W)}(Q \lrcorner \Omega_L) = 0 \tag{5.3.30}$$

这样对于任意的向量场$Q \in TJ^1(Y)$，(5.3.28)式变形为

$$\begin{aligned} 0 &= -\int_U j^1(\varphi)^*\big(j^1(V) \lrcorner \pounds_{j^1(W)}\Omega_L\big) \\ &= -\int_U j^1(\varphi)^*\big(j^1(V) \lrcorner \mathrm{d}(j^1(W) \lrcorner \Omega_L)\big) \\ &= \int_U j^1(\varphi)^*\big(j^1(V) \lrcorner \mathrm{d}(\pounds_{j^1(W)}\theta_L)\big). \end{aligned} \tag{5.3.31}$$

由

$$\begin{aligned} j^1(V) \lrcorner j^1(W) \lrcorner \Omega_L &= j^1(V) \lrcorner \mathrm{d}\big(j^1(W) \lrcorner \theta_L\big) - j^1(V) \lrcorner \pounds_{j^1(W)}\theta_L \\ &= \pounds_{j^1(V)}\big(j^1(W) \lrcorner \theta_L\big) - j^1(V) \lrcorner \pounds_{j^1(W)}\theta_L \\ &\quad -\mathrm{d}\big(j^1(V) \lrcorner j^1(W) \lrcorner \theta_L\big), \end{aligned}$$

可以得到

$$\begin{aligned}&\int_{\partial U} j^1(\varphi)^*\big(j^1(V)\rfloor j^1(W)\rfloor\Omega_L\big)\\=&\int_{\partial U} j^1(\varphi)^*\big(\pounds_{j^1(V)}(j^1(W)\rfloor\theta_L)-j^1(V)\rfloor\pounds_{j^1(W)}\theta_L\\&-\mathrm{d}\,(j^1(V)\rfloor j^1(W)\rfloor\theta_L)\big)\\=&\int_U j^1(\varphi)^*\,\mathrm{d}\big(\pounds_{j^1(V)}(j^1(W)\rfloor\theta_L)-j^1(V)\rfloor\pounds_{j^1(W)}\theta_L\big).\end{aligned}\tag{5.3.32}$$

再由

$$\begin{aligned}\pounds_{j^1(V)}\pounds_{j^1(W)}\theta_L &= j^1(V)\rfloor\mathrm{d}(\pounds_{j^1(W)}\theta_L)+\mathrm{d}\big(j^1(V)\rfloor\pounds_{j^1(W)}\theta_L\big)\\&=\pounds_{j^1(V)}\big(j^1(W)\rfloor(-\Omega_L)\big)+\pounds_{j^1(V)}\,\mathrm{d}\,\big(j^1(W)\rfloor\theta_L\big)\\&=-\pounds_{j^1(V)}\big(j^1(W)\rfloor\Omega_L\big)+\mathrm{d}\pounds_{j^1(V)}\big(j^1(W)\rfloor\theta_L\big),\end{aligned}$$

得到

$$\begin{aligned}&\mathrm{d}\,\big(\pounds_{j^1(V)}\,(j^1(W)\rfloor\theta_L)-j^1(V)\rfloor\pounds_{j^1(W)}\theta_L\big)\\=&\ j^1(V)\rfloor\mathrm{d}(\pounds_{j^1(W)}\theta_L)+\pounds_{j^1(V)}\,(j^1(W)\rfloor\Omega_L).\end{aligned}$$

故(5.3.32)式等价为

$$\begin{aligned}&\int_{\partial U} j^1(\varphi)^*\big(j^1(V)\rfloor j^1(W)\rfloor\Omega_L\big)\\=&\int_U j^1(\varphi)^*\big(j^1(V)\rfloor\mathrm{d}(\pounds_{j^1(W)}\theta_L)+\pounds_{j^1(V)}(j^1(W)\rfloor\Omega_L)\big).\end{aligned}$$

由(5.3.29), (5.3.31)以及上式得到

$$\int_{\partial U} j^1(\varphi)^*\big(j^1(V)\rfloor j^1(W)\rfloor\Omega_L\big)=0.$$

▲

由定理5.3.1和Stokes定理, 可以得到以下推论.

推论 5.3.1 设V和W是Euler-Lagrange方程(5.3.26)的两个无穷小对称, 则有如下守恒律:

$$\mathrm{d}\,j(\varphi)^*\big(j^1(V)\rfloor j^1(W)\rfloor\Omega_L\big)=0.\tag{5.3.33}$$

注 5.3.1 (1) 实际上, 可以直接计算验证

$$\mathrm{dd}S = \int_{\partial U} j^1(\varphi)^*\big(j^1(V) \lrcorner\, j^3(W) \lrcorner\, \Omega_L\big) = 0,$$

同样得到定理5.3.1.

(2) 一般情形, V和W总为$\xi(x,t,\varphi)\dfrac{\partial}{\partial x}+\eta(x,t,\varphi)\dfrac{\partial}{\partial t}+\psi(x,t,\varphi)\dfrac{\partial}{\partial \varphi}$的形式. 若$V$和$W$是广义向量场(见[Ibr85]), 即$\xi,\eta,\psi$不仅依赖于$x,t,\psi$, 还依赖于$\varphi$的各阶导数, 对定理5.3.1证明只要做相应的调整(延拓$J^1(Y)$到$J^\infty(Y)$), 同样可以证明定理成立.

下面讨论非线性Klein-Gordon 方程的Bridges 意义下的多辛守恒律与 MPS 意义下的多辛守恒律之间的关系.

由§5.3.1可知, 若令

$$v = u_x, \quad w = u_x, \quad S(z) = \frac{1}{2}v^2 - \frac{1}{2}w^2 + F(u),$$

则非线性方程(5.3.18)可以写成如下Bridges意义下的多辛形式:

$$Mz_t + Kz_x = \bigtriangledown_z S(z), \tag{5.3.34}$$

其中

$$M = \begin{bmatrix} 0 & -1 & 0 \\ 1 & 0 & 0 \\ 0 & 0 & 0 \end{bmatrix}, \quad K = \begin{bmatrix} 0 & 0 & 1 \\ 0 & 0 & 0 \\ -1 & 0 & 0 \end{bmatrix}, \quad z = \begin{bmatrix} u \\ v \\ w \end{bmatrix}.$$

Bridges意义下的多辛守恒律

$$\partial_t\,(\mathrm{d}z \wedge M\,\mathrm{d}z) + \partial_x\,(\mathrm{d}z \wedge K\,\mathrm{d}z) = 0$$

的具体展开为

$$\partial_t\,(\mathrm{d}u \wedge \mathrm{d}u_t) - \partial_x\,(\mathrm{d}u \wedge \mathrm{d}u_x) = 0. \tag{5.3.35}$$

定理 5.3.2 对于非线性Klein-Gordon方程, Bridges意义下的多辛守恒律与MPS的多辛公式(5.3.27)是等价的.

证明:设V和W是与π_{XY}垂直的两个向量场, 其坐标表示为

$$V^\varphi\frac{\partial}{\partial\varphi}, \quad W^\varphi\frac{\partial}{\partial\varphi},$$

则相应的1阶延拓向量场$j^1(V)$和$j^1(W)$的坐标表达式为:

$$j^1(V) = V^\varphi\frac{\partial}{\partial\varphi} + V_x^\varphi\frac{\partial}{\partial\varphi_x} + V_t^\varphi\frac{\partial}{\partial\varphi_t},$$

$$j^1(W) = W^\varphi\frac{\partial}{\partial\varphi} + W_x^\varphi\frac{\partial}{\partial\varphi_x} + W_t^\varphi\frac{\partial}{\partial\varphi_t}.$$

代入MPS的多辛公式(5.3.27), 很容易验证

$$j^1(\varphi)^*\big(j^1(V) \lrcorner\, j^1(W) \lrcorner\, \Omega_L\big) = (V^\varphi W_t^\varphi - W^\varphi V_t^\varphi)\,\mathrm{d}x - (V^\varphi W_x^\varphi - V_x^\varphi W^\varphi)\,\mathrm{d}t.$$

由Stokes定理得到

$$\begin{aligned}&\int_{\partial U} j^1(\varphi)^*\big(j^1(V) \lrcorner\, j^1(W) \lrcorner\, \Omega_L\big)\\ =& \int_{\partial U}(V^\varphi W_t^\varphi - W^\varphi V_t^\varphi)\,\mathrm{d}x - (V^\varphi W_x^\varphi - V_x^\varphi W^\varphi)\,\mathrm{d}t\\ =& \int_U \Big[\frac{\partial}{\partial x}(V^\varphi W_x^\varphi - V_x^\varphi W^\varphi) - \frac{\partial}{\partial t}(V^\varphi W_t^\varphi - W^\varphi V_t^\varphi)\Big]\,\mathrm{d}x \wedge \mathrm{d}t.\end{aligned}$$

由区域U的任意性, 有

$$\frac{\partial}{\partial x}(V^\varphi W_x^\varphi - V_x^\varphi W^\varphi) - \frac{\partial}{\partial t}(V^\varphi W_t^\varphi - W^\varphi V_t^\varphi) = 0,$$

即

$$\big[\partial_t\,(\mathrm{d}u \wedge \mathrm{d}u_t) - \partial_x\,(\mathrm{d}u \wedge \mathrm{d}u_x)\big]\big(j^1(V), j^1(W)\big) = 0.$$

再由V和W的任意性，上式等价于Bridges的多辛守恒律(5.3.35). ▲

§5.3.3 Klein-Gordon 方程的多辛格式

本节将在Bridges多辛几何意义下给出多辛格式的定义, 并讨论多辛Box格式, 给出其等价格式.

设多辛方程(5.3.6)的一个离散格式为

$$M\partial_t^{i,j}\, z_{i,j} + K\partial_x^{i,j}\, z_{i,j} = \big(\bigtriangledown S(z_{i,j})\big)_{i,j}, \tag{5.3.36}$$

这里$z_{i,j} = z(x_i, t^j)$, $\partial_t^{i,j}$表示∂_t在网格点(i, j)的一个离散.

格式(5.3.36)对应的两个 2-形式的离散为:

$$\omega_{i,j}^1 = \langle MU_{i,j}, V_{i,j}\rangle, \quad \omega_{i,j}^2 = \langle KU_{i,j}, V_{i,j}\rangle,$$

其中$U_{i,j}$, $V_{i,j}$满足格式(5.3.36)所对应的离散变分方程

$$M\partial_t^{i,j}\,\mathrm{d}z_{i,j} + K\partial_x^{i,j}\,\mathrm{d}z_{i,j} = D_{zz}S(z_{i,j})\,\mathrm{d}z_{i,j}. \tag{5.3.37}$$

定义 5.3.1 若以下离散的多辛守恒律成立:

$$\partial_t^{i,j}\,\omega_{i,j}^1 + \partial_x^{i,j}\,\omega_{i,j}^2 = 0, \tag{5.3.38}$$

则格式(5.3.36)称为方程(5.3.6)的多辛格式.

Bridges和Reich证明了非线性波方程(5.3.13)的Leap-frog格式是多辛格式[BR01a]，多辛方程(5.3.6)的Box格式是多辛格式.

对多辛方程(5.3.6)在x和t方向都用中点离散, 就得到所谓的Box格式

$$M\Big(\frac{z_{i+\frac{1}{2},j+1}-z_{i+\frac{1}{2},j}}{\tau}\Big)+K\Big(\frac{z_{i+\frac{1}{2},j+1}-z_{i,j+\frac{1}{2}}}{h}\Big)=\nabla_z S\big(z_{i+\frac{1}{2},j+\frac{1}{2}}\big), \tag{5.3.39}$$

其中,

$$z_{i+\frac{1}{2},j}=\frac{1}{2}(z_{i,j}+z_{i+1,j}),\quad z_{i,j+\frac{1}{2}}=\frac{1}{2}(z_{i,j}+z_{i,j+1}),$$
$$z_{i+\frac{1}{2},j+\frac{1}{2}}=\frac{1}{4}(z_{i,j}+z_{i,j+1}+z_{i+1,j}+z_{i+1,j+1}).$$

就像中点格式是最基本的辛格式一样, 格式(5.3.39)是最基本的多辛格式. 当多辛方程(5.3.6)是双曲方程时, 此格式就是熟知的Preissmann格式, 在水力学中广泛使用[AB89]. Reich在用有限体积法和 1 阶Gauss-Legendre 离散非线性波方程对应的多辛Hamilton方程时, 都得到此格式. 在§5.4.2所给出的复合方法构造多辛格式时, 也得到此格式.

但格式(5.3.39)的具体实施却有许多问题需要解决, 在§5.4中将专门讨论Preissmann的计算问题. 这里以方程(5.3.5)为例, 就多辛格式的不同形式给出此格式的一个等价格式.

为了叙述方便, 用以下简练的记号给出在局部网格上的多辛Box格式:

$$\begin{cases}\dfrac{1}{\tau}\big(u_{\frac{1}{2}}^{1}-u_{\frac{1}{2}}^{0}\big)=v_{\frac{1}{2}}^{\frac{1}{2}},\\[2mm] \dfrac{1}{h}\big(u_{1}^{\frac{1}{2}}-u_{0}^{\frac{1}{2}}\big)=w_{\frac{1}{2}}^{\frac{1}{2}},\\[2mm] \dfrac{1}{\tau}\big(v_{\frac{1}{2}}^{1}-v_{\frac{1}{2}}^{0}\big)-\dfrac{1}{h}\big(w_{1}^{\frac{1}{2}}-w_{0}^{\frac{1}{2}}\big)=V'\big(u_{\frac{1}{2}}^{\frac{1}{2}}\big),\end{cases} \tag{5.3.40}$$

其中τ, h分别是时间和空间步长:

$$u_{\frac{1}{2}}^{\frac{1}{2}}\approx u\Big(x_i+\frac{1}{2}h,t_j+\frac{1}{2}\tau\Big),$$
$$u_{\frac{1}{2}}^{0}=\frac{1}{2}(u_0^0+u_1^0),\quad u_{\frac{1}{2}}^{\frac{1}{2}}=\frac{1}{4}(u_0^0+u_1^0+u_0^1+u_1^1).$$

很容易验证(见下一节), 当空间的剖分为偶数, 且u,v,w都取周期数值边界条件时, 格式(5.3.40)无法实施. 下面在说明多辛格式具有多种形式的同时, 给出不受此限制的等价格式.

消去格式(5.3.40)中的$v_{\frac{1}{2}}^{\frac{1}{2}}$, 则有

$$\begin{cases} \dfrac{2}{\tau}\left(u_{\frac{1}{2}}^{1}-u_{\frac{1}{2}}^{0}\right)-\dfrac{\tau}{h}\left(w_{1}^{\frac{1}{2}}-w_{0}^{\frac{1}{2}}\right)=\tau V'\left(u_{\frac{1}{2}}^{\frac{1}{2}}\right)+2v_{\frac{1}{2}}^{0}, \\ \dfrac{1}{h}\left(u_{1}^{\frac{1}{2}}-u_{0}^{\frac{1}{2}}\right)=w_{\frac{1}{2}}^{\frac{1}{2}}, \end{cases} \tag{5.3.41}$$

$$v_{\frac{1}{2}}^{1}=\frac{1}{\tau}\left(u_{\frac{1}{2}}^{1}-u_{\frac{1}{2}}^{0}\right)-v_{\frac{1}{2}}^{0}. \tag{5.3.42}$$

这仍是个两层格式, 只是由于(5.3.41)和(5.3.42)式可以分开计算, 使得计算规模缩小. 而且可以验证(5.3.41) 式的简单迭代对应的迭代矩阵是非奇异的, 无论剖分是偶数还是奇数.

§5.3.4 sine-Gordon方程的Preissmann格式

本节把§5.3.3的分析方法运用至sine-Gordon方程, 由于具体过程基本相同, 这里就不再赘述, 只给出主要结果.

sine-Gordon方程的带周期边界的初值问题为

$$\begin{cases} u_{tt}-u_{xx}+\sin(u)=0, \\ u(x,0)=u(x), \quad u_t(x,0)=v(x), \\ u(x+a,t)=u(x,t), \end{cases} \tag{5.3.43}$$

等价的多辛方程组形式为

$$\begin{cases} u_t=v, \\ u_x=w, \\ v_t-w_x=V'(u), \end{cases} \tag{5.3.44}$$

其中$V(u)=\cos(u)-1$.

方程(5.3.44)的Preissmann格式为

$$\begin{cases} \dfrac{1}{\tau}\left(u_i^{j+1}+u_{i+1}^{j+1}-u_i^j-u_{i+1}^j\right)=\dfrac{1}{2}\left(v_i^{j+1}+v_i^j+v_{i+1}^{j+1}+v_{i+1}^j\right), \\ \dfrac{1}{h}\left(u_{i+1}^{j+1}+u_{i+1}^j-u_i^j-u_i^{j+1}\right)=\dfrac{1}{2}\left(w_i^{j+1}+w_i^j+w_{i+1}^{j+1}+w_{i+1}^j\right), \\ \dfrac{1}{2\tau}\left(v_i^{j+1}+v_{i+1}^{j+1}-v_i^j-v_{i+1}^j\right)-\dfrac{1}{2h}\left(w_{i+1}^{j+1}+w_{i+1}^j-w_i^{j+1}-w_i^j\right)=V(\bar{u}_i^j), \end{cases} \tag{5.3.45}$$

其中$i=1,2,\cdots,n$, $\bar{u}_i^j=\dfrac{1}{4}\left(u_i^{j+1}+u_{i+1}^{j+1}+u_i^j+u_{i+1}^j\right)$, τ 和h 分别是时间和空间步长.

周期边界条件为:

$$u_1 = u_{n+1}, \quad v_1 = v_{n+1}, \quad w_1 = w_{n+1}. \tag{5.3.46}$$

仿照上一节的做法, 令:

$$A = \begin{bmatrix} 1 & 1 & 0 & \cdots & 0 & 0 \\ 0 & 1 & 1 & \cdots & 0 & 0 \\ \cdots & \cdots & \cdots & \cdots & \cdots & \cdots \\ 0 & 0 & 0 & \cdots & 1 & 1 \\ 1 & 0 & 0 & \cdots & 0 & 1 \end{bmatrix}, \quad B = \begin{bmatrix} -1 & 1 & 0 & \cdots & 0 & 0 \\ 0 & -1 & 1 & \cdots & 0 & 0 \\ \cdots & \cdots & \cdots & \cdots & \cdots & \cdots \\ 0 & 0 & 0 & \cdots & -1 & 1 \\ 1 & 0 & 0 & \cdots & 0 & -1 \end{bmatrix},$$

$$\boldsymbol{u}^j = (u_1^j, u_2^j, \cdots, u_n^j)^{\mathrm{T}}, \quad \boldsymbol{v}^j = (v_1^j, v_2^j, \cdots, v_n^j)^{\mathrm{T}}, \quad \boldsymbol{w}^j = (u_1^j, w_2^j, \cdots, w_n^j)^{\mathrm{T}},$$

$$\boldsymbol{V}^{j+\frac{1}{2}} = (V_1, V_2, \cdots, V_n)^{\mathrm{T}},$$

$$V_i = V'\left(\frac{1}{4}\left(u_i^j + u_i^{j+1} + u_{i+1}^j + u_{i+1}^{j+1}\right)\right), \quad i = 1, 2, \cdots, n-1,$$

$$V_n = V'\left(\frac{1}{4}\left(u_n^j + u_n^{j+1} + u_1^j + u_1^{j+1}\right)\right),$$

则格式(5.3.45)变形为如下向量形式的方程:

$$\begin{cases} \dfrac{1}{\tau}A(\boldsymbol{u}^{j+1} - \boldsymbol{u}^j) = \dfrac{1}{2}A(\boldsymbol{v}^{j+1} + \boldsymbol{v}^j), \\ -\dfrac{1}{h}B(\boldsymbol{u}^{j+1} + \boldsymbol{u}^j) = \dfrac{1}{2}A(\boldsymbol{w}^j + \boldsymbol{w}^{j+1}), \\ \dfrac{1}{2\tau}A(\boldsymbol{v}^{j+1} - \boldsymbol{v}^j) - \dfrac{1}{2h}B(\boldsymbol{w}^{j+1} - \boldsymbol{w}^j) = \boldsymbol{V}^{j+\frac{1}{2}}. \end{cases} \tag{5.3.47}$$

再令$\boldsymbol{X} = (\boldsymbol{u}^{j+1}, \boldsymbol{v}^{j+1}, \boldsymbol{w}^{j+1})^{\mathrm{T}}$, 则非线性方程组(5.3.47)中的被称为简单迭代的迭代形式:

$$D\boldsymbol{X}^{(l+1)} = b(\boldsymbol{X}^{(l)}), \quad l = 0, 1, \cdots, \tag{5.3.48}$$

其中系数矩阵D和右端项$b(\boldsymbol{X}^{(l)})$为

$$(D, b) = \begin{bmatrix} A & -\dfrac{\tau}{2}A & 0 & A\boldsymbol{u}^j + \dfrac{\tau}{2}A\boldsymbol{v}^j \\ 0 & A & rB & A\boldsymbol{v}^j - rB\boldsymbol{w}^j + \mathbf{V}(A(\boldsymbol{u}^{j+\frac{1}{2}})) \\ -B & 0 & -\dfrac{h}{2}A & B\boldsymbol{u}^j + \boldsymbol{V}^{j+\frac{1}{2}} \end{bmatrix}, \tag{5.3.49}$$

其中$r = \dfrac{\tau}{h}$.

很容易验证, 若n是奇数, A^{-1}存在, 则迭代(5.3.49)的系数矩阵D是非奇异的, 实际计算验证迭代是收敛的.

若A是偶数, 矩阵A、B以及系数矩阵D都是秩亏一矩阵, 该迭代方法不收敛, 而且此时该非线性方程组用其他迭代方法, 如共轭梯度法, 也不收敛. 具体如何解决此问题还有待研究.

当n是奇数, A^{-1}存在时, 同样可对(5.3.49)进行初等行变换, 取第一行和第三行构成sine-Gordon方程的Preissmann的等价的多辛格式

$$\begin{cases} A(\boldsymbol{u}^{j+1}-\boldsymbol{u}^j)=\dfrac{\tau}{2}(\boldsymbol{v}^{j+1}+\boldsymbol{v}^j), \\ A(\boldsymbol{v}^{j+1}-\boldsymbol{v}^j)-\dfrac{2r}{h}BA^{-1}B(\boldsymbol{u}^{j+1}+\boldsymbol{u}^j)=2\tau\boldsymbol{V}^{j+\frac{1}{2}}. \end{cases} \tag{5.3.50}$$

(5.3.48)式仍是一个 2 层格式, 初始层的$\boldsymbol{u}, \boldsymbol{v}$的值在方程(5.3.43)中已经给出, 因此计算可以直接进行. 计算量当然比Preissmann格式的少.

进一步消去$\boldsymbol{v}$, 得到只含变量$\boldsymbol{u}$的Preissmann格式的等价格式

$$M_1\boldsymbol{u}^{j+1}-M_2\boldsymbol{u}^j+M_1\boldsymbol{u}^{j-1}=\tau^2\big[\boldsymbol{V}^{j+\frac{1}{2}}+\boldsymbol{V}^{j-\frac{1}{2}}\big]. \tag{5.3.51}$$

其中$M_1=A-r^2BA^{-1}B,\ M_2=2(A+r^2BA^{-1}B)$.

把格式(5.3.50)和(5.3.51)中非线性项改成仅是已知变量的函数, 得到如下两个显式格式:

$$\begin{cases} A(\boldsymbol{v}^{j+1}-\boldsymbol{v}^j)-\dfrac{2r}{h}BA^{-1}B(\boldsymbol{u}^{j+1}+\boldsymbol{u}^j)=2r\boldsymbol{V}^{j-\frac{1}{2}}, \\ A(\boldsymbol{u}^{j+1}-\boldsymbol{u}^j)=\dfrac{\tau}{2}(\boldsymbol{v}^{j+1}+\boldsymbol{v}^j) \end{cases} \tag{5.3.52}$$

和

$$M_1\boldsymbol{u}^{j+1}-M_2\boldsymbol{u}^j+M_1\boldsymbol{u}^{j-1}=2\tau^2\big[\boldsymbol{V}^{j-\frac{1}{2}}\big], \tag{5.3.53}$$

其中M_1、M_2同格式(5.3.51).

§5.4 复合方法构造多辛算法

本节以非线性波方程为例, 给出一种构造任意阶精度多辛算法的复合方法. 一些经典的格式, 如Leap-frog 格式(5点格式), Preissmann格式等都可以通过这种方法得到, 从而也就证明了这些格式是多辛格式. 在§5.3中我们提到方程(5.3.5)之所以被称为多辛方程, 是因为在时间和空间各个方向都有辛结构, 也就是说在不同的方向上都可以写成Hamilton系统的形式, 而Hamilton系统的辛格式的构造和分析方法以及它的一些诸如KAM定理、形式能量等的理论基础都已经发展得相当

完善, 于是本书很自然地想到用辛格式来构造多辛格式, 即: 把多辛Hamilton偏微分方程改写成不同方向的Hamilton系统联合的形式，独立辛离散这些Hamilton系统, 然后联合这些辛离散成为原Hamilton偏微分方程的一个离散, 并证明了这样得到的离散是多辛离散, 即能离散地保持多辛守恒律.

已知在构造偏微分方程的辛算法时, 先离散时间方向和先离散空间方向是两种截然不同的构造方法, 而多辛守恒律是个局部概念, 在局部网格中空间方向和时间方向具有同等地位, 这样多辛算法的构造也就与辛格式的构造不同. 将空间方向和时间方向同等看待, 先离散空间方向上的Hamilton系统和先离散时间方向上的Hamilton系统得到的多辛格式是相同的.

这里只讨论运用两类比较常用的辛算法(多级显辛格式和Runge-Kutta格式)来复合构造多辛算法. 首先简单回顾这两类算法.

§5.4.1 两类实用的辛算法

对于2维相空间上标准的Hamiltion系统:

$$\frac{\mathrm{d}z}{\mathrm{d}t} = J \bigtriangledown H(z), \quad z = (p, q)^{\mathrm{T}}, \quad J = \begin{bmatrix} 0 & -1 \\ 1 & 0 \end{bmatrix}, \tag{5.4.1}$$

其中$H(z) \in \boldsymbol{C}^{\infty}(\mathbf{R}^2)$是Hamilton函数, 人们已经构造了多种类型的辛格式[QZ92]. 为了方便下一节讨论, 本节只给出两类常用的辛算法, 一类是可分Hamilton系统的多步显辛格式, 另一类是常用的辛Runge-Kutta算法. 所谓可分Hamilton系统, 是指该系统的Hamiltion函数可以分成两个或多个相互独立的函数, 即$H(p,q) = U(p) + V(q)$. 而大多数实际物理模型所给出的Hamilton系统都可以写成这样的形式.

可分Hamilton方程的运动方程为

$$\frac{\mathrm{d}}{\mathrm{d}t}\begin{bmatrix} p \\ q \end{bmatrix} = J \begin{bmatrix} U_p' \\ V_q' \end{bmatrix} = \begin{bmatrix} f(q) \\ g(p) \end{bmatrix}, \tag{5.4.2}$$

其m-级显辛格式为(从(p^k, q^k)到(p^{k+1}, q^{k+1})):

$$\begin{aligned} &(p^0, q^0) = (p^k, q^k), \\ &p^{i+1} = p^i + \Delta\, t\, c_{i+1}\, f(q^i), \\ &q^{i+1} = q^i + \Delta\, t\, d_{i+1}\, g(p^{i+1}), \\ &(p^m, q^m) = (p^{k+1}, q^{k+1}), \end{aligned} \qquad i = 0, 1, \cdots, m-1,$$

其中$\Delta\, t$是时间步长.

当$m=1$时, $c_1=d_1=1$, 格式为:

$$p^{k+1}=p^k+\Delta t\, f(q^k),\quad q^{k+1}=q^k+\Delta t\, g(p^{k+1}).$$

当$m=2$时,

$$c_1=c_2=\frac{1}{2},\quad d_1=1,\quad d_2=0;\quad \text{或者}\quad c_1=0,\quad c_2=1,\quad d_1=d_2=\frac{1}{2}.$$

当$m=3$时,

$$c_1=\frac{7}{24},\quad c_2=\frac{3}{4},\quad c_3=-\frac{1}{24},\quad d_1=\frac{2}{3},\quad d_2=-\frac{2}{3},\quad d_3=1;$$

或者

$$c_1=1,\quad c_2=-\frac{2}{3},\quad c_3=-\frac{1}{24},\quad d_1=-\frac{1}{24},\quad d_2=\frac{3}{4},\quad d_3=\frac{7}{24}.$$

当$m=4$时,

$$c_1=0,\quad c_2=c_4=\frac{1}{3}(1+\alpha),\quad c_3=-\frac{1}{3}(2+\alpha),$$
$$d_1=d_4=\frac{1}{6}(2+\alpha),\quad d_2=d_3=\frac{1}{6}(1-\alpha);$$

或者

$$c_1=\frac{1}{6}(2+\alpha),\quad c_2=c_3=\frac{1}{6}(1-\alpha),\quad c_4=\frac{1}{6}(2+\alpha),$$
$$d_1=\frac{1}{3}(2+\alpha),\quad d_2=-\frac{1}{3}(2+\alpha),\quad d_3=\frac{1}{3}(2+\alpha),\quad d_4=0,$$

其中$\alpha=2^{\frac{1}{3}}+2^{\frac{-1}{3}}$.

很容易证明方程(5.4.2)的具有以上系数的m-级显辛格式是m阶精度格式, 而且所有的格式都满足

$$\mathrm{d}p^{k+1}\wedge\mathrm{d}q^{k+1}=\mathrm{d}p^k\wedge\mathrm{d}q^k.$$

方程(5.4.1)的一个相容的m-级Runge-Kutta格式为[SSC94]:

$$z_{k+1}=z_k+h\sum_{i=1}^{m}b_i\,J\bigtriangledown H(K_i),$$

$$K_i=z_k+h\sum_{j=1}^{m}a_{ij}\,J\bigtriangledown H(K_j),\quad i=1,\cdots,m,$$

其中h是时间步长, b_i,a_{ij}满足相容性条件.

该格式成为辛格式的条件为(详见第七章[FQ10])

$$b_ja_{ij}+b_ia_{ij}-b_ib_j=0,\quad \forall\, i,j. \tag{5.4.3}$$

下面列举$m=1$和$m=2$的情形.

当$m=1$时, 相应的Butcher表为

$$\begin{array}{c|c} \mathrm{C} & \mathrm{A} \\ \hline & b^{\mathrm{T}} \end{array} = \begin{array}{c|c} 1/2 & 1/2 \\ \hline & 1 \end{array},$$

格式为:

$$z_{k+1}=z_k+hJ\bigtriangledown H(K_1),$$

$$K_1=z_k+\frac{h}{2}J\bigtriangledown H(K_1).$$

这是一个2阶精度格式, 等价于Euler中点格式

$$z_{k+1}=z_k+hJ\bigtriangledown H\Big(\frac{z_{k+1}+z_k}{2}\Big).$$

当$m=2$时, 相应的Butcher表为

$$\begin{array}{c|c} \mathrm{C} & \mathrm{A} \\ \hline & b^{\mathrm{T}} \end{array} = \begin{array}{c|cc} 1/2-\sqrt{3}/6 & 1/4 & 1/4-\sqrt{3}/6 \\ 1/2+\sqrt{3}/6 & 1/4+\sqrt{3}/6 & 1/4 \\ \hline & 1/2 & 1/2 \end{array}.$$

这是一个4阶精度格式.

§5.4.2 复合方法构造多辛格式

标量形式的非线性波动方程为

$$\partial_{tt}u=\partial_{xx}u-V(u),\quad (x,t)\in\Omega\subset\mathbf{R}^2, \tag{5.4.4}$$

其中$V(u):\mathbf{R}\to\mathbf{R}$是某一光滑的非线性函数.

引进典则动量变量$v=\partial_t u,\ w=\partial_x u$, 则方程(5.4.4)可改写成多辛Hamilton形式

$$Mz_t+Kz_x=\bigtriangledown_z S(z), \tag{5.4.5}$$

其中

$$M=\begin{bmatrix} 0 & -1 & 0 \\ 1 & 0 & 0 \\ 0 & 0 & 0 \end{bmatrix},\quad K=\begin{bmatrix} 0 & 0 & 1 \\ 0 & 0 & 0 \\ -1 & 0 & 0 \end{bmatrix},\quad z=\begin{bmatrix} u \\ v \\ w \end{bmatrix},$$

$$S(z)=\frac{1}{2}(v^2-w^2)+F(u),\quad F'(u)=V(u).$$

方程(5.4.5)满足多辛守恒律

$$\partial_t[\mathrm{d}u\wedge\mathrm{d}v]-\partial_x[\mathrm{d}u\wedge\mathrm{d}w]=0. \tag{5.4.6}$$

首先把方程(5.4.5)改写成形如方程(5.4.1)的两个Hamilton 系统联立的形式, 其中一个是时间方向的, 即

$$\begin{cases} u_t = v, \\ v_t = \partial_t v, \end{cases} \tag{5.4.7}$$

另一个是空间方向的, 即

$$\begin{cases} u_x = w, \\ w_x = \partial_t v + V(u). \end{cases} \tag{5.4.8}$$

显然, 上述两个方程的联立与方程(5.4.5)是等价的, 其中$\partial_t v$可以看成是一个新的变量, 在数值计算中也能得到它在每个网格点上的值. $\partial_t v$也可以看成是一个形成变量, 因为在复合得到的格式, 总可以把它消去而成为一个等价的格式. 这一点会在以下作进一步的讨论.

下面分别用上一节的两类辛算法来离散方程(5.4.7)和(5.4.8), 这两个方程联立即成为方程(5.4.5)的多辛格式, 分4种情形讨论.

1. **情形1**

两个方向的方程多用多级显辛格式离散.

在时空正规网格的每一个局部小网格内, 方程(5.4.7)的 s-级显辛格式为:

$$\begin{aligned} & v_i^0 = v_i^m, \quad u_i^0 = u_i^m, \\ & v_i^j = v_i^{j-1} + \Delta t c_j \partial_t v_i^{j-1}, \\ & u_i^j = u_i^{j-1} + \Delta t d_j v_i^j, \\ & v_i^{s+1} = v_i^{m+1}, \quad u_i^{s+1} = u_i^{m+1}, \end{aligned} \qquad j = 1, \cdots, s+1. \tag{5.4.9}$$

方程(5.4.8)的 l-级显辛格式为:

$$\begin{aligned} & w_0^j = w_n^j, \quad u_0^j = u_n^j, \\ & w_i^j = w_{i-1}^j + \Delta x \widehat{c}_i (\partial_t v_{i-1}^j + V(u_{i-1}^j)), \\ & u_i^j = u_{i-1}^j + \Delta x \widehat{d}_i w_i^j, \\ & w_{l+1}^j = w_{n+1}^j, \quad u_{l+1}^j = u_{n+1}^j, \end{aligned} \qquad i = 1, \cdots, l+1. \tag{5.4.10}$$

将(5.4.9)和(5.4.10)式联立就成为多辛方程的一个离散, 显然这是个显格式, 截断误差为$o(\Delta x^l + \Delta t^s)$. 在每一层的计算中可以得到$u, v, w$ 和$\partial_t v$的离散值.

下面证明它是多辛格式.

(5.4.9)式所对应的离散变分方程为:

$$\mathrm{d}v_i^0=\mathrm{d}v_i^m,\quad \mathrm{d}u_i^0=\mathrm{d}u_i^m, \tag{5.4.11}$$

$$\mathrm{d}v_i^j=\mathrm{d}v_i^{j-1}+\Delta\,tc_j\partial_t\,\mathrm{d}v_i^{j-1},\qquad j=1,\cdots,s+1. \tag{5.4.12}$$

$$\mathrm{d}u_i^j=\mathrm{d}u_i^{j-1}+\Delta\,td_j\,v_i^j, \tag{5.4.13}$$

$$\mathrm{d}v_i^{s+1}=\mathrm{d}v_i^{m+1},\quad \mathrm{d}u_i^{s+1}=\mathrm{d}u_i^{m+1}, \tag{5.4.14}$$

由方程(5.4.12)和(5.4.13)可以得到

$$\mathrm{d}v_i^j\wedge\mathrm{d}u_i^j-\mathrm{d}v_i^{j-1}\wedge\mathrm{d}u_i^{j-1}=\Delta\,c_j\,\partial_t\,\mathrm{d}v_i^{j-1}\wedge\mathrm{d}u_i^{j-1},\quad j=1,2,\cdots,s+1.$$

对$j=1,2,\cdots,s+1$求和, 再利用方程(5.4.11)和(5.4.14)有

$$\frac{\mathrm{d}u_i^{m+1}\wedge\mathrm{d}v_i^{m+1}-\mathrm{d}u_i^m\wedge\mathrm{d}v_i^m}{\Delta\,t}=\sum_{j=1}^{s+1}c_j\,\mathrm{d}u_i^j\wedge\partial_t\,\mathrm{d}v_i^j. \tag{5.4.15}$$

(5.4.10)式所对应的离散变分方程为:

$$\begin{aligned}&\mathrm{d}w_0^j=\mathrm{d}w_n^j,\quad \mathrm{d}u_0^j=\mathrm{d}u_n^j,\\&\mathrm{d}w_i^j=\mathrm{d}w_{i-1}^j+\Delta\,x\widehat{c}_i(\partial_t\,\mathrm{d}v_{i-1}^j+V'\,\mathrm{d}u_{i-1}^j),\\&\mathrm{d}u_i^j=\mathrm{d}u_{i-1}^j+\Delta\,x\widehat{\mathrm{d}}_i\,\mathrm{d}w_i^j,\\&\mathrm{d}w_{l+1}^j=\mathrm{d}w_{n+1}^j,\quad \mathrm{d}u_{l+1}^j=\mathrm{d}u_{n+1}^j,\end{aligned}\qquad i=1,\cdots,l+1.$$

同样能够得到

$$\frac{\mathrm{d}u_{n+1}^j\wedge\mathrm{d}w_{n+1}^j-\mathrm{d}u_n^j\wedge\mathrm{d}w_n^j}{\Delta\,x}=\sum_{i=1}^{l+1}\widehat{c}_i\,\mathrm{d}u_i^j\wedge\partial_t\,\mathrm{d}v_i^j. \tag{5.4.16}$$

消去(5.4.15)和(5.4.16)式中的右端项, 得到下列离散的多辛守恒律:

$$\sum_{i=1}^{l+1}\widehat{c}_i\frac{\mathrm{d}u_i^{m+1}\wedge\mathrm{d}v_i^{m+1}-\mathrm{d}u_i^m\wedge\mathrm{d}v_i^m}{\Delta\,t}=\sum_{j=1}^{s+1}c_j\frac{\mathrm{d}u_{n+1}^j\wedge\mathrm{d}w_{n+1}^j-\mathrm{d}u_n^j\wedge\mathrm{d}w_n^j}{\Delta\,x}. \tag{5.4.17}$$

定理 5.4.1 *若方程(5.4.7)和(5.4.8)分别用s和l级的显辛格式离散, 则得到的离散为非线性波动方程(5.4.4)的一个多辛显格式, 其截断误差为$o(\Delta\,t^s+\Delta\,x^l)$, 且满足离散多辛守恒律(5.4.17).*

最简单的情形是$s=l=1$, 见图5.4.1, 此时格式(5.4.9)变为

$$\begin{cases} v_n^{m+1}=v_n^m+\Delta t\partial_t v_n^m, \\ u_n^{m+1}=u_n^m+\Delta t v_n^{m+1}. \end{cases}$$

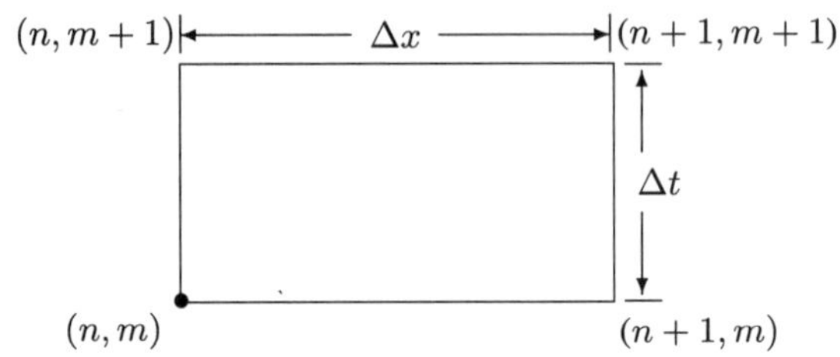

图 5.4.1 格式(5.4.9) 图

而格式(5.4.10)变为

$$\begin{cases} w_{n+1}^m=w_n^m+\Delta\,x\big(\partial_t\,v_n^m+V(u_n^m)\big), \\ u_{n+1}^m=u_n^m+\Delta\,x w_{n+1}^m. \end{cases}$$

消去$\partial_t\,v_n^m$, 得到多辛方程(5.4.5)的如下离散形式:

$$\begin{cases} u_n^{m+1}=u_n^m+\Delta\,t\,v_n^{m+1}, \\ u_{n+1}^m=u_n^m+\Delta\,x w_{n+1}^m, \\ \dfrac{w_{n+1}^m-w_n^m}{\Delta\,x}=\dfrac{v_n^{m+1}-v_n^m}{\Delta\,t}+V(u_n^m). \end{cases} \tag{5.4.18}$$

再消去(5.4.18)式中的变量w 和v, 就可以得到非线性波动方程(5.4.1) 的经典的Leap-frog 格式:

$$\frac{u_{n-1}^m-2u_n^m+u_{n+1}^m}{\Delta\,x^2}=\frac{u_n^{m-1}-2u_n^m+u_n^{m+1}}{\Delta\,t^2}+V(u_n^m). \tag{5.4.19}$$

推论 5.4.1 格式(5.4.18)和(5.4.19)都是非线性波动方程(5.4.1)的多辛格式.

2. **情形** 2

时间方向, 用s级显辛格式离散方程(5.4.7); 空间方向, 用l 级隐式辛Runge-Kutta 格式离散方程(5.4.8).

在每一个局部网格内, 方程(5.4.7)的离散形式和对应的半离散的守恒律仍为(5.4.9)和(5.4.15).

方程(5.4.8)的l-级隐式辛Runge-Kutta格式为

$$
\begin{cases}
w_i^j = w_n^j + \Delta x \displaystyle\sum_{k=1}^{l} a_{ik}\big(\partial_t v_k^j + V(u_k^j)\big), & i = 1, \cdots, l, \\
u_i^j = u_n^j + \Delta x \displaystyle\sum_{k=1}^{l} a_{ik}\, w_k^j, & i = 1, \cdots, l. \\
w_{n+1}^j = w_n^j + \Delta x \displaystyle\sum_{i=1}^{l} b_i\big(\partial_t v_i^j + V(u_i^j)\big), & \\
u_{n+1}^j = u_n^j + \Delta x \displaystyle\sum_{i=1}^{l} b_i\, w_i^j. &
\end{cases}
\tag{5.4.20}
$$

(5.4.15)与(5.4.20)之和就成为多辛方程(5.4.5)的一个多辛显格式, 记为 SM $s\times$ SRKl.

事实上, (5.4.20)式所对应的离散变分方程为:

$$
\mathrm{d}w_i^j = \mathrm{d}w_n^j + \Delta x \sum_{k=1}^{l} a_{ik}\big(\partial_t \,\mathrm{d}v_k^j + V'(u_k^j)\,\mathrm{d}u_k^j\big), \quad i = 1, \cdots, l, \tag{5.4.21}
$$

$$
\mathrm{d}u_i^j = \mathrm{d}u_n^j + \Delta x \sum_{k=1}^{l} a_{ik}\,\mathrm{d}w_k^j, \quad i = 1, \cdots, l. \tag{5.4.22}
$$

$$
\mathrm{d}w_{n+1}^j = \mathrm{d}w_n^j + \Delta x \sum_{i=1}^{l} b_i\big(\partial_t \,\mathrm{d}v_i^j + V'(u_i^j)\,\mathrm{d}u_i^j\big), \tag{5.4.23}
$$

$$
\mathrm{d}u_{n+1}^j = \mathrm{d}u_n^j + \Delta x \sum_{i=1}^{l} b_i\,\mathrm{d}w_i^j. \tag{5.4.24}
$$

用(5.4.23)和(5.4.24)式作外微分运算得

$$
\begin{aligned}
& \mathrm{d}u_{n+1}^j \wedge \mathrm{d}w_{n+1}^j \\
= {} & \Big(\mathrm{d}u_n^j + \Delta x \sum_{i=1}^{l} b_i\,\mathrm{d}w_i^j\Big) \wedge \Big(\mathrm{d}w_n^j + \Delta x \sum_{i=1}^{l} b_i\big(\partial_t \,\mathrm{d}v_i^j + V'(u_i^j)\,\mathrm{d}u_i^j\big)\Big) \\
= {} & \mathrm{d}u_n^j \wedge \mathrm{d}w_n^j + \mathrm{d}u_n^j \wedge \Delta x \sum_{i=1}^{l} b_i\big(\partial_t \,\mathrm{d}v_i^j + V'(u_i^j)\,\mathrm{d}u_i^j\big) \\
& + \Delta x \sum_{i=1}^{l} b_i(\mathrm{d}w_i^j \wedge \mathrm{d}w_n^j) + \Delta x^2 \sum_{i=1}^{l}\sum_{r=1}^{l} b_i b_r\,\mathrm{d}w_i^j \wedge \big(\partial_t \,\mathrm{d}v_r^j + V'(u_r^j)\,\mathrm{d}u_r^j\big).
\end{aligned}
$$

将(5.4.22)和(5.4.23)式代入上式得到

$$\begin{aligned}&\mathrm{d}u_{n+1}^j\wedge\mathrm{d}w_{n+1}^j\\=&\ \mathrm{d}u_n^j\wedge\mathrm{d}w_n^j+\Delta x\sum_{i=1}^{l}b_i\mathrm{d}\,u_i^j\wedge\partial_t\,\mathrm{d}v_i^j\\&+\Delta x^2\sum_{i=1}^{l}\sum_{r=1}^{l}(b_ib_r-b_ra_{ir}b_ia_{ir})\,\mathrm{d}w_i^j\wedge(\partial_t\,\mathrm{d}v_r^j+V'(u_r^j)\,\mathrm{d}u_r^j).\end{aligned}$$

根据Gauss-Legendre条件(5.4.3), 有以下半离散的多辛守恒律:

$$\frac{\mathrm{d}w_{n+1}^j\wedge\mathrm{d}u_{n+1}^j-\mathrm{d}w_n^j\wedge\mathrm{d}u_n^j}{\Delta x}=-\sum_{i=1}^{l}b_i\,\mathrm{d}u_i^j\wedge\partial_t\,\mathrm{d}v_i^j.\qquad(5.4.25)$$

将(5.4.25)和(5.4.15)式联立, 消去右端项得到如下离散的多辛守恒律:

$$\sum_{i=1}^{l}b_i\frac{\mathrm{d}u_i^{m+1}\wedge\mathrm{d}v_i^{m+1}-\mathrm{d}u_i^m\wedge\mathrm{d}v_i^m}{\Delta t}=\sum_{j=1}^{s+1}c_j\frac{\mathrm{d}u_{n+1}^j\wedge\mathrm{d}w_{n+1}^j-\mathrm{d}u_n^j\wedge\mathrm{d}w_n^j}{\Delta x}.\qquad(5.4.26)$$

定理 5.4.2 若方程(5.4.7) 和方程(5.4.8) 分别用s 级的显辛格式和l 级的Runge-Kutta格式离散, 则得到的离散为非线性波动方程(5.4.4)的一个多辛显格式, 其截断误差为 $o(\Delta t^s+\Delta x^{2l})$, 且满足离散多辛守恒律(5.4.26).

特例: 用 1-级显辛格式离散方程(5.4.7), 用1-级隐式辛Runge-Kutta格式离散方程(5.4.8), 复合得到的格式记为SM1 ×SRK1. 此时, 方程(5.4.7) 和(5.4.8)的离散形式如图5.4.2所示:

$$v_n^{m+1}=v_n^m+\Delta t\partial_t\,v_n^m,$$

$$u_n^{m+1}=u_n^m+\Delta t v_n^m,$$

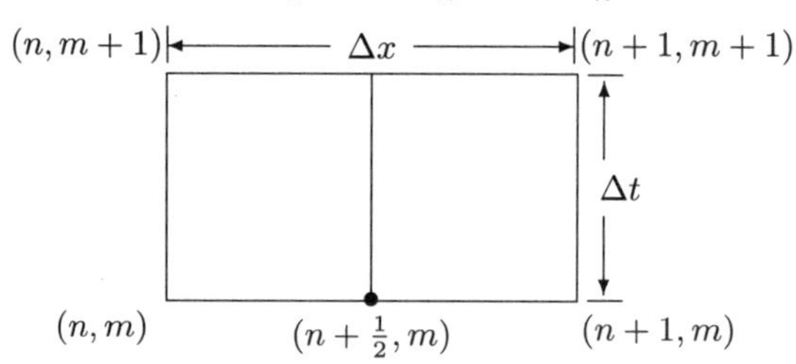

图 5.4.2 SM1×SRK1时的截断误差

以及

$$
\begin{aligned}
w^m_{n+\frac{1}{2}} &= w^m_n + \frac{\Delta x}{2}\big(\partial_t v^m_{n+\frac{1}{2}} + V(u^m_{n+\frac{1}{2}})\big),\\
u^m_{n+\frac{1}{2}} &= u^m_n + \frac{\Delta x}{2} w^m_{n+\frac{1}{2}},\\
w^m_{n+1} &= w^m_n + \Delta x\big(\partial_t v^m_{n+\frac{1}{2}} + V(u^m_{n+\frac{1}{2}})\big),\\
u^m_{n+1} &= u^m_n + \Delta x w^m_{n+\frac{1}{2}}.
\end{aligned}
$$

多辛守恒律为

$$
\frac{\mathrm{d}v^{m+1}_{n+\frac{1}{2}} \wedge \mathrm{d}u^{m+1}_{n+\frac{1}{2}} - \mathrm{d}v^m_{n+\frac{1}{2}} \wedge \mathrm{d}u^m_{n+\frac{1}{2}}}{\Delta t} = \frac{\mathrm{d}w^m_{n+1} \wedge \mathrm{d}u^m_{n+1} - \mathrm{d}w^m_n \wedge \mathrm{d}u^m_n}{\Delta x}.
$$

消去复合格式SM1 $\times$ SRK1 中的$\partial_t v$, 得到多辛方程(5.4.5)的如下格式:

$$
\begin{cases}
\dfrac{u^{m+1}_{n+\frac{1}{2}} - u^m_{n+\frac{1}{2}}}{\Delta t} = v^{m+1}_{n+\frac{1}{2}},\\[2ex]
\dfrac{u^m_{n+1} - u^m_n}{\Delta x} = w^m_{n+\frac{1}{2}},\\[2ex]
\dfrac{w^m_{n+1} - w^m_n}{\Delta x} - \dfrac{v^{m+1}_{n+\frac{1}{2}} - v^m_{n+\frac{1}{2}}}{\Delta t} + V(u^m_{n+\frac{1}{2}}),
\end{cases}
\tag{5.4.27}
$$

其中

$$
u^m_{n+\frac{1}{2}} = \frac{1}{2}(u^m_n + u^m_{n+1}),\quad w^m_{n+\frac{1}{2}} = \frac{1}{2}(w^m_n + w^m_{n+1}),\quad v^m_{n+\frac{1}{2}} = \frac{1}{2}(v^m_n + v^m_{n+1}).
$$

再消去中间变量v和w, 就得到方程(5.4.4)的一个多辛显格式:

$$
\frac{1}{4}\big[\partial_t^2\,(u^m_{n-1} + 2u^m_n + u^m_{n+1})\big] - \partial_x^2\, u^m_n = -\frac{1}{2}\big[V(u^m_{n-\frac{1}{2}}) + V(u^m_{n+\frac{1}{2}})\big],
\tag{5.4.28}
$$

其中∂_t^2和∂_x^2是标准的时间和空间方向上的2阶中心差商, 例如

$$
\partial_t^2\, u^m_n = \frac{u^{m+1}_n - 2u^m_n + u^{m-1}_n}{\Delta t^2},
$$

$$
u^m_{n+\frac{1}{2}} = \frac{1}{2}(u^m_{n+1} + u^m_n),\quad u^m_{n-\frac{1}{2}} = \frac{1}{2}(u^m_n + u^m_{n-1}).
$$

推论 5.4.2 格式(5.4.27)和(5.4.28)都是非线性波动方程(5.4.4)的多辛格式.

3. **情形** 3

时间方向, 用s级隐式辛Runge-Kutta格式离散方程(5.4.7); 空间方向, 用l 级显辛格式离散方程(5.4.8).

在每一个局部网格内, 方程(5.4.7)的s级隐式辛Runge-Kutta格式为

$$\begin{cases} v_i^j = v_i^m + \Delta t \sum_{k=1}^{s} a_{ik} \partial_t v_i^k, \quad i=1,\cdots,s, \\ u_i^j = u_i^m + \Delta t \sum_{k=1}^{s} a_{ik} v_i^k, \quad i=1,\cdots,s, \\ v_i^{m+1} = v_i^m + \Delta t \sum_{k=1}^{s} b_k \partial_t v_i^k, \\ u_i^{m+1} = u_i^m + 1 + \Delta t \sum_{k=1}^{s} b_k v_i^k. \end{cases} \tag{5.4.29}$$

用与情形 2 相类似的方法可以得出(5.4.29)所对应的半离散的守恒律为

$$\mathrm{d}u_i^{m+1} \wedge \mathrm{d}v_i^{m+1} - \mathrm{d}u_i^m \wedge \mathrm{d}v_i^m = \sum_{k=1}^{s} b_k \left[\mathrm{d}u_i^k \wedge \partial_t \mathrm{d}v_i^k\right] \Delta t. \tag{5.4.30}$$

方程(5.4.8)的l级显辛格式及对应的半离散的守恒律仍为(5.4.10) 和(5.4.16), 联立(5.4.10) 和(5.4.16) 有多辛守恒律

$$\sum_{i=1}^{l} \widehat{c}_i \left[\mathrm{d}u_i^{m+1} \wedge \mathrm{d}v_i^{m+1} - \mathrm{d}u_i^m \wedge \mathrm{d}v_i^m\right] \Delta x = \sum_{j=1}^{s} b_j \left[\mathrm{d}u_{n+1}^j \wedge \mathrm{d}w_{n+1}^j - \mathrm{d}u_n^j \wedge \mathrm{d}w_n^j\right] \Delta t. \tag{5.4.31}$$

定理 5.4.3 若方程 (5.4.7) 和 (5.4.8) 分别用 s 级的 Runge-Kutta 格式和 l 级的显辛格式离散, 则得到离散格式非线性波动方程 (5.4.4) 的一个隐式多辛格式, 截断误差为 $o(\Delta t^{2s} + \Delta x^l)$, 且满足离散多辛守恒律 (5.4.31).

特例: $s = l = 1$.

此时, 方程(5.4.7)和(5.4.8)的离散形式分别为:

$$\begin{aligned} v_n^{m+\frac{1}{2}} &= v_n^m + \frac{\Delta t}{2} \partial_t v_n^{m+\frac{1}{2}}, \\ v_n^{m+1} &= v_n^m + \Delta t \, \partial_t v_n^{m+\frac{1}{2}}, \\ u_n^{m+\frac{1}{2}} &= u_n^m + \frac{\Delta t}{2} v_n^{m+\frac{1}{2}}, \\ u_n^{m+1} &= u_n^m + \Delta t \, v_n^{m+\frac{1}{2}} \end{aligned} \tag{5.4.32}$$

和

$$\begin{aligned} w_{n+1}^{m+\frac{1}{2}} &= w_n^{m+\frac{1}{2}} + \Delta x \left[\partial_t v_n^{m+\frac{1}{2}} + V(u_n^{m+\frac{1}{2}})\right], \\ u_{n+1}^{m+\frac{1}{2}} &= u_n^{m+\frac{1}{2}} + \Delta x \, w_{n+1}^{m+\frac{1}{2}}. \end{aligned} \tag{5.4.33}$$

将(5.4.32)与(5.4.33)联立就成为方程(5.4.5)的多辛隐式离散, 其多辛守恒律为

$$\frac{\mathrm{d}w_{n+1}^{m+\frac{1}{2}}\wedge \mathrm{d}u_{n+1}^{m+\frac{1}{2}}-\mathrm{d}w_{n}^{m+\frac{1}{2}}\wedge \mathrm{d}u_{n}^{m+\frac{1}{2}}}{\Delta x}=\frac{\mathrm{d}v_{n}^{m+1}\wedge \mathrm{d}u_{n}^{m+1}-\mathrm{d}v_{n}^{m}\wedge \mathrm{d}u_{n}^{m}}{\Delta t}. \tag{5.4.34}$$

消去$\partial_t v_n^{m+\frac{1}{2}}$, 得到如下格式:

$$\begin{cases}\dfrac{w_{n+1}^{m+\frac{1}{2}}-w_{n}^{m+\frac{1}{2}}}{\Delta x}=\dfrac{v_n^m-v_n^{m+1}}{\Delta t}+V(u_n^{m+\frac{1}{2}}),\\ u_{n+1}^{m+\frac{1}{2}}=u_n^{m+\frac{1}{2}}+\Delta x\, w_{n+1}^{m+\frac{1}{2}},\\ v_n^{m+1}=v_n^m+\Delta t\, v_n^{m+\frac{1}{2}},\end{cases} \tag{5.4.35}$$

其中$u_n^{m+\frac{1}{2}}=\dfrac{1}{2}(u_n^{m-1}+u_n^m)$, $v_n^{m+\frac{1}{2}}=\dfrac{1}{2}(v_n^{m-1}+v_n^m)$.

进一步消去辅助变量v和w, 得到非线性波动方程(5.4.4)的一个多辛隐格式

$$\partial_t^2 u_n^m-\frac{1}{4}(\partial_x^2 u_n^{m+1}+2\partial_x^2 u_n^m+\partial_x^2 u_n^{m-1})=-\frac{1}{2}\big[V(u_n^{m+\frac{1}{2}})+V(u_n^{m-\frac{1}{2}})\big], \tag{5.4.36}$$

其中$u_n^{m-\frac{1}{2}}=\dfrac{1}{2}(u_n^{m-1}+u_n^m)$, $\partial_t^2 u_n^m$ 和 $\partial_x^2 u_n^m$的定义如前.

推论 5.4.3 隐式格式(5.4.35)和(5.4.36)是非线性波动方程(5.4.4)的多辛格式.

4. **情形 4**

时间方向, 用s 级隐式辛Runge-Kutta 格式离散方程 (5.4.7); 空间方向, 也用l级隐式辛Runge-Kutta 格式离散方程(5.4.8). 方程 (5.4.7) 的离散形式及相应的半离散守恒律为(5.4.29)和(5.4.30), 方程 (5.4.8) 的离散形式及相应的半离散守恒律为(5.4.20) 和 (5.4.25), 联立 (5.4.30) 和 (5.4.25) 式, 消去右端项得到离散的多辛守恒律

$$\sum_{i=1}^{l}\widetilde{b}_i[\mathrm{d}u_i^{m+1}\wedge \mathrm{d}v_i^{m+1}-\mathrm{d}u_i^m\wedge \mathrm{d}v_i^m]\,\Delta x=\sum_{j=1}^{s}b_j[\mathrm{d}u_{n+1}^{j}\wedge \mathrm{d}w_{n+1}^{j}-\mathrm{d}u_n^j\wedge \mathrm{d}w_n^j]\,\Delta t. \tag{5.4.37}$$

定理 5.4.4 若方程(5.4.7) 和(5.4.8) 分别用s级和l级的Runge-Kutta 格式离散, 则得到离散格式多辛方程(5.4.5) 的一个隐式多辛格式, 记为SRK$s\times$ SRKl, 截断误差为$o(\Delta t^{2s}+\Delta x^{2l})$, 且满足离散多辛守恒律(5.4.37).

Reich已经给出了类似定理5.4.4的结论及相应的证明[Rei99].

下面讨论两个特例.

(1) $s=l=1$, 即 SRK1×SRK1.

如图5.4.3所示, 方程(5.4.7)和(5.4.8)的离散形式分别为:

$$
\begin{aligned}
&v_{n+\frac{1}{2}}^{m+\frac{1}{2}} = v_{n+\frac{1}{2}}^{m} + \frac{\Delta t}{2}\,\partial_t\, v_{n+\frac{1}{2}}^{m+\frac{1}{2}},\\
&u_{n+\frac{1}{2}}^{m+\frac{1}{2}} = u_{n+\frac{1}{2}}^{m} + \frac{\Delta t}{2}\,\partial_t\, v_{n+\frac{1}{2}}^{m+\frac{1}{2}},\\
&v_{n+\frac{1}{2}}^{m+1} = v_{n+\frac{1}{2}}^{m} + \Delta t\,\partial_t\, v_{n+\frac{1}{2}}^{m+\frac{1}{2}},\\
&u_{n+\frac{1}{2}}^{m+1} = u_{n+\frac{1}{2}}^{m} + \Delta t\, v_{n+\frac{1}{2}}^{m+\frac{1}{2}},\\
&w_{n+\frac{1}{2}}^{m+\frac{1}{2}} = w_{n}^{m+\frac{1}{2}} + \frac{\Delta x}{2}\Big(\partial_t v_{n+\frac{1}{2}}^{m+\frac{1}{2}} + V\big(u_{n+\frac{1}{2}}^{m+\frac{1}{2}}\big)\Big),\\
&u_{n+\frac{1}{2}}^{m+\frac{1}{2}} = u_{n}^{m+\frac{1}{2}} + \frac{\Delta x}{2} w_{n+\frac{1}{2}}^{m+\frac{1}{2}},\\
&w_{n+1}^{m+\frac{1}{2}} = w_{n}^{m+\frac{1}{2}} + \Delta x\Big(\partial_t v_{n+\frac{1}{2}}^{m+\frac{1}{2}} + V\big(u_{n+\frac{1}{2}}^{m+\frac{1}{2}}\big)\Big),\\
&u_{n+1}^{m+\frac{1}{2}} = u_{n}^{m+\frac{1}{2}} + \Delta x w_{n+\frac{1}{2}}^{m+\frac{1}{2}}.
\end{aligned}
$$

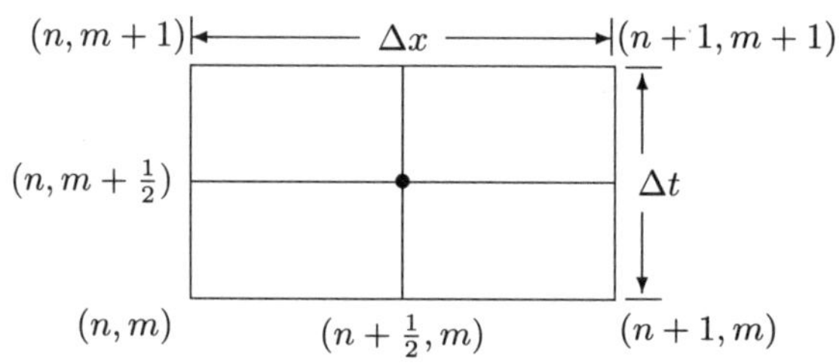

图 5.4.3 SRK1× SRK1时的截断误差

上述两式对应的离散多辛守恒律为

$$
\frac{\mathrm{d}w_{n+1}^{m+\frac{1}{2}} \wedge \mathrm{d}u_{n+1}^{m+\frac{1}{2}} - \mathrm{d}w_{n}^{m+\frac{1}{2}} \wedge \mathrm{d}u_{n}^{m+\frac{1}{2}}}{\Delta x} = \frac{\mathrm{d}v_{n+\frac{1}{2}}^{m+1} \wedge \mathrm{d}u_{n+\frac{1}{2}}^{m+1} - \mathrm{d}v_{n+\frac{1}{2}}^{m} \wedge \mathrm{d}u_{n+\frac{1}{2}}^{m}}{\Delta t}. \tag{5.4.38}
$$

消去$\partial_t v$可导出Preissmann格式

$$
\frac{1}{\Delta t} M\big(z_{n+\frac{1}{2}}^{m+1} - z_{n+\frac{1}{2}}^{m}\big) + \frac{1}{\Delta x} K\big(z_{n+1}^{m+\frac{1}{2}} - z_{n}^{m+\frac{1}{2}}\big) = V\big(z_{n+\frac{1}{2}}^{m+\frac{1}{2}}\big), \tag{5.4.39}
$$

其中,

$$
\begin{aligned}
&z_{n+\frac{1}{2}}^{m+\frac{1}{2}} = \frac{1}{2}(z_{n+1}^{m+1} + z_{n}^{m+1}), \qquad && z_{n}^{m+\frac{1}{2}} = \frac{1}{2}(z_{n}^{m+1} + z_{n}^{m}),\\
&z_{n+\frac{1}{2}}^{m+\frac{1}{2}} = \frac{1}{4}(z_{n}^{m} + z_{n+1}^{m} + z_{n}^{m+1} + z_{n+1}^{m+1}), && z = (u, v, w)^{\mathrm{T}}.
\end{aligned}
$$

再消去v和w, 得到非线性波动方程(5.4.4)的9点格式, 如图5.4.4所示:

$$\begin{aligned}&\frac{1}{4}\left[\partial_t^2\left(u_{n-1}^m+2u_n^m+u_{n+1}^m\right)\right]-\frac{1}{4}\left[\partial_x^2\left(u_n^{m-1}+2u_n^m+u_n^{m+1}\right)\right]\\&\quad=-\frac{1}{4}\Big(V\big(u_{n-\frac{1}{2}}^{m-\frac{1}{2}}\big)+V\big(u_{n+\frac{1}{2}}^{m-\frac{1}{2}}\big)+V\big(u_{n-\frac{1}{2}}^{m+\frac{1}{2}}\big)+V\big(u_{n+\frac{1}{2}}^{m+\frac{1}{2}}\big)\Big),\end{aligned}\tag{5.4.40}$$

其中

$$u_{i+\frac{1}{2}}^{j+\frac{1}{2}}=\frac{1}{4}(u_i^j+u_{i+1}^j+u_i^{j+1}+u_{i+1}^{j+1}),\quad i=n-1,\,n;\;\; j=m-1,\,m.$$

这是个全隐格式, 截断误差为$o(\Delta x^2+\Delta t^2)$. 在每一个时间层的计算中, 需要解一个非线性方程组. 但由于非线性方程组的系数矩阵是三对角的, 且不随时间变化, 迭代次数也非常少, 往往只需要 1 次或者 2 次迭代就能得到理想的精度. 此格式相当稳定, 具有非凡的长时间数值跟踪能力, 具体数值例子将在下一节中给出.

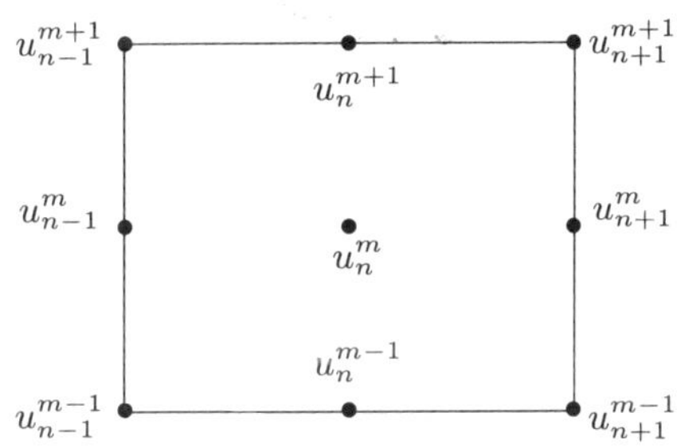

图 5.4.4 波动方程(5.4.4)的9点格式

(2) $s=1$, $l=2$, 即 SRK1×SRK2.

格式SRK1×SRK2 在时间方向具有2 阶精度， 空间方向具有4 阶精度. 格式SRK2 × SRK2 在两个方向都具有4 阶精度, 但此格式的实际计算非常繁琐, 计算量大大增加. 这里介绍一种复合技巧, 使得到的多辛格式在两个方向都是 4 阶精度的, 而且实际计算非常简便, 可以节省许多计算量. 其技巧在参考文献[QZ92]中有详细讨论.

考虑常微分方程(见参考文献[FQ10]中的第八章(4.2)式)

$$\frac{\mathrm{d}z}{\mathrm{d}t}=f(z),\tag{5.4.41}$$

格式:

$$\begin{aligned}z_1&=z_0+\frac{1}{2-2^{\frac{1}{3}}}\Delta t f\Big(\frac{z_0+z_1}{2}\Big),\\z_2&=z_1+\frac{-2^{\frac{1}{3}}}{2-2^{\frac{1}{3}}}\Delta t f\Big(\frac{z_1+z_2}{2}\Big),\\z_3&=z_2+\frac{1}{2-2^{\frac{1}{3}}}\Delta t f\Big(\frac{z_2+z_3}{2}\Big)\end{aligned}\tag{5.4.42}$$

是方程(5.4.41)的 3 级 4 阶辛格式.

(5.4.42)式可以看成由 3 个不同时间步长的 Euler 格式复合而成. 若方程 (5.4.7) 用格式 (5.4.42) 离散, 方程 (5.4.8)用 2 级隐式辛 Runge-Kutta 格式离散, 则得到的格式可以看成是 3 个不同时间步长的SRK1×SRK2复合而成.

该格式记为C-SRK1×SRK2, 3 个不同的时间步长为:

$$\Delta t_1 = \mathrm{d}_1 \Delta t = \frac{1}{2-2^{\frac{1}{3}}} \Delta t,$$

$$\Delta t_2 = \mathrm{d}_2 \Delta t = \frac{-2^{\frac{1}{3}}}{2-2^{\frac{1}{3}}} \Delta t,$$

$$\Delta t_3 = \mathrm{d}_3 \Delta t = \frac{1}{2-2^{\frac{1}{3}}} \Delta t,$$

且$\Delta t_1 + \Delta t_2 + \Delta t_3 = \Delta t$.

下面证明C-SRK1×SRK2格式是多辛格式.

将局部网格$[(n,m),(n+1,m+1)]$划分成 3 个小网格(见图5.4.5).

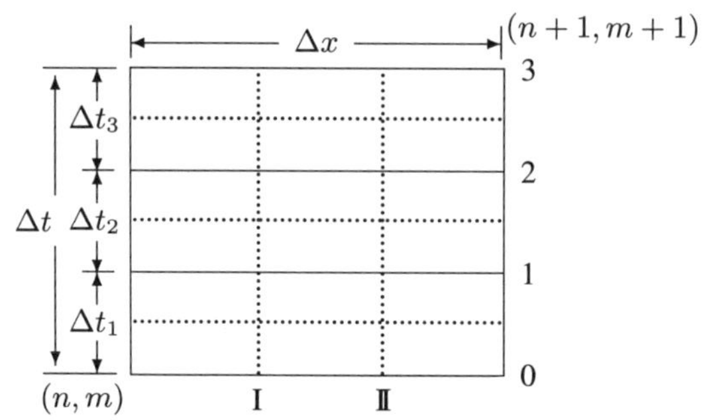

图 5.4.5 划分成 3 个小网格的局部网格

在每个小网格内, 因为用SRK1×SRK2离散, 所以有多辛守恒律

$$\sum_{i=\mathrm{I},\mathrm{II}} \frac{\mathrm{d}u_i^{j+1} \wedge \mathrm{d}v_i^{j+1} - \mathrm{d}u_i^j \wedge \mathrm{d}v_i^j}{2\Delta t_{j+1}} = \frac{\mathrm{d}u_{m+1}^{j+\frac{1}{2}} \wedge \mathrm{d}w_{m+1}^{j+\frac{1}{2}} - \mathrm{d}u_m^{j+\frac{1}{2}} \wedge \mathrm{d}w_m^{j+\frac{1}{2}}}{\Delta x},$$

其中$j = 0, \cdots, 2$.

$$(u_i^0, v_i^0) = (u_i^m, v_i^m), \quad (u_i^3, v_i^3) = (u_i^{m+1}, v_i^{m+1}), \quad i = \mathrm{I}, \mathrm{II}.$$

把以上三式求和, 可以得到C-SRK1×SRK2格式所满足的离散多辛守恒律

$$\sum_{i=\mathrm{I,II}}\frac{\mathrm{d}u_i^{m+1}\wedge\mathrm{d}v_i^{m+1}-\mathrm{d}u_i^m\wedge\mathrm{d}v_i^m}{2\Delta t}$$
$$=\sum_{j=0}^{2}d_{j+1}\frac{\mathrm{d}u_{m+1}^{j+\frac12}\wedge\mathrm{d}w_{m+1}^{j+\frac12}-\mathrm{d}u_m^{j+\frac12}\wedge\mathrm{d}w_m^{j+\frac12}}{\Delta x}. \tag{5.4.43}$$

定理 5.4.5 多辛方程 (5.4.5) 的C-SRK1 × SRK2 格式是多辛格式, 它的截断误差为 $o(\Delta x^4+\Delta t^4)$, 且满足离散多辛守恒律(5.4.43).

§5.4.3 数值实验和分析

1. **整体误差**

已知MPS给出的通过离散Lagrange函数来构造多辛格式的方法在格式方面有限制, 这种方法构造的格式至多是 2 阶精度的. Bridges和Reich提出了关于多辛格式的几个问题[BR01a], 例如, 如何分析多辛格式的稳定性、收敛性, 以及如何系统地构造多辛格式, 特别是高阶格式, 并给出了可以构造任意阶精度的多辛格式的方法, 而且还可进一步推广到高维情形. 下一小节将讨论这一点.

为了数值地比较所构造格式的精度, 用这些格式模拟线性波方程, 考察它们的整体误差.

线性波动方程以及初边值条件为:

$$\begin{cases} u_{tt}=u_{xx}, & t>0,\quad -1<x<1,\\ u(x,0)=\sin(\pi x), & u_t(x,0)=0,\\ u(-1,t)=u(1,t). \end{cases}$$

解析解为$u(x,t)=\dfrac{1}{2}(\sin(\pi(x+t))+\sin(\pi(x-t)))$, $t>0$, $-1<x<1$.

取空间步长$\Delta x=0.04$, 时间步长$\Delta t=0.02$, 表5.4.1列出了各格式计算了1000个时间步长以后的整体误差.

2. **模拟大振幅的非线性 Klein-Gordon 方程**

Salvador Jiménez和Luis Vázquez通过数值模拟大振幅的非线性Klein-Gordon方程, 详细比较了如下4个格式的数值表现[JV90], 结果如表5.4.1所示:

$$\partial_t^2u_n^m-\partial_x^2u_n^m+\frac{F(u_n^{m+1})-F(u_n^{m-1})}{u_n^{m+1}-u_n^{m-1}}=0, \tag{5.4.44}$$

$$\partial_t^2u_n^m-\partial_x^2u_n^m+f(u_n^m)=0, \tag{5.4.45}$$

$$\partial_t^2 u_n^m - \partial_x^2 u_n^m + \frac{f(u_{n+1}^m) + f(u_{n-1}^m)}{2} = 0, \tag{5.4.46}$$

$$\partial_t^2 u_n^m - \partial_x^2 u_n^m + \frac{F(u_{n+1}^m) - F(u_{n-1}^m)}{u_{n+1}^m - u_{n-1}^m} = 0. \tag{5.4.47}$$

表 5.4.1 格式的整体误差

格 式	截断误差阶	全局误差
5点格式	$o(\Delta t^2 + \Delta x^2)$	8.43×10^{-2}
9点格式	$o(\Delta t^2 + \Delta x^2)$	1.70×10^{-2}
SRK1× SRK2	$o(\Delta t^2 + \Delta x^4)$	7.36×10^{-3}
C-SRK1× SRK2	$o(\Delta t^4 + \Delta x^4)$	8.33×10^{-4}
EMS4× SRK2	$o(\Delta t^4 + \Delta x^4)$	8.03×10^{-3}

格式(5.4.44)是能量守恒格式, 它的全局稳定性和收敛性在文献[GV83] 中有详细论述; 格式(5.4.45)是经典的5点格式, 上节中已经证明它是多辛格式; 格式(5.4.46)是典型的中点格式, 当然是辛格式; 格式(5.4.47)是动量守恒格式.

计算的问题为:

$$\begin{aligned}
&u_{tt} - u_{xx} + V(u) = 0,\\
&V(u) = u + u^3,\\
&u(x,0) = A\left[1 + \cos\left(\frac{2\pi}{L}x\right)\right],\\
&u_t(x,0) = 0,\\
&u(x,t) = u(x+L,t),
\end{aligned}$$

其中$L = 1.28$, A是振幅.

Salvador Jiménez等人的结论如下: 若振幅A小于0.1, 4个格式的数值结果在很长时间内几乎相同; 若振幅A等于10, 除了(5.4.44)外, 其他3个格式的数值解在一小段时间后就失去了对称性; 若振幅A大于15, 这3个格式的数值解很快就溢出(blow–up).而能量格式($\Delta x = 0.06$, $\Delta t = 0.01$) 能很好地保持解析解的有界性和空间对称性. 所以, 对于大振幅的非线性波动方程来说, 能量格式(5.4.44)的长期计算能力最好, 而其他3个保结构算法都不适合计算此问题. 暂且不讨论纯粹的辛格式是否适合此问题, 先来考察多辛格式在此问题上的数值表现.

用§5.4.2所给出的多辛9点格式(5.4.40) 计算上述问题. 时间和空间步长分别取为$\Delta t = 0.02$, $\Delta x = 0.05$. 为了方便比较, 用能量格式(5.4.44)在相同的条件下模

拟该问题. 结果如下:

当振幅A小于1时, 4个格式的数值结果的确在很长时间内相同; 当A等于20时, 3个多辛格式仍能表现出很好的数值模拟能力; 即使是5点格式(5.4.45), 它的数值解既没有溢出(blow–up), 也没有失去空间对称性. 4种格式的数值结果在开始的一段时间内是一样的, 经过长时间的计算以后, 才显示出相位差, 而波形几乎仍是一样, 仅从数值解来看, 根本不能说明这4种格式哪个更好. 图5.4.6和图5.4.7分别给出了多辛9点格式(5.4.40)和能量格式(5.4.44)的数值结果.图5.4.6是多辛9点格式给出的数值解. 左边是从$t = 0$到$t = 80 \times \Delta t$的波形, 右边是从$t = 450 \times \Delta t$到$t = 500 \times \Delta t$的波形.

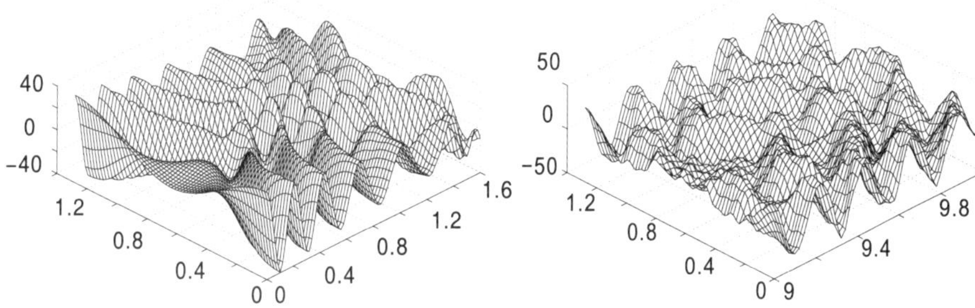

图 5.4.6 多辛9点格式给出的数值解

图5.4.7是能量格式(5.4.44)给出的数值解. 左边是从$t = 0$到$t = 80 \times \Delta t$的波形, 右边是从$t = 450 \times \Delta t$到$t = 500 \times \Delta t$的波形.

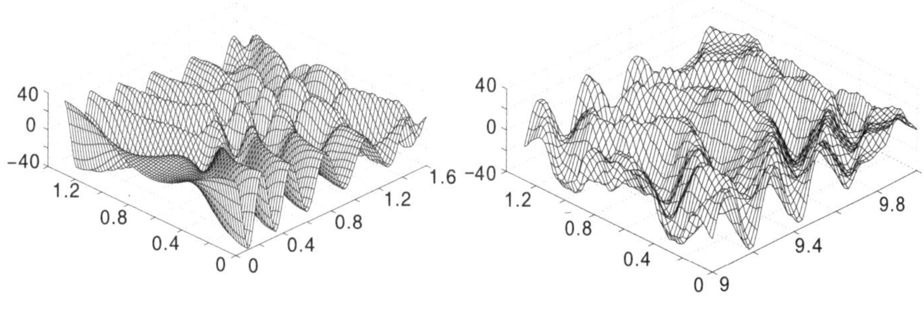

图 5.4.7 能量格式(5.4.44)给出的数值解

图5.4.8给出了能量格式(5.4.44)和多辛9点格式(5.4.40)的数值解之间的误差沿着时间变化的曲线. 误差范数定义为

$$\text{error}\,(m\Delta\, t) = \max_n |(u_1)_n^m - (u_2)_n^m|, \quad m = 1, 2, \cdots,$$

其中$(u_1)_n^m, (u_2)_n^m$分别是能量格式(5.4.44)和多辛9点格式(5.4.40)的数值解.

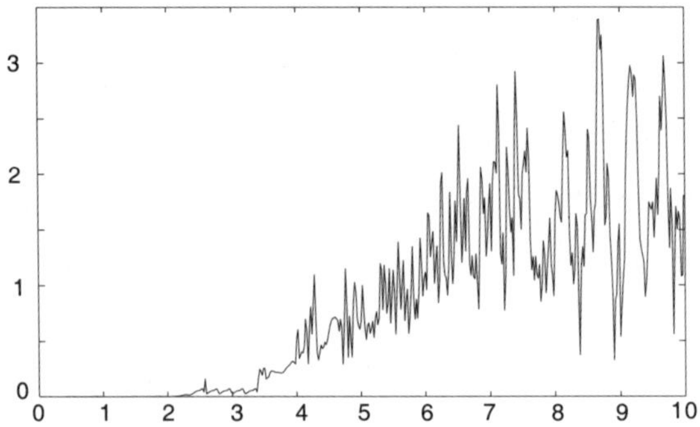

图 5.4.8 能量格式(5.4.44)和多辛9点格式(5.4.40)的数值解之间的误差随时间变化的曲线

3. 模拟 sine-Gordon 方程孤立波的碰撞

为了进一步考察多辛格式的数值表现,特别是长时间的计算能力,仍取§5.1中sine-Gordon 方程的正负孤立子碰撞做数值实验.

用9点格式离散sine-Gordon方程

$$u_{tt} = u_{xx} - \sin(u).$$

边界取周期条件为

$$u\Big(x - \frac{L}{2}, t\Big) = u\Big(x + \frac{L}{2}, t\Big),$$

初值取为:

$$u(x,0) = 4\mathrm{actan}\,(a\mathrm{e}^{-x+x_0}) + 4\mathrm{actan}\,(a\mathrm{e}^{x+x_0}),$$

$$u_t(x,0) = \frac{\partial}{\partial t}\Big[4\mathrm{actan}\,(a\mathrm{e}^{-x+x_0-0.5t}) + 4\mathrm{actan}\,(a\mathrm{e}^{x+x_0-0.5t})\Big]_{t=0},$$

其中$L = 50,\ x_0 = \dfrac{20}{3},\ a = \sqrt{\dfrac{4}{3}}$.

为了便于比较,仍用能量格式(5.4.44)对该初边值问题做相同的模拟.

能量格式(5.4.44)具有离散的能量守恒律

$$E^m = \sum_n \frac{\Delta x}{2}\Big[\Big(\frac{u_n^{m+1} - u_n^m}{\Delta t}\Big)^2 + \frac{u_{n+1}^{m+1} - u_n^{m+1}}{\Delta x} \cdot \frac{u_{n+1}^m - u_n^m}{\Delta x} + F(u_n^{m+1}) + F(u_n^m)\Big]. \tag{5.4.48}$$

若给定适当的边界条件, 非线性Klein-Gordon具有一些非常重要的首次积分, 其中

包括总能量和动量:

$$E(t)=\int\left(\frac{1}{2}u_t^2+\frac{1}{2}u_x^2+F(u)\right)\mathrm{d}x, \tag{5.4.49}$$

$$M(t)=\int(u_tu_x)\,\mathrm{d}x, \tag{5.4.50}$$

其中$F'(u)=V(u)$. (5.4.48)式是(5.4.49)式的离散形式.

取$\Delta t=0.3$, $\Delta x=0.5$, 计算结果如下.

开始时, 两个格式的数值结果几乎一样. 图5.4.9和图5.4.10显示了从$t=0$到$t=240$的$u(x,t)$和负速度$-v(x,0)$的波形.图5.4.9显示了9点格式的sine-Gordon方程正负孤立子碰撞的数值结果, 时间从$t=0$ 到$t=240$. 左边是波形$u(x,t)$图, 右边是负速度$-v(x,0)$图.

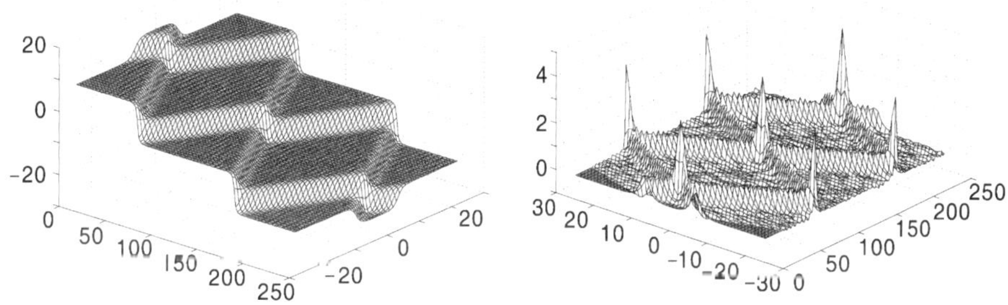

图 5.4.9 9点格式的sine-Gordon方程正负孤立子碰撞的数值结果

图5.4.10 显示了能量格式(5.4.44)的sine-Gordon方程正负孤立子碰撞的数值结果, 时间从$t=0$ 到$t=240$. 左边是波形$u(x,t)$图, 右边是负速度$-v(x,0)$ 图.

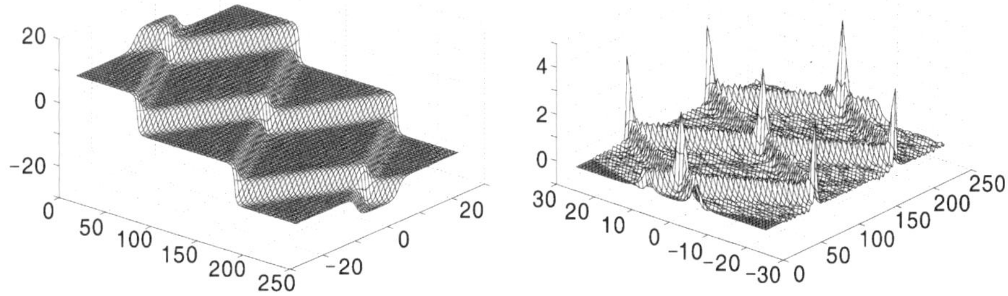

图 5.4.10 能量格式(5.4.44)的sine-Gordon方程正负孤立子碰撞的数值结果

当$t=15000$时, 两个数值解开始显示出明显的差异, 能量格式的波形偏移越来越大,不再是空间对称的,而9点格式的数值解仍能得到和开始一样的波形. 图5.4.11显示了从$t = 15000$到$t = 15300$的波形和相应的负速度$-v(x,0)$的数值结果. 左边的波形由9点格式得到,右边的由能量格式(5.4.44) 得到.

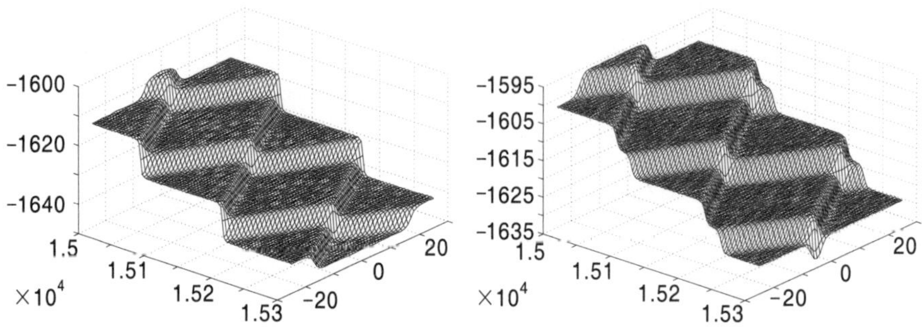

图 5.4.11 sine-Gordon方程正负孤立子碰撞的数值结果

图5.4.12给出了两个格式从$t = 15000$到$t = 15300$的离散能量(5.4.51)的对比. 左边的是9点格式的,右边的是能量格式的. 它们都和从$t = 0$到$t = 300$是一样的. 这说明能量格式的离散能量守恒性并不总能保证该格式具有良好的长时间数值跟踪能力. 从左图中我们可以看出,保多辛结构的9点格式也能很好地保持离散能量. 它所给出的离散能量呈周期性的变化,在初始值附近振荡,仅在碰撞点有较高的增加,碰撞过后又回到初始值附近.

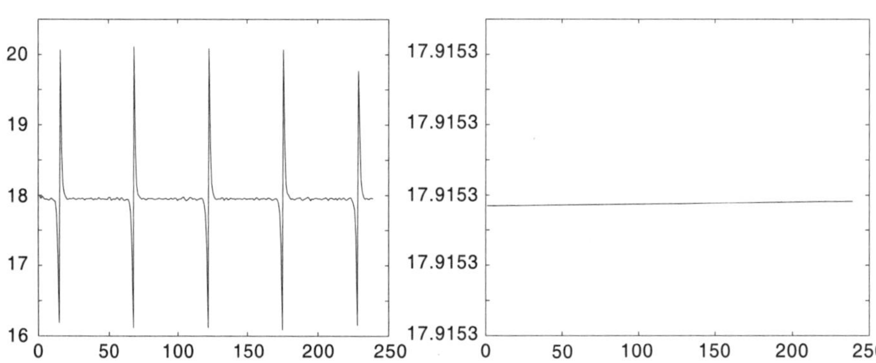

图 5.4.12 两个格式离散能量(5.4.51)的对比图

用9点格式计算该问题到足够长的时间,所得数值结果始终很满意. 图5.4.13

显示了9 点格式在$t = 27600$ 以后的波形和对应的离散能量(5.4.48), 这说明9点格式在长时间模拟孤立子碰撞时, 的确具有惊人的表现.

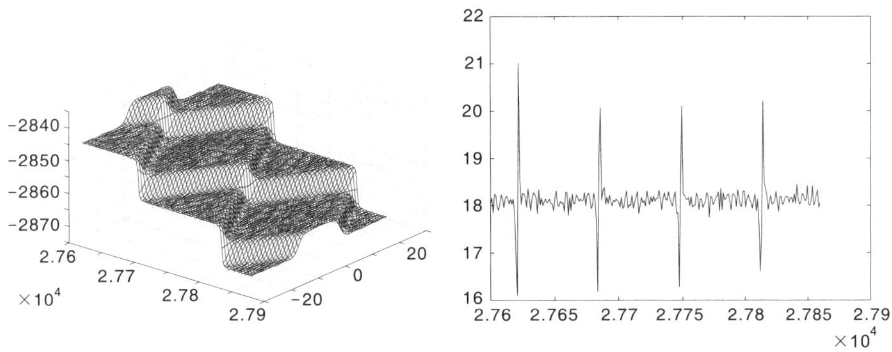

图 5.4.13　9点格式的sine-Gordon方程正负孤立子碰撞的数值结果(从$t = 27600$到$t = 27900$)

另外, 对于总能量(5.4.49), 还计算了如下的离散形式:

$$E^m = \sum_n \triangle x\Big[\frac{1}{2}(u_n^m - u_n^{m-1})^2 + \frac{1}{2}(u_n^m - u_{n-1}^m)^2 + F(u_n^m)\Big]. \tag{5.4.51}$$

图5.4.13 和图5.4.14显示了离散能量(5.4.51)在不同时间的对比结果. 图5.4.14显示了sine-Gordon方程正负孤立子碰撞的数值结果的离散能量(5.4.51), 从$t = 0$到$t = 240$, 左边由9点格式给出, 右边由能量格式(5.4.44)给出.图5.4.15 显示了sine-Gordon方程正负孤立子碰撞的数值结果的离散能量 (5.4.51), 从 $t = 15000$ 到$t = 15300$, 左边由9点格式给出, 右边由能量格式(5.4.44)给出.

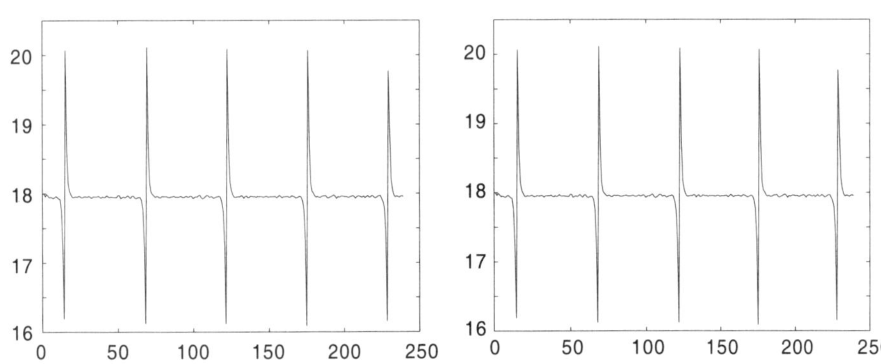

图 5.4.14　sine-Gordon方程正负孤粒子碰撞的数值结果的离散能量(5.4.51) (从$t = 0$到$t = 240$)

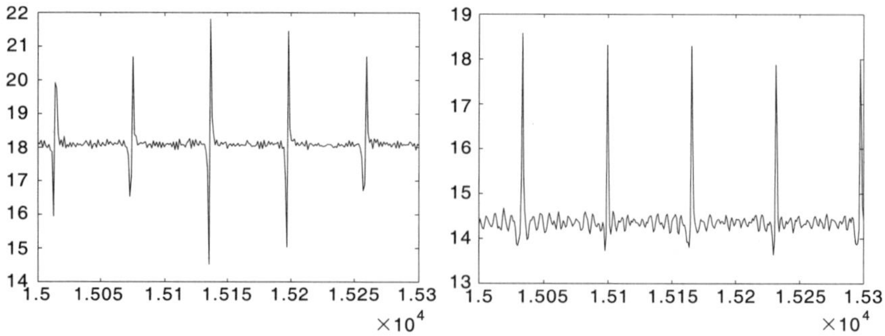

图 5.4.15 sine-Gordon方程正负孤立子碰撞的数值结果的离散能量(从$t = 15000$ 到$t = 15300$)

另外, 对于总动量(5.4.50), 还计算了如下的离散形式:

$$M^m = \sum_n (\triangle t)^{-1}[(u_n^m - u_n^{m-1}) \cdot (u_n^m - u_{n-1}^m)]. \tag{5.4.52}$$

图5.4.16显示了两个格式的离散动量(5.4.52)沿着时间的对比结果, 从$t = 15000$到$t = 15300$, 左边由9点格式给出, 右边由能量格式(5.4.47)给出.

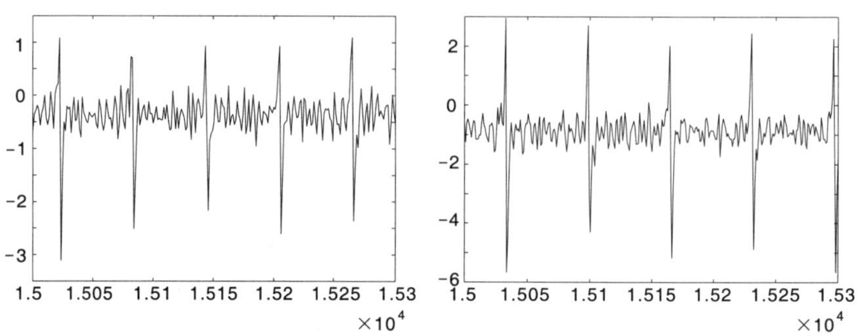

图 5.4.16 sine-Gordon方程正负孤粒子碰撞的数值结果的离散动量(从$t = 15000$到$t = 15300$)

在计算中我们还发现, 9点格式具有很好的稳定性. 当时间步长和空间步长的比为2.1时, 该格式仍能进行长时间的计算, 而能量格式(5.4.44)只能在比小于1时才能较长时间地给出正确的波形, 而且时间步长和空间步长的比为2.1 时, 9 点格式每层的迭代次数一般只是3 次, 最多4 次.

多辛5点格式(5.4.45)也用来在同等的条件下模拟该问题. 虽然该格式只能在$t = 0$到$t = 16000$时给出正确的波形, 它的长时间数值模拟能力没有9点格式好, 但它是全显格式, 具有更高的效率.

§5.4.4 高维推广

本节将复合方法推广到2维(2+1维)非线性波动方程, 可以看出该方法能自然推广到更一般形式的2维多辛偏微分方程和更高维的多辛偏微分方程[WWQ04a].

2维(2+1维)非线性波动方程

$$u_{tt} - u_{xx} - u_{yy} = V(u), \tag{5.4.53}$$

这里$V(u) = F'(u)$是某一非线性函数.

作协变Legrendre变换, 引进动量$u_t = v,\ u_x = w,\ u_y = \phi$, 方程(5.4.53)可以写成多辛Hamilton方程

$$Mz_t + Kz_x + Lz_y = \bigtriangledown S(z), \quad z \in \mathbf{R}^4, \tag{5.4.54}$$

其中

$$M = \begin{bmatrix} 0 & 1 & 0 & 0 \\ -1 & 0 & 0 & 0 \\ 0 & 0 & 0 & 0 \\ 0 & 0 & 0 & 0 \end{bmatrix}, \quad K = \begin{bmatrix} 0 & 0 & -1 & 0 \\ 0 & 0 & 0 & 0 \\ 1 & 0 & 0 & 0 \\ 0 & 0 & 0 & 0 \end{bmatrix}, \quad L = \begin{bmatrix} 0 & 0 & 0 & 1 \\ 0 & 0 & 0 & 0 \\ 0 & 0 & 0 & 0 \\ -1 & 0 & 0 & 0 \end{bmatrix}.$$

$z = (u, v, w, \phi)^{\mathrm{T}} \in \mathbf{R}^4$, Hamilton函数为

$$S(z) = \frac{1}{2}(\phi^2 + w^2 - v^2) - F(u).$$

多辛守恒律为

$$\partial_t\,(\mathrm{d}u \wedge \mathrm{d}v) = \partial_x\,(\mathrm{d}u \wedge \mathrm{d}w) + \partial_y\,(\mathrm{d}u \wedge \mathrm{d}\phi). \tag{5.4.55}$$

用前面相同的方法, 将方程(5.4.54)写成3个ODEs的形式:

$$\frac{\mathrm{d}}{\mathrm{d}t}v = \partial_t\,v, \quad \frac{\mathrm{d}}{\mathrm{d}t}u = v, \tag{5.4.56}$$

$$\frac{\mathrm{d}}{\mathrm{d}x}w = \partial_x\,w, \quad \frac{\mathrm{d}}{\mathrm{d}y}u = w, \tag{5.4.57}$$

$$\frac{\mathrm{d}}{\mathrm{d}y}\phi = \partial_y\,\phi, \quad \frac{\mathrm{d}}{\mathrm{d}y}u = \phi, \tag{5.4.58}$$

满足关系式

$$\partial_t v - \partial_x w - \partial_y \phi = V(u). \tag{5.4.59}$$

分别用多级显辛格式(5.4.59)和多级辛Runge-Kutta格式(5.4.20)离散上述三式，并联合这些离散形式得到方程(5.4.54) 的多辛离散. 3个ODEs不同的离散方法可以得到8种不同的组合, 在这里不一一叙述. 下面讨论典型组合, 其他组合可以类似讨论.

用r级辛Runge-Kutta格式离散时间方向的方程(5.4.56), 用s级显辛格式离散x方向的方程(5.4.57), 用l级显辛格式离散y方向的方程(5.4.58).

为方便起见, 设3个方向的离散都是从第0层到第1层, $z_{i,j}^k$ 是$z(i\Delta x, j\Delta y, k\Delta t)$的近似.

方程(5.4.56)对应的离散形式为:

$$\begin{aligned}
v_{i,j}^k &= v_{i,j}^0 + \Delta t \sum_{m=1}^{r} a_{km}\, \partial_t v_{i,j}^m,\\
u_{i,j}^k &= u_{i,j}^0 + \Delta t \sum_{m=1}^{r} a_{km}\, v_{i,j}^m,\\
v_{i,j}^1 &= v_{i,j}^0 + \Delta t \sum_{m=1}^{r} b_m\, \partial_t v_{i,j}^m,\\
u_{i,j}^1 &= u_{i,j}^0 + \Delta t \sum_{m=1}^{r} b_m\, v_{i,j}^m.
\end{aligned} \tag{5.4.60}$$

半离散的守恒律为

$$\frac{\mathrm{d}u_{i,j}^1 \wedge \mathrm{d}v_{i,j}^1 - \mathrm{d}u_{i,j}^0 \wedge \mathrm{d}v_{i,j}^0}{\Delta t} = \sum_{m=1}^{r} b_m [\mathrm{d}u_{i,j}^m \wedge \partial_t\, \mathrm{d}v_{i,j}^m]. \tag{5.4.61}$$

方程(5.4.57)对应的离散形式为

$$\begin{cases}
w_{i,j}^k = w_{i-1,j}^k + c_i\,\Delta x\,\partial_x w_{i-1,j}^k,\\
u_{i,j}^k = u_{i-1,j}^k + d_i\,\Delta x\, w_{i-1,j}^k, \qquad i = 1, \cdots, s+1,\\
w_{i,j}^k = w_{s+1,j}^k, \quad u_{i,j}^k = u_{s+1,j}^k.
\end{cases} \tag{5.4.62}$$

半离散的守恒律为

$$\frac{\mathrm{d}u_{i,j}^k \wedge \mathrm{d}w_{1,j}^k - \mathrm{d}u_{0,j}^k \wedge \mathrm{d}w_{0,j}^k}{\Delta x} = \sum_{n=1}^{r} d_m [\mathrm{d}u_{n,j}^m \wedge \partial_x\, \mathrm{d}w_{n,j}^m]. \tag{5.4.63}$$

方程(5.4.58)对应的离散形式为:

$$\begin{aligned}&\phi_{i,j}^{k}=\phi_{i,l-1}^{k}+\widehat{c}_{i}\,\Delta\,y\,\partial_{y}\,\phi_{i,l-1}^{k},\\&u_{i,j}^{k}=u_{i,l-1}^{k}+\widehat{d}_{i}\,\Delta\,y\,\phi_{i,l}^{k},\qquad l=1,\cdots,l+1,\\&\phi_{i,j}^{k}=\phi_{i,t+1}^{k},\quad u_{i,1}^{k}=u_{i,t+1}^{k}.\end{aligned}\tag{5.4.64}$$

半离散的守恒律为

$$\frac{\mathrm{d}u_{i,1}^{k}\wedge\mathrm{d}\phi_{i,1}^{k}-\mathrm{d}u_{i,0}^{k}\wedge\mathrm{d}\phi_{i,0}^{k}}{\Delta\,y}=\sum_{j=1}^{l}\widehat{d}_{l}[\mathrm{d}u_{i,l}^{m}\wedge\partial_{y}\,\mathrm{d}\phi_{i,l}^{m}].\tag{5.4.65}$$

在任意网格点上满足

$$\partial_{t}\,v_{i,j}^{m}-\partial_{x}\,w_{i,j}^{m}-\partial_{y}\,\phi_{i,j}^{m}=V(u_{i,j}^{m}).$$

同样, 方程(5.4.57)所对应的变分方程的离散形式为

$$\partial_{t}\,\mathrm{d}v_{i,j}^{m}-\partial_{x}\,\mathrm{d}w_{i,j}^{m}-\partial_{y}\,\mathrm{d}\phi_{i,j}^{m}=V'\mathrm{d}u_{i,j}^{m}.\tag{5.4.66}$$

由(5.4.61), (5.4.63), (5.4.65)和(5.4.66)式得到离散的多辛守恒律

$$\begin{aligned}&\sum_{i=1}^{s}\sum_{j=1}^{l}d_{i}\,\widehat{d}_{j}\frac{\mathrm{d}u_{i,j}^{1}\wedge\mathrm{d}v_{i,j}^{1}-\mathrm{d}u_{i,j}^{0}\wedge\mathrm{d}v_{i,j}^{0}}{\Delta\,t}\\=&\sum_{k=1}^{r}\sum_{j=1}^{l}b_{k}\,\widehat{d}_{j}\frac{\mathrm{d}u_{1,j}^{k}\wedge\mathrm{d}w_{i,j}^{1}-\mathrm{d}u_{0,j}^{k}\wedge\mathrm{d}w_{0,j}^{k}}{\Delta\,x}\\&+\sum_{i=1}^{s}\sum_{k=1}^{r}d_{i}\,b_{k}\frac{\mathrm{d}u_{i,1}^{k}\wedge\mathrm{d}\phi_{i,1}^{k}-\mathrm{d}u_{i,0}^{k}\wedge\mathrm{d}\phi_{i,0}^{k}}{\Delta\,y}.\end{aligned}\tag{5.4.67}$$

在(5.4.67)中, $\sum\limits_{i=1}^{s}\sum\limits_{j=1}^{l}d_{i}\,\widehat{d}_{j}=1$ 可由 $\sum\limits_{i=1}^{s}d_{i}=1$ 和 $\sum\limits_{j=1}^{l}\widehat{d}_{j}=1$ 直接推得. 同样, $\sum\limits_{k=1}^{r}\sum\limits_{j=1}^{l}b_{k}\,\widehat{d}_{j}=1$ 和$\sum\limits_{i=1}^{s}\sum\limits_{k=1}^{r}d_{i}\,b_{k}=1$也是如此. 因此，(5.4.67)式是(5.4.55)式的一个离散逼近.

由§5.4.2各种情形的讨论知道, 无论是用多级显辛格式, 还是用Runge-Kutta格式离散方程(5.4.56), 半离散的守恒律(5.4.67)都应该得到满足, 其变化的是系数，但系数的和总为1. 同样, 半离散的守恒律(5.4.63)和(5.4.65)也是如此. 这样我们总能得到离散多辛守恒律(5.4.67).

定理 5.4.6 若方程 (5.4.56), (5.4.57) 和 (5.4.58) 分别用多级显辛格式 (5.4.9) 和多级 Runge-Kutta 格式 (5.4.20) 离散, 则复合得到的格式是多辛格式.

例 5.4.1 方程(5.4.56), (5.4.57)和(5.4.58)都用 1 级显辛格式离散. 此时方程(5.4.56)的离散形式及对应的半离散守恒律为:

$$
\begin{aligned}
v_{0,0}^{1} &= v_{0,0}^{0} + \Delta t \partial_t v_{0,0}^{0}, \\
u_{0,0}^{1} &= u_{0,0}^{0} + \Delta t v_{0,0}^{1}.
\end{aligned}
$$

$$
\frac{\mathrm{d}u_{0,0}^{1} \wedge \mathrm{d}v_{0,0}^{1} - \mathrm{d}u_{0,0}^{0} \wedge \mathrm{d}v_{0,0}^{0}}{\Delta t} = \mathrm{d}u_{0,0}^{0} \wedge \partial_t \mathrm{d} v_{0,0}^{0}. \tag{5.4.68}
$$

方程(5.4.57)的离散形式及对应的半离散守恒律为:

$$
\begin{aligned}
w_{1,0}^{0} &= v_{0,0}^{0} + \Delta x \, \partial_x w_{0,0}^{0}, \\
u_{1,0}^{0} &= u_{0,0}^{0} + \Delta x \, w_{1,0}^{0}.
\end{aligned}
$$

$$
\frac{\mathrm{d}u_{1,0}^{0} \wedge \mathrm{d}w_{1,0}^{0} - \mathrm{d}u_{0,0}^{0} \wedge \mathrm{d}w_{0,0}^{0}}{\Delta x} = \mathrm{d}u_{0,0}^{0} \wedge \partial_x \mathrm{d}w_{0,0}^{0}. \tag{5.4.69}
$$

方程(5.4.58)的离散形式及对应的半离散守恒律为:

$$
\begin{aligned}
\phi_{0,1}^{0} &= v_{0,0}^{0} + \Delta y \, \partial_y \phi_{0,0}^{0}, \\
u_{0,1}^{0} &= u_{0,0}^{0} + \Delta y \, \phi_{0,1}^{0}.
\end{aligned}
$$

$$
\frac{\mathrm{d}u_{0,1}^{0} \wedge \mathrm{d}\phi_{0,1}^{0} - \mathrm{d}u_{0,0}^{0} \wedge \mathrm{d}\phi_{0,0}^{0}}{\Delta y} = \mathrm{d}u_{0,0}^{0} \wedge \partial_y \mathrm{d} \phi_{0,0}^{0}. \tag{5.4.70}
$$

将(5.4.68), (5.4.69), (5.4.70)及(5.4.66)式取$i = 0,\ j = 0,\ m = 0$, 给出离散多辛守恒律为:

$$
\begin{aligned}
&\frac{\mathrm{d}u_{0,0}^{1} \wedge \mathrm{d}v_{0,0}^{1} - \mathrm{d}u_{0,0}^{0} \wedge \mathrm{d}v_{0,0}^{0}}{\Delta t} \\
= \ &\frac{\mathrm{d}u_{1,0}^{0} \wedge \mathrm{d}w_{1,0}^{0} - \mathrm{d}u_{0,0}^{0} \wedge \mathrm{d}w_{0,0}^{0}}{\Delta x} + \frac{\mathrm{d}u_{0,1}^{0} \wedge \mathrm{d}\phi_{0,1}^{0} - \mathrm{d}u_{0,0}^{0} \wedge \mathrm{d}\phi_{0,0}^{0}}{\Delta y}.
\end{aligned}
$$

消去$\partial_t v_{0,0}^0$, $\partial_x w_{0,0}^0$, $\partial_y \phi_{0,0}^0$,得到下列离散形式:

$$\left\{\begin{aligned} &\frac{v_{0,0}^1 - v_{0,0}^0}{\Delta t} = \frac{w_{1,0}^0 - w_{0,0}^0}{\Delta x} + \frac{\phi_{0,1}^0 - \phi_{0,0}^0}{\Delta y} + V(u_{0,0}^0), \\ &\frac{u_{0,0}^1 - u_{0,0}^0}{\Delta t} = v_{0,0}^1, \\ &\frac{u_{1,0}^0 - u_{0,0}^0}{\Delta x} = w_{1,0}^0, \\ &\frac{u_{0,1}^0 - u_{0,0}^0}{\Delta y} = \phi_{0,1}^0. \end{aligned}\right. \tag{5.4.71}$$

进一步消去v, w, ϕ,得到下列格式:

$$\begin{aligned} \frac{u_{0,0}^1 - 2u_{0,0}^0 + u_{0,0}^{-1}}{\Delta t^2} = & \frac{u_{1,0}^0 - 2u_{0,0}^0 + u_{-1,0}^0}{\Delta x^2} \\ & + \frac{u_{0,1}^0 - 2u_{0,0}^0 + u_{0,-1}^0}{\Delta y^2} + V(u_{0,0}^0). \end{aligned} \tag{5.4.72}$$

推论 5.4.4 格式(5.4.71)和(5.4.72)是多辛格式.

例 5.4.2 方程(5.4.56)用1级显辛格式离散, 方程(5.4.57) 和方程(5.4.58)用1级Runge-Kutta格式离散. 此时方程(5.4.56)的离散形式及对应的半离散守恒律为:

$$\begin{aligned} v_{\frac12,\frac12}^1 &= v_{\frac12,\frac12}^0 + \Delta t\, \partial_t v_{\frac12,\frac12}^0, \\ u_{0,0}^1 &= u_{\frac12,\frac12}^0 + \Delta t\, v_{\frac12,\frac12}^1, \end{aligned}$$

$$\frac{\mathrm{d} u_{\frac12,\frac12}^1 \wedge \mathrm{d} v_{\frac12,\frac12}^1 - \mathrm{d} u_{\frac12,\frac12}^0 \wedge \mathrm{d} v_{\frac12,\frac12}^0}{\Delta t} = \mathrm{d} u_{\frac12,\frac12}^0 \wedge \partial_t \mathrm{d} v_{\frac12,\frac12}^0. \tag{5.4.73}$$

方程(5.4.57)的离散形式及对应的半离散守恒律为:

$$\begin{aligned} w_{\frac12,\frac12}^0 &= v_{0,\frac12}^0 + \frac{\Delta x}{2} \partial_x w_{\frac12,\frac12}^0, \\ u_{\frac12,\frac12}^0 &= u_{0,\frac12}^0 + \frac{\Delta x}{2} w_{\frac12,\frac12}^0, \\ w_{1,\frac12}^0 &= v_{0,\frac12}^0 + \Delta x\, \partial_x w_{\frac12,\frac12}^0, \\ u_{1,\frac12}^0 &= u_{0,\frac12}^0 + \Delta x w_{\frac12,\frac12}^0, \end{aligned}$$

$$\frac{\mathrm{d} u_{1,\frac12}^0 \wedge \mathrm{d} w_{1,\frac12}^0 - \mathrm{d} u_{0,\frac12}^0 \wedge \mathrm{d} w_{0,\frac12}^0}{\Delta x} = \mathrm{d} u_{\frac12,\frac12}^0 \wedge \partial_x \mathrm{d} w_{\frac12,\frac12}^0. \tag{5.4.74}$$

方程(5.4.65)的离散形式及对应的半离散守恒律为:

$$\begin{aligned}\phi^0_{\frac12,\frac12}&=v^0_{\frac12,0}+\frac{\Delta y}{2}\partial_y\phi^0_{\frac12,\frac12},\\ u^0_{\frac12,\frac12}&=u^0_{\frac12,0}+\frac{\Delta y}{2}\phi^0_{\frac12,\frac12},\\ \phi^0_{\frac12,1}&=v^0_{\frac12,0}+\delta y\,\partial_y\phi^0_{\frac12,\frac12},\\ u^0_{\frac12,1}&=u^0_{\frac12,0}+\Delta y\phi^0_{\frac12,\frac12},\end{aligned}$$

$$\frac{\mathrm{d}u^0_{\frac12,1}\wedge\mathrm{d}\phi^0_{\frac12,1}-\mathrm{d}u^0_{\frac12,0}\wedge\mathrm{d}\phi^0_{\frac12,0}}{\Delta y}=\mathrm{d}u^0_{\frac12,\frac12}\wedge\partial_y\,\mathrm{d}\phi^0_{\frac12,\frac12}. \tag{5.4.75}$$

将(5.4.73), (5.4.74), (5.4.75)及(5.4.66)式取$i=\dfrac12$, $j=\dfrac12$, $m=0$, 给出离散多辛守恒律为

$$\begin{aligned}&\frac{\mathrm{d}u^1_{\frac12,\frac12}\wedge\mathrm{d}v^1_{\frac12,\frac12}-\mathrm{d}u^0_{\frac12,\frac12}\wedge\mathrm{d}v^0_{\frac12,\frac12}}{\Delta t}\\ =&\frac{\mathrm{d}u^0_{1,\frac12}\wedge\mathrm{d}w^0_{1,\frac12}-\mathrm{d}u^0_{0,\frac12}\wedge\mathrm{d}w^0_{0,\frac12}}{\Delta x}+\frac{\mathrm{d}u^0_{\frac12,1}\wedge\mathrm{d}\phi^0_{\frac12,1}-\mathrm{d}u^0_{\frac12,0}\wedge\mathrm{d}\phi^0_{\frac12,0}}{\Delta y}.\end{aligned}\tag{5.4.76}$$

消去$\partial_t v^0_{\frac12,\frac12}$, $\partial_x w^0_{\frac12,\frac12}$, $\partial_y\phi^0_{\frac12,\frac12}$, 得到下列离散形式:

$$\begin{cases}\dfrac{v^1_{\frac12,\frac12}-v^0_{\frac12,\frac12}}{\Delta t}=\dfrac{w^0_{1,\frac12}-w^0_{0,\frac12}}{\Delta x}+\dfrac{\phi^0_{\frac12,1}-\phi^0_{\frac12,0}}{\Delta y}+V\left(u^0_{\frac12,\frac12}\right),\\ \dfrac{u^1_{\frac12,\frac12}-u^0_{\frac12,\frac12}}{\Delta t}=v^1_{\frac12,\frac12},\\ \dfrac{u^0_{1,\frac12}-u^0_{0,\frac12}}{\Delta x}=w^0_{1,\frac12},\\ \dfrac{u^0_{\frac12,1}-u^0_{\frac12,0}}{\Delta y}=\phi^0_{\frac12,1}.\end{cases}\tag{5.4.77}$$

其中所有中点的值都是两端的平均, 例如

$$u^0_{\frac12,\frac12}=\frac12(u^0_{1,\frac12}+u^0_{0,\frac12})=\frac14(u^0_{1,1}+u^0_{1,0}+u^0_{0,1}+u^0_{0,0}).$$

进一步消去v, w, ϕ, 得到下列格式:

$$\begin{aligned}&\delta_t^2\left[u^0_{-\frac12,-\frac12}+u^0_{-\frac12,\frac12}+u^0_{\frac12,-\frac12}+u^0_{\frac12,\frac12}\right]-2\delta_x^2\left[u^0_{0,\frac12}+u^0_{0,-\frac12}\right]-2\delta_y^2\left[u^0_{\frac12,0}+u^0_{-\frac12,0}\right]\\ =&-\left[\sin\left(u^0_{-\frac12,-\frac12}\right)+\sin\left(u^0_{-\frac12,\frac12}\right)+\sin\left(u^0_{\frac12,-\frac12}\right)+\sin\left(u^0_{\frac12,\frac12}\right)\right].\end{aligned}\tag{5.4.78}$$

按中点原则写成网格点上的差分格式为

$$\begin{aligned}&\frac{1}{4}\delta_t^2[u_{-1,-1}^0+2u_{0,-1}^0+u_{1,-1}^0+2u_{-1,0}^0+4u_{0,0}^0+2u_{1,-1}^0+u_{-1,1}^0+2u_{0,1}^0+u_{1,1}^0]\\&-\delta_x^2[u_{0,-1}^0+2u_{0,0}^0+u_{0,1}^0]-\delta_y^2[u_{-1,0}^0+2u_{0,0}^0+u_{1,0}^0]\\=&-\left[\sin(u^0_{-\frac12,-\frac12})+\sin(u^0_{-\frac12,\frac12})+\sin(u^0_{\frac12,-\frac12})+\sin(u^0_{\frac12,\frac12})\right].\end{aligned}\tag{5.4.79}$$

推论 5.4.5 格式(5.4.77)和(5.4.79)是多辛格式.

显然, (5.4.72) 和(5.4.79)是两个显格式(不需要迭代), 因为构造这两个格式时, t 方向用的是显格式. 当t 方向用隐格式时, 复合得到的格式就是隐格式. 例如t 和x 方向用1 阶隐式Runge-Kutta格式, y 方向用 1 阶显格式, 得到的就是隐式的多辛格式. 由于在多辛Hamilton 系统和多辛格式中, 时间和空间各个方向是同等对待的, 根据 (5.4.78) 式(t 和y 方向调换), 此时的多辛隐格式为

$$\begin{aligned}&2\delta_t^2\left[u^0_{0,-\frac12}+u^0_{0,\frac12}\right]-2\delta_y^2\left[u^{\frac12}_{0,0}+u^{\frac12}_{0,0}\right]-2\delta_x^2\left[u^{\frac12}_{0,\frac12}+u^{\frac12}_{0,\frac12}+u^{-\frac12}_{0,\frac12}+u^{-\frac12}_{0,-\frac12}\right]\\=&\ -\left[\sin\left(u^{-\frac12}_{0,-\frac12}\right)+\sin\left(u^{-\frac12}_{0,\frac12}\right)+\sin\left(u^{-\frac12}_{0,\frac12}\right)+\sin\left(u^{\frac12}_{0,\frac12}\right)\right].\end{aligned}$$

Runge-Kutta 方法构造多辛算法仍是当前研究的热门课题, 由此产生了许多新的变形, 如PRK 方法, RKN 方法, SRKN 方法等, 参见文献[HL04], [HLL07], [HJL09b], [HJL09a], [HJLL07], [HLS04], [HHS08], [KHZ10b].

§5.5 高精度多辛格式的构造

§5.5.1 波方程辛格式的分析

我们已经能为PDE构造大量的多辛格式, 但以前所设计的辛格式是否是多辛的, 它和多辛格式之间的关系问题仍是有意义的, 是值得考虑的.

在这一节, 以线性波方程为例, 分析Qin等人[QZ93]通过$\sinh x$, $\cosh x$, $\tanh x$ 建立的几种辛格式. 考虑如下具有周期边界条件的线性波方程:

$$u_{tt}-u_{xx}=0,\tag{5.5.1}$$

它能被下面两种形式来描述:

$$\begin{bmatrix}u_t\\v_t\end{bmatrix}=\begin{bmatrix}0&I\\\frac{\partial^2}{\partial x^2}&0\end{bmatrix}\begin{bmatrix}u\\v\end{bmatrix},\tag{5.5.2}$$

$$\begin{bmatrix} u_t \\ v_t \end{bmatrix} = \begin{bmatrix} 0 & \dfrac{\partial}{\partial x} \\ \dfrac{\partial}{\partial x} & 0 \end{bmatrix} \begin{bmatrix} u \\ v \end{bmatrix}, \tag{5.5.3}$$

即

$$z_t = J^{-1} A z, \tag{5.5.4}$$

其中$z = (u, v)$, A是对称矩阵

$$A = \begin{bmatrix} \dfrac{\partial^2}{\partial x^2} & 0 \\ 0 & -1 \end{bmatrix};$$

或

$$z_t = K^{-1} A z, \tag{5.5.5}$$

其中$z = (u, v)$, A是单位矩阵, $K^{-1} = \mathcal{D}$,

$$K^{-1} A = \begin{bmatrix} 0 & \dfrac{\partial}{\partial x} \\ \dfrac{\partial}{\partial x} & 0 \end{bmatrix}, \quad A = \begin{bmatrix} I & 0 \\ 0 & I \end{bmatrix}.$$

对(5.5.4)式两边用 d 作用, 得

$$\mathrm{d} z_t = J^{-1} A\, \mathrm{d} z.$$

再用 $\mathrm{d}z$ 对上式两边作$\wedge$运算, 然后对x求积分, 使用周期边界条件, 有

$$\int \frac{\partial \mathrm{d}z \wedge J\, \mathrm{d}z}{\partial t}\, \mathrm{d}x = 0. \tag{5.5.6}$$

对(5.5.5)式两边用 d 作用, 然后再用 $\mathrm{d}z$ 对上式两边作$\wedge$ 运算, 得到

$$\frac{\partial \mathrm{d}z \wedge K\, \mathrm{d}z}{\partial t} = 0, \tag{5.5.7}$$

即

$$\int \mathrm{d}u_t \wedge \mathrm{d}u + \mathrm{d}v_t \wedge \mathrm{d}v\, \mathrm{d}x = 0.$$

已知传统的处理PDE 的辛方法是针对已被写成为无穷维Hamilton 系统的PDE (5.5.2)和(5.5.3)式来进行的, 首先对(5.5.2)和(5.5.3)式在空间方向通过有限差分进行离散, 譬如可对$\dfrac{\partial^2}{\partial x^2}$和$\dfrac{\partial}{\partial x}$使用 $2m$ 阶的中心差商:

$$\triangle(2m) = \nabla_+ \nabla_- \sum_{j=0}^{m-1} (-1)^j \beta_j \Big(\frac{\triangle x^2\, \nabla_+ \nabla_-}{4} \Big)^j,$$

$$\nabla(2m) = \nabla_0 \sum_{j=0}^{m-1} (-1)^j \alpha_j \Big(\frac{\triangle x^2\, \nabla_+ \nabla_-}{4} \Big)^j,$$

其中$\beta_j=[(j\,!)^2 2^{2j}]/[(2j+1)\,!\,(j+1)]$, $\alpha_j=[(j\,!)^2 2^{2j}]/(2j+1)\,!$, $\bigtriangledown_+$和$\bigtriangledown_-$分别是前差和后差算子, $\bigtriangledown_0$是中心差算子. 令$U=[u_1,u_2,\cdots,u_n]$, $V=[v_1,v_2,\cdots,v_n]$, 可把这个半离散系统重新写为有限维Hamilton系统

$$\begin{bmatrix} U_t \\ V_t \end{bmatrix}=\begin{bmatrix} 0 & I \\ M(1,2m) & 0 \end{bmatrix}\begin{bmatrix} U \\ V \end{bmatrix}=\begin{bmatrix} V \\ M(1,2m)U \end{bmatrix} \tag{5.5.8}$$

和

$$\begin{bmatrix} U_t \\ V_t \end{bmatrix}=\begin{bmatrix} 0 & M(2,2m) \\ M(2,2m) & 0 \end{bmatrix}\begin{bmatrix} U \\ V \end{bmatrix}, \tag{5.5.9}$$

其中 I 是单位矩阵, $M(1,2m)$ 和$M(2,2m)$ 分别是相应于$\triangle(2m)$ 和$\bigtriangledown(2m)$ 的 $n\times n$ 的矩阵. 注意系统(5.5.8)和(5.5.9)具有守恒律

$$\frac{\mathrm{d}}{\mathrm{d}t}[\mathrm{d}Z\wedge J\,\mathrm{d}Z]=\frac{\mathrm{d}}{\mathrm{d}t}[\mathrm{d}U\wedge\mathrm{d}V]=\frac{\mathrm{d}}{\mathrm{d}t}\sum_{i=1}^{n}\mathrm{d}u_i\wedge\mathrm{d}v_i=0. \tag{5.5.10}$$

然后可使用大量的辛方法去离散这个Hamilton系统的ODE(5.5.8)和(5.5.9). 这里使用的辛方法就是为保守离散的辛守恒律(5.5.10)而构造的.

近来发展起来的多辛几何是最早描述PDE在多辛方程组的形式, 譬如波方程能被写为多辛方程组形式(5.2.15), 在线性情况$V=0$, 然后采用一种离散形式去离散这个多辛方程组, 得到

$$M\partial_t^{i,j}z_{i,j}+K\partial_x^{i,j}z_{i,j}=(\bigtriangledown H(z_{i,j}))_{i,j}, \tag{5.5.11}$$

其中$z_{i,j}$表示z在离散点x_i, t_j点的值, $\partial_t^{i,j}$和$\partial_x^{i,j}$表示对∂_t, ∂_x的离散. 格式(5.5.11)如果具有离散的多辛守恒律

$$\partial_t^{i,j}\omega_{i,j}^t+\partial_x^{i,j}\omega_{i,j}^x=0, \tag{5.5.12}$$

则被称为多辛的. 与典则的守恒律(5.5.6)不同, 多辛守恒律(5.5.12)是一个局部概念, 如果在空间方向积分这个多辛守恒律, 并使用周期边界条件, 则可得到

$$\frac{\partial}{\partial t}\int_0^L \mathrm{d}u_t\wedge\mathrm{d}u\,\mathrm{d}x=0,$$

它即守恒律(5.5.6).

§5.5.2 后项误差分析方法

为了通过§5.2.1的分析去构造高精度的算法, 揭示辛格式和多辛格式之间的关系, 在这一节作一些准备工作, 介绍关于后项误差分析的一些简单想法.

后项分析方法由若干作者提出[Hai94],[Fen92],[Rei96],[YS68], 它被用来解释数学方程中离散误差的影响. 这个想法的基础是把原方程的一个格式的数值解看作是原方程的扰动方程的精确解, 考虑Hamilton系统:

$$\dot{p} = -H(p, q),$$
$$\dot{q} = H(p, q).$$

它的辛Euler隐式方法为:

$$p_1 = p_0 - \triangle t H_q(p_0, q_1),$$
$$q_1 = q_0 + \triangle t H_q(p_0, q_1).$$

在p_0, q_0展开上式得到:

$$\begin{aligned} p_1 &= p_0 - \triangle t H_q - (\triangle t)^2 H_{qq} H_p - \frac{(\triangle t)^3}{2} H_{qqq} H_p H_p \\ &\quad -(\triangle)^3 H_{qq} H_{pq} H_p - \cdots \big|_{p_0, q_0}, \\ q_1 &= q_0 + \triangle t H_p + (\triangle t)^2 H_{pq} H_p + \frac{(\triangle t)^3}{2} H_{pqq} H_p H_p \\ &\quad +(\triangle)^3 H_{pp} H_{pq} H_p + \cdots \big|_{p_0, q_0}. \end{aligned}$$

根据上面的展开式, 数值解p_1, q_1可看作如下扰动的Hamilton系统的精确解:

$$\dot{p} = -\bar{H}_q(p, q),$$
$$\dot{q} = \bar{H}_p(p, q).$$

事实上, 把这个方程的解在p_0, q_0展开, 得到:

$$p_1 = p_0 - \triangle t \bar{H}_q + \frac{(\triangle t)^2}{2}(\bar{H}_{qp}\bar{H}_q - \bar{H}_{qq}\bar{H}_p) + \cdots,$$
$$q_1 = q_0 + \triangle t \bar{H}_p + \frac{(\triangle t)^2}{2}(-\bar{H}_{pp}\bar{H}_q + \bar{H}_{pq}\bar{H}_p) + \cdots,$$

$\bar{H} = H + hH^{(1)} + h^2 H^{(2)} + h^3 H^{(3)} + \cdots$, 其中$H^{(1)}$, $H^{(2)}$是未知的. 比较这两个展开式的系数, 可得到:

$$H^{(1)} = \frac{1}{2} H_p H_q,$$
$$H^{(2)} = \frac{1}{12}(H_{pp} H_q^2 + H_{qq} H_p^2 + 4 H_{pq} H_p H_q),$$
$$\cdots$$

可通过上述想法构造高精度的算法, 考虑简单的线性Hamilton系统

$$\dot{z} = J^{-1}Kz. \tag{5.5.13}$$

使用$o(\triangle t^2)$阶的辛Euler中点格式离散(5.5.13), 得到

$$z_1 = z_0 + J^{-1}K\frac{z_1 + z_0}{2}, \tag{5.5.14}$$

其中K是对称矩阵, J是标准的反对称矩阵, 在点$z_{\frac{1}{2}}$展开格式(5.5.14), 得到

$$\frac{\mathrm{d}z_{\frac{1}{2}}}{\mathrm{d}t} = J^{-1}Kz_{\frac{1}{2}} + \frac{t^2}{12}(J^{-1}K)^3 z_{\frac{1}{2}} + \cdots,$$

可知格式(5.5.14)的截断误差与$o(\triangle t^2)$同阶. 如果吸收2阶误差项$\frac{t^2}{12}(J^{-1}K)^3 z$到原始的方程(5.5.13), 可得到(5.5.13)的修正方程

$$\dot{z} = J^{-1}Kz - \frac{t^2}{12}(J^{-1}K)^3 z, \tag{5.5.15}$$

对修正方程(5.5.15), 再使用$o(\triangle t^2)$精度的Euler中点格式进行离散, 则可得到方程(5.5.13) 的 $o(\triangle t^4)$ 格式, 下一节的工作将体现这一思想.

§5.5.3 修正的线性波方程的多辛格式的构造

在这一节为(5.5.1)式建立任意高精度的多辛格式, 首先有下面的命题.

命题 5.5.1 下面这个$o(\triangle t^{2s} + \triangle x^{2m})$阶的数值离散是多辛的:

$$u_i^{j+1} - 2u_i^j + u_i^{j-1} = \tanh\left(2s, \frac{\triangle t}{2}\right)\tanh\left(2s, \frac{\triangle t}{2}\triangle\,(2m)\right)(u_i^{j+1} + 2u_i^j + u_i^{j-1}), \tag{5.5.16}$$

其中,

$$\begin{aligned}\tanh\frac{\triangle t}{2} &= \frac{\triangle t}{2} - \frac{1}{3}\left(\frac{\triangle t}{2}\right)^3 + \frac{2}{15}\left(\frac{\triangle t}{2}\right)^5 - \frac{17}{312}\left(\frac{\triangle t}{2}\right)^7 + \cdots \\ &= \sum_{k=1}^{\infty} a_{2k-1}\left(\frac{\triangle t}{2}\right)^{2k-1},\end{aligned}$$

$$a_{2k-1} = 2^{2k}(2^{2k}-1)\frac{B_{2k}}{(2k)\,!}, \quad B_{2k}\ \text{为 Bernoulli 数},$$

$$\tanh\left(2s, \frac{\triangle t}{2}\triangle\ (2m)\right) = \sum_{k=1}^{s} a_{2k-1}\left(\frac{\triangle t}{2}\triangle\ (2m)\right)^{2k-1}$$

是$\tanh\left(\frac{\triangle t}{2}\triangle\,(2m)\right)$的$2s$阶截断,

$$\triangle\,(2m) = \nabla_+\,\nabla_-\sum_{j=0}^{m-1}(-1)^j\beta_j\Big(\frac{\triangle\,x^2\,\nabla_+\,\nabla_-}{4}\Big)^j,$$

其中$\beta_j = [(j\,!)^2\,2^{2j}]/[(2j+1)\,!\,(j+1)]$, ∇_+ 和 ∇_-是前差和后差算子.

证明:这里仅证$m=2$, $s=2$的情形. 在这个情形下,(5.5.16)变成

$$\begin{aligned}&\frac{u_i^{j+1}-2u_i^j+u_i^{j-1}}{\Delta\,t^2}\\ =&\left(1-\frac{\Delta t^2}{12}\right)\frac{\Delta(4)u_i^{j+1}+2\Delta(4)u_i^j+\Delta(4)u_i^{j-1}}{4}\\ &+\left(1-\frac{\Delta t^2}{12}\right)\frac{\Delta t^2}{12}\left(\frac{\Delta^3(4)u_i^{j+1}+2\Delta^3(4)u_i^j+\Delta^3(4)u_i^{j-1}}{4}\right),\end{aligned}\tag{5.5.17}$$

其中

$$\Delta\,(4)u_i^j = \frac{-u_{i+2}^j+16u_{i+1}^j-30u_i^j+16u_{i-1}^j-u_{i-2}^j}{12\Delta x^2},$$

使用中心差商

$$u_t \approx \frac{u_i^{j+1}-u_i^j}{\Delta\,t},$$

$$u_x \approx \frac{1}{2}\left(\frac{a_1u_{i+1}^j+4u_i^j-a_6u_{i-1}^j}{2\sqrt{3}\Delta\,x}+\frac{a_1u_{i+1}^{j+1}+4u_i^{j+1}-a_6u_{i-1}^{j+1}}{2\sqrt{3}\Delta\,x}\right),$$

$$\begin{aligned}u_{xxx}\;\approx\;&\frac{1}{2}\left(\frac{a_1u_{i+3}^j+a_2u_{i+2}^j-a_3u_{i+1}^j+184u_i^j-a_4u_{i-1}^j+a_5u_{i-2}^j-a_6u_{i-3}^j}{24\sqrt{3}\Delta\,x^3}\right.\\ &\left.+\frac{a_1u_{i+3}^{j+1}+a_2u_{i+2}^{j+1}-a_3u_{i+1}^{j+1}+184u_i^{j+1}-a_4u_{i-1}^{j+1}+a_5u_{i-2}^{j+1}-a_6u_{i-3}^{j+1}}{24\sqrt{3}\Delta\,x^3}\right),\end{aligned}$$

其中,

$$\begin{aligned}&a_1=-(2+\sqrt{3}),\quad a_2=36+16\sqrt{3},\quad a_3=126+29\sqrt{3},\\ &a_4=126-29\sqrt{3},\quad a_5=36-16\sqrt{3},\quad a_6=2-\sqrt{3}.\end{aligned}$$

离散Lagrange密度$\mathcal{L}: J^3Y\to\Lambda^2X$, 有

$$\begin{aligned}\mathcal{L}(u_t,u_x,u_{xxx})\;=\;&L\,\mathrm{d}x\wedge\mathrm{d}t\\ =\;&\frac{1}{2}\left(u_t^2-\Big(1-\frac{\Delta\,t^2}{12}\Big)u_x^2-\Big(1-\frac{\Delta\,t^2}{12}\Big)\frac{\Delta\,t^2}{12}u_{xxx}^2\right)\mathrm{d}x\wedge\mathrm{d}t.\end{aligned}$$

在格点$(x,t)=(i,j)$使用相应的离散的变分原理, 得到离散的 Euler-Lagrange 方程

$$
\begin{aligned}
&D_1L\big(u_i^j,\cdots,u_{i-6}^j,u_i^{j+1},\cdots,u_{i-6}^{j+1}\big)+D_2L\big(u_{i+1}^j,\cdots,u_{i-5}^j,u_{i+1}^{j+1},\cdots,u_{i-5}^{j+1}\big)\\
&+\cdots+D_{14}L\big(u_{i+6}^{j-1},\cdots,u_i^{j-1},\cdots,u_i^j\big)=0.
\end{aligned}
$$

把L的表达式代入上式, 即得到离散格式(5.5.17). ▲

推论 5.5.1 当$s=1$, $m=1$, 格式(5.5.16) 是文献[MPS98]中的公式(5.10) (当非线性项为零) 是多辛的, 它保守Lagrange型的辛守恒, 即

$$
\frac{\mathrm{d}u_i^{j+1}\wedge\mathrm{d}u_i^j-\mathrm{d}u_i^j\wedge\mathrm{d}u_i^{j-1}}{\Delta t}=\frac{\mathrm{d}u_{i+1}^j\wedge\mathrm{d}u_i^j-\mathrm{d}u_i^j\wedge\mathrm{d}u_{i-1}^j}{\Delta x}.
$$

推论 5.5.2 从命题5.5.1的证明可看出, 通过离散下面这个修正的波方程

$$
u_{tt}=\Big(1-\frac{\Delta t^2}{12}\Big)u_{xx}+\Big(1-\frac{\Delta t^2}{12}\Big)\frac{\Delta t^2}{12}u_{xxxxxx} \tag{5.5.18}
$$

的Lagrange密度, 可得到格式(5.5.17), 这个格式保守(5.5.18)的离散的Lagrange型辛守恒.

推论 5.5.3 如果引进变换:

$$
\begin{aligned}
v_i^{j+\frac12}&=\frac{u_i^{j+1}-u_i^j}{\Delta t},\\
w_i^{j+\frac12}&=\frac{\frac{1}{2\sqrt3}\Big(-(2+\sqrt3)\,u_{i+1}^{j+\frac12}+4u_i^{j+\frac12}-(2-\sqrt3)\,u_{i-1}^{j+\frac12}\Big)}{\Delta x},\\
p_i^{j+\frac12}&=\frac{\frac{1}{2\sqrt3}\Big(-(2-\sqrt3)\,w_{i+1}^{j+\frac12}+4w_i^{j+\frac12}-(2+\sqrt3)\,w_{i-1}^{j+\frac12}\Big)}{\Delta x},\\
q_i^{j+\frac12}&=\frac{\frac{1}{2\sqrt3}\Big(-(2+\sqrt3)\,p_{i+1}^{j+\frac12}+4p_i^{j+\frac12}-(2-\sqrt3)\,p_{i-1}^{j+\frac12}\Big)}{\Delta x},\\
r_i^{j+\frac12}&=\frac{\frac{1}{2\sqrt3}\Big(-(2-\sqrt3)\,q_{i+1}^{j+\frac12}+4q_i^{j+\frac12}-(2+\sqrt3)\,q_{i-1}^{j+\frac12}\Big)}{\Delta x},\\
f_i^{j+\frac12}&=\frac{\frac{1}{2\sqrt3}\Big(-(2+\sqrt3)\,r_{i+1}^{j+\frac12}+4r_i^{j+\frac12}-(2-\sqrt3)\,r_{i-1}^{j+\frac12}\Big)}{\Delta x},
\end{aligned}
$$

能重新将格式(5.5.17)写为(以下$\Theta=(1-a)a\frac{1}{2\sqrt{3}}$):

$$\frac{1}{\Delta t}\begin{bmatrix}-v_i^{j+\frac12}+v_i^{j-\frac12}\\u_i^{j+1}-u_i^j\\0\\0\\0\\0\\0\end{bmatrix}+\frac{1}{\Delta x}\begin{bmatrix}E_1\\0\\E_2\\\Theta\Big(a_1q_{i+1}^{j+\frac12}+4q_i^{j+\frac12}-a_6q_{i-1}^{j+\frac12}\Big)\\\Theta\big(-a_6p_{i+1}^{j+\frac12}+4p_i^{j+\frac12}+a_1p_{i-1}^{j+\frac12}\big)\\\Theta\big(a_1w_{i+1}^{j+\frac12}+4w_i^{j+\frac12}-a_6w_{i-1}^{j+\frac12}\big)\\\Theta\big(-a_6u_{i+1}^{j+\frac12}+4u_i^{j+\frac12}+a_1-u_{i-1}^{j+\frac12}\big)\end{bmatrix}$$

$$=\begin{bmatrix}0\\v_i^{j+\frac12}\\-(1-a)w_i^{j+\frac12}-(1-a)af_i^{j+\frac12}\\(1-a)ar_i^{j+\frac12}\\-(1-a)aq_i^{j+\frac12}\\(1-a)ap_i^{j+\frac12}\\-(1-a)uw_i^{j+\frac12}\end{bmatrix}$$

可看出,上面这个格式相当于离散下面的Bridges型的多辛方程组:

$$\mathcal{A}\,z_t+\mathcal{B}\,z_x=\bigtriangledown S(z),$$

其中,

$$\begin{aligned}
z&=(u,u_t,u_x,u_{xx},u_{xxx},u_{xxxx},u_{xxxxx})=(u,v,w,p,q,r,f),\\
S(z)&=\frac12v^2-\frac12(1-a)w^2-(1-a)afw-\frac12(1-a)aq^2+(1-a)arp,\\
a&=\frac{\Delta^2}{12}t,\\
E_1&=(1-a)\frac{1}{4\sqrt3}\Big(-a_1w_{i+1}^{j+\frac12}-4w_i^{j+\frac12}+a_6w_{i-1}^{j+\frac12}-a_1w_{i+1}^{j-\frac12}-4w_i^{j-\frac12}\\
&\quad+a_6w_{i-1}^{j-\frac12}\Big)+(1-a)a\frac{1}{4\sqrt3}\Big(-a_1f_{i+1}^{j+\frac12}-4f_i^{j+\frac12}+a_6f_{i-1}^{j+\frac12}\Big)\\
&\quad-a_1f_{i+1}^{j-\frac12}-4f_i^{j-\frac12}+a_6f_{i-1}^{j-\frac12},\\
E_2&=-(1-a)\frac{1}{2\sqrt3}\Big(-a_6u_{i+1}^{j+\frac12}+4u_i^{j+\frac12}+a_1u_{i-1}^{j+\frac12}\Big)\\
&\quad-(1-a)a\frac{1}{2\sqrt3}\Big(-a_6r_{i+1}^{j+\frac12}+4r_i^{j+\frac12}+a_1r_{i-1}^{j+\frac12}\Big),
\end{aligned}$$

$$\mathcal{A}=\begin{bmatrix}0 & -1 & 0 & 0 & 0 & 0 & 0\\ 1 & 0 & 0 & 0 & 0 & 0 & 0\\ 0 & 0 & 0 & 0 & 0 & 0 & 0\\ 0 & 0 & 0 & 0 & 0 & 0 & 0\\ 0 & 0 & 0 & 0 & 0 & 0 & 0\\ 0 & 0 & 0 & 0 & 0 & 0 & 0\\ 0 & 0 & 0 & 0 & 0 & 0 & 0\end{bmatrix},$$

$$\mathcal{B}=\begin{bmatrix}0 & 0 & 1-a & 0 & 0 & 0 & (1-a)a\\ 0 & 0 & 0 & 0 & 0 & 0 & 0\\ -(1-a) & 0 & 0 & 0 & 0 & -(1-a)a & 0\\ 0 & 0 & 0 & 0 & (1-a)a & 0 & 0\\ 0 & 0 & 0 & -(1-a)a & 0 & 0 & 0\\ 0 & 0 & (1-a)a & 0 & 0 & 0 & 0\\ -(1-a)a & 0 & 0 & 0 & 0 & 0 & 0\end{bmatrix}.$$

这个格式保守相应的离散的多辛守恒律

$$\begin{aligned}
&\frac{-1}{\Delta t}\Big(\mathrm{d}v_i^{j+\frac{1}{2}}\wedge\mathrm{d}u_i^{j+1}-\mathrm{d}v_i^{j-\frac{1}{2}}\wedge\mathrm{d}u_i^{j}\Big)+\frac{1}{\Delta x}(1-a)\frac{1}{4\sqrt{3}}\Big[a_1\Big(\mathrm{d}w_{i+1}^{j+\frac{1}{2}}\wedge\mathrm{d}u_i^{j}\\
&+2\mathrm{d}w_i^{j+\frac{1}{2}}\wedge\mathrm{d}u_{i-1}^{j+\frac{1}{2}}\Big)+4\mathrm{d}w_i^{j+1}\wedge\mathrm{d}u_i^{j+1}-a_6\Big(\mathrm{d}w_{i-1}^{j+\frac{1}{2}}\wedge\mathrm{d}u_i^{j}\\
&+2\mathrm{d}w_i^{j+\frac{1}{2}}\wedge\mathrm{d}u_{i+1}^{j+\frac{1}{2}}\Big)+a_1\Big(\mathrm{d}w_{i+1}^{j-\frac{1}{2}}+4\,\mathrm{d}w_i^{j-\frac{1}{2}}-a_6\mathrm{d}w_{i-1}^{j-\frac{1}{2}}\Big)\wedge\mathrm{d}u_i^{j}\Big]\\
&+\frac{1}{\Delta x}(1-a)a\frac{1}{4\sqrt{3}}\Big[a_1\Big(\mathrm{d}f_{i+1}^{j+\frac{1}{2}}\wedge\mathrm{d}u_i^{j}+2\mathrm{d}f_i^{j+\frac{1}{2}}\wedge\mathrm{d}u_{i-1}^{j+\frac{1}{2}}\Big)\\
&+4\mathrm{d}f_i^{j+\frac{1}{2}}\wedge\mathrm{d}u_i^{j+1}-a_6\Big(\mathrm{d}f_{i-1}^{j+\frac{1}{2}}\wedge\mathrm{d}u_i^{j}+2\mathrm{d}f_i^{j+\frac{1}{2}}\wedge\mathrm{d}u_{i+1}^{j+\frac{1}{2}}\Big)+\Big(a_1\mathrm{d}f_{i-1}^{j-\frac{1}{2}}\\
&+4\mathrm{d}f_i^{j-\frac{1}{2}}-a_6\mathrm{d}f_{i-1}^{j-\frac{1}{2}}\Big)\wedge\mathrm{d}u_i^{j}\Big]+\frac{1}{\Delta x}(1-a)a\frac{1}{2\sqrt{3}}\Big[a_1\Big(\mathrm{d}q_{i+1}^{j+\frac{1}{2}}\wedge\mathrm{d}p_i^{j+\frac{1}{2}}\\
&-\mathrm{d}q_i^{j+\frac{1}{2}}\wedge\mathrm{d}p_{i-1}^{j+\frac{1}{2}}\Big)-a_6\Big(\mathrm{d}q_{i-1}^{j+\frac{1}{2}}\wedge\mathrm{d}p_i^{j+\frac{1}{2}}-\mathrm{d}q_i^{j+\frac{1}{2}}\wedge\mathrm{d}p_{i+1}^{j+\frac{1}{2}}\Big)\Big]\\
&+\frac{1}{\Delta x}(1-a)a\frac{1}{2\sqrt{3}}\Big[-a_6\Big(\mathrm{d}w_i^{j+\frac{1}{2}}\wedge\mathrm{d}r_{i+1}^{j+\frac{1}{2}}-\mathrm{d}w_{i-1}^{j+\frac{1}{2}}\wedge\mathrm{d}r_i^{j+\frac{1}{2}}\Big)\\
&+a_1\Big(\mathrm{d}w_i^{j+\frac{1}{2}}\wedge\mathrm{d}r_{i-1}^{j+\frac{1}{2}}-\mathrm{d}w_{i+1}^{j+\frac{1}{2}}\wedge\mathrm{d}r_i^{j+\frac{1}{2}}\Big)\Big]=0.
\end{aligned}$$

而格式(5.5.17)保守下面这个Lagrange型的辛守恒形式：

$$
\begin{aligned}
&\Big(\frac{\mathrm{d}u_i^{j+1}-2\,\mathrm{d}u_i^j+\mathrm{d}u_i^{j-1}}{\Delta\,t^2}\Big)\wedge\,\mathrm{d}u_i^j\\
=\ &\Big(1-\frac{\Delta\,t^2}{12}\Big)\frac{1}{4}\left(\Delta(4)\,\mathrm{d}u_i^{j+1}+2\Delta\,(4)\,\mathrm{d}u_i^j+\Delta\,(4)\,\mathrm{d}u_i^{j-1}\right)\wedge\,\mathrm{d}u_i^j\\
&-\Big(1+\frac{\Delta\,t^2}{12}\Big)\frac{1}{4}\frac{\Delta\,t^2}{12}\left(\Delta^3\,(4)\,\mathrm{d}u_i^{j+1}+2\,\Delta^3(4)\,\mathrm{d}u_i^j+\Delta^3\,(4)\,\mathrm{d}u_i^{j-1}\right)\wedge\,\mathrm{d}u_i^j,
\end{aligned}
$$

其中,

$$
\begin{aligned}
&a_1=-(2-\sqrt{3}), && a_6=2+\sqrt{3},\\
&a=\frac{\Delta\,t^2}{12}, && z_i^{j+\frac{1}{2}}=\frac{1}{2}\big(z_i^j+z_i^{j+1}\big),\\
&z_{i+\frac{1}{2}}^{j+\frac{1}{2}}=\frac{1}{4}\big(z_i^j+z_i^{j+1}+z_{i+1}^j+z_{i+1}^{j+1}\big), && z_{i+\frac{1}{2}}^j=\frac{1}{2}\big(z_i^j+z_{i+1}^j\big).
\end{aligned}
$$

命题 5.5.2 下面这个$o(\Delta\,t^{2s}+\Delta\,x^{2m})$阶的格式是多辛的:

$$
u_i^{j+1}-2u_i^j+u_i^{j-1}=\Big(\tanh\,\Big(2s,\frac{\Delta\,t}{2}\,\triangledown\,(2m)\Big)\Big)^2\big(u_i^{j+1}+2u_i^j+u_i^{j-1}\big),
$$

其中$\triangledown(2m)$是$\dfrac{\partial}{\partial x}$的$2m$阶的中心差商算子,

$$
\triangledown(2m)=\triangledown_0\sum_{j=0}^{m-1}(-1)^j\alpha_j\Big(\frac{\Delta\,x^2\,\triangledown_+\,\triangledown_-}{4}\Big)^j,
$$

$\alpha=[(j\,!)^2 2^{2j}]/(2j+1)\,!$, $\triangledown_0$是中心差商算子. 特别, 当$s=2$, $m=2$时, 这是一个$o(\Delta\,t^4+\Delta\,x^4)$阶的格式:

$$
\begin{aligned}
\frac{u_i^{j+1}-2u_i^j+u_i^{j-1}}{\Delta\,t^2}\ =\ &\frac{\triangledown^2(4)u_i^{j+1}+2\,\triangledown^2\,(4)u_i^j+\triangledown^2(4)u_i^{j-1}}{4}\\
&-2\frac{\Delta\,t^2}{12}\,\triangledown^4\,(4)\Big(\frac{u_i^{j+1}+2u_i^j+u_i^{j-1}}{4}\Big)\\
&+\Big(\frac{\Delta\,t^2}{12}\Big)^2\,\triangledown^6\,(4)\Big(\frac{u_i^{j+1}+2u_i^j+u_i^{j-1}}{4}\Big),
\end{aligned}
\tag{5.5.19}
$$

其中

$$
\triangledown(4)u_i^j=\frac{-u_{i-2}^j+8u_{i+1}^j-8u_{i-1}^j+u_{i-2}^j}{12\Delta\,x}.
$$

推论 5.5.4 命题5.5.2的证明类似于命题5.5.1的证明. 离散Lagrange密度$\mathcal{L}:J^3\,Y\to\Lambda^2X$, 即

$$
\mathcal{L}(u_t,u_x,u_{xx},u_{xxx})=\frac{1}{2}\Big(u_t^2-u_x^2-\frac{\Delta\,t^2}{6}u_{xx}^2-\frac{\Delta\,t^4}{144}u_{xxx}^2\Big)\,\mathrm{d}x\,\wedge\,\mathrm{d}t,
$$

通过相应的离散的变分原理, 能得到(5.5.19)式. 在这里, $\mathcal{L}$ 是下面这个修正波方程的Lagrange 密度:

$$u_{tt}=u_{xx}-\frac{\Delta\,t^2}{6}u^2_{xxxx}-\frac{\Delta\,t^4}{144}u^2_{xxxxxx}. \tag{5.5.20}$$

(5.5.20)式能被写为多辛方程组的形式$\mathcal{A}z_t=\mathcal{B}z_x=\bigtriangledown S(z)$, 其中,

$$\begin{aligned}
&z=(u,v,w,p,q,r,f)=(u,u_t,u_x,u_{xx},u_{xxx},u_{xxxx},u_{xxxxx}),\\
&S(z)=\frac{1}{2}v^2-\frac{1}{2}w^2-\frac{\Delta\,t^2}{12}p^2-\frac{\Delta\,t^4}{228}q^2+\frac{\Delta\,t^2}{6}\,wq+\frac{\Delta\,t^4}{144}\,rp-\frac{\Delta\,t^4}{144}\,fw,
\end{aligned}$$

$$\mathcal{A}=\begin{bmatrix}0&-1&0&0&0&0&0\\1&0&0&0&0&0&0\\0&0&0&0&0&0&0\\0&0&0&0&0&0&0\\0&0&0&0&0&0&0\\0&0&0&0&0&0&0\\0&0&0&0&0&0&0\end{bmatrix},$$

$$\mathcal{B}=\begin{bmatrix}0&0&1&0&-\dfrac{\Delta t^2}{6}&0&\dfrac{\Delta t^4}{144}\\0&0&0&0&0&0&0\\-1&0&0&\dfrac{\Delta t^2}{6}&0&-\dfrac{\Delta t^4}{144}&0\\0&0&-\dfrac{\Delta t^2}{6}&0&\dfrac{\Delta t^4}{144}&0&0\\\dfrac{\Delta t^2}{6}&0&0&-\dfrac{\Delta t^4}{144}a&0&0&0\\0&0&\dfrac{\Delta t^4}{144}a&0&0&0&0\\-\dfrac{\Delta t^4}{144}&0&0&0&0&0&0\end{bmatrix}.$$

命题 5.5.3 下面这个$o(\Delta\,t^{2s}+\Delta\,x^{2m})$阶的格式是多辛的:

$$u_i^{j+2}-2u_i^j+u_i^{j-2}=2\sinh{(2s,\Delta\,t)}2\sinh{(2s,\Delta\,t\Delta\,(2m))}u_i^j,$$

其中,

$$\begin{aligned}
&\sinh{(\Delta\,t)}=\Delta\,t+\frac{\Delta\,t^3}{3\,!}+\frac{\Delta\,t^5}{5\,!}+\cdots=\sum_{k=1}^{\infty}\frac{\Delta\,t^{2k-1}}{(2k-1)\,!},\\
&\sinh{(2s,\Delta\,t\Delta\,(2m))}=\sum_{k=1}^{s}\frac{\Delta\,t^{2k-1}\Delta\,t^{2k-1}\,(2m)}{(2k-1)\,!}
\end{aligned}$$

是$\sinh(\Delta t\Delta(2m))$的$2s$阶截断. 特别, 当$m=2, s=2$时, 这是一个$o(\Delta t^4+\Delta x^4)$阶精度的格式:

$$\frac{u_i^{j+2}-2u_i^j+u_i^{j-2}}{4\Delta t^2}=\Big(1+\frac{\Delta t^2}{3!}\Big)\Delta(4)u_i^j+\Big(1+\frac{\Delta t^2}{3!}\Big)\frac{\Delta t^2}{3!}\Delta^3(4)u_i^j. \tag{5.5.21}$$

推论 5.5.5 靠离散下面这个Lagrange密度, 由(5.5.21)式能得到$\mathcal{L}: J^3Y\to\Lambda^2X$, 即

$$\mathcal{L}(u_t,u_x,u_{xxx})=\frac{1}{2}\left(u_t^2-\Big(1+\frac{\Delta t^2}{3!}\Big)u_x^2-\Big(1+\frac{\Delta t^2}{3!}\Big)\frac{\Delta t^2}{3!}u_{xxx}^2\right)\mathrm{d}x\wedge\mathrm{d}t,$$

它是下面这个修正的波方程的Lagrange 密度:

$$u_{tt}=\Big(1+\frac{\Delta t^2}{3!}\Big)u_{xx}+\Big(1+\frac{\Delta t^2}{3!}\Big)\frac{\Delta t^2}{3!}u_{xxxxxx}. \tag{5.5.22}$$

(5.5.22)式可被写为Bridges的多辛方程组的形式$\mathcal{A}z_t+\mathcal{B}z_x=\bigtriangledown S(z)$, 其中

$$z=(u,v,w,p,q,r,f)=(u,u_t,u_x,u_{xx},u_{xxx},u_{xxxx},u_{xxxxx}),$$

$$S(z)=\frac{1}{2}v^2-\frac{1}{2}(1+b)w^2-(1+b)\,bfw-\frac{1}{2}(1+b)bq^2+(1+b)\,brp,\quad b=\frac{\Delta t^2}{3!}.$$

$$\mathcal{A}=\begin{bmatrix}0&-1&0&0&0&0&0\\1&0&0&0&0&0&0\\0&0&0&0&0&0&0\\0&0&0&0&0&0&0\\0&0&0&0&0&0&0\\0&0&0&0&0&0&0\\0&0&0&0&0&0&0\end{bmatrix},$$

$$\mathcal{B}=\begin{bmatrix}0&0&1+b&0&0&0&(1+b)b\\0&0&0&0&0&0&0\\-(1+b)&0&0&0&0&-(1+b)b&0\\0&0&0&0&(1+b)b&0&0\\0&0&0&-(1+b)b&0&0&0\\0&0&(1+b)b&0&0&0&0\\-(1+b)b&0&0&0&0&0&0\end{bmatrix}.$$

命题 5.5.4 下面这个具有$o(\Delta t^{2s}+\Delta x^{2m})$阶精度的格式是多辛的:

$$u_i^{j+2}-2u_i^j+u_i^{j-2}=\big(2\sinh(2s,\Delta t\bigtriangledown(2m))\big)^2u_i^j.$$

特别, 当$s=2$, $m=2$时, 这是一个$o(\Delta t^4+\Delta x^4)$阶精度的格式:

$$\frac{u_i^{j-2}-2u_i^j+u_i^{j-2}}{4\Delta t^2}=\bigtriangledown^2(4)u_i^j+\frac{\Delta t^2}{3}\bigtriangledown^4(4)\,u_i^j+\frac{\Delta t^4}{36}\bigtriangledown^6\,(4)\,u_i^j. \tag{5.5.23}$$

推论 5.5.6 靠离散下面这个Lagrange密度, 由格式(5.5.23)能得到$\mathcal{L}: J^3Y \to \Lambda^2 X$, 即

$$\mathcal{L}(u_t, u_x, u_{xx}, u_{xxx}) = \frac{1}{2}\left(u_t^2 - u_x^2 + \frac{\Delta t^2}{3}u_{xx}^2 - \frac{\Delta t^4}{36}u_{xxx}^2\right) \mathrm{d}x \wedge \mathrm{d}t.$$

它是下面这个修正的波方程的离散的Lagrange密度:

$$u_{tt} = u_{xx} + \frac{\Delta t^2}{3}u_{xxxx} + \frac{\Delta t^4}{36}u_{xxxxxx}. \tag{5.5.24}$$

(5.5.24)式能被写为多辛Hamilton方程组的形式$\mathcal{A}z_t + \mathcal{B}z_x = \bigtriangledown S(z)$, 其中

$$z = (u, v, w, p, q, r, f) = (u, u_t, u_x, u_{xx}, u_{xxx}, u_{xxxx}, u_{xxxxx}),$$

$$S(z) = \frac{1}{2}v^2 - \frac{1}{2}w^2 + \frac{\Delta t^2}{6}p^2 - \frac{\Delta t^4}{72}q^2 - \frac{\Delta t^2}{3}wq + \frac{\Delta t^4}{36}rp - \frac{\Delta t^4}{36}fw,$$

$$\mathcal{A} = \begin{bmatrix} 0 & -1 & 0 & 0 & 0 & 0 & 0 \\ 1 & 0 & 0 & 0 & 0 & 0 & 0 \\ 0 & 0 & 0 & 0 & 0 & 0 & 0 \\ 0 & 0 & 0 & 0 & 0 & 0 & 0 \\ 0 & 0 & 0 & 0 & 0 & 0 & 0 \\ 0 & 0 & 0 & 0 & 0 & 0 & 0 \\ 0 & 0 & 0 & 0 & 0 & 0 & 0 \end{bmatrix},$$

$$\mathcal{B} = \begin{bmatrix} 0 & 0 & 1 & 0 & \frac{\Delta t^2}{3} & 0 & \frac{\Delta t^4}{36} \\ 0 & 0 & 0 & 0 & 0 & 0 & 0 \\ -1 & 0 & 0 & -\frac{\Delta t^2}{3} & 0 & -\frac{\Delta t^4}{36} & 0 \\ 0 & 0 & \frac{\Delta t^2}{3} & 0 & \frac{\Delta t^4}{36} & 0 & 0 \\ -\frac{\Delta t^2}{3} & 0 & 0 & -\frac{\Delta t^4}{36} & 0 & 0 & 0 \\ 0 & 0 & \frac{\Delta t^4}{36} & 0 & 0 & 0 & 0 \\ -\frac{\Delta t^4}{36} & 0 & 0 & 0 & 0 & 0 & 0 \end{bmatrix}.$$

命题 5.5.5 下面这个$o(\Delta t^{2s} + \Delta x^{2m})$阶精度的格式是多辛的:

$$u_i^{j+1} = 2\cosh\left(2s, \Delta t\sqrt{\Delta(2m)}\right) u_i^j - u_i^{j-1},$$

其中$\cosh\left(2s, \Delta t\sqrt{\Delta(2m)}\right)$是$\cosh\left(\Delta t\sqrt{\Delta(2m)}\right)$的$2s$阶截断,

$$\cosh\left(2s, \Delta t\sqrt{\Delta(2m)}\right) = \sum_{k=0}^{s} \frac{\left(\Delta t\sqrt{\Delta(2m)}\right)^{2k}}{2k\,!}.$$

特别, 取$m=2,\ s=2$时, 这是一个$o(\Delta t^4+\Delta x^4)$阶的格式

$$\frac{u_i^{j+1}-2u_i^j+u_i^{j-1}}{\Delta t^2}=\Delta(4)u_i^j+\frac{\Delta t^2}{12}\Delta^2(4)u_i^j. \tag{5.5.25}$$

推论 5.5.7 靠离散下面这个Lagrange密度, 由(5.5.25)能得到$\mathcal{L}: J^2Y\rightarrow\Lambda^2(X)$, 即

$$\mathcal{L}(u_t,u_x,u_{xx})=\frac{1}{2}\Big(u_t^2-u_x^2+\frac{\Delta t^2}{12}u_{xx}^2\Big),$$

它是下面这个修正方程的Lagrange 密度:

$$u_{tt}=u_{xx}+\frac{\Delta t^2}{12}u_{xxxx}. \tag{5.5.26}$$

(5.5.26)式能写为多辛方程组的形式$\mathcal{A}z_t+\mathcal{B}z_x=\bigtriangledown S(z)$, 其中

$$z=(u,u_t,u_x,u_{xx})=(u,v,w,p),$$

$$S(z)=\frac{1}{2}v^2-\frac{1}{2}w^2+\frac{\Delta t^2}{24}p^2-\frac{\Delta t^2}{12}pw,$$

$$\mathcal{A}=\begin{bmatrix}0&-1&0&0&0\\1&0&0&0&0\\0&0&0&0&0\\0&0&0&0&0\\0&0&0&0&0\end{bmatrix},\quad \mathcal{B}=\begin{bmatrix}0&0&1&0&\frac{\Delta t^2}{12}\\0&0&0&0&0\\-1&0&0&-\frac{\Delta t^2}{12}&0\\0&0&\frac{\Delta t^2}{12}&0&0\\-\frac{\Delta t^2}{12}&0&0&0&0\end{bmatrix}.$$

推论 5.5.8 观察修正的方程(5.5.20)和(5.5.26), 发现它们分别类似于Boussinesq方程$u_{tt}=u_{xx}-u_{xxxx}-(u^2)_{xx}$和$u_{tt}=u_{xx}+u_{xxxx}-(u^2)_{xx}$, 但方程(5.5.26)是不确适定的.

如果给波方程以周期边界条件, 那么格式(5.5.17)和(5.5.21)可重新写为下面的形式:

$$\frac{1}{\Delta t}\begin{bmatrix}u^j-u^{j-1}\\v^j-v^{j-1}\end{bmatrix}=\begin{bmatrix}\dfrac{v^j+v^{j-1}}{2}-\dfrac{\Delta t^2}{12}\cdot\dfrac{v^j+v^{j-1}}{2}\\M(1,4)\dfrac{u^j+u^{j-1}}{2}-\dfrac{\Delta t^2}{12}M^3(1,4)\dfrac{u^j+u^{j-1}}{2}\end{bmatrix}, \tag{5.5.27}$$

根据文献[QZ93] 中的公式(2.6), 有

$$\frac{1}{2\Delta t}\begin{bmatrix}u^{j+1}-u^{j-1}\\v^{j+1}-v^{j-1}\end{bmatrix}=\begin{bmatrix}v^j+\dfrac{\Delta t^2}{3!}v^j\\M(1,4)u^j+\dfrac{\Delta t^2}{3!}M^3(1,2)u^j\end{bmatrix}, \tag{5.5.28}$$

根据文献[QZ93]中(3.10), 它是(5.5.2)式的离散形式, 其中I是$n\times n$单位矩阵, $u^j=(u_1^j,\cdots,u_n^j)$ 和 $v^j=(v_1^j,\cdots,v_n^j)$是向量,

$$M(1,4)_{n\times n}:\ \frac{1}{12\Delta x^2}\begin{bmatrix} -30 & 16 & -1 & 0 & \cdots & -1 & 16\\ 16 & -30 & 16 & -1 & \cdots & 0 & -1\\ -1 & 16 & -30 & 16 & -1 & \cdots & 0\\ \cdots & \cdots & \cdots & \cdots & \cdots & \cdots & \cdots\\ -1 & 0 & 0 & \cdots & 16 & -30 & 16\\ 16 & -1 & 0 & \cdots & -1 & 16 & -30 \end{bmatrix}.$$

(5.5.19)和(5.5.23)式能被重新写为下面的形式:

$$\frac{1}{\Delta t}\begin{bmatrix} u^j-u^{j-1}\\ v^j-v^{j-1}\end{bmatrix}=\begin{bmatrix} \frac{1}{2}M(2,4)(v^j+v^{j-1})-\frac{\Delta t^2}{24}M^3(2,4)(v^j+v^{j-1})\\ \frac{1}{2}M(2,4)(u^j+u^{j-1})-\frac{\Delta t^2}{24}M^3(2,4)(u^j+u^{j-1})\end{bmatrix}. \quad (5.5.29)$$

根据文献[QZ93] 中的公式(3.12), 有

$$\frac{1}{2\Delta t}\begin{bmatrix} u^{j+1}-u^{j-1}\\ v^{j+1}-v^{j-1}\end{bmatrix}=\begin{bmatrix} M(2,4)v^j+\frac{\Delta t^2}{3!}M^3(2,4)v^j\\ M(2,4)u^j+\frac{\Delta t^2}{3!}M^3(2,4)u^j\end{bmatrix}, \quad (5.5.30)$$

它是(5.5.3)式的离散形式,其中I是$n\times n$ 单位矩阵,$u^j=(u_1^j,\cdots,u_n^j)$和$v^j=(v_1^j,\cdots,v_n^j)$ 是 n 维向量,

$$M(2,4)_{n\times n}:\ \frac{1}{12\Delta x^2}\begin{bmatrix} 0 & 8 & -1 & 0 & \cdots & 1 & -8\\ -8 & 0 & 8 & -1 & \cdots & 0 & 1\\ 1 & -8 & 0 & 8 & -1 & \cdots & 0\\ \cdots & \cdots & \cdots & \cdots & \cdots & \cdots & \cdots\\ \cdots & \cdots & \cdots & \cdots & \cdots & \cdots & \cdots\\ -1 & 0 & \cdots & \cdots & -8 & 0 & 8\\ 8 & -1 & 0 & \cdots & 1 & -8 & 0 \end{bmatrix}.$$

下面对非线性波方程作一些讨论.

推论 5.5.9 考虑非线性波方程$u_{tt}-u_{xx}=V'(u)$, 如果引进变换

$$\frac{u^{j+1}-u_i^j}{\Delta t}=v_i^{j+\frac{1}{2}},\quad \frac{-(2+\sqrt{3})\,u_{i+1}^j+4u_i^j-(2-\sqrt{3})\,u_{i-1}^j}{2\sqrt{3}\,\Delta x}=w_i^j,$$

易证格式

$$\frac{u^{j+1}-2u_i^j+u_i^{j-1}}{\Delta\,t^2}-\Delta\,(4)u_i^j+V'(u_i^j)=0 \tag{5.5.31}$$

等价于格式

$$\frac{1}{\Delta\,t}\begin{bmatrix}-v_i^{j+\frac{1}{2}}+v_i^{j-\frac{1}{2}}\\ u_i^{j+1}-u_i^j\\ 0\end{bmatrix}+\frac{1}{2\sqrt{3}\Delta\,x}\begin{bmatrix}-a_1w_{i+1}^j-4w_i^j+a_6w_{i-1}^j\\ 0\\ -a_6u_{i+1}^j+4u_i^j+a_1u_{i-1}^j\end{bmatrix}$$

$$=\begin{bmatrix}V'(u_i^j)\\ v_i^{j+\frac{1}{2}}\\ w_i^j\end{bmatrix}. \tag{5.5.32}$$

并且可知(5.5.32)式具有多辛守恒律:

$$\frac{1}{\Delta\,t}(\mathrm{d}u_i^{j+1}\wedge\mathrm{d}v^{j+\frac{1}{2}}-\mathrm{d}u_i^j\wedge\mathrm{d}v_i^{j-\frac{1}{2}})+\frac{1}{2\sqrt{3}x}\big(-a_1(\mathrm{d}w_{i+1}^j\wedge\mathrm{d}u_i^j-\mathrm{d}w_i^j\wedge\mathrm{d}u_{i-1}^j)$$

$$+a_6(\mathrm{d}w_{i-1}^j\wedge\mathrm{d}u_i^j-\mathrm{d}w_i^j\wedge\mathrm{d}u_{i+1}^j)\big)=0,$$

(5.5.31)式保Lagrange的辛守恒律:

$$\frac{(\mathrm{d}u_i^{j+1}\wedge\mathrm{d}u_i^{j-1})\wedge\mathrm{d}u_i^j}{\Delta\,t^2}-\frac{(-\mathrm{d}u_{i+2}^j+16\,\mathrm{d}u_{i+1}^j+16\,\mathrm{d}u_{i-1}^j-\mathrm{d}u_{i-2}^j)\wedge\mathrm{d}u_i^j}{12\Delta\,x^2}=0.$$

靠离散下面这个Lagrange密度, 由(5.5.16)式能得到$\mathcal{L}:J^1Y\to\Lambda^2(X)$, 即

$$\mathcal{L}(u,u_t,u_x)=\frac{1}{2}u_t^2-\frac{1}{2}u_x^2-V(u).$$

如果给非线性波方程以周期边界条件, 则(5.5.31)式能被重新写为

$$\begin{bmatrix}u^{j+1}\\ v^{j+\frac{1}{2}}\end{bmatrix}=\begin{bmatrix}u^j+\Delta\,t\,v^{j+\frac{1}{2}}\\ v^{j-\frac{1}{2}}+\Delta\,t\,M(1,4)u^j-\Delta\,t\,V'(u^j)\end{bmatrix},$$

其中$u^j=(u_1^j,\cdots,u_n^j)$, $v^j=(v_1^j,\cdots,v_n^j)$, $M(1,4)$是$n\times n$矩阵.

这一节主要对线性波方程分析了(5.5.27),(5.5.28),(5.5.29)和(5.5.30)式的几种情况, 下一节将以非线性波方程为例分析第一类生成函数法.

§5.5.4 第一类生成函数法的变分描述

在这一节简要地回顾一下第一类生成函数法[FWQW89],[CS90]. 这是一种比较重要的辛格式, 并以Lagrange的语言对它进行描述.

考虑下面这个ODE系统:

$$\ddot{q} = -V'(q), \tag{5.5.33}$$

这里$V(q)$是位势函数, 在点$\bar{q}$展开$V(q)$为一Taylor 级数

$$V(q) = \sum_{n=0}^{\infty} \frac{(q-\bar{q})^n}{n\,!} \frac{\partial^n V(\bar{q})}{\partial q^n} = \sum_{n=0}^{\infty} G_n^{(1)}.$$

选择第一类生成函数ψ为(5.5.33)式建立辛格式[SQ02]

$$\psi = \sum_{n=0}^{\infty} t^{2n-1} \varphi^{(n)},$$

其中$\psi(q_0, q, t)$满足Hamilton-Jacobi方程$\psi_t + H(\psi_q, q) = 0$, 即: $\psi_t + \dfrac{1}{2}(\psi_q)^2 = -V(q)$. 截断$\psi$, 得到一个近似的生成函数$\psi^{(m)}$, 求$\psi^{(m)}$的梯度,

$$p = \frac{\partial \psi^{(m)}}{\partial q}, \quad p_0 = \frac{\partial \psi^{(m)}}{\partial q_0},$$

则各阶辛格式可建立如下:

1. 1 阶格式

$$\psi^{(1)} = t^{-1}\varphi^{(0)} + t\varphi^{(1)} = t^{-1}\frac{1}{2}(q_{k+1}-q_k)^2 - t\sum_{n=0}^{\infty} \frac{(q_{k+1}-q_k)^n}{(n+1)\,!} \frac{\partial^n V(q_k)}{\partial q^n},$$

通过使用$p = \dfrac{\partial \psi^{(1)}}{\partial q}$, $p_0 = \dfrac{\partial \psi^{(1)}}{\partial q_0}$, 1 阶辛格式为:

$$\begin{aligned} p_{k+1} = \frac{\partial \psi^{(1)}}{\partial q_{k+1}} &= t^{-1}(q_{k+1}-q_k) - t\sum_{n=1}^{\infty} \frac{n(q_{k+1}-q_k)^{n-1}}{(n+1)\,!} \frac{\partial^n V(q_k)}{\partial q^n}, \\ -p_k = \frac{\partial \psi^{(1)}}{\partial q_k} &= t^{-1}(q_k - q_{k-1}) + t\sum_{n=1}^{\infty} \frac{n(q_{k+1}-q_k)^{n-1}}{(n+1)\,!} \frac{\partial^n V(q_k)}{\partial q^n} \\ &\quad - t\sum_{n=0}^{\infty} \frac{(q_{k+1}-q_k)^n}{(n+1)\,!} \frac{\partial^{n+1} V(q_k)}{\partial q^{n+1}}, \end{aligned} \tag{5.5.34}$$

其中t是时间步长, q_k表示q在时间kt点的数值.

2. 2 阶格式

$$\begin{aligned} \psi^{(2)} &= t^{-1}\psi^{(0)} + t\psi^{(1)} + t^3\psi^{(2)} \\ &= t^{-1}\frac{1}{2}(q_{k+1}-q_k)^2 - t\sum_{n=0}^{\infty} \frac{(q_{k+1}-q_k)^n}{(n+1)\,!} \frac{\partial^n V(q_k)}{\partial q^n} \\ &\quad - \frac{t^3}{2}\sum_{n=0}^{\infty} \frac{1}{3+n} \sum_{i+j=n+2} \frac{ij(q_{k+1}-q_k)^n}{(i+1)\,!\,(j+1)\,!} \frac{\partial^i V(q_k)}{\partial q^i} \frac{\partial^j V(q_k)}{\partial q^j}, \end{aligned}$$

通过使用$p=\dfrac{\partial\psi^{(2)}}{\partial q}$, $p_0=\dfrac{\partial\psi^{(2)}}{\partial q_0}$, 2 阶辛格式为:

$$\begin{aligned}
p_{k+1} \;=\; & \frac{\partial\psi^{(2)}}{\partial q_{k+1}}=t^{-1}(q_{k+1}-q_k)-t\sum_{n=1}^{\infty}\frac{n(q_{k+1}-q_k)^{n-1}}{(n+1)!}\frac{\partial^n V(q_k)}{\partial q^n}\\
&-\frac{t^3}{2}\sum_{n=1}^{\infty}\frac{1}{3+n}\sum_{i+j=n+2}\frac{ijn(q_{k+1}-q_k)^{n-1}}{(i+1)!(j+1)!}\frac{\partial^i V(q_k)}{\partial q^i}\frac{\partial^j V(q_k)}{\partial q^j},\\
-p_k \;=\; & \frac{\partial\psi^{(2)}}{\partial q_k}=t^{-1}(q_k-q_{k+1})+t\sum_{n=1}^{\infty}\frac{n(q_{k+1}-q_k)^{n-1}}{(n+1)!}\frac{\partial^n V(q_k)}{\partial q^n}\\
&-t\sum_{n=0}^{\infty}\frac{(q_{k+1}-q_k)^n}{(n+1)!}\frac{\partial^{n+1}V(q_k)}{\partial q^{n+1}}-\frac{t^3}{2}\sum_{n=0}^{\infty}\frac{1}{3+n}\sum_{i+j=n+2}\frac{ij(q_{k+1}-q_k)^n}{(i+1)!(j+1)!}\\
&\cdot\left(\frac{\partial^{i+1}V(q_k)}{\partial q^{i+1}}\frac{\partial^j V(q_k)}{\partial q^j}+\frac{\partial^i V(q_k)}{\partial q^i}\frac{\partial^{j+1}V(q_k)}{\partial q^{j+1}}\right)\\
&+\frac{t^3}{2}\sum_{n=1}^{\infty}\frac{1}{3+n}\sum_{i+j=n+2}\frac{ijn(q_{k+1}-q_k)^{n-1}}{(i+1)!(j+1)!}\frac{\partial^i V(q_k)}{\partial q^i}\frac{\partial^j V(q_k)}{\partial q^j}.
\end{aligned}\tag{5.5.35}$$

3. m **阶格式**

$$\begin{aligned}
\psi^{(m)} &= \sum_{l=0}^{m}t^{2l-1}\varphi^{(l)}\\
&= t^{-1}\frac{(q_{k+1}-q_k)^2}{2}-t\sum_{n=0}^{\infty}\frac{(q_{k+1}-q_k)^n}{(n+1)!}\frac{\partial^n V(q_k)}{\partial q^n}\\
&\quad-\sum_{l=2}^{m}\frac{t^{2l-1}}{2}\sum_{n=0}^{\infty}\frac{1}{2l-1+n}G_n^{(l)},
\end{aligned}$$

其中

$$G^{(l)}=\sum_{i=1}^{l-1}\left(\varphi^{(i)},\varphi^{(l-i)}\right)=\sum_{n=0}^{\infty}G_n^{(l)}.$$

$G_n^{(l)}$是与$(q_{k+1}-q_k)^n$同次的多项式, 使用$p=\dfrac{\partial\psi^{(m)}}{\partial q}$, $p_0=\dfrac{\partial\psi^{(m)}}{\partial q_0}$, m阶辛格式为:

$$\begin{aligned}
p_{k+1} &= \frac{\partial\psi^{(m)}}{\partial q_{k+1}}\\
&= t^{-1}(q_{k+1}-q_k)-t\sum_{n=1}^{\infty}\frac{n(q_{k+1}-q_k)^{n-1}}{(n+1)!}\frac{\partial^n V(q_k)}{\partial q^n}\\
&\quad-\sum_{l=2}^{m}\frac{t^{2l-1}}{2}\sum_{n=0}^{\infty}\frac{1}{2l-1+n}\frac{\partial G_n^{(l)}}{\partial q_{k+1}},
\end{aligned}\tag{5.5.36}$$

$$
\begin{aligned}
-p_k = \frac{\partial \psi^{(m)}}{\partial q_k} &= t^{-1}(q_k - q_{k+1}) + t\sum_{n=1}^{\infty} \frac{n(q_{k+1}-q_k)^{n-1}}{(n+1)\,!}\frac{\partial^n V(q_k)}{\partial q^n} \\
&\quad -t\sum_{n=0}^{\infty}\frac{(q_{k+1}-q_k)^n}{(n+1)}\frac{\partial^{n+1}V(q_k)}{\partial q^{n+1}} \\
&\quad -\sum_{l=2}^{m}\frac{t^{2l-1}}{2}\sum_{n=0}^{\infty}\frac{1}{2l-1+n}\frac{\partial G_n^{(l)}}{\partial q_k}.
\end{aligned}
$$

从格式(5.5.34), (5.5.35), (5.5.36)消去中间变量p_{k+1}和 p_k, 得到下面 3 个格式, 称它们为变分积分子:

$$
\begin{aligned}
t^{-2}(q_{k+1}-2q_k+q_{k-1}) = &-\sum_{n=1}^{\infty}\frac{n(q_k-q_{k-1})^{n-1}}{(n+1)\,!}\frac{\partial^n V(q_{k-1})}{\partial q^n} \\
&-\sum_{n=1}^{\infty}\frac{(q_{k+1}-q_k)^{n-1}}{(n+1)\,!}\frac{\partial^n V(q_k)}{\partial q^n},
\end{aligned}
\tag{5.5.37}
$$

$$
\begin{aligned}
&t^{-2}(q_{k+1}-2q_k+q_{k-1}) \\
= &\cdots - \frac{t^2}{2}\sum_{n=1}^{\infty}\frac{1}{3+n}\sum_{i+j=n+2}\frac{ijn(q_k-q_{k-1})^{n-1}}{(i+1)\,!\,(j+1)\,!}\frac{\partial^j V(q_{k-1})}{\partial q^j}\frac{\partial^i V(q_{k-1})}{\partial q^i} - \frac{t^2}{2}\sum_{n=1}^{\infty}\frac{1}{2+n} \\
&\cdot\sum_{i+j=n+1}\frac{ij(q_{k+1}-q_k)^{n-1}}{(i+1)\,!\,(j+1)\,!}\Big(\frac{\partial^{i+1}V(q_k)}{\partial q^{i+1}}\frac{\partial^j V(q_k)}{\partial q^j}+\frac{\partial^i V(q_k)}{\partial q^i}\frac{\partial^{j+1}V(q_k)}{\partial q^{j+1}}\Big) \\
&+\frac{t^2}{2}\sum_{n=1}^{\infty}\frac{1}{3+n}\sum_{i+j=n+2}\frac{ijn(q_{k+1}-q_k)^{n-1}}{(i+1)\,!\,(j+1)\,!}\frac{\partial^j V(q_k)}{\partial q^j}\frac{\partial^i V(q_k)}{\partial q^i},
\end{aligned}
\tag{5.5.38}
$$

$$
\begin{aligned}
t^{-2}(q_{k+1}-2q_k+q_{k-1}) &= \cdots - \sum_{l=2}^{m}\frac{t^{2l-2}}{2}\sum_{n=0}^{\infty}\frac{1}{2l-1+n}\frac{\partial G_n^{(l)}(q_k,q_{k-1})}{\partial q_k} \\
&\quad -\sum_{l=2}^{m}\frac{t^{2l-2}}{2}\sum_{n=0}^{\infty}\frac{1}{2l-1+n}\frac{\partial G_n^{(l)}(q_{k+1},q_k)}{\partial q_k}.
\end{aligned}
\tag{5.5.39}
$$

如果选择

$$
L(q_{k+1},q_k) = \frac{1}{2}\Big(\frac{q_{k+1}-q_k}{t}\Big)^2 - \sum_{n=0}^{\infty}\frac{(q_{k+1}-q_k)^n}{(n+1)\,!}\frac{\partial^n V(q_k)}{\partial q^n}
$$

和

$$
\begin{aligned}
L(q_{k+1},q_k) &= \frac{1}{2}\Big(\frac{q_{k+1}-q_k}{t}\Big)^2 - \sum_{n=0}^{\infty}\frac{(q_{k+1}-q_k)^n}{(n+1)\,!}\frac{\partial^n V(q_k)}{\partial q^n} \\
&\quad -\frac{t^2}{2}\sum_{n=0}^{\infty}\frac{1}{3+n}\sum_{i+j=n+2}\frac{ij(q_{k+1}-q_k)^n}{(i+1)\,!\ (j+1)\,!}\frac{\partial^i V(q_k)}{\partial q^i}\frac{\partial^j V(q_k)}{\partial q^j}
\end{aligned}
$$

分别作为Lagrange的离散形式, 那么从离散的Euler-Lagrange方程(DEL方程)

$$D_1L(q_k,q_{k-1})+D_2L(q_{k+1},q_k)=0$$

可得到(5.5.37)和(5.5.38)式.

推论 5.5.10 显然, 对ODE系统 $\ddot{q}=-V'(q)$来说, (5.5.37)是一个2 阶精度的格式, (5.5.38)是一个4阶精度的格式, 并根据Marsden的离散的变分理论, 这两个格式是保Lagrange辛的, 且格式(5.5.38)可被看作是ODE系统$\ddot{q}=-V'(q)-\dfrac{t^2}{2}V_1(q)$的一个2阶精度的格式, 其中$V_1(q)$是

$$\sum_{n=1}^{\infty}\frac{1}{2+n}\sum_{i+j=n+1}\frac{ij(q-\bar{q})^{n-1}}{(i+1)\,!\,(j+1)\,!}\Big(\frac{\partial^{i+1}V(\bar{q})}{\partial q^{i+1}}\frac{\partial^{j}V(\bar{q})}{\partial q^{j}}+\frac{\partial^{i}V(\bar{q})}{\partial q^{i}}\frac{\partial^{j+1}V(\bar{q})}{\partial q^{j+1}}\Big)$$

的一个近似(当$\bar{q}$充分接近q时).

§5.5.5 非线性波方程的多辛格式的构造

本节为非线性波方程构造任意有限精度的多辛格式. 考虑非线性波方程

$$u_{tt}=u_{xx}-V'(\bar{u}),\tag{5.5.40}$$

其中$V(u)$可被在任意点$\bar{u}$展开成Taylor级数:

$$V(u)=V(\bar{u})+\sum_{n=1}^{\infty}\frac{(u-\bar{u})^n}{n\,!}\frac{\partial^n V(\bar{u})}{\partial u^n}.\tag{5.5.41}$$

首先在空间方向离散方程(5.5.40), 得到一个有限维的半离散系统:

$$\frac{\mathrm{d}u}{\mathrm{d}t}=v,\quad \frac{\mathrm{d}v}{\mathrm{d}t}=Au-V'(u),\tag{5.5.42}$$

这里$u=(u^1,\cdots,u^n)^{\mathrm{T}}$, $v=(v^1,\cdots,v^n)^{\mathrm{T}}$. $A\in\mathbf{R}^{n\times n}$是对$\partial_{xx}$的差分近似, $V'(u)=(V'(u^1),\cdots,V'(u^n))^{\mathrm{T}}$, n是空间网格点数, 对(5.5.41)可使用§5.5.4的离散方法, 得到下面的格式:

$$\left\{\begin{array}{rcl}
v_{k+1}^i &=& \tau^{-1}(u_{k+1}^i-u_k^i)-\tau\displaystyle\sum_{n=1}^{\infty}\frac{n(u_{k+1}^i-u_k^i)^{n-1}}{(n+1)\,!}\frac{\partial^n V(u_k^i)}{\partial u^n}\\
&&+\tau\Big(\dfrac{\Delta_x u_k^i}{6}+\dfrac{\Delta_x u_{k+1}^i}{3}\Big),\\
-v_k^i &=& \tau^{-1}(u_k^i-u_{k+1}^i)+\tau\displaystyle\sum_{n=1}^{\infty}\frac{n(u_{k+1}^i-u_k^i)^{n-1}}{(n+1)\,!}\frac{\partial^n V(u_k^i)}{\partial u^n}\\
&&-\tau\displaystyle\sum_{n=0}^{\infty}\frac{(u_{k+1}^i-u_k^i)^n}{(n+1)\,!}\frac{\partial^{n+1}V(u_k^i)}{\partial u^{n+1}}+\tau\Big(\dfrac{\Delta_x u_{k+1}^i}{6}+\dfrac{\Delta_x u_k^i}{3}\Big),
\end{array}\right.\tag{5.5.43}$$

其中$\Delta_x u_k^i = h^{-2}(u_k^{i+1} - 2u_k^i + u_k^{i-1})$, h是空间步长, τ是时间步长, u_k^i表示u在时间$k\tau$和空间ih的数值.

$$
\left\{
\begin{aligned}
v_{k+1}^i =\ & \tau^{-1}(u_{k+1}^i - u_k^i) + \cdots \\
& + \frac{\tau^3}{2}\sum_{n=2}^{\infty}\frac{2n(n-1)}{3+n}\frac{(u_{k+1}^i - u_k^i)^{n-2}}{3(n+1)\,!}\Delta_x(u_{k+1}^i - u_k^i)\frac{\partial^n V(u_k^i)}{\partial u^n} \\
& - \frac{\tau^3}{2}\sum_{n=1}^{\infty}\frac{1}{3+n}\sum_{j+l=n+2}\frac{njl(u_{k+1}^i - u_k^i)^{n-1}}{(l+1)\,!\,(j+1)\,!}\frac{\partial^l V(u_k^i)}{\partial u^l}\frac{\partial^j V(u_k^i)}{\partial u^j} \\
& - \frac{\tau^3}{2}\left(\frac{7\Delta_x^2 u_k^i}{180} + \frac{2\Delta_x^2 u_{k+1}^i}{45}\right) \\
& + \frac{\tau^3}{2}\sum_{n=1}^{\infty}\frac{2n}{3(3+n)(n+1)\,!}\Delta_x\left((u_{k+1}^i - u_k^i)^{n-1}\frac{\partial^n V(u_k^i)}{\partial u^n}\right) \\
& + \frac{\tau^3}{2}\sum_{n=1}^{\infty}\frac{n(n+1)}{3+n}\frac{(u_{k+1}^i - u_k^i)^{n-1}}{(n+2)\,!}\Delta_x u_k^i\frac{\partial^{n+1} V(u_k^i)}{\partial u^{n+1}}, \\
-v_k^i =\ & \tau^{-1}(u_k^i - u_{k+1}^i) - \cdots \\
& + \frac{\tau^3}{2}\sum_{n=1}^{\infty}\frac{1}{3+n}\sum_{j+l=n+2}\frac{njl(u_{k+1}^i - u_k^i)^{n-1}}{(l+1)\,!\,(j+1)\,!}\frac{\partial^l V(u_k^i)}{\partial u^l}\frac{\partial^j V(u_k^i)}{\partial u^j} \\
& - \frac{\tau^3}{2}\sum_{n=1}^{\infty}\frac{2n}{3(3+n)(n+1)\,!}\Delta_x\left((u_{k+1}^i - u_k^i)^{n-1}\frac{\partial^n V(u_k^i)}{\partial u^n}\right) \\
& - \frac{\tau^3}{2}\sum_{n=1}^{\infty}\frac{n(n+1)}{3+n}\frac{(u_{k+1}^i - u_k^i)^{n-1}}{(n+2)\,!}\Delta_x u_k^i\frac{\partial^{n+1} V(u_k^i)}{\partial u^{n+1}}, \\
& - \frac{\tau^3}{2}\sum_{n=0}^{\infty}\frac{1}{3+n}\sum_{j+l=n+2}\frac{jl(u_{k+1}^i - u_k^i)^{n}}{(l+1)\,!\,(j+1)\,!}\left(\frac{\partial^{j+1} V(u_k^i)}{\partial u^{j+1}}\frac{\partial^l V(u_k^i)}{\partial u^l}\right. \\
& \left. + \frac{\partial^j V(u_k^i)}{\partial u^j}\frac{\partial^{l+1} V(u_k^i)}{\partial u^{l+1}}\right) - \frac{\tau^3}{2}\left(\frac{7\Delta_x^2 u_{k+1}^i}{180} + \frac{2\Delta_x^2 u_k^i}{45}\right) \\
& + \frac{\tau^3}{2}\sum_{n+1}^{\infty}\frac{2n}{3+n}\frac{(u_{k+1}^i - u_k^i)^{n-1}}{3(n+1)\,!}\Delta_x(u_{k+1}^i - u_k^i)\frac{\partial^{n+1} V(u_k^i)}{\partial u^{n+1}} \\
& + \frac{\tau^3}{2}\sum_{n=0}^{\infty}\frac{n+1}{3+n}\frac{(u_{k+1}^i - u_k^i)^{n}}{(n+2)\,!}\Delta_x u_k^i\frac{\partial^{n+2} V(u_k^i)}{\partial u^{n+2}} \\
& + \frac{\tau^3}{2}\sum_{n=0}^{\infty}\frac{n+1}{3+n}\Delta_x\left(\frac{(u_{k+1}^i - u_k^i)^{n}}{(n+2)\,!}\frac{\partial^{n+1} V(u_k^i)}{\partial u^{n+1}}\right) \\
& - \frac{\tau^3}{2}\sum_{n=2}^{\infty}\frac{2n(n-1)}{3+n}\frac{(u_{k+1}^i - u_k^i)^{n-2}}{3(n+1)\,!}\Delta_x(u_{k+1}^i - u_k^i)\frac{\partial^n V(u_k^i)}{\partial u^n},
\end{aligned}
\right.
\tag{5.5.44}
$$

其中

$$
\Delta_x^2 u_k^i = h^{-4}(u_k^{i+2} - 4u_k^{i+1} + 6u_k^i - 4u_k^{i-1} + u_k^{i-2}).
$$

从(5.5.43)和(5.5.44)式消去v_k^i, v_{k+1}^i, 得到下面的变分型积分子:

$$
\begin{aligned}
& \tau^{-2}(u_{k+1}^i - 2u_k^i + u_{k-1}^i) \\
= & \frac{1}{6}(\Delta_x u_{k-1}^i + 4\Delta_x u_k^i + \Delta_x u_{k+1}^i) \\
& - \sum_{n=1}^{\infty}\frac{n(u_k^i - u_{k-1}^i)^{n-1}}{(n+1)\,!}\frac{\partial^n V(u_{k-1}^i)}{\partial u^n} - \sum_{n=1}^{\infty}\frac{(u_{k+1}^i - u_k^i)^{n-1}}{(n+1)\,!}\frac{\partial^n V(u_k^i)}{\partial u^n},
\end{aligned}
\tag{5.5.45}
$$

$$
\begin{aligned}
&\tau^{-2}(u_{k+1}^i-2u_k^i+u_{k-1}^i)\\
=\ &\cdots-\frac{\tau^2}{2}\sum_{n=1}^{\infty}\frac{1}{3+n}\sum_{j+l=n+2}\frac{njl(u_k^i-u_{k-1}^i)^{n-1}}{(l+1)!\,(j+1)!}\frac{\partial^l V(u_{k-1}^i)}{\partial u^l}\frac{\partial^j V(u_{k-1}^i)}{\partial u^j}\\
&+\frac{\tau^2}{2}\sum_{n=1}^{\infty}\frac{1}{3+n}\sum_{j+l=n+2}\frac{njl(u_{k+1}^i-u_k^i)^{n-1}}{(l+1)!\,(j+1)!}\frac{\partial^l V(u_k^i)}{\partial u^l}\frac{\partial^j V(u_k^i)}{\partial u^j}\\
&-\frac{\tau^2}{2}\Big(\frac{7\Delta_x^2u_{k-1}^i+16\Delta_x^2u_k^i+7\Delta_x^2u_{k+1}^i}{180}\Big)\\
&-\frac{\tau^2}{2}\sum_{n=1}^{\infty}\frac{2n}{3+n}\Delta_x\Big(\frac{(u_{k+1}^i-u_k^i)^{n-1}}{3(n+1)!}\frac{\partial^n V(u_k^i)}{\partial u^n}\Big)\\
&-\frac{\tau^2}{2}\sum_{n=1}^{\infty}\frac{n(n+1)}{3+n}\frac{(u_{k+1}^i-u_k^i)^{n-1}}{(n+2)!}\Delta_x u_k^i\frac{\partial^{n+1} V(u_k^i)}{\partial u^{n+1}}\\
&+\frac{\tau^2}{2}\sum_{n=0}^{\infty}\frac{n+1}{3+n}\frac{(u_{k+1}^i-u_k^i)^{n}}{(n+2)!}\Delta_x u_k^i\frac{\partial^{n+2} V(u_k^i)}{\partial u^{n+2}}\\
&+\frac{\tau^2}{2}\sum_{n=0}^{\infty}\frac{n+1}{3+n}\Delta_x\Big(\frac{(u_{k+1}^i-u_k^i)^{n}}{(n+2)!}\frac{\partial^{n+1} V(u_k^i)}{\partial u^{n+1}}\Big)-\frac{\tau^2}{2}\sum_{n=1}^{\infty}\frac{1}{2+n}\\
&\cdot\sum_{j+l=n+1}\frac{jl(u_{k+1}^i-u_k^i)^{n-1}}{(l+1)!\,(j+1)!}\Big(\frac{\partial^{l+1} V(u_k^i)}{\partial u^{l+1}}\frac{\partial^j V(u_k^i)}{\partial u^j}+\frac{\partial^l V(u_k^i)}{\partial u^l}\frac{\partial^{j+1} V(u_k^i)}{\partial u^{j+1}}\Big)\\
&+\frac{\tau^2}{2}\sum_{n=1}^{\infty}\frac{n(n+1)}{3+n}\frac{(u_k^i-u_{k-1}^i)^{n-1}}{(n+2)!}\Delta_x u_{k-1}^i\frac{\partial^{n+1} V(u_{k-1}^i)}{\partial u^{n+1}}\\
&+\frac{\tau^2}{2}\sum_{n=1}^{\infty}\frac{2n}{3+n}\frac{(u_{k+1}^i-u_k^i)^{n-1}}{3(n+1)!}\Delta_x\,(u_{k+1}^i-u_k^i)\frac{\partial^{n+1} V(u_k^i)}{\partial u^{n+1}}\\
&+\frac{\tau^2}{2}\sum_{n=2}^{\infty}\frac{2n(n-1)}{3+n}\frac{(u_k^i-u_{k-1}^i)^{n-2}}{3(n+1)!}\Delta_x\,(u_k^i-u_{k-1}^i)\frac{\partial^{n} V(u_{k-1}^i)}{\partial u^{n}}\\
&+\frac{\tau^2}{2}\sum_{n=1}^{\infty}\frac{2n}{3(3+n)(n+1)!}\Delta_x\Big((u_k^i-u_{k-1}^i)^{n-1}\frac{\partial^{n} V(u_{k-1}^i)}{\partial u^{n}}\Big)\\
&-\frac{\tau^2}{2}\sum_{n=2}^{\infty}\frac{2n(n-1)}{3+n}\frac{(u_{k+1}^i-u_k^i)^{n-2}}{3(n+1)!}\Delta_x(u_{k+1}^i-u_k^i)\frac{\partial^{n} V(u_k^i)}{\partial u^{n}}.
\end{aligned}\tag{5.5.46}
$$

定理 5.5.1 选择

$$
\begin{aligned}
&L(u_{k+1}^{i+1},u_{k+1}^i,u_k^{i+1},u_k^i)\\
=\ &\frac{1}{2}\Big(\frac{u_{k+1}^i-u_k^i}{\tau}\Big)^2-\frac{1}{6}((\nabla_x u_{k+1}^i)^2+\nabla_x u_{k+1}^i\nabla_x u_k^i+(\nabla_x u_k^i)^2)\\
&-\sum_{n=0}^{\infty}\frac{(u_{k+1}^i-u_k^i)^n}{(n+1)!}\frac{\partial^n V(u_k^i)}{\partial u^n}
\end{aligned}
$$

和

$$
\begin{aligned}
&L(u_{k+1}^{i+2},\cdots,u_k^i)\\
=\ &\cdots-\frac{\tau^2}{2}\sum_{n=0}^{\infty}\frac{1}{3+n}\sum_{l+j=n+2}lj\frac{(u_{k+1}^i-u_k^i)^n}{(l+1)!\,(j+1)!}\frac{\partial^l V(u_k^i)}{\partial u^l}\frac{\partial^j V(u_k^i)}{\partial u^j}
\end{aligned}
$$

$$
\begin{aligned}
&-\frac{1}{2}\frac{\tau^2}{180}(4(\Delta_x u_{k+1}^i)^2+7\,\Delta_x u_k^i\,\Delta_x u_{k+1}^i+4(\Delta_x u_k^i)^2)\\
&+\frac{\tau^2}{2}\sum_{n=0}^{\infty}\frac{n+1}{3+n}\frac{(u_{k+1}^i-u_k^i)^n}{(n+2)\,!}\Delta_x u_k^i\frac{\partial^{n+1}V(u_k^i)}{\partial u^{n+1}}\\
&+\frac{\tau^2}{2}\sum_{n=1}^{\infty}\frac{2n}{3+n}\frac{(u_{k+1}^i-u_k^i)^{n-1}}{3(n+1)\,!}\Delta_x(u_{k+1}^i-u_k^i)\frac{\partial^{n}V(u_k^i)}{\partial u^{n}}
\end{aligned}
$$

分别作为Lagrange的离散形式, 可从下面的DEL方程

$$
D_1L\big(u_k^i,u_k^{i-1},u_{k-1}^i,u_{k-1}^{i-1}\big)+\cdots+D_4L\big(u_{k+1}^{i+1},u_{k+1}^i,u_k^{i+1},u_k^i\big)=0
$$

和

$$
\begin{aligned}
&D_1L\big(u_k^i,u_k^{i-1},u_k^{i-2},u_{k-1}^i,u_{k-1}^{i-1},u_{k-1}^{i-2}\big)+\cdots\\
&+D_6L\big(u_{k+1}^{i+2},u_{k+1}^{i+1},u_{k+1}^i,u_k^{i+2},u_k^{i+1},u_k^i\big)=0,
\end{aligned}
$$

得到(5.5.45)和(5.5.46)式, 其中$\bigtriangledown_x u_k^i=h^{-1}(u_k^{i+1}-u_k^i)$.

推论 5.5.11 显然(5.5.45)和(5.5.46)是多辛格式, 并且(5.5.47)可被看作靠离散近似的波方程

$$
u_{tt}=u_{xx}-\frac{\tau^2}{12}u_{xxxx}+V'(u)-\frac{\tau^2}{2}V_1(u)
$$

的相应的Lagrange函数得到的格式, 其中$V_1(u)$是

$$
\sum_{n=0}^{\infty}\frac{1}{3+n}\sum_{j+l=n+2}jl\frac{(u-\bar u)^n}{(l+1)\,!\,(j+1)\,!}\Big(\frac{\partial^{j+1}V(\bar u)}{\partial u^{j+1}}\frac{\partial^{l}V(\bar u)}{\partial u^{l}}+\frac{\partial^{j}V(\bar u)}{\partial u^{j}}\frac{\partial^{l+1}V(\bar u)}{\partial u^{l+1}}\Big)
$$

的一个近似(当$\bar u$充分接近u时).

以sine-Gordon方程为例,

$$
u_{tt}=u_{xx}-\sin u. \tag{5.5.47}
$$

使用格式

$$
\begin{aligned}
&\tau^{-2}(u_{k+1}^i-2u_k^i+u_{k-1}^i)\\
=\;&\frac{1}{6}(\Delta_x u_{k+1}^i+4\Delta_x u_k^i+\Delta_x u_{k-1}^i)\\
&+\frac{\cos\,u_k^i(u_k^i-u_{k-1}^i)-(\sin\,u_k^i-\sin\,u_{k-1}^i)}{(u_k^i-u_{k-1}^i)^2}\\
&+\frac{-\cos\,u_k^i(u_{k+1}^i-u_k^i)+(\sin\,u_{k+1}^i-\sin\,u_k^i)}{(u_{k+1}^i-u_k^i)^2}
\end{aligned}
\tag{5.5.48}
$$

去离散方程 (5.5.47), 易知 (5.5.48)是一个 $o(\tau^2+h^2)$ 阶的多辛格式, 并且它保一个 Lagrange 型的辛守恒:

$$\begin{aligned}&\tau^{-2}\big(\mathrm{d}u_{k+1}^i\wedge \mathrm{d}u_k^i-\mathrm{d}u_k^i\wedge \mathrm{d}u_{k-1}^i\big)\\=\ &\frac{1}{6}\big(\Delta_x\,\mathrm{d}u_{k+1}^i+4\Delta_x\,\mathrm{d}u_k^i+\Delta_x\,\mathrm{d}u_{k-1}^i\big)\wedge \mathrm{d}u_k^i\\&+\frac{(\cos u_k^i+\cos u_{k-1}^i)}{(u_k^i-u_{k-1}^i)^2}\mathrm{d}u_{k-1}^i\wedge \mathrm{d}u_k^i-\frac{(\cos u_k^i+\cos u_{k+1}^i)}{(u_{k+1}^i-u_k^i)^2}\mathrm{d}u_k^i\wedge \mathrm{d}u_{k+1}^i\\&-\frac{2(\sin u_k^i-\sin u_{k-1}^i)}{(u_k^i-u_{k-1}^i)^3}\mathrm{d}u_{k-1}^i\wedge \mathrm{d}u_k^i+\frac{2(\sin u_{k+1}^i-\sin u_k^i)}{(u_{k+1}^i-u_k^i)^3}\mathrm{d}u_k^i\wedge \mathrm{d}u_{k+1}^i.\end{aligned}$$

如果选择

$$\begin{aligned}&L\big(u_{k+1}^{i+1},u_{k+1}^i,u_k^{i+1},u_k^i\big)\\=\ &\frac{1}{2}\Big(\frac{u_{k+1}^i-u_k^i}{\tau}\Big)^2-\frac{1}{6}\big((\nabla_x u_{k+1}^i)^2+\nabla_x u_{k+1}^i\,\nabla_x\,u_k^i+(\nabla_x u_k^i)^2\big)\\&+\frac{\sin u_{k+1}^i-\sin u_k^i}{u_{k+1}^i-u_k^i}\end{aligned}$$

作为Lagrange的离散形式, 则格式(5.5.48)可从如下的DEL方程得到:

$$D_1L\big(u_k^i,u_k^{i-1},u_{k-1}^i,u_{k-1}^{i-1}\big)+\cdots+D_4L\big(u_{k+1}^{i+1},u_{k+1}^i,u_k^{i+1},u_k^i\big)=0.$$

§5.5.6 对线性波方程的整体误差分析和数值实验

已知数值解法是一种离散化的方法, 利用它可在一系列离散点求出未知函数的值, 但给出的格式所提供的数值解是否具有实用价值, 首先取决于格式的收敛性, 即当$h\to 0$时数值解是否逼近真解. 另外, 由于差分格式在实际计算中采用逐层计算形式, 所以研究误差逐层传播规律, 也即稳定性分析是很重要的. 在这一节, 就对 2 阶精度的格式(5.5.45)和 4 阶精度的格式(5.5.46)进行线性稳定性和收敛性的分析.

首先给出一些常用的记号, 令(x_i,t_k) $(1\le i\le N,\ 1\le k\le M)$表示一个时间方向的尺寸是$\tau$, 空间方向的尺寸为$h$的网格, 用$u_k^i$表示$u(x,t)$在网格点$(x_i,t_k)$ 的

数值, 定义:

$$\partial_t u_k^i = \frac{u_{k+1}^i - u_k^i}{\tau}, \quad \partial_{\bar t} u_k^i = \frac{u_k^i - u_{k-1}^i}{\tau},$$
$$\partial_x u_k^i = \frac{u_k^{i+1} - u_k^i}{h}, \quad \partial_{\bar x} u_k^i = \frac{u_k^i - u_k^{i-1}}{h},$$
$$(u, v) = \sum_{i=1}^{N-1} u^i v^i h, \quad \|u\|_0 = \sqrt{(u, u)},$$
$$(u, v] = \sum_{i=1}^{N} u^i v^i h, \quad \|u\| = \sqrt{(u, v]}.$$

考虑具有下面初边值条件的线性波方程:

$$\begin{aligned} & u_{tt} = u_{xx}, \quad u(x,0) = \sin(\pi x), \\ & u_t(x,0) = 0, \quad u(-1,t) = u(1,t), \end{aligned} \quad t > 0, \ -1 < x < 1, \tag{5.5.49}$$

其中很容易求出方程(5.5.49)的解析解

$$u(x,t) = \frac{1}{2}\big(\sin(\pi(x+t)) + \sin(\pi(x-t))\big), \quad t > 0, \ -1 < x < 1.$$

使用上节得到的 2 阶格式离散方程(5.5.49), 得到

$$\tau^{-2}\big(u_{k+1}^i - 2u_k^i + u_{k-1}^i\big) = \frac{1}{6}\big(\Delta_x(2)u_{k+1}^i + 4\Delta_x(2)u_k^i + \Delta_x(2)u_{k-1}^i\big), \tag{5.5.50}$$

可计算格式(5.5.50)的截断误差R_k^i, 它有估计式$\|R_k\| = o(h^2 + \tau^2)$.

使用 4 阶格式离散方程(5.5.49), 得到

$$\begin{aligned} & \tau^{-2}\big(u_{k+1}^i - 2u_k^i + u_{k-1}^i\big) \\ = & \ \frac{1}{6}\big(\Delta_x(4)\,u_{k+1}^i + 4\Delta_x(4)\,u_k^i + \Delta_x(4)\,u_{k-1}^i\big) \\ & -\frac{\tau^2}{2}\left(\frac{7\Delta_x^2(2)\,u_{k-1}^i + 16\Delta_x^2(2)\,u_k^i + 7\Delta_x^2(2)\,u_{k+1}^i}{180}\right). \end{aligned} \tag{5.5.51}$$

可计算格式(5.5.51)的截断误差R_k^i, 它有估计式$\|R_k\| = o(h^4 + \tau^4)$, 其中

$$\Delta_x(4)u_k^i = \frac{-u_k^{i+2} + 16u_k^{i+1} - 30u_k^i + 16u_k^{i-1} - u_k^{i-2}}{12h^2}.$$

将(5.5.50)和(5.5.51)式写为

$$L_h u_k^i = \tau^{-2}\big(u_{k+1}^i - 2u_k^i + u_{k-1}^i\big) - \frac{1}{6}\big(\Delta_x(2)u_{k+1}^i + 4\Delta_x(2)u_k^i + \Delta_x(2)u_{k-1}^i\big) = 0$$

和

$$\begin{aligned} L_h u_k^i &= \tau^{-2}\big(u_{k+1}^i - 2u_k^i + u_{k-1}^i\big) - \frac{1}{6}\big(\Delta_x(4)\,u_{k+1}^i + 4\Delta_x(4)\,u_k^i \\ &\quad + \Delta_x(4)\,u_{k-1}^i\big) + \frac{\tau^2}{2}\Big(\frac{7\Delta_x^2(2)\,u_{k-1}^i + 16\Delta_x^2(2)\,u_k^i + 7\Delta_x^2(2)\,u_{k+1}^i}{180}\Big) \\ &= 0, \end{aligned}$$

其中L_h表示差分算子, 则$R_k^i = L_h[u]_k^i - [Lu]_k^i$, 这里$Lu = u_{tt} - u_{xx}$, $[u]_k^i$表示u在网格点i,k取值. 现引进稳定性、收敛性和相容性的定义.

定义 5.5.1 当$\tau,\ h \to 0,\ k\tau = t\ (0 < t \le T)$, 对光滑函数$u$, 有$\|R_k\| \to 0$, 则称格式是相容的.

定义 5.5.2 设u是(5.5.49)式的真解, 若对$\forall t\ (0 < t \le T)$, 当$\tau,\ h \to 0,\ k\tau = t$时, 有$\|u_k - [u]_k\| \to 0$, 则称格式是收敛的.

如果把线性双层差分格式写为迭代形式

$$A^{(k)} u_{k+1} = B^{(k)} u_k + \tau f_k, \tag{5.5.52}$$

其中$u_k = (u_k^1, \cdots, u_k^N)$, $f_k = (f_k^1, \cdots, f_k^N)$, 矩阵$A^{(k)}$中元素一般与$\tau, h$有关, 则格式的稳定性可做如下的定义.

定义 5.5.3 如果对任意τ, 相应于(5.5.52)式的齐次方程

$$A^{(k)} u_{k+1} = B^{(k)} u_k$$

的任意解u_k均满足不等式

$$\|u_k\| \le M\|u_{k_0}\|, \quad 0 \le k_0 \le k < \frac{T}{\tau},$$

则称格式(5.5.52)按$\|\cdot\|$关于初值稳定.

用能量估计的方法分析格式(5.5.50)的收敛性, 得到如下结果.

定理 5.5.2 可证当$\tau, h \to 0$, 格式(5.5.50)的数值解收敛到方程(5.5.49)的精确解, 并且收敛阶为$o(h^2 + \tau^2)$.

证明:用$[u]_k^i$表示方程(5.5.49)的精确解在格点i,k的值, L_h是格式(5.5.50)的差分算子, 设误差函数$e_k^i = [u]_k^i - u_k^i$, 则可知e_k^i是下列差分方程的解:

$$\begin{cases} L_h e_k^i = R_k^i, \\ e_0^i = 0, \qquad i = 1, 2, \cdots, N-1, \\ e_k^0 = e_k^N = 0. \end{cases} \tag{5.5.53}$$

在(5.5.53)式两边乘以$h(e^i_{k+1}-e^i_k)+h(e^i_k-e^i_{k-1})=h(e^i_{k+1}-e^i_{k-1})$, 对 i 从 1 到 $N-1$ 求和, 得到

$$(R_k, h\, e_{k+1} - h\, e_{k-1}) = \|\partial_{\bar{t}}\, e_{k+1}\|_0^2 - \|\, \partial_{\bar{t}}\, e_k\|_0^2 + I_1 + I_2, \tag{5.5.54}$$

这里记:

$$\begin{aligned} I_1 &= \frac{1}{6}\big(\|\partial_{\bar{x}}\, e_{k+1}\|^2 - \|\partial_{\bar{x}}\, e_{k-1}\|^2\big), \\ I_2 &= -\frac{\big(-\|\partial_{\bar{x}}\, e_{k+1} + \partial_{\bar{x}}\, e_k\|^2 + \|\partial_{\bar{x}}\, e_{k+1} - \partial_{\bar{x}}\, e_k\|^2\big)}{6} \\ &\quad -\frac{\big(\|\partial_{\bar{x}}\, e_k + \partial_{\bar{x}}\, e_{k-1}\|^2 - \|\partial_{\bar{x}}\, e_k - \partial_{\bar{x}}\, e_{k-1}\|^2\big)}{6}. \end{aligned}$$

重写(5.5.54)式为

$$\begin{aligned} (R_k, e_{k+1} - e_{k-1}) &= \|\partial_i\, e_{k+1}\|_0^2 - \|\partial_{\bar{t}}\, e_k\|_0^2 + \frac{1}{6}\big(\|\partial_{\bar{x}}\, e_{k+1}\|^2 - \|\partial_{\bar{x}}\, e_{k-1}\|^2\big) \\ &\quad -\frac{1}{6}\big(-\|\partial_{\bar{x}}\, e_{k+1} + \partial_{\bar{x}}\, e_{k-1}\|^2 + \|\partial_{\bar{x}}\, e_{k+1} - \partial_{\bar{x}}\, e_k\|^2\big) \\ &\quad -\frac{1}{6}\big(\|\partial_{\bar{x}}\, e_k + \partial_{\bar{x}}\, e_{k-1}\|^2 - \|\partial_{\bar{x}}\, e_k - \partial_{\bar{x}}\, e_{k-1}\|^2\big), \end{aligned}$$

取

$$\begin{aligned} S_k &= \|\partial_{\bar{t}}\, e_k\|_0^2 + \frac{1}{6}\big(\|\partial_{\bar{x}}\, e_k\|^2 + \|\partial_{\bar{x}}\, e_{k-1}\|^2\big) \\ &\quad +\frac{1}{6}\big(\|\partial_{\bar{x}}\, e_k + \partial_{\bar{x}}\, e_{k-1}\|^2 - \|\partial_{\bar{x}}\, e_k - \partial_{\bar{x}}\, e_{k-1}\|^2\big) \\ &= \|\partial_{\bar{t}}\, e_k\|_0^2 + \frac{1}{4}\|\partial_{\bar{x}}\, e_k + \partial_{\bar{x}}\, e_{k-1}\|^2 - \frac{1}{12}\|\partial_{\bar{x}}\, e_k - \partial_{\bar{x}}\, e_{k-1}\|^2, \end{aligned}$$

得到:

$$(R_k, e_{k+1} - e_{k-1}) = S_{k+1} - S_k.$$

$$\begin{aligned} S_{k+1} - S_k &\le \frac{\tau^2}{1 - \dfrac{\tau^2}{3}}\|R_k\|_0^2 + \frac{1 - \dfrac{\tau^2}{3}}{4\tau^2}\|e_{k+1} - e_{k-1}\|_0^2 \\ &\le \frac{\tau^2}{1 - \dfrac{\tau^2}{3}}\|R_k\|_0^2 + \frac{1 - \dfrac{\tau^2}{3}}{2}\big(\|\partial_{\bar{t}}\, e_{k+1}\|_0^2 + \|\partial_{\bar{t}}\, e_k\|_0^2\big). \end{aligned}$$

然后对上式的指标 k 从 1 到 $M-1$ 求和, 得到

$$S_M - S_1 \le \frac{\tau^2}{1 - \dfrac{\tau^2}{3}}\sum_{k=1}^{M-1}\|R_k\|_0^2 + \Big(1 - \frac{\tau^2}{3}\Big)\sum_{k=1}^{M}\|\partial_{\bar{t}}\, e_k\|_0^2.$$

注意到不等式

$$2\|e_k-e_{k-1}\|_0^2\le\|\partial_{\bar{x}}\,e_k-\partial_{\bar{x}}\,e_{k-1}\|^2\le\frac{4}{h^2}\|e_k-e_{k-1}\|_0^2=4\tau^2\,\|\partial_{\bar{t}}\,e_k\|_0^2$$

有

$$S_M\ge\Big(1-\frac{\tau^2}{3}\Big)\|\partial_{\bar{t}}\,e_M\|_0^2+\frac{1}{4}\|\partial_{\bar{x}}\,e_M+\partial_{\bar{t}}\,e_{M-1}\|^2.$$

取网比 r, 使$1-\dfrac{\tau^2}{3}>0$, 即$r=\dfrac{\tau}{h}<\sqrt{3}$, 则有

$$\begin{aligned}&\Big(1-\frac{r^2}{3}\Big)\|\partial_{\bar{t}}\,e_M\|_0^2+\frac{1}{4}\|\partial_{\bar{x}}\,e_M+\partial_{\bar{x}}\,e_{M-1}\|^2\\ \le\ &\|\partial_{\bar{t}}\,e_1\|_0^2+\frac{1}{4}\|\partial_{\bar{x}}\,e_1+\partial_{\bar{x}}\,e_0\|^2+\frac{T^2}{1-\dfrac{\tau^2}{3}}\max_{1\le k\le M}\|R_k\|_0^2\\ &+\sum_{k=1}^{M}\left(\frac{1}{4}\|\partial_{\bar{x}}\,e_k+\partial_{\bar{x}}\,e_{k-1}\|^2+\Big(1-\frac{r^2}{3}\Big)\,\|\partial_{\bar{t}}\,e_k\|_0^2\right).\end{aligned}$$

使用Gronwall不等式, 得到

$$\|\partial_{\bar{t}}\,e_M\|_0^2+\|\partial_{\bar{x}}\,e_M+\partial_{\bar{x}}\,e_{M-1}\|^2\le C\Big(\|\partial_{\bar{t}}\,e_1\|_0^2+\|\partial_{\bar{x}}\,e_1+\partial_{\bar{x}}\,e_0\|^2+\max_{1\le k\le M}\|R_k\|_0^2\Big).$$

在这里C是一常数. ▲

引理 5.5.1 设$G(\sigma,\tau)$是某常系数双层格式的传播矩阵, 如果这个格式按$\|\cdot\|$范数稳定, 则对于τ, σ, 存在一个与τ,σ无关的常数, 使得

$$\|G(\sigma,\tau)\|\le 1+M\tau \tag{5.5.55}$$

成立. (5.5.55)式称为Von Neumann条件, 它是判断格式稳定的必要条件.

引理 5.5.2 设传播矩阵$G(\sigma,\tau)$ 有完备的特征向量组, 且存在常数 δ, 使$|\Delta|\ge\delta>0$. 这里Δ是以$G(\sigma,\tau)$的规范特征向量为列的行列式, 则Von Neumann条件(5.5.55)是判断格式稳定的充分条件.

使用分离变量法分析(5.5.51)式的稳定性, 有如下定理.

定理 5.5.3 格式(5.5.51)是条件稳定的, 它的稳定性条件是

$$r^2<-120+\sqrt{120^2+45}. \tag{5.5.56}$$

证明:易证 3 层格式(5.5.51)等价于下面这个 2 层格式:

$$\begin{aligned} v_{k+1}^i &= t^{-1}(u_{k+1}^i - u_k^i) + t\Big(\frac{\Delta_x(4)u_k^i}{6} + \frac{\Delta_x(4)u_{k+1}^i}{3}\Big) \\ &\quad -\frac{t^3}{2}\Big(\frac{7\Delta_x^2 u_k^i}{180} + \frac{2\Delta_x^2 u_{k+1}^i}{45}\Big), \\ -v_k^i &= t^{-1}(u_k^i - u_{k+1}^i) + t\Big(\frac{\Delta_x(4)u_{k+1}^i}{6} + \frac{\Delta_x(4)u_k^i}{3}\Big) \\ &\quad -\frac{t^3}{2}\Big(\frac{7\Delta_x^2 u_{k+1}^i}{180} + \frac{2\Delta_x^2 u_k^i}{45}\Big), \end{aligned} \tag{5.5.57}$$

因而分析格式(5.5.57)也就是分析格式(5.5.51).

易求出格式(5.5.57)的过渡矩阵

$$G(\sigma,\tau) = \frac{1}{\sqrt{P_1^2 - P_2\tau^2}}\begin{bmatrix} P_1 & P_2 \\ P_3 & P_4 \end{bmatrix},$$

其中

$$\begin{aligned} &P_3 = \tau^2, \\ &P_1 = \tau\Big(-\frac{r^2}{3}H_1 - \frac{r^4}{45}H_2 + 1\Big), \\ &P_2 = -\Big(\frac{r^2}{6}H_1 + \frac{7r^4}{360}H_2 + 1\Big)^2 + \Big(\frac{r^2}{3}H_1 + \frac{r^4}{45}H_2 - 1\Big)^2, \\ &P_4 = \tau\Big(-\frac{r^2}{3}H_1 - \frac{r^4}{45}H_2 + 1\Big), \\ &H_1 = 4(\cos\sigma h - 1)(\cos\sigma h - 7), \quad H_2 = 4(\cos\sigma h - 1)^2. \end{aligned}$$

计算可知这个传播矩阵的特征方程是

$$\lambda^2 - \frac{2P_1}{\sqrt{P_1^2 - P_2\tau^2}}\lambda + 1 = 0,$$

它的 2 个根满足$\lambda_{1,2} \le 1$ $(|\lambda_1|, |\lambda_2| \le 1)$的充要条件是$|P_1| \le \left|\sqrt{P_1^2 - P_2\tau^2}\right|$, 也即

$$r^2 \le -120 + \sqrt{120^2 + 45}. \tag{5.5.58}$$

已知当(5.5.58)式成立时, Von Neumann必要条件被满足.

当$r^2 < -120 + \sqrt{120^2 + 45}$ 时, 矩阵$G(\sigma,\tau)$ 有两个不同的特征值: $\lambda_1 = \bar{\lambda}_2$,

$|\lambda_1| = |\lambda_2| = 1$, 相应于这两个特征值的两个正交的特征向量是:

$$e_1 = \frac{\sqrt{P_1^2 - \tau^2 P_2}}{\sqrt{P_2^2 - \tau^2 P_2}} \left[\frac{P_2}{\sqrt{P_1^2 - \tau^2 P_2}}, \lambda_1 - \frac{P_1}{\sqrt{P_1^2 - \tau^2 P_2}} \right]^{\mathrm{T}},$$

$$e_2 = \frac{\sqrt{P_1^2 - \tau^2 P_2}}{\sqrt{P_2^2 - \tau^2 P_2}} \left[\frac{P_2}{\sqrt{P_1^2 - \tau^2 P_2}}, \lambda_2 - \frac{P_1}{\sqrt{P_1^2 - \tau^2 P_2}} \right]^{\mathrm{T}}.$$

因此, 由引理5.5.2知格式(5.5.57)是稳定的, 也就是存在一个常数C_1, 使得下面的不等式成立:

$$\|u_k\|_0 \leq C_1 \|u_0\|_0.$$

当 $r^2 = -120 + \sqrt{120^2 + 45}$ 时, 可知传播矩阵$G(\sigma, \tau)$在$\sigma = 2N\pi$时, 取形式

$$G(2N\pi, \tau) = \begin{bmatrix} 1 & 0 \\ \tau & 1 \end{bmatrix}.$$

它的特征值是$\lambda_1 = \lambda_2 = 1$, 进而有

$$G^m(2N\pi, \tau) = \begin{bmatrix} 1^m & 0 \\ m\tau & 1^m \end{bmatrix}, \quad m = 1, 2, \cdots,$$

故$G^m(2N\pi, \tau)$关于m无界, 矩阵序列$\{G^m(2N\pi, \tau)\}$不是一致有界的, 因此当$r^2 = -120 + \sqrt{120^2 + 45}$时, 格式(5.5.57)不稳定. ▲

推论 5.5.12 在条件(5.5.56)下, 格式(5.5.57)的数值解收敛到方程(5.5.49)的准确解, 并且收敛阶为$o(h^4 + \tau^4)$.

已知格式(5.5.57)的误差函数满足下列方程:

$$\begin{cases} L_h e_k^i = R_k^i, \\ e_0^i = 0, \qquad\qquad i = 1, 2, \cdots, N-1, \\ e_k^0 = e_k^N = 0, \end{cases} \tag{5.5.59}$$

其中L_h 表示格式(5.5.57) 的差分算子, R_k^i 表示格式(5.5.57) 的截断误差. 对方程(5.5.60) 应用文献[胡健伟等99]中引理(3.3.2),得到

$$\|e_k\|_0 \leq C_1 \max_{1 \leq k \leq M} \|R_k\|_0 = o(h^4 + \tau^4).$$

下面给出数值例子, 首先考虑非线性项是多项式的情形.

例 5.5.1 假设方程(5.5.40)的位势函数具有下面的形式:

$$V(u)=-\frac{1}{2}u^2+\frac{1}{4\pi^2}u^4, \tag{5.5.60}$$

很清楚有一个孤立子形式的解

$$u(x,t)=\pi\tanh\left(\pm\frac{(x-0.2t)}{\sqrt{2(1-0.04)}}\right).$$

在这种情况下,格式(5.5.45)的无穷和具有有限和形式.应用格式(5.5.45),取空间步长$\Delta x=0.2$,时间步长$\Delta t=0.1$.

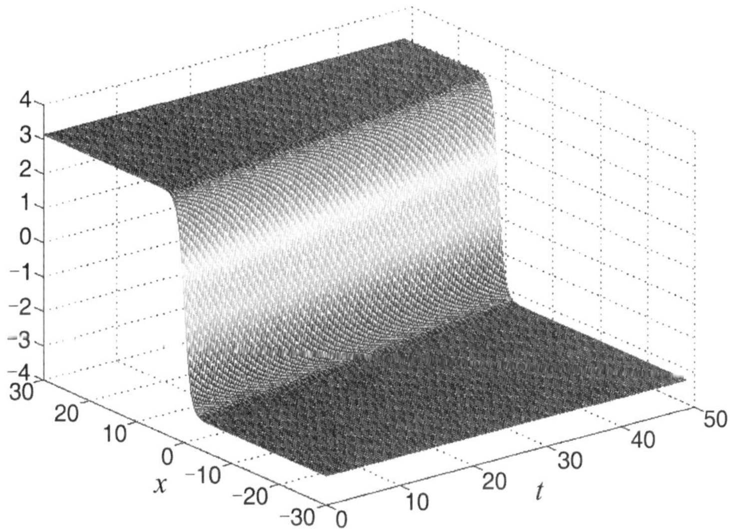

图 5.5.1 Klein-Gordon方程的大振幅数值波形

图5.5.1 显示这个孤立子的运动的3维图.从图中可看出,格式(5.5.45)的解很好地模拟了这个孤立子的运动.

例 5.5.2 考虑sine-Gordon方程(5.5.47),给它以下面的周期边界条件:

$$u\Big(-\frac{L}{2},t\Big)=u\Big(\frac{L}{2},t\Big)$$

和初值条件

$$u(x,0)=4\tan^{-1}(ae^{x-x_0})+4\tan^{-1}(ae^{-x-x_0}),$$

$$u_t(x,0)=\frac{\partial}{\partial t}\big[4\tan^{-1}(ae^{x-x_0-0.5t})+4\tan^{-1}(ae^{-x-x_0-0.5t})\big]\big|_{t=0}.$$

这里取$L = 40$, $x_0 = 20/3$, $a = \sqrt{4/3}$. 在整个$x - u$平面, 这个初始条件相当于分别以速度0.5和−0.5运动的一个正孤立子解和反孤立子解. 可使用格式(5.5.48)去计算sine-Gordon方程(5.5.47).

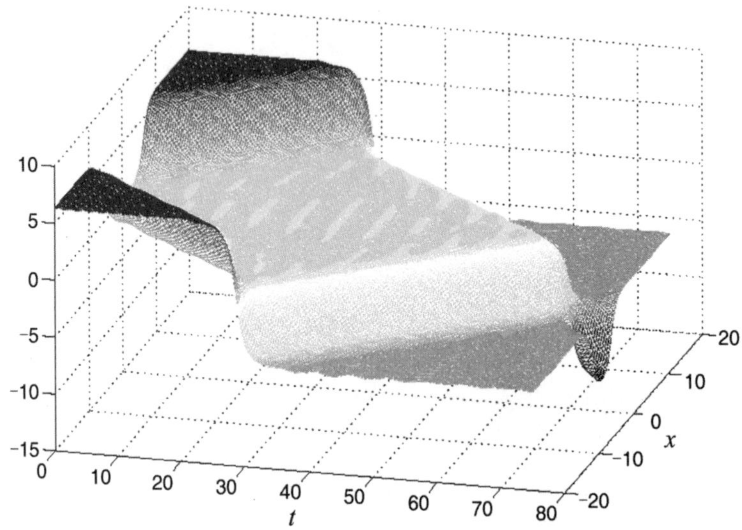

图 5.5.2 最初的300时间步内两个孤立子解3 次碰撞的模拟结果

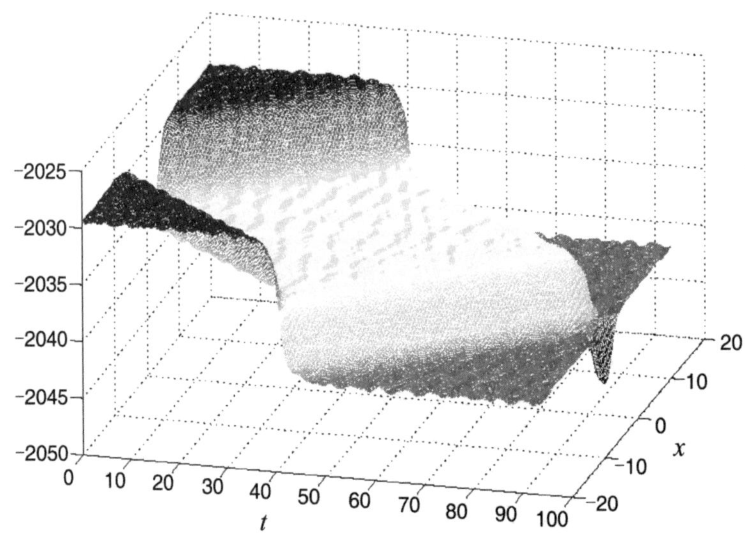

图 5.5.3 经过40000时间步计算后的某400时间步内两个孤立子相互碰撞的状况

计算时为了模拟两个孤立子相互碰撞的行为过程, 取时间步长$\Delta t = 0.3$, 空间步长$\Delta x = 0.2$, 图5.5.2显示了两个孤立子在最初的300时间步内的3 次碰撞的模拟结果, 图5.5.3显示了经过 40000 时间步内计算后的某 400 时间步内两个相互碰撞的孤立子的状况, 它显示了格式具有长时间模拟两个孤立子相互碰撞的行为的特点.

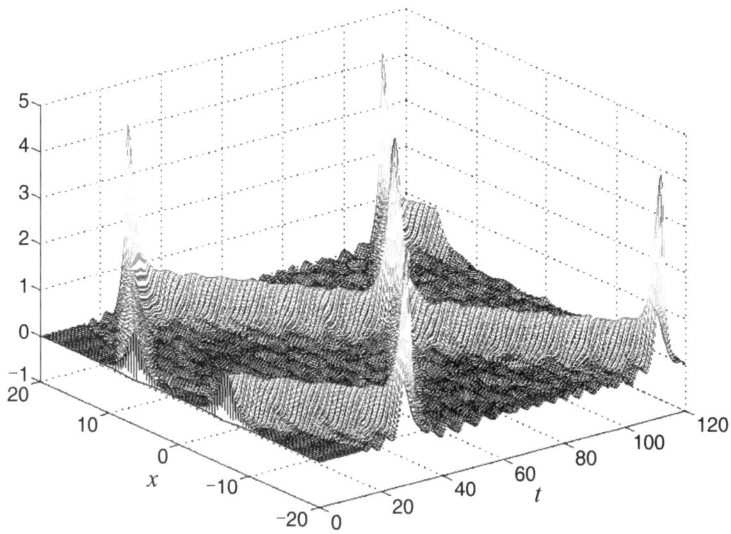

图 5.5.4　两个孤立子相互碰撞500时间步的负速度图

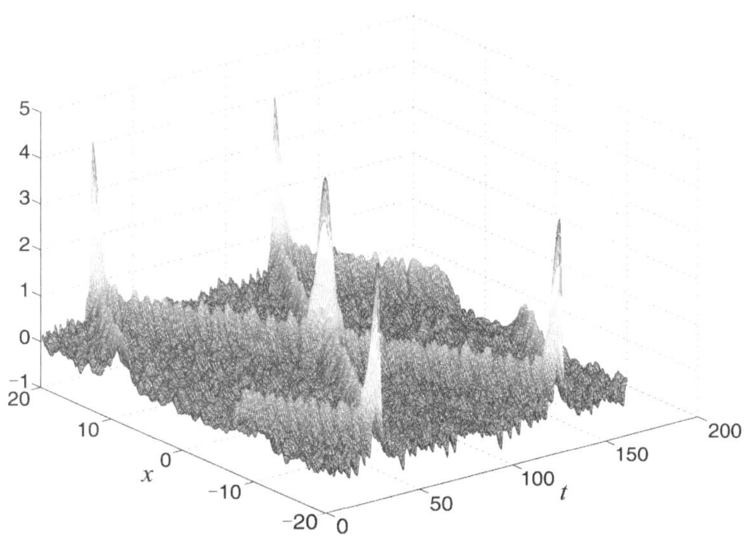

图 5.5.5　经过40000时间步的计算后的某500时间步的负速度图

图5.5.4 和图5.5.5是负速度图, 表示相位变化的速度. 从图中可看出, 当两个孤立子相互碰撞时, 速度变化最快, 从而形成一个高峰. 速度图被很好地长时间模拟, 图5.5.4是最初的 500 时间步负速度图, 图5.5.5是经过 40000 时间步计算后的某 500 时间步的负速度图. 同时, 为了显示波形随时间的变化, 在图5.5.6画了在 40000 时间步后的时间区间[41150, 42150]的波形运动的剖面图(大约230次碰撞后). 最后我们给出了全局的能量误差估计, 如图5.5.7和图5.5.8所示.

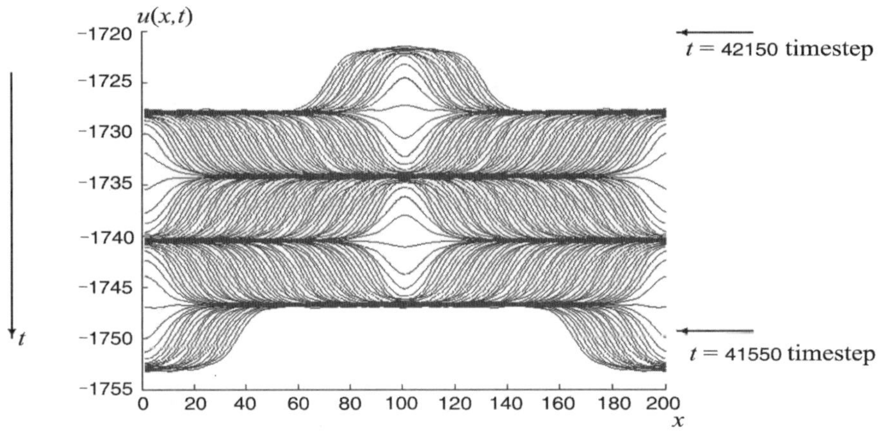

图 5.5.6 40000时间步后的波形变化剖面图

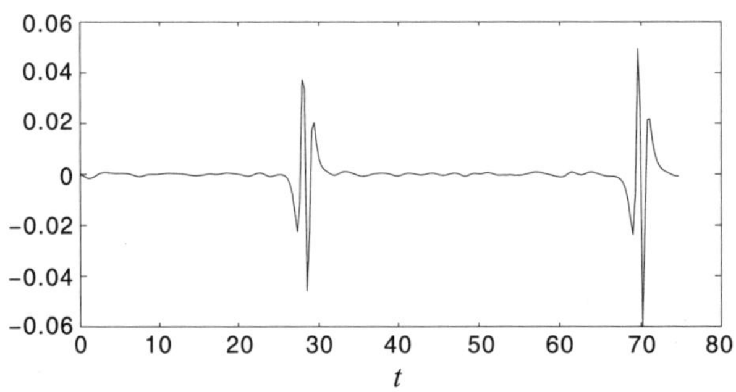

图 5.5.7 在时间区间[0,75]的全局能量误差

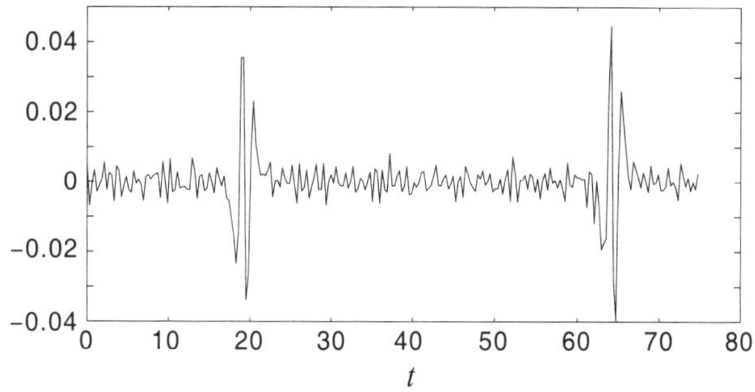

图 5.5.8 在时间区间[6000,6075]的全局能量误差

§5.6 Schrödinger方程的辛与多辛形式

§5.6.1 Schrödinger方程的多辛结构

考虑非线性Schrödinger方程

$$\mathrm{i}u_t + u_{xx} + m|u|^2u = 0. \tag{5.6.1}$$

令$u = p + \mathrm{i}q$, 这里p和q为实值函数, 可以改写方程(5.6.1)为一对实值方程:

$$\begin{aligned} &p_t + q_{xx} + m(p^2+q^2)q = 0,\\ &q_t - p_{xx} - m(p^2+q^2)p = 0. \end{aligned} \tag{5.6.2}$$

先介绍非线性Schrödinger方程的多辛几何. 从一对实值方程(5.6.2)出发, (5.6.1)的协变构形空间为纤维丛$\pi_{XY}: Y \rightarrow X$. X为时空流形，X上的坐标表示为(x,t), Y上的纤维坐标表示为(p,q). 用$J^1(Y)$表示Y上的1阶射丛, $J^1(Y)$定义为Y上的仿射丛，它在点$J^1(Y)$处的纤维由线性映射$\gamma: T_xX \rightarrow T_yY$组成，这些线性映射满足

$$T_{\pi_{XY}} \circ \gamma = \text{Identity}, \quad 在T_xX上.$$

用局部坐标，$J^1(Y)$可以表示为

$$(x,t,p,q,v_x^p,v_t^p,v_x^q,v_t^q).$$

如果$\varphi: X \rightarrow Y$为π_{XY}的一个截面, $\varphi(x,t) = (p(x,t),q(x,t))$, 那么$j^1(\varphi)$为$J^1(Y)$的一个截面，用局部坐标，$j^1(\varphi)$可以表示为

$$(x,t) \longmapsto (x,t,p,q,p_x,p_t,q_x,q_t),$$

这里下标表示相应的偏导数.

为简单起见，令$m=2$，考虑立方型非线性schrödinger方程:

$$
\begin{aligned}
&p_t + q_{xx} + 2(p^2+q^2)q = 0,\\
&q_t - p_{xx} - 2(p^2+q^2)p = 0.
\end{aligned} \tag{5.6.3}
$$

方程(5.6.3)的Lagrange密度为

$$
\begin{aligned}
\mathcal{L}(j^1(\varphi)) &= L\big(j^1(\varphi)\big)\,\mathrm{d}x \wedge \mathrm{d}t\\
&= \frac{1}{2}\big[p_x^2 + q_x^2 + pq_t - qp_t - (p^2+q^2)^2\big]\,\mathrm{d}x \wedge \mathrm{d}t.
\end{aligned} \tag{5.6.4}
$$

相应于Lagrange密度(5.6.4)，作用泛函定义为

$$
S(j^1(\varphi)) = \int_U \mathcal{L}(j^1(\varphi)), \quad U\text{是 }X\text{的 一个开集}. \tag{5.6.5}
$$

令$\mathcal{G}$ 为由π_{XY}-纤维丛自同构η_Y (覆盖微分同胚η_X) 构成的Lie 群, 令 $\lambda \mapsto \eta_Y^\lambda$ 为$\mathcal{G}$ 中任一光滑路径, 使得$\eta_Y^0 = e$, 则

$$
\tilde{\varphi} = \eta_Y^\lambda \circ \varphi \circ (\eta_X^\lambda)^{-1} = (\tilde{p}, \tilde{q}). \tag{5.6.6}
$$

可以把η_Y^λ看作是C上的向量场V的流, C为在适当的拓扑下由截面π_{XY}构成的流形. V由下式给出:

$$
V = \frac{\mathrm{d}}{\mathrm{d}\lambda}\Big|_{\lambda=0}\tilde{\varphi} = \xi\frac{\partial}{\partial x} + r\frac{\partial}{\partial t} + \alpha\frac{\partial}{\partial p} + \beta\frac{\partial}{\partial q}.
$$

如果

$$
\frac{\mathrm{d}}{\mathrm{d}\lambda}\Big|_{\lambda=0} S(\tilde{\varphi}) = 0,
$$

则称φ为S的一个临界点.

在计算变分之前, 首先考虑向量场V的 1 阶延拓

$$
j^1(V) = \xi\frac{\partial}{\partial x} + \tau\frac{\partial}{\partial t} + \alpha\frac{\partial}{\partial p} + \beta\frac{\partial}{\partial q} + \alpha^x\frac{\partial}{\partial p_x} + \alpha^t\frac{\partial}{\partial p_t} + \beta^x\frac{\partial}{\partial q_x} + \beta^t\frac{\partial}{\partial q_t}. \tag{5.6.7}
$$

利用文献[Olv86]中的延拓公式, 有:

$$
\begin{aligned}
\alpha^x &= D_x\,\alpha - (D_x\xi)\,p_x - (D_x\tau)\,p_t,\\
\alpha^t &= D_t\,\alpha - (D_t\xi)\,p_x - (D_t\tau)\,p_t,\\
\beta^x &= D_x\,\beta - (D_x\xi)\,q_x - (D_x\tau)\,q_t,\\
\beta^t &= D_t\,\beta - (D_t\xi)\,q_x - (D_t\tau)\,q_t,
\end{aligned} \tag{5.6.8}
$$

这里D_x和D_t表示全导数[Olv86].

现在利用(5.6.7)和(5.6.8)式以及Green公式直接计算下式的变分:

$$\begin{aligned}\frac{\mathrm{d}}{\mathrm{d}\lambda}\Big|_{\lambda=0}S(\tilde{\varphi}) &= \frac{\mathrm{d}}{\mathrm{d}\lambda}\Big|_{\lambda=0}\int_{\eta_X^\lambda U}\frac{1}{2}[\tilde{p}_{\tilde{x}}^2+\tilde{q}_{\tilde{x}}^2+\tilde{p}\tilde{q}_{\tilde{t}}-\tilde{q}\tilde{p}_{\tilde{t}}-(\tilde{p}^2+\tilde{q}^2)^2]\,\mathrm{d}\tilde{x}\wedge\mathrm{d}\tilde{t}\\ &= I_1+I_2,\end{aligned}$$

这里,

$$\begin{aligned}I_1 &= \int_U\Big\{-\xi\big[p_x\big(q_t-p_{xx}-2(p^2+q^2)p\big)-q_x\big(p_t+q_{xx}+2(p^2+q^2)q\big)\big]\\ &\quad+\tau\big[p_t\big(p_{xx}+2(p^2+q^2)p\big)+q_t\big(q_{xx}+2(p^2+q^2)q\big)\big]\\ &\quad-\alpha\big(-q_t+p_{xx}+2(p^2+q^2)p\big)-\beta\big(p_t+q_{xx}+2(p^2+q^2)q\big)\Big\}\,\mathrm{d}x\wedge\mathrm{d}t,\end{aligned}$$

$$\begin{aligned}I_2 &= \int_{\partial U}\Big\{\frac{1}{2}\big[(pq_x-qp_x)\xi+\big((p^2+q^2)^2-p_x^2-q_x^2\big)\tau+q\alpha-p\beta\big]\,\mathrm{d}x\\ &\quad+\frac{1}{2}\big[\big(pq_t-qp_t-p_x^2-q_x^2-(p^2+q^2)^2\big)\xi-2(p_xp_t+q_xq_t)\,\tau+2p_x\alpha+2q_x\beta\big]\,\mathrm{d}t\Big\}.\end{aligned}$$

从I_2可定义Cartan形式:

$$\begin{aligned}\Theta_{\mathcal{L}} &= p_x\,\mathrm{d}p\wedge\mathrm{d}t+\frac{1}{2}q\,\mathrm{d}p\wedge\mathrm{d}x+q_x\,\mathrm{d}q\wedge\mathrm{d}t-\frac{1}{2}p\,\mathrm{d}q\wedge\mathrm{d}x\\ &\quad-\frac{1}{2}\big(p_x^2+q_x^2+(p^2+q^2)^2\big)\,\mathrm{d}x\wedge\mathrm{d}t.\end{aligned}\tag{5.6.9}$$

这样定义的Cartan形式和传统的定义是一样的，而多辛形式则通过$\Omega_{\mathcal{L}}=-\mathrm{d}\,\Theta_{\mathcal{L}}$来定义:

$$\begin{aligned}\Omega_{\mathcal{L}} &= \mathrm{d}p_x\wedge\mathrm{d}p\wedge\mathrm{d}t+\frac{1}{2}\mathrm{d}q\wedge\mathrm{d}p\wedge\mathrm{d}x+\mathrm{d}q_x\wedge\mathrm{d}q\wedge\mathrm{d}t-\frac{1}{2}\mathrm{d}p\wedge\mathrm{d}q\wedge\mathrm{d}x\\ &\quad-p_x\,\mathrm{d}p_x\wedge\mathrm{d}x\wedge\mathrm{d}t-q_x\,\mathrm{d}q_x\wedge\mathrm{d}x\wedge\mathrm{d}t-2p^3\,\mathrm{d}p\wedge\mathrm{d}x\wedge\mathrm{d}t\\ &\quad-2q^3\,\mathrm{d}q\wedge\mathrm{d}x\wedge\mathrm{d}t-2p\,q^2\,\mathrm{d}p\wedge\mathrm{d}x\wedge\mathrm{d}t-2q\,p^2\,\mathrm{d}q\wedge\mathrm{d}x\wedge\mathrm{d}t.\end{aligned}$$

通过直接计算, 得到:

$$\begin{aligned}&j^1(\varphi)^*(j^1(V)\,\lrcorner\,\Theta_{\mathcal{L}})\\ &= \frac{1}{2}\big[(p\,q_x-q\,p_x)\xi+\big((p^2+q^2)^2-p_x^2-q_x^2\big)\tau+q\alpha-p\beta\big]\,\mathrm{d}x\\ &\quad+\frac{1}{2}\big[\big(p\,q_t-q\,p_t-p_x^2-q_x^2-(p^2+q^2)^2\big)\xi-2(p_x\,p_t+q_x\,q_t)\tau+2p_x\alpha+2q_x\beta\big]\,\mathrm{d}t,\end{aligned}$$

$$\begin{aligned} j^1(\varphi)^*(j^1(V)\lrcorner\Omega_{\mathcal{L}}) &= \{\xi[p_x(q_t-p_{xx}-2(p^2+q^2)p)-q_x(p_t+q_{xx}+2(p^2+q^2)q))] \\ &\quad -\tau[p_t(p_{xx}+2(p^2+q^2)p)+q_t(q_{xx}+2(p^2+q^2)q)] \\ &\quad +\alpha(-q_t+p_{xx}+2(p^2+q^2)p) \\ &\quad +\beta\big(p_t+q_{xx}+2(p^2+q^2)q\big)\big\}\,\mathrm{d}x\wedge\mathrm{d}t. \end{aligned}$$

因此得到

$$\begin{aligned} \mathrm{d}S_\varphi\cdot V &= \frac{\mathrm{d}}{\mathrm{d}\lambda}\Big|_{\lambda=0} S(\tilde{\varphi}) \\ &= \int_U \big[-j^1(\varphi)^*(j^1(V)\lrcorner\Omega_{\mathcal{L}})\big]+\int_{\partial U} j^1(\varphi)^*\big(j^1(V)\lrcorner\Theta_{\mathcal{L}}\big). \end{aligned} \tag{5.6.10}$$

从上面的推导, 可以得出一个结论: Cartan形式来自变分计算中的边界积分. 从(5.6.10)式可以证明φ为 $S(j^1(\varphi))$ 的一个临界点的必要条件为

$$j^1(\varphi)^*(j^1(V)\lrcorner\Omega_{\mathcal{L}})=0,\quad \forall V\in TJ^1(Y). \tag{5.6.11}$$

(5.6.11)为非线性Schrödinger方程的Euler-Lagrange方程.

作为质点力学中辛流定理的推广, 可以证明非线性Schrödinger方程的多辛形式公式.

定理 5.6.1 令$\eta^\lambda,\zeta^\lambda$为方程(5.6.11)的两个单参数对称群, V, W 为相应的无穷小对称, 那么有下面的多辛形式公式:

$$\int_{\partial U} j^1(\varphi)^*\big(j^1(V)\lrcorner j^1(W)\lrcorner\Omega_{\mathcal{L}}\big)=0. \tag{5.6.12}$$

证明:首先注意到方程(5.6.1) 的所有无穷小对称构成了一个Lie 代数, 并有关系$j^1[W,V]=[j^1(W),j^1(V)]$. 详情参见文献[Olv86].

从方程(5.6.11), 得到

$$\begin{aligned} 0 &= \int_U j^1(\varphi)^*\big(j^1[W,V]\lrcorner\Omega_{\mathcal{L}}\big) \\ &= \int_U j^1(\varphi)^*\big([j^1(W),j^1(V)]\lrcorner\Omega_{\mathcal{L}}\big) \\ &= \int_U j^1(\varphi)^*\big(\pounds_{j^1(W)}\big(j^1(V)\lrcorner\Omega_{\mathcal{L}}\big)-j^1(V)\lrcorner\pounds_{j^1(W)}\Omega_{\mathcal{L}}\big), \end{aligned} \tag{5.6.13}$$

这里$\pounds$表示Lie导数.

因为η^λ和ζ^λ为方程(5.6.11)的两个单参数对称群, 所以:

$$0=\frac{\mathrm{d}}{\mathrm{d}\lambda}\Big|_{\lambda=0}j^1(\eta^\lambda\circ\varphi)^*(Q\,\lrcorner\,\Omega_{\mathcal{L}})=j^1(\varphi)^*\pounds_{j^1(V)}(Q\,\lrcorner\,\Omega_{\mathcal{L}}),\tag{5.6.14}$$

$$0=\frac{\mathrm{d}}{\mathrm{d}\lambda}\Big|_{\lambda=0}j^1(\zeta^\lambda\circ\varphi)^*(Q\,\lrcorner\,\Omega_{\mathcal{L}})=j^1(\varphi)^*\pounds_{j^1(W)}(Q\,\lrcorner\,\Omega_{\mathcal{L}}),\tag{5.6.15}$$

对所有$Q\in TJ^1(Y)$, (5.6.13) 式变为

$$0=-\int_U j^1(\varphi)^*\big(j^1(V)\,\lrcorner\,\pounds_{j^1(W)}\,\Omega_{\mathcal{L}}\big).\tag{5.6.16}$$

利用Cartan公式并注意到 $\mathrm{d}\Omega_{\mathcal{L}}$为 2 维流形$U$上 的3-形式, 从(5.6.16)式得到

$$\begin{aligned}0&=-\int_U j^1(\varphi)^*\big(j^1(V)\,\lrcorner\,\mathrm{d}j^1(W)\,\lrcorner\,\Omega_{\mathcal{L}}\big)\\&=\int_U j^1(\varphi)^*\big(j^1(V)\,\lrcorner\,\mathrm{d}j^1(W)\,\lrcorner\,\mathrm{d}\Theta_{\mathcal{L}}\big)\\&=\int_U j^1(\varphi)^*\big(j^1(V)\,\lrcorner\,\mathrm{d}\pounds_{j^1(W)}\,\Theta_{\mathcal{L}}\big).\end{aligned}\tag{5.6.17}$$

由于

$$\begin{aligned}&j^1(V)\,\lrcorner\,j^1(W)\,\lrcorner\,\Omega_{\mathcal{L}}\\=\;&j^1(V)\,\lrcorner\,\mathrm{d}\big(j^1(W)\,\lrcorner\,\Theta_{\mathcal{L}}\big)-j^1(V)\,\lrcorner\,\pounds_{j^1(W)}\,\Theta_{\mathcal{L}}\\=\;&\pounds_{j^1(V)}\big(j^1(W)\,\lrcorner\,\Theta_{\mathcal{L}}\big)-\mathrm{d}\big(j^1(V)\,\lrcorner\,j^1(W)\,\lrcorner\,\Theta_{\mathcal{L}}\big)-j^1(V)\,\lrcorner\,\pounds_{j^1(W)}\,\Theta_{\mathcal{L}},\end{aligned}$$

故由Stokes定理, 有

$$\begin{aligned}&\int_{\partial U}j^1(\varphi)^*\big(j^1(V)\,\lrcorner\,j^1(W)\,\lrcorner\,\Omega_{\mathcal{L}}\big)\\=\;&\int_{\partial U}j^1(\varphi)^*\Big(\pounds_{j^1(V)}\big(j^1(W)\,\lrcorner\,\Theta_{\mathcal{L}}\big)-\mathrm{d}\big(j^1(V)\,\lrcorner\,j^1(W)\,\lrcorner\,\Theta_{\mathcal{L}}\big)-j^1(V)\,\lrcorner\,\pounds_{j^1(W)}\Theta_{\mathcal{L}}\Big)\\=\;&\int_U j^1(\varphi)^*\mathrm{d}\big(\pounds_{j^1(V)}\big(j^1(W)\,\lrcorner\,\Theta_{\mathcal{L}}\big)\big)-\big(j^1(V)\,\lrcorner\,\pounds_{j^1(W)}\,\Theta_{\mathcal{L}}\big)\\=\;&\int_U j^1(\varphi)^*\big(\pounds_{j^1(V)}\,\pounds_{j^1(W)}\,\Theta_{\mathcal{L}}+\pounds_{j^1(V)}\,\big(j^1(W)\,\lrcorner\,\Omega_{\mathcal{L}}\big)-\mathrm{d}\big(j^1(V)\,\lrcorner\,\pounds_{j^1(W)}\,\Theta_{\mathcal{L}}\big)\big).\end{aligned}\tag{5.6.18}$$

因为

$$\pounds_{j^1(V)}\pounds_{j^1(W)}\Theta_{\mathcal{L}}=j^1(V)\,\lrcorner\,\mathrm{d}\big(\pounds_{j^1(W)}\Theta_{\mathcal{L}}\big)+\mathrm{d}\big(j^1(V)\,\lrcorner\,\pounds_{j^1(W)}\,\Theta_{\mathcal{L}}\big),$$

(5.6.18)式变为

$$\begin{aligned}&\int_{\partial U}j^1(\varphi)^*\big(j^1(V)\,\lrcorner\,j^1(W)\,\lrcorner\,\Omega_{\mathcal{L}}\big)\\=\;&\int_U\big[j^1(\varphi)^*\big(j^1(V)\,\lrcorner\,\mathrm{d}(\pounds_{j^1W}\Theta_{\mathcal{L}})\big)+j^1(\varphi)^*\pounds_{j^1(V)}\big(j^1(W)\,\lrcorner\,\Omega_{\mathcal{L}}\big)\big].\end{aligned}\tag{5.6.19}$$

从(5.6.14), (5.6.17)和(5.6.19)式, 得到多辛形式公式(5.6.12). ▲

也可以不利用变分, 直接对Lagrange密度求外微分而得到Lagrange形式的多辛守恒律, 它是多辛形式公式的等价物[GW03], 这种形式体系不仅简洁, 更重要的是它不必限制在解空间, 从而可以避免解空间可能有奇异性这一问题.

同时, 看到MPS形式体系是从时空协变的观点出发的, 时间变量并没有特殊的地位, 因此同样适用于椭圆方程, 从而可以考虑有限元方法的多辛结构[ZBLW03].

现在, 利用多辛几何的理论, 来考察由Bridges引进的非线性Schrödinger方程的多辛形式体系.

方程(5.6.11)为非线性Schrödinger方程的Euler-Lagrange方程的内在表示, 利用局部坐标, 非线性Schrödinger方程的Euler-Lagrange方程可以从(5.6.4)式得到, 即:

$$\begin{aligned}
&\frac{\partial L}{\partial p}-\frac{\partial}{\partial t}\frac{\partial L}{\partial p_t}-\frac{\partial}{\partial x}\frac{\partial L}{\partial p_x}=0,\\
&\frac{\partial L}{\partial q}-\frac{\partial}{\partial t}\frac{\partial L}{\partial q_t}-\frac{\partial}{\partial x}\frac{\partial L}{\partial q_x}=0.
\end{aligned} \tag{5.6.20}$$

方程(5.6.3)可以从(5.6.20)得到.

对(5.6.4)式中的L进行部分Legendre变换, 可以得到经典的Hamilton结构. 可以按如下的方法进行, 令$a=\dfrac{\partial L}{\partial p_t}=-\dfrac{q}{2}$, $b=\dfrac{\partial L}{\partial q_t}=\dfrac{p}{2}$, 方程(5.6.3)存在一个经典的Hamilton结构

$$\frac{\partial}{\partial t}\begin{bmatrix} a\\ b\end{bmatrix}=\begin{bmatrix} 0 & \dfrac{1}{4}\\ -\dfrac{1}{4} & 0\end{bmatrix}\begin{bmatrix} \dfrac{\delta\mathcal{H}_1}{\delta a}\\ \dfrac{\delta\mathcal{H}_1}{\delta b}\end{bmatrix}, \tag{5.6.21}$$

这里,

$$\begin{aligned}
\mathcal{H}_1 &= \int H_1\,\mathrm{d}t,\\
H_1 &= L-p_t\frac{\partial L}{\partial p_t}-q_t\frac{\partial L}{\partial q_t}\\
&=\frac{1}{2}\left[p_x^2+q_x^2-(p^2+q^2)^2\right]\\
&=2\left[a_x^2+b_x^2-4(a^2+b^2)^2\right].
\end{aligned}$$

令$a=-\dfrac{q}{2}$, $b=\dfrac{p}{2}$, 则(5.6.21)式等价于经典的Hamilton结构

$$\frac{\partial}{\partial t}\begin{bmatrix} p\\ q\end{bmatrix}=\begin{bmatrix} 0 & 1\\ -1 & 0\end{bmatrix}\begin{bmatrix} \dfrac{\delta\mathcal{H}_2}{\delta p}\\ \dfrac{\delta\mathcal{H}_2}{\delta q}\end{bmatrix},$$

这里

$$\mathcal{H}_2=\int\frac{1}{2}\left[p_x^2+q_x^2-(p^2+q^2)^2\right]\mathrm{d}t.$$

Hamilton形式的优点是方程写为时间方向上的发展方程的形式, 并且方程的内在结构由辛算子给出. 但是, 这种形式体系也存在缺陷, 因为它的辛结构是整体的, 辛结构的空间变化没有反映出来. 为了研究局部性质应用完全Legendre变换, 即协变Legendre变换这一工具.

注意到

$$a = \frac{\partial L}{\partial p_t} = -\frac{q}{2}, \quad b = \frac{\partial L}{\partial q_t} = \frac{p}{2},$$

并令

$$v = \frac{\partial L}{\partial p_x} = p_x, \quad w = \frac{\partial L}{\partial q_x} = q_x,$$

对L进行协变Legendre变换, 得到

$$\begin{aligned} H &= L - p_t \frac{\partial L}{\partial p_t} - q_t \frac{\partial L}{\partial q_t} - p_x \frac{\partial L}{\partial p_x} - q_x \frac{\partial L}{\partial q_x} \\ &= -\frac{1}{2}\left[v^2 + w^2 + (p^2+q^2)^2\right], \end{aligned}$$

这里$p = 2b$, $q = -2a$.

相应地, (5.6.3)式变为:

$$\begin{aligned} & q_t - v_x = 2(p^2+q^2)\,p, \\ & -p_t - w_x = 2(p^2+q^2)\,q, \\ & p_x = v, \quad q_x = w. \end{aligned} \tag{5.6.22}$$

(5.6.22) 式可以改写为

$$Mz_t + Kz_x = \bigtriangledown_z S(z), \quad z = (p,q,v,w)^{\mathrm{T}}, \tag{5.6.23}$$

其中

$$M = \begin{bmatrix} 0 & 1 & 0 & 0 \\ -1 & 0 & 0 & 0 \\ 0 & 0 & 0 & 0 \\ 0 & 0 & 0 & 0 \end{bmatrix}, \quad K = \begin{bmatrix} 0 & 0 & -1 & 0 \\ 0 & 0 & 0 & -1 \\ 1 & 0 & 0 & 0 \\ 0 & 1 & 0 & 0 \end{bmatrix},$$

以及

$$S(z) = -H = \frac{1}{2}\,(v^2 + w^2 + (p^2+q^2)^2).$$

(5.6.23)式首先由Bridges 引进[Bri97], 称为非线性Schrödinger方程的多辛Hamilton系统, 它满足多辛守恒律

$$\frac{\partial}{\partial t}\omega + \frac{\partial}{\partial x}\kappa = 0, \tag{5.6.24}$$

这里ω和κ为 pre-symplectic形式,

$$\omega=\frac{1}{2}\mathrm{d}z\wedge M\,\mathrm{d}z,\quad \kappa=\frac{1}{2}\mathrm{d}z\wedge K\,\mathrm{d}z.$$

(5.6.23)式还满足局部能量守恒律

$$\frac{\partial}{\partial t}\left[\frac{1}{2}\left((p^2+q^2)^2-v^2-w^2\right)\right]+\frac{\partial}{\partial x}\left(vp_t+wq_t\right)=0, \tag{5.6.25}$$

以及局部动量守恒律

$$\frac{\partial}{\partial t}(pw-qv)+\frac{\partial}{\partial x}\left[\frac{1}{2}\left(\frac{a}{2}(p^2+q^2)^2+v^2+w^2-pq_t+qp_t\right)\right]=0. \tag{5.6.26}$$

多辛形式公式(5.6.12)为多辛守恒律(5.6.24)的内在推广.

定理 5.6.2 多辛形式公式(5.6.12)蕴含多辛守恒律(5.6.24).

证明:设$J^1(V)$和$J^1(W)$为$\pi_{X,J^1(Y)}$-垂直的, 并具有局部坐标表达式:

$$J^1(V)=V^p\frac{\partial}{\partial p}+V^q\frac{\partial}{\partial q}+V^{p_x}\frac{\partial}{\partial p_x}+V^{q_x}\frac{\partial}{\partial q_x}+V^{p_t}\frac{\partial}{\partial p_t}+V^{q_t}\frac{\partial}{\partial q_t},$$

$$J^1(W)=W^p\frac{\partial}{\partial p}+W^q\frac{\partial}{\partial q}+W^{p_x}\frac{\partial}{\partial p_x}+W^{q_x}\frac{\partial}{\partial q_x}+W^{p_t}\frac{\partial}{\partial p_t}+W^{q_t}\frac{\partial}{\partial q_t}.$$

直接计算可以证明

$$\begin{aligned}&j^1(V)\lrcorner\, j^1(W)\lrcorner\,\Omega_{\mathcal{L}}\\=\ &(V^qW^{q_x}+V^pW^{p_x}-V^{p_x}W^p-V^{q_x}W^q)\,\mathrm{d}t+(V^pW^q-V^qW^p)\,\mathrm{d}x.\end{aligned}$$

因为

$$\omega\big(j^1(V),j^1(W)\big)=V^qW^p-V^pW^q,$$

$$\kappa\big(j^1(V),j^1(W)\big)=V^qW^{q_x}+V^pW^{p_x}-V^{p_x}W^p-V^{q_x}W^q,$$

所以

$$j^1(V)\lrcorner\, j^1(W)\lrcorner\,\Omega_{\mathcal{L}}=-\omega\left(j^1(V),j^1(W)\right)\mathrm{d}x+\kappa\left(j^1(V),j^1(W)\right)\mathrm{d}t.$$

根据多辛形式公式(5.6.12), 有

$$\int_{\partial U}\left[-\omega\left(j^1(V),j^1(W)\right)\mathrm{d}x+\kappa\left(j^1(V),j^1(W)\right)\mathrm{d}t\right]=0.$$

应用Green 公式, 可以得到

$$\int_U\left[\frac{\partial}{\partial t}\omega\left(j^1(V),j^1(W)\right)+\frac{\partial}{\partial x}\kappa\left(j^1(V),j^1(W)\right)\right]\mathrm{d}x\wedge\mathrm{d}t=0.$$

因为U, $j^1(V)$和$j^1(W)$是任意的, 便得到多辛守恒律(5.6.24).

可以得到2 阶和高阶多辛场理论[Got88],[GIMM02],[KS00],[ZQ00]. 另外,这一结果还可以推广到高维的情形[HQ02]. ▲

§5.6.2 非线性Schrödinger方程的辛算法

考虑非线性Schrödinger方程的初值问题:

$$\begin{cases} \mathrm{i}\psi_t + \psi_{xx} + a\,|\psi|^2\,\psi = 0, \\ \psi(x,0) = \psi_0(x), \end{cases} \tag{5.6.27}$$

这里$x \in \mathbf{R}$, $a > 0$为一参数.

非线性Schrödinger方程是孤立子理论中最重要的完全可积的模型之一, 在非线性光学、等离子体物理等领域有着广泛的应用. 非线性Schrödinger方程可以写为无穷维Hamilton系统的形式, 因此人们自然要求在对方程进行离散时反映这种性质. 其基本思想是寻找方程的适当的有限维空间截断, 使所得到的半离散的系统可以写为时间方向上的有限维Hamilton系统, 然后利用辛算法进行时间离散.

非线性Schrödinger方程(5.6.27)具有一个经典的Hamilton结构[Olv86]. 令$\psi = p + \mathrm{i}q$, p 和 q为实值函数, 那么初值问题(5.6.27)可以写为

$$\frac{\mathrm{d}z}{\mathrm{d}t} = J\,\frac{\delta\, H(z)}{\delta\, z}, \tag{5.6.28}$$

这里$z = (p,q)^{\mathrm{T}}$, $J = \begin{bmatrix} 0 & 1 \\ -1 & 0 \end{bmatrix}$, Hamilton函数为

$$H(z) = \int \frac{1}{2}\left[p_x^2 + q_x^2 - \frac{a}{2}\,(p^2+q^2)^2\right]\mathrm{d}x.$$

(5.6.28)式可以改写为

$$\frac{\mathrm{d}z}{\mathrm{d}t} = J\,\mathcal{A}z, \tag{5.6.29}$$

这里

$$\mathcal{A} = \begin{bmatrix} \mathcal{D} & 0 \\ 0 & \mathcal{D} \end{bmatrix},$$

而$\mathcal{D} = -c\,I - \dfrac{\partial^2}{\partial x^2}$是一个微分算子, $c = a\,(p^2+q^2)$, I是恒等算子.

现在离散(5.6.29)式的空间区域, 目的是得到一有限维的Hamilton系统. 首先注意到在考虑的时间区间内, 所关心的初值问题(5.6.27)的解在区间$x_1 \le x \le x_r$以外可以认为是0, 因此在讨论中可用下面的初始条件来代替初值问题(5.6.27)中的初始条件:

$$\psi(x,0) = \begin{cases} \psi_0(x), & x_1 \le x \le x_r; \\ 0, & \text{其他情况}. \end{cases}$$

按照文献[QZ93]中的作法, 用$\mathcal{D}(2m)$来表示$\mathcal{D}$的$2m$阶近似, 因此有

$$\mathcal{D}(2m) = -\bar{c}\,I - \nabla_+\,\nabla_- \sum_{j=0}^{m-1} (-1)^j\,\beta_j \left(\frac{\Delta\,x^2\,\nabla_+\,\nabla_-}{4}\right)^j, \tag{5.6.30}$$

这里$\beta_j = \dfrac{[(j\,!)^2 2^{2j}]}{[(2j+1)\,!\,(j+1)]}$, ∇_+, ∇_-分别表示向前和向后差分算子. $\Delta\,x$表示空间步长, $\bar{c}$表示由下面的表达式定义的离散系数, 并且

$$\bar{c}\,I\,(p_l) = a\,(p_l^2 + q_l^2)\,p_l,$$

这里$p_l \approx p\,(l\,\Delta\,x)$, $q_l \approx q\,(l\,\Delta\,x)$.

也可按照其他的方式来定义离散系数, 例如, 用定义

$$\bar{c}\,I\,(p_l) = a\,(p_l^2 + q_l^2)\,\frac{p_{l+1} + p_{l-1}}{2p_l}\,p_l$$

以及$m = 1$, 可以得到著名的Ablowitz-Ladik模型, 但Ablowitz-Ladik模型的 Hamilton结构不是标准的. 在应用辛算法之前, 需利用Darboux定理把Ablowitz-Ladik模型标准化. 关于Ablowitz-Ladik模型的辛算法, 唐贻发[TVZPC96]等以及Schober[Sch99b]已进行了仔细的研究.

用N表示空间格点数, 并令

$$P = [p_1, p_2, \cdots, p_N]^{\mathrm{T}}, \quad Q = [q_1, q_2, \cdots, q_N]^{\mathrm{T}}.$$

最后得到一个半离散系统, 具有精度$o(\Delta^{2m})$:

$$\frac{\mathrm{d}}{\mathrm{d}t}\begin{bmatrix} P \\ Q \end{bmatrix} = \begin{bmatrix} 0 & I \\ -I & 0 \end{bmatrix}\begin{bmatrix} M(2m) & 0 \\ 0 & M(2m) \end{bmatrix}\begin{bmatrix} P \\ Q \end{bmatrix}, \tag{5.6.31}$$

这里I为$N \times N$单位矩阵, $M(2m)$为相应于$\mathcal{D}(2m)$的$N \times N$矩阵. $M(2m)$可以表示为

$$M(2m) = B(2m) + D,$$

这里$D = \mathrm{diag}\,\{-a(p_1^2 + q_1^2), \cdots, -a(p_N^2 + q_N^2)\}$为一对角矩阵.

在实践中, 常用的是2阶和4阶中心差分近似. 在这两种情况, 有

$$m(2) = B(2) + D,$$

其中

$$B(2) = -\frac{1}{\Delta x^2}\begin{bmatrix} -2 & 1 & 0 & \cdots & \cdots & 0 \\ 1 & -2 & 1 & \cdots & \cdots & 0 \\ & \ddots & \ddots & \ddots & & \\ & \ddots & \ddots & \ddots & & \\ 0 & 0 & \cdots & \cdots & -2 & 1 \\ 0 & 0 & \cdots & \cdots & 1 & -2 \end{bmatrix};$$

以及

$$M(4) = B(4) + D,$$

其中

$$M(4) = -\frac{1}{12\Delta x^2}\begin{bmatrix} -30 & 16 & -1 & 0 & 0 & \cdots & \cdots & 0 & 0 & 0 \\ 16 & -30 & 16 & -1 & 0 & \cdots & \cdots & 0 & 0 & 0 \\ -1 & 16 & -30 & 16 & -1 & \cdots & \cdots & 0 & 0 & 0 \\ & \ddots & \ddots & \ddots & \ddots & \ddots & & & & \\ & & \ddots & \ddots & \ddots & \ddots & \ddots & & & \\ & & & \ddots & \ddots & \ddots & \ddots & \ddots & & \\ & & & & \ddots & \ddots & \ddots & \ddots & \ddots & \\ & & & & & \ddots & \ddots & \ddots & \ddots & \ddots \\ 0 & 0 & 0 & \cdots & \cdots & \cdots & \cdots & 16 & -30 & 16 \\ 0 & 0 & 0 & \cdots & \cdots & \cdots & \cdots & -1 & 16 & -30 \end{bmatrix}.$$

唐贻发等证明, 当$h \to 0$时, 方程(5.6.31)的解收敛于Schrödinger方程(5.6.27) 的解, 如果$\psi_0(x)$是平方可积的函数. 用同样的方法, 可以证明这一结论对m的其他值也成立.

可以证明方程(5.6.31)是一个Hamilton系统, 其中$\bar{c}$以标准的方式定义. 事实上, 令

$$Z = (P^{\mathrm{T}}, Q^{\mathrm{T}})^{\mathrm{T}}, \quad J = \begin{bmatrix} 0 & I \\ -I & 0 \end{bmatrix},$$

那么(5.6.31)式可以写为

$$\frac{\mathrm{d}Z}{\mathrm{d}t} = J \bigtriangledown_Z H(Z), \tag{5.6.32}$$

Hamilton函数为

$$H(P,Q) = \frac{1}{2}\left[P^{\mathrm{T}}B(2m)P + Q^{\mathrm{T}}B(2m)Q\right] + \frac{a}{4}\sum_{l=1}^{N}(p_l^2 + q_l^2)^2. \tag{5.6.33}$$

可以利用辛Runge-Kutta方法或生成函数方法来构造(5.6.32)式的辛格式. 下面介绍两个辛格式[TPGV97], 其精度分别为 $o(\Delta t^2+\Delta x^{2m})$ 和 $o(\Delta t^4+\Delta x^{2m})$:

$$Z_{n+1}-Z_n=\Delta tJ\bigtriangledown_Z H\left(\frac{Z_{n+1}+Z_n}{2}\right), \tag{5.6.34}$$

以及

$$\begin{aligned}
&Z_{n+1}=Z_n+\frac{\Delta t}{2}J\big[\bigtriangledown_Z H(K_1)+\bigtriangledown_Z H(K_2)\big],\\
&K_1=Z_n+\frac{\Delta t}{12}J\big[3\bigtriangledown_Z H(K_1)+(3-2\sqrt{3})\bigtriangledown_Z H(K_2)\big],\\
&K_2=Z_n+\frac{\Delta t}{12}J\big[(3+2\sqrt{3})\bigtriangledown_Z H(K_1)+3\bigtriangledown_Z H(K_2)\big].
\end{aligned} \tag{5.6.35}$$

格式(5.6.34)就是时间方向上的中点格式, 格式(5.6.35)属于Runge-Kutta类型.

§5.6.3 非线性Schrödinger方程的多辛算法

首先介绍由Bridges和Reich引进的多辛积分子的概念[BR01a],[Bri97]. 一大类偏微分方程(为简单起见, 这里只考虑1维的情形)可以写为如下形式:

$$Mz_t+Kz_x=\bigtriangledown_z S(z),\quad z\in\mathbf{R}^n,\quad (x,t)\in\mathbf{R}^2, \tag{5.6.36}$$

这里M和K为$n\times n$反对称矩阵, $n\geq 3$, $S:\mathbf{R}^n\to\mathbf{R}$为一光滑函数, 称上述系统为多辛Hamilton系统, 因为它满足多辛守恒律

$$\frac{\partial}{\partial t}\omega+\frac{\partial}{\partial x}\kappa=0, \tag{5.6.37}$$

这里ω和κ为pre-symplectic形式:

$$\omega=\frac{1}{2}\,\mathrm{d}z\wedge M\,\mathrm{d}z,\quad \kappa=\frac{1}{2}\,\mathrm{d}z\wedge K\,\mathrm{d}z.$$

(5.6.36)系统也满足局部能量守恒律(ECL)

$$\frac{\partial}{\partial t}E+\frac{\partial}{\partial x}F=0, \tag{5.6.38}$$

能量密度为

$$E=S(z)-\frac{1}{2}z^{\mathrm{T}}Kz_x,$$

能量流为

$$F=\frac{1}{2}z^{\mathrm{T}}Kz_t.$$

多辛Hamilton系统(5.6.36)的最重要的方面是它的多辛守恒律是完全局部的,它更深刻地刻画了系统的本质. 还注意到, 系统(5.6.36)的相空间是有限维的, 而经典的无穷维Hamilton系统需要指定函数空间, 其相空间是无穷维的.

多辛性是Hamilton偏微分方程的几何性质, 自然要求对方程的离散能够反映这种性质. 基于这种思想, Bridges和Reich引进了多辛积分子的概念, 即保持离散形式的多辛守恒律的数值格式[BR01a]. Reich证明对多辛Hamilton系统在时间和空间方向同时应用辛Runge-Kutta方法, 可得到多辛积分子[Rei99]. 例如, 在时间和空间方向同时应用中点格式, 便得到一多辛积分子, 它就是著名的Preissmann格式[AB89].

现在考虑非线性Schrödinger方程

$$\mathrm{i}\psi_t + \psi_{xx} + a\,|\psi|^2\psi = 0.$$

它可以写为多辛Hamilton系统的形式(见§5.6.1):

$$\begin{aligned} &q_t - v_x = a\,(p^2+q^2)\,p,\\ &-p_t - w_x = a\,(p^2+q^2)\,q,\\ &p_x = v, \quad q_x = w, \end{aligned} \tag{5.6.39}$$

这里$z=(p,q,v,w)^{\mathrm{T}}$, Hamilton函数为

$$S(z) = \frac{1}{2}\left(v^2 + w^2 + \frac{a}{2}(p^2+q^2)^2\right).$$

在这种情形,

$$M = \begin{bmatrix} 0 & 1 & 0 & 0\\ -1 & 0 & 0 & 0\\ 0 & 0 & 0 & 0\\ 0 & 0 & 0 & 0 \end{bmatrix}, \quad K = \begin{bmatrix} 0 & 0 & -1 & 0\\ 0 & 0 & 0 & -1\\ 1 & 0 & 0 & 0\\ 0 & 1 & 0 & 0 \end{bmatrix}.$$

相应的多辛守恒律为

$$\frac{\partial}{\partial t}\,(-\mathrm{d}p \wedge \mathrm{d}q) + \frac{\partial}{\partial x}\,(\mathrm{d}p \wedge \mathrm{d}v + \mathrm{d}q \wedge \mathrm{d}w) = 0. \tag{5.6.40}$$

相应的局部能量守恒律为

$$\frac{\partial}{\partial t}\left[\frac{1}{2}\left(\frac{a}{2}\,(p^2+q^2)^2 - v^2 - w^2\right)\right] + \frac{\partial}{\partial x}\,(v\,p_t + wq_t) = 0. \tag{5.6.41}$$

在时间和空间方向均用中点格式对(5.6.39)式进行离散, 得:

$$\frac{q_{i+\frac{1}{2}}^{j+1} - q_{i+\frac{1}{2}}^{j}}{\Delta t} - \frac{v_{i+1}^{j+\frac{1}{2}} - v_i^{j+\frac{1}{2}}}{\Delta x} = a\left((p_{i+\frac{1}{2}}^{j+\frac{1}{2}})^2 + (q_{i+\frac{1}{2}}^{j+\frac{1}{2}})^2\right) p_{i+\frac{1}{2}}^{j+\frac{1}{2}}, \tag{5.6.42}$$

$$-\frac{p_{i+\frac{1}{2}}^{j+1}-p_{i+\frac{1}{2}}^{j}}{\Delta t}-\frac{w_{i+1}^{j+\frac{1}{2}}-w_{i}^{j+\frac{1}{2}}}{\Delta x}=a\left((p_{i+\frac{1}{2}}^{j+\frac{1}{2}})^2+(q_{i+\frac{1}{2}}^{j+\frac{1}{2}})^2\right)q_{i+\frac{1}{2}}^{j+\frac{1}{2}}, \tag{5.6.43}$$

$$\frac{p_{i+1}^{j+\frac{1}{2}}-p_{i}^{j+\frac{1}{2}}}{\Delta x}=v_{i+\frac{1}{2}}^{j+\frac{1}{2}}, \tag{5.6.44}$$

$$\frac{q_{i+1}^{j+\frac{1}{2}}-q_{i}^{j+\frac{1}{2}}}{\Delta x}=w_{i+\frac{1}{2}}^{j+\frac{1}{2}}, \tag{5.6.45}$$

这里$p_i^j \approx p(i\Delta x, j\Delta t)$, $q_{i+\frac{1}{2}}^{j+1}=\frac{1}{2}\left(q_i^{j+1}+q_{i+1}^{j+1}\right)$, $v_{i+\frac{1}{2}}^{j+\frac{1}{2}}=\frac{1}{4}\left(v_i^j+v_{i+1}^j+v_i^{j+1}+v_{i+1}^{j+1}\right)$, Δx和Δt分别为空间和时间步长.

积分子(5.6.42)–(5.6.45)保持离散的多辛守恒律

$$-\frac{\mathrm{d}p_{i+\frac{1}{2}}^{j+1}\wedge \mathrm{d}q_{i+\frac{1}{2}}^{j+1}-\mathrm{d}p_{i+\frac{1}{2}}^{j}\wedge \mathrm{d}q_{i+\frac{1}{2}}^{j}}{\Delta t}$$
$$+\frac{\mathrm{d}p_{i+1}^{j+\frac{1}{2}}\wedge \mathrm{d}v_{i+1}^{j+\frac{1}{2}}+\mathrm{d}q_{i+1}^{j+\frac{1}{2}}\wedge \mathrm{d}w_{i+1}^{j+\frac{1}{2}}-\mathrm{d}p_{i}^{j+\frac{1}{2}}\wedge \mathrm{d}v_{i}^{j+\frac{1}{2}}-\mathrm{d}q_{i}^{j+\frac{1}{2}}\wedge \mathrm{d}w_{i}^{j+\frac{1}{2}}}{\Delta x}=0. \tag{5.6.46}$$

其6点格式见图5.6.1.

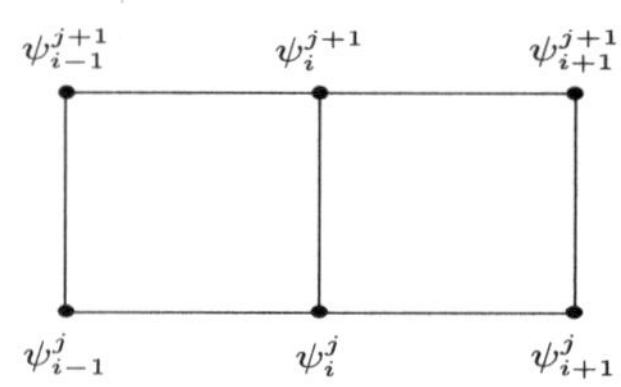

图 5.6.1 非线性Schrödinger方程的6点格式

在实际计算中,通常只需要ψ值,因此消去了共轭动量变量v和w,得到了非线性Schrödinger方程的一个6点格式.

从(5.6.42)和(5.6.44)式,可以消去v,得到

$$\begin{aligned}&\frac{q_{i+\frac{3}{2}}^{j+1}-q_{i+\frac{3}{2}}^{j}+q_{i+\frac{1}{2}}^{j+1}-q_{i+\frac{1}{2}}^{j}}{\Delta t}-\frac{2(p_{i+2}^{j+\frac{1}{2}}-2p_{i+1}^{j+\frac{1}{2}}+p_{i}^{j+\frac{1}{2}})}{\Delta x^2}\\ =\;& a\left((p_{i+\frac{3}{2}}^{j+\frac{1}{2}})^2+(q_{i+\frac{3}{2}}^{j+\frac{1}{2}})^2\right)p_{i+\frac{3}{2}}^{j+\frac{1}{2}}+a\left((p_{i+\frac{1}{2}}^{j+\frac{1}{2}})^2+(q_{i+\frac{1}{2}}^{j+\frac{1}{2}})^2\right)p_{i+\frac{1}{2}}^{j+\frac{1}{2}}.\end{aligned} \tag{5.6.47}$$

从(5.6.43)和(5.6.45)式,可以消去w,得到

$$\begin{aligned}&\frac{p_{i+\frac{3}{2}}^{j+1}-p_{i+\frac{3}{2}}^{j}+p_{i+\frac{1}{2}}^{j+1}-p_{i+\frac{1}{2}}^{j}}{\Delta t}-\frac{2(q_{i+2}^{j+\frac{1}{2}}-2q_{i+1}^{j+\frac{1}{2}}+q_{i}^{j+\frac{1}{2}})}{\Delta x^2}\\ =\;& a\left((p_{i+\frac{3}{2}}^{j+\frac{1}{2}})^2+(q_{i+\frac{3}{2}}^{j+\frac{1}{2}})^2\right)q_{i+\frac{3}{2}}^{j+\frac{1}{2}}+a\left((p_{i+\frac{1}{2}}^{j+\frac{1}{2}})^2+(q_{i+\frac{1}{2}}^{j+\frac{1}{2}})^2\right)q_{i+\frac{1}{2}}^{j+\frac{1}{2}}.\end{aligned} \tag{5.6.48}$$

结合(5.6.47)和(5.6.48), 得到关于ψ的一个6点格式

$$
\begin{aligned}
&\mathrm{i}\,\frac{(\psi_{i-1}^{j+1}+2\psi_{i}^{j+1}+\psi_{i+1}^{j+1})-(\psi_{i-1}^{j}+2\psi_{i}^{j}+\psi_{i+1}^{j})}{2\Delta t}\\
&+\frac{\psi_{i+1}^{j}+\psi_{i+1}^{j+1}-2(\psi_{i}^{j}+\psi_{i}^{j+1})+\psi_{i-1}^{j}+\psi_{i-1}^{j+1}}{\Delta x^2}\\
&+a\left(\left|\frac{\psi_{i-1}^{j}+\psi_{i}^{j}+\psi_{i-1}^{j+1}+\psi_{i}^{j+1}}{4}\right|^2\right)\frac{\psi_{i-1}^{j}+\psi_{i}^{j}+\psi_{i-1}^{j+1}+\psi_{i}^{j+1}}{4}\\
&+a\left(\left|\frac{\psi_{i}^{j}+\psi_{i+1}^{j}+\psi_{i}^{j+1}+\psi_{i+1}^{j+1}}{4}\right|^2\right)\frac{\psi_{i}^{j}+\psi_{i+1}^{j}+\psi_{i}^{j+1}+\psi_{i+1}^{j+1}}{4}=0.
\end{aligned}
\tag{5.6.49}
$$

这是非线性Schrödinger方程一个新的6点格式, 这个新格式是多辛积分子, 因为它等价于(5.6.42)–(5.6.45)式, 如果我们利用(5.6.44)和(5.6.45)式来得到v 和w的值.

构造非线性Schrödinger方程的数值方法经历了一个奇妙的循环. 在过去, 当非线性Schrödinger方程的辛结构和多辛结构都没有被发现时, 人们通过同时离散空间和时间来获得数值格式. 后来, 人们发现了非线性Schrödinger方程的辛结构, 因此在获得数值格式时, 首先离散空间, 得到一个半离散的Hamilton系统, 然后再利用辛方法离散时间, 最后同时离散空间和时间来获得多辛积分子.

如果在时间和空间方向应用高阶辛格式, 便可得到高阶多辛积分子. 例如, 在离散(5.6.39)时, 如果在空间方向用中点格式, 在时间方向用4阶辛Runge-Kutta方法, 便得到如下多辛积分子:

$$
\begin{aligned}
&M\frac{z_{i+\frac12}^{j+\frac m3}-z_{i+\frac12}^{j}}{\Delta t}=\sum_{l=1}^{2}a_{ml}\left(\nabla_z S\big(z_{i+\frac12}^{j+\frac l3}\big)-K\frac{z_{i+1}^{j+\frac l3}-z_{i}^{j+\frac l3}}{\Delta x}\right),\quad m=1,2,\\
&M\frac{z_{i+\frac12}^{j+1}-z_{i+\frac12}^{j}}{\Delta t}=\frac12\sum_{l=1}^{2}\left(\nabla_z S\big(z_{i+\frac12}^{j+\frac l3}\big)-K\frac{z_{i+1}^{j+\frac l3}-z_{i}^{j+\frac l3}}{\Delta x}\right),
\end{aligned}
$$

其中

$$
a_{11}=\frac14,\quad a_{12}=\frac14-\frac{\sqrt3}{6},\quad a_{21}=\frac14+\frac{\sqrt3}{6},\quad a_{22}=\frac14.
$$

相应的离散的多辛守恒律为:

$$
\frac{\omega_{i+\frac12}^{j+1}-\omega_{i+\frac12}^{j}}{\Delta t}+\frac12\sum_{l=1}^{2}\frac{\kappa_{i+1}^{j+\frac l3}-\kappa_{i}^{j+\frac l3}}{\Delta x}=0.
$$

§5.6.4 线性稳定性分析

在这一节, 考察辛积分子(5.6.34)($m=1$)和多辛积分子(5.6.49)的线性稳定性. 虽然线性稳定性分析并不能代替非线性稳定性分析, 但在实践中往往也是很有效的.

考虑线性Schrödinger方程

$$\mathrm{i}\,\psi_t+\psi_{xx}=0, \tag{5.6.50}$$

利用Von Neumann方法, 得到下面的定理.

定理 5.6.3 辛积分子(5.6.34)和多辛积分子(5.6.49)都是无条件线性稳定的.

证明:首先, 考虑辛积分子(5.6.34). 从局部考虑, (5.6.34)式可以写为

$$\begin{aligned}&\mathrm{i}\,\frac{\psi_l^{n+1}-\psi_l^n}{\Delta\,t}+\frac{\psi_{l+1}^{n+1}+\psi_{l+1}^n-2\psi_l^{n+1}-2\psi_l^n+\psi_{l-1}^{n+1}+\psi_{l-1}^n}{2\Delta\,x^2}\\&+a\left|\frac{\psi_l^{n+1}+\psi_l^n}{2}\right|^2\frac{\psi_l^{n+1}+\psi_l^n}{2}=0,\end{aligned} \tag{5.6.51}$$

这里$\psi_l^n\approx\psi\,(l\,\Delta\,x,n\,\Delta\,t)$.

应用(5.6.51)式于(5.6.50)式, 得到

$$\mathrm{i}\,\frac{\psi_l^{n+1}-\psi_l^n}{\Delta\,t}+\frac{\psi_{l+1}^{n+1}+\psi_{l+1}^n-2\psi_l^{n+1}-2\psi_l^n+\psi_{l-1}^{n+1}+\psi_{l-1}^n}{2\Delta\,x^2}=0. \tag{5.6.52}$$

令

$$\psi_l^n=e^{\mathrm{i}lm\,\Delta\,x}\,\xi^n,\quad m\text{ 为一整数}. \tag{5.6.53}$$

把(5.6.53)式代入(5.6.52)式, 经过简单的计算, 可得到增长因子

$$\xi=\frac{1+L(2\cos{(m\Delta\,x)}-2)}{1-L(2\cos{(m\Delta\,x)}-2)},$$

其中$L=\mathrm{i}\dfrac{\Delta\,t}{2\Delta\,x^2}$. 令$q=\dfrac{\Delta\,t}{\Delta\,x^2}(\cos{(m\Delta\,x)}-1)$, 有

$$\xi=\frac{1+\mathrm{i}q}{1-\mathrm{i}q}.$$

因此, $|\xi|\equiv 1$. 这样就证明了(5.6.49)的无条件线性稳定性.

下面考虑多辛积分子(5.6.49), 应用(5.6.49)式于(5.6.50)式, 得到

$$\begin{aligned}&\mathrm{i}\,\frac{(\psi_{l-1}^{n+1}+2\psi_l^{n+1}+\psi_{l+1}^{n+1})-(\psi_{l-1}^n+2\psi_l^n+\psi_{l+1}^n)}{2\Delta\,t}\\&+\frac{\psi_{l+1}^n+\psi_{l+1}^{n+1}-2(\psi_l^n+\psi_l^{n+1})+\psi_{l-1}^n+\psi_{l-1}^{n+1}}{\Delta\,x^2}=0.\end{aligned} \tag{5.6.54}$$

把(5.6.53)式代入(5.6.54)式, 经过简单的计算, 得到多辛积分子(5.6.49)的增长因子为

$$\xi=\frac{\big(1+\cos{(m\Delta\,x)}\big)+L\left(\cos{(m\Delta\,x)}-1\right)}{\big(1+\cos{(m\Delta\,x)}\big)-L\left(\cos{(m\Delta\,x)}-1\right)},$$

这里$L = \mathrm{i}\,\dfrac{2\Delta t}{\Delta x^2}$，令$p = 1 + \cos(m\Delta x)$, $q = \dfrac{2\Delta t}{\Delta x^2}\big(\cos(m\Delta x) - 1\big)$, 有

$$\xi = \frac{p + \mathrm{i}q}{p - \mathrm{i}q}.$$

因此, $|\xi| \equiv 1$. 这样就证明了多辛积分子(5.6.49)的无条件线性稳定性. ▲

§5.6.5 数值实验

在这一节, 用辛积分子(5.6.34) 和多辛积分子 (5.6.49) 进行数值实验. 至于守恒量, 主要检验局部能量守恒律 (5.6.38), 目的是理解多辛积分子的显著的局部守恒性质.

利用下面的初始条件:

单孤立子($a = 2$):

$$\psi(x, 0) = 1.5\mathrm{sech}\,(1.5x + 150)\,\exp(-2\mathrm{i}x). \tag{5.6.55}$$

2个孤立子($a = 2$):

$$\psi(x, 0) = \mathrm{sech}\,(x - 100)\,\exp(2\mathrm{i}x) + 1.5\mathrm{sech}\,(1.5x + 150)\,\exp(-2\mathrm{i}x). \tag{5.6.56}$$

3个孤立子($a = 18$):

$$\psi(x, 0) = \mathrm{sech}\,(x). \tag{5.6.57}$$

相应于多辛积分子(5.6.49)的离散的局部能量守恒律为:

$$\begin{aligned}
&\frac{E_{i+\frac{1}{2}}^{j+1} - E_{i+\frac{1}{2}}^{j}}{\Delta t} + \frac{F_{i+1}^{j+\frac{1}{2}} - F_{i}^{j+\frac{1}{2}}}{\Delta x} = 0,\\
&E_{i+\frac{1}{2}}^{j} = \frac{1}{2}\Big[\frac{a}{2}\left(\big(p_{i+\frac{1}{2}}^{j}\big)^2 + \big(q_{i+\frac{1}{2}}^{j}\big)^2\right)^2 - \big(v_{i+\frac{1}{2}}^{j}\big)^2 - \big(w_{i+\frac{1}{2}}^{j}\big)^2\Big],\\
&F_{i}^{j+\frac{1}{2}} = v_{i}^{j+\frac{1}{2}}\Big(\frac{p_{i+\frac{1}{2}}^{j+1} - p_{i+\frac{1}{2}}^{j}}{\Delta t}\Big) + w_{i}^{j+\frac{1}{2}}\Big(\frac{q_{i+\frac{1}{2}}^{j+1} - q_{i+\frac{1}{2}}^{j}}{\Delta t}\Big).
\end{aligned} \tag{5.6.58}$$

相应于辛积分子(5.6.34)的离散的局部能量守恒律为:

$$\begin{aligned}
&\frac{E_{i}^{j+1} - E_{i}^{j}}{\Delta t} + \frac{F_{i+1}^{j+\frac{1}{2}} - F_{i}^{j+\frac{1}{2}}}{\Delta x} = 0,\\
&E_{i}^{j} = \frac{1}{2}\Big[\frac{a}{2}\left((p_{i}^{j})^2 + (q_{i}^{j})^2\right)^2 - (v_{i}^{j})^2 - (w_{i}^{j})^2\Big],\\
&F_{i}^{j+\frac{1}{2}} = v_{i}^{j+\frac{1}{2}}\Big(\frac{p_{i}^{j+1} - p_{i}^{j}}{\Delta t}\Big) + w_{i}^{j+\frac{1}{2}}\Big(\frac{q_{i}^{j+1} - q_{i}^{j}}{\Delta t}\Big).
\end{aligned} \tag{5.6.59}$$

1. 单孤立子

首先,考虑单孤立子的传播. 利用初始条件(5.6.55), 计算在区域$0\leq t\leq 60$, $-160<x<160$内进行, 时间步长为$\Delta t=0.02$, 空间步长为$\Delta x=0.1$. 从图5.6.2中(a)和(b)可以看到, 辛积分子(5.6.34) 和多辛积分子(5.6.49)都很好地模拟了孤立子的传播. 图5.6.2中(c)和(d)用来测试离散的局部能量守恒律. 考虑的是局部能量守恒律在空间区域[−20, 20]上的和, 发现多辛积分子(5.6.49)很好地保持了离散的局部能量守恒律(5.6.58), 误差主要发生在孤立子传播到空间区域[−20, 20]时, 而辛积分子(5.6.34)并不保持离散的局部能量守恒律(5.6.59), 这些结果说明辛积分子确实不能反映连续系统的局部性质, 因此引进多辛积分子是有必要的.

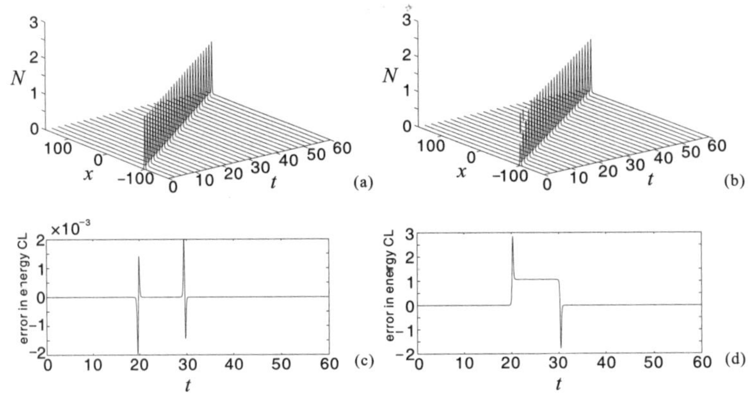

图 5.6.2 单个孤立子传播的模拟结果[(a)多辛积分子(5.6.49)的图,(b)辛积分子(5.6.34)的图, (c)和(d) 显示的是局部能量守恒定律的误差]

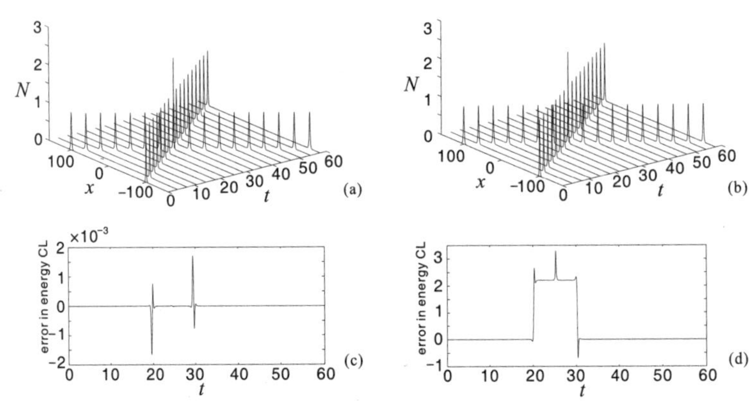

图 5.6.3 两个孤立子传播的模拟结果[(a)多辛积分子(5.6.49)的图,(b)辛积分子(5.6.34)的图, (c)和(d)显示的是局部能量守恒定律的误差]

2. 两个孤立子

接下来, 考虑 两个孤立子的碰撞. 利用初始条件(5.6.56)进行计算, 空间和时间离散与 1 个孤立子的情形一样. 从图5.6.3中(a)和(b), 可以看到辛积分子(5.6.34)和多辛积分子(5.6.49) 都很好地模拟了 两个孤立子的碰撞. 在保持局部能量守恒律方面, 多辛积分子(5.6.49) 很好地保持了离散的局部能量守恒律(5.6.58), 而辛积分子(5.6.34)并没有这种性质.

3. 3个孤立子

最后, 考虑3个孤立子的有界状态. 利用初始条件(5.6.57)进行计算. 在这种情形, 由于解的空间和时间梯度很大, 因此对数值格式的考验更严格. 计算在区域 $0\leq t\leq 5$, $-20<x<20$内进行, 时间步长为$\Delta t=0.003125$, 空间步长为$\Delta x=0.02$. 从图5.6.3中(a)和(b), 可以看到辛积分子(5.6.34) 和多辛积分子(5.6.49)都很好地模拟了孤立子的传播; 图5.6.3中(c)和(d)用来测试离散的局部能量守恒律, 考虑的是局部能量守恒律在空间区域$[-5,5]$上的和. 有意思的是, 两个积分子的离散的局部能量守恒律都有周期性变化, 但辛积分子(5.6.34)的误差非常大.

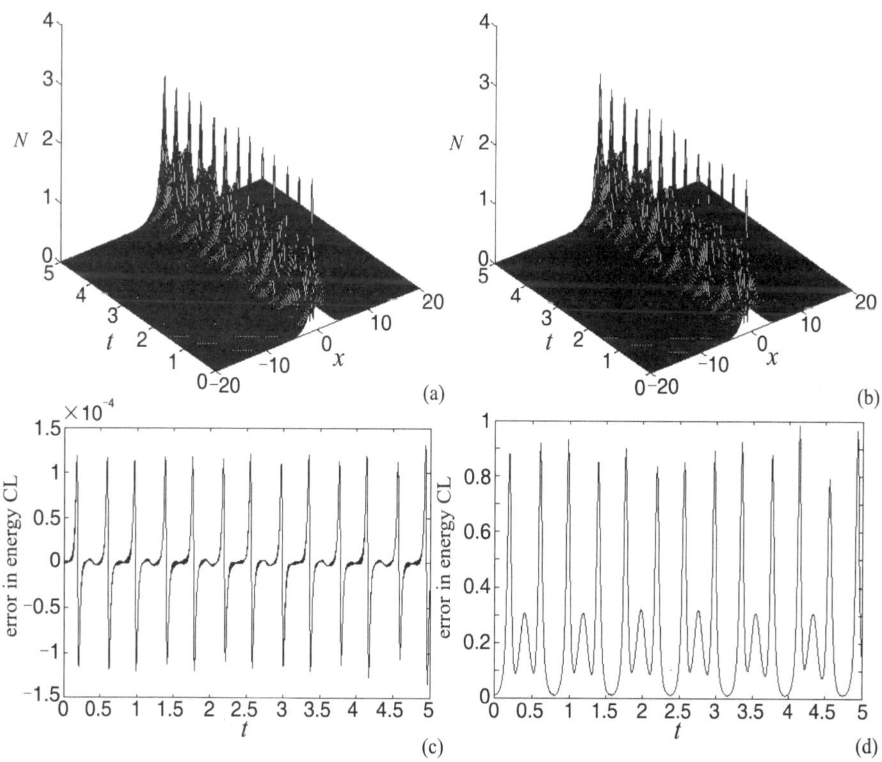

图 5.6.4　3个孤立子传播的模拟结果[(a)多辛积分子(5.6.49)的图,(b)辛积分子(5.6.34)的图, (c)和(d)显示的是局部能量守恒定律的误差]

§5.6.6 Schrödinger方程的变分积分子

在这一节, 讨论非线性Schrödinger方程多辛几何的离散形式. 为此, 把MPS提出的多辛数量场离散理论推广到多辛向量场离散理论. 关于非线性Schrödinger方程多辛几何, 参看§5.6.1.

为简单起见, 考虑立方非线性Schrödinger方程:

$$\mathrm{i}u_t + u_{xx} + 2|u|^2 = 0.$$

为了离散时空流形X, 取$X = Z \times Z = \{(i,j)\}$, 取纤维丛$Y$为$X \times \mathcal{F}$, $\mathcal{F}$为一个 2 维光滑流形. Y上基点(i,j)处的元素表示为(ϕ_{ij}, ψ_{ij}). X中的一个矩形为一有序四元组:

$$\square = \big((i,j), (i,j+1), (i+1,j+1), (i+1,j)\big). \tag{5.6.60}$$

$\square$的第i个分量为矩形的第i个顶点. 一个点$(i,j) \in X$ 称为一个矩形接触点如果它是该矩形的一个顶点. 如果一个点$(i,j) \in X$是一个矩形接触点, 我们也称它为该矩形的接触点. 设$U \subseteq X$, 称点(i,j)是U的一个内点, 如果U包含接触点(i,j),所有的4个矩形. 用$\bar{U}$表示接触U的内点的所有矩形的并. U 的边界点为$\bar{U}$中不是内点的点. 如果$U = \bar{U}$, 那么称U是正则的, $\mathrm{int}\,U$表示U的内点的集合, ∂U表示U的边界点的集合.

Y的离散的1阶射丛定义为

$$J^1Y \equiv (i,j;\ \phi_{ij},\ \psi_{ij},\ \phi_{ij+1},\ \psi_{ij+1},\ \phi_{i+1j+1},\ \psi_{i+1j+1},\ \phi_{i+1j},\ \psi_{i+1j}),$$

Y的截面$\varphi(i,j) = (p_{ij}, q_{ij})$的离散的 1 阶射流定义为

$$\begin{aligned} j^1\varphi(i,j) &\equiv (i,j;\ \varphi_{ij},\ \varphi_{ij+1},\ \varphi_{i+1j+1},\ \varphi_{i+1j}) \\ &\equiv (i,j;\ p_{ij},\ q_{ij},\ p_{ij+1},\ q_{ij+1},\ p_{i+1j+1},\ q_{i+1j+1},\ p_{i+1j},\ q_{i+1j}). \end{aligned}$$

为了离散连续的Lagrange函数, 认为离散的 1 阶射流对应于一个连续的 1 阶射流 $j^1\tilde{\varphi}$. $\tilde{\varphi}$ 为φ 一个插值函数. 具体说来, 考虑矩形(5.6.60), 其长为h(时间步长), 宽为k(空间步长). 利用双线性插值, 对于$(i,j) \in \square$, 有

$$\begin{aligned} \tilde{\varphi}(x,t) &= \frac{\varphi_{ij}}{hk}(x - x_{ij+1})(t - t_{ij+1}) - \frac{\varphi_{ij+1}}{hk}(x - x_{ij})(t - t_{ij+1}) \\ &\quad + \frac{\varphi_{i+1j+1}}{hk}(x - x_{ij})(t - t_{ij}) - \frac{\varphi_{i+1j}}{hk}(x - x_{ij+1})(t - t_{ij}), \end{aligned}$$

以及

$$\begin{aligned}
\frac{\partial\tilde{\varphi}}{\partial x} &= \frac{\varphi_{ij}}{hk}(t-t_{ij+1}) - \frac{\varphi_{ij+1}}{hk}(t-t_{ij+1}) + \frac{\varphi_{i+1j+1}}{hk}(t-t_{ij}) - \frac{\varphi_{i+1j}}{hk}(t-t_{ij}),\\
\frac{\partial\tilde{\varphi}}{\partial t} &= \frac{\varphi_{ij}}{hk}(x-x_{ij+1}) - \frac{\varphi_{ij+1}}{hk}(x-x_{ij+1}) + \frac{\varphi_{i+1j+1}}{hk}(x-x_{ij})\\
&\quad -\frac{\varphi_{i+1j}}{hk}(x-x_{ij}).
\end{aligned}$$

令$\tilde{x} = \dfrac{(x_{ij}+x_{ij+1}+x_{i+1j+1}+x_{i+1j})}{4}$, $\tilde{t} = \dfrac{(t_{ij}+t_{ij+1}+t_{i+1j+1}+t_{i+1j})}{4}$, 得到:

$$\begin{aligned}
\tilde{\varphi}(\tilde{x},\tilde{t}) &= \frac{\varphi_{ij}+\varphi_{ij+1}+\varphi_{i+1j+1}+\varphi_{i+1j}}{4},\\
\frac{\partial\tilde{\varphi}}{\partial x}(\tilde{x},\tilde{t}) &= \frac{1}{2}\left(\frac{\varphi_{i+1j}-\varphi_{ij}}{k} + \frac{\varphi_{i+1j+1}-\varphi_{ij+1}}{k}\right),\\
\frac{\partial\tilde{\varphi}}{\partial t}(\tilde{x},\tilde{t}) &= \frac{1}{2}\left(\frac{\varphi_{ij+1}-\varphi_{ij}}{h} + \frac{\varphi_{i+1j+1}-\varphi_{i+1j}}{h}\right).
\end{aligned}$$

因此, 对矩形来说, 最好的离散的Lagrange函数应为

$$\begin{aligned}
L = \frac{1}{2}\Bigg[&\left(\frac{p_4-p_1}{2k}+\frac{p_3-p_2}{2k}\right)^2 + \left(\frac{q_4-q_1}{2k}+\frac{q_3-q_2}{2k}\right)^2\\
&+\frac{p_1+p_2+p_3+p_4}{4}\left(\frac{q_2-q_1}{2h}+\frac{q_3-q_4}{2h}\right)\\
&-\frac{q_1+q_2+q_3+q_4}{4}\left(\frac{p_2-p_1}{2h}+\frac{p_3-p_4}{2h}\right)\\
&-\left(\left(\frac{p_1+p_2+p_3+p_4}{4}\right)^2+\left(\frac{q_1+q_2+q_3+q_4}{4}\right)^2\right)^2\Bigg].
\end{aligned}$$

这里, 用p_i表示矩形的第i个顶点, 并约定这样的表示不依赖具体的矩形, 那么, 可以定义作用为

$$\begin{aligned}
S(\varphi) &\equiv \sum_{(i,j)\in U} L(j^1\tilde{\varphi})\\
&\equiv \sum_{(i,j)\in U} L(i,j;\ \varphi_{ij},\ \varphi_{ij+1},\ \varphi_{i+1j+1},\ \varphi_{i+1j})\\
&\equiv \sum_{(i,j)\in U} L(i,j;\ p_{ij},\ q_{ij},\ p_{ij+1},\ q_{ij+1},\ p_{i+1j+1},\ q_{i+1j+1},\ p_{i+1j},\ q_{i+1j}).
\end{aligned}$$

给定Y上的向量场V, 它的流为F_ε^V, 那么存在一个单参数截面族

$$(F_\varepsilon^V\varphi)(i,j) \equiv F_\varepsilon^V(\varphi(i,j)).$$

离散的变分原理就是寻求S的临界点, 即

$$\left.\frac{\mathrm{d}}{\mathrm{d}\varepsilon}\right|_{\varepsilon=0} S\left(F_{\varepsilon}^{V} \varphi\right)=0, \quad \forall V.$$

相应于离散的变分原理, 可以得到离散的Euler-Lagrange方程. 对于$(i,j) \in \operatorname{int} U$, 作用可以写为包含$\varphi_{i,j}$的项的和, 即

$$\begin{aligned} S = & \cdots+L\left(\varphi_{ij}, \varphi_{ij+1}, \varphi_{i+1j+1}, \varphi_{i+1j}\right)+L\left(\varphi_{ij-1}, \varphi_{ij}, \varphi_{i+1j}, \varphi_{i+1j-1}\right) \\ & +L\left(\varphi_{i-1j-1}, \varphi_{i-1j}, \varphi_{ij}, \varphi_{ij-1}\right)+L\left(\varphi_{i-1j}, \varphi_{i-1j+1}, \varphi_{ij+1}, \varphi_{ij}\right)+\cdots \end{aligned}$$

对$\varphi_{ij}=(p_{ij}, q_{ij})$微分, 便得到离散的Euler-Lagrange方程:

$$\begin{aligned} & \frac{\partial L}{\partial p_1}\left(\varphi_{ij}, \varphi_{ij+1}, \varphi_{i+1j+1}, \varphi_{i+1j}\right)+\frac{\partial L}{\partial p_2}\left(\varphi_{ij-1}, \varphi_{ij}, \varphi_{i+1j}, \varphi_{i+1j-1}\right) \\ & +\frac{\partial L}{\partial p_3}\left(\varphi_{i-1j-1}, \varphi_{i-1j}, \varphi_{ij}, \varphi_{ij-1}\right)+\frac{\partial L}{\partial p_4}\left(\varphi_{i-1j}, \varphi_{i-1j+1}, \varphi_{ij+1}, \varphi_{ij}\right)=0, \\ & \frac{\partial L}{\partial q_1}\left(\varphi_{ij}, \varphi_{ij+1}, \varphi_{i+1j+1}, \varphi_{i+1j}\right)+\frac{\partial L}{\partial q_2}\left(\varphi_{ij-1}, \varphi_{ij}, \varphi_{i+1j}, \varphi_{i+1j-1}\right) \\ & +\frac{\partial L}{\partial q_3}\left(\varphi_{i-1j-1}, \varphi_{i-1j}, \varphi_{ij}, \varphi_{ij-1}\right)+\frac{\partial L}{\partial q_4}\left(\varphi_{i-1j}, \varphi_{i-1j+1}, \varphi_{ij+1}, \varphi_{ij}\right)=0. \end{aligned}$$

从离散的Euler-Lagrange方程, 可以得到非线性Schrödinger方程的9点积分子:

$$\begin{aligned} & \frac{\delta_k^2 q_{ij+1}-\delta_k^2 q_{ij-1}}{2h}+\frac{\delta_h^2 p_{i+1j}-2\delta_h^2 p_{ij}+\delta_h^2 p_{i-1j}}{k^2}-2N_1=0, \\ & \frac{\delta_k^2 p_{ij+1}-\delta_k^2 p_{ij-1}}{2h}+\frac{\delta_h^2 q_{i+1j}-2\delta_h^2 q_{ij}+\delta_h^2 q_{i-1j}}{k^2}-2N_2=0. \end{aligned} \tag{5.6.61}$$

这里, 用到如下定义:

$$\begin{aligned} & \delta_h^2 p_{ij}=p_{ij+1}+2p_{ij}+p_{ij-1}, \qquad \delta_k^2 p_{ij}=p_{i+1j}+2p_{ij}+p_{i-1j}, \\ & \delta_h^2 q_{ij}=q_{ij+1}+2q_{ij}+q_{ij-1}, \qquad \delta_k^2 q_{ij}=q_{i+1j}+2q_{ij}+q_{i-1j}, \\ & \tilde{p}_{ij}=\frac{p_{ij}+p_{ij+1}+p_{i+1j+1}+p_{i+1j}}{4}, \qquad \tilde{q}_{ij}=\frac{q_{ij}+q_{ij+1}+q_{i+1j+1}+q_{i+1j}}{4}, \\ & N_1 = (\tilde{p}_{ij}^2+\tilde{q}_{ij}^2)^2 \tilde{p}_{ij}+(\tilde{p}_{ij-1}^2+\tilde{q}_{ij-1}^2)^2 \tilde{p}_{ij-1}+(\tilde{p}_{i-1j-1}^2+\tilde{q}_{i-1j-1}^2)^2 \tilde{p}_{i-1j-1} \\ & \qquad +(\tilde{p}_{i-1j}^2+\tilde{q}_{i-1j}^2)^2 \tilde{p}_{i-1j}, \\ & N_2 = (\tilde{p}_{ij}^2+\tilde{q}_{ij}^2)^2 \tilde{q}_{ij}+(\tilde{p}_{ij-1}^2+\tilde{q}_{ij-1}^2)^2 \tilde{q}_{ij-1}+(\tilde{p}_{i-1j-1}^2+\tilde{q}_{i-1j-1}^2)^2 \tilde{q}_{i-1j-1} \\ & \qquad +(\tilde{p}_{i-1j}^2+\tilde{q}_{i-1j}^2)^2 \tilde{q}_{i-1j}. \end{aligned}$$

由$u = p + \mathrm{i}\,q$, 从(5.6.61)式得到一个关于u的 9 点积分子

$$\begin{aligned}&\mathrm{i}\,\frac{\delta_k^2 u_{ij+1} - \delta_k^2 u_{ij-1}}{2h} + \frac{\delta_h^2 u_{i+1j} - 2\delta_h^2 u_{ij} + \delta_h^2 u_{i-1j}}{k^2}\\ &+2\left(N(u_{i\,j}) + N(u_{i\,j-1}) + N(u_{i-1\,j-1}) + N(u_{i-1\,j})\right) = 0,\end{aligned} \tag{5.6.62}$$

这里

$$\delta_h^2 u_{ij} = u_{ij+1} + 2u_{ij} + u_{ij-1}, \quad \delta_k^2 u_{ij} = u_{i+1j} + 2u_{ij} + u_{i-1j},$$

$$N(u_{ij}) = \left(\left|\frac{u_{ij} + u_{ij+1} + u_{i+1j+1} + u_{i+1j}}{4}\right|^2\right)\frac{u_{ij} + u_{ij+1} + u_{i+1j+1} + u_{i+1j}}{4}.$$

相应于此矩形方法, 离散的Cartan形式为离散的 1 阶射丛上的 8 个 1-形式:

$$\Theta_p^1,\ \Theta_p^2,\ \Theta_p^3,\ \Theta_p^4,\ \Theta_q^1,\ \Theta_q^2,\ \Theta_q^3,\ \Theta_q^4,$$

它们定义如下:

$$\begin{aligned}\Theta_p^1(\varphi_{ij},\varphi_{ij+1},\varphi_{i+1j+1},\varphi_{i+1j}) &= \frac{\partial L}{\partial p_1}(\varphi_{ij},\varphi_{ij+1},\varphi_{i+1j+1},\varphi_{i+1j})\,\mathrm{d}p_{ij},\\ \Theta_p^2(\varphi_{ij},\varphi_{ij+1},\varphi_{i+1j+1},\varphi_{i+1j}) &= \frac{\partial L}{\partial p_2}(\varphi_{ij},\varphi_{ij+1},\varphi_{i+1j+1},\varphi_{i+1j})\,\mathrm{d}p_{ij+1},\\ \Theta_p^3(\varphi_{ij},\varphi_{ij+1},\varphi_{i+1j+1},\varphi_{i+1j}) &= \frac{\partial L}{\partial p_3}(\varphi_{ij},\varphi_{ij+1},\varphi_{i+1j+1},\varphi_{i+1j})\,\mathrm{d}p_{i+1j+1},\\ \Theta_p^4(\varphi_{ij},\varphi_{ij+1},\varphi_{i+1j+1},\varphi_{i+1j}) &= \frac{\partial L}{\partial p_4}(\varphi_{ij},\varphi_{ij+1},\varphi_{i+1j+1},\varphi_{i+1j})\,\mathrm{d}p_{i+1j},\end{aligned}$$

以及

$$\begin{aligned}\Theta_q^1(\varphi_{ij},\varphi_{ij+1},\varphi_{i+1j+1},\varphi_{i+1j}) &= \frac{\partial L}{\partial q_1}(\varphi_{ij},\varphi_{ij+1},\varphi_{i+1j+1},\varphi_{i+1j})\,\mathrm{d}q_{ij},\\ \Theta_q^2(\varphi_{ij},\varphi_{ij+1},\varphi_{i+1j+1},\varphi_{i+1j}) &= \frac{\partial L}{\partial q_2}(\varphi_{ij},\varphi_{ij+1},\varphi_{i+1j+1},\varphi_{i+1j})\,\mathrm{d}q_{ij+1},\\ \Theta_q^3(\varphi_{ij},\varphi_{ij+1},\varphi_{i+1j+1},\varphi_{i+1j}) &= \frac{\partial L}{\partial q_3}(\varphi_{ij},\varphi_{ij+1},\varphi_{i+1j+1},\varphi_{i+1j})\,\mathrm{d}q_{i+1j+1},\\ \Theta_q^4(\varphi_{ij},\varphi_{ij+1},\varphi_{i+1j+1},\varphi_{i+1j}) &= \frac{\partial L}{\partial q_4}(\varphi_{ij},\varphi_{ij+1},\varphi_{i+1j+1},\varphi_{i+1j})\,\mathrm{d}q_{i+1j}.\end{aligned}$$

利用这些 1-形式, 并注意到$\sum\limits_{i=1}^{4}(\Theta_p^i + \Theta_q^i) = \mathrm{d}L$, 可以证明(5.6.62)式满足离散的多辛形式公式

$$\sum_{\square;\,\square\cap\partial\square\neq\emptyset}\left(\sum_{i;\,\square^i\in\partial\square}\left[j^1(\varphi)^*\left(j^1V \lrcorner\, j^1W \lrcorner\,(\Omega_p^i + \Omega_q^i)\right)\right]\right) = 0, \tag{5.6.63}$$

这里$\Omega_p^i = -\mathrm{d}\Theta_p^i$, $\Omega_q^i = -\mathrm{d}\Theta_q^i$. V 和W 为垂直向量场, 使得流 F^V 和 F^W 把 φ 变为 (5.6.62) 其他的解. 称(5.6.62)为变分积分子, 这是非线性Schrödinger方程的一个新的 9 点积分子.

§5.6.7 多辛积分子与变分积分子

在§5.6.2, 从多辛Preissmann格式得到非线性Schrödinger方程的一个多辛 6 点格式

$$\begin{aligned}
&\mathrm{i}\,\frac{(u_{i-1j+1}+2u_{ij+1}+u_{i+1j+1})-(u_{i-1j}+2u_{ij}+u_{i+1j})}{2h})\\
&+\frac{u_{i+1j}+u_{i+1j+1}-2(u_{ij}+u_{ij+1})+u_{i-1j}+u_{i-1j+1}}{k^2}\\
&+2\Big(\Big|\frac{u_{ij}+u_{ij+1}+u_{i+1j+1}+u_{i+1j}}{4}\Big|^2\Big)\frac{u_{ij}+u_{ij+1}+u_{i+1j+1}+u_{i+1j}}{4}\\
&+2\Big(\Big|\frac{u_{i-1j}+u_{i-1j+1}+u_{ij+1}+u_{ij}}{4}\Big|^2\Big)\frac{u_{i-1j}+u_{i-1j+1}+u_{ij+1}+u_{ij}}{4}=0.
\end{aligned} \tag{5.6.64}$$

6点积分子与9点积分子的关系见图5.6.5.

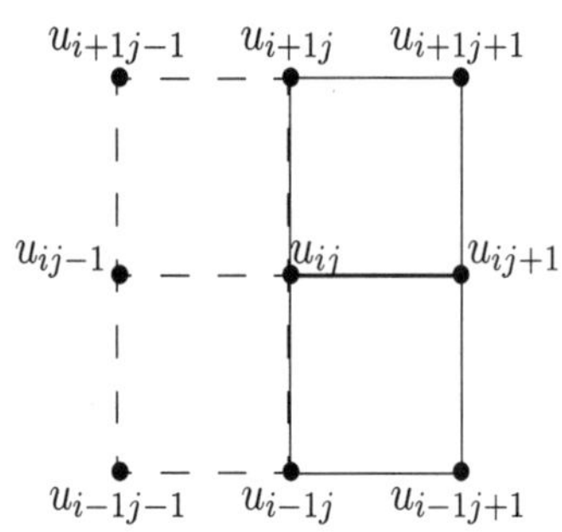

图 5.6.5 6点积分子与9点积分子关系

下面考察多辛积分子(5.6.64)和变分积分子(5.6.62)之间的关系.

定理 5.6.4 在适当的初边值条件下, 多辛积分子(5.6.64)和变分积分子(5.6.62) 是等价的.

证明:利用下面的定义:

$$\delta_h^2\, u_{ij}=u_{ij+1}+2u_{ij}+u_{ij-1},\quad \delta_k^2\, u_{ij}=u_{i+1j}+2u_{ij}+u_{i-1j},$$

$$N(u_{ij})=\Big(\Big|\frac{u_{ij}+u_{ij+1}+u_{i+1j+1}+u_{i+1j}}{4}\Big|^2\Big)\frac{u_{ij}+u_{ij+1}+u_{i+1j+1}+u_{i+1j}}{4},$$

多辛积分子(5.6.64)可以写为下面简洁的形式

$$\begin{aligned}&\mathrm{i}\,\frac{\delta_k^2 u_{ij+1}-\delta_k^2 u_{ij}}{2h}+\frac{u_{i+1j}+u_{i+1j+1}-2(u_{ij}+u_{ij+1})+u_{i-1j}+u_{i-1j+1}}{k^2}\\&+2(N(u_{ij})+N(u_{i-1j}))=0.\end{aligned}\tag{5.6.65}$$

在(5.6.65)式中, 用$j-1$代替j, 可以得到

$$\begin{aligned}&\mathrm{i}\,\frac{\delta_k^2 u_{ij}-\delta_k^2 u_{ij-1}}{2h}+\frac{u_{i+1j-1}+u_{i+1j}-2(u_{ij-1}+u_{ij})+u_{i-1j-1}+u_{i-1j}}{k^2}\\&+2\big(N(u_{ij-1})+N(u_{i-1j-1})\big)=0.\end{aligned}\tag{5.6.66}$$

将(5.6.65)和(5.6.66)式相加, 并利用$\delta_h^2 u_{ij}=u_{ij+1}+2u_{ij}+u_{ij-1}$, 得到

$$\begin{aligned}&\mathrm{i}\,\frac{\delta_k^2 u_{ij+1}-\delta_k^2 u_{ij-1}}{2h}+\frac{\delta_h^2 u_{i+1j}-2\delta_h^2 u_{ij}+\delta_h^2 u_{i-1j}}{k^2}\\&+2\big(N(u_{ij})+N(u_{ij-1})+N(u_{i-1j-1})+N(u_{i-1j})\big)=0.\end{aligned}\tag{5.6.67}$$

(5.6.67) 式就是变分积分子(5.6.62), 因此格式(5.6.64) 的解就是积分子(5.6.62) 的解. 如果在适当的初边值条件及迭代方法下, (5.6.64) 和(5.6.62) 的解是惟一的, 那么(5.6.64) 和(5.6.62) 便是等价的. ▲

在这一节, 只是对非线性Schrödinger方程和矩形方法, 证明了变分积分子和多辛积分子的等价性. 用同样的方法, 可以证明, 对于sine-Gordon方程, 应用变分方法和多辛方法, 可以得到完全相同的变分积分子和多辛积分子. 对于一般的方程和一般的方法, 还需要进一步研究.

§5.7 辛与多辛Fourier拟谱方法

谱方法以其指数阶精度和良好的稳定性得到了广泛的研究和应用, 但保结构谱方法的研究却相对较少. 汪道柳研究了无穷维Hamilton 系统的谱方法[Wan91a]; McLaclan[McL94a], Herbst等[HVA94] 以及Hollaway[Hol96]研究了无穷维Hamilton系统的拟谱方法. 这些方法的基本思想仍然是谱方法, 即利用谱方法对空间进行离散, 使得所得到的半离散方程是一个有限维Hamilton系统, 然后利用辛算法对半离散方程进行数值求解. Bridges 和Reich在多辛Hamilton系统上提出了多辛谱方法[BR01b], 他们所提出的多辛谱方法是建立在Fourier空间上的. 他们证明多辛谱方法具有N(空间格点数)个半离散多辛守恒律.

为了考察辛与多辛谱方法之间的关系, 我们提出了物理空间上的多辛谱方法, 并证明了关于谱微分矩阵的一个关系式, 该关系式对研究辛与多辛谱方法之间的关系具有重要的作用. 以非线性Schrödinger方程为例, 证明了辛与多辛谱方

法之间的差别在于对于2阶微分算子的不同离散, 还证明了在时间方向上利用辛算法时, 多辛谱方法具有N个全离散多辛守恒律.

§5.7.1 辛Fourier拟谱方法

考虑非线性Schrödinger方程

$$\mathrm{i}\,u_t + u_{xx} + 2|u|^2 u = 0 \tag{5.7.1}$$

及周期边界条件$u(0,t) = u(L,t)$.

从§5.6.2知道, (5.7.1)具有典则Hamilton结构. 令$u = p + q$, 则可以把方程(5.7.1)改写为:

$$\begin{aligned} &p_t + q_{xx} + 2(p^2 + q^2)q = 0, \\ &q_t - p_{xx} - 2(p^2 + q^2)p = 0. \end{aligned} \tag{5.7.2}$$

进一步, 方程(5.7.2)可以写成

$$\frac{\mathrm{d}z}{\mathrm{d}t} = J\frac{\delta H}{\delta z}, \tag{5.7.3}$$

这里$z = (p,q)^{\mathrm{T}}$, $J = \begin{bmatrix} 0 & 1 \\ -1 & 0 \end{bmatrix}$, Hamilton函数为

$$H(z) = \int \frac{1}{2}\left[p_x^2 + q_x^2 - (p^2 + q^2)^2\right] \mathrm{d}x.$$

在对方程(5.7.2)应用Fourier拟谱方法之前, 先简单回顾一下拟谱方法. 从方程(5.7.1)及周期边界条件$p(0,t) = p(L,t)$, $q(0,t) = q(L,t)$开始讨论. 谱方法和拟谱方法最早由D. Gottlib 和A. Orsag提出[GO77]. 下面的讨论就是在这个标准的Fourier拟谱方法的框架下进行的, 重点考察谱微分矩阵的结构. 谱微分矩阵在考察辛与多辛Fourier拟谱方法中具有重要作用.

Fourier拟谱方法包含两个基本的步骤: 第一步, 通过三角多项式插值来构造解的离散表示;第二步, 从原来的方程得到关于在配置点近似解的方程. 在第二步中, 关键是找到对微分算子的近似, 这种近似用解在配置点的近似值来表达.

用$I_N p(x,t)$ 和$I_N q(x,t)$ 来分别表示$p(x,t)$ 和$q(x,t)$ 在下面配置点处的插值近似:

$$x_j = \frac{L}{N}j, \quad j = 0, 1, \cdots, N-1,$$

这里N是一个偶数.

近似$I_N p(x,t)$ 和$I_N q(x,t)$ 具有如下形式:

$$I_N\, p(x,t) = \sum_{j=0}^{N-1} p_j\, g_j(x), \tag{5.7.4}$$

$$I_N\, q(x,t) = \sum_{j=0}^{N-1} q_j\, g_j(x), \tag{5.7.5}$$

这里$p_j = p(x_j,t)$, $q_j = q(x_j,t)$, $g_j(x_k) = \delta_j^k$. 因此, 有:

$$I_N p(x_j,t) = p_j,$$

$$I_N q(x_j,t) = q_j,$$

这里$j = 0, 1, \cdots, N-1$. 事实上, $g_j(x)$可以由下式给出:

$$g_j(x) = \frac{1}{N} \sum_{l=-N/2}^{N/2} \frac{1}{c_l} \mathrm{e}^{\mathrm{i}l\mu(x-x_j)}, \tag{5.7.6}$$

这里$c_l = 1(|l| \neq N/2)$, $c_{-N/2} = c_{N/2} = 2$, $\mu = \dfrac{2\pi}{L}$. 通过直接计算, 很容易证明$g_j(x_k) = \delta_j^k$.

把(5.7.6)式代入(5.7.4)和(5.7.5)式, 得到:

$$I_N\, p(x,t) = \sum_{l=-N/2}^{N/2} \frac{1}{c_l}\, \mathrm{e}^{\mathrm{i}l\mu\, x}\, \frac{1}{N} \sum_{j=0}^{N-1} p_j \mathrm{e}^{-\mathrm{i}l\mu\, x_j}, \tag{5.7.7}$$

$$I_N\, q(x,t) = \sum_{l=-N/2}^{N/2} \frac{1}{c_l}\, \mathrm{e}^{\mathrm{i}l\mu\, x}\, \frac{1}{N} \sum_{j=0}^{N-1} q_j\, \mathrm{e}^{-\mathrm{i}l\mu\, x_j}. \tag{5.7.8}$$

利用下面的定义:

$$\widehat{p}_l = \frac{1}{N c_l} \sum_{j=0}^{N-1} p_j\, \mathrm{e}^{-\mathrm{i}l\mu\, x_j}, \tag{5.7.9}$$

$$\widehat{q}_l = \frac{1}{N c_l} \sum_{j=0}^{N-1} q_j\, \mathrm{e}^{-\mathrm{i}l\mu\, x_j}, \tag{5.7.10}$$

(5.7.7)和(5.7.8)式分别变为:

$$I_N\, p(x,t) = \sum_{l=-N/2}^{N/2} \widehat{p}_l\, \mathrm{e}^{\mathrm{i}l\mu\, x}, \tag{5.7.11}$$

$$I_N\, q(x,t) = \sum_{l=-N/2}^{N/2} \widehat{q}_l\, \mathrm{e}^{\mathrm{i}l\mu\, x}. \tag{5.7.12}$$

因此

$$p_j = I_N\, p\,(x_j, t) = \sum_{l=-N/2}^{N/2} \widehat{p}_l\, \mathrm{e}^{\mathrm{i} l \mu\, x_j}, \tag{5.7.13}$$

$$q_j = I_N\, q(x_j, t) = \sum_{l=-N/2}^{N/2} \widehat{q}_l\, \mathrm{e}^{\mathrm{i} l \mu\, x_j}. \tag{5.7.14}$$

为了得到关于 p_j 和 q_j 的方程, 把 (5.7.11) 和(5.7.12) 式代入方程 (5.7.2), 并要求 (5.7.2) 在配置点精确成立, 即:

$$\begin{aligned}
&\left[(I_N\, p(x,t))_t + (I_N\, q(x,t))_{xx} + 2((I_N\, p(x,t))^2 + (I_N\, q(x,t))^2)\, I_N\, q(x,t)\right]\Big|_{x=x_j} = 0,\\
&\left[(I_N\, q(x,t))_t - (I_N\, p(x,t))_{xx} - 2((I_N\, p(x,t))^2 + (I_N\, q(x,t))^2)\, I_N\, p(x,t)\right]\Big|_{x=x_j} = 0,
\end{aligned}$$

这里$j = 0, 1, \cdots, N-1$.

这里关键的一步是用 p_j 和 q_j 来表示导数 $\dfrac{\partial^k I_N\, p(x,t)}{\partial x^k}$ 和 $\dfrac{\partial^k I_N\, q(x,t)}{\partial x^k}$ 在配置点x_j 处的值, 所用的方法是对 (5.7.4) 和 (5.7.5) 求微分, 然后计算在 x_j 点处的值,

$$\frac{\partial^k I_N\, p(x_j,t)}{\partial x^k} = \sum_{n=0}^{N-1} p_n \frac{\mathrm{d}^k g_n(x_j)}{\mathrm{d}x^k} = (D_k\, p)_j, \tag{5.7.15}$$

$$\frac{\partial^k I_N q(x_j,t)}{\partial x^k} = \sum_{n=0}^{N-1} q_n \frac{\mathrm{d}^k g_n(x_j)}{\mathrm{d}x^k} = (D_k\, q)_j, \tag{5.7.16}$$

这里D_k为一$N \times N$矩阵, 即

$$(D_k)_{j,n} = \frac{\mathrm{d}^k g_n(x_j)}{\mathrm{d}x^k},$$

$p = (p_0, \cdots, p_{N-1})^{\mathrm{T}}$, $q = (q_0, \cdots, q_{N-1})^{\mathrm{T}}$.

可以得到:

$$(D_1)_{j,n} = \begin{cases} \dfrac{1}{2}\,\mu\,(-1)^{j+n}\cot\left(\mu\,\dfrac{x_j - x_n}{2}\right), & j \neq n, \\ 0, & j = n, \end{cases}$$

$$(D_2)_{j,n} = \begin{cases} \dfrac{1}{2}\,\mu^2\,(-1)^{j+n+1}\,\dfrac{1}{\sin^2\left(\mu\,\dfrac{x_j - x_n}{2}\right)}, & j \neq n, \\ -\mu^2\,\dfrac{N^2+2}{12}, & j = n, \end{cases}$$

$$(D_3)_{j,n} = \begin{cases} \mu^3\,(-1)^{j+n}\,\dfrac{\cos\left(\mu\,\dfrac{x_j - x_n}{2}\right)}{\sin^3\left(\mu\,\dfrac{x_j - x_n}{2}\right)} \\ +\dfrac{\mu^3 N^2}{8}\,(-1)^{j+n+1}\cot\left(\mu\,\dfrac{x_j - x_n}{2}\right), & j \neq n, \\ 0, & j = n. \end{cases}$$

对于$k \geq 4$, 通过直接计算, 可得到关于$(D_k)_{j,n}$的具体表达式.

也可以不用谱微分矩阵而用快速 Fourier 变换来计算导数的值, 这样就可以把计算量由$O(N^2)$降为$O\,(N\log N)$. 但是, 利用谱微分矩阵可以更容易地考察辛与多辛Fourier拟谱方法之间的关系.

这里比较详细地介绍了Fourier拟谱方法, 目的是说明以上述方式得到的谱微分矩阵是反对称的. 而用下面稍微不同的方式, 所得到的谱微分矩阵就不是反对称的.

从(5.7.9)式可知, $\widehat{p}_{-\frac{N}{2}} = \widehat{p}_{\frac{N}{2}}$, $\mathrm{e}^{\mathrm{i}\,N\mu\,\frac{x_j}{2}} = \mathrm{e}^{\mathrm{i}\,N\mu\,\frac{x_j}{2}}$. 因此我们改写(5.7.11)式为

$$p_j = \sum_{l=\frac{N}{2}}^{\frac{N}{2}-1} \bar{\widehat{p}}_l\,\mathrm{e}^{\mathrm{i}\,l\,\mu\,x_j}, \tag{5.7.17}$$

这里

$$\bar{\widehat{p}}_l = \widehat{p}_l, \quad l = -\frac{N}{2}+1, \cdots, \frac{N}{2}-1,$$

$$\bar{\widehat{p}}_{-\frac{N}{2}} = 2\,\widehat{p}_{-\frac{N}{2}}.$$

类似地, 有

$$q_j = \sum_{l=-\frac{N}{2}}^{\frac{N}{2}-1} \bar{\widehat{q}}_l \mathrm{e}^{\mathrm{i}lx_j}, \tag{5.7.18}$$

这里

$$\bar{\widehat{q}}_l = \widehat{q}_l, \quad l = -\frac{N}{2}+1, \cdots, \frac{N}{2}-1,$$

$$\bar{\widehat{q}}_{-\frac{N}{2}} = 2\widehat{q}_{-\frac{N}{2}}.$$

利用(5.7.17)和(5.7.18)式进行快速Fourier变换比利用(5.7.13)和(5.7.14)更有效,但是,应注意到下面的事实.

令:

$$\bar{I}_N p(x,t) = \sum_{l=-\frac{N}{2}}^{\frac{N}{2}-1} \bar{\widehat{p}}_l \,\mathrm{e}^{\mathrm{i}\, l\, \mu\, x}, \tag{5.7.19}$$

$$\bar{I}_N q(x,t) = \sum_{l=-\frac{N}{2}}^{\frac{N}{2}-1} \bar{\widehat{q}}_l \,\mathrm{e}^{\mathrm{i}\, l\, \mu\, x}. \tag{5.7.20}$$

显然,$\bar{I}_N p(x,t) \neq I_N p(x,t)$, $\bar{I}_N q(x,t) \neq I_N q(x,t)$. 事实上,

$$I_N p(x,t) = \bar{I}_N p(x,t) + \widehat{p}_{\frac{N}{2}} (\mathrm{e}^{\mathrm{i}\, N\, \mu\, \frac{x}{2}} - \mathrm{e}^{-\mathrm{i}\, N\, \mu\, \frac{x}{2}}),$$

$$I_N q(x,t) = \bar{I}_N q(x,t) + \widehat{q}_{\frac{N}{2}} (\mathrm{e}^{\mathrm{i}\, N\, \mu\, \frac{x}{2}} - \mathrm{e}^{-\mathrm{i}\, N\, \mu\, \frac{x}{2}}).$$

在推导谱微分矩阵时,如果不利用(5.7.11)和(5.7.12)式,而利用(5.7.19)和(5.7.20)式,那么所得到的谱微分矩阵就不是反对称的.事实上,这样得到的谱微分矩阵的主对角线上的元素为$-\mathrm{i}/2$.

注意到,D_1为实反对称矩阵,D_2为实对称矩阵,利用谱微分矩阵,可以得到非线性Schrödinger方程标准的Fourier拟谱半离散:

$$\begin{aligned} &\frac{\mathrm{d}}{\mathrm{d}t} p_j + (D_2\, q)_j + 2(p_j^2 + q_j^2)\, q_j = 0, \\ &\frac{\mathrm{d}}{\mathrm{d}t} q_j - (D_2 p)_j - 2(p_j^2 + q_j^2)\, p_j = 0, \end{aligned} \tag{5.7.21}$$

这里$j = 0, 1, \cdots, N-1$, $p = (p_0, \cdots, p_{N-1})^{\mathrm{T}}$, $q = (q_0, \cdots, q_{N-1})^{\mathrm{T}}$.

注意到D_2是对称的,(5.7.21)为一个 Hamilton 系统:

$$\begin{aligned} \frac{\mathrm{d}p}{\mathrm{d}t} &= -\frac{\partial H}{\partial q}, \\ \frac{\mathrm{d}q}{\mathrm{d}t} &= \frac{\partial H}{\partial p}, \end{aligned} \tag{5.7.22}$$

Hamilton函数为

$$H(p,q) = \frac{1}{2}\left[p^{\mathrm{T}} D_2 p + q^{\mathrm{T}} D_2 q\right] + \frac{m}{4} \sum_{j=0}^{N-1} (p_j^2 + q_j^2)^2,$$

故(5.7.21)式为非线性Schrödinger方程的辛Fourier拟谱离散.

§5.7.2 多辛Fourier拟谱方法

已知非线性Schrödinger方程(5.7.1)可以写为多辛Hamilton系统的形式:

$$\begin{aligned} & q_t - v_x = 2(p^2+q^2)\,p, \\ & -p_t - w_x = 2(p^2+q^2)\,q, \\ & p_x = v, \quad q_x = w. \end{aligned} \tag{5.7.23}$$

多辛Hamilton系统(5.7.23)可以写为

$$M\,z_t + K\,z_x = \bigtriangledown_z S(z), \quad z = (p,q,v,w)^{\mathrm{T}}. \tag{5.7.24}$$

这里,

$$M = \begin{bmatrix} 0 & 1 & 0 & 0 \\ -1 & 0 & 0 & 0 \\ 0 & 0 & 0 & 0 \\ 0 & 0 & 0 & 0 \end{bmatrix}, \quad K = \begin{bmatrix} 0 & 0 & -1 & 0 \\ 0 & 0 & 0 & -1 \\ 1 & 0 & 0 & 0 \\ 0 & 1 & 0 & 0 \end{bmatrix},$$

$$S(z) = -H = \frac{1}{2}\left(v^2 + w^2 + (p^2+q^2)^2\right).$$

(5.7.24)式的局部能量守恒律为

$$\frac{\partial}{\partial t}\left[\frac{1}{2}\left((p^2+q^2)^2 - v^2 - w^2\right)\right] + \frac{\partial}{\partial x}(v\,p_t + w\,q_t) = 0. \tag{5.7.25}$$

对多辛Hamilton系统(5.7.23)应用Fourier拟谱方法, 并利用下面的符号:

$$\begin{aligned} & p = (p_0, \cdots, p_{N-1})^{\mathrm{T}}, \qquad q = (q_0, \cdots, q_{N-1})^{\mathrm{T}}, \\ & v = (v_0, \cdots, v_{N-1})^{\mathrm{T}}, \qquad w = (w_0, \cdots, w_{N-1})^{\mathrm{T}}, \end{aligned}$$

得到:

$$\begin{aligned} & \frac{\mathrm{d}q_j}{\mathrm{d}t} - (D_1 v)_j = 2(p_j^2 + q_j^2)\,p_j, \\ & -\frac{\mathrm{d}p_j}{\mathrm{d}t} - (D_1 w)_j = 2(p_j^2 + q_j^2)\,q_j, \\ & (D_1 p)_j = v_j, \quad (D_1 q)_j = w_j, \end{aligned} \tag{5.7.26}$$

这里$j = 0, 1, \cdots, N-1$, D_1为1阶谱微分矩阵.

定理 5.7.1 Fourier拟谱半离散(5.7.26)具有N个半离散的多辛守恒律

$$\frac{\mathrm{d}}{\mathrm{d}t}\omega_j+\sum_{k=0}^{N-1}(D_1)_{j,k}\,\kappa_{jk}=0,\quad j=0,1,\cdots,N-1, \tag{5.7.27}$$

这里,

$$\omega_j=\frac{1}{2}(\mathrm{d}z_j\wedge M\,\mathrm{d}z_j),\quad \kappa_{jk}=\mathrm{d}z_j\wedge K\,\mathrm{d}z_k,$$

$z_j=(p_j,q_j,v_j,w_j)^{\mathrm{T}}\ (j=0,1,\cdots,N-1)$. M 和K 为(5.7.24)中的反对称矩阵.

证明:把(5.7.26)式写为紧的形式

$$M\frac{\mathrm{d}}{\mathrm{d}t}z_j+K\sum_{k=0}^{N-1}(D_1)_{j,k}\,z_k=\nabla_z S(z_j). \tag{5.7.28}$$

与(5.7.28)式相联系的变分方程为

$$M\frac{\mathrm{d}}{\mathrm{d}t}\mathrm{d}z_j+K\sum_{k=0}^{N-1}(D_1)_{j,k}\,\mathrm{d}z_k=S_{zz}(z_j)\,\mathrm{d}z_j. \tag{5.7.29}$$

对方程(5.7.29)两边和$\mathrm{d}z_j$作外积, 并注意到等式

$$\left(\frac{\mathrm{d}}{\mathrm{d}t}\mathrm{d}z_j\right)\wedge M\,\mathrm{d}z_j=\mathrm{d}z_j\wedge M\left(\frac{\mathrm{d}}{\mathrm{d}t}\mathrm{d}z_j\right),$$

$$\mathrm{d}z_j\wedge S_{zz}(z_j)\,\mathrm{d}z_j=0,$$

便得到N个多辛守恒律(5.7.27). ▲

因为D_1是反对称的, 且$\kappa_{jk}=\kappa_{kj}$, 所以可以对多辛守恒律(5.7.27)关于空间指数求和而得到

$$\frac{\mathrm{d}}{\mathrm{d}t}\sum_{j=0}^{N-1}\omega_j=0, \tag{5.7.30}$$

这意味着整体辛的守恒性. 因此, 自然要求利用辛算法对时间进行离散. (5.7.26)式就是非线性Schrödigner方程多辛Fourier拟谱离散.

§5.7.3 辛与多辛Fourier拟谱方法的关系

为了考察非线性Schrödinger方程辛与多辛Fourier拟谱方法的关系, 从中消去v 和 w, 得到:

$$\begin{aligned}&\frac{\mathrm{d}}{\mathrm{d}t}p_j+(D_1^2\,q)_j+2(p_j^2+q_j^2)\,q_j=0,\\&\frac{\mathrm{d}}{\mathrm{d}t}q_j+(D_1^2\,p)_j-2(p_j^2+q_j^2)\,p_j=0,\end{aligned} \tag{5.7.31}$$

这里$j=0,1,\cdots,N-1$, $p=(p_0,\cdots,p_{N-1})^{\mathrm{T}}$, $q=(q_0,\cdots,q_{N-1})^{\mathrm{T}}$, D_1^2表示$(D_1)^2$.

比较(5.7.31)和(5.7.21)式,很容易发现非线性Schrödinger方程辛与多辛Fourier拟谱方法的差别在于p_{xx}和q_{xx}拟谱离散. 对于辛 Fourier 拟谱方法,它们分别是 $(D_2p)_j$ 和 $(D_2q)_j$; 对于多辛 Fourier 拟谱方法,它们分别是 $(D_1^2p)_j$ 和 $(D_1^2q)_j$.

对于下面配置点:

$$x_j=\frac{L}{N}j,\quad j=0,1,\cdots,N-1, \tag{5.7.32}$$

其中 N 是偶数. 通过直接计算,可以得到

$$(D_2)_{j,n}=(D_1^2)_{j,n}+(-1)^{j+n+1}\frac{\mu^2N}{4}, \tag{5.7.33}$$

这里$\mu=\dfrac{2\pi}{L}$ $(j,n=0,1,\cdots,N-1)$. 一般地,对配置点(5.7.32),有下列定理.

定理 5.7.2 对于谱微分矩阵D_k和D_1^k,以下关系式成立:

$$(D_k)_{j,n}=(D_1^k)_{j,n}+(-1)^{j+n}\frac{\mu^k}{2N}\left[\left(\mathrm{i}\,\frac{N}{2}\right)^k+\left(-\mathrm{i}\,\frac{N}{2}\right)^k\right]. \tag{5.7.34}$$

特别地, $D_k=D_1^k$, 如果k是一个偶数.

证明:首先由(5.7.6)式,有

$$(D_k)_{j,n}=\frac{\mathrm{d}^k\,g_n(x_j)}{\mathrm{d}x^k}=\frac{1}{N}\sum_{l=-\frac{N}{2}}^{\frac{N}{2}}\frac{(\mathrm{i}\,l\,\mu)^k}{c_1}\mathrm{e}^{\mathrm{i}\,l\,\mu\,(x_j-x_n)}. \tag{5.7.35}$$

现在直接计算D_1^k. 首先,有

$$\begin{aligned}(D_1^2)_{j,n}&=\sum_{m=0}^{N-1}(D_1)_{j,m}(D_1)_{m,n}\\&=\sum_{m=0}^{N-1}\frac{1}{N}\sum_{l=-\frac{N}{2}}^{\frac{N}{2}}\frac{\mathrm{i}\,l\,\mu}{c_l}\mathrm{e}^{\mathrm{i}\,l\,\mu\,(x_j-x_m)}\frac{1}{N}\sum_{p=-\frac{N}{2}}^{\frac{N}{2}}\frac{\mathrm{i}\,p\,\mu}{c_p}\,\mathrm{e}^{\mathrm{i}\,p\,\mu\,(x_m-x_n)}\\&=\frac{1}{N}\sum_{l=-\frac{N}{2}}^{N-1}\sum_{p=-\frac{N}{2}}^{\frac{N}{2}}\frac{-l\,p\,\mu^2}{c_l\,c_p}\,\mathrm{e}^{\mathrm{i}\,\mu\,(l\,x_j-p\,x_n)}\,\frac{1}{N}\sum_{m=0}^{N-1}\mathrm{e}^{\mathrm{i}\,\mu\,(p-l)\,x_m}.\end{aligned}$$

利用恒等式

$$\sum_{m=0}^{N-1}\mathrm{e}^{\mathrm{i}\,\mu\,(p-l)\,x_m}=\begin{cases}0, & p-l\neq nN,\\ N, & p-l=nN,\end{cases}\qquad n\text{ 是整数}, \tag{5.7.36}$$

并注意到:

$$e^{-i\mu\frac{N(x_j-x_n)}{2}}=e^{i\mu\frac{N(x_j-x_n)}{2}}=(-1)^{j-n}=(-1)^{j+n},$$

$$e^{-i\mu\frac{N(x_j+x_n)}{2}}=e^{i\mu\frac{N(x_j+x_n)}{2}}=(-1)^{j+n}=(-1)^{j-n},$$

$$c_{-\frac{N}{2}}=c_{\frac{N}{2}}=2,\quad c_l=1,\quad |l|\neq\frac{N}{2},$$

得到

$$\begin{aligned}(D_1^2)_{j,n}&=\frac{1}{N}\sum_{l=\frac{-N}{2}}^{\frac{N}{2}}\left(\frac{-(l\,\mu)^2}{c_l^2}\right)e^{i\,l\,\mu\,(x_j-x_n)}+2(-1)^{j+n}\frac{\mu^2}{4N}\left(\frac{N}{2}\right)^2\\&=\frac{1}{N}\sum_{-\frac{N}{2}+1}^{\frac{N}{2}-1}\left(\frac{-(l\,\mu)^2}{c_l^2}\right)e^{i\,l\,\mu\,(x_j-x_n)}\\&=\frac{1}{N}\sum_{-\frac{N}{2}+1}^{\frac{N}{2}-1}\left(\frac{(i\,l\,\mu)^2}{c_l}\right)e^{i\,l\,\mu\,(x_j-x_n)}.\end{aligned}$$

把$(D_1^2)_{j,n}$改写为

$$(D_1^2)_{j,n}=\frac{1}{N}\sum_{l=-\frac{N}{2}}^{\frac{N}{2}}b_l(i\,l\,\mu)^2\,e^{i\,l\,\mu\,(x_j-x_n)},\tag{5.7.37}$$

这里$b_{-\frac{N}{2}}=b_{\frac{N}{2}}=0,\ b_l=\dfrac{1}{c_l}=1\ \left(|l|\neq\dfrac{N}{2}\right)$. 利用计算$(D_1^2)_{j,n}$的方法, 得到

$$\begin{aligned}(D_1^3)_{j,n}&=\sum_{m=0}^{N-1}(D_1^2)_{j,m}\,(D_1)_{m,n}\\&=\sum_{m=0}^{N-1}\frac{1}{N}\sum_{l=-\frac{N}{2}}^{\frac{N}{2}}b_l\,(i\,l\,\mu)^2\,e^{i\,l\,\mu\,(x_j-x_m)}\,\frac{1}{N}\sum_{p=-\frac{N}{2}}^{\frac{N}{2}}\frac{i\,p\,\mu}{c_p}\,e^{i\,p\,\mu\,(x_m-x_n)}\\&=\frac{1}{N}\sum_{l=-\frac{N}{2}}^{\frac{N}{2}}\sum_{p=-\frac{N}{2}}^{\frac{N}{2}}\frac{b_l\,(i\,l\,\mu)^2 i\,p\,\mu}{c_p}\,e^{i\,\mu\,(lx_j-px_n)}\,\frac{1}{N}\sum_{m=0}^{N-1}e^{i\,\mu\,(p-l)\,x_m}\\&=\frac{1}{N}\sum_{l=-\frac{N}{2}}^{\frac{N}{2}}\frac{b_l\,(i\,l\,\mu)^3}{c_l}\,e^{i\,l\,\mu\,(x_j-x_n)}=\frac{1}{N}\sum_{l=-\frac{N}{2}+1}^{\frac{N}{2}-1}\frac{(i\,l\,\mu)^3}{c_l}e^{i\,l\,\mu\,(x_j-x_n)}.\end{aligned}$$

重复利用(5.7.37)式中的技巧, 并对k应用归纳法, 有

$$(D_1^k)_{j,n} = \frac{1}{N} \sum_{l=-\frac{N}{2}+1}^{\frac{N}{2}-1} \frac{(\mathrm{i}\, l\, \mu)^k}{c_l}\, \mathrm{e}^{\mathrm{i}\, l\, \mu\, (x_j - x_n)}. \tag{5.7.38}$$

从(5.7.35)式减去(5.7.38)式, 便得到(5.7.34)式. ▲

§5.7.4 数值实验

在数值实验中, 考虑立方非线性Schrödinger方程

$$\mathrm{i} u_t + u_{xx} + 2|u|^2 u = 0 \tag{5.7.39}$$

具有初始条件

$$u(x,0) = 0.5 + 0.025 \cos{(\mu\, x)}$$

和周期边界条件$u(0,t) = u(L,t)$. 这里$L = 4\sqrt{2}\,\pi$, $\mu = 2\dfrac{\pi}{L}$.

对于辛Fourier拟谱离散(5.7.22), 用中心点格式离散时间, 得到:

$$\begin{aligned} &\frac{p_j^1 - p_j^0}{\Delta\, t} + (D_2\, q^{\frac{1}{2}})_j + 2\left((p_j^{\frac{1}{2}})^2 + (q_j^{\frac{1}{2}})^2\right) q_j^{\frac{1}{2}} = 0, \\ &\frac{q_j^1 - q_j^0}{\Delta\, t} + (D_2\, p^{\frac{1}{2}})_j + 2\left((p_j^{\frac{1}{2}})^2 + (q_j^{\frac{1}{2}})^2\right) p_j^{\frac{1}{2}} = 0. \end{aligned} \tag{5.7.40}$$

这里不失一般性, 把时间指数取为0和1, 以代替n和$n+1$. Δt为时间步长, $p^{\frac{1}{2}} = \dfrac{1}{2}\ (p^0 + p^1)$, $p_j^{\frac{1}{2}} = \dfrac{1}{2}\,(p_j^0 + p_j^1)$, $p_j^1 \approx p(x_j, \Delta\, t)$等.

对于多辛Fourier拟谱离散(5.7.26), 也用中心点格式离散时间, 得到:

$$\begin{aligned} &\frac{q_j^1 - q_j^0}{\Delta\, t} - (D_1\, v^{\frac{1}{2}})_j - 2\left((p_j^{\frac{1}{2}})^2 + (q_j^{\frac{1}{2}})^2\right) p_j^{\frac{1}{2}} = 0, \\ &\frac{p_j^1 - p_j^0}{\Delta\, t} + (D_1\, w^{\frac{1}{2}})_j + 2\left((p_j^{\frac{1}{2}})^2 + (q_j^{\frac{1}{2}})^2\right) q_j^{\frac{1}{2}} = 0, \\ &(D_1 p^{\frac{1}{2}})_j = v_j^{\frac{1}{2}}, \quad (D_1\, q^{\frac{1}{2}})_j = w_j^{\frac{1}{2}}. \end{aligned} \tag{5.7.41}$$

定理 5.7.3 积分子(5.7.41)具有N个全离散的多辛守恒律

$$\frac{\omega_j^1 - \omega_j^0}{\Delta\, t} - \sum_{k=0}^{N-1} (D_1)_{j,k}\, \kappa_{j,k}^{\frac{1}{2}} = 0, \tag{5.7.42}$$

这里,

$$\begin{aligned} &\omega_j^n = \frac{1}{2}\, \mathrm{d} z_j^n \wedge M\, \mathrm{d} z_j^n, \quad n = 0, 1, \\ &\kappa_{j,k}^{\frac{1}{2}} = \mathrm{d} z_j^{\frac{1}{2}} \wedge K\, \mathrm{d} z_k^{\frac{1}{2}}, \quad j = 0, 1, \cdots, N-1. \end{aligned}$$

证明:从定理5.7.2, 知道(5.7.41)式可以写为紧的形式

$$M\,\frac{z_j^1-z_j^0}{\Delta t}+K\sum_{k=0}^{N-1}(D_1)_{j,k}\,z_k^{\frac12}=\nabla_z\,S\,(z_j^{\frac12}).\tag{5.7.43}$$

与(5.7.43)式相联系的变分方程为

$$M\,\frac{\mathrm{d}z_j^1-\mathrm{d}z_j^0}{\Delta t}+K\sum_{k=0}^{N-1}(D_1)_{j,k}\,\mathrm{d}z_k^{\frac12}=S_{zz}\,(z_j^{\frac12})\,\mathrm{d}z_j^{\frac12}.\tag{5.7.44}$$

(5.7.44)式两边与$\mathrm{d}z_j^{\frac12}$作外积, 并注意到:

$$\mathrm{d}z_j^{\frac12}\wedge S_{zz}\,(z_j^{\frac12})\,\mathrm{d}z_j^{\frac12}=0,\quad \mathrm{d}z_j^{\frac12}=\frac12\,(\mathrm{d}z_j^0+\mathrm{d}z_j^1),$$

通过简单的推导, 便得到全离散的多辛守恒律(5.7.42). ▲

现在, 利用积分子(5.7.40)和(5.7.41)进行数值实验. 关于守恒量, 主要考虑局部能量守恒律(5.7.25). 首先考虑局部能量守恒律(5.7.25)的离散形式相应于积分子(5.7.40)和(5.7.41), 离散的局部能量守恒律为:

$$\begin{aligned}
&\frac{E_i^1-E_i^0}{\Delta t}+(D_1F^{\frac12})_i=R_i,\\
&E_i^n=\frac12\left[\left((p_i^n)^2+(q_i^n)^2\right)^2-(v_i^n)^2-(w_i^n)^2\right],\quad n=0,1,\\
&F^{\frac12}=v^{\frac12}\left(\frac{p^1-p^0}{\Delta t}\right)+w^{\frac12}\left(\frac{q^1-q^0}{\Delta t}\right).
\end{aligned}\tag{5.7.45}$$

这里$i=0,1,\cdots,N-1$, R_i 为由离散产生的局部能量守恒律的误差. 当用积分子(5.7.40)时, 应用$(D_1p^{\frac12})_j=v_j^{\frac12}$和$(D_1q^{\frac12})_j=w_j^{\frac12}$, 从$p_j$和$q_j$求得$v_j$和$w_j$.

取$N=256$, $\Delta t=0.01$. 首先考虑积分子(5.7.41). 在图5.7.1中, 显示的是不同时刻的波形以及局部能量守恒律(5.7.25)的误差. 局部能量守恒律关于空间指数i求和(从$i=100$ 到$i=150$), 即$R=\sum\limits_{i=100}^{150}R_i$. 注意到(5.7.41)很好地保持了局部能量守恒律(5.7.25). 图5.7.2显示的是用积分子(5.7.40)获得的结果. 从图中可以看出, 两个积分子(5.7.41)和(5.7.40) 表现出基本相同的性质. 我们可以理解积分子(5.7.41)的局部能量守恒性质, 因为它满足离散的多辛守恒律. 为什么积分子(5.7.40)也具有这种性质? 原因可能是拟谱方法在对导数进行离散时用到整个空间格点上的值, 这意味着局部信息包含整体信息.

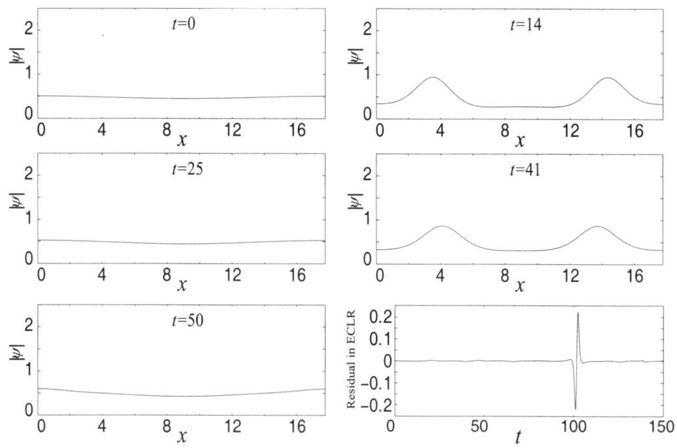

图 5.7.1　积分子(5.7.41)在t=0,14, 25, 41, 50的波形及局部能量守恒律的误差

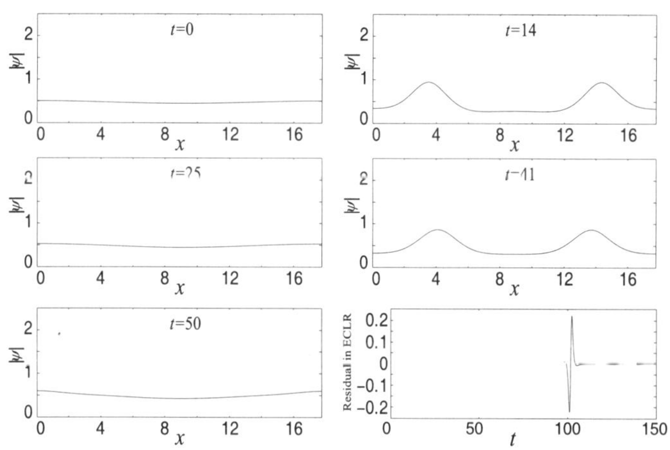

图 5.7.2　积分子(5.7.40)在t=0,14, 25, 41, 50的波形及局部能量守恒律的误差

§5.8　KdV方程的多辛格式

§5.8.1　多辛方程组

在[BR01a]中, Bridges指出许多Hamilton偏微分方程可以写成多辛方程组的形式. 这一节, 以KdV方程、波方程和Schrödinger方程为例, 来看一下多辛方程组的具体形式及其基本性质.

多辛方程组的一般形式是

$$Mz_t + Kz_x = \bigtriangledown_z S(z), \tag{5.8.1}$$

其中M和K是反对称常矩阵. 方程组(5.8.1)的一个重要性质是具有多辛守恒律

$$\partial_t\left(\mathrm{d}z \wedge M\,\mathrm{d}z\right) + \partial_x\left(\mathrm{d}z \wedge K\,\mathrm{d}z\right) = 0, \tag{5.8.2}$$

这里∂_t、∂_x表示关于t和x的全导数.

下面, 先看几个多辛方程组的例子, 通过这几个例子来理解Bridges 多辛的定义.

例 5.8.1 首先看一下KdV方程的多辛方程组形式. 设$u=\varphi_x$, $v=u_x$, $w=\dfrac{1}{2}\varphi_t+v_x+V'(u)$, $V(u)=u^3$, 则KdV方程可以写成

$$M\,z_t + K\,z_x = \bigtriangledown_z\,S(z), \tag{5.8.3}$$

其中,

$$M=\begin{bmatrix} 0 & \frac{1}{2} & 0 & 0 \\ -\frac{1}{2} & 0 & 0 & 0 \\ 0 & 0 & 0 & 0 \\ 0 & 0 & 0 & 0 \end{bmatrix},\quad K=\begin{bmatrix} 0 & 0 & 0 & 1 \\ 0 & 0 & -1 & 0 \\ 0 & 1 & 0 & 0 \\ -1 & 0 & 0 & 0 \end{bmatrix},\quad z=\begin{bmatrix} \varphi \\ u \\ v \\ w \end{bmatrix},$$

$S(z)=\dfrac{1}{2}v^2-uw+V(u)$. 方程组(5.8.3)有守恒律

$$\partial_t\left(\mathrm{d}z \wedge M\,\mathrm{d}z\right) + \partial_x\left(\mathrm{d}z \wedge K\,\mathrm{d}z\right) = 0,$$

即守恒律

$$\partial_t\left(\mathrm{d}\varphi \wedge \mathrm{d}u\right) + 2\partial_x\left(\mathrm{d}\varphi \wedge \mathrm{d}w + \mathrm{d}v \wedge \mathrm{d}u\right) = 0. \tag{5.8.4}$$

例 5.8.2 Klein-Gordon方程可以写为

$$u_{tt} - u_{xx} + V'(u) = 0, \tag{5.8.5}$$

$V(u)$是一个关于u的光滑函数. 设$v=u_t$, $w=u_x$, 则方程(5.8.5)可以写成等价形式

$$M\,z_t + K\,z_x = \bigtriangledown_z\,S(z), \tag{5.8.6}$$

其中

$$M = \begin{bmatrix} 0 & -1 & 0 \\ 1 & 0 & 0 \\ 0 & 0 & 0 \end{bmatrix}, \quad K = \begin{bmatrix} 0 & 0 & 1 \\ 0 & 0 & 0 \\ -1 & 0 & 0 \end{bmatrix}, \quad z = \begin{bmatrix} u \\ v \\ w \end{bmatrix},$$

$S(z) = \dfrac{1}{2}(v^2 - w^2) + V(u)$. 多辛方程组(5.8.6)的多辛守恒律是

$$\partial_t (\mathrm{d}u \wedge \mathrm{d}v) - \partial_x (\mathrm{d}u \wedge \mathrm{d}w) = 0. \tag{5.8.7}$$

例 5.8.3 Schrödinger方程的形式是

$$\mathrm{i}\,\psi_t = \psi_{xx} + V'(|\psi|^2)\psi, \quad (x,t) \in \mathbf{R}^2. \tag{5.8.8}$$

设$\psi = q_1 + \mathrm{i}\,q_2$, $\psi_x = p_1 + \mathrm{i}\,p_2$, 则方程(5.8.8)可以写成(5.8.1)的形式, 其中

$$M = \begin{bmatrix} 0 & -1 & 0 & 0 \\ 1 & 0 & 0 & 0 \\ 0 & 0 & 0 & 0 \\ 0 & 0 & 0 & 0 \end{bmatrix}, \quad K = \begin{bmatrix} 0 & 0 & -1 & 0 \\ 0 & 0 & 0 & -1 \\ 1 & 0 & 0 & 0 \\ 0 & 1 & 0 & 0 \end{bmatrix}, \quad z = \begin{bmatrix} q_1 \\ q_2 \\ p_1 \\ p_2 \end{bmatrix},$$

$S(z) = \dfrac{1}{2}(p_1^2 + p_2^2) + \dfrac{1}{2}V(q_1^2 + q_2^2)$. Schrödinger方程的多辛方程组具有多辛守恒律

$$\partial_t (\mathrm{d}q_1 \wedge \mathrm{d}q_2) + \partial_x (\mathrm{d}q_1 \wedge \mathrm{d}p_1 + \mathrm{d}q_2 \wedge \mathrm{d}p_2) = 0. \tag{5.8.9}$$

以KdV方程为例, 看一下Bridges所定义"多辛"的含义. 就KdV方程来看, 形式$\mathrm{d}\varphi \wedge \mathrm{d}u$定义了一个关于时间方向的辛结构, $\mathrm{d}\varphi \wedge \mathrm{d}w$ 和$\mathrm{d}v \wedge \mathrm{d}u$定义了两个关于空间方向的辛结构. Bridges把保守性(5.8.4)解释为关于时间方向辛性和空间方向辛性的保守性. 在这种意义下, Bridges称形如(5.8.1)的方程组为多辛方程组.

现在可以理解方程组(5.8.1)的多辛性质为守恒律(5.8.2)关于无穷小对称的保守性. 以KdV方程为例, 设$V^u\dfrac{\partial}{\partial u}$和$W^u\dfrac{\partial}{\partial u}$是KdV方程的两个无穷小对称, 那么

$$\partial_t (\mathrm{d}\varphi \wedge \mathrm{d}u)(A,B) + 2\partial_x (\mathrm{d}\varphi \wedge \mathrm{d}w + \mathrm{d}v \wedge \mathrm{d}u)(A,B) = 0, \tag{5.8.10}$$

$A = (V^\varphi, V^u, V^v, V^w)$, $B = (W^\varphi, W^u, W^v, W^w)$, 其中:

$$\begin{aligned}
&v^u = \partial_x V^\varphi, \quad \partial_x V^u = V^v, \\
&V^w = \partial_x V^v + \frac{1}{2}\partial_t V^\varphi + V''(u)\,V^u, \\
&W^u = \partial_x W^\varphi, \quad \partial_x W^u = W^v, \\
&W^w = \partial_x W^v + \frac{1}{2}\partial_t W^\varphi + W''(u)\,W^u,
\end{aligned}$$

即 A 和 B 是(5.8.3) 的无穷小对称. 把上面几个关系式代入(5.8.10), 且注意到 V^u, W^u 是KdV 方程的无穷小对称, 容易证明守恒律(5.8.10).

事实上, 如果把守恒律(5.8.10)写成关于V^φ, W^φ的关系式, 发现守恒律(5.8.10)恰好是守恒律(5.8.4). 因此, 可以把守恒律(5.8.10)看作KdV方程多辛几何性质的一个推论.

§5.8.2 KdV方程的多辛Preissmann格式

KdV方程可以写成多辛方程组的形式, 多辛方程组具有多辛守恒律, 因此, 基于多辛守恒的保守性, 可以构造多辛格式. 这一节中, 将证明Preissmann格式[AB89]是一个多辛格式.

多辛方程组(5.8.3)可以写成:

$$u_x = v, \tag{5.8.11}$$
$$v_x = w - \frac{1}{2}\varphi_t - V'(u), \tag{5.8.12}$$
$$w_x = -\frac{1}{2}u_t, \tag{5.8.13}$$
$$\varphi_x = u. \tag{5.8.14}$$

对方程(5.8.11) – (5.8.14) 应用隐式中点格式可有:

$$U_{\frac{1}{2}} = u_k + \frac{\Delta x}{2}V_{\frac{1}{2}}, \tag{5.8.15}$$
$$V_{\frac{1}{2}} = v_k + \frac{\Delta x}{2}\Big(W_{\frac{1}{2}} - \frac{1}{2}\partial_t \Phi_{\frac{1}{2}} - V'\big(U_{\frac{1}{2}}\big)\Big), \tag{5.8.16}$$
$$W_{\frac{1}{2}} = w_k - \frac{\Delta x}{4}\partial_t U_{\frac{1}{2}}, \tag{5.8.17}$$
$$\Phi_{\frac{1}{2}} = \varphi_k + \frac{\Delta x}{2}U_{\frac{1}{2}}, \tag{5.8.18}$$

其中,

$$U_{\frac{1}{2}} \approx u\Big(x_k + \frac{\Delta x}{2}, t\Big), \quad V_{\frac{1}{2}} \approx v\Big(x_k + \frac{\Delta x}{2}, t\Big),$$
$$W_{\frac{1}{2}} \approx w\Big(x_k + \frac{\Delta x}{2}, t\Big), \quad \Phi_{\frac{1}{2}} \approx \varphi\Big(x_k + \frac{\Delta x}{2}, t\Big),$$
$$u_k \approx u(x_k, t), \quad v_k \approx v(x_k, t), \quad w_k \approx w(x_k, t), \quad \varphi_k \approx \varphi(x_k, t),$$

u_{k+1}, v_{k+1}, w_{k+1}, φ_{k+1}由下列方程给出:

$$u_{k+1} = u_k + \Delta x V_{\frac{1}{2}}, \tag{5.8.19}$$

$$v_{k+1} = v_k + \Delta x \Big(W_{\frac{1}{2}} - \frac{1}{2} \partial_t \Phi_{\frac{1}{2}} - V'(U_{\frac{1}{2}}) \Big), \tag{5.8.20}$$

$$w_{k+1} = w_k - \frac{\Delta x}{2} \partial_t U_{\frac{1}{2}}, \tag{5.8.21}$$

$$\varphi_{k+1} = \varphi_k + \Delta x U_{\frac{1}{2}}. \tag{5.8.22}$$

为了简单, 假定$x_k = 0\ (k = 0)$.

同样的方法, 考虑方程(5.8.2)和(5.8.3)关于时间方向的离散, 可以得到:

$$U_{i,\frac{1}{2}} = u_{i,0} - \Delta t \partial_x W_{i,\frac{1}{2}}, \tag{5.8.23}$$

$$\Phi_{i,\frac{1}{2}} = u_{i,0} + \frac{\Delta t}{2} \partial_t \Phi_{i,\frac{1}{2}}, \tag{5.8.24}$$

$$u_{i,1} = u_{i,0} - 2\Delta t \partial_x W_{i,\frac{1}{2}}, \tag{5.8.25}$$

$$\varphi_{i,1} = \varphi_{i,0} - \Delta t \partial_t \Phi_{i,\frac{1}{2}}, \tag{5.8.26}$$

其中,

$$U_{i,\frac{1}{2}} \approx u\left(i \Delta x, \frac{\Delta t}{2}\right), \quad \Phi_{i,\frac{1}{2}} \approx \varphi\left(i\Delta x, \frac{\Delta t}{2}\right),$$
$$u_{i,1} \approx u(i \Delta x, \Delta t), \qquad \varphi_{i,1} \approx \varphi(i \Delta x, \Delta t).$$

通过上面的方法, 得到了关于时间和空间的隐式中点离散. 事实上, 联立时间和空间离散给出了多辛方程组(5.8.3)的Preissmann格式.

由(5.8.23)和(5.8.25)式, 有

$$U_{\frac{1}{2},\frac{1}{2}} = \frac{1}{2} (u_{\frac{1}{2},1} + u_{\frac{1}{2},0}). \tag{5.8.27}$$

利用方程(5.8.15)和(5.8.19), 可以得到:

$$u_{\frac{1}{2},1} = \frac{1}{2} (u_{0,1} + u_{1,1}), \tag{5.8.28}$$

$$u_{\frac{1}{2},0} = \frac{1}{2} (u_{0,0} + u_{1,0}). \tag{5.8.29}$$

因此联立(5.8.27) – (5.8.29) 式可有

$$U_{\frac{1}{2},\frac{1}{2}} = \frac{1}{4} (u_{0,1} + u_{1,1} + u_{0,0} + u_{1,0}). \tag{5.8.30}$$

相似地，V, W, Φ满足类似于(5.8.28) – (5.8.30)的关系式. 因此, 有

$$Z_{\frac{1}{2},\frac{1}{2}} = \frac{1}{4} (z_{0,1} + z_{1,1} + z_{0,0} + z_{1,0}) \tag{5.8.31}$$

及

$$z_{\frac{1}{2},1}=\frac{1}{2}\,(z_{0,1}+z_{1,1}),\tag{5.8.32}$$

$$z_{\frac{1}{2},0}=\frac{1}{2}\,(z_{0,0}+z_{1,0}).\tag{5.8.33}$$

利用关于时间方向的离散, 类似于(5.8.28)和(5.8.29)式, 有:

$$z_{1,\frac{1}{2}}=\frac{1}{2}\,(z_{1,0}+z_{1,1}),\tag{5.8.34}$$

$$z_{0,\frac{1}{2}}=\frac{1}{2}\,(z_{0,0}+z_{0,1}).\tag{5.8.35}$$

由(5.8.28) – (5.8.35) 式, 同时注意到:

$$\partial_t\,Z_{\frac{1}{2},\frac{1}{2}}=\frac{1}{\Delta\,t}\,(z_{\frac{1}{2},1}-z_{\frac{1}{2},0}),\tag{5.8.36}$$

$$\partial Z_{\frac{1}{2},\frac{1}{2}}=\frac{1}{\Delta\,x}\,(z_{1,\frac{1}{2}}-z_{0,\frac{1}{2}}),\tag{5.8.37}$$

则得到Preissmann格式

$$\frac{1}{\Delta\,t}\,M\big(z_{\frac{1}{2},1}-z_{\frac{1}{2},0}\big)+\frac{1}{\Delta\,x}\,K\big(z_{1,\frac{1}{2}}-z_{0,\frac{1}{2}}\big)=\bigtriangledown_z\,S\left(Z_{\frac{1}{2},\frac{1}{2}}\right).\tag{5.8.38}$$

Preissmann格式是个多辛格式, 它具有离散的多辛守恒律

$$\begin{aligned}&\frac{\mathrm{d}\varphi_{\frac{1}{2},1}\wedge\mathrm{d}\,u_{\frac{1}{2},1}-\mathrm{d}\varphi_{\frac{1}{2},0}\wedge\mathrm{d}u_{\frac{1}{2},0}}{\Delta\,t}+2\bigg(\frac{\mathrm{d}\varphi_{1,\frac{1}{2}}\wedge\mathrm{d}w_{1,\frac{1}{2}}-\mathrm{d}\varphi_{0,\frac{1}{2}}\wedge\mathrm{d}w_{0,\frac{1}{2}}}{\Delta\,x}\\&+\frac{\mathrm{d}v_{1,\frac{1}{2}}\wedge\mathrm{d}u_{1,\frac{1}{2}}-\mathrm{d}v_{0,\frac{1}{2}}\wedge\mathrm{d}u_{0,\frac{1}{2}}}{\Delta\,x}\bigg)=0.\end{aligned}\tag{5.8.39}$$

可将守恒律(5.8.39)看作是以下积分的一个逼近.

$$\begin{aligned}&\int_{[0,\Delta x]\times[0,\Delta t]}\partial_t\,(\mathrm{d}z\,\wedge\,M\,\mathrm{d}z)+\partial_x\,(\mathrm{d}z\,\wedge\,K\,\mathrm{d}z)\\=&\int_0^{\Delta x}\left[\mathrm{d}\varphi(x,\Delta t)\,\wedge\,\mathrm{d}u(x,\Delta\,t)-\mathrm{d}\varphi(x,0)\,\wedge\,\mathrm{d}u(x,0)\right]\mathrm{d}x\\&+2\int_0^{\Delta t}\left[\mathrm{d}\varphi(\Delta\,x,t)\,\wedge\,\mathrm{d}w(\Delta\,x,t)-\mathrm{d}\varphi(0,t)\,\wedge\,\mathrm{d}w(0,t)\right]\mathrm{d}t\\&+2\int_0^{\Delta t}\left[\mathrm{d}v(\Delta\,x,t)\,\wedge\,\mathrm{d}u(\Delta\,x,t)-\mathrm{d}v(0,t)\,\wedge\,\mathrm{d}u(0,t)\right]\mathrm{d}t\\=&\ 0.\end{aligned}$$

由(5.8.25)和(5.8.26)式, 可以得到

$$\begin{aligned}\mathrm{d}\varphi_{\frac{1}{2},1}\wedge\mathrm{d}u_{\frac{1}{2},1} &= \mathrm{d}\varphi_{\frac{1}{2},0}\wedge\mathrm{d}u_{\frac{1}{2},0}+\Delta t\,\partial_t\,\mathrm{d}\Phi_{\frac{1}{2},\frac{1}{2}}\wedge\mathrm{d}u_{\frac{1}{2},0}\\ &\quad -2\Delta t^2\,\partial_t\,\mathrm{d}\Phi_{\frac{1}{2},\frac{1}{2}}\wedge\partial_x\,\mathrm{d}W_{\frac{1}{2},\frac{1}{2}}.\end{aligned}\tag{5.8.40}$$

由(5.8.23)和(5.8.24)式, 可有

$$\mathrm{d}\,\varphi_{\frac{1}{2},0}=\mathrm{d}\,\Phi_{\frac{1}{2},\frac{1}{2}}-\frac{\Delta t}{2}\,\partial_t\,\mathrm{d}\,\Phi_{\frac{1}{2},\frac{1}{2}},\tag{5.8.41}$$

$$\mathrm{d}\,u_{\frac{1}{2},0}=\mathrm{d}\,U_{\frac{1}{2},\frac{1}{2}}+\Delta t\,\partial_t\,\mathrm{d}\,W_{\frac{1}{2},\frac{1}{2}}.\tag{5.8.42}$$

合并(5.8.40) – (5.8.42)式, 且注意到

$$\partial_x\,\mathrm{d}\,W_{\frac{1}{2},\frac{1}{2}}=-\frac{1}{2}\,\partial_t\,\mathrm{d}\,U_{\frac{1}{2},\frac{1}{2}},$$

发现

$$\frac{\mathrm{d}\varphi_{\frac{1}{2},1}\wedge\mathrm{d}u_{\frac{1}{2},1}-\mathrm{d}\varphi_{\frac{1}{2},0}\wedge\mathrm{d}u_{\frac{1}{2},0}}{\Delta t}=\partial_t\left(\mathrm{d}\Phi_{\frac{1}{2},\frac{1}{2}}\wedge\mathrm{d}U_{\frac{1}{2},\frac{1}{2}}\right).\tag{5.8.43}$$

相似地, 有

$$\frac{\mathrm{d}\varphi_{1,\frac{1}{2}}\wedge\mathrm{d}w_{1,\frac{1}{2}}-\mathrm{d}\varphi_{0,\frac{1}{2}}\wedge\mathrm{d}w_{0,\frac{1}{2}}}{\Delta x}=\mathrm{d}U_{\frac{1}{2},\frac{1}{2}}\wedge\mathrm{d}W_{\frac{1}{2},\frac{1}{2}}-\frac{1}{2}\mathrm{d}\Phi_{\frac{1}{2},\frac{1}{2}}\wedge\partial_t\,\mathrm{d}U_{\frac{1}{2},\frac{1}{2}},\tag{5.8.44}$$

$$\frac{\mathrm{d}v_{1,\frac{1}{2}}\wedge\mathrm{d}u_{1,\frac{1}{2}}-\mathrm{d}v_{0,\frac{1}{2}}\wedge\mathrm{d}u_{0,\frac{1}{2}}}{\Delta x}=\mathrm{d}W_{\frac{1}{2},\frac{1}{2}}\wedge\mathrm{d}U_{\frac{1}{2},\frac{1}{2}}-\frac{1}{2}\,\partial_t\,\mathrm{d}\Phi_{\frac{1}{2},\frac{1}{2}}\wedge\mathrm{d}U_{\frac{1}{2},\frac{1}{2}}.\tag{5.8.45}$$

(5.8.43)–(5.8.45)式可以推出多辛守恒律(5.8.39).

§5.8.3 12点格式的一些数值结果

在上一节证明了 Preissmann 格式是KdV方程的一个多辛格式. 虽然Preissmann格式是一个多辛格式, 但在实际数值计算中需要计算辅助变量 w, v, φ, 这样就大大增加了计算量, 因此消去变量 w, v, φ (消去过程见附录第九章§9.2), 从而得到了一个多辛的 12 点格式(如图5.8.1所示).

12点格式的形式是

$$\widehat{u_t}+\widehat{u_{xxx}}+\widehat{V''u_x}=0.\tag{5.8.46}$$

若定义差分算子δ_t, δ_x^3, $\bar{u}_i^j$为:

$$\delta_t u_i^j=u_i^{j+1}-u_i^{j-1},\tag{5.8.47}$$

$$\delta_x^3\,u_i^j=u_{i+1}^j-3u_i^j+3u_{i-1}^j-u_{i-2}^j,\tag{5.8.48}$$

$$\bar{u}_i^j=\frac{1}{4}\,(u_i^j+u_i^{j+1}+u_{i+1}^j+u_{i+1}^{j+1}),\tag{5.8.49}$$

那么$\widehat{u_t}$的形式是

$$\frac{1}{16\Delta t}(\delta_t u_{i+1}^j + 3\delta_t u_i^j + 3\delta_t u_{i-1}^j + \delta_t u_{i-2}^j), \tag{5.8.50}$$

$\widehat{u_{xxx}}$的形式是

$$\frac{1}{4\Delta x^3}(\delta_x^3 u_i^{j+1} + 2\delta_x^3 u_i^j + \delta_x^3 u_i^{j-1}), \tag{5.8.51}$$

$\widehat{V''u_x}$的形式是

$$\frac{1}{4\Delta x}\big(V'(\bar{u}_i^{j-1}) - V'(\bar{u}_{i-2}^{j-1}) + V'(\bar{u}_i^j) - V'(\bar{u}_{i-2}^j)\big), \tag{5.8.52}$$

$u_m^n = u(m\Delta x, n\Delta t)$.

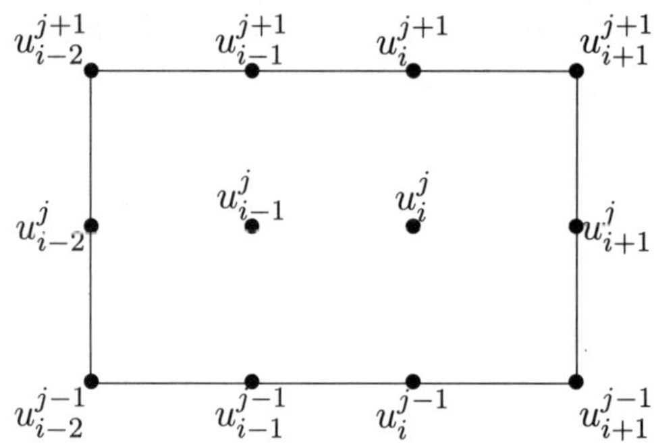

图 5.8.1 12点格式

图5.8.1给出了12点格式的一个直观描述.

关于KdV方程的孤立子, 已经有许多的研究结果[AI80],[DJ89],[ZK65]. 下面给出利用12点格式计算KdV方程孤立子的一些数值结果. 为了讨论问题方便, 设KdV方程的一般形式是

$$u_t + c_1 u_{xxx} + c_2 u u_x = 0, \tag{5.8.53}$$

$c_1 = \delta,\ c_2 = c$是实常数.

因为 12 点格式是一个 3 层格式, 所以在数值计算时, 除了$t=0$时的初始值, 还需要给出第二层的初始值. 设第二层的初始值是u_i^1, 使用格式

$$\begin{aligned} u_i^1 \ &= \ u_i^0 - \frac{c_2\Delta t}{6\Delta x}(u_{i+1}^0 + u_i^0 + u_{i-1}^0)(u_{i+1}^0 - u_{i-1}^0) \\ &\quad - \frac{c_1\Delta t}{2\Delta x^3}(u_{i+2}^0 - 2u_{i+1}^0 + 2u_{i-1}^0 - u_{i-2}^0) \end{aligned} \tag{5.8.54}$$

来计算u_i^1的值.

首先考虑$c_1 = 0.022^2$, $c_2 = 1$的情形. 设方程(5.8.53)具有周期边界条件

$$u(0,t) = u(2,t) \tag{5.8.55}$$

及初始条件

$$u(x,0) = \cos(x\,\pi). \tag{5.8.56}$$

选取时间步长$\Delta t = 0.005/\pi$, 空间步长$\Delta x = 2/400$. 图5.8.2给出了在边界条件(5.8.55)及初始条件(5.8.56)下, 初始波随时间的演变规律.这3个波形与Zabusky和Kruskal在1965年给出的波形完全类似[ZK65].

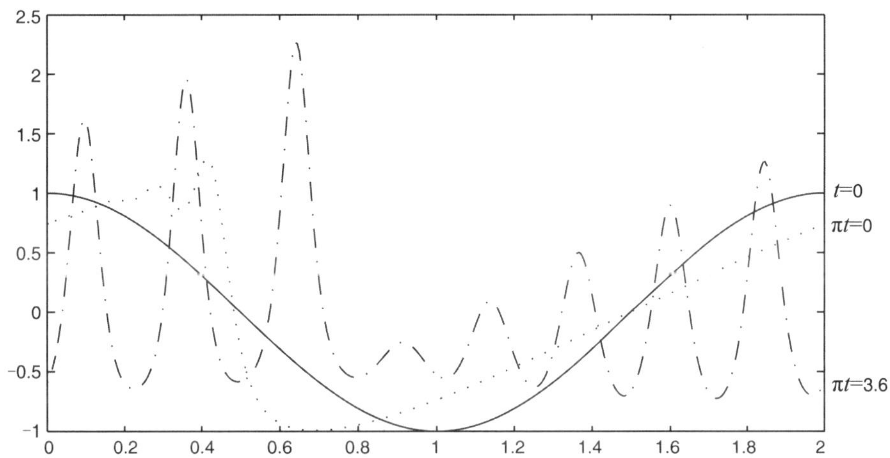

图 5.8.2 初始波随时间的演变规律

Zabusky和Kruskal使用的格式是

$$\begin{aligned} u_i^{j+1} \;=\; & u_i^{j-1} - \frac{\Delta t}{3\Delta x}(u_{i+1}^j + u_i^j + u_{i-1}^j)(u_{i+1}^j - u_{i-1}^j) \\ & - \frac{0.022^2\Delta t}{\Delta x^3}(u_{i+2}^j - 2u_{i+2}^j + 2u_{i-1}^j - u_{i-2}^j). \end{aligned} \tag{5.8.57}$$

对于$\Delta t = \dfrac{5\times 10^{-n}}{\pi}$ $(n = 4,\ 5)$, $\Delta x = \dfrac{2}{m}$ $(m = 200,\ 300,\ 400)$, 利用格式(5.8.57)进行了数值计算. 计算结果显示, 随着时间发展, 由格式(5.8.57)计算出的波形会发生大的振荡. 特别地, 当$\pi t > 21$时, 会发生溢出现象. 选取$\Delta t = \dfrac{5\times 10^{-5}}{\pi}$, $\Delta x = \dfrac{2}{400}$, 图5.8.3 –图5.8.4给出了这样的一个数值例子.

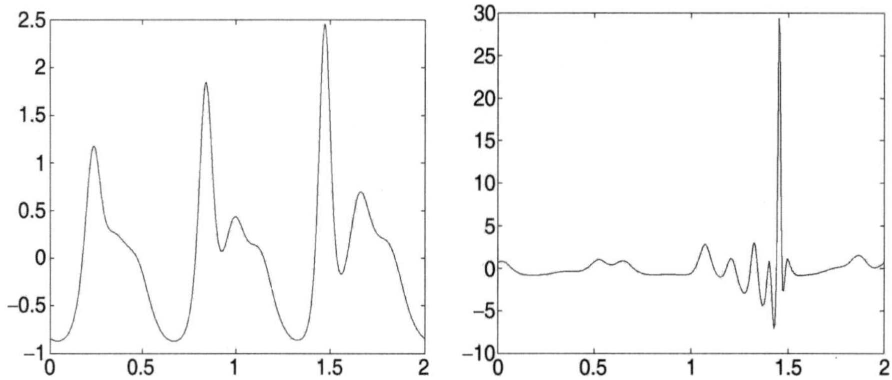

图 5.8.3 用12点格式进行数值计算的数值结果

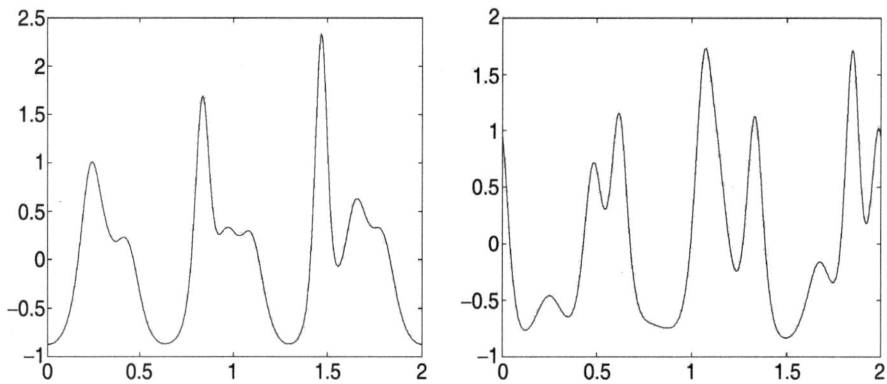

图 5.8.4 用12点格式进行数值计算的数值结果

在图5.8.4中，$\Delta t=\dfrac{0.005}{\pi}$, $\Delta x=\dfrac{2}{400}$. 对比图5.8.3和图5.8.4, 可以看出12点格式稳定性较好, 故适合于长时间数值计算.

利用12点格式, 也做了其他一些数值计算. 当$c_1=1,\ c_2=6$, 选取初始条件

$$u(x,0)=\mathrm{sech}^2\left(\frac{x}{\sqrt{2}}\right) \tag{5.8.58}$$

和周期边界条件$u(0,t)=u(20,t)$时, 方程(5.8.53)有1个孤立子(如图5.8.5所示). 选取初始条件

$$u(x,0)=6\,\mathrm{sech}^2\,(x) \tag{5.8.59}$$

时, 方程(5.8.53)有两个孤立子(如图5.8.6所示).

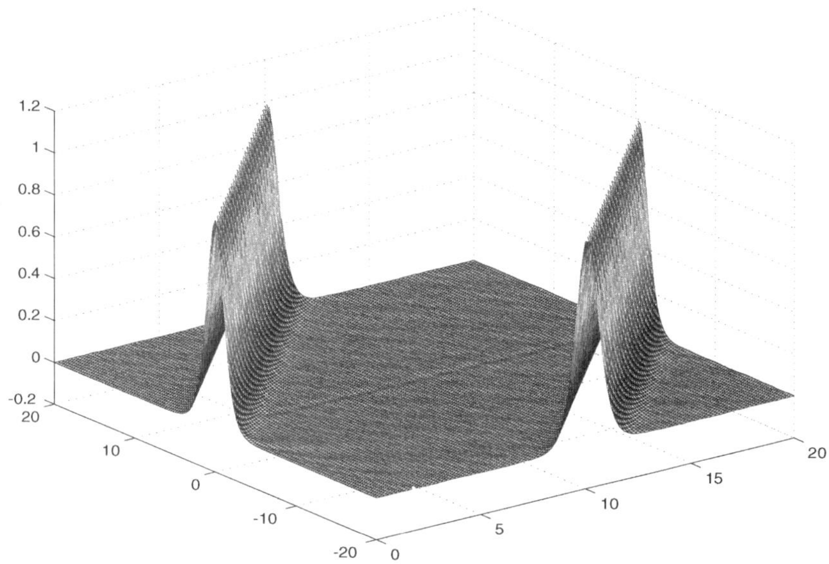

图 5.8.5 用12点格式进行数值计算,有1个孤立子的3维表示图($\Delta x=\dfrac{40}{300}$, $\Delta t=0.002$)

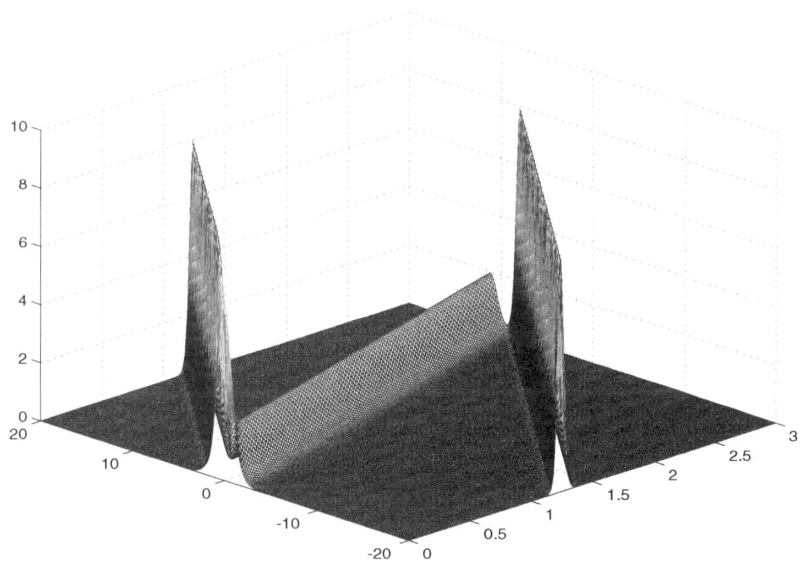

图 5.8.6 用12点格式进行数值计算,有两个孤立子的3维表示图($\Delta x=\dfrac{40}{300}$, $\Delta t=0.002$)

图5.8.7是图5.8.6不同时间的剖面图, 即两个孤立子的产生及运动的情况.

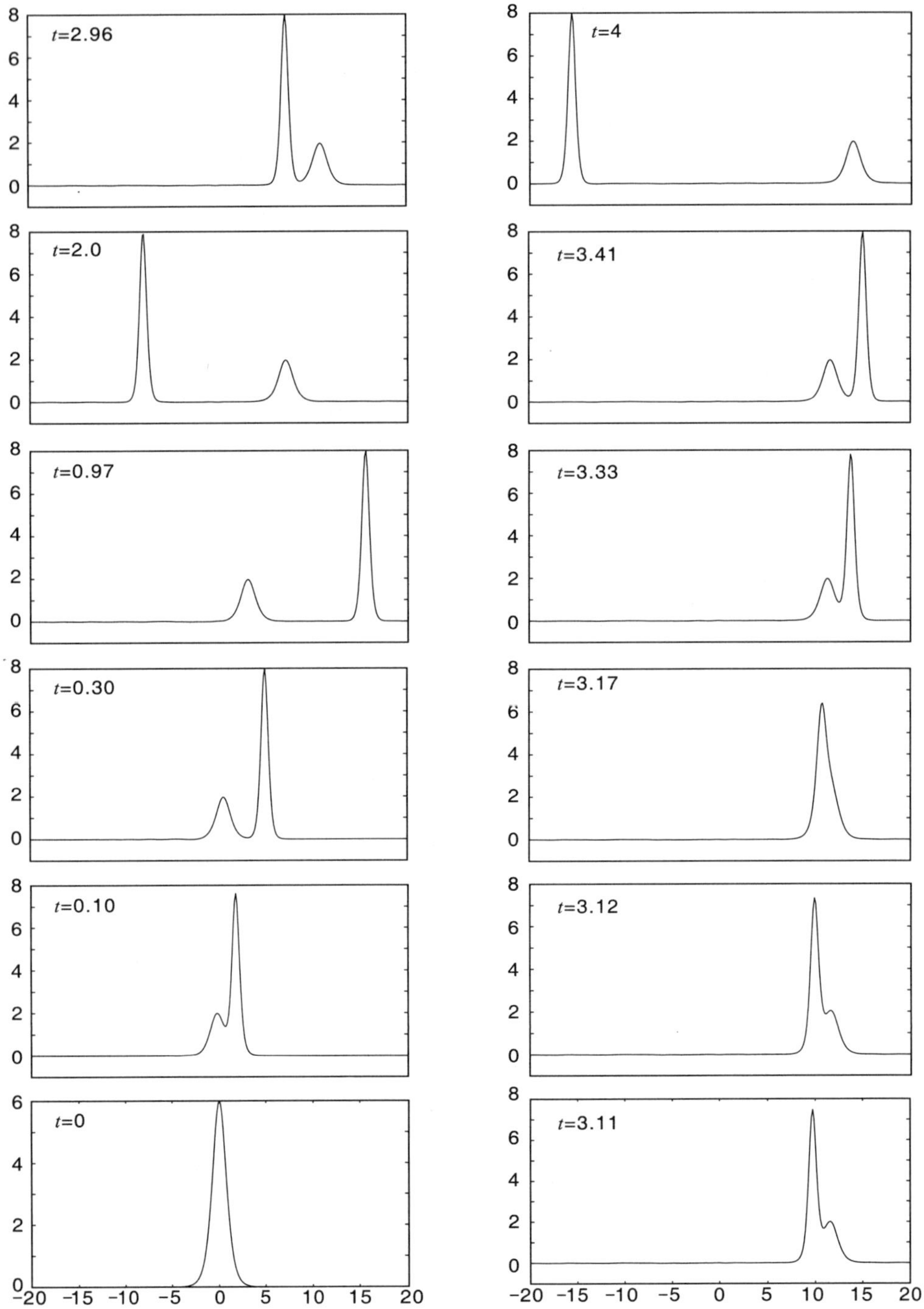

图 5.8.7　图5.8.6不同时间的剖面图

§5.8.4 多辛方程组的数值解法

下面叙述直接解多辛方程组的方法. 设多辛方程组为

$$
\left\{
\begin{aligned}
&\frac{1}{2}(u_i^{j+1}+u_{i+1}^{j+1})-r(w_i^{j+1}-w_{i+1}^{j+1})=\frac{1}{2}(u_i^j+u_{i+1}^j)+r(w_i^j-w_{i+1}^j),\\
&\frac{\tau}{2}(w_i^{j+1}+w_{i+1}^{j+1})-\frac{1}{2}(\phi_i^{j+1}+\phi_{i+1}^{j+1})+\delta\, r(v_i^{j+1}-v_{i+1}^{j+1})\\
=&-\frac{\tau}{2}(w_i^j+w_{i+1}^j)-\frac{1}{2}(\phi_i^j+\phi_{i+1}^j)-\delta\, r\,(v_i^j-v_{i+1}^j)+2rV'(\bar{u}_i^j),\\
&\delta\,(-u_i^{j+1}+u_{i+1}^{j+1})-\frac{h}{2}(v_i^{j+1}+v_{i+1}^{j+1})=\delta\,(u_i^j-u_{i+1}^j)+\frac{h}{2}(v_i^j+v_{i+1}^j)\\
=&\ \frac{h}{2}(u_i^{j+1}+u_{i+1}^{j+1})+(\phi_i^{j+1}-\phi_{i+1}^{j+1})=-\frac{h}{2}(u_i^j+u_{i+1}^j)-(\phi_i^j-\phi_{i+1}^j),
\end{aligned}
\right.
\tag{5.8.60}
$$

其中$r=\dfrac{\tau}{h}$, $\bar{u}_i^j=\dfrac{1}{4}(u_i^j+u_i^{j+1}+u_{i+1}^j+u_{i+1}^j)\ (i=1,2,\cdots,n)$.

周期边界条件为:

$$
u_1^{j+1}=u_{n+1}^{j+1},\quad v_1^{j+1}=v_{n+1}^{j+1},\quad w_1^{j+1}=w_{n+1}^{j+1},\quad \phi_1^{j+1}=\phi_{n+1}^{j+1}. \tag{5.8.61}
$$

设

$$
A=\begin{bmatrix}1&1&0&\cdots&0&0\\0&1&1&\cdots&0&0\\\vdots&\vdots&\vdots&\cdots&\vdots&\vdots\\0&0&0&\cdots&1&1\\1&0&0&\cdots&0&1\end{bmatrix},\quad
B=\begin{bmatrix}-1&1&0&\cdots&0&0\\0&-1&1&\cdots&0&0\\\vdots&\vdots&\vdots&\cdots&\vdots&\vdots\\0&0&0&\cdots&-1&1\\1&0&0&\cdots&0&-1\end{bmatrix}.
$$

$$
\begin{aligned}
&u^j=(u_1^j,u_2^j,\cdots,u_n^j)^{\mathrm{T}},\\
&v^j=(v_1^j,v_2^j,\cdots,v_n^j)^{\mathrm{T}},\\
&w^j=(w_1^j,w_2^j,\cdots,w_n^j)^{\mathrm{T}},\\
&\phi^j=(\phi_1^j,\phi_2^j,\cdots,\phi_n^j)^{\mathrm{T}},\\
&V(u^j,u^{j+1})=(V_1,V_2,\cdots,V_n)^{\mathrm{T}},\\
&V_i=V'\Big(\frac{1}{4}(u_i^j+u_i^{j+1}+u_{i+1}^j+u_{i+1}^{j+1})\Big),\quad i=1,2,\cdots,n-1,\\
&V_n^j=V'\Big(\frac{1}{4}(u_n^j+u_n^{j+1}+u_1^j+u_1^{j+1})\Big),
\end{aligned}
$$

可把(5.8.60)和(5.8.61)式变形为如下向量形式的方程:

$$\left\{\begin{aligned}&\frac{h}{2}Au^{j+1}-B\phi^{j+1}=-\frac{h}{2}Au^{j}+B\phi^{j},\\&\delta\,Bu^{j+1}-\frac{h}{2}Av^{j+1}=-\delta\,Bu^{j}+\frac{h}{2}Av^{j},\end{aligned}\right.\tag{5.8.62}$$

$$\left\{\begin{aligned}&-\delta\,rBv^{j+1}+\frac{\tau}{2}Aw^{j+1}-\frac{1}{2}A\phi^{j+1}\\&=\ \delta\,rBv^{j}-\frac{\tau}{2}Aw^{j}-\frac{1}{2}A\phi^{j}+2\tau V(u^{j},u^{j+1}),\\&\frac{1}{2}Au^{j+1}+rBw^{j+1}=\frac{1}{2}Au^{j}-rBw^{j}.\end{aligned}\right.\tag{5.8.63}$$

再设$X=(u^{j+1},v^{j+1},w^{j+1},\phi^{j+1})^{\mathrm{T}}$, 则非线性方程组(5.8.60)的迭代形式为:

$$DX^{(l+1)}=b(X^{(l)}),\quad l=0,1,\cdots.\tag{5.8.64}$$

其中, 系数矩阵D和右端项$b(X^{(l)})$为

$$(D,\ b)=\begin{bmatrix}\frac{h}{2}A & 0 & 0 & -B & -\frac{h}{2}Au^{j}+B\,\phi^{j}\\ -\delta\,B & \frac{h}{2}A & 0 & 0 & \delta\,Bu^{j}-\frac{h}{2}Av^{j}\\ 0 & -\delta\,B & \frac{\tau}{2}A & -\frac{1}{2}A & \Omega\\ \frac{1}{2}A & 0 & rB & 0 & \frac{1}{2}Au^{j}-rBw^{j}\end{bmatrix},$$

其中$\Omega=\delta\,Bv^{j}-\frac{\tau}{2}A\mathbf{w}^{j}-\frac{1}{2}A\phi^{j}+2\tau v(u^{j},u^{j+1})$. 只要未知函数的区域内是连续的, 相邻两层的值就很接近, 所以迭代的初始点就取上一层的值

$$X^{(0)}=(u^{j},v^{j},w^{j},\phi^{j})^{\mathrm{T}}.$$

遗憾的是系数矩阵D是奇异的, 这样迭代就很难收敛. 注意到矩阵A是非奇异矩阵仅当n是奇数, 若n是偶数, A是秩亏一矩阵: 矩阵B的秩总是$n-1$. 为了给矩阵D作行变换, 假设n是奇数, 使得A^{-1}存在, 则由矩阵D的LU分解可以得到如下结论.

存在一置换阵P, 使得

$$PD=R,$$

其中P是单位下三角矩阵, R是一上三角矩阵.

用P左乘(5.8.64)有:

$$\tilde{D}X^{(l+1)}=\tilde{b}(X^{(l)}),\quad l=0,1,\cdots. \tag{5.8.65}$$

此时增广矩阵变为

$$\begin{aligned}(\tilde{D},\tilde{b})&=P\cdot(D,b)\\&=\begin{bmatrix}\frac{h}{2}A & 0 & 0 & -B & -\frac{h}{2}Au^j+B\,\phi^j\\ 0 & \frac{h}{2}A & 0 & -\frac{2\delta}{h}BA^{-1}B & \frac{2\delta}{h}BA^{-1}B\,\phi^j-\frac{h}{2}Av^j\\ 0 & 0 & \frac{\tau A}{2} & -\frac{A}{2}-r\left(\frac{2\delta}{h}BA^{-1}\right)^2B & \Omega_1\\ 0 & 0 & 0 & \frac{2B}{h}+\frac{8\delta^2 r}{h^3}(BA^{-1})^3B & \Omega_2\end{bmatrix},\end{aligned} \tag{5.8.66}$$

其中

$$\Omega_1=r\Big(\frac{2\delta}{h}BA^{-1}\Big)^2B\phi^j-\frac{\tau}{2}Aw^j-\frac{A}{2}\phi^j+2\tau V,$$

$$\Omega_2=Au^j-\frac{8\delta^2 r}{h^3}(BA^{-1})^3B\,\phi^j-4rBA^{-1}V.$$

定理 5.8.1 迭代(5.8.64)的系数矩阵D是秩亏一矩阵.

证明:由(5.8.66)式得

$$\begin{aligned}\text{rank}\,(D)&=\text{rank}\,(\tilde{D})\\&=3\text{rank}\,(A)+\text{rank}\left(\left[I_{n\times n}+4\delta^2\frac{r}{h^3}(BA^{-1})^3\right]B\right).\end{aligned}$$

▲

注意到矩阵A和B是常数矩阵(与时间、空间步长无关), 总可以选取适当的r, 使得

$$\det\left(I_{n\times n}+4\delta^2\frac{r}{h^3}(BA^{-1})^3\right)\neq 0,$$

所以

$$\text{rank}\left(\left[I_{n\times n}+4\delta^2\frac{r}{h^3}(BA^{-1})^3\right]B\right)=\text{rank}\,(B),$$

则

$$\text{rank}\,(D)=3\,\text{rank}\,(A)+\text{rank}\,(B)=4n-1,$$

即矩阵D是秩亏一矩阵.

这个定理说明要想解方程(5.8.64), 使迭代收敛, 必须再加一个条件. 而且从命题证明过程中可以看出, 需要加的条件与变量ϕ有关. 一个自然且简单的想法是给变量加一个边界条件, 例如,

$$\phi_1^{j+1} = a\,(\text{const}). \tag{5.8.67}$$

真正关心的是KdV方程(5.8.53)的解, 即方程(5.8.64)中的变量u^{j+1}, 所以希望所加的边界条件(5.8.67) 不会改变方程(5.8.64)中的变量u^{j+1}的值. 实际上, 有如下结论.

定理 5.8.2 方程(5.8.64) 中的变量u^{j+1}, v^{j+1} 和$B\phi^{j+1}$ 与ϕ_1^{j+1} 的值无关, 它们只依赖于$B\phi^j$, u^j, v^j.

证明:(5.8.66)式中的 4 个方程可以写成:

$$\frac{h}{2}Au^{(l+1)} - B\phi^{(l+1)} = -\frac{h}{2}Au^j + B\phi^j, \tag{5.8.68}$$

$$\frac{h}{2}Av^{(l+1)} - \frac{2\delta}{h}BA^{-1}B\phi^{(l+1)} = -\frac{h}{2}Av^j + \frac{2\delta}{h}BA^{-1}B\phi^j, \tag{5.8.69}$$

$$\begin{aligned}&\frac{h}{2}Aw^{(l+1)} - \left(\frac{A}{2} + r\left(\frac{2\delta}{h}BA^{-1}\right)^2 B\right)\phi^{(l+1)}\\ =\ & r\left(\frac{2\delta}{h}BA^{-1}\right)^2 B\phi^j - \frac{\tau}{2}Aw^j - \frac{A}{2}\phi^j + 2\tau v(u^{(l)}, u^j),\end{aligned} \tag{5.8.70}$$

$$\begin{aligned}&\left(\frac{2}{h}I_{n\times n} + \frac{8\delta^2 r}{h^3}(BA^{-1})^3\right)B\phi^{(l+1)}\\ =\ & Au^j - \frac{8\delta^2 r}{h^3}(BA^{-1})^3 B\phi^j - 4rBA^{-1}V(u^j, u^{(l)}).\end{aligned} \tag{5.8.71}$$

考察迭代的过程, 注意到$u^{(0)} = u^j$, 所以由(5.8.71)可以确定$B\phi^{(1)}$. 很显然, $B\phi^{(1)}$的值只与$B\phi^j$和u^j有关. 将确定的$u^{(0)} = u^j$代入(5.8.68)式就可将$Au^{(1)}$的值确定. 又因为矩阵A可逆, $u^{(1)}$的值也可以确定. ▲

同样, 将确定的$B\phi^{(1)}$代入(5.8.69)式就可将$Av^{(1)}$的值确定, $v^{(1)}$也就与$\phi^{(1)}$无关.

再将$u^{(1)}$代入(5.8.71)式, 得到$B\phi^{(2)}$的确定性. 同样也有$u^{(2)}$, $v^{(2)}$的确定性.

随着迭代的进行, $u^{(l+1)}$, $v^{(l+1)}$和$B\phi^{(l+1)}$ $(l = 0, 1, \cdots)$的值就都和ϕ_1^{j+1}无关. 因此, 迭代的收敛点也应具有如此性质, 即u^{j+1}, v^{j+1}, $B\phi^{j+1}$ 的值与ϕ_1^{j+1}无关, 而只与上一层的u^j, v^j, $B\phi^j$的值有关.

此定理保证了条件(5.8.67)加在方程(5.8.64)的可行性. 从定理的证明过程中还可以看出, 附加的数值边界条件可以变为

$$\phi_i^{j+1} = a\,(\text{const}), \quad i = 1, 2, \cdots, n+1. \tag{5.8.72}$$

实际计算中, 一般附加$\phi_1^{j+1}=0$或者$\phi_n^{j+1}=0$.

这样, 数值边界条件(5.8.61)就变为:

$$u_1^{j+1}=u_{n+1}^{j+1},\quad v_1^{j+1}=v_{n+1}^{j+1},\quad w_1^{j+1}=w_{n+1}^{j+1},\quad \phi_1^{j+1}=0. \tag{5.8.73}$$

Preissmann 格式加上此数值边界条件, 给出的迭代矩阵就不再奇异, 迭代也就收敛, 相应的数值结果将在下节中给出.

在考察(5.8.66)的第一次迭代过程中, 由(5.8.70)式得到

$$\begin{aligned}\frac{\tau}{2}Aw^{(l+1)} &= \left(\frac{A}{2}+r\left(\frac{2\delta}{h}BA^{-1}\right)^2B\right)\phi^{(1)}+r\left(\frac{2\delta}{h}BA^{-1}\right)^2B\,\phi^j\\ &\quad -\frac{\tau}{2}Aw^j-\frac{A}{2}\phi^j+2\tau V(u^{(0)},u^j).\end{aligned}$$

也就是说, $Aw^{(1)}$的值与$A\phi_1^{(1)}$有关. 这样, 当附加的数值边界条件(5.8.67) 中的值变化时, $w^{(1)}$的值跟着变化, 相应的收敛点的w^{j+1}值也就变化了.

从 KdV 方程 (5.8.53) 推导多辛方程 (5.8.3) 时, 引进了 3 个辅助变量: $\phi_x=u$, $u_x=v$, $w=\dfrac{1}{2}\phi_t+\delta\,v_x+V'(u)$. 而给定初边值的KdV方程(5.8.53)的解$u$是确定的, 动量变量$v=u_x$相应也就是确定的. 但当位势变量$\phi_x=u$被引入时, 确定的$u$不能确定$\phi$的值, 要确定$\phi$的值必须加一个如(5.8.72)式这样的数值边界条件. 变量$w=\dfrac{1}{2}\phi_t+\delta\,v_x+V'(u)$的值依赖$\phi$的值, 因此就会随着$\phi$的变化而变化. 由于矩阵$B$的特殊结构, $\dfrac{B\phi}{\Delta x}$是ϕ_x 差商近似, 即是u的一个近似, 也就自然地不会随着ϕ的变化而变化. $B\phi$的确定性说明ϕ 的波形不会随着ϕ的边界值变化而变化. 当附加的数值边界条件(5.8.67)中的值变化时, ϕ的整个波形只是在高度上有变化, 相当于整个波形平移, 波形不会改变.

在迭代(5.8.66)的4个方程中, (5.8.68)和(5.8.71)本身是封闭的, 它们不需要用到另外两个方程就可以求解. 仅取(5.8.68)和(5.8.71), 可以得到如下的格式:

$$\begin{aligned}p^{j+1}&=M_1q^j+M_2p^j+M_3\left(\frac{q^j+q^{j+1}}{4}\right)^2,\\ q^{j+1}&=-q^j+\frac{2}{h}(p^j+p^{j+1}),\end{aligned} \tag{5.8.74}$$

其中$p=B\phi$, $q=Au$, M_1, M_2, M_3是3个常数矩阵,

$$M_1=\left[\frac{2}{h}I_{n\times n}+\frac{8\delta^2\tau}{h^3}(BA^{-1})^3\right]^{-1},$$

$$M_2=-\frac{4\delta^2\tau}{h^3}(BA^{-1})^3-I_{n\times n},\quad M_3=-2rM_1BA^{-1},$$

$$q^2=(q_1^2,q^2,\cdots,q_n^2)^{\mathrm{T}}.$$

格式(5.8.74)和多辛Preissmann格式是等价的, 因此也是多辛格式, 也应具有很好的数值稳定性. 但该格式显然比Preissmann格式效率高, 矩阵规模缩小了一半, 而且可以把$p = B\phi$看成是新变量, 不需要计算ϕ的值, 这样就不再需要附加数值边界条件(5.8.67), 这正好说明了结论: u^{j+1}与数值边界条件(5.8.67)无关的正确性.

格式(5.8.74)自然是个迭代形式, 即:

$$
\begin{aligned}
p^{(l+1)} &= M_1 q^j + M_2 p^j + M_3 \Big(\frac{q^j + q^{(l)}}{4}\Big)^2, \\
q^{(l+1)} &= -q^j + \frac{2}{h}\,(p^j + p^{(l+1)}).
\end{aligned}
$$

这个迭代形式的每一步计算中, 只涉及常数矩阵和向量的乘积, 初始迭代点取定以后, 由第一式算出的结果代入第二式, 然后代入第一式, 周而复始, 直到达到所需的迭代精度, 从而避免了求解大型的线性方程组, 节约了许多计算量.

在迭代收敛中, 得到收敛点(p^{j+1}, q^{j+1})的值后, 用$u^{j+1} = A^{-1} q^{(j+1)}$求出KdV方程第$j+1$层的数值解. 若想通过解$B\phi^{j+1} = p^{j+1}$来求$\phi^{j+1}$的值, 那么就必须用上附加数值边界条件(5.8.72), 因系数矩阵B是秩亏一矩阵.

当然也可取(5.8.68), (5.8.69)和(5.8.71)得到如下的等价的多辛格式:

$$
\begin{aligned}
p^{(j+1)} &= M_1 q^j + M_2 p^j + M_3 \Big(\frac{q^j + q^{j+1}}{4}\Big)^2, \\
\xi^{(j+1)} &= -\xi^j + \frac{2}{h}\, M_4 (p^j + p^{(l+1)}), \\
q^{(j+1)} &= -q^j + \frac{2}{h}\,(p^j + p^{(j+1)}),
\end{aligned}
\tag{5.8.75}
$$

其中$\xi = A\mathbf{v}$, $M_4 = \dfrac{4\delta}{h^2} BA^{-1}$, p, q, M_1, M_2, M_3同(5.8.74)式.

消去格式(5.8.74)中的变量p, 得到仅含u的多辛格式

$$
\begin{aligned}
\frac{h}{2}(q^{(j+1)} + q^j) \;=\; & \Big(M_1 + \frac{h}{2} M_2\Big)(q^j + q^{j-1}) \\
& + M_3 \Big[\Big(\frac{q^{j+1} + q^j}{4}\Big)^2 + \Big(\frac{q^j + q^{j-1}}{4}\Big)^2\Big].
\end{aligned}
\tag{5.8.76}
$$

设$\varphi^{j+1} = q^{j+1} + q^j$, 则有

$$
\frac{h}{2}\varphi^{j+1} = \Big(M_1 + \frac{h}{2} M_2\Big)\varphi^j + M_3 \Big[\Big(\frac{\varphi^{j+1}}{4}\Big)^2 + \Big(\frac{\varphi^j}{4}\Big)^2\Big],
\tag{5.8.77}
$$

式中的M_1, M_2, M_3仍同(5.8.74)式.

该格式也是多辛Preissmann格式的等价格式, 具有Preissmann格式相同的数值稳定性和优异的长时间数值跟踪能力, 且形式更简单, 计算量更少, 实际操作更容易.

值得一提的是，即使将格式(5.8.74)和(5.8.76)改成显格式，即把非线性项的未知变量改成相应的已知变量，使得格式不需要迭代就可以求解，得到的两个显格式仍具有非常优异的数值表现.

这两个相互等价的显格式为

$$\begin{aligned} p^{j+1} &= M_1 q^j + M_2 p^j + M_3 \left(\frac{q^j}{2}\right)^2, \\ q^{j+1} &= -q^j + \frac{2}{h}(p^j + p^{j+1}) \end{aligned} \tag{5.8.78}$$

和

$$\frac{h}{2}(q^{(j+1)} + q^j) = \left(M_1 + \frac{h}{2}M_2\right)(q^j + q^{j-1}) + M_3\left[\left(\frac{q^j}{2}\right)^2 + \left(\frac{q^{j-1}}{2}\right)^2\right]. \tag{5.8.79}$$

§5.8.5 数值实验

第一部分用Preissmann格式和新的数值边界条件(5.8.73)长时间地模拟KdV方程的多辛Hamiltonian偏微分(5.8.3)，以检验该条件是否有效.

1. **单个孤立波**

当$c = 1, \delta = 1$时，KdV方程(5.8.53)的单个孤立波的解析解为

$$u(x,t) = 3D\,\mathrm{sech}^2\left[\frac{\sqrt{D}}{2}(x - Dt + x_0)\right], \tag{5.8.80}$$

其中D是任意正常数，代表该孤立波的振幅.

取空间区域$[a,b] = [-10, 10]$，初值条件为$(t = 0, x_0 = 0)$，则

$$\begin{aligned} \phi(x,0) &= 12\sqrt{D}\left(1 - \frac{1}{\exp\left(\sqrt{D}x + 1\right)}\right), \\ u(x,0) &= 3D\,\mathrm{sech}^2\left(\frac{\sqrt{D}}{2}x\right), \\ v(x,0) &= -\frac{1}{2}D^{\frac{3}{2}}\left(\exp\left(\frac{\sqrt{D}}{2}x\right)\right. \\ &\quad \left. - \exp\left(-\frac{\sqrt{D}}{2}x\right)\left(\exp\left(\frac{\sqrt{D}}{2}x\right) + \exp\left(-\frac{\sqrt{D}}{2}x\right)\right)^3\right), \\ w(x,0) &= \frac{D}{2}u(x,0). \end{aligned}$$

图5.8.8 给出了$0 \le t \le 9$的数值解，其中时间步长$\tau = 0.025$，空间步长$h = 0.168$.

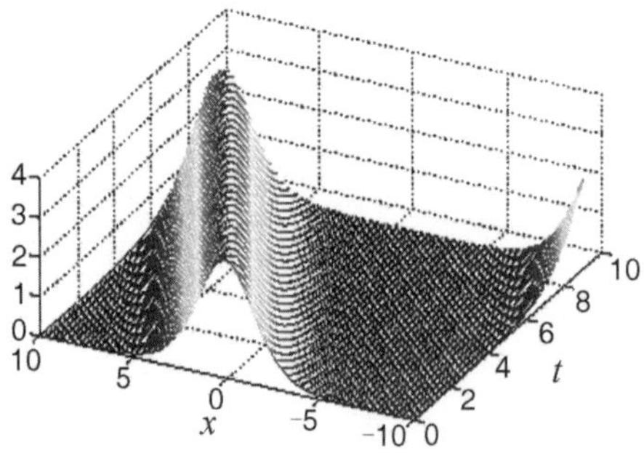

图 5.8.8 多辛Hamilton偏微分(5.8.3)单个孤立波的数值解

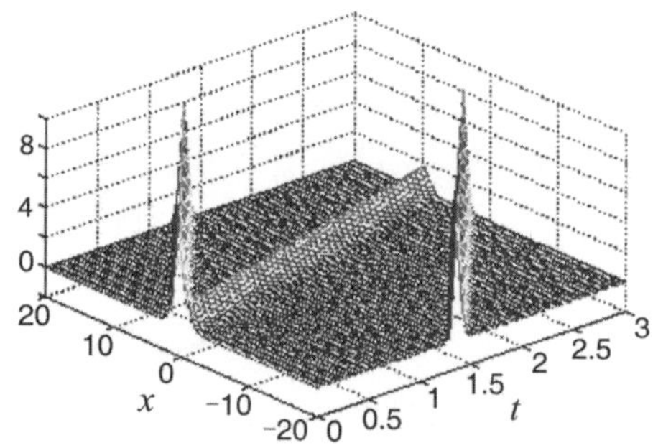

图 5.8.9 多辛Hamilton偏微分(5.8.3)两个孤立波碰撞的数值解

2. **两个孤立波的碰撞**

取初始值为:

$$\phi(x,0) = \frac{6\sinh(x)}{\cosh(x)},$$

$$u(x,0) = 6\mathrm{sech}^2(x),$$

$$v(x,0) = -12\mathrm{sech}^2(x)\,\tanh(x),$$

$$w(x,0) = 18\,\sinh^2(x)\,\mathrm{sech}^4(x) + 6\,\sinh^2\,\mathrm{sech}^2(x) + 54\,\mathrm{sech}^4(x),$$

时间步长和空间步长分别为$\tau = 0.02$, $h = \dfrac{4}{15}$. 图5.8.9 给出了Preissmann格式和数值边界条件(5.8.73)的两个孤立波碰撞的数值解, 其中时间和空间区间分别为$0 \leq t \leq 3$ 和$-20 \leq x \leq 20$.

3. **多个孤立波的碰撞**

此数值例子用 Preissmann 格式和数值边界条件 (5.8.73) 模拟 1965 年 Zabusky 和 Kruskal发现孤立子的KdV方程的初值问题.

(5.8.53)中的参数取为$c = 1$, $\delta = 0.022$, 空间区间为$[0,2]$, 初值条件为:

$$\begin{aligned}
\phi(x,0) &= \sin\frac{(\pi x)}{\pi},\\
u(x,0) &= \cos(\pi x),\\
v(x,0) &= -\delta^2\pi\,\sin(\pi x),\\
w(x,0) &= \cos^2\frac{(\pi x)}{4} - \delta^2\pi^2\,\sin\frac{(\pi x)}{2}.
\end{aligned} \tag{5.8.81}$$

图5.8.10中显示$0 \leq t \leq 4$的波形的数值解, 图5.8.11给出了分别在$t = 0$, $t = 0.3$和$t = 1$时的波形的数值解. 这3个数值波形图和Zabusky 和Kruskal 于1965年所

给出的是一致的. 该数值模拟用的时间步长和空间网格点分别为$\tau = 0.02$和$n = 199$.

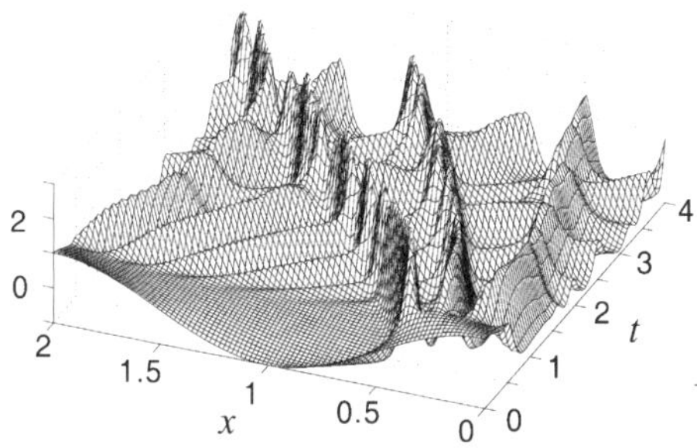

图 5.8.10 多辛Hamilton偏微分(5.8.3)单个孤立波的数值解

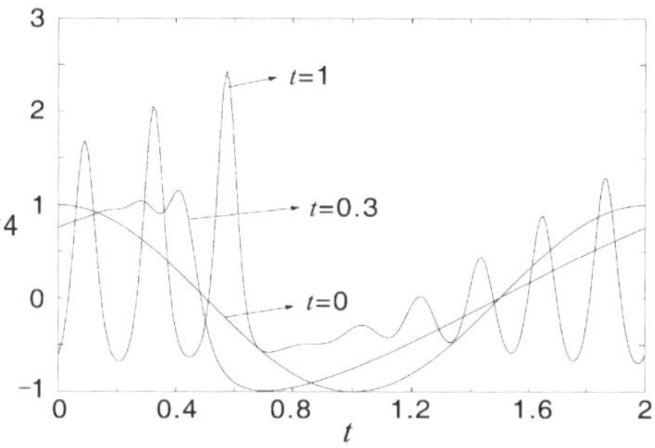

图 5.8.11 多辛Hamilton偏微分(5.8.3)两个孤立波碰撞的数值解

第二部分将用本文所给出的两个等价的辛格式(5.8.74)和(5.8.76)模拟第一部分中的多个孤立波的碰撞, 显示多辛格式的诸如高效率、长时间数值稳定等优点. 作为比较, 也用著名的Zabusky-Kruskal格式在同等的条件模拟了相同的问题. Zabusky-Kruskal 格式为

$$\begin{aligned} u_i^{j+1} \;=\; & u_i^{j-1} - r\frac{u_{i+1}^j + u_i^j + u_{i-1}^j}{3}(u_{i+1}^j - u_{i-1}^j) \\ & -\frac{\delta^2 r}{h^2}(u_{i+1}^j - 2u_{i+1}^j + 2u_{i-1}^j - u_{i-2}^j), \end{aligned} \tag{5.8.82}$$

其中$i = 1, 2, \cdots, n$.

4. **多辛格式和Zabusky-Kruskal格式的比较**

(1) 整体误差.

Preissmann格式和Zabusky-Kruskal格式都是2阶精度的格式, Preissmann格式的等价格式(5.8.74)和(5.8.76)也都是2阶精度的格式. 考察两个格式在某一时间层的整体误差, 我们需要比较精确解和两个数值解之间的差. 使 Preissmann格式和Zabusky-Kruskal格式取相同的时间和空间步长$\tau = 2 \times 10^{-4}$, $h = 0.02521$. 把所得到的数值解分别和精确解(5.8.80)比较, 定义在时间$t = j\tau$的整体误差为

$$\text{error} = \max_i \left| u_i^j - u(ih, j\tau) \right|.$$

表5.8.1 列出了两个格式在不同时刻的整体误差.

表 5.8.1 多辛Preissmann格式和Zabusky-Kruskal格式的整体误差的比较

	t=0.01	t=0.4	t=2
Z-K格式的误差	1.94×10^{-3}	2.00×10^{-3}	7.62×10^{-3}
多辛格式的误差	9.32×10^{-5}	1.63×10^{-4}	1.53×10^{-4}

(2) 稳定性.

尽管Zabusky-Kruskal格式在开始模拟KdV方程(5.8.53)时, 所给出的数值解相当精确, 但它却是数值不稳定的. 无论时间步长取多小, 随着计算时间的增加, 它所给出的数值解出现非物理振荡, 最终会出现溢出现象. 用多辛格式(5.8.74)和格式Zabusky-Kruskal以相同的空间步长$h = 2/399$模拟了KdV方程(5.8.53) 孤立波的碰撞. 通过计算, 发现Zabusky-Kruskal格式能在时间步长小于等于0.0001时正确给出$t = 1$时的波形; 而多辛格式(5.8.74)在时间步长$\tau = 0.02$时仍然模拟得很好. 图5.8.12给出了相应的数值结果. 而且, 即使两格式都用小时间步长$t = 5/\pi\times10^{-5}$, 多辛格式(5.8.74)的数值表现比Zabusky-Kruskal格式强得多. Zabusky-Kruskal格式给出的波形从开始到$t = 5$都非常正确, 可以清楚地看到余弦函数分裂成9个振幅, 不一样的相应速度也就是不一样的孤立子, 然后相互碰撞的演变过程. 但是当时间$t = 5.4$时, 波形就出现了非物理的振荡, 随后不久, 振荡处的振幅迅速增加, 时间$\pi t > 21$时, 出现溢出现象. 而多辛格式(5.8.74)没有出现这种情况, 当时间t非常大时, 它仍能给出令人满意的数值结果. 图5.8.12显示了Zabusky-Kruskal的出现溢出前的波形和多辛格式(5.8.74)的在相同时间的波形.

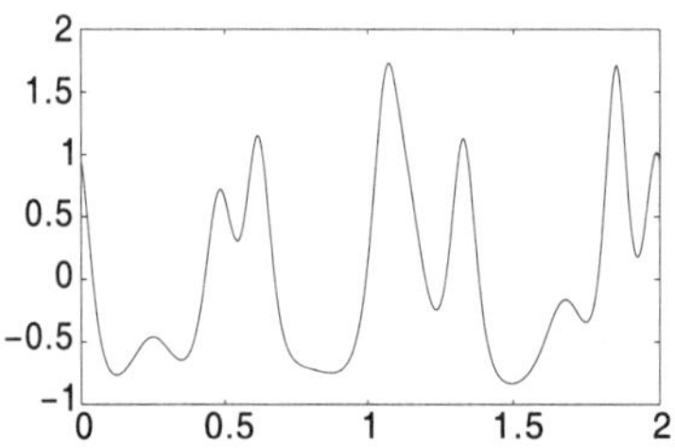

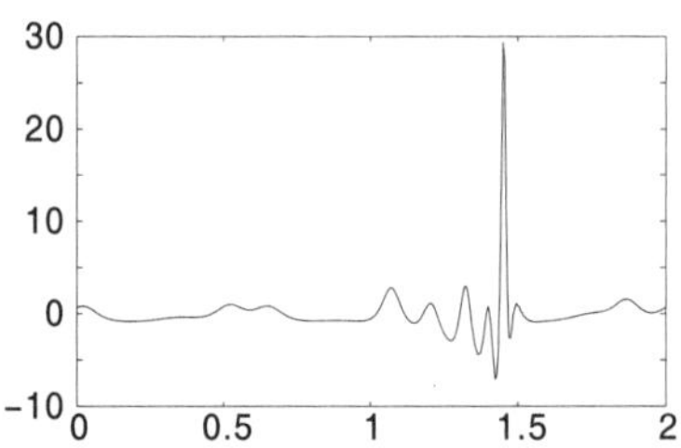

图 5.8.12 多个孤立波的波形[左边的由格式(5.8.74)给出,右边的由Zabusky-Kruskal格式给出]

(3) 数值效率.

为了比较两个格式的数值效率, 首先定义一个尺度. 称一个格式的效率高, 是指该格式能用较少的计算量得到指定时间层达到指定精度的数值解. 我们用相同的计算机在相同的状态下运行两个格式的程序代码(假设两程序代码优化程度相同), 然后记录占CPU的时间. 仍用上面的例子, 先使多辛格式(5.8.74)和Zabusky-Kruskal格式都取很小的步长计算, 得到$t=1$时的较为精确的数值解, 然后逐步增大各自的时间步长, 只要给出的数值解与精确的数值解比较达到指定的精度, 就认为格式能在该时间步长下正确运行. 两格式的空间步长都取$h = 2/399$, 但由于Zabusky-Kruskal格式的不稳定性, 该格式只能在时间步长小于等于0.0001时正确运行.

取Zubusky-Kruskal格式的时间步长为$\tau = 0.0001$, 记在时间$t = 1$时的数值解为$\mathbf{u1}$; 取多辛格式(5.8.74)时间步长为$\tau = 0.01$, 记在时间$t = 1$时的数值解为$\mathbf{u2}$; 则有

$$\sum_i (\mathbf{u1}_i - \mathbf{u2}_i)^2 = 1.049 \times 10^{-4},$$

Zabusky-Kruskal给出$\mathbf{u1}$所需CPU时间为172秒, 多辛格式(5.8.74)给出$\mathbf{u2}$所需CPU时间为55秒.

虽然Zabusky-Kruskal 格式在每一个时间步所用的时间比多辛格式 (5.8.74) 所用的时间少, 但多辛格式(5.8.74)正确运行的时间步长比Zabusky-Kruskal的大得多, 所以效率仍是多辛格式(5.8.74)高.

(4) 守恒律.

当参数$c = 1$时, KdV方程(5.8.53)具有无穷多个守恒律. 前五个守恒律为:

$$\begin{gathered}
F_1(u) = \int_0^2 u\,\mathrm{d}x, \quad F_2(u) = \frac{1}{2}\int_0^2 |u|^2\,\mathrm{d}x, \\
F_3(u) = \int_0^2 \left\{\frac{1}{2}\,\delta\,|u_x|^2 - \frac{1}{6}\,u^3\right\}\mathrm{d}x, \\
F_4(u) = \int_0^2 \left\{\frac{1}{2}\,\delta^2\,|u_{xx}|^2 - \frac{5}{6}\,\delta\,u\,|u_x|^2 + \frac{5}{72}\,|u|^4\right\}\mathrm{d}x, \\
F_5(u) = \int_0^2 \left\{\frac{1}{2}\,\delta^3\,|u_{xxx}|^2 - \frac{7}{6}\,\delta^2\,u\,|u_{xx}|^2 - \frac{5}{18}\,\delta\,u^3 u_{xx} + \frac{5}{36}\,\delta\,|uu_x|^2 - \frac{7}{216}\,u^5\right\}\mathrm{d}x.
\end{gathered}$$

若$u(x, n = j\tau)$的数值解为$\mathbf{u}^j = (u_1, u_2, \cdots, u_n)^{\mathrm{T}}$, 则对应的守恒律的离散形

式为:

$$\begin{aligned}
F_1^h(\mathbf{u}) &= \sum_{i=1}^{n} u_i h, \quad F_2^h(\mathbf{u}) = \frac{1}{2}\sum_{i=1}^{n} |u_i|^2 h, \\
F_3^h(\mathbf{u}) &= \sum_{i=1}^{n} \left\{\frac{1}{2}\delta\,|\Delta_+ u_i|^2 - \frac{1}{6}u_i^3\right\} h, \\
F_4^h(\mathbf{u}) &= \sum_{i=1}^{n} \left\{\frac{1}{2}\delta^2\,|\Delta_+\Delta_- l u_i|^2 - \frac{5}{12}\delta\, u_i[|\Delta_+ u_i|^2 + |\Delta_- u_i|^2] + \frac{5}{72}|u_i|^4\right\} h, \\
F_5^h(\mathbf{u}) &= \sum_{i=1}^{n} \left\{\frac{1}{2}\delta^3\,|\Delta_+\Delta_+\Delta_- u_i|^2 - \frac{7}{6}\delta^2 u_i\,|\Delta_+\Delta_- u_i|^2 - \frac{5}{18}\delta\, u_i^3\,\Delta_+\Delta_- u_i \right. \\
&\quad \left. + \frac{5}{72}\delta\, u_i^2\,[\,|\Delta_+ u_i|^2 + |\Delta_- u_i|^2] - \frac{7}{216}u_i^5\right\} h,
\end{aligned}$$

其中Δ_-, Δ_+ 分别是向前和向后差商算子.

误差定义如下:

$$\mathrm{error}_{F_k}(j\tau) = F_k^h(\mathbf{u}^j) - F_k^h(\mathbf{u}^0), \quad k = 1, \cdots, 5.$$

图5.8.13是多辛格式(5.8.74)在时间步长$\tau = 0.02$时给出的KdV方程的数值波形. 图5.8.14 – 图5.8.18给出两个格式的离散守恒律的误差对比.

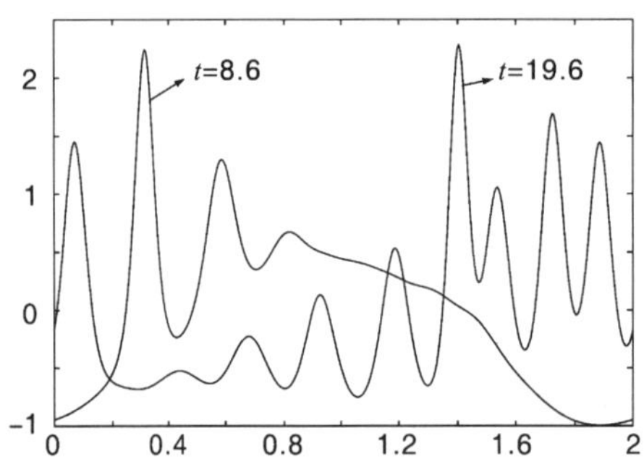

图 5.8.13 由多辛格式(5.8.74)给出的KdV方程的数值波形, 时间步长为$\tau = 0.02$

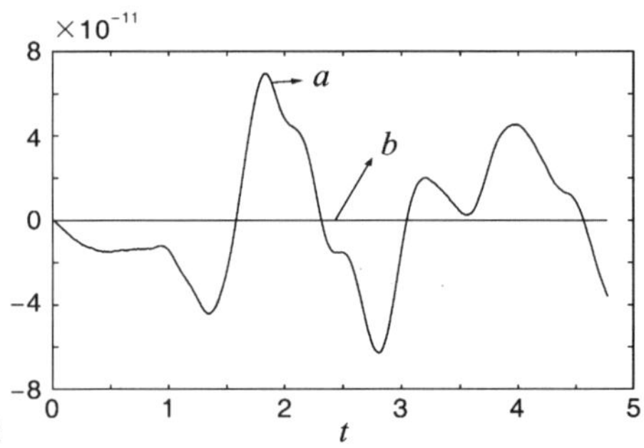

图 5.8.14 Zabusky-Kruskal格式和多辛格式(5.8.74)的error_{F_1} 对比

以上计算空间步长和时间步长分别取$h = 2/199$, $\tau = 1.59 \times 10^{-5}$. 图中曲线$a$表示多辛格式(5.8.74)的离散守恒律的误差, 曲线b表示Zabusky-Kruskal格式的离散守恒律.

从图5.8.14 – 图5.8.18中可以看出, 对于第一和第二个守恒律, Zabusky-Kruskal格式(振荡前)比多辛格式(5.8.74)保持得好; 对于第三个守恒律, 两个格式的表现相

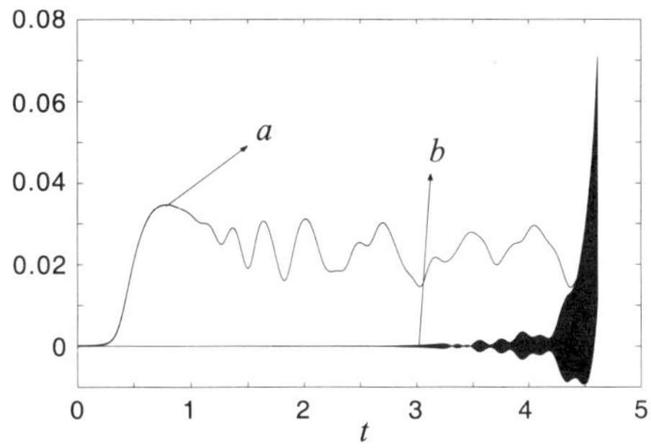

图 5.8.15 Zabusky-Kruskal格式和多辛格式(5.8.74)的error$_{F_2}$对比

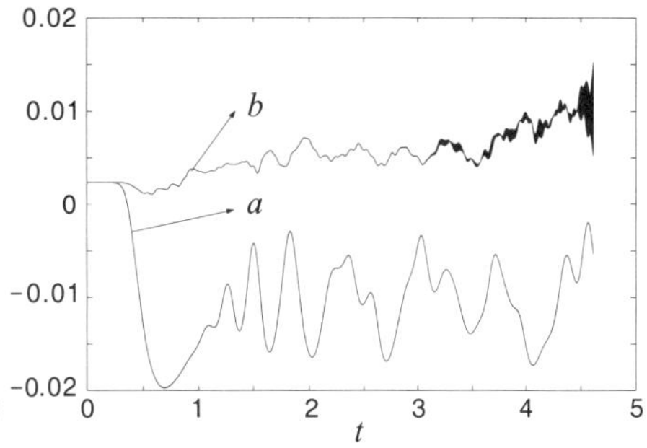

图 5.8.16 Zabusky-Kruskal格式和多辛格式(5.8.74)的error$_{F_3}$对比

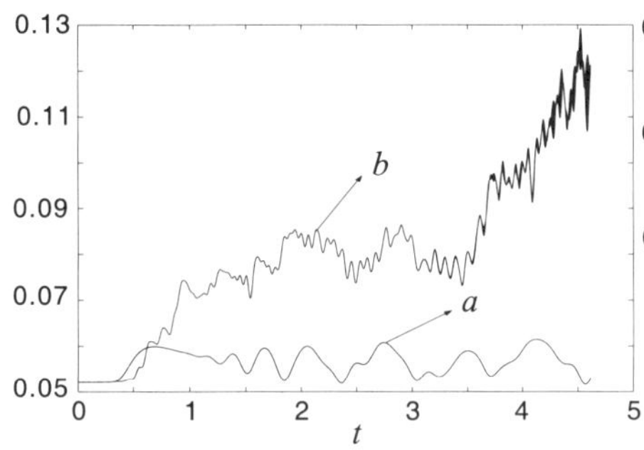

图 5.8.17 Zabusky-Kruskal格式和多辛格式(5.8.74)的error$_{F_4}$对比

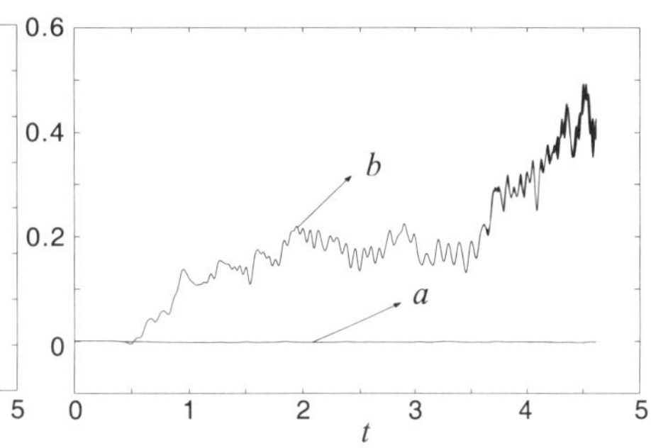

图 5.8.18 Zabusky-Kruskal格式和多辛格式(5.8.74)的error$_{F_5}$对比

当; 第四和第五个守恒律, 多辛格式(5.8.74)比Zabusky-Kruskal格式保持得好. 高阶的离散守恒律直接与格式的稳定性有关[HS94a], 这又一次说明多辛格式(5.8.74)比Zabusky-Kruskal格式稳定.

第三部分我们用文中给出的两个等价的显格式模拟多个孤立波的碰撞.

5. **显格式(5.8.78) 与Zabusky-Kruskal 格式的比较**

仍用显格式(5.8.78)与Zabusky-Kruskal格式模拟KdV方程多个孤立子的碰撞. 由于Zabusky-Kruskal格式的数值结果在前面已经给出, 这里仅给出显格式(5.8.78)在相同的条件下的数值结果.

尽管格式(5.8.78) 与Zabusky-Kruskal 格式一样, 都是显格式, 但格式(5.8.78) 的数值稳定性却比Zabusky-Kruskal格式强得多, 数值效率也就高得多.

同样取空间步长$h = 2/399$, 格式(5.8.78)在时间步长$\tau = 0.002$时仍然能正确地给出时间$t = 1$ 时的波形, 相应的数值结果同图5.8.11. 而且, 同样用小时间步长$t = 5/\pi \times 10^{-5}$, 格式(5.8.78)所给出的波形在时间$t = 5.4$时没有出现振荡, 直到时间t很大时, 给出的波形还是相当令人满意.

因为隐格式(5.8.74)和(5.8.76)迭代时，初始点的值总是选取上一层的值，所以显格式(5.8.78) 和(5.8.79)的计算结果就相当于隐格式(5.8.74)和(5.8.76)每层只迭代一步的结果. 而隐格式(5.8.74) 和(5.8.76)在每个时间层迭代时，总是一步，至多两步就收敛. 也就是说，显格式(5.8.78) 和(5.8.79)的数值表现应几乎和隐格式(5.8.74)和(5.8.76)的差不多，所以它具有较好的数值稳定性. 数值结果显示，格式 (5.8.78) 和 (5.8.74) 对于上文的5个离散守恒律的保守性能也相当.

§5.8.6 12点格式推导

本节将给出12点格式的推导过程，Preissmann格式(5.8.38)可以写成:

$$\frac{1}{2\Delta t}(u_{i-1}^j+u_i^j-u_{i-1}^{j-1}-u_i^{j-1})+\frac{1}{\Delta x}(w_i^{j-1}+w_i^j-w_{i-1}^{j-1}-w_{i-1}^j)=0, \tag{5.8.83}$$

$$\frac{1}{\Delta x}(u_i^{j-1}+u_i^j-u_{i-1}^{j-1}-u_{i-1}^j)-\frac{1}{2}(v_{i-1}^{j-1}+v_{i-1}^j+v_i^{j-1}+v_i^j)=0, \tag{5.8.84}$$

$$\frac{1}{2}(u_i^{j-1}+u_i^j+u_{i-1}^{j-1}+u_{i-1}^j)-\frac{1}{\Delta x}(\varphi_i^{j-1}+\varphi_i^j-\varphi_{i-1}^{j-1}-\varphi_{i-1}^j)=0, \tag{5.8.85}$$

$$\begin{aligned}&\frac{1}{2}(w_{i-1}^{j-1}+w_{i-1}^j+w_i^{j-1}+w_i^j)-\frac{1}{2\Delta t}(\varphi_{i-1}^j+\varphi_i^j-\varphi_{i-1}^{j-1}-\varphi_{i-1}^j)\\&-\frac{1}{\Delta x}(v_i^{j-1}+v_i^j-v_{i-1}^{j-1}-v_{i-1}^j)=2V'\Big(\frac{1}{4}(u_{i-1}^{j-1}+u_{i-1}^j+u_i^{j-1}+u_i^j)\Big).\end{aligned} \tag{5.8.86}$$

在(5.8.86)中，取$i=i+1$，可有

$$\begin{aligned}&\frac{1}{2}(w_i^{j-1}+w_i^j+w_{i+1}^{j-1}+w_{i+1}^j)-\frac{1}{2\Delta t}(\varphi_i^j+\varphi_{i+1}^j-\varphi_i^{j-1}-\varphi_{i+1}^{j-1})\\&-\frac{1}{\Delta x}(v_{i+1}^{j-1}+v_{i+1}^j-v_i^{j-1}-v_i^j)=2V'\Big(\frac{1}{4}(u_i^{j-1}+u_i^j+u_{i+1}^{j-1}+u_{i+1}^j)\Big).\end{aligned} \tag{5.8.87}$$

计算$\dfrac{(5.8.87)-(5.8.86)}{\Delta x}$，可以得到等式

$$\begin{aligned}&\frac{1}{2\,\Delta x}\,(w_{i+1}^{j-1}+w_{i+1}^j-w_{i-1}^{j-1}-w_{i-1}^j)\\&-\frac{1}{2\,\Delta t\Delta x}\,(\varphi_{i+1}^j-\varphi_{i+1}^{j-1}-\varphi_{i-1}^j+\varphi_{i-1}^{j-1})\\&-\frac{1}{\Delta x^2}\,(v_{i+1}^{j-1}+v_{i+1}^j-2\,v_i^{j-1}-2v_i^j+v_{i-1}^{j-1}+v_{i-1}^j)\\=\;&\frac{2}{\Delta x}\Big(V'\Big(\frac{1}{4}\,(u_i^{j-1}+u_i^j+u_{i+1}^{j-1}+u_{i+1}^j)\Big)\\&-V'\Big(\frac{1}{4}\,(u_{i-1}^{j-1}+u_{i-1}^j+u_i^{j-1}+u_i^j)\Big)\Big).\end{aligned} \tag{5.8.88}$$

当取$i=i-1$时, (5.8.88)式变成

$$\begin{aligned}&\frac{1}{2\,\Delta\,x}\left(w_i^{j-1}+w_i^j-w_{i-2}^{j-1}-w_{i-2}^j\right)-\frac{1}{2\,\Delta\,t\,\Delta\,x}\left(\varphi_i^j-\varphi_i^{j-1}-\varphi_{i-2}^j+\varphi_{i-2}^{j-1}\right)\\&-\frac{1}{\Delta\,x^2}\left(\upsilon_i^{j-1}+\upsilon_i^j-2\,\upsilon_{i-1}^{j-1}-2\,\upsilon_{i-1}^j+\upsilon_{i-2}^{j-1}+\upsilon_{i-2}^j\right)\\=\;&\frac{2}{\Delta\,x}\left(V'\left(\frac{1}{4}(u_{i-1}^{j-1}+u_{i-1}^j+u_i^{j-1}+u_i^j)\right)-V'\left(\frac{1}{4}\left(u_{i-2}^{j-1}+u_{i-2}^j+u_{i-1}^{j-1}+u_{i-1}^j\right)\right)\right).\end{aligned}\tag{5.8.89}$$

计算$\frac{(5.8.88)+(5.8.89)}{2}$, 给出等式

$$\begin{aligned}&\frac{1}{4\Delta\,x}(w_{i+1}^{j-1}+w_{i+1}^j-w_{i-1}^{j-1}-w_{i-1}^j+w_i^{j-1}+w_i^j-w_{i-2}^{j-1}-w_{i-2}^j)\\&-\frac{1}{4\Delta\,t\,\Delta\,x}(\varphi_{i+1}^j-\varphi_{i+1}^{j-1}-\varphi_{i-1}^j+\varphi_{i-1}^{j-1}+\varphi_i^j-\varphi_i^{j-1}-\varphi_{i-2}^j+\varphi_{i-2}^{j-1})\\&-\frac{1}{2\Delta\,x^2}(\upsilon_{i+1}^{j-1}+\upsilon_{i+1}^j-\upsilon_i^{j-1}-\upsilon_i^j-\upsilon_{i-1}^j-\upsilon_{i-1}^{j-1}+\upsilon_{i-2}^{j-1}+\upsilon_{i-2}^j)\\=\;&\frac{1}{\Delta\,x}\left(V'\left(\frac{1}{4}(u_i^{j-1}+u_i^j+u_{i+1}^{j-1}+u_{i+1}^j)\right)-V'\left(\frac{1}{4}(u_{i-2}^{j-1}+u_{i-2}^j+u_{i-1}^{j-1}+u_{i-1}^j)\right)\right).\end{aligned}\tag{5.8.90}$$

在(5.8.85)中, 取$i=i+1$, 可有

$$\frac{1}{\Delta\,x}(u_{i+1}^{j-1}+u_{i+1}^j-u_i^{j-1}-u_i^j)-\frac{1}{2}(\upsilon_i^{j-1}+\upsilon_i^j+\upsilon_{i+1}^{j-1}+\upsilon_{i+1}^j)=0.\tag{5.8.91}$$

计算$\frac{(5.8.90)-(5.8.85)}{\Delta\,x}$, 可得到

$$\begin{aligned}&\frac{1}{\Delta\,x^2}(u_{i+1}^{j-1}+u_{i+1}^j-2u_i^j-2u_i^{j-1}+u_{i-1}^{j-1}+u_{i-1}^j)\\&-\frac{1}{2\Delta\,x}(\upsilon_{i+1}^{j-1}+\upsilon_{i+1}^j-\upsilon_{i-1}^{j-1}-\upsilon_{i-1}^j)=0.\end{aligned}\tag{5.8.92}$$

在(5.8.92)式中, 取$i=i-1$, 可得

$$\begin{aligned}&\frac{1}{\Delta\,x^2}(u_i^{j-1}+u_i^j-2u_{i-1}^j-2u_{i-1}^{j-1}+u_{i-2}^{j-1}+u_{i-2}^j)\\&-\frac{1}{2\Delta\,x}(\upsilon_i^{j-1}+\upsilon_i^j-\upsilon_{i-2}^{j-1}-\upsilon_{i-2}^j)=0.\end{aligned}\tag{5.8.93}$$

计算$\frac{(5.8.92)-(5.8.93)}{\Delta\,x}$, 得到

$$\begin{aligned}&\frac{1}{\Delta\,x^3}(u_{i+1}^{j-1}+u_{i+1}^j-3u_i^j-3u_i^{j-1}+3u_{i-1}^{j-1}+3u_{i-1}^j-u_{i-2}^j-u_{i-2}^{j-1})\\&-\frac{1}{2\,\Delta\,x^2}\left(\upsilon_{i+1}^{j-1}+\upsilon_{i+1}^j-\upsilon_i^{j-1}-\upsilon_i^j-\upsilon_{i-1}^{j-1}-\upsilon_{i-1}^j+\upsilon_{i-2}^{j-1}+\upsilon_{i-2}^j\right)=0.\end{aligned}\tag{5.8.94}$$

在(5.8.83)中, 取$i=i+1$, 则有

$$\frac{1}{2\Delta t}(u_i^j+u_{i+1}^j-u_i^{j-1}-u_{i+1}^{j-1})+\frac{1}{\Delta x}(w_{i+1}^{j-1}+w_{i+1}^j-w_i^{j-1}-w_i^j)=0. \tag{5.8.95}$$

将(5.8.95)式和(5.8.83)式相加可得

$$\begin{aligned}&\frac{1}{2\Delta t}(u_{i+1}^j-u_{i+1}^{j-1}+2u_i^j-2u_i^{j-1}+u_{i-1}^j-u_{i-1}^{j-1})\\&+\frac{1}{\Delta x}(w_{i+1}^{j-1}+w_{i+1}^j-w_{i-1}^{j-1}-w_{i-1}^j)=0.\end{aligned} \tag{5.8.96}$$

合并(5.8.90), (5.8.94), (5.8.96), 可以得到

$$\begin{aligned}&-\frac{1}{8\Delta t}(u_{i+1}^j-u_{i+1}^{j-1}+3u_i^j-3u_i^{j-1}+3u_{i-1}^j-3u_{i-1}^{j-1}+u_{i-2}^j-u_{i-2}^{j-1})\\&-\frac{1}{4\Delta t\Delta x}(\varphi_{i+1}^j-\varphi_{i+1}^{j-1}-\varphi_{i-1}^j+\varphi_{i-1}^{j-1}+\varphi_i^j-\varphi_i^{j-1}-\varphi_{i-2}^j+\varphi_{i-2}^{j-1})\\&-\frac{1}{\Delta x^3}(u_{i+1}^{j-1}+u_{i+1}^j-3u_i^j-3u_i^{j-1}+3u_{i-1}^{j-1}+3u_{i-1}^j-u_{i-2}^j-u_{i-2}^{j-1})\\=&\ \frac{1}{\Delta x}\left(V'\left(\frac14(u_i^{j-1}+u_i^j+u_{i+1}^{j-1}+u_{i+1}^j)\right)-V'\left(\frac14(u_{i-2}^{j-1}+u_{i-2}^j+u_{i-1}^{j-1}+u_{i-1}^j)\right)\right).\end{aligned} \tag{5.8.97}$$

当$j=j+1$时, (5.8.97)式成为

$$\begin{aligned}&-\frac{1}{8\Delta t}(u_{i+1}^{j+1}-u_{i+1}^j+3u_i^{j+1}-3u_i^j+3u_{i-1}^{j+1}-3u_{i-1}^j+u_{i-2}^{j+1}-u_{i-2}^j)\\&-\frac{1}{4\Delta t\Delta x}(\varphi_{i+1}^{j+1}-\varphi_{i+1}^j-\varphi_{i-1}^{j+1}+\varphi_{i-1}^j+\varphi_i^{j+1}-\varphi_i^j-\varphi_{i-2}^{j+1}+\varphi_{i-2}^j)\\&-\frac{1}{\Delta x^3}(u_{i+1}^j+u_{i+1}^{j+1}-3u_i^{j+1}-3u_i^j+3u_{i-1}^j+3u_{i-1}^{j+1}-u_{i-2}^{j+1}-u_{i-2}^j)\\=&\ \frac{1}{\Delta x}\left(V'\left(\frac14(u_i^j+u_i^{j+1}+u_{i+1}^j+u_{i+1}^{j+1})\right)-V'\left(\frac14(u_{i-2}^j+u_{i-2}^{j+1}+u_{i-1}^j+u_{i-1}^{j+1})\right)\right).\end{aligned} \tag{5.8.98}$$

对(5.8.97)和(5.8.98)式求和，可得到

$$\begin{aligned}&-\frac{1}{8\Delta t}(u_{i+1}^{j+1}-u_{i+1}^{j-1}+3u_i^{j+1}-3u_i^{j-1}+3u_{i-1}^{j+1}-3u_{i-1}^{j-1}+u_{i-2}^{j+1}-u_{i-2}^{j-1})\\&-\frac{1}{4\Delta t\Delta x}(\varphi_{i+1}^{j+1}-\varphi_{i+1}^{j-1}+\varphi_i^{j+1}-\varphi_i^{j-1}-\varphi_{i-1}^{j+1}+\varphi_{i-1}^{j-1}+\varphi_{i-2}^{j-1}-\varphi_{i-2}^{j+1})\\&-\frac{1}{\Delta x^3}(u_{i+1}^{j+1}+2u_{i+1}^j+u_{i+1}^{j-1}-3u_i^{j+1}-6u_i^j-3u_i^{j-1}+6u_{i-1}^j+3u_{i-1}^{j-1}\\&+3u_{i-1}^{j+1}-2u_{i-2}^j-u_{i-2}^{j+1}-u_{i-2}^{j-1})\\=&\ \frac{1}{\Delta x}\left(V'\left(\frac14(u_i^j+u_i^{j+1}+u_{i+1}^j+u_{i+1}^{j+1})\right)-V'\left(\frac14(u_{i-2}^j+u_{i-2}^{j+1}+u_{i-1}^j+u_{i-1}^{j+1})\right)\right.\\&\left.+V'\left(\frac14(u_i^{j-1}+u_i^j+u_{i+1}^{j-1}+u_{i+1}^j)\right)-V'\left(\frac14(u_{i-2}^{j-1}+u_{i-2}^j+u_{i-1}^{j-1}+u_{i-1}^j)\right)\right).\end{aligned} \tag{5.8.99}$$

取$j=j+1$, 则 (5.8.85) 式成为

$$\frac12(u_i^j+u_i^{j+1}+u_{i-1}^j+u_{i+1}^{j+1})-\frac{1}{\Delta x}(\varphi_i^j+\varphi_i^{j+1}-\varphi_{i-1}^j-\varphi_{i-1}^{j+1})=0. \tag{5.8.100}$$

计算$\dfrac{(5.8.100)-(5.8.85)}{\Delta t}$,得出

$$\frac{1}{2\Delta t}(u_i^{j+1}+u_{i-1}^{j+1}-u_i^{j-1}-u_{i-1}^{j-1})-\frac{1}{\Delta x\Delta t}(\varphi_i^{j+1}-\varphi_{i-1}^{j+1}-\varphi_i^{j-1}+\varphi_{i-1}^{j-1})=0. \quad (5.8.101)$$

在(5.8.101)中, 取$i=i+1$, 得到

$$\frac{1}{2\Delta t}(u_i^{j+1}+u_{i+1}^{j+1}-u_{i+1}^{j-1}-u_i^{j-1})-\frac{1}{\Delta x\Delta t}(\varphi_{i+1}^{j+1}-\varphi_i^{j+1}-\varphi_{i+1}^{j-1}+\varphi_i^{j-1})=0. \quad (5.8.102)$$

由(5.8.101)+(5.8.102), 则有

$$\begin{aligned}&\frac{1}{2\Delta t}(u_{i+1}^{j+1}+2u_i^{j+1}+u_{i-1}^{j+1}-2u_i^{j-1}-u_{i-1}^{j-1}-u_{i+1}^{j-1})\\&-\frac{1}{\Delta x\Delta t}(\varphi_{i+1}^{j+1}-\varphi_{i+1}^{j-1}-\varphi_{i-1}^{j+1}+\varphi_{i-1}^{j-1})=0.\end{aligned} \quad (5.8.103)$$

取$i=i-1$，(5.8.103)成为

$$\begin{aligned}&\frac{1}{2\Delta t}(u_i^{j+1}+2u_{i-1}^{j+1}+u_{i-2}^{j+1}-2u_{i-1}^{j-1}-u_{i-2}^{j-1}-u_i^{j-1})\\&-\frac{1}{\Delta x\Delta t}(\varphi_i^{j+1}-\varphi_i^{j-1}-\varphi_{i-2}^{j+1}+\varphi_{i-2}^{j-1})=0.\end{aligned} \quad (5.8.104)$$

把(5.8.103)和(5.8.104)代入(5.8.99)中, 即得到12点格式

$$\begin{aligned}&\frac{1}{16\Delta t}(u_{i+1}^{j+1}-u_{i+1}^{j-1}+3u_i^{j+1}-3u_i^{j-1}+3u_{i-1}^{j+1}-3u_{i-1}^{j-1}+u_{i-2}^{j+1}-u_{i-2}^{j-1})\\&+\frac{1}{4\Delta x^3}(u_{i+1}^{j+1}-3u_i^{j+1}+3u_{i-1}^{j+1}-u_{i-2}^{j+1}\\&+2u_{i+1}^{j}-6u_i^{j}+6u_{i-1}^{j}-2u_{i-2}^{j}+u_{i+1}^{j-1}-3u_i^{j-1}+3u_{i-1}^{j-1}-u_{i-2}^{j-1})\\&+\frac{1}{4\Delta x}\left(V'\left(\frac{1}{4}(u_i^j+u_i^{j+1}+u_{i+1}^j+u_{i+1}^{j+1})\right)\right.\\&-V'\left(\frac{1}{4}(u_{i-2}^j+u_{i-2}^{j+1}+u_{i-1}^j+u_{i-1}^{j+1})\right)+V'\left(\frac{1}{4}(u_i^{j-1}+u_i^j+u_{i+1}^{j-1}+u_{i+1}^j)\right)\\&\left.-V'\left(\frac{1}{4}(u_{i-2}^{j-1}+u_{i-2}^j+u_{i-1}^{j-1}+u_{i-1}^j)\right)\right)=0.\end{aligned} \quad (5.8.105)$$

§5.8.7 KdV 方程的Euler box 格式

除了多辛Preissmann 格式外, 还有另一种多辛格式— Euler box格式, 它首先由Moore 和Reich [MR03c] 提出. 这一小节主要讨论对KdV 方程应用Euler box 格式.

由上节可知, KdV 方程可以写成多辛的形式.

$$Mz_t+Kz_x=\nabla_z S(z), \quad (5.8.106)$$

其中

$$M=\begin{bmatrix}0&\frac{1}{2}&0&0\\-\frac{1}{2}&0&0&0\\0&0&0&0\\0&0&0&0\end{bmatrix},\quad K=\begin{bmatrix}0&0&0&1\\0&0&-\mu&0\\0&\mu&0&0\\-1&0&0&0\end{bmatrix},\quad z=\begin{bmatrix}\phi\\u\\v\\w\end{bmatrix},$$

$S(z)=\dfrac{1}{2}v^2-uw+V(u)$.

定义算子

$$\delta_t^+z_i^j=\frac{z_i^{j+1}-z_i^j}{\tau},\quad \delta_t^-z_i^j=\frac{z_i^j-z_i^{j-1}}{\tau},\quad \delta_x^+z_i^j=\frac{z_{i+1}^j-z_i^j}{h},\quad \delta_x^-z_i^j=\frac{z_i^j-z_{i-1}^j}{h}.$$

(5.8.106) 的Euler box 格式为

$$M_+\delta_t^+z_i^j+M_-\delta_t^-z_i^j+K_+\delta_x^+z_i^j+K_-\delta_x^-z_i^j=\nabla_zS(z_i^j),\tag{5.8.107}$$

其中M_+,M_- 和K_+,K_- 是由辛结构矩阵M 和K 分裂而成的, 满足:

$$\begin{aligned}&M=M_++M_-,\qquad M_+^{\mathrm{T}}=-M_-,\\&K=K_++K_-,\qquad K_+^{\mathrm{T}}=-K_-.\end{aligned}\tag{5.8.108}$$

Euler box 格式(5.8.107) 具有离散的多辛守恒律

$$\delta_t^+\omega_i^j+\delta_x^+\kappa_i^j=0,\tag{5.8.109}$$

其中$\omega_i^j=\mathrm{d}z_i^{j-1}\wedge M_+\mathrm{d}z_i^j,\quad \kappa_i^j=\mathrm{d}z_{i-1}^j\wedge K_+\mathrm{d}z_i^j$.

注意到矩阵分裂(5.8.108) 不是惟一的, 不同的分裂方法产生不同的格式. 这边我们仅考虑M^+ 和K^+是上三角矩阵的情况:

$$M^+=-M_-^{\mathrm{T}}=\begin{bmatrix}0&\frac{1}{2}&0&0\\0&0&0&0\\0&0&0&0\\0&0&0&0\end{bmatrix},\quad K^+=-K_-^{\mathrm{T}}=\begin{bmatrix}0&0&0&1\\0&0&-\mu&0\\0&0&0&0\\0&0&0&0\end{bmatrix}.\tag{5.8.110}$$

把上述分裂矩阵代入Euler box 格式(5.8.107) 中, 我们得到多辛PDEs (5.8.106) 的离散形式[WWC07],[LXW11]:

$$\frac{1}{2}\delta_t^+u_i^j+\delta_x^+w_i^j=0,\tag{5.8.111}$$

$$-\frac{1}{2}\delta_t^-\phi_i^j-\mu\delta_x^+v_i^j=V'(u_i^j)-w_i^j,\tag{5.8.112}$$

$$\mu\delta_x^-u_i^j=v_i^j,\tag{5.8.113}$$

$$\delta_x^-\phi_i^j=u_i^j.\tag{5.8.114}$$

(5.8.112)式作用算子δ_x^+, 再和(5.8.111)和(5.8.113)做些替换, 得到

$$-\frac{1}{2}\delta_x^+\delta_t^-\phi_i^j-\mu\delta_x^+\delta_x^+v_i^j=\delta_x^+V'(u_i^j)-\delta_x^+w_i^j$$

和

$$-\frac{1}{2}\delta_t^-\delta_x^+\phi_i^j-\mu^2\delta_x^+\delta_x^+\delta_x^-u_i^j=\delta_x^+V'(u_i^j)+\frac{1}{2}\delta_t^+u_i^j. \tag{5.8.115}$$

由算子定义, (5.8.114) 可以写成

$$u_{i+1}^j=\delta_x^-\phi_{i+1}^j=\delta_x^+\phi_i^j. \tag{5.8.116}$$

把(5.8.116) 代入(5.8.115), 我们得到一个新的格式:

$$\frac{1}{2}\delta_t^-u_{i+1}^j+\frac{1}{2}\delta_t^+u_i^j+\delta_x^+V'(u_i^j)+\mu^2\delta_x^{+2}\delta_x^-u_i^j=0. \tag{5.8.117}$$

这是KdV 方程的一个显式6点格式:

$$\begin{aligned}&\frac{1}{2}\Big(\frac{u_i^{j+1}-u_i^j}{\tau}+\frac{u_{i+1}^j-u_{i+1}^{j-1}}{\tau}\Big)+\eta\frac{u_i^j+u_{i-1}^j}{2}\Big(\frac{u_i^j-u_{i-1}^j}{h}\Big)\\&+\mu^2\frac{u_{i+2}^j-3u_{i+1}^j+3u_i^j-u_{i-1}^j}{h^3}=0.\end{aligned} \tag{5.8.118}$$

把格式(5.8.118) 在$u_{i+\frac{1}{2}}^j$ 处泰勒展开可知, 该格式的精度为$o(h^2+\tau^2)$.

接下来, 我们将得到的6点格式与Z-K 格式进行比较. KdV 方程的参数取为$\eta=1,\mu=0.022$, 空间区域为$[0,2]$, 边界条件取周期边界条件, 初值取$u(x,0)=\cos(\pi x)$, 步长取$\tau=0.0002$, $h=0.02$. 图5.8.19 给出了Z-K 格式和6 点格式在$t=4$ 时刻的波形.

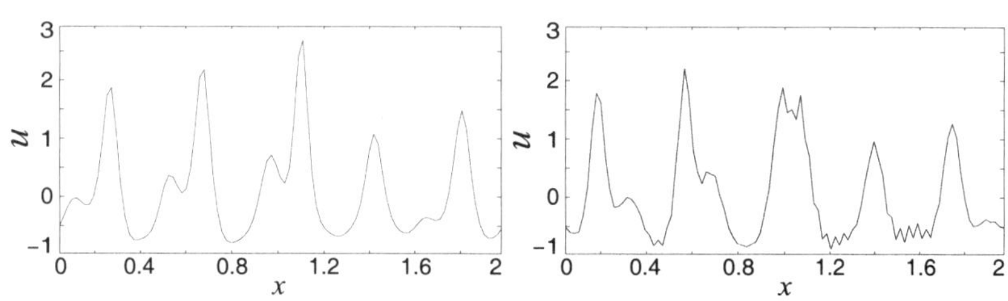

图 5.8.19 $t=4$ 时刻KdV 方程的数值波形(右边是Z-K 格式的波形, 左边是多辛6 点格式的波形)

可以看出, Z-K 格式的波形有很多额外的抖动, 而6 点格式却能给出很好的波形. narrow-box 格式[AM04]和6 点格式模拟的差不多, 多辛12 点格式模拟的效果最好.

接下来,我们讨论6 点格式保首次积分的能力. 在周期边界的条件下, KdV 方程有无穷多个首次积分, 其中一个是

$$F_2(u) = \frac{1}{2}\int_0^2 u^2 \mathrm{d}x,$$

该首次积分与方程的稳定性有关. 下面将6 点格式与Z-K格式、多辛12 点格式、narrow-box 格式以及谱方法进行比较, 取$\tau = 0.0001$, $h = 0.01$. 图5.8.20 给出了5 种方法的离散能量守恒律F_2 随着时间变化的误差曲线.

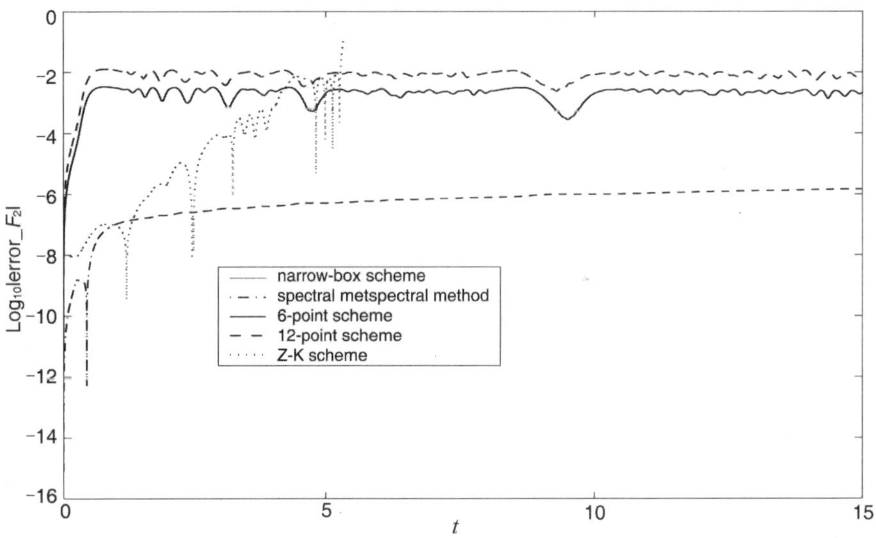

图 5.8.20 不同时刻离散能量守恒律F_2 的数值误差变化曲线

从图5.8.20可以看出, 保离散能量守恒律F_2 最好的是谱方法, 接下来依次是6 点格式、narrow-box 格式、12 点格式以及Z-K 格式.

§5.9 一些方程的多辛形式

§5.9.1 BBM方程的辛形式和多辛形式

考虑BBM方程[BBM72]

$$u_t + (V'(u))_x - \sigma u_{xxt} = 0, \tag{5.9.1}$$

其中$V(u) = \dfrac{1}{6}u^3$. 这个方程首先被Peregrine[Per66]提出, 用于描述类似于KdV方程的波行为, 因此它是一个好的可应用的模型. 尽管从表面看BBM方程和 KdV 方程

的差异仅表现为高阶项是u_{xxt}还是u_{xxx}, 但它们却有本质的区别: KdV 是完全可积系统, 具有N孤立子解; 但BBM方程是否有类似的结果尚无理论依据, 说它最多只有3个孤立子解的大部分结果也都是数值说明, 这个结论的得出是依赖于所画的图形显示了BBM方程的两个或3个孤立子的碰撞是非弹性的. 方程(5.9.1)已经有许多格式[AM79],[EM77],[EM75], 在这一节主要揭示它的多辛性质, 并提供一种把PDE写为多辛方程组形式的方法.

1. **BBM 方程的辛形式和多辛形式**

首先给出BBM 方程的辛形式和多辛形式. 已知(5.9.1)可以用典则的无穷维Hamilton 系统描述[Olv86]:

$$u_t = -(1 - \sigma D^2)^{-1} D \frac{\delta H}{\delta u},$$

其中$-(1 - \sigma D^2)^{-1} D$是Hamilton算子, $D = \dfrac{\partial}{\partial x}$, Hamilton函数是

$$H = \int \frac{1}{6} u^3 \,\mathrm{d}x.$$

如果引进势函数$u = \varphi_x$, 可写出方程(5.9.1)的Euler-Lagrange 方程形式(可参见§5.10.1), 其中Lagrange函数是

$$L(\varphi, \varphi_t) = \int \left(\frac{1}{2} \varphi_t \varphi_x + \frac{1}{2} \sigma \varphi_{xt} \varphi_{xx} + \frac{1}{6} \varphi_x^3\right) \mathrm{d}x,$$

这样, 方程(5.9.1)的解可看作是一个变分问题的极值, 也就是满足

$$\delta \int L \,\mathrm{d}t - 0.$$

事实上, Euler-Lagrange方程

$$\frac{\delta L}{\delta \varphi} = \frac{\mathrm{d}}{\mathrm{d}t} \frac{\delta L}{\delta \dot{\varphi}}$$

等价于方程$\varphi_{xt} + \varphi_x \varphi_{xx} - \sigma \varphi_{xxxt} = 0$, 令$\varphi_x = u$, 它即BBM方程(5.9.1).

可在无穷维的函数空间(φ, φ_t)定义典则1-形式

$$\theta = \frac{\delta L}{\delta \varphi_t} \mathrm{d}\varphi = \frac{1}{2} (1 - \sigma D^2) \varphi_x \,\mathrm{d}\varphi = \frac{1}{2} (1 - \sigma D^2)\, u D^{-1} \,\mathrm{d}u,$$

典则2-形式是

$$\Omega = -\mathrm{d}\theta = -\frac{1}{2} (1 - \sigma D^2) \,\mathrm{d}u \wedge D^{-1} \,\mathrm{d}u = \frac{1}{2} (\sigma \,\mathrm{d}u \wedge \mathrm{d}u_x - \mathrm{d}u \wedge D^{-1} \,\mathrm{d}u).$$

如果定义协变的Legendre变换:

$$u = \varphi_x, \quad v = u_x, \quad w = u_t, \quad p = \frac{1}{2} \varphi_t + \frac{1}{2} \varphi_x^2 - \sigma \varphi_{xxt}, \tag{5.9.2}$$

则方程(5.9.1)可写成以下方程组的形式:

$$Mz_t + Kz_x = \bigtriangledown_z S(z), \quad z \in \mathbf{R}^5, \quad (x,t) \in \mathbf{R}^2, \tag{5.9.3}$$

其中,

$$M = \begin{bmatrix} 0 & -\frac{1}{2} & 0 & 0 & 0 \\ \frac{1}{2} & 0 & -\frac{1}{2}\sigma & 0 & 0 \\ 0 & \frac{1}{2}\sigma & 0 & 0 & 0 \\ 0 & 0 & 0 & 0 & 0 \\ 0 & 0 & 0 & 0 & 0 \end{bmatrix}, \quad K = \begin{bmatrix} 0 & 0 & 0 & 0 & -1 \\ 0 & 0 & 0 & -\frac{1}{2}\sigma & 0 \\ 0 & 0 & 0 & 0 & 0 \\ 0 & \frac{1}{2}\sigma & 0 & 0 & 0 \\ 1 & 0 & 0 & 0 & 0 \end{bmatrix}$$

是两个反对称的矩阵, $z = (\varphi, u, v, w, p)^{\mathrm{T}}$, Hamilton函数

$$S = up - \frac{1}{6}u^3 + \frac{1}{2}\sigma v w,$$

(5.9.3)被称为多辛方程组. 在方程组(5.9.3)两边取外微分, 得到

$$M\,\mathrm{d}z_t + K\,\mathrm{d}z_x = \bigtriangledown_z^2 S(z)\,\mathrm{d}z.$$

然后对上式两边用$\mathrm{d}z$作$\wedge$积运算, 得到BBM多辛守恒律

$$\frac{\partial}{\partial t}(\mathrm{d}u \wedge \mathrm{d}\varphi + \sigma\,\mathrm{d}v \wedge \mathrm{d}u) + \frac{\partial}{\partial x}(2\,\mathrm{d}p \wedge \mathrm{d}\varphi + \sigma\,\mathrm{d}w \wedge \mathrm{d}u) = 0. \tag{5.9.4}$$

令X是定向的2维流形, 它的坐标用(x,t)来表示, $Y = X \times \mathbf{R}$是丛空间, 它的坐标用(x,t,y)来表示, $\pi_{XY}: Y \to X$表示在X上的纤维丛, 它的截面$\varphi: X \to Y$是一个物理场. 在这里, 用$J^2(Y)$表示Y的2阶jet丛, $j^3(\varphi)$是场φ的3阶jet延拓, 它的坐标为$(x,t,\varphi,\varphi_\mu,\varphi_{\mu_1\mu_2},\varphi_{\mu_1\mu_2\mu_3})$, 其中$\varphi_\mu = \partial_\mu\varphi$是1 阶偏微分, $\varphi_{\mu_1\mu_2} = \partial_{\mu_1}\partial_{\mu_2}\varphi$是2 阶偏微分, $\varphi_{\mu_1\mu_2\mu_3} = \partial_{\mu_1}\partial_{\mu_2}\partial_{\mu_3}\varphi$ 是3 阶偏微分. 根据Marsden的Lagrange理论[MPS98], 方程(5.9.1)还可以用一个协变的Euler-Lagrange 方程来描述. 在这里, $J^2(Y)$ 上的Lagrange 密度被定义为

$$\mathcal{L}(x,t,\varphi,\varphi_t,\varphi_x,\varphi_{xt},\varphi_{xx}) = \left(\frac{1}{2}\varphi_t\varphi_t + \frac{1}{2}\sigma\varphi_{xt}\varphi_{xx} + \frac{1}{6}\varphi_x^3\right)\mathrm{d}x \wedge \mathrm{d}t, \tag{5.9.5}$$

从变分原理可定义$J^3(Y)$上的Cartan 2-形式为

$$\begin{aligned} \theta L = & -\frac{1}{2}\varphi_x\,\mathrm{d}\varphi \wedge \mathrm{d}x + \left(\frac{1}{2}\varphi_t + \frac{1}{2}\varphi_x^2 - \sigma\varphi_{xxt}\right)\mathrm{d}\varphi \wedge \mathrm{d}t + \frac{1}{2}\sigma\varphi_{xt}\,\mathrm{d}\varphi_x \wedge \mathrm{d}t \\ & -\frac{1}{2}\sigma\varphi_{xx}\,\mathrm{d}\varphi_x \wedge \mathrm{d}x - \left(\frac{1}{2}\varphi_x\varphi_t + \frac{1}{3}\varphi_x^3 - \sigma\varphi_{xxt}\varphi_x + \frac{1}{2}\sigma\varphi_{xx}\varphi_{xt}\right)\mathrm{d}x \wedge \mathrm{d}t, \end{aligned}$$

相应的多辛形式可定义为$\Omega_{\mathcal{L}} = -\mathrm{d}\theta_{\mathcal{L}}$.

在Lagrange意义下, 方程(5.9.1)有多辛形式

$$\int_U j^3(\varphi)^*(j^3(V) \lrcorner\, j^3(W) \lrcorner\, \Omega_{\mathcal{L}}) = 0, \tag{5.9.6}$$

其中U是一个光滑的带光滑边界的流形. 如果取$V, W \in \pi_{X,Y}$是垂直向量场, 在坐标意义下, $V = V^{\varphi}\dfrac{\partial}{\partial\varphi}$, $W = W^{\varphi}\dfrac{\partial}{\partial\varphi}$, 可计算得:

$$\begin{aligned} j^3(V) \;=\; & (V_\varphi,\, D_t V_\varphi,\, D_x V_\varphi,\, D_{tt} V_\varphi,\, D_{tx} V_\varphi,\, D_{xx} V_\varphi, \\ & D_{ttt} V_\varphi, D_{ttx} V_\varphi,\, D_{txx} V_\varphi,\, D_{xxx} V_\varphi), \\ j^3(W) \;=\; & (W_\varphi,\, D_t W_\varphi, D_x W_\varphi,\, D_{tt} W_\varphi,\, D_{tx} W_\varphi,\, D_{xx} W_\varphi, \\ & D_{ttt} W_\varphi,\, D_{ttx} W_\varphi, D_{txx} W_\varphi,\, D_{xxx} W_\varphi). \end{aligned}$$

把上式代入(5.9.6)式, 得到

$$\begin{aligned} & j^3\,(\varphi)^*\,(j^3(V) \lrcorner\, j^3\,(W) \lrcorner\, \Omega_{\mathcal{L}}) \\ = \;& -\frac{1}{2}\,(D_x\, W_\varphi\, V_\varphi - D_x\, V_\varphi\, W_\varphi + \sigma\, D_{xx}\, W_\varphi\, D_x\, V_\varphi)\,\mathrm{d}x \\ = \;& \frac{1}{2}\,\sigma\, D_{xx}\, V_\varphi\, D_x\, W_\varphi\, \mathrm{d}x + \frac{1}{2}\,(D_t\, W_\varphi\, V_\varphi - D_t\, V_\varphi\, W_\varphi)\,\mathrm{d}t \\ = \;& \frac{1}{2}\,(-2\sigma\, D_{txx}\, W_\varphi\, V_\varphi + 2\sigma\, D_{txx}\, V_\varphi\, W_\varphi + \sigma\, D_{tx}\, W_\varphi\, D_x\, V_\varphi)\mathrm{d}x \\ = \;& \Big(-\frac{1}{2}\,\sigma\, D_{tx}\, V_\varphi\, D_x\, W_\varphi + \varphi_x\, D_x\, W_\varphi\, V_\varphi - \varphi_x\, D_x\, V_\varphi\, W_\varphi\Big)\,\mathrm{d}t. \end{aligned}$$

使用Stokes定理, 则有

$$\begin{aligned} 0 \;=\; & \int_U D_t\,\Big(\frac{1}{2}\,(D_x\, W_\varphi\, V_\varphi - D_x\, V_\varphi\, W_\varphi + \sigma\, D_{xx}\, W_\varphi\, D_x\, V_\varphi \\ & -\sigma\, D_{xx}\, V_\varphi\, D_x\, W_\varphi)\Big)\,\mathrm{d}x \wedge \mathrm{d}t \\ & +\int_U D_x\,\Big(\frac{1}{2}\,(D_t\, W_\varphi\, V_\varphi - D_t\, V_\varphi\, W_\varphi - \sigma\, D_{txx}\, W_\varphi\, V_\varphi \\ & +\sigma\, D_{txx}\, V_\varphi\, W_\varphi)\Big)\,\mathrm{d}x \wedge \mathrm{d}t \\ & +\int_U D_x\,\Big(\frac{1}{2}\,(\sigma\, D_{tx}\, W_\varphi\, D_x\, V_\varphi - \sigma\, D_{tx}\, V_\varphi\, D_x\, W_\varphi + \varphi_x\, D_x\, W_\varphi\, V_\varphi \\ & -\varphi_x\, D_x\, V_\varphi\, W_\varphi)\Big)\,\mathrm{d}x \wedge \mathrm{d}t. \end{aligned}$$

因为U是任意的, 可得

$$
\begin{aligned}
0 = & D_t\Big(\frac{1}{2}(D_x W_\varphi V_\varphi - D_x V_\varphi W_\varphi + \sigma D_{xx} W_\varphi D_x V_\varphi - \sigma D_{xx} V_\varphi D_x W_\varphi)\Big) \\
& + D_x\Big(\frac{1}{2}(D_t W_\varphi V_\varphi - D_t V_\varphi W_\varphi - \sigma D_{txx} W_\varphi V_\varphi + \sigma D_{txx} V_\varphi W_\varphi)\Big) \\
& + D_x\Big(\frac{1}{2}(\sigma D_{tx} W_\varphi D_x V_\varphi - \sigma D_{tx} V_\varphi D_x W_\varphi + \varphi_x D_x W_\varphi V_\varphi - \varphi_x D_x V_\varphi W_\varphi)\Big),
\end{aligned}
\tag{5.9.7}
$$

可证(5.9.7)式和(5.9.4)式是等价的. 特殊地, 取$V_\varphi = \varphi_t$, $W_\varphi = \varphi_x$, 则可知(5.9.7)式有如下形式:

$$
\frac{\partial}{\partial x}\big((2\varphi_{tx} + 2\varphi_x \varphi_{xx} - 2\sigma \varphi_{xxxt})\varphi_t\big) = \frac{\partial}{\partial t}\big((2\varphi_{tx} + 2\varphi_x \varphi_{xx} - 2\sigma \varphi_{xxxt})\varphi_x\big),
$$

它是平凡的. 从上面的分析, 可知BBM方程的多辛守恒律(5.9.4)是多辛形式(5.9.6)的特殊情形.

下面显示从空间$J^3(Y)$的多辛结构可被简约到一个无穷维空间的辛结构, 从而揭示多辛几何和辛几何的联系. 令Q表示一个无穷维流形, 它的坐标用(φ, φ_t)来表示, Σ是X的一个Cauchy平面, $i: x \mapsto (x,t)$是Σ到X的一个嵌入映射, $J^3(Y)_\Sigma$是

$J^3(Y)$到Σ的holonomic截面的约束集, 在$J^3(Y)_\Sigma$定义一个典则1-形式

$$
\theta_\Sigma(j^3(\varphi)\circ i)V = \int i^* j^3(\varphi)^*(V \lrcorner \theta_{\mathcal{L}}),
\tag{5.9.8}
$$

其中$V \in T_{j^3(\varphi)\circ i}(J^3(Y)_\Sigma)$. 取$V \in \pi_{X,J^3(Y)}$是一个垂直向量, 它有坐标表示

$$
V = (V_\varphi, D_t V_\varphi, D_x V_\varphi, D_{tt} V_\varphi, D_{tx} V_\varphi, D_{xx} V_\varphi, D_{ttt} V_\varphi, D_{ttx} V_\varphi, D_{txx} V_\varphi, D_{xxx} V_\varphi),
$$

经计算有:

$$
\begin{aligned}
& j^3(\varphi)^*(V \lrcorner \theta_{\mathcal{L}}) \\
= & -\frac{1}{2}(\varphi_x - \sigma\varphi_{xxx})V_\varphi \,\mathrm{d}x + V_\varphi\Big(\frac{1}{2}\varphi_t + \frac{1}{2}\varphi_x^2 - \sigma\varphi_{xxt}\Big)\mathrm{d}t + \frac{1}{2}\sigma\varphi_{xt} D_x V_\varphi \,\mathrm{d}t, \\
& i^* j^3(\varphi)^*(V \lrcorner \theta_{\mathcal{L}}) = \frac{1}{2}\varphi_x V_\varphi \,\mathrm{d}x - \frac{1}{2}\sigma\varphi_{xxx} V_\varphi \,\mathrm{d}x, \\
& \theta_\Sigma(j^3(\varphi)\circ i)V = \int \frac{1}{2}(1 - \sigma D^2)\, u\, V_\varphi \,\mathrm{d}x, \\
& \theta_\Sigma = \int \frac{1}{2}(1 - \sigma D^2)\, u\, D^{-1}\,\mathrm{d}u\,\mathrm{d}x, \\
& \Omega_\Sigma = -\mathrm{d}\theta_\Sigma = \int \frac{1}{2}(\sigma\,\mathrm{d}u \wedge \mathrm{d}u_x - \mathrm{d}u \wedge D^{-1}\mathrm{d}u)\,\mathrm{d}x.
\end{aligned}
$$

2. BBM 方程的多辛算法和数值例子

在这一节为BBM方程构造多辛算法, 从上一节BBM方程的多辛方程组形式看出, 多辛形式是PDE的一个几何特征, 而保这个多辛结构的算法的构造当然也是相当必要的, 它体现了算法构造的基本准则. 首先使用多辛Preissmann格式离散(5.9.2)式得:

$$\frac{u_{j+\frac{1}{2}}^{i+1}-u_{j+\frac{1}{2}}^{i}}{2\,\Delta\,t}+\frac{p_{j+1}^{i+\frac{1}{2}}-p_{j}^{i+\frac{1}{2}}}{\Delta\,x}=0, \tag{5.9.9}$$

$$\frac{\varphi_{j+\frac{1}{2}}^{i+1}-\varphi_{j+\frac{1}{2}}^{i}}{2\,\Delta\,t}-\sigma\,\frac{v_{j+\frac{1}{2}}^{i+1}-v_{j+\frac{1}{2}}^{i}}{2\,\Delta\,t}-\sigma\,\frac{w_{j+1}^{i+\frac{1}{2}}-w_{j}^{i+\frac{1}{2}}}{2\,\Delta\,x}=p_{j+\frac{1}{2}}^{i+\frac{1}{2}}-\frac{1}{2}\left(u_{j+\frac{1}{2}}^{i+\frac{1}{2}}\right)^2, \tag{5.9.10}$$

$$\frac{u_{j+\frac{1}{2}}^{i+1}-u_{j+\frac{1}{2}}^{i}}{2\Delta\,t}=\frac{w_{j+\frac{1}{2}}^{i+\frac{1}{2}}}{2}, \tag{5.9.11}$$

$$\frac{\varphi_{j+1}^{i+\frac{1}{2}}-\varphi_{j}^{i+\frac{1}{2}}}{\Delta\,x}=u_{j+\frac{1}{2}}^{i+\frac{1}{2}}, \tag{5.9.12}$$

这里

$$p_j^i\approx p(j\,\Delta\,x,\ i\Delta\,t),\quad p_{j+\frac{1}{2}}^{i}=\frac{1}{2}\,(p_j^i+p_{j+1}^i),$$

$$p_{j+\frac{1}{2}}^{i+\frac{1}{2}}=\frac{1}{4}\,(p_j^i+p_{j+1}^i+p_j^{i+1}+p_{j+1}^{i+1}),$$

$\Delta\,x$ 和$\Delta\,t$ 分别是空间步长和时间步长.

已知格式(5.9.9) – (5.9.12)保守下面这个离散的多辛守恒律:

$$\begin{aligned}&\frac{\mathrm{d}u_{j+\frac{1}{2}}^{i+1}\wedge \mathrm{d}\varphi_{j+\frac{1}{2}}^{i+1}-\mathrm{d}u_{j+\frac{1}{2}}^{i}\wedge \mathrm{d}\varphi_{j+\frac{1}{2}}^{i}}{2\Delta\,t}+\frac{\sigma\,\mathrm{d}v_{j+\frac{1}{2}}^{i+1}\wedge \mathrm{d}u_{j+\frac{1}{2}}^{i+1}-\sigma\,\mathrm{d}v_{j+\frac{1}{2}}^{i}\wedge \mathrm{d}u_{j+\frac{1}{2}}^{i}}{2\,\Delta\,t}\\&+\frac{\mathrm{d}p_{j+1}^{i+\frac{1}{2}}\wedge \mathrm{d}\varphi_{j+1}^{i+\frac{1}{2}}-\mathrm{d}p_{j}^{i+\frac{1}{2}}\wedge \mathrm{d}\varphi_{j}^{i+\frac{1}{2}}}{\Delta\,x}+\frac{\sigma\,\mathrm{d}w_{j+1}^{i+\frac{1}{2}}\wedge \mathrm{d}u_{j+1}^{i+\frac{1}{2}}-\sigma\,\mathrm{d}w_{j}^{i+\frac{1}{2}}\wedge \mathrm{d}u_{j}^{i+\frac{1}{2}}}{2\Delta\,x}\\&=\ 0.\end{aligned} \tag{5.9.13}$$

但在实际计算中, 它用起来并不十分方便, 而且用简单迭代进行计算时常会出现系数矩阵是奇异矩阵的情况, 从而造成迭代不收敛. 因为发现原问题只需知道u的值, 所以有必要消掉中间变量$\varphi,\ v,\ w,\ p$, 从而获得一个仅关于变量u的12点格式. 如果定义差分算子$\partial_t\,u_j^i$, $\partial_{xxt}\,u_j^i$, $\bar{u}_j^i$为:

$$\partial_t\,u_j^i=u_j^{i+1}-u_j^{i-1},$$

$$\partial_{xxt}\,u_j^i=u_{j+1}^{i+1}-u_j^{i+1}-u_{j+1}^{i-1}+u_j^{i-1}-u_{j-1}^{i+1}+u_{j-2}^{i+1}+u_{j-1}^{i-1}-u_{j-2}^{i-1},$$

$$\bar{u}_j^i=\frac{1}{4}\,(u_j^i+u_j^{i+1}+u_{j+1}^{i+1}+u_{j+1}^i),$$

则这个 12 点格式有如下形式:

$$\begin{aligned}
&\frac{1}{4\Delta t}\left(\partial_t u_{j+1}^i+3\partial_t u_j^i+3\partial_t u_{j-1}^i+\partial_t u_{j-2}^i\right)-\frac{\sigma}{\Delta x^2\,\Delta t}\,\partial_{xxt}u_j^i\\
=\ &\frac{-1}{\Delta x}\left(V'\left(\bar{u}_j^{i-1}\right)-V'\left(\bar{u}_{j-2}^{i-1}\right)+V'(\bar{u}_j^i)-V'\left(\bar{u}_{j-2}^i\right)\right).
\end{aligned}\tag{5.9.14}$$

如果使用

$$\begin{aligned}
\varphi_x&\approx\frac{\varphi_{j+1}^i+\varphi_{j+1}^{i+1}-\varphi_{j-1}^i-\varphi_{j-1}^{i+1}}{4\Delta x},\\
\varphi_{xx}&\approx\frac{\varphi_{j+1}^i-2\varphi_j^i+\varphi_{j-1}^i+\varphi_{j+1}^{i+1}-2\varphi_j^{i+1}+\varphi_{j-1}^{i+1}}{2\Delta x},\\
\varphi_{xt}&\approx\frac{\varphi_{j+1}^{i+1}-\varphi_{j+1}^i-\varphi_j^{i+1}+\varphi_j^i}{\Delta x\,\Delta t},\\
\varphi_t&\approx\frac{\varphi_{j+1}^{i+1}-\varphi_{j+1}^i+\varphi_j^{i+1}-\varphi_j^i}{2\Delta t}
\end{aligned}$$

去离散BBM方程的Lagrange, 则通过变分原理, 可得到下面的格式:

$$\begin{aligned}
&\frac{1}{16\,\Delta x\,\Delta t}(\varphi_{j+2}^{i+1}-\varphi_{j+2}^{i-1}+2\varphi_{j+1}^{i+1}-2\varphi_{j-1}^{i+1}-2\varphi_{j+1}^{i-1}+2\varphi_{j-1}^{i-1}-\varphi_{j-2}^{i+1}+\varphi_{j-2}^{i-1})\\
&-\frac{\sigma}{4\Delta x^3\,\Delta t}(\varphi_{j+2}^{i+1}-2\varphi_{j+1}^{i+1}+2\varphi_{j-1}^{i+1}-\varphi_{j-2}^{i+1}-\varphi_{j+2}^{i-1}+2\varphi_{j+1}^{i-1}-2\varphi_{j-2}^{i-1}+\varphi_{j-2}^{i-1})\\
=\ &\frac{1}{4\Delta x}\Big(V'\Big(\frac{\varphi_{j+2}^{i+1}-\varphi_j^{i+1}+\varphi_{j+2}^i-\varphi_j^i}{4\Delta x}\Big)+V'\Big(\frac{\varphi_{j+2}^i-\varphi_j^i+\varphi_{j+2}^{i-1}-\varphi_j^{i-1}}{4\,\Delta x}\Big)\\
&-V'\Big(\frac{\varphi_j^i-\varphi_{j-2}^i+\varphi_j^{i-1}-\varphi_{j-2}^{i-1}}{4\Delta x}\Big)-V'\Big(\frac{\varphi_j^{i+1}-\varphi_{j-2}^{i+1}+\varphi_j^i-\varphi_{j-2}^i}{4\Delta x}\Big)\Big)=0.
\end{aligned}\tag{5.9.15}$$

如果令$\dfrac{\varphi_{j+1}^i-\varphi_j^i}{\Delta x}=u_j^i$, 则格式(5.9.15)等价于格式(5.9.14).

最后, 试验这个12点格式(5.9.14), 使用下面的初边值条件.

1 个孤立子情形:

$$u(x,0)=3c\mathrm{sech}^2\,(kx+d),\quad u(0,t)=u(2,t),\tag{5.9.16}$$

其中

$$k=\frac{1}{2}\left(\frac{c}{m}\right)^{\frac{1}{2}}=\frac{1}{2}\left(\frac{1}{\sigma}\right)^{\frac{1}{2}},\quad d=-k,\quad c=0.3,\quad m=4.84\times10^{-4}.$$

2 个孤立子情形:

$$\begin{aligned}
&u(x,0)=3c_1\mathrm{sech}^2\,(k_1x+d_1)+3c_2\mathrm{sech}^2\,(k_2x+d_2),\\
&u\Big(-2+\frac{4}{3},t\Big)=u\Big(2+\frac{4}{3},t\Big),
\end{aligned}\tag{5.9.17}$$

其中

$$k_1 = \frac{1}{2}\left(\frac{c_1}{m}\right)^{\frac{1}{2}}, \quad k_2 = \frac{1}{2}\left(\frac{c_2}{m}\right)^{\frac{1}{2}}, \quad d_1 = d_2 = -5, \quad c_1 = 0.3, \quad c_2 = 0.1.$$

3 个孤立子情形：

$$\begin{aligned} &u(x,0) = 3c_1\text{sech}^2\left(k_1x + d_1\right) + 3c_2\text{sech}^2\left(k_2x + d_2\right) + 3c_3\text{sech}^2\left(k_3x + d_3\right), \\ &u\Big(-2 + \frac{2}{3}, t\Big) = u\Big(2 + \frac{2}{3}, t\Big), \end{aligned} \tag{5.9.18}$$

其中

$$k_1 = \frac{1}{2}\left(\frac{c_1}{m}\right)^{\frac{1}{2}}, \quad k_2 = \frac{1}{2}\left(\frac{c_2}{m}\right)^{\frac{1}{2}}, \quad k_3 = \frac{1}{2}\left(\frac{c_3}{m}\right)^{\frac{1}{2}},$$

$\mathrm{d}_1 = \mathrm{d}_2 = \mathrm{d}_3 = -5,\ c_1 = 0.6,\ c_2 = 0.3,\ c_3 = 0.15.$

首先, 考虑1个孤立子的传播. 使用初值(5.9.16), 计算区间为$x \in [0, 2]$, 取时间步长$\Delta t = 0.05$, 空间网格点201, 它的运动情况显示在图5.9.1中.

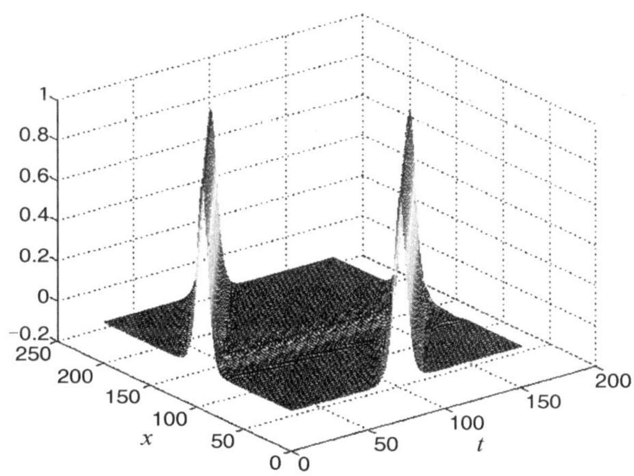

图 5.9.1 BBM方程1个孤立子解的3维图

其次, 考虑2个孤立子的相互作用.使用初值(5.9.17), 计算区间$x \in [-2+4/3, 2+4/3]$, 时间步长$\Delta t = 0.01$, 空间网格点401.

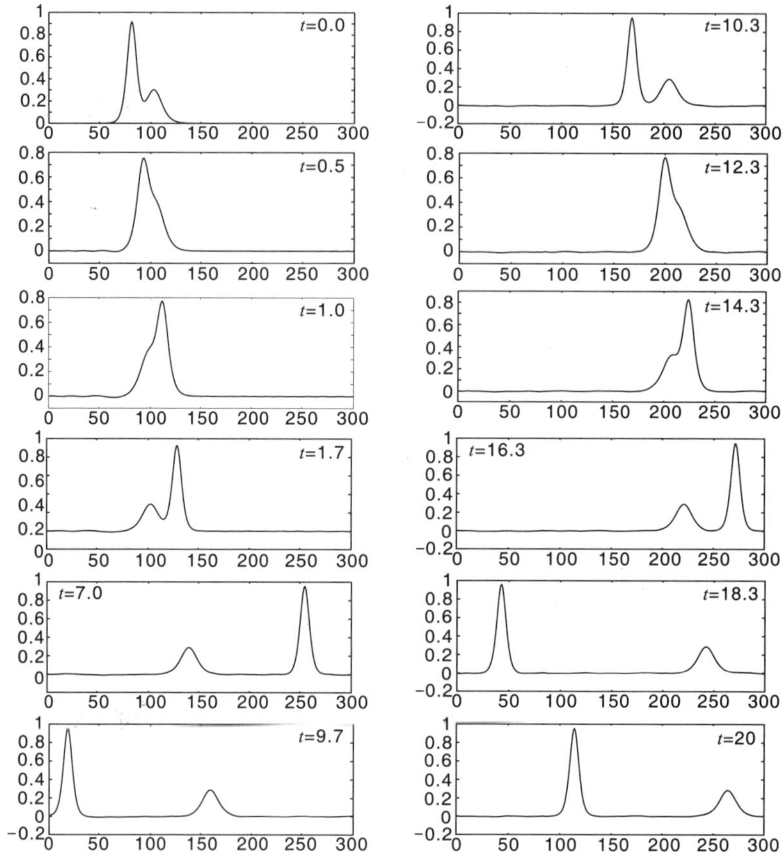

图 5.9.2 KdV方程2个孤立子解的时间发展图

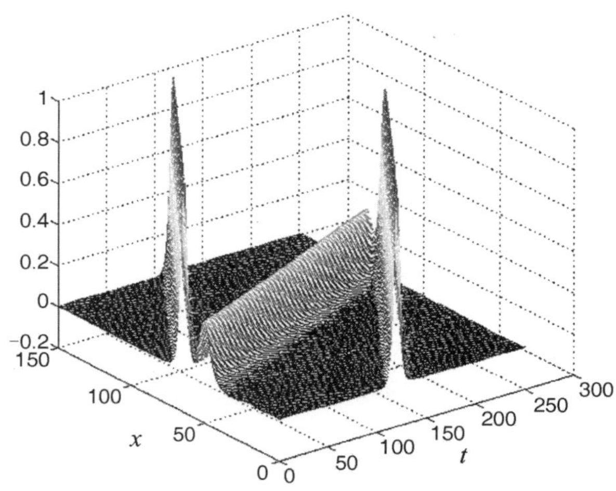

图 5.9.3 KdV方程2个孤立子解的3维图

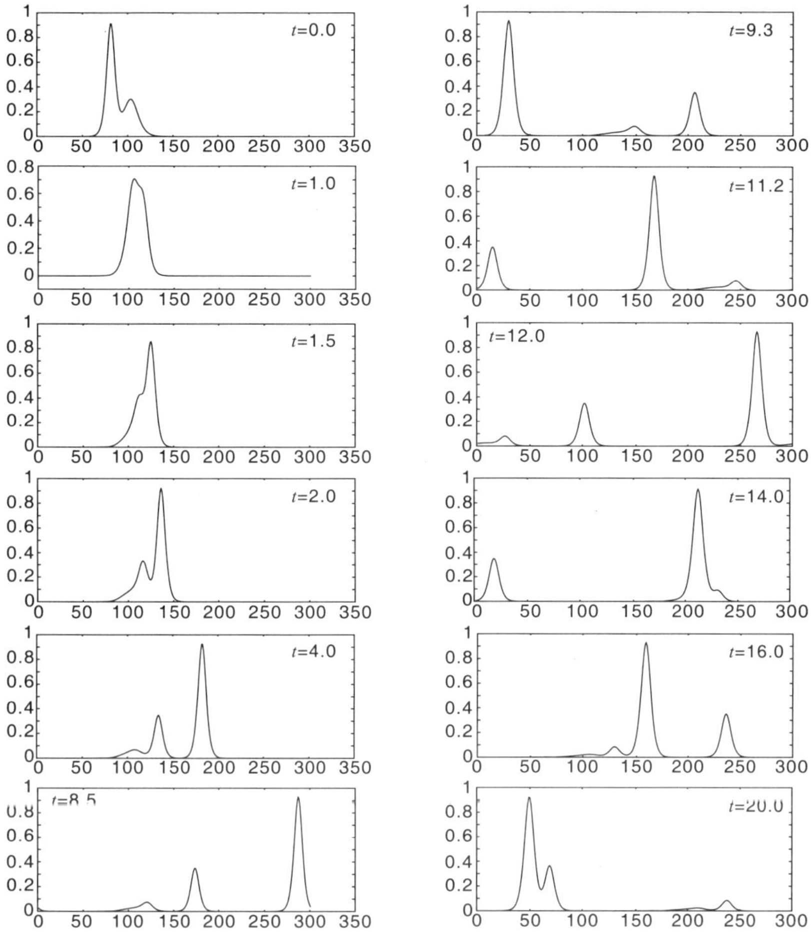

图 5.9.4　BBM方程2个孤立子解的时间发展图

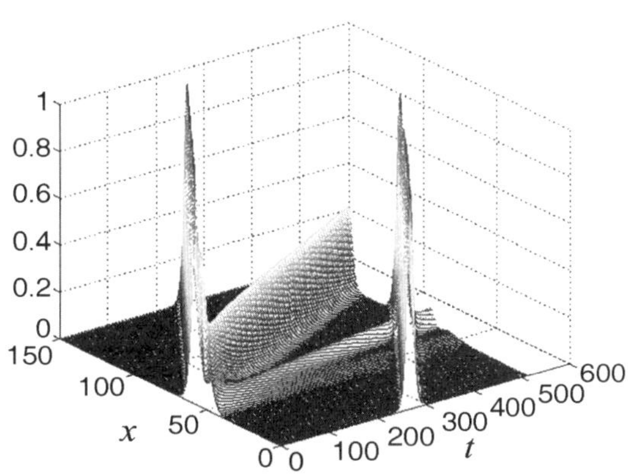

图 5.9.5　BBM方程2个孤立子解的3维图

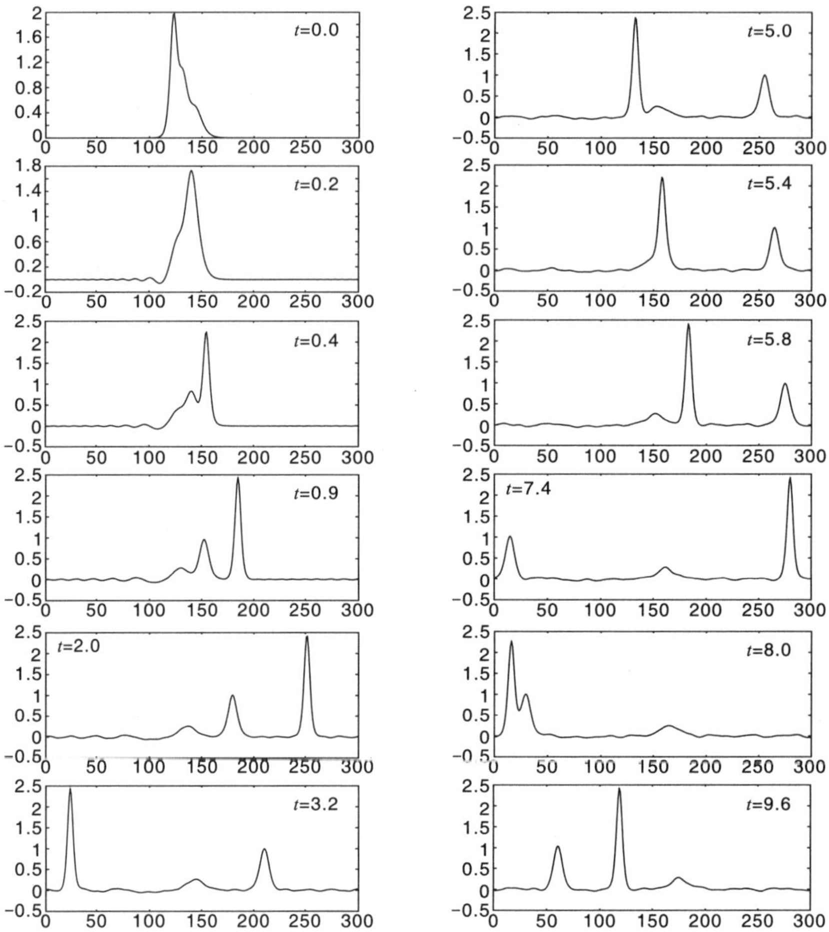

图 5.9.6 KdV方程3个孤立子解的时间发展图

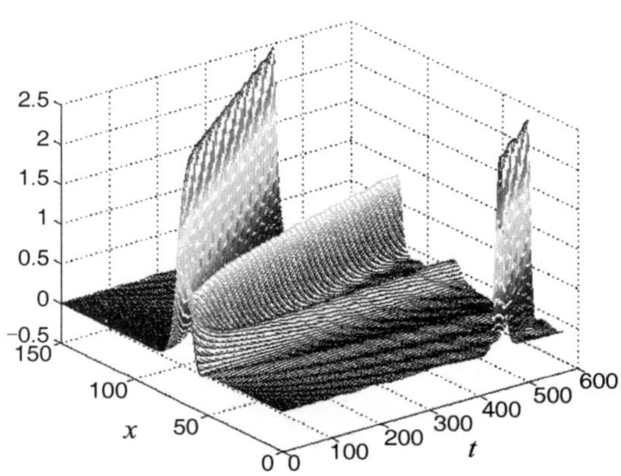

图 5.9.7 KdV 方程3个孤立子解的3维图

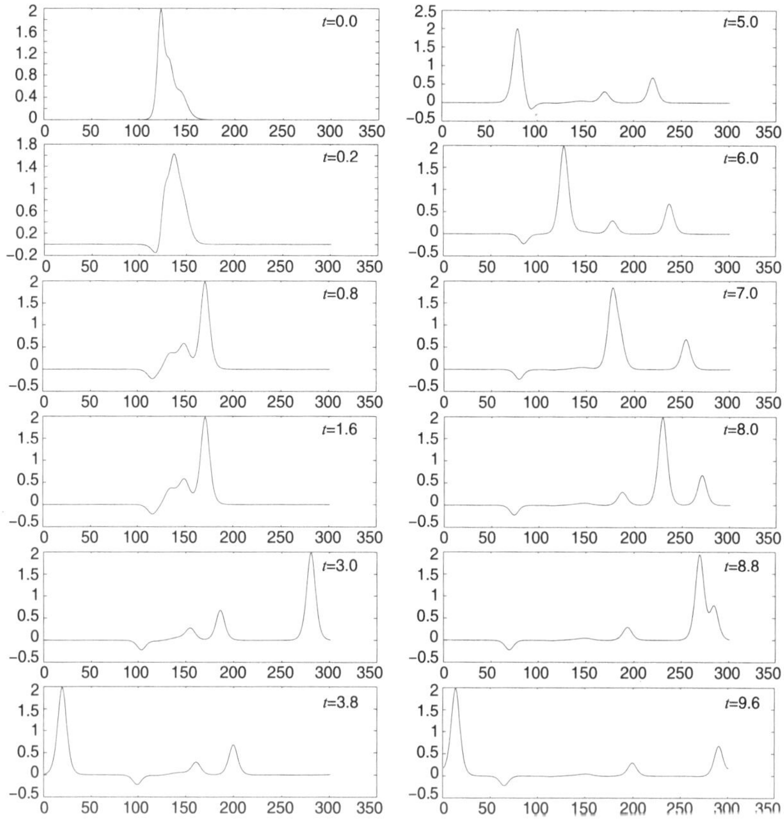

图 5.9.8　BBM方程3个孤立子解的时间发展图

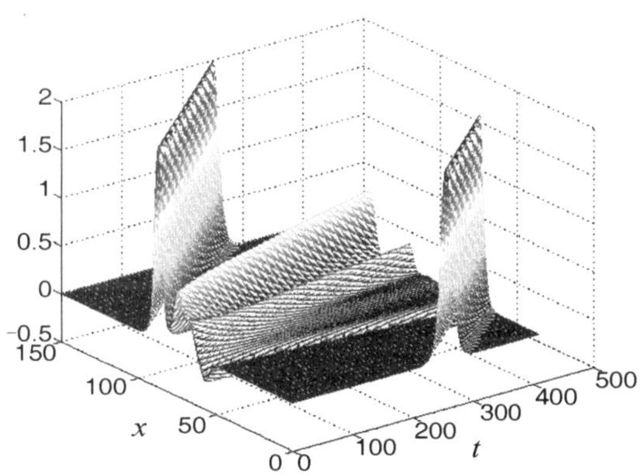

图 5.9.9　BBM方程3个孤立子解的3维图

比较图5.9.2、图5.9.3和图5.9.4、图5.9.5, 发现与KdV方程的2个孤立子解的相互作用图不同, BBM图中出现了第三个小振幅的孤立子, 它证实了BBM方程具有不同于KdV方程的非弹性行为.

最后, 用12点格式去模拟3个孤立子解的运动行为, 使用初始条件(5.9.18), 计算区间为$x\in[-2+2/3,2+2/3]$, 使用时间步长$\Delta t=0.002$, 空间步长$\Delta x=4/301$. 比较图5.9.6、图5.9.7和图5.9.8、图5.9.9, 观察到BBM的图不同于KdV的图, 在它的3个孤立子的运动中出现了一个负方向的小振幅的波.

§5.9.2 1维可压缩流的Euler方程的多辛形式和多辛几何

在这一节, 以非常简单的1维可压缩流的Euler方程作为例子研究流体方程和它的多辛形式, 并通过试验从这个多辛形式出发构造的算法的计算效果来分析多辛算法在连续介质力学的可行性.

现在已知一大类保守的 PDE 能用多辛方程组的形式来描述,例如KdV方程、sine-Gordon方程、Schrödinger方程, 同样希望流体力学中的基本方程也能用这种形式来描述. 流体力学作为力学很重要的分支描述了流体的运动, 流体力学中流体的运动通常可以用两种方法来描述, 一种是Lagrange方法, 另一种是Euler方法, 两种方法都可以独立地描述流体的运动. Lagrange方法研究运动流体的本身, 它通过跟踪流体质点来研究流体质点的特性, 而Euler方法研究的并不是流体本身, 而是充满流体的空间. 两种方法之间的坐标可互相转化, 譬如, 把初始时刻t_0时某流体质点的位置记为(x_0,y_0,z_0), 按Lagrange的观点, 该质点在t时的空间位置应是时间t和(x_0,y_0,z_0)的函数, 即:

$$
\begin{aligned}
x&=x(x_0,y_0,z_0,t),\\
y&=y(x_0,y_0,z_0,t),\\
z&=z(x_0,y_0,z_0,t).
\end{aligned}
$$

因此任一流动量可看作是t 和(x_0,y_0,z_0) 的函数, 即密度$\rho=\rho(x_0,y_0,z_0,t)$. 而 Euler 坐标下的密度ρ 是空间坐标(x,y,z) 的函数, 即$\rho=\rho(x,y,z,t)$, 它能转换表示成Lagrange 坐标形式, 即

$$
\rho=\rho(x(x_0,y_0,z_0,t),\quad y(x_0,y_0,z_0,t),\quad z(x_0,y_0,z_0,t).
$$

利用复合函数求导数的办法可得

$$
\begin{aligned}
\frac{\mathrm{d}\rho}{\mathrm{d}t}&=\frac{\partial\rho}{\partial t}+\frac{\partial\rho}{\partial x}\frac{\partial x}{\partial t}+\frac{\partial\rho}{\partial y}\frac{\partial y}{\partial t}+\frac{\partial\rho}{\partial z}\frac{\partial z}{\partial t}\\
&=\frac{\partial\rho}{\partial t}+u\frac{\partial\rho}{\partial x}+v\frac{\partial\rho}{\partial y}+w\frac{\partial\rho}{\partial z}\\
&=\frac{\partial\rho}{\partial t}+V\ \triangledown\ \rho.
\end{aligned}
$$

通常称$\frac{\mathrm{d}}{\mathrm{d}t}$为全导数, 或质点导数、随体导数, $\frac{\partial}{\partial t}$被称为当地导数, $V\bigtriangledown$被称为迁移导数. 考虑1维非定常等熵流动方程, 它通常以下面形式给出:

$$\rho_t + u\,\rho_y + \rho\,u_y = 0, \tag{5.9.19}$$

$$u_t + \frac{c^2}{\rho}\,\rho_y + u\,u_y = 0, \tag{5.9.20}$$

$$p = p(\rho), \tag{5.9.21}$$

其中$c^2 = p'(\rho)$, 流动量ρ, u, p分别表示密度、速度和压力, p是密度的函数, 并且它可有形式$p = k\rho^\gamma$, γ是大于1的常数. 上述方程组可被写为守恒形式

$$U_t + F(U)_y = 0, \tag{5.9.22}$$

其中$U = (\rho, \rho\,u)$, $F(U) = (\rho u,\ \rho\,u^2 + p)$. 已有大量的方法用于计算守恒方程(5.9.2), 譬如迎风格式、Lax-Wendroff格式、2 阶TVD 格式等, 本书要研究流体的多辛本质, 并希望能构造出比较好的多辛算法.

首先介绍对理想流的典则的物质和空间描述. 令M是充满流体质点的空间, 流体的运动可用一族依赖于时间的同胚映射来表示:

$$\mu_t : M \to M,$$

当$t = 0$时, $\mu_0 =$恒等映射. 用$x \in M$表示物质点, 它表示流体粒子的初始位置; $y = \varphi(x,t) = \mu_t(x) \in M$表示空间点, 它表示流体粒子在时间$t$的空间位置. $v(x,t) = \frac{\partial \mu_t(x)}{\partial t} = \varphi_t$ 表示物质速度; $u(y,t) = v\,(x(y),t)$被称为空间速度, 并且物质速度和空间速度的关系可表示为$u = v \circ \mu_t^{-1} = \varphi_t \circ \varphi^{-1}$.

Marsden等人从Lagrange观点[MPSM01]对连续介质力学给了Lagrange 型的描述. 它的具体做法是首先对流体方程, (5.9.19) 和(5.9.20) 选择Lagrange 密度$\mathcal{L}$: $J^1(Y) \to \Lambda^2(X)$, 它是一个光滑的丛映射,

$$\mathcal{L}\,(j^1\,\varphi) = L(j^1\,\varphi)\,\mathrm{d}x \wedge \mathrm{d}t = \frac{1}{2}\,\rho(x)\Big(\frac{\partial\varphi}{\partial t}\Big)^2\,\mathrm{d}x \wedge \mathrm{d}t - \rho(x)\,W(J)\,\mathrm{d}x \wedge \mathrm{d}t,$$

其中$\rho(x):\ M \to \mathbf{R}$代表物质密度，$\varphi:\ X \to Y$是从$Y$的截面，$\varphi$的1阶jet延拓表示为$j^1\,\varphi = \Big(x, t, \varphi, \frac{\partial\varphi}{\partial t}, \frac{\partial\varphi}{\partial x}\Big):\ X \to J^1(Y)$. $W(J)$仅是Jacobi J 的函数, 被称为stored能量函数. J 是线性变换$D\mu_t$的Jacobi行列式, 特别对1 维情形有$J = \frac{\partial\varphi}{\partial x}$.

把上面选取的Lagrange密度代入到协变的Euler-Lagrange方程

$$\frac{\partial L}{\partial\varphi} = \frac{\partial}{\partial t}\,\frac{\partial L}{\partial\varphi_t} + \frac{\partial}{\partial x}\,\frac{\partial L}{\partial\varphi_x},$$

得到

$$\rho\left(\frac{D\,\varphi_t}{D\,t}\right)-\frac{\partial}{\partial x}\left(\rho\,\frac{\partial W}{\partial \varphi_x}\right)=0, \tag{5.9.23}$$

这里D表示物质微分, 定义物质压力函数为

$$P(\varphi,x)=-\rho(x)\,\frac{\partial W}{\partial J}\,\big(j^1\,\varphi(x)\big), \tag{5.9.24}$$

则方程(5.9.23)变为

$$\rho\left(\frac{\partial\varphi_t}{D\,t}\right)-\frac{\partial}{\partial x}\left(-PJ\left(\frac{\partial\varphi}{\partial x}\right)^{-1}\right)=\rho\left(\frac{D\,\varphi_t}{D\,t}\right)+\frac{\partial P}{\partial x}=0,$$

因此对可压缩流的Euler方程(5.9.19)和(5.9.20), 它的等价方程Euler-Lagrange方程具有下面形式:

$$\rho\left(\frac{D\,\varphi_t}{D\,t}\right)=-\frac{\partial P}{\partial x}. \tag{5.9.25}$$

如果引进空间密度

$$\rho_{sp}=\frac{\rho}{J} \tag{5.9.26}$$

和空间压力$p(y)=p(\mu_t(x))=P(x)$, 得到

$$\frac{D\,v}{D\,t}\,(x,t)=-\frac{1}{\rho_{sp}}\,\mathrm{grad}\,\big(p(y)\big), \tag{5.9.27}$$

这里$v\,(x,t)=u(y(x),t)=\dfrac{\partial\varphi}{\partial t}$. 根据复合求导计算这个物质微分$D$, 从(5.9.27)式能得到连续性方程(5.9.20). 在(5.9.26)式两边对时间t求导, 可得到动量方程(5.9.19), 并且方程(5.9.24) 提供了空间压力p 和空间密度ρ 之间的依赖关系, 也就是上面这个Lagrange 形式完全描述 1 维可压缩流的Euler方程.

这里对可压缩流的Euler方程(5.9.19)和(5.9.20)选取

$$L(\rho,\rho_t,\psi,\psi_y)=-\frac{\rho}{2}\,\psi_y^2-\varepsilon\,(\rho)+v\,\rho_t$$

作为它们的Lagrange函数, 其中$u=\psi_y$, $\varepsilon''\,(\rho)=\dfrac{p'\,(\rho)}{\rho}$. 通过Legendre变换:

$$q^y=\frac{\partial L}{\partial\psi_y}=-\rho\,\psi_y,\quad \pi^t=\frac{\partial L}{\partial\rho_t}=\psi,$$

方程(5.9.19)和(5.9.20)能重新被描述为下面的形式:

$$
\begin{aligned}
\frac{\partial q^y}{\partial y} &= \frac{\partial H}{\partial \psi} = f, \\
\frac{\partial \pi^t}{\partial t} &= \frac{\partial H}{\partial \rho} = -\frac{(q^y)^2}{2\rho^2} - \varepsilon'(\rho), \\
0 &= \frac{\partial H}{\partial f} = \psi - \pi^t, \\
-\frac{\partial \psi}{\partial y} &= \frac{\partial H}{\partial q^y} = \frac{q^y}{\rho}, \\
-\frac{\partial \rho}{\partial t} &= \frac{\partial H}{\partial \pi^t} = -f,
\end{aligned}
\tag{5.9.28}
$$

即$Mz_t + Kz_x = \mathrm{d}\,H(z)$. 这里,

$$
z = (\psi, \rho, f, q^y, \pi^t), \quad H(z) = \frac{(q^y)^2}{2\rho} - \varepsilon(\rho) + \psi f - \pi^t f,
$$

M和K是两个反对称的5×5阶矩阵:

$$
M = \begin{bmatrix} 0 & 0 & 0 & 0 & 0 \\ 0 & 0 & 0 & 0 & 1 \\ 0 & 0 & 0 & 0 & 0 \\ 0 & 0 & 0 & 0 & 0 \\ 0 & -1 & 0 & 0 & 0 \end{bmatrix}, \quad K = \begin{bmatrix} 0 & 0 & 0 & 1 & 0 \\ 0 & 0 & 0 & 0 & 0 \\ 0 & 0 & 0 & 0 & 0 \\ -1 & 0 & 0 & 0 & 0 \\ 0 & 0 & 0 & 0 & 0 \end{bmatrix}.
$$

有了这个多辛形式,就可构造多辛算法. 首先使用多辛Preissmann去离散这个可压缩流的多辛形式方程组,得到:

$$
\frac{(q^y)^{i+1}_{j+\frac{1}{2}} - (q^y)^{i}_{j+\frac{1}{2}}}{\Delta y} = (f)^{i+\frac{1}{2}}_{j+\frac{1}{2}}, \tag{5.9.29}
$$

$$
\frac{(\pi^t)^{i+\frac{1}{2}}_{j+1} - (\pi^t)^{i+\frac{1}{2}}_{j}}{\Delta t} = -\varepsilon'\left(\rho^{i+\frac{1}{2}}_{j+\frac{1}{2}}\right) - \frac{1}{2}\left(\frac{(q^y)^{i+\frac{1}{2}}_{j+\frac{1}{2}}}{\rho^{i+\frac{1}{2}}_{j+\frac{1}{2}}}\right)^2, \tag{5.9.30}
$$

$$
0 = \varphi^{i+\frac{1}{2}}_{j+\frac{1}{2}} - (\pi^t)^{i+\frac{1}{2}}_{j+\frac{1}{2}}, \tag{5.9.31}
$$

$$
\frac{\varphi^{i+1}_{j+\frac{1}{2}} - \rho^{i}_{j+\frac{1}{2}}}{\Delta y} = -\frac{(q^y)^{i+\frac{1}{2}}_{j+\frac{1}{2}}}{\rho^{i+\frac{1}{2}}_{j+\frac{1}{2}}}, \tag{5.9.32}
$$

$$
\frac{\rho^{i+\frac{1}{2}}_{j+1} - \rho^{i+\frac{1}{2}}_{j}}{\Delta t} = -(f)^{i+\frac{1}{2}}_{j+\frac{1}{2}}, \tag{5.9.33}
$$

从上式中消去中间变量, 并令$u_{j+\frac{1}{2}}^{i+\frac{1}{2}}=\dfrac{\varphi_{j+\frac{1}{2}}^{i+1}-\varphi_{j+\frac{1}{2}}^{i}}{\Delta y}$, 得到如下格式:

$$\frac{\rho_{j+1}^{i+1}+2\rho_{j+1}^{i}+\rho_{j+1}^{i-1}}{4\Delta t}-\frac{\rho_{j}^{i+1}+2\rho_{j}^{i}+\rho_{j}^{i-1}}{4\Delta t}=-\frac{\rho_{j+\frac{1}{2}}^{i+\frac{1}{2}}u_{j+\frac{1}{2}}^{i+\frac{1}{2}}-\rho_{j+\frac{1}{2}}^{i-\frac{1}{2}}u_{j+\frac{1}{2}}^{i-\frac{1}{2}}}{\Delta y}, \tag{5.9.34}$$

$$\begin{aligned}&\frac{u_{j+1}^{i+1}+2u_{j+1}^{i}+u_{j+1}^{i-1}}{8\Delta t}-\frac{u_{j-1}^{i+1}+2u_{j-1}^{i}+u_{j-1}^{i-1}}{8\Delta t}\\ =&-\frac{(u_{j+\frac{1}{2}}^{i+\frac{1}{2}})^2+(u_{j-\frac{1}{2}}^{i+\frac{1}{2}})^2-(u_{j+\frac{1}{2}}^{i-\frac{1}{2}})^2-(u_{j-\frac{1}{2}}^{i-\frac{1}{2}})^2}{4\Delta y}\\ &-\frac{\varepsilon''(\rho_{j+\frac{1}{2}}^{i-\frac{1}{2}})(\rho_{j+\frac{1}{2}}^{i+1}-\rho_{j+\frac{1}{2}}^{i-1})+\varepsilon''(\rho_{j-\frac{1}{2}}^{i-\frac{1}{2}})(\rho_{j-\frac{1}{2}}^{i+1}-\rho_{j-\frac{1}{2}}^{i-1})}{4\Delta y},\end{aligned} \tag{5.9.35}$$

其中

$$\rho_j^i=\rho(i\,\Delta\,y,j\,\Delta\,t),\quad \rho_{j+\frac{1}{2}}^{i+\frac{1}{2}}=\frac{\rho_{j+1}^{i}+\rho_{j}^{i+1}+\rho_{j}^{i}+\rho_{j+1}^{i+1}}{4},\quad \rho_{j+\frac{1}{2}}^{i}=\frac{\rho_j^i+\rho_{j+1}^i}{2}.$$

使用这个格式去计算激波问题. 方程(5.9.19) 和(5.9.20)的模型方程为

$$u_t+uu_x=0.$$

这个方程看似特别简单, 它的解却比较复杂, 不管它的初值多么光滑, 到一定时间方程的解都可能发生间断, 因此这给数值模拟它的惟一的物理解带来很多麻烦. 一般情况需要计算它的格式本身是否具有隐性粘性, 如果这个格式的色散性太明显, 则需加一些人工粘性.

下面分析方程(5.9.19)和(5.9.20)的特征方向、特征线和特征关系, 注意到其中未知量ρ和u的微分方向是不一致的, 组合两个方程$a\times(5.4.1)+b\times(5.4.2)$, 使其自变量的微分方向一致, 即使得

$$\frac{au+b\dfrac{c^2}{\rho}}{a}=\frac{a\,\rho+bu}{b}=\frac{\mathrm{d}x}{\mathrm{d}t},$$

其中$\dfrac{\mathrm{d}x}{\mathrm{d}t}$是$\rho$和$u$的共同微分方向, 因此

$$\begin{bmatrix} u-\dfrac{\mathrm{d}x}{\mathrm{d}t} & \dfrac{c^2}{\rho}\\ \rho & u-\dfrac{\mathrm{d}x}{\mathrm{d}t}\end{bmatrix}\begin{bmatrix} a\\ b\end{bmatrix}=0.$$

其中a, b不全为零意味着矩阵的行列式为零, 这样得出方程(5.9.19)和(5.9.20)的特征方向为

$$\frac{\mathrm{d}x}{\mathrm{d}t} = u + c, \quad \frac{\mathrm{d}x}{\mathrm{d}t} = u - c,$$

分别对应$(a, b) = (c, \rho)$和$(-c, \rho)$. 线性组合成方程:

$$c\left[\frac{\partial \rho}{\partial t} + (u+c)\frac{\partial \rho}{\partial x}\right] + \rho\left[\frac{\partial u}{\partial t} + (u+c)\frac{\partial u}{\partial x}\right] = 0,$$
$$c\left[\frac{\partial \rho}{\partial t} + (u-c)\frac{\partial \rho}{\partial x}\right] - \rho\left[\frac{\partial u}{\partial t} + (u-c)\frac{\partial u}{\partial x}\right] = 0,$$

它们被称为方程(5.9.19)和(5.9.20)的特征关系.

为了方便, 取$p(\rho) = \rho^2$, 也就是$\varepsilon'' = 2$.

如果选取初值条件为:

$$u(x,0) = u_0(x) = \begin{cases} 1, & 0 < x \leq 3, \\ 2, & -3 \leq x < 0, \end{cases} \quad \text{激波情形},$$

$$\rho(x,0) = \rho_0(x) = \begin{cases} 3, & 0 < x \leq 3, \\ 2, & -3 \leq x < 0, \end{cases} \quad \text{稀疏波情形},$$

使用格式(5.9.34)和(5.9.35)及上面的初值条件, 在计算过程中由于格式具有过多的色散效应, 因此使用比较简单的校正, 靠对格式(5.9.34)和(5.9.35)分别加上人工粘性项

$$R\frac{u_{j+1}^{i+1} - 2u_{j+1}^{i} + u_{j+1}^{i-1}}{\Delta x} \quad \text{和} \quad Q\frac{\rho_{j+1}^{i+1} - 2\rho_{j+1}^{i} + \rho_{j+1}^{i-1}}{\Delta x},$$

然后选取$R = 0.01,\ Q = 0.0001,\ \Delta t = 0.001$, 在波运动到达右边界的很短一段时间, 给出了用(5.9.34)和(5.9.35)计算稀疏波在t不同时刻的值, 见图5.9.10和图5.9.11.

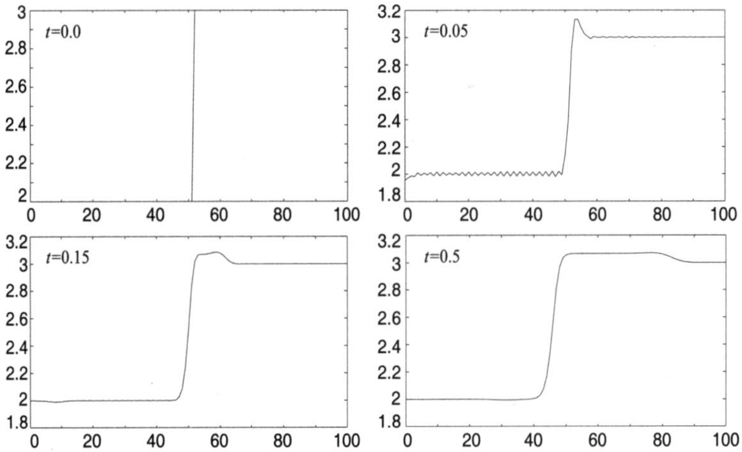

图 5.9.10 用格式(5.9.34)和(5.9.35)计算稀疏波在t不同时刻的值

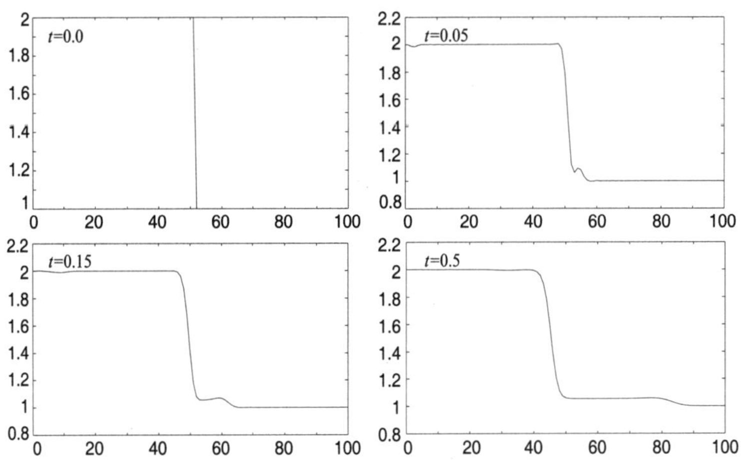

图 5.9.11 用格式(5.9.34)和(5.9.35)计算稀疏波在t不同时刻的值

§5.9.3 KP方程的多辛方法

一般的Kadomtsev-Petviashvili (KP) 方程形式是:

$$(u_t + \partial_x f(u) + u_{xxx})_x + \sigma u_{yy} = 0, \quad t > 0, \quad -\infty < x, y < \infty, \tag{5.9.36}$$

其中σ是参数, $f(u)$是一个光滑函数. KP方程被看作2维的KdV 方程的一般化,它描述的是2维小振幅的长水波的发展. 当$f(u) = 3u^2$, $\sigma = -3$时, 方程(5.9.36)通常称为KPI方程. 当$f(u) = 3u^2$, $\sigma = 3$时, 方程(5.9.36)通常称为KPII方程.

$f(u)$通常是幂函数,这时KP方程具有下面这种形式:

$$(u_t + u^m u_x + u_{xxx})_x + \sigma\, u_{yy} = 0, \quad t > 0, \quad -\infty < x, y < \infty. \tag{5.9.37}$$

当$m \geq 4$时, KP方程(5.9.37)的解在有限时间内爆破;当$1 \leq m < 4$时, KP方程(5.9.37)的解存在, 但当$4 > m > 4/3$时, 解不稳定[ZAS94].

下面考虑KPI方程

$$(2u_t + 6uu_x + u_{xxx})_x + \sigma\, u_{yy} = 0, \tag{5.9.38}$$

这里u_t前面乘以2是为了记号的方便, 可以通过t的变换消掉. 令$\varphi_{xx} = u$, 则φ 满足方程

$$2\,\varphi_{xxxt} + 6\,\varphi_{xx}\varphi_{xxxx} + 6\,\varphi_{xxx}^2 + \varphi_{xxxxxx} + \sigma\,\varphi_{xxyy} = 0. \tag{5.9.39}$$

可以求出上述方程(5.9.39)的Lagrange密度为[LQ02]

$$L(j^3(\varphi)) = \left(\varphi_{xx}\,\varphi_{xt} - \frac{1}{2}\,\varphi_{xxx}^2 + \frac{\sigma}{2}\,\varphi_{xy}^2 + \varphi_{xx}^3\right) \mathrm{d}x \wedge \mathrm{d}y \wedge \mathrm{d}t.$$

相应Lagrange密度$L(j^3(\varphi))$, 定义作用泛函

$$S(\varphi) = \int_U L(j^3(\varphi)), \quad U \text{ 是 } X \text{ 中的开集.}$$

令G是覆盖η_X和η_Y的π_{XY}-丛自同构李群. 设η_Y^λ表示G中的光滑路径, 使得

$$\overline{\varphi} = \eta_Y^\lambda \circ \varphi \circ (\eta_X^\lambda)^{-1},$$

η_Y^λ的向量场是

$$V = \frac{\mathrm{d}}{\mathrm{d}\lambda}\Big|_{\lambda=0} \overline{\varphi} = \begin{bmatrix} V^x \\ V^y \\ V^t \\ V^\varphi \end{bmatrix}.$$

若φ是S的极值, 则

$$\frac{\mathrm{d}}{\mathrm{d}\lambda}\Big|_{\lambda=0} S(\overline{\varphi}) = 0.$$

现在考虑作用泛函S的变分

$$\begin{aligned} &\frac{\mathrm{d}}{\mathrm{d}\lambda}\Big|_{\lambda=0} S(\overline{\varphi}) \\ = &\frac{\mathrm{d}}{\mathrm{d}\lambda}\Big|_{\lambda=0} \int_{\eta_X^\lambda U} \left(\overline{\varphi}_{\overline{x}\,\overline{x}}\,\overline{\varphi}_{\overline{x}\,\overline{t}} - \frac{1}{2}\,\overline{\varphi}_{\overline{x}\,\overline{x}\,\overline{x}}^2 + \frac{\sigma}{2}\,\overline{\varphi}_{\overline{x}\,\overline{y}}^2 + \overline{\varphi}_{\overline{x}\,\overline{x}}^3\right) \mathrm{d}\overline{x} \wedge \mathrm{d}\overline{y} \wedge \mathrm{d}\overline{t}, \end{aligned}$$

其中

$$\eta_X^\lambda \begin{bmatrix} x \\ y \\ t \end{bmatrix} = \begin{bmatrix} \overline{x} \\ \overline{y} \\ \overline{t} \end{bmatrix}.$$

经过简单的计算, 可以得到

$$\left.\frac{\mathrm{d}}{\mathrm{d}\lambda}\right|_{\lambda=0} S\left(\overline{\varphi}\right) = I_1 + I_2,$$

这里

$$\begin{aligned}
I_1 \;=\; & \int_U -(2\varphi_{xxxt} + 6\varphi_{xx}\,\varphi_{xxxx} + 6\varphi_{xxx}^2 + \varphi_{xxxxxx} + \sigma\,\varphi_{xxyy}) \\
& \cdot(V^\varphi - \varphi_x\,V^x - \varphi_y\,V^y - \varphi_t\,V^t)\,\mathrm{d}x \wedge \mathrm{d}y \wedge \mathrm{d}t, \\
I_2 \;=\; & \int_{\partial U} \Big[\Big(\varphi_{xx}\,\varphi_{xt} - \frac{1}{2}\,\varphi_{xxx}^2 + \frac{\sigma}{2}\,\varphi_{xy}^2 + \varphi_{xx}^3\Big)\,V^t + \varphi_{xx}\,\big(V_x^\varphi - \varphi_x\,V_x^x \\
& -\varphi_y\,V_x^y - \varphi_t\,V_x^t - \varphi_{xx}\,V^x - \varphi_{xy}\,V^y - \varphi_{xt}\,V^t\big)\Big]\,\mathrm{d}x \wedge \mathrm{d}y \\
& \cdot\Big[-\Big(\varphi_{xx}\,\varphi_{xt} - \frac{1}{2}\,\varphi_{xxx}^2 + \frac{\sigma}{2}\,\varphi_{xy}^2 + \varphi_{xx}^3\Big)\,V^y + \sigma\,\varphi_{xy}\,\big(V_x^\varphi - \varphi_x\,V_x^x \\
& -\varphi_y\,V_x^y - \varphi_t\,V_x^t - \varphi_{xx}\,V^x - \varphi_{xy}\,V^y - \varphi_{xt}\,V^t\big)\Big]\,\mathrm{d}x \wedge \mathrm{d}t \\
& +\Big[\Big(\varphi_{xx}\,\varphi_{xt} - \frac{1}{2}\,\varphi_{xxx}^2 + \frac{\sigma}{2}\,\varphi_{xy}^2 + \varphi_{xx}^3\Big)\,V^x + \big(\varphi_{xt} + 3\varphi_{xx}^2 + \varphi_{xxxx}\big) \\
& \cdot\big(V_x^\varphi - \varphi_x\,V_x^x - \varphi_y\,V_x^y - \varphi_t\,V_x^t - \varphi_{xx}\,V^x - \varphi_{xy}\,V^y - \varphi_{xt}\,V^t\big) \\
& -\varphi_{xxx}\big(V_{xx}^\varphi - \varphi_x\,V_{xx}^x - 2\varphi_{xx}\,V_x^x - \varphi_y\,V_{xx}^y - 2\varphi_{xy}\,V_x^y - \varphi_t\,V_{xx}^t - 2\varphi_{xt}\,V_x^t \\
& -\varphi_{xxy}\,V^y - \varphi_{xxt}\,V^t - \varphi_{xxx}\,V^x\big) + \big(-2\varphi_{xxt} - 6\varphi_{xx}\,\varphi_{xxx} - \sigma\,\varphi_{xyy} - \varphi_{xxxxx}\big) \\
& \cdot\big(V^\varphi - \varphi_x\,V^x - \varphi_y\,V^y - \varphi_t\,V^t\big)\Big]\,\mathrm{d}y \wedge \mathrm{d}t.
\end{aligned}$$

Gotay[Got91]指出, 高阶jet丛中的高阶Lagrange密度所对应的Cartan形式是不惟一的. 在实际的变分计算中发现, 这是由利用Stokes公式求高阶混合多重积分的不惟一性引起的. 由I_2可以定义Cartan形式

$$\begin{aligned}
\theta_L \;=\; & \Big(\frac{1}{2}\,\varphi_{xxx}^2 - \frac{\sigma}{2}\,\varphi_{xy}^2 + 2\varphi_x\,\varphi_{xxt} + 6\varphi_x\,\varphi_{xx}\,\varphi_{xxx} + \sigma\,\varphi_x\,\varphi_{xyy} + \varphi_x\,\varphi_{xxxxx} \\
& -\varphi_{xx}\,\varphi_{xt} - 2\varphi_{xx}^3 - \varphi_{xx}\,\varphi_{xxxx}\Big)\,\mathrm{d}x \wedge \mathrm{d}y \wedge \mathrm{d}t \\
& +\big(-2\varphi_{xxt} - 6\varphi_{xx}\,\varphi_{xxx} - \sigma\,\varphi_{xyy} - \varphi_{xxxxx}\big)\,\mathrm{d}\varphi \wedge \mathrm{d}y \wedge \mathrm{d}t \\
& +\big(\varphi_{xt} + 3\varphi_{xx}^2 + \varphi_{xxxx}\big)\,\mathrm{d}\varphi_x \wedge \mathrm{d}y \wedge \mathrm{d}t - \varphi_{xxx}\,\mathrm{d}\varphi_{xx} \wedge \mathrm{d}y \wedge \mathrm{d}t \\
& -\sigma\,\varphi_{xy}\,\mathrm{d}\varphi_x \wedge \mathrm{d}x \wedge \mathrm{d}t + \varphi_{xx}\,\mathrm{d}\varphi_x \wedge \mathrm{d}x \wedge \mathrm{d}y.
\end{aligned}$$

由于:

$$j^5(\varphi)^*\,\mathrm{d}x=\mathrm{d}x,\quad j^5(\varphi)^*\,\mathrm{d}y=\mathrm{d}y,\quad j^5(\varphi)^*\,\mathrm{d}t=\mathrm{d}t,$$
$$j^5(\varphi)^*\,\mathrm{d}\varphi=\varphi_x\,\mathrm{d}x+\varphi_y\,\mathrm{d}y+\varphi_t\,\mathrm{d}t,$$
$$j^5(\varphi)^*\,\mathrm{d}\varphi_x=\varphi_{xx}\,\mathrm{d}x+\varphi_{xy}\,\mathrm{d}y+\varphi_{xt}\,\mathrm{d}t,$$
$$j^5(\varphi)^*\,\mathrm{d}\varphi_{xx}=\varphi_{xxx}\,\mathrm{d}x+\varphi_{xxy}\,\mathrm{d}y+\varphi_{xxt}\,\mathrm{d}t,$$

则有

$$I_2=\int_{\partial U}j^5(\varphi)^*\,(j^5(V)\,\lrcorner\,\theta_L).$$

这里$j^5(V)$是向量场V的jet延拓[Olv86]. 由θ_L定义了jet从$J^5(Y)$上的多辛结构, 多辛形式是4-形式$\Omega_L=-\mathrm{d}\theta_L$.

现在考虑作用泛函$S(\varphi)$的Euler-Lagrange方程.

由于$L\big(j^3(\overline{\varphi})\big)=j^5(\overline{\varphi})^*\theta_L$, 有

$$\begin{aligned}\frac{\mathrm{d}}{\mathrm{d}\lambda}\Big|_{\lambda=0}\int_{\eta_X^\lambda U}L(j^3(\overline{\varphi}))&=\frac{\mathrm{d}}{\mathrm{d}\lambda}\Big|_{\lambda=0}\int_{\eta_X^\lambda U}j^5(\overline{\varphi})^*\,\theta_L\\&=\frac{\mathrm{d}}{\mathrm{d}\lambda}\Big|_{\lambda=0}\int_{\eta_X^\lambda U}j^5\,(\eta_Y^\lambda\circ\varphi\circ(\eta_X^\lambda)^{-1})^*\,\theta_L\\&=\frac{\mathrm{d}}{\mathrm{d}\lambda}\Big|_{\lambda=0}\int_{\eta_X^\lambda U}((\eta_X^\lambda)^{-1})^*j^5\,(\varphi)^*\,j^5\,(\eta_Y^\lambda)^*\,\theta_L\\&=\frac{\mathrm{d}}{\mathrm{d}\lambda}\Big|_{\lambda=0}\int_U j^5\,(\varphi)^*\,j^5\,(\eta_Y^\lambda)^*\,\theta_L\\&=\int_U j^5\,(\varphi)^*\mathcal{L}_{j^5(V)}\,\theta_L,\end{aligned}$$

其中$\mathcal{L}$表示李导数.

由Cartan's Magic公式[MR99]

$$\mathcal{L}_{j^5(V)}\theta_L=-j^5(V)\,\lrcorner\,\Omega_L+\mathrm{d}\left(j^5(V)\,\lrcorner\,\theta_L\right)$$

可以得到

$$\frac{\mathrm{d}}{\mathrm{d}\lambda}\Big|_{\lambda=0}S\,(\overline{\varphi})=-\int_U j^5\,(\varphi)^*\left(j^5(V)\,\lrcorner\,\Omega_L\right)+\int_{\partial U}j^5\,(\varphi)^*\left(j^5(V)\,\lrcorner\,\theta_L\right).$$

若V是具有紧支集的向量场, 那么

$$\int_{\partial U}j^5\,(\varphi)^*\left(j^5(V)\,\lrcorner\,\theta_L\right)=0.\tag{5.9.40}$$

因此, 对任意的向量场V, φ是S的极值的一个必要条件是

$$\int_U j^5(\varphi)^*(j^5(V) \lrcorner \Omega_L) = 0,$$

通过计算积分, 可以得到

$$\begin{aligned} j^5(\varphi)^*\big(j^5(V) \lrcorner \Omega_L\big) \;=\; & (2\varphi_{xxxt} + 6\varphi_{xx}\varphi_{xxxx} + 6\varphi_{xxx}^2 + \varphi_{xxxxxx} \\ & +\sigma\varphi_{xxyy})(V^\varphi - \varphi_x V^x - \varphi_y V^y - \varphi_t V^t). \end{aligned} \tag{5.9.41}$$

注 5.9.1 *在垂直方向V^φ可以得到Euler-Lagrange方程; V^x和V^y方向的水平变分给出了动量守恒律; 能量守恒律可以从时间方向的水平变分得到.*

取π_{XY}–垂直向量场V, 利用标准的变分计算方法, 得到φ满足

$$2\varphi_{xxxt} + 6\varphi_{xx}\varphi_{xxxx} + 6\varphi_{xxx}^2 + \varphi_{xxxxxx} + \sigma\varphi_{xxyy} = 0,$$

即方程(5.9.39). 这样, 对任意的向量场V,

$$j^5(\varphi)^*\big(j^5(V) \lrcorner \Omega_L\big) = 0 \tag{5.9.42}$$

成立.

直接计算有

$$j^5(\varphi)^*(P \lrcorner \Omega_L) = 0, \tag{5.9.43}$$

其中$P \in TJ^5(Y)$, 并且它是$T_{\pi_{Y,J^5(Y)}}$–垂直的. 对任意的$W \in TJ^5(Y)$, 存在向量场V, 使得

$$W = j^5(V) + P. \tag{5.9.44}$$

这样, 由(5.9.43) – (5.9.45)可知, 如果φ 是S的极值, 那么对任意的向量场$W \in TJ^5(Y)$, $j^5(\varphi)^*(W \lrcorner \Omega_L)$一定为零. 因此,我们可以得到Euler-lagrange方程

$$j^5(\varphi)^*(W \lrcorner \Omega_L) = 0, \tag{5.9.45}$$

对任意的向量场$W \in TJ^5(Y)$.

下面, 考虑KP方程的多辛形式公式以及多辛形式公式的推论[LQ02].

定理 5.9.1 *令η_Y^λ和ξ_Y^λ分别表示方程(5.9.45) 的两个单参数对称群, 相应的向量场是V 和W, 则下面的多辛形式公式成立:*

$$\int_{\partial U} j^5(\varphi)^*\big(j^5(V) \lrcorner j^5(W) \lrcorner \Omega_L\big) = 0. \tag{5.9.46}$$

证明:由于$j^5[W,V]=[j^5(W),j^5(V)]$, 从(5.9.46)可得

$$
\begin{aligned}
0 &= \int_U j^5(\varphi)^*\big(j^5[W,V]\mathbin{\lrcorner}\Omega_L\big)\\
&= \int_U j^5(\varphi)^*\big([j^5(W),j^5(V)]\mathbin{\lrcorner}\Omega_L\big)\\
&= \int_U j^5(\varphi)^*\big(\pounds_{j^5(W)}(j^5(V)\mathbin{\lrcorner}\Omega_L)-j^5(V)\mathbin{\lrcorner}\pounds_{j^5(W)}\Omega_L\big).
\end{aligned}
$$

因为η_Y^λ和ξ_Y^λ是方程(5.9.46)的两个单参数对称群, 所以对任意的向量场$Q\in TJ^5(Y)$, 有

$$
\frac{\mathrm{d}}{\mathrm{d}\lambda}\Big|_{\lambda=0} j^5\big(\eta_Y^\lambda\circ\varphi\circ(\eta_X^\lambda)^{-1}\big)^*(Q\mathbin{\lrcorner}\Omega_L)=j^5(\varphi)^*\pounds_{j^5(V)}(Q\mathbin{\lrcorner}\Omega_L)=0, \tag{5.9.47}
$$

$$
\frac{\mathrm{d}}{\mathrm{d}\lambda}\Big|_{\lambda=0} j^5\big(\xi_Y^\lambda\circ\varphi\circ(\xi_X^\lambda)^{-1}\big)^*(Q\mathbin{\lrcorner}\Omega_L)=j^5(\varphi)^*\pounds_{j^5(W)}(Q\mathbin{\lrcorner}\Omega_L)=0. \tag{5.9.48}
$$

因此, (5.9.48)可以写成

$$
\begin{aligned}
0 &= -\int_U j^5(\varphi)^*\big(j^5(V)\mathbin{\lrcorner}\pounds_{j^5(W)}\Omega_L\big)\\
&= -\int_U j^5(\varphi)^*\big(j^5(V)\mathbin{\lrcorner}\mathrm{d}(j^5(W)\mathbin{\lrcorner}\Omega_L)\big)\\
&= \int_U j^5(\varphi)^*\big(j^5(V)\mathbin{\lrcorner}\mathrm{d}(\pounds_{j^5(W)}\theta_L)\big).
\end{aligned} \tag{5.9.49}
$$

$j^5(V)\mathbin{\lrcorner}j^5(W)\mathbin{\lrcorner}\Omega_L$ 可以写成

$$
\begin{aligned}
j^5(V)\mathbin{\lrcorner}j^5(W)\mathbin{\lrcorner}\Omega_L &= j^5(V)\mathbin{\lrcorner}\mathrm{d}(j^5(W)\mathbin{\lrcorner}\theta_L)-j^5(V)\mathbin{\lrcorner}\pounds_{j^5(W)}\theta_L\\
&= \pounds_{j^5(V)}(j^5(W)\mathbin{\lrcorner}\theta_L)-j^5(V)\mathbin{\lrcorner}\pounds_{j^5(W)}\theta_L\\
&\quad -\mathrm{d}\big(j^5(V)\mathbin{\lrcorner}j^5(W)\mathbin{\lrcorner}\theta_L\big).
\end{aligned}
$$

根据Stokes公式可以得到

$$\begin{aligned}
&\int_{\partial U} j^5(\varphi)^*(j^5(V) \lrcorner\, j^5(W) \lrcorner\, \Omega_L)\\
= &\int_{\partial U} j^5\,(\varphi)^*\big(\pounds_{j^5(V)}\big(j^5(W) \lrcorner\, \theta_L\big) - j^5(V) \lrcorner\, \pounds_{j^5(W)}\theta_L\\
&\quad -\mathrm{d}\big(j^5(V) \lrcorner\, j^5(W) \lrcorner\, \theta_L\big)\big)\\
= &\int_U j^5\,(\varphi)^*\mathrm{d}\big(\pounds_{j^5(V)}\big(j^5(W) \lrcorner\, \theta_L\big) - j^5(V) \lrcorner\, \pounds_{j^5(W)}\theta_L\big)\\
= &\int_U j^5\,(\varphi)^*\big(\pounds_{j^5(V)}\,\pounds_{j^5(W)}\,\theta_L + \pounds_{j^5(V)}\,\big(j^5(W) \lrcorner\, \Omega_L\big)\\
&\quad -\mathrm{d}\big(j^5(V) \lrcorner\, \pounds_{j^5(W)}\,\theta_L\big)\big).
\end{aligned}$$

由于

$$\pounds_{j^5\,(V)}\,\pounds_{j^5\,(W)}\,\theta_L\, j^5\,(V) \lrcorner\, \mathrm{d}\left(\pounds_{j^5\,(W)}\theta_L\right) + d\left(j^5\,(V) \lrcorner\, \pounds_{j^5\,(W)}\theta_L\right),$$

有

$$\begin{aligned}
&\int_{\partial U} j^5\,(\varphi)^*\left(j^5(V) \lrcorner\, j^5(W) \lrcorner\, \Omega_L\right)\\
= &\int_U j^5\,(\varphi)^*\left(j^5(V) \lrcorner\, \mathrm{d}\left(\pounds_{j^5(W)}\theta_L\right) + \pounds_{j^5(V)}\big(j^5(W) \lrcorner\, \Omega_L\big)\right).
\end{aligned}$$

因此, 根据(5.9.47)和(5.9.49)有

$$\int_{\partial U} j^5\,(\varphi)^*\left(j^5(V) \lrcorner\, j^5(W) \lrcorner\, \Omega_L\right) = 0.$$

定理证毕. ▲

尽管协变的Legendre变换(或称为完全的Legendre变换)不惟一, 但对于固定的Cartan 形式θ_L, 可以构造Lagrange 密度L相应的协变的Legendre变换. 根据Bridges定义的多辛概念[Bri97], 对Lagrange 密度L 进行协变的Legendre变换:

$$\begin{aligned}
&p^x = -2\varphi_{xxt} - 6\varphi_{xx}\varphi_{xxx} - \sigma\varphi_{xyy} - \varphi_{xxxxx},\\
&p^{xx} = \varphi_{xt} + 3\varphi_{xx}^2 + \varphi_{xxxx},\\
&p^{xt} = \varphi_{xx},\\
&p^{xy} = \sigma\varphi_{xy},\\
&p^{xxx} = -\varphi_{xxx},
\end{aligned}$$

设$v = \varphi_x$, $u = \varphi_{xx}$, $w = \varphi_{xy}$, $p = \varphi_{xt}$, 则KP方程可以写成10个1阶偏微分方程系统, 即下面的多辛形式:

$$Mz_t + Kz_x + Lz_y = \nabla S(z), \tag{5.9.50}$$

其中
$$z=(\varphi,\,v,\,u,\,w,\,p,\,p^{x},\,p^{xx},\,p^{xy},\,p^{xt},\,p^{xxx})^{\mathrm{T}}\in\mathbf{R}^{10},\tag{5.9.51}$$

$$M=\begin{bmatrix}0&0&0&0&0&0&0&0&0&0\\0&0&0&0&0&0&0&0&1&0\\0&0&0&0&0&0&0&0&0&0\\0&0&0&0&0&0&0&0&0&0\\0&0&0&0&0&0&0&0&0&0\\0&0&0&0&0&0&0&0&0&0\\0&0&0&0&0&0&0&0&0&0\\0&0&0&0&0&0&0&0&0&0\\0&-1&0&0&0&0&0&0&0&0\\0&0&0&0&0&0&0&0&0&0\end{bmatrix},\ K=\begin{bmatrix}0&0&0&0&0&1&0&0&0&0\\0&0&0&0&0&0&1&0&0&0\\0&0&0&0&0&0&0&0&0&1\\0&0&0&0&0&0&0&0&0&0\\0&0&0&0&0&0&0&0&0&0\\-1&0&0&0&0&0&0&0&0&0\\0&-1&0&0&0&0&0&0&0&0\\0&0&0&0&0&0&0&0&0&0\\0&0&0&0&0&0&0&0&0&0\\0&0&-1&0&0&0&0&0&0&0\end{bmatrix},$$

$$L=\begin{bmatrix}0&0&0&0&0&0&0&0&0&0\\0&0&0&0&0&0&0&1&0&0\\0&0&0&0&0&0&0&0&0&0\\0&0&0&0&0&0&0&0&0&0\\0&0&0&0&0&0&0&0&0&0\\0&0&0&0&0&0&0&0&0&0\\0&0&0&0&0&0&0&0&0&0\\0&-1&0&0&0&0&0&0&0&0\\0&0&0&0&0&0&0&0&0&0\\0&0&0&0&0&0&0&0&0&0\end{bmatrix},$$

$$S(z)=up-\frac{1}{2}(p^{xxx})^2+\frac{\sigma}{2}w^2+u^3-p^{x}v-p^{xx}u-p^{xt}p-p^{xy}w.$$

$\nabla S(z)$是S在标准内积空间$\mathbb{R}^{10}$的梯度. 可证明多辛方程(5.9.50)与Bridges[Bri99]给出的KP方程的多辛方程是等价的, 若令$q_1=\varphi$, $q_2=p^{xt}$, $q_3=-p^{xxx}$, q_4是任意常数, $p_1=p^{x}$, $p_2=p^{xx}$, $p_3=p^{xt}$, $p_4=\dfrac{1}{\sigma}p^{xy}$, 则可以将多辛方程(5.9.50)简化为Bridges给出的KP方程的多辛方程. 多辛方程(5.9.50)是KP方程在多辛结构上的Hamilton形式. 对多辛方程(5.9.50), 存在多辛守恒律

$$\partial_t\left(\mathrm{d}z\wedge M\mathrm{d}z\right)+\partial_x\left(\mathrm{d}z\wedge K\mathrm{d}z\right)+\partial_y\left(\mathrm{d}z\wedge L\mathrm{d}z\right)=0.\tag{5.9.52}$$

将M, K, L代入上式, 得

$$\begin{aligned}&\frac{\partial}{\partial t}\left(\mathrm{d}\varphi_x\wedge\mathrm{d}\varphi_{xx}\right)+\frac{\partial}{\partial x}\Big(\mathrm{d}\varphi\wedge\big(-6\varphi_{xxx}\,\mathrm{d}\varphi_{xx}-6\varphi_{xx}\,\mathrm{d}\varphi_{xxx}-\sigma\,\mathrm{d}\,\varphi_{xyy}\\&-2\,\mathrm{d}\varphi_{xxt}-\mathrm{d}\varphi_{xxxxx}\big)+\mathrm{d}\varphi_x\wedge\big(6\varphi_{xx}\,\mathrm{d}\varphi_{xx}+\mathrm{d}\varphi_{xt}+\mathrm{d}\varphi_{xxxx}\big)\\&+\mathrm{d}\varphi_{xx}\wedge\mathrm{d}(-\varphi_{xxx})\Big)+\frac{\partial}{\partial y}\Big(\mathrm{d}\varphi_x\wedge\mathrm{d}(\sigma\,\varphi_{xy})\Big)=0.\end{aligned}\tag{5.9.53}$$

多辛守恒律(5.9.53)与定理5.9.1的结果一致, 可以将守恒律(5.9.53)看作是定理5.9.1的推论. 令V, W是π_{XY}-垂直的向量场, 并且具有表达式$V^{\varphi}\dfrac{\partial}{\partial\varphi}$, $W^{\varphi}\dfrac{\partial}{\partial\varphi}$. 因此,

相应的5阶jet延拓向量场$j^5(V)$和$j^5(W)$的坐标表示为:

$$
\begin{array}{llllll}
(V^{\varphi}, & V_x^{\varphi}, & V_y^{\varphi}, & V_t^{\varphi}, & V_{xx}^{\varphi}, & V_{yy}^{\varphi}, \\
V_{tt}^{\varphi}, & V_{xt}^{\varphi}, & V_{xy}^{\varphi}, & V_{yt}^{\varphi}, & V_{xxx}^{\varphi}, & V_{xtx}^{\varphi}, \\
V_{xxy}^{\varphi}, & V_{xtt}^{\varphi}, & V_{xyy}^{\varphi}, & V_{ttt}^{\varphi}, & V_{yyy}^{\varphi}, & V_{tyy}^{\varphi}, \\
V_{tty}^{\varphi}, & V_{xxxx}^{\varphi}, & V_{xxyy}^{\varphi}, & V_{xxtt}^{\varphi}, & V_{xxxy}^{\varphi}, & V_{xxxt}^{\varphi}, \\
V_{xyyy}^{\varphi}, & V_{xttt}^{\varphi}, & V_{tttt}^{\varphi}, & V_{yyyy}^{\varphi}, & V_{tyyy}^{\varphi}, & V_{ttyy}^{\varphi}, \\
V_{ttty}^{\varphi}, & V_{xxxxx}^{\varphi}, & V_{xxxxy}^{\varphi}, & V_{xxxxt}^{\varphi}, & V_{xxxyy}^{\varphi}, & V_{xxxtt}^{\varphi}, \\
V_{xxyyy}^{\varphi}, & V_{xxttt}^{\varphi}, & V_{xyyyy}^{\varphi}, & V_{xtttt}^{\varphi}, & V_{yyyyy}^{\varphi}, & V_{ttttt}^{\varphi}, \\
V_{yyyyt}^{\varphi}, & V_{yyytt}^{\varphi}, & V_{yyttt}^{\varphi}, & V_{ytttt}^{\varphi}), & &
\end{array}
$$

$$
\begin{array}{llllll}
(W^{\varphi}, & W_x^{\varphi}, & W_y^{\varphi}, & W_t^{\varphi}, & W_{xx}^{\varphi}, & W_{yy}^{\varphi}, \\
W_{tt}^{\varphi}, & W_{xt}^{\varphi}, & W_{xy}^{\varphi}, & W_{yt}^{\varphi}, & W_{xxx}^{\varphi}, & W_{xtx}^{\varphi}, \\
W_{xxy}^{\varphi}, & W_{xtt}^{\varphi}, & W_{xyy}^{\varphi}, & W_{ttt}^{\varphi}, & W_{yyy}^{\varphi}, & W_{tyy}^{\varphi}, \\
W_{tty}^{\varphi}, & W_{xxxx}^{\varphi}, & W_{xxyy}^{\varphi}, & W_{xxtt}^{\varphi}, & W_{xxxy}^{\varphi}, & W_{xxxt}^{\varphi}, \\
W_{xyyy}^{\varphi}, & W_{xttt}^{\varphi}, & W_{tttt}^{\varphi}, & W_{yyyy}^{\varphi}, & W_{tyyy}^{\varphi}, & W_{ttyy}^{\varphi}, \\
W_{ttty}^{\varphi}, & W_{xxxxx}^{\varphi}, & W_{xxxxy}^{\varphi}, & W_{xxxxt}^{\varphi}, & W_{xxxyy}^{\varphi}, & W_{xxxtt}^{\varphi}, \\
W_{xxyyy}^{\varphi}, & W_{xxttt}^{\varphi}, & W_{xyyyy}^{\varphi}, & W_{xtttt}^{\varphi}, & W_{yyyyy}^{\varphi}, & W_{ttttt}^{\varphi}, \\
W_{yyyyt}^{\varphi}, & W_{yyytt}^{\varphi}, & W_{yyttt}^{\varphi}, & W_{ytttt}^{\varphi}). & &
\end{array}
$$

计算

$$
\begin{aligned}
& j^5(\varphi)^*\left(j^5(V) \lrcorner\, j^5(W) \lrcorner\, \Omega_L\right) \\
= \ & (W_{xx}^{\varphi} V_x^{\varphi} - W_x^{\varphi} V_{xx}^{\varphi})\,\mathrm{d}x \wedge \mathrm{d}y \\
& +(\sigma W_x^{\varphi} V_{xy}^{\varphi} - \sigma W_{xy}^{\varphi} V_x^{\varphi})\,\mathrm{d}x \wedge \mathrm{d}t + \Big[W_{xx}^{\varphi} V_{xxx}^{\varphi} - W_{xxx}^{\varphi} V_{xx}^{\varphi} \\
& -W_x^{\varphi}(V_{xt}^{\varphi} + 6\varphi_{xx} V_{xx}^{\varphi} + V_{xxxx}^{\varphi}) + V_x^{\varphi}(W_{xt}^{\varphi} + 6\varphi_{xx} W_{xx}^{\varphi} + W_{xxxx}^{\varphi}) \\
& +V^{\varphi}(-2W_{xxt}^{\varphi} - 6\varphi_{xx} W_{xxx}^{\varphi} - 6\varphi_{xxx} W_{xx}^{\varphi} - \sigma W_{xyy}^{\varphi} - W_{xxxxx}^{\varphi}) \\
& +W^{\varphi}(2V_{xxt}^{\varphi} + 6\varphi_{xx} V_{xxx}^{\varphi} + 6\varphi_{xxx} V_{xx}^{\varphi} + \sigma V_{xyy}^{\varphi} + V_{xxxxx}^{\varphi})\Big]\,\mathrm{d}y \wedge \mathrm{d}t,
\end{aligned}
$$

由Stokes公式可得到

$$\int_U \frac{\partial}{\partial t}(W_{xx}^{\varphi}V_x^{\varphi}-W_x^{\varphi}V_{xx}^{\varphi})\,\mathrm{d}x\wedge\mathrm{d}y\wedge\mathrm{d}t-\frac{\partial}{\partial y}(\sigma W_x^{\varphi}V_{xy}^{\varphi}$$
$$-\sigma W_{xy}^{\varphi}V_x^{\varphi})\,\mathrm{d}x\wedge\mathrm{d}y\wedge\mathrm{d}t+\frac{\partial}{\partial x}\big[W_{xx}^{\varphi}V_{xxx}^{\varphi}-W_{xxx}^{\varphi}V_{xx}^{\varphi}-W_x^{\varphi}(V_{xt}^{\varphi}+6\varphi_{xx}V_{xx}^{\varphi}$$
$$+V_{xxxx}^{\varphi})+V_x^{\varphi}(W_{xt}^{\varphi}+6\varphi_{xx}W_{xx}^{\varphi}+W_{xxxx}^{\varphi})+V^{\varphi}(-2W_{xxt}^{\varphi}-6\varphi_{xx}W_{xxx}^{\varphi}$$
$$-6\varphi_{xxx}W_{xx}^{\varphi}-\sigma W_{xyy}^{\varphi}-W_{xxxxx}^{\varphi})+W^{\varphi}(2V_{xxt}^{\varphi}+6\varphi_{xx}V_{xxx}^{\varphi}+6\varphi_{xxx}V_{xx}^{\varphi}$$
$$+\sigma V_{xyy}^{\varphi}+V_{xxxxx}^{\varphi})\big]\,\mathrm{d}x\wedge\mathrm{d}y\wedge\mathrm{d}t=0.$$

由于U是任意的, 所以有

$$\begin{aligned}&\frac{\partial}{\partial t}(W_{xx}^{\varphi}V_x^{\varphi}-W_x^{\varphi}V_{xx}^{\varphi})-\frac{\partial}{\partial y}(\sigma W_x^{\varphi}V_{xy}^{\varphi}-\sigma W_{xy}^{\varphi}V_x^{\varphi})+\frac{\partial}{\partial x}\big[W_{xx}^{\varphi}V_{xxx}^{\varphi}\\&-W_{xxx}^{\varphi}V_{xx}^{\varphi}-W_x^{\varphi}(V_{xt}^{\varphi}+6\varphi_{xx}V_{xx}^{\varphi}+V_{xxxx}^{\varphi})+V_x^{\varphi}(W_{xt}^{\varphi}+6\varphi_{xx}W_{xx}^{\varphi}+W_{xxxx}^{\varphi})\\&+V^{\varphi}(-2W_{xxt}^{\varphi}-6\varphi_{xx}W_{xxx}^{\varphi}-6\varphi_{xxx}W_{xx}^{\varphi}-\sigma W_{xyy}^{\varphi}-W_{xxxxx}^{\varphi})\\&+W^{\varphi}(2V_{xxt}^{\varphi}+6\varphi_{xx}V_{xxx}^{\varphi}+6\varphi_{xxx}V_{xx}^{\varphi}+\sigma V_{xyy}^{\varphi}+V_{xxxxx}^{\varphi})\big]=0.\end{aligned}\tag{5.9.54}$$

若令:

$$M^t=\begin{bmatrix}0&0&0&0&0&0&0&0&0&0\\0&0&1&0&0&0&0&0&0&0\\0&-1&0&0&0&0&0&0&0&0\\0&0&0&0&0&0&0&0&0&0\\0&0&0&0&0&0&0&0&0&0\\0&0&0&0&0&0&0&0&0&0\\0&0&0&0&0&0&0&0&0&0\\0&0&0&0&0&0&0&0&0&0\\0&0&0&0&0&0&0&0&0&0\\0&0&0&0&0&0&0&0&0&0\end{bmatrix},$$

$$M^y=\begin{bmatrix}0&0&0&0&0&0&0&0&0&0\\0&0&0&\sigma&0&0&0&0&0&0\\0&0&0&0&0&0&0&0&0&0\\0&-\sigma&0&0&0&0&0&0&0&0\\0&0&0&0&0&0&0&0&0&0\\0&0&0&0&0&0&0&0&0&0\\0&0&0&0&0&0&0&0&0&0\\0&0&0&0&0&0&0&0&0&0\\0&0&0&0&0&0&0&0&0&0\\0&0&0&0&0&0&0&0&0&0\end{bmatrix},$$

$$M^x = \begin{bmatrix} 0 & 0 & -6\varphi_{xxx} & 0 & 0 & -6\varphi_{xx} & -\sigma & -2 & 0 & -1 \\ 0 & 0 & 6\varphi_{xx} & 0 & 1 & 0 & 0 & 0 & 1 & 0 \\ 6\varphi_{xxx} & -6\varphi_{xx} & 0 & 0 & 0 & -1 & 0 & 0 & 0 & 0 \\ 0 & 0 & 0 & 0 & 0 & 0 & 0 & 0 & 0 & 0 \\ 0 & -1 & 0 & 0 & 0 & 0 & 0 & 0 & 0 & 0 \\ 6\varphi_{xx} & 0 & 1 & 0 & 0 & 0 & 0 & 0 & 0 & 0 \\ \sigma & 0 & 0 & 0 & 0 & 0 & 0 & 0 & 0 & 0 \\ 2 & 0 & 0 & 0 & 0 & 0 & 0 & 0 & 0 & 0 \\ 0 & -1 & 0 & 0 & 0 & 0 & 0 & 0 & 0 & 0 \\ 1 & 0 & 0 & 0 & 0 & 0 & 0 & 0 & 0 & 0 \end{bmatrix},$$

$$M^t(x,y) = x^{\mathrm{T}} M^t y, \quad M^x(x,y) = x^{\mathrm{T}} M^x y, \quad M^y(x,y) = x^{\mathrm{T}} M^y y, \tag{5.9.55}$$

并设:

$$j^5(V) = \big(V^\varphi,\, V_x^\varphi,\, V_{xx}^\varphi,\, V_{xy}^\varphi,\, V_{xt}^\varphi,\, V_{xxx}^\varphi,\, V_{xyy}^\varphi,\, V_{xxt}^\varphi,\, V_{xxxx}^\varphi,\, V_{xxxxx}^\varphi\big),$$
$$j^5(W) = \big(W^\varphi,\, W_x^\varphi,\, W_{xx}^\varphi,\, W_{xy}^\varphi,\, W_{xt}^\varphi,\, W_{xxx}^\varphi,\, W_{xyy}^\varphi,\, W_{xxt}^\varphi,\, W_{xxxx}^\varphi,\, W_{xxxxx}^\varphi\big),$$

其他的坐标为零, 则守恒律(5.9.54)可以写成

$$\frac{\partial}{\partial t} M^t\big(j^5(V), j^5(W)\big) + \frac{\partial}{\partial x} M^x\big(j^5(V), j^5(W)\big) + \frac{\partial}{\partial y} M^y\big(j^5(V), j^5(W)\big) = 0. \tag{5.9.56}$$

另外, 因为KP方程变换的不变性, 选择$V = W = \varphi$并将它们代入(5.9.55)式, 守恒律(5.9.55)变成

$$\begin{aligned} &\frac{\partial}{\partial t}(\mathrm{d}\varphi_x \wedge \mathrm{d}\varphi_{xx}) + \frac{\partial}{\partial x}(\mathrm{d}\varphi \wedge (-6\varphi_{xxx}\,\mathrm{d}\varphi_{xx} - 6\varphi_{xx}\,\mathrm{d}\varphi_{xxx} - \sigma\,\mathrm{d}\varphi_{xyy} \\ &-2\,\mathrm{d}\varphi_{xxt} - \mathrm{d}\varphi_{xxxxx}) + \mathrm{d}\varphi_x \wedge (6\varphi_{xx}\,\mathrm{d}\varphi_{xx} + \mathrm{d}\varphi_{xt} + \mathrm{d}\varphi_{xxxx}) \\ &+\mathrm{d}\varphi_{xx} \wedge \mathrm{d}(-\varphi_{xxx})) + \frac{\partial}{\partial y}(\mathrm{d}\varphi_x \wedge \mathrm{d}(\sigma\,\varphi_{xy})) = 0. \end{aligned}$$

上式与守恒律(5.9.53)一致.

下面进行数值试验. 在数值实验中, 多辛守恒律可以用来设计多辛数值格式, 这样的数值格式保持多辛守恒律[LQ02],[JWC06]. 在这一节中, 考虑KP方程的多辛Preissmann格式[LQ02].

方程(5.9.50)可以写成

$$\begin{cases}\dfrac{\partial p^{x}}{\partial x}=0,\quad \dfrac{\partial p^{xx}}{\partial x}+\dfrac{\partial p^{xy}}{\partial y}+\dfrac{\partial p^{xt}}{\partial t}=-p^{x},\\ \dfrac{\partial p^{xxx}}{\partial x}=p+3u^{2}-p^{xx},\quad \sigma w-p^{xy}=0,\\ u-p^{xt}=0,\quad \dfrac{\partial \varphi}{\partial x}=v,\quad \dfrac{\partial v}{\partial x}=u,\\ \dfrac{\partial v}{\partial y}=w,\quad \dfrac{\partial v}{\partial t}=p,\quad \dfrac{\partial u}{\partial x}=p^{xxx}.\end{cases}\tag{5.9.57}$$

为计算的方便, 假设x, y, t方向的格点是均匀的. 应用隐式中点格式离散方程(5.9.57)的时间和空间, 可以得到

$$\begin{cases}\dfrac{p^{x}_{i+1,j+\frac12,k+\frac12}-p^{x}_{i,j+\frac12,k+\frac12}}{\triangle x}=0,\\ \dfrac{p^{xx}_{i+1,j+\frac12,k+\frac12}-p^{xx}_{i,j+\frac12,k+\frac12}}{\triangle x}+\dfrac{p^{xy}_{i+\frac12,j+1,k+\frac12}-p^{xy}_{i+\frac12,j,k+\frac12}}{\triangle y}\\ +\dfrac{p^{xt}_{i+\frac12,j+\frac12,k+1}-p^{xt}_{i+\frac12,j+\frac12,k}}{\triangle t}=-p^{x}_{i+\frac12,j+\frac12,k+\frac12},\\ \dfrac{p^{xxx}_{i+1,j+\frac12,k+\frac12}-p^{xxx}_{i,j+\frac12,k+\frac12}}{\triangle x}=p_{i+\frac12,j+\frac12,k+\frac12}+3(u_{i+\frac12,j+\frac12,k+\frac12})^{2}-p^{xx}_{i+\frac12,j+\frac12,k+\frac12}\\ \sigma w_{i+\frac12,j+\frac12,k+\frac12}=p^{xy}_{i+\frac12,j+\frac12,k+\frac12},\\ u_{i+\frac12,j+\frac12,k+\frac12}=p^{xt}_{i+\frac12,j+\frac12,k+\frac12},\\ \dfrac{\varphi_{i+1,j+\frac12,k+\frac12}-\varphi_{i,j+\frac12,k+\frac12}}{\triangle x}=v_{i+\frac12,j+\frac12,k+\frac12},\\ \dfrac{v_{i+1,j+\frac12,k+\frac12}-v_{i,j+\frac12,k+\frac12}}{\triangle x}=u_{i+\frac12,j+\frac12,k+\frac12},\\ \dfrac{v_{i+\frac12,j+1,k+\frac12}-v_{i+\frac12,j,k+\frac12}}{\triangle y}=w_{i+\frac12,j+\frac12,k+\frac12},\\ \dfrac{v_{i+\frac12,j+\frac12,k+1}-v_{i+\frac12,j+\frac12,k}}{\triangle t}=p_{i+\frac12,j+\frac12,k+\frac12},\\ \dfrac{u_{i+1,j+\frac12,k+\frac12}-u_{i,j+\frac12,k+\frac12}}{\triangle x}=p^{xxx}_{i+\frac12,j+\frac12,k+\frac12},\end{cases}\tag{5.9.58}$$

这里$\triangle x$是x方向的步长, $\triangle y$ 是y方向的步长, $\triangle t$是时间步长. $u_{i+\frac12,j+\frac12,k+\frac12}=u(i\triangle x+\dfrac{\triangle x}{2},j\triangle y+\dfrac{\triangle y}{2},k\triangle t+\dfrac{\triangle t}{2})$, 其余类似.

事实上, 这种离散格式导致了下面的Preissmann格式:

$$\frac{1}{\triangle t}M\left(z_{i+\frac{1}{2},j+\frac{1}{2},k+1}-z_{i+\frac{1}{2},j+\frac{1}{2},k}\right)+\frac{1}{\triangle x}K\left(z_{i+1,j+\frac{1}{2},k+\frac{1}{2}}-z_{i,j+\frac{1}{2},k+\frac{1}{2}}\right)$$
$$+\frac{1}{\triangle y}L\left(z_{i+\frac{1}{2},j+1,k+\frac{1}{2}}-z_{i+\frac{1}{2},j,k+\frac{1}{2}}\right)=\bigtriangledown S\left(z_{i+\frac{1}{2},j+\frac{1}{2},k+\frac{1}{2}}\right). \tag{5.9.59}$$

格式(5.9.59)保持了离散的多辛守恒律

$$\frac{\mathrm{d}v_{i+\frac{1}{2},j+\frac{1}{2},k+1}\wedge \mathrm{d}p^{xt}_{i+\frac{1}{2},j+\frac{1}{2},k+1}-\mathrm{d}v_{i+\frac{1}{2},j+\frac{1}{2},k}\wedge \mathrm{d}p^{xt}_{i+\frac{1}{2},j+\frac{1}{2},k}}{\triangle t}$$
$$+\frac{\mathrm{d}v_{i+\frac{1}{2},j+1,k+\frac{1}{2}}\wedge \mathrm{d}p^{xy}_{i+\frac{1}{2},j+1,k+\frac{1}{2}}-\mathrm{d}v_{i+\frac{1}{2},j,k+\frac{1}{2}}\wedge \mathrm{d}p^{xy}_{i+\frac{1}{2},j,k+\frac{1}{2}}}{\triangle y}$$
$$+\frac{\mathrm{d}\varphi_{i+1,j+\frac{1}{2},k+\frac{1}{2}}\wedge \mathrm{d}p^{x}_{i+1,j+\frac{1}{2},k+\frac{1}{2}}-\mathrm{d}\varphi_{i,j+\frac{1}{2},k+\frac{1}{2}}\wedge \mathrm{d}p^{x}_{i,j+\frac{1}{2},k+\frac{1}{2}}}{\triangle x}$$
$$+\frac{\mathrm{d}v_{i+1,j+\frac{1}{2},k+\frac{1}{2}}\wedge \mathrm{d}p^{xx}_{i+1,j+\frac{1}{2},k+\frac{1}{2}}-\mathrm{d}v_{i,j+\frac{1}{2},k+\frac{1}{2}}\wedge \mathrm{d}p^{xx}_{i,j+\frac{1}{2},k+\frac{1}{2}}}{\triangle x}$$
$$+\frac{\mathrm{d}u_{i+1,j+\frac{1}{2},k+\frac{1}{2}}\wedge \mathrm{d}p^{xxx}_{i+1,j+\frac{1}{2},k+\frac{1}{2}}-\mathrm{d}u_{i,j+\frac{1}{2},k+\frac{1}{2}}\wedge \mathrm{d}p^{xxx}_{i,j+\frac{1}{2},k+\frac{1}{2}}}{\triangle x}=0.$$

尽管格式(5.9.59)是多辛的, 但是在实际计算中因为它占用内存太大、计算量太大而难以实现. 因此通过简单的计算, 消去中间变量φ, v, w, p, p^x, p^{xx}, p^{xy}, p^{xt}, p^{xxx}(见附录9.2), 得到下面的多辛45点格式[LQ02]:

$$\frac{1}{2\triangle x\triangle t}\,\delta_y^2\,\Delta_t^0\left\{u^k_{i+2,j}+2u^k_{i+1,j}-2u^k_{i-1,j}+u^k_{i-2,j}\right\}$$
$$+\frac{1}{\triangle x^4}\left\{\delta_y^2\,\delta_t^2\left(u^k_{i+2,j}-4u^k_{i+1,j}+6u^k_{i,j}-4u^k_{i-1,j}+u^k_{i-2,j}\right)\right\}$$
$$+\frac{\sigma}{4\triangle y^2}\left\{\delta_t^2\,\Delta_y^2\left(u^k_{i+2,j}+4u^k_{i+1,j}+6u^k_{i,j}+4u^k_{i-1,j}+u^k_{i,j}\right)\right\}$$
$$+\frac{2}{\triangle x^2}\left(\overline{\delta}\,f^{k+\frac{1}{2}}_{i,j+\frac{1}{2}}+\overline{\delta}\,f^{k+\frac{1}{2}}_{i,j-\frac{1}{2}}+\overline{\delta}\,f^{k-\frac{1}{2}}_{i,j+\frac{1}{2}}+\overline{\delta}\,f^{k-\frac{1}{2}}_{i,j-\frac{1}{2}}\right)=0,$$

其中

$$u^k_{i,j}=u(i\triangle x,\ j\triangle y,\ k\triangle t),\quad f^k_{i,j}=3\big(u(i\triangle x,\ j\triangle y,\ k\triangle t)\big)^2,$$

并且

$$\begin{cases} \Delta_t^0 u_{i,j}^k = u_{i,j}^{k+1} - u_{i,j}^{k-1}, \delta_y^2 u_{i,j}^k = u_{i,j+1}^k + 2u_{i,j}^k + u_{i,j-1}^k, \\ \delta_t^2 u_{i,j}^k = u_{i,j}^{k+1} + 2u_{i,j}^k + u_{i,j}^{k-1}, \Delta_y^2 u_{i,j}^k = u_{i,j+1}^k - 2u_{i,j}^k + u_{i,j-1}^k, \\ \overline{\delta} f_{i,j}^k = f_{i+\frac{3}{2},j}^k - f_{i+\frac{1}{2},j}^k - f_{i-\frac{1}{2},j}^k + f_{i-\frac{3}{2},j}^k. \end{cases} \tag{5.9.60}$$

下面通过长时间计算KP方程的孤立子和孤立波来检验45点格式. 先计算KPI方程的单孤立子解.

选择的计算区间是$[0,40]\times[0,2]$, 并取$\triangle x = 0.2$, $\triangle y = 0.1$, $\triangle t = 0.01$, 为计算的方便, 选取y方向的区间比较小, 这与格式和计算结果无关.

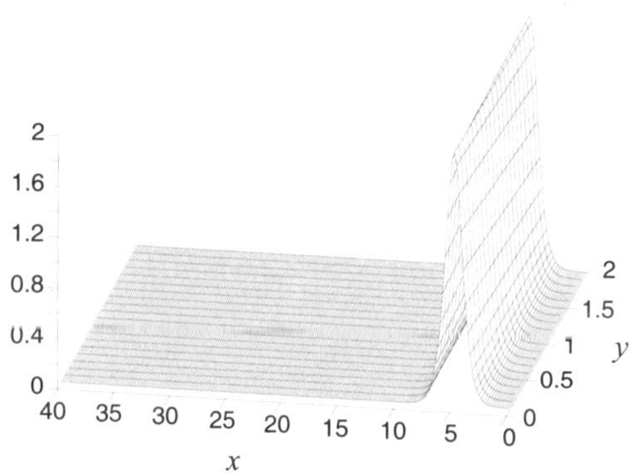

图 5.9.12 t=0 时刻的单孤立子

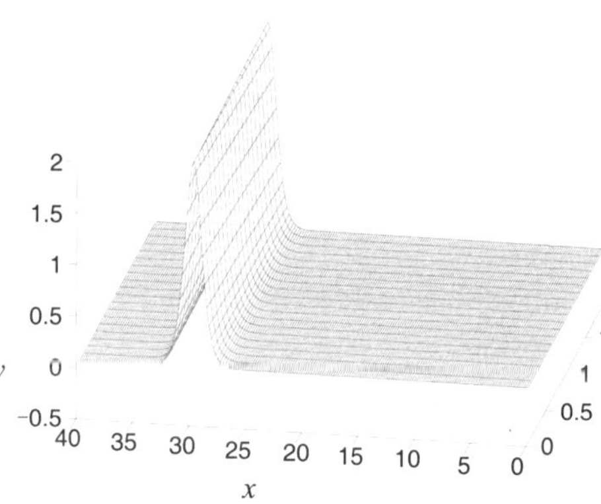

图 5.9.13 t=10 时刻的单孤立子

在以下算例中均取精确边界条件. 取初值条件为

$$u(x,y,0) = 2\text{sech}^2\left(x - \frac{\sqrt{2}}{2}y - 6\right), \tag{5.9.61}$$

在这种初值条件下, KPI方程具有精确解

$$u(x,y,t) = 2\text{sech}^2\left(x - \frac{\sqrt{2}}{2}y - \frac{5}{2}t - 6\right),$$

它表示单孤子沿着与x正半轴夹角为$\tan^{-1}(\sqrt{2})$的方向以5/2 的速度传播. 图5.9.12描述的是$t=0$时刻的初值, 图5.9.13表示$t=10$时刻的数值解. 事实上, 如同精确解一样, 数值解确实在$t=10$后传播了25个单位距离. 数值结果显示波的速度和方向与理论是相吻合的.

下面讨论两个孤立子的碰撞.

取初值

$$u(x,y,0)=2\sum_{i=1}^{2}k_i^2\text{sech}^2\left[k_i(x+\lambda_i y-x_{0,i})\right], \tag{5.9.62}$$

其中$k_1=1.0,\ k_2=\dfrac{1}{\sqrt{2}},\ \lambda_1=-\dfrac{1}{\sqrt{3}},\ \lambda_2=-1.0,\ x_{0.1}=6.0,\ x_{0.2}=11.0$.初值(5.9.62)表示两个振幅为$2k_i^2$的单孤立子在起始点$x=x_{0,i}$以相应的速度$v_i=4k_i^2-3\lambda_i^2\ (i=1,2)$沿着$x$轴传播.

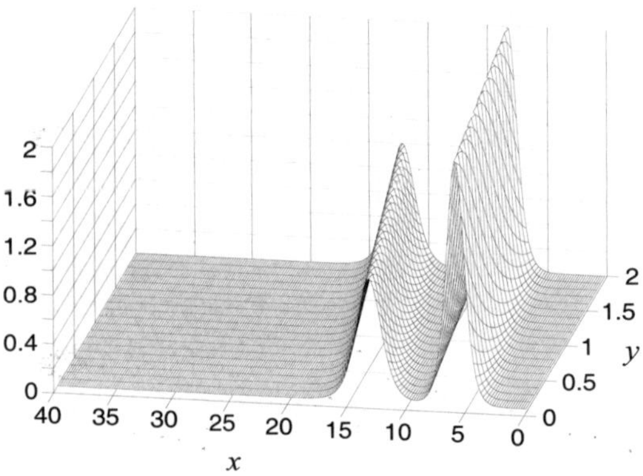

图 5.9.14 t=0时刻两个孤立子碰撞的情形

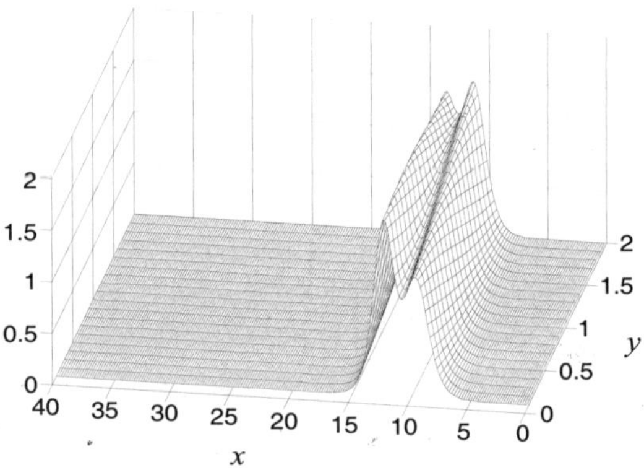

图 5.9.15 t=1.5时刻两个孤立子碰撞情形

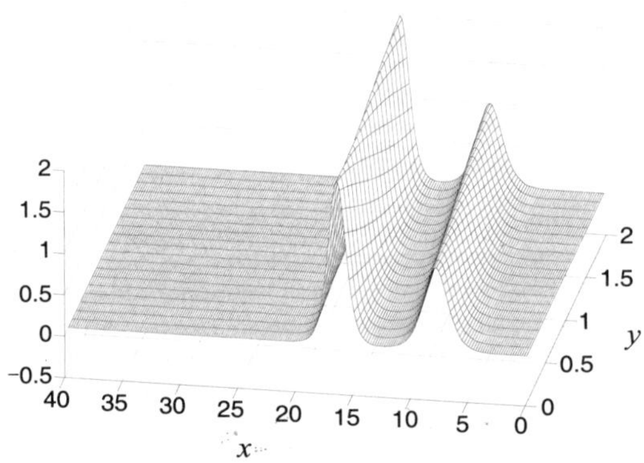

图 5.9.16 t=3时刻两个孤立子碰撞情形

在区间$[0,40]\times[0,2]$上进行计算, 并选取$\triangle x=0.2,\ \triangle y=0.1,\ \triangle t=0.01$. 图5.9.14表示初值(5.9.62), 较大的孤立子位于x轴的右端,它将以速度3.0向x正半轴运动, 较小的孤立子在较大的孤立子的左边,它将以速度1.0向相反的方向运动, 随着时间的推移,它们将在某一时刻发生碰撞. 图5.9.15表示它们在$t=1.5$的时刻发生碰撞, 图5.9.16显示在$t=3$时刻,即碰撞之后, 两个线性孤立子完全分开并恢复原来的形状. 这与孤立子的碰撞理论一致.

还计算了KPI方程lump型孤立波的传播.

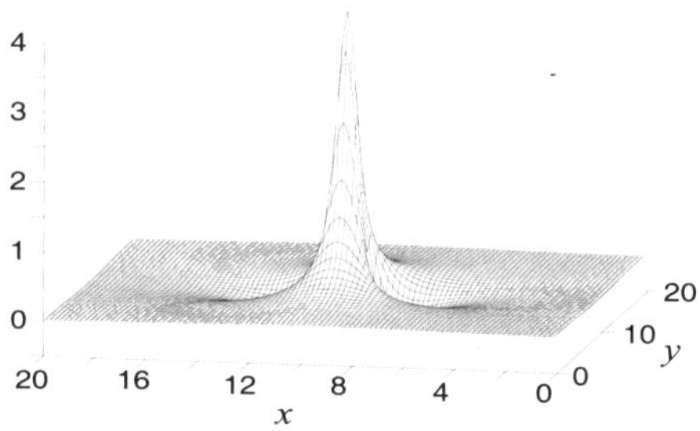

图 5.9.17　t=0时lump型孤立波

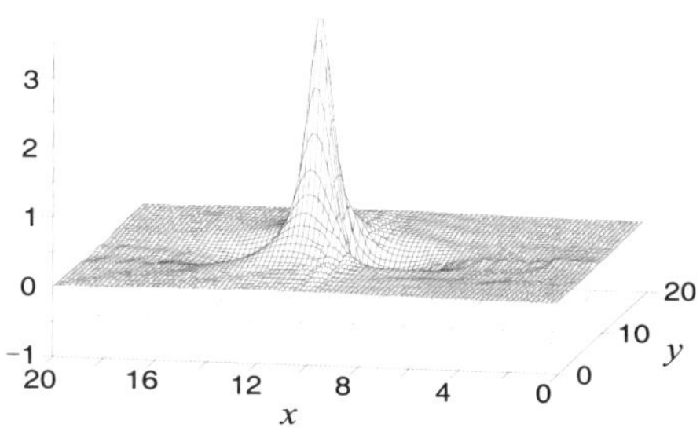

图 5.9.18　t=0.5时lump型孤立波

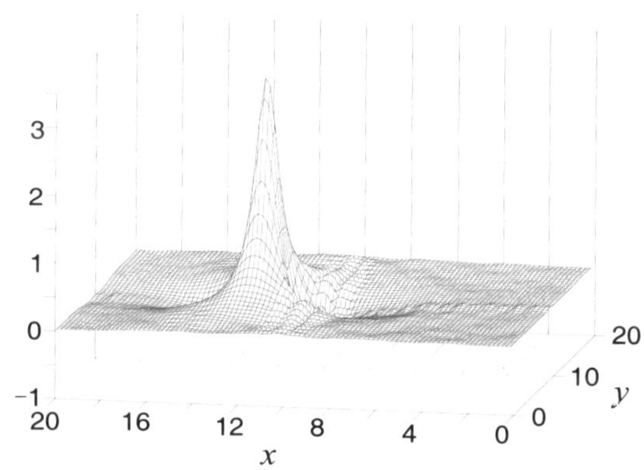

图 5.9.19　t=1时刻的lump型孤立波

仍然采用精确边界条件, 取初值(如图5.9.17所示)

$$u(x,y,0)=4\frac{-(x-x_0)^2+\mu^2\,(y-y_0)^2+\dfrac{1}{\mu^2}}{(x-x_0)^2+\mu^2\,(y-y_0)^2+\dfrac{1}{\mu^2}}, \tag{5.9.63}$$

其中$\mu^2=1.0, x_0=10.0, y_0=10.0$. 图5.9.18是经过时间$t$=0.5后的波形图, 图5.9.19是经过时间$t$=1后的波形图. 虽然受计算机的限制, 计算结果不是很理想, 但孤立波的速度和方向与理论都是一致的.

§5.9.4 Ginzburg-Landau方程的多辛形式

1. Gross-Pitaevskii 方程与 BECs

早在1924 年，量子统计力学家就预言了Bose-Einstein Condensate(BEC) 的存在性, 但直到1995年才做出了BEC的实验. 当时BEC实验是采用气态的铷(Anderson)和钠(Davis)分别进行的, 实验时, 这些原子被限制在磁阱中并被降到极低的微开氏级温度,可在非常短的时间内观测到凝聚的迹象. 当关掉限制的阱后, 这些原子就开始膨胀, 这时用光学方法照相, 可看到在某一临界温度的速度分布上有一尖峰, 由此可以确认BEC的存在.

尽管1995年的实验被视为BEC研究的一个里程碑, 但其实自从1924年BEC的存在性被量子统计力学家预言以来, 人们就已经开展了对BEC的研究. 对这一问题, 涉及许多物理领域的知识. 特别是在非常早的时候, 人们认为在氦的超导中有可能出现BEC(London). 随后, 在中子散射实验的原子动量分布分析中, 发现了BEC在氦中出现的迹象(Sokel). 近年来,人们也在半导体的激发气体中研究了BEC(Wolfe, Lin, Snoke), 但却难以发现明确的BEC出现的迹象. 在实验中, 稀释后的氢原子首先在冷冻器中降温, 然后被置于磁阱中并用蒸发的方法使其继续降温. 尽管这种方法已非常接近于观测到BEC, 但仍然只是单个原子之间重新结合从而形成分子(Silvera & Walraven; Greytak & Kleppner; Gretak; Silvera). 直到1998年, 才在旋转的极化氢中观测到BEC(Fried).

在20世纪80年代, 发展了以激光为基础的方法, 比如激光降温和光磁阱法, 并用于对中性原子降温和做阱(Chu; Cohen-Tannoudji; Phillips). 由于碱性元素的原子具有有利的内能级结构, 所以, 它们可以被通用的激光激发而产生光学跃迁, 因而碱性元素的原子非常适合用于激光基方法, 一旦它们被置于阱内, 可以通过蒸发的方法使它们进一步降温. 通过对碱性元素的原子使用激光方法和蒸发方法, 最终可以达到观测BEC所必需的温度和密度. 值得注意的是, 在这些条件下, 系统的平衡构相是固相,所以这是可能的. 因此, 为观测BEC, 必须使系统的亚稳定气相保持相当长的时间. 这是因为在稀释和低温气体中三体碰撞出现的概率极低, 从而使得它们可以持续足够长的实验所需的时间.

特别是关于涡旋的存在性问题, 人们最初关心的问题之一是：BEC是否是超流. 超流的一个特别有趣的特点是它可以支持量子环流. BEC中的量子化涡旋存在性有待研究证实. 在过去的几年中, 无论是在理论上还是在实验上, 都出现了一股研究BEC中量子化涡旋的热潮. 从理论上对BEC实验中所出现的涡旋研究是在非线性Gross-Pitaevskii(GP)方程的框架下进行的, 该方程可以很好地描述BEC：假设N个在相同状态下的气体分子被凝聚, 则波函数是由Gross-Pitaevskii能量的极

小化所得:

$$E(u)=\int_D|(\nabla-\mathrm{i}A)u|^2+\frac{1}{2\epsilon^2}(a_\epsilon(r)-|u|^2)+c_\epsilon.$$

其中

$$c_\epsilon=\int(\frac{1}{2\epsilon^2}(a_{a(r)-\epsilon}(r))),$$

其余参数将随后介绍.

在本节中, 我们将对涡旋的出现及发展进行数值研究, 首先, 我们通过虚时间的G-P方程寻找稳态解.当$t\to\infty$时, 它快速地指数状收敛到时间G-P方程的解. 我们用绝对稳定的隐式Euler格式对此用牛顿迭代法, 则可以使用大时间步长, 步长甚至可以取到1, 由此, 我们可以快速得到我们所需要的依赖于初值和Ω的稳态解. 然后, 我们用显式辛格式、隐式辛格式和多辛格式研究实时间GP方程的涡旋解的发展情况.

2. Gross-Pitaevskii **方程的** Hamilton **形式**

我们考虑BEC 的动力学. BEC 的动力学可以由独立于时间t的GP 方程

$$\mathrm{i}\frac{\partial u}{\partial t}-(\nabla-\mathrm{i}A)^2u+\frac{1}{\epsilon^2}|u|^2u-\frac{a_\epsilon(r)}{\epsilon^2}u=0 \tag{5.9.64}$$

来描述，定义域为D，初值条件为

$$u(r,0)=u_0(r),\quad 在D内, \tag{5.9.65}$$

边值条件为

$$u=0,\quad 在\ \partial D上. \tag{5.9.66}$$

此方程是$2n+1$ 维的Schrödinger 方程. 约束$\int_D|u|^2=1$ 在任何时候都保持成立. 其中$a(r)=\alpha_0-(x^2+\lambda^2y^2)$ 对一些常数α_0，α_0使得$a(r)$在椭面上的积分$D=\{a>0\}=\{x^2+\lambda^2y^2<\alpha_0\}=1$, 由此可以得出$\alpha^2=2\lambda/\pi$. 如果$\lambda=1$, 则$a_\epsilon(r)=a(r)-\epsilon^2\Omega^2(x^2+y^2)$, D 是半径为R_0 的圆盘，其中R_0^4=$2/\pi$, A是定义如下的向量场:

$$A=\begin{pmatrix}A_1\\A_2\end{pmatrix}=\begin{pmatrix}y\\-x\end{pmatrix}\Omega,$$

curl$\vec{A}\neq0$, 否则div(A)=0, A 就将成为某些函数的梯度, 因此$(\nabla-\mathrm{i}A)$ 将也成为某些函数的梯度, 所以方程(5.9.64) 将成为一个常微分Schrödinger 方程, 其中$\epsilon^2=$

$\dfrac{\hbar^2}{2Ngm}$, $\Omega=\dfrac{\Omega_0}{\epsilon\Omega}$. 非线性Gross-Pitaevskii 方程(5.9.64) 可以写为无穷维Hamilton 系统. 它具有如下的Hamilton 结构[TM03].

令$u=p+\mathrm{i}q$, 其中$p(x,y,t),q(x,y,t)$ 是关于x,y,t的实函数, 则(5.9.64) 有Hamilton形式

$$\frac{\mathrm{d}z}{\mathrm{d}t}=J\frac{\delta H(z)}{\delta z}, \tag{5.9.67}$$

其中,

$$z=\begin{pmatrix} p\\ q\end{pmatrix},$$

$$J=\begin{pmatrix} 0 & 1\\ -1 & 0\end{pmatrix}.$$

Hamilton量为

$$\begin{aligned}H(z)\ =\ \int\Big(&\tfrac{1}{2}(p_x^2+p_y^2+q_x^2+q_y^2)-p(qA_1)_x-p(qA_2)_y-pA_1q_x-pA_2q_y\\ &-q(pA_1)_x-q(pA_2)_y-qA_1p_x-qA_2p_y+\tfrac{1}{2}(A_1^2+A_2^2)(p^2+q^2)\\ &-\frac{1}{2\epsilon^2}(R^2-(1+\epsilon^2\Omega^2)(x^2+y^2)-(p^2+q^2))(p^2+q^2)-\tfrac{1}{4\epsilon^2}(p^2+q^2)\Big)\mathrm{d}x\mathrm{d}y.\end{aligned}$$

方程(5.9.67) 可以改写为

$$\frac{\mathrm{d}z}{\mathrm{d}t}=JBz. \tag{5.9.68}$$

其中,

$$B=\begin{pmatrix} \mathfrak{D}_1+\mathfrak{D}_d & \mathfrak{D}_2\\ \mathfrak{D}_2 & \mathfrak{D}_1+\mathfrak{D}_d\end{pmatrix},$$

$$\mathfrak{D}_1=\frac{\partial^2}{\partial x^2}+\frac{\partial^2}{\partial y^2},\mathfrak{D}_2=\bigtriangledown\cdot A+A\cdot\bigtriangledown,\mathfrak{D}_d=-(A_1^2+A_2^2)+f,$$

$$f=\frac{1}{2\epsilon^2}(R^2-(1+\epsilon^2\Omega^2)(x^2+y^2)-(p^2+q^2)).$$

则(5.9.68) 可以写为

$$\frac{\mathrm{d}z}{\mathrm{d}t}=J\bigtriangledown_z H(z), \tag{5.9.69}$$

其中Hamilton量为

$$H=\frac{1}{2}[P^{\mathrm{T}}M_1(2m)P+Q^{\mathrm{T}}M_1Q]+P^{\mathrm{T}}M_2Q+Q^{\mathrm{T}}M_2P+\sum_{i,j=1}^{n}[-(A_1^2+A_2^2)+f]_{lj}.$$

我们可以用辛Runge-Kutta 方法或者生成函数法来构造(5.9.68)的辛积分子. 这里,我们给出一类$o((\Delta t)^{2s}+(\Delta x)^{2m}+(\Delta y)^{2m})$阶的辛积分子.

$$Z_{k+1}-Z_{k-1}=\Delta t J\bigtriangledown_z H(Z_k). \tag{5.9.70}$$

$$Z_{k+1}-Z_k=\Delta t J\bigtriangledown_z H(\frac{Z_{k+1}+Z_k}{2}). \tag{5.9.71}$$

(5.9.70) 是显式蛙跳辛格式,(5.9.71) 是隐式辛格式.

3. Ginzburg-Landau 方程与多辛格式

凝聚态物理中超流体的Gross-Pitaevskii 方程与Ginzburg-Landau方程的形式相同, 两者的区别在于非线性项不同. 我们统一写成下面的方程:

$$\mathrm{i}\,u_t=(\nabla-\mathrm{i}\,\vec{A})^2u+f'\,(|u|^2)u,$$

其中$\vec{A}(x)$给定, 且Curl $A\neq 0$, $\vec{A}(x)=\begin{bmatrix}A_1(X)\\A_2(X)\end{bmatrix}$, $X=(x,y)^{\mathrm{T}}$.它实际上是一个2 + 1维非线性Schrödinger方程.

设$u=p+\mathrm{i}q$, 则上面的方程可写成

$$-q_t+\mathrm{i}\,p_t=(\nabla-\mathrm{i}\,\vec{A})^2(p+\mathrm{i}\,q)+f'\,(p^2+q^2)\,(p+\mathrm{i}\,q).$$

令:

$$V=\begin{bmatrix}v_1\\v_2\end{bmatrix}-\nabla p+q\vec{A}=\begin{bmatrix}p_x+A_1q\\p_y+A_2q\end{bmatrix},$$

$$W=\begin{bmatrix}w_1\\w_2\end{bmatrix}=\nabla q-p\,\vec{A}=\begin{bmatrix}q_x-A_1p\\q_y-A_2p\end{bmatrix},$$

则有下面6 个方程:

$$\begin{cases}-q_t-\partial_x v_1-\partial_y v_2=A_1w_1+A_2w_2+f'\,p,\\ p_t-\partial_x w_1-\partial_y w_2=-A_1\,v_1-A_2\,v_2+f'\,q,\\ \partial_x\,p=v_1-q\,A_1,\\ \partial_y\,p=v_2-q\,A_2,\\ \partial_x\,q=w_1+p\,A_1,\\ \partial_y\,q=w_2+p\,A_2.\end{cases}$$

令$z=(p,q,v_1,v_2,w_1,w_2)$, 则可将方程写为多辛形式[TMZM08]

$$M z_t + K z_x + L z_y = \nabla H(z),$$

其中Hamilton函数为

$$H=\frac{v_1^2+v_2^2}{2}+\frac{w_1^2+w_2^2}{2}+p\,A_1\,w_1+p\,A_2\,w_2-q\,A_1\,v_1-q\,A_2\,v_2+\frac{1}{2}\,f(p^2+q^2),$$

其中

$$M=\begin{bmatrix}0&-1&0&0&0&0\\1&0&0&0&0&0\\0&0&0&0&0&0\\0&0&0&0&0&0\\0&0&0&0&0&0\\0&0&0&0&0&0\end{bmatrix},K=\begin{bmatrix}0&0&-1&0&0&0\\0&0&0&0&-1&0\\1&0&0&0&0&0\\0&0&0&0&0&0\\0&1&0&0&0&0\\0&0&0&0&0&0\end{bmatrix},L=\begin{bmatrix}0&0&0&-1&0&0\\0&0&0&0&0&-1\\0&0&0&0&0&0\\1&0&0&0&0&0\\0&0&0&0&0&0\\0&1&0&0&0&0\end{bmatrix}.$$

对多辛方程组, 用Euler中点格式离散变量t,x,y, 可以得到

$$\left\{\begin{aligned}
&-\frac{q_{i+\frac12,j+\frac12}^{k+1}-q_{i+\frac12,j+\frac12}^{k}}{\Delta t}-\frac{{v_1}_{i+1,j+\frac12}^{k+\frac12}-{v_1}_{i,j+\frac12}^{k+\frac12}}{\Delta x}-\frac{{v_2}_{i+\frac12,j+1}^{k+\frac12}-{v_2}_{i+\frac12,j}^{k+\frac12}}{\Delta y}\\
&=(A_1\,w_1)_{i+\frac12,j+\frac12}^{k+\frac12}+(A_2\,w_2+f'p)_{i+\frac12,j+\frac12}^{k+\frac12},\\
&\frac{p_{i+\frac12,j+\frac12}^{k+1}-p_{i+\frac12,j+\frac12}^{k}}{\Delta t}-\frac{{w_1}_{i+1,j+\frac12}^{k+\frac12}-{w_1}_{i,j+\frac12}^{k+\frac12}}{\Delta x}-\frac{{w_2}_{i+\frac12,j+1}^{k+\frac12}-{w_2}_{i+\frac12,j}^{k+\frac12}}{\Delta y}\\
&=-(A_1\,v_1+A_2\,v_2-f'q)_{i+\frac12,j+\frac12}^{k+\frac12},\\
&\frac{p_{i+1,j+\frac12}^{k+\frac12}-p_{i,j+\frac12}^{k+\frac12}}{\Delta x}=(v_1-q\,A_1)_{i+\frac12,j+\frac12}^{k+\frac12},\\
&\frac{p_{i+\frac12,j+1}^{k+\frac12}-p_{i+\frac12,j}^{k+\frac12}}{\Delta y}=(v_2-q\,A_2)_{i+\frac12,j+\frac12}^{k+\frac12},\\
&\frac{q_{i+1,j+\frac12}^{k+\frac12}-q_{i,j+\frac12}^{k+\frac12}}{\Delta x}=(w_1+pA_1)_{i+\frac12,j+\frac12}^{k+\frac12},\\
&\frac{q_{i+\frac12,j+1}^{k+\frac12}-q_{i+\frac12,j}^{k+\frac12}}{\Delta y}=(w_1+pA_2)_{i+\frac12,j+\frac12}^{k+\frac12}.
\end{aligned}\right.$$

将它写成矩阵形式为$Au^{k+1}=Bu^k+C$, 其中C是非线性项, $u=(p,q,v_1,v_2,w_1,w_2)^{\mathrm{T}}$.

$$A=\begin{bmatrix}I&II&&&\\&I&II&&\\&&&&\\&&&\ddots&\ddots\\II&&&&I\end{bmatrix},$$

$$I=\begin{bmatrix} a & b & & & \\ & a & b & & \\ & & & & \\ & & \ddots & \ddots & \\ b & & & & a \end{bmatrix},\quad II=\begin{bmatrix} c & d & & & \\ & c & & & d \\ & & & & \\ & & \ddots & \ddots & \\ d & & & & c \end{bmatrix}.$$

$$a=\begin{bmatrix} 0 & -1/4\Delta t & 1/4\Delta x & \dfrac{1}{4\Delta y} & 0 & 0 \\ 1/4\Delta t & 0 & 0 & 0 & 1/4\Delta x & 1/4\Delta y \\ -1/4\Delta x & 0 & 0 & 0 & 0 & 0 \\ -1/4\Delta y & 0 & 0 & 0 & 0 & 0 \\ 0 & -1/4\Delta x & 0 & 0 & 0 & 0 \\ 0 & -1/4\Delta y & 0 & 0 & 0 & 0 \end{bmatrix},$$

$$b=\begin{bmatrix} 0 & -1/4\Delta t & -1/4\Delta x & 1/4\Delta y & 0 & 0 \\ 1/4\Delta t & 0 & 0 & 0 & -1/4\Delta x & 1/4\Delta y \\ \dfrac{1}{4\Delta x} & 0 & 0 & 0 & 0 & 0 \\ -1/4\Delta y & 0 & 0 & 0 & 0 & 0 \\ 0 & 1/4\Delta x & 0 & 0 & 0 & 0 \\ 0 & -1/4\Delta y & 0 & 0 & 0 & 0 \end{bmatrix},$$

$$c=\begin{bmatrix} 0 & -1/4\Delta t & 1/4\Delta x & -1/4\Delta y & 0 & 0 \\ 1/4\Delta t & 0 & 0 & 0 & 1/4\Delta x & -1/4\Delta y \\ -1/4\Delta x & 0 & 0 & 0 & 0 & 0 \\ 1/4\Delta y & 0 & 0 & 0 & 0 & 0 \\ 0 & -1/4\Delta x & 0 & 0 & 0 & 0 \\ 0 & 1/4\Delta y & 0 & 0 & 0 & 0 \end{bmatrix},$$

$$d = \begin{bmatrix} 0 & -1/4\,\Delta\,t & -1/4\,\Delta\,x & -1/4\,\Delta\,y & 0 & 0 \\ 1/4\,\Delta\,t & 0 & 0 & 0 & -1/4\,\Delta\,x & -1/4\,\Delta\,y \\ 1/4\,\Delta\,x & 0 & 0 & 0 & 0 & 0 \\ 1/4\,\Delta\,y & 0 & 0 & 0 & 0 & 0 \\ 0 & 1/4\,\Delta\,x & 0 & 0 & 0 & 0 \\ 0 & 1/4\,\Delta\,y & 0 & 0 & 0 & 0 \end{bmatrix}.$$

$$B = \begin{bmatrix} I_1 & II_1 & & & \\ & I_1 & II_1 & & \\ & & \ddots & \ddots & \\ II_1 & & & & I_1 \end{bmatrix},$$

$$I_1 = \begin{bmatrix} a_1 & b_1 & & & \\ & a_1 & b_1 & & \\ & & \ddots & \ddots & \\ b_1 & & & & a_1 \end{bmatrix}, \quad II_1 = \begin{bmatrix} c_1 & \mathbf{d}_1 & & & \\ & c_1 & d_1 & & \\ & & \ddots & \ddots & \\ \mathbf{d}_1 & & & & c_1 \end{bmatrix}.$$

$$a_1 = \begin{bmatrix} 0 & -1/4\,\Delta\,t & -1/4\,\Delta\,x & -1/4\,\Delta\,y & 0 & 0 \\ 1/4\,\Delta\,t & 0 & 0 & 0 & -1/4\,\Delta\,x & -1/4\,\Delta\,y \\ 1/4\,\Delta\,x & 0 & 0 & 0 & 0 & 0 \\ 1/4\,\Delta\,y & 0 & 0 & 0 & 0 & 0 \\ 0 & 1/4\,\Delta\,x & 0 & 0 & 0 & 0 \\ 0 & 1/4\,\Delta\,y & 0 & 0 & 0 & 0 \end{bmatrix},$$

$$b_1 = \begin{bmatrix} 0 & -1/4\,\Delta\,t & 1/4\,\Delta\,x & -1/4\,\Delta\,y & 0 & 0 \\ 1/4\,\Delta\,t & 0 & 0 & 0 & 1/4\,\Delta\,x & -1/4\,\Delta\,y \\ -1/4\,\Delta\,x & 0 & 0 & 0 & 0 & 0 \\ 1/4\,\Delta\,y & 0 & 0 & 0 & 0 & 0 \\ 0 & -1/4\,\Delta\,x & 0 & 0 & 0 & 0 \\ 0 & 1/4\,\Delta\,y & 0 & 0 & 0 & 0 \end{bmatrix},$$

$$
c_1 = \begin{bmatrix}
0 & -1/4\,\Delta t & -1/4\,\Delta x & -1/4\,\Delta y & 0 & 0 \\
1/4\,\Delta t & 0 & 0 & 0 & -1/4\,\Delta x & 1/4\,\Delta y \\
1/4\,\Delta x & 0 & 0 & 0 & 0 & 0 \\
-1/4\,\Delta y & 0 & 0 & 0 & 0 & 0 \\
0 & 1/4\,\Delta x & 0 & 0 & 0 & 0 \\
0 & -1/4\,\Delta y & 0 & 0 & 0 & 0
\end{bmatrix},
$$

$$
d_1 = \begin{bmatrix}
0 & -1/4\,\Delta t & 1/4\,\Delta x & 1/4\,\Delta y & 0 & 0 \\
1/4\,\Delta t & 0 & 0 & 0 & 1/4\,\Delta x & 1/4\,\Delta y \\
-1/4\,\Delta x & 0 & 0 & 0 & 0 & 0 \\
-1/4\,\Delta y & 0 & 0 & 0 & 0 & 0 \\
0 & -1/4\,\Delta x & 0 & 0 & 0 & 0 \\
0 & -1/4\,\Delta y & 0 & 0 & 0 & 0
\end{bmatrix},
$$

消去变量v_1, v_2, w_1, w_2(消去过程见第九章§9.3),可以得到格式:

$$
\begin{aligned}
&-\delta_t\Big(q^k_{i+\frac12,j+\frac12}+q^k_{i+\frac12,j+\frac32}+q^k_{i+\frac32,j+\frac12}+q^k_{i+\frac32,j+\frac32}\Big)-2\delta_x^2\Big(p^{k+\frac12}_{i,j+\frac12}+p^{k+\frac12}_{i,j+\frac32}\Big)\\
&-2\delta_y^2\Big(p^{k+\frac12}_{i+\frac12,j}+p^{k+\frac12}_{i+\frac12,j}\Big)-\Big((qA_1)^{k+\frac12}_{i+\frac12,j+\frac32}-(qA_1)^{k+\frac12}_{i,j+\frac32}+(qA_1)^{k+\frac12}_{i+2,j+\frac12}-(qA_1)^{k+\frac12}_{i,j+\frac32}\Big)\\
&-\Big((qA_2)^{k+\frac12}_{i+\frac12,j+2}-(qA_2)^{k+\frac12}_{i+\frac12,j}+(qA_2)^{k+\frac12}_{i+\frac32,j+2}-(qA_2)^{k+\frac12}_{i+\frac32,j}\Big)\\
=\;&(A_1)^{k+\frac12}_{i+\frac12,j+\frac32}\left(\delta_x\,q^{k+\frac12}_{i,j+\frac32}-(pA_1)^{k+\frac12}_{i+\frac12,j+\frac32}\right)\\
&+(A_2)^{k+\frac12}_{i+\frac12,j+\frac32}\left(\delta_y\,q^{k+\frac12}_{i+\frac12,j+1}-(pA_2)^{k+\frac12}_{i+\frac12,j+\frac32}\right)\\
&+(f'p)^{k+\frac12}_{i+\frac12,j+\frac32}+(A_1)^{k+\frac12}_{i+\frac32,j+\frac32}\left(\delta_x\,q^{k+\frac12}_{i+1,j+\frac32}-(pA_1)^{k+\frac12}_{i+\frac32,j+\frac32}\right)+(A_2)^{k+\frac12}_{i+\frac32,j+\frac32}\\
&\cdot\Big(\delta_y\,q^{k+\frac12}_{i+\frac32,j+1}-(pA_2)^{k+\frac12}_{i+\frac32,j+\frac32}\Big)+(f'p)^{k+\frac32}_{i+\frac32,j+\frac32}+(A_1)^{k+\frac12}_{i+\frac12,j+\frac12}\\
&\cdot\Big(\delta_x\,q^{k+\frac12}_{i,j+\frac12}-(pA_1)^{k+\frac12}_{i+\frac12,j+\frac12}\Big)+(A_2)^{k+\frac12}_{i+\frac12,j}\Big(\delta_y\,q^{k+\frac12}_{i+\frac12,j+\frac12}-(pA_2)^{k+\frac12}_{i+\frac12,j+\frac12}\Big)\\
&+(f'p)^{k+\frac12}_{i+\frac12,j+\frac12}+(A_1)^{k+\frac12}_{i+\frac32,j+\frac12}\Big(\delta_x\,q^{k+\frac12}_{i+1,j+\frac32}-(pA_1)^{k+\frac12}_{i+\frac32,j+\frac12}\Big)+(A_2)^{k+\frac12}_{i+\frac32,j}\\
&\cdot\Big(\delta_y\,q^{k+\frac12}_{i+\frac12,j+\frac12}-(pA_2)^{k+\frac32}_{i+\frac12,j+\frac12}\Big)+(f'p)^{k+\frac32}_{i+\frac12,j+\frac12},
\end{aligned}
$$

$$
\begin{aligned}
&-\delta_t\left(p^k_{i+\frac{1}{2},j+\frac{1}{2}}+p^k_{i+\frac{1}{2},j+\frac{3}{2}}+p^k_{i+\frac{3}{2},j+\frac{1}{2}}+p^k_{i+\frac{3}{2},j+\frac{3}{2}}\right)-2\delta_x^2\left(q^{k+\frac{1}{2}}_{i,j+\frac{1}{2}}+q^{k+\frac{1}{2}}_{i,j+\frac{3}{2}}\right)\\
&-2\delta_y^2\left(q^{k+\frac{1}{2}}_{i+\frac{1}{2},j}+q^{k+\frac{1}{2}}_{i+\frac{1}{2},j}\right)\\
&-\left((pA_1)^{k+\frac{1}{2}}_{i+\frac{1}{2},j+\frac{3}{2}}-(pA_1)^{k+\frac{1}{2}}_{i,j+\frac{3}{2}}+(pA_1)^{k+\frac{1}{2}}_{i+2,j+\frac{1}{2}}-(pA_1)^{k+\frac{1}{2}}_{i,j+\frac{1}{2}}\right)\\
&\cdot\left((pA_2)^{k+\frac{1}{2}}_{i+\frac{1}{2},j+2}-(pA_2)^{k+\frac{1}{2}}_{i+\frac{1}{2},j}+(pA_2)^{k+\frac{1}{2}}_{i+\frac{3}{2},j+2}-(pA_2)^{k+\frac{1}{2}}_{i+\frac{3}{2},j}\right)\\
=\;&-(A_1)^{k+\frac{1}{2}}_{i+\frac{1}{2},j+\frac{3}{2}}\left(\delta_x p^{k+\frac{1}{2}}_{i,j+\frac{3}{2}}+(qA_1)^{k+\frac{1}{2}}_{i+\frac{1}{2},j+\frac{3}{2}}\right)\\
&+(A_2)^{k+\frac{1}{2}}_{i+\frac{1}{2},j+\frac{3}{2}}\left(\delta_y p^{k+\frac{1}{2}}_{i+\frac{1}{2},j+1}+(qA_2)^{k+\frac{1}{2}}_{i+\frac{1}{2},j+\frac{3}{2}}\right)\\
&+(f'q)^{k+\frac{1}{2}}_{i+\frac{1}{2},j+\frac{3}{2}}-(A_1)^{k+\frac{1}{2}}_{i+\frac{3}{2},j+\frac{3}{2}}\left(\delta_x p^{k+\frac{1}{2}}_{i+1,j+\frac{3}{2}}+(qA_1)^{k+\frac{1}{2}}_{i+\frac{3}{2},j+\frac{3}{2}}\right)+(A_2)^{k+\frac{1}{2}}_{i+\frac{3}{2},j+\frac{3}{2}}\\
&\cdot\left(\delta_y p^{k+\frac{1}{2}}_{i+\frac{3}{2},j+1}+(qA_2)^{k+\frac{1}{2}}_{i+\frac{3}{2},j+\frac{3}{2}}\right)+(f'q)^{k+\frac{3}{2}}_{i+\frac{3}{2},j+\frac{3}{2}}-(A_1)^{k+\frac{1}{2}}_{i+\frac{1}{2},j+\frac{1}{2}}\\
&\cdot\left(\delta_x p^{k+\frac{1}{2}}_{i,j+\frac{1}{2}}+(qA_1)^{k+\frac{1}{2}}_{i+\frac{1}{2},j+\frac{1}{2}}\right)+(A_2)^{k+\frac{1}{2}}_{i+\frac{1}{2},j}\left(\delta_y p^{k+\frac{1}{2}}_{i+\frac{1}{2},j+\frac{1}{2}}+(qA_2)^{k+\frac{1}{2}}_{i+\frac{1}{2},j+\frac{1}{2}}\right)\\
&+(f'q)^{k+\frac{3}{2}}_{i+\frac{1}{2},j+\frac{1}{2}}-(A_1)^{k+\frac{1}{2}}_{i+\frac{3}{2},j+\frac{1}{2}}\left(\delta_x p^{k+\frac{1}{2}}_{i+1,j+\frac{3}{2}}+(qA_1)^{k+\frac{1}{2}}_{i+\frac{3}{2},j+\frac{1}{2}}\right)+(A_2)^{k+\frac{1}{2}}_{i+\frac{3}{2},j}\\
&\cdot\left(\delta_y p^{k+\frac{1}{2}}_{i+\frac{1}{2},j+\frac{1}{2}}+(qA_2)^{k+\frac{1}{2}}_{i+\frac{3}{2},j+\frac{1}{2}}\right)+(f'q)^{k+\frac{3}{2}}_{i+\frac{1}{2},j+\frac{1}{2}}.
\end{aligned}
$$

4. 模方守恒律

定理 5.9.2 Preissmann多辛格式满足模方守恒律[TMZM08]

$$\|u^{k+1}\|^2=\|u^k\|^2. \tag{5.9.72}$$

Gross-Pitaevskii 方程(5.9.64)可以写为

$$\mathrm{i}u_t-(\bigtriangledown-\mathrm{i}A)^2u+f(|u|^2)u=0, \tag{5.9.73}$$

展开可有

$$\mathrm{i}u_t-u_{xx}-u_{yy}+2\mathrm{i}(A_1u)_x+2\mathrm{i}(A_2u)_y+((A_1)^2+(A_2)^2)u-f(|u|^2)u=0.$$

为方便计，简记为

$$\mathrm{i}u_t-u_{xx}-u_{yy}+g(x,y,t)+f_1(u)u=0. \tag{5.9.74}$$

其中，

$$
\begin{aligned}
g(x,y,t)&=2\mathrm{i}A_1u_x+2\mathrm{i}A-2u_y,\\
f_1(u)&=((A_1)^2+(A_2)^2)u-f(|u|^2)u.
\end{aligned}
$$

方程(5.9.74)的多辛格式为

$$\begin{aligned}&\mathrm{i}\delta_t[u^k_{l-\frac12,j-\frac12}+u^k_{l-\frac12,j+\frac12}+u^k_{l+\frac12,j-\frac12}+u^k_{l+\frac12,j+\frac12}]-[(u^{k+\frac12}_{l-\frac12,j-\frac12})_{x\bar x}+(u^{k+\frac12}_{l-\frac12,j+\frac12})_{x\bar x}\\&+(u^{k+\frac12}_{l+\frac12,j-\frac12})_{x\bar x}+(u^{k+\frac12}_{l+\frac12,j+\frac12})_{x\bar x}]-[(u^{k+\frac12}_{l-\frac12,j-\frac12})_{y\bar y}+(u^{k+\frac12}_{l-\frac12,j+\frac12})_{y\bar y}+(u^{k+\frac12}_{l+\frac12,j-\frac12})_{y\bar y}\\&+(u^{k+\frac12}_{l+\frac12,j+\frac12})_{y\bar y}]+[g^{k+\frac12}_{l-\frac12,j-\frac12}+g^{k+\frac12}_{l-\frac12,j+\frac12}+g^{k+\frac12}_{l+\frac12,j-\frac12}+g^{k+\frac12}_{l+\frac12,j+\frac12}]+[(f_1u)^{k+\frac12}_{l-\frac12,j-\frac12}\\&+(f_1u)^{k+\frac12}_{l-\frac12,j+\frac12}+(f_1u)^{k+\frac12}_{l+\frac12,j-\frac12}+(f_1u)^{k+\frac12}_{l+\frac12,j+\frac12}]=0.\end{aligned}\tag{5.9.75}$$

由$(\bar4)\times(u^{k+1}_{lj}+u^k_{lj})-(4)\times\overline{(u^{k+1}_{lj}+u^k_{lj})}$得

$$P_1+P_2+P_3+P_4=0.$$

以下分4部分分别进行讨论.

首先我们对第一部分进行讨论:

$$\begin{aligned}&\frac{\mathrm{i}}{\Delta t}(u^{k+1}_{l-\frac12,j-\frac12}-u^k_{l-\frac12,j-\frac12})[(\overline{u^{k+1}_{l+1,j+1}}+\overline{u^k_{l+1,j+1}})+(\overline{u^{k+1}_{l+1,j}}+\overline{u^k_{l+1,j}})+(\overline{u^{k+1}_{l,j+1}}+\overline{u^k_{l,j+1}})\\&+(\overline{u^{k+1}_{l,j}}+\overline{u^k_{l,j}})]+\frac{\mathrm{i}}{\Delta t}(\overline{u^{k+1}_{l-\frac12,j-\frac12}}-\overline{u^k_{l-\frac12,j-\frac12}})[(u^{k+1}_{l+1,j+1}+u^k_{l+1,j+1})+(u^{k+1}_{l+1,j}+u^k_{l+1,j})\\&+(u^{k+1}_{l,j+1}+u^k_{l,j+1})+(u^{k+1}_{l,j}+u^k_{l,j})]+P_2+P_3+P_4=0.\end{aligned}$$

由于有零边值条件，可推知有

$$\begin{aligned}&\frac{\mathrm{i}}{\Delta t}(u^{k+1}_{l-\frac12,j-\frac12})-u^k_{l-\frac12,j-\frac12})[(\overline{u^{k+1}_{l+1,j+1}}+\overline{u^k_{l+1,j+1}})+(\overline{u^{k+1}_{l+1,j}}+\overline{u^k_{l+1,j}})+(\overline{u^{k+1}_{l,j+1}}+\overline{u^k_{l,j+1}})\\&+(\overline{u^{k+1}_{l,j}}+\overline{u^k_{l,j}})]+\frac{\mathrm{i}}{\Delta t}(\overline{u^{k+1}_{l-\frac12,j-\frac12}}-\overline{u^k_{l-\frac12,j-\frac12}})[(u^{k+1}_{l+1,j+1}+u^k_{l+1,j+1})+(u^{k+1}_{l+1,j}+u^k_{l+1,j})\\&+(u^{k+1}_{l,j+1}+u^k_{l,j+1})+(u^{k+1}_{l,j}+u^k_{l,j})]+P_2+P_3+P_4=0,\end{aligned}$$

从而有

$$\begin{aligned}&\frac{\mathrm{i}}{\Delta t}[(u^{k+1}_{l+\frac12,j+\frac12}-u^k_{l+\frac12,j+\frac12})(\overline{u^{k+1}_{l+\frac12,j+\frac12}}+\overline{u^k_{l+\frac12,j+\frac12}})+(\overline{u^{k+1}_{l+\frac12,j+\frac12}}-\overline{u^k_{l+\frac12,j+\frac12}})\\&\cdot(u^{k+1}_{l+\frac12,j+\frac12}+u^k_{l+\frac12,j+\frac12})]+P_2+P_3+P_4=0,\end{aligned}$$

最终得到下面的定理.

定理 5.9.3 Preissmann多辛格式满足守恒律[TMZM08]

$$\frac{\mathrm{i}}{\Delta t}[\|u^{k+1}\|^2-\|u^k\|^2]+P_2+P_3+P_4=0.$$

若$Im(P_2+P_3+P_4)=0$, 则有$\|u^{k+1}\|^2=\|u^k\|^2$, 即定理5.9.2得证.

证明:以下证$Im(P_2+P_3+P_4)=0$.

先证第二部分. 第二部分为

$$\begin{aligned}
&[(u^{k+\frac12}_{l-\frac12,j-\frac12})_{x\bar x}+(u^{k+\frac12}_{l-\frac12,j+\frac12})_{x\bar x}+(u^{k+\frac12}_{l+\frac12,j-\frac12})_{x\bar x}+(u^{k+\frac12}_{l+\frac12,j+\frac12})_{x\bar x}+(u^{k+\frac12}_{l-\frac12,j-\frac12})_{y\bar y}\\
&+(u^{k+\frac12}_{l-\frac12,j+\frac12})_{y\bar y}+(u^{k+\frac12}_{l+\frac12,j-\frac12})_{y\bar y}+(u^{k+\frac12}_{l+\frac12,j+\frac12})_{y\bar y}][\overline{u^{k+1}_{lj}}+\overline{u^{k+1}_{lj}}]+[\overline{(u^{k+\frac12}_{l-\frac12,j-\frac12})_{x\bar x}}\\
&+\overline{(u^{k+\frac12}_{l-\frac12,j+\frac12})_{x\bar x}}+\overline{(u^{k+\frac12}_{l+\frac12,j-\frac12})_{x\bar x}}+\overline{(u^{k+\frac12}_{l+\frac12,j+\frac12})_{x\bar x}}+\overline{(u^{k+\frac12}_{l-\frac12,j-\frac12})_{y\bar y}}\\
&+\overline{(u^{k+\frac12}_{l-\frac12,j+\frac12})_{y\bar y}}+\overline{(u^{k+\frac12}_{l+\frac12,j-\frac12})_{y\bar y}}+\overline{(u^{k+\frac12}_{l+\frac12,j+\frac12})_{y\bar y}}][u^{k+1}_{lj}+u^{k+1}_{lj}]\\
=\;&2\overline{(u^{k+\frac12}_{l+\frac12,j+\frac12})_{x\bar x}}[u^{k+\frac12}_{l+1,j+1}+u^{k+\frac12}_{l+1,j}+u^{k+\frac12}_{l,j+1}+u^{k+\frac12}_{l,j}]+2(u^{k+\frac12}_{l+\frac12,j+\frac12})_{x\bar x}[\overline{u^{k+\frac12}_{l+1,j+1}}\\
&+\overline{u^{k+\frac12}_{l+1,j}}+\overline{u^{k+\frac12}_{l,j+1}}+\overline{u^{k+\frac12}_{l,j}}]+2\overline{(u^{k+\frac12}_{l+\frac12,j+\frac12})_{y\bar y}}[u^{k+\frac12}_{l+1,j+1}+u^{k+\frac12}_{l+1,j}+u^{k+\frac12}_{l,j+1}\\
&+u^{k+\frac12}_{l,j}]+2(u^{k+\frac12}_{l+\frac12,j+\frac12})_{y\bar y}[\overline{u^{k+\frac12}_{l+1,j+1}}+\overline{u^{k+\frac12}_{l+1,j}}+\overline{u^{k+\frac12}_{l,j+1}}+\overline{u^{k+\frac12}_{l,j}}]\\
=\;&16[((u^{k+\frac12}_{l+\frac12,j+\frac12})_{x\bar x},u^{k+\frac12}_{l+\frac12,j+\frac12})+((u^{k+\frac12}_{l+\frac12,j+\frac12})_{y\bar y},u^{k+\frac12}_{l+\frac12,j+\frac12})]\\
=\;&16((u^{k+\frac12}_{l+\frac12,j+\frac12})_{x\bar x}+(u^{k+\frac12}_{l+\frac12,j+\frac12})_{y\bar y},u^{k+\frac12}_{l+\frac12,j+\frac12})\\
=\;&-16((u^{k+\frac12}_{l+\frac12,j+\frac12})_{x}+(u^{k+\frac12}_{l+\frac12,j+\frac12})_{y},(u^{k+\frac12}_{l+\frac12,j+\frac12})_{x}+(u^{k+\frac12}_{l+\frac12,j+\frac12})_{y})\\
=\;&-16|(u^{k+\frac12}_{l+\frac12,j+\frac12})_{x}+(u^{k+\frac12}_{l+\frac12,j+\frac12})_{y}|^2\in\mathbf{R},
\end{aligned}$$

所以$Im(P_2)=0$. 现考虑第四部分:

$$\begin{aligned}
&[(f_1(u)u)^{k+\frac12}_{l-\frac12,j-\frac12}+(f_1(u)u)^{k+\frac12}_{l-\frac12,j+\frac12}+(f_1(u)u)^{k+\frac12}_{l+\frac12,j-\frac12}+(f_1(u)u)^{k+\frac12}_{l+\frac12,j+\frac12}]\\
&(\overline{u^{k+1}_{lj}}+\overline{u^{k+1}_{lj}})+[\overline{(f_1(u)u)^{k+\frac12}_{l-\frac12,j-\frac12}}+\overline{(f_1(u)u)^{k+\frac12}_{l-\frac12,j+\frac12}}+\overline{(f_1(u)u)^{k+\frac12}_{l+\frac12,j-\frac12}}\\
&+\overline{(f_1(u)u)^{k+\frac12}_{l+\frac12,j+\frac12}}](u^{k+1}_{lj}+u^{k+1}_{lj})\\
=\;&\overline{(f_1(u)u)^{k+\frac12}_{l+\frac12,j+\frac12}}[u^{k+\frac12}_{l+1,j+1}+u^{k+\frac12}_{l+1,j}+u^{k+\frac12}_{l,j+1}+u^{k+\frac12}_{l,j}]
\end{aligned}$$

$$
\begin{aligned}
&+(f_1(u)u)_{l+\frac{1}{2},j+\frac{1}{2}}^{k+\frac{1}{2}}[\overline{u_{l+1,j+1}^{k+\frac{1}{2}}}+\overline{u_{l+1,j}^{k+\frac{1}{2}}}+\overline{u_{l,j+1}^{k+\frac{1}{2}}}+\overline{u_{l,j}^{k+\frac{1}{2}}}]\\
=&\ 16(f_1(u))_{l+\frac{1}{2},j+\frac{1}{2}}^{k+\frac{1}{2}}[u_{l+\frac{1}{2},j+\frac{1}{2}}^{k+\frac{1}{2}}\overline{u_{l+\frac{1}{2},j+\frac{1}{2}}^{k+\frac{1}{2}}}]\\
=&\ 16|u_{l+\frac{1}{2},j+\frac{1}{2}}^{k+\frac{1}{2}}|^2\in\mathbf{R},
\end{aligned}
$$

所以$Im(P_4)=0$.

最后，我们考虑第三部分. 第三部分为

$$
(g_{l-\frac{1}{2},j-\frac{1}{2}}^{k+\frac{1}{2}}+g_{l-\frac{1}{2},j+\frac{1}{2}}^{k+\frac{1}{2}}+g_{l+\frac{1}{2},j-\frac{1}{2}}^{k+\frac{1}{2}}+g_{l+\frac{1}{2},j+\frac{1}{2}}^{k+\frac{1}{2}},u_{lj}^{k+1}+u_{lj}^{k+1}),
$$

其中

$$
\begin{aligned}
&g_{l-\frac{1}{2},j-\frac{1}{2}}^{k+\frac{1}{2}}+g_{l-\frac{1}{2},j+\frac{1}{2}}^{k+\frac{1}{2}}+g_{l+\frac{1}{2},j-\frac{1}{2}}^{k+\frac{1}{2}}+g_{l+\frac{1}{2},j+\frac{1}{2}}^{k+\frac{1}{2}}\\
=&\ (2\,\mathrm{i}A_1u_{\bar{x}}+2\,\mathrm{i}A_2u_{\bar{y}})_{l-\frac{1}{2},j-\frac{1}{2}}^{k+\frac{1}{2}}+(2\,\mathrm{i}A_1u_{\bar{x}}+2\,\mathrm{i}A_2u_{\bar{y}})_{l-\frac{1}{2},j+\frac{1}{2}}^{k+\frac{1}{2}}\\
&+(2\mathrm{i}A_1u_{\bar{x}}+2\mathrm{i}A_2u_{\bar{y}})_{l+\frac{1}{2},j-\frac{1}{2}}^{k+\frac{1}{2}}+(2\mathrm{i}A_1u_{\bar{x}}+2\mathrm{i}A_2u_{\bar{y}})_{l+\frac{1}{2},j+\frac{1}{2}}^{k+\frac{1}{2}}\\
=&\ 8\mathrm{i}(A_1u_{\bar{x}}+A_2u_{\bar{y}})_{l,j}^{k+\frac{1}{2}}\\
=&\ A_{1_N}u_{N-1,j}^{k+\frac{1}{2}}-A_{1_0}u_{0,j}^{k+\frac{1}{2}}+A_{1_N}u_{l,N-1}^{k+\frac{1}{2}}-A_{1_0}u_{l,0}^{k+\frac{1}{2}}+A_{2_N}u_{N-1,j}^{k+\frac{1}{2}}\\
&-A_{2_0}u_{N-1,j}^{k+\frac{1}{2}}+A_{2_N}u_{l,N-1}^{k+\frac{1}{2}}-A_{2_0}u_{l,0}^{k+\frac{1}{2}},
\end{aligned}
$$

所以$Im(P_3)=0$. ▲

综上所述, 可知多辛模守恒律成立.

5. **数值实验**

在这一部分, 我们给出了用格式 (5.9.70)和(5.9.71)模拟Gross-Pitaevskii方程的数值结果[TM03],[TMZM08].

首先，在区域D上, 我们考虑方程

$$
-(\bigtriangledown-\mathrm{i}A)^2u+\frac{1}{\epsilon^2}|u|^2u-\frac{a_\epsilon(r)}{\epsilon^2}u=\mu_\epsilon(u)u,
$$

其中$\mu_\epsilon(u)$ 是由

$$
\int_D|u|^2=1
$$

所确定的常数乘子. GP 能量的极小化满足此方程, 它恰好就是方程(5.9.64)的稳态.

然后, 我们考虑虚时间上的依赖于时间的方程

$$
\frac{\partial u}{\partial t}-(\bigtriangledown-\mathrm{i}A)^2u+\frac{1}{\epsilon^2}|u|^2u-\frac{a_\epsilon(r)}{\epsilon^2}u=\mu_\epsilon(u)u, \tag{5.9.76}
$$

定义域为D，初值为在D上$u(r,0)=u_0(r)$，边值条件为在∂D 上$u=0$，$\mu_\epsilon(u)$ 表示Lagrange 乘子. 如果u_0 满足条件$\|u_0\|^2=1$, 则我们可由

$$\mu_{\epsilon(u)}=\int_D\{|(\Delta-iA)u|^2+\frac{1}{\epsilon^2}|u|^4-\frac{a_{\epsilon(r)}}{\epsilon^2}|u|^2\}\mathrm{d}D$$

确定$\mu_{\epsilon(u)}$.

方程(5.9.76) 是热流方程, 它的解很快衰减到稳态解. (5.9.76)的稳态解同样是(5.9.64)的解, 所以我们可以用(5.9.76)的稳态解作为数值计算GP方程的涡旋解及其发展演化时的初值.

方程(5.9.76) 可以改写为

$$u_t-u_{xx}+u_{yy}-2\mathrm{i}A_1u_x-2\mathrm{i}A_2u_y-(A_1^2+A_2^2)u+f_1(u)u, \tag{5.9.77}$$

其中

$$f_1(u)=f(u)+\mu_\epsilon(u).$$

我们给出(5.9.77)的格式

$$\begin{aligned}\frac{u_{lj}^{k+1}-u_{lj}^k}{\Delta t}\ =\ &\alpha\Delta_x(2)u_{lj}^{k+1}+(1-\alpha)\Delta_x(2)u_{lj}^k+\alpha\Delta_y(2)u_{lj}^{k+1}+(1-\alpha)\Delta_y(2)u_{lj}^k\\&-\alpha2\,\mathrm{i}A_{1_{lj}}\bigtriangledown_x(2)u_{lj}^{k+1}-(1-\alpha)2\,\mathrm{i}A_{1_{lj}}\bigtriangledown_x(2)u_{lj}^k-\alpha2\,\mathrm{i}A_{2_{lj}}\bigtriangledown_y(2)u_{lj}^{k+1}\\&-(1-\alpha)2\,\mathrm{i}A_{2_{lj}}\bigtriangledown_y(2)u_{lj}^k+\alpha(-A_1^2-A_2^2+f_1)_{lj}^ku_{lj}^{k+1}+(1-\alpha)\\&\cdot(-A_1^2-A_2^2+f_1)_{lj}^ku_{lj}^k.\end{aligned} \tag{5.9.78}$$

由此我们可得

$$cIU^{k+1}-cIU^k=G(\alpha U^{k+1}+(1-\alpha)U^k). \tag{5.9.79}$$

这里$0\le\alpha\le1, G=M_1-2\mathrm{i}M_2+M_d,\ \ M_1,\ M_2,\ M_d$ 如第三节所示. 当$\alpha=\frac{1}{2}$ 时, 它是Crank-Nicolson 格式; 当$\alpha=1$ 时, 它是向后Euler 格式. 在实验中, 我们取ϵ=0.02, λ=1, $\alpha=1$, 在计算中用牛顿迭代法.

我们用(5.9.79)的稳态解作为数值计算GP方程的涡旋解及其发展演化时的初值. 图5.9.20–图5.9.23展示的是GP方程的涡旋解及其发展演化的一些数值实验的情形.

图5.9.20和图5.9.21是虚时间上的依赖于时间的方程的稳态解的例子,其余的图则是用虚时间上的依赖于时间的方程的稳态解作为初值来计算实时间方程的不同的稳态接的发展演化. 图5.9.20所示是模(U)的负值的图, 图5.9.21是模(U)的等值线图实时间的方程, 所用的格式是(5.9.70), Ω 分别是$\Omega=6,\Omega=0,\Omega=4,\Omega=19.8$.

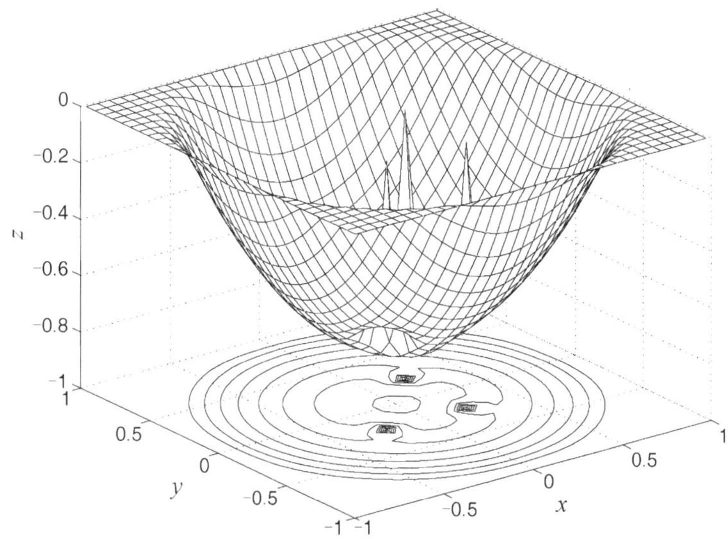

图 5.9.20　$\Omega = 10$时的有3个涡旋的稳态解的情形

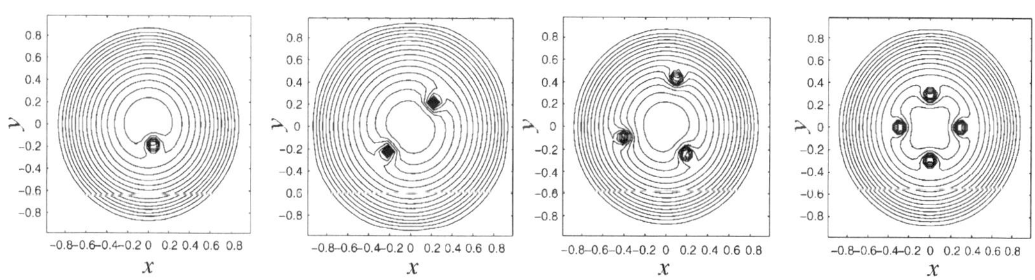

图 5.9.21　1 个, 2个,3个,4个涡旋的稳态解的情形 ($\Omega = 19.8, k = 40$)

下面给出用多辛积分子(5.9.75) 模拟GP 方程(5.9.64) 的一些数值结果.

我们用(5.9.77)的稳态解作为数值计算GP方程的涡旋解及其发展演化时的初值. 图 5.9.22–图 5.9.23 则是关于模 (U) 的等值线图实时间的方程, 所用的格式是(5.9.75). 图5.9.22中第一行表示1个点涡在$\Omega = 8$的实时演化情况, 第二行表示1个点涡在$\Omega = 4$的实时演化情况, 第三行表示1个点涡在$\Omega = 15$的实时演化情况. 图5.9.23中第一行表示4个点涡当$\Omega = 19.5$的实时演化情况, 第二行表示4个点涡在$\Omega = 15$的实时演化情况, 第三行表示4个点涡在$\Omega = 10$的实时演化情况.

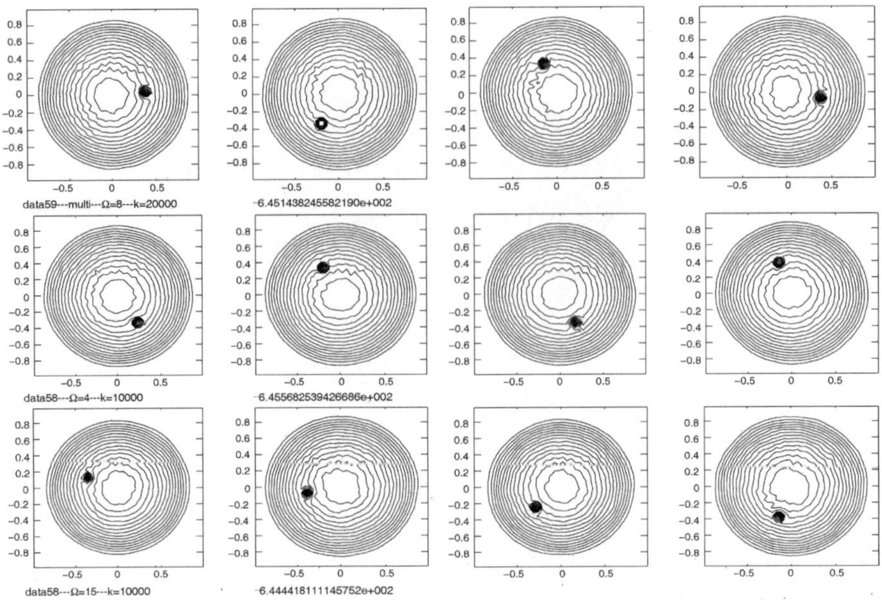

图 5.9.22　格式(5.9.75)的模(U)的等值线图(1个点涡)

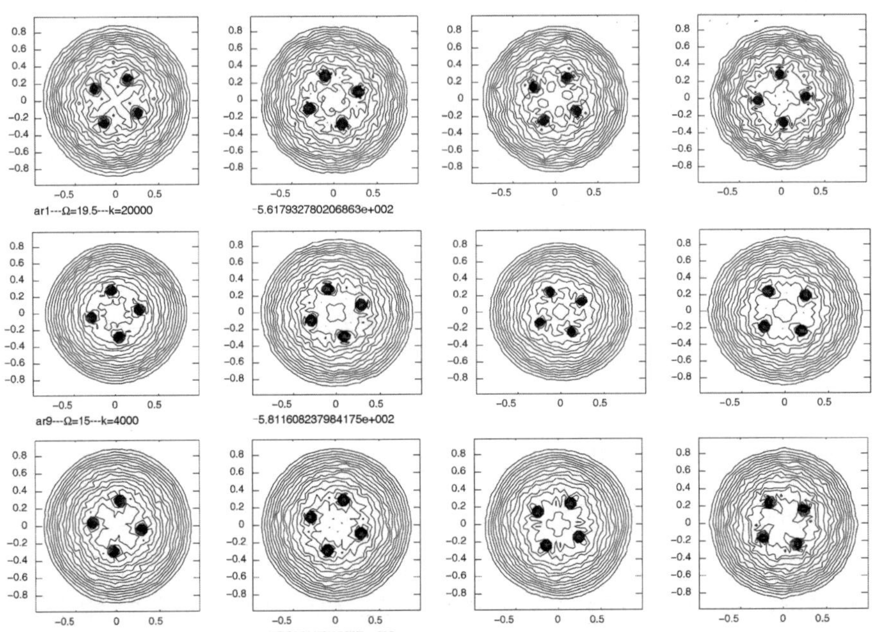

图 5.9.23　格式(5.9.75)的模(U)的等值线图(4个点涡)

§5.9.5 线性阻尼的振动方程的Birkhoff形式

与一般Hamilton辛结构不同，Birkhoff辛结构除了依赖于函数变量, 还依赖于自变量, 这使得它还包含作用域系统的外力信息, 或者说它反映了耗散项. 所以,我们可以说不是以Hamilton和Birkhoff对系统分类, 而是根据系统的几何结构对方程进行分类. 如果在构形空间上考虑, 即把自变量和因变量等价地看待, 我们可以很自然地将多辛Hamilton结构推广到一个更一般的结构. 首先, 它的多辛结构不仅显式依赖于函数空间, 还显式依赖于时间和空间变量; 其次, 它的势函数也增加了两部分, 一部分是关于时间变量的势函数, 一部分是关于空间变量的势函数, 增加的部分就是外力项. 令$M(z,x,t)$和$K(z,x,t)$也是$\mathbf{R}^n(n\geq 3)\times\mathbf{R}^2$上的反对称矩阵, B是从$\mathbf{R}^n\times\mathbf{R}^2$到$\mathbf{R}$上的光滑函数, 那么最一般的多辛Hamilton结构的推广可以表示为[SQ01],[SQWS10]

$$M(z,x,t)z_t+K(z,x,t)z_x=\bigtriangledown_z B(z,x,t)+\frac{\partial F}{\partial t}+\frac{\partial G}{\partial x}. \tag{5.9.80}$$

现在我们考虑空气中带摩擦的弦振动方程

$$u_{tt}-u_{xx}+u+2u_t=0, \tag{5.9.81}$$

耗散项$2u_t$代表了不对称的外力. 引进两个势函数p和q, 使得$u_t=p$, $u_x=q$, 上面的方程就等价于下面的方程组:

$$u_t=p,\qquad u_x=q,\qquad p_t-q_x+u+2p=0. \tag{5.9.82}$$

在方程组(5.9.82)的两边同时乘以e^{2t}, 我们就可以得到原来方程的Birkhoff表示:

$$e^{2t}u_t=e^{2t}p,\quad e^{2t}u_x=e^{2t}q,\quad e^{2t}p_t-e^{2t}q_x+e^{2t}u+2e^{2t}p=0. \tag{5.9.83}$$

方程组(5.9.83)显然满足对称条件. 它有一个依赖于时间变量t的Birkhoff多辛结构:

$$\begin{bmatrix}0&-e^{2t}&0\\-e^{2t}&0&0\\0&0&0\end{bmatrix}\begin{bmatrix}u_t\\p_t\\q_t\end{bmatrix}+\begin{bmatrix}0&0&-e^{2t}\\0&0&0\\-e^{2t}&0&0\end{bmatrix}\begin{bmatrix}u_x\\p_x\\q_x\end{bmatrix}=\begin{bmatrix}-e^{2t}u-2e^{2t}p\\-e^{2t}p\\e^{2t}q\end{bmatrix}. \tag{5.9.84}$$

相应的Birkhoff函数是:

$$\begin{aligned}F&=\left[-\frac{1}{2}e^{2t}p,\frac{1}{2}e^{2t}u,0\right]^{\mathrm{T}},\\G&=\left[\frac{1}{2}e^{2t}q,0,-\frac{1}{2}e^{2t}u\right]^{\mathrm{T}},\\B&=-\frac{1}{2}e^{2t}[u^2+p^2-q^2+2up].\end{aligned} \tag{5.9.85}$$

从系统的Birkhoff多辛结构(5.9.84)直接推导, 得到它的Birkhoff多辛守恒律

$$\frac{\mathrm{d}}{\mathrm{d}t}(\mathrm{e}^{2t}\mathrm{d}p\wedge\mathrm{d}u)+\frac{\mathrm{d}}{\mathrm{d}x}(\mathrm{e}^{2t}\mathrm{d}q\wedge\mathrm{d}u)=0. \tag{5.9.86}$$

如果消去它的耗散因子e^{2t}(也是系统辛结构的关键元素), 上面的守恒律就不再守恒了, 变成如下形式:

$$\frac{\mathrm{d}}{\mathrm{d}t}(\mathrm{d}p\wedge\mathrm{d}u)+\frac{\mathrm{d}}{\mathrm{d}x}(\mathrm{d}q\wedge\mathrm{d}u)=-2\mathrm{d}p\wedge\mathrm{d}u. \tag{5.9.87}$$

如果对原来的振动方程引进变量P和Q, 使得$P=\mathrm{e}^{2t}u_t$, $Q=\mathrm{e}^{2t}u_x$, 那么原方程等价于Hamilton多辛表示:

$$\begin{bmatrix}0&-1&0\\-1&0&0\\0&0&0\end{bmatrix}\partial_t\begin{bmatrix}u\\P\\Q\end{bmatrix}+\begin{bmatrix}0&0&-1\\0&0&0\\1&0&0\end{bmatrix}\partial_x\begin{bmatrix}u\\P\\Q\end{bmatrix}=\begin{bmatrix}-\mathrm{e}^{2t}u\\-\mathrm{e}^{-2t}P\\\mathrm{e}^{-2t}Q\end{bmatrix}, \tag{5.9.88}$$

$$H=-\frac{1}{2}\mathrm{e}^{2t}u^2+\frac{1}{2}\mathrm{e}^{-2t}[Q^2-P^2].$$

上面的形式有多辛守恒律

$$\frac{\mathrm{d}}{\mathrm{d}t}[\mathrm{d}P\wedge\mathrm{d}u]+\frac{\mathrm{d}}{\mathrm{d}x}[\mathrm{d}u\wedge\mathrm{d}Q]=0. \tag{5.9.89}$$

我们还可以对原来的振动方程引进不同表示的变量, 得到更多不同的多辛结构. 比如, 又一个Birkhoff多辛结构

$$\begin{bmatrix}0&-\mathrm{e}^{2t}&0\\-\mathrm{e}^{2t}&0&0\\0&0&0\end{bmatrix}\partial_t\begin{bmatrix}u\\P\\Q\end{bmatrix}+\begin{bmatrix}0&0&-1\\0&0&0\\1&0&0\end{bmatrix}\partial_x\begin{bmatrix}u\\P\\Q\end{bmatrix}=\begin{bmatrix}-u\\-\mathrm{e}^{-4t}P\\Q\end{bmatrix}. \tag{5.9.90}$$

将Birkhoff多辛形式(5.9.84)和Hamilton形式(5.9.88)进行比较发现, 后者是很严格简洁的表示, 在数值计算方面已经存在现成的多辛逼近, 要讨论它的保结构算法也相对容易. 然而它不一定有实际的物理意义, 比如它在量子力学中的算符P和H与习惯的能量或者动量的期望值或者说观测值不相符. 而Birkhoff多辛表示对解决这个问题也许会有所帮助. 首先Birkhoff表示(5.9.84)的局部变量$z=(u,p,q)$, u代表系统(5.9.81)的观测值, p是它的线性动量. 其次Birkhoff形式在t方向的辛张量

$$M(z,t,x)=\begin{bmatrix}0&-\mathrm{e}^{2t}&0\\-\mathrm{e}^{2t}&0&0\\0&0&0\end{bmatrix} \tag{5.9.91}$$

代表了不守恒的、不对称的外力$F=-2u_t$. 还有Birkhoff多辛守恒律(5.9.86)带有系统因为外力而产生的耗散因子e^{2t}, 它在变换

$$P=\mathrm{e}^{2t}p,\qquad Q=\mathrm{e}^{2t}q \tag{5.9.92}$$

下, 和Hamilton多辛守恒律(5.9.89)是等价的, 但它本身不能算作纯粹的守恒律, 所以说它所在的Birkhoff框架也更能代表耗散系统.

我们对Birkhoff方程(5.9.81)进行如下离散, 得到:

$$\begin{aligned}
&\frac{\mathrm{e}^{\delta t}p_{i+1/2,j+1}-\mathrm{e}^{-\delta t}p_{i+1/2,j}}{\delta t}+\frac{q_{i+1,j+1/2}-q_{i,j+1/2}}{\delta x}=-u_{i+1/2,j+1/2},\\
&\frac{u_{i+1/2,j+1}-u_{i+1/2,j}}{\delta t}=p_{i+1/2,j+1/2},\\
&\frac{u_{i+1,j+1/2}-u_{i,j+1/2}}{\delta x}=q_{i+1/2,j+1/2}.
\end{aligned} \tag{5.9.93}$$

因为系统的Birkhoff多辛结构只依赖于时间t, 而不依赖于空间变量, 所以∂_x的离散形式一律采用中点离散, 而∂_t的离散就稍有不同, 在离散点$(x_{i+1/2},t_{j+1/2})$分别是:

$$\begin{aligned}
&\mathrm{e}^{2t}u_t(i+1/2,j+1/2)=\frac{\mathrm{e}^{2t_{j+1/2}}u_{i+1/2,j+1}-\mathrm{e}^{2t_{j+1/2}}u_{i+1/2,j}}{\delta t},\\
&\mathrm{e}^{2t}q_t(i+1/2,j+1/2)=\frac{\mathrm{e}^{2t_{j+1/2}}q_{i+1/2,j+1}-\mathrm{e}^{2t_{j+1/2}}q_{i+1/2,j}}{\delta t},\\
&\mathrm{e}^{2t}p_t(i+1/2,j+1/2)=\frac{\mathrm{e}^{2t_{j+1}}p_{i+1/2,j+1}-\mathrm{e}^{2t_{j}}p_{i+1/2,j}}{\delta t}.
\end{aligned} \tag{5.9.94}$$

另外, 它们的中点分解成:

$$\begin{aligned}
&p_{i+1/2,j+1/2}=\tfrac{1}{4}\mathrm{e}^{\delta t}(p_{i+1,j+1}+p_{i,j+1})+\tfrac{1}{4}\mathrm{e}^{-\delta t}(p_{i+1,j}+p_{i,j}),\\
&u_{i+1/2,j+1/2}=\tfrac{1}{4}(u_{i+1,j+1}+u_{i,j+1}+u_{i+1,j}+u_{i,j}),\\
&q_{i+1/2,j+1/2}=\tfrac{1}{4}(u_{i+1,j+1}+u_{i,j+1}+u_{i+1,j}+u_{i,j}).
\end{aligned} \tag{5.9.95}$$

同样的格式离散Birkhoff多辛守恒律(5.9.84), 得到一个离散空间上的多辛守恒律

$$\begin{aligned}
&\frac{\mathrm{e}^{\delta t}\mathrm{d}p_{i+1/2,j+1}\wedge\mathrm{d}u_{i+1/2,j+1}-\mathrm{e}^{-\delta t}\mathrm{d}p_{i+1/2,j}\wedge\mathrm{d}u_{i+1/2,j}}{\delta t}\\
&-\frac{\mathrm{d}q_{i+1,j+1/2}\wedge\mathrm{d}u_{i+1,j+1/2}-\mathrm{d}q_{i,j+1/2}\wedge\mathrm{d}u_{i,j+1/2}}{\delta x}=0.
\end{aligned} \tag{5.9.96}$$

对离散方程(5.9.93)也作外微分, 再外乘离散空间上的1-形式, 可以得到它的一个多辛守恒律, 这个守恒律和多辛守恒律(5.9.84)的离散形式(5.9.96)一模一样. 所以,

由离散等式(5.9.94)和(5.9.95)确定的格式是Birkhoff多辛系统(5.9.81) 的一个多辛积分子.

下面进行数值实验.

考虑方程(5.9.81)在区间$-\pi \le x \le \pi$且$t \ge 0$, 满足初值$u(x,0) = \sin(x)$及周期的边界条件下, 此方程有解析解$u(x,t) = \exp(-t)\sin(x+t)$且它有衰减的能量

$$\int_{-\pi}^{\pi} (u_t + u)^2 + u_x^2 \mathrm{d}x = \pi \exp(2t).$$

分别用多辛格式(5.9.95)和下列中心格式:

$$\frac{u_{i\,j+1} - 2u_{ij} + u_{i\,j-1}}{\Delta t^2} - \frac{u_{i+1\,j} - 2u_{ij} + u_{i-1\,j}}{\Delta x^2} + u_{ij} + 2\frac{u_{i\,j+1} - u_{u\,j-1}}{2\Delta t} = 0. \quad (5.9.97)$$

图5.9.24表示多辛格式(5.9.95)在$0 \le t \le 18$, 用时间步长$\Delta t \le 0.0311$, 空间步长$\Delta x = 0.0222$的计算结果.

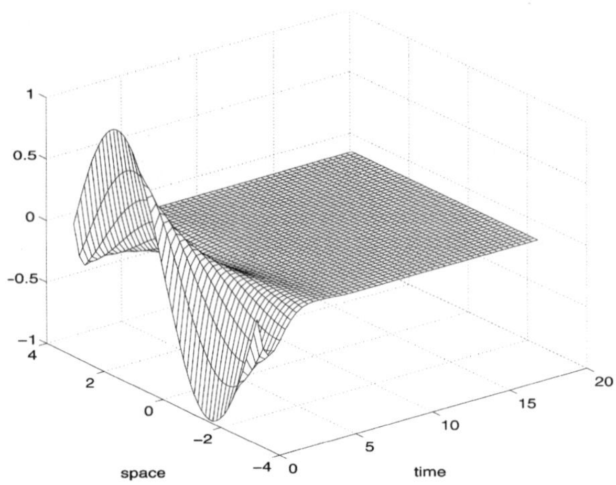

图 5.9.24 多辛格式(5.9.95)的计算结果

定义在时间$t = j\Delta t$的误差为

$$\text{error} = \max_i |u_{ij} - u(i\delta x, j\Delta t)|.$$

图5.9.25表示多辛格式(5.9.95)和中心格式(5.9.97)从t_0到$t = 0.00311 \times 1000$的误差.

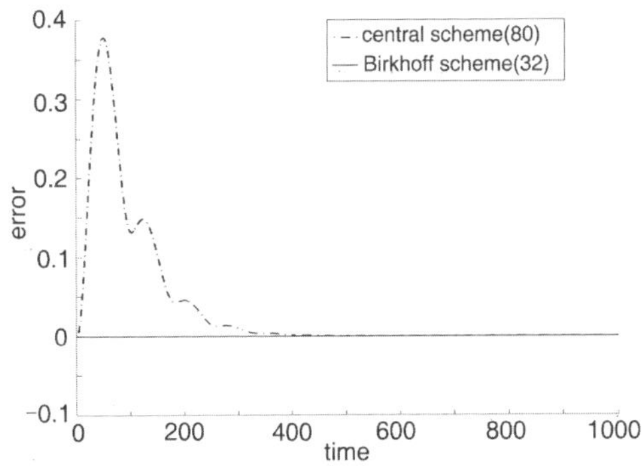

图 5.9.25 多辛格式(5.9.95)和中心格式(5.9.97)的数值误差

从图5.9.25可以看出，多辛格式显示出正确的结果.

§5.10 化PDE方程为Bridges形式

从前看到多辛形式有两种, 一种是从变分原理出发的MPS方法, 也称拉格朗日方法; 另一种是Bridges方法, 它是把有限维Hamilton系统推广到无穷维, 通过引进新的函数, 使得给定的偏微分方程在时间和空间的各个方向上都有各自不同的有限维辛结构. MPS方法的优点是可以直接得到关于原方程的格式, 并且可以利用三角单元处理复杂的底空间; 缺点是在构造高精度格式方面存在困难.

而Bridges和Reich提出的多辛算法是有限维Hamilton系统辛算法的直接推广, 有限维Hamilton系统辛算法的许多结果, 可以直接应用到多辛算法的构造中去. 这种方法的缺点是引进了许多共轭动量, 使存贮量大大增加, 而且在边界处理上产生了新的困难. 一种有效的方法就是消去共轭动量, 得到关于原方程的格式, 然后进行数值计算.

由于在实际计算中Bridges的方法更适用于数值计算, 所以把一个方程化成Bridges 形式很重要. 故这一节将讨论一个方程在什么条件下可以化成Bridges形式, 如何化成Bridges形式, 能不能给出一个构造性方法. 首先要判定给定方程是否是Euler-Lagrange方程. 判定准则可参考相关文献[AH75],[屠规彰等81], 最基本的办法就是判断它是否是原方程的势算子. 若是势算子, 那么通过(5.10.2)式求出它的拉氏密度. 假如不是势算子, 则需判断通过变换后是否可得到势算子. 假如得到了方程的拉氏密度, 通过§5.9.3的方法就可构造性地求得它的协变Hamilton 形式, 也即Bridges意义下的多辛形式.

§5.10.1 变分原理的反问题

在这一部分介绍变分原理的反问题. 所谓变分原理的反问题, 就是对给定的PDE 求出它相应的作用泛函, 这个泛函在某个函数空间的稳定点满足Euler-Lagrange方程, 而可证明这个Euler-Lagrange方程就是原PDE方程的等价形式.

先介绍Frechet和Gateau微分的概念.

设N是定义在Banach空间E的算子, 则N在点u沿方向φ的Gateau微分被定义为

$$\lim_{\varepsilon\to 0}\frac{N(u+\varepsilon\varphi)-N(u)}{\varepsilon}=VN(u,\varphi),$$

$VN(u,\varphi)$ 被称为Gateau 导数. 一般情况下, Gateau 导数不线性依赖φ, 当$VN(u,\varphi)$对φ一致连续时, 可证明算子N是Frechet可微的, 这时Gateau导数可用记号$N'_u\varphi$表示, 并且它的定义式也可被改为

$$N'_u\varphi=\lim_{\varepsilon\to 0}\frac{N(u+\varepsilon\varphi)-N(u)}{\varepsilon}=\Big[\frac{\partial}{\partial\varepsilon}N(u+\varepsilon\varphi)\Big]_{\varepsilon=0}.$$

当$N:\ E\to\mathbf{R}$是泛函时, 假设$E=\mathcal{F}\,(\mathbf{R}^3)$是定义在$\mathbf{R}^3$上的函数空间, 上面的定义式可表示为

$$\delta N=\lim_{\varepsilon\to 0}\frac{N(u+\varepsilon\,\delta u)-N(u)}{\varepsilon}=\int\frac{\delta N}{\delta u}\,\delta u\,\mathrm{d}^3x.$$

因此变分原理的反问题也可使用下面的语言描述: 设N是定义在空间$E=\mathcal{F}\,(\mathbf{R}^3)$的算子, 如果存在$E$上的泛函$F:\ E\to\mathbf{R}$使下式成立:

$$\lim_{\varepsilon\to 0}\frac{N(u+\varepsilon\delta u)-F(u)}{\varepsilon}=\int N(u)\,\delta u\,\mathrm{d}^3x,$$

则称N为位势算子, 按上面记号为$N=\dfrac{\delta F}{\delta u}$, 而反问题就是为PDE寻找$F$, 使得$N=0$就是与原PDE等价的Euler-Lagrange方程.

下面的定理说明在什么条件下N是位势算子.

定理 5.10.1 (Vainberg定理) 假设下列条件被满足:

(1) N是一个从E到E^* (E的共轭空间) 的算子;

(2) 在区域$D:\ \|x-x_0\|<r$的每一点, N有线性的Gateau导数$DN(x,h)$;

(3) 泛函$(DN(x,h_1),h_2)$在D的每点x连续, 则N是位势算子的流分必要条件是

$$\big(DN(x,h_1),h_2\big)=\big(DN(x,h_2),h_1\big),\tag{5.10.1}$$

对每个$h_1,\ h_2\in E,\ x\in D$.

证明:参见文献[Vai64]. ▲

如果通过上面定理知N是位势算子, 则能得到位势F, 即

$$F=\int u\int_0^1 N(\lambda u)\,\mathrm{d}\lambda\,\mathrm{d}^3x. \tag{5.10.2}$$

事实上, 设F由(5.10.2)式定义, 对F求变分, 得到

$$\begin{aligned}F'_u\,\delta u &= \frac{\partial}{\partial\varepsilon}\Big|_{\varepsilon=0}F(u+\varepsilon\,\delta u)\\ &= \lim_{\varepsilon\to 0}\frac{1}{\varepsilon}\Big[\int(u+\varepsilon\,\delta u)\int_0^1 N[\lambda(u+\varepsilon\,\delta u)]\,\mathrm{d}\lambda\,\mathrm{d}^3x\\ &\quad -\int u\int_0^1 N(\lambda u)\,\mathrm{d}\lambda\,\mathrm{d}^3x\Big]\\ &= \Big[\delta u\int_0^1 N(\lambda u)\,\mathrm{d}\lambda+u\int_0^1 N'_{\lambda u}(\lambda\,\delta u)\,\mathrm{d}\lambda\Big]\,\mathrm{d}^3x.\end{aligned}$$

因Frechet微分N'_u是对称的, 即$N'_u=\tilde{N}'_u$, 其中$\tilde{N}'_u$是N'_u的共轭算子, 被定义为

$$\int\phi\,N'_u(\varphi)\,\mathrm{d}^3x=\int\varphi\,\tilde{N}'_u(\phi)\,\mathrm{d}^3x,\quad\forall\,\phi,\,\varphi\in E,$$

则

$$F'_u\,\delta u=\int\Big[\delta u\int_0^1 N(\lambda u)\,\mathrm{d}\lambda+\int_0^1 N'_{\lambda u}(u\,\lambda)\,\mathrm{d}\lambda\Big]\,\mathrm{d}^3x.$$

注意到

$$F'_u(u\,\lambda)=\lambda\frac{\mathrm{d}}{\mathrm{d}\lambda}N(\lambda u)=\frac{\mathrm{d}}{\mathrm{d}\lambda}\left[\lambda\,N(\lambda u)\right]-N(\lambda u),$$

得到

$$F'_u\,\delta u=\int\delta u\Big\{\int_0^1 N(\lambda u)\,\mathrm{d}\lambda-\int_0^1 N(\lambda u)\,\mathrm{d}\lambda+\lambda\big[N(\lambda u)\big]_0^1\Big\}\,\mathrm{d}^3x=0,$$

即

$$F'_u\delta u=\int N(u)\,\delta u\,\mathrm{d}^3x=0.$$

下面对给定的PDE $N(u)=0$, 举例说明怎样应用定理5.10.1, 也即求位势作用泛函的步骤.

例 5.10.1 *考虑*sine-Gordon*方程*:

$$N(u)=u_{tt}-u_{xx}-\sin(u)=0.$$

首先验证$N(u)$的Frechet微分是对称的, 由

$$N'_u\,\delta u=\delta u_{tt}-\delta u_{xx}-\cos(u)\,\delta u,$$

$$\tilde{N}'_u\,\delta u=\delta u_{tt}-\delta u_{xx}-\cos(u)\,\delta u,$$

可知$N_u' = \tilde{N}_u'$, 即N_u'是对称的, 应用定理5.10.1可得位势函数

$$\begin{aligned} F(u) &= \int u \int_0^1 N(\lambda u)\,\mathrm{d}\lambda\,\mathrm{d}x\,\mathrm{d}t \\ &= \int u \int_0^1 (\lambda u_{xx} - \lambda u_{tt} - \sin(\lambda u))\,\mathrm{d}\lambda\,\mathrm{d}x\,\mathrm{d}t \\ &= \int u \Big[\frac{\lambda^2}{2} u_{xx} - \frac{\lambda^2}{2} u_{tt} + \frac{1}{u} \cos{(\lambda u)}\Big]_0^1 \mathrm{d}x\,\mathrm{d}t, \end{aligned}$$

即

$$F(u) = \int \Big(\frac{1}{2} u u_{xx} - \frac{1}{2} u u_{tt} + \cos\, u\Big)\,\mathrm{d}x\,\mathrm{d}t,$$

分部积分可得常见的位势

$$I(u) = \int \Big(\frac{1}{2}(u_x)^2 - \frac{1}{2}(u_t)^2 - \cos\, u\Big)\,\mathrm{d}x\,\mathrm{d}t.$$

例 5.10.2 KdV方程

$$N(u) = u_t + u u_x + u_{xxx} = 0,$$

计算它的Frechet微分:

$$N_u'\,\delta\, u = \delta\, u_t + (u\,\delta\, u)_x + \delta\, u_{xxx},$$

$$\tilde{N}_u'\,\delta\, u = -\delta\, u_t - u\,\delta\, u_x - \delta\, u_{xxx}.$$

发现$N_u' \neq \tilde{N}_u'$, 即它不是对称算子, 因此KdV方程不存在位势函数. 但是如果引进变换$u = \varphi_x$, 则KdV方程有下面的形式:

$$N(\varphi) = \varphi_{xt} + \varphi_x\,\varphi_{xx} + \varphi_{xxxx} = 0, \tag{5.10.3}$$

并且可证

$$N_u'\,\delta\,\varphi = \delta\,\varphi_{xt} + (\varphi_x\,\delta\,\varphi_x)_x + \delta\,\varphi_{xxxx} = \tilde{N}_u'\,\delta\,\varphi,$$

即这个新形式的KdV方程(5.10.3)存在位势函数$F(\varphi)$, 并可被计算如下:

$$\begin{aligned} F(\varphi) &= \int \varphi \int_0^1 N(\lambda\,\varphi)\,\mathrm{d}\lambda\,\mathrm{d}x\,\mathrm{d}t \\ &= \int \varphi \int_0^1 [\lambda\,\varphi_{xt} + \lambda^2 \varphi_x\,\varphi_{xx} + \lambda\,\varphi_{xxxx}]\,\mathrm{d}\lambda\,\mathrm{d}x\,\mathrm{d}t \\ &= \int \varphi \Big[\frac{\lambda^2}{2}\,\varphi_{xx} + \frac{\lambda^3}{3}\,\varphi_x\varphi_{xx} + \frac{\lambda^2}{\varphi_{xxxx}}\Big]_0^1 \mathrm{d}x\,\mathrm{d}t, \end{aligned}$$

即

$$F(\varphi)=\int\Big[\frac{1}{2}\varphi\varphi_{xt}+\frac{1}{3}\,\varphi\,\varphi_x\,\varphi_{xx}+\frac{1}{2}\,\varphi\,\varphi_{xxxx}\Big]\,\mathrm{d}x\,\mathrm{d}t.$$

对它进行分部积分, 可得常用的形式

$$I(\varphi)=\int\Big(\frac{1}{2}\,\varphi_x\,\varphi_t+\frac{1}{6}\,\varphi_x^3-\frac{\varphi_{xx}^2}{2}\Big)\,\mathrm{d}x\,\mathrm{d}t.$$

例 5.10.3 对2 维方程也是同样的, 譬如考虑2维KdV方程, 即KP方程(5.9.36), 引进变换$u=\varphi_{xx}$, 则KP方程有下面的形式:

$$N(\varphi)=2\,\varphi_{xxxt}+(6\,\varphi_{xx}\,\varphi_{xxx})_x+\varphi_{xxxxxx}+\sigma\,\varphi_{xxyy}=0.$$

可证

$$\begin{aligned}N'_{\varphi}\,\delta\,\varphi\;&=\;2\delta\,\varphi_{xxxt}+2\,\varphi_{xxx}\,\delta\,\varphi_{xxx}+\varphi_{xx}\,\delta\,\varphi_{xxxx}\\&\quad+\varphi_{xxxx}\,\delta\,\varphi_{xx}+\delta\,\varphi_{xxxxxx}+\sigma\,\delta\,\varphi_{xxyy}\\&=\;\tilde{N}'_{\varphi}\,\delta\,\varphi,\end{aligned}$$

则位势函数$F(\varphi)$可被计算如下:

$$\begin{aligned}F(\varphi)\;&=\;\int\varphi\int_0^1 N(\lambda\,\varphi)\,\mathrm{d}\lambda\,\mathrm{d}x\,\mathrm{d}y\,\mathrm{d}t\\&=\;\int\varphi\int_0^1[2\,\lambda\,\varphi_{xxxt}+6\,\lambda^2\,(\varphi_{xx}\,\varphi_{xxxx})_x+\lambda\,\varphi_{xxxxxx}+\sigma\,\lambda\,\varphi_{xxyy}]\,\mathrm{d}\lambda\,\mathrm{d}x\,\mathrm{d}y\,\mathrm{d}t\\&=\;\int\varphi\Big[\varphi_{xxxt}+2\varphi_{xxx}^2+2\varphi_{xx}\,\varphi_{xxxx}+\frac{1}{2}\,\varphi_{xxxxxx}+\frac{\sigma}{2}\,\varphi_{xxyy}\Big]\,\mathrm{d}x\,\mathrm{d}y\,\mathrm{d}t\\&=\;\int\Big(\varphi_{xx}\,\varphi_{xt}-\frac{1}{2}\,\varphi_{xxx}^2+\frac{\sigma}{2}\,\varphi_{xy}^2+\varphi_{xx}^3\Big)\,\mathrm{d}x\,\mathrm{d}y\,\mathrm{d}t.\end{aligned}$$

§5.10.2 化Euler-Lagrange 方程为多辛方程

在Lagrange力学中, Euler-Lagrange方程可以写成

$$\frac{\mathrm{d}}{\mathrm{d}t}\frac{\partial L}{\partial q^i}-\frac{\partial L}{\partial q^i}=0. \tag{5.10.4}$$

对拉氏密度L作Legendre变换$p^i=\dfrac{\partial L}{\partial q^i}$, 可以把方程(5.10.4)写成正则Hamilton形式

$$\frac{\partial p_i}{\partial t}=-\frac{\partial H}{\partial q^i},\quad \frac{\partial q_i}{\partial t}=\frac{\partial H}{\partial p^i}, \tag{5.10.5}$$

其中$H=p^i\,\dot{q}_i-L(q^i,\dot{q}^i,t)$.

对场论方程, 若能求出方程的拉氏密度, 则根据协变De Donder-Weyl Hamilton函数理论[FR01]引入协变动量之后, 就可把原方程写成类似于(5.10.5)形式的方程, 而这个方程就是所谓的Bridges形式. 设φ是纤维丛的截面π_{XY}, 在局部坐标下, 用x^μ $(\mu=1,2,\cdots,n,0)$ 表示X上的纤维坐标, 用q^A $(A=1,\cdots,N)$表示Y上的纤维坐标, 这样$J^1(Y)$上的纤维坐标可用$q^i{}_\mu$来表示. $J(Y)$上的局部坐标能写成

$$(x^\mu, q^i, q^i{}_\mu), \tag{5.10.6}$$

它在点X为1阶射丛$J^1(\varphi)$, 截面为

$$x^\mu, \quad q^i=\varphi^i(x), \quad q^i_\mu=\partial_\mu\varphi^i(x). \tag{5.10.7}$$

引入协变动量

$$p_i^\mu=\pi_i^\mu=\frac{\partial L}{\partial\partial_\mu\varphi^i}, \tag{5.10.8}$$

每一个φ^i可以对应μ个共轭动量, 这时结论方程可以写成与方程(5.10.5)相类似的形式

$$\frac{\partial H}{\partial p_i^\mu}=\partial_\mu\varphi^i, \quad \frac{\partial H}{\partial\varphi^i}=-\partial_\mu p_i^\mu, \tag{5.10.9}$$

这里协变Hamilton函数为$H=\pi_i^\mu\partial_\mu q^i-L=p_i^\mu\partial_\mu\varphi^i-L$, $\mathrm{d}L=(\partial_\mu q^i-\dfrac{\partial H}{\partial p_i^\mu})\mathrm{d}p_i^\mu-(\partial_\mu p_i^\mu+\dfrac{\partial H}{\partial q^i})\mathrm{d}q^i+\partial_\mu(p_i^\mu\mathrm{d}q^i)$.

类似注5.1.1,引进Euler Lagrange 1-形式[GW03]

$$E(q^i,p_i^\mu)=(\partial_\mu q^i-\frac{\partial H}{\partial p_i^\mu})\mathrm{d}p_i^\mu-(\partial_\mu p_i^\mu+\frac{\partial H}{\partial q^i})\mathrm{d}q^i, \tag{5.10.10}$$

d 的幂零得

$$\mathrm{d}E(q^i,p_i^\mu)+\frac{\mathrm{d}}{\mathrm{d}t}\partial_\mu(p_i^\mu\mathrm{d}q^i)=0, \tag{5.10.11}$$

所以, 有

$$\mathrm{d}E=0\Leftrightarrow\partial_\mu(\mathrm{d}p_i^\mu\wedge\mathrm{d}q^i)=0.(\text{多辛守恒律})$$

考虑sine-Gordon方程, 即例5.10.1, 它的拉氏密度为

$$\mathcal{L}=\frac{1}{2}(\varphi_t^2-\varphi_x^2)+\cos\varphi, \tag{5.10.12}$$

协变Hamilton为

$$H=p_i^\mu\partial_\mu\varphi-\mathcal{L}=p^0\varphi_t+p^1\varphi_x-\frac{1}{2}(\varphi_t^2-\varphi_x^2)-\cos\varphi, \tag{5.10.13}$$

$\mu=0,1,\ i=1,\ q^1=\varphi(x),\ q^1{}_\mu=\partial_\mu\varphi(x)$. 其中对应于$\varphi(x)$的共轭动量为:

$$p^\mu=\frac{\partial\mathcal{L}}{\partial\varphi_\mu},\quad p^0=\frac{\partial\mathcal{L}}{\partial\varphi_t}=\varphi_t,\quad p^1=\frac{\partial\mathcal{L}}{\partial\varphi_x}=-\varphi_x, \tag{5.10.14}$$

这时的场量Hamilton方程可写成:

$$\begin{aligned}&\frac{\partial H}{\partial p^0}=\frac{\partial\varphi}{\partial t},\quad \frac{\partial H}{\partial p^1}=\frac{\partial\varphi}{\partial x},\\&\sin\varphi=\frac{\partial H}{\partial\varphi}=-\partial_0\,p^0-\partial_1\,p^1,\\&\frac{\partial\varphi_t}{\partial t}-\frac{\partial\varphi_x}{\partial x}=-\sin\,\varphi,\end{aligned} \tag{5.10.15}$$

即可写成:

$$Mz_t+Kz_x=\nabla_z\,H, \tag{5.10.16}$$

$$M=\begin{bmatrix}0&-1&0\\1&0&0\\0&0&0\end{bmatrix},\quad K=\begin{bmatrix}0&0&1\\0&0&0\\-1&0&0\end{bmatrix},\quad z=\begin{bmatrix}\varphi\\\varphi_t\\\varphi_x\end{bmatrix}.$$

接下来看KdV方程, 即例5.10.2, 它的拉氏密度为

$$\mathcal{L}=\frac{1}{2}\,\varphi_t\,\varphi_x+\varphi_x^3-\frac{1}{2}\,\varphi_{xx}^2, \tag{5.10.17}$$

$\mu=0,1,\ i=1,2$. 令$\varphi^1=\varphi,\ \varphi^2=u=\varphi_x$, 则

$$H=p_i^\mu\partial_\mu\,\varphi^i-\mathcal{L}=p_1^0\varphi_t+p_1^1\varphi_x+p_2^1\varphi_{xx}-\frac{1}{2}\,\varphi_t\varphi_x-\varphi_x^3+\frac{1}{2}\,\varphi_{xx}^2. \tag{5.10.18}$$

计算共轭动量$p_i^\mu=\dfrac{\partial\mathcal{L}}{\partial\partial_\mu\,\varphi^i}$, 有:

$$\begin{aligned}p_1^0&=\frac{\partial\mathcal{L}}{\partial\partial_t\,\varphi^1}=\frac{\partial\mathcal{L}}{\partial\varphi_t}=\frac{1}{2}\,\varphi_x,\\p_1^1&=\frac{\partial\mathcal{L}}{\partial\partial_t\,\varphi^1}=\frac{\partial\mathcal{L}}{\partial\varphi_x}=\frac{1}{2}\,\varphi_t+3\varphi_x^2+\varphi_{xxx},\\p_2^0&=\frac{\partial\mathcal{L}}{\partial\partial_t\,\varphi^2}=\frac{\partial\mathcal{L}}{\partial u_t}=\frac{\partial\mathcal{L}}{\partial\varphi_{xt}}=0,\\p_2^1&=\frac{\partial\mathcal{L}}{\partial\partial_x\,\varphi^2}=\frac{\partial\mathcal{L}}{\partial u_x}=\frac{\partial\mathcal{L}}{\partial\varphi_{xx}}=-\varphi_{xx},\end{aligned}$$

$$\frac{\partial H}{\partial\varphi^2}=p_1^1-\frac{1}{2}\,\varphi_t-3\varphi_x^2=-\partial_0p_2^0-\partial_1\,p_2^1=\varphi_{xxx}, \tag{5.10.19}$$

$$0=\frac{\partial H}{\partial\varphi^1}=-\partial_0\,p_1^0-\partial_1\,\varphi_1^1=-\frac{1}{2}\,\varphi_{xt}-w_x, \tag{5.10.20}$$

$$\varphi_{xx}=\frac{\partial H}{\partial\varphi_2^1}=\partial_1\varphi^2=\varphi_{xx}, \tag{5.10.21}$$

$$\varphi_x=\frac{\partial H}{\partial p_1^1}=\partial_1\varphi^1=\varphi_x=u. \tag{5.10.22}$$

把(5.10.19) – (5.10.22)式改写成:

$$\begin{aligned}&-\frac{1}{2}\varphi_t = v_x = -w + 2\varphi^2 x,\\&-\frac{1}{2}u_t - w_x = 0,\\&u_x = v, \quad \varphi_x = u,\end{aligned}\tag{5.10.23}$$

则上面的方程就是所要求的多辛方程:

$$Mz_t + Kz_x = \nabla H,\tag{5.10.24}$$

$$M = \begin{bmatrix} 0 & \frac{1}{2} & 0 & 0 \\ -\frac{1}{2} & 0 & 0 & 0 \\ 0 & 0 & 0 & 0 \\ 0 & 0 & 0 & 0 \end{bmatrix}, \quad K = \begin{bmatrix} 0 & 0 & & 1 \\ 0 & 0 & -1 & 0 \\ 0 & 1 & 0 & 0 \\ -1 & 0 & 0 & 0 \end{bmatrix}, \quad z = \begin{bmatrix} \varphi \\ u \\ v \\ w \end{bmatrix}.$$

再看KP方程, 即例5.10.3, 它的拉氏密度为

$$\mathcal{L} = \varphi_{xx}\,\varphi_{xt} - \frac{1}{2}\,\varphi_{xxx}^2 + \frac{\sigma}{2}\,\varphi_{xy}^2 + F(\varphi_{xx}),\tag{5.10.25}$$

其中$F(u) = \int_0^u f(s)\,\mathrm{d}s$.

令

$$q^1 = \varphi, \quad q^2 = \varphi_x, \quad q^3 = \varphi_{xx}, \quad q^4 = \varphi_{xy}, \quad q^5 = \varphi_{xt},$$

对应(5.10.25)式的拉氏量, 求出它在时间和空间上的拉氏密度:

$$\begin{aligned}&p_2^0 = \pi_2^0 = \frac{\partial \mathcal{L}}{\partial \partial_t q^2} = \frac{\partial \mathcal{L}}{\partial \varphi_{xt}} = \varphi_{xx},\\&p_1^1 = \pi_1^1 = \frac{\partial \mathcal{L}}{\partial \partial_x\, q^1} = \frac{\partial \mathcal{L}}{\partial \varphi_x} = -2\varphi_{xxt} - 6\varphi_{xyy} - f'(\varphi_{xxx})\,\varphi_{xxx} - \varphi_{xxxxx},\\&p_2^1 = \pi_2^1 = \frac{\partial \mathcal{L}}{\partial \partial_x\, q^2} = \frac{\partial \mathcal{L}}{\partial \varphi_{xx}} = \varphi_{xt} + f(\varphi_{xx}),\\&p_3^1 = \pi_3^1 = \frac{\partial \mathcal{L}}{\partial \partial_x\, q^3} = \frac{\partial \mathcal{L}}{\partial \varphi_{xxx}} = -\varphi_{xxx},\\&p_2^2 = \pi_2^2 = \frac{\partial \mathcal{L}}{\partial \partial_y\, q^2} = \frac{\partial \mathcal{L}}{\partial \varphi_{xy}} = \sigma\varphi_{xy}.\end{aligned}$$

其他的共轭变量$\pi_1^0 = \pi_1^2 = \pi_3^0 = \pi_3^2 = \pi_4^0 = \pi_4^1 = \pi_4^2 = 0$.

协变Hamilton函数:

$$
\begin{aligned}
H &= \pi_i^u\,\partial_\mu\,\varphi^i - \mathcal{L} \\
&= \pi_1^1\,\partial_x\,\varphi^1 + \pi_2^0\,\partial_t\,\varphi^2 + \pi_2^1\,\partial_x\,\varphi^2 + \pi_2^2\,\partial_y\,\varphi^2 + \pi_3^1\,\partial_x\,\varphi^3 - \varphi_{xx}\,\varphi_{xt} \\
&\quad -\frac{1}{2}\,\varphi_{xxx}^2 + \frac{\sigma}{2}\,\varphi_x + F(\varphi_{xx}).
\end{aligned}
\tag{5.10.26}
$$

这样,就得到场论方程为:

$$
\begin{aligned}
&\frac{\partial H}{\partial q^1} = -\partial_0 p_1^0 - \partial_1 p_1^1 - \partial_2\,p_1^2 = -\frac{\partial p^1}{\partial x}, \\
&\frac{\partial H}{\partial q^2} = -\partial_0 p_2^0 - \partial_1 p_2^1 - \partial_2\,p_2^2 = -\frac{\partial p_2^0}{\partial t} - \frac{\partial p_2^1}{\partial x} - \frac{\partial p_2^2}{\partial y}, \\
&\frac{\partial H}{\partial q^3} = -\partial_0 p_3^0 - \partial_1\,p_3^1 - \partial_2\,p_3^2 = -\frac{\partial p_3^1}{\partial x}, \\
&\frac{\partial H}{\partial q^4} = -\partial_0 p_4^0 - \partial_1 p_4^1 - \partial_2\,p_4^2 = 0, \\
&\frac{\partial H}{\partial q^5} = -\partial_0\,p_5^0 - \partial_1\,p_5^1 - \partial_2\,p_5^2 = 0, \\
&\frac{\partial H}{\partial p_1^1} = \partial_1\,q^1, \quad \frac{\partial H}{\partial p_2^0} = \partial_0\,q^2, \quad \frac{\partial H}{\partial p_2^1} = \partial_1\,q^2, \\
&\frac{\partial H}{\partial p_3^1} = \partial_1\,q^3, \quad \frac{\partial H}{\partial p_2^2} = \partial_2\,q^2.
\end{aligned}
$$

令

$$
\upsilon = \varphi, \quad u = \varphi_{xx}, \quad w = \varphi_{xy}, \quad p = \varphi_{xt},
$$
$$
p_1^1 = p^x, \quad p_2^1 = p^{xx}, \quad p_2^2 = p^{xy}, \quad p_2^0 = p^{xt}, \quad p_3^1 = p^{xxx},
$$

这时协变Hamilton 方程可写成

$$
M z_t + K z_x + L z_y = \nabla H(z),
$$

其中,

$$
M = \begin{bmatrix}
0&0&0&0&0&0&0&0&0&0\\
0&0&0&0&0&0&0&0&1&0\\
0&0&0&0&0&0&0&0&0&0\\
0&0&0&0&0&0&0&0&0&0\\
0&0&0&0&0&0&0&0&0&0\\
0&0&0&0&0&0&0&0&0&0\\
0&0&0&0&0&0&0&0&0&0\\
0&0&0&0&0&0&0&0&0&0\\
0&-1&0&0&0&0&0&0&0&0\\
0&0&0&0&0&0&0&0&0&0
\end{bmatrix}, \quad
K = \begin{bmatrix}
0&0&0&0&0&1&0&0&0&0\\
0&0&0&0&0&0&1&0&0&0\\
0&0&0&0&0&0&0&0&0&1\\
0&0&0&0&0&0&0&0&0&0\\
0&0&0&0&0&0&0&0&0&0\\
-1&0&0&0&0&0&0&0&0&0\\
0&-1&0&0&0&0&0&0&0&0\\
0&0&0&0&0&0&0&0&0&0\\
0&0&0&0&0&0&0&0&0&0\\
0&0&-1&0&0&0&0&0&0&0
\end{bmatrix},
$$

$$L = \begin{bmatrix} 0 & 0 & 0 & 0 & 0 & 0 & 0 & 0 & 0 & 0 \\ 0 & 0 & 0 & 0 & 0 & 0 & 0 & 1 & 0 & 0 \\ 0 & 0 & 0 & 0 & 0 & 0 & 0 & 0 & 0 & 0 \\ 0 & 0 & 0 & 0 & 0 & 0 & 0 & 0 & 0 & 0 \\ 0 & 0 & 0 & 0 & 0 & 0 & 0 & 0 & 0 & 0 \\ 0 & 0 & 0 & 0 & 0 & 0 & 0 & 0 & 0 & 0 \\ 0 & 0 & 0 & 0 & 0 & 0 & 0 & 0 & 0 & 0 \\ 0 & -1 & 0 & 0 & 0 & 0 & 0 & 0 & 0 & 0 \\ 0 & 0 & 0 & 0 & 0 & 0 & 0 & 0 & 0 & 0 \\ 0 & 0 & 0 & 0 & 0 & 0 & 0 & 0 & 0 & 0 \end{bmatrix},$$

$$H(z) = up + \frac{1}{2}(p^{xxx})^2 + \frac{\sigma}{2}w^2 + u^3 - p^x v - p^{xx}u - p^{xt}p - p^{xy}w.$$

§5.10.3 经典场论的全变分

在1980年, 李政道提出把时间看作动力学变量的观点, 引出了具有可变时间步长的保能量的离散力学. 受此影响, J. B. Chen等人[CGW01]推广了这种观点并提出了具有可变时间步长的离散的全变分计算, 接着得到变分的辛–能量–动量积分子.

在量子场论中, 能量、动量守恒对Lagrange不依赖于时间和空间变量的系统都成立, 原因是这样的系统不和外界交换能量和动量. 对一般的守恒系统, Euler-Lagrange方程和能量守恒律可以由变分原理直接导出. 在场论中, 如果把时间看作动力学变量, 作用泛函在x, t, φ的重参数化下是不变的, 即作用泛函在关于x, t和φ的群变换下是不变的, 那么就会存在一个或更多的守恒律, 这是著名的Noether定理, 它在场论和粒子物理学中非常重要.

近来, Kane等[KMO99]应用适当的时间步长发展了辛– 能量– 动量守恒的变分积分子, 变分积分子保自定义的离散的能量. 本章将这一结果推广到可变时间的场论中, 希望在离散力学中能得到有意义的结果. 在离散情形, 如果把时间看作动力学变量, 那么应该假设时间步长和空间步长是可变的. 在恰当的定义下, 由离散的变分原理导出的积分子应该具有一个或更多的守恒律.

在这一节中讨论Lagrange力学和场论的全变分, 包括连续与离散两种情形.

§5.10.4 Lagrange力学的全变分

在Lagrange力学中, 假设构形流形为Q, 它的坐标表示为(q^i) $(i = 1, 2, \cdots, n)$, 则速度相空间是TQ. 将函数$L : TQ \to \mathbf{R}$称为Lagrange, Hamilton最小作用原理可以描述为

$$\delta \int L\Big(q^i, \frac{\mathrm{d}q^i}{\mathrm{d}t}\Big)\,\mathrm{d}t = 0, \tag{5.10.27}$$

其中变分是Q中具有固定端点的路径$q^i(t)$.

当Lagrange显含时间t时, 把t当做动力学变量, 考虑作用泛函的全变分, 这时作用泛函S为

$$S(q^i(t)) = \int_a^b L(t, q^i, \dot{q}^i)\,\mathrm{d}t. \tag{5.10.28}$$

为记号方便, 仍然令Q表示扩展的相空间, 它的坐标表示为(t, q^i) $(i = 1, 2, \cdots, n)$. 设Q中任意光滑向量场$V = V^t(t, q^i)\dfrac{\partial}{\partial t} + V^{q^i}(t, q^i)\dfrac{\partial}{\partial q^i}$, 由$V$产生的相流记作$F_\varepsilon^V$, 则$t, q^i$的变分可以写成

$$\begin{aligned}\tilde{t} &= t + \varepsilon V^t(t, q^i) + o(\varepsilon^2),\\ \tilde{q}^i &= q^i + \varepsilon V^{q^i}(t, q^i) + o(\varepsilon^2).\end{aligned}$$

对作用泛函$S(q^i(t))$作变分:

$$\begin{aligned}\delta S(q^i(t)) &= \frac{\mathrm{d}}{\mathrm{d}\varepsilon}\Big|_{\varepsilon=0} S(\tilde{q}^i(\tilde{t})) = \frac{\mathrm{d}}{\mathrm{d}\varepsilon}\Big|_{\varepsilon=0} \int_{\tilde{a}}^{\tilde{b}} L(\tilde{t}, \tilde{q}^i(\tilde{t}), \dot{\tilde{q}}^i(\tilde{t}))\,\mathrm{d}\tilde{t}\\ &= \frac{\mathrm{d}}{\mathrm{d}\varepsilon}\Big|_{\varepsilon=0} \int_a^b L(\tilde{t}, \tilde{q}^i(\tilde{t}), \dot{\tilde{q}}^i(\tilde{t}))\frac{\partial\tilde{t}}{\partial t}\,\mathrm{d}t\\ &= \int_a^b \frac{\mathrm{d}}{\mathrm{d}\varepsilon}\Big|_{\varepsilon=0}\Big(L(\tilde{t}, \tilde{q}^i(\tilde{t}), \dot{\tilde{q}}^i(\tilde{t}))\frac{\partial\tilde{t}}{\partial t}\Big)\,\mathrm{d}t\\ &= \int_a^b \Big(\frac{\partial L}{\partial t}V^t + \frac{\partial L}{\partial q^i}V^{q^i} + \frac{\partial L}{\partial \dot{q}^i}\Big(\frac{\partial \dot{\tilde{q}}^i}{\partial\varepsilon}\Big)\Big|_{\varepsilon=0} + LV_t^t\Big)\,\mathrm{d}t.\end{aligned} \tag{5.10.29}$$

因为

$$\begin{aligned}\frac{\partial\dot{\tilde{q}}^i}{\partial\varepsilon}\Big|_{\varepsilon=0} &= \frac{\partial}{\partial\varepsilon}\Big|_{\varepsilon=0}\Big(\frac{\mathrm{d}}{\mathrm{d}\tilde{t}}(\tilde{q}^i)\Big) = \frac{\partial}{\partial\varepsilon}\Big|_{\varepsilon=0}\Big(\frac{\mathrm{d}\tilde{q}^i}{\mathrm{d}\tilde{t}}\Big)\\ &= \frac{\partial}{\partial\varepsilon}\Big|_{\varepsilon=0}\Big(\frac{\partial\tilde{q}^i}{\partial t}\cdot\frac{\partial t}{\partial\tilde{t}} + \frac{\partial\tilde{q}^i}{\partial q^i}\cdot\frac{\partial q^i}{\partial t}\cdot\frac{\partial t}{\partial\tilde{t}}\Big)\\ &= V_t^{q^i} + V_{q^i}^{q^i}\cdot\dot{q}^i - \dot{q}^i V_t^t = \frac{\mathrm{d}}{\mathrm{d}t}V^{q^i} - \dot{q}^i V_t^t,\end{aligned}$$

所以上式可以写成

$$\begin{aligned}\delta S(q^i(t)) &= \int_a^b \Big(\frac{\partial L}{\partial t}V^t + \frac{\partial L}{\partial q^i}V^{q^i} + \frac{\partial L}{\partial\dot{q}^i}\Big(\frac{\mathrm{d}}{\mathrm{d}t}V^{q^i} - \dot{q}^i V_t^t\Big) + LV_t^t\Big)\,\mathrm{d}t\\ &= \int_a^b \Big(\frac{\partial L}{\partial t} + \frac{\mathrm{d}}{\mathrm{d}t}\Big(\frac{\partial L}{\partial\dot{q}^i}\dot{q}^i - L\Big)\Big)V^t + \Big(\frac{\partial L}{\partial q^i} - \frac{\mathrm{d}}{\mathrm{d}t}\Big(\frac{\partial L}{\partial\dot{q}^i}\Big)\Big)V^{q^i}\,\mathrm{d}t\\ &\quad + \Big(\Big(L - \frac{\partial L}{\partial\dot{q}^i}\dot{q}^i\Big)V^t + \frac{\partial L}{\partial\dot{q}^i}V^{q^i}\Big)\Big|_a^b.\end{aligned} \tag{5.10.30}$$

假设端点固定, 并由Hamilton最小作用原理可知$\delta S(q^i(t))=0$. 若定义能量$E=\dfrac{\partial L}{\partial \dot{q}^i}\,\dot{q}^i-L$, 则由水平方向$\dfrac{\partial}{\partial t}$的变分可以得到

$$\frac{\partial L}{\partial t}+\frac{\mathrm{d}}{\mathrm{d}t}\Big(\frac{\partial L}{\partial \dot{q}^i}\,\dot{q}^i-L\Big)=0, \tag{5.10.31}$$

即

$$\frac{\partial L}{\partial t}+\frac{\mathrm{d}}{\mathrm{d}t}E=0.$$

对静态势, 由于$\dfrac{\partial L}{\partial t}=0$, 所以由上式可以得到能量守恒

$$\frac{\mathrm{d}}{\mathrm{d}t}E=0.$$

由垂直方向$\dfrac{\partial}{\partial q^i}$变分可以得到Euler-Lagrange 方程

$$\frac{\partial L}{\partial q^i}-\frac{\mathrm{d}}{\mathrm{d}t}\Big(\frac{\partial L}{\partial \dot{q}^i}\Big)=0.$$

从边界项定义Cartan形式为

$$\theta_L=\Big(L-\frac{\partial L}{\partial \dot{q}^i}\,\dot{q}^i\Big)\,\mathrm{d}t+\frac{\partial L}{\partial \dot{q}^i}\,\mathrm{d}q^i.$$

设Lagrange流为F, 把S限制在Euler-Lagrange方程的解空间中去, 则

$$\mathrm{d}S=F^*\theta_L-\theta_L.$$

因为

$$0=\mathrm{dd}S=\mathrm{d}(F^*\theta_L)-\mathrm{d}\theta_L=F^*(\mathrm{d}\theta_L)-\mathrm{d}\theta_L,$$

所以

$$F^*\mathrm{d}\theta_L=\mathrm{d}\theta_L,$$

因此

$$F^*\omega_L=\omega_L,$$

其中

$$\begin{aligned}\omega_L&=-\mathrm{d}\theta_L\\&=\mathrm{d}t\wedge\mathrm{d}\Big(L-\frac{\partial L}{\partial \dot{q}^i}\dot{q}^i\Big)-\mathrm{d}\Big(\frac{\partial L}{\partial \dot{q}^i}\Big)\wedge\mathrm{d}q^i\\&=\mathrm{d}q^i\wedge\mathrm{d}\Big(\frac{\partial L}{\partial \dot{q}^i}\Big)+\mathrm{d}t\wedge\mathrm{d}H\\&=\omega+\mathrm{d}t\wedge\mathrm{d}H.\end{aligned} \tag{5.10.32}$$

这里ω是相空间中的辛结构, 即$\omega = \sum \mathrm{d}q^i \wedge \mathrm{d}p_i\Big($其中动量$p_i = \dfrac{\partial L}{\partial \dot{q}^i}\Big)$. 又因为

$$\begin{aligned} F^*\omega_L &= F^*(\omega + \mathrm{d}t \wedge \mathrm{d}H) = F^*\omega + \mathrm{d}(t+s) \wedge \mathrm{d}H \\ &= \omega + \mathrm{d}t \wedge \mathrm{d}H, \end{aligned} \tag{5.10.33}$$

最后得到

$$F^*\omega + \mathrm{d}s \wedge \mathrm{d}H = \omega. \tag{5.10.34}$$

下面讨论离散的全变分情形. 为记号方便, 考虑1 维情形. 用$Q \times Q \times \mathbf{R}$作为切丛$TQ$的离散, 设离散的可变时间步长为$h_k$, $Q \times Q \times \mathbf{R}$中的点$(q_k, q_{k+1}, h_k)$对应切向量$\dfrac{q_{k+1} - q_k}{h_k}$, 则离散的Lagrange是一个光滑映射$L : Q \times Q \times \mathbf{R} \to \mathbf{R}$, 相应的离散的作用泛函$S$为

$$S = \sum_{k=0}^{n-1} h_k L(q_k, q_{k+1}, h_k).$$

考虑S的全变分

$$\begin{aligned} \mathrm{d}S &= \sum_{k=0}^{n-1} \Big[D_{h_k}\big(h_k L(q_k, q_{k+1}, h_k)\big)\,\delta h_k + h_k D_1 L(q_k, q_{k+1}, h_k)\,\delta q_k \\ &\quad + h_k D_2 L(q_k, q_{k+1}, h_k)\,\delta q_{k+1}\Big] \\ &= \sum_{k=0}^{n-1} D_{h_k}\big(h_k L(q_k, q_{k+1}, h_k)\big)\,\delta h_k + \sum_{k=0}^{n-1} h_k D_1 L(q_k, q_{k+1}, h_k)\,\delta q_k \\ &\quad + \sum_{k=1}^{n} h_{k-1} D_2 L(q_{k-1}, q_k, h_{k-1})\,\delta q_k \\ &= \sum_{k=0}^{n-1} D_{h_k}\big(h_k L(q_k, q_{k+1}, h_h)\big)\,\delta h_k + \sum_{k=1}^{n-1} \Big[h_k D_1 L(q_k, q_{k+1}, h_k) \\ &\quad + h_{k-1} D_2 L(q_{k-1}, q_k, h_{k-1})\Big]\,\delta q_k \\ &\quad + h_0 D_1 L(q_0, q_1, h_0)\,\delta q_0 + h_{n-1} D_2 L(q_{n-1}, q_n, h_{n-1})\,\delta q_n. \end{aligned}$$

定义离散的能量

$$E_d(q_k, q_{k+1}, h_k) = -D_{h_k}\big(h_k L(q_k, q_{k+1}, h_k)\big),$$

并且

$$E_d(q_k, q_{k+1}, h_k) = E_d(q_{k+1}, q_{k+2}, h_{k+1}),$$

则

$$\begin{aligned}
\mathrm{d}S &= \sum_{k=0}^{n-1} -E_d(q_k,q_{k+1},h_k)\,\delta h_k + \sum_{k=1}^{n-1}[h_k D_1 L(q_k,q_{k+1},h_k) \\
&\quad + h_{k-1}D_2L(q_{k-1},q_k,h_{k-1})]\,\delta q_k \\
&\quad + h_0 D_1 L(q_0,q_1,h_0)\,\delta q_0 + h_{n-1}D_2L(q_{n-1},q_n,h_{n-1})\,\delta q_n \\
&= \sum_{k=1}^{n-2} -E_d(q_k,q_{k+1},h_k)\,\delta h_k + \sum_{k=1}^{n-1}\big(h_k D_1 L(q_k,q_{k+1},h_k) \\
&\quad + h_{k-1}D_2L(q_{k-1},q_k,h_{k-1})\big)\,\delta q_k \\
&\quad + h_0 D_1 L(q_0,q_1,h_0)\,\delta q_0 + h_{n-1}D_2L(q_{n-1},q_n,h_{n-1})\,\delta q_n \\
&\quad - E_d(q_0,q_1,h_0)\,\delta h_0 - E_d(q_{n-1},q_n,h_{n-1})\,\delta h_{n-1}.
\end{aligned} \tag{5.10.35}$$

由最小作用原理及端点固定, 可以得到离散的Euler-Lagrange方程

$$h_k D_1 L(q_k,q_{k+1},h_k) + h_{k-1}D_2L(q_{k-1},q_k,h_{k-1}) = 0. \tag{5.10.36}$$

定义:

$$\theta_D^-(q_k,q_{k+1},h_k) = h_k D_1 L(q_k,q_{k+1},h_k)\,\delta q_k - E_d(q_k,q_{k+1},h_k)\,\delta h_k,$$

$$\theta_D^+(q_k,q_{k+1},h_h) = h_k D_2 L(q_k,q_{k+1},h_k)\,\delta q_{k+1} - E_d(q_k,q_{k+1},h_k)\delta h_k,$$

设离散的Euler-Lagrange方程的相流为F_D, $F_D\ :\ Q\times Q\times \mathbf{R}\ \to\ Q\times Q\times\mathbf{R}\ :$ $(q_{k-1},q_k,h_{k-1})\ \mapsto (q_k,q_{k+1},h_k)$, 并把$S$限制在离散变分原理的解空间上, 则

$$\mathrm{d}S = \theta_D^- + F_D^*\,\theta_D^+. \tag{5.10.37}$$

由θ_D^-和θ_D^+的定义有

$$\theta_D^- + \theta_D^+ = \mathrm{d}(h_k L) - E\delta\, h_k,$$

可以推出

$$\theta_D^- = \mathrm{d}(h_k L) - E\delta\, h_k - \theta_D^+.$$

将上式代入(5.10.37), 并设

$$\theta_d^+ = E\delta\, h_k + \theta_D^+ = h_k D_2 L(q_k,q_{k+1},h_k)\,\delta q_{k+1},$$

则由

$$\mathrm{d}S = \mathrm{d}(h_k L) - \theta_d^+ + F^*\,\theta_D^+$$

可以得到

$$0 = \mathrm{dd}S = -\mathrm{d}\theta_d^+ + F^*\mathrm{d}\theta_D^+.$$

又由于$\Omega_D = -\mathrm{d}\theta_D^+$, $\omega_D = -\mathrm{d}\theta_D^+$, 则

$$F^*\Omega_D = \omega_D,$$

其中$\Omega_D = \omega_D + \mathrm{d}h_k \wedge \mathrm{d}E$, 上式与连续情形(5.10.32)和(5.10.34)一致.

§5.10.5 经典场论的全变分

在这一节讨论经典场论的全变分.

令U是具有光滑闭边界的光滑流形, 作用函数定义为

$$S(\varphi) = \int_U L(t, x, \varphi, \varphi_t, \varphi_x)\,\mathrm{d}x\,\mathrm{d}t. \tag{5.10.38}$$

其中$L(t, x, \varphi, \varphi_t, \varphi_x)$是Lagrange密度, $\mathbb{L} = \int L\,\mathrm{d}x$称为Lagrange. 为简单起见, 称 L 为 Lagrangian. 考虑L显式依赖于x和t, 这种情形描述的不是一个闭系统, φ与外界有交换. 定义G 是覆盖微分同胚η_X的π_{XY}-丛自同构η_Y的Lie群. 令$\lambda \to \eta_Y^\lambda$是$G$中任意的光滑路径, 使得$\eta_Y^0 = e$. 当$\lambda$充分小时,$\eta_X^\lambda$ 是关于x局部可逆的, 则φ上的群作用可以被描述为

$$\tilde{\varphi} = \eta_Y^\lambda \circ \varphi \circ (\eta_X^\lambda)^{-1}. \tag{5.10.39}$$

设

$$V = \frac{\mathrm{d}}{\mathrm{d}\lambda}\Big|_{\lambda=0} \tilde{\varphi} = V^t\frac{\partial}{\partial t} + V^x\frac{\partial}{\partial x} + V^\varphi\frac{\partial}{\partial \varphi}$$

是光滑向量场, 它表示η_X^λ的无穷小生成子, 则在群作用下, x, t, φ的变分可以表示为

$$\begin{cases} \tilde{t} = t + \lambda V^t(t, x, \varphi) + o(\lambda^2), \\ \tilde{x} = x + \lambda V^x(t, x, \varphi) + o(\lambda^2), \\ \tilde{\varphi} = \varphi + \lambda V^\varphi(t, x, \varphi) + o(\lambda^2). \end{cases} \tag{5.10.40}$$

现在考虑作用函数的全变分.

$$
\begin{aligned}
\delta S &= \frac{\mathrm{d}}{\mathrm{d}\lambda}\Big|_{\lambda=0} S(\tilde{\varphi}) \\
&= \frac{\mathrm{d}}{\mathrm{d}\lambda}\Big|_{\lambda=0} \int_{\tilde{U}} L(\tilde{t}, \tilde{x}, \tilde{\varphi}, \tilde{\varphi}_{\tilde{t}}, \tilde{\varphi}_{\tilde{x}})\,\mathrm{d}\tilde{x} \wedge \mathrm{d}\tilde{t} \\
&= \frac{\mathrm{d}}{\mathrm{d}\lambda}\Big|_{\lambda=0} \int_{U} L(\tilde{t}, \tilde{x}, \tilde{\varphi}, \tilde{\varphi}_{\tilde{t}}, \tilde{\varphi}_{\tilde{x}})\Big(\frac{\partial \tilde{x}}{\partial x}\frac{\partial \tilde{t}}{\partial t} - \frac{\partial \tilde{x}}{\partial t}\frac{\partial \tilde{t}}{\partial x}\Big)\,\mathrm{d}x \wedge \mathrm{d}t \\
&= \int_U \Big(\frac{\mathrm{d}}{\mathrm{d}\lambda}\Big|_{\lambda=0} L(\tilde{t}, \tilde{x}, \tilde{\varphi}, \tilde{\varphi}_{\tilde{t}}, \tilde{\varphi}_{\tilde{x}}) + L(t, x, \varphi, \varphi_t, \varphi_x)(\partial_x V^x + \partial_t V^t)\Big)\,\mathrm{d}x \wedge \mathrm{d}t \\
&= \int_U \Big(\frac{\partial L}{\partial t}V^t + \frac{\partial L}{\partial x}V^x + \frac{\partial L}{\partial \varphi}V^\varphi + \frac{\partial L}{\partial \varphi_t}\Big(\frac{\mathrm{d}}{\mathrm{d}\lambda}\Big|_{\lambda=0}\frac{\mathrm{d}\tilde{\varphi}}{\mathrm{d}\tilde{t}}\Big) \\
&\quad + \frac{\partial L}{\partial \varphi_x}\Big(\frac{\mathrm{d}}{\mathrm{d}\lambda}\Big|_{\lambda=0}\frac{d\tilde{\varphi}}{d\tilde{x}}\Big)\Big)\,\mathrm{d}x \wedge \mathrm{d}t \\
&= -\int_U \Big(\frac{\partial L}{\partial t}V^t + \frac{\partial L}{\partial x}V^x\Big)\,\mathrm{d}x \wedge \mathrm{d}t + \int_{\partial_U} L V^x\,\mathrm{d}t - \int_{\partial_U} L V^t\,\mathrm{d}x.
\end{aligned}
\tag{5.10.41}
$$

直接计算下面的两项(或者利用延拓公式[Olv86]):

$$
\begin{aligned}
\frac{\mathrm{d}}{\mathrm{d}\lambda}\Big|_{\lambda=0}\frac{\mathrm{d}\tilde{\varphi}}{\mathrm{d}\,\tilde{t}} &= \frac{\mathrm{d}}{\mathrm{d}\lambda}\Big|_{\lambda=0}\Big(\frac{\partial \tilde{\varphi}}{\partial t}\frac{\partial t}{\partial \tilde{t}} + \frac{\partial \tilde{\varphi}}{\partial x}\frac{\partial x}{\partial \tilde{t}} + \frac{\partial \tilde{\varphi}}{\partial \varphi}\Big(\varphi_t\frac{\partial t}{\partial \tilde{t}} + \varphi_x\frac{\partial x}{\partial \tilde{t}}\Big)\Big) \\
&= \frac{\partial}{\partial t}V^\varphi + \varphi_t\frac{\partial}{\partial \varphi}V^\varphi - \varphi_t\frac{\partial}{\partial t}V^t - \varphi_x\frac{\partial}{\partial t}V^x \\
&= \frac{\mathrm{d}}{\mathrm{d}t}V^\varphi - \varphi_t\frac{\partial}{\partial t}V^t - \varphi_x\frac{\partial}{\partial t}V^x,
\end{aligned}
$$

$$
\begin{aligned}
\frac{\mathrm{d}}{\mathrm{d}\lambda}\Big|_{\lambda=0}\frac{\mathrm{d}\tilde{\varphi}}{\mathrm{d}\tilde{x}} &= \frac{\mathrm{d}}{\mathrm{d}\lambda}\Big|_{\lambda=0}\Big(\frac{\partial \tilde{\varphi}}{\partial t}\frac{\partial t}{\partial \tilde{x}} + \frac{\partial \tilde{\varphi}}{\partial x}\frac{\partial x}{\partial \tilde{x}} + \frac{\partial \tilde{\varphi}}{\partial \varphi}\Big(\varphi_t\frac{\partial t}{\partial \tilde{x}} + \varphi_x\frac{\partial x}{\partial \tilde{x}}\Big)\Big) \\
&= \frac{\partial}{\partial x}V^\varphi + \varphi_x\frac{\partial}{\partial \varphi}V^\varphi - \varphi_t\frac{\partial}{\partial x}V^t - \varphi_x\frac{\partial}{\partial x}V^x \\
&= \frac{\mathrm{d}}{\mathrm{d}x}V^\varphi - \varphi_t\frac{\partial}{\partial x}V^t - \varphi_x\frac{\partial}{\partial x}V^x,
\end{aligned}
$$

把上面两式代入(5.10.41)并利用Stokes公式, 则δS可表示为

$$\begin{aligned}\delta S=\frac{\mathrm{d}}{\mathrm{d}\lambda}\Big|_{\lambda=0}S(\tilde{\varphi}) \;=\;& \int_U\Big[\Big(\frac{\partial L}{\partial t}+\frac{\mathrm{d}}{\mathrm{d}t}\Big(\frac{\partial L}{\partial\varphi_t}\varphi_t-L\Big)+\frac{\mathrm{d}}{\mathrm{d}x}\Big(\frac{\partial L}{\partial\varphi_x}\varphi_t\Big)\Big)V^t\\&+\Big(\frac{\partial L}{\partial x}+\frac{\mathrm{d}}{\mathrm{d}x}\Big(\frac{\partial L}{\partial\varphi_x}\varphi_x-L\Big)+\frac{\mathrm{d}}{\mathrm{d}t}\Big(\frac{\partial L}{\partial\varphi_t}\varphi_x\Big)\Big)V^x\\&+\Big(\frac{\partial L}{\partial\varphi}-\frac{\mathrm{d}}{\mathrm{d}t}\Big(\frac{\partial L}{\partial\varphi_t}\Big)-\frac{\mathrm{d}}{\mathrm{d}x}\Big(\frac{\partial L}{\partial\varphi_x}\Big)\Big)V^\varphi\Big]\,\mathrm{d}x\wedge\mathrm{d}t\\&+\int_{\partial U}\Big(\Big(\frac{\partial L}{\partial\varphi_t}\varphi_t-L\Big)\mathrm{d}x-\frac{\partial L}{\partial\varphi_x}\varphi_t\,\mathrm{d}t\Big)V^t\\&+\Big(\Big(L-\frac{\partial L}{\partial\varphi_x}\varphi_x\Big)\mathrm{d}t+\frac{\partial L}{\partial\varphi_t}\varphi_x\,\mathrm{d}x\Big)V^x\\&+\Big(\frac{\partial L}{\partial\varphi_x}\mathrm{d}t-\frac{\partial L}{\partial\varphi_t}\mathrm{d}x\Big)V^\varphi.\end{aligned}\tag{5.10.42}$$

假设作用泛函S在关于x, t和φ的群作用下是不变的, 即$\delta S=0$, 则在区域的内部和边界积分分别等于零. 由于V^t, V^x, V^φ是任意的, 由垂直方向$\dfrac{\partial}{\partial\varphi}$变分可以得到

$$\frac{\partial L}{\partial\varphi}-\frac{\mathrm{d}}{\mathrm{d}t}\Big(\frac{\partial L}{\partial\varphi_t}\Big)-\frac{\mathrm{d}}{\mathrm{d}x}\Big(\frac{\partial L}{\partial\varphi_x}\Big)=0.\tag{5.10.43}$$

这是φ的Euler-Lagrange方程. 它描述的是场φ的运动方程, 类似于描述质点运动的牛顿方程.

由时间方向的水平变分可得到

$$\frac{\partial L}{\partial t}+\frac{\mathrm{d}}{\mathrm{d}t}\Big(\frac{\partial L}{\partial\varphi_t}\varphi_t-L\Big)+\frac{\mathrm{d}}{\mathrm{d}x}\Big(\frac{\partial L}{\partial\varphi_x}\varphi_t\Big)=0,\tag{5.10.44}$$

对于静态势$\dfrac{\partial L}{\partial t}=0$, 由上式得到能量守恒律

$$\frac{\mathrm{d}}{\mathrm{d}t}\Big(\frac{\partial L}{\partial\varphi_t}\varphi_t-L\Big)+\frac{\mathrm{d}}{\mathrm{d}x}\Big(\frac{\partial L}{\partial\varphi_x}\varphi_t\Big)=0.\tag{5.10.45}$$

空间方向$\dfrac{\partial}{\partial x}$的水平变分隐含着动量守恒律

$$\frac{\partial L}{\partial x}+\frac{\mathrm{d}}{\mathrm{d}x}\Big(\frac{\partial L}{\partial\varphi_x}\varphi_x-L\Big)+\frac{\mathrm{d}}{\mathrm{d}t}\Big(\frac{\partial L}{\partial\varphi_t}\varphi_x\Big)=0.\tag{5.10.46}$$

定义Cartan形式如下:

$$\theta_L=\frac{\partial L}{\partial\varphi_x}\mathrm{d}\varphi\wedge\mathrm{d}t-\frac{\partial L}{\partial\varphi_t}\mathrm{d}\varphi\wedge\mathrm{d}x+\Big(L-\frac{\partial L}{\partial\varphi_t}\varphi_t-\frac{\partial L}{\partial\varphi_x}\varphi_x\Big)\mathrm{d}x\wedge\mathrm{d}t,\tag{5.10.47}$$

这样, 边界项可以重新写成

$$\begin{aligned} j^1(\varphi)^*\left(j^1(V)\lrcorner\,\theta_L\right) = & \int_{\partial U}\Big(\Big(\frac{\partial L}{\partial\varphi_t}\varphi_t - L\Big)\mathrm{d}x - \frac{\partial L}{\partial\varphi_x}\varphi_t\,\mathrm{d}t\Big)V^t \\ & +\Big(\Big(L - \frac{\partial L}{\partial\varphi_x}\varphi_x\Big)\mathrm{d}t + \frac{\partial L}{\partial\varphi_t}\varphi_x\,\mathrm{d}x\Big)V^x \\ & +\Big(\frac{\partial L}{\partial\varphi_x}\mathrm{d}t - \frac{\partial L}{\partial\varphi_t}\mathrm{d}x\Big)V^\varphi, \end{aligned} \tag{5.10.48}$$

其中$j^1(\varphi)$是φ的1阶jet延拓, $j^1(V)$ 是1阶延拓向量场, $\lrcorner$表示内积[Olv86], 那么2-形式$\Omega_L = -\,\mathrm{d}\theta_L$.

§5.10.6 多辛场论的Veselov型离散和可变步长的变分积分子

下面介绍1阶场论的Veselov型离散[MPS98]. 取$X = Z \times Z = \{(i,j)\}$作为2维时空流形$X$的离散形式, 并令$X \times \mathbf{R}$表示离散的纤维丛$Y$. 在基点$(i,j)$上$Y$中的元素记作$y_{ij}$, 投影$\pi_{XY}$作用在$Y$上为$\pi_{XY}(y_{ij}) = (i,j)$. $(i,j) \in X$上的纤维表示为Y_{ij}. 为讨论方便, 将离散的jet丛限制在矩形上. X的一个矩形$\square$是一个有序矩形,

$$\square_{ij} = \big((i,j),(i,j+1),(i+1,j+1),(i+1,j)\big), \tag{5.10.49}$$

$\square$的第一个分量(i,j)是矩形的第一个顶点, 表示为$\square^1$, 其他类似. 如果(i,j)是矩形的第一个顶点, 把矩形表示为$\square_{ij}$, X中所有矩形的集合记为$X^{\square}$.如果它是这个矩形的一个顶点, 则点$(i,j) \in X$称为被矩形接触. 若$U \subseteq X$, 并且U包含X中与(i,j)接触的4个矩形, 则称$(i,j) \in U$是U的内点. U的内部$\mathrm{int}\,U$ 是U的所有内点的集合, U的闭包$\mathrm{cl}\,U$是指与U的内点接触的所有矩形的集合, U的边界点是指在U和 $\mathrm{cl}\,U$中但不是内点的那些点. U的边界是U的所有边界点的集合, 则

$$\partial U = (U \cap \mathrm{cl}\,U) \setminus \mathrm{int}\,U. \tag{5.10.50}$$

构形丛Y的一个截面是映射$\phi: U \subseteq X \to Y$, 使得$\pi_{XY} \circ \phi = \mathrm{Id}_U$. 定义$Y$的离散的1阶jet丛, 即离散的多辛相空间为

$$J^1(Y) = \big\{(\square_{ij}, y_{ij}, y_{ij+1}, y_{i+1j}, y_{i+1j+1}) \mid (i,j) \in X, y_{ij}, y_{ij+1}, y_{i+1j}, y_{i+1j+1} \in \mathbf{R}\big\}. \tag{5.10.51}$$

$(i,j) \in X$上的纤维表示为J^1Y_{ij}, Y的截面ϕ的1阶jet延拓是映射$j^1\phi : X^{\square} \to J^1Y$, 定义为

$$j^1\phi(\square) = \big(\square, \phi(\square^1), \phi(\square^2), \phi(\square^3), \phi(\square^4)\big). \tag{5.10.52}$$

在连续场论中, 把时间看作动力学变量. 在离散力学中, 选取时间步长和空间步长分别是可变的步长k和h. 令U是X的一个正则子集, 即U是它内部与边界的直和. 设$\mathcal{C}_U$表示U上Y的截面的集合.

定义离散的Lagrange $L_D : J^1Y \to \mathbf{R}$:

$$\begin{aligned}L_D = \sum_{i,j} \big(&L(y_{ij}, y_{ij+1}, y_{i+1j}, y_{i+1j+1}, \square_{ij})\\ &+L(y_{ij-1}, y_{ij}, y_{i+1j-1}, y_{i+1j}, \square_{ij-1})\\ &+L(y_{i-1j}, y_{i-1j+1}, y_{ij}, y_{ij+1}, \square_{i-1j})\\ &+L(y_{i-1j-1}, y_{i-1j}, y_{ij-1}, y_{ij}, \square_{i-1j-1})\big),\end{aligned}$$

那么离散的作用函数为

$$\begin{aligned}S_D = \sum_{i,j} h_j k_i \big(&L(y_{ij}, y_{ij+1}, y_{i+1j}, y_{i+1j+1}, \square_{ij})\\ &+L(y_{ij-1}, y_{ij}, y_{i+1j-1}, y_{i+1j}, \square_{ij-1})\\ &+L(y_{i-1j}, y_{i-1j+1}, y_{ij}, y_{ij+1}, \square_{i-1j})\\ &+L(y_{i-1j-1}, y_{i-1j}, y_{ij-1}, y_{ij}, \square_{i-1j-1})\big).\end{aligned}$$

和连续情形相同, 计算S的全变分如下:

$$\begin{aligned}\delta S_D = \sum_{i,j} D_{h_j} \big[h_j k_i \big(&L(y_{ij}, y_{ij+1}, y_{i+1j}, y_{i+1j+1}, \square_{ij})\\ &+L(y_{ij-1}, y_{ij}, y_{i+1j-1}, y_{i+1j}, \square_{ij-1})\\ &+L(y_{i-1j}, y_{i-1j+1}, y_{ij}, y_{ij+1}, \square_{i-1j})\\ &+L(y_{i-1j-1}, y_{i-1j}, y_{ij-1}, y_{ij}, \square_{i-1j-1})\big)\big] \delta h_j\\ +\sum_{i,j} D_{k_i} \big[h_j k_i \big(&L(y_{ij}, y_{ij+1}, y_{i+1j}, y_{i+1j+1}, \square_{ij})\\ &+L(y_{ij-1}, y_{ij}, y_{i+1j-1}, y_{i+1j}, \square_{ij-1})\\ &+L(y_{i-1j}, y_{i-1j+1}, y_{ij}, y_{ij+1}, \square_{i-1j})\\ &+L(y_{i-1j-1}, y_{i-1j}, y_{ij-1}, y_{ij}, \square_{i-1j-1})\big)\big] \delta k_i\\ +\sum_{i,j} h_j k_i \big(&D_1 L(y_{ij}, y_{ij+1}, y_{i+1j}, y_{i+1j+1}, \square_{ij}) \delta y_{ij}\\ &+D_2 L(y_{ij-1}, y_{ij}, y_{i+1j-1}, y_{i+1j}, \square_{ij-1}) \delta y_{ij}\\ &+D_3 L(y_{i-1j}, y_{i-1j+1}, y_{ij}, y_{ij+1}, \square_{i-1j}) \delta y_{ij}\\ &+D_4 L(y_{i-1j-1}, y_{i-1j}, y_{ij-1}, y_{ij}, \square_{i-1j-1}) \delta y_{ij}\big)\end{aligned}$$

$$
\begin{aligned}
&= \sum_{i,j} D_{h_j}[h_j k_i L]\delta h_j + \sum_{i,j} D_{k_i}[h_j k_i L]\delta k_i \\
&\quad + \sum_{(i,j)\in intU} h_j k_i (D_1 L + D_2 L + D_3 L + D_4 L)\delta y_{ij} \\
&\quad + \sum_{(i,j)\in \partial U} h_j k_i [D_1 L(y_{ij}, y_{ij+1}, y_{i+1j}, y_{i+1j+1}, \square_{ij}) \\
&\quad + D_2 L(y_{ij-1}, y_{ij}, y_{i+1j-1}, y_{i+1j}, \square_{ij-1}) \\
&\quad + D_3 L(y_{i-1j}, y_{i-1j+1}, y_{ij}, y_{ij+1}, \square_{i-1j}) \\
&\quad + D_4 L(y_{i-1j-1}, y_{i-1j}, y_{ij-1}, y_{ij}, \square_{i-1j-1})]\delta y_{ij}.
\end{aligned}
$$

由离散的变分原理得到离散的Euler-Lagrange场方程(DEL方程)

$$
\begin{aligned}
&D_1 L(y_{ij}, y_{ij+1}, y_{i+1j}, y_{i+1j+1}, \square_{ij}) \\
&+ D_2 L(y_{ij-1}, y_{ij}, y_{i+1j-1}, y_{i+1j}, \square_{ij-1}) \\
&+ D_3 L(y_{i-1j}, y_{i-1j+1}, y_{ij}, y_{ij+1}, \square_{i-1j}) \\
&+ D_4 L(y_{i-1j-1}, y_{i-1j}, y_{ij-1}, y_{ij}, \square_{i-1j-1}) = 0.
\end{aligned} \tag{5.10.53}
$$

离散能量守恒律为(对守恒的L)

$$
D_{k_i}(h_j k_i L) = 0. \tag{5.10.54}
$$

还可以得到离散的动量守恒

$$
D_{h_j}[h_j k_i L] = 0. \tag{5.10.55}
$$

如果(5.10.53), (5.10.54)和(5.10.55)满足一致性条件, 则由它们确定了一个离散的流, 即数值格式(5.10.53)是保能量–动量的积分子. 给定U上的截面φ作用为$\varphi(i,j) = y_{ij}$, 可以定义元素$V \in T_\varphi \mathcal{C}_U$是映射$V: U \to TY$, 作用为$V(i,j) = (\varphi(i,j), v_{ij})$, 其中$v_{ij}$是$y_{ij} = \varphi(i,j)$上的向量场. 如果定义$J^1Y$上的4个1-形式为:

$$
\begin{aligned}
&\quad \theta_D^1(y_{ij}, y_{ij+1}, y_{i+1j}, y_{i+1j+1})\cdot(v_{y_{ij}}, v_{y_{ij+1}}, v_{y_{i+1j}}, v_{y_{i+1j+1}}) \\
&= h_j k_i D_1 L(y_{ij}, y_{ij+1}, y_{i+1j}, y_{i+1j+1}, \square_{ij})\cdot(v_{y_{ij}}, 0, 0, 0), \\
&\quad \theta_D^2(y_{ij}, y_{ij+1}, y_{i+1j}, y_{i+1j+1})\cdot(v_{y_{ij}}, v_{y_{ij+1}}, v_{y_{i+1j}}, v_{y_{i+1j+1}}) \\
&= h_j k_i D_2 L(y_{ij}, y_{ij+1}, y_{i+1j}, y_{i+1j+1}, \square_{ij})\cdot(0, v_{y_{ij+1}}, 0, 0), \\
&\quad \theta_D^3(y_{ij}, y_{ij+1}, y_{i+1j}, y_{i+1j+1})\cdot(v_{y_{ij}}, v_{y_{ij+1}}, v_{y_{i+1j}}, v_{y_{i+1j+1}}) \\
&= h_j k_i D_3 L(y_{ij}, y_{ij+1}, y_{i+1j}, y_{i+1j+1}, \square_{ij})\cdot(0, 0, v_{y_{i+1j}}, 0), \\
&\quad \theta_D^4(y_{ij}, y_{ij+1}, y_{i+1j}, y_{i+1j+1})\cdot(v_{y_{ij}}, v_{y_{ij+1}}, v_{y_{i+1j}}, v_{y_{i+1j+1}}) \\
&= h_j k_i D_4 L(y_{ij}, y_{ij+1}, y_{i+1j}, y_{i+1j+1}, \square_{ij})\cdot(0, 0, 0, v_{y_{i+1j+1}}).
\end{aligned}
$$

将$(\theta_D^1, \theta_D^2, \theta_D^3, \theta_D^4)$看作多辛形式$\theta_L$的离散的近似, 则边界项$\delta S$可以重新写作

$$\theta_D = \sum_{\square;\ \square \cap \partial U \neq \phi} \Big(\sum_{m; \square^m \in \partial U} (j^1\phi)^* \left(j^1(V) \lrcorner\ \theta_D^m\right)\Big). \tag{5.10.56}$$

这里$\square^1 = (i,j), \square^2 = (i,j+1), \square^3 = (i+1,j), \square^4 = (i+1,j+1)$. 对$X$中的矩形$\square$, 定义投影$\pi_\square : \mathcal{C}_U \to J^1(Y)$为

$$\pi_\square(\varphi) = (\square, y_{\square^1}, y_{\square^2}, y_{\square^3}, y_{\square^4}). \tag{5.10.57}$$

利用这些记号, 可以将θ_D表示成

$$\theta_D = \sum_{\square;\ \square \cap \partial U \neq \phi} \Big(\sum_{m;\ \square^m \in \partial U} \pi_\square^* \, \theta_D^m \Big). \tag{5.10.58}$$

若将S限制在离散的Euler-Lagrange方程的解空间, 应用$\mathrm{d}^2 = 0$, 并令$\Omega_D^m = -\mathrm{d}\theta_D^m$ $(m = 1, 2, 3, 4)$, 可得到

$$0 = \mathrm{d}\theta_D(\phi)(V, W) = \sum_{\square;\ \square\cap\partial U\neq\phi} \Big(\sum_{m;\ \square^m\in\partial U} V \lrcorner\ W \lrcorner\ \pi_\square^* \, \Omega_D^m \Big). \tag{5.10.59}$$

其中V和W是两个首次变分. 上式等价于下面的离散的多辛形式公式

$$\sum_{\square;\square\cap\partial U\neq\phi} \Big(\sum_{m;\square^m\in\partial U} \left[(j^1\phi)^* j^1(V) \lrcorner\ j^1(W) \lrcorner\ \Omega_D^m\right](\square) \Big) = 0. \tag{5.10.60}$$

参考文献

[屠规彰等81] 屠规彰，秦孟兆. Euler-Lagrange方程的判别准则. 数学学报, 24(2):190–206, 1981.

[胡健伟等99] 胡健伟, 汤怀民. 微分方程数值方法. 科学出版社, 北京, 1999.

[AH75] R. W. Atherton and G. M. Homsy. On the existence and formulation of variational principles for nonlinear differential equations. *Studies in Applied Mathematics*, 34(1):31–60, 1975.

[AI80] K. Abe and O. Inoue. Fourier expansion of the Korteweg-de Vries equation. *J. of Comp. Phys.*, 34:202–210, 1980.

[AM79] M. E. Alexander and J. L. Morris. Galerkin methods applied to some model equations for nonlinear disppersive waves. *J. of Comp. Phys.*, 30:428–451, 1979.

[AM04] U. M. Ascher and R. I. McLachlan. Multisymplectic box schemes and the Korteweg-de Vries equation. *Appl. Numer. Math.*, 48: 255–269, 2004.

[Arn89] V. I. Arnold. *Mathematical Methods of Classical Mechanics*. Springer-Verlag, GTM 60, New York, Second edition, 1989.

[AB89] M. B. Abbott and D. R. Basco. *Computational Fluid Dynamics*. Longman Scientific and technical,Harlow, Second edition, 1989.

[BBM72] T. B. Benjamin, J. L. Bona, and J. J. Mahoney. Model equations for long waves in nonlinear dispersive systems. *Phil. Trans. Royal Soc. London, Ser. A*, 272:47–78, 1972.

[BK89] G. W. Bluman and S. Kumei. *Symmetries and Differential Equations. AMS 81*. Springer-Verlag, New York, Second edition, 1989.

[BD99] T. J. Bridges and G. Derks. Unstable eigenvalues and the linearization about solitary waves and fronts with symmetry. *Proc. R. Soc. Lond. A*, 455:2427–2469, 1999.

[BR01a] T. J. Bridges and S. Reich. Multi-symplectic integrators: numerical schemes for hamiltonian PDEs that conserve symplecticity. *Physics Letters A*, 284:184–193, 2001.

[BR01b] T. J. Bridges and S. Reich. Multi-symplectic spectral discretizations for the Zakharov-Kuznetsov and shallow water equations. *Physica D*, 152:491–504, 2001.

[BR06] T. J. Bridges and S. Reich. Numerical methods for Hamiltonian PDEs. *J. Phys. A: Math. Gen.*, 39:5287–5320, 2006.

[Bri97] T. J. Bridges. Multi-symplectic structures and wave propagation. *Math. Proc. Cam. Phil. Soc.*, 121:147–190, 1997.

[Bri99] T. J. Bridges. A new framework for studying the stability of genus-1 and genus-2 KP equations. *European J. Mechanics/B Fluids*, 18:493–500, 1999.

[Bri06] T. J. Bridges. Canonical multisymplectic structure on the total exterior algebra bundle. *Proc. R. Soc. Lond. A*, 462:1531–1551, 2006.

[CGW01] J. B. Chen, H. Y. Guo, and K. Wu. Total variation and variational symplectic - energy - momentum integrators. *J Math. Phys.*,44:5978–6004,2003

[CGW03a] J. B. Chen, H. Y. Guo, and K. Wu. Discrete mechanics and the finite element method. *Arc. Appl. Mech.*,73:421–433, 2003.

[CGW03b] J. B. Chen, H. Y. Guo, and K. Wu. Total variation in Hamiltonian formalism and symplectic-energy integrators. *J. of Math. Phys.*, 44:1688–1702, 2003.

[Che02] J. B. Chen. Total variation in discrete multisymplectic field theory and multisymplectic energy momentum integrators. *Letters in Mathematical Physics*, 61:63–73, 2002.

[Che03] J. B. Chen. Multisymplectic geometry, local conservation laws and a multisymplectic integrator for the Zakharov–Kuznetsov equation. *Letters in Mathematical Physics*, 63:115–124, 2003.

[Che04a] J. B. Chen. Multisymplectic geometry for the seismic wave equation. *Commun.Theor. Phys.*, 41:561–566, 2004.

[Che04b] J. B. Chen. Multisymplectic Hamiltonian formulation for a one-way seismic wave equation of high order approximation. *Chin. Phys. Lett.*, 21:37–39, 2004.

[Che05a] J. B. Chen. Multisymplectic geometry, local conservation laws and Fourier pseudospectral discretization for the "good" Boussinesq equation. *Appl. Math. Comput.*, 161:55–67, 2005.

[Che05b] J. B. Chen. A multisymplectic integrator for the periodic nonlinear Schrödinger equation. *Appl. Math. and Comput.*, 170:1394–1417, 2005.

[Che05c] J. B. Chen. Variational formulation for multisymplectic Hamiltonian systems. *Lett. Math. Phys.*, 71:243–253, 2005.

[Che06a] J. B. Chen. A multisymplectic variational framework for the nonlinear elastic wave equation. *Chin. Phys. Lett.*, 23(2):320–323, 2006.

[Che06b] J. B. Chen. Symplectic and multisymplectic Fourier pseudospectral discretization for the Klein-Gordon equation. *Letters in Mathematical Physics*, 75:293–305, 2006.

[Che07a] J. B. Chen. High order time discretization in seismic modeling. *Geophysics*, 72(5):SM115–SM122, 2007.

[Che07b] J. B. Chen. Modeling the scalar wave equation with Nyström methods. *Geophysics*, 71(5):T151–T158, 2007.

[Che07c] J. B. Chen. A multisymplectic pseudospectral method for seismic modeling. *Appl. Math. Comput.*, 186:1612–1616, 2007.

[Cia78] D. G. Ciarlet. *The Finite Element for Elliptic Problem.* North-Holland, Amsterdam, First edition, 1978.

[CQ01a] J. B. Chen and M. Z. Qin. Multisymplectic Fourier pseudospectral method for the nonlinear Schrödinger equation. *Electronic Transactions on Numerical Analysis*, 12:193–204, 2001.

[CQ01b] J. B. Chen and M. Z. Qin. Ray tracing, symplectic algorithms and wave field simulation. *Chin. J. Comput. Phys.*, 18(6):481–486, 2001.

[CQ03] J. B. Chen and M. Z. Qin. Multisymplectic composition integrators of high order. *J. Comput. Math.*, 21(5):647–656, 2003.

[CQT02] J. B. Chen, M. Z. Qin, and Y. F. Tang. Symplectic and multisymplectic methods for the nonlinear Schrödinger equation. *Comp. Math. Appl.*, 43:1095–1106, 2002.

[CS90] P. J. Channell and C. Scovel. Symplectic integration of Hamiltonian systems. *Nonlinearity*, 3:231–259, 1990.

[CWQ09] J. Cai, Y. S. Wang, and Z. H. Qiao. Multisymplectic Preissmann scheme for the time-domain Maxwell's equations. *J. of Math. Phys.*, 50:033510-035526, 2009.

[CWWJ06] J. X. Cai, Y. S. Wang, B. Wang, and B. Jiang. New multisymplectic self-adjoint scheme and its composition scheme for the time-domain Maxwell's equations. *J. Comput. Math.*, 47:123508–123525, 2006.

[Dah07] M. L. Dahlby. Geometrical integration of nonlinear wave equations. Master's thesis, Norwegian University, NTNU, Trondheim, 2007.

[DJ89] P. G. Drazin and R. S. Johnson. *Solitons: an Introduction*. Cambridge University Press, Cambridge, Second edition,1989.

[EM75] J. C. Eilbeck and G. R. McGuire. Numerical study of the regularized long-wave equation I: numerical methods. *J. of Comp. Phys.*, 19:43–57, 1975.

[EM77] J. C. Eilbeck and G. R. McGuire. Numerical study of the regularized long-wave equation II: integration of solitary waves. *J. of Comp. Phys.*, 23:63–73, 1977.

[Fen85] K. Feng. On difference schemes and symplectic geometry. In K. Feng, editor, *Proceedings of the 1984 Beijing Symposium on Differential Geometry and Differential Equations*, Science Press, Beijing, 42–58,1985.

[FQ87] K. Feng and M. Z. Qin. The symplectic methods for the computation of Hamiltonian equations. In Y. L. Zhu and B. Y. Guo, editors, *Numerical Methods for Partial Differential Equations*, Lecture Notes in Mathematics 1297, 1–37. Springer, Berlin, 1987.

[Fen86] K. Feng. Difference schemes for Hamiltonian formalism and symplectic geometry. *J. Comput. Math.*, 4:279–289, 1986.

[Fen92] K. Feng. Formal power series and numerical methods for differential equations. In T. Chan and Z. C. Shi, editors, *International conf. on scientific computation*, World Scientific, Singapore, 28–35, 1992.

[FQ10] K. Feng and M. Z. Qin. *Symplectic Geometric Algorithms for Hamiltonian systems*. Springer and Zhejiang Science and Technology Publishing House, Heidelberg, Hangzhou, First edition, 2010.

[FR01] M. Forger and H. Römer. A Poisson bracket on multisymplectic phase space. *Reports on Mathematical Physics*, 48:211–218, 2001.

[FWQW89] K. Feng, H. M Wu, M. Z. Qin, and D. L. Wang. Construction of canonical difference schemes for Hamiltonian formalism via generating functions. *J. Comput. Math.*, 7:71–96, 1989.

[Gar73] P. L. Garcia. The Poincaré-Cartan invariant in the calculus of variations Symposia Mathematica. In *in Convegno di Geometria Simplettica e Fisica Mathmatica* . Academic Press, London, 14:219–246 1974.

[GIMM02] M. J. Gotary, J. A. Isenberg, J. E. Marsden, and R. Montgomery. Momentum maps and classical fields, Part I: Covariant field theory. arXiv: physics/9801019. Technical report, California Institute of Technology, 2002.

[GjLK04] H. Y. Guo, X. M. Ji, Y. Q. Li, and K. Wu. On symplectic, multisymplectic structure-preserving in simple finite element method. Preprint arXiv: hep-th/0104151, 2004.

[GLW01a] H. Y. Guo, Y. Q. Li, and K. Wu. A note on symplectic algorithms. *Commun.Theor. Phys.*, 36:11–18, 2001.

[GLW01b] H. Y. Guo, Y. Q. Li, and K. Wu. On symplectic and multisymplectic structures and their discrete version in Lagrange formalism. *Commun.Theor. Phys.*, 35:703–710, 2001.

[GLWW01] H. Y. Guo, Y. Q. Li, K. Wu, and S. K. Wang. Differnce discrete variational principle, Euler-Lagrange cohomology and symplectic, multisymplectic structures. arXiv: math-ph/0106001, 2001.

[GM88] Z. Ge and J. E. Marsden. Lie–poisson hamilton–jacobi theory and Lie–Poisson integrators. *Physics Letters A*, 134–139, 1988.

[GO77] D. Gottlib and A. Orsag. *Numerical Analysis of Spectral Methods, Theory and Application.* SIAM, Philadelphis, 1977.

[Got88] M. J. Gotay. A multisymplectic approach to the KdV equation. In K. Bleuer and M. Werer, editors, *Differential geometric method in mathmatical physics*, Kluwer,Amsterdam, 295–302,1988.

[Got91] M. J. Gotay. A multisymplectic framework for classical field theory and the calculus of variations I. covariant Hamiltonian formalism. In N. Francaviglia, editor, *Mechanics, Analysis and Geometry, 200 Years After Lagrange*, Amsterdam North Holland, 203–235,1991.

[GV83] P. Y. Guo and L. Vazquez. A numerical scheme for nonlinear klein-gordon equation. *J. Appl. Science*, 1(1):25–32, 1983.

[GW03] H. Y. Guo and K. Wu. On variations in discrete mechanics and field theory. *J. of Math. Phys.*, 44:5978–6044, 2003.

[Hai94] E. Hairer. Backward analysis of numerical integrators and symplectic methods. *Annals of Numer. Math.*, 1:107–132, 1994.

[HHS08] J. Hamilton, J. L. Hong, and Y. J. Sun. Numerische Mathematik Generating functions of multi-symplectic RK methods. *Numer. Math.*, 491–519, 2008.

[HLS04] J. Hong, H. Liu, and G. Sun. The multi-symplecticity of partitioned Runge-Kutta methods for Hamiltonian PDEs. *Math. Comp.*, 75(253):167–181, 2004.

[HLW02] E. Hairer, C. Lubich, and G. Wanner. *Geometric Numerical Integration.* Number 31 in Springer Series in Computational Mathematics. Springer-Verlag, 2002.

[HJL09a] J. L. Hong, S. S. Jiang, and C. Li. Explicit multi-symplectic methods for Klein-Gordon-Schrödinger. *J. Comput. Phys.*, 228(9):3517–3532, 2009.

[HJL09b] J. L. Hong, S. S. Jiang, and C. Li. Accuracy of classical conservation laws for Hamiltonian PDEs under Runge-Kutta discretizations. *Numerische Mathematik*, 112: 1–23, 2009.

[HJLL07] J. L. Hong, S. S. Jiang, C. Li, and H. Y. Liu. Explicit Multi-Symplectic methods for Hamiltonian wave equations. *Commun. Comput. Phys.*, 2(4):662–683, 2007.

[HL04] J. Hong and C. Li. Multi-symplectic Runge–Kutta methods for nonlinear Dirac equations. *J. Comp. Phys.*, 211:448–472, 2004.

[HLHKA06] J. L. Hong, Y. Liu, H. Munthe-Kaşs, and A. Zanna. On a multisymplectic scheme for Schrödinger equations with variable coefficients. *Appl. Numer. Math.*, 56:816–843, 2006.

[HLS04] J. Hong, H. Liu, and G. Sun. The multi-symplecticity of partitioned Runge-Kutta methods for Hamiltonian PDEs. *Math. Comput.*, 75(253):167–181, 2006.

[HQ02] J. Hong and M. Z. Qin. Multisymplecticity of the centred box discretization for Hamiltonian PDEs with $m \geq 2$ space dimensions. *Appl. Math. Lett.*, 15:1005–1011, 2002.

[Hol96] J. P. Holloway. On numerical methods for Hamiltonian PDEs and a collocation method for the Vlasov-Maxwell equations. *J. Comput. Phys.*, 129:121–133, 1996.

[HL00d] J. L. Hong and Y. Liu. Symplectic integration of linear discontinues Hamiltonian systems. *Neural Parallel Sci. Comput.*, 8:317–325, 2000.

[HLL07] J. L. Hong, X. Y. Liu, and C. Li. Multi-symplectic Runge Kutta-Nyström methods for nonlinear Schrödinger equations with variable coefficients. *J. Comput. Phys.*, 226:1968–1984, 2007.

[HVA94] B. M. Herbst, F. Varadi, and M. J. Ablowitz. Symplectic methods for the nonlinear schrödinger equation. *Mathematics and Computers in Simulation*, 37:353–369, 1994.

[HS94a] Z. Han and L. G. Shen. Derivative instability of some scheme for the Kdv equation. priprint Institute of Applied Math., 1994.

[HZQ03] L. Y. Huang, W. P. Zeng, and M. Z. Qin. A new multi-symplectic scheme for nonlinear "good" Boussinesq equation. *J. Comput. Math.*, 21:703–714, 2003.

[Ibr85] N. H. Ibragimov. *Transformation Groups Applied to Mathematical Physics*. D. Reidel, Holland,1985.

[IMKNZ00] A. Iserles, H. Z. Munthe-Kaas, S. P. Nørsett, and A. Zanna. Lie-group methods. *Acta Numerica*, 9:215–365, 2000.

[JWC06] B. Jiang, Y. S. Wang, and J. X. Cai. A new multisymplectic scheme for generalized kadomtsev-petviashvili equation equation. *J. Math. Phys.*, 47:083503, 2006.

[JV90] S. Jiménez and S. Vázquez. Analysis of four numerical schemes for a nonlinear Klein-Gordon equation. *Applied Mathematics and Computation*, 35:61–94, 1990.

[KHZ10b] L. H. Kong, J. L. Hong, and J. J. Zhang. Splitting multisymplectic integrators for Maxwell's equations. *J. Comput. Phys.*, 226:4259–4278, 2010.

[KLX06] L. H. Kong, R. X. Liu, and Z. L. Xu. Numerical simulation interaction between Schrödinger equation, and Klein–Gordon field by multi-symplecticic methods. *Applied Mathematics and Computation*, 181:342–350, 2006.

[KMO99] C. Kane, J. E. Marsden, and M. Ortiz. Symplectic-energy-momentum preserving variational integrators. *J. Math. Phys.*, 40:3353–3371, 1999.

[KS00] S. Kournabaeva and S. Shkoller. A variational approach to second-order multisymplectic field theories. *J. Geom. Phys.*, 35:333–366, 2000.

[KT79] J. Kijowski and W. M. Tulczyjew. *A Symplectic Framework for Field Theories*. Lecture notes in Physics, vol. 107. Springer-verlag, Berlin, 1979.

[Lag88] J. L. Lagrange. *Mécanique Analytique.* Blanchard, Paris, 5th edition, vol. 1, 1965.

[Lee82] T. D. Lee. Can time be a discrete dynamical variable? *Phys. Lett. B*, 122:217–220, 1982.

[Lee87] T. D. Lee. Difference equations and conservation laws. *J. Stat. Phys.*, 46:843–860, 1987.

[LQ88] C. W. Li and M. Z. Qin. A symplectic difference scheme for the infinite dimensional Hamiltonian system. *J. Comput. Appl. Math*, 6:164–174, 1988.

[LQ02] T. T. Liu and M. Z. Qin. Multisymplectic geometry and multisymplectic Preissman scheme for the KP equation. *J. Math. Phys.*, 43:4060–4077, 2002.

[LQHD07] X. S. Liu, Y. Y. Qi, J. F. He, and P. Z. Ding. Recent progress in symplectic algorithms for use in quantum systems. *Communications in Computational Physics*, 2(1):1–53, 2007.

[LXW11] Z. Q. Lü, M. Xie, and Y. S. Wang. A new multi-symplectic scheme for the kdv equation. *Chin. Phys. Lett.*, 28(6):060205, 2011.

[MM05] K. W. Morton and D. F. Mayers. *Numerical Solution of Partial Differential Equations: an Introduction.* Cambridge University Press, Cambridge, Second edition, 2005.

[McL94a] R. I. McLachlan. Symplectic integration of Hamiltonian wave equations. *Numer. Math.*, 66:465–492, 1994.

[MPS98] J. E. Marsden, G. W. Patrick, and S. Shloller. Multi-symplectic geometry, variational integrators, and nonlinear PDEs. *Communications in Mathematical Physics*, 199:351–395, 1998.

[MPSM01] J. E. Marsden, S. Pekarsky, S. Shkoller, and M. West. Variational methods, multisymplectic geometry and continuum mechanics. *J. Geom. Phys.*, 38:253–284, 2001.

[MR99] J. E. Marsden and T. S. Ratiu. *Introduction to Mechanics and Symmetry*. Number 17 in Texts in Applied Mathematics. Springer-Verlag, New York, Second edition, 1999.

[MR03b] B. E. Moore and S. Reich. Backward error analysis for multi-symplectic integration methods. *Numer. Math.*, 95:625–652, 2003.

[MR03c] B. E. Moore and S. Reich. Multi-symplectic integration methods for Hamiltonian PDEs. *Future Generation Computer Systems*, 19:395–402, 2003.

[MS99] J. E. Marsden and S. Shkoller. Multi-symplectic geometry, covariant hamiltonians and water waves. *Math. Proc. Camb. Phil. Soc.*, 125:553–575, 1999.

[MV91] J. Moser and A. P. Veselov. Discrete versions of some classical integrable systems and factorization of matrix polynomials. *Communications in Mathematical Physics*, 139:217–243, 1991.

[Per66] D. H. Peregrine. Calculations of the development of an undular bore. *J. Fluid Mech.*, 25:321–330, 1966.

[Olv80] P. J. Olver. On the Hamilton structure of evolution equations. *Math. Proc. Camb. Phil. Soc.*, 88:71–88, 1980.

[Olv86] P. J. Olver. *Applications of Lie Groups to Differential Equations*. Springer, New York, 1986.

[Qin87] M. Z. Qin. A symplectic difference scheme for the Hamiltonian equations. *J. Comput. Math.*, 5:203–209, 1987.

[Qin90] M. Z. Qin. Multi-stage symplectic schemes of two kinds of Hamiltonian systems for wave equations. *Comput. Math. Appl.*, 19:51–62, 1990.

[Qin97] M. Z. Qin. A symplectic difference scheme for PDEs. *AMS/IP Studies in Advanced Mathematics*, 5:349–354, 1997.

[QZ92] M. Z. Qin and W. J. Zhu. Construction of higher order symplectic schemes by composition. *Computing*, 47:309–321, 1992.

[QZ93] M. Z. Qin and W. J. Zhu. Construction of symplectic scheme for wave equation via hyperbolic functions sinh(x), cosh(x) and tanh(x). *Comput. Math. Appl.*, 26:1–11, 1993.

[Rei96] S. Reich. Backward error analysis for numerical integrators. *SIAM J. Numer. Anal.*, 36:1549–1570, 1996.

[Rei99] S. Reich. Multi-symplectic Runge-Kutta collocation methods for Hamiltonian wave equations. *J. Comput. Phys.*, 157:473–499, 1999.

[Sch99b] C. M. Schober. Symplectic integration for the Ablowitz-Ladik discrete nonlinear Schrödinger equation. *Physics Letters A*, 259:140–151, 1999.

[SSC94] J. M. Sanz-Serna and M. P. Calvo. *Numerical Hamiltonian Problems*. Chapman & Hall, London,1994.

[SZS97] R. D. Skeel, G. Zhang, and T. Schlick. A family of symplectic integrators: stability, accuracy, and molecular dynamics applications. *SIAM J. Sci. Comput.*, 18:203–222, 1997.

[SHQ06] J. Q. Sun, W. Hua, and M. Z. Qin. New conservation scheme for the nonlinear Schrödinger system. *Applied Mathematics and Computation*, 177:446–451, 2006.

[SMM04] J. Q. Sun, Z. Q. Ma, and M. Z. Qin. RKMK method of solving non-damping LL equations for ferromagnet chain equations. *Applied Mathematics and Computation*, 157:407–424, 2004.

[SMQ06] J. Q. Sun, Z. Q. Ma, and M. Z. Qin. Simulation of envelope Rossby soliton in a pair of cubic Schrödinger equations. *Applied Mathematics and Computation*, 183:946–952, 2006.

[SNW92] J. C. Simo, N. Tarnow, and K. K. Wong. Exact energy-momentum conserving algorithms and symplectic schemes for nonlinear dynamics. *Comput. Method. Appl. M.*, 100:63–116, 1992.

[SQ00] Y. J. Sun and M. Z. Qin. Construction of multisymplectic schemes of any finite order for modified wave equations. *J. Math. Phys.*, 41:7854–7868, 2000.

[SQ01] H. L. Su and M. Z. Qin. Multisymplectic Birkhoffian structure for PDEs with dissipation terms. arxiv:math.na 0302299, 2001.

[SQ02] Y. J. Sun and M. Z. Qin. Variational description for the generating function method of first kind. *Acta Mathematicae Applicatae Sinica (English Series)*, 18(4):693–702, 2002.

[SQ03] Y. J. Sun and M. Z. Qin. Variational integrators for higher-order differential equations. *J. Comput. Math.*, 21:135–144, 2003.

[SQ04a] H. L. Su and M. Z. Qin. Symplectic schemes for Birkhoffian system. *Commun. in Theoretical Phys.*,41:(3) 329–334, 2004.

[SQ04b] Y. J. Sun and M. Z. Qin. A multi-symplectic schemes for RLW equation. *J. Comput. Math.*, 22:611–621, 2004.

[SQ05] H. L. Su and M. Z. Qin. Multisymplectic geometry method for Maxwell's equations and multisymplectic scheme. Technical Report, arXiv: math-ph/0302058, 2005.

[SQL06] J. Q. Sun, M. Z. Qin, and T. T. Liu. Total variation and multisymplectic structure for the CNLS system. *Commun. Theor. Phys.*, 46(2):28–32, 2006.

[SQS07] H. L. Su, M. Z. Qin, and R. Scherer. Multisymplectic geometry method for Maxwell's equations and multisymplectic scheme. *Inter. J. of Pure and Applied Math.*, 34(1):1–17, 2007.

[SQWS10] H. L. Su, M. Z. Qin, Y. S. Wang, and R. Scherer. Multi-symplectic Birkhoffian structure for PDEs with dissipation terms. *Physics Letters A*, 374(3):2410–2416, 2010.

[SQWD09] J. Q. Sun, M. Z. Qin, H. Wei, and D. G. Dong. Numerical simulations of collision behaviors of optical solitons in birefringent fibres. *Commun. Nonlinear Science and Numerical Simulation*, 14:1259–1266, 2009.

[SQWR08] H. L. Su, M. Z. Qin, Y. S. Wang, and R. Scherer. Multisymplectic Birkhoffian structure for PDEs with dissipation terms, Preprint No:2, Karlsruhe University, 2008.

[ST11] Y. Sun and P. S. P. Tse. Symplectic and multisymplectic numerical methods for Maxwell's equations. *J. of Comp. Phys.*, 230:2076–2094, 2011.

[STMM07] A. Stern, Y. Tong, M. Desbrun, and J. E. Marsden. Geometric computational electromagnetism with variational integrators and discrete differential forms. arXiv:0707.4470v3, 2007.

[Str68] G. Strang. On the construction and comparison of difference schemes. *SIAM J. Numer. Anal.*, 5:506–517, 1968.

[Str96] M. Struwe. *Variational Methods: Application to Nonlinear PDEs and Hamiltonian Systems, volume* 34 *of A Series of Modern Surveys in Mathematics*. Springer-Verlag, Berlin, Second edition, 1996.

[Suz92] M. Suzuki. General theory of higher-order decomposition of exponential operators and symplectic integrators. *Physics Letters A*, 165:387–395, 1992.

[TM03] Y. M. Tian and M. Z. Qin. Explicit symplectic schemes for investigating the evolution of vortices in a rovating Bose–Einstein condensate. *Comput. Phys. Comm.*, 155:132–143, 2003.

[TMZM08] Y. M. Tian, M. Z. Qin, Y. M. Zhang, and T. Ma. The multisymplectic numerical method for Gross–Pitaevskii equation. *Comput. Phys. Comm.*, 178:449–458, 2008.

[TPGV97] Y. F. Tang, V. M. Pérez-García, and L. Vázquez. Symplectic methods for the Ablowitz-Ladik model. *Appl. Math. Comput.*, 82:17–38, 1997.

[TVZPC96] Y. F. Tang, L. Vázquez, F. Zhang, and V. M. Pérez-Carcía. Symplectic methods for the nonlinear Schrödinger equation. *Comput. Math. Appl.*, 32:73–83, 1996.

[Vai64] M. M. Vainberg. *Variational Methods for the Study of Nonlinear Operators*. Holden-Day, San Francisco, Second edition, 1964.

[Ves88] A. P. Veselov. Integrable discrete-time systems and difference operators. *Funkts. Anal. Prilozhen*, 22:1–33, 1988.

[Ves91] A. P. Veselov. Integrable lagrangian correspondences and the factorization of matrix polynomials. *Funkts. Anal. Prilozhen*, 25:38–49, 1991.

[Wan91a] D. L. Wang. Semi-discrete Fourier spectral approximations of infinite-dimensional Hamiltonian systems and conservations laws. *Comput. Math. Appl.*, 21:63–75, 1991.

[WHT96] J. Wisdom, M. Holman, and J. Touma. Symplectic correctors. In J. E. Marsden, G. W. Patrick, and W. F. Shadwick, editors, *Integration Algorithms and Classical Mechanics, volume 10 of Fields Institute Communications*. American Mathematical Society, Tennescee, 217–244, 1996.

[WLS08] Y. S. WANG, Q. H. Li, and Y. Z. SONG. Two new simple multi-symplectic schemes for the nonlinear schrödinger equation. *Chin. Phys. Lett.*, 25(5):1538–1540, 2008.

[WM01] Y. S. Wang and M. Z.Qin. Multisymplectic geometry and multisymplectic scheme for the nonlinear Klein–Gordon equation. *J. of Phys. Soc. of Japan*, 70:653–661, 2001.

[WWC07] Y. S. Wang, B. Wang, and X. Chen. Multisymplectic Euler box schemes for the KdV equation. *Chin. Phys. Lett.*, 24(2):312–314, 2007.

[WWQ04a] Y. Wang, B. Wang, and M. Z. Qin. Concatenating construction of the multisymplectic schemes for 2+1-dimensional sine-Gordon equation. *Science in China (series A)*, 47:18–30, 2004.

[WWQ08] Y. S. Wang, B. Wang, and M. Z. Qin. Local structure-preserving algorithms for partial differential equation. *Science in China (series A)*, 51(11):2115–2136, 2008.

[WM97] J. M. Wendlandt and J. E. Marsden. Mechanical integrators derived from a discrete variational principle. *Physica D*, 106:223–246, 1997.

[Yos90] H. Yoshida. Construction of higher order symplectic integrators. *Physics Letters A*, 150:262–268, 1990.

[YS68] N. Yanenko and Y. Shokin. Correctness of first differential approximations of difference schemes. *Dokl. Akad. Nauk SSSR*, 182:776–778, 1968.

[ZAS94] X. P. Zhang, M. J. Ablowitz, and H. Segur. Wave collapse and instability of solitary waves of a generalized Kadomtsev-Petviashvili. *Physica D*, 78:241–265, 1994.

[ZBLW03] L. Zhen, Y. Bai, Q. Li, and K. Wu. Symplectic and multisymplectic schemes with the simple finite element method. *Physics Letters A*, 314:443–455, 2003.

[Zha91b] M. Q. Zhang. Explicit unitary schemes to solve quantum operator equations of motion. *J. Stat. Phys.*, 65(3/4):793–799, 1991.

[Zha93a] M. Q. Zhang. Algorithms that preserve the volume amplification factor for linear systems. *Appl. Math. Lett.*, 6(3):59–61, 1993.

[Zha93b] M. Q. Zhang. Computation of N-body problem by 2-body problems. *Physics Letters A*, 179:255–260, 1993.

[ZK65] N. J. Zabusky and M. D. Kruskal. Interaction of "solitons" in a collisionless plasma and the recurrence of initial states. *Physical Review Letters*, 15:240–243, 1965.

[ZW99] H. P. Zhu and J. K. Wu. Generalized canonical transformations and symplectic algorithm of the autonomous Birkhoffian systems. *Prog. Natur. Sci.*, 9:820–828, 1999.

[ZQ00] P. F. Zhao and M. Z. Qin. Multisymplectic geometry and multisymplectic Preissmann scheme for the KdV equation. *J. Phys. A: Math. Gen.*, 33:3613–3626, 2000.

[ZQ03] P. F. Zhao and M. Z. Qin. Multisymplectic geometrical approach for the variational pdes connected with the characteristics of the vector fields . *Journal of the Graduate School of the CAS*, 20(1):160–167, 2003.

[ZQ93a] M. Q. Zhang and M. Z. Qin. Explicit symplectic schemes to solve vortex systems. *Comp. & Math. with Applic.*, 26(5):51–56, 1993.

[ZQ93b] W. J. Zhu and M. Z. Qin. Application of higer order self-adjoint schemes of PDEs. *Comput. Math. Appl.*, 26:15–26, 1993.

[ZzT96] W. Zhu, X. Zhao, and Y. Tang. Numerical methods with a high order of accuracy applied in the quantum system. *J. Chem. Phys.*, 104(6):2275–2286, 1996.

第六章 Maslov渐近理论与辛几何算法

在这一章,将系统地研究Maslov渐近理论与辛几何算法(辛算法),目的是为了克服地震层析成像中的焦散问题.本章提出了一种基于辛几何算法计算Maslov波场的数值计算方法,并就其中射线追踪这一重要环节,利用辛算法和非辛Runge-Kutta方法进行了数值模拟.计算结果表明:这两类算法在短时间计算时精度上相差无几,但辛算法的速度要比非辛Runge-Kutta方法快[CQ02];在Hamilton量保持方面,辛算法具有非辛Runge-Kutta方法无可比拟的优越性.最后,举一个简单的例子,利用Maslov渐近理论和辛几何算法对波场进行了数值模拟[秦孟兆等00].

为了使Maslov渐近理论[MF81]更容易被大家掌握,本章将从几何光学谈起,几何光学法可将流动现象转化为射线理论.

§6.1 从几何光学谈起

大多数波动方程,如声波、弹性波、电磁波等经过一定简化后可写成如下方程:

$$\frac{1}{v^2}\frac{\partial^2 u}{\partial t^2}=\nabla^2 u=\Delta u, \tag{6.1.1}$$

这里$u=u(t,x,y,z)$,

$$\nabla=\left(\frac{\partial}{\partial x},\frac{\partial}{\partial y},\frac{\partial}{\partial z}\right),$$

Δ为Laplace算子,

$$\Delta=\frac{\partial^2}{\partial x^2}+\frac{\partial^2}{\partial y^2}+\frac{\partial^2}{\partial z^2},$$

$v=v(x,y,z)$为波在介质中传播的速度.

由于方程(6.1.1)的系数与t无关,所以可以对t先作傅里叶变换,

$$\widehat{v}(x,y,z,\omega)=\int_{-\infty}^{\infty}u(x,y,z,t)\mathrm{e}^{-\mathrm{i}\omega t}\,\mathrm{d}t, \tag{6.1.2}$$

则方程(6.1.1)可变为

$$\Delta\widehat{u}+\frac{\omega^2}{v^2}\,\widehat{u}=0, \tag{6.1.3}$$

其中$\widehat{u} = \widehat{u}(x, y, z, \omega)$, $u = v(x, y, z)$. 在光学中, 常用波数k及折射率n来替代频率ω与波速v, 即

$$k = \frac{\omega}{c} = \frac{2\pi}{\lambda}, \quad n(x, y, z) = \frac{c}{v}. \tag{6.1.4}$$

c是真空中的光速, λ为波长, n为折射率, 于是方程(6.1.1)可写成

$$\Delta \widehat{u} + k^2 n^2 \widehat{u} = 0. \tag{6.1.5}$$

方程(6.1.5)有时也称为波动方程或Helmholz方程. 先考虑均匀介质情况$n(x, y, z) =$常数, 此常数不妨取1, 则方程(6.1.5)有简单平面波解

$$\widehat{u} = \mathrm{e}^{\mathrm{i}k(\alpha x + \beta y + \gamma z)}. \tag{6.1.6}$$

$\alpha^2 + \beta^2 + \gamma^2 = 1$, 它表示沿$(\alpha, \beta, \gamma)$方向传播的平面波. 假如考虑非均匀介质情况, 对于非平面波的情况, 考虑特解

$$\widehat{u}(x, y, z, k) = a(x, y, z, k)\mathrm{e}^{\mathrm{i}k\varphi(x, y, z)}, \tag{6.1.7}$$

称$a(x, y, z, k)$为振幅, $\varphi(x, y, z)$为相位. 当然, 这里的振幅和相位与空间位置有关. 将(6.1.7)式代入方程(6.1.5)得到

$$\Delta a + \mathrm{i}k(2\nabla\varphi \cdot \nabla a + a\nabla\varphi) + k^2 a(n^2 - \nabla\varphi \cdot \nabla\varphi) = 0. \tag{6.1.8}$$

这里

$$\begin{aligned}
\nabla\varphi &= \left(\frac{\partial \varphi}{\partial x}, \frac{\partial \varphi}{\partial y}, \frac{\partial \varphi}{\partial z}\right), \\
\nabla\varphi \cdot \nabla a &= \frac{\partial \varphi}{\partial x}\frac{\partial a}{\partial x} + \frac{\partial \varphi}{\partial y}\frac{\partial a}{\partial y} + \frac{\partial \varphi}{\partial z}\frac{\partial a}{\partial z}, \\
\nabla\varphi \cdot \nabla\varphi &= \left(\frac{\partial \varphi}{\partial x}\right)^2 + \left(\frac{\partial \varphi}{\partial y}\right)^2 + \left(\frac{\partial \varphi}{\partial z}\right)^2.
\end{aligned}$$

求解方程(6.1.8)并不比求解方程(6.1.5)方便, 且包括2个未知函数a和φ, 因此考虑高频(辛)近似解, 即求ω（或k）较大时方程(6.1.5)的近似解.

将振幅$a(x, y, z, k)$对k作渐近展开:

$$a(x, y, z, t) \sim \sum_{m=0}^{\infty} \frac{a_m(x, y, z)}{(\mathrm{i}k)^m}, \quad k \longrightarrow \infty. \tag{6.1.9}$$

把(6.1.7)和(6.1.9)式代入方程(6.1.5), 比较k在各n项次得:

$$k^2\text{项}: \quad \nabla\varphi \cdot \nabla\varphi = n^2(x, y, z), \tag{6.1.10}$$

$$k\text{项}: \quad 2\nabla\varphi \cdot \nabla a_0 + a_0 \Delta\varphi = 0, \tag{6.1.11}$$

$$\cdots$$

$$k^{1-m}\text{项}: \ 2\nabla\varphi \cdot \nabla a_m + a_m \Delta\varphi = -\Delta a^{m-1}, \quad m = 1, 2, \cdots. \tag{6.1.12}$$

方程(6.1.10) 称为程函方程, 方程(6.1.11) 称为输运方程, 方程(6.1.12) 称为高阶输运方程. 方程相位$\varphi(x,y,z)$仅依赖于折射率$n(x,y,z)$, 而与振幅无关. 从方程(6.1.10)解得$\varphi(x,y,z)$ 后可代入方程(6.1.11), 即可求得$a_0(x,y,z)$. 用类似方法可得$a_m(x,y,z)$. 在实际计算过程中, 渐近展开式仅取一项就可以了.

波动方程(6.1.5)仅取渐近展开式(6.1.9)中第一项的高频近似解, 通常称为狭义几何光学. 因相位$\varphi(x,y,z)$ 由方程(6.1.10)决定, 所以与$a_0(x,y,z)$无关. $\varphi(x,y,z)$确定了波阵面(又称波前)传播规律, 这种只考虑波阵面(或射线)传播规律而不涉及振幅或波场强度的理论, 称为狭义几何光学. 在射线理论基础上进一步研究振幅$a_0(x,y,z)$, 就构成了广义几何光学.可参考相关文献[李世雄01].

§6.2 狭义几何光学(射线理论)

考察程函方程

$$\left(\frac{\partial\varphi}{\partial x}\right)^2+\left(\frac{\partial\varphi}{\partial y}\right)^2+\left(\frac{\partial\varphi}{\partial z}\right)^2=n(x,y,z). \tag{6.2.1}$$

相位φ仅依赖于折射率$n(x,y,z)$, 与振幅$a(x,y,z,\omega)$无关. $\varphi(x,y,z)=\text{const.}$, 表示等相面或称波阵面, 因而$k\varphi(x,y,z)=\omega t$ 或$\varphi(x,y,z)=ct$表示波阵面传播速度.

令$p=\nabla\varphi$, 它表示波阵面的法向量, 由方程(6.2.1)可知

$$p\cdot p=n^2(x,y,z)=\frac{c^2}{v^2(x,y,z)}, \tag{6.2.2}$$

称$\dfrac{p(x,y,z)}{c}$为慢向量, 以p为切向量的曲线称为射线.

波传播过程可以用波阵面来描述(称为Huygens原理), 也可用射线来描述(称为牛顿理论), 如图6.2.1所示.

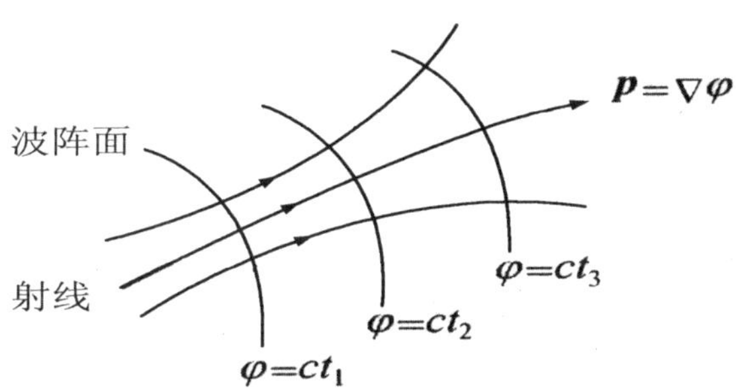

图 6.2.1 波阵面传播过程

设射线方程为$x = x(s)$, $y = y(s)$, $z = z(s)$, s是弧长参数, 其切向量为

$$\tau = \left(\frac{\mathrm{d}x}{\mathrm{d}s}, \frac{\mathrm{d}y}{\mathrm{d}s}, \frac{\mathrm{d}z}{\mathrm{d}s}\right).$$

τ与p的关系为:

$$\tau = \frac{1}{n}p, \tag{6.2.3}$$

$$\begin{aligned}\frac{\mathrm{d}p}{\mathrm{d}s} &= (\tau\cdot\nabla)p = \frac{1}{n}(p\cdot\nabla)p \\ &= \frac{1}{n}(\nabla\varphi\cdot\nabla)\nabla\varphi = \frac{1}{2n}\nabla(\nabla\varphi)^2 \\ &= \frac{1}{2n}\nabla n^2 = \nabla n.\end{aligned}$$

因$\tau = \dfrac{1}{n}p$, $p = n\tau$, 故有$\dfrac{\mathrm{d}}{\mathrm{d}s}n\tau = \nabla n$, 把$\tau$切向量代入, 得到一个2 阶常微分方程组

$$\begin{cases}\dfrac{\mathrm{d}}{\mathrm{d}s}\left(n\dfrac{\mathrm{d}x}{\mathrm{d}s}\right) = \dfrac{\partial n}{\partial x}, \\ \dfrac{\mathrm{d}}{\mathrm{d}s}\left(n\dfrac{\mathrm{d}y}{\mathrm{d}s}\right) = \dfrac{\partial n}{\partial y}, \\ \dfrac{\mathrm{d}}{\mathrm{d}s}\left(n\dfrac{\mathrm{d}z}{\mathrm{d}s}\right) = \dfrac{\partial n}{\partial z}.\end{cases} \tag{6.2.4}$$

这个方程的解, 实际上是Fermat原理中的光程最短路线, 见图6.2.2.

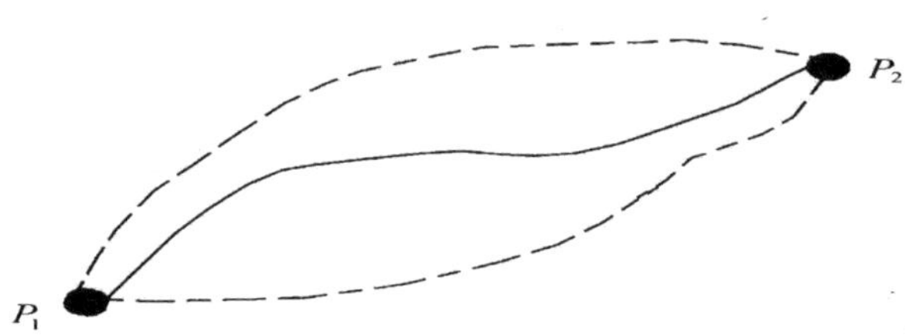

图 6.2.2 Fermat原理中的光程最短路线

$$I(r) = \min\int_{\overset{\frown}{P_1P_2}} n\,\mathrm{d}s = \int_{\overset{\frown}{P_1P_2}} \frac{\dot{c}\sqrt{\dot{x}^2+\dot{y}^2+\dot{z}^2}}{v(x,y,z)}\,\mathrm{d}\tau,$$

可知Fermat原理: 射线是光程$I(r)$取极小值的路线.

利用变分原理, 它的极小值应满足下列Euler-Lagrange方程:

$$\frac{\mathrm{d}}{\mathrm{d}t}\frac{n\dot{x}}{\sqrt{\dot{x}^2+\dot{y}^2+\dot{z}^2}}=\frac{\partial n}{\partial x},$$
$$\frac{\mathrm{d}}{\mathrm{d}t}\frac{n\dot{y}}{\sqrt{\dot{x}^2+\dot{y}^2+\dot{z}^2}}=\frac{\partial n}{\partial y},$$
$$\frac{\mathrm{d}}{\mathrm{d}t}\frac{n\dot{z}}{\sqrt{\dot{x}^2+\dot{y}^2+\dot{z}^2}}=\frac{\partial n}{\partial z}.$$

从辛几何观点来说, 射线就是相空间中的特征线在物理空间中的投影.

为了计算的方便, 将点空间坐标(x,y,z) 记为(x_1,x_2,x_3), 再引进3 个新变量p_1, p_2,p_3, 即:

$$p_1=\frac{\partial\varphi}{\partial x_1},\quad p_2=\frac{\partial\varphi}{\partial x_2},\quad p_3=\frac{\partial\varphi}{\partial x_3}. \tag{6.2.5}$$

这样就构成6 维相空间, 其中点的坐标记为$(x_1,x_2,x_3,p_1,p_2,p_3)$. 设$\varGamma$为相空间中以$\sigma$为参数的一条曲线.

$$\begin{aligned}\varGamma:\quad &x_1=x_1(\sigma),\quad x_2=x_2(\sigma),\quad x_3=x_3(\sigma),\\ &p_1=p_1(\sigma),\quad p_2=p_2(\sigma),\quad p_3=p_3(\sigma).\end{aligned} \tag{6.2.6}$$

由于引进了新变量p_1,p_2,p_3, 可以把程函方程(6.2.1)看成是相空间中的一张曲面, 其方程为

$$p_1^2+p_2^2+p_3^2=n^2(x_1,x_2,x_3). \tag{6.2.7}$$

要求:

(1) 曲面通过$\varGamma$;

(2) 在底空间的投影是射线:

$$\frac{\mathrm{d}x_1}{\mathrm{d}\sigma}=2p_1,\quad \frac{\mathrm{d}x_2}{\mathrm{d}\sigma}=2p_2,\quad \frac{\mathrm{d}x_3}{\mathrm{d}\sigma}=2p_3. \tag{6.2.8}$$

很容易求出另外3个方程:

$$\frac{\mathrm{d}p_1}{\mathrm{d}\sigma}=\frac{\partial}{\partial x_1}n^2,\quad \frac{\mathrm{d}p_2}{\mathrm{d}\sigma}=\frac{\partial}{\partial x_2}n^2,\quad \frac{\mathrm{d}p_3}{\mathrm{d}\sigma}=\frac{\partial}{\partial x_3}n^2. \tag{6.2.9}$$

方程(6.2.8)和(6.2.9)称为$\varGamma$的特征线方程.

现在讨论相空间中的特征线方程的$\varGamma$解. 给定一组初始条件:

$$x_1=x_1^0,\quad x_2=x_2^0,\quad x_3=x_3^0,$$
$$p_1=p_1^0,\quad p_2=p_2^0,\quad p_3=p_3^0,$$

要求它满足方程组(6.2.7), 即

$$(p_1^0)^2+(p_2^0)^2+(p_3^0)^2=n^2(x_1^0,x_2^0,x_3^0).$$

显然, 很容易得到方程组惟一的解:

$$\begin{aligned} x_1(\sigma)&=x_1(\sigma,x_1^0,\cdots,p_3^0),\\ x_2(\sigma)&=x_2(\sigma,x_1^0,\cdots,p_3^0),\\ &\vdots\\ p_3(\sigma)&=p_3(\sigma,x_1^0,\cdots,p_3^0). \end{aligned} \tag{6.2.10}$$

这样对每一个数σ, 就确定了相空间中的一组变换, 可以证明这个变换就是辛变换.

§6.3　广义几何光学

高频近似解的关键在于求相位φ与渐近振幅a_0. 一般讲来，由相位φ可导出射线(grad φ =射线的切向量). 反之, 也可由射线导出相位φ.

现在我们来研究相位沿射线变化的规律. 由(6.2.8)式得

$$\frac{\partial\varphi}{\partial x_i}=p_i=\frac{1}{2}\frac{\mathrm{d}x_i}{\mathrm{d}t},\quad i=1,2,3,$$

所以

$$\frac{\mathrm{d}\varphi}{\mathrm{d}t}=\sum_{i=1}^{3}\frac{\partial\varphi}{\partial x_i}\cdot\frac{\mathrm{d}x_i}{\mathrm{d}t}=\sum_{i=1}^{3}p_i\cdot 2p_i=2\sum_{i=1}^{3}p_i^2=2n^2.$$

这里$\dfrac{\mathrm{d}\varphi}{\mathrm{d}t}$表示$\varphi$沿射线方向的方向导数. 若在一条取定的射线上对应$t=t_0$处的$\varphi$之值为$\varphi_0$, 则在该射线上对应$t=t_1$处的$\varphi$值$\varphi_1$ (见图6.3.1) 为

$$\varphi_1=\varphi_0+\int_{t_0}^{t_1}2(p_1^2+p_2^2+p_3^2)\,\mathrm{d}t=\varphi_0+2\int_{t_0}^{t_1}n^2\mathrm{d}t. \tag{6.3.1}$$

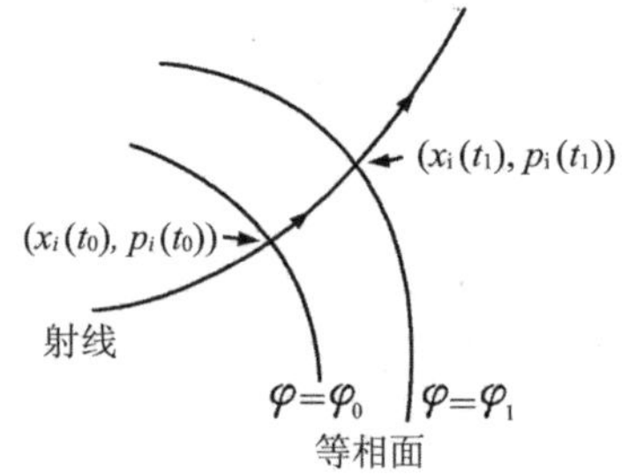

图 6.3.1　t_0和t_1时的φ值

下面回到前面讨论的特征线方程:

$$\begin{cases} \dfrac{\mathrm{d}x_i}{\mathrm{d}t} = 2p_i, \\ \dfrac{\mathrm{d}p_i}{\mathrm{d}t} = 2n\dfrac{\partial n}{\partial x_i}, \end{cases} \quad i = 1, 2. \tag{6.3.2}$$

为了直观起见, 仅讨论物理空间与动量空间为2维的情况(见图6.3.2).

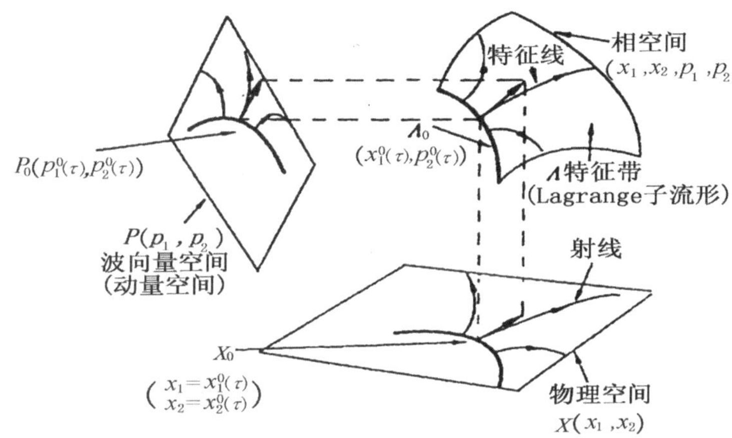

图 6.3.2 物理空间X 与动量空间P

图6.3.2中物理空间(数学上称为底空间)为$X(x_1, x_2)$, 而动量空间为$P(p_1, p_2)$ (又称波向量空间), 这是因为在几何光学中$p_i = \dfrac{\partial \varphi}{\partial x_i}$是射线的切向量的分量的变换.

方程组(6.3.2)在物理上是典型柯西问题, 它在数学上的提法为:

当$t = t_0$时, 在$X(x_1, x_2)$上给定一条初始曲线$X_0 : x_i = x_i^0(\tau)\ (i = 1, 2)$, 在$X_0$的每一点上给定$p_i = p_i\big(x_1(\tau),\ x_2(\tau)\big) = p_i^0(\tau)\ (i = 1, 2)$, 求方程组

$$x_i = x_i(t, \tau), \quad p_i = p_i(t, \tau), \quad i = 1, 2. \tag{6.3.3}$$

当然, $x_t^0(\tau)$与$p_i^0(\tau)$应满足方程

$$\big(p_1^0(\tau)\big)^2 + \big(p_2^0(\tau)\big)^2 - n^2\big(x_1^0(\tau), x_2^0(\tau)\big) = 0. \tag{6.3.4}$$

实际问题中一般给定初始曲线X_0上波场的振幅与相位$a(x, y)\mathrm{e}^{\mathrm{i}k\varphi(x,y)}$, 也就是说仅知道$\varphi$在$X_0$上的值$\varphi\big(x_1^0(\tau),\ x_2^0(\tau)\big) = \varphi_0(\tau)$, 但柯西问题需要知道$p_1 = \dfrac{\partial \varphi}{\partial x_1}$, $p_2 = \dfrac{\partial \varphi}{\partial x_2}$在$X_0$上的值.

由$\varphi(x,y)$沿X_0的值很容易求得φ沿X_0的方向导数$\dfrac{\mathrm{d}\varphi_0}{\mathrm{d}\tau}$, 即

$$\frac{\mathrm{d}\varphi_0}{\mathrm{d}\tau}=\frac{\partial\varphi_0}{\partial x_1}\frac{\mathrm{d}x_1^0}{\mathrm{d}\tau}+\frac{\partial\varphi_0}{\partial x_2}\frac{\mathrm{d}x_2}{\mathrm{d}\tau}=p_1^0(\tau)\frac{\mathrm{d}x_1^0}{\mathrm{d}\tau}+p_2^0(\tau)\frac{\mathrm{d}x_2^0}{\mathrm{d}\tau}. \tag{6.3.5}$$

由方程组(6.3.4)和(6.3.5)式很容易求得$p_1^0(\tau),p_2^0(\tau)$, 这时柯西问题(6.3.2)的解为:

$$\begin{aligned}x_i&=x_i(t,\tau),\\ p_i&=p_i(t,\tau),\end{aligned}\qquad i=1,2, \tag{6.3.6}$$

代入(6.3.1)式得

$$\varphi_1\big(x_1(t,\tau),x_2(t,\tau)\big)=\varphi_0(\tau)+2\int_{t_0}^{t_1}n^2\big(x_1(t,\tau),x_2(t,\tau)\big)\,\mathrm{d}t. \tag{6.3.7}$$

这里求得的是相位φ沿射线的值, 而高频近似解要求相位表示成物理空间坐标x_1, x_2的函数, 所以关键能否从

$$\begin{aligned}x_1&=x_1(t,\tau),\\ x_2&=x_2(t,\tau),\end{aligned} \tag{6.3.8}$$

单值表示成$t=t(x_1,x_2)$, $\tau=\tau(x_1,x_2)$. 由隐函数定理知道, 要求Jacobi矩阵非奇, 即

$$J(t,\tau)=\det\begin{vmatrix}\dfrac{\partial x_1}{\partial t} & \dfrac{\partial x_1}{\partial\tau}\\ \dfrac{\partial x_2}{\partial t} & \dfrac{\partial x_2}{\partial\tau}\end{vmatrix}\neq 0. \tag{6.3.9}$$

$J=0$的点表示射线$\big(x_1(t,\tau),x_2(t,\tau)\big)$相切或汇集于一点, 这时相位函数单值性破坏了. 在光学中, 这种点称为光线族的焦散(caustic).

下面证明在焦散处, 高频近似解是不适用的.

引理 6.3.1 若方程组$\dfrac{\mathrm{d}x_i}{\mathrm{d}t}=f_i(x_1,x_2)$ $(i=1,2)$ 有一族积分曲线$x_i=x_i(t,\tau)$, 则

$$\frac{\mathrm{d}}{\mathrm{d}t}\Big|_{n=1,2}\ln J(t,\tau)=\frac{\partial f_1}{\partial x_1}+\frac{\partial f_2}{\partial x_2}, \tag{6.3.10}$$

其中J是Jacobi矩阵.

证明:留给读者. ▲

引理 6.3.2 对于射线$\sqrt{J}a_0$, 有

$$\frac{\mathrm{d}}{\mathrm{d}t}\Big(\sqrt{J}a_0\Big)=0. \tag{6.3.11}$$

证明: 留给读者. ▲

由引理6.3.2说明沿每一条射线$\sqrt{J}a_0 = \text{const.}$ 在$t = t_0$的初始时刻, 令

$$\sqrt{J}\,a_0\big|_{t=t_0} = a(\tau), \tag{6.3.12}$$

由(6.3.11)式得

$$a_0\big(x_1(t,\tau), x_2(t,\tau)\big) = \frac{a(\tau)}{\sqrt{J(t,\tau)}}. \tag{6.3.13}$$

于是, 波动方程的高频近似解(零阶渐近近似)为

$$\widehat{u}\big(x_1(t,\tau), x_2(t,\tau), k\big) \sim \frac{a(\tau)}{\sqrt{J(t,\tau)}} \mathrm{e}^{\mathrm{i}\,k\varphi(x_1(t,\tau),x_2(t,\tau))}, \quad k \longrightarrow \infty, \tag{6.3.14}$$

这个公式仅适用于非焦散区. 在焦散处, $J(t,\tau) = 0$, 这时(6.3.14)的近似解变成∞.

§6.4 Maslov渐近理论

上一节讲了如何利用高频率近似的方法将波动方程求解问题转化为几何光学求相位与振幅问题. 这一方法在焦散处出现奇性而失败, 但波动方程的解在焦散处其实并无奇性, 只是由于所采用的高频近似解的形式不合适而引起的, 也就是说出现了非本质的貌似奇点. 为了克服这一困难, Maslov 将问题提升到相空间中来考虑, 只要适当选取包含波向量分量的混合空间来代替通常的底空间就可解决这一困难.

§6.4.1 Maslov渐近理论

已知地震层析成像可以分为两类: 一类是基于射线方程的射线走时的层析成像, 另一类是基于波动方程反演的层析成像[尹峰等93]. 在波动方程反演的层析成像中, 如果认为地下结构是非均匀背景下的小扰动, 那么将普通的射线理论用于非均匀介质时, 在焦散处出现奇点, 这使渐近射线理论失效. Maslov根据方程变换和Fourier积分算子理论, 在焦散处进行空间变换, 然后利用Fourier逆变换回到原来的空间, 从而得到焦散附近的渐近解. 最后他引进典则算子, 把局部渐近解粘贴起来, 得到处处有效的均匀渐近解[MF81].

在Maslov渐近解的数值计算中, 一方面所有的计算都依赖于射线方程, 而射线方程是一个可分的Hamilton 系统, 而辛算法正是针对Hamilton系统设计的算法, 它能保持Hamilton系统的结构. 另一方面, 我们已经知道, 用Maslov渐近理论解决焦散问题时, 实际上将部分空间坐标变为慢坐标. 因此, 在数值计算中, 尽量保持

位置和慢向量之间的关系将十分重要. 辛几何算法正是保持它们之间关系的算法, 因而辛几何算法在Maslov渐近理论中占有重要地位. 这就启发我们探索用辛算法计算Maslov波场的数值方法.

下面讨论Maslov渐近理论构造方程及其渐近解.

§6.4.2 构造方程及其渐近解

Maslov渐近理论用来构造如下方程的整体渐近解:

$$L(x,\lambda^{-1}D_x)u(x)=0, \tag{6.4.1}$$

$$u(x)|_{x=x^0(y)}=A_0(y)\exp[\mathrm{i}\,\lambda T_0(y)]. \tag{6.4.2}$$

其中$x\in\mathbf{R}^n,\lambda>0$为一大参数, $L(x,\lambda^{-1}D_x)$为微分算子,

$$D_x=\Big(\frac{1}{\mathrm{i}}\frac{\partial}{\partial x_1},\cdots,\frac{1}{\mathrm{i}}\frac{\partial}{\partial x_n}\Big),$$

$L(x,p)$称为算子的符号. 下面举两个例子加以说明.

例 6.4.1 Schrödinger方程

$$\mathrm{i}h\frac{\partial\psi}{\partial t}=-\frac{h^2}{2m}\Delta\psi+v(x)\psi.$$

此时,

$$L(x',\lambda^{-1}D_{x'})=\lambda^{-1}D_t+\frac{1}{2m}\langle\lambda^{-1}D_x,\lambda^{-1}D_x\rangle+v(x),\quad \lambda=h^{-1},$$

其中, $x=(x_1,\cdots,x_n)$, $x'=(t,x_1,x_2,\cdots,x_n)$, $\langle\ ,\ \rangle$ 表示内积.

$$L(x',p')=p_0+\frac{1}{2m}\langle p,p\rangle+v(x),$$

其中, $p=(p_1,p_2,\cdots,p_n)$, $\quad p'=(p_0,p_1,p_2,\cdots,p_n)$.

例 6.4.2 Helmholz方程

$$\Delta u(x)+\omega^2n^2(x)u(x)=0.$$

此时,

$$L(x,\lambda^{-1}D_x)=-\langle\lambda^{-1}D_x,\lambda^{-1}D_x\rangle+n^2(x),\quad \lambda=\omega,$$

$$L(x,p)=-(p,p)+n^2(x).$$

求方程(6.4.1)如下形式的解:

$$u(x)=\exp\left[\mathrm{i}\,\lambda T(x)\right]\sum_{j=0}^{\infty}(\mathrm{i}\,\lambda)^{-j}B_j(x), \tag{6.4.3}$$

$B_j(x),T(x)\in C^{\infty}(\mathbf{R}^n),T(x)$是实值的.

为简单起见, 只考虑方程(6.4.1)的1 阶近似解, 即$L(x,\lambda^{-1}D_x)u(x)=O(\lambda^{-2})$. 将(6.4.3) 式代入方程(6.4.1), 令$(\mathrm{i}\lambda)^0$和$(\mathrm{i}\,\lambda)^{-1}$的系数为零, 便得到$T(x),B_0(x)$ 所满足的方程(令$A(x)=B_0(x)$):

$$L\Big(x,\frac{\partial T(x)}{\partial x}\Big)=0, \tag{6.4.4}$$

$$\left\langle\frac{\partial A}{\partial x},\frac{\partial L\Big(x,\dfrac{\partial T(x)}{\partial x}\Big)}{\partial p}\right\rangle+\frac{1}{2}\mathrm{Tr}\left(x,\frac{\partial^2 L\Big(x,\dfrac{\partial T(x)}{\partial x}\Big)}{\partial p^2}\frac{\partial^2 T(x)}{\partial x^2}\right)A=0. \tag{6.4.5}$$

这里$\langle\cdot\rangle$ 表示内积, Tr表示矩阵的迹.

由于$p=\dfrac{\partial T(x)}{\partial x}$, 假如沿射线$x=x(t,y)$, 则方程(6.4.5)左面为

$$\Big\langle\frac{\partial A}{\partial x},\frac{\partial L}{\partial p}\Big\rangle=\frac{\mathrm{d}A_0}{\mathrm{d}t}.$$

方程(6.4.4)称为Hamilton-Jacobi方程. 当L是Helmholz方程时, 它就是光程方程. 方程(6.4.5)称为迁移方程.

Hamilton-Jacobi方程通过Hamilton系统求解:

$$\begin{aligned}\frac{\mathrm{d}x}{\mathrm{d}t}&=\frac{\partial L(x,p)}{\partial p},\\ \frac{\mathrm{d}p}{\mathrm{d}t}&=-\frac{\partial L(x,p)}{\partial x}.\end{aligned} \tag{6.4.6}$$

初值为: $x|_{t=0}=x^0(y)$, $p|_{t=0}=p^0(y)$, $y\in U\subset\mathbf{R}^{n-1}$, $x^0(y)$为已知函数, 则$p^0(y)$通过下面的关系来确定:

$$p^0(y)\mathrm{d}x^0(y)=\mathrm{d}T_0(y), \tag{6.4.7}$$

$$L\big(x^0(y),p^0(y)\big)=0. \tag{6.4.8}$$

可以证明方程(6.4.4)与方程(6.4.6)等价[Arn89],[MR99], 于是

$$T(x)=T_0(y)+\int_0^t\langle p(y,\tau),\mathrm{d}x(y,\tau)\rangle.$$

但$T(x)$不一定是x的光滑函数, 这是因为$T(x)$虽然是(y,t)的光滑函数, 但$J(y,t)=\dfrac{\partial\, x(y,t)}{\partial\,(y,t)}$可能等于零, 从而$T(x)$可能是$x$ 的非光滑函数或多值函数. 这是构造方程(6.4.1) 的整体渐近解遇到的第一个困难. 射线上使$J=0$的点称为焦点, 焦点的集合称为焦散线.

下面求解迁移方程(6.4.5). 迁移方程沿Hamilton系统的解变为常微分方程, 利用引理6.3.1和引理6.3.2, 有:

$$\frac{\mathrm{d}}{\mathrm{d}t}(A\sqrt{J})=\Big(\frac{1}{2}\,\mathrm{Tr}\,\frac{\partial^2 L(x,p)}{\partial\, x\,\partial\, p}\Big)(A\sqrt{J}),$$

$$A(x)=A(x^0)\Big(\frac{J(y,t)}{J(y,0)}\Big)^{-\frac{1}{2}}\exp\,\Big(\frac{1}{2}\int_0^t \mathrm{Tr}\,\frac{\partial^2 L(x,p)}{\partial\, x\,\partial\, p}\,\mathrm{d}\tau\Big).$$

若$J(y,t)=0$, 则$A(x)$为∞, 这是构造方程(6.4.1)的整体渐近解遇到的第二个困难.

因此, 利用上述方法只能构造方程(6.4.1)的局部渐近解

$$\begin{aligned} u\big(x(y,t)\big) \;=\; & A(x^0)\Big(\frac{J(y,t)}{J(y,0)}\Big)^{-\frac{1}{2}}\exp\Big(T_0(y)+\int_0^t\big\langle p(y,\tau),\mathrm{d}x(y,\tau)\big\rangle \\ & +\frac{1}{2}\int_0^t \mathrm{Tr}\frac{\partial^2 L\big(x(y,\tau),p(y,\tau)\big)}{\partial x\partial p}\mathrm{d}\tau\Big). \end{aligned}\tag{6.4.9}$$

从以上分析可以看出, 为了获得整体渐近解, 必须解决焦散问题, Maslov为此研究了Hamilton-Jacobi方程, 认为与Hamilton-Jacobi方程有本质联系的不是它的解, 而是与它的解相联系的流形.

对于该流形上任一点, 均存在一个以$\big(p_{(\alpha)}\,,x_{(\beta)}\big)$为坐标的邻域,

$$(\alpha)=(\alpha_{i_1},\cdots,\alpha_{i_k}),\qquad\qquad (\beta)=(\beta_{j_1},\cdots,\beta_{j_{n-k}}),$$
$$(\alpha)\cup(\beta)=\{1,2,\cdots,n\},\qquad (\alpha)\cap(\beta)=\emptyset,$$

因此在该邻域有

$$\widehat{J}(y,t)=\frac{\partial(p_{(\alpha)},x_{(\beta)})}{\partial(y,t)}\neq 0.$$

于是, 可以将方程(6.4.1)进行变换, 由x空间表示变为用$(p_{(\alpha)},x_{(\beta)})$空间表示. 首先引进部分λ-Fourier变换的概念:

$$F_{\lambda,x_{(\alpha)}\to p_{(\alpha)}}u(x)=\Big(\frac{\lambda}{2\pi\mathrm{i}}\Big)^{\frac{k}{2}}\int u(x)\mathrm{e}^{-\mathrm{i}\lambda\langle p_{(\alpha)},x_{(\alpha)}\rangle}\,\mathrm{d}x(\alpha),$$

$$F^{-1}_{\lambda,p_{(\alpha)}\to x_{(\alpha)}}v(p_{(\alpha)},x_{(\beta)})=\Big(\frac{\lambda}{-2\pi\mathrm{i}}\Big)^{\frac{k}{2}}\int v(p_{(\alpha)},x_{(\beta)})\mathrm{e}^{\mathrm{i}\,\lambda\langle p_{(\alpha)},x_{(\alpha)}\rangle}\,\mathrm{d}p_{(\alpha)}.$$

求方程(6.4.1)形如$u(x)=F^{-1}_{\lambda,p_{(\alpha)}\to x_{(\alpha)}}v(p_{(\alpha)},x_{(\beta)})$的解, 即

$$L(x,\lambda^{-1}D_x)F^{-1}_{\lambda,p_{(\alpha)}\longrightarrow x_{(\alpha)}}v(p_{(\alpha)},x_{(\beta)})=0.$$

两边作用$F_{\lambda,x_{(\alpha)}\to p_{(\alpha)}}$, 得

$$F_{\lambda,x_{(\alpha)}\longrightarrow p_{(\alpha)}}L(x,\lambda^{-1}D_x)F^{-1}_{\lambda,p_{(\alpha)}\longrightarrow x_{(\alpha)}}v(p_{(\alpha)},x_{(\beta)})=0.$$

根据Fourier变换的性质, 上式等价于

$$L\big(-\lambda^{-1}\overset{2}{D}_{p_{(\alpha)}},\overset{2}{x}_{(\beta)},\overset{1}{p}_{(\alpha)},\overset{1}{D}_{x_{(\beta)}}\big)v\big(p_{(\alpha)},x_{(\beta)}\big)=0. \tag{6.4.10}$$

$L\big(-\lambda^{-1}\overset{2}{D}_{p_{(\alpha)}},\overset{2}{x}_{(\beta)},\overset{1}{p}_{(\alpha)},\overset{1}{D}_{x_{(\beta)}}\big)$ 是一拟微分算子, 上标1 和2表示微分运算与乘积运算的先后顺序. 例如:

$$\Big(\overset{2}{x}\,\frac{\overset{1}{\partial}}{\partial x}\Big),\quad s(x)=x\frac{\partial\,s(x)}{\partial\,x},\quad \Big(\overset{1}{x}\,\frac{\overset{2}{\partial}}{\partial x}\Big)s(x)=\frac{\partial}{\partial\,x}\big(xs(x)\big)=s(x)+x\frac{\partial\,s(x)}{\partial\,x}.$$

求方程(6.4.10)如下形式的渐近解:

$$v\big(p_{(\alpha)},x_{(\beta)}\big)=\exp\Big(\mathrm{i}\,\lambda\widehat{T}\big(p_{(\alpha)},x_{(\beta)}\big)\sum_{j=0}^{\infty}(\mathrm{i}\,\lambda)^{-1}\widehat{B}_j\big(p_{(\alpha)},x_{(\beta)}\big)\Big). \tag{6.4.11}$$

为简单起见, 只求方程(6.4.1)的1 阶近似解, 即

$$L\big(-\lambda^{-1}\overset{2}{D}_{p_{(\alpha)}},\overset{2}{x}_{(\beta)},\overset{1}{p}_{(\alpha)},\overset{1}{D}_{x_{(\beta)}}\big)v(p_{(\alpha)},x_{(\beta)})=O(\lambda^{-2}).$$

将(6.4.11)式代入方程(6.4.10), 令$(\mathrm{i}\,\lambda)^0$和$(\mathrm{i}\,\lambda)^{-1}$的系数等于零, 得到$\widehat{T}(p_{(\alpha)},x_{(\beta)})$ 和 $\widehat{B}_0(p_{(\alpha)},x_{(\beta)})$所满足的方程(令$\widehat{A}(p(\alpha),x(\beta))=\widehat{B}_0(p(\alpha),x(\beta))$):

$$L\Big(-\frac{\partial\,\widehat{T}(p_{(\alpha)},x_{(\beta)})}{\partial\,p_{(\alpha)}},x_{(\beta)},p_{(\alpha)},\frac{\partial\,\widehat{T}(p_{(\alpha)},x_{(\beta)})}{\partial\,x_{(\beta)}}\Big)=0, \tag{6.4.12}$$

$$\Big\langle\frac{\partial\,L}{\partial\,p_{(\beta)}},\frac{\partial\,\widehat{A}}{\partial\,x_{(\beta)}}\Big\rangle-\Big\langle\frac{\partial\,L}{\partial\,x_{(\alpha)}},\frac{\partial\,\widehat{A}}{\partial\,p_{(\alpha)}}\Big\rangle+\frac{1}{2}\Big[\mathrm{Tr}\Big(\frac{\partial^2\,L}{\partial\,x^2_{(\alpha)}}\frac{\partial^2\,\widehat{T}}{\partial\,p^2_{(\alpha)}}\Big)+\Big(\frac{\partial^2\,L}{\partial\,p^2_{(\beta)}}\frac{\partial^2\widehat{T}}{\partial\,x^2_{(\beta)}}\Big)$$
$$-2\Big(\frac{\partial^2\,L}{\partial\,x_{(\alpha)}\partial\,p_{(\beta)}}\frac{\partial^2\,\widehat{T}}{\partial\,p_{(\alpha)}\partial\,x_{(\beta)}}\Big)-2\sum_{j=1}^{k}\frac{\partial^2\,L}{\partial\,x_{\alpha_j}\partial\,p_{\alpha_j}}\Big]\widehat{A}=0. \tag{6.4.13}$$

方程(6.4.12)和(6.4.13)分别称为$(p_{(\alpha)},x_{(\beta)})$空间上的Hamilton-Jacobi方程和迁移方程.

令

$$\widehat{L}\big(x_{(\alpha)},x_{(\beta)},p_{(\alpha)},p_{(\beta)}\big)=L\big(-x_{(\alpha)},x_{(\beta)},p_{(\alpha)},p_{(\beta)}\big),$$
$$x'=\big(p_{(\alpha)},x_{(\beta)}\big),\quad p'=\big(x_{(\alpha)},p_{(\beta)}\big),$$

则方程(6.4.12)可通过如下Hamilton系统求解:

$$\begin{aligned}\frac{\mathrm{d}x'}{\mathrm{d}t}&=\frac{\partial\widehat{L}(x',p')}{\partial p'},\\ \frac{\mathrm{d}p'}{\mathrm{d}t}&=-\frac{\partial\widehat{L}(x',p')}{\partial x'},\end{aligned}\tag{6.4.14}$$

$$\begin{aligned}\widehat{T}\big(p_{(\alpha)},x_{(\beta)}\big)&=\widehat{T}_0(y)+\int_0^t\langle p_{(\beta)},\mathrm{d}x_{(\beta)}\rangle-\langle x_{(\alpha)},\mathrm{d}p_{(\alpha)}\rangle\\ &=T_0(y)+\int_0^t\langle p,\mathrm{d}x\rangle-\langle p_{(\alpha)},x_{(\alpha)}\rangle\\ &=T(x)-\langle p_{(\alpha)},x_{(\alpha)}\rangle,\end{aligned}$$

即$\widehat{T}$为T的Legendre变换.

方程(6.4.13)沿Hamilton系统(6.4.14)的解变为常微分方程

$$\frac{\mathrm{d}}{\mathrm{d}t}\widehat{A}\sqrt{\widehat{J}}=\Big(\frac{1}{2}\mathrm{Tr}\,\frac{\partial^2\widehat{L}}{\partial x'\partial p'}\Big)\widehat{A}\sqrt{\widehat{J}},\quad \widehat{J}=\frac{\partial\big(p_{(\alpha)},x_{(\beta)}\big)}{\partial(y,t)},$$

故

$$\widehat{A}=\widehat{A}(y)\Big(\frac{\widehat{J}(y,t)}{\widehat{J}(y,0)}\Big)^{-\frac{1}{2}}\exp\Big(\frac{1}{2}\int_0^t\mathrm{Tr}\,\frac{\partial^2\widehat{L}}{\partial x'\partial p'}\mathrm{d}\tau\Big).\tag{6.4.15}$$

从而得到方程(6.4.1)的解

$$\begin{aligned}u(x)&=F^{-1}_{\lambda,p_{(\alpha)}\to x_{(\alpha)}}\widehat{A}\big(p_{(\alpha)},x_{(\beta)}\big)\mathrm{e}^{\mathrm{i}\,\lambda\widehat{T}(p_{(\alpha)},x_{(\beta)})}\\ &=\Big(\frac{\lambda}{-2\pi\mathrm{i}}\Big)^{\frac{k}{2}}\int\widehat{A}(y)\Big(\frac{\widehat{J}(y,t)}{\widehat{J}(y,0)}\Big)^{-\frac{1}{2}}\exp\Big[\mathrm{i}\,\lambda\widehat{T}(p_{(\alpha)},x_{(\beta)})\\ &\quad+\langle p_{(\alpha)},x_{(\alpha)}\rangle+\frac{1}{2}\int_0^t\mathrm{Tr}\frac{\partial^2\widehat{L}}{\partial x'\partial p'}\mathrm{d}\tau\Big]\mathrm{d}t.\end{aligned}\tag{6.4.16}$$

从上面的分析可知, 在焦散处, 只要将方程变为用混合空间表示, 就可解决焦散问题.

§6.4.3 线形层状问题的整体渐近解

以上得到的仅是局部解, 可以引进一个算子将局部渐近解粘贴起来, 从而获得处处有效的整体渐近解. 为了具体说明Maslov渐近理论[MF81], 考虑线形层状问题[ZD84]:

$$-\frac{1}{2}\{\Delta+\omega^2(1-ax_2)\}u(x_1,x_2)=0, \tag{6.4.17}$$

$$u(x_1,x_2)|_{x_1=y,x_2=0}=\mathrm{e}^{\mathrm{i}\,\omega p_{10}y}, \tag{6.4.18}$$

其中$\alpha\neq 0$, p_{10}为常数.

现求其几何光学形式的整体渐近解

$$u(x_1,x_2)=A(x_1,x_2)\mathrm{e}^{\mathrm{i}\omega\phi(x_1,x_2)}.$$

$\phi(x_1,x_2)$可通过下面的Hamilton系统求解:

$$\begin{aligned}
&\frac{\mathrm{d}x_1}{\mathrm{d}\tau}=p_1, && x_1|_{\tau=0}=y,\\
&\frac{\mathrm{d}x_2}{\mathrm{d}\tau}=p_2, && x_2|_{\tau=0}=0,\\
&\frac{\mathrm{d}p_1}{\mathrm{d}\tau}=0, && p_1|_{\tau=0}=\frac{\partial\phi(y,0)}{\partial y}=p_{10},\\
&\frac{\mathrm{d}p_2}{\mathrm{d}\tau}=-\frac{\alpha}{2}, && p_2|_{\tau=0}=\sqrt{1-p_{10}^2}=p_{20}.
\end{aligned} \tag{6.4.19}$$

解此Hamilton系统得:

$$\begin{aligned}
&x_1=y+p_{10}\tau, && x_2=p_{20}\tau-\frac{\alpha}{4}r^2,\\
&p_1=p_{10}, && p_2=p_{20}-\frac{\alpha}{2}\tau.
\end{aligned} \tag{6.4.20}$$

若取定$(y,0,p_{10},p_{20})$, 则(6.4.20)式表示相空间中的抛物线$\varGamma$, 如图6.4.1所示, 这就是特征线.

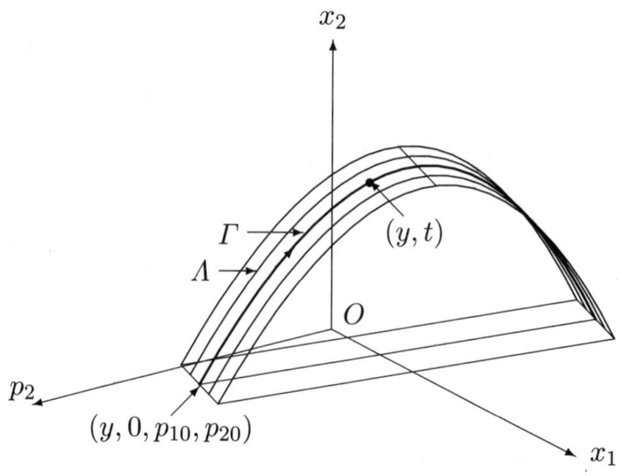

图 6.4.1 相空间中的抛物线Γ

Γ在(x_1,x_2)平面(物理空间)上的投影也是一条抛物线,这就是射线,见图6.4.2.

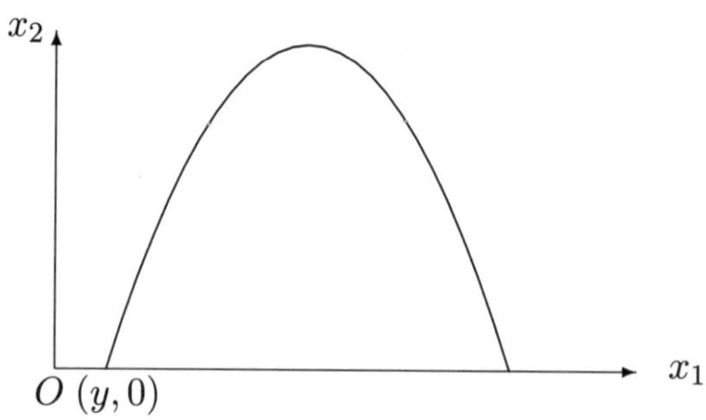

图 6.4.2 Γ在(x_1,x_2)平面上的投影是一条抛物线

Γ在混合空间(x_1,p_2)中的投影是一条直线,见图6.4.3.

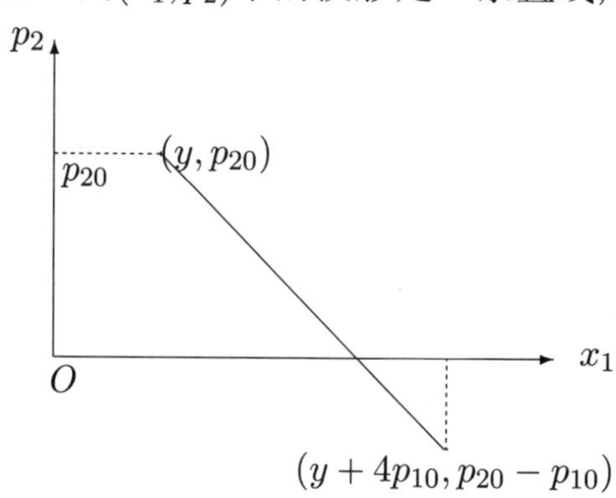

图 6.4.3 Γ在混合空间(x_1,p_2)中的投影是一条直线

当y在一定范围内变动时，相应的特征线在相空间中组成一张曲面Λ(它是相空间中Lagrange子流形).

射线为抛物线时，由于$\dfrac{\partial(x_1,x_2)}{\partial(y,\tau)}=p_{20}-\dfrac{\alpha}{2}\tau$，故当$\tau=\dfrac{2p_{20}}{\alpha}$时发生焦散.

$$\begin{aligned}\phi(x_1,x_2) &= p_{10}y+\int_0^\tau p_1\mathrm{d}x_1+p_2\mathrm{d}x_2\\ &= p_{10}y+\tau\left\{1-\frac{\alpha\tau}{2\left[p_{20}-\left(\dfrac{\alpha\tau}{6}\right)\right]}\right\}.\end{aligned}$$

由$x_2=p_{20}\tau-\dfrac{\alpha}{4\tau^2}$，得

$$\tau=\frac{2p_{20}\pm2\sqrt{p_{20}^2-\alpha x_2}}{\alpha}.$$

上式中取"–"表示射线接近焦散线，取"+"表示射线离开焦散线，从而

$$\phi(x_1,x_2)=p_{10}x_1+\frac{2}{3\alpha}\left[p_{20}^3\pm(p_{20}^2-\alpha x_2)^{\frac{3}{2}}\right].$$

沿着射线，可求得

$$A(x_1,x_2)=A(y,0)\left(\frac{J(y,\tau)}{J(y,0)}\right)^{-\frac{1}{2}}=\left(1-\frac{\alpha}{2p_{20}}\tau\right)^{\frac{1}{2}}.$$

于是，可以求出在非焦散处的几何光学波场(见图6.4.4):

$$u(x_1,x_2)=A\mathrm{e}^{\mathrm{i}\omega\phi_+}+A\mathrm{e}^{\mathrm{i}\omega\phi_-},$$

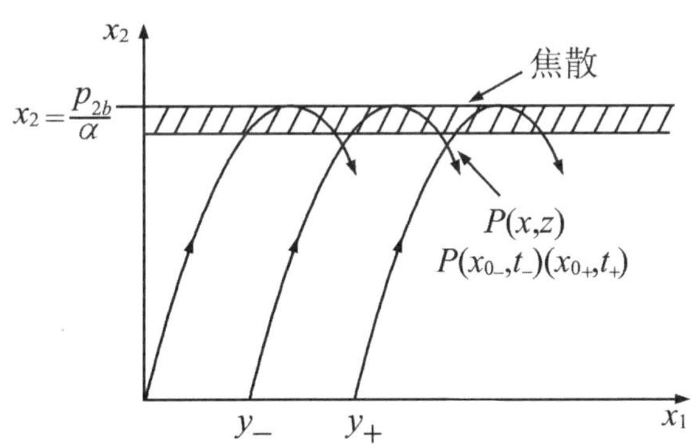

图 6.4.4 非焦散处的几何光学波场

但在焦散处失效，一是振幅为∞，二是相函数产生分支.

根据$\widehat{J}=\dfrac{\partial(x_1,p_2)}{\partial(y,\tau)}=-\dfrac{\alpha}{2}\neq 0$, 故将方程变为用$(x_1,p_2)$表示, 得:

$$\frac{1}{2}\left\{D_{x_1}^2-\omega\alpha D_{p_2}-\omega^2(1-p_2^2)\right\}\widehat{u}(x_1,p_2)=0, \tag{6.4.21}$$

$$\widehat{u}(x_1,p_2)=\widehat{A}(x_1,p_2)\mathrm{e}^{\mathrm{i}\lambda\widehat{\phi}(x_1,p_2)}. \tag{6.4.22}$$

按同样的方法可求得:

$$\widehat{u}(x_1,p_2) = \left(-\frac{2p_{20}}{\alpha}\right)^{\frac{1}{2}}\mathrm{e}^{\mathrm{i}\omega\left[p_{10}x_1+\frac{2}{3\alpha}p_{20}^3-\frac{p_{20}^2p_2}{\alpha}+\frac{p_2^3}{3\alpha}\right]}, \tag{6.4.23}$$

$$\begin{aligned} u(x_1,p_2) &= \left(\frac{\mathrm{i}\,\omega}{2\pi}\right)^{\frac{1}{2}}\int\widehat{u}(x_1,p_2)\mathrm{e}^{\mathrm{i}\,\omega p_2x_2}\mathrm{d}p_2 \\ &= \mathrm{e}^{-\frac{\mathrm{i}\,\pi}{4}}(4\pi p_{20})^{\frac{1}{2}}\left(\frac{\omega}{\alpha}\right)^{\frac{1}{6}}\mathrm{e}^{\mathrm{i}\omega(p_{10}x_1+\frac{2}{3\alpha}p_{20}^3)}\mathrm{A\,i}\,(\omega). \end{aligned} \tag{6.4.24}$$

这里,

$$\mathrm{A\,i}\,(\omega)=\frac{1}{2\pi}\int\exp\left[\mathrm{i}\left(\omega t-\frac{t^3}{3}\right)\right]\mathrm{d}t,\quad \omega=\omega\left(\frac{\alpha}{\omega}\right)^{\frac{1}{3}}\left(\frac{p_{20}^2}{\alpha}-x_2\right).$$

§6.4.4 射线追踪与辛几何算法

1. 射线追踪

设介质速度分布为$c(x_1,x_2)$, 射线按路径L传播的走时为T, 则L为下面变分极小问题的解[刘家琦93]:

$$T=\int_L\frac{\mathrm{d}s}{c(x_1,x_2)}=\min_{L'}\int_{L'}\frac{\mathrm{d}s}{c(x_1,x_2)}. \tag{6.4.25}$$

定义慢向量

$$p=(p_1,p_2)=\left(\frac{\partial T}{\partial x_1},\ \frac{\partial T}{\partial x_2}\right),$$

设$\omega(T)=\omega(T_0)+\displaystyle\int_{T_0}^{T}c^N\mathrm{d}T$, 利用变分原理, 变分极小问题(6.4.25)等价于下面的射线方程:

$$\begin{aligned} &\frac{\mathrm{d}x_i}{\mathrm{d}\omega}=c^{2-N}p_i, \\ &\frac{\mathrm{d}p_i}{\mathrm{d}\omega}=-c^{-1-N}\frac{\partial c}{\partial x_i}, \\ &\frac{\mathrm{d}T}{\mathrm{d}\omega}=c^{-N},\quad i=1,2. \end{aligned} \tag{6.4.26}$$

当$N=2$时, $\omega=\tau$为τ参数($\mathrm{d}T=c^{-2}\mathrm{d}\tau$), 此时方程(6.4.26)变为:

$$
\begin{aligned}
&\frac{\mathrm{d}x_i}{\mathrm{d}\tau}=p_i,\\
&\frac{\mathrm{d}p_i}{\mathrm{d}\tau}=-c^{-3}\frac{\partial c}{\partial x_i},\\
&\frac{\mathrm{d}T}{\mathrm{d}\tau}=c^{-2},\quad i=1,2.
\end{aligned}
\tag{6.4.27}
$$

当$N=0$时, $\omega=t$为时间参数, 此时方程(6.4.26)变为:

$$
\begin{aligned}
&\frac{\mathrm{d}x_i}{\mathrm{d}t}=c^2p_i,\\
&\frac{\mathrm{d}p_i}{\mathrm{d}t}=-c^{-1}\frac{\partial c}{\partial x_i},\\
&\frac{\mathrm{d}T}{\mathrm{d}t}=1,\quad i=1,2.
\end{aligned}
\tag{6.4.28}
$$

方程(6.4.27)和(6.4.28)均为Hamilton系统, 可以写为下列形式:

$$
\begin{aligned}
&\frac{\mathrm{d}x}{\mathrm{d}t}=\frac{\partial H(x,p)}{\partial p},\\
&\frac{\mathrm{d}p}{\mathrm{d}t}=-\frac{\partial H(x,p)}{\partial x}.
\end{aligned}
\tag{6.4.29}
$$

这里，$x=(x_1,x_2)$, $p=(p_1,p_2)$. 对于方程(6.4.27)，

$$
H(x,p)=\frac{1}{2}\left\{p_1^2+p_2^2-\frac{1}{c^2}\right\}.
$$

对于方程(6.4.28),

$$
H(x,p)=\frac{1}{2}c^2(p_1^2+p_2^2).
$$

在射线走时的层析成像中, 常引入入射角变量α, 这时方程(6.4.28)可以化为:

$$
\begin{aligned}
&\frac{\mathrm{d}x_1}{\mathrm{d}t}=c(x_1,x_2)\cos(\alpha),\\
&\frac{\mathrm{d}x_2}{\mathrm{d}t}=c(x_1,x_2)\sin(\alpha),\\
&\frac{\mathrm{d}\alpha}{\mathrm{d}t}=\frac{\partial c}{\partial x_1}\sin(\alpha)-\frac{\partial c}{\partial x_2}\cos(\alpha).
\end{aligned}
\tag{6.4.30}
$$

虽然射线方程的这种形式忽略了射线方程的Hamilton结构, 但因为我们不需要知道慢向量的值, 因此在实践中往往是很有效的.

在波动方程反演层析成像中, 如果利用Maslov渐近理论解决焦散问题, 需要对空间坐标进行傅里叶变换, 因此需要计算出每一点的位置向量和慢向量, 所以射线追踪必须依赖Hamilton 系统形式的射线方程. 辛几何算法是专门针对Hamilton系统设计的数值方法, 它能保持连续Hamilton系统的内在性质, 这就启发我们研究辛几何算法在波场模拟方面的应用.

2. **辛几何算法**

考虑Hamilton系统:

$$\begin{aligned}\frac{\mathrm{d}x}{\mathrm{d}t} &= \frac{\partial H(x,p)}{\partial p},\\ \frac{\mathrm{d}p}{\mathrm{d}t} &= -\frac{\partial H(x,p)}{\partial x},\end{aligned} \tag{6.4.31}$$

这里x,p为n维向量. 设Hamilton系统(6.4.31)初值问题的解为$g(t,r_0)$, $r_0=(x_0,p_0)$, x_0,p_0为初值, 那么, 对任意固定的t, $g(t,r_0)$为$\mathbf{R}^{2n}$中的一个变换. 设$A=\dfrac{\partial g(t,r_0)}{\partial r_0}$为变换$g(t,r_0)$的Jacobi矩阵, 可以证明[Arn89]:

$$AJA'=J,$$

$$J=\begin{pmatrix} 0 & I_n \\ -I_n & 0\end{pmatrix}, \quad I_n \text{ 为 } n \text{ 阶单位矩阵}. \tag{6.4.32}$$

满足(6.4.32)式的矩阵称为辛矩阵. 如果$\mathbf{R}^{2n}$中一个变换的Jacobi矩阵为辛矩阵, 那么称该变换为辛变换. 这样, 就证明了Hamilton系统(6.4.31)的解析解为一个辛变换, 而且还可以证明Hamilton函数为系统的不变量, 即

$$H\big(g(r_0,t)\big)\equiv \text{const}.$$

辛几何算法的基本思想是在对Hamilton系统进行离散时尽量保持Hamilton 系统的内在结构, 每一个单步格式都可写成

$$y_{n+1}=s(\tau)y_n,$$

这里, $s(\tau)$为对应于该格式的算子, τ为步长.

设$y_{n+1}=s(\tau)y_n, y_{n+1}=(x_{n+1},p_{n+1})$, $y_n=(x_n,p_n)$ 为系统(6.4.31)的一个数值格式, 如果$s(\tau)$是一个辛变换, 那么就称该格式为辛格式, 这样辛格式就保持了Hamilton系统解析解的辛变换性质.

3. 辛格式的构造

关于辛格式的构造, 正如前面几章叙述的, 有生成函数法、辛Runge-Kutta方法等, 这些方法一般都是隐式的. 如果$H(x,p)=T(p)+V(x)$, 则称相应的Hamilton系统为可分的. 关于可分的Hamilton系统, 可以构造显式的任意阶精度辛格式. 在地震层析成像中, 射线方程为一可分的Hamilton系统, 从而可以用显式的高精度辛格式进行数值求解.

下面讨论可分Hamilton系统辛格式的构造, 引进记号$z=(x,p)$, 则Hamilton系统(6.4.31)可以写为

$$\dot{z}=\big\{z,H(z)\big\}, \tag{6.4.33}$$

这里$\{\ ,\ \}$表示Possion括号, $\{F,G\}=F_xG_p-F_pG_x$.

如果引进微分算子$D_G:\ D_GF=\{F,G\}$, 那么Hamilton系统(6.4.33)可以写为

$$\dot{z}=D_Hz. \tag{6.4.34}$$

设$z(t)|_{t=0}=z(0)$, 那么在$t=r$处, 方程(6.4.34)的解可以写为:

$$\begin{aligned} z(\tau)&=\exp(\tau D_H)z(0)\\ &=\exp\big(\tau(D_T+D_V)\big)z(0)\\ &=\exp\big(\tau(A+B)\big)z(0),\\ A&=D_T,\quad B=D_V. \end{aligned} \tag{6.4.35}$$

若存在实数c_i 和d_i $(i=1,2,\cdots,k)$, 使得

$$\exp\big(\tau(A+B)\big)=\prod_{i=1}^{k}\exp\left(c_i\tau A\right)\exp\left(d_i\tau B\right)+O(\tau^{n+1}), \tag{6.4.36}$$

那么令

$$\overline{z}(\tau)=\Big[\prod_{i=1}^{k}\exp\left(c_i\tau A\right)\exp(d_i\tau B)\Big]z(0), \tag{6.4.37}$$

则

$$\overline{z}(\tau)=z(\tau)+O(\tau^{n+1}). \tag{6.4.38}$$

这样就得到n阶格式(6.4.37). 由于$\exp\left(c_i\tau A\right)$, $\exp\left(d_i\tau B\right)$均为辛变换, 于是(6.4.37)为辛格式, 它可写成映射的合成格式:

$$\begin{aligned} x^i&=x^{i-1}+\tau c_i\frac{\partial T}{\partial p}(p^{i-1}),\\ p^i&=p^{i-1}-\tau d_i\frac{\partial V}{\partial x}(x^i). \end{aligned} \tag{6.4.39}$$

这里, $i=1,2,\cdots,k$, $x^k\approx x(\tau)$, $x^0\approx x(0)$. $x^i\ (1\le i\le k-1)$表示中间结果. p^i的含义同x^i, 即格式(6.4.39)为一单步k级n阶显式辛格式.

由上面分析可知, 要想构造可分Hamilton系统的显式辛格式, 关键是确定系数c_i和$d_i\ (i=1,2,\cdots,k)$, 使得(6.4.36)式成立. 关于确定c_i和$d_i\ (i=1,2,\cdots,k)$的方法, 已经建立起了一般理论, 这里只列举几个常用的格式[Zuz92],[Yos90],[QZ92][FR90].

$$
\begin{aligned}
&2\text{ 阶格式:}\quad && k=2, && c_1=c_2=\frac{1}{2},\\
& && d_1=1, && d_2=0;\\
&3\text{ 阶格式:}\quad && k=3, && c_1=\frac{7}{24},\\
& && c_2=\frac{3}{4}, && c_3=-\frac{1}{24},\\
& && d_1=\frac{2}{3}, && d_2=-\frac{2}{3},\\
& && d_3=1;\\
&4\text{ 阶格式:}\quad && k=4, && c_1=c_4=\frac{1}{2(2-\sqrt[3]{2})},\\
& && c_2=c_3=\frac{1-\sqrt[3]{2}}{2(2-\sqrt[3]{2})}, && d_1=d_3=\frac{1}{2-\sqrt[3]{2}},\\
& && d_2=-\frac{\sqrt[3]{2}}{2-\sqrt[3]{2}}, && d_4=0.
\end{aligned}
$$

自治系统$\dfrac{\mathrm{d}x}{\mathrm{d}\tau}=a(x)$构造任意阶精度保结构格式的方法可参考书中第八章组合格式[FQ10].

例 6.4.3 Euler 中点格式$\widehat{x}=x+\tau a\Big(\dfrac{\widehat{x}+x}{2}\Big)$是辛格式, 有2阶精度. 设它对应的积分算子为$s_2(\tau)$, 则

$$
s_4(\tau)=s_2(c_2\tau)s_2(c_1\tau)s_2(c_2\tau),\quad c_1=\frac{1}{2-2^{\frac{1}{3}}},\quad c_2=-\frac{2^{\frac{1}{3}}}{2-2^{\frac{1}{3}}}
$$

是辛格式, 有4阶精度, 即:

$$
\begin{aligned}
x_{\frac{1}{3}}&=x+c_1\tau a\Big(\frac{x_{\frac{1}{3}}+x}{2}\Big),\\
x_{\frac{2}{3}}&=x_{\frac{1}{3}}+c_2\tau a\Big(\frac{x_{\frac{2}{3}}+x_{\frac{1}{3}}}{2}\Big),\\
\widehat{x}&=x_{\frac{2}{3}}+c_1\tau a\Big(\frac{\widehat{x}+x_{\frac{2}{3}}}{2}\Big).
\end{aligned}
$$

例 6.4.4 梯形格式$\widehat{x}=x+\dfrac{1}{2}\tau\big(a(x)+a(\widehat{x})\big)$ 是2 阶格式. 设它对应的积分算子为$s_2(\tau)$, 则

$$s_4(\tau)=s_2(c_2\tau)s_2(c_1\tau)s_2(c_2\tau),$$

$$c_1=\frac{1}{2-2^{\frac{1}{3}}},\quad c_2=-\frac{2^{\frac{1}{3}}}{2-2^{\frac{1}{3}}}$$

有4 阶格式, 即:

$$\begin{aligned}
x_{\frac{1}{3}}&=x+\frac{1}{2}c_1\tau\big(a(x)+a(x_{\frac{1}{3}})\big),\\
x_{\frac{2}{3}}&=x_{\frac{1}{3}}+\frac{1}{2}c_2\tau\big(a(x_{\frac{1}{3}})+a(x_{\frac{2}{3}})\big),\\
\widehat{x}&=x_{\frac{2}{3}}+\frac{1}{2}c_1\tau\big(a(x_{\frac{2}{3}})+a(\widehat{x})\big).
\end{aligned}$$

4. **高阶辛格式**

对于可分系统, 利用上面的理论可构造任意阶精度的显式辛格式. 设:

$$\begin{aligned}
E_a(\tau)&:=\widehat{p}=p-\tau\frac{\partial a}{\partial x}(x),\\
E_b(\tau)&:=\widehat{x}=x+\tau\frac{\partial b}{\partial p}(\widehat{p}).
\end{aligned}$$

令$s(\tau)=E_b(\tau)E_a(\tau)$, 则$s^*(\tau)=E_a(\tau)E_b(\tau)$, 于是,

$$s_2(\tau)=s^*\left(\frac{\tau}{2}\right)s\left(\frac{\tau}{2}\right)=E_b\left(\frac{\tau}{2}\right)E_a(\tau)E_b\left(\frac{\tau}{2}\right)$$

为2 阶辛格式. 可构造更高阶辛格式

$$\begin{aligned}
s_4(\tau)&=s_2(c_2\tau)s_2(c_1\tau)s_2(c_2\tau)\\
&=E_b\left(\frac{c_1\tau}{2}\right)E_a(c_1\tau)E_b\left(\frac{c_1\tau}{2}\right)E_b\left(\frac{c_2\tau}{2}\right)E_a(c_2\tau)\\
&\quad\cdot E_b\left(\frac{c_2\tau}{2}\right)E_b\left(\frac{c_1\tau}{2}\right)E_a(c_1\tau)E_b\left(\frac{c_1\tau}{2}\right)\\
&=E_b\left(\frac{c_1\tau}{2}\right)E_a(c_1\tau)E_b\left(\frac{c_1+c_2}{2}\tau\right)E_a(c_2\tau)\\
&\quad\cdot E_b\left(\frac{c_1+c_2}{2}\tau\right)E_a(c_1\tau)E_b\left(\frac{c_1\tau}{2}\right).
\end{aligned}$$

这就是上面的4 阶辛格式, 其中,

$$c_1=\frac{1}{2-2^{\frac{1}{3}}},\quad c_2=-\frac{2^{\frac{1}{3}}}{2-2^{\frac{1}{3}}}.$$

为了说明辛几何算法的长时间守恒性质, 考虑正弦速度模型

$$c(x_1,x_2)=1-0.2\sin(3\pi x_1)\sin(0.5\pi x_2).$$

此时, 射线方程为:

$$\begin{aligned}&\frac{\mathrm{d}x_1}{\mathrm{d}t}=p_1, && \frac{\mathrm{d}x_2}{\mathrm{d}t}=p_2,\\ &\frac{\mathrm{d}p_1}{\mathrm{d}t}=-c^3\frac{\partial c}{\partial x_1}, && \frac{\mathrm{d}p_2}{\mathrm{d}t}=-c^3\frac{\partial c}{\partial x_2}.\end{aligned} \tag{6.4.40}$$

首先考虑射线轨迹. 设方程(6.4.40)的初始值为$x_1(0)=0.5$, $x_2(0)=0$, $p_1=\cos(\alpha)$, $p_2=-\sin(\alpha)$. 初始角α从0.87964594到2.236814. 取步长$h=0.01$, 图6.4.5为4 阶显式辛几何算法计算的射线轨迹, 图6.4.6 为4 阶显式非辛Runge-Kutta算法计算的射线轨迹. 从图中可以看出, 两者的射线轨迹在短时间计算时基本一致.

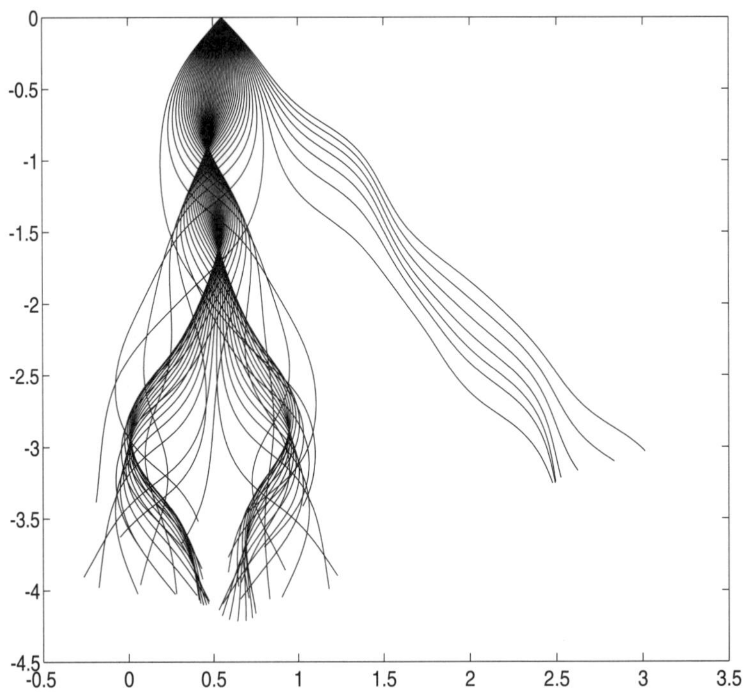

图 6.4.5 4 阶显式辛几何算法计算的射线轨迹

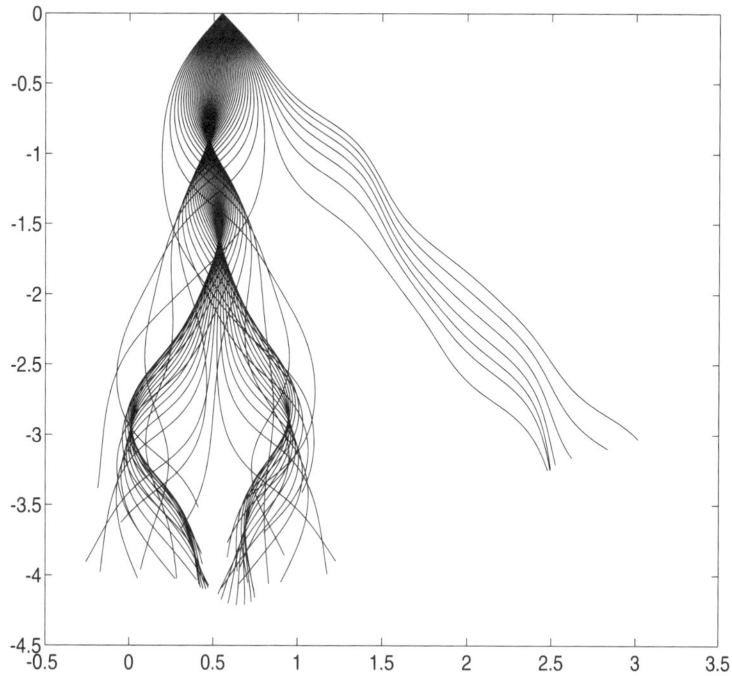

图 6.4.6　4 阶显式非辛Runge-Kutta算法计算的射线轨迹

下面利用辛格式和非辛Runge-Kutta 格式来计算沿初始位置为 (0.5,0), 初始角为1.2 的射线的Hamilton 函数值, 沿着该射线, Hamilton函数为: $H(x,p)\equiv 0$.

利用4 阶辛格式和下面的4 阶非辛Runge-Kutta 格式来计算:

$$r^{n+1}=r^n+\frac{h}{6}[K_1+2K_2+2K_3+K_4],\quad K_1=f(r^n),$$

$$K_2=f\Big(r_n+\frac{1}{2}hK_1\Big),\quad K_3=f\Big(r^n+\frac{1}{2}hK_2\Big),\quad K_4=f(r^n+hK_3),$$

这里$r^n=(x_1^n,x_2^n,p_1^n,p_2^n)$.

图6.4.7 为4 阶显式辛几何算法计算的沿射线轨迹Hamilton 函数值, 图6.4.8 为4 阶显式非辛Runge-Kutta算法计算的沿射线轨迹Hamilton 函数值, 取步长$h=0.01$, 计算200000 步. 从图6.4.7 中可以看出, 辛格式很好地保持了Hamilton函数值为0, 而非辛Runge-Kutta算法的Hamilton函数值却产生了很大的误差. 产生这种现象的原因是由于辛格式同解析解一样, 都是辛变换, 从而由辛几何计算的数值解能精确地满足一个扰动的Hamilton系统, 于是总能(Hamilton函数)的误差不会发生长期的积累, 由辛格式计算的总能总是在精确值附近扰动, 而非辛Runge-Kutta格式不是辛变换, 不具有这个格式.

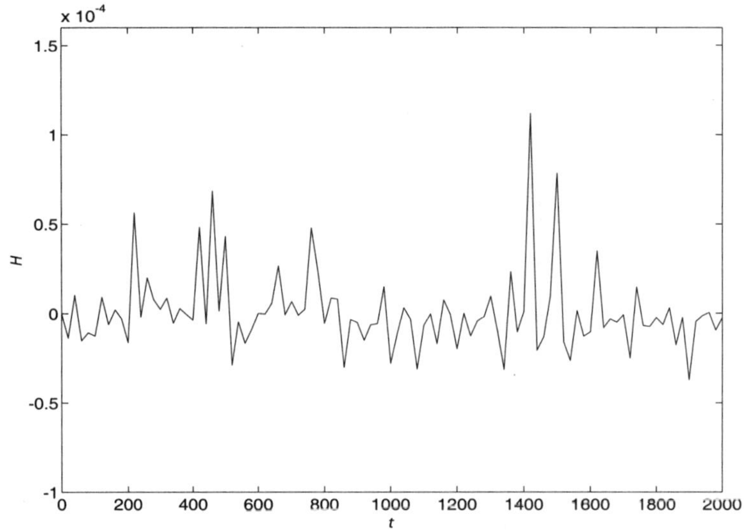

图 6.4.7　4阶显式辛几何算法计算的沿射线轨迹Hamilton函数值

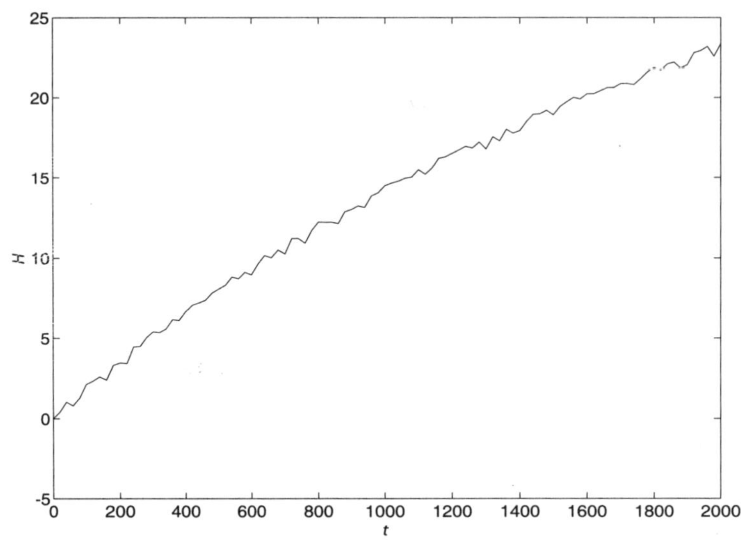

图 6.4.8　4阶显式非辛Runge-Kutta算法计算的沿射线轨迹Hamilton函数值

§6.5　波场的数值模拟

在这一节,利用§6.4的例子进行数值模拟,取$\alpha = 0.1$, $p_{10} = 0.6$,代入§6.4.2中的有关公式,便得到对应于$\alpha = 0.1$, $p_{10} = 0.6$ 的相函数、振幅及波场的解析公式.

在下面的数值模拟中, 取步长$h = 0.001$, 图6.5.1 – 图6.5.3 为数值解与解析解的对比图. 从图中可以看出, 数值解与解析解吻合得很好.

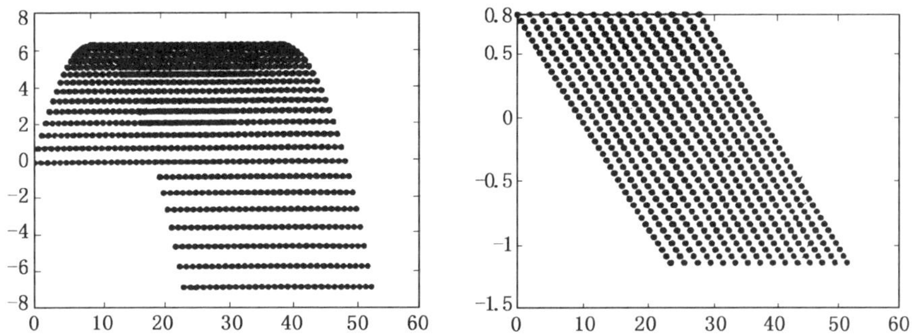

图 6.5.1 $(\boldsymbol{x}_1, \boldsymbol{p}_2)$空间射线图[左图: (x_1, x_2) 空间射线图; 右图: (x_1, p_2) 空间射线图]

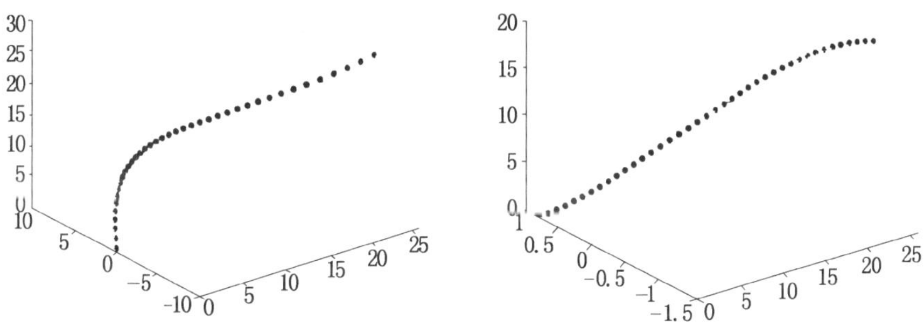

图 6.5.2 空间走时(相函数)曲线[左图. (x_1, x_2) 空间走时（相函数）曲线; 右图: (x_1, p_2) 空间走时（相函数）曲线]

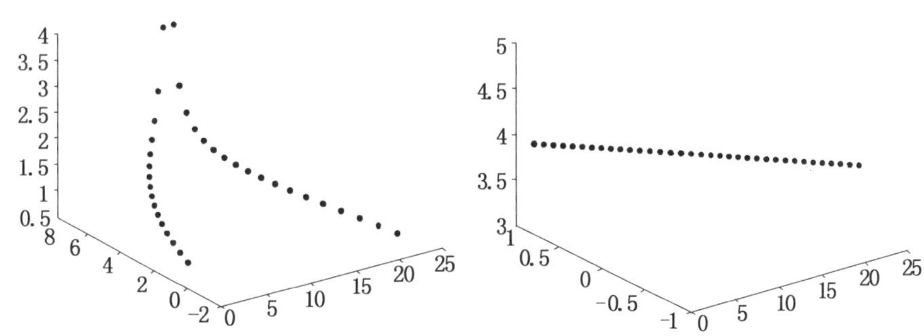

图 6.5.3 空间振幅曲线[左图: (x_1, x_2) 空间振幅曲线; 右图: (x_1, p_2) 空间振幅曲线]

图6.5.1 (左图)为(x_1, x_2) 空间的射线图, 初始点从$(0,0)$ 到$(29,0)$, "+"表示解析结果, 即:

$$x_1 = y + 0.6\tau,$$

$$x_2 = 0.8\tau - 0.025\tau^2.$$

"∘" 表示用1 阶辛算法(6.4.16) ($c_1 = 1,\ d_1 = 1$) 计算的结果.

图6.5.2(左图)为(x_1, x_2)空间的初始点为$(0,0)$ 的射线的走时曲线, "+" 表示解析结果, 即

$$\phi(x_1, x_2) = \tau\Big(1 - 0.05\tau\Big(0.8 - \frac{\tau}{60}\Big)\Big).$$

"∘" 表示用下面梯形数值积分公式计算的结果:

$$\phi(x_1, x_2) = \sum_i \left[\Big(p_1^2(\tau_i) + p_2^2(\tau_i) + p_1^2(\tau_{i-1}) + p_2^2(\tau_{i-1})\Big) \times \frac{0.001}{2}\right],$$

$$\tau_i = ih.$$

图6.5.3(左图)为(x_1, x_2)空间初始点为$(0,0)$ 的射线的振幅曲线, "+"表示解析结果, 即

$$|A(x_1, x_2)| = \left|1 - \frac{\tau}{16}\right|^{-\frac{1}{2}}.$$

"∘"表示用下面公式计算的结果:

$$J = \begin{vmatrix} \dfrac{x_1(0.1,\tau) - x_1(0,\tau)}{0.1} & p_1(0,\tau) \\ \dfrac{x_2(0.1,\tau) - x_2(0,\tau)}{0.1} & p_2(0,\tau) \end{vmatrix},$$

$$J_0 = \begin{vmatrix} \dfrac{x_1(0.1,0) - x_1(0,0)}{0.1} & p_1(0,0) \\ \dfrac{x_2(0.1,0) - x_2(0,0)}{0.1} & p_2(0,0) \end{vmatrix},$$

$$|A(x_1, x_2)| = \left(\frac{J}{J_0}\right)^{-\frac{1}{2}}.$$

从图6.5.3中可以看出, 振幅曲线在焦散处有一奇点.

利用上面的计算结果, 可以求出(x_1, x_2)空间除焦散线以外的任何一点处的相函数和振幅, 从而可以模拟(x_1, x_2)空间中除焦散线以外的波场. 为了模拟焦散线处的波场, 首先需要模拟(x_1, p_2) 空间的波场, 然后利用Fourier逆变换求出焦散线处的波场.

图6.5.1(右图)为(x_1,p_2)空间的射线图, 初始点从(0,0.8)到(29,0.8), “+” 表示解析结果, 即:

$$x_1 = y + 0.6\tau,$$

$$p_2 = 0.8 - 0.05\tau.$$

“○” 表示用1 阶辛算法(6.4.39) ($c_1 = 1, d_1 = 1$) 计算的结果.

图6.5.2(右图)为(x_1,p_2)空间初始点为(0,0.8)的射线的走时曲线, “–”表示解析结果, 即

$$\widehat{\phi}(x_1,p_2) = 0.6x_1 + \frac{10.24}{3} - 64p_2 + \frac{10p_2^3}{3}.$$

“○”表示用下面公式计算的结果:

$$\widehat{\phi}(x_1,p_2) = \sum_{k=1}^{i}\Big[\frac{\big(p_1^2(\tau_{k-1}) + p_2^2(\tau_{k-1}) + p_1^2(\tau_k) + p_2^2(\tau_k)\big)}{2}\Big] - p_2(\tau_i)x_2(\tau_i),$$

$$\tau_i = ih.$$

图6.5.3(右图)为(x_1,p_2)空间初始点为(0, 0.8)的射线的振幅曲线, “–” 表示解析结果, 即

$$|\widehat{A}(x_1,p_2)| = 4.$$

“○” 表示用下面公式计算的结果:

$$\widehat{J} = \begin{vmatrix} \dfrac{x_1(0.1,\tau) - x_1(0,\tau)}{0.1} & p_1(0,\tau) \\ \dfrac{p_2(0.1,\tau) - p_2(0,\tau)}{0.1} & -0.05 \end{vmatrix},$$

$$\widehat{J}_0 = \begin{vmatrix} \dfrac{x_1(0.1,0) - x_1(0,0)}{0.1} & p_1(0,0) \\ \dfrac{p_2(0.1,0) - p_2(0,0)}{0.1} & -0.05 \end{vmatrix},$$

$$|\widehat{A}(x_1,x_2)| = 4\Big(\frac{\widehat{J}}{\widehat{J}_0}\Big)^{-\frac{1}{2}}.$$

下面利用Fourier 逆变换(6.4.24)来求焦点处振幅. 在焦点处 $p_2 = 0$, 从而(6.4.24)式中的积分值主要由在0 点的一个邻域上的积分确定. 取p_2 的积分区间为[0.8, −1.2], $\omega = 1000$.

图6.5.4 为用(x_1,p_2) 空间射线追踪及梯形数值积分公式计算的焦散线$x_2 = 6.4$ 处的振幅曲线，计算了(25,6.4) – (29,6.4) 处5 个点的振幅, 振幅值均为46.5.

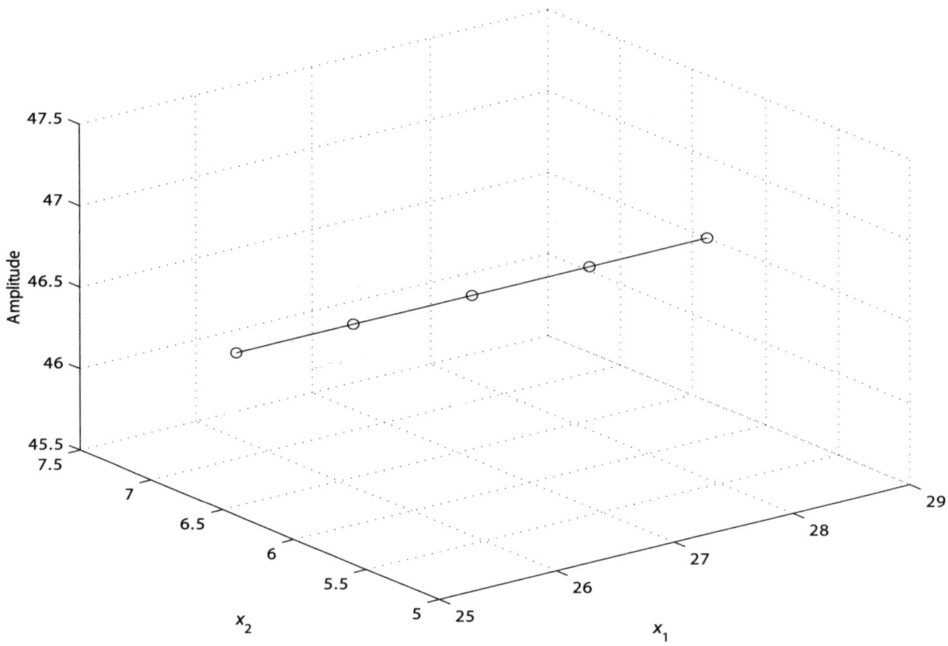

图 6.5.4 焦散线$x_2 = 6.4$处的振幅曲线

参考文献

[尹峰等93] 尹峰, 李幼铭. 反演二维非均匀介质背景中速度扰动的波动方程层析成像方法. 李幼铭, 杨文采主编. 应用地震层析成像. 地质出版社，北京, 1993.

[李世雄01] 李世雄. 波动方程的高频近似与辛几何. 科学出版社，北京, 2001.

[刘家琦93] 刘家琦. 走时地震层析成像的方法技术应用. 李幼铭, 杨文采主编. 应用地震层析成像. 地质出版社, 北京, 1993.

[秦孟兆等00] 秦孟兆, 陈景波. Maslov渐近理论与辛几何算法. 地球物理学报, 43(4): 522–533, 2000.

[Arn89] V. I. Arnold. *Mathematical Methods of Classical Mechanics*. Springer-Verlag, GTM 60, Second edition, 1989.

[CQ02] J. B. Chen and M. Z. Qin. A multisymplectic variational integrator for the nonlinear schrödinger equation. *Numer. Meth. Part. Diff. Eq.*, 18:523–536, 2002.

[FQ10] K. Feng and M. Z. Qin. *Symplectic Geometric Algorithms for Hamiltonian systems*. Springer and Zhejiang Science and Technology Publishing House, Heidelberg, Hangzhou, First edition, 2010.

[FR90] E. Forest and R. D. Ruth. Fourth-order symplectic integration. *Physica D*, 43:105–117, 1990.

[MF81] V. P. Maslov and M. V. Fedoriuk. *Semi-Classical Approximation in Quantum Mechanics*. D. Reidel, Holland, First edition, 1981.

[MR99] J. E. Marsden and T. S. Ratiu. *Introduction to Mechanics and Symmetry*. Number 17 in Texts in Applied Mathematics Springer-Verlag, New York, Second edition, 1999.

[QZ92] M. Z. Qin and W. J. Zhu. Construction of higher order symplectic schemes by composition. *Computing*, 47:309–321, 1992.

[Yos90] H. Yoshida. Construction of higher order symplectic integrators. *Physics Letters A*, 150:262–268, 1990.

[ZD84] R. W. Ziolkowski and G. A. Deschamps. Asymptotic evaluation of high-frequency field near a caustic: An introduction to maslov's method. *Radio Science*, 19(4):1001–1025, 1984.

[Zuz92] M. Zuzuki. General theory of higher order decomposition of exponential operators and symplectic integrators. *Physics Letters A*, 165:387–395, 1992.

第七章　微分复形与数值计算

在构造和分析微分方程的数值方法中，微分复形起着重要的作用(如De Rham复形)，设计稳定的偏微分方程数值方法通常取决于能否抓住所要离散系统的微妙结构. 在许多情况下，人们发现(Bossavit[Bos98a],[Bos98b],[Bos00], Matiussi[Mat97],[Mat00], Toni[Ton69],[Ton01], Teixeira[Tei01],[TC99], Raviart 和Thomas[RT77], Nédélec[Néd80],[Néd86], Hymam和Shashkov[HS97b],[HS97a], Hiptmair[Hip01],[Hip02], Arnold[Arn02],[AFW07],[AFW10]) 由微分复形所揭示的微分几何结构是一个本质要素，所以正确离散原始微分复形有着重要意义. 这种新的几何观点为最近几十年发展起来的种种数值方法给出了统一解释，特别是电磁问题的稳定近似所发展的数值方法. 本章试图从差分方法、有限体积法、有限元法出发，通过典型方程说明用微分复形观点构造格式的重要性.

§7.1　Maxwell方程

麦克斯韦(Maxwell)是19世纪伟大的英国物理学家、数学家，主要从事电磁理论、分子物理学、统计物理学、光学、力学、弹性理论方面的研究. 他建立的电磁场理论将电、磁、光统一起来，是19世纪物理学发展的最光辉的成果. Maxwell方程组包含着丰富的内容和深刻的含义. 伟大的物理学家爱因斯坦曾这样评价Maxwell方程："这个方程组的提出是牛顿时代以来物理学上一个重要的事件，这是关于场定律的定量描述. 方程中所包含的内容比我们所指出的要丰富得多. 在它们简单的形式下隐藏着深奥的内容，这些内容只有靠仔细的研究才能显示出来. 它是描述场的结构的定律，它不像牛顿定律那样把此处发生的事件与彼处的条件联系起来，而是此处此刻的场只与最近的、刚过去的场发生关系.假使我们知道此处此刻所发生的事件，这些方程便可帮助我们预测在空间上稍远一些、在时间上稍迟一些将会发生什么."

19世纪中叶，描述电磁现象的基本实验规律如库仑定律、安培定律、欧姆定律、法拉第电磁感应定律等已经先后得出，建立统一电磁理论的课题摆在了物理学家面前. 麦克斯韦继承了法拉第的近距作用观点，认为电磁作用是以场为媒介传递的，需要传递时间，把客观存在的场作为研究对象，从而开辟了物理学研究的新天地. 麦克斯韦审查了当时已知的全部电磁学定律、定理的基础，提取了其中带有普遍意义的内容，拓宽了它们的成立条件. 麦克斯韦提出了有旋电场的概念和位移电流的假设，揭示了电磁场的内在联系和相互依存，完成了建立电磁场理论的关键性突破. Maxwell熟练地运用了当时正在发展的矢量分析，找到了表述电磁场（空间连续分布的客体）的适当数学工具. 1865年, Maxwell终于建立了包括电荷守恒定律、介质方程以及电磁场方程在内的完备方程组. 经后人进一步的加工,得出了下述电磁场方程组 ——Maxwell方程组. 这个电磁场理论对电磁学、光学、材料科学以及通信、广播、电视等的发展都产生了广泛而深远的影响, 它是物理学中继牛顿力学之后的又一伟大成就.

§7.1.1 电磁方程的积分形式

对电磁方程, 首先考虑它的局部形式(磁流高斯守恒律)和法拉第感应定律:

$$\operatorname{div}\boldsymbol{B}=0,\quad 高斯守恒律, \tag{7.1.1}$$

$$\operatorname{curl}\boldsymbol{E}+\frac{\partial\boldsymbol{B}}{\partial t}=0,\quad 法拉第感应定律, \tag{7.1.2}$$

$\boldsymbol{B}$表示磁流密度 , $\boldsymbol{E}$表示电场强度.上面这些方程有电荷守恒定律

$$\operatorname{div}\boldsymbol{J}+\frac{\partial\rho}{\partial t}=0, \tag{7.1.3}$$

$\boldsymbol{J}$表示电流密度, ρ表示电荷密度. 同样, 方程(7.1.1)和(7.1.2)可以定义向量势$\boldsymbol{A}$和数量值势V:

$$\operatorname{curl}\boldsymbol{A}=\boldsymbol{B}, \tag{7.1.4}$$

$$-\operatorname{grad}V-\frac{\partial\boldsymbol{A}}{\partial t}=\boldsymbol{E}. \tag{7.1.5}$$

与方程(7.1.1) 和(7.1.2)对应的有静电高斯守恒律

$$\operatorname{div}\boldsymbol{D}=\rho \tag{7.1.6}$$

和麦克斯韦-安培定律

$$\operatorname{curl}\boldsymbol{H}-\frac{\partial\boldsymbol{D}}{\partial t}=\boldsymbol{J}, \tag{7.1.7}$$

$\boldsymbol{D}$表示电流密度, $\boldsymbol{H}$表示磁场强度. 我们已经列出结构方程，对电磁学考虑到大

多数材料的习性,一般形式为:

$$\boldsymbol{D}(\boldsymbol{r},t)=\int_{t_0}^{t}\int_{D}F_{\varepsilon}(\boldsymbol{E},\boldsymbol{r}',\tau),$$

$$\boldsymbol{B}(\boldsymbol{r},t)=\int_{t_0}^{t}\int_{D}F_{\mu}(\boldsymbol{H},\boldsymbol{r}',\tau),$$

$$\boldsymbol{J}(\boldsymbol{r},t)=\int_{t_0}^{t}\int_{D}F_{\sigma}(\boldsymbol{E},\boldsymbol{r}',\tau).$$

局部关系式为:

$$\boldsymbol{D}(\boldsymbol{r},t)=f_{\varepsilon}(\boldsymbol{E},\boldsymbol{r},t),$$

$$\boldsymbol{B}(\boldsymbol{r},t)=f_{\mu}(\boldsymbol{H},\boldsymbol{r},t),$$

$$\boldsymbol{J}(\boldsymbol{r},t)=f_{\sigma}(\boldsymbol{E},\boldsymbol{r},t),$$

可简单写成:

$$\boldsymbol{D}(\boldsymbol{r})=\varepsilon(\boldsymbol{r})\boldsymbol{E}(\boldsymbol{r}),$$

$$\boldsymbol{B}(\boldsymbol{r})=\mu(\boldsymbol{r})\boldsymbol{H}(\boldsymbol{r}),$$

$$\boldsymbol{J}(\boldsymbol{r})=\sigma(\boldsymbol{r})\boldsymbol{E}(\boldsymbol{r}),$$

充分代表大多数材料的行为.

它们的积分关系式为(P,L,S,V表示内方向;$\widetilde{P},\widetilde{L},\widetilde{S},\widetilde{V}$表示外方向):

$$\int_{\partial V}\boldsymbol{B}=\int_{V}0,\tag{7.1.8}$$

$$\int_{\partial S}\boldsymbol{E}+\frac{\mathrm{d}}{\mathrm{d}t}\int_{S}\boldsymbol{B}=\int_{S}0,\tag{7.1.9}$$

$$\int_{\partial\widetilde{V}}\boldsymbol{J}+\frac{\mathrm{d}}{\mathrm{d}t}\int_{\widetilde{V}}\rho=\int_{\widetilde{V}}0,\tag{7.1.10}$$

$$\int_{\partial S}\boldsymbol{A}=\int_{S}\boldsymbol{B},\tag{7.1.11}$$

$$-\int_{\partial L}V-\frac{\mathrm{d}}{\mathrm{d}t}\int_{L}\boldsymbol{A}=\int_{L}\boldsymbol{E},\tag{7.1.12}$$

$$\int_{\partial\widetilde{V}}\boldsymbol{D}=\int_{\widetilde{V}}\rho,\tag{7.1.13}$$

$$\int_{\partial\widetilde{S}}\boldsymbol{H}-\frac{\mathrm{d}}{\mathrm{d}t}\int_{\widetilde{S}}\boldsymbol{D}=\int_{\widetilde{S}}\boldsymbol{J}.\tag{7.1.14}$$

§7.1.2 关于微分形式的一些基本知识

本节内容大部分取自专著[AM78],[Arn89],[MR99] 和论文[TC99],[Hip02],[Bos98a],[AFW10].

定义 7.1.1 $\mathcal{DF}^{l,m}(\mathcal{M})$ 定义在光滑n维流形$\mathcal{M}$ 上且具有$\boldsymbol{C}^m$ 类光滑性l-微分形式 $(0 \leq l \leq n)$.

$$\omega:\ x \in \mathcal{M} \longrightarrow \Lambda_l(T_x\mathcal{M}), \quad m\ \text{次可微},$$

$$\omega(x) = \sum a_{i_1,\cdots,i_k}(x)\mathrm{d}x_{i_1} \wedge \cdots \wedge \mathrm{d}x_{i_k}, \quad (i_1,\cdots,i_k) \subset \{1,2,\cdots,n\}.$$

这样的微分形式构成一个向量空间,记作$\wedge^l(\mathcal{M})$.

定义 7.1.2 (**外导数**)

$$\mathrm{d}: \mathcal{DF}^{l,m}(\mathcal{M}) \longrightarrow \mathcal{DF}^{l+1,m-1}(\mathcal{M}),$$

$$a_{i_1,\cdots,i_l}\,\mathrm{d}x_{i_1} \wedge \cdots \wedge \mathrm{d}x_{i_l} \longrightarrow \sum_{i-1}^{n}\Big(\frac{\partial\, a_{i_1,\cdots,i_l}(x)}{\partial x_i}\mathrm{d}x_i\Big) \wedge \mathrm{d}x_{i_1} \wedge \cdots \wedge \mathrm{d}x_{i_l}.$$

定义 7.1.3 设ϕ是微分同胚$\widehat{\mathcal{M}} \to \mathcal{M}$, 拉回运算$\phi^*: \mathcal{DF}^{l,0}(\mathcal{M}) \to \mathcal{DF}^{l,0}(\widehat{\mathcal{M}})$,

$$\big(\phi^*\,\omega(x)\big)(\widehat{\xi}_1,\cdots,\widehat{\xi}_l) = \omega\big(\phi\,(\widehat{x})\big)(\phi_*\,\widehat{\xi}_1,\cdots,\phi_*\widehat{\xi}_l),$$

$$\forall\,\omega \in \mathcal{DF}^{l,0}(\mathcal{M}), \quad \widehat{\xi}_i \in T_{\widehat{x}}\widehat{\mathcal{M}} \longrightarrow T_x\mathcal{M}.$$

定义 7.1.4 (**迹算子**) 设$\mathcal{N}$是流形$\mathcal{M}$ 的m维子流形, 于是迹算子$t_{\mathcal{N}}$ 可定义为

$$t_{\mathcal{N}}: \mathcal{DF}^{l,0}(\mathcal{M}) \longrightarrow \mathcal{DF}^{l,0}(\mathcal{N}).$$

定义 7.1.5 (**积分型微分形式**) 假设$\omega \in \mathcal{DF}^{l,0}$, $\Sigma \in S_l(\mathcal{M})$, $\int_\Sigma \omega$ 是积分 l-形式, $\omega \in \mathcal{F}^l(\mathcal{M})$是分片光滑流形$\mathcal{M}$上的积分 l-形式.

这样的积分形式构成一个向量空间,记作$\mathcal{F}^l(\mathcal{M})$.

定理 7.1.1 (**Stokes 定理**) 令外导数 $\mathrm{d}:\ \mathcal{F}^l(\mathcal{M}) \to \mathcal{F}^{l+1}(\mathcal{M})$.

$$\int_\Sigma \mathrm{d}\,\omega = \int_{\partial\Sigma} \omega, \quad \forall\,\omega \in \mathcal{F}^l(\mathcal{M}), \quad \Sigma \in S_{l+1}(\mathcal{M}).$$

定义 7.1.6 积分形式下的拉回运算.

设ϕ是微分同胚$\widehat{\mathcal{M}} \to \mathcal{M}$, $\phi^*:\ \mathcal{F}^L(\mathcal{M}) \to \mathcal{F}^l(\widehat{\mathcal{M}})$, 则

$$\int_{\widehat{\Sigma}} \phi^*\omega := \int_{\phi(\widehat{\Sigma})} \omega, \quad \forall\,\omega \in \mathcal{F}^l(\mathcal{M}), \quad \widehat{\Sigma} \in S_l(\widehat{\mathcal{M}}).$$

有如下重要的关系式:

$$\mathrm{d} \circ \phi^* = \phi^* \circ \mathrm{d}. \tag{7.1.15}$$

定义 7.1.7 与拉回算子可交换的(7.1.15) 叫拓扑相关的,否则叫度量相关的.

定义 7.1.8 积分形式下的迹算子.

设$\omega \in \mathcal{F}^l(\mathcal{M}),\mathcal{N} \in S_m(\mathcal{M})$ $(0 \le m \le n)$.

$$\begin{aligned}&\int_\Sigma \mathbf{t}_\mathcal{N}\omega := \int_\Sigma \omega, \quad \forall \Sigma \in S_l(\mathcal{N}),\\&\mathbf{d} \circ \mathbf{t}_\mathcal{N} = \mathbf{t}_\mathcal{N} \circ \mathbf{d},\\&\phi^* \circ \mathbf{t}_\mathcal{N} = \mathbf{t}_{\widehat{\mathcal{N}}} \circ \phi^*.\end{aligned}$$

考虑有界域$\Omega \subset \mathbf{R}^3$, 假设$\Omega$ 是带边的 3维流形.

定义 7.1.9 (向量表示) Υ_l $(0 \le l \le 3)$是在$\Omega \subset \mathbf{R}^3$上的$l$-微分形式, 它相应的$k$维向量(数量)之间的一个同构,参见表7.1.1.

表 7.1.1 3 维欧氏空间中微分形式和向量场的关系式

微分形式	相关函数u 和向量场$\boldsymbol{u}$
$x \mapsto \omega(x)$	$u(x) = \omega(x)$
$x \mapsto \{\boldsymbol{v} \mapsto \omega(x)\boldsymbol{v}\}$	$(\boldsymbol{u}(x), \boldsymbol{v}) = \omega(x)\boldsymbol{v}$
$x \mapsto \{(\boldsymbol{v}_1, \boldsymbol{v}_2) \mapsto \omega(x)(\boldsymbol{v}_1, \boldsymbol{v}_2)\}$	$(\boldsymbol{u}(x), \boldsymbol{v}_1 \times \boldsymbol{v}_2) := \omega(x)(\boldsymbol{v}_1, \boldsymbol{v}_2)$
$x \mapsto \{(\boldsymbol{v}_1, \boldsymbol{v}_2, \boldsymbol{v}_3) \mapsto \omega(x)(\boldsymbol{v}_1, \boldsymbol{v}_2, \boldsymbol{v}_3)\}$	$\boldsymbol{u}(x)\det(\boldsymbol{v}_1, \boldsymbol{v}_2, \boldsymbol{v}_3) := \omega(x)(\boldsymbol{v}_1, \boldsymbol{v}_2, \boldsymbol{v}_3)$

Υ算子作用: 假设算子Υ_k把k-形式变为和它相应的k维向量(数量), 见表7.1.1.

$$\begin{aligned}\Upsilon_1 : &\quad \mathcal{DF}^{1,0}(\Omega) \longrightarrow T_x\Omega,\\\Upsilon_1\mathbf{e}(x) &= \sum_{i=1}^3 E_i(x)\,\mathrm{d}x_i \longrightarrow \sum_{i=1}^3 E_i(x)\,e_i = (E_1(x), E_2(x), E_3(x))^{\mathrm{T}},\\\Upsilon_2 : &\quad \mathcal{DF}^{2,0}(\Omega) \longrightarrow T_x\Omega,\\\Upsilon_2\mathbf{b}(x) &= \sum_{i=1}^3 b_i(x)\mathrm{d}x_1 \wedge \cdots \wedge \widehat{\mathrm{d}x_i} \wedge \cdots \wedge \mathrm{d}x_3 \longrightarrow\\&\quad \sum_{i=1}^3 b_i(x)\,e_i = (b_1(x), b_2(x), b_3(x))^{\mathrm{T}},\\\Upsilon_3 : &\quad \mathcal{DF}^{3,0}(\Omega) \longrightarrow \Omega^*, \quad \omega(x)\,\mathrm{d}x_1 \wedge \mathrm{d}x_2 \wedge \mathrm{d}x_3 \longrightarrow \omega(x),\\\Upsilon_0 : &\quad \mathcal{DF}^{0,0}(\Omega) \longrightarrow \Omega^*, \quad \Upsilon_0 = I, \ \omega(x) \longrightarrow \omega(x).\end{aligned}$$

命题 7.1.1 外导数和向量表示有下列关系式:

$$\Upsilon_1 \circ \mathrm{d} = \mathrm{grad} \circ \Upsilon_0, \quad \Upsilon_2 \circ \mathrm{d} = \mathrm{curl} \circ \Upsilon_1, \quad \Upsilon_3 \circ \mathrm{d} = \mathrm{div} \circ \Upsilon_2.$$

设$\phi : \widehat{\Omega} \to \Omega$微分同胚,

$$\phi^* : \mathcal{DF}^{l,0}(\Omega) \longrightarrow \mathcal{DF}^{l,0}(\overline{\Omega}), \quad D\phi(\widehat{x}) = \left[\frac{\partial (x_i \circ \phi)}{\partial \widehat{x}_j}\right].$$

命题 7.1.2 拉回运算ϕ^*有下列关系式(详见后面的命题7.1.5):

$$\begin{aligned}
&\mathfrak{F}_\phi^0 := \Upsilon_0 \circ \phi^* \Upsilon_0^{-1}, \quad (\mathfrak{F}_\phi^0 u)(\widehat{x}) = u(x),\\
&\mathfrak{F}_\phi^1 := \Upsilon_1 \circ \phi^* \Upsilon_1^{-1}, \quad (\mathfrak{F}_\phi^1 u)(\widehat{x}) = D\,\phi(\widehat{x})^{\mathrm{T}}\, u(x),\\
&\mathfrak{F}_\phi^2 := \Upsilon_2 \circ \phi^* \Upsilon_2^{-1}, \quad (\mathfrak{F}_\phi^2 u)(\widehat{x}) = \det D\,\phi(\widehat{x})\, D\,\phi(x)^{-1}\, u(x).
\end{aligned}$$

$\Gamma \in S_2(\Omega), x \in \Gamma, \boldsymbol{n}(x)$ 是边界Γ上的单位法向量.

命题 7.1.3 对于迹算子有下列关系式:

$$\begin{aligned}
&\gamma := \Upsilon_0^\Gamma \circ \mathbf{t}_\Gamma \circ \Upsilon_0^{-1}, \quad (\gamma)u(x) = u(x),\\
&\gamma_{\boldsymbol{t}} := \Upsilon_1^\Gamma \circ \mathbf{t}_\Gamma \circ \Upsilon_1^{-1}, \quad (\gamma_{\boldsymbol{t}}\boldsymbol{u})(x) = \boldsymbol{n}(x) \times (\boldsymbol{u}(x) \times \boldsymbol{n}(x)),\\
&\gamma_{\boldsymbol{n}} := \Upsilon_2^\Gamma \circ \mathbf{t}_\Gamma \circ \Upsilon_2^{-1}, \quad (\gamma_{\boldsymbol{n}}\boldsymbol{u})(x) = \boldsymbol{u}(x) \cdot \boldsymbol{n}(x),\\
&\Upsilon_2(\omega \wedge \eta) = (\Upsilon_1 \omega) \times (\Upsilon_1 \eta), \quad \forall\, \omega, \eta \in \mathcal{DF}^{1,0}(\Omega),\\
&\Upsilon_3(\omega \wedge \eta) = (\Upsilon_2 \omega) \times (\Upsilon_1 \eta), \quad \forall\, \omega \in \mathcal{DF}^{2,0}, \quad \eta \in \mathcal{DF}^{1,0}(\Omega).
\end{aligned}$$

命题 7.1.4 形式的积分等于相对应的向量(数量)的积分:

$$\begin{aligned}
&\omega \in \mathcal{DF}^{0,0}(\Omega), && \int_x \omega = (\Upsilon_0\, \omega)(x), && \forall x \in \Omega,\\
&\omega \in \mathcal{DF}^{1,0}(\Omega), && \int_l \omega = \int_l \Upsilon_1\, \omega\, \mathrm{d}l, && \forall l \in S_1(\Omega),\\
&\omega \in \mathcal{DF}^{2,0}(\Omega), && \int_\Sigma \omega = \int_\Sigma \Upsilon_2\, \omega \cdot \boldsymbol{n}\, \mathrm{d}S, && \forall \Sigma \in S_2(\Omega),\\
&\omega \in \mathcal{DF}^{3,0}(\Omega), && \int_V \omega = \int_V \Upsilon_3\, \omega\, \mathrm{d}x, && \forall V \in S_3(\Omega).
\end{aligned}$$

引理 7.1.1 $\mathrm{Cof}\, A = (\det A) A^{-\mathrm{T}}$, 其中$\mathrm{Cof}\, A$是矩阵$A$的余因子矩阵.

命题 7.1.5 设$\widehat{\Omega}, \Omega \subset \mathbf{R}^3$, 设有微分同胚$\phi \in \boldsymbol{C}^1$, 使$\widehat{\Omega} \to \Omega$, $\widehat{x} \to x$, $D\phi > 0$ (保方向), 有下列关系式:

(1) ω^0 0-形式 $\varphi := \Upsilon_0\,\omega,\quad \widehat{\varphi} := \Upsilon_0\,\phi^*\,\omega \implies \widehat{\varphi} = (\varphi \circ \phi)$;

(2) ω^1 1-形式 $\vec{\xi} := \Upsilon_1\,\omega,\quad \widehat{\vec{\xi}} := \Upsilon_1\,\phi^*\,\omega \implies \widehat{\vec{\xi}} = D\,\phi^T(\vec{\xi} \circ \phi)$;

(3) ω^2 2-形式 $\vec{u} := \Upsilon_2\,\omega,\quad \widehat{\vec{u}} := \Upsilon_2\,\phi^*\,\omega \implies \widehat{\vec{u}} = \det D\,\phi\,(D\,\phi)^{-1}(\vec{u} \circ \phi)$;

(4) ω^3 3-形式 $w := \Upsilon_3\,\omega,\quad \widehat{w} := \Upsilon_3\,\phi^*\,\omega \implies \widehat{w} = \det D\,\phi(w \circ \phi)$.

证明: (1)和(4)是显然的.

下面证明(2)和(3)[1], 即拉回映射$\phi^*\omega$所对应的向量$\widehat{\xi}, \widehat{u}$ 的公式推导. 先证(2). ω是1-形式, 它可写成$\omega = A_1\,\mathrm{d}x + A_2\,\mathrm{d}y + A_3\,\mathrm{d}z$, 此时$\xi = \gamma_1\,\omega = (A_1, A_2, A_3)^{\mathrm{T}}$.

$$\phi\,(\widehat{x}, \widehat{y}, \widehat{z}) = \big(\phi_1\,(\widehat{x}, \widehat{y}, \widehat{z}),\ \phi_2(\widehat{x}, \widehat{y}, \widehat{z}), \phi_3(\widehat{x}, \widehat{y}, \widehat{z})\big) = (x, y, z),$$
$$\phi^*\,\omega(\widehat{x}, \widehat{y}, \widehat{z}) = \omega\big(\phi(\widehat{x}, \widehat{y}, \widehat{z})\big)(\phi_*\,\mathrm{d}\widehat{x}, \phi_*\,\mathrm{d}\widehat{y}, \phi_*\,\mathrm{d}\widehat{z}),$$

$$\phi_* = \begin{pmatrix} \dfrac{\partial\,\phi_1}{\partial\,\widehat{x}} & \dfrac{\partial\,\phi_1}{\partial\,\widehat{y}} & \dfrac{\partial\,\phi_1}{\partial\,\widehat{z}} \\ \dfrac{\partial\,\phi_2}{\partial\,\widehat{x}} & \dfrac{\partial\,\phi_2}{\partial\,\widehat{y}} & \dfrac{\partial\,\phi_2}{\partial\,\widehat{z}} \\ \dfrac{\partial\,\phi_3}{\partial\,\widehat{x}} & \dfrac{\partial\,\phi_3}{\partial\,\widehat{y}} & \dfrac{\partial\,\phi_3}{\partial\,\widehat{z}} \end{pmatrix} = \begin{pmatrix} a_{11} & a_{12} & a_{13} \\ a_{21} & a_{22} & a_{23} \\ a_{31} & a_{32} & a_{33} \end{pmatrix},$$

$$\begin{aligned} \phi^*\omega &= (A_1, A_2, A_3)(\mathrm{d}x, \mathrm{d}y, \mathrm{d}z)^{\mathrm{T}} = \omega(\phi_*\mathrm{d}\widehat{x}, \phi_*\mathrm{d}\widehat{y}, \phi_*\mathrm{d}\widehat{z}) \\ &= (A_1, A_2, A_3)\,D\,\phi\,(\mathrm{d}\widehat{x},\ \mathrm{d}\widehat{y}, \mathrm{d}\widehat{z})^{\mathrm{T}} \\ &= (A_a\,a_{11} + A_2\,a_{21} + A_3\,a_{31})\,\mathrm{d}\widehat{x} + (A_1\,a_{12} + A_2\,a_{22} + A_3\,23)\,\mathrm{d}\widehat{y} \\ &\quad +(A_1\,a_{13} + A_2\,a_{23} + A_3\,a_{33})\,\mathrm{d}\widehat{z}. \end{aligned}$$

---

[1]证明可参考《哈密尔顿系统的辛几何算法》中文版中定理1.1.4[冯康等03]或者英文版第一章第四节中定理4.10拉回定理[FQ10].

$$f^*\omega = \sum_{i_1<\cdots<i_k;\ j_1<\cdots<j_k} a_{i_1,\cdots,i_k}(f(x))\Delta\begin{bmatrix} i_1 & \cdots & i_k \\ j_1 & \cdots & j_k \end{bmatrix}\mathrm{d}x^{j_1} \wedge \cdots \wedge \mathrm{d}x^{j_k},$$

这里$\Delta\begin{bmatrix} i_1 & \cdots & i_k \\ j_1 & \cdots & j_k \end{bmatrix}$是矩阵$\Big(\dfrac{\partial y^i}{\partial x^j}\Big)_{\substack{i=1,\cdots,m \\ j=1,\cdots,n}}$ 的$\begin{bmatrix} i_1 & \cdots & i_k \\ j_1 & \cdots & j_k \end{bmatrix}$的子式.

故

$$\begin{aligned}\widehat{\vec{\xi}} &= \Upsilon_1 \phi^*\omega \\ &= \begin{pmatrix} A_1 a_{11} + A_2 a_{21} + A_3 a_{31} \\ A_1 a_{12} + A_2 a_{22} + A_3 a_{32} \\ A_1 a_{13} + A_2 a_{23} + A_3 a_{33} \end{pmatrix} = \begin{pmatrix} a_{11} & a_{21} & a_{31} \\ a_{12} & a_{22} & a_{32} \\ a_{13} & a_{23} & a_{33} \end{pmatrix} \begin{pmatrix} A_1 \\ A_2 \\ A_3 \end{pmatrix} \\ &= D\phi^{\mathrm{T}}(\vec{\xi}\circ\phi).\end{aligned}$$

现证(3), 要用到引理7.1.1. ω是 2-形式,

$$\begin{aligned}&\omega_A^2 = A_1\,\mathrm{d}y\wedge\mathrm{d}z + A_2\,\mathrm{d}z\wedge\mathrm{d}x + A_3\,\mathrm{d}x\wedge\mathrm{d}y,\\ &\vec{u} = \Upsilon_2\,\omega = (A_1, A_2, A_3)^{\mathrm{T}},\\ &\phi^*\,\omega(\widehat{x},\widehat{y},\widehat{z})\big(\phi_*(\mathrm{d}\widehat{x}),\,\phi_*(\mathrm{d}\widehat{y}),\,\phi_*(\mathrm{d}\widehat{z})\big),\\ &\mathrm{d}x = \mathrm{d}\phi_1(\widehat{x},\widehat{y},\widehat{z}) = \frac{\partial\phi_1}{\partial\widehat{x}}\mathrm{d}\widehat{x} + \frac{\partial\phi_1}{\partial\widehat{y}}\mathrm{d}\widehat{y} + \frac{\partial\phi_1}{\partial\widehat{z}}\mathrm{d}\widehat{z},\\ &\mathrm{d}y = \mathrm{d}\phi_2(\widehat{x},\widehat{y},\widehat{z}) = \frac{\partial\phi_2}{\partial\widehat{x}}\mathrm{d}\widehat{x} + \frac{\partial\phi_2}{\partial\widehat{y}}\mathrm{d}\widehat{y} + \frac{\partial\phi_2}{\partial\widehat{z}}\mathrm{d}\widehat{z},\\ &\mathrm{d}z = \mathrm{d}\phi_3(\widehat{x},\widehat{y},\widehat{z}) = \frac{\partial\phi_3}{\partial\widehat{x}}\mathrm{d}\widehat{x} + \frac{\partial\phi_3}{\partial\widehat{y}}\mathrm{d}\widehat{y} + \frac{\partial\phi_3}{\partial\widehat{z}}\mathrm{d}\widehat{z},\end{aligned}$$

$$\begin{aligned}\mathrm{d}x\wedge\mathrm{d}y &= \left(\frac{\partial\phi_1}{\partial\widehat{x}}\mathrm{d}\widehat{x} + \frac{\partial\phi_1}{\partial\widehat{y}}\mathrm{d}\widehat{y} + \frac{\partial\phi_1}{\partial\widehat{z}}\mathrm{d}\widehat{z}\right)\wedge\left(\frac{\partial\phi_2}{\partial\widehat{x}}\mathrm{d}\widehat{x} + \frac{\partial\phi_2}{\partial\widehat{y}}\mathrm{d}\widehat{y} + \frac{\partial\phi_2}{\partial\widehat{z}}\mathrm{d}\widehat{z}\right)\\ &= \left(\frac{\partial\phi_1}{\partial\widehat{x}}\frac{\partial\phi_2}{\partial\widehat{y}} - \frac{\partial\phi_1}{\partial\widehat{y}}\frac{\partial\phi_2}{\partial\widehat{x}}\right)\mathrm{d}\widehat{x}\wedge\mathrm{d}\widehat{y}\\ &\quad+\left(\frac{\partial\phi_1}{\partial\widehat{y}}\frac{\partial\phi_2}{\partial\widehat{z}} - \frac{\partial\phi_1}{\partial\widehat{z}}\frac{\partial\phi_2}{\partial\widehat{x}}\right)\mathrm{d}\widehat{y}\wedge\mathrm{d}\widehat{z}\\ &\quad+\left(\frac{\partial\phi_1}{\partial\widehat{z}}\frac{\partial\phi_2}{\partial\widehat{x}} - \frac{\partial\phi_2}{\partial\widehat{z}}\frac{\partial\phi_1}{\partial\widehat{x}}\right)\mathrm{d}\widehat{z}\wedge\mathrm{d}\widehat{x},\end{aligned}$$

$$\begin{aligned}\mathrm{d}y\wedge\mathrm{d}z &= \left(\frac{\partial\phi_2}{\partial\widehat{x}}\mathrm{d}\widehat{x} + \frac{\partial\phi_2}{\partial\widehat{y}}\mathrm{d}\widehat{y} + \frac{\partial\phi_2}{\partial\widehat{z}}\mathrm{d}\widehat{z}\right)\wedge\left(\frac{\partial\phi_3}{\partial\widehat{x}}\mathrm{d}\widehat{x} + \frac{\partial\phi_3}{\partial\widehat{y}}\mathrm{d}\widehat{y} + \frac{\partial\phi_3}{\partial\widehat{z}}\mathrm{d}\widehat{z}\right)\\ &= \left(\frac{\partial\phi_2}{\partial\widehat{x}}\frac{\partial\phi_3}{\partial\widehat{y}} - \frac{\partial\phi_2}{\partial\widehat{y}}\frac{\partial\phi_3}{\partial\widehat{x}}\right)\mathrm{d}\widehat{x}\wedge\mathrm{d}\widehat{y}\\ &\quad+\left(\frac{\partial\phi_2}{\partial\widehat{y}}\frac{\partial\phi_3}{\partial\widehat{z}} - \frac{\partial\phi_2}{\partial\widehat{z}}\frac{\partial\phi_3}{\partial\widehat{y}}\right)\mathrm{d}\widehat{y}\wedge\mathrm{d}\widehat{z}\\ &\quad+\left(\frac{\partial\phi_2}{\partial\widehat{z}}\frac{\partial\phi_1}{\partial\widehat{x}} - \frac{\partial\phi_2}{\partial\widehat{x}}\frac{\partial\phi_1}{\partial\widehat{z}}\right)\mathrm{d}\widehat{z}\wedge\mathrm{d}\widehat{x}.\end{aligned}$$

$$
\begin{aligned}
\mathrm{d}z \wedge \mathrm{d}x &= \Big(\frac{\partial \phi_3}{\partial \widehat{x}}\,\mathrm{d}\widehat{x} + \frac{\partial \phi_3}{\partial \widehat{y}}\,\mathrm{d}\widehat{y} + \frac{\partial \phi_3}{\partial \widehat{z}}\,\mathrm{d}\widehat{z}\Big)\Big(\frac{\partial \phi_1}{\partial \widehat{x}}\,\mathrm{d}\widehat{x} + \frac{\partial \phi_1}{\partial \widehat{y}}\,\mathrm{d}\widehat{y} + \frac{\partial \phi_1}{\partial \widehat{z}}\,\mathrm{d}\widehat{z}\Big) \\
&= \Big(\frac{\partial \phi_3}{\partial \widehat{x}}\frac{\partial \phi_1}{\partial \widehat{y}} - \frac{\partial \phi_1}{\partial \widehat{x}}\,\frac{\partial \phi_3}{\partial \widehat{z}}\Big)\,\mathrm{d}\widehat{x} \wedge \mathrm{d}\widehat{y} \\
&\quad + \Big(\frac{\partial \phi_3}{\partial \widehat{y}}\,\frac{\partial \phi_1}{\partial \widehat{z}} - \frac{\partial \phi_3}{\partial \widehat{z}}\frac{\partial \phi_1}{\partial \widehat{y}}\Big)\,\mathrm{d}\widehat{y} \wedge \mathrm{d}\widehat{z} \\
&\quad + \Big(\frac{\partial \phi_3}{\partial \widehat{z}}\,\frac{\partial \phi_1}{\partial \widehat{x}} - \frac{\partial \phi_1}{\partial \widehat{z}}\frac{\partial \phi_3}{\partial \widehat{x}}\Big)\,\mathrm{d}\widehat{z} \wedge \mathrm{d}\widehat{x}.
\end{aligned}
$$

$$
\begin{aligned}
\Upsilon_2\phi^*\omega_A^2 &= \gamma_2(A_1(\phi_*(\mathrm{d}y \wedge \mathrm{d}z)) + A_2(\phi_*(\mathrm{d}z \wedge \mathrm{d}x)) + A_3(\phi_*(\mathrm{d}x \wedge \mathrm{d}y))) \\
&= |D\phi|(D\phi)^{-1}(A \circ \phi) = |A|\,|A|^{-1}(\vec{u} \circ \phi) \\
&= \begin{pmatrix} a_{22}a_{33} - a_{23}a_{32} & a_{13}a_{32} - a_{12}a_{33} & a_{13}a_{21} - a_{11}a_{23} \\ a_{23}a_{31} - a_{21}a_{33} & a_{11}a_{33} - a_{13}a_{31} & a_{13}a_{21} - a_{11}a_{23} \\ a_{21}a_{32} - a_{22}a_{31} & a_{12}a_{13} - a_{11}a_{32} & a_{11}a_{22} - a_{12}a_{21} \end{pmatrix}(A \circ \phi).
\end{aligned}
$$

$$
\begin{aligned}
\phi^*\omega_A^2 = &\begin{pmatrix} A_1\,(a_{22}\,a_{33} - a_{23}\,a_{32}) & A_1\,(a_{23}\,a_{31} - a_{21}\,a_{13}) & A_1\,(a_{21}\,a_{32} - a_{22}\,a_{31} \\ A_2\,(a_{13}\,a_{32} - a_{12}\,a_{33}) & A_2\,(a_{11}\,a_{33} - a_{13}\,a_{31} & A_2\,(a_{12}\,a_{31} - a_{11}\,a_{32}) \\ A_3\,(a_{12}\,a_{23} - a_{13}\,a_{22}) & A_3\,(a_{13}\,a_{21} - a_{11}\,a_{23} & A_3\,(a_{11}\,a_{22} - a_{12}\,a_{21}) \end{pmatrix} \\
&\cdot \begin{pmatrix} \mathrm{d}y \wedge \mathrm{d}z \\ \mathrm{d}z \wedge \mathrm{d}x \\ \mathrm{d}x \wedge \mathrm{d}y \end{pmatrix}.
\end{aligned}
$$

▲

§7.1.3 Maxwell方程的微分形式

Maxwell方程在频率域空间可写成[TC99]:

$$\mathrm{d}\,\mathbf{e} = \mathrm{i}\,\omega\mathbf{b}. \tag{7.1.16}$$

$$\mathrm{d}\,\mathbf{h} = -\mathrm{i}\,\omega\,\mathbf{d} + \mathbf{j_e}, \tag{7.1.17}$$

$$\mathrm{d}\,\mathbf{b} = \mathbf{0}, \tag{7.1.18}$$

$$\mathrm{d}\,\mathbf{d} = \rho_{\mathbf{e}}. \tag{7.1.19}$$

其中$\mathbf{e}, \mathbf{h}$分别为电场和磁场, 它们是 1-形式; $\mathbf{d}, \mathbf{b}$分别是电流和磁流, 它们是 2-形式; $\mathbf{j_e}$是电流密度; $\rho_{\mathbf{e}}$是电荷密度.

方程(7.1.16) – (7.1.19) 中的微分形式是不依赖于度量的.

Hodge算子$*_{\mathbf{e}}$和$*_{\mathbf{h}}$是:

$$\mathbf{d} = *_{\mathbf{e}}\,\mathbf{e}, \tag{7.1.20}$$

$$\mathbf{b} = *_{\mathbf{h}}\,\mathbf{h}. \tag{7.1.21}$$

Hodge算子是一个线性映射, 它映l-形式到 $(n-l)$-形式. Hodge算子是依赖于度量的. EM方程(7.1.16) – (7.1.21)的度量包含在结构方程(7.1.20) 和(7.1.21)中.

§7.1.4 Maxwell方程的变分问题

本节讨论电磁方程变分问题[Hip02]. 令:

$$\int_\Omega \mathbf{d} \wedge \bar{\mathbf{e}}' = a_\varepsilon(\mathbf{e}, \mathbf{e}'), \quad \forall \mathbf{e}' \in \mathcal{DF}^{1,0}(\Omega), \tag{7.1.22}$$

$$\int_\Omega \mathbf{h} \wedge \bar{\mathbf{b}}' = a_{\frac{1}{\mu}}(\mathbf{b}, \mathbf{b}'), \quad \forall \mathbf{b}' \in \mathcal{DF}^{2,0}(\Omega), \tag{7.1.23}$$

$$\int_\Omega \mathbf{b} \wedge \bar{\mathbf{h}}' = a_\mu(\mathbf{h}, \mathbf{h}'), \quad \forall \mathbf{h}' \in \mathcal{DF}^{1,0}(\Omega), \tag{7.1.24}$$

$$\int_\Omega \mathbf{e} \wedge \bar{\mathbf{d}}' = a_{\frac{1}{\varepsilon}}(\mathbf{d}, \mathbf{d}'), \quad \forall \mathbf{d}' \in \mathcal{DF}^{2,0}(\Omega). \tag{7.1.25}$$

把上面的方程写成另一种形式:

$$\mathrm{d}\,\mathbf{e} = -\mathrm{i}\,\omega\,\mathbf{b}, \tag{7.1.26}$$

$$\mathrm{d}\,\mathbf{h} = \mathrm{i}\,\omega\,\mathbf{d} + \mathbf{j}, \tag{7.1.27}$$

$$\mathrm{d}\,\mathbf{b} = \mathbf{0}, \tag{7.1.28}$$

$$\mathrm{d}\,\mathbf{d} = \rho. \tag{7.1.29}$$

而Hodge算子$*_{\mathbf{e}}$, $*_{\mathbf{h}}$有如下关系:

$$\mathbf{d} = *\mathbf{e} = \varepsilon\mathbf{e}, \tag{7.1.30}$$

$$\mathbf{b} = *\mathbf{h} = \mu\mathbf{h}. \tag{7.1.31}$$

(7.1.27)$\wedge\,\bar{\mathbf{e}}'$ (这里的横线表示复共轭)

$$\int_\Omega \mathrm{d}\,\mathbf{h} \wedge \bar{\mathbf{e}}' = \mathrm{i}\,\omega \int \mathbf{d} \wedge \bar{\mathbf{e}}' + \int \mathbf{j} \wedge \bar{\mathbf{e}}, \quad \forall \mathbf{e}' \in \mathcal{DF}^{1,0}(\Omega).$$

对上式利用分步积分可得

$$\int \mathbf{h}\wedge \mathrm{d}\bar{\mathbf{e}}'+\int_{\partial\Omega}\mathbf{h}\wedge\bar{\mathbf{e}}'=\mathrm{i}\omega\int_{\Omega}\mathbf{d}\wedge\bar{\mathbf{e}}'+\int_{\Omega}\mathbf{j}\wedge\bar{\mathbf{e}}'.$$

利用关系式(7.1.22) 和(7.1.23)可得

$$a_{\frac{1}{\mu}}(\mathbf{b},\mathbf{de}')+\int_{\partial\Omega}\mathbf{h}\wedge\bar{\mathbf{e}}'=\mathrm{i}\omega\, a_{\varepsilon}(\mathbf{e},\mathbf{e}')+\int_{\Omega}\mathbf{j}\wedge\bar{\mathbf{e}}',\quad \forall\mathbf{e}'\in\mathcal{D}\mathcal{F}^{1,0}(\Omega).$$

利用Faraday's定律, 把b通过d e来表示:

$$a_{\frac{1}{\mu}}(\mathrm{d}\,\mathbf{e},\mathrm{d}\,\mathbf{e}')-\omega^2 a_{\varepsilon}(\mathbf{e},\mathbf{e}')-\mathrm{i}\omega\int_{\partial\Omega}\mathbf{h}\wedge\bar{\mathbf{e}}'=-\mathrm{i}\omega\int_{\Omega}\mathbf{j}\wedge\bar{\mathbf{e}}',\tag{7.1.32}$$

得到了以"**e**"为基的变分形式.

(7.1.26) $\wedge\,\bar{\mathbf{h}}'$得

$$\int_{\Omega}\mathrm{d}\,\mathbf{e}\wedge\bar{\mathbf{h}}'=-\mathrm{i}\omega\int_{\Omega}\mathbf{b}\wedge\bar{\mathbf{h}}',$$

利用分步积分可得

$$\int_{\Omega}\mathbf{e}\wedge\mathrm{d}\,\bar{\mathbf{h}}'-\int_{\partial\Omega}\mathbf{e}\wedge\bar{\mathbf{h}}'=-\mathrm{i}\omega\int_{\Omega}\mathbf{b}\wedge\bar{\mathbf{h}}',\quad\forall\mathbf{h}'\in\mathcal{D}\mathcal{F}^{1,0}(\Omega).$$

利用关系式(7.1.24) 和(7.1.25)以及Ampere's定律 $\mathrm{i}\,\omega\,\mathbf{d}=\mathrm{d}\,\mathbf{h}-\mathbf{j}$可得

$$a_{\frac{1}{\varepsilon}}(\mathrm{d},\mathrm{d}\,\mathbf{h}')-\int_{\partial\Omega}\mathbf{e}\wedge\bar{\mathbf{h}}'=-\mathrm{i}\omega\int_{\Omega}\mathbf{b}\wedge\mathbf{h}',$$

$$a_{\frac{1}{\varepsilon}}(\mathrm{d},\mathbf{h},\mathrm{d}\,\mathbf{h}')-\omega^2 a_{\mu}(\mathbf{h},\mathbf{h}')+\mathrm{i}\omega\int_{\partial\Omega}\mathbf{e}\wedge\bar{\mathbf{h}}'=a_{\frac{1}{\varepsilon}}(\mathbf{j},\mathrm{d}\,\mathbf{h}'),\tag{7.1.33}$$

得到了以"**h**"为基的共轭变分问题.

上面的外微分记号在通常意义下为:

$$a_{\varepsilon}(\boldsymbol{u},\boldsymbol{v})=\int_{\Omega}\varepsilon\,\Upsilon_1\boldsymbol{u}\cdot\Upsilon_1\boldsymbol{v}\,\mathrm{d}x,\qquad a_{\frac{1}{\mu}}(\boldsymbol{u},\boldsymbol{v})=\int_{\Omega}\mu^{-1}\Upsilon_2\boldsymbol{u}\cdot\Upsilon_2\boldsymbol{v}\,\mathrm{d}x,$$

$$a_{\frac{1}{\varepsilon}}(\boldsymbol{u},\boldsymbol{v})=\int_{\Omega}\varepsilon^{-1}\Upsilon_2\boldsymbol{u}\cdot\Upsilon_2\boldsymbol{v}\,\mathrm{d}x,\quad a_{\mu}(\boldsymbol{u},\boldsymbol{v})=\int_{\Omega}\mu\,\Upsilon_1\boldsymbol{u}\cdot\Upsilon_1\boldsymbol{v}\,\mathrm{d}x,$$

其中$\Upsilon_l(l=1,2,3)$建立了微分形式和与连续函数或者向量场之间同胚关系函数的空间$\Omega\subset A(R^3)$, 边界是由Lipschitz光滑面组成的多面体.

定义能量模:

$$\|u\|^2_{H^1(\Omega)}:=\|u\|^2_{L^2(\Omega)}+\|\mathrm{grad}\ u\|^2_{L^2(\Omega)},$$

$$\|\boldsymbol{u}\|^2_{H(\mathrm{curl};\Omega)}:=\|\boldsymbol{u}\|^2_{L^2(\Omega)}+\|\mathrm{curl}\,\boldsymbol{u}\|^2_{L^2(\Omega)},$$

$$\|\boldsymbol{u}\|^2_{H^1(\mathrm{div};\Omega)}:=\|\boldsymbol{u}\|^2_{L^2(\Omega)}+\|\mathrm{div}\,\boldsymbol{u}\|^2_{L^2(\Omega)}.$$

简写成

$$\|\boldsymbol{u}\|_{H(\mathrm{d};\Omega)}^2 := \|\boldsymbol{u}\|_{L^2(\Omega)}^2 + \|\mathrm{d}\,\boldsymbol{u}\|_{L^2(\Omega)}^2.$$

闭子空间,外导数之核的空间

$$H(\mathrm{d}\,0,\,\Omega) := \{\boldsymbol{u} \in H(\mathrm{d},\,\Omega),\,\mathrm{d}\,\boldsymbol{u} = 0\}.$$

例如:

$$H(\mathrm{curl}\,0,\,\Omega) := \{\boldsymbol{u} \in H(\mathrm{curl};\Omega), \mathrm{curl}\,\boldsymbol{u} = 0\},$$

$$H(\mathrm{div}\,0,\,\Omega) := \{\boldsymbol{u} \in H(\mathrm{div};\Omega), \mathrm{div}\,\boldsymbol{u} = 0\},$$

$$H_0(\mathrm{curl},\,\Omega) := \{\boldsymbol{u} \in H(\mathrm{curl};\Omega), \gamma_{\boldsymbol{t}}\,\boldsymbol{u} = 0\},$$

$$H_0(\mathrm{div},\,\Omega) := \{\boldsymbol{u} \in H(\mathrm{div};\Omega), \gamma_{\boldsymbol{n}}\,\boldsymbol{u} = 0\},$$

其中:

$$\begin{aligned}
\gamma &:= \Upsilon_0^\Gamma \circ \mathbf{t}_\Gamma \circ \Upsilon_0^{-1}, && (\gamma u)(x) = u(x),\\
\gamma_{\boldsymbol{t}} &:= \Upsilon_1^\Gamma \circ \mathbf{t}_\Gamma \circ \Upsilon_1^{-1}, && (\gamma_{\boldsymbol{t}})\boldsymbol{u}(x) = \boldsymbol{n}(x) \times (\boldsymbol{u}(x) \times \boldsymbol{n}(x)),\\
\gamma_{\boldsymbol{n}} &:= \Upsilon_2^\Gamma \circ \mathbf{t}_\Gamma \circ \Upsilon_2^{-1}, && (\gamma_{\boldsymbol{n}})\boldsymbol{u}(x) = \boldsymbol{u}(x) \cdot \boldsymbol{n}(x),
\end{aligned}$$

这里Υ_0^Γ, Υ_1^Γ, Υ_2^Γ表示向量代理和2维流形Γ同胚关系.

§7.2 代数拓扑基本概念

本节内容部分取自于专著[Cai61]和论文[BH06],[Mat97],[Mat00].

§7.2.1 单纯形和单纯复形

设$a_0, a_1, \cdots, a_q$ $(0 \le q \le n)$是$\mathbf{R}^n$中的点, 若$a_1 - a_0, a_2 - a_0, \cdots, a_q - a_0$具有线性关系, 则说明这一组点占有最广的位置. 当$q = 0$时就是一个点, 自然此点占有最广位置.

定义 7.2.1 设$a_0, a_1, \cdots, a_q$是$\mathbf{R}^n$中占有最广位置的$q+1$点, 而$q \le n$, 则我们称点x的集合

$$s^q = \left\{x = \sum_{i=0}^{q} \lambda_i a_i,\ \lambda_i \ge 0,\ \sum_{i=0}^{q} \lambda_i = 1\right\}$$

为q维单纯形, 简称q维单形, $a_0, a_1, \cdots, a_q$称为s^q顶点, 故常将s^q记作$(a_0, a_1, \cdots, a_q)$, 而系数λ_i称为此单纯形的重心坐标.

定义 7.2.2 对于q维单形$s^q=(a_0,a_1,\cdots,a_q)$, 称s^q的$(q+1)$个顶点中的$(r+1)$个点$a_{i_0},a_{i_1},\cdots,a_{i_q}$所构成的$r$ $(0\le r\le q)$维单形$s^r=(a_{i_0},a_{i_1},\cdots,a_{i_r})$为$s^q$的一个$r$维面. s^q的0维面就是顶点, 把1维面称为棱.

例 7.2.1 考虑3维单形$s^3=(a_0,a_1,a_2,a_3)$, 对于点$x\in\sigma^3$, 就有$x=\lambda_0a_0+\lambda_1a_1+\lambda_2a_2+\lambda_3a_3$,

$$\lambda_0+\lambda_1+\lambda_2+\lambda_3=1,\quad \lambda_i\ge 0,\quad i=0,1,2,3.$$

例如, a_3为0维面, (a_1,a_2)为棱, (a_1,a_2,a_3)为面, (a_0,a_1,a_2,a_3)为体, 如图7.2.1所示:

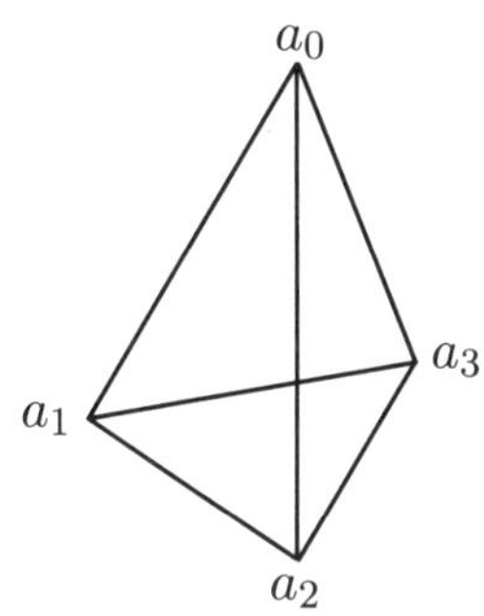

图 7.2.1 3 维单形(四面体)

当$q>0$时, s^q的$q+1$点有$(q+1)!$个排列, 它们决定同一个s^q. 这样的单形s^q被称为无向单形, 在$(0,1,\cdots,q)$排列中, 有一半是偶置换, 一半是奇置换, 因而这两个置换等价类构成了s^q两个定向, 指定一个定向单形称为有向单形, 简记为“$+s^q$”$=a_0\,a_1\cdots a_q$, 这里指顶点次序为$a_0,a_1,\cdots,a_q$的有向单形; 另一个定向单形记作“$-s^q$”$=a_1\,a_0\cdots a_q$.

以单纯形作为构件, 可以组成单纯复合形、多面体和链.

定义 7.2.3 如果$s^p\cap s^q=\emptyset$或是一个公共面, 则单形s^p和s^q是规则相处的, 如图7.2.2所示. 否则是不规则相处的, 如图7.2.3所示.

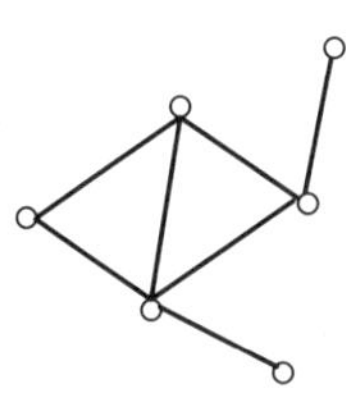

图 7.2.2 规则相处

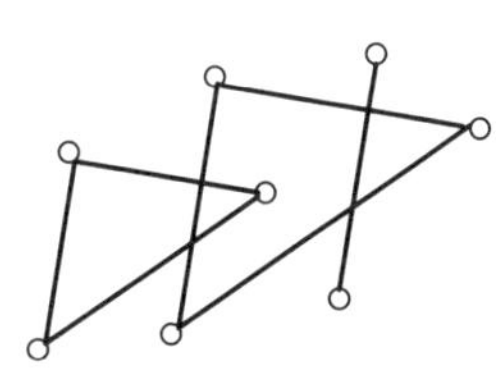

图 7.2.3 不规则相处

定义 7.2.4 设W是$\mathbf{R}^n$中有限个单形集合, 如果W满足下列两个条件:

(1) 如果$s^q \in W$, 则s^q的任一面也属于W;

(2) W中的任意两个单形s^p和s^q规则相处,

则称W为单纯复合形, 简称为复形, 如图7.2.4所示; 否则是非复形, 如图7.2.5所示.

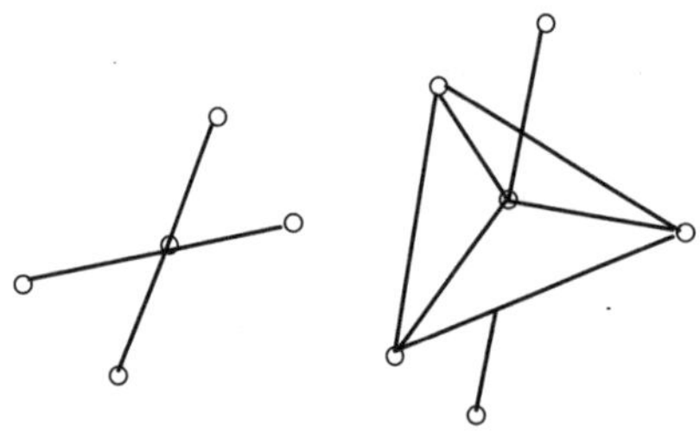

图 7.2.4 复形

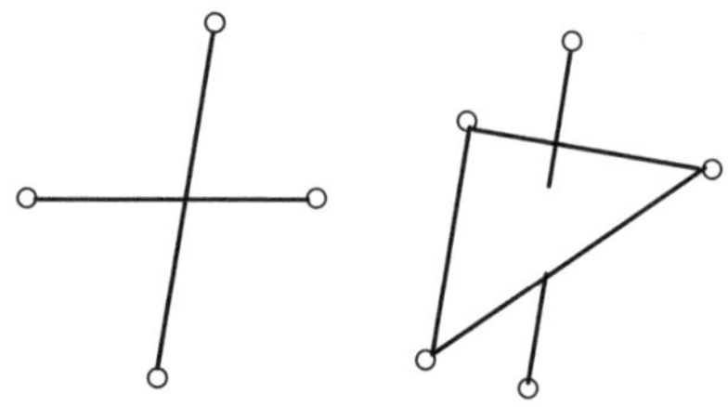

图 7.2.5 非复形

设W是一个n维复形, 它的全体无向单形

$$\{s_i^q,\ q=0,1,\cdots,n;\ i=1,2,\cdots,\alpha_q\}$$

都已任意地规定了一个定向, 这里α_q为W中q维单形的个数, 这样, 得到一组有向单形

$$\{s_i^q,\ q=0,1,\cdots,n;\ i=1,2,\cdots,\alpha_q\},$$

上式称为W的有向单形的基本组.

定义 7.2.5 (链的定义) 设$\{s_i^q\}$为n维复形W的一个基本组, 对于$g_i \in Z(i = 1,2,\cdots,\alpha_q)$, 形式地定义

$$\chi^q = g_1 s_1^q + g_2\, s_2^q + \cdots + g_{\alpha_q}\, s_{\alpha_q}^q,$$

χ^q称为W的一个q维链.

1维链可看作是有向的折线.

如果把边界算子∂扩展到有向单形和复形上去, 则有下面的链边界.

定义 7.2.6 对于任意q维有向单形$s^q = a^0, a^1, \cdots, a^q$, 我们定义$(q-1)$维链$\partial\, s^q$:

$$\partial\, s^0 = 0,$$

$$\partial\, s^q = \sum_{i=0}^{q} (-1)^i\, a^0 \cdots \widehat{a}^{\,i} \cdots a^q, \quad q > 0,$$

称之为s^q的边界链或简称边界. 式中$\widehat{a}^i$表示缺a^i这一点. 也可以把∂扩展到W的q维链$\chi^q = \sum_{i=1}^{\alpha_q} g_i\, s_i^q$上去, 定义$W$的任意$q$维链$\chi^q$的边界为

$$\partial\, \chi^q = \sum_{i=0}^{\alpha^q} g_i\, \partial\, s_i^q, \quad q \geq 0.$$

由此可见, 边界算子∂建立了链群$C_q(W,Z)$到$C_{q-1}(W,Z)$的一个同态:

$$\partial:\ C_q(W,Z)\ \longrightarrow\ C_{q-1}(W,Z).$$

§7.2.2 链与上链

网格复形(cell Simplex) 指网格剖分. 一个网格复形是指将欧氏空间X剖分为大小不同的网格, 所有这些大小不同的网格相互不重叠且覆盖X, 代数拓扑称它为3维空间中的网格复形, 且所有网格是有方向的.

网格复形组成一个集合χ, 仅限3维欧氏空间. k-网格s_i^k同胚$\mathbf{R}^k$. 所以, 0-网格指点, 1-网格指线(棱), 2-网格指面, 3-网格指体, k-网格集合可用χ^k来表示, 所有网格复形χ可表示为

$$\chi = \bigoplus_{k=0}^{n} \chi^k.$$

每一个k维元χ^k, $k = 0,1,2,3$相应于点(顶点)、线(棱)、板(面)或多面体(体积).

每一个在χ上的k-网格s_i^k如果有一个固定的方向, 则称之为有向网格复形.

定义 7.2.7 (网格链) 网格k-链或k-链定义为χ^k中的k-网格线性组合

$$S^k = \sum_i \alpha_i\, s_i^k \in \chi^k.$$

式中, 权α_i属于加法Abel群.

0-链　点的线性组合;

1-链　线段的线性组合;

2-链　面的线性组合;

3-链　多面体的线性组合.

k-网格s_i^k组成空间为k-链的一个基, 并不是所有的X剖分都能组成χ网格复形. χ为了刻画网格复形, 必须满足某些条件:

(1) 任何χ中k-网格边界应是χ中的低维网格, 并且不容许有相交网格;

(2) χ上的边界算子$\partial : \chi^k \to \chi^{k-1}$, 且$\partial^2 = \partial \cdot \partial = 0$. 若$S^k$是 k-链, 则$\partial\, S^k$是 $(k-1)$-链, 边界算子在链空间的作用是线性的.

定义 7.2.8 (上链) 若ω是一个k-形式, γ是一个k维积分曲面, 则积分定义了一个配对

$$\int_\gamma \omega,$$

它给出了一个值, 故k-形空间能够想象为k维曲面空间的对偶.

若k维曲面在连续情形下恒等于在网格上的k-链空间, 则k-形空间在连续情形下恒等于上链空间, 它是在链空间上的线性泛函.

上链组成的微分形式在网格上离散表示或者形式的配对物, 可看成是网格上的微分形式. 我们强调连续和离散(网格)之间的关系.

将上链作为网格上微分形式在连续情形下的配对, 有着网格上正确对应物, k-链S^k, k-网格形式Θ^k.

$$\int_\gamma \omega \longrightarrow (S^k, \Theta^k),$$

定义网格形式对偶基θ_i^k, 使得$(s_i^k,\, \theta_j^k) = \delta_{ij}$, 这个基可生成$k$-网格形式空间, 使$k$-网格形式$\Theta^k$能写成

$$\Theta^k = \sum_i \beta_i\, \theta_i^k,$$

$\beta_i \in G$, G是加法Abel群.

链和网格形式的缩并

$$(S^k, \Theta^k) = \left(\sum_i \alpha_i\, s_i^k,\, \sum_j \beta_j\, \theta_j^k\right) = \sum_{i>j} \alpha_i\, \beta_j (s_i^k, \theta_j^k) = \sum_i \alpha_i\, \beta_i.$$

定义 7.2.9 (链边界) 有方向 k-网格s^k的边界$\partial\, s^k$定义为$(k-1)$-链, 由网格复形(与s^k非空交) $(k-1)$-网格组成, 所以一个链边界可以看成网格边界的和:

$$\partial \left(\sum_i \alpha_i\, s_i^k\right) = \sum_i \alpha_i\, (\partial\, s_i^k).$$

定义 7.2.10 (余边界算子) 余边界算子δ (这里指的是离散网格上的外微分算子, 用δ来表示)可定义为

$$(S^{p+1}, \delta\, \Theta^p) = (\partial\, S^{p+1}, \Theta^p).$$

余边界算子δ可将p-上链变到$(p+1)$-上链:

$$\Theta^p \xrightarrow{\ \delta\ } \Theta^{p+1}$$

余边界算子能看成微分算子grad, curl, div的离散表示, 它们同样有

$$\delta\,\delta = 0. \tag{7.2.1}$$

这样定义有3个好处:

(1) δ 作用在网格上是精确的;

(2) 显然余边界算子并不是连续形式下的逼近, 但它是一个对应物;

(3) 自动满足Stokes定理.

定理 7.2.1 余边界算子δ作用在主网格$(p-1)$-上链相当于共轭于余边界算子作用在第二个网格$(n-p)$-上链. 即

$$(\delta\,\Theta^p, S^{p+1}) = (\Theta^p, \bar{\mathrm{d}}\,S^{p+1}), \quad \bar{\mathrm{d}} = \partial.$$

注 7.2.1 通常在计算中用的算子在此被简单地沿用在网格上, 而边界算子∂作用在网格元上(即网格复形). div算子相应于∂作用在3-网格, curl作用在2 网格, grad 作用在 1-网格. 这些算子提取了它不要度量的结构, 变成了一个纯粹的拓扑算子.

外微分算子是边界算子的共轭算子, 边界算子∂ 把p-链映射到$(p-1)$-链.

定义 7.2.11 (闭链) 如果p维链满足$\partial\, x_p = 0$, 则称 p维闭链. 对于任一个有向单形s^p, 有$\partial\,\partial\, s^p = 0$.参见定义7.2.5.

§7.2.3 在网格上的ME 方程

有光滑流形$\mathcal{M}$, $\mathcal{F}^l(\mathcal{M})$定义在流形$\mathcal{M}$上, 具有积分 l-形式所组成的空间. $\mathcal{DF}^{l,m}(\mathcal{M})$为光滑流形$\mathcal{M}$上的$C^m$类微分形式, Ω为多面体, Ω_h是Ω上的三角剖分.

网格上的ME方程与连续情形下一样, 可写成[Tei01]:

$$\begin{aligned} &\mathrm{d}E = \mathrm{i}\,wB, \qquad &&\mathrm{d}H = -\mathrm{i}\,wD + J_E, \\ &\mathrm{d}B = 0, &&\mathrm{d}D = \rho_E. \end{aligned} \tag{7.2.2}$$

E, H是网格 1-形式. B, D是网格 2-形式. d 连续的时候是外微分算子,离散的时候是余微分算子,有时用d_h或δ表示.

因为网格形式是在链空间上的算子, 故必须将2链S^2, $\bar{S}^2$和3链S^3, $\bar{S}^3$作缩并:

$$\begin{aligned} &(S^2, \mathrm{d}E) = \mathrm{i}\,\omega(S^2, B), \qquad &&(\bar{S}^2, \mathrm{d}H) = -\mathrm{i}\,\omega(\bar{S}^2, J_E), \\ &(S^3, \mathrm{d}B) = 0, &&(\bar{S}^3, \mathrm{d}D) = (\bar{S}^3, \rho_E). \end{aligned} \tag{7.2.3}$$

利用Stokes定理得:

$$\begin{aligned} &(\partial S^2, E) = \mathrm{i}\omega(S^2, B), \qquad &&(\partial \bar{S}^2, H) = -\mathrm{i}\omega(\bar{S}^2, D) + (\bar{S}^2, J_E), \\ &(\partial S^3, B) = 0, &&(\partial \bar{S}^3, D) = (\bar{S}^3, \rho_E). \end{aligned} \tag{7.2.4}$$

使用一横线来区分网格复形χ 和网格复形$\bar{\chi}$(即网格复形在哪里, 定义着E 和B, 还是定义着D和H), (E, B)和(D, H)之间是独立的,它们不一定定义在同一网格上.

对每一个k-链基的元s_i^k有:

$$\begin{aligned} &(\partial s_i^2, E) = \mathrm{i}\,\omega(s_i^2, B), \qquad &&(\partial \bar{s}_i^2, H) = -\mathrm{i}\,\omega(\bar{s}_i^2, D) + (\bar{s}_i^2, J_E), \\ &(\partial s_i^3, B) = 0, &&(\partial \bar{s}_i^3, D) = (\bar{s}_i^3, \rho_E). \end{aligned} \tag{7.2.5}$$

$\partial : \chi^k \to \chi^{k-1}$.

边界$\partial s_i^1, \partial s_i^2, \partial\, s_i^3(\partial \bar{s}_i^1, \partial \bar{s}_i^2, \partial \bar{s}_i^3)$能在0-, 1-, 2-链的基上展开得:

$$\begin{aligned} &\partial s_i^1 = \sum_j \alpha_{ij}\, s_j^0 \quad \text{grad}, \qquad &&\partial \bar{s}_i^1 = \sum_j \bar{\alpha}_{ij}\, \bar{s}_j^0 \quad \overline{\text{div}}, \\ &\partial s_i^2 = \sum_j \beta_{ij}\, s_j^1 \quad \text{curl}, &&\partial \bar{s}_i^2 = \sum_j \bar{\beta}_{ij}\, \bar{s}_j^1 \quad \overline{\text{curl}}, \\ &\partial s_i^3 = \sum_j \gamma_{ij}\, s_j^2 \quad \text{div}, &&\partial \bar{s}_i^3 = \sum_j \bar{\gamma}_{ij}\, \bar{s}_j^2 \quad \overline{\text{grad}}. \end{aligned} \tag{7.2.6}$$

矩阵$\alpha_{ij}, \beta_{ij}, \gamma_{ij}(\bar{\alpha}_{ij}, \bar{\beta}_{ij}, \bar{\gamma}_{ij})$称为关联矩阵, 它是$\partial$定义在相应复形$\chi(\bar{\chi})$ 上, 它们是算子grad, curl, div离散的拓扑表示. 当$s_j^{k-1} \in \partial\, s_j^k$时, 矩阵元素为$\pm 1$ (依赖于它所选的方向), 否则为0. 对任一个χ, 有$\partial^2 = 0$, 意味着:

$$\begin{aligned} &\sum_j \beta_{ij}\, \alpha_{jk} = 0, \quad &&\text{curl grad} = 0, \\ &\sum_j \gamma_{ij}\, \beta_{jk} = 0, &&\text{div curl} = 0. \end{aligned} \tag{7.2.7}$$

拓扑相容条件:

$$\alpha_{ij} = \bar{\gamma}_{ji}, \quad \beta_{ij} = \bar{\beta}_{ji}, \quad \gamma_{ij} = \bar{\alpha}_{ji}. \tag{7.2.8}$$

假设有四面体如图7.2.6所示，四面体有4 个面, 每个面有3 个棱, 每个棱有2 个点, 如图7.2.7所示. 对四面体的体、面、棱都规定了方向, 也就是单纯形的方向, 如图7.2.8所示.

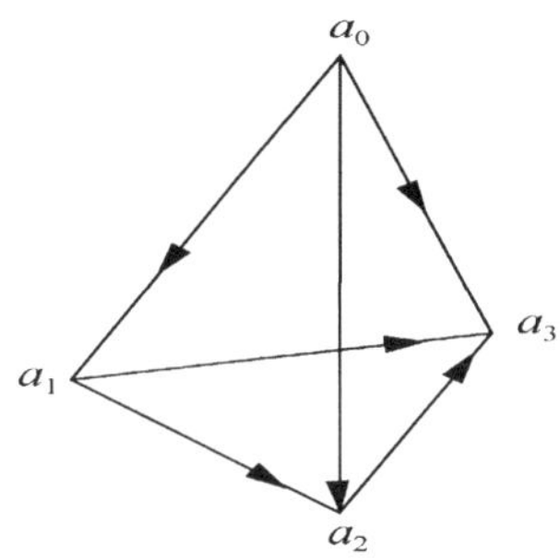

图 7.2.6　四面体

用图7.2.6来说明链与上链及其格点上的外导数即余边界算子. 令$\delta = \mathrm{d}_h$, 则:
体 : $T = (a_0, a_1, a_2, a_3) \in s_3(\Omega_h)$,面 : $F = (a_0, a_1, a_2 \in s_2(\Omega_h)$,棱 : $E = (a_1, a_2)$.
如图7.2.7所示.

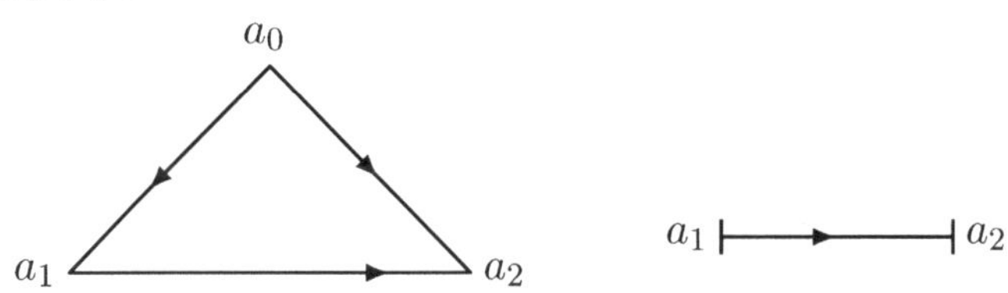

图 7.2.7 四面体的面与棱(左边的是面, 右边的是棱)

$$\sigma^q = (a_0, a_1, \cdots, a_q), \quad \partial\, \sigma^q = \sum_{i=0}^{q} (-1)^i (a_0, a_1, ..., \widehat{a_i}, ...a_q),$$

今取$q = 3$,

$$T = (a_0, a_1, a_2, a_3), \quad \partial\, T = \{(a_1, a_2, a_3), (a_3, a_2, a_0), (a_0, a_1, a_3), (a_2, a_1, a_0)\},$$
$$F = (a_0, a_1, a_2), \qquad \partial\, F = \{(a_1, a_2), (a_2, a_0), (a_0, a_1)\}.$$ 如图7.2.8所示.

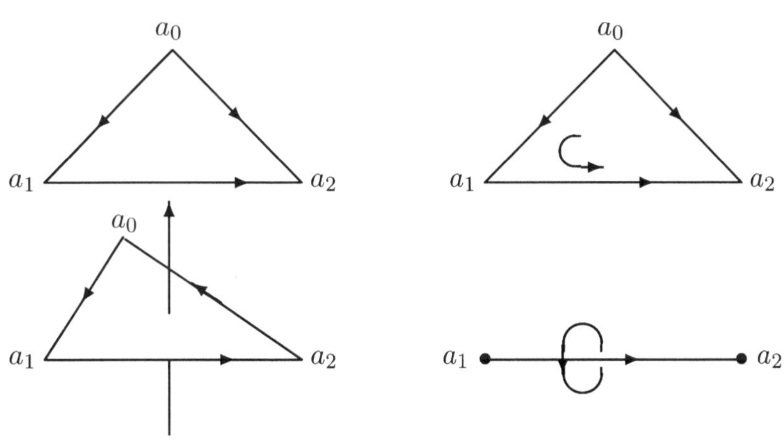

图 7.2.8　四面体的体、面、棱的方向

$\omega^p \in C^l(\Omega_h)$表示在三角剖分$\Omega_h$的$l$-上链的向量空间$(0 \leq l \leq 3)$.

$$\begin{aligned}
\omega: \quad & s_l(\Omega_h) \longrightarrow C, \quad \Sigma_i \ (1 \leq i \leq N_l), \\
& \omega(\Sigma_1 \cup \Sigma_2 \cup \cdots \cup \Sigma_{N_l}) = \omega(\Sigma_1) + \cdots + \omega(\Sigma_{N_l}), \\
\dim C(\Omega_h) &= N_l = |s_l(\Omega_h)|, \\
s_0(\Omega_h) &= \{a_0, a_1, a_2, a_3\}, \quad \big(\omega(a_0), \omega(a_1), \omega(a_2), \omega(a_3)\big)^{\mathrm{T}}, \quad N_0 = 4, \\
s_1(\Omega_h) &= \big\{(a_0, a_1), (a_0, a_2), (a_0, a_3), (a_1, a_2), (a_1, a_3), (a_2, a_3)\big\} \\
&= \{E_1, E_2, E_3, E_4, E_5, E_6\}, \quad N_1 = 6, \\
s_2(\Omega_h) &= \big\{(a_0, a_1, a_2)(a_0, a_1, a_3), (a_0, a_2, a_3), (a_1, a_2, a_3)\big\} \\
&= \{F_1, F_2, F_3, F_4\}, \quad N_2 = 4, \\
s_3(\Omega_h) &= \big\{(a_0, a_1, a_2, a_3)\big\} \\
&= \{T\}, \quad N_3 = 1.
\end{aligned}$$

外导数 $\mathrm{d}_h: \ C^l(\Omega_h) \to C^{l+1}(\Omega_h)$,

$$\begin{aligned}
&(\mathrm{d}_h \omega)(F) = \omega(\partial F) = \sum_{f \in \partial F} (-1)^l \omega(f), \\
&\mathrm{d}_h \omega = D^l \omega, \quad D^l \in C^{N_{l+1}, N_l}, \\
&\omega \in C^{N_l}, \qquad \mathrm{d}_h \omega \in C^{N_{l+1}}.
\end{aligned}$$

例 7.2.2 $l = 0$:

$$\begin{bmatrix} \mathrm{d}_h \omega(E_1) \\ \mathrm{d}_h \omega(E_2) \\ \mathrm{d}_h \omega(E_3) \\ \mathrm{d}_h \omega(E_4) \\ \mathrm{d}_h \omega(E_5) \\ \mathrm{d}_h \omega(E_6) \end{bmatrix} = \begin{bmatrix} -1 & 1 & 0 & 0 \\ -1 & 0 & 1 & 0 \\ -1 & 0 & 0 & 1 \\ 0 & -1 & 1 & 0 \\ 0 & -1 & 0 & 1 \\ 0 & 0 & -1 & 1 \end{bmatrix} \begin{bmatrix} \omega(a_0) \\ \omega(a_1) \\ \omega(a_2) \\ \omega(a_3) \end{bmatrix}.$$

$$\mathrm{d}_h \omega(E_1) = \omega(\partial E_1) = \omega(a_1 - a_0) = \omega(a_1) - \omega(a_0), \quad \mathrm{d}_h \omega = \boldsymbol{D}^0_{6\times 4} \omega.$$

$l=1:$

$$\begin{bmatrix} \mathrm{d}_h\,\omega\,(F_1) \\ \mathrm{d}_h\,\omega\,(F_2) \\ \mathrm{d}_h\,\omega\,(F_3) \\ \mathrm{d}_h\,\omega\,(F_4) \end{bmatrix} = \begin{bmatrix} 1 & -1 & 0 & 1 & 0 & 0 \\ 1 & 0 & -1 & 0 & 1 & 0 \\ 0 & 1 & -1 & 0 & 0 & 1 \\ 0 & 0 & 0 & 1 & -1 & 1 \end{bmatrix} \begin{bmatrix} \omega\,(E_1) \\ \omega\,(E_2) \\ \omega\,(E_3) \\ \omega\,(E_4) \\ \omega\,(E_5) \\ \omega\,(E_6) \end{bmatrix},$$

$$\mathrm{d}_h\,\omega\,(F_1) = \omega\,(\partial\,F_1) = \omega\,(E_4) - \omega\,(E_2) + \omega\,(E_1),$$

$$\mathrm{d}_h\,\omega = \boldsymbol{D}^1_{4\times 6}\omega\,.$$

$l=2:$

$$\mathrm{d}_h\,\omega\,(T) = [-1,1,-1,1] \begin{bmatrix} \omega\,(F_1) \\ \omega\,(F_2) \\ \omega\,(F_3) \\ \omega\,(F_4) \end{bmatrix},$$

$$\mathrm{d}_h\,\omega\,(T) = \omega\,(\partial\,T) = \omega\,(F_4) - \omega\,(F_3) + \omega\,(F_2) - \omega\,(F_1),$$

$$\mathrm{d}_h\,\omega = \boldsymbol{D}^2_{1\times 4}\omega\,.$$

显然有

$$\boldsymbol{D}^2\,\boldsymbol{D}^1 = 0, \quad \boldsymbol{D}^1\,\boldsymbol{D}^0 = 0.$$

§7.2.4 De Rham 微分复形

定义 7.2.12 (De Rham 复形) 给定一个流形$\mathcal{M}$, 设$\Lambda_k = \Lambda_k(\mathcal{M})$表示所有定义在$\mathcal{M}$上的微分 k-形式空间, 微分算子d 映k-形式到$(k+1)$-形式, 我们可以定义一个复形

$$0 \longrightarrow \mathbf{R} \longrightarrow \Lambda_0 \xrightarrow{\ \mathrm{d}\ } \Lambda_1 \xrightarrow{\ \mathrm{d}\ } \Lambda_2 \xrightarrow{\ \mathrm{d}\ } \Lambda_3 \longrightarrow 0, \tag{7.2.9}$$

称之为De Rham复形.

一般来讲, 一个复形定义一系列的向量空间, 它们之间由线性映射联系着, 且前后两个映射恒等于零($\mathrm{d}\cdot\mathrm{d}=0$). 初始映射$\mathbf{R}\to\Lambda_0$取自一个常数$c\in\mathbf{R}$到一个常值函数 (0-形式), 在$\mathcal{M}$上$f(x)=c$, 因此对于一切常数$c$有$\mathrm{d}c=0$.

复形定义要求一个线性映射的核包含在前一个映射的值域中,

$$\mathrm{Im}\,f_{i-1} \subseteq \mathrm{Ker}\,f_i,$$

而De Rham复形是正合意味着微分闭k-形式(即$\mathrm{d}\omega=0$): 必定存在一个$k-1$形式θ, 且$\omega=\mathrm{d}\theta$.

场量(p-形式)属于下面的函数空间(微分形式值域d和定义域d),

$$H(\mathrm{d},\Omega)=\{\omega\in L_p^2(\Omega),\ \mathrm{d}\omega\in L_{p+1}^2(\Omega)\},\quad p=0,1,2,$$

其中$L_p^2(\Omega)$是域Ω上p-形式的平方可积函数空间, 它的向量表示为:

$$\begin{aligned} H(\mathrm{grad},\,\Omega) &= \{\phi\in L^2,\ \mathrm{grad}\,\phi\in\ IL^2(\Omega)\},\\ H(\mathrm{curl},\Omega) &= \{\boldsymbol{u}\in\ IL^2(\Omega),\ \mathrm{curl}\,\boldsymbol{u}\in IL^2(\Omega)\},\\ H(\mathrm{div},\Omega) &= \{\boldsymbol{u}\in\ IL^2,\ \mathrm{div}\,\boldsymbol{u}\in L^2(\Omega)\}, \end{aligned}\tag{7.2.10}$$

其中L^2和IL^2分别表示数量场和向量场平方可积函数空间. 这些函数空间有下列正交分解[Bos88]:

$$\begin{aligned} H\,(\mathrm{grad},\Omega) &= \mathrm{Ker}\,(\mathrm{grad})\bigoplus\mathrm{cod}\,(\mathrm{grad}),\\ H\,(\mathrm{curl},\Omega) &= \mathrm{Ker}\,(\mathrm{curl})\bigoplus\mathrm{cod}\,(\mathrm{curl}),\\ H\,(\mathrm{div},\Omega) &= \mathrm{Ker}\,(\mathrm{div})\bigoplus\mathrm{cod}\,(\mathrm{div}), \end{aligned}\tag{7.2.11}$$

有下面的De Rham的复形序列:

$$H(\mathrm{grad},\Omega)\ \stackrel{\mathrm{grad}}{\longrightarrow}\ H(\mathrm{curl},\Omega)\ \stackrel{\mathrm{curl}}{\longrightarrow}\ H(\mathrm{div},\Omega)\ \stackrel{\mathrm{div}}{\longrightarrow}\ L^2(\Omega).\tag{7.2.12}$$

定义 7.2.13 (De Rham 的上同调群) 令$Z^p(\mathcal{M})$是所有p闭形式, $B^p(\mathcal{M})$是所有恰当p-形式, 有$B^p(\mathcal{M})\subset Z^p(\mathcal{M})$, $B^p(\mathcal{M})$在$Z^p(\mathcal{M})$之补$\mathcal{H}^p(\mathcal{M})=Z^p(\mathcal{M})/B^p(\mathcal{M})$称为$p$阶De Rham 的上同调群.

$\mathcal{H}^p(\mathcal{M})$的性质依赖于流形, $\mathcal{H}^p(\mathcal{M})$的维数称为流形$\mathcal{M}$的$p$阶Bitti数, $\mathcal{H}^0$等于流形$\mathcal{M}$的连通数. 如果$\mathcal{M}$是平凡拓扑, 则$\mathcal{H}^p$等于零(当$p>0$). 恰当形式和闭形式的空间是与Hodge分解定理$Z^p(\mathcal{M})=B^p(\mathcal{M})\oplus\mathcal{H}^p(\mathcal{M})$相联系的, 故De Rham复形可以参见图7.2.9.

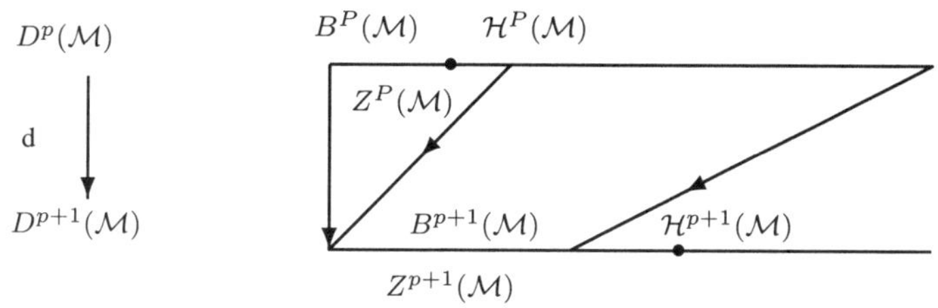

图 7.2.9 De Rham 复形与上同调群的关系$\mathcal{H}^p(\mathcal{M})$

可以考虑De Rham上同调群$\mathcal{H}^1(\Omega)$和$\mathcal{H}^2(\Omega)$和上面函数空间的关系式.

注 7.2.2 $\mathcal{H}^1(\Omega) \subset$ Ker (curl), 但不在cod (grad)里; $\mathcal{H}^2(\Omega) \subset$ Ker (div), 但不在cod (curl)里, 由Hodge分解可得:

$$\begin{aligned} \text{Ker}\,(\text{curl}) &= \text{cod}\,(\text{grad}) \bigoplus \mathcal{H}^1(\Omega), \\ \text{Ker}\,(\text{div}) &= \text{cod}\,(\text{curl}) \bigoplus \mathcal{H}^2(\Omega). \end{aligned} \tag{7.2.13}$$

函数空间与De Rham的上同调群$\mathcal{H}^1(\Omega)$ 和$\mathcal{H}^2(\Omega)$ 由De Rham 复形相联系, 见图7.2.10.

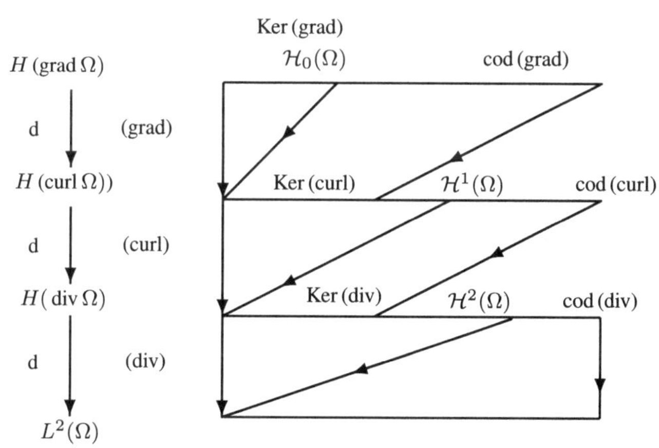

图 7.2.10 De Rham复形显示出电磁场理论的数学结构

1. De Rham 复形

$$
\mathrm{Ker}\,(\mathrm{d}):\begin{cases}\text{常数}, & \text{当}p=0\quad \mathrm{d}^0\phi={}^1(\mathrm{grad}\,\phi),\\ \text{curl-free 场}, & \text{当}p=1\quad \mathrm{d}^1u={}^2(\mathrm{curl}\,\boldsymbol{u}),\\ \text{div-free 场}, & \text{当}p=2\quad \mathrm{d}^2u={}^3(\mathrm{div}\,\boldsymbol{u}).\end{cases} \tag{7.2.14}
$$

$$
\mathrm{Im}\,(\mathrm{d}):\begin{cases}\text{常数}, & \text{当}p=0,\\ \text{curl-free 场}, & \text{当}p=1,\\ \text{div-free 场}, & \text{当}p=2.\end{cases} \tag{7.2.15}
$$

相对于核像的正交补为$\mathcal{H}^0,\mathcal{H}^1,\mathcal{H}^2$, 它们被称为上同调空间, 参见图7.2.10.

$$
\begin{aligned}
&\mathcal{H}^0=\{\phi:\ \phi\text{ 在连通域上为常数}\},\\
&\mathcal{H}^1=\{{}^1\boldsymbol{u}:\ \mathrm{div}\,\boldsymbol{u}=0,\ \mathrm{curl}\,\boldsymbol{u}=0,\ \boldsymbol{n}\cdot\boldsymbol{u}=0\text{ 在 }\mathit{\Gamma}\},\\
&\mathcal{H}^2=\{{}^2\boldsymbol{u}:\ \mathrm{div}\,\boldsymbol{u}=0,\ \mathrm{curl}\,\boldsymbol{u}=0,\ \boldsymbol{n}\times\boldsymbol{u}=0\text{ 在 }\mathit{\Gamma}\},\\
&\mathcal{H}^3=\{0\},
\end{aligned}
$$

$$
\begin{aligned}
&\dim(\mathcal{H}^0)=\text{区域}\Omega\text{连通数},\\
&\dim(\mathcal{H}^1)=\text{区域}\Omega\text{回路数},\\
&\dim(\mathcal{H}^2)=\text{区域}\Omega\text{腔数}.
\end{aligned}
$$

2. De Rham 变换

单纯形集用S^p $(p=0,1,2,3)$来表示, 当维数等于3时, 此时p-形式用Λ^p表示, 用D o F表示自由度.

用$\tilde{S}^{n-p}$表示S^p的共轭, C^p和$\widetilde{C}^{n-p}$分别为这些自由度在主网格和从网格上张成的空间.

De Rham变换用R_p来表示, 它映$\Lambda^p(\Omega)\to C^p$(对所有$p=0,\cdots,3$).

若$\omega\in\Lambda^p$, 则数组$R_p\omega$第i个分量为

$$
R_p(\omega)(F)=(R_p\omega)_i=\int_{s_i^p}\omega=\mathcal{C},
$$

其中$s_i^p\in S^p$.

再看对偶De Rham变换$\widetilde{C}_p$, 它映$\Lambda^p\to\widetilde{C}^p$,

$$
\widetilde{R}_p(\omega)(F)=(\widetilde{R}_p\omega)_i=\int_{\tilde{s}_i^p}\omega=\widetilde{\mathcal{C}},\qquad \tilde{s}_i^p=s_i^{n-p}\in S^{n-p}.
$$

De Rham变换是构造任何离散向量场的工具.

例 7.2.3 若$\mathbf{b} \in \mathbf{F}^2$, 则

$$\bar{\mathbf{b}} = \mathcal{C}\mathbf{b}.$$

算子$\mathcal{C}$给出数组$\bar{\mathbf{b}} \in C^2$, 它是$\mathbf{b}$在主网格上的表示. 若$\mathbf{h} \in \mathbf{F}^1$, 则算子$\widetilde{\mathcal{C}}$给出它的共轭数组$\bar{\mathbf{h}} \in \widetilde{C}^1$.

$$\bar{\mathbf{h}} = \widetilde{\mathcal{C}}\mathbf{h}.$$

从上面的公式可看出De Rham变换不依赖于度量.

定理 7.2.2 De Rham 算子有下列关系式:

$$D^p \circ R_p = R_{p+1} \circ \mathrm{d}.$$

定理 7.2.3 (上链上的De Rham 定理) 存在有穷维子空间 $\mathcal{HC}^l\ (\Omega_h)\ \subset\ \mathcal{C}^l\ (\Omega_h)$, $\dim \mathcal{HC}^l(\Omega) = l(\Omega$ 的betli 数), $\forall \vec{\omega} \in C^l\ (\Omega_h)$, 有

$$D^l\vec{\omega} = 0 \Longleftrightarrow \exists\, \vec{\eta} \in \mathcal{C}^{l-1}\ (\Omega_h), \quad \vec{r} \in \mathcal{HC}^l\ (\Omega_h),$$

满足$\vec{\omega} = D^{l-1}\,\vec{\eta} + \vec{r}$.

3. Hodge 分解

定义 7.2.14 (Hodge 分解) 令δ为余微分(codifferential), 如果$\delta = 0$,则称形式ω是余闭的(co-closed).若对于某个形式α, 有$\omega = \delta\alpha$, 就称其为余恰当(co-exact). Hodge分解表明任意k-形式ω 可以分解为3个L_2 分量:

$$\omega = \mathrm{d}\alpha + \delta\beta + \gamma.$$

其中γ 为调和的, $\Delta = 0$. 这是因为恰当和余恰当形式互相正交; 它们的正交补就是同时恰当和余恰当的形式, 也就是调和形式. 这里, 正交性由$\Omega_k(\mathcal{M})$上的L_2内积定义:

$$(\alpha, \beta) = \int_{\mathcal{M}} \alpha \wedge *\beta.$$

4. 逼近微分形式离散空间

为了正确且自然逼近函数空间, 应选取合适元, 这些元的推导要依靠微分形式. 假设区域Ω由四面体 (3-单形)所组成, 点数、棱数、面数、体数分别用N, E, F, T来表示. 设$W_q^p(\Omega)$是由Ω上q阶p-形式元函数空间所组成. 线性元($q = 1$)相当于大家熟知的Whitney元. p-形式元函数空间W_q^p由微分算子零空间$Z_q^p(\Omega)$ (闭形式元集)和微分算子值域空间$Y_q^p(\Omega)$组成. $W_q^p = Z_q^p \oplus Y_q^p$. p-形式元的基函数, 分别为N_i,

$\mathrm{d}N_i, \mathrm{d}N_i \wedge \mathrm{d}N_j, \mathrm{d}N_i \wedge \mathrm{d}N_j \wedge dN_k$, 作为$p$-形式的基$(p=0,1,2,3)$, 其中$N_i$是相对于点$i$ 的重心坐标.

相对 r-单形, p-形式元q阶的自由度为$p \le r \le \min(p+q-1,3)$.

p-形式元$W_q^p(\Omega)$ $(p=0,1,2,3)$ 分别为函数空间$H(\text{grad}, \Omega)$, $H(\text{curl}, \Omega)$, $H(\text{div}, \Omega)$ 和$L^2(\Omega)$ 的离散空间. 它保持着包含性质$\mathrm{d}\,W_q^p \subset W_q^{p+1}$, 利用De Rham复形, 从图7.2.11中可看到, $W_{\mathcal{H}^1}$和$W_{\mathcal{H}^2}$ 是上同调群$\mathcal{H}_1$和$\mathcal{H}_2$的离散空间. 图7.2.11 是图7.2.10 复形离散情况.

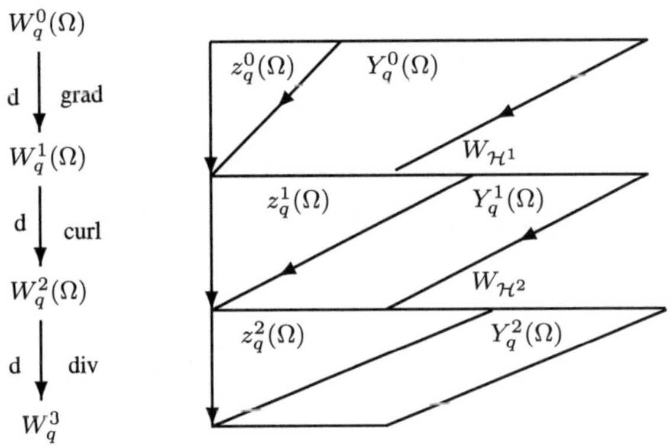

图 7.2.11 复形离散情况

函数空间$W_q^p(\Omega)$维数和零空间$Z_q^p(\Omega)$维数如下(详情参考文献[RI00]):

$$
\begin{aligned}
\dim(W_q^0) &= N + E(q-1) + F(q-2)(q-1)/2 \\
&\quad + T(q-3)(q-2)(q-1)/6, \\
\dim(W_q^1) &= Eq + F(q-1)q + T(q-2)(q-1)/2, \\
\dim(W_q^2) &= Fq(q+1)/2 + T(q-1)q(q+1)/2, \\
\dim(W_q^3) &= Tq(q+1)(q+2)/6, \\
\dim(Z_q^0) &= 1, \\
\dim(Z_q^1) &= E(q-1) + F(q-2)(q-1)/2 \\
&\quad + T(q-3)(q-2)(q-1)/6 + N - 1 - N_{H^1}, \\
\dim(Z_q^2) &= Fq(q+1)/2 + Tq(q+1)(2q-5)/6,
\end{aligned}
\tag{7.2.16}
$$

其中$N_{H_1} := \dim(H_1(\Omega))$, $N_{H_2} = \dim(H_2(\Omega))$. 利用Euler 公式得

$$N - E + F - T = 1 - N_{H_1} + N_{H_2}.$$

§7.2.5 Whitney形式

Whitney 形式是微分形式的有限元. 粗略地讲, Whitney 形式是把上链推到网格内点,即把积分微分形式转换到局部微分形式. 双射的线性映射W^l, 称为Whitney映射:

$$W^l : \mathcal{C}^l(\Omega_h) \longrightarrow \mathcal{W}_0^l(\Omega_h),$$

W_0^l 表示Whitney[Whi57]的l-微分形式, 其系数是0 次多项式.

定义 7.2.15 $W^l(C^l(\Omega_h))$, $0 \le l \le 3$ 的值域空间$\mathcal{W}_0^l(\Omega_h)$称为在三角剖分$(\Omega_h)$ 上的Whitney l-形式空间.

性质 7.2.1 W^l映射有下列性质:

(1) $R_l \cdot W^l = \mathrm{Id} \Leftrightarrow \int_F W^l\vec{\omega} = \vec{\omega}(F)$, $\forall F \in S_l(\Omega_h)$, $\vec{\omega} \in \mathcal{C}^l(\Omega_h)$;

(2) 上链上的外导数有如下交换关系:

$$\mathrm{d} \circ W^l = W^{l+1} \circ \delta^l, \quad 在\ \mathcal{C}^l(\Omega_h);$$

(3) 严格的局部要求: 若$\vec{\omega}$上链所有系数(网格$T \in S_3(\Omega_h)$ 的 l-面)等于零, 则$W^l\vec{\omega}|_T = 0$;

(4) 要求W-形式简单, 它们是Ω_h上的分片多项式.

首先研究一个四面体W^l映射. 四面体$T \in S_3(\Omega_h)$的顶点为a_0, a_1, a_2, a_3.

(1) 0-形式. 如果上链系数$\vec{\omega}(a_i)$是已知的, 线性插值(在重心坐标$N_0, \cdots, N_3$)为:

$$\begin{aligned}(W^0|_T\vec{\omega})(x) &= \sum_{i=0}^{3} N_i(x)\vec{\omega}(a_i), \quad \forall x \in \overline{T}, \\ x &= \sum_{i=0}^{3} a_i N_i(x).\end{aligned} \tag{7.2.17}$$

(2) 1-形式. 这里插值点被棱和线段所替代.

考虑有向线段(x,y), $x,y\in T$, $x=\sum\limits_i N_i(x)\,a_i$, $y=\sum\limits_i N_i\,(y)\,a_i$,

$$\begin{aligned}(x,y) &= \{tx+(1-t)y;\ 0\le t\le 1\}\\ &= \Big\{\sum_i\big(t\,N_i(x)+(1-t)N_i\,(y)\big)a_i;\ 0\le t\le 1\Big\}\\ &= \Big\{\sum_i\Big(t\sum_j N_j\,(y)\,N_i(x)+(1-t)\sum_j N_j(x)\,N_i(y)\Big)\,a_i;\ 0\le t\le 1\Big\}\\ &= \Big\{\sum_i\sum_j N_i(x)N_j(y)\big(ta_i+(1-t)\,a_j\big);\ 0\le t\le 1\Big\}.\end{aligned}$$

考虑到方向,要求插值微分1-形$W^l\,\vec{\omega}$满足

$$\begin{aligned}\int_{(x,y)} W^1|_T\,\vec{\omega}:\ &= \sum_i\sum_j N_i(x)\,N_j(y)\,\vec{\omega}_{ij}\\ &= \sum_{i<j}\big(N_i(x)\,N_j(y)-N_i(y)\,N_j(x)\big)\,\vec{\omega}_{(i,j)},\end{aligned}$$

此处$\vec{\omega}_{(i,j)}$为1-上链$\vec{\omega}$的有向棱(a_i,a_j). 在T上, l-微分形式能够通过积分形式来定义:

$$\omega(x)\,(v_1,\cdots,v_l):=l\,!\lim_{t\to 0}\frac{1}{t^l}\int_{\sum_t}\omega,$$

$\sum\limits_t\subset T$是 l-单形$(x,x+tv_1,\cdots,x+tv_l),v_1,\cdots,v_l\in\mathbf{R}^3$, 其中$\omega$是$l$-形式, 考虑到7.2.1中性质(2)即$\int_{(x,y)}\mathrm{d}(w^0\phi)=\int_{(x,y)}w^1(\delta\phi)$, 有

$$\begin{aligned}&(W^1|_T\vec{\omega})(x)\,(v)\\ &= \lim_{l\to 0}\sum_{i<j}\Big(N_i(x)\,\frac{N_j(x+tv)-N_j(x)}{t}-N_j(x)\frac{N_i(x+tv)-N_i(x)}{t}\Big)\vec{\omega}_{(i,j)}\\ &= \sum_{i<j}\big(N_i(x)\,\mathrm{d}N_j(x)\,(v)-N_j(x)\,\mathrm{d}N_i(x)\,(v)\big)\,\vec{\omega}_{(i,j)},\end{aligned}$$

而$\vec{\omega}_{(i,j)}=\int_{(a_i,a_j)}\omega.$

其中局部1-形式$N_i(x)\,\mathrm{d}N_j(x)\ -N_j(x)\,\mathrm{d}N_i(x)(0\le i<j\le 3)$的向量表示为:

$b_{ij}=\Upsilon_1(N_i(x)\,\mathrm{d}N_j(x)\ -N_j(x)\,\mathrm{d}N_i(x))=\mathrm{grad}\,N_i\cdot N_j-\mathrm{grad}\,N_j\,N_i$, $1\le i\ne j\le 4$, $1\le k\ne l\le 4$, 则

$$\int_{[a_i,a_j]}(b_{kl},t)\mathrm{d}r=\begin{cases}\pm 1, & 若\ \{i,j\}=\{k,l\},\\ 0, & 其他情况.\end{cases}\tag{7.2.18}$$

(3) 2-形式.

$$[x,y,z],\quad x,y,z\in T,$$

$$\begin{aligned}
[x,y,z] &= \{t_1x+t_2y+t_3z;\ 0\le t_i\le 1,\ t_1+t_2+t_3=1\}\\
&= \Big\{\sum_{ijk=1}^{4} N_i(x)N_j(y)N_k(z)(t_1a_i+t_2a_j+t_3a_k),\\
&\quad 0\le t_i\le 1,\ t_1+t_2+t_3=1\Big\}.\\
\textstyle\int_{[x,y,z]} :&= \sum_{i<j<k}\Big(\sum_{\pi\in\mathrm{Perm}\,(i,j,k)} \mathrm{sgn}\,(\pi)N_{\pi(i)}(x)N_{\pi(j)}(y)\,N_{\pi(k)}(z)\int_{[a_i,a_j,a_k]}\vec{\omega}\Big)\\
\vec{\omega}(x) &= \sum_{i<j<k} b_{ijk}\int_{[a_i,a_j,a_k]}(u,n)\,\mathrm{d}S.
\end{aligned}\tag{7.2.19}$$

(4) l-形式.

$$W^l|_T\,\vec{\omega}(x)=\sum_I\sum_{j=0}^{l}(-1)^j\underbrace{\Big(N_{i_j}\bigwedge_{k=0,k\ne j}^{l}\mathrm{d}N_{i_k}\Big)}_{b_I}\vec{\omega}_I,\tag{7.2.20}$$

$I=(i_0,\cdots,i_l)$, $0\le l\le n$, 跑遍$\{0,\cdots,n\}$所有$(l+1)$子集, 方向由次序 $([u_{i_0},\cdots,a_{i_l}])$ 所定; $\vec{\omega}_I$表示所对应面的上链系数. b_I称为基-形式.

$$\begin{aligned}
\Upsilon_0 b_i &= N_i,\\
\Upsilon_1 b_{(i,j)} &= N_i\,\mathrm{grad}\,N_j-N_j\,\mathrm{grad}\,N_i,\\
\Upsilon_2 b_{(i,j,k)} &= N_i\,\mathrm{grad}\,N_j\times\mathrm{grad}\,N_k+N_j\,\mathrm{grad}\,N_k\times\mathrm{grad}\,N_i\\
&\quad +N_k\,\mathrm{grad}\,N_i\times\mathrm{grad}\,N_j,\\
\Upsilon_3 b_{(0,1,2,3)} &= \frac{1}{\mathrm{vol}\,(\mathrm{T})}.
\end{aligned}\tag{7.2.21}$$

1. Whitney-**形式(W-形式)**

Whitney-形式是微分形式的有限元基, 它由分片多项式微分形式组成, 是$\mathrm{R}^p\to\mathrm{R}$ 交错重线性映射向量场.

定义 7.2.16 交叉重线性定义.

$$F(v_{\lambda_1},\cdots,v_{\lambda_r})=\varepsilon_{\lambda_1,\cdots,\lambda_r}F(v_1,\cdots,v_r),$$

$$\omega(x)\cdot(\xi_1,\cdots,\xi_p)=\omega(\xi_1,\cdots,\xi_p),$$

其中$\varepsilon_{\lambda_1,\cdots,\lambda_r}$为1, 若$(\lambda_1,\cdots,\lambda_r)$是$(1,2,\cdots,r)$的偶置换; 反之, 若置换为奇, 则为$-1$; 若$(\lambda_1,\cdots,\lambda_r)$不是完全不同的, 则为0.

考虑3维空间中的四面体剖分, 两个四面体有公共的面、棱、点. 设V,E,F,T分别为顶点、棱、面、体. 把顶点赋予标号, 例如: 棱$\{i,j\}$、面$\{i,j,k\}$等. 一般称它为"p-单形(例$p=0$为顶点, 1是棱、2为面、3为体). 在3维空间中, 可将W-形式想象为一个向量场($p=1$ 或2)、数量值($p=0$或3).

W-形式可按照如下方法构造: 考虑顶点i 和点x是属于四面体中应占份额中的一个, 令$N_i(x)$是x对于顶点i的重心坐标, 在其他情形$N_i(x)=0$, 这样得到分片线性函数N_i. 注意到

$$x=\sum_i N_i(x)\,x_i, \tag{7.2.22}$$

x_i是顶点i的位置, 且

$$\sum_i N_i(x)=1, \tag{7.2.23}$$

这样可定义任何p-复形$i_0,i_1,\cdots,i_p$的Whitney-形式:

$$^pW_{i_0},\cdots,i_p=p\,!\sum_{j=0}^{p}(-1)^{i_j}\,N_{i_j}\,\mathrm{d}N_{i_0}\,\wedge\cdots\wedge\,\mathrm{d}N_{i_{j-1}}\,\wedge\,\mathrm{d}N_{i_{j+1}}\,\wedge\cdots\wedge\,\mathrm{d}N_{j_p}. \tag{7.2.24}$$

2. Whitney 元向量(或数量)有限元的基

(1) 当$p=0$时为最低阶, 可得$^0w_i=N_i$, 即

$$w_i=N_i. \tag{7.2.25}$$

(2) 当$p=1$时, 向量场 W-形式与 W-元相连.

方程(7.2.24)给出1-形, 它与棱相联系, 故它的向量场为(参见图7.2.12):

$$\vec{w}_{ij}=N_i\,\nabla\,N_j-N_j\,\nabla\,N_i,\quad \vec{w}_{ij}=N_i\,\mathrm{d}N_j-N_j\,\mathrm{d}N_i. \tag{7.2.26}$$

由于∇N_j与面(i,l,k)正交, ∇N_i与面(j,l,k)正交, 读者可以想象为环绕轴k-l含有k和l面的法线, 其数量值的大小正比于到轴的距离. 对所有含有i和j作为其棱之一的四面体. 该场是非零的.

不难证明:

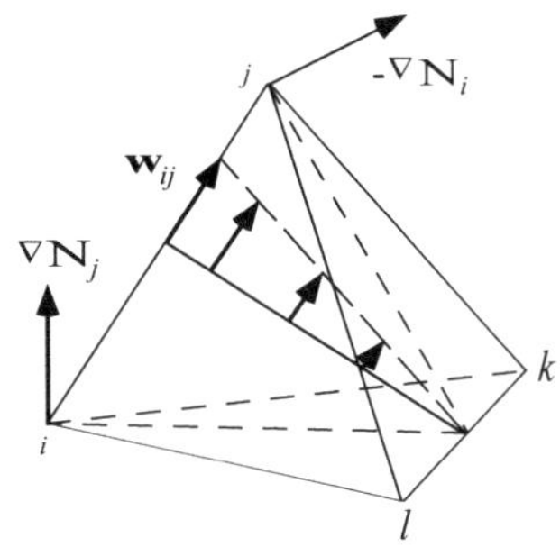

图 7.2.12 Whitney 棱元w_{ij}

(1) 向量场$\vec{w}_{ij}$是无源的, 且有一个常值的curl.

$$\nabla \cdot \vec{w}_{ij} = 0, \tag{7.2.27}$$

$$\nabla \times \vec{w}_{ij} = 2\nabla N_i \times N_j. \tag{7.2.28}$$

(2) 设$\vec{e}_{ij}$是由顶点i到j的单位向量.

N_i从点i值为1变到在顶点j为0, N_j从点j值为1变到在顶点i为0, 且

$$\vec{e}_{ij}\vec{w}_{ij} = \frac{N_i + N_j}{l_{ij}} = \frac{1}{l_{ij}}, \tag{7.2.29}$$

这说明 $\vec{w}_{ij}$ 在 $\{i, j\}$ 有常数切向分量. 由于 N_i 在边$\{j, k\}$, $\{j, l\}$, $\{l, k\}$ 上为 0, N_j 在边 $\{i, k\}$, $\{i, l\}$, $\{k, l\}$上为0, 故$\vec{w}_{ij}$ 在5 个棱上没有切向分量. 又因 N_i 在面元 $\{j, k, l\}$ 上为 0, N_j 在面元 $\{i, k, l\}$ 上为 0, 故 $\vec{w}_{ij}$ 在这些面上没有切向分量. 它仅在包含棱 $\{i, j\}$ 的面上有值, 即面 $\{i, j, k\}$, $\{i, j, l\}$. 这样, 向量场能近似表示为自由度为1 的W-元的线性组合和自由度u_{ij}, 它是未知向量场变量$\vec{u}$ 在棱上的环量.

(3) 当$p = 2$时, 2个自由度 W-元(或称为面元) 可表示为(参见图7.2.13):

$$\begin{aligned} \vec{w}_{ijk} &= 2(N_i \nabla N_j \times \nabla N_k + N_j \nabla N_k \times \nabla N_i + N_k \nabla N_i \times \nabla N_j), \\ \vec{w}^f &= 2(N_i \,\mathrm{d}N_j \wedge \mathrm{d}N_k + N_j \,\mathrm{d}N_k \wedge \mathrm{d}N_i + N_k \,\mathrm{d}N_i \wedge \mathrm{d}N_j), \end{aligned} \tag{7.2.30}$$

这时面元替代了轴向量, 有中心向量场(即4 个顶点中心), 2 个四面体有一个公共面$\{i, j, k\}$, 表示向量场来自“源” l, 增长穿过面且进入墙l'等于0, 它是另一个四面体的4 个顶点. 这个场法向连续, 它穿过面$\{i, j, k\}$的流是1, 如此流是元$\{i, j, k, l\}$ 的自由度.

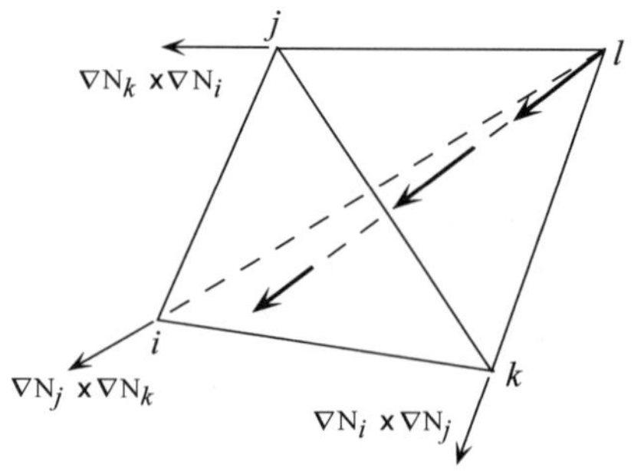

图 7.2.13 Whitney 面元w_{ijk}

(4) $p=3$时, 得到函数w_{ijkl}, 在四面体$\{i,j,k,l\}$上是常数, 在其他是零(它是常数组成的空间).

$$
\begin{aligned}
w_{ijkl} &= 6[(N_i\nabla N_j\times\nabla N_k)\cdot\nabla N_l+(N_j\nabla N_k\times\nabla N_l)\cdot\nabla N_i,\\
&\quad +(N_k\nabla N_l\times\nabla N_i)\cdot\nabla N_j],\\
w^v &= 6(N_i\,\mathrm{d}N_j\wedge\mathrm{d}N_k\wedge\mathrm{d}N_l+N_j\,\mathrm{d}N_k\wedge\mathrm{d}N_l\wedge\mathrm{d}N_i\\
&\quad +N_k\,\mathrm{d}N_l\wedge\mathrm{d}N_i\wedge\mathrm{d}N_j).
\end{aligned}
\tag{7.2.31}
$$

性质 7.2.2 W-元的性质.

(1) 定义阶为$p=0,1,2,3$的W-元. 当$p=0$或3时是数量, 当$p=1$或2时是向量.

(2) W-元组成空间的基, 随后它们能用有限元来计算W-元. W-元满足下列准则:

(a) 在顶点i上$w_i=1$, 在其他点上为0;

(b) $\vec{w}_{ij}$在边$\{i,j\}$上的环流为1, 在其他边上为0;

(c) $\vec{w}_{ijk}$穿过面$\{i,j,k\}$的流量为1, 穿过其他面为0;

(d) $\sum w_{ijkl}$在四面体$\{i,j,k,l\}$上为1, 在其他四面体上为0.

(3) W-形式有特别连续性质:

(a) 函数w_i穿过面是连续的;

(b) 向量场$\vec{w}_{ij}$的切向量穿过面是连续的;

(c) 向量场$\vec{w}_{ijk}$的法向量穿过面是连续的.

这些连续性质是非常重要的, 这些形式有限元能用来计算电磁场问题, 在穿过内部边界时, 不管这些性质在物理上对向量场是否是必需的, 无须外加附加条件.

(4) W-元整体性质:

必须指出, W-元族中的一员仅部分"协调" (如棱元仅"curl 协调"). "协调"作为性质必须与整个复形相连, 而不是对每一个个体. 事实上, W-元"协调"可表示为

$$\operatorname{grad} w^0 \subset \boldsymbol{w}^1, \quad \operatorname{curl} \boldsymbol{w}^1 \subset \boldsymbol{w}^2, \quad \operatorname{div} \boldsymbol{w}^2 \subset w^3. \tag{7.2.32}$$

(5) 最重要的是称之为第一Whitney序列, 存在且是正合的, 如下所示:

$$w^0 \xrightarrow{\text{grad}} \boldsymbol{w}^1 \xrightarrow{\text{curl}} \boldsymbol{w}^2 \xrightarrow{\text{div}} w^3. \tag{7.2.33}$$

假设磁场强度h是w^1向量空间(棱元)的未知变量, 则此向量场可近似表示为

$$h = \sum_e h_e \boldsymbol{w}_e, \tag{7.2.34}$$

e表示棱元, 变量h_e是自由度, 它等于向量h沿每个e棱的环量.

考虑逼近场h的curl, 因为curl w^1包含在w^2中, 则有

$$\operatorname{curl} \boldsymbol{h} = \sum h_e \operatorname{curl} \boldsymbol{w}_e = \sum_f j_f \boldsymbol{w}_f, \tag{7.2.35}$$

存在长方阵$\boldsymbol{C}$且$\boldsymbol{j} = \boldsymbol{C}\boldsymbol{h}$. 同样可定义矩阵$\boldsymbol{G}$和$\boldsymbol{D}$, 这样方程(7.2.33)用自由度来表示如下:

$$\overline{w}^0 \xrightarrow{\boldsymbol{G}} \overline{\boldsymbol{w}}^1 \xrightarrow{\boldsymbol{C}} \overline{\boldsymbol{w}}^2 \xrightarrow{\boldsymbol{D}} \overline{w}^3. \tag{7.2.36}$$

正合性表现为它们的正交性:

$$\boldsymbol{C}\boldsymbol{G} = 0, \quad \boldsymbol{D}\boldsymbol{C} = 0. \tag{7.2.37}$$

3. 六面体的形函数

六面体单元有8个结点$n_1, n_2, \cdots, n_8$, 有12 条棱$e_1, e_2, \cdots, e_{12}$, 整体坐标用 x, y, z 来表示, 局部坐标用(r, s, t)来表示, 单元重心点用$\left(\frac{l_x}{2}, \frac{l_y}{2}, \frac{l_z}{2}\right)$来表示, 其中$l_x, l_y, l_z$分别表示六面体每边长度(参见图7.2.14). 有如下关系式:

$$x = (r+1)\frac{l_x}{2}, \quad y = (s+1)\frac{l_y}{2}, \quad z = (t+1)\frac{l_z}{2}. \tag{7.2.38}$$

棱e_1表示连接结点n_1和n_2的棱,

$$W_{e_1} = \mathrm{N}_{e_1} = N_{n_1} \nabla N_{n_2} - N_{n_2} \nabla N_{n_1}, \tag{7.2.39}$$

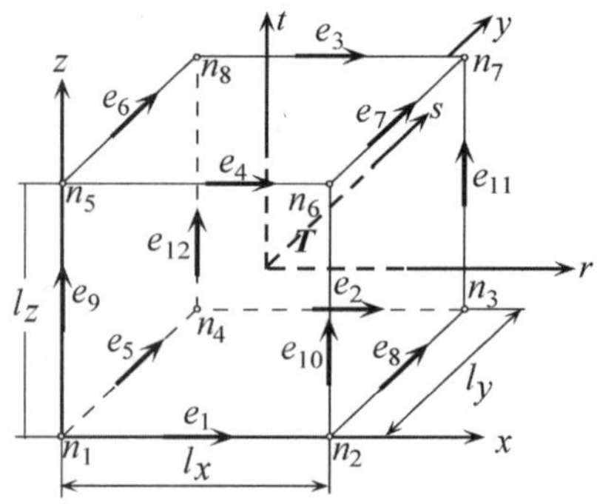

图 7.2.14 六面体

N_{n_1}和N_{n_2}分别表示在点n_1和n_2的形函数,

$$
\begin{aligned}
N_{n_1} &= \frac{1}{8}(1-r)(1-s)(1-t),\\
N_{n_2} &= \frac{1}{8}(1+r)(1-s)(1-t),
\end{aligned}
\tag{7.2.40}
$$

$$
\begin{aligned}
\operatorname{grad} N_{n_1} &= \begin{bmatrix} \dfrac{\partial N_{n_1}}{\partial x} \\ \dfrac{\partial N_{n_1}}{\partial y} \\ \dfrac{\partial N_{n_1}}{\partial z} \end{bmatrix} = \begin{bmatrix} \dfrac{\partial N_{n_1}}{\partial r}\dfrac{\partial r}{\partial x} + \dfrac{\partial N_{n_1}}{\partial s}\dfrac{\partial s}{\partial x} + \dfrac{\partial N_{n_1}}{\partial t}\dfrac{\partial t}{\partial x} \\ \dfrac{\partial N_{n_1}}{\partial r}\dfrac{\partial r}{\partial y} + \dfrac{\partial N_{n_1}}{\partial s}\dfrac{\partial s}{\partial y} + \dfrac{\partial N_{n_1}}{\partial t}\dfrac{\partial t}{\partial y} \\ \dfrac{\partial N_{n_1}}{\partial r}\dfrac{\partial r}{\partial z} + \dfrac{\partial N_{n_1}}{\partial s}\dfrac{\partial s}{\partial z} + \dfrac{\partial N_{n_1}}{\partial t}\dfrac{\partial t}{\partial z} \end{bmatrix} \\
&= \begin{bmatrix} \dfrac{\partial N_{n_1}}{\partial r}\dfrac{\partial r}{\partial x} \\ 0 \\ 0 \end{bmatrix} = \begin{bmatrix} -\dfrac{1}{4l_x}(1-s)(1-t) \\ 0 \\ 0 \end{bmatrix},
\end{aligned}
\tag{7.2.41}
$$

$$
\operatorname{grad} N_{n_2} = \begin{bmatrix} \dfrac{1}{4l_x}(1-s)(1-t) \\ 0 \\ 0 \end{bmatrix},
\tag{7.2.42}
$$

$$
W_{e_1} = \mathrm{N}_{e_1} = \begin{bmatrix} N_{n_1} + N_{n_2} \\ 0 \\ 0 \end{bmatrix} = \begin{bmatrix} \dfrac{1}{4\,l_x}(1-s)(1-t) \\ 0 \\ 0 \end{bmatrix}.
\tag{7.2.43}
$$

棱元形函数是向量函数, 不是标量函数. 对每个元, 向量场逼近能展成

$$\boldsymbol{E}=\sum_{i=1}^{12}\mathrm{N}_{e_i}\,E_i, \tag{7.2.44}$$

其中E_i是(切向分量)未知向量场沿棱的环量. N_{e_i}是形函数矩阵.

除棱e_1外, 所有沿棱的环量的形函数是零. 显然, 考虑棱e_1, $s=t=-1$, 于是环量

$$\begin{aligned}I &= \int\frac{1}{4\,l_x}\,(1-s)(1-t)\,\mathrm{d}V\\ &= \int\frac{1}{4\,l_x}\,\big(1-(-1)\big)\big(1-(-1)\big)\,\mathrm{d}r\\ &= \frac{1}{l_x}\int\mathrm{d}r=1.\end{aligned}$$

显然, 向量基函数有零散度, 即:

$$\nabla\cdot\mathrm{N}_{e_i}=0,$$

$$\nabla\times\mathrm{N}_{e_i}=\mathrm{const}.$$

六面体总体的形函数能表示成矩阵

$$\mathrm{N}_{e_i}=\begin{bmatrix}\mathrm{N}_x^{1,2,3,4} & 0 & 0\\ 0 & \mathrm{N}_y^{5,6,7,8} & 0\\ 0 & 0 & \mathrm{N}_z^{9,10,11,12}\end{bmatrix}. \tag{7.2.45}$$

4. 四面体W-形式

假设四面体有顶点a_0,a_1,a_2,a_3, 有6条棱$e_1,e_2,\cdots,e_6$. 点元、棱元、面元、体元的局部空间和局部空间自由度如表7.2.1所示.

表 7.2.1 点元、棱元、面元、体元的局部空间和局部空间自由度表示

	局部空间	局部空间自由度
点元	$\mathcal{W}_0^0(T)=\{x\to a\cdot x+\beta,\ a\in\mathbf{R}^3,\beta\in\mathbf{R}\}$	$u\to u(a_i)$
棱元	$\mathcal{W}_0^1(T)=\{x\to a\wedge x+b,a,b\in\mathbf{R}^3\}$	$\boldsymbol{u}\to\int_{(a_i,a_j)}\boldsymbol{u}\cdot\mathrm{d}l$
面元	$\mathcal{W}_0^2(T)=\{x\to\alpha x+b,\ \alpha\in\mathbf{R},b\in\mathbf{R}^3\}$	$\boldsymbol{u}\to\int_{(a_i,a_j,a_k)}\boldsymbol{u}\cdot\boldsymbol{n}\,\mathrm{d}S$
体元	$\mathcal{W}_0^3(T)=\{x\to\alpha,\ \alpha\in\mathbf{R}\}$	$u\to\int_T u\,\mathrm{d}x$

考虑3 维四面体情形(参见图7.2.15).

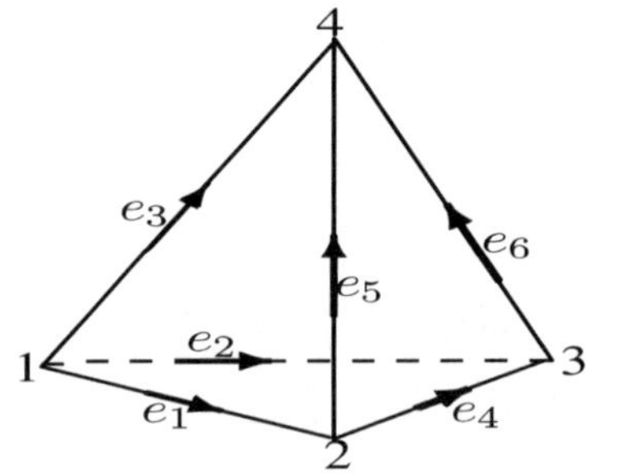

图 7.2.15 四面体

体积坐标$L_1=N_1, L_2=N_2, L_3=N_3, L_4=N_4$和直角坐标$(x,y,z)$有如下关系

$$\left\{\begin{array}{l}\displaystyle\sum_{i=1}^{4} L_i = 1, \\ \displaystyle\sum_{i=1}^{4} L_i x_i = x, \quad \sum_{i=1}^{4} L_i y_i = y, \quad \sum_{i=1}^{4} L_i z_i = z.\end{array}\right. \tag{7.2.46}$$

上面方程组(7.2.46)有解, 只要下列行列式不等于零:

$$6V_e = \begin{bmatrix} 1 & 1 & 1 & 1 \\ x_1 & x_2 & x_3 & x_4 \\ y_1 & y_2 & y_3 & y_4 \\ z_1 & x_2 & z_3 & z_4 \end{bmatrix} \neq 0, \tag{7.2.47}$$

这里V_e表示四面体的体积. 可以从(7.2.46) 解出

$$N_i = L_i = \frac{1}{6\,V_e}(a_i x + b_i y + c_i z + \beta_i), \tag{7.2.48}$$

其中系数

$$a_1 = \begin{bmatrix} 1 & 1 & 1 \\ y_2 & y_3 & y_4 \\ z_2 & z_3 & z_4 \end{bmatrix}, b_1 = \begin{bmatrix} 1 & 1 & 1 \\ x_2 & x_3 & x_4 \\ z_2 & z_3 & z_4 \end{bmatrix}, c_1 = \begin{bmatrix} 1 & 1 & 1 \\ x_2 & x_3 & x_4 \\ y_2 & y_3 & y_4 \end{bmatrix}, \beta_1 = \begin{bmatrix} x_2 & x_3 & x_4 \\ y_2 & y_3 & y_4 \\ z_2 & z_3 & z_4 \end{bmatrix}.$$

类似的系数有$a_2, b_2, c_2, \beta_2, a_3, b_3, c_3, \beta_3, a_4, b_4, c_4, \beta_4$, 这些系数可以归纳为:

$$\begin{aligned} \beta_k &= \{x_l\,(y_m\,z_n - y_n\,z_m) + x_m\,(y_n\,z_l - y_l\,z_n) + x_n\,(y_l\,z_m - y_n\,z_l)\}\,\delta_k, \\ a_k &= \{y_l\,(z_n - z_m) + y_m\,(z_l - z_n) + y_n\,(z_m - z_l)\}\,\delta_k, \\ b_k &= \{z_l\,(x_n - x_m) + z_m\,(x_l - x_n) + z_n\,(x_m - x_l)\}\,\delta_k, \\ c_k &= \{x_l\,(y_n - y_m) + x_m\,(y_l - y_n) + x_n\,(y_m - y_l)\}\,\delta_k, \end{aligned} \tag{7.2.49}$$

下标k,l,m,n在上面的公式(7.2.49)中应该是循环地被置换，而系数δ_k依赖如下：

$$
\begin{aligned}
&\delta_k = \begin{cases} 1, & k=1,3, \\ -1, & k=2,4, \end{cases} \\
&\beta_1+\beta_2+\beta_3+\beta_4 = 6\,V_e, \\
&\sum_{i=1}^{4} a_i = \sum_{i=1}^{4} b_i = \sum_{i=1}^{4} c_i = 0, \\
&\nabla N_i = \nabla L_i = \frac{1}{6V_e}\begin{pmatrix} a_i \\ b_i \\ c_i \end{pmatrix}.
\end{aligned} \tag{7.2.50}
$$

对棱e_1,

$$
\begin{aligned}
\mathrm{N}_{e_1} &= N_1\,\nabla\,N_2 - N_2\,\nabla\,N_1 \\
&= \frac{1}{6\,V_e}\,(\beta_1+a_1\,x+b_1\,y+c_1\,z)\,\frac{1}{6\,V_e}\begin{bmatrix} a_2 \\ b_2 \\ c_2 \end{bmatrix} \\
&\quad -\frac{1}{6\,V_e}\,(\beta_2+a_2\,x+b_2\,y+c_2\,z)\,\frac{1}{6\,V_e}\begin{bmatrix} a_1 \\ b_1 \\ c_1 \end{bmatrix},
\end{aligned} \tag{7.2.51}
$$

$$
\mathrm{N}_{e_1} = \frac{1}{36\,V_e^2}\begin{bmatrix} \alpha_1+\alpha_2\,y+\alpha_3\,z \\ \alpha_4-\alpha_2\,x+\alpha_5\,z \\ \alpha_6-\alpha_3\,x-\alpha_5\,y \end{bmatrix}.
$$

而系数$\alpha_1,\cdots,\alpha_6$为:

$$
\begin{aligned}
&\alpha_1 = \beta_1\,a_2-\beta_2\,a_1, \quad \alpha_2 = a_2\,b_1-a_1\,b_2, \\
&\alpha_3 = a_1\,c_2-a_2\,c_1, \quad \alpha_4 = \beta_1\,b_2-\beta_2\,b_1, \\
&\alpha_5 = b_2\,c_1-b_1\,c_2, \quad \alpha_6 = \beta_1\,c_2-\beta_2\,d_1.
\end{aligned} \tag{7.2.52}
$$

从关系式(7.2.51)看出, 四面体形函数是散度自由的(divergence-free).

对于1阶四面体棱元,合成矩阵有6个向量形函数, 它的形式为

$$\mathrm{N}^{\mathrm{T}}=\frac{1}{36V_e^2}\begin{bmatrix} N_{e_1}^x & N_{e_2}^x & N_{e_3}^x & N_{e_4}^x & N_{e_5}^x & N_{e_6}^x \\ N_{e_1}^y & N_{e_2}^y & N_{e_3}^y & N_{e_4}^y & N_{e_5}^y & N_{e_6}^y \\ N_{e_1}^z & N_{e_2}^z & N_{e_3}^z & N_{e_4}^z & N_{e_5}^z & N_{e_6}^z \end{bmatrix}. \tag{7.2.53}$$

磁向量势A为

$$A=\sum_{i=1}^{6}\mathrm{N}^{\mathrm{T}}A_i=\frac{1}{36V_e^2}\begin{bmatrix} N_{e_1}^x & N_{e_2}^x & N_{e_3}^x & N_{e_4}^x & N_{e_5}^x & N_{e_6}^x \\ N_{e_1}^y & N_{e_2}^y & N_{e_3}^y & N_{e_4}^y & N_{e_5}^y & N_{e_6}^y \\ N_{e_1}^z & N_{e_2}^z & N_{e_3}^z & N_{e_4}^z & N_{e_5}^z & N_{e_6}^z \end{bmatrix}\begin{bmatrix} A_{e_1} \\ A_{e_2} \\ A_{e_3} \\ A_{e_4} \\ A_{e_5} \\ A_{e_6} \end{bmatrix}, \tag{7.2.54}$$

考虑2维三角形情形,

$$L_i = \begin{bmatrix} L_1 \\ L_2 \\ L_3 \end{bmatrix} = \frac{1}{3A}\begin{bmatrix} \beta_1 & a_1 & b_1 \\ \beta_2 & a_2 & b_2 \\ \beta_3 & a_3 & b_3 \end{bmatrix}\begin{pmatrix} 1 \\ x \\ y \end{pmatrix},$$

$$\begin{aligned} \mathrm{N}_{e_1} &= N_1\nabla N_2 - N_2\nabla N_1 \\ &= \frac{1}{3A}(\beta_1+a_1x+b_1y)\frac{1}{3A}\begin{bmatrix} a_2 \\ b_2 \end{bmatrix} - \frac{1}{3A}(\beta_2+a_2x+b_2y)\frac{1}{3A}\begin{bmatrix} a_1 \\ b_1 \end{bmatrix} \qquad (7.2.55) \\ &= \frac{1}{9A^2}(\beta_1a_2+b_1a_2y-\beta_2a_1-b_2a_1y), \\ \mathrm{N}_e &= \frac{1}{9A^2}\begin{bmatrix} \alpha_1+\alpha_2y \\ \alpha_3-\alpha_2x \end{bmatrix} \quad \text{棱元.} \end{aligned}$$

$$\mathrm{N}_{e_1}=\begin{bmatrix} 1-y \\ x \end{bmatrix},\quad \mathrm{N}_{e_2}=\begin{bmatrix} y \\ x \end{bmatrix},\quad \mathrm{N}_{e_3}=\begin{bmatrix} y \\ -x \end{bmatrix}.$$

例 7.2.4 W 复形立方体的情况如图7.2.16所示. 其中$\mathcal{DF}^l(\Omega)$表示区域Ω上的连续l-形式. $\mathcal{T}_h$是区域Ω上的剖分, $\nu^l(\mathcal{T}_h)$是离散的l-形式. $\tau_0,\cdots,\tau_p$是相应的离散算子. $\widehat{T}$是标准单元. $\nu^l(\widehat{T})$是在标准单元上的Whitney的l-形式.

$$\begin{array}{ccccccccc}
\mathcal{DF}^0 & \xrightarrow{\mathrm{d}} & \mathcal{DF}^1 & \xrightarrow{\mathrm{d}} & \mathcal{DF}^2 & \xrightarrow{\mathrm{d}} & \cdots & \xrightarrow{\mathrm{d}} & \mathcal{DF}^p \\
\downarrow \tau_0 & & \downarrow \tau_1 & & \downarrow \tau_2 & & \cdots & & \downarrow \tau_p \\
\mathcal{V}^0(\mathcal{T}_h) & \xrightarrow{\mathrm{d}} & \mathcal{V}^1(\mathcal{T}_h) & \xrightarrow{\mathrm{d}} & \mathcal{V}^2(\mathcal{T}_h) & \xrightarrow{\mathrm{d}} & \cdots & \xrightarrow{\mathrm{d}} & \mathcal{V}^p(\mathcal{T}_h)
\end{array}$$

$$\mathrm{Im}\,\mathrm{d}_n \subset \mathrm{Ker}\ \mathrm{d}_{n+1}$$

图 7.2.16 W 复形立方体的交换图

现考虑3维单位立方体的情况，如图7.2.17所示.

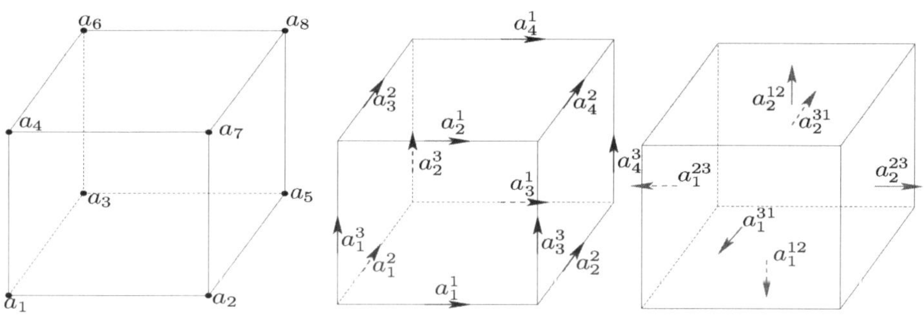

图 7.2.17 a_i, a_j^i, a_k^{ij}为相对于u_i, u_j^i, u_k^{ij}的自由度

此时W-0形式为多项式$\omega(x) = (a_1x + b_1)(a_2x + b_2)(a_3x + b_3)$, 相应的自由度是函数在顶点的函数值(节点值).

$$\mathcal{V}^0(\widehat{T}) = \mathrm{span}\,\{u_1,\ u_2,\ u_3,\ u_4,\ u_5,\ u_6,\ u_7,\ u_8\},$$

其中:

$$\begin{aligned}
&u_1 = (1 - x_1)(1 - x_2)(1 - x_3), \quad && u_2 = x_1(1 - x_2)(1 - x_3),\\
&u_3 = (1 - x_1)x_2(1 - x_3), && u_4 = (1 - x_1)(1 - x_2)x_3,\\
&u_5 = x_1x_2(1 - x_3), && u_6 = (1 - x_1)x_2x_3,\\
&u_7 = x_1(1 - x_2)x_3, && u_8 = x_1x_2x_3.
\end{aligned}$$

令:

$$\begin{aligned}
&u_1^1=(1-x_2)(1-x_3), \quad &u_2^1=(1-x_2)x_3,\\
&u_3^1=x_2(1-x_3), &u_4^1=x_2x_3,\\
&u_1^2=(1-x_3)(1-x_1), &u_2^2=(1-x_3)x_1,\\
&u_3^2=x_3(1-x_1), &u_4^2=x_3x_1,\\
&u_1^3=(1-x_1)(1-x_2), &u_2^3=(1-x_1)x_2,\\
&u_3^3=x_1(1-x_2), &u_4^3=x_1x_2,
\end{aligned}$$

则它的W-1形式由

$$\begin{aligned}
\mathcal{V}^1(\widehat{T}) \ = \ &\operatorname{span}\{u_1^1\mathrm{d}x_1,\ u_2^1\mathrm{d}x_1,\ u_3^1\mathrm{d}x_1,\ u_4^1\mathrm{d}x_1,\ u_1^2\,\mathrm{d}x_2,\ u_2^2\,\mathrm{d}x_2,\\
&u_3^2\mathrm{d}x_2,\ u_4^2\mathrm{d}x_2,\ u_1^3\,\mathrm{d}x_3,\ u_2^3\,\mathrm{d}x_3,\ u_3^3\,\mathrm{d}x_3,\ u_4^3\,\mathrm{d}x_3\}
\end{aligned}$$

产生. 这便是 Nédélec $H(\mathrm{curl};\Omega)$ 协调空间[Néd80], 相应的自由度是沿边缘的路径积分(电压).

局部空间的W-2形式是

$$\begin{aligned}
\mathcal{V}^2(\widehat{T}) \ = \ &\operatorname{span}\{u_1^{12}\,\mathrm{d}x_1\wedge\mathrm{d}x_2,\ u_2^{12}\,\mathrm{d}x_1\wedge\mathrm{d}x_2,\ u_1^{23}\,\mathrm{d}x_2\wedge\mathrm{d}x_3,\\
&u_2^{23}\,\mathrm{d}x_2\wedge\mathrm{d}x_3,\ u_1^{31}\,\mathrm{d}x_3\wedge\mathrm{d}x_1,\ u_2^{31}\,\mathrm{d}x_3\wedge\mathrm{d}x_1\},
\end{aligned}$$

其中:

$$\begin{aligned}
&u_1^{12}=1-x_3, \quad &u_2^{12}=x_3,\\
&u_1^{23}=1-x_1, &u_2^{23}=x_1,\\
&u_1^{31}=1-x_2, &u_2^{31}=x_2.
\end{aligned}$$

这是3维空间Raviart-Thomas型[RT77]. 在这种情况下, 自由度是通过表面法向分量的积分(流量).

为了表述完整, 给出W-3形式, 为常数

$$\mathcal{V}_0^3(\widehat{T})=\operatorname{span}\{\mathrm{d}x_1\wedge\mathrm{d}x_2\wedge\mathrm{d}x_3\}.$$

自由度是元的积分.

注 7.2.3 a_i, a_j^i, a_k^{ij}为相对于u_i, u_j^i, u_k^{ij}的自由度. 就拿棱元来说, 它的形函数是向量值函数, 不是数量值函数, 它对每个单元中场逼近能写成如下形式:

$$\boldsymbol{E}=\sum_{i=1}^{12}\mathrm{N}_{e_i}E_i,$$

其中E_i是未知向量场沿每条棱的环流(切向分量), $\mathrm{N}_{\mathrm{e_i}}$是形函数矩阵.

表 7.2.2 关于微分形式连续与离散的概念

离散	连续
p-网格 s^p	Ω_p p维区域
p-网格边界 ∂s^p	$\partial\Omega_p$ p维区域的边界
p-链 $S^p=\sum\limits_i \alpha_i s_i^p$	σ_p 加权p维区域
网格复形χ_p	Σ_p 所有加权p维区域
p-上链Θ^p	ω^p p-形式的微分形式
p-链和p上链配对 (S^p,Θ^p)	p-形式的积分形式 $\int_{\sigma_p}\omega^p$
余边界算子δ	d外微分算子
推广Stokes定理 $(S^{p+1},\delta\,\Theta^p)=(\partial\,S^{p+1},\Theta^p)$	推广Stokes定理 $\int_{\Omega_{p+1}}\mathrm{d}\omega^p=\int_{\partial\,\Omega_{p+1}}\omega^p$
格林公式 (分部求和) $(S^{p+1},\delta\,\Theta^p)=(\partial\,S^{p+1},\Theta^p)$	格林公式 $\int_{\sigma_{p+1}}\mathrm{d}\,\omega^p=\int_{\partial\,\sigma_{p+1}}\omega^p$
拓扑方程 (弱形式), $\forall\,S_{p+1}$ $(\partial\,S^{p+1},a^p)=(S^{p+1},b^{p+1})$ (强形式) $\delta a^p=b^{p+1}$	拓扑方程 (弱形式), $\forall\,\sigma_{p+1}$ $\int_{\partial\,\sigma_{p+1}}\alpha^p=\int_{\sigma_{p+1}}\beta^{p+1}$ (强形式) $\mathrm{d}\alpha^p=\beta^{p+1}$

引理 7.2.1 微分形式定义(Cartan 积分形式定义).

$$\omega(x)(v_1,\cdots,v_p)=p\,!\lim_{t\to 0}\frac{1}{t^p}\int_{[x_1,\cdots,x_{p+1}]}\omega,$$

$$x_1=x,$$

$$x_{i+1}=x+tv_i,\quad i=1,\cdots,p.$$

定义 7.2.17 微分形式定义:

$$\omega(x):\mathbf{R}^n\longrightarrow\Lambda^k(\mathbf{R}^n),\quad \omega(x)\in\Lambda^k(T_x\,\mathbf{R}^n).$$

若$\varphi_1(x),\cdots,\varphi_n(x)$ 是$(e_1)_x,\cdots,(e_n)_x$在$\mathbf{R}^n$上的对偶基$\mathbf{R}^n$, 则有:

$$\omega(x)=\sum_{i_1<\cdots<i_k}a_{i_1\cdots i_k}(x)\varepsilon_{i_1}(x)\wedge\cdots\wedge\varepsilon_{i_k}(x),$$
$$\omega(x)=\sum_{i_1<\cdots<i_k}a_{i_1\cdots i_k}(x)\mathrm{d}x^{i_1}\wedge\cdots\wedge\mathrm{d}x^{i_k}.$$

§7.2.6 小结

k-单形s_k它是由$\mathbf{R}^n$中$k+1$个(且$k<n$)不同有序点$[p_0,\cdots,p_k]$所组成的, 且在$\mathbf{R}^n$ 张成的一个k 维平面.

k-链(Chain)是k-单纯形的线性组合,

$$c_k=\sum_i a_i s_k^i, \tag{7.2.56}$$

a_i是实数, s_k^i是k-单形元素, 所有k-链集合用C_k来表示.

定义 7.2.18 (边界算子∂) k-单形边界∂是一个$(k-1)$-维链, 由下式定义:

$$\partial\,[p_1,\cdots,p_n]=\sum_{i=1}^{k}(-1)^i[p_1,\cdots,p_{i-1},p_{i+1},\cdots,p_k]. \tag{7.2.57}$$

边界算子参见图7.2.18, 可证明

$$\partial\,\partial=0. \tag{7.2.58}$$

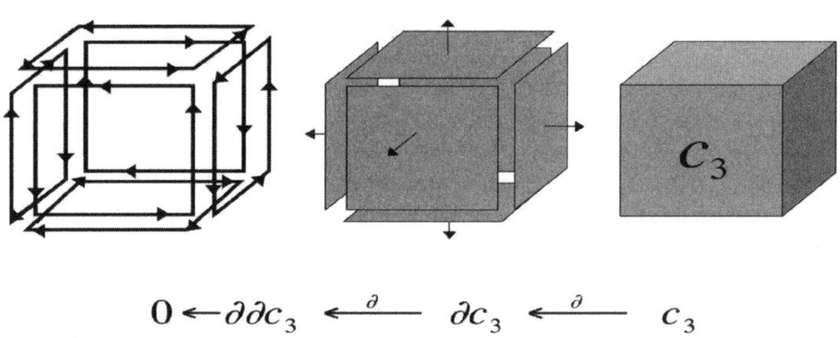

图 7.2.18 ∂ 算子作用在3维网格c_3 上的情形

链的边界定义见图7.2.18.

$$\partial\,c=\sum_i a_i\partial\,c_k^i, \tag{7.2.59}$$

$\{C_0,C_1,C_2,C_3\}$称为复形(complex), 对所有$c\in C_k$, 有$\partial c\in C_{k-1}$.

边界链也构成一个正合序列:

$$0\longleftarrow C_0\xleftarrow{\partial_0}C_1\xleftarrow{\partial_1}C_2\xleftarrow{\partial_2}C_3\longleftarrow 0, \tag{7.2.60}$$

其中$\partial_k: C_{k+1} \to C_k$ 称为k-链的边界算子.

序列(7.2.60)称为正合, 因为

$$\text{Range}\,\partial_k \subset \text{Ker}\,\partial_{k-1}, \quad \text{可由}\ \partial\,\partial = 0\ \text{推出}.$$

一个k-单纯形的几何实现$[p_1, \cdots, p_n]$是一个映射:

$$t_i \to \sum_{i=o}^{k} t_i p_i, \quad \text{其中}\ t_i \geq 0\ \text{且}\ \sum_{i=o}^{k} t_i = 1.$$

这个映射产生由点$[p_1, \cdots, p_n]$ 生成的凸包. 数值t_i称为重心坐标，它们把复形(C_0, C_1, C_2, C_3)成为一个K的度量空间.

定义 7.2.19 (上链) C^k是在C_k上所有的线性泛函, 它的元素称为上链, 用$\langle\, ,\, \rangle$表示链与上链对偶. $c^p(c_p) = (c^p, c_p)$.

定义 7.2.20 (余边界算子 δ) 边界算子∂的对偶用δ来表示, 称之为余边界算子.

余边界算子参见图7.2.19.

$$\delta: C^k \longrightarrow C^{k+1}, \tag{7.2.61}$$

$$(a, \partial c) = (\delta a, c), \quad \delta^p = (\partial_{\,p+1})^{\mathrm{T}}, \tag{7.2.62}$$

$$\delta\delta = 0. \tag{7.2.63}$$

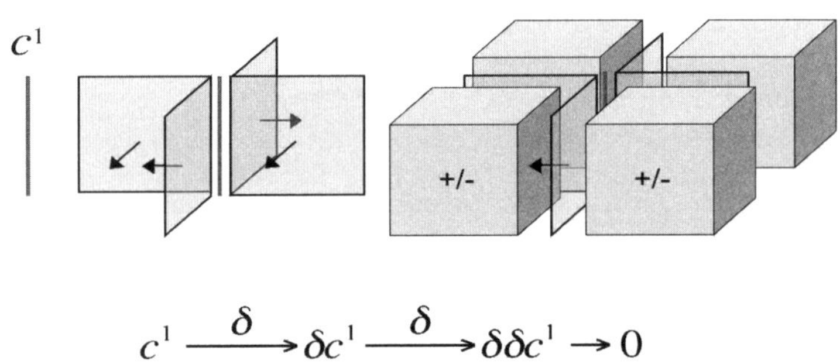

图 7.2.19 δ 算子作用在1-网格c^1上的情形

它也有正合序列

$$0 \longrightarrow C^0 \xrightarrow{\delta} C^1 \xrightarrow{\delta} C^2 \xrightarrow{\delta} C^3 \longrightarrow 0, \tag{7.2.64}$$

令$\{\sigma_k^i\}$ $(i=1,2,\cdots)$是C_k的基, 是有向k-链组成的链复形基.

K, C_k是有限维且同构于C^k, 所以$\{\sigma_k^i\}$也是C^k的基.

同构映射$J:\ C^k\to C_k$,

$$Ja=\sum_i(a,\sigma_k^i)\sigma_k^i. \tag{7.2.65}$$

因上链能写成$a=\sum a_i\sigma_k^i$, 所以它在链$c=\sum c_i\sigma_k^i$上的作用为

$$\langle a,c\rangle=\sum_i a_ic_i. \tag{7.2.66}$$

定义 7.2.21 (余边界算子δ) 余边界算子δ可定义为

$$\delta[p_0,\cdots,p_k]=\sum_p[p,p_0,\cdots,p_k].$$

它是一个$k+1$单形.为了适应边界条件, 有时选取

$$C_0^k\subset C^k,$$
$$C_0^k:=\{a\in C^k\mid(a,c_k)=0,\forall\ c_k\in L_0\}.$$

链是计算的网格. 上链是在网格上离散的函数, 它是微分形式的离散形式.

1. **投影算子**

定义 7.2.22 (De Rham映射) R: $\Lambda^k(\Omega)\to C^k$,

$$\langle R\omega,c\rangle=\int_c\omega, \tag{7.2.67}$$

其中$c\in C_k$是k-链, $\omega\in\Lambda^k(\Omega)$是$k$-形式,映射$\omega\to R\omega$.

引理 7.2.2 De Rham 映射有可交换性CDP$_1$(指投影算子),

$$R\mathrm{d}=\delta R. \tag{7.2.68}$$

证明:利用Stokes定理和对偶∂,δ关系,

$$(R\,\mathrm{d}w,c)=\int_c\mathrm{d}\omega=\int_{\partial c}\omega=(R\omega,\partial\,c)=(\delta R\omega,c), \tag{7.2.69}$$

这个式子也表示δ为d的离散算子. ▲

2. **延拓算子**

定义 7.2.23 延拓算子为有界线性映射$\tau:\ C^k\to\Lambda^k(L^2,\Omega)$ 且τ有一个右逆R,

$$R\tau=\mathrm{id}. \tag{7.2.70}$$

R的左逆表示离散逼近程度,

$$\tau R = \mathrm{id} + o(h^s). \tag{7.2.71}$$

由(7.2.70)可得出解的惟一性:

$$\mathrm{Ker}\,\tau = \{0\}. \tag{7.2.72}$$

引理 7.2.3 第二个可交换性CDP$_2$(指延拓算子):

$$\mathrm{d}\tau = \tau\delta. \tag{7.2.73}$$

定义 7.2.24 (协调算子) 我们将称满足(7.2.73)式的称为协调算子, Whitney映射就是这样的协调算子.

§7.3 Hodge 算子的离散

星算子(*)的两种离散.

自然离散(Bossavit)使用重建算子τ 把上链转变为形式, 然后利用连续$*$把结果返回到上链. 因此, 自然算子$\overset{N}{*}$: $C^k \longrightarrow C^{n-k}$离散的定义

$$\overset{N}{*} = R * \tau. \tag{7.3.1}$$

导出离散(Hiptmair)[Hip01]的定义:

$$\begin{gathered}\int_\Omega a\wedge \overset{D}{*}\, b = (a,b)_\Omega, \quad \forall\, a,b \in C^k,\\ \overset{D}{*}\colon\ C^k \longrightarrow C^{n-k}.\end{gathered} \tag{7.3.2}$$

当离散求解表7.3.1中的方程时, 应该选择合适的离散微分形式.

定义 7.3.1 空间序列($\mathcal{W}^l$, $0 \le l < n$)提供在Ω 邻域上的离散微分形式:

(1) $\mathcal{W} \subset \Lambda^l(\Omega)$, 对所有的$0 \le l \le n$;

(2) $\mathrm{d}\mathcal{W}^l \subset \mathcal{W}^{l+1}$, 对所有的$0 \le l \le n$;

(3) 所有的空间是有限维;

(4) 有线性映射$R_h^l : \Lambda^l(\Omega) \to \mathcal{W}^l$满足交换图表$\mathrm{d}R_h^l\omega = R_h^{l+1}(\mathrm{d}\omega)$, 对所有的$\omega \in \Lambda^l(\Omega)$, $0 \le l \le n$.

在实践中, $\mathcal{W}^l$是有限元空间. 离散微分形式通常是建立在某些网格Ω上的. 必须指出, 满足上述离散微分形式要求的有限元空间是存在的, 这就是前面介绍的Whitney 形式.

§7.3.1 星算子离散形式

本节内容主要取自于论文[Hip01],[Hip02],[Bos00]. 许多初边值问题可以写成以下三种情况微分形式（见表7.3.1）:

表 7.3.1 初边值问题三种微分形式

I. 椭圆	II. 抛物	III. 双曲
$\mathrm{d}u=(-1)^l\boldsymbol{\sigma}$ $\mathbf{dj}=-\psi+\phi$	$\mathrm{d}u=(-1)^l\boldsymbol{\sigma}$ $\mathbf{dj}=-\frac{\mathrm{d}}{\mathrm{d}t}\psi+\phi$	$\mathrm{d}u=(-1)^l\frac{\mathrm{d}}{\mathrm{d}t}\boldsymbol{\sigma}$ $\mathbf{dj}=-\frac{\mathrm{d}}{\mathrm{d}t}\psi+\phi$

$\mathbf{t}_D\,u=0$ 在Γ_D上, $\mathbf{t}_{\mathcal{N}}\mathbf{j}=0$在$\Gamma_{\mathcal{N}}$上.

$\mathbf{j}=*_\alpha\sigma$, $\psi=*_\gamma u$ 在Ω上.

$\mathbf{t}_{\mathcal{M}}\mathbf{j}=(-1)^{l-1}*_\beta^\Gamma\,\mathbf{t}_{\mathcal{M}}u$在$\Gamma_{\mathcal{M}}$上.

α,γ是在Ω上的某一Riemann尺度, β是$\Gamma_{\mathcal{M}}$上的尺度. $\mathbf{t}_D,\mathbf{t}_{\mathcal{N}},\mathbf{t}_{\mathcal{M}}$分别表示不同的边界迹算子.

函数u是依赖时间$l-1$的形式, $0\le l\le n$,

$\boldsymbol{\sigma}$是l-形式, $\mathbf{j}$是m-形式, $m:=n-l$, ϕ,ψ是$m+1$-形式.

表7.3.1 中三种方程微分形式离散后为:

I. $D^{l-1}\vec{u}=(-1)^l\vec{\boldsymbol{\sigma}},\ D^m\vec{\mathbf{j}}=-\vec{\psi}+\vec{\phi}.$

II. $D^{l-1}\vec{u}=(-1)^l\vec{\boldsymbol{\sigma}},\ D^m\vec{\mathbf{j}}=-\dfrac{\mathrm{d}}{\mathrm{d}t}\vec{\psi}+\vec{\phi}.$

III. $D^{l-1}\vec{u}=(-1)^l\vec{\boldsymbol{\sigma}},\ D^m\vec{\mathbf{j}}=-\dfrac{\mathrm{d}}{\mathrm{d}t}\vec{\psi}+\vec{\phi}.$

请记住，此时$\vec{u},\vec{\mathbf{j}},\vec{\boldsymbol{\sigma}},\vec{\psi},\vec{\phi}$表示相应微分形式的系数.

基本上，Hodge 算子的离散必须建立在线性映射离散l-形式和离散$m-l$空间之间. 换言之，一个离散Hodge算子可以描述为一个$N_m\times N_l$矩阵. 此外，对于连续l-形式, $*_\alpha\circ *_{1/\alpha}=(-1)^{ln-l}\cdot\mathrm{Id}$; 对于连续$m$-形式, $*_\mu\circ *_{1/\mu}=(-1)^{mn-m}\cdot\mathrm{Id}$.

Hodge算子在微分形式空间不能直接离散. 例如在3维空间中1-形式的法向分量是间断的而切向分量是连续的, 而扭转(twisted)2-形式$*\omega$ 在欧氏空间的向量表示同样是$\boldsymbol{u}$, 与 1-形式的向量表示一样. 但此时$\boldsymbol{u}$在法向上连续, 切向上间断. 若F是面, 假如此时仍用 1-形式网格, 则$\boldsymbol{u}$ 在此面上法向有间断, 故不能用.

$$\int_F *\omega=\int_F(\boldsymbol{u},\boldsymbol{n}_F)\,\mathrm{d}\,s,$$

失败原因是$*\omega$不能在与ω同一网格上离散 2-形式.

两个等价方程包含微分形式的不同性质(proper, twisted), 所以没有理由非要在同一网格上离散. 因此在区域Ω上可以采用不同网格, 一个主网格T_h, 另一个从网格$\widetilde{T}_h$; 有两个微分形式: 常义的(proper)l-形式w 和扭转的(twisted)m-形式ω.

$$\left.\begin{array}{c} *_\mu w = \omega \\ \Updownarrow \\ (-1)^{ln-l} *_{1/\mu} \omega = w \end{array}\right\} \xrightarrow{\text{离散}} \left\{\begin{array}{c} M_\mu^l \vec{w} = \widetilde{K}_m^l \vec{\omega} \\ \text{或} \\ (-1)^{ln-l} \widetilde{M}_{1/\mu}^m \vec{\omega} = K_l^m \vec{w} \end{array}\right. , \tag{7.3.3}$$

矩阵M_μ^l, $\widetilde{M}_{1/\mu}^m$和K_l^m, $\widetilde{K}_m^l$满足下列简单的代数要求:

(1) $M_\mu^l \in \mathbf{R}^{N_l, N_l}$, $\widetilde{M}_{1/\mu}^m \in \mathbf{R}^{\overline{N}_m, \overline{N}_m}$是方阵, 对称, 正定, 其中$N_l :=$ dim $\mathcal{W}^l$, $\widetilde{N}_m$: =dim $\widetilde{\mathcal{W}}^m$.

(2) $0 \le l,\ m \le n, l + m = n$,偶合矩阵 $K_l^m \in \mathbf{R}^{\widetilde{N}_m, N_l}$, $\widetilde{K}_m^l \in \mathbf{R}^{N_l, \widetilde{N}_m}$ 满足

$$K_l^m = (-1)^{lm} (\widetilde{K}_m^l)^{\mathrm{T}} \iff \widetilde{K}_m^l = (-1)^{lm} (K_l^m)^{\mathrm{T}}. \tag{7.3.4}$$

(3) 外导数和矩阵由下式相联系:

$$(D^{l-1})^{\mathrm{T}} \widetilde{K}_m^l = (-1)^l \widetilde{K}_{m+1}^{l-1} \widetilde{D}^m + (T_\Gamma^{l-1})^{\mathrm{T}} \widetilde{k}_{m,\Gamma}^{l-1} \widetilde{T}_\Gamma^m, \tag{7.3.5}$$

$0 < m, l < n$,且$l + m = n$, $\widetilde{K}_{m,\Gamma}^l$在边界$\Gamma_M$上, 利用(7.3.4), 则上式可变为

$$(\widetilde{D}^m)^{\mathrm{T}} K_{l-1}^{m+1} = (-1)^{m+1} K_l^m D^{l-1} + (\widetilde{T}_\Gamma^m)^{\mathrm{T}} K_{-1,\Gamma}^m T_\Gamma^{l-1}. \tag{7.3.6}$$

之所以这样要求, 是基于弱解概念

$$\left.\begin{array}{c} *_\mu w = \omega \\ \Updownarrow \\ (-1)^{ln-l} *_{1/\mu} \omega = w \end{array}\right\} :\iff \left\{\begin{array}{ll} (w, \eta)_\mu = \displaystyle\int_\Omega \omega \wedge \eta, & \forall \eta \in \mathcal{H}_l(\mathrm{d}, \Omega) \\ \quad\Updownarrow & \\ (-1)^{ln-l} (\omega, v)_{1/\mu} = \displaystyle\int_\Omega w \wedge v, & \forall v \in \mathcal{H}_m(\mathrm{d}, \Omega). \end{array}\right. \tag{7.3.7}$$

矩阵K_l^m, $\widetilde{K}_m^l$, 在某种意义上是逼近$\int_\Omega \omega \wedge \eta$ 和$\int_\Omega \omega \wedge v$的. 而(1)中的$M_\mu^l$, $\widetilde{M}_{1/\mu}^m$实际上是离散$(\ ,\ )_\mu$,$(\ ,\ )_{1/\mu}$内积, 即常称之为“质量矩阵”.

性质(2) 是因为有关系式

$$\omega \wedge \eta = (-1)^{lk} \eta \wedge \omega.$$

性质(3) 实际上是分部积分, 即

$$\int_\Omega \mathrm{d}\omega \wedge \eta = (-1)^l \int_\Omega \omega \wedge \mathrm{d}\eta + \int_{\partial\Omega} \omega \wedge \eta$$

的离散.

$$(D^{l-1}\,\vec{u})^{\mathrm{T}}\,\widetilde{K}_m^l\,\vec{v} = (-1)^l\,\vec{u}^{\mathrm{T}}\,\widetilde{K}_{m+1}^{l-1}\,\widetilde{D}^m\,\vec{v} + (T_\Gamma^{l-1}\,\vec{u})^{\mathrm{T}}\,\widetilde{K}_{m,\Gamma}^{l-1}\,\widetilde{T}_\Gamma^m\,\vec{v},$$

$$\forall\,\vec{u}\in C^{l-1},\quad \vec{v}\in\widetilde{C}^m. \tag{7.3.8}$$

Hodge算子$*_\alpha$, $*_\gamma$, $*_{\beta,\Gamma}$离散如下.

主网格上:

$$M_\alpha^l\,\vec{\boldsymbol{\sigma}} = \widetilde{K}_m^l\,\vec{\mathbf{j}},$$

$$M_\gamma^{l-1}\,\vec{u} = \widetilde{K}_{m+1}^{l-1}\,\vec{\phi},$$

$$M_{\beta,\Gamma}^{l-1}\,T_\Gamma^{l-1}\,\vec{u} = (-1)^{l-1}\,\widetilde{K}_{m,\Gamma}^{l-1}\,\widetilde{T}_\Gamma^m\vec{\mathbf{j}}.$$

从网格上:

$$\widetilde{M}_{l/\alpha}^m\,\vec{\mathbf{j}} = (-1)^{mn-m}\,K_l^m\,\vec{\boldsymbol{\sigma}},$$

$$\widetilde{M}_{1/\gamma}^{m+1}\,\vec{\psi} = (-1)^{(l-1)\,(n-1)}\,K_{l-1}^{m+1}\,\vec{u},$$

$$\widetilde{M}_{1/\beta,\Gamma}\,\widetilde{T}_\Gamma^m\,\vec{\mathbf{j}} = (-1)^{(l-1)\,(n-1)}K_{l-1,\Gamma}^m\,T_\Gamma^{l-1}\,\vec{u}.$$

(1) 利用主网格上的星算子表达式, 代入方程(7.3.5)得

$$\begin{aligned}(D^{l-1})^{\mathrm{T}}\,M_\alpha^l\,D^{l-1}\,\vec{u} &= (-1)^l\,(D^{l-1})^{\mathrm{T}}\,M_\alpha^l\,\vec{\boldsymbol{\sigma}}\\ &= (-1)^l\,(D^{l-1})^{\mathrm{T}}\,\widetilde{K}_m\,\vec{\mathbf{j}}\\ &= \widetilde{K}_{m+1}^{l-1}\,\widetilde{D}^m\,\vec{\mathbf{j}} + (-1)^l\,(T_\Gamma^{l-1})^{\mathrm{T}}\,\widetilde{K}_{m,\Gamma}^{l-1}\,\widetilde{T}_\Gamma^m\,\vec{\mathbf{j}}\\ &= -M_\gamma^{l-1}\,\vec{u} - (T_\Gamma^{l-1})^{\mathrm{T}}\,M_\beta^{l-1}\,T_\Gamma^{l-1}\,\vec{u} + \widetilde{K}_{m+1}^{l-1}\,\vec{\phi}.\end{aligned}$$

最后得线性方程组

$$(D^{l-1})^{\mathrm{T}}\,M_\alpha^l\,D^{l-1}\,\vec{u} + M_\gamma^{l-1}\,\vec{u} + (T_\Gamma^{l-1})^{\mathrm{T}}\,M_{\beta,\Gamma}^{l-1}\,T_\Gamma^{l-1}\,\vec{u} = \widetilde{K}_{m+1}^{l-1}\,\vec{\phi}, \tag{7.3.9}$$

这些方程组是对称正定的, 若$\gamma\neq 0$, 则它有惟一解; 若$\gamma = 0$, 则至少$D^{l-1}\,u$能惟一确定.

(2) 同样, 若利用从网格上的星算子表达式, 通过消去得

$$\begin{aligned}\widetilde{M}_{l/\alpha}^m\,\vec{\mathbf{j}} &= (-1)^{n(m+1)}\,K_l^m\,D^{l-1}\,\vec{u}\\ &= (-1)^{(n-1)(l-1)}\left((\widetilde{D}^m)^{\mathrm{T}}K_{l-1}^{m+1}\,\vec{u} - (\widetilde{T}_\Gamma^m)^{\mathrm{T}}\,K_{l-1,\Gamma}^m\,T_\Gamma^{l-1}\,\vec{u}\right)\\ &= (\widetilde{D}^m)^{\mathrm{T}}\widetilde{M}_{1/\gamma}^{m+1}\,\vec{\psi} - (\widetilde{T}_\Gamma^m)^{\mathrm{T}}\,\widetilde{M}_{1/\beta,\Gamma}^m\,\widetilde{T}_\Gamma^m\,\vec{\mathbf{j}}.\end{aligned}$$

若引进新的量$\vec{\zeta}:=\widetilde{M}_{1/\gamma}^{m+1}\,\vec{\psi}$, 则得到鞍点问题:

$$\begin{pmatrix} \widetilde{M}_{1/\alpha}^m+(\widetilde{T}_\Gamma^m)^{\rm T}\,\widetilde{M}_{1/\beta,\Gamma}^m\,\widetilde{T}_\Gamma^m & -(\widetilde{D}^m)^{\rm T} \\ -\widetilde{D}^m & -(\widetilde{M}_{1/\gamma}^{m+1})^{-1} \end{pmatrix}\begin{pmatrix} \vec{\mathbf{j}} \\ \vec{\zeta} \end{pmatrix}=\begin{pmatrix} 0 \\ -\vec{\phi} \end{pmatrix}. \tag{7.3.10}$$

可看出对角块上分别是正定和负定, 显然这样的方程组有惟一的解. 当$\gamma=0$时, 可定义$\vec{\zeta}:=K_{l-1}^{m+1}\vec{u}$, 这样仍可得到惟一的 $\vec{\mathbf{j}}$.

(3) 混合消法. 若同时利用主从网格上的算子表达式, 可得到一个混合表达式. 例如, 在主网格上离散$\mathbf{j}=*_\alpha\,\sigma$和$\mathbf{t}_\mathcal{M}\,\mathbf{j}=(-1)^{l-1}\,*_\beta^\Gamma\,\mathbf{t}_\mathcal{M}u$, 但在从网格上离散$\phi=*_\gamma\,u$, 可得

$$(D^{l-1})^{\rm T}\,M_\alpha^l\,D^{l-1}\,u+(T_\Gamma^{l-1})^{\rm T}M_{\beta,\gamma}^{l-1}T_\Gamma^{l-1}+\widetilde{K}_{m+1}^{l-1}\,(\widetilde{M}_{1/\gamma}^{m+1})^{-1}K_{l-1}^{m+1}\,u=\widetilde{K}_{m+1}^{l-1}\,\vec{\phi}, \tag{7.3.11}$$

这个方程组仍是正半定的. 若$\gamma\neq 0$, 则系数矩阵仍可能是奇异的, 至少能保证它有惟一的解$\vec{\sigma}:=(-1)^l\,D^{l-1}\,\vec{u}$.

另一方面, 消去可能浪费$\vec{\mathbf{j}}$的信息, 用从网格上$\mathbf{t}_\mathcal{M}\mathbf{j}=(-1)^{l-1}\,*_\beta^\Gamma\,\mathbf{t}_\mathcal{M}\,u$来替代主网格得

$$\begin{aligned}(\widetilde{K}_m^l)^{\rm T}(M_\alpha^l)^{-1}\,\widetilde{K}_m^l\vec{\mathbf{j}} &= (-1)^{lm}\,K_l^m(M_\alpha^l)^{-1}\,\widetilde{K}_m^l\,\vec{\mathbf{j}}=(-1)^{lm}\,K_l^m\,\vec{\sigma} \\ &= (-1)^{l(m+1)}\,K_l^mD^{l-1}\,\vec{u} \\ &= (-1)^{(l+1)(m+1)}\left((\widetilde{D}^m)^{\rm T}K_{l-1}^{m+1}\,\vec{u}-(\widetilde{T}_\Gamma^m)^{\rm T}\,K_{l-1,\Gamma}^m\,T_\Gamma^{l-1}u\right) \\ &= (\widetilde{D}^m)^{\rm T}\widetilde{M}_{1/\gamma}^{m+1}\,\vec{\psi}-(\widetilde{T}_\Gamma^m)^{\rm T}\,\widetilde{M}_{1/\beta,\Gamma}^m\widetilde{T}_\Gamma^m\,\vec{\mathbf{j}} \\ &= -(\widetilde{D}^m)^{\rm T}\,\widetilde{M}_{1/\gamma}^{m+1}\,(\widetilde{D}^m\,\vec{\mathbf{j}}-\vec{\phi})-(\widetilde{T}_\Gamma^m)^{\rm T}\,\widetilde{M}_{1/\beta,\Gamma}^m\widetilde{T}_\Gamma^m\,\vec{\mathbf{j}}.\end{aligned} \tag{7.3.12}$$

§7.3.2 算子grad, curl, div离散的有限元法

本节内容大部分取自于论文[Whi00],[RWR04],[RW01],[WK02]. 在电磁方程中有4 个基本物理量: 势、场量、流量、密度. 它们所对应的微分形式分别为0-形式、1-形式、2-形式、3-形式.

从有限元观点看, 这些量所选择的基函数也是不同的, 如电场$\boldsymbol{E}$可展成棱元基函数W.

$$\boldsymbol{E}=\sum e_i\,W_i,\quad \text{其中}\quad e_i=\int \boldsymbol{E}\,l_i\,{\rm d}l=\int \boldsymbol{E}\cdot{\rm d}\vec{l},$$

棱元$\int W_i\,l_j\,{\rm d}l=\delta_{ij}$, $\boldsymbol{E}$由每一网格12个棱上的电压e_i 所确定.

又如磁流密度可展成面元基函数.

$$\boldsymbol{B}=\sum b_i F_i,\quad \text{这里 } b_i=\int \boldsymbol{B}\, n_i\,\mathrm{da},$$

面元$\int F_i\cdot\bar{n}_j\,\mathrm{da}=\delta_{ij}$, $\boldsymbol{B}$由每一网格6个面上的流量b_i所确定.

这些物理量的数学性质见表7.3.2.

表 7.3.2 4 个基本物理量需要的数学性质

数学性质 \ 形式	0-形式	1-形式	2-形式	3-形式
积分	点	线	面	体
外导数	grad	curl	div	没有
连续性	整体	切向	法向	没有
Hilbert空间	H (grad)	H (curl)	H (div)	L_2
EM方程	势	场量	流量	密度
有限元	N(点)	W(棱)	F(面)	S(体)

算子grad, curl, div可看成函数空间之间的映射, 见表7.3.3.

(1) 算子∇, $\nabla\times$, $\nabla\cdot$ 是通常算子. 例如, 若$\phi\subset H$ (grad), 则$E=\nabla\phi\subset H$ (curl).

(2) $\widetilde{\nabla}$, $\widetilde{\nabla}\times$, $\widetilde{\nabla}\cdot$是算子∇, $\nabla\times$, $\nabla\cdot$的共轭算子, 也是算子的弱形式. 例如, 若$E\subset H$ (curl), 则定义$\widetilde{\nabla}\cdot E=q$, 其中

$$(q,\phi)=(E,\nabla\phi),\quad \forall\phi\subset H(\text{grad}).$$

见表7.3.3.

表 7.3.3 映微分算子到函数空间

值域 \ 定义域	H (grad)	H (curl)	H (div)	L_2
H (grad)		$\widetilde{\nabla}\cdot$		
H (curl)	∇		$\widetilde{\nabla}\times$	
H (div)		$\nabla\times$		$\widetilde{\nabla}$
L_2			$\nabla\cdot$	

在电磁方程中, 不同的物理量要求用不同离散表示, 例如离散后的矩阵是稀疏矩阵, 而且有下列性质:

(1) 这些矩阵仅依赖于网格和基函数的阶离散矩阵, 它是几个算子组合;

(2) 自共轭PDE方程能映成正定矩阵;

(3) 严格满足向量等式:

$$\nabla \times \nabla \phi = 0, \qquad \mathrm{curl}\,\mathrm{grad}\,\phi = 0, \tag{7.3.13}$$

$$\nabla \cdot \nabla \times E = 0, \qquad \mathrm{div}\,\mathrm{curl}\,E = 0; \tag{7.3.14}$$

(4) 当网格是笛卡儿坐标网格时, 可得到有限差分方程, 见表7.3.4和表7.3.5 (表7.3.5是表7.3.4的简洁表示).

表 7.3.4 微分算子离散形式

值域 \ 定义域	点	棱	面	体
点		$\mathcal{N}^{-1}$ $\mathrm{GRAD}^{\mathrm{T}}\,\mathcal{L}$		
棱	GRAD		$\mathcal{L}^{-1}$ $\mathrm{CURL}^{\mathrm{T}}\,\mathcal{S}$	
面		CURL		$\mathcal{S}^{-1}$ $\mathrm{DIV}^{\mathrm{T}}\,\mathcal{C}$
体			DIV	

表 7.3.5 微分算子离散形式

值域 \ 定义域	点	棱	面	体
点		$\mathcal{N}^{-1}$ $G^{\mathrm{T}}\,\mathcal{L}$		
棱	G		$\mathcal{L}^{-1}$ $R^{\mathrm{T}}\,\mathcal{S}$	
面		R		$\mathcal{S}^{-1}$ $D^{\mathrm{T}}\,\mathcal{C}$
体			D	

例 7.3.1 Poisson 方程 (ϕ 是 0-形式)

连续情形 离散情形

$$\nabla\cdot\varepsilon\nabla\phi=\rho \qquad G^{\mathrm{T}}\mathcal{L}G\phi=N\rho \tag{7.3.15}$$

Poisson方程 (ϕ是 3-形式)

$$\nabla\cdot\varepsilon\nabla\phi=\rho \qquad D\underbrace{\mathcal{S}^{-1}D^{\mathrm{T}}C}_{S.P.D.}\phi=\rho \tag{7.3.16}$$

例 7.3.2 向量恒等式: $\nabla\times\nabla\phi=0$

$$(\phi\text{是 0-形式}) \qquad RG\,\phi=0,\quad \forall\phi, \tag{7.3.17}$$

$$(\phi\text{是 3-形式}) \qquad \mathcal{L}^{-1}R^{\mathrm{T}}\,D^{\mathrm{T}}\,C\,\phi=0,\quad \forall\phi. \tag{7.3.18}$$

例 7.3.3 向量恒等式: $\nabla\cdot\nabla\times E=0$

$$(E\text{是 1-形式}) \qquad D\,Re=0, \forall\,e, \tag{7.3.19}$$

$$(E\text{是 2-形式}) \qquad N^{-1}\,G^{\mathrm{T}}\,R^{\mathrm{T}}\,Se=0,\quad \forall\,e. \tag{7.3.20}$$

例 7.3.4 Helmholz方程:

$$\nabla\times\mu\nabla\times E-\varepsilon\,\omega^2\,E=0,\quad \{R^{\mathrm{T}}SR-\omega^2\,\mathcal{L}\}\,e=0. \tag{7.3.21}$$

例 7.3.5 依赖时间的EM方程:

$$\dot{B}=-\nabla\times E-\sigma_B\,B-M,\qquad \dot{b}=-Re-Pb-m, \tag{7.3.22}$$

$$\varepsilon\,\dot{E}=\nabla\times\mu^{-1}\,B-\sigma_E\,E-J,\qquad A\,\dot{e}=R^{\mathrm{T}}\,S\,b-Ke-j. \tag{7.3.23}$$

显式蛙跳方法:

—— 质量集中法(Mass-lumping);

—— 等价于经典的FDTD方法:

$$\begin{aligned} b^{n+\frac{1}{2}}&=b^{n-\frac{1}{2}}-\Delta\,t\big(Re^n+Pb^{n-\frac{1}{2}}+m^n\big),\\ e^{n+1}&=e^n+\Delta\,t\,\big(R^{\mathrm{T}}Sb^{n+\frac{1}{2}}-Ke^n-j^n\big). \end{aligned} \tag{7.3.24}$$

半隐蛙跳方法:

$$\begin{aligned} \Big(S+\frac{\Delta t}{2}P\Big)b^{n+\frac{1}{2}}&=-\Delta tSRe^n+\Big(S-\frac{\Delta t}{2}P\Big)b^{n-\frac{1}{2}}-Sm^n,\\ \Big(L+\frac{\Delta t}{2}K\Big)e^{n+1}&=\Delta tR^{\mathrm{T}}Sb^{n+\frac{1}{2}}+\Big(\mathcal{L}-\frac{\Delta t}{2}K\Big)e^n-\mathcal{L}j^{n+1}. \end{aligned} \tag{7.3.25}$$

例 7.3.6 波动方程:

显式:

$$e^{n+1} = e^{n-1} + (2I - \Delta t^2 R^{\mathrm{T}} SR)e^n + j^n. \tag{7.3.26}$$

半隐:

$$\left(\mathcal{L} + \frac{\Delta t}{2} K\right) e^{n+1} = \left(\mathcal{L} - \frac{\Delta t}{2} K\right) e^{n-1} + (2I - \Delta t^2 R^{\mathrm{T}} SR)\, e^n + \mathcal{L}\, J^n. \tag{7.3.27}$$

Newmark-θ隐式:

$$\begin{aligned}\left(\mathcal{L} + \frac{\Delta t}{2} K + \Delta t^2 \theta R^{\mathrm{T}} SR\right) e^{n+1} &= \left(\mathcal{L} - \frac{\Delta t}{2} K\right) e^{n-1} \\ &\quad + (2I - \Delta t^2(1-\theta) R^{\mathrm{T}} SR)e^n + \mathcal{L}\, j^n.\end{aligned} \tag{7.3.28}$$

§7.3.3 Hodge星算子离散的具体例子

本节内容大部分取自于He 和Teixeira 的论文[HT06],[HT05].

网格上ME方程与连续时一样, 可写成:

$$\begin{aligned}&\mathrm{d}E = \mathrm{i}\,\omega\, B,\\ &\mathrm{d}H = -\mathrm{i}\,\omega\, D,\\ &\mathrm{d}B = 0,\\ &\mathrm{d}D = 0, \quad D = *_\varepsilon E, \quad B = *_\mu H.\end{aligned}$$

E, H是网格 1-形式, B, D是网格 2-形式. 应用代数拓扑和微分形式的离散模拟的基本工具，Maxwell方程组的离散为:

$$[\mathrm{d}_{\mathrm{curl}}]E = \mathrm{i}\omega B, \quad [\mathrm{d}_{\mathrm{div}}]B = 0, \quad [\mathrm{d}^*_{\mathrm{curl}}]H = \mathrm{i}\omega D, \quad [\mathrm{d}^*_{\mathrm{div}}]D = 0. \tag{7.3.29}$$

下面考虑1维和2维的例子.

Whitney形式在2维情况下可写成如下的重心坐标形式:

$$\begin{aligned}W_i^0 &= N_i,\\ \vec{W}_{i,j}^1 &= N_i \nabla N_j - N_j \nabla N_i,\\ W_{i,j,k}^2 &= 2(N_i \nabla N_j \times \nabla N_k + N_j \nabla N_k \times N_i + N_k \nabla N_i \times \nabla N_j),\end{aligned} \tag{7.3.30}$$

其中W_i^1和$W_{i,j,k}^2$是标量, 而$\vec{W}_{i,j}^1$是向量.

(1) TE模型.

电磁方程TE模型为Whitney的1-形式插值和Whitney2-形式的插值, 利用1-形式来表示电流强度$\vec{E}$, 利用 2-形式来表示磁流B_z:

$$\vec{E} = \sum e_{ij} \vec{W}^1_{i,j}, \quad B_z = \sum b_{i,j,k} W^2_{i,j,k},$$

E用棱元表示, B用面元表示. 这时Hodge 星算子(Galerkins Hodges)变为:

$$\begin{aligned} [*_\varepsilon]_{\{(i,j),(\bar{i},\bar{j})\}} &= \int \varepsilon \vec{W}^1_{i,j} \cdot \vec{W}^1_{\bar{i},\bar{j}} \, \mathrm{d}S, \\ [*_{\mu^{-1}}]_{\{(i,j,k),(\bar{i},\bar{j},\bar{k})\}} &= \int \frac{1}{\mu} \vec{W}^2_{i,j,k} \cdot \vec{W}^2_{\bar{i},\bar{j},\bar{k}} \, \mathrm{d}S. \end{aligned} \tag{7.3.31}$$

(2) TM 模型.

这时电磁方程 TM模型为利用 Whitney 的0-形式来表示电场强度 E_z, 利用 Whitney 1-形式来表示磁流$\vec{B}$:

$$E_z = \sum e_i W^0_i, \quad \vec{B} = \sum b_{i,j} \vec{W}^1_{i,j},$$

这时星算子为:

$$\begin{aligned} [*_\varepsilon]_{[i,\bar{i}]} &= \int \varepsilon W^0_i \cdot W^0_{\bar{i}} \, \mathrm{d}S, \\ [*_{\mu^{-1}}]_{\{(i,j),(\bar{i},\bar{j})\}} &= \int \frac{1}{\mu} \vec{W}^1_{i,j} \cdot \vec{W}^1_{\bar{i},\bar{j}} \, \mathrm{d}S. \end{aligned} \tag{7.3.32}$$

接着考虑3维情况.

主要对四面体和立方体给出具体的星算子离散,也就是Galerkin质量矩阵.

1. **四面体**

例 7.3.7 考虑四面体的星算子离散(如图7.3.7所示). 四面体自由度为DoF,

$$\mathbb{B} = \{b_{1,2,3}, b_{1,3,4}, b_{1,4,2}, b_{2,4,3}\}^{\mathrm{T}},$$

$$\mathbb{E} = \{e_{1,2}, e_{1,3}, e_{1,4}, e_{2,3}, e_{4,2}, e_{3,4}\}^{\mathrm{T}}.$$

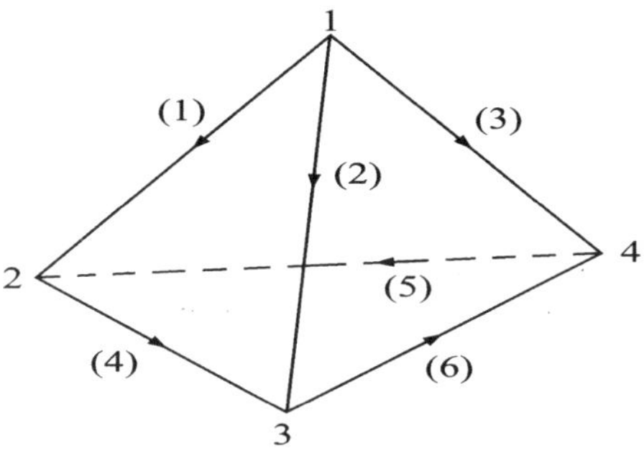

图 7.3.1　四面体星算子离散

从前面可知这时 curl 和curl^{T}关联矩阵为:

$$[\mathrm{d}_{\text{curl}}]=\left|\begin{array}{cccccc}1&-1&0&1&0&0\\0&1&-1&0&0&1\\-1&0&1&0&1&0\\0&0&0&-1&-1&-1\end{array}\right|,\quad[\mathrm{d}^*_{\text{curl}}]=\left|\begin{array}{cccc}1&0&-1&0\\-1&1&0&0\\0&-1&1&0\\1&0&0&-1\\0&0&1&-1\\0&1&0&-1\end{array}\right|.$$

利用3 维 Whitney 形式(利用重心坐标N_i, N_j, N_k, N_l):

$$\begin{aligned}W_i^0 &= N_i,\\ \vec{W}_{i,j}^1 &= N_\imath\,\mathrm{d}N_j - N_j\,\mathrm{d}N_i,\\ \vec{W}_{i,j,k}^2 &= 2\,(N_i\,\mathrm{d}N_j\wedge\mathrm{d}N_k + N_j\,\mathrm{d}N_k\wedge\mathrm{d}N_i + N_k\,\mathrm{d}N_i\wedge\mathrm{d}N_j),\\ W_{i,j,k,l}^3 &= 6\,(N_i\,\mathrm{d}N_j\wedge\mathrm{d}N_k\wedge\mathrm{d}N_l - N_l\,\mathrm{d}N_i\wedge\mathrm{d}N_j\wedge\mathrm{d}N_k\\ &\quad +N_k\,\mathrm{d}N_l\wedge\mathrm{d}N_i\wedge\mathrm{d}N_j - N_j\,\mathrm{d}N_k\wedge\mathrm{d}N_l\wedge\mathrm{d}N_i),\end{aligned}$$

其中W_i^0和$W_{i,j,k,l}^3$是数量, 而$\vec{W}_{i,j}^1$和$\vec{W}_{i,j,k}^2$是向量. 利用 1-形式表示电场强度$\vec{E}$, 利用 2-形式表示磁流B, 有

$$\vec{E}=\sum e_{i,j}\,\vec{W}_{i,j}^1,\quad B=\sum b_{i,j,k}\,\vec{W}_{i,j,k}^2,$$

E是切向连续, B是法向连续.

定理 7.3.1 分别利用3 维四面体和立方体元, 证明刚度矩阵[G] 等于关联矩阵和 Hodge矩阵相乘.

证明: Hodge星算子表示如下:

$$[*_{\mu^{-1}}]_{\{(i,j,k),(\bar{i},\bar{j},\bar{k})\}}=\int_{R^3}\frac{1}{\mu}\vec{W}^1_{i,j,k}\cdot\vec{W}^2_{\bar{i},\bar{j},\bar{k}}\mathrm{d}V.$$

令$[G]=[\mathbf{d}^*_{\mathrm{curl}}]\,[*_{\mu^{-1}}\,]\,[\mathbf{d}_{\mathrm{curl}}]$,

$$[G]=\begin{bmatrix}1&0&-1&0\\-1&1&0&0\\0&-1&1&0\\1&0&0&-1\\0&0&1&-1\\0&1&0&1\end{bmatrix}\cdot\begin{bmatrix}(*_{\mu^{-1}})_{11}&(*_{\mu^{-1}})_{12}&(*_{\mu^{-1}})_{13}&(*_{\mu^{-1}})_{14}\\(*_{\mu^{-1}})_{21}&(*_{\mu^{-1}})_{22}&(*_{\mu^{-1}})_{23}&(*_{\mu^{-1}})_{24}\\(*_{\mu^{-1}})_{31}&(*_{\mu^{-1}})_{32}&(*_{\mu^{-1}})_{33}&(*_{\mu^{-1}})_{34}\\(*_{\mu^{-1}})_{41}&(*_{\mu^{-1}})_{42}&(*_{\mu^{-1}})_{43}&(*_{\mu^{-1}})_{44}\end{bmatrix}$$
$$\cdot\begin{bmatrix}1&-1&0&1&0&0\\0&1&-1&0&0&1\\-1&0&1&0&1&0\\0&0&0&-1&-1&-1\end{bmatrix},$$

它是6×6的矩阵.

另一方面,可以利用棱元来计算刚度矩阵S:

$$\begin{aligned}[S]_{\{(i,j),(\bar{i},\bar{j})\}}&=\int\frac{1}{\mu}\left(\vec{\nabla}\times\vec{W}^1_{(i,j)}\right)\cdot\left(\vec{\nabla}\times\vec{W}^1_{(\bar{i},\bar{j})}\right)\mathrm{d}V\\&=\frac{1}{\mu}\left(2\,\vec{\nabla}\,N_i\times\vec{\nabla}\,N_j\right)\cdot\left(2\,\vec{\nabla}\,N_{\bar{i}}\times\vec{\nabla}\,N_{\bar{j}}\right).\end{aligned}$$

今证$[S]=[\mathbf{d}^*_{\mathrm{curl}}]\,[*_{\mu^{-1}}]\,[\mathbf{d}_{\mathrm{curl}}]$.

取G中任一元素,例如$[G]_{1,2}$,

$$\begin{aligned}[G]_{1,2}&=-[*_{\mu^{-1}}]_{11}+[*_{\mu^{-1}}]_{31}+[*_{\mu^{-1}}]_{12}-[*_{\mu^{-1}}]_{32}\\&=\frac{1}{\mu}\,(2\,\vec{\nabla}\,N_1\times\vec{\nabla}\,N_2)\cdot(2\,\vec{\nabla}\,N_{\bar{1}}\times\vec{\nabla}\,N_{\bar{3}}).\end{aligned}$$

而在$[S]$表达式中,

$$[S]_{1,2}=\frac{1}{\mu}\,(2\,\vec{\nabla}\,N_1\times\vec{\nabla}\,N_2)\cdot(2\,\vec{\nabla}\,N_{\bar{1}}\times\vec{\nabla}\,N_{\bar{3}}),$$

于是得到

$$[S]=[\mathbf{d}^*_{\mathrm{curl}}[*_{\mu}][\mathbf{d}_{\mathrm{curl}}].\tag{7.3.33}$$

2. 立方体元

立方体元的边长为 L, 它的中心用 (x_c, y_c) 来表示, 这个元的自由度为DoF.

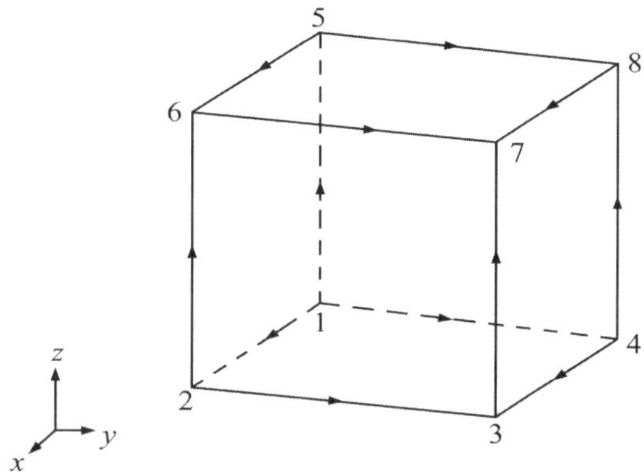

图 7.3.2 立方体星算子离散

例 7.3.8

$$\boldsymbol{B} = [b_{1,4,3,2}, b_{5,6,7,8}, b_{2,3,7,6}, b_{1,5,8,4}, b_{1,2,6,5}, b_{3,4,8,7}]^{\mathrm{T}},$$
$$\boldsymbol{E} = [e_{1,2}, e_{4,3}, e_{5,6}, e_{8,7}, e_{1,4}, e_{5,8}, e_{2,3}, e_{6,7}, e_{1,5}, e_{2,6}, e_{4,8}, e_{3,7}]^{\mathrm{T}},$$

我们能够分别构造$[\mathrm{d}_{\mathrm{curl}}]$和$[\mathrm{d}^*_{\mathrm{curl}}]$关联矩阵:

$$\mathrm{d}_{\mathrm{curl}} = \begin{bmatrix} -1 & 1 & 0 & 0 & 1 & 0 & -1 & -1 & 0 & 0 & 0 & 0 \\ 0 & 0 & 1 & -1 & 0 & -1 & 0 & 1 & 0 & 0 & 0 & 0 \\ 0 & 0 & 0 & 0 & 0 & 0 & 1 & -1 & 0 & -1 & 0 & 1 \\ 0 & 0 & 0 & 0 & -1 & 1 & 0 & 0 & 1 & 0 & -1 & 0 \\ 1 & 0 & -1 & 0 & 0 & 0 & 0 & 0 & -1 & 1 & 0 & 0 \\ 0 & -1 & 0 & 1 & 0 & 0 & 0 & 0 & 0 & 0 & 1 & -1 \end{bmatrix},$$

$$\mathrm{d}^*_{\mathrm{curl}} = \begin{bmatrix} -1 & 0 & 0 & 0 & 1 & 0 \\ 1 & 0 & 0 & 0 & 0 & -1 \\ 0 & 1 & 0 & 0 & -1 & 0 \\ 0 & -1 & 0 & 0 & 0 & 1 \\ 1 & 0 & 0 & -1 & 0 & 0 \\ 0 & -1 & 0 & 1 & 0 & 0 \\ -1 & 0 & 1 & 0 & 0 & 0 \\ 0 & 1 & -1 & 0 & 0 & 0 \\ 0 & 0 & 0 & 1 & -1 & 0 \\ 0 & 0 & -1 & 0 & 1 & 0 \\ 0 & 0 & 0 & -1 & 0 & 1 \\ 0 & 0 & 1 & 0 & 0 & -1 \end{bmatrix}.$$

立方体的棱元$\vec{N}^1_{i,j}$能写成下列形式:

$$
\begin{aligned}
\vec{N}^1_{1,2} &= \frac{1}{L^3}\left(y_c+\frac{L}{2}-y\right)\left(z_c+\frac{L}{2}-z\right)\widehat{x},\\
\vec{N}^1_{4,3} &= \frac{1}{L^3}\left(-y_c+\frac{L}{2}+y\right)\left(z_c+\frac{L}{2}-z\right)\widehat{x},\\
\vec{N}^1_{5,6} &= \frac{1}{L^3}\left(y_c+\frac{L}{2}-y\right)\left(-z_c+\frac{L}{2}+z\right)\widehat{x},\\
\vec{N}^1_{8,7} &= \frac{1}{L^3}\left(-y_c+\frac{L}{2}+y\right)\left(-z_c+\frac{L}{2}+z\right)\widehat{x},\\
\vec{N}^1_{1,4} &= \frac{1}{L^3}\left(z_c+\frac{L}{2}-z\right)\left(x_c+\frac{L}{2}-x\right)\widehat{y},\\
\vec{N}^1_{5,8} &= \frac{1}{L^3}\left(-z_c+\frac{L}{2}+z\right)\left(x_c+\frac{L}{2}-x\right)\widehat{y},\\
\vec{N}^1_{2,3} &= \frac{1}{L^3}\left(z_c+\frac{L}{2}-z\right)\left(-x_c+\frac{L}{2}+x\right)\widehat{y},\\
\vec{N}^1_{6,7} &= \frac{1}{L^3}\left(-z_c+\frac{L}{2}+z\right)\left(-x_c+\frac{L}{2}+x\right)\widehat{y},\\
\vec{N}^1_{1,5} &= \frac{1}{L^3}\left(x_c+\frac{L}{2}-x\right)\left(y_c+\frac{L}{2}-y\right)\widehat{z},\\
\vec{N}^1_{2,6} &= \frac{1}{L^3}\left(-x_c+\frac{L}{2}+x\right)\left(y_c+\frac{L}{2}-y\right)\widehat{z},\\
\vec{N}^1_{4,8} &= \frac{1}{L^3}\left(x_c+\frac{L}{2}-x\right)\left(-y_c+\frac{L}{2}+y\right)\widehat{z},\\
\vec{N}^1_{3,7} &= \frac{1}{L^3}\left(-x_c+\frac{L}{2}+x\right)\left(-y_c+\frac{L}{2}+y\right)\widehat{z}.
\end{aligned}
$$

面元$\vec{N}^2_{i,j,k,l}$能写成如下形式:

$$
\begin{aligned}
\vec{N}^2_{1,4,3,2} &= -\frac{1}{L^3}\left(z_c+\frac{L}{2}-z\right)\widehat{z},\\
\vec{N}^2_{5,6,7,8} &= \frac{1}{L^3}\left(z-z_c+\frac{L}{2}\right)\widehat{z},\\
\vec{N}^2_{2,3,7,6} &= \frac{1}{L^3}\left(x-x_c+\frac{L}{2}\right)\widehat{x},\\
\vec{N}^2_{1,5,8,4} &= -\frac{1}{L^3}\left(x_c+\frac{L}{2}-x\right)\widehat{x},\\
\vec{N}^2_{1,2,6,5} &= -\frac{1}{L^3}\left(y_c+\frac{L}{2}-y\right)\widehat{y},\\
\vec{N}^2_{3,4,8,7} &= \frac{1}{L^3}\left(y-y_c+\frac{L}{2}\right)\widehat{y}.
\end{aligned}
$$

星算子$[*_{\mu^{-1}}]$能够通过计算Galerkin-Hodge得到:

$$
[*_{\mu^{-1}}]_{\{(i,j,k,l),(\bar{i},\bar{j},\bar{k},\bar{l})\}} = \int \frac{1}{\mu}\vec{W}^2_{i,j,k,l}\cdot\vec{W}^2_{\bar{i},\bar{j},\bar{k},\bar{l}}\mathrm{d}V, \tag{7.3.34}
$$

$$[*_{\mu^{-1}}]=\frac{1}{6\,L\,\mu}\begin{bmatrix} 2 & -1 & 0 & 0 & 0 & 0 \\ -1 & 2 & 0 & 0 & 0 & 0 \\ 0 & 0 & 2 & -1 & 0 & 0 \\ 0 & 0 & -1 & 2 & 0 & 0 \\ 0 & 0 & 0 & 0 & 2 & -1 \\ 0 & 0 & 0 & 0 & -1 & 2 \end{bmatrix}. \tag{7.3.35}$$

令$C=\dfrac{1}{6\,L\,\mu}$, 则矩阵$[G]$能够从计算得到

$$\begin{aligned} |G| &= [\mathrm{d}^*_{\mathrm{curl}}]\,[*_{\mu^{-1}}]\,[\mathrm{d}_{\mathrm{curl}}] \\ &= C\begin{bmatrix} 4 & -1 & -1 & -2 & -2 & -1 & 2 & 1 & -2 & 2 & -1 & 1 \\ -1 & 4 & -2 & -1 & 2 & 1 & -2 & -1 & -1 & 1 & -2 & 2 \\ -1 & -2 & 4 & -1 & -1 & -2 & 1 & 2 & 2 & -2 & 1 & -1 \\ -2 & -1 & -1 & 4 & 1 & 2 & -1 & -2 & 1 & -1 & 2 & -2 \\ -2 & 2 & -1 & 1 & 4 & -1 & -1 & -2 & -2 & -1 & 2 & 1 \\ -1 & 1 & -2 & 2 & -1 & 4 & -2 & -1 & 2 & 1 & -2 & -1 \\ 2 & -2 & 1 & -1 & -1 & -2 & 4 & -1 & -1 & -2 & 1 & 2 \\ 1 & -1 & 2 & -2 & -2 & -1 & -1 & 4 & 1 & 2 & -1 & -2 \\ -2 & -1 & 2 & 1 & -2 & 2 & -1 & 1 & 4 & -1 & -1 & -2 \\ 2 & 1 & -2 & -1 & -1 & 1 & -2 & 2 & -1 & 4 & -2 & -1 \\ -1 & -2 & 1 & 2 & 2 & -2 & 1 & -1 & -1 & -2 & 4 & -1 \\ 1 & 2 & -1 & -2 & 1 & -1 & 2 & -2 & -2 & -1 & -1 & 4 \end{bmatrix}, \end{aligned} \tag{7.3.36}$$

利用公式

$$[S]_{\{(i,j),(\bar{i},\bar{j})\}}=\int\frac{1}{\mu}\,(\vec{\nabla}\times\vec{N}^1_{i,j})\cdot(\vec{\nabla}\times\vec{N}^1_{\bar{i},\bar{j}})\,\mathrm{d}V, \tag{7.3.37}$$

能得到刚度矩阵$[S]$为

$$[S]=C\begin{bmatrix} 4 & -1 & -1 & -2 & -2 & -1 & 2 & 1 & -2 & 2 & -1 & 1 \\ -1 & 4 & -2 & -1 & 2 & 1 & -2 & -1 & -1 & 1 & -2 & 2 \\ -1 & -2 & 4 & -1 & -1 & -2 & 1 & 2 & 2 & -2 & 1 & -1 \\ -2 & -1 & -1 & 4 & 1 & 2 & -1 & -2 & 1 & -1 & 2 & -2 \\ -2 & 2 & -1 & 1 & 4 & -1 & -1 & -2 & -2 & -1 & 2 & 1 \\ -1 & 1 & -2 & 2 & -1 & 4 & -2 & -1 & 2 & 1 & -2 & -1 \\ 2 & -2 & 1 & -1 & -1 & -2 & 4 & -1 & -1 & -2 & 1 & 2 \\ 1 & -1 & 2 & -2 & -2 & -1 & -1 & 4 & 1 & 2 & -1 & -2 \\ -2 & -1 & 2 & 1 & -2 & 2 & -1 & 1 & 4 & -1 & -1 & -2 \\ 2 & 1 & -2 & -1 & -1 & 1 & -2 & 2 & -1 & 4 & -2 & -1 \\ -1 & -2 & 1 & 2 & 2 & -2 & 1 & -1 & -1 & -2 & 4 & -1 \\ 1 & 2 & -1 & -2 & 1 & -1 & 2 & -2 & -2 & -1 & -1 & 4 \end{bmatrix}. \tag{7.3.38}$$

▲

从这个计算得到的$[S]$与$[G]$一样，故上面的证明能直接得到长方体元，它的边长为(L_x, L_y, L_z).

§7.3.4 基于微分形式的误差估计

§7.3.1中的方程III，就是经典的Maxwell方程:

$$\begin{cases} \partial_t b + \operatorname{curl} e = 0, \\ \operatorname{div} b = 0, \end{cases} \tag{7.3.39}$$

$$\begin{cases} -\partial_t \mathbf{d} + \operatorname{curl} h = J, \\ \operatorname{div} \mathbf{d} = 0, \end{cases} \tag{7.3.40}$$

其中$b = *_\mu h = \mu h, \mathbf{d} = *_\varepsilon e = \varepsilon e$. b是2-形式，e是1-形式，$\mathbf{d}$是扭转2-形式，h是扭转1-形式. 这里将星算子$*_\mu, *_\varepsilon$用μ, ε来代替.

这里用两套网格定义，在主网格上定义e, b，从网格上定义$\mathbf{d}, h$.

令$h = \frac{1}{\mu} b = \nu b$. 在主网格上离散形式为

$$\partial_t \boldsymbol{b} + R\boldsymbol{e} = 0, \tag{7.3.41}$$

其中$\boldsymbol{b} = \{b_f = \int_f b, f \in \mathcal{F}\}$, $\boldsymbol{e} = \{e_{\mathrm{e}}, \mathrm{e} \in \mathcal{E}\}$.

在从网格上离散形式为

$$-\partial_t \mathbf{d} + R^t \boldsymbol{h} = \boldsymbol{J}, \tag{7.3.42}$$

其中$\mathbf{d} = \{\mathbf{d}_{\mathrm{e}}, \mathrm{e} \in \mathcal{E}\}$, $\boldsymbol{h} = \{h_f, f \in \mathcal{F}\}$.

这里$\boldsymbol{b}, \boldsymbol{e}, \mathbf{d}, \boldsymbol{h}, \boldsymbol{j}$是数值解的自由度. 注意，$\boldsymbol{b}$定义在主网格面的上面，$\boldsymbol{h}$定义在从网格的棱上(即主网格面上). $\boldsymbol{e}$定义在主网格棱上，而$\mathbf{d}$定义在从网格的面上(即主网格棱上).

用$\boldsymbol{\nu}$来离散Hodge算子ν，用$\boldsymbol{\varepsilon}$来离散Hodge算子ε,有

$$\nu_m \tilde{f} = \sum_{f \in \mathcal{F}} \boldsymbol{\nu}^{ff} f, \quad \varepsilon_m \tilde{\mathrm{e}} = \sum_{\mathrm{e} \in \mathcal{E}} \boldsymbol{\varepsilon}^{\mathrm{ee}} \mathrm{e}.$$

一般来讲，$\nu_m \tilde{f} = \nu \tilde{f}$,

$$\boldsymbol{h}_f = \int_{\tilde{f}} h = \int_{\tilde{f}} \nu b = \int_{\nu \tilde{f}} b \approx \int_{\nu_m \tilde{f}} b = \sum_{f \in \mathcal{F}} \boldsymbol{\nu}^{ff} \int_f b = \sum_f \boldsymbol{\nu}^{ff'} b_f.$$

同样的关系式还可推出

$$\mathbf{d}_{\mathrm{e}} \approx \sum_{\mathrm{e}} \boldsymbol{\varepsilon}^{\mathrm{ee}'} (\boldsymbol{e}_{\mathrm{e}}).$$

计算流

$$\boldsymbol{b} = \{b_f; f \in \mathcal{F}\}, \quad \boldsymbol{h} = \{h_f; f \in \mathcal{F}\}.$$

精确解流

$$(r_m b)_f = \int_f b, \quad (r_m h)_f = \int_{\tilde{f}} h.$$

Hodge算子离散时, 若主从网格是正交的, 则

$$\boldsymbol{\nu}^{ff} f = \nu \tilde{f}, \quad \boldsymbol{\nu}^{ff} = \nu \frac{长度(\tilde{f})}{面积(f)}.$$

若网格取重心坐标, 则得Galerkin-Hodge表达式为

$$\boldsymbol{\nu}^{ff'} = \int \nu w^f \cdot w^{f'}, \quad \boldsymbol{\varepsilon}^{\mathrm{ee}'} = \int \varepsilon w^{\mathrm{e}} \cdot w^{\mathrm{e}'}.$$

假设用 τ_m 表示插入算子, 在这里可以理解为 Whitney 算子. 这里r_m 就是 De Raham 算子, 其中 m 表示网格, 则有下列图表:

$\tau_m \boldsymbol{b}$	b	形式	$\tau_m \boldsymbol{h}$	h
$\uparrow$	$\downarrow$	$r_m \downarrow \uparrow \tau_m$	$\uparrow$	$\downarrow$
$\boldsymbol{b}$	$r_m b$	自由度	$\boldsymbol{h}$	$r_m h$

先考察方程(7.3.39)和(7.3.40)的定常形式:

$$D\boldsymbol{b} = 0, \quad \boldsymbol{b} = \boldsymbol{\mu}\boldsymbol{h}, \quad R^t \boldsymbol{h} = \boldsymbol{j}, \tag{7.3.43}$$

其中$\boldsymbol{b}, \boldsymbol{h}, \boldsymbol{j}$是数值解的自由度.

$$\begin{aligned} &D r_m b = 0, && (D r_m = r_m \mathrm{div}), \\ &R^t r_m h = r_m j, && (R^t r_m = r_m \mathrm{curl}). \end{aligned} \tag{7.3.44}$$

令$\|\boldsymbol{b}\|_\nu^2 = \sum\limits_{f,f'} \nu^{f,f'} \boldsymbol{b}_f \boldsymbol{b}_{f'}$ $((\nu)$-模), 则

$$\begin{aligned} (\boldsymbol{b}, \boldsymbol{h}) &= \sum_f \boldsymbol{b}_f \boldsymbol{h}_f, \\ \|\boldsymbol{h}\|_\mu^2 = (\boldsymbol{\mu}\boldsymbol{h}, \boldsymbol{h}) &= \sum_{ff'} \boldsymbol{\mu}^{ff'} \boldsymbol{h}_f \boldsymbol{h}_{f'}. \end{aligned}$$

首先注意到下面的等式:

$$\boldsymbol{b}-r_m b-\boldsymbol{\mu}(\boldsymbol{h}-r_m h)=(\boldsymbol{\mu}r_m-r_m\mu)h=\boldsymbol{\mu}(r_m\nu-\boldsymbol{\nu}r_m)b, \tag{7.3.45}$$

这里$\boldsymbol{\mu}$表示μ的离散, $\boldsymbol{\nu}$表示ν的离散. 注意下面的模方等式:

$$\|(A,B)\|^2=\|A\|^2+\|B\|^2+(A,B),$$

这里$(A,B)=0$. 因为对任意$\boldsymbol{a}$有关系式

$$(\boldsymbol{b}_m-r_m\boldsymbol{b},\boldsymbol{h}-r_m\boldsymbol{h})=(R\boldsymbol{a},\boldsymbol{h}-r_m h)=(\boldsymbol{a},R^t(\boldsymbol{h}-r_m h))=0,$$

所以(7.3.44)式就有

$$\|\boldsymbol{b}_m-r_m b\|_\nu^2+\|\boldsymbol{h}_m-r_m h\|_\mu^2=\|(\boldsymbol{\nu}r_m-r_m\nu)b\|_\mu^2=\|(\boldsymbol{\mu}r_m-r_m\mu)h\|_\nu^2. \tag{7.3.46}$$

$\boldsymbol{b}_m-r_m b$称为$\boldsymbol{b}_f-\int_f b$之残流的误差, 即穿过面$f$计算的流量和真(未知)流量$\int_f b$的误差. $r_m\nu h$是$b=\mu h$穿过面f的流, $\boldsymbol{\mu}r_m h$是Hodge算子μ离散后穿过面f的流量.

星算子μ和离散后的星算子$\boldsymbol{\mu}$通过De Rham r_m是不共轭的, 但当$m\to 0$时是渐近共轭的,

$$\begin{aligned}&\boldsymbol{\nu}r_m-r_m\nu\to 0, \quad 当\ m\to 0,\\ &\boldsymbol{\mu}r_m-r_m\mu\to 0, \quad 当\ m\to 0.\end{aligned} \tag{7.3.47}$$

为了证明(7.3.46)式, 需要估计(7.3.45)式右端项, 为此考察一个面f,

$$\boldsymbol{\nu}^{ff}\Big(\boldsymbol{\mu}^{ff}\int_{\tilde f}h-\int_f b\Big)^2, \tag{7.3.48}$$

当h是常数时, $h=\mu b$,(7.3.47)式为0. 假设相交部分$f\cap\tilde f$有$h=0$, 这样此点为原点, 则$h(\cdot)$是有界的, 即$|h|\le Ch$, 其中C是不依赖网格的常数. 可得

$$\Big|\int_{\tilde f}h\Big|\le Ch|\tilde f|, \quad \Big|\int_f b\Big|\le Ch|f|,$$

因此有

$$\Big\|\boldsymbol{\mu}^{ff}\int_{\tilde f}h-\int_f b\Big\|\le Ch|\tilde f|,$$

这样(7.3.47)式可得

$$\Big\|\boldsymbol{\nu}^{f\tilde f}\Big(\boldsymbol{\mu}^{\tilde f f}\int_{\tilde f}h-\int_f b\Big)\Big\|\le Ch^2|\tilde f||f|. \tag{7.3.49}$$

有两个相容性条件:

$$\begin{aligned}&(1)\ \tau_m r_m b \to b,\\&(2)\ \|(\boldsymbol{\nu} r_m - r_m \nu) b\|_\mu \to 0,\end{aligned}\qquad \text{当 } m \to 0. \tag{7.3.50}$$

有关条件(1)的相容性证明可参考文献[Bos99b].

稳定性条件为

$$\alpha \|\tau_m b\|_\nu \le \|\boldsymbol{b}\|_\nu. \tag{7.3.51}$$

它的证明可参考相关文献[Bos99b],[Bos00a].

定理 7.3.2 对电磁方程(7.3.39)和(7.3.40), 当算法满足相容性条件(7.3.50)和稳定性条件(7.3.51) 时算法收敛.

证明:

$$\begin{aligned}\|\tau_m(\boldsymbol{b} - r_m b)\|_\nu &\le \frac{1}{\alpha}\|\boldsymbol{b} - r_m b\|_\nu\\ &\le \frac{1}{\alpha}\|(\boldsymbol{\nu} r_m - r_m \nu) b\|_\mu \to 0,\end{aligned}$$

因为$\tau_m(\boldsymbol{b} - r_m b) \to 0$, 而$\tau_m r_m b \to b$, 所以有

$$\tau_m \boldsymbol{b} \longrightarrow \boldsymbol{b}.$$

▲

基于微分形式的算法(有限元法、有限体积法、差分法) 保持原来连续微分形式的大部分性质, 特别是离散后仍保持拓扑律. 离散星算子是此算法关键, 由于离散后Hodge算子不能精确表示与连续算子相交换的性质, 因此产生了误差.

从方程(7.3.43)可知$\boldsymbol{h}$不是惟一的, 它可相差一个梯度

$$\boldsymbol{h} = \boldsymbol{h} + D^t \boldsymbol{\varphi},$$

把它代入方程(7.3.43)得

$$D\boldsymbol{\mu} D^t \boldsymbol{\varphi} = -D\boldsymbol{\mu}\boldsymbol{h}. \tag{7.3.52}$$

另一方面, 因为$D\boldsymbol{b} = 0$, 所以存在一个$\boldsymbol{a}$, 使得$\boldsymbol{b} = R\boldsymbol{a}$, 而$b = \boldsymbol{\mu}(R^t)^{-1}\boldsymbol{J}$,

$$DR\boldsymbol{a} = D\boldsymbol{\mu}(R^t)^{-1}\boldsymbol{J}, \tag{7.3.53}$$

两边消去一个D, 得

$$R^t \boldsymbol{\mu}^{-1} R\boldsymbol{a} = \boldsymbol{j}, \tag{7.3.54}$$

即可得到两个矩阵方程:

$$\begin{bmatrix} -\boldsymbol{\mu} & R \\ R^t & 0 \end{bmatrix} \begin{bmatrix} \boldsymbol{h} \\ \boldsymbol{a} \end{bmatrix} = \begin{bmatrix} 0 \\ \boldsymbol{j} \end{bmatrix}, \tag{7.3.55}$$

$$\begin{bmatrix} -\boldsymbol{\mu}^{-1} & D^t \\ D & 0 \end{bmatrix} \begin{bmatrix} \boldsymbol{b} \\ \boldsymbol{\varphi} \end{bmatrix} = \begin{bmatrix} -\boldsymbol{h} \\ 0 \end{bmatrix}. \tag{7.3.56}$$

同时还可考虑另一类静电学电磁方程:

$$\begin{aligned} &\operatorname{div} \boldsymbol{D} = \boldsymbol{q}, \quad G^t\mathbf{d} = -\boldsymbol{q}, \\ &\operatorname{curl} \boldsymbol{E} = 0, \quad R\boldsymbol{e} = 0, \\ &\boldsymbol{D} = \varepsilon E, \qquad \mathbf{d} = \boldsymbol{\varepsilon}\boldsymbol{e}, \end{aligned} \tag{7.3.57}$$

这时矩阵方程为:

$$\begin{bmatrix} -\boldsymbol{\varepsilon} & R^t \\ R & 0 \end{bmatrix} \begin{bmatrix} \boldsymbol{e} \\ \boldsymbol{h} \end{bmatrix} = \begin{bmatrix} -\mathbf{d} \\ 0 \end{bmatrix}, \tag{7.3.58}$$

$$\begin{bmatrix} -\boldsymbol{\varepsilon}^{-1} & G \\ G^t & 0 \end{bmatrix} \begin{bmatrix} \mathbf{d} \\ \boldsymbol{\psi} \end{bmatrix} = \begin{bmatrix} 0 \\ -\boldsymbol{q} \end{bmatrix}. \tag{7.3.59}$$

§7.3.5 Yee 格式

与1-形式相联系的棱元$e = \{i, j\}$, 面元$f = \{i, j, k\}$. 重心坐标记为w_i, 与顶点e_i相关.

自由度对棱元来说就是环量, 自由度对面元来说就是流量,

$$\operatorname{curl} \boldsymbol{w}_{(i,j)} = \sum_k \pm \boldsymbol{w}_{i,j,k},$$

"±"表示相对棱及面的方向.

$$\operatorname{curl} W^1 \subset W^2,$$

W^1 和W^2分别表示由Whitney 1-形式和2-形式生成的有限维空间.

Maxwell方程的离散:

$$\operatorname{curl} e = -\partial_t b, \tag{7.3.60}$$

$$\operatorname{curl} \frac{1}{\mu} b = \partial_t \varepsilon e + J, \tag{7.3.61}$$

$$e = \sum_{\mathrm{e}} e_{\mathrm{e}} \boldsymbol{w}_{\mathrm{e}},$$

$$\operatorname{curl} e = \sum_{\mathrm{e}} \operatorname{curl} \boldsymbol{w}_{\mathrm{e}} = -\partial_t b = -\partial_t \sum_f b_f \boldsymbol{w}_f.$$

用$\bar{e},\bar{b}$表示是自由度DoF, $\bar{e}=\{e_{\mathrm{e}}\},\bar{b}=\{b_f\}$, w_{e}和w_f分别是Whitney 1-形式和2-形式,即棱元和面元.方程(7.3.60)的离散如下:

$$\overline{C}\bar{e}=-\partial_t\bar{b}, \tag{7.3.62}$$

因为$\mathbf{d}=\varepsilon e, h=b/\mu$, 找$e\in W^1$ 和$b\in W^2$, 如此, 使得下面的等式

$$\int \mu^{-1}b\cdot \text{curl } e'=\partial_t\int \varepsilon e\cdot e'+\int J\cdot e',\quad \forall\ e'\in W^1 \tag{7.3.63}$$

满足. 方程(7.3.63)能写成矩阵形式

$$(\overline{\mu^{-1}}\bar{b},\overline{C}\bar{e}')=\partial_t(\bar{\varepsilon}\bar{e},\bar{e}')+(\bar{J},\bar{e}'),\quad \forall\ \bar{e}', \tag{7.3.64}$$

其中矩阵

$$(\bar{\varepsilon})_{\mathrm{e,e^1}}=\int \varepsilon w_{\mathrm{e}}\cdot w_{\mathrm{e}'},\quad (\overline{\mu^{-1}})_{f,f'}=\int \frac{1}{\mu}w_f\cdot w_{f'}, \tag{7.3.65}$$

$$^{\mathrm{T}}\overline{C}\bar{\mu}^{-1}\bar{b}=\partial_t\bar{\varepsilon}\bar{e}+\bar{J}. \tag{7.3.66}$$

若考虑频率域空间,用$j\omega$替代时间导数, 并从(7.3.66)和(7.3.62)消去$\bar{b}$得

$$\frac{1}{j\omega}\overline{C}\,\bar{\mu}^{-1}\overline{C}\bar{e}+j\omega\bar{\varepsilon}\bar{e}=-J,$$

在时间域里可得Leap-frog格式:

$$\bar{b}_{n+\frac{1}{2}}=\bar{b}_{n-\frac{1}{2}}-\Delta t\overline{C}\bar{e}_n, \tag{7.3.67}$$

$$\bar{e}_{n+1}=\bar{e}_n+\Delta t\bar{\varepsilon}^{-1}({}^t\overline{C}\bar{\mu}^{-1}\bar{b}_{n+\frac{1}{2}}-\overline{J}_{n+\frac{1}{2}}), \tag{7.3.68}$$

重写方程(7.3.62)为

$$\sum_{\mathrm{e}\in f}\pm e_{\mathrm{e}}=-\partial_t b_f,\ \text{对每一个面}f. \tag{7.3.69}$$

在这里, “±”表示相对棱及面的方向.方程(7.3.69)表示Maxwell-Faraday方程的积分形式. 为了使(7.3.69)的元为立方体, 差分方程可以表示如下:

$$(E_x^{i,j-\frac{1}{2},k}-E_x^{i,j+\frac{1}{2},k})\Delta x+(E_y^{i+\frac{1}{2},j,k}-E_y^{i-\frac{1}{2},j,k})\Delta y=-\partial_t B_z^{i,j,k}\Delta x\Delta y. \tag{7.3.70}$$

方程(7.3.69)对任何种类的网格都是正确的, 不论网格是有结构还是无结构. 当利用Whitney 1-形式和2-形式时, 它仅依赖网格拓扑结构. 为了从(7.3.68)得到另一个差分方程, 矩阵$\bar{\varepsilon}$和$\bar{\mu}$ 必须要集总(lumped), 使矩阵变成对角型, 需要利用下面的关系式:

$$\int_K Vf=V_K\text{mes}(K)/\text{card}(N(K))\Big(\sum_{M\in N(K)}f(M)\Big), \tag{7.3.71}$$

其中V_K是矩形K平均值$V(x)$.

$N(K)$是矩形网格K的点集, 重写方程(7.3.66)为

$$\sum_{e\in f} \pm 1/\mu_f b_f = -\partial_t \varepsilon_e e_e, \text{对每一个棱边e}, \tag{7.3.72}$$

利用(7.3.71), 对角化(7.3.65)得:

$$(\bar{\varepsilon})_{e,e'} = \varepsilon_e = \varepsilon\frac{\Delta y\Delta z}{\Delta x},$$
$$(\overline{\mu^{-1}})_{f,f'} = \left(\frac{1}{\mu}\right)_f = \frac{1}{\mu}\frac{\Delta x}{\Delta y\Delta z},$$

这样Maxwell-Ampere 方程(7.3.68)可写为

$$\begin{aligned}\frac{1}{\mu}\frac{\Delta x}{\Delta y\Delta z}(B_x^{ij-\frac{1}{2},k} - B_x^{ij+\frac{1}{2},k})\Delta y\Delta z &= \frac{1}{\mu}\frac{\Delta y}{\Delta x\Delta z}(B_y^{i+\frac{1}{2},j,k} - B_y^{i-\frac{1}{2},j,k})\Delta x\Delta z \\ &= \partial_t\varepsilon\frac{\Delta x\Delta y}{\Delta z}E_z^{i,j,k}\Delta z.\end{aligned} \tag{7.3.73}$$

§7.3.6 混合变分原理

考虑2阶椭圆边值问题:

$$\begin{cases} -\Delta u = f, \quad \text{在}\Omega\text{内}, \\ u|_{\partial\Omega} = 0, \end{cases} \tag{7.3.74}$$

经典的变分问题为: 求$u \in H_0^1(\Omega)$, 使得

$$a(u,v) = (f,v), \quad \forall\ v \in H_0^1(\Omega), \tag{7.3.75}$$

其中$a(u,v) = \int_u \operatorname{grad} u \operatorname{grad} v \,\mathrm{d}x$,

$$(f,v) = \int_\Omega fv\ \mathrm{d}x.$$

若在方程(7.3.74)中令$\boldsymbol{p} = \operatorname{grad} u$, 则方程可变为一阶方程组问题:

$$\begin{cases} \boldsymbol{p} = \operatorname{grad} u, \\ -\operatorname{div}\boldsymbol{p} = f, \quad u|_{\partial\Omega} = 0. \end{cases} \tag{7.3.76}$$

相应地有两种等价的数学提法:详细讨论参见§9.4.

§7.3.7 矩阵关系式

令$m_k = \dim C_0^k$, 上链$a \in C^k$,

$$a = \sum_{i=1}^{m_k} a_i \sigma_k^i \longmapsto \mathbf{a} = (a_1, \cdots, a_{m_k}),$$

$$\mathbf{a} = R\omega, \quad a_i = \int_{\sigma_k^i} \omega, \quad \omega \in \Lambda_0^k(L^2, \Omega).$$

所有在上链上的仿真算子可由矩阵来实现.

$$\delta:\ C_0^k \longrightarrow C_0^{k+1},$$

它可用关联矩阵$\boldsymbol{D}_k \in R^{m_{k+1}\times m_k}$表示, 矩阵元素由$(-1, 0, 1)$所组成, 并有性质

$$\boldsymbol{D}_{k+1} \cdot \boldsymbol{D}_k = 0, \tag{7.3.77}$$

局部和整体内积可表示为

$$(a, b) = \mathbf{a}^{\mathrm{T}} M_k(x)\mathbf{b}, \quad (a, b)_\Omega = \mathbf{a}^{\mathrm{T}} M_k \mathbf{b}. \tag{7.3.78}$$

δ^*用矩阵$\boldsymbol{D}_k^* \in E^{m_k \times m_{k-1}}$表示,

$$\mathbf{a}^{\mathrm{T}} (\boldsymbol{D}_{k+1}^*)^{\mathrm{T}} M_k \mathbf{b} = (\delta_{k+1}^* a, b)_\Omega = (a, \delta_k b)_\Omega = \mathbf{a}^{\mathrm{T}} M_{k+1} \boldsymbol{D}_k \mathbf{b},$$

可得:

$$\boldsymbol{D}_{k+1}^* = M_k^{-1} \boldsymbol{D}_k^{\mathrm{T}} M_{k+1}, \tag{7.3.79}$$

$$\boldsymbol{D}_k^* \boldsymbol{D}_{k+1}^* = M_{k-1}^{-1} \boldsymbol{D}_{k-1}^{\mathrm{T}} M_k M_k^{-1} \boldsymbol{D}_k^{\mathrm{T}} M_{k+1} = M_{k-1}^{-1} \boldsymbol{D}_{k-1}^{\mathrm{T}} \boldsymbol{D}_k^{\mathrm{T}} M_{k+1} = 0. \tag{7.3.80}$$

Laplace算子Δ_k离散:

$$\begin{aligned}
L_k &= D_{k+1}^* D_k + D_{k-1} D_k^* \\
&= (M_k^{-1} D_k^{\mathrm{T}} M_{k+1} D_k + D_{k-1} M_{k-1}^{-1} D_{k-1}^{\mathrm{T}} M_k) \in R^{m_k \times m_k}, \\
(\delta_{k+1}^* \delta_k a, b) &= \mathbf{a}^{\mathrm{T}} D_k^{\mathrm{T}} (M_k^{-1} D_k^{\mathrm{T}} M_{k+1})^{\mathrm{T}} M_k \mathbf{b} \\
&= \mathbf{a}^{\mathrm{T}} D_k^{\mathrm{T}} M_{k+1} D_k \mathbf{b} = (\delta_k a, \delta_k b).
\end{aligned}$$

同样可推导$(\delta_{k-1}\delta_k^* a, b)$:

外积算子$\wedge:\ C_0^1 \times C_0^1 \to C_0^2$的矩阵表示:

$$a_1 \wedge b_1 = R(\tau a_1 \wedge \tau b_1) = \sum_{i=1}^{m_2} c_i \sigma_2^i,$$

其中系数c_i是由向量a和b系数组成的双线性斜对称形式,因此c_i由斜对称矩阵$W_{11}^i \in R^{m_1\times m_1}$给出:

$$a_1\wedge b_1=\sum_{i=1}^{m}(\mathbf{a}^{\mathrm{T}}W_{11}^i\mathbf{b})\sigma_2^i.$$

同样有外积算子$\wedge: C_0^1\times C_0^2\to C_0^3$和$\wedge: C_0^2\times C_0^1\to C_0^3$的公式表示:

$$a_1\wedge b_2=R(\tau a_1\wedge\tau b_2)=\sum_{i=1}^{m_3}c_i^{12}\sigma_3^i,$$
$$b_2\wedge a_1=R(\tau b_2\wedge\tau a_1)=\sum_{i=1}^{m_3}c_i^{21}\sigma_3^i,$$

c_i^{12},c_i^{21}分别由矩阵$W_{12}^i\in R^{m_1\times m_2}$和$W_{21}^i\in R^{m_2\times m_1}$给出, 且$W_{12}^i=(W_{12}^i)^{\mathrm{T}}$:

$$a_1\wedge b_2=\sum_{i=1}^{m_3}(\mathbf{a}^{\mathrm{T}}W_{12}^i\mathbf{b})\sigma_3^i, \tag{7.3.81}$$

$$b_2\wedge a_1=\sum_{i-1}^{m_3}(\mathbf{b}^{\mathrm{T}}(W_{12}^i)^{\mathrm{T}}\mathbf{a})\sigma_3^i. \tag{7.3.82}$$

$\overset{D}{*}$算子的离散矩阵表示: $\overset{D}{*}: C_0^1\to C_0^2$,

$$\begin{aligned}\int_\Omega a\wedge\overset{D}{*}a&=\left(a\wedge\overset{D}{*}a,\sum_{i=1}^{m_3}\sigma_3^i\right)=\sum_{i=1}^{m_3}\mathbf{a}^{\mathrm{T}}W_{12}^i(\overset{D}{*}\mathbf{a})(\sigma_3^i,\sigma_3^i)\\&=\sum_{i=1}^{m_3}\mathbf{a}^{\mathrm{T}}W_{12}^i(\overset{D}{*}\mathbf{a})\mu_i,\end{aligned} \tag{7.3.83}$$

其中$\overset{D}{*}a\in R^{m_2}$.

(7.3.2)式的右端为

$$(a,a)_\Omega=\sum_{i=1}^{m_3}\mathbf{a}^{\mathrm{T}}M_3\mathbf{a}.$$

令$W_{12}=\sum_{i=1}^{m_3}\mu_iW_{12}^i$, 这样公式(7.3.2)变为

$$W_{12}(\overset{D}{*}\mathbf{a})=M_3\mathbf{a}. \tag{7.3.84}$$

公式(7.3.84)反映导出算子$(\overset{D}{*})$依赖两个自然算子.它和两个矩阵W_{12},M_3发生联系, 见文献[BH06]. 现摘录如下,见表 7.3.6.

表 7.3.6 与度量有关的矩阵关系式

算子	矩阵	式样
δ(余边界算子)	D^k	关联矩阵
(,)	M_k	对称正定
$a^1\wedge b^1$	$\sum W_{11}$	斜对称
$a^1\wedge b^2$	$\sum W_{12}$	$W_{12}=W_{21}^{\mathrm{T}}$
$b^2\wedge a^1$	$\sum W_{21}$	$W_{12}=W_{21}^{\mathrm{T}}$
δ^*	$M_k^{-1}D_k^{\mathrm{T}}M_{k+1}$	长方矩阵
Δ	$M_k^{-1}D_k^{\mathrm{T}}M_{k+1}D_k+D_{k-1}M_{k-1}^{-1}D_{k-1}^{\mathrm{T}}M_k$	正方矩阵
$\overset{D}{*}C^1\to C^2$	(W_{12},M_3)	对偶矩阵

§7.3.8 延拓算子的例子

为简单起见, 仅考虑2维情形. 仅考虑1-上链到1-形式变换

$$\tau:\quad C^1\longrightarrow\Lambda^1(L^2,\Omega).$$

为了解释这些算子的作用,仅考虑由单个1-链$c_1=\sum\limits_{i=1}^{3}c_1^i$的组成空间$C_1$, 而这些$c_1$是由2-单形的边界$c_2\in C_2$组成. 考虑2维$c_2$是一个三角形, 1-网格$\{c_1^i\}$就是网格的边, 两个网格$c_1^i,c_1^j$相交于$c_0^k$, 当$k\neq i,j$时, 它是0-网格结点, 它组成的空间为$C_0$.

利用同构关系, C^1 中元素c^1能写成

$$c^1=\sum_{i=1}^{3}a_ic_1^i,\quad a_i=\int_{c_1^i}\omega,\quad \omega\in\Lambda^1(d,\Omega),\tag{7.3.85}$$

a_i 是与向量场u联系的ω沿棱c_1^i的闭回线积分的值.

1. Covolume 延拓[Nic92],[NW97]

取三角形的外心分别与每个顶点连结, 如图7.3.3所示.

1-链到1-形式$\omega^{\boldsymbol{u}}$, 向量场$\boldsymbol{u}$在子单形上是分片常数.

$$\boldsymbol{u}|_{c_2^i}=a_ic_1^i,\quad i=1,2,3.\tag{7.3.86}$$

因为(7.3.86)给出算子值域在希氏空间$\Lambda^1(L^2,\Omega)$, 但不在Sobolev$\Lambda^1(d,\Omega)$, 所以它不是协调算子, 故这种方法只能用于直接离散. 存在离散星算子是与自然内积

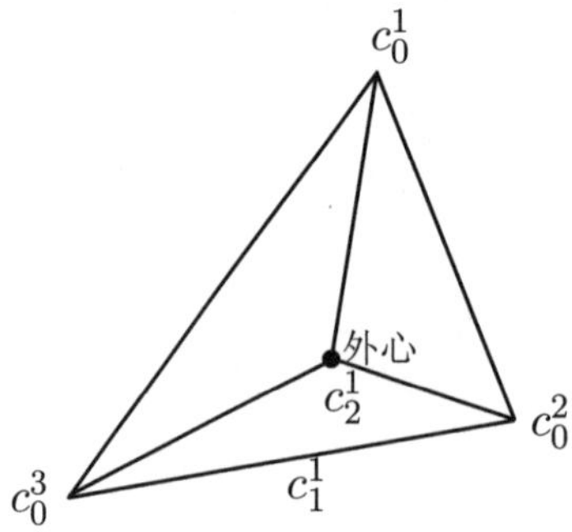

图 7.3.3 对1-上链的Covolume 延拓

相容的, 它的矩阵表示为对角形:

$$M = \begin{bmatrix} h_1 h_1^{\perp} & 0 & 0 \\ 0 & h_2 h_2^{\perp} & 0 \\ 0 & 0 & h_3 h_3^{\perp} \end{bmatrix}, \tag{7.3.87}$$

h_i是c_1^i长度, $h_i^{\perp}$是外心到边c_1^i的垂直距离.

2. Hyman和 Shashkov **仿真延拓**[BH06]

取圆内任一点p与三边中点连线, 如图7.3.4所示.

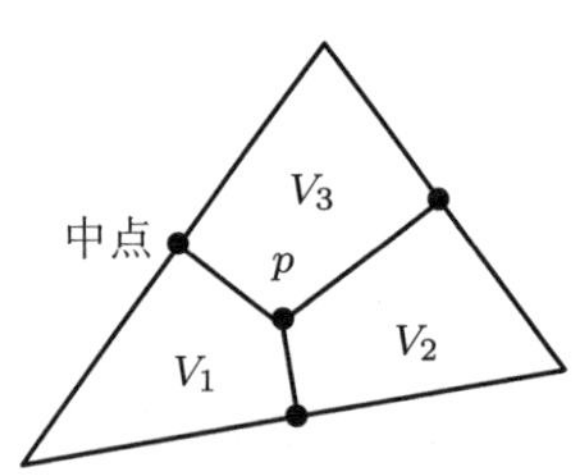

图 7.3.4 对1-上链仿真的延拓

$$\boldsymbol{u}|_{q_2^k} = a_i c_1^i + a_j c_1^j, \quad k = 1, 2, 3, \quad i, j \neq k.$$

若ϕ_k是在顶点c_0^k的角度，它在c_2上内积矩阵为

$$M=\begin{bmatrix} \dfrac{V_2}{\sin^2\phi_2}+\dfrac{V_3}{\sin^2\phi_3} & \dfrac{V_3\cos\phi_3}{\sin^2\phi_3} & \dfrac{V_2\cos\phi_2}{\sin^2\phi_2} \\ \dfrac{V_3\cos\phi_3}{\sin^2\phi_3} & \dfrac{V_1}{\sin^2\phi_1}+\dfrac{V_3}{\sin^2\phi_3} & \dfrac{V_1\cos\phi_1}{\sin^2\phi_1} \\ \dfrac{V_2\cos\phi_2}{\sin^2\phi_2} & \dfrac{V_1\cos\phi_1}{\sin^2\phi_1} & \dfrac{V_1}{\sin^2\phi_1}+\dfrac{V_2}{\sin^2\phi_2} \end{bmatrix}. \tag{7.3.88}$$

由于选取点p点在圆内，它要比Covolume方法限制少一些，所以仿真延拓将是一个非局部导出算子.

3. Whitney 延拓

Whitney 映射是一个协调延拓算子，它的值域在Sobolev空间$\Lambda^1(d,\Omega)$中，Whitney映射是由c_2上1-形式多项式组成，是从c^1上链利用与棱c_1^i相联系的1-形式多项式基.

如图7.3.5所示，

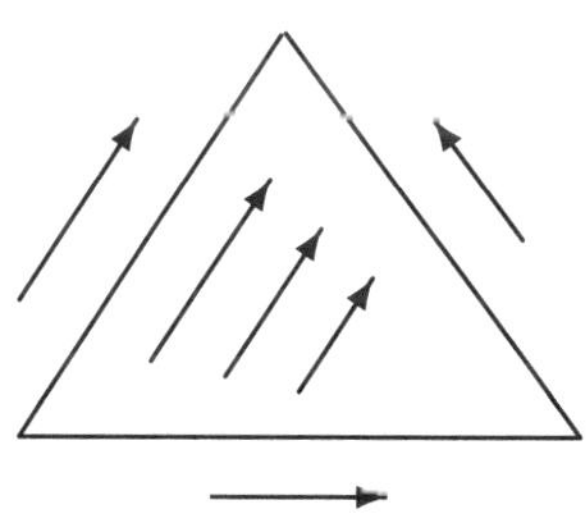

图 7.3.5 对1-上链Whitney延拓

1-形式基为

$$\omega_k=\lambda_i\mathrm{d}\lambda_j-\lambda_j\mathrm{d}\lambda_i,\quad i,j\neq k,\quad i<j, \tag{7.3.89}$$

这里λ_i是重心坐标.

相对应1-形式基的向量场为

$$\overrightarrow{\omega}_{i,j}=\boldsymbol{u}_k=\lambda_i\nabla\lambda_j-\lambda_j\nabla\lambda_i,\quad i,j\neq k,\quad i<j. \tag{7.3.90}$$

所以Whitney映射将c^1上链变为1-形式$\omega^1=\sum\limits_{k=1}^{3}a_k\omega_k$，其向量场为

$$\boldsymbol{u}=\sum_{k=1}^{3}a_k(\lambda_i\nabla\lambda_j-\lambda_j\nabla\lambda_i).$$

重建c^1映象是光滑空间$\Lambda^1(\Omega)$,当K多于一个2-单形时, Whitney映射值域由分片1-形式多项式粘合而成, 最终所得1-形式属于Sobolev空间$\Lambda^1(\mathrm{d},\Omega)$.

$$M=\begin{bmatrix} *** & *** & *** \\ *** & (\omega_{ij},\omega_{kl}) & *** \\ *** & *** & *** \end{bmatrix}. \tag{7.3.91}$$

§7.3.9 应用

我们考虑椭圆边值问题:

$$\begin{cases} \Delta_0\phi=f, \\ \phi=0, \quad 在\ \Gamma_1\ 上, \\ \boldsymbol{n}\cdot\nabla\phi=0, \quad 在\ \Gamma_2\ 上, \end{cases} \qquad \begin{cases} -\Delta_3\psi=f, \\ \boldsymbol{n}\cdot\nabla\psi=0, \quad 在\ \Gamma_1\ 上, \\ \psi=0 \quad 在\ \Gamma_2\ 上, \end{cases} \tag{7.3.92}$$

$$-\Delta_0=\mathrm{d}^*\mathrm{d}, \qquad -\Delta_3=\mathrm{d}\mathrm{d}^*.$$

把上述方程变为等价1阶方程组:

$$\begin{cases} \mathrm{d}\phi-u=0, \\ \mathrm{d}^*u=f, \\ \phi=0, \quad 在\ \Gamma_1\ 上, \\ \boldsymbol{n}\cdot u=0, \quad 在\ \Gamma_2\ 上, \end{cases} \qquad \begin{cases} \mathrm{d}^*\psi-v=0, \\ \mathrm{d}v=f, \\ \boldsymbol{n}\cdot v=0, \quad 在\ \Gamma_1\ 上, \\ \psi=0, \quad 在\ \Gamma_2\ 上. \end{cases} \tag{7.3.93}$$

1. **直接仿真离散**[BH06]

直接离散要用到d和R的可交换性, R把主要方程和边界条件转换到组合上链方程. 主网格离散由三角形网格拓扑结构K所决定, 并不要求延拓算子τ的性质. 但要求算子离散到从网格上, 因为R与d^*不可交换, 所以从网格上离散方程不是直接应用R就能得到的. 我们利用离散共轭算子δ^*来仿真解析对偶来导出它. 离散偶合方程依赖于选择延拓算子τ, 且它不惟一.

需要指出的是, τ仅仅是用来引进共轭算子的, 并不要求它是协调的.

Δ_0主变量ϕ是0-形式, 它的对偶变量u是1-形式.

$$\phi_0=R\phi\in C_0^0, \quad u_1=Ru\in C^1.$$

Δ_3主变量v是2-形式, 它的对偶变量ψ是3-形式.

$$v_2=Rv\in C_0^2, \quad \psi_3=R\psi\in C^3.$$

把R作用到(7.3.93), 利用CDP_1得到:

$$0 = R(\mathrm{d}\phi - u) = \delta R\phi - Ru = \delta\phi_0 - u_1,$$
$$0 = R(\mathrm{d}v - f) = \delta Rv - Rf = \delta v_2 - f_3,$$

因此可以直接采用仿真模式Δ_0和Δ_3 [比较(7.3.15),(7.3.16)的结果]:

$$\begin{cases} \delta\phi_0 - u_1 = 0, \\ \delta^* u_1 = f_0, \end{cases} \qquad \begin{cases} \delta^*\psi_3 - v_2 = 0, \\ \delta v_2 = f_3. \end{cases} \tag{7.3.94}$$

(7.3.94)中在Γ_1上主边界条件是约束主要变量空间. 而在Γ_2上边界条件是通过求δ的共轭δ^*所决定的. 方程(7.3.94)可用3 种延拓算子中任何一种.

若用Covolume方法导出算子δ^*是局部的, 它等价于Delaunay-Voronor网格复形. 仿真和Whitney算子它的δ^*是非局部的.

在(7.3.94)中消去u_1, v_2, 得到

$$\delta^*\delta\phi_0 = f_0 \quad 和 \quad \delta\delta^*\phi_3 = f_3. \tag{7.3.95}$$

2. **协调仿真离散**[BH06]

协调算法中解析方程是限制到值域τR的有穷维空间. 与直接方法相反, 那里仅用到离散导数, 这里要求τ是协调的. 假设τ给出, 我们用$\phi_0^h \in \Lambda_1^0(\mathrm{d}, k)$来逼近$\phi$, 且用$u_1^h \in \Lambda^1(\mathrm{d}, K)$逼近, u, ψ用$\psi_3^h \in \Lambda^3(K)$来逼近, v用$v_2^n \in \Lambda_1^2(\mathrm{d}, K)$来逼近. 协调离散(7.3.93)变为

$$\begin{cases} \mathrm{d}\phi_0^h - u_1^h = 0, \\ \mathrm{d}^* u_1^h = f_0^h, \end{cases} \quad 和 \quad \begin{cases} \mathrm{d}^*\psi_2^h - v_2^h = 0, \\ \mathrm{d}v_2^h = f_3^h, \end{cases} \tag{7.3.96}$$

其中$f_0^h = \tau Rf, f_h^3 = \tau Rf$. 与直接方法(7.3.94)相反, 方程(7.3.96)不能用Covolume和仿真延拓算子, 因为它们是不协调的.

用(7.3.90) Whitney 元时,若(7.3.96)中第一组方程主要变量是标量, 则方程变为 Galerkin方法,即标量在单纯形上用连续分片线性多项式元. 若(7.3.96)中第二组方程从变量是标量时就用混合Galerkin方法, 即标量时用分片常数, 向量时用低阶Ravian Thomas元.

定理 7.3.3 若τ是协调延拓算子, 则直接方法和仿真方法是一样的[BH06].

证明: 仅对Δ_0证明, Δ_3的证法是类似的.

$$\phi_0^h \in \Lambda_1^0(\mathrm{d}, K), \quad u_1^h \in \Lambda^1(\mathrm{d}, K),$$

于是存在$\phi \in \Lambda_1^0(\mathrm{d},\Omega)$, $u \in \Lambda^1(\mathrm{d},\Omega)$, 使得$\phi_0^h = \tau R\phi, u_1^h = \tau Ru$, 利用$\mathrm{CDP}_2$得到

$$0 = \mathrm{d}\phi_0^h - u_1^h = \mathrm{d}(\tau R\phi) - \tau Ru = \tau(\delta R\phi - Ru) = \tau(\delta\phi_0 - u_1),$$

其中$\phi_0 = R\phi, u_1 = Ru$. 从(7.2.72)推出$\delta\phi_0 - u_1 = 0$, 这就证明了从协调方法和直接方法是一样的.

为了证明从方程对任意$\xi_0 \in C_0^0$, $\xi_0^h = \tau\xi_0$, 有关系式

$$(d^* u_1^h, \xi_0^h)_\Omega = (\delta^* u_1, \xi_0)_\Omega,$$

f_0^h及与L^2内积给出:

$$(f_0^h, \xi_0^h)_\Omega = (\tau Rf, \tau\xi_0)_\Omega = (Rf, \xi_0)_\Omega = (f_0, \xi_0),$$

联立上面两个方程, 得

$$(\delta^* u_1, \xi_0)_\Omega = (f_0, \xi_0), \quad \forall\, \xi_0 \in C_0^0, \quad \delta^* u_1 = f_0,$$

所以解$d^* u_1^h = f_0^f$中u_1^h, 当且仅当u_1可从解直接方程$\delta^* u_1 = f_0$得到. ▲

§7.4 grad, curl, div 算子离散的差分形式

本节内容大部分取自于Hyman 和Shashkov的论文[HS97b],[HS97a],[HS99a],[HS99b].

本书介绍各种数值方法, 它们的共同点是保持本身几何结构的数值方法, 但是在实际数值计算过程中, 这种几何结构常难以保持. 在现代物理中, 外微分是一个重要的数学工具, 它由Cartan 创立. 外微分形式是研究微分几何和物理的重要工具.

在现代物理中常用的微分算子div, grad, curl,可以统一考虑为一个外微分算子, 如何离散它已成为计算数学的一个重要分支. 上一节我们从代数拓扑角度考虑了外微分算子的离散, 本节我们要从由Hyman 和Shashkov提出的从差分角度来考虑, 称之为SOM方法(支持算子的方法), 后又称Mimetic (仿真) 算法. 如何离散这些算子, 我们不能简单孤立地对算子中偏导数进行离散, 就认为正确离散这些算子了. 这是错误的. 我们必须正确认识这些算子在连续情况下的特点, 然后才能离散这些算子, 使它们的性质能得到保持.

而这里算子连续性情况下的特点也是紧密地与它的物理特性有关, 这些算子联系着Gauss 散度定理、Stokes 环流定理.

"在数值算法应尽可能多地保持原问题本质特征"的原则下, SOM方法或Mimetic方法就属于这个范畴.

上一节我们从外微分算子角度离散它们, 外微分算子可以代表grad, curl, div等算子, 它给出了统一的离散方式. Hyman 和Shashkov 从差分角度提出如何来离散这些算子.

精确离散类似于微分算子所满足的恒等式与向量和张量计算中的定理的方法, 它提供了对许多偏微分方法有用的差分方法. 这些方法能够反应许多物理问题的基本性质, 包括守恒律、对称和无散度向量场.

推导仿真差分离散散度、梯度和旋度算子, 首先基于这些算子坐标不变的定义. 例如, Gauss 散度定理, 很自然定义离散散度、梯度和旋度算子, 然后利用这些自然算子的形式共轭算子来推导与它相容的离散散度、梯度和旋度算子, 使得它们符合这些算子的定义域和值域.

§7.4.1 算子(离散算子)grad (GRAD), curl (CURL), div (DIV)的定义域和值域

算子(离散算子) grad (GRAD), curl (CURL), div (DIV) 的定义域和值域如表7.4.1所示.

表 7.4.1 算子(离散算子)grad (GRAD), curl (CURL), div (DIV)的定义域和值域

	定义域	值域	类型
grad	函数空间	向量空间	$H \to \mathcal{H}$
curl	向量函数空间	向量函数空间	$\mathcal{H} \to \mathcal{H}$
div	向量函数空间	函数空间	$\mathcal{H} \to H$
GRAD ($-\overline{\text{DIV}}$)	定义在格点上 离散函数空间	由正交投影到棱边 $WL\xi$, $WL\eta$, $WL\zeta$ 组成离散向量空间	$HN \to \mathcal{H}L$ $\mathcal{H}L \to HN$
CURL ($\overline{\text{CURL}}$)	由正交投影到棱边 $WL\xi$, $WL\eta$, $WL\zeta$ 组成离散向量空间	正交投影至法向量 $WS\xi$, $WS\eta$, $WS\zeta$ 组成离散向量空间	$\mathcal{H}L \to \mathcal{H}S$ $\mathcal{H}S \to \mathcal{H}L$
DIV ($-\overline{\text{GRAD}}$)	正交投影至法向量 $WS\xi$, $WS\eta$, $WS\zeta$ 组成离散向量空间	定义在网格中心 组成离散函数空间	$\mathcal{H}S \to HC$ $HC \to \mathcal{H}S$

$$\begin{array}{lccccccc}
\text{形式} & \Lambda_0 & \underset{\mathrm{d}^*}{\overset{\mathrm{d}}{\rightleftarrows}} & \Lambda_1 & \underset{\mathrm{d}^*}{\overset{\mathrm{d}}{\rightleftarrows}} & \Lambda_2 & \underset{\mathrm{d}^*}{\overset{\mathrm{d}}{\rightleftarrows}} & \Lambda_3 \\
\\
\text{系数} & \text{纯量} & \underset{-\mathrm{div}}{\overset{\mathrm{grad}}{\rightleftarrows}} & \text{向量} & \underset{\mathrm{curl}}{\overset{\mathrm{curl}}{\rightleftarrows}} & \text{向量} & \underset{-\mathrm{grad}}{\overset{\mathrm{div}}{\rightleftarrows}} & \text{纯量}
\end{array} \tag{7.4.1}$$

$$\mathbf{R} \longrightarrow C^\infty(\Omega) \xrightarrow{\mathrm{grad}} C^\infty(\Omega, \mathbf{R}^3) \xrightarrow{\mathrm{curl}} C^\infty(\Omega, \mathbf{R}^3) \xrightarrow{\mathrm{div}} C^\infty(\Omega, \mathbf{R}) \longrightarrow 0. \tag{7.4.2}$$

共轭算子

$$\overline{\mathrm{DIV}} : \mathcal{H}L \longrightarrow HN, \quad \overline{\mathrm{GRAD}} : HC \longrightarrow \mathcal{H}S, \quad \overline{\mathrm{CURL}} : \mathcal{H}S \longrightarrow \mathcal{H}L. \tag{7.4.3}$$

§7.4.2 算子grad, curl, div离散的网格

引进形式上的折线网格点$(i, j)(1 \le i \le M,\ 1 \le j \le N)$, 如图7.4.1所示.

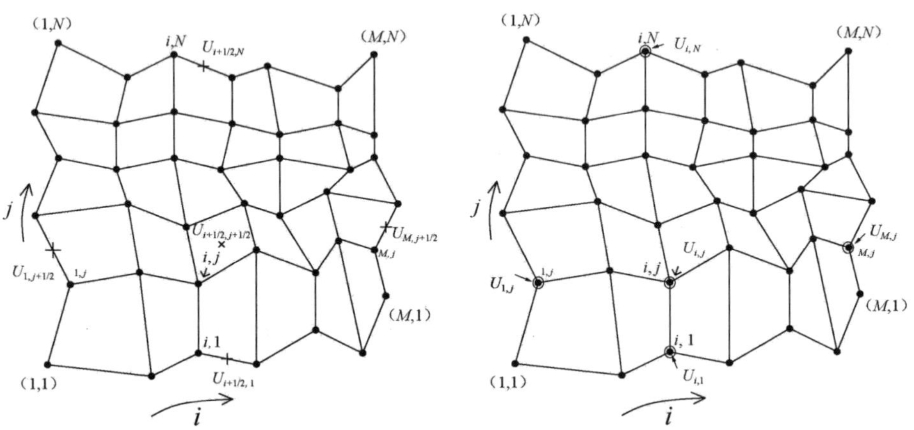

(a) 函数定义在网格中心　　(b) 函数定义在网格点上

图 7.4.1 算子grad, curl, div离散的网格

1. **网格**

如图7.4.2所示, 四边形网格(i,j)由网格点$(i,j),(i+1,j),(i+1,j+1)$和$(i,j+1)$所组成. 网格(i,j)的面积用$VC_{i+1/2,j+1/2}$表示, 边的长度用联系顶点(i,j)和$(i,j+1)$的边$S\xi_{i,j+1/2}$来表示, 而联系顶点$(i,j)(i+1,j)$的边用$S\eta_{i+1/2,j}$来表示, 网格点(i,j)邻近的两边夹角在网格点(k,l)的值用$\varphi_{k,l}^{i+1/2,j+1/2}$来表示下[见图7.4.2(a)]. 定义离散微分算子, 如旋度, 可以将它作为一个3 维网格投影的2 维网格. 这种方法考虑x和y坐标及延伸到z方向的单位网格, 形成高度为1的棱柱, 它的底为2维四边形[见图7.4.2(b)].

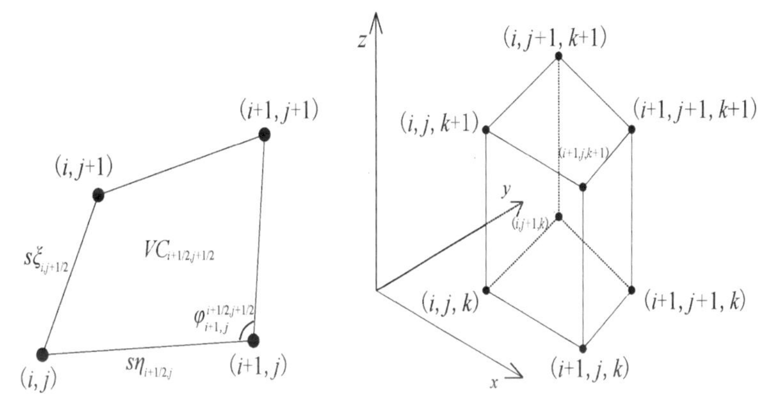

图 7.4.2　网格单元

曲线坐标系(ξ,η,ζ)中的曲线用分段线性网格线来近似. 曲线坐标ξ,η,ζ变为折线网格i，j和k(见图7.4.3).

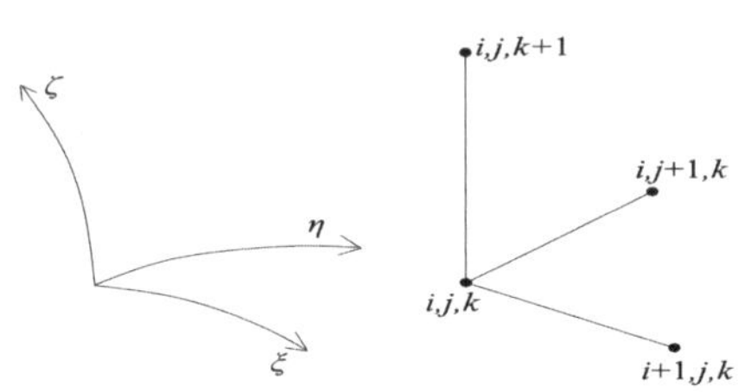

图 7.4.3　曲线坐标ξ,η,ζ变为折线网格i，j 和k

在3维空间中, 棱的长度$(i,j,k)-(i+1,j,k)$用$l\xi_{i+1/2,j,k}$来表示, $(i,j,k)-(i,j+1,k)$用$l\eta_{i,j+1/2,k}$来表示, $(i,j,k)-(i,j,k+1)$用$l\zeta_{i,j,k+1/2}$来表示; 面积$(i,j,k)-(i,j+

$1,k)-(i,j,k+1)-(i,j+1,k+1)$用$S\xi_{i,j+1/2,k+1/2}$来表示, 它类似于曲面坐标元素$dS\xi$. 同样, 曲面面积$(i,j,k)-(i+1,j,k)-(i,j,k+1)-(i+1,j,k+1)$用$S\eta_{i+1/2,j,k+1/2}$来表示. 用符号$S\varsigma_{i+1/2,j+1/2,k}$表示2维网格$(i+1/2,j+1/2)$的面积, 即$S\varsigma_{i+1/2,j+1/2,k} = VC_{i+1/2,j+1/2}$. 由于构建3维网格是高度为1的棱柱, 所以可利用投影得:

$$S\xi_{i,j+\frac{1}{2},k+\frac{1}{2}} = l\eta_{i,j+\frac{1}{2},k} \cdot l\zeta_{i,j,k+1/2} = l\eta_{i,j+\frac{1}{2},k},$$

$$S\eta_{i+\frac{1}{2},j,k+\frac{1}{2}} = l\xi_{i+\frac{1}{2},j,k} \cdot l\zeta_{i,j,k+\frac{1}{2}} = l\xi_{i+\frac{1}{2},j,k}.$$

2. 数量和向量函数的离散

$\mathcal{HS}$空间在单元格为中心的离散化, 标量函数在2 维的离散$U_{i+1/2,j+1/2}$ 定义在空间HC, 取值在网格中心[见图7.4.1(a)] 边界条件的处理需要在引入标量函数在边界段中心的值：$U_{1,j+1/2}$, $U_{M,j+1/2}$ $(j=1,\cdots,N-1)$ 和 $U_{i+1/2,1}$, $U_{i+1/2,N}$ $(i=1,\cdots,M-1)$. 标量函数在3维时离散定义在3维棱柱的中心, 在边界上定义在它的面中心. 标量函数在一个节点上的离散$U_{i,j}$ 定义在空间HN上的取值在网格点上[见图7.4.1(b)].

我们假设向量有3 个分量, 在2维情形下分量是两个空间坐标x和y. 在3维情形下考虑两个不同的离散向量函数空间: $\mathcal{HS}$型空间向量的分量是定义在垂直网格面[见图7.4.4(a)], 当离散高斯散度定理时, 它是很自然的空间; $\mathcal{HL}$ 型空间的向量分量是定义在网格棱的切方向上, 见图7.4.5(a), 当离散Stokes 流通定理时, 它是很自然的空间近似.

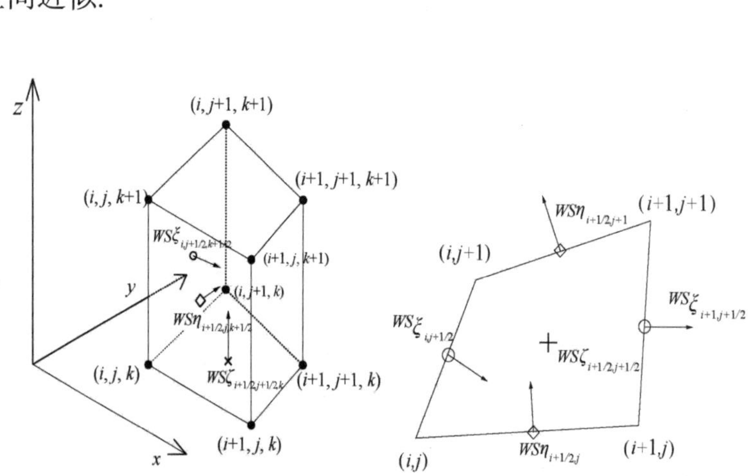

(a) 3维网格单元　　(b) 2维网格单元

图 7.4.4　$\mathcal{HS}$型空间

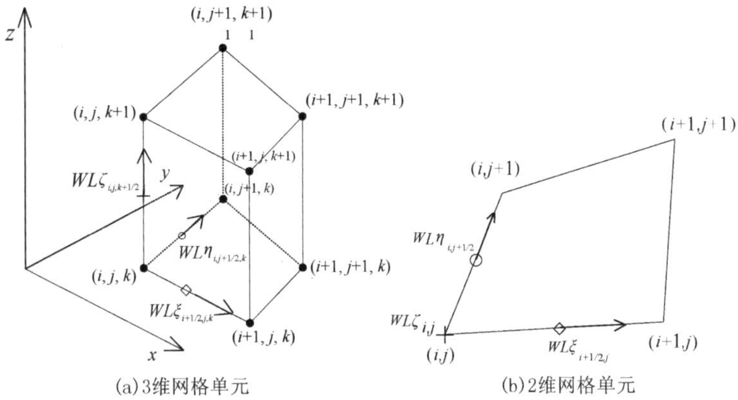

图 7.4.5 $\mathcal{HL}$型空间

若我们把3 维中$\mathcal{HS}$向量投影到2维空间[见图7.4.4(b)], 这时向量定义在垂直于四边形的边上, 垂直向量投影在取值于网格的中心点.

利用记号

$$WS\xi_{(i,j+1/2)}:\quad i=1,\cdots,M;\ \ j=1,\cdots,N-1,$$

表示向量分量取值于面$S\xi_{(i,j+1/2)}$的中心(边$l\eta_{(i,j+1/2)}$).

利用记号

$$WS\eta_{(i+1/2,j)}:\quad i=1,\cdots,M-1;\ \ j=1,\cdots,$$

表示向量分量取值于面$S\eta_{(i+\frac{1}{2},j)}$的中心(边$l\xi_{(i+1/2,j)}$).

利用记号

$$WS\zeta_{(i+1/2,j+1/2)}:\quad i=1,\cdots,M-1;\ \ j=1,\cdots N-1,$$

表示向量分量取值于面$S\xi_{(i+1/2,j+1/2)}$的中心(2维网格$V_{i+1/2,j+1/2}$).

若将3 维网格中$\mathcal{HL}$向量投影到2维空间, 这时向量定义在四边形边的切向量方向上, 取值在边的网格点上[见图7.4.5(b)].

利用记号

$$WL\xi_{(i+1/2,j)}:\quad i=1,\cdots,M-1;\ \ j=1,\cdots,N,$$

表示向量分量取值于边$l\eta_{(i,j+1/2)}$中点(在2维情况下, 和$WS\eta_{(i+1/2,j)}$的情况相同).

利用记号

$$WL\eta_{(i,j+1/2)}:\quad i=1,\cdots,M;\ \ j=1,\cdots,N-1,$$

表示向量分量取值于边$l\eta_{(i,j+1/2)}$中点(在2维情况下, 和$WS\xi_{(i,j+\frac{1}{2})}$的情况相同).

利用记号

$$WL\zeta_{(i,j)}: \quad i=1,\cdots,M;\ j=1,\cdots,M,$$

表示向量分量取值于边$l\zeta_{(i,j)}$的中心(在2维情况下, 相对于点(i,j)).

§7.4.3 曲线坐标系算子的grad, curl, div表示

设u^1,u^2,u^3是一个新的坐标系, 新坐标系与直角坐标系之间的关系为

$$u^i=f_i(x,y,z), \quad i=1,2,3. \tag{7.4.4}$$

若f_i在所考虑域内有连续1阶导数, 且在任一点(x,y,z)满足条件

$$\frac{\partial\left(u^1,u^2,u^3\right)}{\partial\left(x,y,z\right)}\neq 0,$$

则存在函数$\varphi_1,\varphi_2,\varphi_3$, 使得:

$$\begin{aligned} x&=\varphi_1(u^1,u^2,u^3),\\ y&=\varphi_2(u^1,u^2,u^3),\\ z&=\varphi_3(u^1,u^2,u^3). \end{aligned} \tag{7.4.5}$$

变换(7.4.4)称为坐标变换, (7.4.5)称为逆变换, 显然, 任何两个坐标面相交成一条曲线, 此曲线称为坐标曲线. 例如$f_2(x,y,z)=u_0^2$ 和$f_3(x,y,z)=u_0^3$的两个坐标面相交的曲线只有u^1能够变化, 故称u^1为坐标曲线. 同理可定出u^2曲线和u^3曲线.

1. **基矢量和互易矢量**

假定r表示坐标原点到$P(x,y,z)$点的位置矢量, 它是曲线坐标(u^1,u^2,u^3)的函数, 即

$$r(u^1,u^2,u^3)=\varphi_1(u^1,u^2,u^3)\boldsymbol{i}+\varphi_2(u^1,u^2,u^3)\boldsymbol{j}+\varphi_3(u^1,u^2,u^3)\boldsymbol{k}.$$

偏导数$\dfrac{\partial r}{\partial u^1}$代表该曲线的切线矢量. 同样, $\dfrac{\partial r}{\partial u^2}$和$\dfrac{\partial r}{\partial u^3}$ 分别代表u^2,u^3曲线的切线矢量.

坐标曲线的3个切矢量$\dfrac{\partial r}{\partial u^1},\dfrac{\partial r}{\partial u^2},\dfrac{\partial r}{\partial u^3}$不共面可组成一个坐标系, 矢量$\boldsymbol{a}_1=\dfrac{\partial r}{\partial u^1},\boldsymbol{a}_2=\dfrac{\partial r}{\partial u^2},\boldsymbol{a}_3=\dfrac{\partial r}{\partial u^3}$, 称为$P$点基矢量. 由于$r$是曲线$u^1,u^2,u^3$的函数, 故

$$\mathrm{d}r=\frac{\partial r}{\partial u^1}\,\mathrm{d}u^1+\frac{\partial r}{\partial u^2}\,\mathrm{d}u^2+\frac{\partial r}{\partial u^3}\,\mathrm{d}u^3, \tag{7.4.6}$$

或可写成

$$\mathrm{d}r=\boldsymbol{a}_1\,\mathrm{d}u^1+\boldsymbol{a}_2\,\mathrm{d}u^2+\boldsymbol{a}_3\,\mathrm{d}u^3. \tag{7.4.7}$$

3 个基矢量$\boldsymbol{a}_1,\boldsymbol{a}_2,\boldsymbol{a}_3$形成一个平行六面体, 其体积为

$$V=\boldsymbol{a}_1\cdot(\boldsymbol{a}_2\times\boldsymbol{a}_3)=\boldsymbol{a}_2\cdot(\boldsymbol{a}_3\times\boldsymbol{a}_1)=\boldsymbol{a}_3\cdot(\boldsymbol{a}_1\times\boldsymbol{a}_2).$$

利用这个关系式, 我们可定义3 个新的矢量$\boldsymbol{a}^1,\boldsymbol{a}^2,\boldsymbol{a}^3$, 其中:

$$\begin{aligned}\boldsymbol{a}^1&=\frac{1}{V}(\boldsymbol{a}_2\times\boldsymbol{a}_3),\\ \boldsymbol{a}^2&=\frac{1}{V}(\boldsymbol{a}_3\times\boldsymbol{a}_1),\\ \boldsymbol{a}^3&=\frac{1}{V}(\boldsymbol{a}_1\times\boldsymbol{a}_2).\end{aligned}\tag{7.4.8}$$

新定义的矢量$\boldsymbol{a}^1,\boldsymbol{a}^2,\boldsymbol{a}^3$分别垂直于由$(\boldsymbol{a}_2,\boldsymbol{a}_3),(\boldsymbol{a}_3,\boldsymbol{a}_1),(\boldsymbol{a}_1,\boldsymbol{a}_2)$所决定的平面. 很容易证明

$$\boldsymbol{a}^i\cdot\boldsymbol{a}_j=\delta_{ij}=\begin{cases}1, & i=j,\\ 0, & i\neq j.\end{cases}$$

与(7.4.8)相对应, 同样有:

$$\begin{aligned}\boldsymbol{a}_1&=V(\boldsymbol{a}^2\times\boldsymbol{a}^3),\\ \boldsymbol{a}_2&=V(\boldsymbol{a}^3\times\boldsymbol{a}^1),\\ \boldsymbol{a}_3&=V(\boldsymbol{a}^1\times\boldsymbol{a}^2),\end{aligned}\tag{7.4.9}$$

基矢量$\boldsymbol{a}^1,\boldsymbol{a}^2,\boldsymbol{a}^3$称为矢量$\boldsymbol{a}_1,\boldsymbol{a}_2,\boldsymbol{a}_3$的互易矢量.

若用互易基矢量$\boldsymbol{a}^1,\boldsymbol{a}^2,\boldsymbol{a}^3$作为基础系, 则位置矢量$\boldsymbol{r}$的微分变为

$$\mathrm{d}\boldsymbol{r}=\boldsymbol{a}^1\,\mathrm{d}u_1+\boldsymbol{a}^2\,\mathrm{d}u_2+\boldsymbol{a}^3\,\mathrm{d}u_3.$$

2. 度规系数

位矢量微分$\mathrm{d}\boldsymbol{r}$代表从$P(u^1,u^2,u^3)$点到相邻点$(u^1+\mathrm{d}u^1,u^2+\mathrm{d}u^2,u^3+\mathrm{d}u^3)$的无限小位移量, 其大小我们用$\mathrm{d}s$表示, 于是,

$$\mathrm{d}s^2=\mathrm{d}\boldsymbol{r}\cdot\mathrm{d}\boldsymbol{r}=\sum_{i=1}^{3}\sum_{j=1}^{3}\boldsymbol{a}_i\cdot\boldsymbol{a}_j\,\mathrm{d}u^i\,\mathrm{d}u^j=\sum_{i=1}^{3}\sum_{j=1}^{3}\boldsymbol{a}^i\cdot\boldsymbol{a}^j\,\mathrm{d}u_i\,\mathrm{d}u_j,\tag{7.4.10}$$

$$\mathrm{d}s^2=\sum_{i,j=1}^{3}g_{ij}\,\mathrm{d}u^i\,\mathrm{d}u^j=\sum_{i,j=1}^{3}g^{ij}\,\mathrm{d}u_i\,\mathrm{d}u_j,\tag{7.4.11}$$

式中g_{ij}和g^{ij}通称为曲线坐标系u^i和它的互易坐标系u_i的空间度规系数.

下面计算曲线坐标系里面的线元、面积元和体积元.

线元:

$$\begin{aligned} \mathrm{d}s_1 &= |\mathrm{d}\boldsymbol{s}_1| = \sqrt{g_{11}}\,\mathrm{d}u^1, \\ \mathrm{d}s_2 &= |\mathrm{d}\boldsymbol{s}_2| = \sqrt{g_{22}}\,\mathrm{d}u^2, \\ \mathrm{d}s_3 &= |\mathrm{d}\boldsymbol{s}_3| = \sqrt{g_{33}}\,\mathrm{d}u^3, \end{aligned} \tag{7.4.12}$$

式中$\mathrm{d}s_1, \mathrm{d}s_2, \mathrm{d}s_3$分别表示在$P(u^1, u^2, u^3)$沿$u^1$曲线、$u^2$曲线、$u^3$曲线的无限小位移量.

面积元: 由u^2曲线和u^3曲线在u^1上围成一个平行四边形面积元.

在u^1表面上的面积元为

$$\mathrm{d}A_1 = \sqrt{g_{22}\,g_{33} - g_{23}^2}\,\mathrm{d}u^2\,\mathrm{d}u^3,$$

在u^2表面和u^3表面上的面积元分别为:

$$\begin{aligned} \mathrm{d}A_2 &= \sqrt{g_{33}\,g_{11} - g_{31}^2}\,\mathrm{d}u^3\,\mathrm{d}u^1, \\ \mathrm{d}A_3 &= \sqrt{g_{11}\,g_{22} - g_{12}^2}\,\mathrm{d}u^1\,\mathrm{d}u^2. \end{aligned} \tag{7.4.13}$$

体积元: 由坐标面围成平行六面体的体积元为

$$\mathrm{d}V = \sqrt{|g|}\,\mathrm{d}u^1\,\mathrm{d}u^2\,\mathrm{d}u^3,$$

其中

$$g = \begin{vmatrix} g_{11} & g_{12} & g_{13} \\ g_{21} & g_{22} & g_{23} \\ g_{31} & g_{32} & g_{33} \end{vmatrix}. \tag{7.4.14}$$

3. 曲线坐标系下的微分运算

假设直角坐标系与曲线坐标系之间的变换关系为:

$$\begin{aligned} x &= \varphi_1\,(u^1, u^2, u^3), \\ y &= \varphi_2\,(u^1, u^2, u^3), \\ z &= \varphi_3\,(u^1, u^2, u^3), \end{aligned} \tag{7.4.15}$$

则:

$$\begin{aligned} \mathrm{d}x &= \frac{\partial x}{\partial u^1}\,\mathrm{d}u^1 + \frac{\partial x}{\partial u^2}\,\mathrm{d}u^2 + \frac{\partial x}{\partial u^3}\,\mathrm{d}u^3, \\ \mathrm{d}y &= \frac{\partial y}{\partial u^1}\,\mathrm{d}u^1 + \frac{\partial y}{\partial u^2}\,\mathrm{d}u^2 + \frac{\partial y}{\partial u^3}\,\mathrm{d}u^3, \\ \mathrm{d}z &= \frac{\partial z}{\partial u^1}\,\mathrm{d}u^1 + \frac{\partial z}{\partial u^2}\,\mathrm{d}u^2 + \frac{\partial z}{\partial u^3}\,\mathrm{d}u^3, \end{aligned} \tag{7.4.16}$$

$$\mathrm{d}s^2 = \mathrm{d}x^2 + \mathrm{d}y^2 + \mathrm{d}z^2, \tag{7.4.17}$$

$$\mathrm{d}x^2 + \mathrm{d}y^2 + \mathrm{d}z^2 = \sum_{ij} g_{ij}\,\mathrm{d}u^i\,\mathrm{d}u^j, \tag{7.4.18}$$

其中

$$g_{ij} = \frac{\partial x}{\partial u^i}\frac{\partial x}{\partial u^j} + \frac{\partial y}{\partial u^i}\frac{\partial y}{\partial u^j} + \frac{\partial z}{\partial u^i}\frac{\partial z}{\partial u^j}. \tag{7.4.19}$$

梯度算子: 数值函数φ在P点的梯度是一个矢量, 它的方向是φ在该点变化率为最大值的方向, 其大小正好等于该最大变化率的数值. 由于位移$\mathrm{d}\boldsymbol{r}$引起的φ变化为

$$\mathrm{d}\varphi = \sum_{i=1}^{3} \frac{\partial \varphi}{\partial u^i}\,\mathrm{d}u^i, \tag{7.4.20}$$

因为

$$\mathrm{d}r = \boldsymbol{a}_1\,\mathrm{d}u^1 + \boldsymbol{a}_2\,\mathrm{d}u^2 + \boldsymbol{a}_3\,\mathrm{d}u^3,$$

所以$\mathrm{d}u^i$是$\mathrm{d}\boldsymbol{r}$的逆变分量, 故有$\mathrm{d}u^i = \boldsymbol{a}^i \cdot \mathrm{d}r$, 代入(7.4.20), 得

$$\mathrm{d}\varphi = \nabla\varphi\cdot\mathrm{d}r = \sum \frac{\partial\varphi}{\partial u^i}\,\mathrm{d}u^i,$$

$$\left(\nabla\varphi - \sum \frac{\partial\varphi}{\partial u^i}\boldsymbol{a}^i\right)\cdot\mathrm{d}r = 0,$$

故得$\nabla\varphi = \sum \dfrac{\partial\varphi}{\partial u^i}\boldsymbol{a}^i$.

因为$\boldsymbol{a}^1 = g_{11}^{-1/2}$, $\boldsymbol{a}^2 = g_{22}^{-1/2}$, $\boldsymbol{a}^3 = g_{33}^{-1/2}$, 所以:

梯度算子

$$\operatorname{grad}\varphi = \begin{cases} g_{11}^{-\frac{1}{2}}\dfrac{\partial\varphi}{\partial u^1}, \\ g_{22}^{-\frac{1}{2}}\dfrac{\partial\varphi}{\partial u^2}, \\ g_{33}^{-\frac{1}{2}}\dfrac{\partial\varphi}{\partial u^3}; \end{cases} \tag{7.4.21}$$

散度算子

$$\mathrm{div}\boldsymbol{F} = \lim_{V\to 0}\frac{Q}{V} = \frac{1}{\sqrt{|g|}}\sum_{i=1}^{3}\frac{\partial}{\partial u^i}(f^i\sqrt{|g|}), \tag{7.4.22}$$

其中$Q_i = \dfrac{\partial}{\partial u^i}(f^i\sqrt{g})\,\mathrm{d}u^1\,\mathrm{d}u^2\,\mathrm{d}u^3$, 表示通过$u^i$二面的通量;

旋度算子

$$\mathrm{curl}\,\boldsymbol{F} = (\nabla\times\boldsymbol{F})\cdot n = \lim_{A\to 0}\frac{1}{A}\oint_C \boldsymbol{F}\cdot\mathrm{d}S. \tag{7.4.23}$$

我们知道,沿u^1平行四边形面积元周线C的环流为

$$\left[\frac{\partial}{\partial u^2}(\boldsymbol{F}\cdot\boldsymbol{a}_3)-\frac{\partial}{\partial u^3}(\boldsymbol{F}\cdot\boldsymbol{a}_2)\right]\mathrm{d}u^2\,\mathrm{d}u^3,$$

平行四边形面积为

$$A=|\boldsymbol{a}_2\,\mathrm{d}u^2\times\boldsymbol{a}_3\,\mathrm{d}u^3|=\sqrt{(\boldsymbol{a}_2\times\boldsymbol{a}_3)(\boldsymbol{a}_2\times\boldsymbol{a}_3)}\,\mathrm{d}u^2\,\mathrm{d}u^3,$$

所以

$$(\nabla\times\boldsymbol{F})\cdot\boldsymbol{a}^1=\frac{1}{\sqrt{g}}\left[\frac{\partial}{\partial u^2}(\boldsymbol{F}\cdot\boldsymbol{a}_3)-\frac{\partial}{\partial u^3}(\boldsymbol{F}\cdot\boldsymbol{a}_2)\right].$$

类似地有:

$$(\nabla\times\boldsymbol{F})\cdot\boldsymbol{a}^2=\frac{1}{\sqrt{g}}\left[\frac{\partial}{\partial u^3}(\boldsymbol{F}\cdot\boldsymbol{a}_1)-\frac{\partial}{\partial u^1}(\boldsymbol{F}\cdot\boldsymbol{a}_3)\right],$$

$$(\nabla\times\boldsymbol{F})\cdot\boldsymbol{a}^3=\frac{1}{\sqrt{g}}\left[\frac{\partial}{\partial u^1}(\boldsymbol{F}\cdot\boldsymbol{a}_2)-\frac{\partial}{\partial u^2}(\boldsymbol{F}\cdot\boldsymbol{a}_1)\right].$$

又因$(\boldsymbol{F}\cdot\boldsymbol{a}_i)=f_i$,故上式可合并为

$$\operatorname{curl}\boldsymbol{F}=\nabla\times\boldsymbol{F}=\frac{1}{\sqrt{g}}\left[\left(\frac{\partial f_3}{\partial u^2}-\frac{\partial f_2}{\partial u^3}\right)\boldsymbol{a}_1+\left(\frac{\partial f_1}{\partial u^2}-\frac{\partial f_3}{\partial u^1}\right)\boldsymbol{a}_2+\left(\frac{\partial f_2}{\partial u^1}-\frac{\partial f_1}{\partial u^2}\right)\boldsymbol{a}_3\right]. \tag{7.4.24}$$

4. 2 维情况下梯度、散度、旋度算子及其它们的离散算子

$$\operatorname{grad}\varphi=\begin{pmatrix} g_{\xi\xi}^{-\frac{1}{2}}\dfrac{\partial\varphi}{\partial\xi}\\ g_{\eta\eta}^{-\frac{1}{2}}\dfrac{\partial\varphi}{\partial\eta}\\ 0\end{pmatrix}, \tag{7.4.25}$$

梯度的离散算子$\vec{G}=(\,\mathrm{GRAD}\,U)$ 定义为

$$GL\xi_{i,j}=\frac{U_{i+1,j}-U_{i,j}}{l\xi i,j},\qquad GL\eta_{i,j}=\frac{U_{i,j+1}-U_{i,j}}{l\eta i,j},\qquad GL\zeta_{i,j}=0. \tag{7.4.26}$$

(7.4.25)和(7.4.26)使得回想起关系式

$$\mathrm{d}l\xi=g_{\xi\xi}^{1/2},\quad \mathrm{d}l\,\eta=g_{\eta\eta}^{1/2}, \tag{7.4.27}$$

其中$\mathrm{d}l\,\xi$和$\mathrm{d}l\,\eta$是曲线坐标面积元.

$$\operatorname{div}\boldsymbol{W}=\frac{1}{\sqrt{|g|}}\left\{\frac{\partial}{\partial\xi}\left(|G_{\xi\xi}|^{\frac{1}{2}}\,WS\,\xi\right)+\frac{\partial}{\partial\eta}\left(|G_{\eta\eta}|^{\frac{1}{2}}\,WS\,\eta\right)\right\}, \tag{7.4.28}$$

其中g是度规张量,

$$g=\begin{pmatrix} g_{\xi\xi} & g_{\xi\eta} & 0 \\ g_{\xi\eta} & g_{\eta\eta} & 0 \\ 0 & 0 & 1 \end{pmatrix}, \tag{7.4.29}$$

而$G_{\xi\xi}, G_{\eta\eta}$分别为$g_{\xi\xi}$和$g_{\eta\eta}$的余子式. 利用公式(7.4.22) 化简得

$$\begin{aligned}(\operatorname{Div}\boldsymbol{W})_{ij} = {} & \frac{1}{VC_{ij}/\Delta\xi\,\Delta\eta\,\Delta\zeta}\left\{\left[WS\xi_{i+1,j}\left(\frac{S\,\xi_{i+1,j}}{\Delta\eta\,\Delta\zeta}\right)-WS\xi_{i,j}\left(\frac{S\xi_{i,j}}{\Delta\eta\,\Delta\zeta}\right)\right]/\Delta\xi\right.\\ & \left.+\left[WS\,\eta_{i,j+1}\left(\frac{S\eta_{i,j+1}}{\Delta\xi\,\Delta\zeta}\right)-WS\eta_{i,j}\left(\frac{S\,\eta_{i,j}}{\Delta\xi\,\Delta\zeta}\right)\right]/\Delta\eta\right\},\end{aligned} \tag{7.4.30}$$

其中

$$\sqrt{|g|}\sim\frac{VC_{ij}}{\Delta\xi\,\Delta\eta\,\Delta\zeta},\quad |G_{\xi\xi}|^{1/2}\sim\frac{S\,\xi_{ij}}{\Delta\eta\,\Delta\zeta},\quad |G_{\eta\eta}|^{\frac{1}{2}}\sim\frac{S\,\eta_{ij}}{\Delta\xi\,\Delta\zeta}, \tag{7.4.31}$$

则

$$\frac{\partial}{\partial\xi}\left(|G_{\xi\xi}|^{\frac{1}{2}}WS\,\xi\right)\sim\left[\frac{WS\,\xi_{i+1,j}(S\,\xi_{i+1,j}/\Delta\,\eta\Delta\,\xi)-WS\,\xi_{i,j}\,(S\,\xi_{i,j}/\Delta\,\eta\,\Delta\,\zeta)}{\Delta\xi}\right], \tag{7.4.32}$$

$$\frac{\partial}{\partial\eta}\left(|G_{\eta\eta}|^{\frac{1}{2}}WS\,\eta\right)\sim\left[\frac{WS\,\eta_{i,j+1}(S\,\eta_{i,j+1}/\Delta\xi\,\Delta\,\zeta)-WS\,\eta_{i,j}(S\,\eta_{i,j}/\Delta\,\xi\,\Delta\,\zeta)}{\Delta\eta}\right]. \tag{7.4.33}$$

而旋度算子curl$R=(RS\,\xi, RS\,\eta, RS\zeta)=$ CURL $\boldsymbol{B}$在连续的情形下为:

$$RS\,\xi=\frac{1}{\sqrt{|G_{\xi\xi}|}}\frac{\partial\,(BL\,\zeta\,\sqrt{g_{\xi\xi}}\,)}{\partial\,\eta},\quad G_{\xi\xi}\text{ 是元素 }g_{\xi\xi}\text{ 的余子式}, \tag{7.4.34}$$

$$RS\eta=\frac{1}{\sqrt{|G_{\eta\eta}|}}\frac{\partial\,(BL\,\zeta\sqrt{g_{\zeta\zeta}}\,)}{\partial\,\xi},\quad G_{\eta\eta}\text{是元素}g_{\eta\eta}\text{的余子式}, \tag{7.4.35}$$

$$RS\zeta=\frac{1}{\sqrt{|G_{\zeta\zeta}|}}\left[\frac{\partial\left(BL\,\eta\,\sqrt{g_{\eta\eta}}\right)}{\partial\,\xi}-\frac{\partial\,(BL\,\zeta\,\sqrt{g_{\zeta\zeta}}\,)}{\partial\,\eta}\right],\quad G_{\zeta\zeta}\text{是元素}g_{\zeta\zeta}\text{的余子式}, \tag{7.4.36}$$

其中$|G_{\zeta\zeta}|=g_{\xi\xi}g_{\eta\eta}-g_{\xi\eta}^2$, $|G_{\eta\eta}|=g_{\xi\xi}$, $|G_{\xi\xi}|=g_{\eta\eta}$, $g_{\zeta\zeta}=1$.

5. **共轭算子**

对一个方程组或2 阶方程div grad, grad div, curl curl, 只有算子DIV, GRAD, CURL是不够的, 显然这些离散后方程的定义域和值域是不匹配的, 为此要引进共轭算子的离散DIV*, GRAD*, CURL*.

例如, 考虑div grad $u = 0$. 已知GRAD $HN \to \mathcal{H}L$, 而DIV $\mathcal{H}S \to HC$. 如果把DIV作为基本算子, 而离散梯度算子作为导出算子, 由恒等式

$$\int_V u \operatorname{div} \boldsymbol{W} \, \mathrm{d}V + \int_V (\boldsymbol{W}, \operatorname{grad} u) \, \mathrm{d}V = \oint_{\partial V} u(\boldsymbol{W}, \boldsymbol{n}) \, \mathrm{d}S \tag{7.4.37}$$

能证明

$$\mathrm{d} = -\mathrm{grad}^*. \tag{7.4.38}$$

所以有下面的定理.

定理 7.4.1 DIV算子的共轭算子为

$$\overline{\mathrm{GRAD}} = -\mathrm{DIV}^*, \quad HC \vee \mathcal{H}S, \tag{7.4.39}$$

这就是导出梯度算子的离散算子.

证明:

$$\begin{aligned}(\mathrm{d}\boldsymbol{W}, u)_H &= \int_V u \operatorname{div} \boldsymbol{W} \, \mathrm{d}V - \oint_{\partial V} u(\boldsymbol{W}, \boldsymbol{n}) \, \mathrm{d}S \\ &= -\int_V (\boldsymbol{W}, -\operatorname{grad} u) \, \mathrm{d}V \\ &= (\boldsymbol{W}, -\operatorname{grad} u)_H.\end{aligned} \tag{7.4.40}$$

▲

§7.4.4 1 维的数值例子

现在我们要引进一个新的数值方法.

支持算子的方法(Support-operator method)简称SOM方法[Sha96], 用支撑算子的方法来构造离散算子, 使相应算子的定义域和值域相适应. 首先离散逼近某一个1阶微分算子, 例如梯度算子或散度算子, 使它满足积分恒等式, 例如Stokes定理. 初始离散的算子称为基本算子, 通过积分恒等式导出支持另一个离散算子称为导出算子.

例如, 基本离散算子是梯度算子, 这时利用积分恒等式得到的导出算子是散度算子的离散:

$$\mathrm{DIV} = -\mathrm{GRAD}^*. \tag{7.4.41}$$

例 7.4.1 1维的例子.

$$-\operatorname{div} K \operatorname{grad} u = -\frac{\mathrm{d}}{\mathrm{d}x}\left(K\frac{\mathrm{d}u}{\mathrm{d}x}\right) = f, \quad 0 < x < 1, \tag{7.4.42}$$

$$u(0) = \psi_0, \quad u(1) = \psi_1.$$

上面的方程能写成两个1阶方程:

$$\operatorname{div} \boldsymbol{w} = f, \quad \boldsymbol{w} = -K \operatorname{grad} u. \tag{7.4.43}$$

现在$\boldsymbol{w} = (w_x, 0, 0)$, 即

$$\frac{\mathrm{d}w_x}{\mathrm{d}x} = f, \quad w_x = -K\frac{\mathrm{d}u}{\mathrm{d}x}. \tag{7.4.44}$$

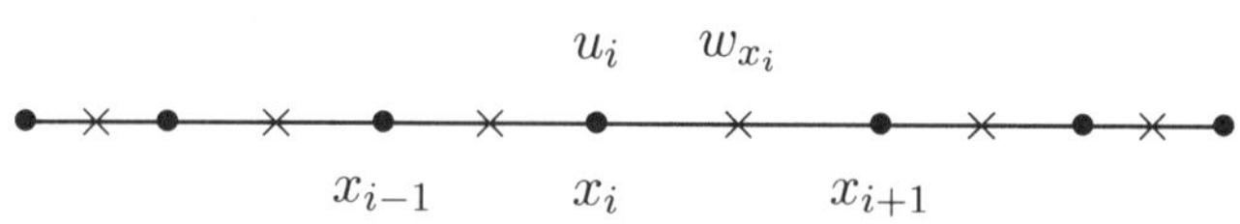

图 7.4.6 1维计算网格(● 表示网格点, × 表示网格)

考虑区间[0, 1] 及在上的网格点, 如图7.4.6所示.

$$\{x_i,\ \text{ß} = 1, \cdots, M\}, \quad 0 = x_1 < \cdots < x_i < x_{i+1} < \cdots < x_M = 1. \tag{7.4.45}$$

令$u^h = (u_1^h, u_2^h, \cdots, u_M^h)$, 向量函数$\boldsymbol{w} = (w_x, 0, 0)$, 它在网格中心离散为:

$$\begin{aligned} &w_x = (w_{x_1}, w_{x_2}, \cdots, w_{x_{M-1}}), \\ &(u, v)_{HN} - \sum_{i=2}^{M-1} u_i\, v_i\, VN_i + u_1\, v_1 + u_M\, v_M, \end{aligned} \tag{7.4.46}$$

VN_i是i 网格点的体积, 在1 维情况下,

$$VN_i = 0.5(x_{i+1} - x_{i-1}). \tag{7.4.47}$$

而

$$(\boldsymbol{A}, \boldsymbol{B})_{\mathcal{HC}} = \sum_{i=1}^{M-1} (\boldsymbol{A}, \boldsymbol{B})_i\, VC_i, \tag{7.4.48}$$

在1维情况下$(\boldsymbol{A}, \boldsymbol{B})_i = A\, X_i B X_i$. 而$VC_i$是网格$i$体积

$$VC_i = x_{i+1} - x_i, \quad i = 1, \cdots, M-1 \tag{7.4.49}$$

的基本算子的离散. 令

$$\mathcal{C}^h = -\mathrm{GRAD}: \quad HN \to \mathcal{HC}, \tag{7.4.50}$$

则有

$$(\mathcal{C}^h u)_i = -(\text{GRAD}u)_i = -\frac{u_{i+1}-u_i}{VC_i}, \quad i=1,\cdots,M-1. \tag{7.4.51}$$

将梯度算子作为基本算子, 而div作为导出算子, 由

$$\mathcal{B}\boldsymbol{w} = \begin{cases} \operatorname{div} w, & (x,y)\in V, \\ -(\boldsymbol{w},\boldsymbol{n}), & (x,y)\in \partial V, \end{cases} \tag{7.4.52}$$

可导出$\mathcal{B}=\mathcal{C}^*$.

$$\sum_{i=2}^{M-1}(\mathcal{B}^h\boldsymbol{w})_i u_i VN_i + (\mathcal{B}^h w_x)_M u_M + (\mathcal{B}^h w_x)_1 u_1 = (\boldsymbol{W},\mathcal{C}^h u)_i VC_i. \tag{7.4.53}$$

下面导出算子$\mathcal{B}^h$的表达式.

$$\begin{aligned}
(\text{GRAD}u, w)_{\mathcal{HC}} &= \sum_{i=1}^{M-1}(\text{GRAD}\,u)_i\, w_{x_i}\, V\, C_i \\
&= \sum_{i=1}^{M-1}(u_{i+1}-u_i)\, w_{x_i} \\
&= \sum_{i=1}^{M-1} u_{i+1}\, w_{x_i} - \sum_{i=1}^{M-1} u_i\, w_{x_i} \\
&= \sum_{i=2}^{M} u_i\, w_{x_{i-1}} - \sum_{i=1}^{M-1} u_i\, w_{x_i} \\
&= \sum_{i=2}^{M-1} u_i(w_{x_{i-1}} - w_{x_i}) + u_M(w_{x_{M-1}}) \\
&= +u_1(-w_{x_1}).
\end{aligned} \tag{7.4.54}$$

算子$\mathcal{B}^h$的表达式为

$$(\mathcal{B}^h\boldsymbol{w})_i = \begin{cases} (\text{DIV}\,\boldsymbol{w})_i = \dfrac{w_{x_i}-w_{x_{i-1}}}{VN_i}, & i=2,\cdots,M-1, \\ (\boldsymbol{w},\boldsymbol{n})_1 = -w_{x_1}, & i=1, \\ (\boldsymbol{w},\boldsymbol{n})_M = w_{x_{M-1}}, & i=M. \end{cases} \tag{7.4.55}$$

$\mathcal{B}^h: \quad \mathcal{HC}\to HN.$

有关热传导矩阵系数K的作用:

1 维矩阵

$$\mathcal{K} = (KXX). \tag{7.4.56}$$

为了方便，令$KXX = K$.

利用网格中心来离散矩阵算子K, 于是离散矩阵算子$\mathcal{K}$

$$(\mathcal{K}w_x)_i = K_i w_{x_i},$$

$$\mathcal{K}^h: \quad \mathcal{HC} \to \mathcal{HC}.$$

综上所述，在内点有

$$(-\mathbf{DIV} \cdot K \cdot \mathbf{GRAD}\, u)_i = \varphi_i, \quad i = 2, \cdots, M-1,$$

在边界点

$$u_1 = \psi_0, \quad u_M = \psi_1,$$

得差分格式

$$\frac{K_i\left(\dfrac{u_{i+1} - u_i}{x_{i+1} - x_i}\right) - K_{i-1}\left(\dfrac{u_i - u_{i-1}}{x_i - x_{i-1}}\right)}{(x_{i+1} - x_{i-1})} = \frac{f(x_i)}{2},$$

$$u = \begin{pmatrix} u_2 \\ u_3 \\ \vdots \\ u_{M-1} \end{pmatrix}. \tag{7.4.57}$$

从上面可看出此处DIV$= -$GRAD*.

可将上述方程写成矩阵形式

$$Mu = F, \tag{7.4.58}$$

其中

$$F = \begin{bmatrix} f(x_2) \cdot 0.5(x_3 - x_1) + K_1\psi_0/(x_2 - x_1) \\ f(x_3) \cdot 0.5(x_4 - x_2) \\ \vdots \\ f(x_i) \cdot 0.5(x_{i+1} - x_{i-1}) \\ \vdots \\ f(x_{M-1}) \cdot 0.5 \cdot (x_M - x_{M-2}) + K_{M-1}\psi_1/(x_M - x_{M-1}) \end{bmatrix},$$

而

$$
M=\left|\begin{array}{cccccc}
\frac{K_2}{VC_2}+\frac{K_1}{VC_1} & -\frac{K_2}{VC_2} & 0 & \cdots & 0 & 0 \\
-\frac{K_2}{VC_2} & \frac{K_2}{VC_2}+\frac{K_3}{VC_3} & -\frac{K_3}{VC_3} & \cdots & 0 & 0 \\
\vdots & \vdots & \ddots & & & \\
0 & 0 & 0 & \cdots & -\frac{K_{M-1}}{VC_{M-1}} & \frac{K_M}{VC_M}+\frac{K_{M-1}}{VC_{M-1}}
\end{array}\right|. \tag{7.4.59}
$$

1 维SOM方法的优点:

(1) 保持微分方程算子特点, 若微分算子的对称正定, 利用SOM得到离散算子也对称正定.

(2) 对于非均匀网格, 利用SOM方法能达到等距网格的精度.

(3) 对于间断系数K也能得到正确的结果.

§7.4.5 在一般网格上的内积公式

我们引入两个四边形单元网格来定义离散向量的内积：标准内积正如许多文献内描述的suport算法用到的和新的内积. 从统一的观点, 我们将内积描述于"基于网格是由一个单位正方形映射定义的内积投影"(如图7.4.7所示), 在离散情况下, 向量场的描述投影到单位法线的网格面上, 任一离散矢量场的内积关于向量的分量必须是对称和正定的双线性形式. 我们的内积基于网格:它们可以被定义在一个网格单元(如图7.4.7所示)，然后对所有网格求和便得到全局的内积. 兴建从网格内积到全局内积的过程, 类似于在有限元中组装从当地质量矩阵到全局质量矩阵.

考虑网格的双线性插值[HSS01].

在2 维时, 网格由4个点组成, 假设为$(x_0,y_0),(x_1,y_1),(x_2,y_2)$和$(x_3,y_3)$.

在单个正方形中, 利用双线性映射

$$
x(\xi,\eta)=x_0(1-\xi)(1-\eta)+x_1\,\xi(1-\eta)+x_2\xi\eta+x_3(1-\xi)\,\eta,
$$
$$
y(\xi,\eta)=y_0(1-\xi)(1-\eta)+y_1\,\xi(1-\eta)+y_2\,\xi\,\eta+y_3(1-\xi)\,\eta,
$$

变为四边形(如图7.4.7所示).

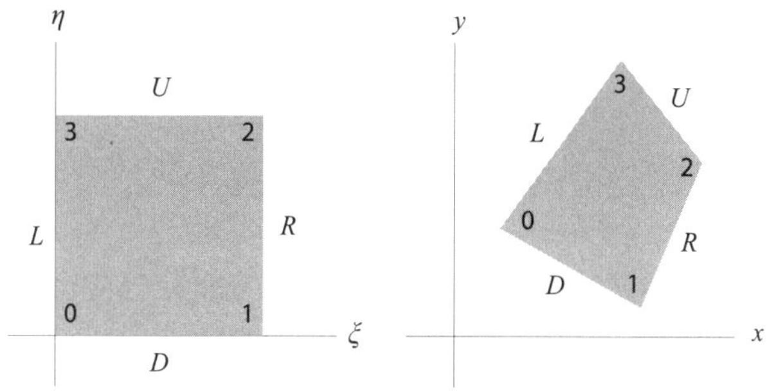

图 7.4.7　把单位正方形网格变为任意四边形网格

角点变为:

$$(0,0) \longrightarrow (x_0,y_0), \quad (1,0) \longrightarrow (x_1,y_1),$$

$$(0,1) \longrightarrow (x_2,y_2), \quad (1,1) \longrightarrow (x_3,y_3),$$

$$J(\xi,\eta)=\begin{vmatrix} \dfrac{\partial x}{\partial \xi} & \dfrac{\partial x}{\partial \eta} \\ \dfrac{\partial y}{\partial \xi} & \dfrac{\partial y}{\partial \eta} \end{vmatrix}=a+b\xi+c\eta, \tag{7.4.60}$$

其中

$$\begin{aligned} a &= (x_1-x_0)(y_3-y_0)-(x_3-x_0)(y_1-y_0), \\ b &= (x_1-x_0)(y_2-y_0)+(x_3-x_0)(y_1-y_0) \\ &\quad -(x_2-x_0)(y_1-y_0)-(x_1-x_0)(y_1-y_0), \\ c &= (x_2-x_0)(y_3-y_0)+(x_3-x_0)(y_1-y_0) \\ &\quad -(x_3-x_0)(y_2-y_0)-(x_1-x_0)(y_3-y_0). \end{aligned}$$

如果我们固定ξ改变η，则$x(\xi,\eta),y(\xi,\eta)$是一条直线; 相反，如果我们固定η改变ξ，我们还得到一条直线. 这些直线形成的2维单元不一定是在一个点的正交坐标系族，从每一族线相交，我们定义切线和法线向量

$$\vec{T}_\xi=(x_\xi,y_\xi), \quad \vec{T}_\eta=(x_\eta,y_\eta), \quad \vec{N}_\xi=(y_\eta,-x_\eta), \quad \vec{N}_\eta=(-y_\xi,x_\xi), \tag{7.4.61}$$

$\vec{T}_\xi$ 和$\vec{N}_\xi$ 表示在点ξ增加的方向, 而$\vec{T}_\eta$ 和$\vec{N}_\eta$ 表示在点η 增加的方向, 因此$\vec{T}_\xi=\vec{N}_\xi\vec{T}_\eta=\vec{N}_{\eta.}$ 如果是正交坐标系，那么它就是长方形网格. 对于双线性映射, 切

向量和法向量是线性函数:

$$\vec{T}_\xi(\eta)=\vec{T}_D(1-\eta)+\vec{T}_U\,\eta,\qquad \vec{T}_\eta(\xi)=\vec{T}_L\,(1-\xi)+\vec{T}_R\,\xi,$$
$$\vec{N}_\xi(\xi)=\vec{N}_L(1-\xi)+\vec{N}_R\,\xi,\qquad \vec{N}_\eta(\eta)=\vec{N}_D\,(1-\eta)+\vec{N}_U\,\eta, \tag{7.4.62}$$

其中:

$$\begin{aligned}
\vec{T}_D&=(x_1-x_0,y_1-y_0),\quad \vec{N}_D=(y_0-y_1,x_1-x_0),\\
\vec{T}_U&=(x_2-x_3,y_2-y_3),\quad \vec{N}_U=(y_3-y_2,x_2-x_3),\\
\vec{T}_L&=(x_3-x_0,y_3-y_0),\quad \vec{N}_L=(y_3-y_0,x_0-x_3),\\
\vec{T}_R&=(x_2-x_1,y_2-y_1),\quad \vec{N}_R=(y_2-y_1,x_1-x_2).
\end{aligned}\tag{7.4.63}$$

网格几何.

可以证明:

$$\begin{aligned}
\vec{T}_\xi\cdot\vec{N}_\xi=J,&\quad \vec{T}_\xi\cdot\vec{N}_\eta=0,\\
\vec{T}_\eta\cdot\vec{N}_\xi=0,&\quad \vec{T}_\eta\cdot\vec{N}_\eta=J,
\end{aligned}\tag{7.4.64}$$

切向量和法向量是双止交的, 并有

$$|\vec{N}_\xi|=|\vec{T}_\eta|,\quad |\vec{N}_\eta|=|\vec{T}_\xi|. \tag{7.4.65}$$

若切向量和法向量之间的夹角为θ, 如图7.4.8所示, 则

$$\cos(\theta)=\frac{\vec{T}_\xi\cdot\vec{N}_\xi}{|\vec{T}_\xi||\vec{N}_\xi|}=\frac{J}{|\vec{T}_\xi||\vec{N}_\xi|}=\frac{J}{|\vec{N}_\eta||\vec{T}_\eta|}=\frac{\vec{T}_\eta\cdot\vec{N}_\eta}{|\vec{T}_\eta||\vec{N}_\eta|}. \tag{7.4.66}$$

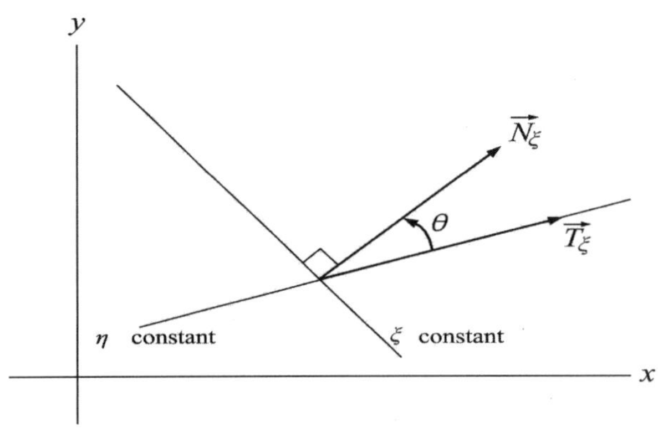

图 7.4.8 切向量$\vec{T}_\xi$和法向量$\vec{N}_\xi$是在点ξ增长方向

切向量和法向量的局部基是双正交的, 考虑单位切向量和法向量:

$$
\begin{aligned}
\vec{t}_\xi &= \frac{\vec{T}_\xi}{|T_\xi|}, \quad \vec{t}_\eta = \frac{\vec{N}_\eta}{|N_\eta|}, \\
\vec{n}_\xi &= \frac{\vec{N}_\xi}{|N_\xi|}, \quad \vec{n}_\eta = \frac{\vec{N}_\eta}{|\vec{N}_\eta|},
\end{aligned}
\tag{7.4.67}
$$

它们也是双正交的, 如图7.4.9, 切向量间的夹角$\phi = \cos^{-1}(\vec{t}_\xi, \vec{t}_\eta)$.

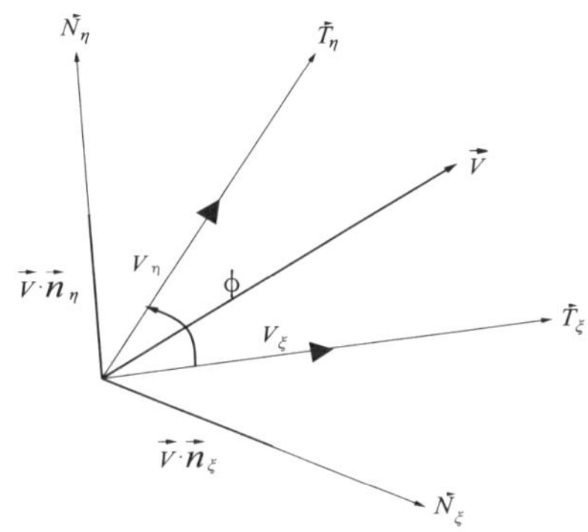

图 7.4.9 切向量和法向量的局部基

$$
\begin{aligned}
&\vec{t}_\xi \cdot \vec{n}_\xi = \cos\theta, \quad \vec{t}_\xi \cdot \vec{n}_\eta = 0, \\
&\vec{t}_\eta \cdot \vec{n}_\xi = 0, \qquad \vec{t}_\eta \cdot \vec{n}_\eta = \cos\theta, \\
&|\vec{t}_\xi| = 1, \qquad |\vec{t}_\eta| = 1, \\
&\vec{T}_\eta \cdot \vec{N}_\eta = J, \quad \vec{T}_\xi \cdot \vec{N}_\xi = J, \quad \vec{T}_\xi \cdot \vec{N}_\eta = 0, \quad \vec{T}_\eta \cdot \vec{N}_\xi = 0.
\end{aligned}
\tag{7.4.68}
$$

两个切向量夹角为ϕ, 则有

$$\vec{t}_\xi\,\vec{t}_\eta = \cos\phi, \tag{7.4.69}$$

明显地,有$\phi + \theta = \pi/2$, 所以$\cos(\theta) = \sin(\phi)$. 网格的边长:

$$S_D = |\vec{N}_\eta(0)| = |\vec{T}_\xi(0)| = \sqrt{(x_1 - x_0)^2 + (y_1 - y_0)^2}, \tag{7.4.70}$$

$$S_U = |\vec{N}_\eta(1)| = |\vec{T}_\xi(1)| = \sqrt{(x_2 - x_3)^2 + (y_2 - y_3)^2}, \tag{7.4.71}$$

$$S_L = |\vec{N}_\xi(0)| = |\vec{T}_\eta(0)| = \sqrt{(x_3 - x_0)^2 + (y_3 - y_0)^2}, \tag{7.4.72}$$

$$S_R = |\vec{N}_\xi(1)| = |\vec{T}_\eta(1)| = \sqrt{(x_2 - x_1)^2 + (y_2 - y_1)^2}. \tag{7.4.73}$$

向量场局部坐标表示如图7.4.9所示，如果$\vec{V}$是一个任意定义在网格上的矢量场，则:

$$
\begin{aligned}
\vec{V} &= V_\xi \vec{t}_\xi + V_\eta \vec{t}_\eta, \\
\vec{V}\cdot\vec{n}_\xi &= V_\xi(\vec{t}_\xi\cdot\vec{n}_\xi), \quad \vec{V}\cdot\vec{n}_\eta = V_\eta(\vec{t}_\eta\cdot\vec{n}_\eta), \\
V_\xi &= \frac{\vec{V}\cdot\vec{n}_\xi}{\sin(\phi)} = \frac{(\vec{V}\cdot\vec{n}_\xi)|\vec{T}_\xi|\,|\vec{N}_\xi|}{J}, \\
V_\eta &= \frac{\vec{V}\cdot\vec{n}_\eta}{\sin(\phi)} = \frac{(\vec{V}\cdot\vec{n}_\eta)|\vec{T}_\eta|\,|\vec{N}_\eta|}{J},
\end{aligned}
\tag{7.4.74}
$$

$$
\begin{aligned}
\vec{V} &= \frac{\vec{V}\cdot\vec{n}_\xi}{\sin\phi}\vec{t}_\xi + \frac{\vec{V}\cdot\vec{n}_\eta}{\sin\phi}\vec{t}_\eta \\
&= \frac{(\vec{V}\cdot\vec{n}_\xi)|\vec{N}_\xi|T_\xi + (\vec{V}\cdot\vec{n}_\eta)|\vec{N}_\eta|\vec{T}_\eta}{J} \\
&= \frac{(\vec{V}\cdot\vec{N}_\xi)\vec{T}_\xi + (\vec{V}\cdot\vec{N}_\eta)\vec{T}_\eta}{J}, \\
\vec{V}\sin(\phi) &= (\vec{V}\cdot\vec{n}_\xi)\vec{t}_\xi + (\vec{V}\cdot\vec{n}_\eta)\vec{t}_\eta, \\
\vec{W}\sin(\phi) &= (\vec{W}\cdot\vec{n}_\xi)t'_\xi + (\vec{W}\cdot\vec{n}_\eta)\vec{t}_\eta, \\
(\vec{V},\vec{W})\sin(\phi)^2 &= (\vec{V}\cdot\vec{n}_\xi)(\vec{W}\cdot\vec{n}_\eta)|\vec{t}_\xi| + (\vec{V}\cdot\vec{n}_\eta)(\vec{W}\cdot\vec{n}_\eta)|\vec{t}_\eta| \\
&\quad + (\vec{V}\cdot\vec{n}_\xi)(\vec{W}\cdot\vec{n}_\eta)\vec{t}_\xi\vec{t}_\eta + (\vec{V}\cdot\vec{n}_\eta)(\vec{W}\cdot\vec{n}_\xi)\vec{t}_\eta\vec{t}_\xi,
\end{aligned}
\tag{7.4.75}
$$

其中$\vec{V}\cdot\vec{N}_\xi$和$\vec{V}\cdot\vec{N}_\eta$是流量.

图7.4.10 矩形网格内积向量由4个直角三角形组成, 相对应任意四边形网格也由4个三角形组成. 假设每一面给定两个向量$\vec{V}, \vec{W}$法向分量:

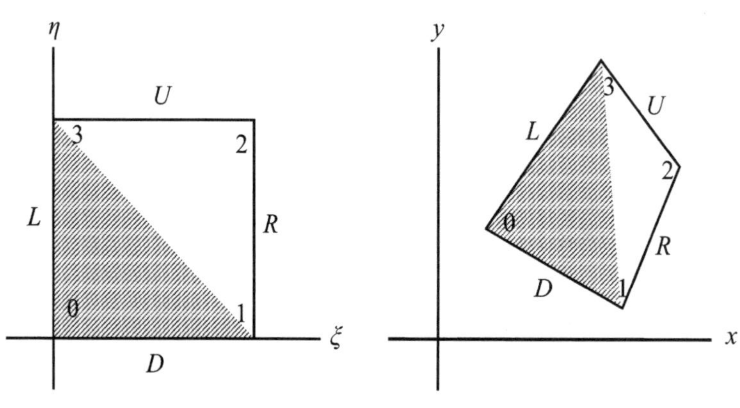

图 7.4.10 矩形网格内积向量

$$
\begin{aligned}
&\vec{V}_D=\vec{V}(\xi,0)\cdot\vec{n}_\eta(0), \quad \vec{W}_D=\vec{W}(\xi,0)\cdot\vec{n}_\eta(0),\\
&\vec{V}_U=\vec{V}(\xi,1)\cdot\vec{n}_\eta(1), \quad \vec{W}_U=\vec{W}(\xi,1)\cdot\vec{n}_\eta(1),\\
&\vec{V}_L=\vec{V}(0,\eta)\cdot\vec{n}_\xi(0), \quad \vec{W}_L=\vec{W}(0,\eta)\cdot\vec{n}_\xi(0),\\
&\vec{V}_R=\vec{V}(1,\eta)\cdot\vec{n}_\xi(1), \quad \vec{W}_R=\vec{W}(1,\eta)\cdot\vec{n}_\eta(1),
\end{aligned}
\tag{7.4.76}
$$

它们在网格面上的法向分量值分别为

$$
\vec{V}=(V_D,V_U,V_L,V_R), \quad \vec{W}=(W_D,W_U,W_L,W_R). \tag{7.4.77}
$$

对任意四边形网格积分可变为单位正方形网格积分

$$
\begin{aligned}
(\vec{V},\vec{W}) &= \int_{\text{cell}} \vec{V}(x,y)\vec{W}(x,y)\,\mathrm{d}x\,\mathrm{d}y\\
&= \int_0^1\int_0^1 \vec{V}(\xi.\eta)\,\vec{W}(\xi,\eta)\,J(\xi,\eta)\,\mathrm{d}\xi\,\mathrm{d}\eta.
\end{aligned}
$$

下面给出计算内积经常用的标准方法. 首先看图7.4.10中三角形部分. 三角形切向量 $\vec{T}_\xi(0)$ 和 $\vec{T}_\eta(0)$ 由公式(7.4.70) 和(7.4.71)给出, 我们假设向量场$\vec{V}$在这个三角形上是常数, 由公式(7.4.75) 在点$\xi=\eta=0$, 有:

$$
\begin{aligned}
\vec{V} &= \frac{(\vec{V}\cdot\vec{N}_\xi(0))\vec{T}_\xi(0)+(\vec{V}\cdot\vec{N}_\eta(0))\vec{T}_\eta(0)}{J(0,0)},\\
\vec{W} &= \frac{(\vec{W}\cdot\vec{N}_\xi(0))\vec{T}_\xi(0)+(\vec{W}\cdot\vec{N}_\eta(0))\vec{T}_\eta(0)}{J(0,0)},
\end{aligned}
\tag{7.4.78}
$$

其中

$$
J(0,0)=\sin\,\phi|\vec{N}_\eta(0)|\,|\vec{T}_\eta(0)|. \tag{7.4.79}
$$

若向量$\vec{V},\vec{W}$利用单位切向量(7.4.67)来表示, 考虑其(7.4.68)双正交性, 与(7.4.69)定义ϕ 和由(7.4.76) 给定自由度, 则它在点$\xi=\eta=0$的内积可表示为

$$
\vec{V}\cdot\vec{W}=\frac{V_L\,W_L+V_D\,W_D+(V_L\,W_D+V_D\,W_L)\cos{(\phi_0)}}{\sin{(\phi_0)}^2}. \tag{7.4.80}
$$

积分这个在三角形上的常数表达式得$A_{LD}\vec{V}\cdot\vec{W}$, 其中$A_{LD}$是由边$L$和$D$构成的三角形面积, 见图7.4.10. 类似地, 推广到其他三角形上, 若把D替换为U, 则它们夹角为$\pi-\phi_1$, 此时$\cos{(\pi-\phi_1)} = -\cos{(\phi_1)}, \sin{(\pi-\phi_1)} = \sin{(\phi_1)}$, 最终在四边形

上$\vec{V},\vec{W}$的内积为

$$\begin{aligned}(\vec{V},\vec{W}) \;=\; &\frac{1}{2}\Big(A_{LD}\frac{V_L\,W_L+V_D\,W_D+(V_L\,W_D+V_D\,W_L)\cos{(\phi_0)}}{\sin^2{(\phi_0)}}\\ &+A_{UL}\frac{V_U\,W_U+V_L\,W_L-(V_U\,W_L+V_L\,W_U)\cos{(\phi_1)}}{\sin^2{(\phi_1)}}\\ &+A_{RU}\frac{V_R\,W_R+V_U\,W_U+(V_R\,W_U+V_U\,W_R)\cos{(\phi_2)}}{\sin^2{(\phi_2)}}\\ &+A_{DR}\frac{V_D\,W_D+V_R\,W_R-(V_D\,W_R+V_R\,W_D)\cos{(\phi_3)}}{\sin^2{(\phi_3)}}\Big). \end{aligned} \tag{7.4.81}$$

§7.4.6 离散算子GRAD, DIV, CURL的共轭算子

本节内容大部分取自于Hyman和Shashkov 的论文[HS97b],[HS97a],[HS99a],[HS99b], 研究离散算子GRAD, DIV, CURL, 使它们的值域和定义域相匹配. 基于下面的积分关系式:

$$\int_V u\,\mathrm{div}\,\vec{W}\,\mathrm{d}V+\int_V(\vec{W},\mathrm{grad}\,u)\,\mathrm{d}V=\oint_{\partial V}u(\vec{W},\vec{n})\,\mathrm{d}S, \tag{7.4.82}$$

$$\int_V(\vec{A},\mathrm{curl}\,\vec{B})\,\mathrm{d}V-\int_V(\vec{B},\mathrm{curl}\,\vec{A})\,\mathrm{d}V=\oint_{\partial V}(\vec{n},\ \vec{A}\times\vec{B})\,\mathrm{dS}, \tag{7.4.83}$$

其中u是任一数量值函数, $\vec{W},\vec{A}$和$\vec{B}$是定义在带边界∂V的区域V上的向量函数, 且 $\vec{n}$ 是∂V 的单位外法向量, 当边界积分为零时, 上面的恒等式表示为

$$\mathrm{div}=-\mathrm{grad}^*,\qquad \mathrm{curl}=\mathrm{curl}^*.$$

下面定义数量和矢量函数的内积, 由

$$(u,v)_H=\int_V u\,v\,\mathrm{d}V \quad 和 \quad (\vec{A},\vec{B})_{\mathcal{H}}=\int_V(\vec{A},\vec{B})\,\mathrm{d}V,$$

可知

$$\mathrm{DIV}:\mathcal{H}S\longrightarrow HC.$$

利用SOM方法可以构造新的离散梯度

$$\overline{\mathrm{GRAD}}:HC\to\mathcal{H}\,S,$$

利用(7.4.82)恒等式算子DIV作为初始算子, 离散梯度作为导出算子, 它是散度算子的负共轭

$$\overline{\mathrm{GRAD}}=-\mathrm{DIV}^*.$$

而GRAD算子的定义域为HN, 值域为$\mathcal{HL}$.

$$\mathrm{GRAD}:HN\to\mathcal{HL}.$$

同样, 可以构造新的离散散度, 用恒等式(7.4.82), 此时GRAD作为原始算子, 散度作为导出算子, 它是梯度算子的负共轭,则有

$$\overline{\mathrm{DIV}} : \mathcal{HL} \to HN,$$

且

$$\overline{\mathrm{DIV}} = -\mathrm{GRAD}^*.$$

同样,

$$\mathrm{CURL} : \mathcal{HL} \to \mathcal{HS},$$

利用(7.4.83)恒等式构造另一个散度算子

$$\overline{\mathrm{CURL}} : \mathcal{HS} \to \mathcal{HL},$$

且

$$\overline{\mathrm{CURL}} = \mathrm{CURL}^*.$$

下面这些函数算子的乘积是合理的:

$$\mathrm{DIVCURL} : \mathcal{HL} \longrightarrow HC, \qquad \mathrm{DIVCURL} \equiv 0,$$
$$\mathrm{CURLGRAD} : HN \longrightarrow \mathcal{HS}, \qquad \mathrm{CURLGRAD} \equiv 0.$$

同样, 它们共轭算子的乘积也是合理的:

$$\overline{\mathrm{DIVCURL}} : \mathcal{HS} \to HN, \qquad \overline{\mathrm{DIVCURL}} \equiv 0,$$
$$\overline{\mathrm{CURLGRAD}} : HC \to \mathcal{HL}, \qquad \overline{\mathrm{CURLGRAD}} \equiv 0.$$

但是下面离散算子乘积组成2阶算子,应考虑到它们的值域和定义域的匹配问题:

$$\mathrm{DIV}\overline{\mathrm{GRAD}} : HC \to HC, \qquad \overline{\mathrm{DIV}}\mathrm{GRAD} : HN \to HN,$$
$$\mathrm{CURL}\overline{\mathrm{CURL}} : \mathcal{HS} \to \mathcal{HS}, \qquad \overline{\mathrm{CURL}}\mathrm{CURL} : \mathcal{HL} \to \mathcal{HL},$$
$$\mathrm{GRAD}\overline{\mathrm{DIV}} : \mathcal{HL} \to \mathcal{HL}, \qquad \overline{\mathrm{GRAD}}\mathrm{DIV} : \mathcal{HS} \to \mathcal{HS}.$$

§7.4.7 梯度算子GRAD 的内积

离散函数空间内积

$$
\begin{aligned}
(U,V)_{HC} \;=\; & \sum_{i=1}^{M-1}\sum_{j=1}^{N-1} U_{(i+\frac{1}{2},j+\frac{1}{2})}V_{(i+\frac{1}{2},j+\frac{1}{2})}VC_{(i+\frac{1}{2},j+\frac{1}{2})} \\
& + \sum_{i=1}^{M-1} U_{(i+\frac{1}{2},1)}V_{(i+\frac{1}{2},1)}S\eta_{(i+\frac{1}{2},1)} + \sum_{j=1}^{N-1} U_{(M,j+\frac{1}{2})}V_{(M,j+\frac{1}{2})}S\xi_{(M,j+\frac{1}{2})} \\
& + \sum_{i=1}^{M-1} U_{(i+\frac{1}{2},N)}V_{(i+\frac{1}{2},N)}S\eta_{(i+\frac{1}{2},N)} + \sum_{j=1}^{N-1} U_{(1,j+\frac{1}{2})}V_{(1,j+\frac{1}{2})}S\xi_{(1,j+\frac{1}{2})},
\end{aligned} \tag{7.4.84}
$$

$VC_{(i+\frac{1}{2},j+\frac{1}{2})}$为网格的面积.

离散向量函数空间内积

$$
(\vec{A},\vec{B})_{\mathcal{HS}} = \sum_{i=1}^{M-1}\sum_{j=1}^{N-1}(\vec{A},\vec{B})_{(i+\frac{1}{2},j+\frac{1}{2})}VC_{(i+\frac{1}{2},j+\frac{1}{2})}, \tag{7.4.85}
$$

$\vec{A}=(AS_\xi,AS_\eta),\vec{B}=(BS_\xi,BS_\eta)$, 它们分别是向量$\vec{A},\vec{B}$在边界$\xi$ 和边界η法线方向上的投影(如图7.4.9所示).

$$
\begin{aligned}
(\vec{A},\vec{B})_{(i+\frac{1}{2},j+\frac{1}{2})} \;=\; & \sum_{k,l=0}^{1} \frac{V_{(i+k,j+l)}^{(i+\frac{1}{2},j+\frac{1}{2})}}{\sin^2\varphi_{(i+k,j+l)}^{(i+\frac{1}{2},j+\frac{1}{2})}}\Big[AS\xi_{(i+k,j+\frac{1}{2})}BS\xi_{(i+k,j+\frac{1}{2})} \\
& +AS\eta_{(i+\frac{1}{2},j+l)}BS\eta_{(i+\frac{1}{2},j+l)} + (-1)^{k+l}\big(AS\xi_{(i+k,j+\frac{1}{2})}BS\eta_{(i+\frac{1}{2},j+l)} \\
& +AS\eta_{(i+\frac{1}{2},j+l)}BS\xi_{(i+k,j+\frac{1}{2})}\big)\cos\varphi_{(i+k,j+l)}^{(i+\frac{1}{2},j+\frac{1}{2})}\Big],
\end{aligned} \tag{7.4.86}
$$

其中$V_{(i+k,j+l)}^{(i+\frac{1}{2},j+\frac{1}{2})}$是权系数, 满足

$$
V_{(i+k,j+l)}^{(i+\frac{1}{2},j+\frac{1}{2})} \ge 0, \quad \sum V_{(i+k,j+l)}^{(i+\frac{1}{2},j+\frac{1}{2})} = 1. \tag{7.4.87}
$$

定义函数空间和向量函数空间形式内积, 用方括号[ ]来表示:

$$
\begin{aligned}
[U,V]_{HC} =& \sum_{i=1}^{M-1}\sum_{j=1}^{N-1} U_{(i+\frac{1}{2},j+\frac{1}{2})}V_{(i+\frac{1}{2},j+\frac{1}{2})} + \sum_{i=1}^{M-1} U_{(i+\frac{1}{2},1)}V_{(i+\frac{1}{2},1)} + \sum_{j=1}^{N-1} U_{(M,j+\frac{1}{2})}V_{(M,j+\frac{1}{2})} \\
& + \sum_{i=1}^{M-1} U_{(i+\frac{1}{2},N)}V_{(i+\frac{1}{2},N)} + \sum_{j=1}^{N-1} U_{(1,j+\frac{1}{2})}V_{(1,j+\frac{1}{2})}.
\end{aligned} \tag{7.4.88}
$$

$$
[\vec{A},\vec{B}]_{\mathcal{HS}} \;=\; \sum_{i=1}^{M}\sum_{j=1}^{N-1} AS\xi_{(i,j+\frac{1}{2})}BS\xi_{(i,j+\frac{1}{2})} + \sum_{i=1}^{M}\sum_{j=1}^{N-1} AS\eta_{(i+\frac{1}{2},j)}BS\eta_{(i+\frac{1}{2},j)}. \tag{7.4.89}
$$

自然和形式内积有关系式:

$$(U,V)_{HC}=[CU,V]_{HC},\quad (\vec{A},\vec{B})_{\mathcal{H}S}=[S\vec{A},\vec{B}]_{\mathcal{H}S}, \tag{7.4.90}$$

其中C和S是对称正定算子,

$$\begin{aligned}
&(CU)_{(i+\frac{1}{2},j+\frac{1}{2})}=VC_{(i+\frac{1}{2},j+\frac{1}{2})}U_{(i+\frac{1}{2},j+\frac{1}{2})}, && i=1,\cdots,M-1,\ j=1,\cdots,N-1,\\
&(CU)_{(i,j+\frac{1}{2})}=S\xi_{(i,j+\frac{1}{2})}U_{(i,j+\frac{1}{2})}, && i=1\ \text{和}\ i=M,\quad j=1,\cdots,N-1,\\
&(CU)_{(i+\frac{1}{2},j)}=S\eta_{(i+\frac{1}{2},j)}U_{(i+\frac{1}{2},j)}, && i=1,\cdots,M-1,\ j=1\ \text{和}\ j=N.
\end{aligned} \tag{7.4.91}$$

算子S能写成分块形式

$$S\vec{A}=\begin{pmatrix} S_{11} & S_{12}\\ S_{21} & S_{22}\end{pmatrix}\begin{pmatrix} AS\xi\\ AS\eta\end{pmatrix}-\begin{pmatrix} S_{11}AS\xi+S_{12}AS\eta\\ S_{21}AS\xi+S_{22}AS\eta\end{pmatrix}. \tag{7.4.92}$$

算子S也是对称正定,

$$[S\vec{A},\vec{B}]_{\mathcal{H}S}=[\vec{A},S\vec{B}]_{\mathcal{H}S},\quad [S\vec{A},\vec{A}]_{\mathcal{H}S}>0. \tag{7.4.93}$$

比较自然向量内积和形式向量内积:

$$\begin{aligned}
(\vec{A},\vec{B})_{\mathcal{H}S} &= [S\vec{A},\vec{B}]_{\mathcal{H}S}\\
&= \sum_{i=1}^{M}\sum_{j=1}^{N-1}\big[(S_{11}AS\xi)_{(i,j+\frac{1}{2})}+(S_{12}AS\eta)_{(i,j+\frac{1}{2})}\big]BS\xi_{(i,j+\frac{1}{2})}\\
&\quad +\sum_{i=1}^{M-1}\sum_{j=1}^{N}\big[(S_{21}AS\xi)_{(i+\frac{1}{2},j)}+(S_{22}AS\eta)_{(i+\frac{1}{2},j)}\big]BS\eta_{(i+\frac{1}{2},j)},
\end{aligned} \tag{7.4.94}$$

可得到算子S的公式, 见图7.4.11.

$$(S_{11}AS\xi)_{(i,j+\frac{1}{2})} = \left(\sum_{k=\pm\frac{1}{2};l=0,1}\frac{V_{(i,j+l)}^{(i+k,j+\frac{1}{2})}}{\sin^2\varphi_{(i,j+l)}^{(i+k,j+\frac{1}{2})}}\right)AS\xi_{(i,j+\frac{1}{2})},$$

$$(S_{12}AS\eta)_{(i,j+\frac{1}{2})} = \sum_{k=\pm\frac{1}{2};l=0,1}(-1)^{k+\frac{1}{2}+l}\frac{V_{(i,j+l)}^{(i+k,j+\frac{1}{2})}}{\sin^2\varphi_{(i,j+l)}^{(i+k,j+\frac{1}{2})}}\cdot\cos\varphi_{(i,j+l)}^{(i+k,j+\frac{1}{2})}AS\eta_{(i+k,j+l)},$$

$$(S_{21}AS\xi)_{(i+\frac{1}{2},j)} = \sum_{k=\pm\frac{1}{2};l=0,1}(-1)^{k+\frac{1}{2}+l}\frac{V_{(i+l,j)}^{(i+\frac{1}{2},j+k)}}{\sin^2\varphi_{(i+l,j)}^{(i+\frac{1}{2},j+k)}}\cdot\cos\varphi_{(i+l,j)}^{(i+\frac{1}{2},j+k)}AS\xi_{(i+l,j+k)},$$

$$(S_{22}AS\eta)_{(i+\frac{1}{2},j)} = \sum_{k\pm\frac{1}{2};l=0,1}\frac{V_{(i+l,j)}^{(i+\frac{1}{2},j+k)}}{\sin^2\varphi_{(i+l,j)}^{(i+\frac{1}{2},j+k)}}AS\eta_{(i+\frac{1}{2},j)}. \tag{7.4.95}$$

算子S_{11}和S_{22}是对角的，S_{12}和S_{21}的样板见图7.4.11. 这些公式适用于域内部的两个相邻网格的边界,也同样适用于域的边界, 如果离散函数通过适当的边界条件能扩展到边界外的点.

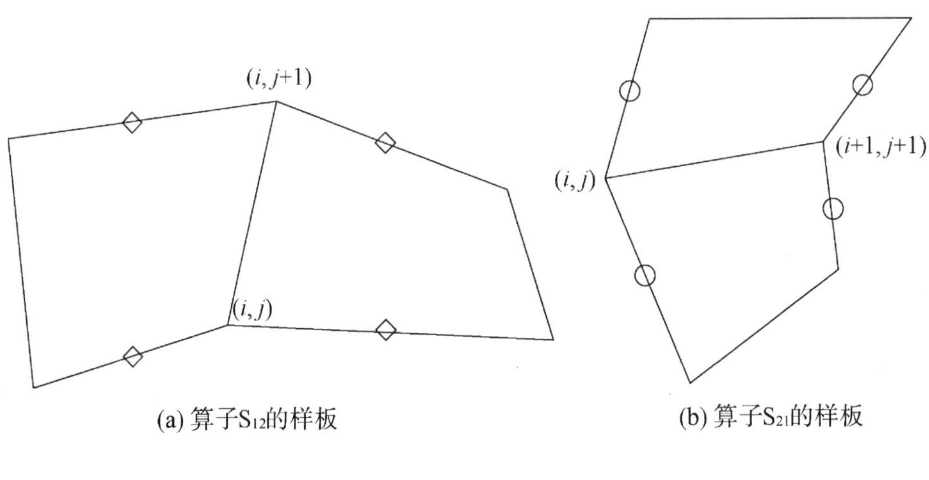

(a) 算子S_{12}的样板　　(b) 算子S_{21}的样板

图 7.4.11　算子S_{12}和S_{21}图案

梯度算子$\overline{\text{GRAD}}$的结构:

$$\begin{aligned}
(D\vec{W},U)_{HC} &= (\vec{W},D^*U)_{\mathcal{H}S},\\
[D\vec{W},CU]_{HC} &= [\vec{W},SD^*U]_{\mathcal{H}S},\\
[\vec{W},D^\dagger CU]_{\mathcal{H}S} &= [\vec{W},SD^*U]_{\mathcal{H}S},\\
D^\dagger C &= SD^*,\\
D^* &= S^{-1}D^\dagger C,\\
\overline{\text{GRAD}} &= -D^*,\\
\overline{\text{GRAD}} &= -S^{-1}\text{DIV}^\dagger C,
\end{aligned} \tag{7.4.96}$$

这里记号"†"表示形式算子的共轭.

算子$\overline{\text{GRAD}}$是非局部的, 因为$\mathcal{S}$ 是带状的, 所以$\mathcal{S}^{-1}$是满的.

§7.4.8 散度算子DIV 的内积

$$\int_V (\vec{W},\ \text{grad}\,u)\,\mathrm{d}V = -\int_V u\,\text{div}\,\vec{W}\,\mathrm{d}V + \int_{\partial V} u(\vec{W},\vec{n})\,\mathrm{d}S. \tag{7.4.97}$$

令函数子空间$\overset{\circ}{H}= \{u(x,y)\in H,\ u|_{\partial\,V}=0\}$, 于是上面的关系式可写为

$$\int_V (\vec{W},\text{grad}\,u)\,\mathrm{d}V = -\int_V u\,\text{div}\,\vec{W}\,\mathrm{d}V.$$

今考虑函数和向量函数内积

$$(u,v)_{\overset{\circ}{H}} = \int_V u\,v\,\mathrm{d}V,\quad (\vec{A},\vec{B})_{\mathcal{H}} = \int_V (\vec{A},\ \vec{B})\,\mathrm{d}V.$$

定义离散函数子空间$\overset{\circ}{H}N$:

$$\overset{\circ}{H}N := \{U\in HN,\ U_{i,j}=0\ \text{在边界}\}. \tag{7.4.98}$$

定义内积

$$(U,V)_{\overset{\circ}{H}N} = \sum_{i=2}^{M-1}\sum_{j=2}^{N-1} U_{(i,j)}V_{(i,j)}VN_{(i,j)}. \tag{7.4.99}$$

其中$VN_{i,j}$是网格体积,

$$(U,V)_{\overset{\circ}{H}N} = [\mathcal{N}U,V],$$

其中$\mathcal{N}$是对称正定.

$$[\mathcal{N}U,V]_{HN}=[U,\mathcal{N}V]_{HN},\quad [\mathcal{N}U,V]_{HN}>0,\quad (NU)_{(i,j)}=VN_{(i,j)}U_{(i,j)},$$

$$i=2,\cdots,M-1;\quad j=2,\cdots,N-1,$$

在$\mathcal{HL}$的内积与$\mathcal{H}S$的内积类似,

$$(\vec{A},\vec{B})_{\mathcal{HL}}=\sum_{i=1}^{M-1}\sum_{j=1}^{N-1}(\vec{A},\vec{B})_{(i+\frac{1}{2},j+\frac{1}{2})}VC_{(i+\frac{1}{2},j+\frac{1}{2})},\tag{7.4.100}$$

其中$(\vec{A},\vec{B})_{i+\frac{1}{2},j+\frac{1}{2}}$是向量$\vec{A}=(AL\xi,AL\eta)$, $\vec{B}=(BL\xi,BL\eta)$在点$\left(i+\dfrac{1}{2},j+\dfrac{1}{2}\right)$的内积, 它们分别是向量$\vec{A},\vec{B}$在边$\eta$和边$\xi$方向上的投影, 见图7.4.9.

$$(\vec{A},\vec{B})=\frac{AL\xi BL\xi+AL\,\eta\,BL\,\eta-(AL\,\xi\,BL\,\eta+ALBL\,\xi)\cos\varphi}{\sin^2\varphi}.\tag{7.4.101}$$

类似有

$$\begin{aligned}(\vec{A},\vec{B})_{(i+\frac{1}{2},j+\frac{1}{2})}\ =\ &\sum_{k,l=0}^{1}\frac{V^{(i+\frac{1}{2},j+\frac{1}{2})}}{\sin^2\varphi_{(i+k,j+l)}^{(i+\frac{1}{2},j+\frac{1}{2})}}\times\Big[AL\xi_{(i+\frac{1}{2},j+l)}BL\xi_{(i+\frac{1}{2},j+l)}\\&+AL\,\eta_{(i+k,j+\frac{1}{2})}BL\,\eta_{(i+k,j+\frac{1}{2})}\\&-(-1)^{k+l}\left(AL\xi_{(i+\frac{1}{2},j+l)}BL\eta_{(i+k,j+\frac{1}{2})}\right.\\&\left.+AL\eta_{(i+k,j+\frac{1}{2})}BL\xi_{(i+\frac{1}{2},j+l)}\right)\cos\varphi_{(i+k,j+l)}^{(i+\frac{1}{2},j+\frac{1}{2})}\Big],\end{aligned}\tag{7.4.102}$$

其中$V_{(i+k,j+l)}^{(i+\frac{1}{2},j+\frac{1}{2})}$是空间$\mathcal{H}S$中的权系数, $\mathcal{L}$算子联系着在$\mathcal{HL}$中的自然内积和形式内积(类似空间$\mathcal{H}S$中的S算子).

$$\mathcal{L}\vec{A}=\begin{pmatrix}L_{11}&L_{12}\\L_{21}&L_{22}\end{pmatrix}\begin{pmatrix}AL\xi\\AL\eta\end{pmatrix}=\begin{pmatrix}L_{11}AL\xi+L_{12}AL\eta\\L_{21}AL\xi+L_{22}AL\eta\end{pmatrix}.\tag{7.4.103}$$

它是正定的对称算子:

$$
\begin{aligned}
[\mathcal{L}\vec{A},\vec{B}]_{\mathcal{HL}} &= [\vec{A},\mathcal{L}\vec{B}]_{\mathcal{HL}}, \quad [\mathcal{L}\vec{A},\vec{B}]_{\mathcal{HL}}>0,\\
(L_{11}AL\xi)_{(i+1/2,j)} &= \left(\sum_{k=\pm 1/2;l=0,1}\frac{V_{(i+l,j)}^{(i+1/2,j+k)}}{\sin^2\varphi_{(i,j+l)}^{(i+1/2,j+k)}}\right)AL\xi_{(i+1/2,j)},\\
(L_{12}AL\eta)_{(i+1/2,j)} &= -\sum_{k=\pm 1/2;l=0,1}(-1)^{k+1/2+l}\frac{V_{(i+l,j)}^{(i+1/2,j+k)}}{\sin^2\varphi_{(i+l,j)}^{(i+1/2,j+k)}}\\
&\quad\cdot\cos\varphi_{(i+l,j)}^{(i+1/2,j+k)}AL\eta_{(i+l,j+k)},\\
(L_{21}AL\eta)_{(i,j+1/2)} &= -\sum_{k=\pm\frac{1}{2};l=0,1}(-1)^{k+1/2+l}\frac{V_{(i,j+l)}^{(i+k,j+1/2)}}{\sin^2\varphi_{(i,j+l)}^{(i+k,j+1/2)}}\\
&\quad\cdot\cos\varphi_{(i,j+l)}^{(i+k,j+1/2)}AL\xi_{(i+k,j+l)},\\
(L_{22}AL\xi)_{(i,j+1/2)} &= \left(\sum_{k=\pm 1/2,l=0}\frac{V_{(i,j+l)}^{(i+k,j+1/2)}}{\sin^2\varphi_{(i,j+l)}^{(i+k,j+1/2)}}\right)AL\eta_{(i,j+1/2)}.
\end{aligned}
\tag{7.4.104}
$$

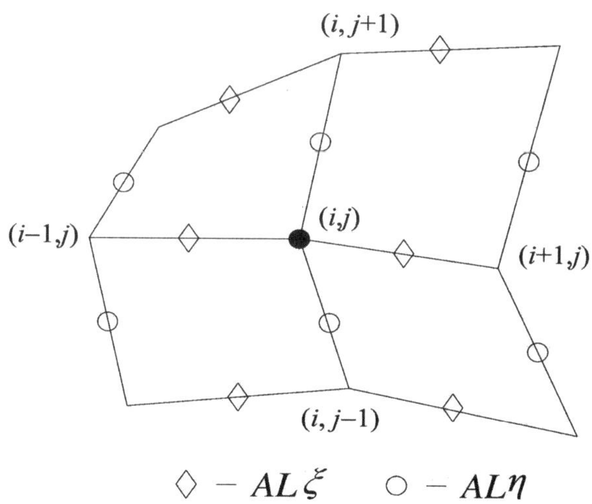

图 7.4.12 算子$\overline{\mathrm{DIV}}=-\mathrm{GRAD}^*$的图案:$\mathcal{HL}\to HN$

算子L_{11}和L_{22}是对角的，算子L_{12}和L_{21}的定义与算子S_{11}和S_{22}一样, 参见图7.4.12.

散度算子$\overline{\text{DIV}}$的结构:

$$(D\vec{W},U)_{\mathcal{HL}}=(\vec{W},D^{*}U)_{HN},$$
$$[D\vec{W},\mathcal{L}U]_{\mathcal{HL}}=[\vec{W},\mathcal{N}D^{*}U]_{HN},$$
$$[\vec{W},D^{\dagger}\mathcal{L}U]_{\mathcal{HL}}=[\vec{W},\mathcal{N}D^{*}U]_{HN},$$
$$D^{\dagger}\mathcal{L}=\mathcal{N}\mathcal{D}^{*},$$
$$D^{*}=\mathcal{N}^{-1}D^{\dagger}\mathcal{L},$$
$$\overline{\text{DIV}}:H\mathcal{L}\longrightarrow HN;\ \overline{\text{DIV}}:=-\text{GRAD}^{*}.$$

利用自然和形式内积关系式, 有

$$\overline{\text{DIV}}=-\mathcal{N}^{-1}\text{GRAD}^{\dagger}\cdot\mathcal{L}, \tag{7.4.105}$$

这里记号"†"表示形式算子的共轭.

算子$\overline{\text{DIV}}$是局部的, 因为$\mathcal{N}$, $\text{GRAD}^{\dagger}$, $\mathcal{L}$都是局部的.

$$-\text{GRAD}^{\dagger}\vec{A}=(\delta_{\xi}AL\xi)_{i,j}+(\delta_{\eta}AL\eta)_{i,j}.$$

在内点$\overline{\text{DIV}}$的图案是通过公式与算子L_{11},L_{22},L_{12}和L_{21}的图案相合得到的(参见图7.4.12).

§7.4.9 旋度算子CURL 的内积

旋度算子$\overline{\text{CURL}}$的内积:

$$\int_{V}(\operatorname{curl}\vec{A},\vec{B})\,\mathrm{d}V=\int_{V}(\vec{A},\ \operatorname{curl}\vec{B})\,\mathrm{d}V-\int_{\partial V}(\vec{A}\times\vec{B},\vec{n})\,\mathrm{d}S. \tag{7.4.106}$$

若$\vec{A}$向量(等式右端)在子空间边界上的积分等于零, 则算子curl 是自共轭的.

$$\operatorname{curl}=\operatorname{curl}^{*},$$
$$(A,B)_{\mathcal{H}}=\int_{V}(\vec{A},B)\,\mathrm{d}V,$$

$\vec{A}\in\mathcal{H}L$, $\text{CURL}\vec{A}\in\mathcal{H}S$, 共轭算子$\overline{\text{CURL}}:\mathcal{H}S\to\mathcal{H}\mathcal{L}$, $\text{CURL}:\mathcal{H}\mathcal{L}\to\mathcal{H}\mathcal{S}$.

旋度算子$\overline{\text{CURL}}$ 的结构:

$$\begin{aligned}&(D\vec{A},\vec{B})_{\mathcal{HS}}=(\vec{A},D^{*}\vec{B})_{\mathcal{HL}},\\&[\vec{A},D^{\dagger}\mathcal{S}\vec{B}]_{\mathcal{HS}}=[\vec{A},\mathcal{L}D^{*}\vec{B}]_{\mathcal{HL}},\\&D^{\dagger}\mathcal{S}=\mathcal{L}D^{*},\quad D^{*}=\mathcal{L}^{-1}D^{\dagger}\mathcal{S},\\&\overline{\text{CURL}}=\mathcal{L}^{-1}\cdot\text{CURL}^{\dagger}\cdot S,\end{aligned} \tag{7.4.107}$$

这里记号"†"表示形式算子的共轭. CURL是局部算子, 但$\overline{\text{CURL}}$是非局部的. 从下列线性方程组, 可定义$\vec{C} = \overline{\text{CURL}}\vec{B}$:

$$\mathcal{L}\vec{C} = \text{CURL}^{\dagger} \cdot S\vec{B}. \tag{7.4.108}$$

原始尺度算子是相对应的下列算子乘上一个长度、面积、体积因子, 即:

$$\begin{aligned}
(L\xi U)_{i+\frac{1}{2},j} &= l\xi_{i+\frac{1}{2},j}U_{i+\frac{1}{2},j},\\
(L\eta U)_{i,j+\frac{1}{2}} &= l\eta_{i,j+\frac{1}{2}}U_{i,j+\frac{1}{2}},\\
(L\zeta U)_{i,j} &= l\zeta_{i,j}U_{i,j},\\
(S\xi U)_{i,j+\frac{1}{2}} &= S\xi_{i,j+\frac{1}{2}}U_{i,j+\frac{1}{2}},\\
(S\eta U)_{i+\frac{1}{2},j} &= S\eta_{i+\frac{1}{2},j}U_{i+\frac{1}{2},j},\\
(S\zeta U)_{i+\frac{1}{2},j+\frac{1}{2}} &= S\zeta_{i+\frac{1}{2},j+\frac{1}{2}}U_{i+\frac{1}{2},j+\frac{1}{2}},\\
(V^C(U))_{i+\frac{1}{2},j+\frac{1}{2}} &= VC_{i+\frac{1}{2},j+\frac{1}{2}}U_{i+\frac{1}{2},j+\frac{1}{2}},\\
(V^N(U))_{i,j} &= VN_{i,j}U_{i,j}.
\end{aligned}$$

形式离散梯度算子$\mathcal{GRAD}: HN \to \mathcal{HL}$,

$$\mathcal{GRAD} = \begin{pmatrix} \delta_\xi \\ \delta_\eta \end{pmatrix}. \tag{7.4.109}$$

自然离散梯度算子GRAD: $HN \to \mathcal{HL}$,

$$\text{GRAD} = \begin{pmatrix} L\xi^{-1} & 0 \\ 0 & L\eta^{-1} \end{pmatrix} \cdot \mathcal{GRAD}. \tag{7.4.110}$$

形式离散散度算子$\mathcal{DIV}: \mathcal{HS} \to HC$,

$$\mathcal{DIV} = (\delta_\xi, \delta_\eta). \tag{7.4.111}$$

自然离散散度算子DIV: $\mathcal{HS} \to HC$,

$$\text{DIV} = (V^C)^{-1} \cdot \mathcal{DIV} \cdot \begin{pmatrix} S\xi & 0 \\ 0 & S\eta \end{pmatrix}. \tag{7.4.112}$$

形式离散旋度算子$\mathcal{CURL}$: $\mathcal{HL} \to \mathcal{HS}$,

$$\mathcal{CURL} = \begin{pmatrix} 0 & 0 & \delta_\eta \\ 0 & 0 & -\delta_\xi \\ -\delta_\eta & \delta_\xi & 0 \end{pmatrix}. \tag{7.4.113}$$

自然离散旋度算子CURL: $\mathcal{HL} \to \mathcal{HS}$,

$$\text{CURL} = \begin{pmatrix} S\xi^{-1} & 0 & 0 \\ 0 & S\eta^{-1} & 0 \\ 0 & 0 & S\zeta^{-1} \end{pmatrix} \cdot \mathcal{CURL} \cdot \begin{pmatrix} L_\xi & 0 & 0 \\ 0 & L_\eta & 0 \\ 0 & 0 & L_\zeta \end{pmatrix}. \tag{7.4.114}$$

类似地有其他共轭算子:

$$\begin{aligned}
\overline{\mathcal{GRAD}} &= \begin{pmatrix} \delta_\xi \\ \delta_\eta \end{pmatrix}, \\
&\quad \text{因为 } \overline{\mathcal{GRAD}} = -\mathcal{DIV}^\dagger : HC \longrightarrow \mathcal{H}S, \\
\overline{\text{GRAD}} &= \mathcal{S}^{-1} \cdot \begin{pmatrix} S\xi & 0 \\ 0 & S\eta \end{pmatrix} \cdot \overline{\mathcal{GRAD}}, \\
&\quad \text{因为 } \overline{\text{GRAD}} = -\text{DIV}^* : \ HC \longrightarrow \mathcal{H}S, \\
\overline{\mathcal{DIV}} &= (\delta_\xi, \delta_\eta), \\
&\quad \text{因为 } \overline{\mathcal{DIV}} = -\mathcal{GRAD}^\dagger : \ \mathcal{H}L \longrightarrow HN, \\
\overline{\text{DIV}} &= (V^N)^{-1} \cdot \overline{\mathcal{DIV}} \cdot \begin{pmatrix} L\xi^{-1} & 0 \\ 0 & L\eta^{-1} \end{pmatrix} \cdot \mathcal{L}, \\
&\quad \text{因为 } \overline{\text{DIV}} = -\text{GRAD}^* : \mathcal{HL} \longrightarrow HN,
\end{aligned} \tag{7.4.115}$$

$$\overline{\mathcal{CURL}} = \begin{pmatrix} 0 & 0 & -\delta_\eta \\ 0 & 0 & \delta_\xi \\ \delta_\eta & -\delta_\xi & 0 \end{pmatrix},$$

$$\text{因为 } \overline{\mathcal{CURL}} = \mathcal{CURL}^\dagger : \mathcal{H}S \longrightarrow \mathcal{HL},$$

$$\overline{\text{CURL}} = \mathcal{L}^{-1} \cdot \begin{pmatrix} L_\xi & 0 & 0 \\ 0 & L_\eta & 0 \\ 0 & 0 & L_\zeta \end{pmatrix} \cdot \overline{\mathcal{CURL}} \cdot \begin{pmatrix} S\xi^{-1} & 0 & 0 \\ 0 & S\eta^{-1} & 0 \\ 0 & 0 & S\zeta^{-1} \end{pmatrix} \cdot \mathcal{S},$$

$$\text{因为 } \overline{\text{CURL}} = \text{CURL}^* : \ \mathcal{H}S \longrightarrow \mathcal{HL}.$$

注 7.4.1 由SOM方法得到的算子GRAD, CURL, DIV 和它们的共轭算子的关系式(7.4.105), (7.4.107), (7.4.115)与用有限元法得到的关系式是一致的(参见表7.3.4).

§7.5 Maxwell 方程在4 维(时空)空间中的表示

本节中用d表示4维空间外微分算子, d 表示3维空间外微分算子，有

$$d = \mathrm{d} + dt\frac{\partial}{\partial t}.$$

用符号$\sharp$ 和$\flat$分别表示锐利的和平坦的算子, 相当于前面定义的Υ和Υ^{-1}算子. 对于给定的度量(metric), 算子$\sharp$将形式变成一个向量,算子$\flat$将向量变成一个形式:

$$\sharp\mathrm{d}x = \frac{\partial}{\partial x}, \qquad \sharp\mathrm{d}y = \frac{\partial}{\partial y}, \qquad \sharp\mathrm{d}z = \frac{\partial}{\partial z}, \qquad \sharp dt = -\frac{\partial}{\partial t},$$

$$\flat\frac{\partial}{\partial x} = \mathrm{d}x, \qquad \flat\frac{\partial}{\partial y} = \mathrm{d}y, \qquad \flat\frac{\partial}{\partial z} = \mathrm{d}z, \qquad \flat\frac{\partial}{\partial t} = -dt,$$

$$*(\omega^1\omega^2\cdots\omega^k) = (-1)^p\omega^{k+1}\omega^{k+2}\cdots\omega^n,$$

$$*(\omega^1\omega^2\cdots\omega^k) = \sharp\omega^k \lrcorner \cdots \lrcorner\, \sharp\omega^2 \lrcorner\, \sharp\omega^1 \lrcorner\, *1.$$

首先介绍一下3维空间中的星算子，用“*”来表示.

(1) $*\mathrm{d}x = \mathrm{d}y \wedge \mathrm{d}z$;

(2) $*\mathrm{d}y = \mathrm{d}z \wedge \mathrm{d}x$;

(3) $*\mathrm{d}z = \mathrm{d}x \wedge \mathrm{d}y$;

(4) $*(\mathrm{d}x \wedge \mathrm{d}y \wedge \mathrm{d}z) = 1$.

$\boldsymbol{\theta}$表示$(n-1)$-形式的基, θ表示体积$(\mathrm{d}x\mathrm{d}y\mathrm{d}z)$, 利用3维空间中的$\mathrm{d}q, \boldsymbol{\theta}, \theta$, 则有下面的表示:

$$*1 = \theta, \qquad *\mathrm{d}q = \boldsymbol{\theta}, \qquad *\boldsymbol{\theta} = \mathrm{d}q,$$

而

$$*\theta = 1, \qquad\qquad *(*1) = 1.$$

4维(时空)空间中的星算子用“$\star$”表示，与3维空间的星算子有如下关系：

$$\star 1 = dt \wedge *1.$$

若E是空间范畴里的1-形式，则有：

$$\star E = \star(1 \wedge E) = \sharp E \lrcorner \star 1 = \sharp E \lrcorner (dt \wedge *1) = -dt \wedge [\sharp E \lrcorner * 1],$$

$$\star E = -dt * E.$$

同样,

$$\star dt = - * 1, \quad \star dt E = - * E.$$

若B是空间范畴里的2-形式, 则有：

$$\star B = dt * B, \quad \star dtB = - * B, \quad \star * 1 = -dt.$$

值得指出的是，

$$\star(\star 1) = -1.$$

记n空间中体积元

$$\theta = \mathrm{d}q^1\mathrm{d}q^2\cdots\mathrm{d}q^n,$$

它的缩并$\boldsymbol{\theta}_i = \dfrac{\partial}{\partial q_i}\lrcorner\,\theta$, $\boldsymbol{\theta}$表示$(n-1)$-形式的基. 利用3维空间中的$\mathrm{d}q, \boldsymbol{\theta}, \theta$,

$$\begin{array}{llll}
\star 1 = dt\theta, & (\star 1 = dt\mathrm{d}x\mathrm{d}y\mathrm{d}z); & \star\mathrm{d}q = -dt\boldsymbol{\theta}, & (\star\mathrm{d}x = -dt\mathrm{d}y\mathrm{d}z);\\
\star dt = -\theta, & (\star dt = -\mathrm{d}x\mathrm{d}y\mathrm{d}z); & \star\boldsymbol{\theta} = dt\mathrm{d}q, & (\star\mathrm{d}y\mathrm{d}z = dt\mathrm{d}x);\\
\star dt\mathrm{d}q = -\boldsymbol{\theta}, & (\star dt\mathrm{d}x = -\mathrm{d}y\mathrm{d}z); & \star\theta = -dt, & (\star\mathrm{d}x\mathrm{d}y\mathrm{d}z = -dt);\\
\star dt\boldsymbol{\theta} = -\mathrm{d}q, & (\star dt\mathrm{d}x\mathrm{d}y = -\mathrm{d}z); & \star\star 1 = -1, & (\star\star 1 = -1).
\end{array}$$

引理 7.5.1 有下列关系式:

$$\begin{aligned}
*E &= E_x\mathrm{d}y\mathrm{d}z + E_y\mathrm{d}z\mathrm{d}x + E_z\mathrm{d}x\mathrm{d}y = E\theta,\\
*B &= B_x\mathrm{d}x + B_y\mathrm{d}y + B_z\mathrm{d}z = B\mathrm{d}q.
\end{aligned}$$

4维(时空)空间电磁方程中的电磁$\boldsymbol{E}$、磁场$\boldsymbol{H}$、电流密度$\boldsymbol{D}$、磁流密度$\boldsymbol{B}$ 所对应的微分形式为:

$$\begin{aligned}
&E = E_x\mathrm{d}x + E_y\mathrm{d}y + E_z\mathrm{d}z,\\
&B = B_x\mathrm{d}y\wedge\mathrm{d}z + B_y\mathrm{d}z\wedge\mathrm{d}x + B_z\mathrm{d}x\wedge\mathrm{d}y,\\
&H = H_x\mathrm{d}x + H_y\mathrm{d}y + H_z\mathrm{d}z,\\
&D = D_x\mathrm{d}y\wedge\mathrm{d}z + D_y\mathrm{d}z\wedge\mathrm{d}x + D_z\mathrm{d}x\wedge\mathrm{d}y,\\
&\boldsymbol{E} = (E_x, E_y, E_z),\ \ \boldsymbol{B} = (B_x, B_y, B_z),\\
&\boldsymbol{H} = (H_x, H_y, H_z),\ \boldsymbol{D} = (D_x, D_y, D_z).
\end{aligned}$$

Faraday定律和Ampere's定律为:

$$\begin{aligned}
\oint_C \boldsymbol{E}\mathrm{d}\boldsymbol{l} &= -\frac{\mathrm{d}}{\mathrm{d}t}\int_S \boldsymbol{B}\mathrm{d}\boldsymbol{A},\\
\oint_C \boldsymbol{H}\mathrm{d}\boldsymbol{l} &= \frac{\mathrm{d}}{\mathrm{d}t}\int_S \boldsymbol{D}\mathrm{d}\boldsymbol{A}.
\end{aligned}$$

结构方程为:

$$\boldsymbol{D} = \varepsilon\boldsymbol{E}, \quad \boldsymbol{B} = \mu\boldsymbol{H},$$

其中ε, μ相应的Hodge星算子为$*_\varepsilon, *_\mu$, 它们把1-形式的场变为2-形式的流.

定理 7.5.1 在Lorentz时空坐标中, 可将E和B合成一个Faraday 2-形式

$$F = E \wedge dt + B.$$

对F取它的$\star$星算子得

$$\star F = D - H \wedge dt.$$

证明:$\star F = \star E \wedge dt + \star B$. 因为$\star E dt = - * E, \star B = dt * B$, 所以

$$\star F = *E - *Bdt = D - H \wedge dt.$$

故

$$\star F = D - H \wedge dt.$$

▲

§7.5.1 电磁方程的变分原理

令$F = dA$, 其中A是势函数, 为1-形式. 可定义时空流形($\mathcal{M}$)上的拉氏密度

$$\mathcal{L} = \frac{1}{2} dA \wedge *dA,$$

它的作用泛函为

$$S(A) = \int_{\mathcal{M}} \mathcal{L},$$

可定义L^2空间中k-形式内积

$$\langle\langle \alpha, \beta \rangle\rangle = \int_{\mathcal{M}} \alpha \wedge *\beta = \int_{\mathcal{M}} \beta \wedge *\alpha,$$

所以, 作用量可写成

$$S(A) = \frac{1}{2} \langle\langle dA, dA \rangle\rangle.$$

取A的ν变分, 第一步假设ν在边界上∂M为0, 于是

$$\mathrm{d}S(A)\nu = \frac{\mathrm{d}}{\mathrm{d}\varepsilon}\Big| S(A + \varepsilon\nu) = \langle\langle dA, d\nu \rangle\rangle = \langle\langle -d * dA, \nu \rangle\rangle,$$

变分原理要求对任意的ν其共轭余微分须等于0, 于是可得到电磁方程的Euler-Lagrange方程

$$d * dA = 0. \tag{7.5.1}$$

下面考虑Maxwell方程的变分推导.

定理 7.5.2 因为$F = dA$, 所以Maxwell方程相对应的Faraday 2-形式可写成如下的方程:

$$dF = 0, \tag{7.5.2}$$

$$d * F = 0. \tag{7.5.3}$$

设R^4中的坐标为(x, y, z, t), 则

$$F = E \wedge dt + B,$$

对(7.5.2)直接计算, 则得

$$\operatorname{curl} \boldsymbol{E} + \frac{\partial \boldsymbol{B}}{\partial t} = 0, \tag{7.5.4}$$

$$\operatorname{div} \boldsymbol{B} = 0. \tag{7.5.5}$$

同样, 通过$\star F = H \wedge dt - D$, 方程(7.5.3)等价于

$$\operatorname{curl} \boldsymbol{H} - \frac{\partial \boldsymbol{D}}{\partial t} = 0,$$
$$\operatorname{div} \boldsymbol{D} = 0.$$

定理 7.5.3 离散Maxwell方程是变分积分子.

证明:给定1-形式A, 可定义离散Lagrange 4-形式

$$\mathcal{L}_d = \frac{1}{2} dA \wedge *dA,$$

根据相应的离散作用原理得

$$S_d(A) = \frac{1}{2} \langle\langle\, dA, dA \rangle\rangle.$$

在变分方向ν取离散1-形式, 第一步设它在边界上等于零, 这样离散变分原理可写为

$$\mathrm{d}S_d(A) \cdot \nu = \langle\langle\, dA, d\nu \rangle\rangle = \langle\langle -\delta dA, \nu \rangle\rangle,$$

这里d表示作用在离散A-形式的光滑空间, 而d是作用在离散A形式的时空空间, 这样就得到离散Euler-Lagrange方程$\delta dA = 0$. 定义离散2-形式$F = dA$和$G = *F = *dA$,于是方程等价于两个离散Maxwell 方程$dF = 0$ 和$\delta F = 0$. ▲

定理 7.5.4 DEC离散Maxwell方程是多辛的[STMM07].

证明:设$K \subset \mathcal{K}$是任意子单形, 考虑限制在K上的离散作用泛函S_d, 此处内积$\langle\langle \cdot , \cdot \rangle\rangle$仅取在网格$K$上, 取一个$\nu$方向上的离散变分, 不要求它在边界$\partial K$上等于零, 于是, 作用量的变分有一个附加的边界项:

$$\mathrm{d}S_d(A)\cdot\nu = \langle\langle \delta dA, \nu \rangle\rangle + \langle \nu \wedge *dA, \partial K\rangle.$$

假设势量空间A限制在解空间上, 于是第一项等于零, 余项为

$$\mathrm{d}S_d(A)\cdot\nu = \langle \nu \wedge *dA, \partial K\rangle.$$

于是可定义Cartan形式θ:

$$\theta\cdot\nu = \nu\wedge *dA.$$

因为θ作用在切向量ν上, 它产生一个离散3-形式, 这时可再取另一方向μ上的变分

$$\mathrm{d}^2 S_d(A)\cdot\nu\cdot\mu = \langle \mathrm{d}\theta\cdot\nu\cdot\mu, \partial K\rangle,$$

定义多辛形式$\omega = -\mathrm{d}\theta$, 由于$\mathrm{d}^2 S_d = 0$, 故对一切变分$\nu$和$\mu$有

$$\langle \omega\cdot\nu\cdot\mu, \partial K\rangle = 0,$$

这就是多辛公式. ▲

注 7.5.1 由于离散微分形式保持恒等式$dd = 0$, Lagrange 变分积分子保持诺特定理, 用这种方法离散Maxwell方程自动保持多辛结构.

§7.5.2 电磁方程的能量守恒

能量密度定义为$\dfrac{1}{2}[(\boldsymbol{E},\boldsymbol{D})+(\boldsymbol{B},\boldsymbol{H})]$, 它的守恒律为:

$$0 = \frac{\partial}{\partial t}\int_{\mathcal{M}} \frac{1}{2}[(\boldsymbol{E},\boldsymbol{D})+(\boldsymbol{B},\boldsymbol{H})]\,\mathrm{d}V + \oint_{\partial M}([\boldsymbol{E}\times\boldsymbol{H}], n)\,\mathrm{d}S, \tag{7.5.6}$$

$$(\boldsymbol{H}, \operatorname{curl}\boldsymbol{E}) - (\boldsymbol{E}, \operatorname{curl}\boldsymbol{H}) = -\Big(\boldsymbol{H}, \frac{\partial\boldsymbol{B}}{\partial t}\Big) - \Big(\boldsymbol{E}, \frac{\partial\boldsymbol{D}}{\partial t}\Big).$$

利用性质

$$\frac{\partial}{\partial t}(\boldsymbol{E},\boldsymbol{E}) = 2\Big(\boldsymbol{E}, \frac{\partial\boldsymbol{E}}{\partial t}\Big),$$

ε, μ不依赖于t, 于是有

$$\Big(\boldsymbol{E}, \frac{\partial\boldsymbol{E}}{\partial t}\Big) = \frac{1}{2}\frac{\partial}{\partial t}(\boldsymbol{E},\boldsymbol{D}), \quad \Big(\boldsymbol{H}, \frac{\partial\boldsymbol{B}}{\partial t}\Big) = \frac{1}{2}\frac{\partial}{\partial t}(\boldsymbol{H},\boldsymbol{B}). \tag{7.5.7}$$

对区域$\mathcal{M}$方程(7.5.6)积分, 利用方程(7.5.7)可得

$$\int_{\mathcal{M}}[(\boldsymbol{H},\operatorname{curl}\boldsymbol{E})-(\boldsymbol{E},\operatorname{curl}\boldsymbol{H})]\,\mathrm{d}V=-\frac{\partial}{\partial t}\int_{\mathcal{M}}\frac{1}{2}[(\boldsymbol{E},\boldsymbol{D})+(\boldsymbol{B},\boldsymbol{H})]\,\mathrm{d}V.$$

令

$$\varepsilon^n=\int_{\mathcal{M}}D^nE^n+B^{n-\frac{1}{2}}H^{n-\frac{1}{2}}-\Delta t\mathrm{d}H^{n-\frac{1}{2}}E^n. \tag{7.5.8}$$

当方程有金属边界条件时, 方程(7.5.8)可写成

$$\varepsilon^n=\int_{\mathcal{M}}D^nE^n+\frac{B^{n-\frac{1}{2}}H^{n+\frac{1}{2}}+B^{n+\frac{1}{2}}H^{n-\frac{1}{2}}}{2}.$$

令

$$\varepsilon^n=\int_{\mathcal{M}}D^nE^n+B^{n-\frac{1}{2}}H^{n-\frac{1}{2}}-\Delta t\mathrm{d}H^{n-\frac{1}{2}}E^n,$$
$$\varepsilon^n=\int_{\mathcal{M}}D^n\frac{*D^n}{\varepsilon}+B^{n-\frac{1}{2}}\frac{*B^{n-\frac{1}{2}}}{\mu}-\Delta t\frac{\mathrm{d}*B^{n-\frac{1}{2}}}{\mu}\frac{*D^n}{\varepsilon},$$

在$(n+1)\Delta t$时能量为

$$\varepsilon^{n+1}=\int_{\mathcal{M}}D^{n+1}\frac{*D^{n+1}}{\varepsilon}+B^{n+\frac{1}{2}}\frac{*B^{n+\frac{1}{2}}}{\mu}-\Delta t\frac{\mathrm{d}*B^{n+\frac{1}{2}}}{\mu}\frac{*D^{n+1}}{\varepsilon}.$$

因为

$$D^{n+1}=D^n+\Delta t\frac{\mathrm{d}*B^{n+\frac{1}{2}}}{\mu}+\Delta tJ^{n+\frac{1}{2}},$$

代入上式可得

$$\begin{aligned}\varepsilon^{n+1}=\ &\int_{\mathcal{M}}\Big(D^n+\Delta t\frac{\mathrm{d}*B^{n+\frac{1}{2}}}{\mu}\Big)\Big(\frac{*D^n}{\varepsilon}+\Delta t\frac{*\mathrm{d}*B^{n+\frac{1}{2}}}{\varepsilon\mu}\Big)\\&+B^{n+\frac{1}{2}}\frac{*B^{n+\frac{1}{2}}}{\mu}-\Delta t\frac{\mathrm{d}*B^{n+\frac{1}{2}}}{\mu}\Big(\frac{*D^n}{\varepsilon}+\Delta t\frac{*\mathrm{d}*B^{n+\frac{1}{2}}}{\varepsilon\mu}\Big).\end{aligned}$$

2阶项抵消, 可得

$$\begin{aligned}\varepsilon^{n+1}=\ &\int_{\mathcal{M}}D^n\frac{*D^n}{\varepsilon}+\Delta t\Big(\frac{D^n*\mathrm{d}*B^{n+\frac{1}{2}}}{\varepsilon\mu}+\frac{*D^n\mathrm{d}*B^{n+\frac{1}{2}}}{\varepsilon\mu}\Big)\\&+B^{n+\frac{1}{2}}\frac{*B^{n+\frac{1}{2}}}{\mu}-\Delta t\frac{\mathrm{d}*B^{n+\frac{1}{2}}*D^n}{\mu\varepsilon}.\end{aligned}$$

利用离散Hodge算子对称性, 得

$$\varepsilon^{n+1}=\int_{\mathcal{M}}D^n\frac{*D^n}{\varepsilon}+\Delta t\frac{D^n*\mathrm{d}*B^{n+\frac{1}{2}}}{\varepsilon\mu}+B^{n+\frac{1}{2}}\frac{*B^{n+\frac{1}{2}}}{\mu}.$$

利用离散Faraday定律

$$B^{n+\frac{1}{2}} = B^{n-\frac{1}{2}} - \Delta t \frac{\mathrm{d}*}{\varepsilon} D^n,$$

可得

$$\begin{aligned}\varepsilon^{n+1} = & \int_{\mathcal{M}} D^n \frac{*D^n}{\varepsilon} + \Delta t \frac{D^n \Big(*\mathrm{d} * B^{n-\frac{1}{2}} - \Delta t * \mathrm{d} * \frac{\mathrm{d}*}{\varepsilon} D^n \Big)}{\varepsilon\mu} \\ & + \Big(B^{n-\frac{1}{2}} - \Delta t \frac{\mathrm{d} * D^n}{\varepsilon} \Big) \cdot \Big(\frac{*B^{n-\frac{1}{2}}}{\mu} - \Delta t \frac{*\mathrm{d} * D^n}{\varepsilon\mu} \Big).\end{aligned}$$

2阶项抵消得

$$\begin{aligned}\varepsilon^{n+1} = & \int_{\mathcal{M}} D^n \frac{*D^n}{\varepsilon} + \Delta t \frac{D^n * \mathrm{d} * B^{n-\frac{1}{2}}}{\varepsilon\mu} + B^{n-\frac{1}{2}} \frac{*B^{n-\frac{1}{2}}}{\mu} \\ & - \Delta t \Big(\frac{B^{n-\frac{1}{2}} * \mathrm{d} * D^n}{\varepsilon\mu} + \frac{\mathrm{d} * D^n * B^{n-\frac{1}{2}}}{\varepsilon\mu} \Big).\end{aligned}$$

分部积分, 可得

$$\begin{aligned}\varepsilon^{n+1} &= \int_{\mathcal{M}} D^n \frac{*D^n}{\varepsilon} + B^{n-\frac{1}{2}} \frac{*B^{n-\frac{1}{2}}}{\mu} - \Delta t \frac{\mathrm{d} * B^{n-\frac{1}{2}} * D^n}{\varepsilon\mu} \\ &= \varepsilon^n.\end{aligned}$$

§7.5.3 椭圆方程的另一种多辛形式

可将椭圆方程

$$\frac{\partial^2 u}{\partial x^2} + \frac{\partial^2 u}{\partial y^2} + \frac{\partial^2 u}{\partial z^2} = 0 \tag{7.5.9}$$

写成1 阶方程组:

$$\begin{gathered} p = \frac{\partial u}{\partial x}, \quad q = \frac{\partial u}{\partial y}, \quad r = \frac{\partial u}{\partial z}, \\ \frac{\partial u}{\partial x} + \frac{\partial u}{\partial y} + \frac{\partial u}{\partial z} = 0. \end{gathered} \tag{7.5.10}$$

方程(7.5.10) 可写成多辛形式:

$$\begin{bmatrix} 0 & 1 & 0 & 0 \\ -1 & 0 & 0 & 0 \\ 0 & 0 & 0 & 0 \\ 0 & 0 & 0 & 0 \end{bmatrix} \begin{bmatrix} u \\ p \\ q \\ r \end{bmatrix}_x + \begin{bmatrix} 0 & 0 & 1 & 0 \\ 0 & 0 & 0 & 0 \\ -1 & 0 & 0 & 0 \\ 0 & 0 & 0 & 0 \end{bmatrix} \begin{bmatrix} u \\ p \\ q \\ r \end{bmatrix}_y + \begin{bmatrix} 0 & 0 & 0 & 1 \\ 0 & 0 & 0 & 0 \\ 0 & 0 & 0 & 0 \\ -1 & 0 & 0 & 0 \end{bmatrix} \begin{bmatrix} u \\ p \\ q \\ r \end{bmatrix}_z = \begin{bmatrix} 0 \\ p \\ q \\ r \end{bmatrix}, \tag{7.5.11}$$

即

$$Mw_x + Kw_y + Lw_z = \nabla H,$$

其中

$$H = -\frac{1}{2}(p^2 + q^2 + r^2), \quad w = (u, p, q, r)^{\mathrm{T}}. \tag{7.5.12}$$

引进2-形式:

$$\alpha = p\mathrm{d}y\mathrm{d}z + q\mathrm{d}z\mathrm{d}x + r\mathrm{d}x\mathrm{d}y, \tag{7.5.13}$$

令$\alpha = \mathrm{d}u$, 利用Hodge 星算子$*$可得

$$*\alpha = p\mathrm{d}x + q\mathrm{d}y + r\mathrm{d}z, \tag{7.5.14}$$

于是方程组(7.5.10)等价于下列方程:

$$\begin{cases} \mathrm{d}\alpha = 0, \\ \mathrm{d} * \alpha = 0, \\ \alpha = *\mathrm{d}u, \end{cases} \tag{7.5.15}$$

u可看成α的势函数. 因为α是闭的2-形式, 所以椭圆方程等价于

$$\mathrm{d} * \mathrm{d}u = 0. \tag{7.5.16}$$

§7.5.4 波动方程的另一种多辛形式

可将波动方程

$$\frac{\partial^2 u}{\partial t^2} - \frac{\partial^2 u}{\partial x^2} - \frac{\partial^2 u}{\partial y^2} - \frac{\partial^2 u}{\partial z^2} = 0 \tag{7.5.17}$$

写成1 阶方程组:

$$\begin{gathered} p = \frac{\partial u}{\partial x}, \quad q = \frac{\partial u}{\partial y}, \quad r = \frac{\partial u}{\partial z}, \quad s = \frac{\partial u}{\partial t}, \\ \frac{\partial p}{\partial x} + \frac{\partial q}{\partial y} + \frac{\partial r}{\partial z} - \frac{\partial s}{\partial t} = 0. \end{gathered} \tag{7.5.18}$$

方程组(7.5.18) 可写成多辛形式

$$\begin{bmatrix} 0 & -1 & 0 & 0 & 0 \\ -1 & 0 & 0 & 0 & 0 \\ 0 & 0 & 0 & 0 & 0 \\ 0 & 0 & 0 & 0 & 0 \\ 0 & 0 & 0 & 0 & 0 \end{bmatrix} \begin{bmatrix} u \\ s \\ p \\ q \\ r \end{bmatrix}_t + \begin{bmatrix} 0 & 0 & 1 & 0 & 0 \\ 0 & 0 & 0 & 0 & 0 \\ -1 & 0 & 0 & 0 & 0 \\ 0 & 0 & 0 & 0 & 0 \\ 0 & 0 & 0 & 0 & 0 \end{bmatrix} \begin{bmatrix} u \\ s \\ p \\ q \\ r \end{bmatrix}_x + \begin{bmatrix} 0 & 0 & 0 & 1 & 0 \\ 0 & 0 & 0 & 0 & 0 \\ 0 & 0 & 0 & 0 & 0 \\ -1 & 0 & 0 & 0 & 0 \\ 0 & 0 & 0 & 0 & 0 \end{bmatrix} \begin{bmatrix} u \\ s \\ p \\ q \\ r \end{bmatrix}_y$$

$$+ \begin{bmatrix} 0 & 0 & 0 & 0 & 1 \\ 0 & 0 & 0 & 0 & 0 \\ 0 & 0 & 0 & 0 & 0 \\ -1 & 0 & 0 & 0 & 0 \\ 0 & 0 & 0 & 0 & 0 \end{bmatrix} \begin{bmatrix} u \\ s \\ p \\ q \\ r \end{bmatrix}_z = \begin{bmatrix} 0 \\ s \\ -p \\ -q \\ -r \end{bmatrix}.$$

令$w = (u, s, p, q, r)$, $H = \dfrac{1}{2}(s^2 - p^2 - q^2 - r^2)$, 即得到Bridges 的多辛形式

$$M\frac{\partial w}{\partial t} + K\frac{\partial w}{\partial x} + L\frac{\partial w}{\partial y} + N\frac{\partial w}{\partial z} = \nabla H. \tag{7.5.19}$$

引进1-形式

$$\mathrm{d}u = p\mathrm{d}x + q\mathrm{d}y + r\mathrm{d}s + sdt. \tag{7.5.20}$$

令

$$\star\alpha = p\mathrm{d}x + q\mathrm{d}y + r\mathrm{d}z + sdt, \tag{7.5.21}$$

因为$du = \star\alpha$, 故

$$d \star \alpha = 0. \tag{7.5.22}$$

又因为$\star\star = -1$, 所以

$$\alpha = pdt\mathrm{d}y\mathrm{d}z + qdt\mathrm{d}z\mathrm{d}x + rdt\mathrm{d}x\mathrm{d}y + s\mathrm{d}x\mathrm{d}y\mathrm{d}z,$$

也有

$$d\alpha = -p_x dt\mathrm{d}x\mathrm{d}y\mathrm{d}z - q_y dt\mathrm{d}x\mathrm{d}y\mathrm{d}z - r_z dt\mathrm{d}x\mathrm{d}y\mathrm{d}z + s_t dt\mathrm{d}x\mathrm{d}y\mathrm{d}z,$$

$$d\alpha = 0,$$

即得波动方程(7.5.17).

同样, u可看成α的势函数, 这就得到了满足波动方程的

$$\begin{cases} d \star \alpha = 0, \\ d\alpha = 0. \end{cases} \tag{7.5.23}$$

下面举例说明如何从公式

$$\theta \cdot \nu = \nu \wedge *du$$

定义Cartan形式θ, 其中$\nu = \nu_0 \dfrac{\partial}{\partial u}$.

例 7.5.1 椭圆方程,

$$\mathrm{d}A = \mathrm{d}u = u_x \mathrm{d}x + u_y \mathrm{d}y + u_z \mathrm{d}z,$$

$$(\nu \wedge *\mathrm{d}A, \partial K) = \int (\nu_0 \cdot \mathrm{d}A) * 1$$

$$= \int \nu_0 (u_x + u_y + u_z) \mathrm{d}x \mathrm{d}y \mathrm{d}z.$$

所以

$$\theta \cdot \nu = \nu_0 (u_x \mathrm{d}x + u_y \mathrm{d}y + u_z \mathrm{d}z).$$

可定义

$$\theta = u_x \mathrm{d}u \wedge \mathrm{d}x + u_y \mathrm{d}u \wedge \mathrm{d}y + u_z \mathrm{d}u \wedge \mathrm{d}z,$$

这样椭圆方程有如下的多辛守恒律:

$$\frac{\partial}{\partial x}(\mathrm{d}u_x \mathrm{d}u) + \frac{\partial}{\partial y}(\mathrm{d}u_y \mathrm{d}u) + \frac{\partial}{\partial z}(\mathrm{d}u_z \mathrm{d}u) = 0.$$

例 7.5.2 波动方程.

$$\theta\nu = \nu_0 (u_x \mathrm{d}x + u_3 \mathrm{d}y + u_z \mathrm{d}z - u_t dt).$$

可定义

$$\theta = u_x \mathrm{d}u \wedge \mathrm{d}x + u_y \mathrm{d}u \wedge \mathrm{d}y + u_z \mathrm{d}u \wedge \mathrm{d}z - u_t \mathrm{d}u \wedge dt.$$

波动方程的多辛守恒律为

$$\frac{\partial}{\partial t}(\mathrm{d}u_t \wedge \mathrm{d}u) = \frac{\partial}{\partial x}(\mathrm{d}u_x \wedge \mathrm{d}u) + \frac{\partial}{\partial y}(\mathrm{d}u_y \wedge \mathrm{d}u) + \frac{\partial}{\partial z}(\mathrm{d}u_z \wedge \mathrm{d}u) = 0.$$

§7.5.5 规范变换

拉氏密度$\mathcal{L}$依赖于电磁场势A的外导数, 而不依赖A本身, 因此系统有规范对称. 对任一个规范变换$A \to A + \mathrm{d}f$, 如果$\mathrm{d}A$不变, 则$\mathcal{L}$也不变. 选择一个时间坐标, 这样对于固定规范, 电势$\phi = A(\frac{\partial}{\partial t}) = 0$ (称之为Weyl规范), A仅有空间分量. 事实上, 这些留下的3 个空间分量对应于那些通常的向量势A. 选择一个规范, 由于拉氏密度$\mathcal{L}$仅依赖于$\mathrm{d}A$, 所以它在规范变换$A \to A+\mathrm{d}f$下是不变的, 这里的f是在时空中的任一个数量值函数. 如果固定时间坐标, 则有Weyl规范时间分量$A_t=0$, 故可假设

$$A = A_x \mathrm{d}x + A_y \mathrm{d}y + A_z \mathrm{d}z.$$

事实上A_x, A_y, A_z是熟知的向量函数A的分量, 即$A = A^b$.

方程的约化: 对于固定的规范, 可选择一个时间坐标. 现在可定义"偏外导数"算子d_t(时间)和d_s(空间), 其中$d = d_t + d_s$. 因为A不包含dt的项, 所以$d_s A$是仅包含空间项的2-形式, 而$d_t A$包含时间和空间.

$$d_t A = E \wedge dt,\ d_s A = B,$$

新的作用泛函变成

$$\begin{aligned} S(A) &= \frac{1}{2}\big(\langle\langle d_t A, d_t A\rangle\rangle + \langle\langle d_s A, d_s A\rangle\rangle\big) \\ &= \frac{1}{2}\big(\langle\langle E\wedge dt, E\wedge dt\rangle\rangle + \langle\langle B, B\rangle\rangle\big). \end{aligned}$$

取α方向变分, 固定边界, 得

$$\begin{aligned} dS(A)\alpha &= \langle\langle d_t A, d_t\alpha\rangle\rangle + \langle\langle d_s A, d_s\alpha\rangle\rangle \\ &= \langle\langle \delta_t d_t A + \delta_s d_s A, \alpha\rangle\rangle \\ &= \langle\langle \delta_t(E\wedge dt) + \delta_s B, \alpha\rangle\rangle, \end{aligned}$$

其中$\delta_t = *d_t*, \delta_s = *d_s*$是$d_t$和$d_s$的共轭, 因此新的Euler-Lagrange方程为

$$\delta_t(E\wedge dt) + \delta_s B = 0,$$

等价于

$$\mathrm{curl} H - \frac{\partial D}{\partial t} = 0.$$

所以我们已经从以往的Euler-Lagrange方程中, 消去了$\mathrm{div}\, D = 0$.

下面讨论协变的动量映射(momemtun map).

$A \to A + d_s f$是规范对称的, 它也等价于规范对称向量场

$$\boldsymbol{A} \longleftarrow \boldsymbol{A} + \nabla f.$$

取下列的作用:

$$dS(A)\cdot d_s f = \int_{\partial\mathcal{M}} d_s + \wedge * F = -\int_{\partial M} f \wedge d_s * F = 0,$$

所以$d_s F$是协变的动量映射.

§7.5.6 Maxwell 方程在3维和4维(时空)空间中的表示

Maxwell方程在3维和4维(时空)空间中的表示见表7.5.1.

表 7.5.1 Maxwell 方程在3维和4维(时空)空间中的表示

4-维空间	对应关系	3维空间
	第一组Maxwell-Ampere 方程$\alpha \xrightarrow{d} F \xrightarrow{d} 0$	
势函数1-形式 α	$\alpha = A - \phi \wedge dt$ $A = A_1\mathrm{d}x + A_2\mathrm{d}y + A_3\mathrm{d}z$	(A, ϕ)
EM力场F的2-形式 $F = d\alpha$	$F = E \wedge dt + B$ $\begin{cases} E = E_1\mathrm{d}x + E_2\mathrm{d}y + E_3\mathrm{d}z \\ B = B_1\mathrm{d}z \wedge \mathrm{d}x + B_2\mathrm{d}z \wedge \mathrm{d}y + B_3\mathrm{d}x \wedge \mathrm{d}y \end{cases}$ $d\alpha = \mathrm{d}A - (\dot{A} + \mathrm{d}\phi)dt$	(E, B) $\begin{cases} E = -d\phi - \dot{A} \\ B = \mathrm{d}A \end{cases}$
$dF = 0$	$dF = (\mathrm{d}E + \dot{B})dt + dB$	$\begin{cases} \mathrm{d}E + \dot{B} = 0 \\ \mathrm{d}B = 0 \end{cases}$
规范变换 $\alpha = \alpha + df$	$df = \mathrm{d}f + \dot{f}dt$	$A \longrightarrow A + \mathrm{d}f$ $\phi \longrightarrow \phi - \dot{f}$
	第二组Maxwell-Ampere 方程$K \xrightarrow{d} \gamma \xrightarrow{d} 0$	
EM源场K的2-形式 $dK = \gamma$	$K = *F = D - H \wedge dt$ $\begin{cases} D = D_1\mathrm{d}y \wedge \mathrm{d}x + D_2\mathrm{d}z \wedge \mathrm{d}x + D_3\mathrm{d}x \wedge \mathrm{d}y \\ H = H_1\mathrm{d}x + H_2\mathrm{d}y + H_3\mathrm{d}x \end{cases}$	(H, D) $\begin{cases} dD = \rho \\ dH - \dot{D} = J \end{cases}$
γ电流3-形式	$\gamma = \rho - J \wedge dt$ $\begin{cases} \rho = q\mathrm{d}x \wedge \mathrm{d}y \wedge \mathrm{d}z \\ J = J_1\mathrm{d}y \wedge \mathrm{d}z + J_2\mathrm{d}z \wedge \mathrm{d}x + J_3\mathrm{d}x \wedge \mathrm{d}y \end{cases}$	(ρ, J)
连续方程 $d\gamma = 0$	$d\gamma = -(\dot{\rho} + \mathrm{d}J)dt$	$\mathrm{d}J + \dot{\rho} = 0$

参考文献

[冯康等03] 冯康, 秦孟兆. 哈密尔顿系统的辛几何算法. 浙江科学技术出版社, 杭州, 2003.

[AFW07] D. N. Arnold, R. S. Falk, and R. Winther. Finite element differential forms. *Proc. Appl. Math. Mech.*, 7:1021901–1021902, 2007.

[AFW10] D. N. Arnold, R. S. Falk, and R. Winther. Finite element exterior calculus: from Hodge theory to numerical stability. *Bull. Amer. Math. Soc.*, 47:281–354, 2010.

[AM78] R. Abraham and J. E. Marsden. *Foundations of Mechanics*. Addison-Wesley, Second edition, New Jersey 1978.

[Arn89] V. I. Arnold. *Mathematical Methods of Classical Mechanics*. Springer-Verlag, New York, GTM 60, Second edition, 1989.

[Arn02] D. N. Arnold. Differential complexes and numerical stability. Plenary address delivered at ICM, Beijing ,2002.

[BH06] B. Bochev and J. M. Hyman. Principles of mimetic discretization of differential operators. *IMA Volumes in Mathematics and its Applications*, 142:89–119, 2006.

[Bos88] A. Bossavit. Whitney forms: aclass of finite elements for three dimensional computation inelectromagnetism, *IEE Proc. A*,135(3): 179–187, 1998.

[Bos98a] A. Bossavit. On the geometry of electromagnetism I:Affine space. *J. Japan Soc. Appl. Electromagnetics Mech.*, 6:17–28, 1998.

[Bos98b] A. Bossavit. On the geometry of electromagnetism II:Geometrical objects. *J. Japan Soc. Appl. Electromagnetics Mech.*, 6:114–123, 1998.

[Bos98c] A. Bossavit. On the geometry of electromagnetism III:Integration, Stokes, Faraday's law. *J. Japan Soc. Appl. Electromagnetics Mech.*, 6:233–240, 1998.

[Bos98d] A. Bossavit. On the geometry of electromagnetism IV:Maxwell's house. *J. Japan Soc. Appl. Electromagnetics Mech.*, 6:318–326, 1998.

[Bos00] A. Bossavit. On the geometry of electromagnetism V:the Galerkin Hodge. *J. Japan Soc. Appl. Electromagnetics Mech.*, 8(2):203–326, 2000.

[Bos99c] A. Bossavit. Computational electromagnetism and geometry: Building a finite-dimensional "Maxwell's house"(1): network equations. *J. Japan Soc. Appl. Electromagnetics Mech.*, 7(2):150–159, 1999.

[Bos99a] A. Bossavit. Computational electromagnetism and geometry (2): Network constitutive laws. *J. Japan Soc. Appl. Electromagnetics Mech.*, 7(3):294–301, 1999.

[Bos99b] A. Bossavit. Computational electromagnetism and geometry (3): Convergence. *J. Japan Soc. Appl. Electromagnetics Mech.*, 7(4):401–408, 1999.

[Bos00a] A. Bossavit. Computational electromagnetism and geometry (4): From degrees of freedom to fields. *J. Japan Soc. Appl. Electromagnetics Mech.*, 8(1):102–109, 2000.

[Bos00b] A. Bossavit. Computational electromagnetism and geometry (5): The "Galerkin hodge". *J. Japan Soc. Appl. Electromagnetics Mech.*, 8(2):203–209, 2000.

[Bos00c] A. Bossavit. Computational electromagnetism and geometry (6): Some questions and answers. *J. Japan Soc. Appl. Electromagnetics Mech.*, 8(3):372–377, 2000.

[Cai61] S. S. Cairns. *Introductory Topology*. Ronald Press Co., New York, 1961.

[FQ10] K. Feng and M. Z. Qin. *Symplectic Geometric Algorithms for Hamiltonian systems*. Springer and Zhejiang Science and Technology Publishing House, Heidelberg, Hangzhou, First edition, 2010.

[Hip01] R. Hiptmair. Discrete Hodge operators. *Numer. Math.*, 90:265–289, 2001.

[Hip02] R. Hiptmair. Finite elements in computational electromagnetism. *Acta Numerica*, 11:237–339, 2002.

[HS97a] J. M. Hyman and M. Shashkov. The adjoint operator for the natural discretization for the divergence, gradient and curl on logical rectangular grids. *Appl. Numer. Math.*, 25:413–442, 1997.

[HS97b] J. M. Hyman and M. Shashkov. Natural discretizations for the divergence, gradient, and curl of logically rectangular grids. *Comput. Math. Appl.*, 33:81–104, 1997.

[HS99a] J. M. Hyman and M. Shashkov. Mimetic discretization for Maxwell's equations. *J. of Comp. Phys.*, 151(2):881–909, 1999.

[HS99b] J. M. Hyman and M. Shashkov. The orthogonal decomposition teorems for mimetic finite difference methods. *SIAM J. Numer. Anal.*, 36(3):788–818, 1999.

[HSS01] J. M. Hyman, M. Shashkov, and S. Steinberg. The effect of inner products for discrete vector fields and accuracy of mimetic finite difference methods. *Comput. Math. Appl.*, 42(12):1527–1547, 2001.

[HT05] B. He and F. L. Teixeira. On the degrees of freedom of lattice electrodynamics. *Physics Letters A*, 336:1–7, 2005.

[HT06] B. He and F. L. Teixeira. Geometric finite element discretization of Maxwell equations in primal and dual spaces. *Physics Letters A*, 349(1),11–14, 2006.

[Mat97] C. Mattiussi. An Analysis of finite volume, finite element, and finite difference methods using some concepts from algebraic topology. *J. Comput. Phys.*, 133(2):289–309, 1997.

[Mat00] C. Mattiussi. The finite volume, finite difference, and finite elements methods as numerical methods for physical field problems. *Advances in Imaging and Electron Physics*, 113:1–146, 2000.

[MR99] J. E. Marsden and T. S. Ratiu. *Introduction to Mechanics and Symmetry*. Number 17 in Texts in Applied Mathematics. Springer-Verlag, Second edition, 1999.

[Néd80] J. C. Nédélec. Mixed finite elements in $\mathbb{R}^3$. *Numer. Math.*, 35:315–341, 1980.

[Néd86] J. C. Nédélec. A new family of mixed finite elements in $\mathbb{R}^3$. *Numer. Math.*, 50:57–81, 1986.

[Nic92] R. Nicolaides. Direct discretization of planar div-curl problems. *SIAM J. Numer. Anal.*, 29:32–56, 1992.

[NW97] R. Nicolaides and X. Wu. Covolume solutions of three-dimensional div-curl equations. *SIAM J. Numer. Anal.*, 34:2195–2203, 1997.

[Ren00] Z. Ren. Application of differential forms in the finite element formulation of electromagnetic problems. *ICS Newsletter*, 7(3):6-11, 2000.

[RI00] Z. Ren and N. Ida. High order differential form based elements for the computation of electromagnetic field. *IEEE Trans. Magnetics*, 36(4):1472–1478, 2000.

[RT77] P. A. Raviart and J. M. Thomas. *A mixed finite element method for second order elliptic problems*, volume 606 of *Lecture Notes in Mathmatics*. Springer-Verlag, New York,1977.

[RW01] G. Rodrigue and D. White. A vector finite element time-domain method for solving Maxwell's equation on numerical hexahedral grids. *SIAM J. Sci. Comput.*, 23: 683–706, 2001.

[RWR04] R. Rieben, D. White, and G. Rodrigue. High ordersymplectic integration methods for finite element solutions to time dependent Maxwell equation. *IEEE Trans. Antennas Propag.*, 52：2190–2195, 2004.

[Sha96] M. Shashkov. *Conservative Finite-Difference Schemes on General Grids*. CRC Press, Boca Raton, FL., Second edition, 1996.

[STMM07] A. Stern, Y. Tong, M. Desbrun, and J. E. Marsden. Electomagnetism with variational integration and discretedifferential forms. arXiv:0707.4470v2, 2007.

[TC99] F. L. Teixeira and W. C. Chew. Lattice electromagnetic theory from a topological viewpoint. *J. of Math. Phys.*, 40(1):169–187, 1999.

[Tei01] F. L. Teixeira. Geometric aspects of the simplicial discretization of Maxwell’s equations. In F. Teixeira, editor, *Gravitation,Electromagnetism and Geometrical Structure*, volume 32 of *PIER, PIERS*, pages 171–188. Boston, MA, 2001.

[Ton69] E. Tonti. Variational formulations of nonlinear differential equations I, II. *Acad. Roy. Belg. Bull. Cl. Sci.*, 55:137–165, 262–278, 1969.

[Ton01] E. Tonti. Finite formulation of the electromagnetism. In F. Teixeira, editor, *Gravitation,electromagnetism and Geometrical structure*, volume 32 of *PIER, PIERS*, Boston, MA, pages 1–44, 2001.

[Whi57] H. Whitney. *Geometric Integration Theory*. Princeton University Press, Princeton, 1957.

[Whi00] D. A. White. Numerical modeling of optical gradient traps using the vector finite element method. *J. of Comp. Phys.*, 159(1):13–37, 2000.

[WK02] D. A. White and J. M. Koning. Computing solenoidal eigenmodes of the vector Helmholtz equation: a novel approach. *IEEE Trans. Magnetics*, 38:3420–3425, 2002.

第八章　局部保结构算法

本章提出了偏微分方程局部保结构算法的概念，它是保结构算法的自然推广. 当边界条件适宜时，局部保结构算法就是原来的保结构格式，但原来的保结构算法却不一定是局部保结构算法. 这一概念能很好地解释不同保结构算法之间的差异性，也能为分析和构造性能较好的保结构算法提供理论基础. 不仅如此，局部保结构算法还克服了原来整体保结构算法的边界条件局限性，大大拓宽了保结构算法的可适用性. 本章还讨论了局部保结构算法的应用范围和系统构造问题.

§8.1　引言

随着计算机的飞速发展，科学计算越来越显示出其优越性和旺盛的生命力. 科学计算已经与理论研究和实验研究共同成为科学研究的三大支柱，对国家发展科学技术和生产力、提高科研水平，乃至增强国际竞争力都非常重要. 在一些具体应用中，如分子化学、天气预报、生物计算等，系统往往非常复杂，计算量非常庞大，积分时间也很长. 这不仅需要多个学科共同参与，需要机器性能不断提高，更需要好的数值方法作为基础. 因此，科学计算的研究人员设计了各种各样的数值算法，他们不断地追求更高效、更稳定和长时间模拟能力更强的数值算法.

就差分格式而言，早在1928年，Courant、Friedrichs 和Lewy就有意构造差分格式能保持一个守恒量，使得格式不仅与原方程相容，而且能保持一个称之为“能量”的守恒量. 当时保持的这个守恒量并不一定是物理意义下的能量，而是一个正定的量，保证差分格式在由这个正定量定义的某种范数意义下的稳定性. 由于能量守恒是许多进程方程最重要的首次积分，能量守恒的格式自然引起极大的关注并很快得到了发展，特别是以 Vázquez 为代表的科研组做了一系列的工作[GV83],[GP86],[SV78].

在“数值算法应尽可能保持原问题的本质特征”的指导原则下，冯康[FQ87]首先提出保结构算法的思想，他和他的研究小组在Hamilton系统辛算法的构造算法和理论分析方面都取得了一系列成果[FWQW89],[TVZPC96],[Sha99]，并且引起国内外学者的极大兴趣，产生了许多重要的后继成果. 计算实验显示，辛算法优异的稳定性和长时间跟踪能力有着重要的应用前景[LSD02],[LL95],[LQHD07]. 现在辛算法越来越受到全世界科学计算工作者的广泛关注,许多重要的计算领域如分子电子计算、生物计算、具有间断能量系统的计算等都在应用辛算法.

然而尽管辛算法在求解Hamilton常微分方程组的表现上几近完美, 但它在处理偏微分方程时却存在很大的缺陷. 传统的线方法是一个可以选择的处理手段, 即首先进行空间离散, 使得离散得到的常微分方程组是Hamilton方程组, 然后再应用辛算法求积. 该方法的一个致命缺点是没有好的方法保证离散后的方程组仍然保持Hamilton特性. 另一个处理手段是把偏微分方程看成是Banach空间上的Hamilton 系统, 直接应用辛算法. 但是目前该方法只能处理非常特殊的方程[LQ88],[WWJQ03]. 近来, J.E. Marsden、G.P. Patrick 、S. Shkoller [MPS98] 和T.J. Bridges、S. Reich [BR01a]分别从不同角度对保守的偏微分方程提出了多辛结构及多辛算法的概念. 多辛算法可以看成是辛算法的直接推广, 它同等看待偏微分方程的时间方向和空间各个方向, 从而把整个时间层上的辛结构推广到局部区域甚至每个点, 这样它就绕过了辛算法应用到偏微分方程时的困难, 可以方便地应用于偏微分方程, 因而多辛算法可以应用到更广泛的领域.

冯康提出的保结构算法主要是指保几何结构(辛结构、酉结构、接触结构等). 事实上, 除了几何结构外, 很多保守系统同时还具有其他的保守性质, 例如物理守恒律(首次积分, 特别是有明显物理意义的, 如能量、动量等)和代数特性(系统特征值、李代数结构、微分复形)等. 在不同的研究领域, 由于求解系统的形式不同, 有时构造保持其他结构的数值算法显得更为方便. 例如, 在数值天气预报中, 曾庆存等人[曾庆存等87]提出并研究发展了平方守恒格式, 并将它成功应用于许多研究模式中, 这里平方守恒是指保持保守系统的能量. 另外, 还有大量的文献讨论保守系统的数值格式. 如果把保结构算法所保结构的外延再扩大一些, 这些能保原问题(精确解) 的某些结构的数值算法也可以称为保结构算法, 或者称为 广义的保结构算法. 但是, 和辛算法类似, 这些广义的保结构算法在处理偏微分方程时同样存在很大的限制. 因为对偏微分方程而言, 这些结构是定义在整个时间层上的, 结构的保持必须和边界条件有关. 以正压大气模式的控制方程为例, 只有在周期边界或者其次边界条件下, 才有平方守恒性质，理论上才适用平方守恒算法. 而这样的边界条件在研究暴雨用的区域模式中几乎是不可能成立的, 平方守恒算法就没有了应用的理论依据. 令人费解的是, 实际计算表明, 有些保结构算法在没有适当边界时仍然可以得到好的结果.

本章将对偏微分方程提出局部保结构算法的概念, 并给出一些相关的研究结果. 局部保结构算法的基本思想就是把原来各种保结构算法所保的整个时间层上的结构推广到局部, 使得数值算法能在每个局部领域和每个点上保持守恒性质, 从而克服边界条件的限制. 局部守恒算法的概念能够合理地解释有些保结构算法在明明不能适用的前提下却仍然能得到较好的数值结果的原因: 因为它是局部保结构格式, 当边界条件满足时, 它自然是整体保结构格式. 下面我们将首先给出局部守恒算法的概念.

§8.2 概念的提出

为了清楚地说明问题, 现以非线性Klein-Gordon方程为例, 给出局部保结构算法的概念, 同时说明局部守恒格式是原来各种保结构格式的自然推广. 以下的讨论同样适用于一般的保守的偏微分方程, 如KdV方程、非线性Schrödinger方程、Z-K方程等. 非线性Klein-Gordon方程形式为

$$\partial_{tt} u = \partial_{xx} u - F^{'}(u), \quad (x,t) \in \Omega \subset \mathbf{R^2}, \tag{8.2.1}$$

其中, 下标表示偏导数, $F^{'}(u):\ \mathbf{R} \to \mathbf{R}$是一个光滑的非线性函数, 初始条件为

$$u(x,0) = u_1(x), \quad u_t(x,t) = u_2(x), \tag{8.2.2}$$

当然定解还需要一定的边界条件.

在适当的边界条件下, 如周期条件或者零边界条件下, 上述方程可以写成Hamilton形式:

$$\frac{\mathrm{d}z}{\mathrm{d}t} = J^{-1}\frac{\delta H(z)}{\delta\ z}, \quad z = \begin{bmatrix} v \\ u \end{bmatrix} = \begin{bmatrix} u_t \\ u \end{bmatrix}, \quad J = \begin{bmatrix} 0 & 1 \\ -1 & 0 \end{bmatrix}, \tag{8.2.3}$$

其中$H(z) = \int v^2 + u_x^2 + F(u)$, $\dfrac{\delta H}{\delta z}$是变分, 变量$v = u_t$隐含在方程(8.2.3)中.

方程(8.2.3)有如下的辛守恒律:

$$\frac{\mathrm{d}}{\mathrm{d}t}\omega = 0, \quad \omega = \int \mathrm{d}u \wedge \mathrm{d}v, \tag{8.2.4}$$

其中$\wedge$是微分形式du和dv的外积运算. 若某个算法的数值解保持(8.2.4)的离散形式，则该算法称为方程(8.2.1)或者(8.2.3)的辛算法, 即ω 空间离散形式在第n 时间层和第$n+1$ 时间层相等:

$$\omega_D^n = \omega_D^{n+1}, \quad \omega_D = \sum_i \mathrm{d}u_i \wedge \mathrm{d}v_i.$$

方程(8.2.1)最简单的辛格式为

$$\delta_t^2 u_i^j - \delta_x^2 u_i^j + F'(u_i^j) = 0, \tag{8.2.5}$$

其中

$$\delta_t^2 u_i^j = \frac{u_i^{j+1} - 2u_i^j + u_i^{j-1}}{\Delta t^2}, \quad \delta_x^2 u_i^j = \frac{u_{i+1}^j - 2u_i^j + u_{i-1}^j}{\Delta x^2}, \quad u_i^j \approx u(x_i, t_j).$$

如果边界是周期或者零, 方程(8.2.1)还具有总能量守恒律(能量首次积分):

$$\frac{\mathrm{d}}{\mathrm{d}t}E = 0, \quad E = \int \frac{1}{2}(v^2 + w^2) + F(u)\,\mathrm{d}x. \tag{8.2.6}$$

能量守恒算法就是能保持(8.2.6)离散形式的算法. 如

$$\delta_t^2 u_i^j - \delta_x^2 u_i^j + \frac{F(u_i^{j+1}) - F(u_i^{j-1})}{u_i^{j+1} - u_i^{j-1}} = 0. \tag{8.2.7}$$

$t = t_m$时的离散能量为

$$E_D^m = \sum_i \frac{\Delta x}{2}\Big[\Big(\frac{u_i^{m+1} - u_i^m}{\Delta t}\Big)^2 + \frac{u_{i+1}^{m+1} - u_i^{m+1}}{\Delta x}\cdot\frac{u_{i+1}^m - u_i^m}{\Delta x} + F(u_i^{m+1}) + F(u_i^m)\Big].$$

同样,在周期或者零边界条件下, 方程(8.2.1)还具有动量守恒律(动量首次积分):

$$\frac{\mathrm{d}}{\mathrm{d}t}M = 0, \quad M = \int vw\,\mathrm{d}x. \tag{8.2.8}$$

动量守恒算法能保持(8.2.8)的离散形式, 如

$$\delta_t^2 u_i^j - \delta_x^2 u_i^j + \frac{F(u_{i+1}^j) - F(u_{i-1}^j)}{u_{i+1}^j - u_{i-1}^j} = 0. \tag{8.2.9}$$

$t = t_m$时的离散动量为

$$M_D^m = \sum_i \Big[\frac{u_i^{m+1} - u_i^m}{\Delta t}\cdot\frac{u_{i+1}^m - u_i^m}{\Delta x}\Big].$$

辛守恒律、能量和动量守恒律都是方程重要的性质. 冯康[FQ91a]指出: 数值算法应尽可能地保持原问题的本质特征, 能否离散地保持这些守恒律应成为判别算法好坏的一个标准. 大量已有的研究结果表明: 能很好地保持这些守恒律的数值算法一般都具有较好的稳定性和长时间计算的准确性. 然而从上面的讨论可以看出, 这3个守恒律的成立都直接依赖于周期条件或者零边界条件. 而现实中却有大量的非周期和非零边界条件, 此时应用辛算法、能量守恒算法就失去了理论依据.

事实上, 方程 (8.2.1) 有不依赖于边界的对应于辛守恒律 (8.2.4)、能量守恒律 (8.2.6) 和动量守恒律 (8.2.8) 的局部守恒律:

$$\partial_t [\mathrm{d}u \wedge \mathrm{d}v] - \partial_x [\mathrm{d}u \wedge \mathrm{d}w] = 0, \tag{8.2.10}$$

$$\partial_t \left[\frac{1}{2}(w^2+v^2) + F(u)\right] - \partial_x (wv) = 0, \tag{8.2.11}$$

$$\partial_t (wv) - \partial_x \left[\frac{1}{2}(w^2+v^2) - F(u)\right] = 0. \tag{8.2.12}$$

(8.2.10), (8.2.11), (8.2.12)分别称为多辛守恒律、局部能量守恒律和局部动量守恒律. 为加以区别, 称原来的辛守恒律(8.2.4)、能量守恒律(8.2.6)和动量守恒律(8.2.8)为整体守恒律. 局部守恒律在任意的局部时空区域内成立, 与方程的边界条件无关. 除了一些平凡解曲线外, 它们本质上和方程是等价的. 对它们在x方向积分, 在适当的边界条件下(比如说周期边界和零边界), 就可以得到相应的整体守恒律. 而这些适当的边界条件也是整体守恒律成立的必要条件. 也就是说, 局部守恒律本身蕴涵着整体守恒律, 是方程更本质的性质. 从形式上看, 局部守恒律保留了通量项, 比整体守恒律含有更多原方程的信息. 很自然的想法是研究数值方法应该保持这些更本质的特征. 我们称能离散地保持这些局部守恒律的数值算法为局部保结构算法. 与这一想法相关的某些基本问题需要研究, 比如: 这种算法是否存在? 如果存在的话, 与原来的整体守恒算法的关系如何? 是否一定比原来的优越? 对偏微分方程而言, 能否以此为基础得到性能更好的数值算法? 如何系统构造局部保结构算法, 特别是高精度的算法? 这些算法中保持哪个局部守恒律的算法最好? 一些算法的分析方法能否应用到局部保结构算法上并得到好的理论结果? 等等.

事实上, 多辛守恒律(8.2.10)对应的格式就是多辛格式. Marsden, Bridges, Reich 以及秦孟兆和他的课题组已经做了很多工作[ZQ00],[WWQ04],[Che01]. 也可以证明格式(8.2.7)能离散地保持如下的局部能量守恒律:

$$\delta_t \left[\frac{1}{2}(v_i^j)^2 + \frac{1}{2} w_{i+1}^{j-1} w_{i+1}^j + A_t F_i^{j-1}\right] = \delta_x (w_i^j A_t v_i^j). \tag{8.2.13}$$

我们还能证明一些算法能离散地保持局部动量守恒律, 这一点可以从后面的讨论中得到验证. 也就是说, 局部保结构的存在性不成问题. 后面我们还将给出一种称之为复合方法的构造方法, 系统地构造出一系列局部保结构算法.

局部保结构算法的一个明显优点是: 当边界是周期或者零时, 它们自然就是整体保结构算法. 因为对离散的局部守恒律在空间格点上求和, 加上边界条件, 就得到离散的整体守恒律. 例如, 对离散局部能量守恒律(8.2.13)关于i求和, 可以得到守恒律(8.2.6)的离散形式. 也就是说, 对有周期和零边界的偏微分方程而言, 局部保结构算法自然是整体保结构算法, 反之则不成立. 这恰好说明局部保结构算法是原来保结构算法的自然推广. 从物理意义来看, 整体守恒律能保证整个时间层的守恒量, 局部却可能存在很大的扭曲. 局部保结构算法能保证数值解在任意局部都能反映方程的守恒性质. 局部保结构算法另一个显而易见的优点是它摆脱了边界条件的限制, 这大大增加了保结构算法的可适用范围. 下面将专门讨论适用性问题.

§8.3 局部保结构算法的适用范围

由上面的定义可以看出, 具有局部守恒性质的方程都适用局部守恒算法, 所以本小节要解决的问题是: 什么样的方程具有局部守恒性质? 近来, 多辛方程和多辛格式比较热门, 几乎所有的孤立波方程以及一些重要的发展程方程都可以写成多辛方程, 例如KdV方程、K-P方程、非线性Schrödinger方程、铁磁链方程、电磁波方程等. 详细的讨论可以参见Bridges的综述文章[BR06]. $1+1$维多辛方程的一般形式为

$$M\,z_t + K\,z_x = \nabla_z\,S\,(z), \tag{8.3.1}$$

其中, 矩阵M和K是反对称的常数矩阵, ∇_z是梯度.

非线性Klein-Gordon方程(8.2.1)写成多辛方程的参量为:

$$M = \begin{bmatrix} 0 & -1 & 0 \\ 1 & 0 & 0 \\ 0 & 0 & 0 \end{bmatrix}, \qquad K = \begin{bmatrix} 0 & 0 & 1 \\ 0 & 0 & 0 \\ -1 & 0 & 0 \end{bmatrix},$$

$z=(u,v,w)^{\mathrm{T}},\ v=u_t,\ w=u_x,\ S(z)=\dfrac{1}{2}\,(v^2-w^2)+F(u).$

多辛Hamilton方程(8.3.1)两边分别外积 dz, 乘以z_t和z_x, 就可以得到如下的3个守恒律:

$$\partial_t\left[\frac{1}{2}\,\mathrm{d}z\wedge M\,\mathrm{d}z\right] - \partial_x\,[\mathrm{d}z\,\wedge\,\mathrm{d}z] = 0, \tag{8.3.2}$$

$$\partial_t\left[(z) - \frac{1}{2}\,z^{\mathrm{T}}\,K\,z_x\right] - \partial_x\left(\frac{1}{2}\,z^{\mathrm{T}}\,K\,z_t\right) = 0, \tag{8.3.3}$$

$$\partial_t\left(z^{\mathrm{T}}\,M\,z_x\right) - \partial_x\left[S\,(z) - \frac{1}{2}\,z^{\mathrm{T}}M\,z_t\right] = 0. \tag{8.3.4}$$

它们都是局部守恒律. 对方程(8.2.1)而言, 就是多辛守恒律(8.2.4)、局部能量守恒律(8.2.6) 和局部动量守恒律(8.2.8). 所以, 所有能写成多辛形式的方程都适用局部保结构算法. 另外, 也可以从全变分原理来讨论方程的局部守恒性质[GW03],[CGW03b].

设一系统的Lagrange作用泛函为: $\Phi(u)=\int_\Omega L(u(x,t),u_t,u_x)\,\mathrm{d}x\,\mathrm{d}t$. 由变分原理可知该泛函的极值函数满足Euler-Lagrange方程. Euler-Lagrange 方程可以通过对泛函求变分得到, 这里变分仅仅考虑的是泛函自变量u的变分. 而实际上, 除了自变量u, 底空间变量x和t也可以同时考虑变分, 这就是所谓的全变分. 令$\tilde{u}=u+\lambda\,\delta u$, $\tilde{t}=t+\lambda\delta t$, $\tilde{x}=x+\lambda\,\delta x$, 则$\Phi$的全变分为

$$\begin{aligned}\delta\,\Phi &= \frac{\mathrm{d}}{\mathrm{d}\lambda}\Big|_{\lambda=0}\Phi\,(\tilde{u},\,\tilde{x},\,\tilde{t})\\ &= \frac{\mathrm{d}}{\mathrm{d}\lambda}\Big|_{\lambda=0}\int_{\tilde{\Omega}} L(\tilde{u},\,(\tilde{x},\,\tilde{t}),\,\tilde{u}_{\tilde{t}}\,\tilde{u}_{\tilde{x}})\,\mathrm{d}\tilde{x}\mathrm{d}\tilde{t}=A+B,\end{aligned} \tag{8.3.5}$$

其中:

$$\begin{aligned}A &= \int_\Omega\Bigg[\Big(D_t\Big(\frac{\partial L}{\partial u_t}u_t-L\Big)+D_x\Big(\frac{\partial L}{\partial u_x}u_t\Big)\Big)\delta t\\ &\quad+\Big(D_x\Big(\frac{\partial L}{\partial u_x}u_x-L\Big)+D_t\Big(\frac{\partial L}{\partial u_t}u_x\Big)\Big)\delta x\\ &\quad+\Big(\frac{\partial L}{\partial u}-D_x\frac{\partial L}{\partial u_x}-D_t\frac{\partial L}{\partial u_t}\Big)\delta u\Bigg]\mathrm{d}x\wedge\mathrm{d}t,\end{aligned} \tag{8.3.6}$$

$$\begin{aligned}B &= \int_{\partial\Omega}\Big[\Big(\Big(\frac{\partial L}{\partial u_t}u_t-L\Big)\mathrm{d}\,x\quad\frac{\partial L}{\partial u_x}u_t\,\mathrm{d}t\Big)\delta\,t\\ &\quad+\Big(\Big(L-\frac{\partial L}{\partial u_x}u_x\Big)\mathrm{d}t+\frac{\partial L}{\partial u_t}u_x\,\mathrm{d}x\Big)\delta\,x\\ &\quad+\Big(\frac{\partial L}{\partial u_x}\mathrm{d}t-\frac{\partial L}{\partial u_t}\mathrm{d}x\Big)\delta\,u\Big].\end{aligned} \tag{8.3.7}$$

从A的表达式中可以看出, 时间t的变分得到局部能量守恒律, 空间x的变分得到局部动量守恒律, 未知函数u的变分得到Euler-Lagrange方程. 从B的表达式可以得到Cartan形式, 也就得到了相应的多辛形式和多辛守恒律. 有关非线性Klein-Gordon方程(8.2.1)全变分得到多辛守恒律、局部动量守恒律和局部能量守恒律的讨论可以参见文献[WQ01].

所以, 只要方程对应的系统具有保守的Lagrange泛函, 就可以通过全变分的方法得出多辛守恒律、局部能量守恒律和局部动量守恒律, 也就适用局部保结构算法. 那么, 除了大量的双曲型方程外, 一大类椭圆型方程也可以适用局部保结构算法. 例如方程

$$u_{xx}+u_{yy}+f(u)=0,\quad (x,t)\in\Omega, \tag{8.3.8}$$

它有Lagrange泛函

$$\int_\Omega\Big[\frac{1}{2}u_x^2+\frac{1}{2}u_x^2\,\mathrm{d}+\mathrm{d}F(u)\Big]\mathrm{d}x\,\mathrm{d}t,\quad F'(u)=f(u).$$

也可以写成形如(8.3.1)的多辛形式, 其中参数为:

$$M=\begin{bmatrix}0&-1&0\\1&0&0\\0&0&0\end{bmatrix},\quad K=\begin{bmatrix}0&0&-1\\0&0&0\\1&0&0\end{bmatrix},$$

$$z=(u,v,w)^{\mathrm{T}},\quad v=u_t,\quad w=u_x,\quad H(z)=\frac{1}{2}(w^2+v^2)-F(u).$$

§8.4 应用例子

§8.4.1 地球流体力学方程的数值模拟

曾庆存等人[曾庆存等87]提出并发展了能量守恒格式, 特别是平方守恒格式在许多实际的大气模式计算中都得到很好的应用. 平方守恒格式是整体守恒格式, 需要方程具有周期或者其他边界条件. 我们发现, 局部平方守恒格式能很好地应用到这些模式中去. 以2维正压大气方程为例:

$$\begin{aligned}&\frac{\partial u}{\partial t}+u\frac{\partial u}{\partial x}+v\frac{\partial u}{\partial y}+\frac{\partial\phi}{\partial x}-fv=0,\\&\frac{\partial v}{\partial t}+u\frac{\partial v}{\partial x}+v\frac{\partial v}{\partial y}+\frac{\partial\phi}{\partial y}+fu=0,\\&\frac{\partial\phi}{\partial t}+\frac{\partial u\phi}{\partial x}+\frac{\partial v\phi}{\partial y}=0,\end{aligned}\tag{8.4.1}$$

其中, u,v是风场, ϕ是位势. 该方程具有若干局部守恒性质, 其中局部平方(能量)守恒律为

$$\begin{aligned}&\frac{1}{2}\frac{\partial}{\partial t}(U^2+V^2+\phi^2)+\frac{1}{2}\frac{\partial}{\partial x}\left[(U^2+V^2)u+2U\Phi\,\phi\right]\\&+\frac{1}{2}\frac{\partial}{\partial y}\left[(V^2+U^2)v+2V\Phi\,\phi\right]=0.\end{aligned}\tag{8.4.2}$$

上式中,

$$\Phi=\sqrt{\phi},\quad U=\Phi u,\quad V=\Phi v.$$

可以构造如下局部平方守恒格式:

$$\begin{aligned}&U_{+t}+\mathcal{L}\overline{U}=-\overline{\Phi}\,\overline{\phi}_{-x}+f\overline{V},\\&V_{+t}+\mathcal{L}\overline{V}=-\overline{\Phi}\,\overline{\phi}_{-y}-f\overline{U},\\&\phi_{+t}+(\overline{U}\,\overline{\Phi})_{+x}+(\overline{V}\,\overline{\Phi})_{+y}=0,\end{aligned}\tag{8.4.3}$$

其中

$$\mathcal{L}\,\overline{U}=\frac{1}{2}\left[(u\overline{U})_{+x}+u\overline{U}_{-x}\right]+\frac{1}{2}\left[(v\overline{U})_{+y}+v\overline{U}_{-y}\right].$$

满足离散的局部平方守恒律

$$\begin{aligned}&(U^2+V^2+\phi^2)_{+t}+\left(u\,\overline{U}\,S_x^{-1}\,\overline{U}+u\,\overline{V}\,S_x^{-1}\,\overline{V}+2\overline{\Phi}\,\overline{U}\,S_x^{-1}\,\overline{\phi}\right)_{+x}\\&+\left(v\,\overline{U}\,S_y^{-1}\,\overline{U}+v\,\overline{V}\,S_y^{-1}\,\overline{V}+2\overline{\Phi}\,\overline{V}\,S_y^{-1}\,\overline{\phi}\right)_{+y}=0.\end{aligned}\tag{8.4.4}$$

上面沿用了地球流体计算中习惯的记号, 如$U_{+t}=(U_i^{j+1}-U_i^j)/\Delta\,t$表示时间方向的向前差商, $\overline{U}=(U_i^{j+1}+U_i^j)/2$表示时间平均, $S_{+x}\,U_i^j=U_{i+1}^j$表示x方向网格的向前位移算子. 当然, 也可以构造高阶精度的局部平方守恒格式和其他的局部保结构格式, 如保局部位涡拟能格式、局部动量格式等, 限于篇幅, 不一一讨论.

§8.4.2 孤立波方程的计算

孤立子理论是应用数学和数学物理的一个重要组成部分, 许多科学领域如流体力学、等离子体物理、非线性光学、经典场论等都包含与孤立子理论密切相关的重要问题. 孤立波方程的数值模拟是研究相关问题的非常有效的手段, 如量子力学中的Schrödinger方程的计算[LQIID07]. 局部保结构算法给数值研究孤立波方程提供了一个新的观点, 也可以得到一些非常有效的数值算法. 以KdV方程为例:

$$\frac{\partial\,u}{\partial\,t}+\eta\,u\,\frac{\partial\,u}{\partial\,x}+\mu^2\,\frac{\partial^3\,u}{\partial\,x^3}=0,\quad t>0,\tag{8.4.5}$$

其中η和μ是两个实常数. 当常数μ较小时, 显式格式很难长时间稳定地给出正确结果. 著名的Zabusky-Kruskal 格式虽然能正确地模拟孤立波的多次碰撞(也正是该格式的计算结果, 才引起人们对孤立子的极大兴趣和高度重视, 掀起一股孤立子研究的热潮), 但实际上不论它的时间步长多么小, 长时间计算后都会出现非物理振荡. 通过对KdV方程局部守恒性质的研究, 构造如下的局部保结构算法:

$$\begin{aligned}&\frac{1}{2}\left(\frac{u_i^{j+1}-u_i^j}{\tau}+\frac{u_{i+1}^j-u_{i+1}^{j-1}}{\tau}\right)+\eta\,\frac{u_i^j+u_{i-1}^j}{2}\left(\frac{u_i^j-u_{i-1}^j}{h}\right)\\&+\mu^2\,\frac{u_{i+2}^j-3u_{i+1}^j+3u_i^j-u_{i-1}^j}{h^3}=0.\end{aligned}\tag{8.4.6}$$

这是个新的显式格式, 在模拟相同问题时, 它克服了Zabusky-Kruskal格式的缺点, 是条件稳定的格式，而且长时间计算的效果非常好, 很多离散首次积分都保持得很好.

§8.4.3 电磁波方程的计算

考虑特殊的Maxwell方程组:

$$\begin{aligned}&\frac{\partial\mathbf{B}}{\partial t}+\nabla\times\mathbf{E}=0,\\&\frac{\partial\mathbf{D}}{\partial t}-\nabla\times\mathbf{H}=0,\\&\mathbf{B}=\mu\mathbf{H},\quad\mathbf{D}=\varepsilon\mathbf{E}.\end{aligned}\tag{8.4.7}$$

该方程有多辛结构, 自然有多辛守恒律、局部能量守恒律和局部动量守恒律. 我们可以构造既是多辛格式又是局部能量守恒格式的局部保结构格式. 为了书写简单, 只给出该格式2维情形时的格式:

$$\begin{aligned}&D_x\,A_y^2\,A_t\,A_x\,E_{z\,i,j}^{\;k}=D_t\,A_x^2\,A_y^2\,(\mu\,H_{y\,i,j}^{\;k}),\\&D_y\,A_x^2\,A_t\,A_y\,E_{z\,i,j}^{\;k}=-D_t\,A_x^2\,A_y^2\,(\mu\,H_{x\,i,j}^{\;k}),\\&-D_y\,A_x^2\,A_t\,A_y\,H_{x\,i,j}^{\;k}+D_x\,A_y^2\,A_t\,A_x\,H_{y\,i,j}^{\;k}=D_t\,A_x^2\,A_y^2(\varepsilon E_{z\,i,j}^{\;k}).\end{aligned}$$

其中, E_z是电场的z方向分量, H_x和H_y分别是磁场在x和y方向的分量, D_t, D_x和D_y分别表示t, x和y方向的前差算子, A_t, A_x和A_y分别是这3个方向的平均算子. 此格式是2阶精度格式, 实际计算发现, 它长时间计算的误差比一些已有较好2阶精度的格式小很多.

§8.5 局部保结构算法的构造

这一节可以作为相对独立的部分, 它讨论一种复合方法，用该方法构造分别满足上面3个局部守恒律的差分格式. 这种方法既不同于线方法, 也不同于求解PDEs的交替方向法. 现仍以非线性波方程(8.2.1)为例, 与它等价的方程组形式为:

$$\begin{aligned}&v_t-w_x+F'(u)=0,\\&u_t=v,\quad u_x=w.\end{aligned}\tag{8.5.1}$$

进一步引进新的中间变量$v_t=p$, 上述方程组可以写成两个形式上ODEs 联立的形式:

$$\frac{\mathrm{d}}{\mathrm{d}t}v=p,\qquad\qquad \frac{\mathrm{d}}{\mathrm{d}t}u=v,\tag{8.5.2}$$

$$\frac{\mathrm{d}}{\mathrm{d}x}w=p+F'(u),\qquad \frac{\mathrm{d}}{\mathrm{d}x}u=w.\tag{8.5.3}$$

用ODEs的数值方法离散(8.5.2) 和(8.5.3), 然后联立离散方程得到原来PDEs的数值方法. 因为形式上是两个或多个方向数值方法的复合, 所以这种构造方法称为 复合构造方法. 实际计算时新引进的变量可以事先消去, 因此并没有增加计算量. 虽然这种思路很简单, 却可以利用大量的ODEs的数值方法得到PDEs数值方法. 目的是要构造局部保结构算法, 即复合方法得到PDEs算法必须满足离散的局部守恒律, 这就需要研究一些差分算子的性质和使用一些特殊的ODEs的离散算法.

§8.5.1 一些差分算子的性质

首先考察一些差分算子的性质. 这些性质对离散局部守恒律的保持起到关键作用. 先给出前面出现的向前差分算子和平均差分算子的明确定义:

$$D_t f^j = \frac{f^{j+1} - f^j}{\tau}, \qquad D_x f_i = \frac{f_{i+1} - f_i}{h},$$
$$A_t f^j = \frac{f^{j+1} + f^j}{2}, \qquad A_x f_i = \frac{f_{i+1} + f_i}{2}.$$

性质 8.5.1 (1) 离散交换性法则:

$$D_x D_t = D_t D_x, \quad A_x A_t = A_t A_x, \quad DA = AD$$

(2) 离散链法则:

$$D_t G(u^j) = D_u\, G(u^j)\, D_t u^j + o\,(\Delta\, t); \quad D_x G(u_i) = D_u\, G(u_i)\, D_x u_i + o(\Delta\, x).$$

(3) 推广的离散Leibnitz 法则:

$$D_x(f\,\cdot\, g)_i = (af_{i+1} + (1-a)\, f_i)\,\cdot\, D_x g_i + D_x f_i\,\cdot\,((1-a)\, g_{i+1} + a g_i), \quad \forall\, 0 \le a \le 1.$$

证明:根据定义$D_x f_i = \dfrac{f_{i+1} - f_i}{h}$和$D_x g_i = \dfrac{g_{i+1} - g_i}{h}$,

$$\begin{aligned}
\text{右端} &= (af_{i+1} + (1-a)\, f_i)\cdot \frac{g_{i+1} - g_i}{h} + \frac{f_{i+1} - f_i}{h}\cdot((1-a)\, g_{i+1} + a\, g_i) \\
&= (a\, f_{i+1} + (1-a)\, f_i)\cdot \frac{g_{i+1} - g_i}{h} + \frac{f_{i+1} - f_i}{h}\cdot((1-a)\, g_{i+1} + a\, g_i) \\
&= \frac{1}{h}\,(a\, f_{i+1}\, g_{i+1} - (1-a)\, f_1\, g_1 + (1+a)\, f_i\, g_{i+1} - a\, f_i\, g_i \\
&\quad +(1-a)\, f_{i+1}\, g_{i+1} - a\, f_i\, g_i - (1-a)\, f_i\, g_{i+1} + a\, f_i\, g_i) \\
&= \frac{1}{h}\,(f_{i+1}\, g_{i+1} - f_i\, g_i) = \text{左端}.
\end{aligned}$$

▲

一般应用较多的是一些特例:

$$a=0,\qquad D_x(f\cdot g)_i=f_i\cdot D_xg_i+D_xf_i\cdot g_{i+1},$$

$$a=\frac{1}{2},\qquad D_x(f\cdot g)_i=A_x f_i\cdot D_xg_i+D_xf_i\cdot A_x g_i,$$

$$a=1,\qquad D_x(f\cdot g)_i=f_{i+1}\cdot D_xg_i+D_xf_i\cdot g_i.$$

命题 8.5.1 Leibnitz 法则的推论1:

$$D_x\Big(\frac{1}{2}f_i^2\Big)=D_xf_i\cdot A_x f_i.$$

证明: 在离散的Leibnitz法则中取$f=g$, 并应用$a=\frac{1}{2}$时的法则, 即可证明. ▲

命题 8.5.2 Leibnitz 法则的推论2:

$$D_x\Big(\frac{1}{2}f_{i-1}\cdot f_i\Big)=f_i\cdot A_x D_xf_{i-1}.$$

证明: 在离散的Leibnitz法则中取$f=g$, 并应用$a=1$时的法则, 有

$$\begin{aligned}D_x\Big(\frac{1}{2}f_{i-1}\cdot f_i\Big)&=\frac{1}{2}[f_i\cdot D_xf_i+D_xf_{i-1}\cdot f_i]\\&=f_i\cdot\frac{1}{2}(D_xf_i+D_xf_{i+1})\\&=f_i A_x D_xf_i.\end{aligned}$$

▲

注 8.5.1 性质1中, $AD=DA$对任意t和x下标组合都成立. 证明比较简单, 略去.

注 8.5.2 Leibnitz法则(包括推论)对t方向也成立, 而且只要算符运算"·"是双线性的, 以上离散的Leibnitz法则和推论就成立. 例如外积运算, 此时f,g是微分 1-形式. 同样, 对于其他差分算子, 如中心差分也有类似的性质:

$$D_x(\mathrm{d}v\wedge\mathrm{d}u)_i=(a\,\mathrm{d}v_{i+1}+(1-a)\,\mathrm{d}v_i)\wedge D_x\mathrm{d}u_i+D_x\mathrm{d}v_i\wedge((1-a)\,\mathrm{d}u_{i+1}+a\,\mathrm{d}u_i).$$

注 8.5.3 Leibnitz法则的重要性是不容置疑的, 一般的推导证明都要用到它. 但是, 离散的Leibnitz法则却很少有人注意, 而实际上它非常重要, 在研究差分算子的性质以及推导差分格式的类型时起关键作用. 这一点从下面的例子和本章的整个讨论中, 都可以清楚地看到; 在很多时候, 也正是因为离散的Leibnitz法则和连续的Leibnitz法则在形式上的不同给构造保结构算法带来了许多困难. 大气模式中用协调形式构造平方守恒格式, 本质上就是使得两个部分满足离散的Leibnitz法则.

例 8.5.1 考虑正则的Hamilton方程

$$\frac{\mathrm{d}}{\mathrm{d}\,t}\,p = H_q(p,q), \quad \frac{\mathrm{d}}{\mathrm{d}\,t}\,q = -H_q(p,q)$$

的如下差分离散:

$$\begin{aligned} D_t p_i &= H_q\left((1-a)\,p_{i+1} + a\,p_i, a\,q^{i+1} + (1-a)\,q^i\right), \\ D_t q_i &= -H_p\left((1-a)\,p_{i+1} + a\,p_i, a\,q^{i+1} + (1-a)\,q^i\right). \end{aligned}$$

该格式对应的变分方程为:

$$\begin{aligned} D_t \mathrm{d}p_i &= H_{qp}((1-a)\,\mathrm{d}p_{i+1} + a\mathrm{d}p_i) + H_{qq}(a\,\mathrm{d}q^{i+1} + (1-a)\,\mathrm{d}q^i), \\ D_t \mathrm{d}q_i &= -H_{pp}\big((1-a)\,\mathrm{d}p_{i+1} + a\,\mathrm{d}p_i\big) + H_{pq}\left(a\,\mathrm{d}q^{i+1} + (1-a)\,\mathrm{d}q^i\right). \end{aligned} \tag{8.5.4}$$

由离散的Leibnitz法则得到

$$\begin{aligned} D_t\omega_i &= D_t(\mathrm{d}p_i \wedge \mathrm{d}q_i) \\ &= \big((1-a)\,\mathrm{d}p^{i+1} + a\,\mathrm{d}p^i\big) \wedge D_t q_i + D_t\mathrm{d}p^i \wedge \left(a\,\mathrm{d}q^{i+1} + (1-a)\,\mathrm{d}q^i\right). \end{aligned}$$

把(8.5.4)代入上式得出了辛守恒性质

$$D_t\omega_i = 0.$$

注意到推导过程的关键就是离散的Leibnitz法则, 它大大简化了该格式原有的辛性质的证明.

§8.5.2 几个简单的ODEs 差分格式

为了使后面叙述构造方法清楚, 首先给出 Hamilton 方程的两个最简单的辛格式和两个能量格式. 这些格式的详细讨论可以在相关文献中找到. 对于可分的 Hamilton 系统, Hamilton函数可以写成两个或多个独立函数的和:

$$\frac{\mathrm{d}}{\mathrm{d}\,t}\,p = f(q), \quad \frac{\mathrm{d}}{\mathrm{d}\,t}\,q = g(p). \tag{8.5.5}$$

其蛙跳格式为

$$D_t p_i = f(q_i), \quad D_t q_i = g(p_{i+1}), \tag{8.5.6}$$

其一般形式是多级显辛格式, 或者更一般的Partition-Runge-Kutta 方法.

中点格式为

$$D_t p_i = f(A_t\,q_i), \quad D_t q_i = g(A_t\,p_i), \tag{8.5.7}$$

其一般形式是由Gauss配置法得到的Runge-Kutta 类辛格式.

经典Hamilton系统的能量格式为:

1 阶精度:

$$D_t p_i = -D_q(p_i, q^i) = -\frac{H(p_i, q^{i+1}) - H(p_i, q^i)}{q^{i+1} - q^i},$$

$$D_t q^i = D_p(p_{i+1}, q^{i+1}) = \frac{H(p_{i+1}, q^{i+1}) - H(p_i, q^{i+1})}{p_{i+1} - p_i}.$$

2 阶精度:

$$\begin{aligned} D_t p_i &= -D_q\, A_p\, H(p_i, q^i) - D_q \frac{1}{2}\left[H(p_{i+1}, q^i) + H(p_i, q^i)\right] \\ &= -\frac{1}{2}\left[\frac{H(p_{i+1}, q^{i+1}) - H(p_{i+1}, q^i)}{q^{i+1} - q^i}\right] - \frac{1}{2}\left[\frac{H(p_i, q^{i+1}) - H(p_i, q^i)}{q^{i+1} - q^i}\right], \\ D_t q^i &= D_p\, A_q\, H(p_i, q^i) \\ &= D_p \frac{1}{2}\left[H(p_i, q^{i+1}) + H(p_i, q^i)\right] \\ &= \frac{1}{2}\frac{H(p_{i+1}, q^{i+1}) - H(p_i, q^{i+1})}{p_{i+1} - p_i} + \frac{1}{2}\frac{H(p_{i+1}, q^i) - H(p_i, q^i)}{p_{i+1} - p_i}. \end{aligned}$$

1 阶精度保能量格式首先由Chorin、冯康[CHMM78],[Fen85]得到, 2阶精度保能量格式首先由秦孟兆[Qin87],[IA88]于1987年得到. 下面的讨论只限于用这几种最简单的ODEs的离散方法进行复合, 构造出的算法也是一些阶数较低的格式. 如何系统地构造高阶局部保结构算法, 如高阶局部能量守恒格式，还没能很好地解决.

§8.5.3 多辛格式的构造

首先来看多辛守恒律的推导过程. (8.5.1)对应的变分方程为:

$$\begin{aligned} &\mathrm{d}v_t - \mathrm{d}w_x + F''(u)\,\mathrm{d}u = 0, \\ &\mathrm{d}u_t = \mathrm{d}v, \quad \mathrm{d}u_x = \mathrm{d}w, \end{aligned} \tag{8.5.8}$$

$\mathrm{d}u$ 外积(8.5.8) 的第一行

$$\mathrm{d}v_t \wedge \mathrm{d}u - \mathrm{d}w_x \wedge \mathrm{d}u = 0.$$

再由Leibnitz 法则和(8.5.8)的第二个的方程得

$$\begin{aligned}\frac{\partial}{\partial t}(\mathrm{d}v \wedge \mathrm{d}u) &= \frac{\partial}{\partial t}\mathrm{d}v \wedge \mathrm{d}u + \mathrm{d}v \wedge \frac{\partial}{\partial t}\mathrm{d}u \\ &= \frac{\partial}{\partial t}\mathrm{d}v \wedge \mathrm{d}u + \mathrm{d}v \wedge \mathrm{d}v \\ &= \frac{\partial}{\partial t}\mathrm{d}v \wedge \mathrm{d}u.\end{aligned}$$

同样,

$$\frac{\partial}{\partial x}(\mathrm{d}w \wedge \mathrm{d}u) = \frac{\partial}{\partial x}\mathrm{d}w \wedge \mathrm{d}u.$$

就有多辛守恒律(8.3.2):

$$\partial_t\,[\mathrm{d}u \wedge \mathrm{d}v] - \partial_x\,[\mathrm{d}u \wedge \mathrm{d}w] = 0.$$

1. **多辛格式 I**

(8.5.2)和(8.5.3)都用蛙跳格式离散:

$$D_t v_i^j = p_i^j, \quad D_t u_i^j = v_i^{j+1} \tag{8.5.9}$$

以及

$$D_x w_i^j = p_i^j + F'(u_i^j), \quad D_x u_i^j = w_{i+1}^j. \tag{8.5.10}$$

联合(8.5.9)和(8.5.10)就得到多辛方程(8.5.1)的一个多辛格式. 也可以由中间变量p_i^j得到等价格式:

$$\begin{cases} D_t v_i^j - D_x w_i^j + F'(u_i^j) = 0, \\ D_t u_i^j = v_i^{j+1}, \\ D_x u_i^j = w_{i+1}^j, \end{cases} \tag{8.5.11}$$

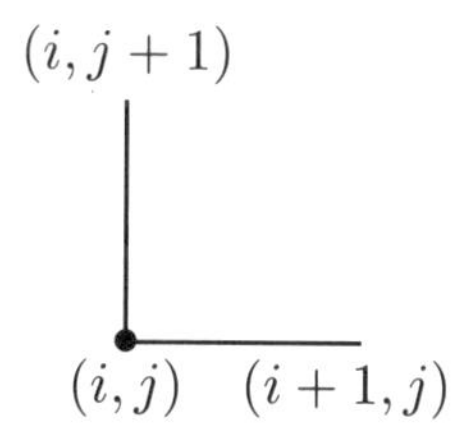

进一步消去v和w，得到经典的5点格式:

$$D_t^2\, u_i^{j-1} - D_x^2\, u_{i-1}^j + F'(u_i^j) = 0. \tag{8.5.12}$$

多辛证明和连续情形几乎一致.

由(8.5.11), 有

$$D_t \mathrm{d}v_i^j - D_x \mathrm{d}w_i^j + F''(u_i^j)\,\mathrm{d}u_i^j = 0, \tag{8.5.13}$$

$$D_t \mathrm{d}u_i^j = \mathrm{d}v_i^{j+1}, \tag{8.5.14}$$

$$D_x \mathrm{d}u_i^j = \mathrm{d}w_{i+1}^j. \tag{8.5.15}$$

$\mathrm{d}u_i^j$ 外积(8.5.13), 有

$$D_t \mathrm{d}v_i^j \wedge \mathrm{d}u_i^j - D_x \mathrm{d}w_i^j \wedge \mathrm{d}u_i^j = 0.$$

由离散的Leibnitz法则, 有

$$\begin{aligned} D_t(\mathrm{d}v_i^j \wedge \mathrm{d}u_i^j) &= D_t \mathrm{d}v_i^j \wedge \mathrm{d}u_i^j + \mathrm{d}v_i^{j+1} \wedge D_t \mathrm{d}u_i^j \\ &= D_t \mathrm{d}v_i^j \wedge \mathrm{d}u_i^j + \mathrm{d}v_i^{j+1} \wedge \mathrm{d}v_i^{j+1} \\ &= D_t \mathrm{d}v_i^j \wedge \mathrm{d}u_i^j. \end{aligned}$$

同样的理由,

$$D_x(\mathrm{d}w_i^j \wedge \mathrm{d}u_i^j) = D_x \mathrm{d}w_i^j \wedge \mathrm{d}u_i^j,$$

所以有离散的多辛守恒律

$$D_t(\mathrm{d}v_i^j \wedge \mathrm{d}u_i^j) - D_x(\mathrm{d}w_i^j \wedge \mathrm{d}u_i^j) = 0.$$

2. **多辛格式 II**

两个方向都用中点格式. (8.5.2)和(8.5.3)用Euler中点格式离散, 得到Preissmann格式:

$$\begin{cases} D_t A_x v_i^j - D_x A_t w_i^j + F'(A_x A_t u_i^j) = 0, \\ D_t A_x u_i^j = A_x A_t v_i^j, \\ D_x A_t u_i^j = A_t A_x w_i^j. \end{cases}$$

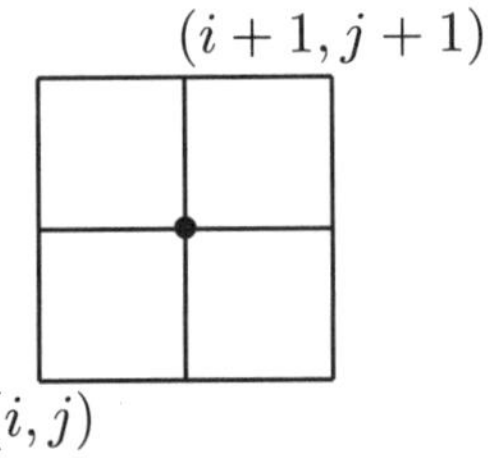

同样利用后面两个式子, 消去v和w，得到经典的9点格式:

$$D_t^2 A_x^2 u_i^j - D_x^2 A_t^2 u_i^j + A_x A_t F'(A_x A_t u_i^j) = 0.$$

多辛证明:

$$D_t A_x \mathrm{d}v_i^j - D_x A_t \mathrm{d}w_i^j + F'' A_x A_t \mathrm{d}u_i^j = 0,$$

上面公式外积$A_x A_t \mathrm{d}u_i^j \Rightarrow$

$$D_t A_x \mathrm{d}v_i^j \wedge A_x A_t \mathrm{d}u_i^j - D_x A_t \mathrm{d}w_i^j \wedge A_x A_t \mathrm{d}u_i^j = 0.$$

同时, 用$a=\dfrac{1}{2}$时的离散Leibnitz法则, 可以证明上面的格式满足离散多辛守恒律:

$$D_t(A_x\,\mathrm{d}v_i^j\,\wedge\,A_x\,\mathrm{d}u_i^j)-D_x(A_x\,\mathrm{d}\,w_i^j\,\wedge\,A_t\,\mathrm{d}u_i^j)=0.$$

3. **多辛格式 III**

(8.5.2)用蛙跳格式离散，(8.5.3)用Euler中点格式离散，得到离散格式

$$\begin{cases} D_tA_x\,v_i^j-D_xw_i^j+F'\,(A_x\,u_i^j)=0,\\ D_tA_x\,u_i^j=A_x\,v_i^{j+1},\\ D_xu_i^j=A_x\,w_i^j. \end{cases} \tag{8.5.16}$$

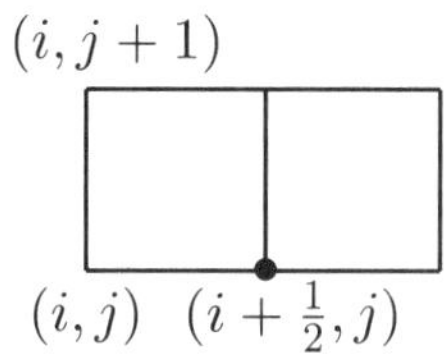

很容易消去v,w, 得到仅含u的格式, 进而得到一个显式的9点格式

$$A_x\,D_t^2\,A_x\,u_i^{j-1}-D_x^2\,u_i^j+A_x\,F'(A_xu_i^j)=0.$$

对(8.5.16) 的第一式取微分算子, 得到

$$D_tA_x\,\mathrm{d}v_i^j-D_x\mathrm{d}w_i^j+F''\,(A_x\,\mathrm{d}u_i^j)\,A_x\,\mathrm{d}u_i^j=0,$$

上式外积$A_xdu_i^j$得到

$$D_tA_x\,\mathrm{d}v_i^j\,\wedge\,A_x\,\mathrm{d}u_i^j-D_x\mathrm{d}w_i^j\,\wedge\,A_x\,\mathrm{d}u_i^j=0, \tag{8.5.17}$$

在t方向利用$a=1$时的Leibnitz法则以及(8.5.16)的第二式，

$$\begin{aligned} D_t(A_x\,\mathrm{d}v_i^j\,\wedge\,A_x\,\mathrm{d}u_i^j) &= D_tA_x\,\mathrm{d}v_i^j\,\wedge\,A_x\,\mathrm{d}u_i^j+A_x\,\mathrm{d}v_i^{j+1}\,\wedge\,D_tA_x\,\mathrm{d}u_i^j\\ &= D_tA_x\,\mathrm{d}v_i^j\,\wedge\,A_x\,\mathrm{d}u_i^j+A_x\,\mathrm{d}v_i^{j+1}\,\wedge\,A_x\,\mathrm{d}v_i^{j+1}\\ &= D_tA_x\,\mathrm{d}v_i^j\,\wedge\,A_x\,\mathrm{d}u_i^j. \end{aligned} \tag{8.5.18}$$

同样，x方向$a=\dfrac{1}{2}$的Leibnitz法则以及(8.5.16)第三式，得到

$$\begin{aligned} D_t(\mathrm{d}w_i^j\,\wedge\,\mathrm{d}u_i^j) &= A_x\,\mathrm{d}w_i^j\,\wedge\,D_x\mathrm{d}u_i^j+D_x\mathrm{d}w_i^j\,\wedge\,A_x\,\mathrm{d}u_i^j\\ &= D_x\mathrm{d}u_i^j\,\wedge\,D_x\mathrm{d}u_i^j+D_x\mathrm{d}w_i^j\,\wedge\,A_x\,\mathrm{d}u_i^j\\ &= D_x\mathrm{d}w_i^j\,\wedge\,A_x\,\mathrm{d}u_i^j. \end{aligned} \tag{8.5.19}$$

将(8.5.18) 和(8.5.19)代入(8.5.17), 得到离散的多辛守恒律

$$D_t(A_x\,\mathrm{d}v_i^j\,\wedge\,A_x\,\mathrm{d}u_i^j)=D_x(\mathrm{d}w_i^j\,\wedge\,\mathrm{d}u_i^j).$$

§8.5.4 局部能量守恒格式的构造

局部能量守恒律的推导过程为: 仍然从多辛形式(8.5.1)出发,

$$
\begin{aligned}
& v_t - w_x + F'(u) = 0 \\
\Longrightarrow\quad & v_t - w_x + \frac{F_t}{u_t} = 0 \\
\Longrightarrow\quad & v_t\, u_t - w_x\, u_t + F_t = 0 \\
\Longrightarrow\quad & v_t\, v + F_t = w_x\, v \\
\Longrightarrow\quad & \frac{\partial}{\partial t}\Big[\frac{1}{2}\, v^2 + \frac{1}{2}\, w^2 + F\Big] \\
& = w_x\, v + w\, w_t \\
& = w_x\, v + w u_{xt} = w_x\, v + w\, v_x = \frac{\partial}{\partial x}\,(w\, v).
\end{aligned}
$$

我们只用到了微分算子链法则、交换律和Leibnitz法则.

1. **局部能量守恒格式 I**

两个方向都用蛙跳格式离散，非线性项用时间方向的链法则离散，消去中间变量后得到

$$
\left\{
\begin{aligned}
& D_t v_i^j - D_x w_i^j + D_u\, A_t\, F_i^{j-1} = 0, \\
& D_t u_i^j = v_i^{j+1}, \\
& D_x u_i^j = w_{i+1}^j \quad (\text{离散链法则}),
\end{aligned}
\right.
\tag{8.5.20}
$$

(i, j)

其中$D_u\, A_t\, F_i^{j-1} = \dfrac{D_t A_t\, F_i^{j-1}}{D_t A_t\, u_i^{j-1}}$.

消去变量v和w, 得到常用的能量守恒格式, 也就是格式

$$
D_t^2\, u_i^{j-1} - D_x^2\, u_{i-1}^j + \frac{D_t A_t\, F_i^{j-1}}{D_t A_t\, u_i^{j-1}} = 0,
$$

离散局部能量守恒性质证明: (8.5.20)的第一式两端同乘$D_t A_t u_i^{j-1}$,

$$
D_t v_i^j\, D_t A_t\, u_i^{j-1} - D_x w_i^j\, D_t A_t\, u_i^{j-1} + D_t A_t\, F_i^{j-1} = 0, \tag{8.5.21}
$$

$$
D_t v_i^j\, A_t\, v_i^j + D_t A_t\, F_i^{j-1} = D_x w_i^j\, D_t A_t\, u_i^{j-1}, \tag{8.5.22}
$$

$$
D_t\Big(\frac{1}{2}\,(v_i^j)^2 + A_t\, F_i^{j-1}\Big) = D_x w_i^j\, A_t\, v_i^j, \tag{8.5.23}
$$

$$
D_t\Big(\frac{1}{2}\,(v_i^j)^2 + A_t\, F_i^{j-1}\Big) + w_{i+1}^j\, D_x A_t\, v_i^j = D_x w_i^j\, A_t\, v_i^j + w_{i+1}^j\, D_x A_t\, v_i^j, \tag{8.5.24}
$$

$$D_t\left(\frac{1}{2}(v_i^j)^2 + A_t F_i^{j-1}\right) + w_{i+1}^j D_x A_t v_i^j = D_x(w_i^j A_t v_i^j), \tag{8.5.25}$$

$$D_t\left(\frac{1}{2}(v_i^j)^2 + A_t F_i^{j-1}\right) + w_{i+1}^j A_t D_t w_{i+1}^{j-1} = D_x(w_i^j A_t v_i^j), \tag{8.5.26}$$

$$D_t\left[\frac{1}{2}(v_i^j)^2 + \frac{1}{2} w_{i+1}^{j-1} w_{i+1}^j + A_t F_i^{j-1}\right] = D_x(w_i^j A_t v_i^j). \tag{8.5.27}$$

最后一式就是局部离散能量守恒律. 在上面的推导过程中，(8.5.22)用到了离散算子的交换律和(8.5.20)的第二式, (8.5.23)用到了离散Leibnitz法则的推论1, (8.5.24)中两端各加了相同的项, (8.5.25)用了$a=0$时的离散Leibnitz法则, (8.5.26)用了离散算子的交换律以及(8.5.20)的第三式, (8.5.27)用了离散Leibnitz法则的推论2.

2. **局部能量守恒格式 II**

t 方向用中点格式离散，x方向用蛙跳格式离散，我们得到

$$\begin{cases} D_t v_i^j - D_x A_t w_i^j + \dfrac{D_t F_i^j}{D_t u_i^j} = 0, \\ D_t u_i^j = A_t v_i^j, \\ D_x u_i^j = w_{i+1}^j, \end{cases} \tag{8.5.28}$$

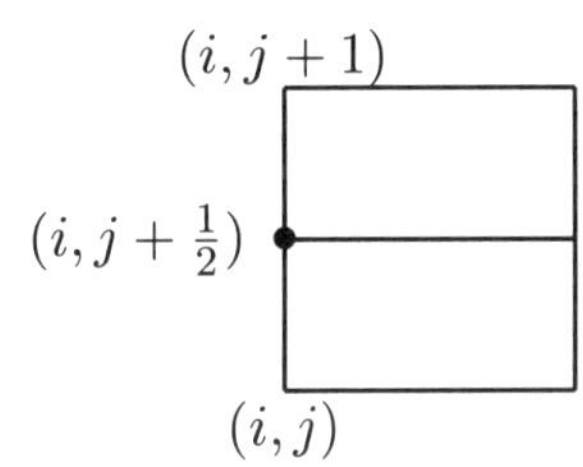

进而得到差分格式

$$A_t D_t^2 u_i^j - A_t^2 D_x^2 u_{i-1}^j + A_t \frac{D_t F_i^j}{D_t u_i^j} = 0.$$

局部守恒证明:

由(8.5.28)的第一式

$$\begin{aligned}
\Longrightarrow\ & D_t v_i^j D_t u_i^j - D_x A_t w_i^j \cdot D_t u_i^j + D_t F_i^j = 0 \\
\Longrightarrow\ & D_t v_i^j A_t v_i^j + D_t F_i^j = D_x A_t w_i^j \cdot D_t u_i^j \\
\Longrightarrow\ & \frac{1}{2} D_t (v_i^j)^2 + D_t F_i^j + A_t w_{i+1}^j D_x D_t u_i^j \quad (\text{交换律}) \\
=\ & D_x A_t w_i^j \cdot D_t u_i^j + A_t w_{i+1}^j D_x D_t u_i^j \quad (\text{Leibnitz法则}).
\end{aligned}$$

得离散后局部能量守恒律

$$D_t\left[\frac{1}{2}(v_i^j)^2 + \frac{1}{2}(w_{i+1}^j)^2 + F_i^j\right] = D_x(A_t w_i^j A_t v_i^j).$$

3. **局部能量守恒格式 III**

t方向和x方向都用中点格式离散, 得到:

$$D_t A_x\, v_i^j - D_x A_t\, w_i^j + \frac{D_t F(A_x\, u_i^j)}{D_t A_x\, u_i^j} = 0, \tag{8.5.29}$$

$$D_t A_x\, u_i^j = A_t\, A_x\, v_i^j, \tag{8.5.30}$$

$$D_x u_i^j = w_{i+1}^j. \tag{8.5.31}$$

进一步消去v和w, 可以得到如下格式:

$$D_t^2\, A_x^2\, u_i^j - D_x^2\, A_t^2\, u_i^j + A_x\, A_t \frac{D_t F(A_x u_i^j)}{D_t A_x\, u_i^j} = 0. \tag{8.5.32}$$

其满足离散的局部能量守恒律为:

$$D_t\Big(\frac{1}{2}\,(A_x\, v_i^j)^2 + \frac{1}{2}\,(A_x\, w_i^j)^2 + F(A_x\, u_i^j)\Big) = D_x(A_t\, v_i^j\, A_t\, w_i^j). \tag{8.5.33}$$

§8.5.5 局部动量守恒格式的构造

为了使构造和证明的思路清晰, 本节先给出局部动量守恒律的推导过程. 仍然从多辛形式(8.5.1)出发, 利用微分运算的链法则$F'(u)u_x = F_x$,

$$\begin{aligned}
& v_t - w_x + \frac{F_x}{u_x} = 0, \\
& v_t\, u_x - w_x\, u_x + F_x = 0, \\
& v_t\, w = w_x\, w - F_x, \\
& v_t\, w + v\, w_t = w_x\, w - F_x + v\, w_t, \\
& v_t\, w + v\, w_t = w_x\, w - F_x + v\, v_x, \\
& \frac{\partial}{\partial t}(vw) = \frac{\partial}{\partial x}\,\Big(\frac{1}{2}\,w^2 + \frac{1}{2}\,v^2 - F(u)\Big).
\end{aligned}$$

以上过程也使用到了微分运算的可交换性、链法则和Leibnitz法则, 所以在离散时要选择使这些性质成立的离散方式, 才会使离散的局部动量守恒律成立.

1. **局部动量守恒格式 I**

x和t都用蛙跳(leap-frog)格式离散, 消去中间变量p得到:

$$\left\{\begin{aligned}
& D_t v_i^j - D_x w_i^j + \frac{A_x\, D_x F_{i-1}^j}{A_x\, D_x u_{i-1}^j} = 0, \\
& D_t u_i^j = v_i^{j+1}, \\
& D_x u_i^j = w_{i+1}^j,
\end{aligned}\right.$$

(i,j)

(8.5.34)

进而得到:

$$D_u\, A_t\, F_i^{j-1} = \frac{D_t A_t\, F_i^{j-1}}{D_t A_t\, u_i^{j-1}},$$

$$D_t^2\, u_i^{j-1} - D_x^2 u_{i-1}^j + \frac{D_x A_x\, F_{i-1}^{j-1}}{D_x A_x\, u_{i-1}^{j-1}} = 0, \tag{8.5.35}$$

(8.5.35)就是最初的动量守恒格式.

下面证明离散的局部动量守恒律:

$$\begin{aligned}
&(D_t v_i^j - D_x w_i^j)\, A_x\, D_x u_{i-1}^j + A_x\, D_x F_{i-1}^j = 0,\\
&(D_t v_i^j - D_x w_i^j)\, A_x\, w_i^j + A_x\, D_x F_{i-1}^j = 0,\\
&D_t v_i^j\, A_x\, w_i^j = D_x w_i^j\, A_x\, w_i^j - A_x\, D_x F_{i-1}^j,\\
&D_t v_i^j\, A_x\, w_i^j = D_x \Big(\frac{1}{2}\, w_i^j\Big)^2 - A_x\, D_x F_{i-1}^j,\\
&D_t v_i^j\, A_x\, w_i^j + v_i^{j+1}\, D_t A_x\, w_i^j = D_x \Big(\frac{1}{2}\, w_i^j\Big)^2 + v_i^{j+1}\, D_t A_x\, w_i^j - A_x\, D_x F_{i-1}^j,\\
&D_t (v_i^j\, A_x\, w_i^j) = D_x \Big(\frac{1}{2}\, w_i^j\Big)^2 + v_i^{j+1}\, D_t A_x\, w_i^j - A_x\, D_x F_{i-1}^j,\\
&D_t (v_i^j\, A_x\, w_i^j) = D_x \Big(\frac{1}{2}\, w_i^j\Big)^2 + v_i^{j+1}\, D_t A_x\, D_x u_{i-1}^j - A_x\, D_x F_{i-1}^j,\\
&D_t (v_i^j\, A_x\, w_i^j) = D_x \frac{1}{2}\, (w_i^j)^2 + v_i^{j+1}\, D_x A_x\, v_{i-1}^{j+1} - A_x\, D_x F_{i-1}^j,\\
&D_t (v_i^j\, A_x\, w_i^j) = D_x \Big[\Big(\frac{1}{2}\, w_i^j\Big)^2 + \frac{1}{2}\, v_{i-1}^{j+1}\, v_i^{j+1} - A_x\, F_{i-1}^j\Big].
\end{aligned}$$

上述最后一式就是格式(8.5.35)所满足的离散局部动量守恒律.

2. 局部动量守恒格式 II

时间方向用蛙跳格式离散, 空间方向用中点格式离散, 消去中间变量p得到:

$$\begin{cases}
D_t A_x\, v_i^j - D_x w_i^j + \dfrac{D_x F(u_i^j)}{D_x u_i^j} = 0,\\
D_t u_i^j = v_i^{j+1},\\
D_x u_i^j = A_x\, w_i^j,
\end{cases} \tag{8.5.36}$$

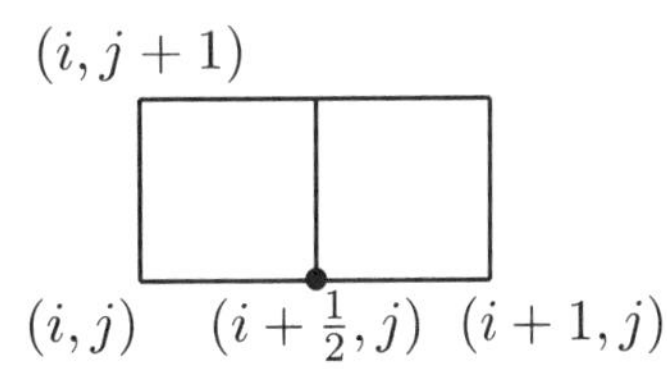

进而可以得到新的局部动量守恒格式:

$$D_t^2\, A_x^2\, u_i^j - D_x^2\, u_i^j + A_x \frac{D_x F_i^j}{D_x u_i^j} = 0,$$

局部性质证明:

$$
\begin{aligned}
&\quad \text{由(8.5.36)的第一式}\\
&\Longrightarrow \quad D_tA_x\, v_i^j\, D_xu_i^j - D_xw_i^j\, D_xu_i^j + D_xF_i^j = 0\\
&\Longrightarrow \quad D_tA_x\, v_i^j\, A_x\, w_i^j = D_xw_i^j\, A_x\, w_i^j - D_xF_i^j = 0\\
&\Longrightarrow \quad D_tA_x\, v_i^j\, A_x\, w_i^j + A_x\, v_i^{j+1}\, D_tA_x\, w_i^j\\
&= \quad D_x(w_i^j)\, A_x\, w_i^j - D_xF_i^j + A_x\, v_i^{j+1}\, D_tA_x\, w_i^j,
\end{aligned}
$$

即

$$D_t(A_x\, v_i^j\, A_x\, w_i^j) = D_x\Big[\frac{1}{2}\,(w_i^j)^2 + \frac{1}{2}\,(v_i^{j+1})^2 - F_i^j\Big].$$

3. 局部动量守恒格式 III

时间方向t和空间方向x都用中点格式离散得到:

$$
\begin{aligned}
D_tA_x\, v_i^j &= A_t\, A_x\, p_i^j,\\
D_tA_x\, u_i^j &= A_t\, A_x\, v_i^j,
\end{aligned}
$$

和

$$
\begin{aligned}
D_xA_t\, w_i^j &= A_t\, A_x\, p_i^j + \frac{D_xF(A_t\, u_i^j)}{D_xA_t\, u_i^j},\\
D_xA_t\, u_i^j &= A_t\, A_x\, w_i^j.
\end{aligned}
$$

联立, 消去p得到:

$$D_tA_x\, v_i^j - D_xA_t\, w_i^j + \frac{D_xF(A_t\, u_i^j)}{D_xA_t\, u_i^j} = 0, \tag{8.5.37}$$

$$D_tA_x\, u_i^j = A_t\, A_x\, v_i^j, \tag{8.5.38}$$

$$D_xA_t\, u_i^j = A_t\, A_x\, w_i^j. \tag{8.5.39}$$

用A_tA_x作用(8.5.37), 再将(8.5.38)和(8.5.39)代入, 消去v, w得到

$$D_t^2\, A_x^2\, v_i^j - D_x^2\, A_t^2\, u_i^j + \frac{D_xF(A_t\, v_i^j)}{D_xA_t\, u_i^j} = 0.$$

下面推导离散的局部动量守恒律. 由(8.5.37), 得

$$D_tA_x\, v_i^j\, D_xA_t\, u_i^j - D_xA_t\, w_i^j\, D_xA_t\, u_i^j + D_xF(A_t\, u_i^j) = 0.$$

将(8.5.39)代入, 得

$$D_tA_x\,v_i^j\,A_t\,A_x\,w_i^j - D_xA_t\,w_i^j\,D_xA_t\,u_i^j + D_xF(A_t\,u_i^j) = 0.$$

利用离散Leibnitz法则, 得

$$\begin{aligned} D_t(A_x\,v_i^jA_xw_i^j) &= A_tA_xv_i^jD_tA_xw_i^j + D_xA_t\,w_i^j\,A_t\,A_x\,w_i^j - D_xF(A_t\,u_i^j) \\ &= \frac{1}{2}\,D_x(A_t\,v_i^j)^2 + \frac{1}{2}\,D_x(A_t\,w_i^j)^2 - D_xF(A_t\,u_i^j) \\ &= D_x[\frac{1}{2}\,(A_t\,v_i^j)^2 + \frac{1}{2}\,(A_t\,w_i^j)^2 - F(A_t\,u_i^j)]. \end{aligned} \tag{8.5.40}$$

在周期边界或者零边界条件下, 通过对x方向求和, 以上所构造的这些局部守恒格式所满足的离散局部守恒律都可以转化成整体离散守恒律, 也就是说这些局部守恒格式也是整体守恒格式. 例如对(8.5.40)在x方向上求和, 若边界条件是周期的话, 有原来的动量守恒律

$$D_tM = D_t\sum_D A_xv_i^j \cdot A_xw_i^j = 0.$$

注 8.5.4 限于篇幅, 本节只是以最简单的例子来说明方法. 一些格式也没有给出详细的证明和推导过程, 它们的推导和证明所用的技巧类似于其他的格式. 详细讨论可以得到更多一系列的局部守恒格式. 局部守恒律在适当的边界条件下可以推出整体守恒律, 也就是说局部守恒格式是整体守恒格式, 而整体守恒格式却不一定有局部性质.

§8.6 一个数值例子

本节应用时空分离的方法来构造非线性Klein-Gordon方程的一个单辛格式. 首先用4阶对称差分算子离散空间微分算子, 从而保证得到的有限维近似方程是Hamilton方程[FWQW89], 再用1阶显辛格式离散时间方向, 得到如下格式:

$$\delta_t^2u_n^m - \frac{-u_{n+2}^m + 16u_{n+1}^m - 30u_n^m + 16u_{n-1}^m - u_{n-2}^m}{h^2} + f(u_n^m) = 0. \tag{8.6.1}$$

该格式的截断误差为: 按照多辛格式的构造方法, 由于其空间方向的离散不是辛离散, 所以以上格式仅是单辛7点格式(不是多辛格式). 用格式(8.6.1)在和多辛5点格式[WWQ04] 相同的条件下模拟了Klein-Gordon方程大振幅的震荡波, 结果如图8.6.1和图8.6.2所示, 当振幅小于1时, 该格式能很好地给出正确的波形和能量、动量图; 当振幅逐渐增大时, 该格式就不能像局部能量守恒格式和多辛格式那样给出正确的数值解; 当振幅$A = 30$, $t = 1.7$ 时, 单辛格式的波形就开始变差, 振幅

开始增大; 到$t = 2.3$时, 就完全溢出 (blow-up). 而多辛格式的波形仍保持得很好, 见图8.6.1. 值得一提的是, 多辛5点格式的精度只有$o(\tau^2) + o(h^2)$.

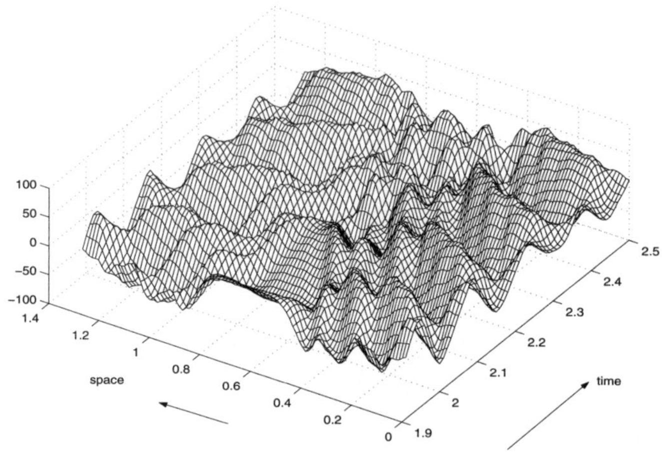

图 8.6.1 Klein-Gordon方程(多辛格式)的大振幅数值波形

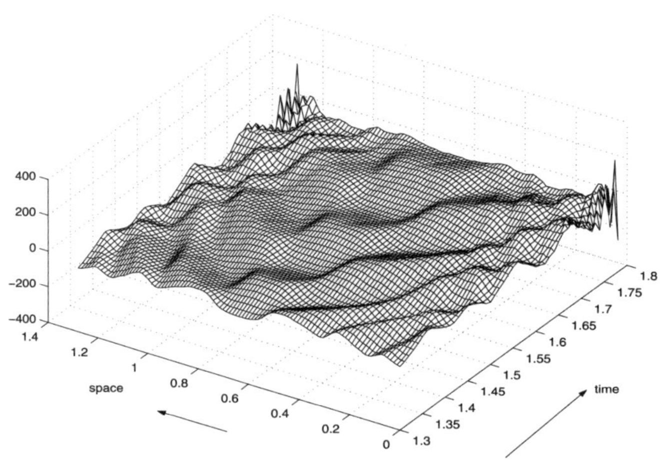

图 8.6.2 Klein-Gordon方程(单辛格式)的大振幅数值波形

本节我们只是数值比较了多辛格式和单辛格式, 在接下来的研究工作中还要比较局部能量守恒格式和整体能量守恒格式、局部动量守恒格式和整体动量守恒格式的优缺点.

§8.7 小结和讨论

在保结构算法的基础上, 本节提出了偏微分方程局部保结构算法的概念. 当周期边界合适时, 局部保结构算法就是整体保结构算法, 但整体保结构算法却不一定是局部保结构算法. 局部守恒格式的概念涵盖了原来的各种保结构算法, 为原来这些算法的分类、分析和构造提供了理论基础. 例如, 能量守恒算法可以分成两类: 局部能量守恒算法和局部能量不守恒算法, 这就能很好地解释原来这些能量守恒算法相互之间的差异性, 也能为分析和构造性能较好的能量守恒算法提供理论基础. 局部保结构算法不再依赖于方程的边界条件, 它克服了原来整体保结构算法的局限性, 大大拓宽了保结构算法的可适用范围. 也就是说, 边界条件不合适时, 也能适用局部保结构算法. 这样, 一些不适用保结构算法的格式也能得到较好的数值结果, 因为它是局部保结构格式; 当边界条件满足时, 它便是整体保结构格式. 从前面的讨论可以看出, 局部保结构算法有很广泛的应用范围. 它还把椭圆型偏微分方程纳入保结构算法的求解范围. 受到该想法的启发, 可以尝试定义一个与时间无关的方程辛算法, 即数值算法仅在空间上静态地保持辛几何结构.

另外, 对应于很多保守系统具有无穷多个首次积分, 局部守恒律也可以有无穷多个. 例如除了前面讨论的几个守恒律外, 非线性Klein-Gordon方程在周期边界或者零边界条件下还具有角动量首次积分:

$$\frac{\mathrm{d}A}{\mathrm{d}t}=0,\quad A=\int\frac{1}{2}(v^2+w^2)\,x+wvt+F(u)\,x\,\mathrm{d}x.$$

同样, 可以证明有不依赖于边界条件的局部角动量守恒律:

$$\partial_t\left(\frac{1}{2}(v^2+w^2)\,x+wvt+F(u)\,x\right)+\partial_x\left(-vwx-\frac{1}{2}(v^2+w^2)t+F(u)\,t\right)=0.$$

有关该方程局部角动量守恒格式的发现和系统构造还需要进一步研究.

参考文献

[曾庆存等87] 曾庆存, 张学洪. 球面上斜压原始方程组保持总有效能量守恒的差分格式. 大气科学, 11(2):113–127, 1987.

[BR01a] T. J. Bridges and S. Reich. Multi-symplectic integrators: numerical schemes for Hamiltonian PDEs that conserve symplecticity. *Physics Letters A*, 284:184–193, 2001.

[BR06] T. J. Bridges and S. Reich. Numerical methods for Hamiltonian PDEs. *J. Phys. A: Math. Gen.*, 39:5287–5320, 2006.

[CGW03b] J. B. Chen, H. Y. Guo, and K. Wu. Total variation in Hamiltonian formalism and symplectic-energy integrators. *J. of Math. Phys.*, 44:1688–1702, 2003.

[Che01] J. B. Chen. New schemes for the nonlinear Schrödinger equation. *Applied Mathematics and Computation*, 124:371–379, 2001.

[CHMM78] A. Chorin, T. J. R. Huges, J. E. Marsden, and M. McCracken. Product formulas and numerical algorithms. *Comm. Pure and Appl. Math.*, 31:205–256, 1978.

[Fen85] K. Feng. On difference schemes and symplectic geometry. In K. Feng, editor, *Proceedings of the 1984 Beijing Symposium on Differential Geometry and Differential Equations*, Science Press, Beijing, 42–58, 1985.

[FQ87] K. Feng and M. Z. Qin. The symplectic methods for the computation of Hamiltonian equations. In Y. L. Zhu and B. Y. Guo, editors, *Numerical Methods for Partial Differential Equations*, Lecture Notes in Mathematics 1297, Springer, Berlin, 1–37, 1987.

[FQ91a] K. Feng and M. Z. Qin. Hamiltonian Algorithms for Hamiltonian Dynamical Systems. *Progr. Natur. Sci.*, 1(2):105–116, 1991.

[FWQW89] K. Feng, H. M. Wu, M. Z. Qin, and D. L. Wang. Construction of canonical difference schemes for Hamiltonian formalism via generating functions. *J. Comput. Math.*, 7:71–96, 1989.

[GP86] P. Y. Guo and P. J. Pascual. Numerical solution of the sine-Gordon equation. *Applied Mathematics and Computation*, 18:25–32, 1986.

[GV83] L. Vazquez and P. Y. Guo A numerical scheme for nonlinear Klein-Gordon equation. *J. Appl. Science*, 1(1):25–32, 1983.

[GW03] H. Y. Guo and K. Wu. On variations in discrete mechanics and field theory. *J. Math. Phys.*, 44:5978–6044, 2003.

[IA88] T. Itoh and K. Abe. Hamiltonian-conserving discrete canonical equations based on variational difference quotients. *J. Comp. Phys.*, 76:85–102, 1988.

[LL95] X. H. Liao and L. Liu Existence of formal integrals of symplectic integrators. *Celest. Mech.*, 63(1):113–123, 1995.

[LQ88] C. W. Li and M. Z. Qin. A symplectic difference scheme for the infinite dimensional Hamiltonian system. *J. Comput. Appl. Math.*, 6:164–174, 1988.

[LQHD07] X. S. Liu, Y. Y. Qi, J. F. He, and P. Z. Ding. Recent progress in symplectic algorithms for use in quantum systems. *Communications in Computational Physics*, 2(1):1–53, 2007.

[LSD02] X. S. Liu, L. W. Su, and P. Z. Ding. Symplectic algorithm for use in computing the time-independent Schrödinger equation. *Int. J. Quant. Chem.*, 87(1):1–11, 2002.

[MPS98] J. E. Marsden, G. P. Patrick, and S. Shloller. Multi-symplectic geometry, variational integrators, and nonlinear PDEs. *Communications in Mathematical Physics*, 199:351–395, 1998.

[Qin87] M. Z. Qin. A symplectic difference schemes for the Hamiltonian equations. *J. Comput. Math.*, 5:203–209, 1987.

[Sha99] Z. Shang. KAM theorem of symplectic algorithms for Hamiltonian systems. *Numer. Math.*, 83:477–496, 1999.

[SV78] W. Strauss and L. Vázquez. Numerical solution of a nonlinear Klein-Gordon equation. *J. Comp. Phys.*, 28:271, 1978.

[TVZPC96] Y. F. Tang, L. Vázquez, F. Zhang, and V. M. Pérez-Carcía. Symplectic methods for the nonlinear Schrödinger equation. *Comput. Math. Appl.*, 32:73–83, 1996.

[WQ01] Y. S. Wang and M. Z. Qin. Multisymplectic geometry and multisymplectic scheme for the nonlinear Klein-Gordon equation. *J. of Phys. Soc. of Japan*, 70:653–661, 2001.

[WWJQ03] Y. Wang, B. Wang, Z. Z. Ji, and M. Z. Qin. High order symplectic schemes for the sine-Gorden equation. *J. of Phys. Soc. of Japan*, 72:2731–2736, 2003.

[WWQ04] Y. Wang, B. Wang, and M. Z. Qin. Numerical implementation of the multisymplectic Preissmann scheme and its equivalent schemes. *Applied Mathematics and Computation*, 149:299–326, 2004.

[ZQ00] P. F. Zhao and M. Z. Qin. Multisymplectic geometry and multisymplectic Preissmann scheme for the KdV equation. *J. Phys. A: Math. Gen.*, 33:3613–3626, 2000.

第九章 附 录

§9.1 变分计算

设:

$$
\begin{aligned}
&\bar{u}=\eta_Y^\lambda \circ u, \quad \eta_X^\lambda(x,t)^{\mathrm{T}}=(\bar{x},\bar{t}),\\
&\eta_Y^\lambda:\ \bar{x}=x+\lambda V^x, \quad \bar{t}=t+\lambda V^t, \quad \bar{u}=u+\lambda V^u,\\
&\mathrm{d}\bar{x}=\frac{\partial\bar{x}}{\partial x}\,\mathrm{d}x+\frac{\partial\bar{x}}{\partial t}\,\mathrm{d}t,\\
&\mathrm{d}\bar{t}=\frac{\partial\bar{t}}{\partial x}\,\mathrm{d}x+\frac{\partial\bar{t}}{\partial t}\,\mathrm{d}t,
\end{aligned}
$$

考虑变分

$$
\begin{aligned}
\frac{\mathrm{d}}{\mathrm{d}\lambda}\Big|_{\lambda=0} S(\bar{u}) \;=\;& \frac{\mathrm{d}}{\mathrm{d}\lambda}\Big|_{\lambda=0}\int_\Omega\Big(\frac{1}{2}\,\bar{u}_{\bar{t}}^2-\frac{1}{2}\,\bar{u}_{\bar{x}}^2+F(\bar{u})\Big)\,\mathrm{d}\bar{x}\wedge\mathrm{d}\bar{t}\\
=\;& \frac{\mathrm{d}}{\mathrm{d}\lambda}\Big|_{\lambda=0}\int_\Omega\Big(\frac{1}{2}\Big(\bar{u}_x\frac{\partial x}{\partial\bar{t}}+\bar{u}_t\frac{\partial t}{\partial\bar{t}}\Big)^2-\frac{1}{2}\Big(\bar{u}_x\frac{\partial x}{\partial\bar{x}}+\bar{u}_t\frac{\partial t}{\partial\bar{x}}\Big)^2\\
&+F\big(\bar{u}\,(x,t)\big)\Big)\Big(\frac{\partial\bar{x}}{\partial x}\frac{\partial\bar{t}}{\partial t}-\frac{\partial\bar{x}}{\partial t}\frac{\partial\bar{t}}{\partial x}\Big)\,\mathrm{d}x\wedge\mathrm{d}t\\
=\;& \int_\Omega\Big[\Big[\Big(\bar{u}_x\frac{\partial x}{\partial\bar{t}}+\bar{u}_t\frac{\partial t}{\partial\bar{t}}\Big)_{\lambda=0}\frac{\mathrm{d}}{\mathrm{d}\lambda}\Big|_{\lambda=0}\Big(\bar{u}_x\frac{\partial x}{\partial\bar{x}}+\bar{u}_t\frac{\partial t}{\partial\bar{x}}\Big)\\
&-\Big(\bar{u}_x\frac{\partial x}{\partial\bar{x}}+\bar{u}_t\frac{\partial t}{\partial\bar{x}}\Big)\Big|_{\lambda=0}\frac{\mathrm{d}}{\mathrm{d}\lambda}\Big|_{\lambda=0}\Big(\bar{u}_x\frac{\partial x}{\partial\bar{t}}+\bar{u}_t\frac{\partial t}{\partial\bar{t}}\Big)\\
&+F'(\bar{u})|_{\lambda=0}\frac{\mathrm{d}}{\mathrm{d}\lambda}\Big|_{\lambda=0}\bar{u}\Big]\Big(\frac{\partial\bar{x}}{\partial x}\frac{\partial\bar{t}}{\partial t}-\frac{\partial\bar{x}}{\partial t}\frac{\partial\bar{t}}{\partial x}\Big)\Big|_{\lambda=0}\\
&+\Big[\frac{1}{2}\Big(\bar{u}_x\frac{\partial x}{\partial\bar{t}}+\bar{u}_t\frac{\partial t}{\partial\bar{t}}\Big)^2-\frac{1}{2}\Big(\bar{u}_x\frac{\partial x}{\partial\bar{x}}+\bar{u}_t\frac{\partial t}{\partial\bar{x}}\Big)^2\\
&+F(\bar{u}(x,t))\Big]\Big|_{\lambda=0}\frac{\mathrm{d}}{\mathrm{d}\lambda}\Big|_{\lambda=0}\Big(\frac{\partial\bar{x}}{\partial x}\frac{\partial\bar{t}}{\partial t}-\frac{\partial\bar{x}}{\partial t}\frac{\partial\bar{t}}{\partial x}\Big)\Big]\,\mathrm{d}x\wedge\mathrm{d}t
\end{aligned}
$$

$$
\begin{aligned}
= & \int_\Omega \Big(u_t(-u_x V_t^x + V_t^u - u_t V_t^t) - u_x(V_x^u - u_x V_x^x - u_t V_x^t) + F'(u)V^u \\
& + \Big(\frac{1}{2}u_t^2 - \frac{1}{2}u_x^2 + F(u)\Big)(V_x^x - V_t^t)\Big)\,\mathrm{d}x \wedge \mathrm{d}t - \int_{\partial\Omega} [-u_t u_x V^x + u_t V^u - u_t^2 V^x]\,\mathrm{d}x \\
& - \int_\Omega \big[(-u_{tt}u_x - u_t u_{tx})V^x + u_{tt}V^u - 2u_t u_{tt} V^t\big]\,\mathrm{d}x \wedge \mathrm{d}t \\
& - \int_{\partial\Omega} [u_x V^u - u_x^2 V^x - u_x u_t V^t]\,\mathrm{d}t + \int_\Omega \big[u_{xx}V^u - 2u_x u_{xx} V^x \\
& - (u_x u_{tt} + u_t u_{xx})V^t\big]\,\mathrm{d}x \wedge \mathrm{d}t + \int_\Omega F'(u)\,V^u\,\mathrm{d}x \wedge \mathrm{d}t \\
& + \int_{\partial\Omega} \Big(\frac{1}{2}u_t^2 - \frac{1}{2}u_x^2 + F(u)\Big)V^x\,\mathrm{d}t - \int_\Omega (u_t u_{tx} - u_x u_{xx} + F' u_x)\,V^x\,\mathrm{d}x \wedge \mathrm{d}t \\
& + \int_{\partial\Omega} \Big(\frac{1}{2}u_t^2 - \frac{1}{2}u_x^2 + F(u)\Big)\,V^t\,\mathrm{d}x - \int_\Omega \Big(u_t u_{tt} - \frac{1}{2}u_x u_{xt} + F' u_t\Big)V^t\,\mathrm{d}x \wedge \mathrm{d}t,
\end{aligned}
$$

经过整理得

$$
\begin{aligned}
\frac{\mathrm{d}}{\mathrm{d}\lambda}\Big|_{\lambda=0} S(\bar{u}) = & \int_\Omega \big(-u_{tt} + u_{xx} - f(u)\big)\,(V^u - u_x V^x - u_t V^t)\,\mathrm{d}x \wedge \mathrm{d}t \\
& + \int_{\partial\Omega} -u_t V^u + u_t u_x V^x + \Big(\frac{1}{2}u_t^2 + \frac{1}{2}u_x^2 - F(u)\Big)\,V^t\,\mathrm{d}x \\
& + \int_{\partial\Omega} -u_x V^u + u_t u_x V^t + \Big(\frac{1}{2}u_t^2 + \frac{1}{2}u_x^2 + F(u)\Big)\,V^x\,\mathrm{d}t.
\end{aligned}
$$

令

$$
\theta_L = F_1\,\mathrm{d}x \wedge \mathrm{d}t + F_2\,\mathrm{d}u \wedge \mathrm{d}t + F_3\,\mathrm{d}u \wedge \mathrm{d}x.
$$

向量场$V = (V^x, V^t, V^u)^{\mathrm{T}} = \frac{\mathrm{d}}{\mathrm{d}\lambda}\Big|_{\lambda=0} \vec{u}$,

$$
\begin{aligned}
j^1(V) \lrcorner\, \theta_L = & F_1\begin{bmatrix} V^x & V^t \\ \mathrm{d}x & \mathrm{d}t \end{bmatrix} + F_2\begin{bmatrix} V^u & V^t \\ \mathrm{d}u & \mathrm{d}t \end{bmatrix} + F_3\begin{bmatrix} V^u & V^x \\ \mathrm{d}u & \mathrm{d}x \end{bmatrix} \\
= & F_1(V^x\,\mathrm{d}t - V^t\,\mathrm{d}x) + F_2(V^u\,\mathrm{d}t - V^t\,\mathrm{d}u) + F_3(V^u\,\mathrm{d}x - V^x\,\mathrm{d}u).
\end{aligned}
$$

注意到$j^1(u)^*\,\mathrm{d}x = \mathrm{d}x$, $j^1(u)^*\,\mathrm{d}t = \mathrm{d}t$, $j^1(u)^*\,\mathrm{d}u = u_x\,\mathrm{d}x + u_t\,\mathrm{d}t$, 故

$$
\begin{aligned}
j^1(u)^*(j^1(V) \lrcorner\, \theta_L) = & \big[F_3 V^u - F_3 u_x V^x - (F_1 + F_2 u_x) V^t\big]\,\mathrm{d}x \\
& + [F_2 V^u + F_1 V^x - F_3 u_t V^x - F_2 u_t V^t]\,\mathrm{d}t,
\end{aligned}
$$

$I_2 = \int_{\partial\Omega} j^1(u)\,J^1(V) \lrcorner\, \theta_L$, 如果$F_1 = \Big(\frac{1}{2}u_t^2 - u_x^2 - F(u)\Big)$, $F_2 = -u_x$, $F_3 = -u_t$, 则

$$
\theta_L = \Big(\frac{1}{2}u_t^2 - u_x^2 - F(u)\Big)\,\mathrm{d}x \wedge \mathrm{d}t - u_x\,\mathrm{d}u \wedge \mathrm{d}t - u_t\,\mathrm{d}u \wedge \mathrm{d}x,
$$

$$\begin{aligned}\Omega_L &= -\mathrm{d}\theta_L - (-\mathrm{d}u_t \wedge \mathrm{d}u \wedge \mathrm{d}x - \mathrm{d}u_x \wedge \mathrm{d}u \wedge \mathrm{d}t - u_t\,\mathrm{d}u_t \wedge \mathrm{d}x \wedge \mathrm{d}t \\ &\quad + u_x\,\mathrm{d}u_x \wedge \mathrm{d}x \wedge \mathrm{d}l + F'(u)\,\mathrm{d}u \wedge \mathrm{d}x \wedge \mathrm{d}t) \\ &= -\mathrm{d}u \wedge \mathrm{d}u_t \wedge \mathrm{d}x - \mathrm{d}u \wedge \mathrm{d}u_x \wedge \mathrm{d}t - F'(u)\,\mathrm{d}u \wedge \mathrm{d}x \wedge \mathrm{d}t \\ &\quad + u_t\,\mathrm{d}u_t \wedge \mathrm{d}x \wedge \mathrm{d}l - u_x\,\mathrm{d}u \wedge \mathrm{d}x \wedge \mathrm{d}t.\end{aligned}$$

§9.2 KP方程45点格式

由于第五章中的格式(5.9.46)与文献中KP方程的[Bri99]多辛方程等价, 为简便起见, 我们采用文献中KP方程的多辛方程组, 用Euler中点格式离散方程组, 得到[Fen85]:

$$\frac{p^1_{i+1,j+\frac12,k+\frac12} - p^1_{i,j+\frac12,k+\frac12}}{\Delta x} = 0, \tag{9.2.1}$$

$$\begin{aligned}&\frac{p^3_{i+\frac12,j+\frac12,k+1} - p^3_{i+\frac12,j+\frac12,k}}{\Delta t} + \frac{p^2_{i+1,j+\frac12,k+\frac12} - p^2_{i,j+\frac12,k+\frac12}}{\Delta x} \\ &+\sigma\,\frac{p^4_{i+\frac12,j+1,k+\frac12} - p^4_{i+\frac12,j,k+\frac12}}{\Delta y} = -p^1_{i+\frac12,j+\frac12,k+\frac12},\end{aligned} \tag{9.2.2}$$

$$\frac{p^3_{i+1,j+\frac12,k+\frac12} - p^3_{i,j+\frac12,k+\frac12}}{\Delta x} = q^3_{i+\frac12,j+\frac12,k+\frac12}, \tag{9.2.3}$$

$$\frac{p^4_{i+1,j+\frac12,k+\frac12} - p^4_{i,j+\frac12,k+\frac12}}{\Delta x} - \frac{p^3_{i+\frac12,j+1,k+\frac12} - p^3_{i+\frac12,j,k+\frac12}}{\Delta y} = 0, \tag{9.2.4}$$

$$\frac{q^1_{i+1,j+\frac12,k+\frac12} - q^1_{i,j+\frac12,k+\frac12}}{\Delta x} = q^2_{i+\frac12,j+\frac12,k+\frac12}, \tag{9.2.5}$$

$$\frac{q^2_{i+1,j+\frac12,k+\frac12} - q^2_{i,j+\frac12,k+\frac12}}{\Delta x} = p^3_{i+\frac12,j+\frac12,k+\frac12}, \tag{9.2.6}$$

$$\begin{aligned}&\frac{q^2_{i+\frac12,j+\frac12,k+1} - q^2_{i+\frac12,j+\frac12,k}}{\Delta t} + \frac{q^3_{i+1,j+\frac12,k+\frac12} - q^3_{i,j+\frac12,k+\frac12}}{\Delta x} \\ &-\frac{q^4_{i+\frac12,j+1,k+\frac12} - q^4_{i+\frac12,j,k+\frac12}}{\Delta y} = p^2_{i+\frac12,j+\frac12,k+\frac12} - f_{i+\frac12,j+\frac12,k+\frac12},\end{aligned} \tag{9.2.7}$$

$$\frac{1}{\sigma}\,\frac{q^4_{i+1,j+\frac12,k+\frac12} - q^4_{i,j+\frac12,k+\frac12}}{\Delta x} + \frac{q^2_{i+\frac12,j+1,k+\frac12} - q^2_{i+\frac12,j,k+\frac12}}{\Delta y} = p^4_{i+\frac12,j+\frac12,k+\frac12}. \tag{9.2.8}$$

若变量的格点在某一方向是中点, 省略不记. 例如$u_{i+1,j+\frac12,k+\frac12}$, 记作$u_{i+1}$.

(9.2.2) + (9.2.2)' [1] 得

$$\delta_t\left(p^3_{i+\frac{1}{2}}+p^3_{i-\frac{1}{2}}\right)+\delta_x\left(p^2_{i+\frac{1}{2}}+p^2_{i-\frac{1}{2}}\right)+\sigma\,\delta_y\left(p^4_{i+\frac{1}{2}}+p^4_{i-\frac{1}{2}}\right)=-\left(p^1_{i+\frac{1}{2}}+p^1_{i-\frac{1}{2}}\right),$$

其中$\delta_x\left(p^2_{i+\frac{1}{2}}+p^2_{i-\frac{1}{2}}\right)=\dfrac{1}{\Delta x}\left(p^2_{i+\frac{1}{2}}-p^2_{i-\frac{1}{2}}\right)$.

(9.2.7) − (9.2.7)', 取$i=i-1$得

$$\begin{aligned}&\delta_t\left(q^2_{i+\frac{1}{2}}-q^2_{i-\frac{1}{2}}\right)+\delta_x\left(q^3_{i+\frac{1}{2}}-q^3_{i-\frac{1}{2}}\right)-\delta_y\left(q^4_{i+\frac{1}{2}}-q^4_{i-\frac{1}{2}}\right)\\=\;&\frac{1}{2}\left(p^2_{i+1}+p^2_{i-1}\right)-\left(f_{i+\frac{1}{2}}-f_{i-\frac{1}{2}}\right).\end{aligned}$$

以上两式消去p^2, 可得

$$\begin{aligned}&\Delta x\,\delta_t\left(p^3_{i+\frac{1}{2}}+p^3_{i-\frac{1}{2}}\right)+\sigma\,\Delta x\,\delta_y\left(p^4_{i+\frac{1}{2}}+p^4_{i-\frac{1}{2}}\right)+2\,\delta_t\left(q^2_{i+\frac{1}{2}}+q^2_{i-\frac{1}{2}}\right)\\&+2\,\delta_x\left(q^3_{i+\frac{1}{2}}-q^3_{i-\frac{1}{2}}\right)-2\,\delta_y\left(q^4_{i+\frac{1}{2}}-q^4_{i-\frac{1}{2}}\right)\\=\;&-\Delta x\left(p^1_{i+\frac{1}{2}}+p^1_{i-\frac{1}{2}}\right)-2\left(f_{i+\frac{1}{2}}+f_{i-\frac{1}{2}}\right).\end{aligned}\tag{9.2.9}$$

下面消去q^3, (9.2.9) + (9.2.9)', 取$i=i-1$得

$$\begin{aligned}&\Delta x\,\delta_t\left(p^3_{i+\frac{1}{2}}+2p^3_{i-\frac{1}{2}}+p^3_{i-\frac{3}{2}}\right)+\sigma\,\Delta x\,\delta_y\left(p^4_{i+\frac{1}{2}}+2p^4_{i-\frac{1}{2}}+p^4_{i-\frac{3}{2}}\right)\\&+2\,\delta_t\left(q^2_{i+\frac{1}{2}}-q^2_{i-\frac{3}{2}}\right)+2\,\delta_x\left(q^3_{i+\frac{1}{2}}+q^3_{i-\frac{3}{2}}\right)-2\,\delta_y\left(q^4_{i+\frac{1}{2}}+q^4_{i-\frac{3}{2}}\right)\\=\;&-\Delta x\left(p^1_{i+\frac{1}{2}}+2\,p^1_{i-\frac{1}{2}}+p^1_{i-\frac{3}{2}}\right)-2\left(f_{i+\frac{1}{2}}+f_{i-\frac{3}{2}}\right),\end{aligned}$$

其中

$$2\,\delta_x\left(q^3_{i+\frac{1}{2}}-q^3_{i-\frac{3}{2}}\right)=\frac{2}{\Delta x}\left(q^3_{i+1}-q^3_i-q^3_{i-1}+q^3_{i-2}\right).$$

由(9.2.3)式, 有:

$$\begin{aligned}\delta_x\left(p^3_{i+\frac{1}{2}}-p^3_{i-\frac{1}{2}}\right)&=\frac{1}{2}\left(q^3_{i+1}-q^3_{i-1}\right),\\\delta_x\left(p^3_{i-\frac{1}{2}}-p^3_{i-\frac{3}{2}}\right)&=\frac{1}{2}\left(q^3_i-q^3_{i-2}\right),\end{aligned}$$

两式相减得:

$$\delta_x\left(p^3_{i+\frac{1}{2}}-2\,p^3_{i-\frac{1}{2}}+p^3_{i-\frac{3}{2}}\right)=\frac{1}{2}\left(q^3_{i+1}-q^3_{i-1}-q^3_i+q^3_{i-2}\right),$$

$$2\,\delta_x\left(q^3_{i+\frac{1}{2}}-q^3_{i-\frac{3}{2}}\right)=\frac{4}{\Delta x}\,\delta_x\left(p^3_{i+\frac{1}{2}}-2\,p^3_{i-\frac{1}{2}}+p^3_{i-\frac{3}{2}}\right),$$

---

[1] (9.2.2)' 是(9.2.2) 取$i=i-1$的情况, 以下类似.

就有

$$\begin{aligned}
&\Delta x\,\delta_t\left(p^3_{i+\frac12}+2\,p^3_{i-\frac12}+p^3_{i-\frac32}\right)+\sigma\,\Delta x\,\delta_y\left(p^4_{i+\frac12}+2\,p^4_{i-\frac12}+p^4_{i-\frac32}\right)\\
&+2\,\delta_t\left(q^2_{i+\frac12}-q^2_{i-\frac32}\right)+\frac{4}{\Delta x}\,\delta_x\left(p^3_{i+\frac12}-2\,p^3_{i-\frac12}+p^3_{i-\frac32}\right)-2\,\delta_y\left(q^4_{i+\frac12}-q^4_{i-\frac32}\right)\\
=\;&-\Delta x\left(p^1_{i+\frac12}+2\,p^1_{i-\frac12}+p^1_{i-\frac32}\right)-2\left(f_{i+\frac12}-f_{i-\frac32}\right).
\end{aligned}\tag{9.2.10}$$

(9.2.10) + (9.2.10)', 取$j=j+1$, 消去q^4,得

$$\begin{aligned}
&\Delta x\,\delta_t\left(p^3_{i+\frac12}+2\,p^3_{i-\frac12}+p^3_{i-\frac32}\right)_{(j+\frac12)+(j+\frac32)}\\
&+\sigma\,\Delta x\,\delta_y\left(p^4_{i+\frac12}+2\,p^4_{i-\frac12}+p^4_{i-\frac32}\right)_{(j+\frac12)+(j+\frac32)}+2\,\delta_t\left(q^2_{i+\frac12}-q^2_{i-\frac32}\right)_{(j+\frac12)+(j+\frac32)}\\
&+\frac{4}{\Delta x}\,\delta_x\left(p^3_{i+\frac12}-2\,p^3_{i-\frac12}+p^3_{i-\frac32}\right)_{(j+\frac12)+(j+\frac32)}-2\,\delta_y\left(q^4_{i+\frac12}-q^4_{i-\frac32}\right)_{(j+\frac12)+(j+\frac32)}\\
=\;&-\Delta x\left(p^1_{i+\frac12}+2\,p^1_{i-\frac12}+p^1_{i-\frac32}\right)_{(j+\frac12)+(j+\frac32)}-2\left(f_{i+\frac12}-f_{i-\frac32}\right)_{(j+\frac12)+(j+\frac32)},
\end{aligned}\tag{9.2.11}$$

$$\begin{aligned}
&\delta_y\left(p^4_{i+\frac12}+2\,p^4_{i-\frac12}+p^4_{i-\frac32}\right)_{(j+\frac12)+(j+\frac32)}\\
=\;&\frac{1}{\Delta y}\left(p^4_{i+\frac12,j+2}+2\,p^4_{i-\frac12,j+2}+p^4_{i-\frac32,j+2}-p^4_{i+\frac12,j}-2\,p^4_{i-\frac12,j}-p^4_{i-\frac32,j}\right),
\end{aligned}\tag{9.2.12}$$

$$\begin{aligned}
&2\,\delta_y\left(q^4_{i+\frac12}-q^4_{i-\frac32}\right)_{(j+\frac12)+(j+\frac32)}=\frac{2}{\Delta y}\left(q^4_{i+\frac12,j+2}-q^4_{i+\frac12,j}-q^4_{i-\frac32,j+2}+q^4_{i-\frac32,j}\right)\\
=\;&\frac{1}{\Delta y}\left[\left(q^4_{i+1,j+2}-q^4_{i+1,j}-q^4_{i-1,j+2}+q^4_{i-1,j}\right)+\left(q^4_{i,j+2}-q^4_{i,j}-q^4_{i-2,j+2}+q^4_{i-2,j}\right)\right].
\end{aligned}\tag{9.2.13}$$

由(9.2.8)可知

$$\begin{aligned}
&q^4_{i+1}-q^4_i=\sigma\,\Delta\,xp^4_{i+\frac12}-\sigma\Delta x\delta_y q^2_{i+\frac12},\\
&q^4_{i+1}-q^4_{i-1}=\sigma\,\Delta x(p^4_{i+\frac12}+p^4_{i-\frac12})-\sigma\,\Delta\,x\,\delta_y\left(q^2_{i+\frac12}+q^2_{i-\frac12}\right),
\end{aligned}$$

即

$$\begin{aligned}
&q^4_{i+1,j+1}+q^4_{i+1,j}-q^4_{i-1,j+1}-q^4_{i-1,j}\\
=\;&2\,\sigma\,\Delta x\left(p^4_{i+\frac12}+p^4_{i-\frac12}\right)-2\,\sigma\,\Delta\,x\,\delta_y\left(q^2_{i+\frac12}+q^2_{i-\frac12}\right),
\end{aligned}$$

上式令$j=j+1$并减去原式, 可得

$$\begin{aligned}
&\left(q^4_{i+1,j+2}-q^4_{i+1,j}-q^4_{i-1,j+2}+q^4_{i-1,j}\right)\\
=\;&2\,\sigma\,\Delta\,x\left(p^4_{i+\frac12,j+\frac32}-p^4_{i+\frac12,j+\frac12}+p^4_{i-\frac12,j+\frac32}-p^4_{i-\frac12,j+\frac12}\right)\\
&-2\,\sigma\,\Delta\,x\,\delta_y\left(q^2_{i+\frac12,j+\frac32}-q^2_{i+\frac12,j+\frac12}+q^2_{i-\frac12,j+\frac32}-q^2_{i-\frac12,j+\frac12}\right),
\end{aligned}$$

上式令$i=i-1$, 有

$$\begin{aligned}&(q^4_{i,j+2}-q^4_{i,j}-q^4_{i-2,j+2}+q^4_{i-2,j})\\=\;&2\sigma\,\Delta\,x\big(p^4_{i-\frac12,j+\frac32}-p^4_{i-\frac12,j+\frac12}+p^4_{i-\frac32,j+\frac32}-p^4_{i-\frac32,j+\frac12}\big)\\&-2\,\sigma\,\Delta\,x\,\delta_y\big(q^2_{i-\frac12,j+\frac32}-q^2_{i-\frac12,j+\frac12}+q^2_{i-\frac32,j+\frac32}-q^2_{i-\frac32,j+\frac12}\big),\end{aligned}$$

以上两式相加, 右端为:

$$\begin{aligned}&2\,\sigma\,\Delta\,x\,(p^4_{i+\frac12,j+\frac32}-p^4_{i+\frac12,j+\frac12}+p^4_{i-\frac12,j+\frac32}-p^4_{i-\frac12,j+\frac12}+p^4_{i-\frac12,j+\frac32}\\&-p^4_{i-\frac12,j+\frac12}+p^4_{i-\frac32,j+\frac32}-p^4_{i-\frac32,j+\frac12})-2\sigma\,\Delta\,x\,\delta_y\,(q^2_{i+\frac12,j+\frac32}-q^2_{i+\frac12,j+\frac12}\\&+q^2_{i-\frac12,j+\frac32}-q^2_{i-\frac12,j+\frac12}+q^2_{i-\frac12,j+\frac32}-q^2_{i-\frac12,j+\frac12}+q^2_{i-\frac32,j+\frac32}-q^2_{i-\frac32,j+\frac12})\\=\;&2\,\sigma\,\Delta\,x(p^4_{i+\frac12}+2p^4_{i-\frac12}+p^4_{i-\frac32})_{(j+\frac32)-(j+\frac12)}\\&+\frac{-2\,\sigma\,\Delta\,x}{\Delta\,y}(q^2_{i+\frac12,j+2}-2q^2_{i+\frac12,j+1}+q^2_{i+\frac12,j}+2(q^2_{i-\frac12,j+2}-2q^2_{i-\frac12,j+1}\\&+q^2_{i-\frac12,j})+q^2_{i-\frac32,j+2}-2q^2_{i-\frac32,j+1}+q^2_{i-\frac32,j}),\end{aligned}$$

代入(9.2.11), 整理p^4项为0:

$$\begin{aligned}&\Delta\,x\,\delta_t\,(p^3_{i+\frac12}+2p^3_{i-\frac12}+p^3_{i-\frac32})_{(j+\frac12)+(j+\frac32)}+2\,\delta_t\,(q^2_{i+\frac12}-q^2_{i-\frac32})_{(j+\frac12)+(j+\frac32)}\\&-\frac{4}{\Delta\,x}\,\delta_x\,(p^3_{i+\frac12}-2p^3_{i-\frac12}+p^3_{i-\frac32})_{(j+\frac12)+(j+\frac32)}\\&+\frac{2\sigma\,\Delta\,x}{\Delta\,y^2}\big[(q^2_{i+\frac12,j+2}-2q^2_{i+\frac12,j+1}+q^2_{i+\frac12,j})\\&+2\,(q^2_{i-\frac12,j+2}-2q^2_{i-\frac12,j+1}+q^2_{i-\frac12,j})+(q^2_{i-\frac32,j+2}-2q^2_{i-\frac32,j+1}+q^2_{i-\frac32,j})\big]\\=\;&-\Delta\,x\,(p^1_{i+\frac12}+2p^1_{i-\frac12}+p^1_{i-\frac32})_{(j+\frac12)+(j+\frac32)}-2\big(f_{i+\frac12}-f_{i-\frac32}\big)_{(j+\frac12)+(j+\frac32)}.\end{aligned}\tag{9.2.14}$$

下面消去q^2. (9.2.14)' – (9.2.14), 取$i=i+1$得

$$\begin{aligned}&\Delta\,x\,\delta_t\,(p^3_{i+\frac32}+p^3_{i+\frac12}-p^3_{i-\frac12}-p^3_{i-\frac32})_{(j+\frac12)+(j+\frac32)}+2\,\delta_t\,(q^2_{i+\frac32}-q^2_{i+\frac12}-q^2_{i-\frac12}\\&+q^2_{i+\frac32})_{(j+\frac12)+(j+\frac32)}+\frac{4}{\Delta x}\delta_x(p^3_{i+\frac32}-3p^3_{i+\frac12}+3p^3_{i-\frac12}-p^3_{i-\frac32})_{(j+\frac12)+(j+\frac32)}\\&-\frac{\sigma\,\Delta\,x}{\Delta\,y^2}\big[(q^2_{i+2}+2q^2_{i+1}-2q^2_{i-1}-q^2_{i-2})_{j+2}\\&-2\,(q^2_{i+2}+2q^2_{i+1}-2q^2_{i-1}-q^2_{i-2})_{j+1}+(q^2_{i+2}+2q^2_{i+1}-2q^2_{i-1}-q^2_{i-2})_j\big]\\=\;&-\Delta\,x\big(p^1_{i+\frac32}+p^1_{i+\frac12}-p^1_{i-\frac12}-p^1_{i-\frac32}\big)_{(j+\frac12)+(j+\frac32)}\\&-2\,(f_{i+\frac32}-f_{i+\frac12}-f_{i-\frac12}+f_{i-\frac32})_{(j+\frac12)+(j+\frac32)}.\end{aligned}$$

由(9.2.6)式可知$q^2_{i+1}-q^2_i=\Delta x p^3_{i+\frac12}$, 则有

$$q_{i+2}^2-q_{i-2}^2+2(q_{i+1}^2-q_{i-1}^2)=\Delta x(p_{i+\frac{3}{2}}^3+3p_{i+\frac{1}{2}}^3+3p_{i-\frac{1}{2}}^3+p_{i-\frac{3}{2}}^3),$$

代入上式有

$$\begin{aligned}
&\Delta\,x\,\delta_t\left(p_{i+\frac{3}{2}}^3+p_{i+\frac{1}{2}}^3-p_{i-\frac{1}{2}}^3-p_{i-\frac{3}{2}}^3\right)_{(j+\frac{1}{2})+(j+\frac{3}{2})}\\
&+2\,\delta_t\left(q_{i+\frac{3}{2}}^2-q_{i+\frac{1}{2}}^2-q_{i-\frac{1}{2}}^2+q_{i-\frac{3}{2}}^2\right)_{(j+\frac{1}{2})+(j+\frac{3}{2})}\\
&+\frac{4}{\Delta\,x}\,\delta_x\left(p_{i+\frac{3}{2}}^3-3p_{i+\frac{1}{2}}^3+3p_{i-\frac{1}{2}}^3-p_{i-\frac{3}{2}}^3\right)_{(j+\frac{1}{2})+(j+\frac{3}{2})}\\
&+\frac{\sigma\,\Delta\,x^2}{\Delta\,y^2}\left[p_{i+\frac{3}{2}}^3+3p_{i+\frac{1}{2}}^3+3p_{i-\frac{1}{2}}^3+p_{i-\frac{3}{2}}^3\right]_{(j+2)-2(j+1)+j}\\
=\;&-2\left(f_{i+\frac{3}{2}}-f_{i+\frac{1}{2}}-f_{i-\frac{1}{2}}+f_{i-\frac{3}{2}}\right)_{(j+\frac{1}{2})+(j+\frac{3}{2})}.
\end{aligned}\tag{9.2.15}$$

(9.2.15)+(9.2.15)' , $k=k+1$, 得

$$\begin{aligned}
&\Delta\,x\,\delta_t\left(p_{i+\frac{3}{2}}^3+p_{i+\frac{1}{2}}^3-p_{i-\frac{1}{2}}^3-p_{i-\frac{3}{2}}^3\right)_{(j+\frac{1}{2})+(j+\frac{3}{2}),(k+\frac{1}{2})+(k+\frac{3}{2})}\\
&+\frac{2}{\Delta_t}\left(q_{i+\frac{3}{2}}^2-q_{i+\frac{1}{2}}^2-q_{i-\frac{1}{2}}^2+q_{i-\frac{3}{2}}^2\right)_{(j+\frac{1}{2})+(j+\frac{3}{2}),(k+2)-(k)}\\
&+\frac{4}{\Delta\,x}\,\delta_x\left(p_{i+\frac{3}{2}}^3-3p_{i+\frac{1}{2}}^3+3p_{i-\frac{1}{2}}^3-p_{i-\frac{3}{2}}^3\right)_{(j+\frac{1}{2})+(j+\frac{3}{2}),(k+\frac{1}{2})+(k+\frac{3}{2})}\\
&+\frac{\sigma\,\Delta\,x^2}{\Delta\,y^2}\left[\left(p_{i+\frac{3}{2}}^3+3p_{i+\frac{1}{2}}^3+3p_{i-\frac{1}{2}}^3+p_{i-\frac{3}{2}}^3\right)_{(j+2)-2(j+1)+j,(k+\frac{1}{2})+(k+\frac{3}{2})}\right]\\
=\;&-2\left(f_{i+\frac{3}{2}}-f_{i+\frac{1}{2}}-f_{i-\frac{1}{2}}+f_{i-\frac{3}{2}}\right)_{(j+\frac{1}{2})+(j+\frac{3}{2}),(k+\frac{1}{2})(k+\frac{3}{2})}.
\end{aligned}\tag{9.2.16}$$

因为

$$\begin{aligned}
&2\left(q_{i+\frac{3}{2}}^2-q_{i+\frac{1}{2}}^2-q_{i-\frac{1}{2}}^2+q_{i-\frac{3}{2}}^2\right)_{(k+2)-(k),(j+\frac{1}{2})+(j+\frac{3}{2})}\\
=\;&\left(q_{i+2}^2-2q_i^2+q_{i-2}^2\right)_{(k+2)-(k),(j+\frac{1}{2})+(j+\frac{3}{2})}.
\end{aligned}$$

由(9.2.6)式有$q_{i+1}^2-q_i^2=\Delta\,x\,p_{i+\frac{1}{2}}^3$, 则

$$q_{i+2}^2-2q_i^2+q_{i-2}^2=\Delta\,x\left(p_{i+\frac{3}{2}}^3+p_{i+\frac{1}{2}}^3-p_{i-\frac{1}{2}}^3-p_{i-\frac{3}{2}}^3\right).$$

上式令$k=k+1$, 减去原式得

$$\left(q_{i+2}^2-2q_i^2+q_{i-2}^2\right)_{(k+2)-(k)}=2\Delta\,x\left(p_{i+\frac{3}{2}}^3+p_{i+\frac{1}{2}}^3-p_{i-\frac{1}{2}}^3-p_{i-\frac{3}{2}}^3\right)_{(k+\frac{3}{2})-(k+\frac{1}{2})},$$

代入(9.2.16)式,就得到关于p^3,即u的格式为

$$\begin{aligned}
&\Delta x\,\delta_t\left(p^3_{i+\frac{3}{2}}+p^3_{i+\frac{1}{2}}-p^3_{i-\frac{1}{2}}-p^3_{i-\frac{3}{2}}\right)_{(j+\frac{1}{2})+(j+\frac{3}{2}),(k+\frac{1}{2})+(k+\frac{3}{2})}\\
&+\frac{2\Delta x}{\Delta_t}\left(p^3_{i+\frac{3}{2}}+p^3_{i+\frac{1}{2}}-p^3_{i-\frac{1}{2}}-p^3_{i-\frac{3}{2}}\right)_{(k+\frac{3}{2})-(k+\frac{1}{2}),(j+\frac{3}{2})+(j+\frac{1}{2})}\\
&+\frac{4}{\Delta x}\,\delta_x\left(p^3_{i+\frac{3}{2}}-3p^3_{i+\frac{1}{2}}+3p^3_{i-\frac{1}{2}}-p^3_{i-\frac{3}{2}}\right)_{(j+\frac{1}{2})+(j+\frac{3}{2}),(k+\frac{1}{2})+(k+\frac{3}{2})}\\
&+\frac{\sigma\,\Delta x^2}{\Delta y^2}\left[\left(p^3_{i+\frac{3}{2}}+3p^3_{i+\frac{1}{2}}+3p^3_{i-\frac{1}{2}}+p^3_{i-\frac{3}{2}}\right)_{(j+2)-2(j+1)+j,(k+\frac{1}{2})+(k+\frac{3}{2})}\right]\\
=\;&-2\left(f_{i+\frac{3}{2}}-f_{i+\frac{1}{2}}-f_{i-\frac{1}{2}}+f_{i-\frac{3}{2}}\right)_{(j+\frac{1}{2})+(j+\frac{3}{2}),(k+\frac{1}{2})+(k+\frac{3}{2})}.
\end{aligned} \tag{9.2.17}$$

§9.3 Ginzburg-Landau 方程18点格式

Ginzburg-Landau方程18点格式有下列形式[TMZM08]:

$$\begin{aligned}
&-\frac{q^{k+1}_{i+\frac{1}{2},j+\frac{1}{2}}-q^{k}_{i+\frac{1}{2},j+\frac{1}{2}}}{\Delta t}-\frac{(v_1)^{k+\frac{1}{2}}_{i+1,j+\frac{1}{2}}-(v_1)^{k+\frac{1}{2}}_{i,j+\frac{1}{2}}}{\Delta x}-\frac{(v_2)^{k+\frac{1}{2}}_{i+\frac{1}{2},j+1}-(v_2)^{k+\frac{1}{2}}_{i+\frac{1}{2},j}}{\Delta y}\\
=\;&(A_1w_1)^{k+\frac{1}{2}}_{i+\frac{1}{2},j+\frac{1}{2}}+(A_2w_2)^{k+\frac{1}{2}}_{i+\frac{1}{2},j+\frac{1}{2}}+(f'p)^{k+\frac{1}{2}}_{i+\frac{1}{2},j+\frac{1}{2}},
\end{aligned} \tag{9.3.1}$$

$$\begin{aligned}
&\frac{p^{k+1}_{i+\frac{1}{2},j+\frac{1}{2}}-p^{k}_{i+\frac{1}{2},j+\frac{1}{2}}}{\Delta t}-\frac{(w_1)^{k+\frac{1}{2}}_{i+1,j+\frac{1}{2}}-(w_1)^{k+\frac{1}{2}}_{i,j+\frac{1}{2}}}{\Delta x}-\frac{(w_2)^{k+\frac{1}{2}}_{i+\frac{1}{2},j+1}-(w_2)^{k+\frac{1}{2}}_{i+\frac{1}{2},j}}{\Delta y}\\
=\;&-(A_1v_1)^{k+\frac{1}{2}}_{i+\frac{1}{2},j+\frac{1}{2}}-(A_2v_2)^{k+\frac{1}{2}}_{i+\frac{1}{2},j+\frac{1}{2}}+(f'q)^{k+\frac{1}{2}}_{i+\frac{1}{2},j+\frac{1}{2}},
\end{aligned} \tag{9.3.2}$$

$$\frac{p^{k+\frac{1}{2}}_{i+1,j+\frac{1}{2}}-p^{k+\frac{1}{2}}_{i,j+\frac{1}{2}}}{\Delta x}=(v_1)^{k+\frac{1}{2}}_{i+\frac{1}{2},j+\frac{1}{2}}-(q\,A_1)^{k+\frac{1}{2}}_{i+\frac{1}{2},j+\frac{1}{2}}, \tag{9.3.3}$$

$$\frac{p^{k+\frac{1}{2}}_{i+\frac{1}{2},j+1}-p^{k+\frac{1}{2}}_{i+\frac{1}{2},j}}{\Delta y}=(v_2)^{k+\frac{1}{2}}_{i+\frac{1}{2},j+\frac{1}{2}}-(q\,A_2)^{k+\frac{1}{2}}_{i+\frac{1}{2},j+\frac{1}{2}}, \tag{9.3.4}$$

$$-\frac{q^{k+\frac{1}{2}}_{i+1,j+\frac{1}{2}}-q^{k+\frac{1}{2}}_{i,j+\frac{1}{2}}}{\Delta x}=-(w_1)^{k+\frac{1}{2}}_{i+\frac{1}{2},j+\frac{1}{2}}-(p\,A_1)^{k+\frac{1}{2}}_{i+\frac{1}{2},j+\frac{1}{2}}, \tag{9.3.5}$$

$$-\frac{q^{k+\frac{1}{2}}_{i+\frac{1}{2},j+1}-q^{k+\frac{1}{2}}_{i+\frac{1}{2},j}}{\Delta y}=-(w_2)^{k+\frac{1}{2}}_{i+\frac{1}{2},j+\frac{1}{2}}-(p\,A_2)^{k+\frac{1}{2}}_{i+\frac{1}{2},j+\frac{1}{2}}. \tag{9.3.6}$$

记δx, δy, δt是前差算子, 则(9.3.3)式记作

$$\delta_x\,p^{k+\frac{1}{2}}_{i,j+\frac{1}{2}}=\frac{1}{2}\,(v_1)^{k+\frac{1}{2}}_{i+1,j+\frac{1}{2}}+\frac{1}{2}\,(v_1)^{k+\frac{1}{2}}_{i,j+\frac{1}{2}}-(q\,A_1)^{k+\frac{1}{2}}_{i+\frac{1}{2},j+\frac{1}{2}}.$$

(9.3.3)式当$i=i+1$时, 有

$$\delta_x p_{i+1,j+\frac{1}{2}}^{k+\frac{1}{2}}=\frac{1}{2}(v_1)_{i+2,j+\frac{1}{2}}^{k+\frac{1}{2}}+\frac{1}{2}(v_1)_{i+1,j+\frac{1}{2}}^{k+\frac{1}{2}}-(q\,A_1)_{i+\frac{3}{2},j+\frac{1}{2}}^{k+\frac{1}{2}}.$$

以上两式相减可得

$$\begin{aligned}&\delta_x\left(p_{i+1,j+\frac{1}{2}}^{k+\frac{1}{2}}-p_{i,j+\frac{1}{2}}^{k+\frac{1}{2}}\right)\\ =\ &\frac{1}{2}\left((v_1)_{i+2,j+\frac{1}{2}}^{k+\frac{1}{2}}-(v_1)_{i,j+\frac{1}{2}}^{k+\frac{1}{2}}\right)-(q\,A_1)_{i+\frac{3}{2},j+\frac{1}{2}}^{k+\frac{1}{2}}+(q\,A_1)_{i+\frac{1}{2},j+\frac{1}{2}}^{k+\frac{1}{2}},\end{aligned}$$

可以得到

$$\begin{aligned}(v_1)_{i+2,j+\frac{1}{2}}^{k+\frac{1}{2}}-(v_1)_{i,j+\frac{1}{2}}^{k+\frac{1}{2}}\ =\ &2\,\delta_x\left(p_{i+1,j+\frac{1}{2}}^{k+\frac{1}{2}}-p_{i,j+\frac{1}{2}}^{k+\frac{1}{2}}\right)\\ &+2\Big((q\,A_1)_{i+\frac{3}{2},j+\frac{1}{2}}^{k+\frac{1}{2}}-(q\,A_1)_{i+\frac{1}{2},j+\frac{1}{2}}^{k+\frac{1}{2}}\Big).\end{aligned}\tag{9.3.7}$$

(9.3.1)式:

$$\begin{aligned}&-\delta_t\,q_{i+\frac{1}{2},j+\frac{1}{2}}^{k}-\delta_x\,(v_1)_{i,j+\frac{1}{2}}^{k+\frac{1}{2}}-\delta_y\,(v_2)_{i+\frac{1}{2},j}^{k+\frac{1}{2}}\\ =\ &(A_1\,w_1)_{i+\frac{1}{2},j+\frac{1}{2}}^{k+\frac{1}{2}}+(A_2\,w_2)_{i+\frac{1}{2},j+\frac{1}{2}}^{k+\frac{1}{2}}+(f'\,p)_{i+\frac{1}{2},j+\frac{1}{2}}^{k+\frac{1}{2}}.\end{aligned}$$

(9.3.1)式当$i=i+1$时,有

$$\begin{aligned}&-\delta_t\,q_{i+\frac{3}{2},j+\frac{1}{2}}^{k}-\delta_x\,(v_1)_{i+1,j+\frac{1}{2}}^{k+\frac{1}{2}}-\delta_y\,(v_2)_{i+\frac{3}{2},j}^{k+\frac{1}{2}}\\ =\ &(A_1\,w_1)_{i+\frac{3}{2},j+\frac{1}{2}}^{k+\frac{1}{2}}+(A_2w_2)_{i+\frac{3}{2},j+\frac{1}{2}}^{k+\frac{1}{2}}+(f'p)_{i+\frac{3}{2},j+\frac{1}{2}}^{k+\frac{1}{2}}.\end{aligned}$$

以上两式相加可得

$$\begin{aligned}&-\big(\delta_t\,q_{i+\frac{1}{2},j+\frac{1}{2}}^{k}+\delta_t\,q_{i+\frac{3}{2},j+\frac{1}{2}}^{k}\big)-\frac{1}{\Delta\,x}\Big((v_1)_{i+2,j+\frac{1}{2}}^{k+\frac{1}{2}}-(v_1)_{i,j+\frac{1}{2}}^{k+\frac{1}{2}}\Big)\\ &-\delta_y\left((v_2)_{i+\frac{1}{2},j}^{k+\frac{1}{2}}+(v_2)_{i+\frac{3}{2},j}^{k+\frac{1}{2}}\right)=(A_1\,w_1+A_2\,w_2+f'p)_{i+\frac{1}{2},j+\frac{1}{2}}^{k+\frac{1}{2}}.\end{aligned}\tag{9.3.8}$$

将(9.3.7)代入(9.3.8)中, 得

$$\begin{aligned}&-\Delta\,x\,\delta_t\left(q_{i+\frac{1}{2},j+\frac{1}{2}}^{k}+q_{i+\frac{3}{2},j+\frac{1}{2}}^{k}\right)-\Delta\,x\,\delta_y\left((v_2)_{i+\frac{1}{2},j}^{k+\frac{1}{2}}+(v_2)_{i+\frac{3}{2},j}^{k+\frac{1}{2}}\right)\\ &-2\,\Delta\,x\,\delta_x^2\left(p_{i,j+\frac{1}{2}}^{k+\frac{1}{2}}\right)-\left((q\,A_1)_{i+2,j+\frac{1}{2}}^{k+\frac{1}{2}}-(q\,A_1)_{i,j+\frac{1}{2}}^{k+\frac{1}{2}}\right)\\ =\ &\Delta\,x\,(A_1\,w_1+A_2\,w_2+f'p)_{i+\frac{1}{2},j+\frac{1}{2}}^{k+\frac{1}{2}}+\Delta\,x\,(A_1\,w_1+A_2\,w_2+f'\,p)_{i+\frac{3}{2},j+\frac{1}{2}}^{k+\frac{1}{2}},\end{aligned}$$

上式当$j=j+1$时, 有

$$\begin{aligned}&-\Delta x\,\delta_t\left(q^k_{i+\frac{1}{2},j+\frac{3}{2}}+q^k_{i+\frac{3}{2},j+\frac{3}{2}}\right)-\Delta x\,\delta_y\left((v_2)^{k+\frac{1}{2}}_{i+\frac{1}{2},j+1}+(v_2)^{k+\frac{1}{2}}_{i+\frac{3}{2},j+1}\right)\\&-2\,\Delta x\,\delta_x^2\left(p^{k+\frac{1}{2}}_{i,j+\frac{3}{2}}\right)-\left((q\,A_1)^{k+\frac{1}{2}}_{i+2,j+\frac{3}{2}}-(q\,A_1)^{k+\frac{1}{2}}_{i,j+\frac{3}{2}}\right)\\=\;&\Delta x\,(A_1w_1+A_2w_2+f'p)^{k+\frac{1}{2}}_{i+\frac{1}{2},j+\frac{3}{2}}+\Delta x\,(A_1w_1+A_2w_2+f'\,p)^{k+\frac{1}{2}}_{i+\frac{3}{2},j+\frac{3}{2}}.\end{aligned}$$

以上两式相加可得

$$\begin{aligned}&-\Delta x\,\delta_t\left(q^k_{i+\frac{1}{2},j+\frac{3}{2}}+q^k_{i+\frac{3}{2},j+\frac{3}{2}}+q^k_{i+\frac{1}{2},j+\frac{1}{2}}+q^k_{i+\frac{3}{2},j+\frac{1}{2}}\right)\\&-\Delta x\,\delta_y\left((v_2)^{k+\frac{1}{2}}_{i+\frac{1}{2},j+1}+(v_2)^{k+\frac{1}{2}}_{i+\frac{3}{2},j+1}+(v_2)^{k+\frac{1}{2}}_{i+\frac{1}{2},j}+(v_2)^{k+\frac{1}{2}}_{i+\frac{3}{2},j}\right)\\&-2\,\Delta x\,\delta_x^2\left(p^{k+\frac{1}{2}}_{i,j+\frac{3}{2}}+p^{k+\frac{1}{2}}_{i,j+\frac{1}{2}}\right)\\&-\left((qA_1)^{k+\frac{1}{2}}_{i+2,j+\frac{3}{2}}-(qA_1)^{k+\frac{1}{2}}_{i,j+\frac{3}{2}}+(qA_1)^{k+\frac{1}{2}}_{i+2,j+\frac{1}{2}}-(qA_1)^{k+\frac{1}{2}}_{i,j+\frac{1}{2}}\right)\\=\;&\Delta x\,(A_1\,w_1+A_2\,w_2+f'p)^{k+\frac{1}{2}}_{i+\frac{1}{2},j+\frac{3}{2}}+\Delta x\left(A_1w_1+A_2w_2+f'p\right)^{k+\frac{1}{2}}_{i+\frac{3}{2},j+\frac{3}{2}}\\&+\Delta x\,(A_1\,w_1+A_2\,w_2+f'p)^{k+\frac{1}{2}}_{i+\frac{1}{2},j+\frac{1}{2}}+\Delta x\,(A_1\,w_1+A_2\,w_2+f'p)^{k+\frac{1}{2}}_{i+\frac{3}{2},j+\frac{1}{2}}.\end{aligned}$$

(9.3.4)式:

$$\delta_y\,p^{k+\frac{1}{2}}_{i+\frac{1}{2},j}=(v_2)^{k+\frac{1}{2}}_{i+\frac{1}{2},j+\frac{1}{2}}-(q\,A_2)^{k+\frac{1}{2}}_{i+\frac{1}{2},j+\frac{1}{2}}.$$

(9.3.4)式当$j=j+1$时, 为

$$\delta_y\,p^{k+\frac{1}{2}}_{i+\frac{1}{2},j+1}=(v_2)^{k+\frac{1}{2}}_{i+\frac{1}{2},j+\frac{3}{2}}-(q\,A_2)^{k+\frac{1}{2}}_{i+\frac{1}{2},j+\frac{3}{2}}.$$

以上两式相减可得

$$\Delta\,y\,2\,\delta_y^2\,p^{k+\frac{1}{2}}_{i+\frac{1}{2},j}=\left((v_2)^{k+\frac{1}{2}}_{i+\frac{1}{2},j+2}-(v_2)^{k+\frac{1}{2}}_{i+\frac{1}{2},j}\right)-\left((q\,A_2)^{k+\frac{1}{2}}_{i+\frac{1}{2},j+2}-(q\,A_2)^{k+\frac{1}{2}}_{i+\frac{1}{2},j}\right).$$

当$i=i+1$时, 上式为

$$\Delta\,y2\,\delta_y^2\,p^{k+\frac{1}{2}}_{i+\frac{3}{2},j}=\left((v_2)^{k+\frac{1}{2}}_{i+\frac{3}{2},j+2}-(v_2)^{k+\frac{1}{2}}_{i+\frac{3}{2},j}\right)-\left((q\,A_2)^{k+\frac{1}{2}}_{i+\frac{3}{2},j+2}-(q\,A_2)^{k+\frac{1}{2}}_{i+\frac{3}{2},j}\right).$$

上面两式相加可以得到

$$\begin{aligned}&\Delta\,y\,2\delta_y^2\left(p^{k+\frac{1}{2}}_{i+\frac{3}{2},j}+p^{k+\frac{1}{2}}_{i+\frac{1}{2},j}\right)\\=\;&\left((v_2)^{k+\frac{1}{2}}_{i+\frac{3}{2},j+2}-(v_2)^{k+\frac{1}{2}}_{i+\frac{3}{2},j}+(v_2)^{k+\frac{1}{2}}_{i+\frac{1}{2},j+2}-(v_2)^{k+\frac{1}{2}}_{i+\frac{1}{2},j}\right)\\&-\left((q\,A_2)^{k+\frac{1}{2}}_{i+\frac{3}{2},j+2}-(qA_2)^{k+\frac{1}{2}}_{i+\frac{3}{2},j}+(q\,A_2)^{k+\frac{1}{2}}_{i+\frac{1}{2},j+2}-(q\,A_2)^{k+\frac{1}{2}}_{i+\frac{1}{2},j}\right).\end{aligned}$$

由(9.3.5)和(9.3.6)式, 可知:

$$\begin{cases} (w_1)^{k+\frac{1}{2}}_{i+\frac{1}{2},j+\frac{1}{2}} = \delta_x\, q^{k+\frac{1}{2}}_{i,j+\frac{1}{2}} - (p\, A_1)^{k+\frac{1}{2}}_{i+\frac{1}{2},j+\frac{1}{2}}, \\ (w_1)^{k+\frac{1}{2}}_{i+\frac{3}{2},j+\frac{1}{2}} = \delta_x\, q^{k+\frac{1}{2}}_{i+1,j+\frac{1}{2}} - (p\, A_1)^{k+\frac{1}{2}}_{i+\frac{3}{2},j+\frac{1}{2}}, \\ (w_1)^{k+\frac{1}{2}}_{i+\frac{1}{2},j+\frac{3}{2}} = \delta_x\, q^{k+\frac{1}{2}}_{i,j+\frac{3}{2}} - (p\, A_1)^{k+\frac{1}{2}}_{i+\frac{1}{2},j+\frac{3}{2}}, \\ (w_1)^{k+\frac{1}{2}}_{i+\frac{3}{2},j+\frac{3}{2}} = \delta_x\, q^{k+\frac{1}{2}}_{i+1,j+\frac{3}{2}} - (p\, A_1)^{k+\frac{1}{2}}_{i+\frac{3}{2},j+\frac{3}{2}}, \end{cases} \tag{9.3.9}$$

$$\begin{cases} (w_2)^{k+\frac{1}{2}}_{i+\frac{1}{2},j+\frac{1}{2}} = \delta_y\, q^{k+\frac{1}{2}}_{i+\frac{1}{2},j} - (pA_2)^{k+\frac{1}{2}}_{i+\frac{1}{2},j+\frac{1}{2}}, \\ (w_2)^{k+\frac{1}{2}}_{i+\frac{1}{2},j+\frac{3}{2}} = \delta_y\, q^{k+\frac{1}{2}}_{i+\frac{1}{2},j+1} - (pA_2)^{k+\frac{1}{2}}_{i+\frac{1}{2},j+\frac{3}{2}}, \\ (w_2)^{k+\frac{1}{2}}_{i+\frac{3}{2},j+\frac{1}{2}} = \delta_y\, q^{k+\frac{1}{2}}_{i+\frac{3}{2},j} - (pA_2)^{k+\frac{1}{2}}_{i+\frac{3}{2},j+\frac{1}{2}}, \\ (w_2)^{k+\frac{1}{2}}_{i+\frac{3}{2},j+\frac{3}{2}} = \delta_y\, q^{k+\frac{1}{2}}_{i+\frac{3}{2},j+1} - (pA_2)^{k+\frac{1}{2}}_{i+\frac{3}{2},j+\frac{3}{2}}. \end{cases} \tag{9.3.10}$$

(9.3.2)式:

$$\delta_t p^k_{i+\frac{1}{2},j+\frac{1}{2}} - \delta_x (w_1)^{k+\frac{1}{2}}_{i,j+\frac{1}{2}} - \delta_y (w_2)^{k+\frac{1}{2}}_{i+\frac{1}{2},j} = -(A_1 v_1 + A_2 v_2 - f' q)^{k+\frac{1}{2}}_{i+\frac{1}{2},j+\frac{1}{2}},$$

(9.3.3)式当$i = i+1$时, 为

$$\delta_t p^k_{i+\frac{3}{2},j+\frac{1}{2}} - \delta_x (w_1)^{k+\frac{1}{2}}_{i+1,j+\frac{1}{2}} - \delta_y (w_2)^{k+\frac{1}{2}}_{i+\frac{3}{2},j} = \quad (A_1 v_1 + A_2 v_2 - f' q)^{k+\frac{1}{2}}_{i+\frac{3}{2},j+\frac{1}{2}}.$$

以上两式相加可得

$$\begin{aligned} & \delta_t \left(p^k_{i+\frac{3}{2},j+\frac{1}{2}} + p^k_{i+\frac{1}{2},j+\frac{1}{2}}\right) - \frac{1}{\Delta x}\left((w_1)^{k+\frac{1}{2}}_{i+2,j+\frac{1}{2}} - (w_1)^{k+\frac{1}{2}}_{i,j+\frac{1}{2}}\right) \\ = & -\delta_y \left((w_2)^{k+\frac{1}{2}}_{i+\frac{3}{2},j} + (w_2)^{k+\frac{1}{2}}_{i+\frac{1}{2},j}\right) \\ = & -(A_1\, v_1 + A_2\, v_2 - f' q)^{k+\frac{1}{2}}_{i+\frac{3}{2},j+\frac{1}{2}} - (A_1\, v_1 + A_2\, v_2 - f' q)^{k+\frac{1}{2}}_{i+\frac{1}{2},j+\frac{1}{2}}. \end{aligned} \tag{9.3.11}$$

由(9.3.11), 得

$$\begin{aligned} & (w_1)^{k+\frac{1}{2}}_{i+\frac{3}{2},j+\frac{1}{2}} - (w_1)^{k+\frac{1}{2}}_{i+\frac{1}{2},j+\frac{1}{2}} \\ = & \ \delta_x \left(q^{k+\frac{1}{2}}_{i+1,j+\frac{1}{2}} - q^{k+\frac{1}{2}}_{i,j+\frac{1}{2}}\right) - \left((p\, A_1)^{k+\frac{1}{2}}_{i+\frac{3}{2},j+\frac{1}{2}} - (p\, A_1)^{k+\frac{1}{2}}_{i+\frac{1}{2},j+\frac{1}{2}}\right), \end{aligned}$$

将上式代入(9.3.11), 得

$$
\begin{aligned}
&\delta_t\left(p^k_{i+\frac{3}{2},j+\frac{1}{2}}+p^k_{i+\frac{1}{2},j+\frac{1}{2}}\right)-\frac{2}{\Delta x}\left(\delta_x\left(q^{k+\frac{1}{2}}_{i+1,j+\frac{1}{2}}-q^{k+\frac{1}{2}}_{i,j+\frac{1}{2}}\right)-\left((p\,A_1)^{k+\frac{1}{2}}_{i+\frac{3}{2},j+\frac{1}{2}}\right.\right.\\
&\left.\left.-(p\,A_1)^{k+\frac{1}{2}}_{i+\frac{1}{2},j+\frac{1}{2}}\right)\right)-\delta_y\left((w_2)^{k+\frac{1}{2}}_{i+\frac{3}{2},j}+(w_2)^{k+\frac{1}{2}}_{i+\frac{1}{2},j}\right)\\
=\;&-(A_1\,v_1+A_2\,v_2-f'q)^{k+\frac{1}{2}}_{i+\frac{3}{2},j+\frac{1}{2}}-(A_1\,v_1+A_2\,v_2-f'q)^{k+\frac{1}{2}}_{i+\frac{1}{2},j+\frac{1}{2}}.
\end{aligned}
$$

上式当$j=j+1$时, 为

$$
\begin{aligned}
&\delta_t\left(p^k_{i+\frac{3}{2},j+\frac{3}{2}}+p^k_{i+\frac{1}{2},j+\frac{3}{2}}\right)-\frac{2}{\Delta x}\left(\delta_x\left(q^{k+\frac{1}{2}}_{i+1,j+\frac{3}{2}}-q^{k+\frac{1}{2}}_{i,j+\frac{3}{2}}\right)-\left((p\,A_1)^{k+\frac{1}{2}}_{i+\frac{3}{2},j+\frac{3}{2}}\right.\right.\\
&\left.\left.-(p\,A_1)^{k+\frac{1}{2}}_{i+\frac{1}{2},j+\frac{3}{2}}\right)\right)-\delta_y\left((w_2)^{k+\frac{1}{2}}_{i+\frac{3}{2},j+1}+(w_2)^{k+\frac{1}{2}}_{i+\frac{1}{2},j+1}\right)\\
=\;&-(A_1\,v_1+A_2\,v_2-f'q)^{k+\frac{1}{2}}_{i+\frac{3}{2},j+\frac{3}{2}}-(A_1\,v_1+A_2\,v_2-f'q)^{k+\frac{1}{2}}_{i+\frac{1}{2},j+\frac{3}{2}}.
\end{aligned}
$$

以上两式相加, 可得

$$
\begin{aligned}
&\delta_t\left(p^k_{i+\frac{3}{2},j+\frac{1}{2}}+p^k_{i+\frac{1}{2},j+\frac{1}{2}}+p^k_{i+\frac{3}{2},j+\frac{3}{2}}+p^k_{i+\frac{1}{2},j+\frac{3}{2}}\right)\\
&-\frac{2}{\Delta x}\,\delta_x\left(q^{k+\frac{1}{2}}_{i+1,j+\frac{1}{2}}-q^{k+\frac{1}{2}}_{i,j+\frac{1}{2}}\right)-\frac{2}{\Delta x}\,\delta_x\left(q^{k+\frac{1}{2}}_{i+1,j+\frac{3}{2}}-q^{k+\frac{1}{2}}_{i,j+\frac{3}{2}}\right)\\
&+\frac{2}{\Delta x}\left((p\,A_1)^{k+\frac{1}{2}}_{i+\frac{3}{2},j+\frac{1}{2}}+(p\,A_1)^{k+\frac{1}{2}}_{i+\frac{3}{2},j+\frac{3}{2}}+(p\,A_1)^{k+\frac{1}{2}}_{i+\frac{1}{2},j+\frac{1}{2}}+(pA_1)^{k+\frac{1}{2}}_{i+\frac{1}{2},j+\frac{3}{2}}\right)\\
&-\delta_y\left((w_2)^{k+\frac{1}{2}}_{i+\frac{3}{2},j}+(w_2)^{k+\frac{1}{2}}_{i+\frac{1}{2},j}+(w_2)^{k+\frac{1}{2}}_{i+\frac{3}{2},j+1}+(w_2)^{k+\frac{1}{2}}_{i+\frac{1}{2},j+1}\right)\\
=\;&-(A_1\,v_1+A_2\,v_2-f'q)^{k+\frac{1}{2}}_{i+\frac{3}{2},j+\frac{1}{2}}-(A_1\,v_1+A_2\,v_2-f'q)^{k+\frac{1}{2}}_{i+\frac{1}{2},j+\frac{1}{2}}\\
&-(A_1\,v_1+A_2\,v_2-f'q)^{k+\frac{1}{2}}_{i+\frac{3}{2},j+\frac{3}{2}}-(A_1\,v_1+A_2\,v_2-f'q)^{k+\frac{1}{2}}_{i+\frac{1}{2},j+\frac{3}{2}}.
\end{aligned}
\tag{9.3.12}
$$

由(9.3.10), 可得

$$
\begin{aligned}
(w_2)^{k+\frac{1}{2}}_{i+\frac{1}{2},j+2}-(w_2)^{k+\frac{1}{2}}_{i+\frac{1}{2},j}&=2\Delta\,y\,\delta_y^2\,q^{k+\frac{1}{2}}_{i+\frac{1}{2},j}-2\left((p\,A_2)^{k+\frac{1}{2}}_{i+\frac{1}{2},j+\frac{3}{2}}-(p\,A_2)^{k+\frac{1}{2}}_{i+\frac{1}{2},j+\frac{1}{2}}\right),\\
(w_2)^{k+\frac{1}{2}}_{i+\frac{3}{2},j+2}-(w_2)^{k+\frac{1}{2}}_{i+\frac{3}{2},j}&=2\Delta\,y\,\delta_y^2\,q^{k+\frac{1}{2}}_{i+\frac{3}{2},j}-2\left((p\,A_2)^{k+\frac{1}{2}}_{i+\frac{3}{2},j+\frac{3}{2}}-(pA_2)^{k+\frac{1}{2}}_{i+\frac{3}{2},j+\frac{1}{2}}\right).
\end{aligned}
$$

由(9.3.3), (9.3.4)式, 可得

$$
\begin{aligned}
(v_1)^{k+\frac{1}{2}}_{i+\frac{1}{2},j+\frac{1}{2}}&=\delta_x\,p^{k+\frac{1}{2}}_{i,j+\frac{1}{2}}+(q\,A_1)^{k+\frac{1}{2}}_{i+\frac{1}{2},j+\frac{1}{2}},\\
(v_2)^{k+\frac{1}{2}}_{i+\frac{1}{2},j+\frac{1}{2}}&=\delta_y\,p^{k+\frac{1}{2}}_{i,j+\frac{1}{2}}+(qA_2)^{k+\frac{1}{2}}_{i+\frac{1}{2},j+\frac{1}{2}}.
\end{aligned}
$$

以上四个式子代入(9.3.12), 可得

$$
\begin{aligned}
&\delta_t\left(p^k_{i+\frac12,j+\frac12}+p^k_{i+\frac12,j+\frac32}+p^k_{i+\frac32,j+\frac12}+p^k_{i+\frac32,j+\frac32}\right)\\
&-2\delta_x^2\left(q^{k+\frac12}_{i,j+\frac12}-q^{k+\frac12}_{i,j+\frac32}\right)-2\,\delta_y{}^2\left(q^{k+\frac12}_{i+\frac12,j}+q^{k+\frac12}_{i+\frac32,j}\right)\\
&+\frac{1}{\Delta x}\left((p\,A_1)^{k+\frac12}_{i+2,j+\frac12}-(p\,A_1)^{k+\frac12}_{i,j+\frac12}+(p\,A_1)^{k+\frac12}_{i+2,j+\frac32}-(p\,A_1)^{k+\frac12}_{i,j+\frac32}\right)\\
&+\frac{1}{\Delta y}\left((p\,A_2)^{k+\frac12}_{i+\frac12,j+2}-(p\,A_2)^{k+\frac12}_{i+\frac12,j}+(p\,A_2)^{k+\frac12}_{i+\frac32,j+2}-(p\,A_2)^{k+\frac12}_{i+\frac32,j}\right)\\
=\;&-\Big((A_1)^{k+\frac12}_{i+\frac12,j+\frac12}\Big(\delta_x\,p^{k+\frac12}_{i,j+\frac12}+(q\,A_1)^{k+\frac12}_{i+\frac12,j+\frac12}\Big)+(A_2)^{k+\frac12}_{i+\frac12,j+\frac12}\Big(\delta_y\,p^{k+\frac12}_{i+\frac12,j}\\
&+(qA_2)^{k+\frac12}_{i+\frac12,j+\frac12}\Big)-(f'q)^{k+\frac12}_{i+\frac12,j+\frac12}\Big)-\Big((A_1)^{k+\frac12}_{i+\frac12,j+\frac32}\Big(\delta_x\,p^{k+\frac12}_{i,j+\frac32}\\
&+(qA_1)^{k+\frac12}_{i+\frac12,j+\frac32}\Big)+(A_2)^{k+\frac12}_{i+\frac12,j+\frac32}\Big(\delta_y\,p^{k+\frac12}_{i+\frac12,j+1}+(q\,A_2)^{k+\frac12}_{i+\frac12,j+\frac32}\Big)\\
&-(f'q)^{k+\frac12}_{i+\frac12,j+\frac32}\Big)-\Big((A_1)^{k+\frac12}_{i+\frac32,j+\frac12}\Big(\delta_x\,p^{k+\frac12}_{i+1,j+\frac12}+(q\,A_1)^{k+\frac12}_{i+\frac32,j+\frac12}\Big)\\
&+(A_2)^{k+\frac12}_{i+\frac32,j+\frac12}\Big(\delta_y\,p^{k+\frac12}_{i+\frac32,j}+(q\,A_2)^{k+\frac12}_{i+\frac32,j+\frac12}\Big)-(f'q)^{k+\frac12}_{i+\frac32,j+\frac12}\Big)\\
&-\Big((A_1)^{k+\frac12}_{i+\frac32,j+\frac32}\Big(\delta_x\,p^{k+\frac12}_{i+1,j+\frac32}+(q\,A_1)^{k+\frac12}_{i+\frac32,j+\frac32}\Big)\\
&+(A_2)^{k+\frac12}_{i+\frac32,j+\frac32}\Big(\delta_y\,p^{k+\frac12}_{i+\frac32,j+1}+(q\,A_2)^{k+\frac12}_{i+\frac32,j+\frac32}\Big)-(f'q)^{k+\frac12}_{i+\frac32,j+\frac32}\Big).
\end{aligned}
$$

同样可得

$$
\begin{aligned}
&-\delta_t\left(q^k_{i+\frac12,j+\frac12}+q^k_{i+\frac12,j+\frac32}+q^k_{i+\frac32,j+\frac12}+q^k_{i+\frac32,j+\frac32}\right)\\
&-2\delta_x^2\left(p^{k+\frac12}_{i,j+\frac12}-p^{k+\frac12}_{i,j+\frac32}\right)-2\,\delta_y{}^2\left(p^{k+\frac12}_{i+\frac12,j}+p^{k+\frac12}_{i+\frac32,j}\right)\\
&-\frac{1}{\Delta x}\left((q\,A_1)^{k+\frac12}_{i+2,j+\frac12}-(qA_1)^{k+\frac12}_{i,j+\frac12}+(q\,A_1)^{k+\frac12}_{i+2,j+\frac32}-(q\,A_1)^{k+\frac12}_{i,j+\frac32}\right)\\
&+\frac{1}{\Delta y}\left((q\,A_2)^{k+\frac12}_{i+\frac12,j+2}-(qA_2)^{k+\frac12}_{i+\frac12,j}-(q\,A_2)^{k+\frac12}_{i+\frac32,j+2}+(q\,A_2)^{k+\frac12}_{i+\frac32,j}\right)\\
=\;&\Big((A_1)^{k+\frac12}_{i+\frac12,j+\frac32}\Big(\delta_x\,q^{k+\frac12}_{i,j+\frac32}-(p\,A_1)^{k+\frac12}_{i+\frac12,j+\frac32}\Big)+(A_2)^{k+\frac12}_{i+\frac12,j+\frac32}\Big(\delta_y\,q^{k+\frac12}_{i+\frac12,j+1}\\
&-(p\,A_2)^{k+\frac12}_{i+\frac12,j+\frac32}\Big)+(f'p)^{k+\frac12}_{i+\frac12,j+\frac32}\Big)+\Big((A_1)^{k+\frac12}_{i+\frac32,j+\frac32}\Big(\delta_x\,q^{k+\frac12}_{i+1,j+\frac32}\\
&-(p\,A_1)^{k+\frac12}_{i+\frac32,j+\frac32}\Big)+(A_2)^{k+\frac12}_{i+\frac32,j+\frac32}\Big(\delta_y\,q^{k+\frac12}_{i+\frac32,j+1}-(p\,A_2)^{k+\frac12}_{i+\frac32,j+\frac32}\Big)\\
&+(f'p)^{k+\frac12}_{i+\frac32,j+\frac32}\Big)+\Big((A_1)^{k+\frac12}_{i+\frac12,j+\frac12}\Big(\delta_x\,q^{k+\frac12}_{i,j+\frac12}-(pA_1)^{k+\frac12}_{i+\frac12,j+\frac12}\Big)\\
&+(A_2)^{k+\frac12}_{i+\frac12,j+\frac12}\Big(\delta_y\,q^{k+\frac12}_{i+\frac12,j}-(pA_2)^{k+\frac12}_{i+\frac12,j+\frac12}\Big)+(f'p)^{k+\frac12}_{i+\frac12,j+\frac12}\Big)\\
&+\Big((A_1)^{k+\frac12}_{i+\frac32,j+\frac12}\Big(\delta_x\,q^{k+\frac12}_{i+1,j+\frac12}-(p\,A_1)^{k+\frac12}_{i+\frac32,j+\frac12}\Big)\\
&+(A_2)^{k+\frac12}_{i+\frac32,j+\frac12}\Big(\delta_y\,q^{k+\frac12}_{i+\frac32,j}-(p\,A_2)^{k+\frac12}_{i+\frac32,j+\frac12}\Big)+(f'\,p)^{k+\frac12}_{i+\frac32,j+\frac12}\Big).
\end{aligned}
$$

§9.4 有限元和混合有限元的一些补充

有限元方法用有限维空间V_h来替代边值问题的广义解空间, 是一种变分近似法. 它们之间的误差是由子空间V_h与广义解之间的距离决定的, 因此为了提高有限元解的精度, 应当提高有限元空间V_h对广义解空间V的逼近程度. 一般有两种办法: 一是加密网格; 二是提高分片插值函数的阶. 在构造有限元空间时, 首先应将区域剖分, 例如三角剖分或者矩形剖分等.

区域剖分之后, 就要构造有限元空间的基函数, 亦即构造$\{\varphi_i\}$, 使得

$$V_h = \mathrm{span}\{\varphi_1, \varphi_2, \cdots, \varphi_N\}.$$

它可以通过每个单元上的插值基函数(或称单元形函数)$\{N_i\}$来生成, 因此如何构造单元的形函数是有限元法中关键的步骤之一. 一旦得到单元的形函数, 就可以通过它作单元分析得到单元刚度矩阵和单元荷载向量, 最后合成刚度矩阵和总荷载向量. 每个单元上插值结点个数和位置也可以根据插值多项式的次数和类型适当取定, 但每个单元形函数$\{N_i\}$应满足下面条件:

(1) 每一个形函数N_i都是与单元上插值多项式同一类型的多项式;

(2) 设单元上共有N个结点$p_1, p_2, \cdots, p_N$, 那么每个结点p_i都对应一个形函数N_i, 且满足

$$N_i(p_j) = \delta_{ij}, \quad 1 \le i \le j \le N;$$

(3) 要求在单元之外, 每个形函数取值为零.

显然满足上面条件的形函数是很多的, 为了确定单元形函数的类型, 应当明确下列信息:

(1) 单元的几何形状;

(2) 单元上结点的个数及它们的分布情况;

(3) 单元上每个结点的自由度, 即在该点上插值多项式有哪些量(如函数值、导数值等)是可以取指定值的.

上面的信息受到下列因素约束:

(1) 由形函数构造的基函数系$\{\varphi\}$必须在整个区域上有一定的光滑性, 且$V_h \subset V$. 也就是说, 每两个相邻的单元在其交界面(或交界线)上的形函数在“拼接”时有一定的连续性和光滑性, 从而$\{\varphi_i\}$在交界面上也有一定的光滑性.

(2) 由形函数生成基函数$\{\varphi_i\}$后, 有限元空间$V_h = \mathrm{span}\ \{\varphi_1, \varphi_2, \cdots, \varphi_N\}$能任意逼近广义解空间.

因此, 我们在构造单元的形函数时, 首先要考虑上面两个条件, 然后再以此设计单元的几何形状、结点分布及其自由度. 通常都是用多项式来构造形函数

的, 这时又要求多项式的次数和类型与单元自由度匹配.

由形函数可以方便地构造有限元基函数系, 也就是说基函数可以分片地构造, 在每一片里它是形函数.

考虑有界区域Ω上的Poisson方程的Dirichlet问题, 其中$\Omega \subset \mathbf{R}^n$ $(n=1,2,3)$, 边界$\partial\Omega$是lipschitz连续的.

下面讨论$n=2$的平面问题.

(1) 微分方程提法.

$$\begin{aligned} &-\Delta u = f, (x,y) \in k^2, \\ &u = 0, \text{在 } \partial\Omega \text{ 上}. \end{aligned} \tag{9.4.1}$$

(2) 变分原理提法.

取空间$H_0^1(\Omega)$, 令

$$a(u,v) = \int_\Omega \Big(\frac{\partial u}{\partial x}\frac{\partial u}{\partial x} + \frac{\partial u}{\partial y}\frac{\partial v}{\partial y}\Big)\mathrm{d}x\mathrm{d}y = \int_\Omega \nabla u \cdot \nabla v \mathrm{d}s,$$

则问题的弱解提法为: 求$u \in H_0^1(\Omega)$, 使

$$a(u,v) = (f,v), \quad \forall v \in H_0^1(\Omega), \tag{9.4.2}$$

或者使

$$J(v) = \frac{1}{2}a(v,v) - a(f,v).$$

求$u \in H_0^1(\Omega)$, 使

$$J(u) = \min_{v \in H_0^1(\Omega)} J(v). \tag{9.4.3}$$

这个方法也称为Ritz方法.

现在我们给一个有限维子空间$V_n \subset H_0^1(\Omega)$并且提一个与原问题近似的问题. 求$u_n \in V_n$, 使

$$a(u_h,v) = (f,v), \quad \forall v \in V_h,$$

u_h称为近似解, 这个方法称为Galerkin方法.

(3) 虚功原理方法.

求$u \in H_0^1(\Omega)$, 使得

$$a(u,v) = f(v), \quad \forall v \in H_0^1(\Omega). \tag{9.4.4}$$

微分方程提法这是数学物理方程中常见的提法, 而变分原理(9.4.3)和虚功原理方法(9.4.4)是更为基本的提法, 反映了物理问题的本来面貌.

Galerkin方法与Ritz方法论都称为变分法. 经典变分方法论取光滑函数构成的有限维子空间V_h, 在实用上受到很大限制. 所谓有限元法, 就是在变分方法中用剖分插值给出子空间V_h, 所得到的函数是分片光滑的.

下面研究虚功原理的有限元离散化.

Galerkin 和Ritz 方法由剖分插值子空间V_h 所得到的函数是分片光滑的. 所有的剖分单元形成剖分区域Ω_h, 剖分单元K 上的形函数可构成整个剖分区域Ω_h 上的整体基函数全体, 从而可以形成有限元空间$\mathcal{X}_h$. $H_0^1(\Omega)$ 的有限元空间记作$\mathcal{X}_{0h} = \text{span}\{\varphi_1, \cdots, \varphi_N\}$, 其中$\varphi_i$ $(1 \leq i \leq N)$ 是整体的基函数, 且$\varphi_i|_{\partial\Omega} = 0$, 即$\mathcal{X}_{0h} \subset H_0^1(\Omega)$. 虚功原理(9.4.4) 的有限元离散化也就是求$u_h \in \mathcal{X}_{0h}$, 使

$$a(u_h, v_h) = F(v_h), \quad \forall\, v_h \in \mathcal{X}_{0h}, \tag{9.4.5}$$

其中

$$u_h = \sum_{i=1}^{N} u_i \varphi_i, \quad v_h = \sum_{i=1}^{n} v_i \varphi_i.$$

整数N是自由度的个数, $u_i, v_i \in \mathrm{R}$ 是待求的自由度. 由方程(9.4.5)可以得到下列代数方程组:

$$KU = F, \tag{9.4.6}$$

其中

$$\begin{aligned}
&K_{ij} = a(\varphi_i, \varphi_j) = \sum_{F_K} \int_{T_K} \nabla\varphi_j \cdot \nabla\varphi_i \mathrm{d}x, \quad 1 \leq i, j \leq N, \\
&F = (F_1, \cdots, F_N)^{\mathrm{T}}, \quad F_i = F(\varphi_i) = \sum_{T_K} \int_{T_K} f\varphi_i \mathrm{d}x, \quad 1 \leq i \leq N, \\
&U = (u_1, \cdots, u_K)^{\mathrm{T}},
\end{aligned}$$

矩阵K和向量F是已知的, 且矩阵K是对称正定的, 则自由度U就可解出.

20世纪70年代Babuska和Brezz创立了混合有限元的一般理论, 其主要结果就是所谓的B-B条件, 即混合有限元法的稳定性条件.

用混合有限元法求解方程(9.4.2), 引入中间变量$\boldsymbol{p} = \text{grad}\,\mathrm{u}$, 于是方程(9.4.2)变为

$$\begin{cases}
\boldsymbol{p} - \text{grad}\, u = 0, & \text{在 } \Omega \text{ 内}, \\
\text{div}\, \boldsymbol{p} + f = 0, & \text{在 } \Omega \text{ 内}, \\
u = 0, & \text{在 } \partial\Omega \text{ 上}.
\end{cases} \tag{9.4.7}$$

相应地有两种数学提法:

(1) 变分问题.

求$(u,\boldsymbol{p})\in L^2(\Omega)\times H(\mathrm{div}:\Omega)$, 使得

$$\begin{cases} a(\boldsymbol{p},\boldsymbol{q})+b(u,\boldsymbol{q})=G(\boldsymbol{q}), & \forall \boldsymbol{q}\in H(\mathrm{div};\Omega)=\mathcal{X}, \\ b(\boldsymbol{p},v)=F(v), & \forall v\in L^2=\mathcal{Y}. \end{cases} \tag{9.4.8}$$

上述变分问题的抽象提法是: 设$\mathcal{X}=H(\mathrm{div},\Omega)$, $\mathcal{Y}$为Hilbert空间, $a(\boldsymbol{p},\boldsymbol{q})$是$\mathcal{X}\times\mathcal{Y}$上的有界双线性泛函, $b(\boldsymbol{q},v)$是$\mathcal{X}\times\mathcal{Y}$上的有界双线性泛函, $F(v)$是$\mathcal{Y}$上的有界线性泛函, 求$\boldsymbol{p}\in\mathcal{X}$, $u\in\mathcal{Y}$.

混合有限元法是基于方程(9.4.8)进行离散化, 区域剖分和分片多项式插值后, 有限元空间$V_h\subset V=L^2(\Omega)$和$H_h\subset H=H(\mathrm{div};\Omega)$则有离散的变分问题.

求$(u_h,\boldsymbol{p}_h)\in V_h\times H_h$, 使得

$$\begin{cases} a(\boldsymbol{p}_h,\boldsymbol{q}_h)+b(u_h,\boldsymbol{q}_h)=0, & \forall \boldsymbol{q}_h\in H_h, \\ b(v_h,\boldsymbol{p}_h)+F(v_h)=0, & \forall v_h\in V_h. \end{cases} \tag{9.4.9}$$

为了证明离散问题(9.4.9)解的存在惟一性, 需要满足下列稳定性条件[Arn02].

(S_1) $a(\cdot,\cdot)$在$\mathrm{Ker}\,B_h$上椭圆, 即存在常数$\alpha>0$, 使得

$$a(\boldsymbol{q}_h\boldsymbol{q}_h)\geq\alpha\|\boldsymbol{q}_h\|_H,$$

$$\forall \boldsymbol{q}_h\in \mathrm{Ker}\,B_h=\left\{\boldsymbol{q}_h\in H_k \mid \int_\Omega \mathrm{div}\,\boldsymbol{q}_h v_h\mathrm{d}x=0,\ \forall v_h\in V_h\right\}.$$

(S_2) 存在常数$\beta>0$, 使得

$$\sup\frac{b(\boldsymbol{q}_h,v_h)}{\|\boldsymbol{q}_h\|_H}\geq\beta\|v_h\|_v,\quad \forall v_h\in V_h.$$

条件(S_2)称为B-B条件. 稳定性条件(S_1), (S_2)可化成下列条件:

$(\mathrm{S}_1)'$ $\mathrm{div}\,S_h\subset V_h$.

$(\mathrm{S}_2)'$ 满足下面交换关系:

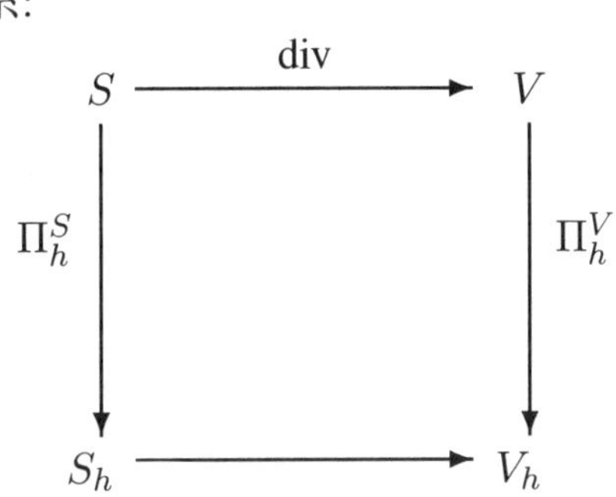

投影算子

即

$$\operatorname{div}\Pi_h^S \boldsymbol{q}=\Pi_h^V \operatorname{div}\boldsymbol{q},\quad \forall\, \boldsymbol{q}\in Q,$$

其中$(\mathrm{S}_1)'\to(\mathrm{S}_1)$是显然的, 因为属于$S_h$函数, 它的div是与$V_h$正交的, 即散度自由的(divergence free). 也就是$\operatorname{div} S_h\subset V_h$.

今证$(\mathrm{S}_2)'\to(\mathrm{S}_2)\,\forall\, v_h\in V_h\subset V, \exists\, \boldsymbol{q}\subset H^1\subset S$, 使得$\operatorname{div}\boldsymbol{q}=v_h$, 且$\|\boldsymbol{q}\|_1\le C\|V_h\|_0$.

因为

$$\operatorname{div}\Pi_h^S \boldsymbol{q}=\Pi_h^V \operatorname{div}\boldsymbol{q}=v_h,$$

$$\sup_{q_h\in S_h}\frac{\displaystyle\int \operatorname{div}\boldsymbol{q}_h v_h}{\|\boldsymbol{q}_h\|_{H(\operatorname{div})}}\ge\frac{\displaystyle\int \operatorname{div}\Pi_h^S\boldsymbol{q} v_h}{\|\Pi_h^S\boldsymbol{q}\|_{H(\operatorname{div})}}=\frac{\|V_h\|_0^2}{\|\Pi_h^S\boldsymbol{q}\|_{H(\operatorname{div})}}\ge\frac{\|v_h\|_0^2}{c\|q\|_1}\ge\alpha\|v_h\|_0.$$

上面的关系式说明为使混合有限元满足条件(S_1) 和(S_2), 只要使离散空间S_h 与V_h匹配即可.

假设$\varphi_1,\cdots,\varphi_{N_0}$是空间$V_h$的基函数,即$V_h=\operatorname{span}(\varphi_1,\cdots,\varphi_{N_0})$, $\psi_1,\cdots,\psi_{N_1}$是空间H_h的基函数,即$H_h=\operatorname{span}(\psi_1,\cdots,\psi_{N_1})$.

令

$$\boldsymbol{p}_h=\sum_{i=1}^N p_i\psi_i,\qquad \boldsymbol{q}_h=\sum_{i=1}^N q_j\psi_i,$$
$$u_h=\sum_{i=1}^N u_m\varphi_m,\qquad v_h=\sum_{i=1}^N v_k\varphi_k,$$

这里$p_j\ (1\le j\le N_1)$, $u_m\ (1\le m\le N_0)\in \mathrm{R}$ 是自由度.

代入(9.4.9)得

$$\begin{cases} AP+BU=0,\\ B^{\mathrm{T}}P+F=0\end{cases}\tag{9.4.10}$$

或写成矩阵形式

$$\begin{bmatrix} A & B\\ B^{\mathrm{T}} & 0\end{bmatrix}\begin{bmatrix} P\\ U\end{bmatrix}=\begin{bmatrix} 0\\ -F\end{bmatrix}.\tag{9.4.11}$$

其中, $P=(p_1,\cdots,p_{N_1})^{\mathrm{T}}$, $U=(u_1,\cdots,u_{N_0})^{\mathrm{T}}$.

$$A=(a_{ij})_{N_1\times N_1},\quad B=(b_{im})_{N_1\times N_0},\quad F=(F_i)_{N_0\times 1}$$

$$a_{ij}=a(\psi_j,\psi_i)=\sum_{T_K}\int_{T_K}\psi_j\psi_i\,\mathrm{d}x,$$
$$b_{im}=b(\varphi_m,\varphi_i)=\sum_{T_K}\int_{T_K}\varphi_m\operatorname{div}\psi_i\,\mathrm{d}\,x,$$
$$F_i=F(\varphi_i)=\sum_{T_K}\int_{T_K}f\varphi_i\,\mathrm{d}\,x,$$

(2) 鞍点问题.

求$(u,\boldsymbol{p})\in L^2\times H(\mathrm{div},\Omega)$, 使得

$$L(\boldsymbol{p},u)=\sup_{\forall v\in L^2(\Omega)}\inf_{\forall \boldsymbol{q}\in H(\mathrm{div}\,,\Omega)}L(\boldsymbol{q},v)$$

或者等价地有

$$L(\boldsymbol{p},v)\le L(\boldsymbol{p},u)\le L(\boldsymbol{q},u),\quad \forall\boldsymbol{q}\in H(\mathrm{div},\Omega),\quad \forall v\in L^2(\Omega).$$

其中

$$L(\boldsymbol{q},v)=\frac{1}{2}a(\boldsymbol{q},\boldsymbol{q})+b(v,\boldsymbol{q})+F(v).$$

当A是可逆矩阵时, 由(9.4.11)可计算出自由度P,

$$P=A^{-1}BU,\tag{9.4.12}$$

代入方程(9.4.10), 消去未知量P, 可计算出自由度U,

$$B^{\mathrm{T}}A^{-1}BU=F.\tag{9.4.13}$$

注 9.4.1 离散问题(9.4.9)简化为求$U\in\mathbf{R}^{N_0}$, $P\in\mathbf{R}^{N_1}$, 使得(9.4.11)成立. 这个问题等价于下面的鞍点问题: 求$V\in\mathbf{R}^{N_0}$, $P\in P^{N_1}$, 使得对$\forall\,V\in\mathbf{R}^{N_0}$, $\forall\,Q\in\mathbf{R}^{N_1}$, 有

$$L(P,V)\le L(P,U)\le L(Q,U),$$

其中:

$$L(Q,V)=\frac{1}{2}Q^{\mathrm{T}}AQ+V^{\mathrm{T}}B^{\mathrm{T}}Q+V^{\mathrm{T}}F=L(\boldsymbol{q}_h,v_h),$$
$$L(\boldsymbol{q}_h,\boldsymbol{v}_h)=\frac{1}{2}a(\boldsymbol{q}_h,\boldsymbol{q}_h)+b(v_h,\boldsymbol{q}_h)+F(v_h),\quad \forall\boldsymbol{q}_h\in H_h,v_h\in V_h.$$

注意到(9.4.6)和(9.4.13), 如果$K=B^{\mathrm{T}}A^{-1}B$, 那么经典有限元方法可看成是混合有限元方法.

定理 9.4.1 在同一剖分$\Omega_h\subset\overline{\Omega}\subset R^n$ $(n=2,3)$下, 如果混合有限元方法中的有限元空间V_h与经典有限元方法中的有限元空间X_{0h}相同, 即

$$V_h=\mathcal{X}_{0h}=\mathrm{span}\,\{\varphi_j,\cdots,\varphi_{N_0}\}\subset H_0^1(\Omega)$$

以及混合有限元方法中的有限元空间H_h的构造满足下面的条件:

$$\mathrm{grad}\,\varphi_j\in H_h,\quad 1\le j\le N_0,$$

那么经典有限元方法中离散区域(9.4.6)与混合有限元方法中离散形式(9.4.13)相同.

证明:在公式(9.4.6)中

$$K_{ij}=a(\varphi_j,\varphi_i)=\sum_{T_K}\int_{T_K}\nabla\varphi_j\nabla\varphi_i\mathrm{d}x.$$

因$\nabla\varphi_i\in H_h\ (1\le i\le N_0)$, 假设$H_h=\mathrm{span}\,\{\psi_1,\cdots,\psi_N\}$, 则:

$$\begin{aligned}\nabla\varphi_j &= \sum_{m=1}^{N_1}\psi_m\varphi_{jm},\quad \varphi_{jm}\in\mathbf{R},\\ \nabla\varphi_i &= \sum_{n=1}^{N_1}\psi_n\varphi_m,\quad \varphi_m\in\mathbf{R},\\ K_{ij} &= a(\varphi_j,\varphi_i)\\ &= \sum_{T_K}\int_{T_K}\left(\sum_{m=1}^{N_1}\psi_m\varphi_{jm}\cdot\sum_{m=1}^{N_1}\psi_n\varphi_{in}\right)\mathrm{d}x\\ &= \sum_{T_K}\sum_{m=1}^{N_1}\varphi_{jm}\left(\sum_{n=1}^{N_1}\varphi_{im}\int_{T_K}\psi_m\psi_n\mathrm{d}x\right).\end{aligned}$$

矩阵K可重写成

$$K=C^{\mathrm{T}}AC,\tag{9.4.14}$$

其中$C_{ij}=\varphi_{ji}\ (1\le i\le N_1;\ 1\le j\le N_0)$,

$$A_{ij}=\sum_{T_K}\int_{T_K}\psi_i\cdot\psi_j\mathrm{d}x,$$

且$A_{ij}=A_{ji}\ (1\le i,j\le N_1)$.

当$AC=-B$时, 有$C^{\mathrm{T}}AC=B^{\mathrm{T}}A^{-1}B$, 即经典有限元形式(9.4.6)等于混合有限元中离散形式(9.4.13).

现证$AC=-B$. 假设$AC=E$, $E=(E_{mn})_{N_1\times N_0}$, 则有

$$\begin{aligned}E_{mn} &= \sum_{i=1}^{N_1}\left[\left(\sum_{T_K}\int_{T_K}\psi_m,\psi_i\mathrm{d}x\right)\varphi_m\right]\\ &= \sum_{T_K}\left(\int_{T_K}\varphi_m\cdot\psi_1\,\mathrm{d}x\varphi_{n1}\right)+\cdots+\left(\sum_{T_K}\int_{T_K}\psi_m\cdot\psi_N\mathrm{d}x\varphi_{nN_1}\right)\\ &= \sum_{T_K}\int_{T_K}\psi_m\cdot\sum_{i=1}^{N_1}\psi_i\varphi_{ni}\,\mathrm{d}x\\ &= \sum_{T_K}\int_{T_K}\psi_m:\nabla\varphi_n\,\mathrm{d}x\\ &= -\sum_{T_K}\int_{T_K}\varphi_n\mathrm{div}\,\psi_m\,\mathrm{d}x+\sum_{T_K}\int_{\partial T_K}\psi_m\cdot\nu\varphi_n\,\mathrm{d}s,\end{aligned}$$

其中ν是公共边界的单位法向量, 因$X_{0h} \subset H_0^1(\Omega)$和$H_h \subset H(\mathrm{div};\Omega)$, 则有

$$E_{mn} = -\sum_{T_K} \int_{T_K} \varphi_n \mathrm{div} \psi_m \mathrm{d}x = b_{mn}.$$

因此$AC = -B$成立. ▲

在定理9.4.1的条件下, 有限元空间V_h和H_h的函数的选取是对原空间V和H的某些真子集或子集的离散近似, 且由于有限元方法就是一种混合有限元方法, 而混合有限元法(9.4.3)提供了构造有限元空间X_{0h}的一种思路, 使得混合有限元方法又可看成是经典有限元方法.

例 9.4.1 今有三角形剖分单形$T = a_1a_2a_3$, 它的点坐标为$a_1(0,0), a_2(1,0), a_3(0,1)$. 若取重心坐标

$$N_1(x,y) = 1 - x - y, \quad N_2(x,y) = x, \quad N_3(x,y) = y$$

为离散空间$H^1(T)$的形函数, 取

$$P_1(x,y) = \begin{pmatrix} x \\ y \end{pmatrix}, \quad P_2(x,y) = \begin{pmatrix} x-1 \\ y \end{pmatrix}, \quad P_3(x,y) = \begin{pmatrix} x \\ y-1 \end{pmatrix}$$

为离散空间$H(\mathrm{div}, T)$的基函数, 即Raviart–Thomas元[RT77], 则可得

$$\nabla N_i \in \mathrm{span}\,(p_1, p_2, p_3), \quad 1 \le i \le 3.$$

参考文献

[Arn02] D. N. Arnold. Differential complexes and numerical stability. Beijing, China. Plenary address delivered at ICM, 2002.

[Bri99] T. J. Bridges. A new framework for studying the stability of genus-1 and genus-2 KP patterns. *European J. Mechanics/B fluids*, 18:493–500, 1999.

[Fen85] K. Feng. On difference schemes and symplectic geometry. In K. Feng, editor, *Proceedings of the 1984 Beijing Symposium on Differential Geometry and Differential Equations*, Science Press, Beijing, 42–58, 1985.

[RT77] P. A. Raviart and J. M. Thomas. *A mixed finite element method for second order elliptic problems*, volume 606 of *Lecture Notes in Mathmatics*. Springer-Verlag, New York,1977.

[TMZM08] Y. M. Tian, M. Z. Qin, Y. M. Zhang, and T. Ma. The multisymplectic numerical method for Gross–Pitaevskii equation. *Comput. Phys. Comm.*, 176:449–458, 2008.

符　号

符　号	描述
$A^* = \overline{A}'$	A的共轭转置
A', A^{T}	A的转置
$A^{\top}$	A的J正交补
$A^{\perp}$	A的正交补
$\mathcal{A} = \{U_\lambda, \varphi_\lambda\}$	光滑图册
Ad	共轭表示
Ad^*	余共轭表示
ad_v	共轭向量场
ad_v^*	余共轭向量场
B, D	磁流密度, 电流密度的微分2 形式 (包括离散形式)
$\boldsymbol{B}, \boldsymbol{D}$	磁流密度, 电流密度
$\mathbf{b}, \mathbf{d}$	磁流密度, 电流密度在频率域空间的微分2-形式
$B_r(a)$	以a为圆心、r为半径的球
$B^p(\mathcal{M})$	所有恰当p-形式组成的空间
$B_p(\mathcal{M})$	所有p-边界值或子空间
b^p, b_p	Betti数, 相当于$\dim(\mathcal{H}^p(\mathcal{M}))$
$\mathbf{b}$	复振幅磁感应
$\mathbf{C}$	复数集合
$\mathbf{C}^n$	n维复数空间
C_k	k-链集合
C^k	k-上链集合;
$\boldsymbol{C}^k$	k次光滑函数集合
$C(z)$	$\mathcal{M}$中的k维链
$C_q(W, Z)$	链群

curl $\boldsymbol{A}$(CURL $\boldsymbol{A}$)	旋度$\boldsymbol{A}$(离散旋度$\boldsymbol{A}$)
curl*(CURL*)	旋度算子的共轭(共轭旋度算子的离散)
$\overline{\text{CURL}}$	离散旋度算子CURL的共轭, 相当于CURL*
$\mathcal{CURL}$ ($\mathcal{CURL}^\dagger$)	形式旋度算子 (形式旋度算子的共轭)
$\mathcal{C}^l(\Omega_h)$	网格Ω_h上的l-上链向量空间
C^i_j	二项式系数
C^i_{jk}	结构常数
d (d*)	外导数(外导数的共轭) 、外微分算子
$\mathrm{d}x^i$	微分形式的基
d	表示4维空间外微分算子
D^l	l上链的外导数矩阵
$\mathcal{DF}^{l,m}(\mathcal{M})$	光滑流形$\mathcal{M}$上C^m类l-微分形式
det A	矩阵A的行列式
div $\boldsymbol{A}$ (DIV $\boldsymbol{A}$)	散度 $\boldsymbol{A}$(离散散度$\boldsymbol{A}$)
div*(DIV*)	散度算子的共轭(共轭散度算子的离散)
$\overline{\text{DIV}}$	离散散度算子DIV的共轭, 相当于$-$GRAD*
$\mathcal{DIV}$ ($\mathcal{DIV}^\dagger$)	形式散度算子 (形式散度算子的共轭)
$\deg\omega$ ($\deg f$)($\deg P(x)$)	形式的阶(映射的阶)(多项式的次数)
E, H	电场强度, 磁场强度的微分1-形式(包括离散形式)
$\mathbf{e}, \mathbf{h}$	电场强度, 磁场强度在频率域空间的微分1-形式
$\boldsymbol{E}, \boldsymbol{H}$	电场强度,磁场强度
e	群的单位元(单位元)
e^x	x的指数函数(以e为底)
$e_i, \{e_i, f_j\}$	基, 辛基
e^t_a	以a为向量场的相流
exp, Exp	指数映射(函数)
F	实数和复数域
FL	纤维导数(Legendre变换)
$\mathcal{FL}$	协变的Legendre变换
$FL(v_q)w_q$	L 沿v_q 纤维T_qQ 在方向w_q上的导数
f_{*p}	f在p处的微分
$\mathcal{F}^l_{\mathcal{M}}$	流形$\mathcal{M}$上的积分l-形式构成的向量空间
$\mathfrak{F}^l_{\mathcal{M}}$	l-形式载体拉回到3维欧氏空间

G	群,李群
$\mathbf{g}$	李代数
$\mathbf{g}^*$	共轭李代数
$GL(n), GL(n,\mathbf{R}), GL(n,C)$	$\mathbf{R}^n$中线性群
$gl(n)$	$n\times n$矩阵李代数
grad f(GRAD f)	梯度 f(离散梯度f)
grad*(GRAD*)	共轭梯度算子(共轭梯度算子离散)
$\overline{\text{GRAD}}$	离散梯度算子GRAD的共轭, 相当于$-$DIV*
$\mathcal{GRAD}$ ($\mathcal{GRAD}^\dagger$)	形式梯度算子 (形式梯度算子的共轭)
$\mathbf{h}$	复振幅磁场
$\mathcal{H}^p(\mathcal{M})(\mathcal{H}_p(\mathcal{M}))$	流形$\mathcal{M}$的p阶DeRham's上同调群和同调群
$H(p,q), H(z)$	哈密尔顿函数
$\mathcal{H}(z)$	协变的Hamilton
$H(\mathrm{curl}\,;\Omega):$	$=\{\,v\in L^2\ ,(\mathrm{curl}\,v)\in L^2(\Omega)\}$
$H\,(\mathrm{div}\,;\Omega):$	$=\{v\ \in L^2\ ,(\mathrm{div}\,v)\in L^2(\Omega)\}$
$H_0(\mathrm{curl}\,;\Omega):$	$=\{v\ \in\ L^2\ ,(\mathrm{curl}\,v),\gamma_{\boldsymbol{t}}=0\}$
$H_0\,(\mathrm{div}\ ,\Omega):$	$=\{v\ \in\ L^2\ ,(\mathrm{div}\,v),\gamma_{\boldsymbol{n}}=0\}$
$H(\mathrm{curl}0;\Omega):$	$=\{v\in H,(\mathrm{curl};\Omega),\mathrm{curl}\,v=0\}$
$H\,(\mathrm{div}\,0,\ \Omega):$	$=\{v\ \in\ H(\mathrm{div};\Omega),\mathrm{div}\,v=0\}$
i	包含映射
$i_X, \lrcorner$	缩并
I	恒等映射
I_n, I_{2n}, I_{2m}	单位矩阵,标准欧氏结构
id (Id)	恒等式
im L	L映射的像
I_{2n}, J_{4n}	辛结构
$j_E(j_e)$	1阶射丛
$J^1(Y)$	1阶对偶射丛
$J^1(Y)^*$	电荷
$\widetilde{J}_{4n}$	$\widetilde{J}_{4n}$辛结构
K	K辛结构
Ker L	映射L的核
$\mathfrak{L}[u]=\displaystyle\int L\,\mathrm{d}x$	L的变分

$L_XY, L_X\omega$	向量场Y和形式ω的李导数
$\mathcal{M}$	分片光滑的流形
$\boldsymbol{n}$	法向量
$O(n), o(n)$	正交群,正交李代数
$P \quad p$	动量空间中的坐标
$Q \quad q$	构形空间中的坐标
$p = \nabla\varphi$	波阵面的法向量(慢向量)
$\mathrm{pr}^1 f$	函数f的1阶延拓
$\mathrm{pr}^{(n)} V$	向量场V 的n阶延拓
$\mathbf{R}$	实数
$\mathbf{R}^n$	n维实向量空间
$\mathbf{R}^n_p, \mathbf{R}^n_q$	$\mathbf{R}^n$中动量空间，构形空间
$\mathcal{S}_l(\Omega_h)$	三角剖分Ω_h 所有l面的集合
$SL(n), SL(n, \mathbf{R}), SL(n, \mathbf{C})$	特殊线性群(实),(复)
$sl(n)$	特殊线性群的李代数
$SO(n)$	特殊正交群
$so(n)$	特殊正交群的李代数
$Sp(2n)$	辛群,辛阵
$sp(2n)$	辛代数,无穷小辛阵
$CSp(2n)$	共形辛
s^q	q 维单纯形
$s_i^k(c_k^i)$	k-网格
$S^k(c_k) \in \chi^k$	网格k-链
$S_l(\mathcal{M})$	分片l-维光滑子流形
$R_p(\Omega)$ $R(\Omega)$, R	De Rham 映射$\Lambda^p(\Omega) \to C^p(\Omega)$
$\boldsymbol{t}$	切向量
$\mathbf{t}_{\mathcal{N}}$	迹算子
$TM(T\mathcal{M})$	切丛
$T_xM(T_x\mathcal{M})$	在点x的切空间
$T^*M(T^*\mathcal{M})$	余切丛
$T_x^*M(T_x^*\mathcal{M})$	在点x的余切空间
W^l	Whitney 映射$\mathcal{C}^l(\Omega_h) \longrightarrow \mathcal{W}_0^l(\Omega_h)$
$\mathcal{W}^l(C^l(\Omega_h))$	Ω_h 上的Whitney l-形式空间
$Z^p(\mathcal{M})$	所有p-闭形式

$\alpha = \begin{bmatrix} A_\alpha & B_\alpha \\ C_\alpha & D_\alpha \end{bmatrix}$	达布变换
$\alpha^{-1} = \begin{bmatrix} A^\alpha & B^\alpha \\ C^\alpha & D^\alpha \end{bmatrix}$	达布变换的逆
$\delta\,(\delta^*)$	变分导数, 余(共轭)边界算子
δ_i^j	Kronecker符号
$\boldsymbol{\epsilon}$	介电张量
$\boldsymbol{\mu}$	张量磁导率
$\boldsymbol{\sigma}$	导电张量
χ	网格复形集合
$\chi^k (= C_k)$	k-网格集合χ^k
$\Theta^k (C^k)$	k-网格形式(C_k上的所有线性泛函)
$\Gamma_f, G_f, \mathrm{gr}\,(f)$	f的图像
$\theta_i^k (= \sigma_i^k)$	格子形式对偶基
∂	边界算子
$\theta(\theta_L)$	微分1-形 (Cartan 形式)
$\mathrm{d}\theta$	微分1-形的外微分
$\pi \quad T\mathbf{R}^n \longrightarrow \mathbf{R}^n$	$T\mathbf{R}^n$在$\mathbf{R}^n$上的投影
$\pi^{-1}(x) = T_x\mathbf{R}^n$	在点x的纤维
π_{XY}	从投影
$\varphi^*\omega \quad (\varphi_*\omega)$	微分形式拉回(推前)
$\varphi^*f \quad (\varphi_*f)$	函数拉回(推前)
$\varphi^*Y \quad (\varphi_*Y)$	向量场拉回(推前)
$\times$	乘积
$*_e, *_h$	Hodge 算子, 3维空间中星算子
$\star$	4维(时空)空间中星算子
$\wedge$	外积
$\Lambda^k(\mathbf{R}^n)$	$\mathbf{R}^n$上k-外形式丛
$\Lambda^p(\Omega)$	p-形式空间
Λ_n	拉格朗日子空间
$\Lambda_n(K)$	K-拉格朗日子空间
$\rho_E(\rho_e)$	电流密度

$f \top Z$	f与Z横截
$f \top_p Z$	f在点p与Z横截
Ω	标准辛结构
Ω_L	多辛形式
$\Omega^{\#}$	映射提升$\Omega^{\#}(z_1)(z_2) = \Omega^{-1}(z_1, z_2)$
$\Omega^{\flat}$	映射下降$\Omega^{b}(z_1)(z_2) = \Omega(z_1, z_2)$
$\sharp$	锐利算子(相当于Υ)
$\flat$	平坦算子(相当于Υ^{-1})
$\Omega^k(\mathbf{R}^n), \Omega^0(\mathbf{R}^n) = C^\infty(\mathbf{R}^n)$	$\mathbf{R}^n$上k-微分形式
∂	边界算子
$\int p\mathrm{d}s$	边界积分
$\int \omega$	微分形式的积分
τ	延拓算子
$\nu^l(\mathcal{T}_h)$	离散 l-形式
τ_h	区域Ω上的剖分
$\mathcal{T}$	离散算子
$\sigma(p)$	拟微分算子$P\left(x, \dfrac{\mathrm{d}}{\mathrm{i}\mathrm{d}x}\right)$的象征
$\sigma(A)\#\,\sigma(B)$	象征$a = \sigma(A)$, $b = \sigma(B)$的Witt积

索 引

E

F

G

H

J

K

L

其他